DEUTSCHES LITERATUR-LEXIKON

NEUNUNDZWANZIGSTER BAND

# DEUTSCHES LITERATUR-LEXIKON

BIOGRAPHISCHES-BIBLIOGRAPHISCHES HANDBUCH

BEGRÜNDET VON WILHELM KOSCH

FORTGEFÜHRT VON CARL LUDWIG LANG

DRITTE, VÖLLIG NEU BEARBEITETE AUFLAGE

## NEUNUNDZWANZIGSTER BAND: WEDEKIND – WEISS

HERAUSGEGEBEN VON HUBERT HERKOMMER
(MITTELALTER)

UND KONRAD FEILCHENFELDT
(CA. 1500 BIS ZUR GEGENWART)

REDAKTION:
INGRID BIGLER-MARSCHALL
REINHARD MÜLLER

DE GRUYTER

DIE MITARBEITERINNEN UND MITARBEITER DIESES BANDES

Dr. Ingrid Bigler-Marschall, Zürich
Dr. Hansjürgen Blinn, St. Ingbert
Dr. h. c. Wulf Kirsten, Weimar
Manfred Knedlik, M. A., Neumarkt
Margrit Lang, Bern
Dr. Christoph Michel, Freiburg/Br.
Reinhard Müller, lic. phil., Zürich
Prof. Dr. Hans Pörnbacher, Wildsteig
Dr. Maria Tischler, München
Paul Tischler, Dipl.-Germ., München
Anke Weschenfelder, M. A., Sennhof

HERAUSGEBER

Mittelalter (bis ca. 1500): Prof. Dr. Hubert Herkommer, Schwäbisch Gmünd
Neuzeit (ca. 1500 bis zur Gegenwart): Prof. Dr. Konrad Feilchenfeldt, München

REDAKTION

Dr. Ingrid Bigler-Marschall, Zürich
Reinhard Müller, lic. phil., Zürich

**Bibliographische Information Der Deutschen Nationalbibliothek**
Die Deutsche Nationalbibliothek verzeichnet diese Publikation in der Deutschen Nationalbibliographie; detaillierte bibliographische Daten sind im Internet über http://dnb.d-nb.de abrufbar.

Gedruckt auf säurefreiem Papier / Printed on Acid Free Paper


Satz: bsix information exchange GmbH, Braunschweig
Druck / Binden: Strauss GmbH, Mörlenbach
ISBN 978-3-908255-44-4 (Bd. 29)
ISBN 978-3-907820-00-1 (Gesamtwerk)

# VORWORT

Für diesen Band zeichnen wiederum als verantwortliche Herausgeber Professor Dr. Hubert Herkommer, Schwäbisch Gmünd (Autoren und anonyme Werke bis etwa 1500) und Professor Dr. Konrad Feilchenfeldt, München (Autoren von ca. 1500 bis zur Gegenwart).

Der Verlag dankt verschiedenen Persönlichkeiten für ihre freiwillige Mitarbeit. Artikel beigesteuert haben: Prof. Dr. Hans Pörnbacher (Wildsteig), Dr. Hansjürgen Blinn (St. Ingbert), Dr. Christoph Michel (Freiburg/Br.), Manfred Knedlik M. A. (Neumarkt), Paul Tischler, Dipl.-Germ., Dr. Maria Tischler (beide München) und Dr. h. c. Wulf Kirsten (Weimar). Wulf Kirsten hat zudem auch die Korrekturfahnen durchgesehen und darin Verbesserungen und Ergänzungen angebracht.

Die Hauptarbeit der Artikel hat wiederum ein festes Mitarbeiterteam des Verlags in der Schweiz geleistet: Frau Dr. phil. Ingrid Bigler-Marschall, Herr lic. phil. Reinhard Müller, Frau Anke Weschenfelder M. A. sowie Frau Margrit Lang.

Redaktionsschluß war der 28. August 2009. Verschiedene Daten und Titel konnten noch während des Korrekturgangs eingefügt werden. Herausgeber, Redaktion und Verlag danken dem Satzbüro bsix information exchange Braunschweig sowie der Druckerei Strauss, Mörlenbach für ihre Kooperationsbereitschaft.

Wieder hat der Schweizerische Nationalfonds zur Förderung der wissenschaftlichen Forschung die Honorierung der Artikel aus dem Zeitraum des Mittelalters übernommen; wir danken ihm dafür auch an dieser Stelle.

November 2009 Herausgeber, Redaktion und Verlag

## ABKÜRZUNGEN GEOGRAPHISCHER NAMEN

| | |
|---|---|
| Br. | Breisgau |
| Burgenl. | Burgenland |
| Dtl. | Deutschland |
| Erzgeb. | Erzgebirge |
| Frankfurt/M. | Frankfurt am Main |
| Frankfurt/O. | Frankfurt an der Oder |
| Friesl. | Friesland |
| Holst. (auch in Zusammensetzungen wie Schleswig-Holst.) | Holstein |
| Kurl. | Kurland |
| Livl. | Livland |
| Mecklenb. | Mecklenburg |
| Ndb. | Niederbayern |
| Nds. | Niedersachsen |
| Obb. | Oberbayern |
| Öst. | Österreich |
| Pomm. | Pommern |
| Pr. (auch in Zusammensetzungen wie Ostpr.) | Preußen |
| Rhld. (auch in Zusammensetzungen wie Rhld.-Pfalz) | Rheinland |
| Schles. (auch in Zusammensetzungen wie Oberschles.) | Schlesien |
| Siebenb. | Siebenbürgen |
| Thür. | Thüringen |
| Vogtl. | Vogtland |
| Westf. | Westfalen |
| Württ. | Württemberg |

*USA-Bundesstaaten:*

| | |
|---|---|
| Conn. | Connecticut |
| Ill. | Illinois |
| Kalif. | Kalifornien |
| Mass. | Massachusetts |
| Mich. | Michigan |
| N. Y. (nur als Staat, nicht Stadt) | New York |
| Wash. | Washington |
| Wisc. | Wisconsin |

## ABKÜRZUNGEN UND SIGLEN

| | |
|---|---|
| AAB | Abh. d. Dt. (ab 1946; bis dahin Preuß.) Akad. d. Wiss. zu Berlin. Phil.-hist. Kl., 1804ff. |
| AAG | Abh. d. Königl. Gesellsch. d. Wiss., Göttingen |
| AAH | Abh. d. Heidelberger Akad. d. Wiss. Phil.-hist. Kl., 1913ff. |
| AAM | Abh. d. Bayer. Akad. d. Wiss. Phil.-hist. Kl.,1833ff., 1910ff. |
| ABäG | Amsterdamer Beiträge z. älteren Germanistik, Amsterdam 1972ff. |
| Abh. | Abhandlung(en) |
| ABnG | Amsterdamer Beiträge z. neueren Germanistik, Amsterdam 1972ff. |
| Abt. | Abteilung(en) |
| ADB | Allg. Dt. Biogr., 55 Bde., Reg.-Bd., 1875–1912 |
| Adelung | Allg. Gelehrten-Lex. v. C. G. Jöcher, Fortsetzung von J. C. Adelung u. H. W. Rotermund, 7 Bde., 1784–1879 |
| AfdA | Anzeiger für dt. Alt. u. dt. Lit., 1876ff. |
| AfK | Arch. für Kulturgesch., 1903ff. |
| AG | Acta Germanica. Kapstadt 1966ff. |
| AH | Analecta Hymnica Medii Aevi (hg. C. Blume, G. M. Dreves [u. H. M. Bannister]) 55 Bde., 1886–1922 (Nachdr. 1961; Register, hg. M. Lütolf, Bd. I/1, I/2, II, 1978) |
| ahd. | althochdeutsch |
| AION(T) | Istituto Universitario Orientale. Annali. Sezione Germanica. Studi Tedeschi, Neapel 1958ff. |
| Akad. | Akademie(n) |

| | |
|---|---|
| Albrecht-Dahlke | Internationale Bibliogr. z. Gesch. d. dt. Lit. v. d. Anfängen bis z. Ggw. unter Leitung u. Gesamtred. v. G. Albrecht u. G. Dahlke, 4 Tle., 1969-84 |
| allg. | allgemein |
| Alt. | Altertum |
| Altk. | Altertumskunde |
| Anh. | Anhang |
| Anm. | Anmerkung(en) |
| Ann. | Annalen, Annales, Annals, Annali |
| anon. | anonym |
| Anthol. | Anthologie(n) |
| Anz. | Anzeiger, Anzeigen |
| a.o. Prof. | außerordentl. Prof. |
| apl. Prof. | außerplanmäßige(r) Prof. |
| Arch. | Archiv |
| Archiv | Arch. f. d. Studium d. neueren Sprachen u. Literaturen, 1846ff. |
| ARG | Arch. f. Reformationsgesch., 1903ff. |
| ARW | Arch. f. Rel.wiss., 1898–1941/42 |
| AT | Altes Testament |
| Auff. | Aufführung(en) |
| Aufl. | Auflage(n) |
| Aufriß | Dt. Philol. im Aufriß, hg. W. Stammler, Nachdr. d. 2., überarb. Aufl., 3 Bde. u. 1Reg.bd., 1978 |
| Aufs. | Aufsatz, Aufsätze |
| Aufz. | Aufzeichnung(en) |
| AUMLA | AUMLA, Journal of the Australasian Universities Language and Literature Association, Christchurch 1953ff. |
| Ausg. | Ausgabe(n) |
| ausgew., Ausw. | ausgewählt, Auswahl |
| Ausz. | Auszug, Auszüge |
| Autorenlex. | Autorenlex. dt.sprachiger Lit. des 20. Jh.s (überarb. u. erw. Neuausg., hg. M. Brauneck) 1995. |
| BA | Books Abroad, 1–50 Norman/ Oklahoma 1927–76 (ab 51, 1977 u.d.T.: World Literary Today) |
| Baader | C. A. Baader, Lex. verstorbener bayer. Schriftst. d. 18. u. 19. Jh., 2 Bde., 1824–25 |
| Ball. | Ballade(n) |
| Bartsch-Golther | K. Bartsch, Dt. Liederdichter d. 12. bis 14. Jh. E. Ausw., 1864 (4. Aufl., besorgt v. W. Golther, 1901; Nachdr. 1966) |
| BB | Bayerische Bibl. Texte aus zwölf Jh., hg. H. Pörnbacher u. B. Hubensteiner, 5 Bde., 1978–1990 |
| Bd., Bde. | Band, Bände |
| BDL | Bibl. d. Dt. Lit. Mikrofiche-Gesamtausg. n. Angaben d. Taschengoedeke (bearb. A. Frey) 1995 (2., überarb. u. erw. Ausg. u. Suppl. 1, 1999; Suppl. 2, 2002-05) |
| bearb., Bearb. | bearbeitet, Bearbeiter(in), Bearbeitung |
| begr. | begründet |
| Beih. | Beiheft(e) |
| Beitr. | Beitrag, Beiträge |
| Bem. | Bemerkung(en) |
| Ber. | Bericht(e) |
| bes. | besonders |
| Betr. | Betrachtung(en) |
| Bez. | Bezirk |
| Bibl. | Bibliothek(en) Bibliot(h)eca, Bibliothèque |
| Bibliogr. | Bibliographie(n) |
| biogr., Biogr. | biographisch, Biographie(n) |
| Biogr.-Bibliogr. Kirchenlex. | Biogr.-Bibliogr. Kirchenlex., bearb. u. hg. F. W. Bautz, fortgeführt v. T. Bautz, Bd. 1ff., 1975ff. |
| Biogr. Jb. | Biogr. Jb. u. Dt. Nekrolog, hg. A. Bettelheim, 18 Bde., 1897–1917, 2 Reg.bde., 1908 u. 1973 |
| Bl. | Blatt, Blätter |
| Börsenbl. Leipzig | Börsenbl. f. d. Dt. Buchhandel, hg. v. Börsenverein d. Dt. Buchhändler zu Leipzig, 1834ff. (1945-1990: Zusatz «Leipzig») |
| Börsenbl. Frankfurt | Börsenbl. f. d. Dt. Buchhandel, Frankfurter Ausg. 1945–1990 |

| | |
|---|---|
| de Boor-Newald | Gesch. d. dt. Lit. v. d. Anfängen bis z. Ggw., hg. H. de Boor u. R. Newald, 1949ff. |
| Braune-Ebbinghaus | Ahd. Lesebuch v. W. Braune, fortgeführt v. K. Helm, bearb. v. E. A. Ebbinghaus, 17. Aufl., 1994 |
| Briefw. | Briefwechsel |
| Brunhölzl | F. Brunhölzl, Gesch. d. lat. Lit. d. MA, 2 Bde., 1975/92 |
| BSB | Bayerische Staatsbibliothek München |
| Bull. | Bulletin |
| Burl. | Burleske(n) |
| BWG | Biogr. Wb. z. dt. Gesch., 2. Aufl., hg. K. Bosl, G. Franz u. H. H. Hofmann, 3 Bde., 1973–75 |
| CD | Compact Disc |
| Chron. | Chronik(en) |
| CL | Comparative Literature, Eugene/Oregon 1949ff. |
| Cod. | Codex, Codices |
| CollGerm. | Colloquia Germanica, 1967ff. |
| Cramer | T. Cramer, Die kleineren Liederdichter d. 14. u. 15. Jh., 4 Bde., 1977–85 |
| d. | der, die, das (in allen Casus) |
| d. Ä. | d. Ältere |
| Daphnis | Daphnis, Zs. f. Mittlere Dt. Lit., 1972ff. |
| Darst. | Darstellung(en) |
| dass. | dasselbe |
| DB | Dt. Bücher, Amsterdam 1971ff. |
| DBE | Deutsche Biographische Enzyklopädie, hg. W. Killy u. R. Vierhaus, 13 Bde., 1995–2003; 2., überarb. u. erw. Ausg., hg. R. Vierhaus, 12 Bde., 2005–08 |
| dems. | demselben |
| Denecke-Brandis | D. Nachlässe in d. Bibl. d. Bundesrepublik Dtl., bearb. v. L. Denecke, 2. Aufl., völlig neu bearb. v. T. Brandis, 1981 |
| ders. | derselbe |
| Dg. | Dichtung(en) |
| Dial. | Dialog(e) |
| dies. | dieselbe(n) |
| Dir. | Direktor(in) |
| Diss. | Dissertation |
| d. J. | d. Jüngere |
| DL | D. dt. Lit. [...] Texte u. Zeugnisse, hg. W. Killy, 7 Bde., 1963–78 (Nachdr. 1988) |
| DLA | Dt. Lit.arch./Schiller-Nationalmus., Marbach |
| DLE | Dt. Lit. Slg. lit. Kunst- u. Kulturdenkmäler in Entwicklungsreihen, hg. H. Kindermann, 1928–50 (Nachdr. 1964–70) |
| DLZ | Dt. Lit.-Ztg., 1880ff. |
| DNL | Dt. National-Lit., hg. J. Kürschner, 1882–1899 |
| Doz. | Dozent |
| DR | Dt. Rundschau, 1874ff. |
| Dr. | Doktor |
| DSL | D. Schöne Lit., 1924ff. |
| dt., Dtl. | deutsch, Deutschland |
| Dt. biogr. Jb. | Dt. biogr. Jb., hg. H. Christern, 11 Bde., 1925–32, Reg.bd. 1986 |
| DU | D. Deutschunterricht, 1949ff. |
| durchges. | durchgesehen(e) |
| Dünnhaupt | G. Dünnhaupt, Personalbibliogr. zu d. Drucken d. Barock. 2., verb. u. wesentl. verm. Aufl. d. Bibliogr. Hdb. d. Barocklit., Bd. 1ff., 1990ff. |
| DVjs | Dt. Vjs. f. Lit.-wiss. u. Geistesgesch., 1923–44, 1949ff. |
| e. | einer, eine, eines (in allen Casus) |
| ebd. | ebenda |
| ed. | editio, edidit, ediert v., edited by |
| EG | Etudes germaniques, Paris 1946ff. |
| ehem. | ehemalig(er), ehemals |
| Ehrismann | G. Ehrismann, Gesch. der dt. Lit. bis zum Ausgang des MA, 4 Bde., 1918–35 |
| eig. | eigentlich |
| Einf. | Einführung(en) |

| | |
|---|---|
| eingel., Einl. | eingeleitet, Einleitung(en) |
| enth. | enthält, enthalten(d) |
| Ep. | Epos, Epen |
| Epigr. | Epigramm(e) |
| ErgBd., ErgBde. | Ergänzungsband, Ergänzungsbände |
| ErgH. | Ergänzungsheft(e) |
| Erinn. | Erinnerung(en) |
| Erl., erl. | Erläuterungen, erläutert |
| Ersch-Gruber | Allg. Encyclopädie d. Wiss. u. Künste, begr. v. J. S. Ersch u. J. G. Gruber, 167 Bde., 1818–89, unvollständiger Nachdr. 1969–92 |
| erw. | erweitert |
| Erz. | Erzähler, Erzählung(en) |
| Ess. | Essay(s) |
| Euph. | Euphorion. Zs. f. Lit.-gesch., 1894ff. |
| f. | für |
| f., ff. (nach Zahlen) | (u.) folgend(e) |
| F. | Folge |
| FA | Frankfurter Anthol., hg. M. Reich-Ranicki, 1976ff. |
| Fabula | Fabula. Zs. f. Erzählforsch., 1960ff. |
| Facs. | Facsimile, Faksimile |
| Fak. | Fakultät(en) |
| Fass. | Fassung |
| FdF | C. Faber du Faur, German Baroque Literature, New Haven, Bd. 1, 1958, Bd. 2, 1969 |
| FDH | Freies Dt. Hochstift – Frankfurter Goethemus., Frankfurt/M. |
| Feuill. | Feuilleton(s) |
| FH | Frankfurter H., Zs. f. Kultur u. Politik, 1946ff. |
| Forsch. | Forschung(en) |
| Forts. | Fortsetzung(en) |
| fragm., Fragm. | fragmentarisch, Fragment(e) |
| Frels | W. Frels, Dt. Dichterhss. 1400–1900, 1934 |
| FS | Festschrift, Festgabe |
| FU | Freie Univ. |
| GA | Gesamtabenteuer, hg. F. v. d. Hagen, 3 Bde., 1850 (Neudr. 1961; NA d. 1. Bd. 1968) |
| geb. | geborene |
| Geb.tag | Geburtstag |
| Ged. | Gedicht(e) |
| gedr. | gedruckt |
| gem. | gemeinsam |
| gen. | genannt |
| GermWrat | Germanica Wratislaviensia, Breslau 1957ff. |
| ges., Ges. | gesammelt(e), Gesammelte |
| Ges.- | Gesamt- |
| Gesch. | Geschichte |
| Gesellsch. | Gesellschaft |
| gg. | gegen |
| GGA | Göttingsche Gelehrte Anzeigen, 1739ff. |
| Ggw. | Gegenwart |
| GLL | German Life and Letters, Oxford 1936ff. |
| Goedeke | K. Goedeke, Grdr. z. Gesch. d. dt. Dg. aus den Quellen, 2. Aufl. 1884ff.; IV/1–5 3. Aufl. 1910ff.; NF 1955ff. |
| GQ | The German Quarterly, Menasha/Wisc. 1928ff. Appleton/Wisc. 1949ff. |
| GR | The Germanic Review, New York 1926ff. |
| Grdr. | Grundriß |
| GRM | Germanisch-Romanische Mschr., 1909–1943, NF 1950/51ff. |
| GSA | Goethe-Schiller-Archiv, Weimar |
| GSt.arch. | Geheimes Staatsarch. |
| H. | Heft(e) |
| HAB | Herzog August-Bibl., Wolfenbüttel |
| Habil. | Habilitation |
| Hall-Renner | M. G. Hall u. G. Renner, Hdb. d. Nachlässe u. Sammlungen öst. Autoren, 1992; 2., neu bearb. u. erw. Aufl. 1995 |
| HBLS | Hist.-Biogr. Lex. d. Schweiz, 7 Bde., 1921–34 |
| hd. | hochdeutsch |
| Hdb. | Handbuch, Handbücher |

| | |
|---|---|
| Hdb. Editionen | Hdb. d. Editionen. Dt.-sprach. Autoren v. Ausgang d. 15. Jh. bis z. Ggw. Bearb. v. W. Hagen, I. Jensen, E. u. H. Nahler, [2]1981 |
| Hdb. Emigration | Biograph. Hdb. d. dt.sprach. Emigration n. 1933. Hg. Inst. f. Zeitgesch., München, u. Research Foundation of Jewish Emigration. Inc., New York, 3 Bde., 1980–83 |
| HdG | Hdb. der dt. Ggw.-Lit., 3 Bde., hg. H. Kunisch u. a., [2]1969/70 |
| Heiduk | F. Heiduk, Oberschles. Lit.-Lex. Biograph.-bibliograph. Hdb., 3 Bde., 1990–2000 |
| hg., Hg. | herausgegeben (von), Herausgeber(in) |
| HHI | Heinrich-Heine-Inst., Düsseldorf |
| hist. | historisch |
| Hist. Wb. d. Rhetorik | Hist. Wb. d. Rhetorik, hg. G. Ueding, 1992ff. |
| hl. | heilig |
| HMS | Minnesinger. Ges. u. hg. F. H. v. d. Hagen, 7 Tle in 3 Bdn., 1838-56 (Neudr. 1963) |
| hs., Hs., Hss. | handschriftlich, Handschrift, Handschriften |
| HU | Humboldt-Univ. |
| HZ | Hist. Zs., 1859ff. |
| IASL | Internationales Arch. f. Sozialgesch. d. dt. Lit., 1976ff. |
| IG | Internationales Germanistenlex. 1800–1950, hg. u. eingel. C. König, 3 Bde., 2003 |
| illustr., Illustr. | illustriert, Illustration(en) |
| insbes. | insbesondere |
| Inscape | Inscape, Ottawa/Canada, 1959ff. |
| Inst. | Institut(e) |
| Interpr. | Interpretation(en) |
| Inventar | Inventar zu d. Nachlässen emigrierter dt.sprachiger Wissenschaftler in Arch. u. Bibl. d. Bundesrepublik Dtl., hg. K.-D. Lehmann, 2 Bde., 1993 |
| JASILO | Jb. d. Adalbert-Stifter-Inst. d. Landes Oberöst., 1994ff. |
| Jb. | Jahrbuch, Jahrbücher |
| Jb. Darmstadt | Dt. Akad. f. Sprache u. Dg., Darmstadt, Jb., 1953ff. |
| JbFDtHochst | Jb. d. Freien Dt. Hochstifts, 1920ff. |
| Jber. | Jahresbericht(e) |
| JEGP | The Journal of English and Germanic Philology, Urbana/Ill. 1897ff. |
| Jg. | Jahrgang, Jahrgänge |
| Jgdb. | Jugendbuch |
| Jh. | Jahrhundert(e) |
| Jöcher | C. G. Jöcher, Allg. Gelehrten-Lex., 4 Bde., 1750–87 |
| Jördens | K. H. Jördens, Lex. dt. Dichter u. Prosaisten, 6 Bde., 1806–11 |
| Kap. | Kapitel |
| Kat. | Katalog(e) |
| Kdb. | Kinderbuch |
| Killy | Lit. Lex. Autoren u. Werke dt. Sprache, hg. W. Killy, 15 Bde., 1988–1993 (2., vollständig überarb. Aufl., hg. W. Kühlmann, Bd. 1ff., 2008ff.) |
| Kl. | Klasse |
| KLG | Krit. Lex. z. dt.sprach. Ggw.lit., hg. H. L. Arnold, 1978ff. |
| KLL | Kindlers Lit.-lex., 7 Bde. u. Erg.bd., 1965–74 |
| KNLL | Kindlers Neues Lit. Lex., hg. W. Jens, 22 Bde., 1988–98 |
| Kom. | Komödie(n) |
| Komm.; komm. | Kommentar(e); kommentiert(e) |
| Kr. | Kreis |
| Kraus LD | C. v. Kraus, Dt. Liederdichter d. 13. Jh., I Text, 1952, II Kommentar (besorgt v. H. Kuhn), 1958 (2., v. G. Kornrumpf durchges. Aufl., 2 Bde., 1978) |
| Kt. | Kanton |
| Kussmaul | I. Kussmaul, D. Nachlässe u. Slg. d. DLA, 2 Bde., 1999 |

| | |
|---|---|
| LAL | G. Goetzinger, C.D. Conter u. a., Luxemburger Autorenlex., Mersch 2007 |
| lat. | lateinisch |
| LB | Landesbibl. |
| Lb., Lbb. | Lebensbild, Lebensbilder |
| LE | D. lit. Echo, 1898ff. |
| Leg. | Legende(n) |
| Lennartz | F. Lennartz, Dt. Schriftst. d. 20. Jh. im Spiegel d. Kritik, 3 Bde. u. Registerbd., 1984 |
| Lessing Yb. | Lessing Yearbook, 1969ff. |
| LeuvBijdr | Leuvense Bijdragen, Löwen 1910ff. |
| Lex. | Lexikon, Lexika |
| Lex. d. MA | Lex. d. MA, 9 Bde., 1980–98 |
| Lex. dt.-jüd. Autoren | Lexikon deutsch-jüdischer Autoren. Redaktionelle Leitung R. Heuer, Bd. 1ff., 1992ff. |
| LexKJugLit | Lex. d. Kinder- u. Jugendlit., hg. K. Doderer, 3 Bde. u. ErgBd., 1975–82 |
| LGL | Lex. d. dt.sprach. Ggw.lit. seit 1945, begr. v. H. Kunisch, fortgeführt v. H. Wiesner u.a., neu hg. T. Kraft, 2 Bde., 2003 |
| Libr. | Libretto, Libretti |
| LiLi | LiLi, Zs. f. Lit.-wiss. u. Linguistik, 1971ff. |
| Liliencron | R. v. Liliencron, D. hist. Volkslieder d. Dt., 4 Bde. u. Nachtrag, 1865–69 (Neudr. 1966) |
| lit., Lit. | literarisch, Literatur(en) |
| LitJB | Lit.-wiss. Jb. d. Görresgesellschaft, NF, 1961ff. |
| LK | Lit. u. Kritik, Öst. Monatsschr., 1966ff. |
| LöstE | S. Bolbecher, K. Kaiser, Lex. d. öst. Exillit., 2000 |
| Lsp. | Lustspiel |
| LThK | Lex. f. Theol. u. Kirche, 2. Aufl., 10 Bde. u. Reg., 1957–67; 3., völlig neu bearb. Aufl., 11 Bde., 1993–2001 |
| m. | mit |
| m.a. | mit andern |
| M. A. | Magister Artium, Master of Arts |
| MA, ma. | Mittelalter, mittelalterlich |

| | |
|---|---|
| MAL | Modern Austrian Literature, Binghamton/N. Y. 1968ff. |
| Manitius | M. Manitius, Gesch. d. lat. Lit. d. MA, 3 Tle., 1911–31 |
| Marienlex. | Marienlex., hg. R. Bäumer u. L. Scheffczyk, 6 Bde., 1988–94 |
| Mbl. | Monatsblatt, Monatsblätter |
| Metzler Lit. Chronik | V. Meid, Metzler Lit. Chron. [3]2006 |
| Meusel | J. G. Meusel, Lex. d. v. Jahre 1750 bis 1800 verstorbenen teutschen Schriftst., 15 Bde., 1802-16 |
| Meusel-Hamberger | G. C. Hamberger, J. G. Meusel, D. gelehrte Teutschland oder Lex. d. jetzt lebenden teutschen Schriftst., 5., verm. u. verb. Ausg., 23 Bde., 1796–1834 (Nachdr. 1965/66; Reg.bd. 1979) |
| MF | D. Minnesangs Frühling. 38., erneut revidierte Aufl., bearb. v. H. Moser u. H. Tervooren, 1988 |
| MG | Monumenta Germaniae historica inde ab a. C. 500 usque ad a. 1500, 1826ff. |
| MGG | D. Musik in Gesch. u. Ggw., hg. F. Blume, 17 Bde., 1949–86; 2., neu bearb. Ausg. hg. L. Finscher, Personentl., 17 Bde. u. 1 Suppl.bd., 1999–2008 |
| MGS | Michigan Germanic Studies, Ann Arbor/Mich., 1975ff. |
| mhd. | mittelhochdeutsch |
| MignePL | Patrologiae cursus completus, series latina, hg. J. P. Migne, Paris 1844ff. |
| MIÖG | Mitt. d. Inst. f. öst. Gesch.-forsch., 1880ff. |
| Mitarb. | Mitarbeit(er, -erin) |
| Mitgl. | Mitglied(er) |
| Mitt. | Mitteilung(en) |
| mlat. | mittellat. |
| MLN | Modern Language Notes, Baltimore/Maryland 1886ff. |
| MLQ | Modern Language Quarterly, Seattle/Wash. 1940ff. |
| mnd. | mittelniederdeutsch |
| m.n.e. | mehr nicht erschienen |

| | |
|---|---|
| mnl. | mittelniederländisch |
| Mommsen | W. A. Mommsen, D. Nachlässe in d. dt. Arch. (mit Ergänzungen aus anderen Beständen). Bearb. im Bundesarch. in Koblenz, 2 Tle., 1971 u. 1983 (wird nach Nrn. zitiert) |
| Monatshefte | Monatshefte (f. d. dt. Unterricht, dt. Sprache u. Lit.), Madison/Wisc. 1899ff. |
| Monogr. | Monographie(n) |
| Morvay-Grube | K. Morvay, D. Grube, Bibliogr. d. dt. Predigt d. MA, 1974 |
| Ms., Mss. | Manuskript, Manuskripte |
| Mschr. | Monatsschrift |
| MSD | K. Müllenhoff, W. Scherer (Hg.), Denkmäler Dt. Poesie u. Prosa aus d. 8. bis 12. Jh., 1864 (3. Aufl. bearb. v. E. Steinmeyer, 2 Bde., 1892; Neudr. 1964) |
| Msp. | Märchenspiel |
| Munzinger-Arch. | Internationales Biographisches Archiv. IBA Munzinger-Archiv, 1975ff. |
| Mus. | Museum |
| | |
| n. | nach |
| NA | Neuauflage |
| Nachdr. | Nachdruck(e) |
| Nachlässe DDR | Gelehrten- u. Schriftstellernachlässe in d. Bibl. d. Dt. Demokrat. Republik, 3 Tle., 1959–71 (wird nach Tln. u. Nrn. zitiert) |
| Nachr. | Nachricht(en) |
| Nachtr. | Nachtrag, Nachträge |
| Nachw. | Nachwort |
| Nat.mus. | Nationalmuseum |
| NDB | Neue Dt. Biogr., 1953ff. |
| NDH | Neue Dt. Hefte, 1954ff. |
| NDL | Neue Dt. Lit., 1953ff. |
| nds. | niedersächsisch |
| ndt. | niederdt. |
| Neoph. | Neophilologus, Groningen 1951ff. |
| Neudr. | Neudruck(e) |
| Neudrucke | Neudr. dt. Lit.werke d. XVI. u. XVII. Jh., begr. v. W. Braune, fortgeführt u. hg. v. E. Beutler, 1876ff. |
| Neumeister-Heiduk | E. Neumeister, De Poetis Germanicis, hg. F. Heiduk in Zus.arbeit mit G. Merwald, 1978 |
| NF | Neue Folge |
| NGS | New German Studies, Hull 1973ff. |
| nhd. | neuhochdeutsch |
| NHdG | Neues Hdb. d. dt. Ggw.lit. seit 1945, begr. v. H. Kunisch. Hg. D.-R. Moser, aktualis. Ausg. 1993 |
| NLit | Die Neue Literatur, 1931ff. |
| NM | Neuphilol. Mitt., Helsinki 1899ff. |
| NN | Neuer Nekrolog d. Deutschen, hg. A. Schmidt, B. F. Voigt, 30 Bde., 1824–56 |
| Nov. | Novelle(n) |
| NR | (Die) Neue Rundschau, 1904ff., 1910ff. |
| Nr. | Nummer |
| NS | Neue Serie, Nova Series, New Series, Nouvelle Série, Nuova Seria |
| NSR | Neue Schweizer Rundschau, 1922ff. |
| NT | Neues Testament |
| | |
| ÖBL | Öst. Biogr. Lex. 1815–1950, 1957ff. |
| ÖGL | Öst. in Gesch. u. Lit., 1957ff. |
| ÖNB | Öst. National-Bibl. |
| öst., Öst. | österreichisch, Österreich |
| Öst. Katalog-Lex. | Katalog Lex. z. öst. Lit. des 20. Jh. (hg. G. Ruiss) 1995 |
| o. J. | ohne Jahr |
| OL | Orbis Litterarum, Kopenhagen 1943ff. |
| OM | Mitt. d. Ver. f. Gesch. u. Landeskunde v. Osnabrück, 1848ff. |
| o. Prof. | ordentliche(r) Prof. |
| | |
| Par. | Parodie(n) |

| | |
|---|---|
| PBB(Halle) | Beitr. zur Gesch. der dt. Sprache u. Lit. Begr. v. H. Paul u. W. Braune, Halle 1874ff. (ab 1955: Zusatz «Halle») |
| PBB Tüb. | Beitr. zur Gesch. der dt. Sprache u. Lit., Tübingen 1955ff. |
| PEGS | Publ. of the English Goethe Society, Leeds 1886–1912, NS 1924ff. |
| PH | Pädagog. Hochschule |
| Philol. | Philologie |
| philos., Philos. | philosophisch, Philosophie |
| Plaud. | Plauderei(en) |
| PMLA | Publications of the Modern Language Association of America, Menasha/Wisc. 1884ff. |
| Poetica | Poetica. Zs. f. Sprach- u. Lit.-wiss. Amsterdam 1969ff. |
| PP | Philologica Pragensia, Prag 1958ff. |
| PQ | Philological Quarterly, Iowa City 1922ff. |
| Präs. | Präsident(in) |
| Prof. | Professor(in) |
| Progr. | Programm(e) |
| Prov. | Provinz |
| Ps. | Pseudonym(e) |
| Publ. | Publikation(en), Publication(s) |
| Pyritz | Bibliogr. z. dt. Lit.gesch. d. Barockzeitalters. Begr. v. H. Pyritz, fortgeführt u. hg. v. I. Pyritz, 3 Bde., 1985–94 |
| Qschr. | Quartalsschrift(en) |
| R. | Reihe(n) |
| Raabe, Expressionismus | P. Raabe, D. Autoren u. Bücher d. lit. Expressionismus. E. bibliogr. Hdb. In Zus.arbeit mit I. Hannich-Bode, 2., verb. Aufl., 1992 |
| RE | Realencyklopädie f. protestant. Theol. u. Kirche, hg. A. Hauck, 3. Aufl., 24 Bde., 1896–1913 |
| red., Red. | redigiert, Redaktion, Redakteur(in) |
| Redlich | M. Redlich, Lex. dt.baltischer Lit. Eine Bibliogr., 1989 |
| Reg. | Register |
| Rel., rel. | Religion, religiös |
| Renner | G. Renner, D. Nachlässe in d. Bibl. u. Museen d. Republik Österreich, 1993 |
| Rep. | Reportage(n) |
| Rev. | Revue, Review |
| RG | Recherches Germaniques, Straßburg 1971ff. |
| RGG | Die Religion in Gesch. u. Ggw., 3. Aufl., 6 Bde., 1957–62; 4., völlig neu bearb. Aufl., 8 Bde., 1998–2005. |
| Riemann | H. Riemann, Musiklexikon. 12., völlig neubearb. Aufl. in 3 Bden., hg. W. Gurlitt, H. H. Eggebrecht, Personenteil Bd.1 u. 2, 1959–61, ErgBde., hg. C. Dahlhaus, 2 Bde., 1972–75 |
| RL | Reallexikon d. dt. Lit.-Gesch., hg. P. Merker u. W. Stammler, 1. Aufl., 4 Bde., 1925–31; 2., neubearb. Aufl. hg. W. Kohlschmidt u. W. Mohr, 5 Bde., 1955–88; 3., neubearb. Aufl. hg. K. Weimar u. H. Fricke, 1997ff. |
| RLC | Revue de littérature comparée, Paris 1921ff. |
| Rohnke-Rostalski | Lit. Nachlässe in Nordrh.-Westf. E. Bestandsaufnahme (bearb. v. D. Rohnke-Rostalski, hg. E. Niggemann) 1995 |
| Rom. | Roman(e) |
| Rs. | Rundschau |
| RSM | Repertorium d. Sangsprüche u. Meisterlieder d. 12. bis 18. Jh., hg. H. Brunner, B. Wachinger, 1985ff. |
| s. | sein (in allen Casus) |
| S. | Seite(n) |
| SAB | Sb. d. Dt. (ab 1946; bis dahin Preuß.) Akad. d. Wiss. zu Berlin. Phil.-hist. Kl., 1882ff. |
| SAM | Sb. d. Bayer. Akad. d. Wiss. Phil.-hist. Abt., 1860ff. |

| | |
|---|---|
| Saur Allg. Künstler-Lex. | Saur Allgemeines Künstler-Lexikon. Die Bildenden Künstler aller Zeiten u. Völker, Bd. 1ff., 1991ff. |
| SB | Staatsbibl. |
| Sb. | Sitzungsbericht(e) |
| SBPK | Staatsbibl. zu Berlin Preuß. Kulturbesitz |
| SchillerJb. | Jb. d. Dt. Schillergesellsch., 1957ff. |
| Schmidt, Quellenlex. | H. Schmidt, Quellenlex. z. dt. Lit.gesch., 3., überarb. u. erw. Aufl., 34 Bde., 1994–2003 |
| Schmutz-Pfister | A. Schmutz-Pfister, Repertorium d. hs. Nachlässe in d. Bibl. u. Arch. d. Schweiz, 2., stark erw. Aufl., bearb. v. G. Knoch-Mund, 1992 (wird nach Nrn. zitiert) |
| Schottenloher | K. Schottenloher, Bibliogr. z. dt. Gesch. im Zeitalter der Glaubensspaltung 1517–1585, 7 Bde., 1952–66 |
| Schr. | Schrift(en) |
| Schriftst. | Schriftsteller(in) |
| Schw. | Schwank, Schwänke |
| schweiz. | schweizerisch |
| SdZ | Stimmen d. Zeit, 1914ff. (Stimmen aus Maria Laach, 1869–1914) |
| Seminar | Seminar. A Journal of Germanic Studies, Toronto 1965ff. |
| sep. | separat |
| Slg. | Sammlung(en) |
| SN | Studia Neophilologica, Uppsala 1928ff. |
| sog. | sogenannt |
| Sommervogel | C. Sommervogel, Bibliothèque de la Compagnie de Jésus, 12 Bde., Brüssel 1890–1932 |
| Son. | Sonett(e) |
| Sp. | Spiel(e) |
| Spalek | Dt. Exillit. seit 1933 (hg. J. M. Spalek u.a.) Bd. 1ff., 1976ff. |
| Spalek/Hawrylchak | J. M. Spalek, S. H. Hawrylchak, Guide to the Archival Materials of the German-Speaking Emigration to the United States after 1933, 4 Bde., 1978–97 |
| SPIEL | Siegener Periodicum z. Internat. Empir. Lit.-wiss., 1982ff. |
| SR | Schweizerische Rundschau, 1900ff. |
| St. | Stück(e) |
| StB | Stadtbibl. |
| StLB | Stadt- u. Landesbibl. |
| StUB | Stadt- u. Univ.bibl. |
| Stud. | Studium, Studie(n) |
| StudiGerm | Studi Germanici, Rom 1963ff. |
| SUB | Staats- u. Univ.bibl. |
| SuF | Sinn u. Form, 1949ff. |
| Suppl. | Supplement(e) |
| Sz. | Szene(n) |
| Tb. | Taschenbuch |
| TH | Techn. Hochschule |
| Theater-Lex. | W. Kosch, Dt. Theater-Lex. Biogr. u. bibliogr. Hdb., Bd.1ff., 1953ff. |
| Theol. | Theologie |
| Thieme-Becker | U. Thieme u. F. Becker, Allg. Lex. der bildenden Künstler v. der Antike bis zur Ggw., 37 Bde., 1907–1950 |
| TirLit | Lex. Lit. in Tirol, hg. A. Unterkircher u. C. Riccabona (Forschungsinst. Brenner-Arch., Innsbruck; Internet-Edition) 2006ff. |
| Tl., Tle. | Teil, Teile |
| Tr. | Tragödie(n), Trauerspiel(e) |
| TRE | Theolog. Realenzyklopädie, 36 Bde., 1977–2005 |
| Tril. | Trilogie |
| TU | Techn. Univ. |
| TuK | Text u. Kritik, 1963ff. |
| tw. | teilweise |
| u. | und |
| u.a. | und andere, unter anderem |
| u.ä. | und ähnliche(s) |
| UB | Univ.bibl. |
| u. d. T. | unter dem Titel |

| | |
|---|---|
| überarb. | überarbeitet(e) |
| überl., Überl. | überliefert, Überlieferung |
| übers., Übers. | übersetzt, Übersetzer(in), Übersetzung(en) |
| übertr., Übertr. | übertragen, Übertragung(en) |
| unbek. | unbekannt |
| Univ. | Universität(en), Université, University |
| Unters. | Untersuchung(en) |
| u.ö. | u. öfter |
| urspr. | ursprünglich |
| usw. | und so weiter |
| v. | von, vom |
| v. a. | vor allem |
| VASILO | Adalbert Stifter-Inst. des Landes Oberöst., Vjs., 1952–92; Forts. siehe JASILO |
| Vbdg. | Verbindung |
| VD 16 | Verz. im dt. Sprachbereich erschienener Drucke d. 16.Jh., bearb. I. Bezzel, 25 Bde., 1983–2000 |
| Ver. | Verein(e), Vereinigung(en) |
| verb. | verbessert |
| Verf. | Verfasser(in) |
| verh. | verheiratet |
| verm. | vermehrt |
| veröff., Veröff. | veröffentlicht, Veröffentlichung(en) |
| versch. | verschieden(e, es) |
| Verz. | Verzeichnis(se) |
| Vgh. | Vergangenheit |
| vgl. | vergleiche |
| Vjs. | Vierteljahresschrift |
| VL | D. dt. Lit. d. MA. Verfasserlex., hg. W. Stammler u. K. Langosch, 5 Bde., 1933–1955; 2., völlig neu bearb. Aufl., hg. K. Ruh, G. Keil u.a., 13 Bde., 1977–2007 |
| Volksk. | Volkskunde |
| Vollmer | H. Vollmer, Allg. Lex. d. bildenden Künstler d. 20. Jh., 5 Bde., 1953–61 |
| Vorw. | Vorwort |
| wahrsch. | wahrscheinlich |
| Wall | R. Wall, Lex. dt.sprachiger Schriftstellerinnen im Exil 1933 bis 1945 (überarb. u. aktualisierte NA) 2004 |
| Wb. | Wörterbuch |
| WB | Weimarer Beitr., 1955ff. |
| WBN | Wolfenbütteler Barock-Nachr., 1974ff. |
| Westfäl. Autorenlex. | Westfäl. Autorenlex. 1750 bis 1800, hg. u. bearb. v. W. Gödden u. I. Nölle-Hornkamp, Bd. 1: 1750–1800, 1993; Bd. 2: 1800-1850, 1994; Bd. 3: 1850-1900, 1997; Bd. 4: 1900-1950, 2002 |
| WirkWort | Wirkendes Wort, 1950/1951ff. |
| wiss., Wiss. | wissenschaftlich, Wissenschaft(en) |
| Ws. | Wochenschrift |
| WSB | Sb. d. Akad. d. Wiss. zu Wien, Phil.-hist. Kl., 1848ff. |
| Wurzbach | C. v. Wurzbach, Biogr. Lex. des Kaisertums Öst., 60 Bde., 1856–91 |
| WW | Welt u. Wort, 1946ff. |
| WZ | Wiss. Zs. |
| z. | zu, zum, zur |
| zahlr. | zahlreiche |
| z. B. | zum Beispiel |
| ZDU | Zs. f. dt. Unterricht, 1887–1919 |
| Zedler | Großes vollständiges Universal-Lex. aller Wiss. u. Künste, 64 Bde. u. 4 Suppl.bde., 1732–54, Nachdr. 1993ff. |
| ZfdA | Zs. f. dt. Alt. u. dt. Lit., 1876ff. (Zs. f. dt. Alt., 1841–76) |
| ZfdPh | Zs. f. dt. Philol., 1869ff. |
| Zs. | Zeitschrift(en) |
| Ztg. | Zeitung(en) |
| zus. | zusammen |
| zw. | zwischen |
| z. Z. | zur Zeit |

Ferner werden zur Raumersparnis Endungen weggelassen, wo sie leicht ergänzt werden können (polit. für politisch, geistl. für geistlich usw.)

⋆ = geboren † = gestorben → = siehe ~ steht unter «Literatur» anstelle des Stichworts

Bei Verweisen auf Artikel in den Ergänzungsbänden wird die Bandzahl des betreffenden Bandes angegeben, Verweise auf Artikel im Hauptalphabet enthalten diese Angaben nicht.

## INITIALEN DER MITARBEITERINNEN UND MITARBEITER

| | |
|---|---|
| AW | Anke Weschenfelder |
| CM | Christoph Michel |
| HJB | Hansjürgen Blinn |
| HP | Hans Pörnbacher |
| IB | Ingrid Bigler-Marschall |
| MK | Manfred Knedlik |
| ML | Margrit Lang |
| MT | Maria Tischler |
| PT | Paul Tischler |
| RM | Reinhard Müller |
| WK | Wulf Kirsten |

**Wedekind,** Anton Christian, * 14. 5. 1763 Visselhövede/Nds., † 14. 3. 1845 Lüneburg; Sohn e. Amtsvogts, studierte seit 1782 Jura in Helmstedt u. Göttingen, 1786–90 Amtsadvokat in Hannover, 1790–93 Gerichtsschreiber in d. Grafschaft Hohnstein/Harz, 1793–1842 zuerst Amtsschreiber, später Amtmann u. Oberamtmann des Klosters St. Michaelis in Lüneburg. Da ihm d. Ordnung des Klosterarch. übertragen wurde, studierte er hist. Hilfswiss., s. Fachaufs. erschienen u. a. im «Hannover. Magazin» u. im «Vaterländ. Arch.». Seit 1818 korrespondierendes Mitgl., 1837 Ehrenmitgl. d. königlichen Gesellsch. d. Wiss. in Göttingen, 1840 Dr. h. c. der philos. Fak. d. Univ. Jena u. d. jurist. Fak. d. Univ. Göttingen. 1826 richtete er e. nach ihm benannte, von d. Göttinger Gesellsch. d. Wiss. verwaltete Stiftung ein, um hist. Stud. zu fördern.

*Schriften* (Ausw.): Kleine Beiträge zur Hannöverschen Dramaturgie. 1. H., 1.–4. Stück, 1789 (anon.; mit e. Nachw. hg. M. RECTOR, 2000); Denkwürdigkeiten der neuesten Geschichte in chronologischer Übersicht, 1801 (Zusätze u. Verbesserungen bis Ende März 1804, 1804; 3., umgearb. u. stark verm. Aufl. 1808); Der Friedens-Traktat von Lunéville (Französ. u. Teutsch mit Reminiscenzen, hg.) 1801; Chronologisches Handbuch (der neuern Geschichte). I Von Friedrich's II. Regierungsantritt bis zum Preßburger Frieden 1740–1805, II Von dem Frieden zu Preßburg bis zum Pariser Frieden 1805–1815, 1815 u. 1817; Chronologisches Handbuch der Welt- und Völkergeschichte, 1812 (2., verm. Aufl. 1814; neue Ausg. der 2. Aufl. u. d. T.: Handbuch der Welt- und Völkergeschichte in gleichzeitiger Übersicht, mit der Fortsetzung aus den Jahren 1815 bis 1824, 1824); Jahrbuch für die Hanseatischen Departements insbesondere für das Departement der Elb-Mündungen (hg.) 1812; Welthistorische Erinnerungsblätter, 1814 (2., umgearb. Ausg. 1845); Die Eingänge der Messen = introitus missarum. Ein Beitrag zur Chronologie, beiläufig über Urkunden, Archive und den Tribus Buzici, 1815; Verhaft und Befreyung der hundert Einwohner Lüneburgs, im Monat April 1813, 1815; Hermann Herzog von Sachsen. Erste Vorarbeit zur Geschichte des Königreichs Hannover, 1817; Feronia. Auswahl schöner Stellen aus deutschen Schriften (hg.) 1829; Noten zu einigen Geschichtsschreibern des deutschen Mittelalters, 3 Bde., 1823 u. 1835/36.

*Literatur:* Meusel-Hamberger 16 (1812) 161; 21 (1827) 389; NN 23 (1847) 1113; ADB 41 (1896) 392; DBE [2]10 (2008) 455. – C. T. GRAVENHORST, ~ [...] Glückwunschged. für ~, [...] z. 50-jährigen Amtsjubiläum [...], 1840; D. BROSIUS, ~ (1763–1845). E. biogr. Skizze (in: Rotenburger Schr., H. 59) 1983; DERS., D. ‹Kleinen Beitr. z. Hannöver. Dramaturgie› u. ihr Hg. (1763–1845) (in: Hannover. Geschichtsblätter 51) 1997. IB

**Wedekind,** Beate, * 13. 4. 1951 Duisburg; Abitur u. Lehre als Bankkauffrau, zwei Jahre Stewardess bei der Fluggesellsch. Condor, ein Jahr Kontakterin bei e. Werbeagentur, 1975–77 Entwicklungshelferin in Äthiopien, 1978/79 Sekretärin u. Übers. an der FU Berlin, 1979–81 Volontariat bei d. Berliner Ztg. «D. Abend», danach Lokalred. bei d. «Bild»-Ztg. in Berlin, seit 1982 beim Burda-Verlag in Offenburg sowie Red. u. Kolumnistin bei d. Illustrierten «Bunte», seit 1986 Moderatorin d. Sendung «Mein Rendezvous» beim Zweiten Dt. Fernsehen, seit 1988 in Abfolge Chefred. v. «Elle», «Ambiente» u. «Bunte», seit 1993 Leiterin v. «Gala»; führt e. Galerie u. e. Eventagentur in Berlin, lebt ebd. u. auf Ibiza; Erzählerin u. Biographin.

*Schriften:* New York Interiors = Intérieurs new-yorkais (engl.-französ.-dt., ed. A. TASCHEN) 1997; Alpen-Interieurs = Alpine Interiors (engl.-französ.-dt., ed. DIES.) 1998; Um jeden Preis (Rom.) 1998; Mountain Interiors = Intérieurs des montagnes (engl.-französ.-dt., ed. DIES.) 2003; Susanne Juhnke. In guten und in schlechten Tagen (mit S. JUHNKE) 2003 (Tb.ausg. 2004); Nagaya heißt Frieden. Karlheinz Böhm und seine Äthiopienhilfe Menschen für Menschen (Fotos M. Zumbansen) 2006; Fett weg! Die Biografie meines Körpers, 2008; Karlheinz Böhm. Mein Leben: Suchen, Werden, Finden. Die Autobiografie (aufgezeichnet) 2008.

*Literatur:* Munzinger-Archiv. AW

**Wedekind,** Christoph Friedrich (Ps. Wittekind[us]; Vittequin; Crescentius Koromandel); * 15. 4. 1709 Schloß Ricklingen bei Wunstorf/Nds., † 3. 10. 1777 Kiel; Sohn e. Pfarrers, besuchte d. Schulen in Hildesheim u. Ilfeld, studierte d. Rechte in Rinteln oder Jena, 1729 Dr. iur. Helmstedt, 1735–38 als Hofmeister in Altdorf immatrikuliert, unternahm Stud.reisen nach Frankreich, Italien u. Süd-Dtl., ab 1745 Regimentssekretär u. jurist. Berater beim Prinzen Georg Ludwig v. Holst.-Gottorp u. ab 1763 bei dessen Bruder Friedrich August, lebte seit 1752 in Eutin, später in Kiel, Hofrat, 1753 Mitgl. d. Dt. Gesellsch. in Göttingen; Lyriker, s. Ged. «Der Krambambulist» wurde z. Volkslied.

*Schriften:* Der Krambambulist. Ein Lob-Gedicht über die gebrannten Wasser im Lachß zu Dantzig, 1745; Koromandel's nebenstündiger Zeitvertreib in Teutschen Gedichten, 1747.

*Literatur:* ADB 43 (1898) 605; Killy 12 (1992) 173; DBE ²10 (2008) 455. – A. KOPP, ~, d. Krambambulist (in: Altpreuß. Mschr. 32) 1895; O. DENEKE, Koromandel – ~, d. Dichter d. Krambambuli-Liedes, 1922 (mit Abdr. d. Liedes, Bibliogr. u. Drucküberlieferung). RM

**Wedekind,** Donald (Lenzelin), * 4. 11. 1871 Hannover, † 4. 6. 1908 Wien (Freitod); Bruder v. Frank → W., Sohn v. Emilie Friederike → W.-Kammerer, brach das Gymnasium ab u. begann e. kaufmänn. Lehre in Livorno u. Burgdorf/Kt. Bern, 1889 Amerikareise. 1890–92 Schulbesuch in Solothurn u. 1892 Matura. Anschließend in Rom, Konversion zum Katholizismus u. mißlungener Versuch, in e. Jesuitenkloster einzutreten. Studierte dann Jura in Genf, kurze Zeit Hauslehrer in Frankreich, hernach auf Reisen, schrieb Nov. u. Reiseskizzen für Ztg., u. a. für den Berner «Bund» u. die «Zürcher Post». 1898 Mitarb. am «Simplicissimus» u. Dramaturg am Hoftheater München, dann kurze Zeit am Stadttheater Zürich. Lebte als Bohémien meist in Berlin u. Zürich, wo er 1906–08 am «Zürcher Theater-, Konzert- und Fremdenbl.» beschäftigt war.

*Schriften:* Das rote Röckchen, 1895 (3. Aufl. u. d. T.: Bébé Rose (Das rote Röckchen). 24 Erzählungen und Skizzen, 1904); M. Prévost, Flirt (einzig autorisierte Übers. aus d. Französ.) 1900; Ultra montes (Rom.) 1902; Oh, mein Schweizerland! Novellen und Erinnerungen, 1905; Schloß Lenzburg in Geschichte und Sage, 1956; Der gefundene Gürtel, 1985; Der Kandidat am goldenen Tor und andere erotische Geschichten (mit e. Nachw. v. L. JÄGER) 1992.

*Literatur:* Biogr. Jb. 13 (1910) *97; Theater-Lex. 5 (2004) 3043; DBE ²10 (2008) 455. – Biogr. Lex. des Aargaus (Red.: O. MITTLER, G. BONER) 1958; F. H. BERTSCHINGER, Dr. med. Friedrich Wilhelm Wedekind u. s. Söhne. Polit. Briefe u. Geschäftsbücher (um 1848) von Dr. med. F. W. W. u. Briefw. zw. s. Söhnen Armin u. ~ (Diss. Zürich) 2001; A. REGNIER, Du auf deinem höchsten Dach. Tilly Wedekind u. ihre Töchter. Eine Familienbiogr., 2003 (Tb.ausg. 2005); D. dt.sprachige Presse. Ein biogr.-bibliogr. Hdb. 2 (bearb. v. b. JAHN) 2005; Große Bayer. Biogr. Enzyklopädie 3 (hg. H.-M. KÖRNER) 2005. IB

**Wedekind,** Edgar (Léon Waldemar Otto), * 31. 1. 1870 Altona, † 22. 10. 1938 Erfurt; studierte 1890/91 Naturwiss. in Tübingen u. 1891–95 in München, 1893 Assistent am chem. Laboratorium d. Akad. d. Wiss. ebd., 1895 Dr. phil. München u. Assistent am organ. chem. Laboratorium d. polytechn. Inst. in Riga, 1899 Habil. u. Privatdoz. in Tübingen, 1904 a. o. Prof. ebd., 1909–19 Prof. in Straßburg, dazw. während d. 1. Weltkriegs vorübergehend in Frankfurt/M., seit 1929 o. Prof. u. Dir. d. chem. Inst. an der Forstl. Hochschule in Hannoversch Münden, zudem Lehrauftrag u. 1933 Honorarprof. an d. Univ. Göttingen; Fachschriftenautor.

*Schriften* (Ausw.): Magnetochemie. Beziehungen zwischen magnetischen Eigenschaften und chemischer Natur, 1911; Stereochemie (2., umgearb. u. verm. Aufl.) 1914 (3., umgearb. u. verm. Aufl. 1923); Einführung in das Studium der organischen Chemie für Studierende der Chemie, Medizin, Pharmazie, Naturwissenschaft, Forstwissenschaft usw., 1926; Chemie und Forstwissenschaft. Chemotherapie des Waldes (Akadem. Festrede [...] an d. Forstl. Hochschule Hannoversch Münden) 1929; Chemie im Dienste der Wehr- und Kriegstechnik (Vortrag) 1936.

*Literatur:* DBE ²10 (2008) 455. – J. C. POGGENDORFF, Biogr.-lit. Handwb. f. Mathematik [...] (Red. P. WEINMEISTER) Bd. V: 1904–1922, T. 2, 1926 u. Bd. VI: 1923–1931, T. 4, 1939. AW

**Wedekind,** Eduard, * 16. 8. 1805 Osnabrück, † 14. 11. 1885 Arnstadt/Thür.; besuchte d. protestant. Gymnasium in Osnabrück, studierte d. Rechte in Göttingen, Berlin u. wieder in Göttingen, 1. u. 2. Staatsexamen, befreundet mit (Christian Johann) Heinrich → Heine, Auditor u. a. in Melle, 1831 Supernumerar-Assessor im Amt Esens/Ostfriesl., 1832 Bürgermeister v. Esens, königl. Badekommissar auf Norderney, 1840 Abgeordneter d. Stadt Esens in d. Ständevertretung, wurde 1841 aus polit. Gründen nach Gieboldehausen/Eichsfeld strafversetzt, 1846 Versetzung nach Bruchhausen bei Bremen, 1848 Deputierter in d. Frankfurter Nationalverslg. u. Mitgl. d. Vorparlaments, 1852

Amtsrichter in Lüneburg, 1864 Advokat in Uslar, Dr. iur. Göttingen, lebte seit 1883 in Arnstadt.

*Schriften* (Fachschr. in Ausw.): Abälard und Heloise (Dr.) 1831 (anon.); Prometheus (Dr.) 1836 (anon.; 2. Aufl. 1838 mit Verf.name); T. W. Boxtermann, Werke (hg.) 1841; Ein Leben (Ged.) 1852; Zur Reform des Meierrechts, 1861; Gebrüder Schickler. Roman aus dem modernen Leben, 1861; Wiener Briefe an deutsche Freunde, 1863; Studentenleben in der Biedermeierzeit. Ein Tagebuch aus dem Jahre 1824 (hg. u. komm. H. H. Houben) 1927. (Ferner ungedr. Bühnenstücke.)

*Nachlaß:* Privatbesitz; SUB Göttingen; StUB Frankfurt/Main. – Denecke-Brandis 400.

*Literatur:* Biogr. Lex. f. Ostfriesland 2 (hg. M. Tielke) 1997. RM

**Wedekind,** Frank (eigentl. Benjamin Franklin; Ps. Hugo Frh. v. Trenck, Frank Querilinth, Cornelius Mine-Haha, Ahasver, Hieronymus Jobs, Kaspar Hauser, Müller von Bückeburg, Tschingiskhan u. a.), * 24. 7. 1864 Hannover, † 9. 3. 1918 München; Sohn des Arztes Dr. Friedrich Wilhelm W. u. s. Gattin Emilie → W.-Kammerer. D. Familie übersiedelte auf d. vom Vater 1872 gekaufte Schloß Lenzburg/Kt. Aargau. Schulbesuch in Lenzburg u. Aarau, Gründung des Schülerzirkels «Senatus Poeticus oder Dichterbund» (mit Walter Laué, Adolf → Vögtlin u. Oskar Schibler). 1879 schrieb W. d. Kinderbuch «Der Hänseken» für die jüngste Schwester Emilie, mit Zeichnungen s. Bruders Armin, im Sommer 1881 Schäfergedichte (1908 veröff. in «Felix und Galathea»). Intensive Goethe- u. Heinelektüre sowie Diskussionen über d. Philos. des Pessimismus mit s. «philos. Tante», d. Schriftst. Olga Plümacher. Ab 1883 Beziehung z. «erot. Tante» Bertha Jahn. Zu Ostern 1884 Matura, erste selbständige Veröff., im Sommersemester 1884 Stud. d. Germanistik u. französ. Lit. in Lausanne, ab d. Wintersemester (auf Wunsch des Vaters) Jurastud. in München. Kontakt mit Michael Georg → Conrad u. Freundschaft mit Karl (Friedrich) → Henckell. 1886 Bruch mit d. Vater. November 1886 bis April 1887 (bis Juli noch als freier Mitarb.) Vorsteher des Reklame- u. Pressebüros der Firma Maggi & Co. in Kemptthal bei Winterthur, Mitarb. d. «Neuen Zürcher Ztg.». Durch Henckell Kontakt z. Zürcher Kreis «Das junge Dtl.» um Gerhart → Hauptmann. September 1887 Aussöhnung mit dem Vater u. Wiederaufnahme des Jurastud. in Zürich. Nach dem plötzlichen Tod des Vaters (Okt. 1888) Abbruch d. Studiums, lebte in Lenzburg, 1889 in Berlin, Kontakte zum «Friedrichshagener Kreis» u. zu Otto Erich → Hartleben, Anfang Juli Übersiedlung nach München. Mitgl. d. «Gesellsch. für modernes Leben», Bekanntschaft mit Otto Julius → Bierbaum, Oskar → Panizza, Hanns v. → Gumppenberg u. Freundschaft mit d. Musiker Hans Richard Weinhöppel u. dem Zirkusclown, Maler u. Sänger Willy Rudinoff (eig. Morgenstern). 1891–93 Aufenthalt in Paris, u. a. Bekanntschaft mit Emma Herwegh, Willy Grétor u. Albert Langen, Jänner bis Juni 1894 in London, Bekanntschaft mit Georg → Brandes. 1895 Rückkehr nach Berlin, im Sommer Reise nach München, von dort nach Lenzburg u. Zürich, wo er als Rezitator unter dem Ps. Cornelius Mine-Haha auftrat. Ab 1896 wieder in München, regelmäßige Veröff. unter versch. Ps. im «Simplicissimus». Liebesbeziehung zu Frida Strindberg (geb. Uhl), im August 1897 Geburt des gemeinsamen Sohnes Friedrich → Strindberg (1897–1978). Bei d. Uraufführung des «Erdgeistes» (25. 2. 1898) im Theatersaal des Kristallpalastes in Leipzig spielte W. (unter d. Ps. Heinrich Kammerer) die Rolle des Dr. Schön. V. März bis Juni 1898 als Sekretär, Regisseur u. Schauspieler auf Tournee mit dem neugegr. «Ibsen-Theater», dann Dramaturg u. Schauspieler am Münchner Schauspielhaus. Nach d. Veröff. (im «Simplicissimus») des satir. Ged. «Palästinafahrt» wegen Majestätsbeleidigung angeklagt, entzog er sich d. Verhaftung durch Flucht in d. Schweiz u. weiter nach Paris. Ende Mai 1899 Rückkehr nach Dtl., wo er sich d. Polizei stellte u. zu sechs Monaten Festungshaft auf der Feste Königstein verurteilt wurde. Nach d. Haftentlassung (März 1900) Rückkehr nach München, Schauspielunterricht bei Fritz Basil, Bekanntschaft mit Max → Halbe, Liaison mit s. Hausmädchen Hildegard Zellner, 1901 Geburt des Sohnes Frank. Ab Ende April 1901 Mitgl. des neu eröffneten Kabaretts «Die Elf Scharfrichter» in München, wo er s. Lieder u. Ball. mit eigenen Kompositionen z. Gitarre vortrug, daneben Auftritte als Schauspieler in s. eigenen Stücken. 1904 Liebesbeziehung zu Anna v. Seidlitz, Bekanntschaft mit Maximilian → Harden u. Walther → Rathenau in Berlin, im Juli Beschlagnahmung d. Buchausg. «Die Büchse der Pandora», Anklage wegen Verbreitung unzüchtiger Schriften durch W. u. den Verleger Bruno Cassirer, 1906 Freispruch, die Restaufl. mußte allerdings eingestampft werden. In der Folge ständig Schwierigkeiten mit den Zensurbehörden wegen unsittlicher Texte. 1905 enge Beziehung (mit Heiratsabsichten) z. Schauspielerin Berthe Maria Denk. Am 29. Mai 1905 (geschlossene) Aufführung der «Büchse der Pandora» in Wien, veranlaßt durch Karl → Kraus, der den Prinzen Kungu Pot spielte, W. den Mörder Jack. D. Rolle d. Lulu verkörperte Mathilde (Tilly) Newes (Tilly → W.), die er am 1. Mai 1906 heiratete. D. Ehepaar lebte bis 1908 in Berlin, trat jedoch in versch. Städten in W.-Stücken auf. Im September 1908 Übersiedlung nach München, wieder zahlr. Gastspiele, u. a. auch W.-Zyklen (1906 in München, 1912 u. 1914 in Berlin). 1910 in Darmstadt Gast des Großherzogs Ernst Ludwig v. Hessen u. Besuch der dortigen Künstlerkolonie «Mathildenhöhe». 1912 auf Einladung des Königs v. Württ. z. Eröffnung des neuen Hoftheaters in Stuttgart. Im Sommer 1914 Reise nach Florenz u. Paris, anläßl. s. 50. Geb.tags zahlr. Ehrungen in München u. Berlin. Zu Beginn des 1. Weltkrieges wurden v. der Zensur viele W.-Aufführungen für unerwünscht erklärt. Anfang des Jahres 1915 Operation, W. vernichtete s. Tagebücher, im April neuerliche Operation. Kaum Besserung s. Gesundheitszustandes, trotzdem zahlr. Auftritte, Jänner 1917 dritte Operation, von Mai bis Oktober 1917 letzte gemeinsame Gastspiele mit s. Gattin. Seit 17. November (Uraufführung) spielte er am Pfauen- (Stadt)theater Zürich im «Schloß Wetterstein», Ende Nov. Selbstmordversuch s. Frau, Anfang Dez. Rückkehr nach München. Nach e. weiteren Operation führten Herzschwäche u. e. Lungenentzündung z. Tod. – 1987 Gründung d. Editions- u. Forschungsstelle W. (= EFW) in Darmstadt. Seit 1989 erscheint (in loser Folge) das F.-W.-Jb. «Pharus», seit 1994 Herausgabe der krit. Studienausg. der Werke von F. W. – 1989 Gründung der F.-W.-Gesellsch. mit Sitz im Literaturhaus der Stadt Darmstadt. Die EWF u. die F.-W.-Gesellsch. geben seit 2000 die Reihe «W.-Lektüren» heraus.

ÜBERSICHT



*Schriften:* Prolog zur Abendunterhaltung der Kantonsschüler, [1884]; Der Schnellmaler oder Kunst und Mammon. Große tragikomische Originalcharakterposse in 3 Aufzügen, 1889; Kinder und Narren. Lustspiel in 4 Aufzügen, 1891 (Neubearb. u. d. T.: Die junge Welt. Komödie in 3 Aufzügen und einem Vorspiel, 1897); Frühlings Erwachen. Eine Kindertragödie, 1891; Das neue Vater unser. Eine Offenbarung Gottes. Seiner Zeit mitgeteilt. Enthält noch: Die neue Communion. Eine Offenbarung Gottes. Seiner Zeit mitgeteilt. Gratisgabe zum «Neuen Vaterunser», [1892] (als Ms. gedruckt); Der Erdgeist. Eine Tragödie, 1895;

Der Hänseken. Ein Kinderepos (gedichtet v. Frank u. gezeichnet v. Armin W.) 1896 (Reprint 2005); Die Fürstin Russalka, 1897; Der Kammersänger. Drei Scenen, 1899; Der Liebestrank. Schwank in 3 Aufzügen, 1899; Marquis von Keith (Münchner Scenen). Schauspiel in 5 Aufzügen, 1901 (Neubearb. u. d. T.: Der Marquis von Keith, 1907; Neubearb. 1912; Urfass. u. d. T.: Ein gefallener Engel. Erstveröff., nach der hs. überl. 1. vollständigen Fass. nach krit. Vergleich mit den übrigen überl. Hs., Drucken u. Zeugnissen, hg. E. Austermühl u. H. Vinçon, 1990 [= Pharus II]); Brettl-Lieder, 1901/02; Balladen, [1902]; Die Büchse der Pandora. Tragödie in 3 Aufzügen, 1902 [Privatdruck] (1. öffentl. Druck 1903); So ist das Leben. Schauspiel in 5 Akten, 1902 (Neubearb. u. d. T.: König Nicolo oder So ist das Leben. Schauspiel in 3 Aufzügen und 9 Bildern mit einem Prolog, 1911); Mine-Haha. Oder über die körperliche Erziehung der jungen Mädchen. Aus Helene Engels schriftlichem Nachlaß (hg.) 1903; Hidalla oder Sein und Haben. Schauspiel in 5 Akten, 1904 (Nachdr. 1906; u. d. T.: Karl Hetmann, der Zwerg-Riese (Hidalla), 1911); Die vier Jahreszeiten (Ged.) 1905 (mit e. Nachw. v. E. Austermühl, 2001); Totentanz. 3 Szenen, 1905 (Neubearb. u. d. T.: Tod und Teufel (Totentanz). 3 Szenen, 1909); Feuerwerk (Erz.) 1905; Musik. Sittengemälde in 4 Bildern, 1908; Oaha. Schauspiel in 5 Aufzügen, 1908 (Neubearb. mit d. Untertitel: Die Satire der Satire. Eine Komödie in 4 Aufzügen, 1909; Neubearb. 1910; u. d. T.: Till Eulenspiegel, 1916); Die Zensur. Theodizee in 1 Akt, 1908; Der Stein der Weisen. Eine Geisterbeschwörung, 1909 (u. d. T.: Der Stein der Weisen oder Laute, Armbrust und Peitsche, 1919); In allen Sätteln gerecht. Komödie in 1 Aufzug, 1910; Mit allen Hunden gehetzt. Schauspiel in 1 Aufzug, 1910; In allen Wassern gewaschen. Tragödie in 1 Aufzug, 1910; Schauspielkunst. Ein Glossarium, 1910; Felix und Galathea, 1911; Der Komet (Mithg. d. ersten 5 Folgen) 1911; Franziska. Ein modernes Mysterium in 5 Akten, 1912 (Neubearb. = Bühnenausg. in gebundener Rede, 1914); Schloß Wetterstein. Schauspiel in 3 Akten [= Überarb. d. 3 Einakter: In allen Sätteln gerecht – Mit allen Hunden gehetzt – In allen Wassern gewaschen] 1912; Lulu. Tragödie in 5 Akten mit einem Prolog, 1913 (= Erdgeist [ohne letzten Akt] u. Büchse d. Pandora [ohne ersten Akt]; Neubearb. u. mit e. Vorw. [v. F. W.] 1906 u. 1910; mit dem Zusatz: Eine Monstretragödie. Hist.-krit. Ausg. d. Urfass. v. 1894, hg., komm. u. mit e. Ess. v. H. Vinçon, 1990 [= Pharus III]); Simson oder Scham und Eifersucht. Dramatisches Gedicht in 3 Akten, 1914; Bismarck. Historisches Schauspiel in 5 Akten, 1916; Herakles. Dramatisches Gedicht in 3 Akten, 1917; Überfürchtenichts, 1917; Marianne. Eine Erzählung aus dem Bauernleben, 1920 (Nachdr. 1955; Ausw.ausg. u. d. T.: Marianne u. a. Erz., 1982); Ein Genußmensch. Schauspiel in 4 Aufzügen (hg. mit Geleitw. v. F. Strich) 1924; Der greise Freier, 1924 (Privatdruck); Das arme Mädchen. Ein Chanson von F. W., 1948. – Textproben in: BB 5,132.

*Briefe und Tagebücher:* Gesammelte Briefe, 2 Bde. (hg. F. Strich) 1924; Der vermummte Herr. Briefe F. W.s aus den Jahren 1881 bis 1917 (hg. u. ausgew. v. W. Rasch) 1967; Die Tagebücher. Ein erotisches Leben (hg. G. Hay) 1986; F. W. – Thomas Mann – Heinrich Mann: Briefwechsel mit Maximilian Harden (komm u. mit e. einleitenden Ess. hg. A. Martin) 1996 (= Pharus V); Karl Kraus – F. W. Briefwechsel 1903 bis 1917 (mit e. Einf., hg. u. komm. v. M. Nottscheid) 2008 (zugleich Diss. Hamburg 2008).

*Ausgaben:* Gesammelte Werke, I–V, 1912/13, Bd. VI, 1914, VIII (Vorw. Tilly W., Geleitw. A. Kutscher) 1919, VII (Nachw. A. Kutscher) 1920, IX (Nachw. J. Friedenthal) 1921; Lautenlieder. 53 Lieder mit eigenen und fremden Melodien (Vorw. A. Kutscher, Anm. d. Bearb. H. R. Weinhöppel) 1920; Ausgewählte Werke (ausgew. u. eingel. v. F. Strich) 5 Bde. in 2, 1923 (Ausg. v. 1924 in 5 Bänden); Rabbi Esra, 1924; Ausgewählte Werke (mit e. Nachw. v. A. Eloesser) 1928; Prosa – Dramen – Verse, 2 Bde. (Bd. 1, Ausw. u. Hg. H. Maier, Bd. 2 ohne Hg.) 1948 u. 1964 (mehrere Nachdr.); Chansons von F. W. mit Klavierbegleitung von Ludwig Kusche nach den Originalmelodien (Einl. W. Kiaulehn) 1951; Selbstdarstellung. Aus Briefen und anderen persönlichen Dokumenten (hg. W. Reich) 1954; Mine-Haha und andere Erzählungen, 1955; Ich hab meine Tante geschlachtet. Lautenlieder und «Simplicissimus»-Gedichte (hg. u. eingel. v. M. Hahn) 1966 (Nachdr. 1988); Ich liebe nicht den Hundetrab. Gedichte, Bänkellieder und Balladen (hg. H. Bemmann) 1967; Gedichte und Chansons (mit e. Nachw. v. Pamela W.) 1968; Werke in drei Bänden (hg. M. Hahn) 1969; Stücke, 2 Bde. (hg. B. F. Sinhuber) 1970; Die Liebe auf den ersten Blick und andere Erzählungen, 1971; Greife wacker nach der Sünde. Hundert Gedichte (hg. A. GÜNTHER u. B. STRUZYK) 1973; Gedichte, 1980; Der Verführer (Erz.) 1986; Gedichte und Lieder (hg. G. HAY) 1989; Lautenlieder (hg. u. komm. v. F. BECKER) 1989; Werke, 2 Bde. (hg. mit e. Nachw., Anm. u. e. Zeittafel von E. WEIDL) 1990; F. W.s Maggi-Zeit. Reklamen, Reisebericht, Briefe (mit e. Essay [...] v. R. KIESER; hg., komm. u. mit e. Stud. «Das Unternehmen Maggi» versehen v. H. VINÇON) 1992 (= Pharus IV); G. W. FORCHT, Liebesklänge und andere ausgewählte Lyrik-Manuskripte des jungen F. W., 2006 (2., überarb. Aufl. 2007).

*Gesamtausgabe:* Werke. Kritische Studienausgabe in 8 Bänden mit 3 Doppelbänden (hg. von der Editions- und Forschungsstelle F. W. in Darmstadt) 1994 ff. – Bis 2009 erschienen: IV Der Kammersänger. Ein Genußmensch. Ein gefallener Teufel. Der Marquis von Keith. König Nicolo. Dramatische Fragmente und Entwürfe (hg. E. AUSTERMÜHL) 1994 – III/1 Les Puces. Die Flöhe oder Der Schmerzenstanz. Der Mückenprinz. Die Kaiserin von Neufundland. Bethel. Die Büchse der Pandora (1894). Der Erdgeist (1895). Erdgeist (1913). Die Büchse der Pandora (1903, 1913). Kabarettbearbeitungen. Dramatische Fragmente und Entwürfe (hg. H. DERS.) 1996 – III/2 Kommentar (hg. H. VINÇON) 1996 – II Das Gastmahl bei Sokrates. Der Schnellmaler. Kinder und Narren. Die junge Welt. Frühlings Erwachen (1891, 1906). Fritz Schwigerling (Der Liebestrank). Dramatische Fragmente und Entwürfe (hg. M. BAUM u. R. KIESER) 2000 – VIII Bismarck. Oaha. Till Eulenspiegel. Herakles. Überfürchtenichts. Dramatische Fragmente und Entwürfe (hg. H.-J. IRMER) 2003 – I/1 Gedichte. Lyrische Fragmente und Entwürfe. Kommentar, Tl. 1 (hg. E. AUSTERMÜHL) 2007 – I/2 Kommentar, Tl. 2, zu den Gedichten, lyrischen Fragmenten und Entwürfen (hg. DIES.) 2007 – I/3 Lieder, Liedfragmente und -entwürfe. Kommentar, Tl. 1 (hg. F. BECKER) 2007 – I/4 Kommentar, Tl. 2, zu den Liedern, Liedfragmenten und -entwürfen (hg. DIES.) 2007 – VI Rabbi Esra. Hans und Hanne. Hidalla (Karl Hetmann, der Zwergriese). Totentanz (Tod und Teufel). Musik. Zensur. Der Stein der Weisen. Dramatische Fragmente und Entwürfe (hg. M. BAUM u. H. VINÇON) 2007 – VII/1 In allen Sätteln gerecht. Franziska. Schloß Wetterstein. In allen Wassern gewaschen. Mit allen Hunden gehetzt (hg. E. AUSTERMÜHL) 2009 – VII/2 Kommentar (hg. DIES.) 2009.

*Bibliographie:* Schmidt, Quellenlex. 32 (2002) 433; Theater-Lex. 5 (2004) 3044. – H. STOBBE, Bibliogr. d. Erstausg. ~s, 1920; E. FORCE, The Development of ~ Criticism (Diss. Indiana Univ.) 1964; P. GRAVES, ~s dramat. Werk im Spiegel der Sekundärlit. 1960 bis 1980. E. Forschungsber. (Diss. Univ. of Colorado-Boulder) 1982; H. VINÇON, ~, 1987; R. A. JONES, Unfinished Business: A ~ Bibliogr. (in: W. Yearbook 1991, hg. R. KIESER u. R. GRIMM) 1992; ~. A Bibliographic Handbook. Compiled and Annotated by R. A. JONES and L. R. SHAW, 2 Bde., 1996; R. FLORACK, Bibliogr. zu ~ (in: TuK 131/132) 1996.

*Nachlaß:* Aargauische Kantonsbibl. Aarau; Hist. Mus. Aargau im Schloß Lenzburg; Münchner StB Monacensia. Hs.abt.; StB Hannover. – Denecke-Brandis 400. – K. UDE, ~ in s. Zeit. Nach Dokumenten des neugegr. ~-Arch. (in: Börsenbl. Frankfurt 19) 1963; N. HALDER, Das ~-Arch. in d. aargau. Kantonsbibl. (in: Aargauer Bl. 34) 1964; T. W. ADORNO, Über den Nachlaß ~s (in: T. W. A., Noten zur Lit., hg. R. TEIDEMANN) 1974; K. UDE, Vierundsechzig schwarze Kladden. Ausgrabungen aus dem v. der Münchner StB erworbenen Nachlaß ~s (in: K. U., Schwabing von innen) 2002.

*Literatur:*

*Aufsatzsammlungen:* Das W.-Buch (hg. J. FRIEDENTHAL) 1914; W. u. d. Theater (hg. Drei Maskenverlag) 1915; W. z. 100. Geb.tag (hg. R. LEMP) 1964; Kein Funke mehr, kein Stern aus früh'rer Welt. Texte, Interviews, Stud. (hg. E. AUSTERMÜHL, A. KESSLER u. H. VINÇON) 1989 (= Pharus I); W. Yearbook 1991 (hg. R. KIESER u. R. GRIMM) 1992; ~, 1996 (= TuK 131/132); Kontinuität – Diskontinuität. Diskurs zu ~s lit. Produktion (1903–1918). Tagungsband mit den Beitr. z. internationalen Symposion d. Ed.- u. Forschungsstelle F. W. [...] (hg. S. DREISEITEL u. H. VINÇON) 2001; F. W. (hg. O. GUTJAHR) 2001 (= Freiburger lit.psycholog. Gespräche 20); ‹Lulu› von F. W. GeschlechterSzenen in Michael Thalheimers Inszenierung am Thalia Theater Hamburg (hg. O. GUTJAHR) 2006.

*Allgemein zu Leben und Werk:* Biogr. Jb. 2 (1916–21) 336; BB 5 (1981) 1081; Killy 12 (1992) 174; KNLL 17 (1992) 459; LThK [3]10 (2001) 996; DBE [2]10 (2008) 455. – A. MÖLLER-BRUCK, ~ (in: Die Gesellsch. 15) 1899 (Forts. in: A. M.-B., D. Moderne Lit. in Gruppen u. Einzeldarst. XI, 1902); S. FECHHEIMER, D. Hofnarr Gottes. E. ~-Stud. (in: D. Gesellsch. 18) 1902; H. BAHR, Zu s. Debut im Theater an der Wien (in: H. B., Rezensionen.

Wiener Theater 1901–03) 1903; R. SCHAUKAL, ~. E. Porträtskizze (in: Bühne u. Welt 5) 1903; G. BRANDES, Dt. Dramatiker (in: G. B., Gestalten u. Gedanken. Ess.) 1905; R. PISSIN, ~, 1905; W. WORRINGER, ~. Ein Ess. (in: Münchner Almanach, hg. K. SCHLOSS) 1905; K. MARTENS, ~ (in: LE 10) 1907 (wieder in: K. M., Lit. in Dtl. Stud. u. Eindrücke, 1910); E. FRIEDELL, ~ (in: Die Schaubühne 4) 1908; O. NIETEN, ~ (e. Orientierung über s. Schaffen) (in: Mitt. d. lit.-hist. Gesellsch. Bonn 8) 1908; J. KAPP, ~, s. Eigenart u. s. Werk, 1909; T. HEUSS, ~ (in: Der Kunstwart 22) 1909; H. KEMPNER, ~ als Mensch u. Künstler. E. Stud., 1909 (Reprint 1911); O. NORVEZHSKIJ, ~ (in: Literaturnye Siluety) St. Petersburg 1909; A. KERR, Gedanken u. Erinn. ~s (in: NR 21) 1910; L. BOROSS, Kleist, ~ (in: Nyugat 1) Budapest 1911; R. SCHAUKAL, ~. Skizze zu e. Porträt (in: Der Merker 2) 1911; W. HANDL, ~s Stil (in: Bl. des dt. Theaters 1/19) 1912; M. DAUTHENDEY, Gedankengut aus meinen Wanderjahren 2, 1913; P. FRIEDRICH, ~, 1913; M. KASSEL-MÜHLFELDER, ~s Erotik (in: Sexual-Probleme 9) 1913; L. PINEAU, ~ (in: Rev. Germanique 9) Paris 1913; F. SALTEN, ~ (in: F. S., Gestalten u. Erscheinungen) 1913 (wieder in: F. S., Geister d. Zeit. Erlebnisse, 1924); D. ~-Buch (hg. J. FRIEDENTHAL) 1914; M. LIEBERMANN, Wie ich ~ kennen lernte (ebd.); 1914; E. MÜHSAM, ~ u. d. Zensur (ebd.); F. BLEI, Marginalien zu ~ (ebd.); P. BLOCK, Begegnung mit ~ (ebd.); E.-A. GREINER, ~ (in: Bühne u. Welt 16) 1914; J. BAB, ~ (in: Westermanns illustr. dt. Monatsh. August) 1914; G. HECHT, Ein Wort gg. ~ (in: Die Aktion 4) 1914; T. MANN, Über ~ (in: Der Neue Merkur 1) 1914; E. MÜHSAM, ~ (in: Kain 4) 1914; H. B. SAMUEL, ~ (in: H. B. S., Modernities) New York 1914; J. FROBERGER, ~ (in: D. Bücherwelt 8–9) 1915; W. SCHELLER, Zu ~. Auch ein Kriegsaufs. (in: Die lit. Gesellsch. 1) 1915; W. MAHRHOLZ, ~ u. die Bohème (in: Der unsichtbare Tempel 2) 1917; E. STEIGER, ~ (in: Die Neue Zeit 36) 1917/18; W. RATH, ~. Ein Rückblick auf den Mann u. Dichter (in: Velhagen u. Klasings Monatsh. 32) 1917/18; S. GROSSMANN, Rede auf ~. Diese Grabrede auf ~ wurde am 12. 4. im Neuen Theater in Frankfurt/M. gehalten (in: Die Glocke 1) 1918; G. HEINE, ~ (in: Preuß. Jb. 171) 1918; A. KAHANE, ~. In memoriam (in: Das junge Dtl. 1) 1918; M. FREUND, Von ~ z. jungen Dtl. E. psycholog. Schattenriß (ebd.); C. SCHAWALLER, ~-Epitaphion (ebd.); H. KAHN, ~ (in: Die Schaubühne 14/12) 1918; M. PIRKER, ~ (in: Öst. Rs. 55) 1918; L. LIEGLER, ~ (in: Die Wage 21) 1918; A. POLGAR, ~ (gestorben, 54 Jahre alt, am 9. März 1918) (in: Der Friede 1) 1918; K. STORCK, ~ (in: Der Türmer 20) 1918; ~'s Grablegung. E. Requiem v. Heinrich Lautensack (hg. A. R. MEYER) 1919; L. MATTHIAS, ~ u. die Unsterblichen. E. antiromant. Rede (in: Das Ziel 3) 1919; W. SCHELLER, ~s letzte Zeit (in: Die lit. Gesellsch. 5) 1919; O. SCHNABBEL, ~. In memoriam (24. Juli 1864 – 9. März 1918) (in: Dramaturg. Bl. 1/3) 1919; E. VIEWEGER, ~ u. s. Werk. Einf. in d. Leben u. Werk e. Vielbefehdeten, 1919; P. FECHTER, ~. D. Mensch u. d. Werk, 1920; K. MARTENS, Erinn. an ~ 1897–1900 (in: Der neue Merkur 4) 1920; H. EULENBERG, ~ 1864–1917 (in: H. E., Der Guckkasten. Dt. Schauspielerbilder) 1921; J. BAB, ~ u. das trag. Epigr. (in: J. B., Die Chronik des dt. Dramas 1) 1922; F. DEHNOW, ~, 1922; DERS., ~s Anschauungen über Sexualität (in: Zs. für Sexualwiss. 8) 1922; A. KUTSCHER, ~. S. Leben u. s. Werke, 3 Bde., 1922–31 (Reprint, New York 1970; Auszug u. d. T.: ~. Leben u. Werk. Z. hundertsten Geb.tag des Dichters, bearb. u. neu hg. K. UDE, Geleitw.: J. KLEIN, 1964); P. COLIN, Théâtre: ~ (in: P. C., Allemagne 1918–1921) Paris 1923; L. MARCUSE, ~ (in: L. M., Die Welt der Tragödie) 1923; L. THOMA, Leute, die ich kannte, 1923; A. HOLITSCHER, Lebensgesch. e. Rebellen. Meine Erinn., 1924; A. ELOESSER, ~ vertraulich (in: D. Weltbühne 40) 1925; E. MENSING, ~ u. d. Amerikanismus unserer Zeit (in: Die Horen 2) 1925/26; A. EHRENSTEIN, ~ (in: A. E., Menschen u. Affen) 1926; H. MANN, Erinn. an ~ (in: NR 38) 1927; K. MITTENZWEY, Wenn ~ noch lebte (in: 25 Jahre Georg Müller Verlag München) 1928; E. MÜHSAM, ~ als Persönlichkeit (in: Uhu 3) 1927; T. WEDEKIND, ~s größtes Modell: er selbst (ebd.); H. BRAUN, ~ in memoriam (in: Eckart 4) 1928; P. W. EISOLD, ~ (in: D. Klassenkampf 2) 1928; H. HELLWIG, ~s dichter. Anfänge, 1928; A. HOLITSCHER, Mein Leben in dieser Zeit. Der «Lebensgesch. e. Rebellen» 2. Bd. (1907–1925), 1928; K. F. PROOST, ~. Zijn Leven en Werken, Zeist 1928; F. STRICH, ~ (in: F. S., Dg. u. Zivilisation) 1928; W. BENJAMIN, ~ u. Kraus in d. Volksbühne (in: Die lit. Welt 5) 1929; F. BLEI, D. schüchterne ~: persönliche Erinn. (in: D. Querschnitt 9) 1929; H. v. GUMPPENBERG, Lebenserinn.: Aus dem Nachlaß des Dichters, 1929; H. MANN, Sieben Jahre. Chronik der Gedanken u. Vorgänge, 1929; W. W. RUDINOFF, ~ unter den Artisten (in: Der Querschnitt 10) 1930; I. KRAUSS, ~ u. d. Pessimismus (in: I. K., Stud. über Schopenhauer u. den Pessimismus in d. dt. Lit. des 19. Jh.) 1931; K. WE-

DEKIND, ~ u. s. Kinder (in: Querschnitt 11) 1931; K. HOLM, Geschichten um ~ (in: K. H., ich-klein geschrieben: Heitere Erlebnisse e. Verlegers) 1932; T. ROFFLER, ~ (in: T. R., Bildnisse aus d. neueren dt. Lit.) 1933; T. MANN, ~ (in: D. neue Weltbühne 31) 1935; V. IANCU, ~, precursor als expressionismului dramatic (in: Rev. Fundatiilor 5) Bukarest 1938; M. KESSEL, ~s romant. Erbteil (in: M. K., Romant. Liebhabereien) 1938 (wieder in: M. K., Ehrfurcht u. Gelächter, 1974); F. BLEI, ~ (in: F. B., Zeitgenöss. Bildnisse) Amsterdam 1940; S. HAEMMERLI-MARTI, ~ auf d. Kantonsschule (in: Aarauer Neujahrsbl. 1942) 1941; O. FALCKENBERG, Mein Leben, mein Theater (hg. W. PETZET) 1944; H. MANN, E. Zeitalter wird besichtigt, Stockholm 1945; M. KESSEL, ~ der Moralist (in: Berliner H. für geistiges Leben 1) 1946; H. GÜNTHER, Dt. Dichter in der Schweiz (in: WW 2) 1947; M. KESSEL, ~ (in: Aufbau 4) 1948; E. DOSENHEIMER, D. dt. soziale Drama v. Lessing bis Sternheim, 1949; N. HALDER, ~ u. der Aargau (in: 100. Semesterbl. des Altherrenverbandes Industria Aarau. Festnr. [...], hg. J. HÄNNY) 1952; S. HAEMMERLI-MARTI, De Franklin (ebd.); J. RINGELNATZ, Gedenken an ~ (ebd.); P. RILLA, Auseinandersetzung mit ~ (in: P. R., Lit. Kritik u. Polemik) 1952; H. GÜNTHER, Paris als Erlebnis. ~ u. Paris (in: Antares 1) 1952/53 (wieder in: H. G., Dt. Dichter erleben Paris [...], 1979); H. BRANDENBURG, München leuchtete – Jugenderinn., 1953; H. GEIGER, Es war um d. Jh.wende. Gestalten im Banne des Buches Albert Langen/Georg Müller, 1953; F. GUNDOLF, ~ (aus dem Nachlaß hg. Elizabeth G.) 1954; A. KUTSCHER, ~, 1954; K. LIEBMANN, ~ – Dichter u. Moralist (in: Börsenbl. Frankfurt [24.7.]) 1954; H. FRIEDRICH, Bestie Mensch. Bem. z. Werk ~s (in: FH 10) 1955; R. FAESI, E. Vorläufer: ~ (in: Expressionismus, hg. H. FRIEDMANN u. O. MANN) 1956; H. GÜNTHER, Drehbühne d. Zeit: Freundschaft, Begegnungen, Schicksale, 1957; E. MÜHSAM, Unpolit. Erinn., 1958; E. ATTENHOFER, Über ~s Bezirksschulzeit, Schloßesel u. mitternächtl. Bad im Klausbrunnen (in: Lenzburger Neujahrsbl. 30) 1959; W. HERZOG, Menschen, denen ich begegnete, 1959; J. BAB, Rückblick auf ~ (in: J. B., Über den Tag hinaus, hg. H. BERGHOLZ) 1960; A. KUTSCHER, Zw. Geheimräten u. Kollegen (1923–1933) (in: A. K., D. Theaterprof. E. Leben für d. Wiss. vom Theater) 1960; K. EDSCHMID, Lebendiger Expressionismus. Auseinandersetzungen, Gestalten, Erinn., 1961; H. AHL, Längst kein Bürgerschreck mehr ... ~ (in: H. A., Lit. Porträts) 1962; F. LION, ~ redivivus (in: Merkur 16) 1962; J. FRERKING, Augenblicke des Theaters. Aus vier Jahrzehnten hannoverscher Bühnengesch., 1963; M. KESTING, ~ (in: Publizistik 8) 1963; H. CASTAGNE, Außenseiter u. Vorläufer e. dt. Dramatik. Vor hundert Jahren wurde ~ geb. (in: Tribüne 3) 1964; ~ zum 100. Geb.tag (hg. R. LEMP) 1964; T. WEDEKIND, Meine erste Begegnung mit ~ (ebd.); L. FEUCHTWANGER, ~ (in: NDL 12) 1964; A. KRÄTTLI, D. Spieler. Z. 100. Geb.tag v. ~ (in: Aargauer Bl. 34) 1964; M. RINGIER, My erscht Schuelschatz (ebd.); H. LIEDE, ~. Con motivo del centenario de su nacimiento (in: Humboldt 6) 1965; K. VÖLKER, ~, 1965 (ergänzte u. überarb. Aufl. 1977); F. K. FROMME, Der geheime Moralist: ~ (in: Ztg.schreiber. Politiker, Dichter u. Denker schreiben für den Tag. 81 Profile, hg. N. BENCKISER) 1966; S. GITTLEMAN, ~'s Image of America (in: GQ 39) 1966; K. UDE, ~, 1966; W. O. WESTERVELT, ~ and the Search for Morality (Diss. Univ. of Southern California) 1966; B. BRECHT, ~ (in: B. B., Ges. Werke 15. Schr. zum Theater 1) 1967 [zuerst in: Augsburger Neueste Nachr. 12. 3. 1918]; P. U. HOHENDAHL, D. Entdeckung d. Phrase bei ~. ~s Gestalten als Prototypen (in: P. U. H., D. Bild d. bürgerl. Welt im expressionist. Drama) 1967; M. LUDWIG-ZWEIFEL, Freundschaft mit dem Familienkreis ~ (in: Lenzburger Neujahrsbl. 38) 1967; S. GITTLEMAN, ~, New York 1969; R. A. JONES, ~: Circus Fan (in: Monatshefte 61) 1969; O. F. BEST, Zwei mal Schule d. Körperbeherrschung u. drei Schriftst. (in: MLN 85) 1970 [R. Walser «Jakob v. Gunten», F. Kafka «D. Schloß» u. ~s ‹Mine-Haha›]; K. UDE, Eine Ehe wie ein Drama. ~ – wie s. Frau ihn sah (in: WW 25) 1970 (wieder in: K. U., Schwabing von innen, 2002); L. LEISS, Kunstkartenprozesse: Der Fall ~ (in: L. L., Kunst im Konflikt. Kunst u. Künstler im Widerstreit mit d. «Obrigkeit») 1971; E. ATTENHOFER, ~ u. s. drei besonderen Tanten (in: Lenzburger Neujahrsbl. 43) 1972; W. HÖCK, Wider den Stachel. Dichter im Kampf mit d. Gesellsch.: E. Aufsatzreihe III ~ (in: Börsenbl. Frankfurt 36) 1972; J. SANG, Ideologiekritik u. dichter. Form bei ~, Sternheim, Kaiser, Tokio 1972; E. THEODOR, ~, Precursor do Teatro Atual (in: Lingua e Literatura 1) São Paulo 1972; H.-J. THOMAS, D. weltanschauliche u. ästhet. Entwicklung ~s, dargestellt am Werk des Dichters v. d. Zürcher Publizistik bis zu ‹Der Marquis von Keith› (Diss. Halle-Wittenberg) 1972; S. CAROLI, ~ profeta della disperazione (in: Annali dell' Istituto di Lingue e Letterature germaniche 1) Parma 1973;

E. J. HUTCHINS, ~s Selbstdarstellungen als Moralist (Diss. Indiana Univ.) 1974; W. KRAFT ~ (in: W. K., Das Ja des Neinsagers. Karl Kraus u. s. geistige Welt) 1974; G. SEEHAUS, ~ in Selbstzeugnissen u. Bilddokumenten, 1974 ([8]2008); A. D. BEST, ~, London 1975; N. RITTER, Kafka, ~, and the Circus (in: German Notes 6) Lexington/Kentucky 1975; H.-J. IRMER, D. Theaterdichter ~: Werk u. Wirkung, 1975; I. MARGINEANU, ~. Un Precursor, Bukarest 1976; M. MURET, ~ et la révolution allemande (in: Obliques 6/7) Nyons 1976; U. SATTEL, Stud. z. Marktabhängigkeit der Lit. am Beispiel ~s (Diss. Kassel) 1976; E. J. LOTT, A Study of ~: Portrait of a Self-Styled «Modern» (Diss. Columbia Univ.) 1977; Simplicissimus 1896–1914 (hg. R. CHRIST) 1978; A. HÖGER, ~. Der Konstruktivismus als schöpfer. Methode, 1979; L. JESSNER, Schriften. Theater der zwanziger Jahre (hg. H. FETTING) 1979; P. JELAVICH, Art and Mammon in Wilhelmine Germany: The Case of ~ (in: Central European History 12) Cambridge 1979; H. WAGENER, ~, 1979; DERS., ~: polit. Entgleisungen eines Unpolitischen (in: Seminar 15) 1979; A. B. WILLEKE, ~ and the «Frauenfrage» (in: Monatshefte 72) 1980; W. BONSELS, Gelegentlich ~s (in: D. Spiegel. Münchner Halbmonatsschr. [...] 1) 1980; G. BRANDES, ~ (in: G. B., D. Ess. als kritischer Spiegel. ~ u. d. dt. Lit. E. Aufsatzslg., hg. K. BOHNEN) 1980 [erschien zuerst in: Pester Lloyd, Budapest 25. 12. 1908]; A. HÖGER, D. Autor als neuer Prophet: ~ (in: D. Rolle des Autors. Analysen u. Gespräche, hg. I. SCHNEIDER) 1981; DERS., Hetärismus u. bürgerl. Gesellsch. im Frühwerk ~s, Kopenhagen 1981; M. MEYER, Theaterzensur in München 1900–1918. Gesch. u. Entwicklung d. polizeilichen Zensur u. des Theaterzensurbeirates unter bes. Berücksichtigung ~s, 1982 (zugleich Diss. München 1981); P. RUSSELL, ~ as a Poet of Social and Political Protest (in: Forum for Modern Language Stud. 17) Oxford 1981; S. ZWEIG, ~, der Unbürgerliche [1914] (in: S. Z., Das Geheimnis des künstler. Schaffens) 1984; K. MANN, ~ [1935] (in: K. M., Das innere Vaterland, hg. mit e. Nachw. v. M. GREGOR-DELLIN) 1986; F. SIMON, ~: e. ernster Clown (in: Zs. Info 3) 1986; J. L. HIBBERD, ~ and the First World War (in: Modern Language Rev. 82) Leeds 1987; H. VINÇON, ~, 1987; J. KOLKENBROCK-NETZ, Interpr., Diskursanalyse u. /oder feminist. Lektüre lit. Texte v. ~ (in: Weiblichkeit in geschichtl. Perspektive. Fallstud. u. Reflexionen [...], hg. U. A. J. BECHER u. J. RÜSEN) 1988; DIES., Lit. u. Weiblichkeit. Alte Kritik, neue Wiss. u. feminist. Lektüre am Beispiel ~ (in: Frauen – Lit. – Politik, hg. A. PETZ u. a.) 1988; H. MAYER, Um ~ besser zu verstehen (in: H. M., Ansichten v. Dtl.) 1988; R. KIESER, Von San Francisco nach Lenzburg: ~ u. s. amerikan. Eltern (in: Lenzburger Neujahrsbl. 59) 1988; DERS., E. Schloßkauf (in: ebd. 60) 1989; F. BECKER, «Tannhäuser, Lohengrin u. der Fliegende Holländer brachten mich schließlich auf d. richtige Spur». Annäherungen ~s an die Oper (in: Pharus I) 1989; D. HARKE, Wertlose Originale. Einige Gedanken z. rechtlichen Aspekt des Streits zw. ~ u. Rowohlt, insbes. zum Urheberrecht (ebd.); H. VINÇON, Ernst Rowohlt, ~, Kurt Wolff: Erfahrungen im Umgang mit Verlegern (ebd.); F. J. HALL, Lichtquellen aus dem Geist. ~ u. Ernst Neumann-Neander, 1990; R. KIESER, ~. Biogr. e. Jugend, 1990; DERS., Olga Plümacher-Hünerwadel. E. gelehrte Frau des neunzehnten Jh., 1990; DERS., ~. Schweizer Heimatdichter (in: Begegnung mit dem «Fremden» [...]. Akten des VIII. Internationalen Germanisten-Kongresses, Tokio 1990, Bd. 9, hg. E. IWASAKI) 1991; I. SCHULZE, Zirkus, Karussell u. Schaubude. Max Beckmanns Graphikmappe «D. Jahrmarkt» v. 1921 im Lichte lit. u. bildkünstler. Überl. (in: WB 37) 1991; M. H. DA SILVA ALVES, ~ e a periferia (in: Runa 17/18) Lissabon 1992; R. KIESER, The Opening of Pandora's Box. ~, Nietzsche, Freud, and Others (in: W. Yearbook 1991) 1992; U. M. KNOBLOCH, Die Spekulation als Drahtseilakt. Vitalität u. Kommerz im Werk ~s (Diss. Würzburg) 1993; E. WEIDL, Der Hecht im Karpfenteich. ~ in München (in: Konturen 2) 1993; ~, geb. 1864 in Hannover (bearb. v. C. NIEMANN u. B. WEBER; mit Beitr v. R. KIESER u. K. KRETER) 1995; C. B. BALME, Zw. Artifizialität u. Authentizität. ~ u. d. Theaterfotografie (in: Theater d. Region – Theater Europas [...], hg. A. KOTTE) 1995; J. C. TRILSE-FINKELSTEIN, K. HAMMER, Lex. Theater International, 1995; R. FLORACK, Vita ~ (in: TuK 131/132) 1996; R. KIESER, Werbestrategien im Werk ~s (ebd.); A. MARTIN, E. Drahtseilakt: ~ u. d. Erste Weltkrieg (ebd.); F. MÖBUS, Opus Maggi (ebd.); H. VINÇON, Prolegomenon z. Krit. Stud.ausg. d. Werke ~s (ebd.); J. G. PANKAU, Polizeiliche Tugendlichkeit: ~ (in: Schriftst. vor Gericht. Verfolgte Lit. in 4 Jh., hg. J.-D. KOGEL) 1996; W. B. LEWIS, The Ironic Dissident. ~ in the View of His Critics, Columbia/South Carolina 1997; R. KIESER, ~s Lenzburger Welttheater. Referat im Rahmen d. Veranstaltung «Anlagen: Sehr Gut – Betragen: Nicht ohne Tadel». Zur Lenzburger Jugend ~s [...], 1998; F. N. MENNEMEIER, Oberflächen- u. Tiefenstruktur bei ~ (in: F. N. M., Brennpunkte) 1998; G. N. IZENBERG, Modernism and Masculinity: Mann, ~, Kandinsky Through World War I., Chicago/Illinois 2000; H.-J. IRMER, Anarchismus u. Psychoanalyse im Spätwerk ~s (in: Anarchismus u. Psychoanalyse zu Beginn des 20. Jh. D. Kreis um Erich Mühsam u. Otto Gross [...]) 2000 (= Schr. d. Erich-Mühsam-Gesellsch. 19); S. LIBBON, ~'s Fantasy World. A Theater of Sexuality, Ann Arbor/Mich. 2001 (zugleich Diss. Columbus/Ohio 2000); U. SCHNEIDER, Krieg, Kultur, Kunst u. Kitsch. Positionen ~s z. 1. Weltkrieg (in: Krieg der Geister. Erster Weltkrieg u. lit. Moderne, hg. U. S. u. A. SCHUMANN) 2000; H. SCHIRMBECK, ~ der Dompteur der Gnade [1954] (in: H. S., Gestalten u. Perspektiven) 2000; F. N. MENNEMEIER, Ästhetizismus «von unten»: ~ (in: F. N. M., Lit. d. Jh.wende, 2., verb. u. erw. Aufl.) 2001; E. BOA, D. unheimliche Heimat oder D. verwandelte Welt. ~ u. die Moderne (in: Kontinuität – Diskontinuität [...], hg. S. DREISEITEL u. H. VINÇON) 2001; R. KIESER, Das Spätwerk ~s im Spannungsfeld der Fehde Karl Kraus – Alfred Kerr (ebd.); J. SCHÖNERT, Die (sog.) theoret.-programmat. Schr. ~s u. ihre Relevanz für d. Verständnis des «poetischen Werks» (ebd.); E. AUSTERMÜHL, Kontinuität oder Diskontinuität im Werk ~s (ebd.); R. FLORACK, Kaufhaus Babylon. ~ u. Paris (in: Paris? Paris! Bilder d. französ. Metropole in d. nicht-fiktionalen Prosa zw. Hermann Bahr u. Joseph Roth, hg. G. R. KAISER, E. TUNNER) 2002; A. FINGER, G. KATHÖFER, A Reputation Reassessed: Unraveling ~'s Early Writings (in: CollGerm 36) 2003; A. MARTIN, «... auf der Suche nach einem Gegner?». ~, d. Kritik u. d. Kritiker (in: Else Lasker-Schüler-Jb. z. klassischen Moderne 2) 2003; E. WEDEKIND-KAMMERER, Für meine Kinder – Jugenderinn. (hg. F. BECKER) 2003; A. NOHL, ~s Erwachen (in: A. N., D. Handwerk des Schreibens. Ess. u. Kritiken z. Lit.) 2004; J. G. PANKAU, Sexualität u. Modernität. Stud. z. dt. Drama des Fin de Siècle, 2005 (zugleich Habil.-Schr. Oldenburg 2003); R. KOLLER, ~. E. Biogr. u. ‹Der Brand von Egliswyl›, 2005 (DVD-Video); D. dt.sprachige Presse. Ein biogr.-bibliogr. Hdb. 2 (bearb. v. B. JAHN) 2005; H. ABRET, ~ u. s. Verleger Albert Langen (in: EG 60) 2005; M. M. PADDOCK, Redemption Songs or How ~ Set the «Simplicissimus» Affair to a Different Tune (in: German Studies Rev. 28) Northfield 2005; N. SAPRÀ, Lex. d. dt. Science-Fiction u. Fantasy, 1870–1918, 2005; Große Bayer. Biogr. Enzyklopädie 3 (hg. H.-M. KÖRNER) 2005; H. RIEMENSCHNEIDER, Bewegungs- u. Körperkultur als Erziehungsutopie. ~s Beitr. «wider Willen» z. Frauenideal des Nationalsozialismus (in: Aussiger Beiträge 1) Aussig/Elbe [Ustí nad labem] 2007; A. REGNIER, ~. E. Männertragödie, 2008.

*Zum 50. Geburtstag:* W. BOLZE, ~. Zu s. 50. Geb.tag am 24. Juli (in: Die Ggw. 43) 1914; L. CORINTH [u. a.], Für ~ (in: Das Forum 1) 1914; A. KUTSCHER, Zu ~s 50. Geb.tag (in: Zeit im Bild 12) 1914; U. RAUSCHER, ~. Einige Eindrücke zu s. 50. Geb.tag (in: März 8) 1914; ~ u. d. Theater (hg. Drei Maskenverlag) 1915; A. KUH, ~. Zu des Dichters 50. Geb.tag (in: A. K., Zeitgeist im Lit.-Café. Feuill., Ess. u. Publizistik. Neue Slg., hg. U. LEHNER) 1983.

*Zu den Briefen und Tagebüchern:* R. KIESER, Skandal oder nicht? ~s Tagebücher (in: Monatshefte 79) 1987; M. SCHNEIDER, Erot. Buchhaltung im Fin de siècle. Über Walters «Viktorianische Ausschweifungen» u. ~s Tagebücher (in: Merkur 41) 1987; R. KIESER, Vorfrühling. Der Briefwechsel zwischen ~ und Oskar Schibler (in: Pharus I) 1989 (tw. abgedruckt).; M. LUCHSINGER, ~ u. Hermann Plümacher. Unveröff. Briefe (ebd.); E. AUSTERMÜHL, E. Lenzburger Jugendfreundschaft. D. Briefw. zw. ~ u. Minna von Greyerz (ebd.); A. MENDES, «Quando o diabo tem fome, então come moscas». ~ através dos seus diários (in Runa, Nr. 17/18) Lissabon 1992; E. BOA, The Murder of the Muse, or the Wound and the Pen. Figures of Inspiration in ~'s Diaries and Kafka's «Letters to Felice» (in: W. Yearbook 1991) 1992; H. VINÇON, «Jh.wende». Status u. Funktion autobiogr. Schr. für die Ed. krit. Ausg. der Lit. Moderne (in: Ed. v. autobiogr. Schr. u. Zeugnissen z. Biogr. [...], hg. J. GOLZ) 1995; E. WALDMANN, E. Liebe v. Frank. D. Briefw. zw. ~ u. Berthe Marie Denk (in: TuK 131/132) 1996 (mit Textabdruck); J. G. PANKAU, Prostitution, Tochtererziehung u. männlicher Blick in ~s Tagebüchern (in: W., hg. O. GUTJAHR) 2001.

*W. als Schauspieler und Kabarettist:* E. MÜHSAM, Der Schauspieler ~ (in: Die Schaubühne 6) 1910; F. SALTEN, ~ als Schauspieler (in: Bl. des Dt. Theaters 1/19) 1912; H. BALL, ~ als Schauspieler (in: Phoebus 1) 1914; C. HEINE, Wie ~ Schauspieler wurde (in: Das junge Dtl. 1) 1918; H. HERALD, ~ als Schauspieler (ebd.); A. KUTSCHER, ~s Bedeutung als Schauspieler (in: Dt. Bücher-Ber. 1) 1924; W. TAPPE, ~ als Schauspieler (in: Der neue Weg 55) 1926; M. LEDERER, ~ auf dem Theater (in: DR 80)

1954; H. Greul, «Ein Scharfrichter seiner Zeit». Ein Porträt des Satirikers ~, zum 100. Geb.tag aufgezeichnet (in: Gehört–gelesen 11) 1964; M. Plesser, D. Dramatiker als Regisseur, dargestellt am Beispiel v. ~, Sternheim u. Kaiser (Diss. Köln) 1972; W. Rösler, ~ als Brettlsänger (in: Beitr. z. Musikwiss. 16) 1974; G. Malsch, Der Sprechspieler ~ (Diss. München) 1976; E. Harris, Freedom and Degradation. ~'s Career as Kabarettist (in: The Turn of the Century [...] 2, hg. G. Chapple and H. H. Schulte) 1981; D. F. Kuhns, ~, the Actor: Aesthetics, Morality, and Monstrosity (in: Theatre Survey 31) Cambridge 1990; E. P. Harris, «Freiheit, dein Name ist Tingel-Tangel». ~s Kabarett-Karriere (aus d. Amerikan. v. C. Krüger) (in: TuK 131/132) 1996; G. W. Forcht, D. Medialität des Theaters bei ~. E. medientheoret. Unters. über den Einfluß d. Bänkelsängers u. Schauspielers ~ auf s. Werk, 2005 (zugleich Diss. Mainz 2004); K. Mahlau, Unterhaltungskunst zw. Zensur u. Protest. D. Entstehung des lit. Kabaretts (1880–1905) am Beispiel ~s, 2008.

*Bezüge zu / Vergleiche mit anderen Schriftstellern:*

*Johann Jakob Bachofen:* G. Vogel, Johann Jakob Bachofen u. ~ (in: G. V., D. Mythos v. Pandora. D. Rezeption e. griech. Sinnbildes in d. dt. Lit.) 1972 (zugleich Diss. Hamburg 1969).

*Bertolt Brecht:* S. Gittleman, ~ and Bertolt Brecht: Notes on a Relationship (in: Modern Drama 10) Toronto 1967/68; M. Spalter, ~ (in: M. S., Brecht's Tradition) Baltimore 1967 [zu Büchner, Brecht u. Hauptmann]; G. Witzke, D. epische Theater ~s u. Brechts. E. Vergleich des frühen dramat. Schaffens Brechts mit dem dramat. Werk ~s (Diss. Tübingen) 1972; M. Esslin, Modernist Drama: ~ to Brecht (in: Modernism 1890–1930, hg. M. Bradbury u. J. McFarland) Harmondsworth 1976 [Vergleich mit Brecht u. Hauptmann]; R. Klis, Brecht u. ~ (in: Bertolt Brecht [1898–1956], hg. W. Delabar u. J. Döring) 1998; B. Bennett, Brecht, Artaud, ~, Eliot. The Absence of the Subject (in: B. B., All Theater is Revolutionary Theater) Ithaca/N. Y. 2005; A. Bartl, «D. Mund möchte lachen, d. Auge weinen». D. Tragikomische im Werk ~s u. des jungen Brecht (in: The Brecht Yearbook / Das Brecht-Jb. 31) 2006.

*Georg Brandes:* K. Bohnen, ~ u. G. Brandes. Unveröff. Briefe (in: Euph. 72) 1978.

*Georg Büchner:* M. Spalter, ~ (in: M. S., Brecht's Tradition) Baltimore 1967 [zu Büchner, Brecht u. Hauptmann]; R. Baruch, Georg Büchner u. ~: Precursors of German Expressionism (Diss. Univ. of Minnesota) 1971; J. Osborne, Anti-Aristotelian Drama from Lenz to ~ (in: The German Theatre. A Symposium, hg. R. Hayman) London 1975 [zu Büchner u. Hauptmann]; F. Rothe, G. Büchners «Spätrezeption», Hauptmann, ~ u. d. Drama d. Jh.wende (in: G. Büchner Jb. 3) 1983; E. Boa, Whores and Hetairas. Sexual Politics in the Work of Büchner u. ~ (in: G. Büchner. Tradition and Innovation. Fourteen Ess., hg. K. Mills u. B. Keith-Smith) Bristol 1990.

*Friedrich Dürrenmatt:* J. J. Seiler, ~ and Dürrenmatt. A Comparative Study (Diss. Univ. of Wisconsin-Madison) 1973; G. Marahrens, ~s ‹Marquis von Keith› u. F. Dürrenmatts «Die Ehe des Herrn Mississippi» (in: Momentum dramaticum. FS für Eckehard Catholy, hg. L. Dietrick u. D. G. John) Waterloo 1990.

*Jean Giraudoux:* M. Mac lean, Jean Giraudoux and ~ (in: Australian Journal of French Studies 4) Melbourne 1967; J. Body, Zu e. Brief von ~ an J. Giraudoux (in: Gallo-Germanica [...], hg. E. Heftrich u. J. M. Valentin) Nancy 1986.

*Johann Wolfgang Goethe:* F. G. Costa, A recepção do «Fausto» de Goethe na obra de ~ (in: Runa 1) Lissabon 1984; J. Hibberd, ~ and Goethe (in: Publications of The English Goethe Society, NS 60) London 1989/90.

*Christian Dietrich Grabbe:* O. Nieten, Grabbe u. ~. Das Problem der Tragikomödie (in: Masken 4) 1909.

*Max Halbe:* A. B. Willeke, Literary Polarities at the Turn of the Century: ~ and Max Halbe (in: W. Yearbook 1991) 1992.

*Knut Hamsun:* W. Herzog, Hamsun, ~, Rolland im Urteil d. Kritk (in: Das Forum 1) 1914.

*Gerhart Hauptmann:* F. W. J. Heuser, Personal and Literary Relations of Hauptmann and ~ (in: MLN 36) 1921 (erw. Fass. u. d. T.: Gerhart Hauptmann and ~ – in: GR 29, 1954); H. Kaufmann, Zwei Dramatiker: Gerhart Hauptmann u. ~ (in: Krisen u. Wandlungen d. dt. Lit. v. ~ bis Feuchtwanger, hg. H. K.) 1966; M. Spalter, ~ (in: M. S., Brecht's Tradition) Baltimore 1967 [zu Büchner, Brecht u. Hauptmann]; M. Esslin, Modernist Drama: ~ to Brecht (in: Modernism 1890–1930, hg. M. Bradbury u. J. McFarland) Harmondsworth 1976 [Vergleich mit Brecht u. Hauptmann]; J. Osborne, Anti-Aristotelian Drama from Lenz to ~ (in: The German Theatre. A Symposium, hg. R. Hayman) London 1975 [zu Büchner u. Hauptmann]; F. Ro-

THE, G. Büchners «Spätrezeption», Hauptmann, ~ u. d. Drama d. Jh.wende (in: G. Büchner Jb. 3) 1983; R. KIESER, Besuch bei Gerhart Hauptmann (in: Monatshefte 79) 1987; P. SKRINE, Hautpmann, ~, and Schnitzler, Houndmills u. a. 1989; H. MACHER, «D. Realismus hat dich den Menschen vergessen lassen. Kehr z. Natur zurück!». D. Dichter Meier in ~s ‹Kinder u. Narren› u. s. Beziehung zu Gerhart Hauptmann (in: «Es steckt Ungehobenes in meinem Werk ...». Z. Bedeutung Gerhart Hauptmanns für unsere Zeit, hg. P. MAST) 1993.

*Heinrich Heine:* E. WEIDL, ~: Heine-Lektüre (in: «Stets wird die Wahrheit hadern mit dem Schönen». FS für Manfred Windfuhr, hg. G. CEPL-KAUFMANN) 1990; S. DREISEITEL, «Ich mache natürlich lebhaft Propaganda für ihn». Z. Bedeutung Heinrich Heines für d. Frühwerk u. d. literaturpolit. Positionen ~s, 2000.

*Arno Holz:* K. RIHA, Arno Holz u. ~ (in: K. R., Moritat. Song. Bänkelsang. Z. Gesch. der modernen Ball.) 1965.

*Henrik Ibsen:* A. FAMBRINI, Ibsen, ~ e il circo della vita (in: Il confronto letterario 8) Viareggio 1991.

*Heinrich Kleist:* A. B. WILLEKE, The Tightrope Walker and the Marionette: Images of Harmony in ~ and Kleist (in: Selected Proceedings of the Twenty-Seventh Annual Mountain Interstate Foreign Language Conference, hg. E. ZAYAS-BAZAN u. M. L. SUAREZ) Johnson City/Tennessee 1978.

*Karl Kraus:* C. H. SALVESEN, Ambivalent Alliance: ~ in Karl Kraus' Periodical «Die Fackel» (Diss. Cambridge) 1981; N. WAGNER, Geist u. Geschlecht. Karl Kraus u. die Erotik der Wiener Moderne, 1982; E. TIMMS, Karl Kraus, New Haven 1986; L. R. SHAW, Polyphemus among the Phaeacians: Kraus, ~ and Vienna (in: MAL 22) 1989.

*Else Lasker-Schüler:* G. MARTENS, Die expressionist. Wendung des Lebenskultes in den Dg. ~s u. Else Lasker-Schülers (in: G. M., Vitalismus u. Expressionismus) 1971.

*Ferdinand Lassalle:* J. HIBBERD, ~ and Lassalle: On Some Lines in «Simplicissimus» (in: GLL 42) 1988/89.

*Thomas Mann:* H. LEHNERT, W. SEGEBRECHT, Thomas Mann im Münchner Zensurbeirat (1912/13). E. Beitr. z. Verhältnis Thomas Manns zu ~ (in: SchillerJb., 7) 1964; H. MAYER, ‹Der Marquis von Keith› u. «Der Hochstapler Felix Krull» (in: H. M., Aufklärung Heute: Reden u. Vorträge 1978–1980) 1985.

*Friedrich Nietzsche:* R. A. FIRDA, ~, Nietzsche and the Dionysian Experience (in: MLN 87) 1972; R. KIESER, The Opening of Pandora's Box. ~, Nietzsche, Freud, and Others (in: W. Yearbook 1991) 1992; S. MICHAUD, Plurilinguisme et modernité au tournant du siècle: Nietzsche, ~, Lou Andreas-Salomé (in: Multilinguale Lit. im 20. Jh., hg. M. SCHMELING u. M. SCHMITZ-EMANS) 2002; S. RIEDLINGER, Aneignungen: ~s Nietzsche-Rezeption, 2005 (zugleich Diss. Augsburg 2004).

*Max Reinhardt:* C. W. THOMSEN, Max Reinhardt u. ~ (in: Max Reinhardt. The Oxford Symposium, hg. M. JACOBS u. J. WARREN) Suffolk 1986.

*Romain Rolland:* W. HERZOG, Hamsun, ~, Rolland im Urteil d. Kritik (in: Das Forum 1) 1914.

*Oskar Schibler:* R. KIESER, Vorfrühling. D. Briefw. zw. ~ u. Oskar Schibler (in: Pharus I) 1989 (tw. abgedruckt).

*Arthur Schnitzler:* H. A. GLASER, Arthur Schnitzler u. ~. D. Doppelköpfige Sexus (in: Wollüstige Phantasie. Sexualästhetik der Lit., hg. H. A. G.) 1974; P. SKRINE, Hautpmann, ~, and Schnitzler, Basingstoke/Hampshire 1989.

*Bernard Shaw:* C. v. OSSIETZKY, Shaw u. ~. E. bisher unveröff. Stud. (in: Die Weltbühne 1/10) 1946; C. WOOTTON, Shaw and ~. Power Material Versus Power Spiritual in «Major Barbara» and ‹Marquis von Keith› (in: C. W., Selective Affinities. Comparative Essays from Goethe to Arden) New York 1983.

*Carl Sternheim:* MARYSAS (= Ps. für D. W. M. Burn), ~, Sternheim u. die Unken (in: Aufbau 3) 1947; M. PLESSER, Der Dramatiker als Regisseur, dargestellt am Beispiel v. ~, Sternheim u. Kaiser (Diss. Köln) 1972; S. GITTLEMAN, Sternheim, ~, and homo economicus (in: GQ 49) 1976; H. MACHER, Das Komödische u. d. Satire in den Dramen ~s u. Sternheims (Diss. Jena) 1973.

*August Strindberg:* W. KORDT, Strindberg – ~. E. dramat. Prinzipienfrage (in: Das dt. Theater 2) 1924; L. MARCUSE, Theologien des Eros. Strindberg u. ~ (in: Bl. des dt. Theaters 9) 1922; M. GRAVIER, Strindberg et ~ (in: EG 3) 1948; K. WIESPOINTNER, Die Auflösung der architekton. Form des Dramas durch ~ u. Strindberg (Diss. Wien) 1949; B. PAMPEL, The Relationship of the Sexes in the Works of Strindberg, ~, and O'Neill (Diss. Northwestern Univ.) 1972; U. PROKOP, Elemente d. Moderne. Bilder des Weiblichen bei Strindberg u. ~ (in: Pharus I) 1989; F. ORSINI, Strindberg, ~, Rosso di San Secondo. Il mito della donna fatale;

origine, significato (in: Visioni e archetipi. Il mito nell' arte sperimentale e di avanguardia del primo novecento, hg. F. BARTOLI) Trient 1996.

*Stanislaw Ignacy Witkiewicz:* F. GALASSI, ~ and Witkiewicz: The Erotic Puzzle (in: The Polish Rev. 27) New York 1982; J. KOTT, ~ and Witkiewicz (in: The Play and its Critic. Ess. for Eric Bentley, hg. M. BERTIN) Lanham/Maryland 1986.

*Zum dramatischen Werk:* H. W. FISCHER, ~ (in: Das Magazin für Litt. 70) 1901; H. BAHR, ~. Zu s. Debut im Theater an der Wien (in: H. B., Rezensionen. Wiener Theater 1901–1903) 1903; G. FUCHS, D. Revolution des Theaters, 1909; J. HOFMILLER, ~s autobiogr. Dramen (in: Süddt. Monatsh. 6) 1909; J. BAB, D. neue Romantik (Maeterlinck, Hofmannsthal, ~) u. Bernard Shaw (in: J. B., D. Mensch auf d. Bühne. E. Dramaturgie für Schauspieler) 1911; P. POLLARD, Drama and ~ (in: P. P., Masks and Minstrels of New German) Boston 1911; A. KAHANE, ~ u. d. Bühne (in: Bl. des dt. Theaters 1) 1912; F. C. FAY, ~ (in: Drama Magazine 5) Mount Morris/Illinois 1915; ~ u. d. Theater (hg. Drei Masken-Verlag) 1915; F. BLEI, Über ~, Sternheim u. das Theater, 1915/16; R. KAYSER, D. Dramatiker ~ (in: Das junge Dtl. 1) 1918; F. ZIELESCH, Der Dramatiker ~ (in: D. Dt. Drama 1) 1918; B. DIEBOLD, ~ der Narr (in: B. D., Anarchie im Drama [...]) 1921; H. M. ELSTER, ~ u. s. 12 besten Bühnenwerke. E. Einf., 1922; O. RIECHERT, Stud. z. Form des ~schen Dramas (Diss. Hamburg) 1923; F. EMMEL, ~-Bühne (in: F. E., Das ekstatische Theater) 1924; C. POUPEYE, Le Théâtre Allemand. ~ (in: C. P., Les Dramaturges Exotiques) Brüssel 1926; E. SCHWEIZER, Das Groteske u. d. Drama ~s (Diss. Tübingen) 1929; W. DUWE, Die dramat. Form ~s in ihrem Verhältnis z. Ausdruckskunst, 1936 (zugleich Diss. Bonn 1936); G. FUCHS, Sturm u. Drang in München um die Jh.wende, 1936; E. BRENDLE, D. Tragik im dt. Drama v. Naturalismus bis z. Ggw., 1940 (zugleich Diss. Tübingen 1938); L. VOGT, D. Dichter ~ in s. Briefen über den tierärztlichen Beruf (in: Monatsh. für Veterinärmedizin 3) 1947; K. WIESPOINTNER, D. Auflösung der architekton. Form des Dramas durch ~ u. Strindberg (Diss. Wien) 1949; R. BAUCKEN, Bürgerlichkeit, Animalität u. Existenz im Drama ~s u. des Expressionismus (Diss. Kiel) 1950; J. ALTMAN, Mephisto's Emissary (in: Theater Arts 35) New York 1951; H. L. SCHULTE, Die Struktur der Dramatik ~s (Diss. Göttingen) 1954; J. JESCH, Stilhaltungen im Drama ~s (Diss. Marburg) 1959; A. KUJAT, Die späten Dramen ~s. Ihre Struktur u. Bedeutung (Diss. Tübingen) 1959; H. IHERING, Von Reinhardt bis Brecht. Vier Jahrzehnte Theater u. Film II (1924–29) u. III (1930–32), 1959 u. 1961; L. FEUCHTWANGER, ~ (in: NDL 12) 1964; G. SEEHAUS, ~ u. d. Theater, 1964; H. WAGNER, ~s Werk. Ihre Erstaufführungen u. ihre Darstellung. E. Zus.stellung (in: W. zum 100. Geb.tag, hg. R. LEMP) 1964; S. JACOBSOHN, Jahre d. Bühne. Theaterkrit. Schriften (hg. W. KARSCH u. G. GÖHLER) 1965; H. KAUFMANN, Zwei Dramatiker: Gerhart Hauptmann u. ~ (in: Krisen u. Wandlungen d. dt. Lit. v. ~ bis Feuchtwanger, hg. H. K.) 1966; R. A. JONES, The Pantomime and the Mimic Element in ~'s Work (Diss. Univ. of Texas-Austin) 1966; F. ROTHE, ~s Dramen. Jugendstil u. Lebensphilos., 1968 (zugleich Diss. Berlin 1967); P. BÖCKMANN, Die komödiant. Grotesken ~s (in Das dt. Lsp. 2, hg. H. STEFFEN) 1969 (auch in: P. B., Dichter. Wege der Subjektivierung, 1999); S. DAMM, Probleme d. Menschengestaltung im Drama Hauptmanns, Hofmannsthals u. ~s (Diss. Jena) 1970; H. MACLEAN, Polarity and Synthesis of the Sexes in ~'s Work (in: Australasian Universities Language and Literature Association: Proceedings and Papers of the 13th Congress [...], hg. J. R. ELLIS) Melbourne 1971; R. A. JONES, ~: A German Dramatist of the Absurd? (in: Comparative Drama 4) Kalamazoo/Mich. 1970/71; J. R. MCINTYRE, Epic Elements in the Dramas of ~ (Diss. Michigan State Univ.) 1972; M. PLESSER, Der Dramatiker als Regisseur, dargestellt am Beispiel v. ~, Sternheim u. Kaiser (Diss. Köln) 1972; G. WITZKE, D. epische Theater ~s u. Brechts. E. Vergleich des frühen dramat. Schaffen Brechts mit dem dramat. Werk ~s (Diss. Tübingen) 1972; B. BAYEN, ~ pourquoi? (in: Travail théâtral 18–19) Paris 1975; J. FRIEDMANN, ~s Dramen nach 1900. E. Unters. z. Erkenntnisfunktion s. Dramen, 1975 (zugleich Diss. Tübingen 1974); R. J. V. LENMAN, Censorship and Society in Munich, 1890–1914. With Special Reference to «Simplicissimus» and The Plays of ~ (Diss. Oxford) 1975; V. KLOTZ, Dramaturgie des Publikums. Wie Bühne und Publikum auf einander eingehen, insbes. bei Raimund, Büchner, ~, Horváth, Gatti u. im polit. Agitationstheater, 1976 (2., durchges. Aufl. 1998); B. PYE, The Drama of ~ (Diss. Oxford) 1976; U. SATTEL, Stud. z. Marktabhängigkeit d. Lit. am Beispiel ~s (Diss. Kassel) 1976; A. DE LA GUARDIA, Violencia y Sagacidad de ~ (in: Guardia. Temas Dramaticos y Otros Ensayos) Buenos Aires 1978; D. R. ARTHUR, ~'s Social Theatre (Diss. Stanford Univ.)

1979; R. GAMZIUKAITE, Vitaliskumo Iprasminimas ~o Dramose (in: Literatura 22) Wilna 1980; M. BEN ABDERRAZAK, ~ face aux critiques de son temps (Diss. Metz) 1980; H.-P. BAYERDÖRFER, Eindringlinge, Marionetten, Automaten (symbol. Dramatik u. d. Anfänge des modernden Theaters) (in: Dt. Lit. d. Jh.wende, hg. V. ŽMEGAČ) 1981; A. GALATTI, Individuum u. Gesellsch. in ~s Drama. Drei Interpr. (Diss. Zürich) 1981; A. KERR, Mit Schleuder u. Harfe. Theaterkritiken aus drei Jahrzehnten (hg. H. FETTING) 1981; A. K. KUHN, D. Dialog bei ~. Unters. z. Szenengespräch der Dramen bis 1900, 1981 (zugleich Diss. Stanford 1977); J. L. STYAN, Forerunners of Expressionism: ~ (in: J. L. S., Modern Drama in Theory and Practice 3) Cambridge 1981; R. HÖLBLING, ~. D. Beziehung zw. Frau u. Mann als Ausgangspunkt e. Kritik. E. Unters. an ausgew. Dramen, 1982; T. MEDICUS, D. große Liebe. Ökonomie u. Konstruktion d. Körper im Werk v. ~, 1982; W. ESSER, D. Physiognomie d. Kunstfigur oder «Spiegelungen». Formen d. «Selbstreflexion» im modernen Drama, 1983; P. JELAVICH, Theater in Munich 1890–1914. A Study in the Social Origins of Modernist Culture (Diss. Princeton Univ.) 1982 (erw. Fass. u. d. T.: Munich and Theatrical Modernism. Politics, Playwriting and Performance 1890–1914, Cambridge 1985); E. KLEEMANN, Zw. symbol. Rebellion u. polit. Revolution. Stud. z. dt. Bohème zw. Kaiserreich u. Weimarer Republik: Else Lasker-Schüler, Franziska Gräfin Reventlow, ~, [...], 1985 (zugleich Diss. Würzburg 1984); F. G. COSTA, Experimentalismo e crise de valores o drama de ~ entre 1900 e 1911 (Diss. Lissabon) 1986; C. DIETHE, Aspects of Distorted Sexual Attitudes in German Expressionist Drama. With Particular Reference to ~, Kokoschka and Kaiser, New York 1988 (zugleich Diss. London 1987); J. M. HAM, The Ideological Structure of ~'s Dramatic Works (Diss. Univ. of New Jersey, New Brunswick) 1990; E. AUSTERMÜHL, H. VINÇON, ~s Dramen (in: D. lit. Moderne in Europa, II Formationen d. lit. Avantgarde, hg. H. J. PIECHOTTA, R.-R. WUTHENOW, S. ROTHERMANN) 1994; E. AUSTERMÜHL, ~s dramat. Verfahren. E. Rekonstruktionsversuch [= Nachw.] (in: F. W., Krit. Studienausg. IV, hg. E. A.) 1994; H. VINÇON, Masken [= Nachw.] (in: ebd. III/2, hg. H. V.) 1996; R. KIESER, Über den Umgang mit Stoffen u. Stilen in ~s frühen Dramen [= Nachw.] (in: ebd. II, hg. M. BAUM u. R. K.) 2000; E. AUSTERMÜHL, ~ (1864–1918) (in: Dt. Dramatiker des 20. Jh., hg. A. ALLKEMPER u. N. O. EKE) 2000; H. VINÇON, Prolog ist herrlich! Zu ~s Konzept dramaturg. Kommunikation (in: Euph. 95) 2001; F. GIL COSTA, Konstellationen d. Schwäche u. Stärke. ~s Entwürfe von Männerfiguren (in: Kontinuität – Diskontinuität [...], hg. S. DREISEITEL u. H. VINÇON) 2001; H.-J. IRMER, ‹Kitsch› / ‹Die Kunsthistoriker›: d. dramat. Abh. des Problems (ebd.); H.-J. IRMER, ~ war nicht modern [= Nachw.] (in: F. W., Krit. Studienausg. VIII, hg. H.-J. I.) 2003; J. G. PANKAU, ~ – Drama u. Aufklärung, Weiblichkeit u. Dressur (in: J. G. P., Sexualität u. Modernität. Stud. z. dt. Drama des Fin de Siècle) 2005; D. KAFITZ, Moderne Tendenzen in d. Dramen ~s (in: Mein Drama findet nicht mehr statt. Dt.sprachige Theater-Texte im 20. Jh., hg. B. DESCOURVIÈRES, P. W. MARX, R. RÄTTIG) 2006; J. S. PETERS, Performing Obscene Modernism. Theatrical Censorship and the Making of Modern Drama (in: Against Theatre: Creative Destructions on the Modernist Stage, hg. A. L. ACKERMAN, M. PUCHNER) New York 2006; M. UFER, D. Groteske als ästhet. Verfahren [= Nachw.] (in: F. W., Krit. Studienausg. VI, hg. M. BAUM u. H. VINÇON) 2007; H. VINÇON, Zerbrochene Spiegel [= Nachw.] (ebenda).

*Themen und Motive:* L. BERG, D. Übermensch in d. modernen Lit. E. Kap. z. Geistesgesch. des 19. Jh., 1897; F. DEHNOW, ~s Anschauungen über Sexualität (in: Zs. für Sexualwiss. 8) 1922; A. KUTSCHER, ~ u. d. Zirkus (in: Faust 3) 1925; M. UNTERMANN, D. Groteske bei ~, Thomas Mann, Heinrich Mann, Morgenstern und Wilhem Busch, 1930 (zugleich Diss. Königsberg 1929); E. PORZKY, Der Abenteurer in ~s dramat. Schaffen (Diss. Innsbruck) 1933; A. R. VIETH, D. Stellung der Frau in den Werken v. ~ (Diss. Wien) 1939; D. ROSER, D. Bild v. Arzt, Medizin u. Krankheit im Werke ~s (Diss. Kiel) 1948; G. MILKEREIT, D. Idee d. Freiheit im Werk v. ~ (Diss. Köln) 1957; C. QUIGUER, L'érotisme de ~ (in: EG 17) 1962; K. WEDEKIND, Franziska u. Galathea (in: W. z. 100. Geb.tag, hg. R. LEMP) 1964; R. M. HOVEL, The Image of the Artist in the Works of ~ (Diss. Univ. of Southern California) 1966; R. A. JONES, The Pantomime and the Mimic Element in ~'s Work (Diss. Univ. of Texas-Austin) 1966; W. SOKEL, The Changing Role of Eros in ~'s Drama (in: GQ 39) 1966; W. RASCH, Tanz als Lebenssymbol im Drama um 1900 (in: W. R., Z. dt. Lit. seit d. Jh.wende) 1967; DERS., Sozialkrit. Aspekte in ~s dramat. Dg. Sexualität, Kunst u. Gesellsch. (in: Gestaltungsgesch. u. Gesellschaftsgesch. Lit.-, kunst- u. musikwiss. Stud., hg. H.

KREUZER u. K. HAMBURGER) 1969; E. S. NEUMANN, D. Künstler u. s. Verhältnis z. Welt in ~s Dramen (Diss. Tulane Univ.) 1969; G. MARTENS, D. expressionist. Wendung des Lebenskultes in den Dg. ~s u. Else Lasker-Schülers (in: G. M., Vitalismus u. Expressionismus) 1971; E. S. NEUMANN, Musik in ~s Bühnenwerken (in: GQ 44) 1971; B. PAMPEL, The Relationship of the Sexes in the Works of Strindberg, ~, and O'Neill (Diss. Northwestern Univ.) 1972; H. WARKENTIN, The Communicative Value of Dialogue in the Dramas of ~ (Diss. Univ. of Waterloo) 1972; S. FISHMAN, Suicide, Sex, and the Discovery of the German Adolescent (in: History of Education Quarterly 10) New York 1972; R.-D. MAUCH, Die Darstellung der neuen Wirklichkeit im Werke ~s (Diss. California-Davis) 1972; J. R. MCINTYRE, Epic Elements in the Dramas of ~ (Diss. Michigan State Univ.) 1972; H. MACHER, Das Komödische u. d. Satire in d. Dramen ~s u. Sternheims (Diss. Jena) 1973; H. WYSLING, Z. Abenteurer-Motiv bei ~, Heinrich u. Thomas Mann (in: Heinrich Mann 1871/1971. Bestandsaufnahme u. Untersuchung [...], hg. K. MATTHIAS) 1973 (auch in: H. W., Ausgew. Aufs. 1963–1995, 1996); H. O. BOROWITZ, Youth as Metaphor and Image in ~, Kokoschka, and Schiele (in: Art Journal 33) New York 1974; W. EMRICH, ~s Moralismus (in: Akademie d. Wiss. u. d. Lit. Mainz 1949–1974) 1974; D. C. G. LORENZ, ~ u. die emanzipierte Frau. E. Stud. über Frau u. Sozialismus im Werke ~s (in: Seminar 12) 1976; I. B. ROSE, Social Stereotypes and Female Actualities. A Dimension of the Social Criticism in Selected Works by Fontane, Hauptmann, ~, and Schnitzler (Diss. Princeton Univ.) 1976; M. E. PLACE, The Characterization of Women in the Plays of ~ (Diss. Vanderbilt Univ.) 1977; C. E. SLATTERY, ~: Isolation in the Dramas before 1900 (Diss. Univ. of Iowa) 1980; H. THIES, Functions of Personal Names in ~'s Plays (in: Literary Onomastics Studies 7) Brockport/N. Y. 1980; T. C. HANLIN, Demonic Eroticism in Jugendstil (in: Jb. für Internationale Germanistik 14) 1982; T. MEDICUS, Die große Liebe. Ökonomie u. Konstruktion der Körper im Werk v. ~, 1982; D. IEHL, Quelques aspects du grotesque dans le théâtre allemand au seuil de l'Expressionism (~, Sternheim) (in: Mélanges offerts à C. David [...], hg. J.-L. BAUDERT) 1983; M. MUYLAERT, L'image de la femme dans l'œuvre de ~, Stuttgart 1985 (zugleich Diss. Sorbonne Paris 1984); J. SCHRÖDER-ZEBRALLA, ~s religiöser Sensualismus. D. Vereinigung v. Kirche u. Freudenhaus?, 1985 (zugleich Diss. Berlin 1984); M. H. G. DA SILVA, Character, Ideology and Symbolism in the Plays of ~, Sternheim, Kaiser, Toller, and Brecht, London 1985 (Diss. London 1979); N. MCCOMBS, The Prostitute in ~'s Works (in: N. McC., Earth Spirit, Victim, or Whore? The Prostitute in German Literature 1880–1925) New York 1986 (zugleich Diss. California-San Diego 1982); C. STEWART, Comedy, Morality and Energy in the Work of ~ (in: Publications of the English Goethe Society 56) London 1987; C. DIETHE, Distorted Sexuality in ~'s Treatment of the Theme of «Sinnenliebe» (in: Expressionism in Focus [...], hg. R. SHEPPARD) Blairgowrie/Schottland 1987; DERS., Aspects of Distorted Sexual Attitudes in German Expressionist Drama. With Particular Reference to ~, Kokoschka and Kaiser, New York 1988 (zugleich Diss. London); N. J. F. PIERCE, Woman's Place in German Turn-of-the-Century Drama: The Function of Female Figures in Selected Plays by Gerhart Hauptmann, ~, Ricarda Huch and Else Bernstein (Diss. Univ. of California-Irvine) 1988; M. LUCHSINGER, «Ich suche nicht X. Ich suche das Weib.» – «Ich bin weder das eine noch das andere». Z. Funktion des Weiblichen bei ~: V. Subversionen u. Aversionen (in: Semiotik der Geschlechter, hg. J. BERNARD, T. KLUGSBERGER, G. WITHALM) 1989; D. PANE, D. Frauenthematik in den Spätdramen ~s: Unters. z. Rolle d. Frau in d. Gesellsch. an d. Wende v. 19. z. 20. Jh. (Diss. Mainz) 1989; U. PROKOP, Elemente der Moderne. Bilder des Weiblichen bei Strindberg u. ~ (in: Pharus I) 1989; A. B. BOGRAD, Eros u. Sexualität im Werk ~s: E. psycholog. Unters., Los Angeles 1990; A. WILDER-MINTZER, Die Beziehung der Geschlechter bei ~ (in: Spiegelungen. FS für Hans Schumacher z. 60. Geb.tag, hg. R. MATZKER u. a.) 1991; E. BOA, The Murder of the Muse, or the Wound and the Pen. Figures of Inspiration in ~'s Diaries and Kafka's «Letters to Felice» (in: W.-Yearbook 1991) 1992; R. KIESER, Amerikan. Motive im Werk ~s (in: GQ 65) 1992; I. SCHLÖR, Pubertät u. Poesie. D. Problem d. Erziehung in den lit. Beispielen von ~, Musil u. Siegfried Lenz, 1992 (zugleich Diss. Istanbul 1991) [zu ~s ‹Frühlings Erwachen›; Musil, «Die Verwirrungen des Zöglings Törleß»; Lenz, «Deutschstunde»]; K. KIM, Die Lieder in ~s Dramen, 1993 (zugleich Diss. Bamberg 1992); M. WINDFUHR, Hexe, Heilige oder Hure? Z. Frauenbild v. Spee, Lessing u. ~. Vortrag zum 402. Geb.tag Spees am 25. Februar 1993 (in: Kaiserswerther Vorträge zu Friedrich Spee 1985–

1993, hg. N. HENRICHS u. a.) 1995; S. MARSCHALL, TextTanzTheater. E. Unters. des dramat. Motivs u. theatralischen Ereignisses «Tanz» am Beispiel von ~s ‹Büchse der Pandora› und Hugo von Hofmannsthals «Elektra», 1996; F. BURI, Z. Bedeutung des Mythus in ~s ‹Lulu›-Tragödien (in: Theolog. Zs. 52) 1996; S. WILKE, Die peruanische Perlenfischerin u. d. jugendliche Buddha. Über stumme u. verschwindende Frauenkörper bei ~ (in: MGS 23) Ann Arbor/Mich. 1997; B. GLAS, Kunst u. Künstler in dramat. Werken v. ~ (Diss. Frankfurt) 1998; S. LIBBON, ~'s Prostitutes. A Liberating Re-Creation or Male Recreation? (in: Commodities of Desire. The Prostitute in Modern German Literature, hg. C. SCHÖNFELD) Rochester/N. Y. 2000; M. UFER, Wandlung der Prostitutionsauffassung im Werk ~ (in: Kontinuität – Diskontinuität [...], hg. S. DREISEITEL u. H. VINÇON) 2001; I. DENNELER, V. Namen u. Dingen. Erkundungen z. Rolle des Ich in d. Lit. am Beispiel v. Ingeborg Bachmann, Peter Bichsel, Max Frisch, Gottfried Keller, Heinrich von Kleist, Arthur Schnitzler, ~, Vladimir Nabokov u. W. G. Sebald, 2001; F. WHALLEY, The Elusive Transcendent. The Role of Religion in the Plays of ~, Oxford 2002; E. BOA, Revoicing Silenced Sirens. A Changing Motif in Works by Franz Kafka, ~ and Barbara Köhler (in: GLL 57) 2004; J. LORANG, Cirque et cabaret. L'apport de ~ à un nouveau language théâtral (in: EG 60) 2005; M. HASHEM, Satirische Elemente im dramat. Werk ~s, 2005; K. M. HYLENSKI, Dance and the Dancer in Early Twentieth Century German Lit.: Hofmannsthal, ~, Hauptmann (Diss. New Haven/Conn.) 2006.

*Zu einzelnen Dramen und Szenen:*

*Frühlings Erwachen* (= FrEr): KNLL 17 (1992) 463; Metzler Lit. Chronik (2006) 477. – R. DEHMEL, «Erklärung» (in: D. Gesellsch. 8) 1892; O. PANIZZA, FrEr, e. Kindertragödie v. ~ (ebd.) [zum Erscheinen der Erstausg.]; O. PLÜMACHER, FrEr. Für Väter u. Erzieher (in: Sphinx 8) 1893; S. FECHHEIMER, Der Hofnarr Gottes. E. ~-Stud. (in: Die Gesellsch. 18) 1902; S. JACOBSOHN, FrEr (in: Die Schaubühne 2/48) 1906; L. ANDREAS-SALOMÉ, FrEr (in: Die Zukunft 58) 1907; K. SCHEFFLER, Der vermummte Herr (ebd.); H. BREUER, FrEr. E. Kulturskizze aus alter u. neuer Zeit (in: Masken 3) 1907; J. HOFMILLER, FrEr (in: Süddt. Monatsh. 4) 1907; K. ARAM, Glossen: FrEr (in: März 1) 1907; H. KIENZL, ~: FrEr (in: H. K., Die Bühne ein Echo der Zeit 1905–07) 1907; L. QUESSEL, ~s Geschlechtscharaktere (in: Die Neue Gesellsch. 5) 1907; P. GOLDMANN, Vom Rückgang der dt. Bühne. Polem. Aufs. über Berliner Theateraufführungen, 1908 [zu FrEr u. ‹Hidalla›]; K. KRAUS, FrEr (in: Die Fackel 10, Nr. 254/255) 1908; F. WEIGL, ~s FrEr auf öffentlicher Bühne (in: Allg. Rs. 5) 1908; L. BLUM, ~: FrEr (in: L. B., Au Théâtre. Réflexions critiques) Paris 1909; M. MURET, Une «Tragédie enfantine» de ~ (in: M. M., La Littérature Allemande d'aujourd'hui) Paris 1909; J. HOFMILLER, Zeitgenossen, 1910 [zu FrEr, ‹Hidalla›, ‹Erdgeist›, ‹Die Zensur› u. ‹Oaha›]; J. BAB, «Frau Gabor» (in: J. B., Nebenrollen. E. dramaturgischer Mikrokosmos) 1913; R. ELSNER, FrEr, Nr. 1 (in: Moderne Dramatik in krit. Beleuchtung. Einzeldarst., hg. R. E.) 1913; E. GOLDMAN, ~. FrEr (in: E. G., The Social Significance of Modern Drama) Boston 1914; P. KORNFELD, ~ (in: Das junge Dtl. 1) 1918 [zu FrEr u. ‹Erdgeist›]; K. HERBST, Gedanken über ~s FrEr, ‹Erdgeist› u. ‹Die Büchse der Pandora›: e. lit. Plauderei, 1920; A. BLOK, Probuzhdenie Vesny (in: A. B., Sobranie sochinenii 9) 1923; H. EULENBERG, ~s FrEr (in: H. E., Gestalten u. Begebenheiten) 1924; P. GOBETTI, ~ (in: P. G., Opera critica. II Teatro – Letteratura – Storica) Turin 1927 [zu ‹Der Erdgeist› u. FrEr]; P. BAULAND, The Hooded Eagle. Modern German Drama on the New York Stage, Syracuse/N. Y. 1968; T. BERTSCHINGER, D. Bild d. Schule in d. dt. Lit. zw. 1890 u. 1914, 1969 [u. a. zu FrEr, ‹Der Liebestrank› u. ‹Mine-Haha›]; P. BÖCKMANN, Die komödiant. Grotesken ~s (in: Das dt. Lsp. 2, hg. H. STEFFEN) 1969 (auch in: P. B., Dichter. Wege der Subjektivierung, 1999) [zu FrEr, Lulu-Dramen, ‹Marquis von Keith›]; F. ROTHE, FrEr. Z. Verhältnis v. sexueller u. sozialer Emanzipation bei ~ (in: Studi Germanici 7) Rom 1969; S. FISHMAN, Suicide, Sex, and the Discovery of the German Adolescent (in: History of Education Quarterly 10) New York 1970; L. R. SHAW, The Strategy of Reformulation. ~'s FrEr (in: L. R. S., The Playwright and Historical Change. Dramatic Strategies in Brecht, Hauptmann, Kaiser, and ~) Madison 1970; K. BULLIVANT, The Notion of Morality in ~'s FrEr (in: NGS 1) 1973; A. D. WHITE, The Notion of Morality in ~'s FrEr: A Comment (ebd.); A propos de l'éveil du printemps de ~ (hg. F. REGNAULT) Paris 1974; F. ROTH, ~: FrEr (in: Von Lessing bis Kroetz [...], hg. J. BERG u. a.) 1975; W. GOTTSCHALCH, E. Kindertragödie (in: W. G., Schülerkrisen. Autoritäre Erziehung, Flucht u. Widerstand) 1977; L. LUCAS, ~: FrEr (in: Textsorte: Drama. Analysen – Lernziele – Methoden, hg. L. L.) 1977; J. L. HIBBERD, Imaginary Numbers and «Humor»: on ~'s FrEr (in: Modern Language Rev. 74) Leeds 1979; U. VOHLAND, Wider die falsche Erziehung. Zu ~s FrEr (in: Diskussion Dt. 10) 1979; H. SANDIG, ~ (in: Dt. Dramaturgie des Grotesken um d. Jh.wende) 1980; Erl. u. Dokumente. ~. FrEr (hg. H. WAGENER) 1980; W. BENJAMIN, ~: FrEr (in: W. B., Ges. Schr. 11) 1980; A. K. KUHN, D. Dialog bei ~. Unters. z. Szenengespräch d. Dramen bis 1900, 1981 (zugleich Diss. Stanford 1977); B. STUHLMACHER, Jugend. Plenzdorfs «Die neuen Leiden des jungen W.» u. d. Tradition: Halbe, ~, Hasenclever (in: Tendenzen u. Beispiele. Z. DDR Lit. in den 70er Jahren, hg. H. KAUFMANN) 1981; G. BIRRELL, The Wollen-Sollen Equation in ~'s FrEr (in: GR 57) 1982; L. R. SHAW, ~'s FrEr (in: Alogical Modern Drama [...], hg. K. S. WHITE) Amsterdam 1982; P. JELAVICH, ~'s FrEr: The Path to Expressionist Drama (in: Passion and Rebellion [...], hg. S. E. BRONNER u. D. KELLNER) New York 1983; H. KÄMPER-JENSEN, Partnergespräche Jugendlicher um die Jh.wende. Am Beispiel von ~s FrEr (in: Gespräche zw. Alltag u. Lit. Beitr z. german.Gesprächsforsch., hg. D. CHERUBIM u. a.) 1984; G. PICKERODT, ~: FrEr, 1984; U. H. GERLACH, Wer ist der «vermummte Herr» in ~s FrEr? (in: Maske u. Kothurn 31) 1985 (auch in: U. H. G., Einwände und Einsichten, 2002); P. BEKES, Materialien. ~s FrEr, 1986; E. BOA, The Sexual Circus. ~'s Theatre of Subversion, Oxford 1987 [zu: FrEr., ‹Der Erdgeist›, ‹Die Büchse der Pandora› u. ‹Der Marquis von Keith›]; H. RICHTER, FrEr: ~ u. s. Kindertragödie (in: H. R., Verwandeltes Dasein) 1987 (auch in: H. R., Zw. Böhmen u. Utopia. Literaturhist. Aufs. u. Stud., 2000); I. SCHELLER, Szen. Interpr.: ~: FrEr. Vorschläge, Materialien u. Dokumente z. erfahrungsbezogenen Umgang mit Lit. u. Alltagsgeschichte(n), 1987; P. BEKES, Stundenblätter FrEr. E. Unterrichtsmodell für die 10. Klasse, 1988; A. KESSLER, E. Anm. zu Freud u. FrEr (in: Pharus I) 1989; A. DEL CARO, «The Beast in the Child». ~ as the Psychologist of Morals (in: Germanic Notes 20) Lexington/Kentucky 1989; DERS., The Beast, the Bad, and the Body: Moral Entanglement in ~'s FrEr (in: CollGerm. 24) 1991; P. G. KLUSSMANN, Kindertragödie u. Erwachsenensatire. Z. Spieltheorie u. Darstellungsform v. ~s FrEr (in: Drama u. Theater. Theorie, Methode, Gesch., hg. H. SCHMID u. H. KRÄL) 1991; DERS., D. dramaturg. Prinzip der Schamverletzung in ~s Drama FrEr (in: Dt. Dg. um 1890. Beitr. z. e. Lit. im Umbruch, hg. R. LEROY u. E. PASTOR) 1991; Y.-G. MIX, Pubertäre Irritation u. lit. Examination. Selbstentfremdung u. Sexualität in ~s FrEr, R. Musils «Die Verwirrungen des Zöglings Törleß», E. Seyerlens «Die schmerzliche Scham» und H. Falladas «Der junge Goedeschal» (in: Text & Kontext 19) Kopenhagen 1994/95; G. RADEMACHER, Kunstwerk in Bewegung versus Gesellsch. im Stillstand. Z. Berliner Zensurprozeß (1910–1912) um das Königsberger Aufführungsverbot von ~s FrEr (in: Juni. Magazin für Lit. u. Politik, H. 27) 1997; R. MAST, D. schwere Herz. E. Szene aus FrEr, Bremen 1965 (in: Zeitlichkeiten – z. Realität der Künste [...], hg. T. BIRKENHAUER) 1998; M. MEIER, ~ FrEr (in: Kaleidoskop 112) 1998; J. NOOB, D. Schülerselbstmord in d. dt. Lit. um d. Jh.wende, 1998 (zugleich Diss. Oregon 1997); S. SCHÖNBORN, «Die Königin ohne Kopf». Lit. Initiation u. Geschlechtsidentität um d. Jh.wende in ~s Kindertragödie FrEr (in: ZfdPh 118) 1999; H. SPITTLER, ~, FrEr. Interpr. 1999 (unveränd. Nachdruck 2003); O. GUTJAHR, Erziehung z. Schamlosigkeit. ~s ‹Mine-Haha oder [...]› u. der intertextuelle Bezug zu FrEr (in: F. W., hg. O. G.) 2001; A. HAMBURGER, Z. Konstruktion der Pubertät in ~s FrEr (in: W., hg. O. GUTJAHR) 2001; D. KAFITZ, D. Kunstzitate in ~s FrEr. Zur Hänschen-Rilow-Szene (in: Kontinuität – Diskontinuität [...], hg. S. DREISEITEL u. H. VINÇON) 2001; T. MÖBIUS, Erl. zu ~, FrEr, 2001 (2., erg. Aufl. 2002; [4]2005); M. NEUBAUER, ~: FrEr, 2001; C. SARINGER, ~s Kindertragödie FrEr (1891). E. revolutionäres u. zeitloses Drama. Unters. z. geschichtl. Kontext, z. Thematik u. z. Bühnenrealisation d. Tragödie (Diplomarbeit Klagenfurt) 2001; P. ZADEK, Menschen, Löwen, Adler, Rebhühner: Theaterregie, 2003; T. HEROLD, ~, FrEr: Unterrichtsvorschläge u. Kopiervorlagen zu Buch, Audio Book, CD-ROM, 2004; C. DAWIDOWSKI, N. SCHMIDT, «Faust»-Spuren bei ~, Hochhuth u. Sibylle Berg. E. Beispiel z. interkulturellen Lit.unterricht (in: Lit. im Unterricht 7) 2006; S. TRUSSLER, Peter Pan and Susan. Lost Children from Juliet to Michael Jackson (in: New Theatre Quarterly 23) Cambridge 2007; P. ZAZZALI, Lost and Found in Adaptation. Reinventing ~'s ‹Spring Awakening› as a Rock Musical (in: Communications from the International Brecht Society 36) New Brunswick/New Jersey 2007.

*Der Erdgeist* (= Eg): KNLL 17 (1992) 461. – A. MOELLER-BRUCK, ~: Eg (in: Die Gesellsch. 11) 1895; O. PANIZZA, ~: Eg (in: ebd. 12) 1896 [zum Erscheinen der Erstausg.]; P. ALTENBERG, Zu ~s Eg (in:

Die Fackel 5, Nr. 142) 1903; M. HARDEN, Theaternotizen [zu Eg] (in: Die Zukunft 42) 1903; J. HOFMILLER, Zeitgenossen, 1910 [zu ‹Frühlings Erwachen›, ‹Hidalla›, Eg, ‹Die Zensur› u. ‹Oaha›]; B. VIERTEL, ~: Eg (in: Der Merker 2) 1911; P. KORNFELD, ~ (in: Das junge Dtl. 1) 1918 [zu ‹Frühlings Erwachen› u. Eg]; K. HERBST, Gedanken über ~s ‹Frühlings Erwachen›, Eg u. ‹Die Büchse der Pandora›: e. lit. Plauderei, 1920; F. A. BEYERLEIN, ~ u. Eg (in: F. A. B., D. lit. Gesellsch. in Leipzig) 1923; F. HAGEMANN, ~s Eg u. ‹Die Büchse der Pandora›, 1926 (zugleich Diss. Erlangen 1926); P. GOBETTI, ~ (in: P. G., Opera critica. II Teatro – Letteratura – Storia) Turin 1927 [zu Eg u. ‹Frühlings Erwachen›]; A. KUTSCHER, E. unbek. französ. Quelle zu ~s Eg u. ‹Die Büchse der Pandora› (in: Das Goldene Tor 2) 1947; G. MENSCHING, ~, Eg (in: G. M., Das Groteske im modernen Drama [...], Diss. Bonn) 1961; P. BAULAND, The Hooded Eagle. Modern German Drama on the New York Stage, Syracuse/N. Y. 1968; F. HAGEMANN, Essay über ~s Drama Eg (in: Carolinum 38) 1972; R. A. BURNS, ~'s Concept of Morality: an Extension of the Argument (in: NGS 3) 1975 [zu ‹Büchse der Pandora› u. Eg]; E. P. HARRIS, The Liberation of Flesh from Stone: Pygmalion in ~'s Eg (in: GR 52) 1977; H. THIES, Lulu, Mignon, Pandora. Stilisierung durch Namen u. Anspielungen im Kontext bürgerlichen Bildungsgutes: ~, Eg u. ‹Die Büchse der Pandora› (in: H. T., Namen im Kontext von Dramen. [...]) 1978; S. GRÜNEKLEE, Lulu Lustprinzip. Zu ~s Eg und ‹Die Büchse der Pandora› (in: Zeitmitschrift 2) 1986; E. BOA, The Sexual Circus. ~'s Theatre of Subversion, Oxford 1987 [zu: ‹Frühlings Erwachen›, Eg, ‹Die Büchse der Pandora› u. ‹Der Marquis von Keith›]; A. TAEGER, Bürgerlicher Zirkus: D. dressierte Natur. ~ Eg – ‹Die Büchse der Pandora› (in: A. T., Die Kunst, Medusa zu töten. Z. Bild d. Frau in d. Lit. d. Jh.wende) 1987; E. P. HARRIS, D. Befreiung des Fleisches aus dem Stein. Pygmalion in ~s Eg (in: «Das Schöne soll sein». Aisthesis in d. dt. Lit. FS für Wolfgang F. Bender, hg. P. HESSELMANN) 2001; D. R. MIDGLEY, ~s Eg (in: Landmarks in German Drama, hg. P. HUTCHINSON) 2002; H. SHIRAI, Diskurs- u. konversationsanalyt. Beitr. v. lit. Text anhand v. Drama Eg (1895) v. ~ (in: Neue Beitr. z. Germanistik 2) 2003; C. MAZELLIER-GRÜNBECK, La danseuse et la marionnette. Le language du corps dans la pièce Eg de ~ (in: Représentations du corps [...], hg. C. M.-G. u. a.) Montpellier 2004; F. ROTH-LANGE, Szenographien lesen: am Beispiel v. Bühnenräumen zu Büchners «Woyzeck», ~s Eg u. Horváths «Geschichten aus dem Wiener Wald» (in: DU 55) 2004; K. SCHUHMANN, Startplatz u. Gerichtsort Leipzig. ~s Eg u. Hermann Hesses «Eine Stunde hinter Mitternacht» - zwei Debuts vor d. Jh.wende (in: K. S., Leipzig-Transit. Ein lit.geschichtl. Streifzug v. d. Jh.wende bis 1933) 2005.

*Die Büchse der Pandora* (= BdP): K. KRAUS, BdP (in: Die Fackel 7, Nr. 182) 1905; E. MÜHSAM, Von ~: BdP (in: Die Schaubühne 6) 1910; A. KERR, BdP (in: NR 22) 1911; P. HAMECHER, ~. Zur BdP (in: Das junge Dtl. 1) 1918; R. KAYSER, BdP (ebd.); K. HERBST, Gedanken über ~s ‹Frühlings Erwachen›, ‹Erdgeist› u. BdP: e. lit. Plauderei, 1920; F. HAGEMANN, ~s ‹Erdgeist› u. BdP, 1926 (zugleich Diss. Erlangen 1926); A. KUTSCHER, E. unbek. französ. Quelle zu ~s ‹Der Erdgeist› und BdP (in: Das Goldene Tor 2) 1947; E. JANNINGS, Theater-Film – D. Leben u. ich (hg. C. C. BERGIUS) 1951 [zu der Figur Rodrigo Quast, den E. J. spielte]; D. and E. PANOFSKY, ‹Pandora's Box›. The Changing Aspects of a Mythical Symbol, New York 1956; G. VOGEL, Johann Jakob Bachofen u. ~ (in: G. V., D. Mythos v. Pandora. D. Rezeption e. griech. Sinnbildes in d. dt. Lit.) 1972 (zugleich Diss. Hamburg 1969); R. A. BURNS, ~'s Concept of Morality: an Extension of the Argument (in: NGS 3) 1975 [zu BdP u. ‹Erdgeist›]; H. THIES, Lulu, Mignon, Pandora. Stilisierung durch Namen und Anspielungen im Kontext bürgerlichen Bildungsgutes: ~, ‹Erdgeist› und BdP (in: H. T., Namen im Kontext von Dramen. [...]) 1978; S. GRÜNEKLEE, Lulu Lustprinzip. Zu ~s ‹Erdgeist› und BdP (in: Zeitmitschrift 2) 1986; E. BOA, The Sexual Circus. ~'s Theatre of Subversion, Oxford 1987 [zu: ‹Frühlings Erwachen›, ‹Der Erdgeist›, BdP, ‹Der Marquis von Keith›]; A. TAEGER, Bürgerlicher Zirkus: Die dressierte Natur. ~ ‹Erdgeist› – BdP (in: A. T., Die Kunst, Medusa zu töten. Z. Bild d. Frau in d. Lit. d. Jh.wende) 1987; R. BECKER, Die Büchse der Pandora ist geöffnet. V. Umgang mit d. falschen Denken (in: Pharus I) 1989 [zum Prozeß]; A. CONRAD, ~ – Justitias Deckel für die BdP. Die Anklage gg. ~ u. d. Verleger Bruno Cassirer wegen Verbreitung unzüchtiger Schr. (in: A. C., Dichter, Diven u. Skandale. Berliner Gesch.) 1990; S. MARSCHALL, TextTanzTheater. E. Unters. des dramat. Motivs u. theatralischen Ereignisses «Tanz» am Beispiel von ~s BdP u. Hugo von Hofmannsthals «Elektra», 1996; S. MICHAUD, Plurilinguisme et modernité au tournant du siècle: Nietzsche, ~, Lou Andreas-Salomé (in: Multilinguale Lit. im 20. Jh., hg. M. SCHMELING u. M. SCHMITZ-EMANS) 2002 [zu F. Nietzsche, «Ecce homo», ~ BdP u. L. Andreas-Salomé, «Rußland mit Rainer»]; R. H. MÜLLER, Sex, Love and Prostitution in Turn-of-the-Century German-Language-Drama: A. Schnitzler's «Reigen», ~'s BdP and L. Thoma's «Moral» and «Magdalena», 2006.

*Lulu und Lulu-Dramen* (= Lu): Metzler Lit. Chronik (2006) 488. – T. HAMPE, ~: Lu. Trauerspiel, Uraufführung im Intimen Theater Nürnberg, 18. 4. 05 (in: LE 7) 1904/05; J. SPIER, Lulucharaktere! (in: Sexual-Probleme 9) 1913; L. EMRICH, ~: Lu-Tragödie (in: Das dt. Drama 2, hg. B. v. WIESE) 1958; E. HOFERICHTER, ~ u. s. Lu (in: E. H., Jahrmarkt meines Lebens. Zw. Hinterhöfen u. Palästen) 1963; P. BÖCKMANN, Die komödiant. Grotesken ~s (in: Das dt. Lsp. 2, hg. H. STEFFEN) 1969 (auch in: P. B., Dichter. Wege der Subjektivierung, 1999) [zu ‹Frühlings Erwachen›, Lu-Dramen, ‹Marquis von Keith›]; C. C. BOONE, Z. inneren Entstehungsgesch. v. ~s Lu: e. neue These (in: EG 27) 1972; J. ELSOM, Lu dancing (in: J. E., Erotic Theatre) London 1973; G. BECKER, Ist Lulu tot? (in: FH 2) 1974; U. MCGOWAN, ~s Bühnenstil. Zur Interpr. s. Lu-Dramen (in: Australasian Univ. Language and Lit. [AULLA] 16) Christchurch 1974; F. GALASSI, The Lumpen Drama of ~ (in: Praxis: A Journal of Radical Perspectives in the Arts 1) Goleta/Kalif. 1975; P. CHIARINI, Il «Vuoto» e la «Forma» per una lettura della Lu di ~ (in: Studi germanici, NS 14) Rom 1976; P. BESNIER, Lulu & Nana. Visages des la «Femme Fatale» (in: Interférences 7) Paris 1978; R. PEACOCK, The Ambiguity of ~'s Lu (in: Oxford German Stud. 9) 1978 (dt. u. d. T.: Z. Problematik der Lulugestalt – in: Bild u. Gedanke. FS für Gerhart Baumann z. 60. Geb.tag, hg. G. SCHNITZLER, 1980); H. H. STROSZECK, E. Bild vor dem d. Kunst verzweifeln muß. Z. Gestaltung d. Allegorie in ~s Lu-Tragödie (in: Lit. u. Theater im Wilhelmin. Zeitalter, hg. H. P. BAYERDÖRFER u. a.) 1978; S. BOVENSCHEN, Inszenierung d. inszenierten Weiblichkeit. ~s Lu – paradigmatisch (in: S. B., Die imaginierte Weiblichkeit) 1979; H. MAYER, Lu und andere Weibsteufel (in: H. M., Außenseiter) 1981; L. BROOKS, Lu in Hollywood, New York 1982 (erw. Fassung Minneapolis 2000; dt. u. d. T.: Lu in Berlin u. Hollywood, 1983); S. L. GILMAN, The Nietzsche Murder Case (in: New Literary History 14) Baltimore 1982/83; W. ESSER, D. verführerische Objekt auf dem Kunstmarkt (in: W. E., D. Physiognomie der Kunstfigur oder «Spiegelungen». Formen d. «Selbstreflexion» im modernen Drama) 1983 (zugleich Diss. Aachen 1980); E. M. CHICK, ~ and His Lu Tragedy (in: E. M. C., Dances of Death. ~, Brecht, Dürrenmatt and the Satiric Tradition) Columbia/South Carolina 1984; J. L. HIBBERD, The Spirit of the Flesh: ~'s Lu (in: Modern Language Rev. 79) Leeds 1984; J. SCHULER-WILL, ~ Lu: Pandora and Pierrot, the Visual Experience of Myth (in: German Studies Rev. 7) Tempe/Arizona 1984; D. MIDGLEY, ~'s Lu. From «Schauertragödie» to Social Comedy (in: GLL 38) 1984/85; L. GREEN, Lulu Wakens (in: The Opera Quarterly 3) Chapel Hill/North Carolina 1985; E. WEIDL, Philolog. Spurensicherung zur Erschließung der Lu-Tragödie ~s (in: WirkWort 35) 1985; J. E. OLSSON, Don Juan u. Lu. Sinnlichkeit u. Sittlichkeit in myth. Verarbeitung (in: Autorität u. Sinnlichkeit. Stud. z. Lit.- u. Geistesgesch. zw. Nietzsche u. Freud, hg. K. SAUERLAND) 1986; H. MACLEAN, The Body and the Grotesque in ~'s Lu Dramas (in: Antipodische Aufklärungen [...]. FS für Leslie Bodi, hg. W. VEIT) 1987; H. RISCHBIETER, Der wahre ~: Lu furiosa (in: Theater heute 4) 1988 [ebd. Abdruck d. Urfass.]; H. VINÇON, Wie ~s Lu entstand – u. unterdrückt wurde (ebd.); U. VIKAS, ~s «Lulu-Tragödie». Projektionsmechanismen im Beziehungsgeflecht v. Individuum u. Gesellsch. (Lizentiatsarbeit Zürich) 1988; E. WEIDL, Lu's Pierrot-Kostüm u. d. Lüftung e. zentralen Kunstgeheimnisses (in: Editio 2) 1988; O. GUTJAHR, Lu als Prinzip. Verführte u. Verführerin in d. Lit. um 1900 (in: Lulu, Lilith, Mona Lisa ... Frauenbilder d. Jh.wende, hg. I. ROEBLING) 1989; H. MACLEAN, Z. Entstehungsgesch. der Lu-Dramen (in: Pharus I) 1989; H. VINÇON, Lu. Dramat. Dg. in 2 Teilen. E. philolog. Revision (ebd.); G. FINNEY, Woman as Spectacle and Commodity: ~'s Lu-Plays (in: G. F., Women in Modern Drama. Freud, Feminism and European Theater at the Turn of the Century) Ithaca 1989 (dt. u. d. T.: Die Frau als Schauspiel u. Ware. ~s Lu-Stücke – in: D. Kindheit überleben, FS zu Ehren v. Ursula Mahlendorf, hg. T. KNIESCHE u. L. RICKELS, 2004); D. BRESSON, Remarques sur le langage et les dialogues dans la Lu-Tragödie de ~ (in: Cahiers d' Études germaniques, Nr. 19) Aix-en-Provence 1990; C. HILMES, Lu – raffinierter Vamp u. moderne Hetäre (in: C. H., Die Femme Fatale. E. Weiblichkeitstypus in d. nachromant. Lit.) 1990; J. SCHÖNERT, Lu Regained. Überl. z. Lektüre von ~s «Monstretragödie» (1894) (in: Lit. in

d. Gesellsch. FS für Theo Buck z. 60. Geb.tag, hg. F.-R. HAUSMANN u. a.) 1990; J. KOTT, Dagny and Lulu (in: Around the Absurd. Ess. on Modern and Postmodern Drama, hg. E. BRATER u. R. COHN) Ann Arbor/Mich. 1990; M SCHMELING, Emanzipation u. Dekadenz. Von «Nora» zu Lu (in: Actes du Colloque International. La Littérature de Fin de Siècle, une Littérature Décadente?, Red. A. CIPRIANI) Luxemburg 1990; C. ROHDE-DACHSER, Die «Femme fatale». ~s Lu (in: C. R.-D., Expedition in den dunklen Kontinent) 1991 (NA 2001); N. RITTER, The Portrait of Lu as Pierrot (in: W. Yearbook 1991) 1992; S. BERKA, Kindfrauen als Projektionsfiguren in Mörikes «Maler Nolten» u. ~s «Monstretragödie» (in: Goethes Mignon u. ihre Schwestern. Interpr. u. Rezeption, hg. G. HOFFMEISTER) 1993; J. BOSSINADE, Prolegomena zu e. geschlechtsdifferenzierten Lit.betrachtung. Am Beispiel v. ~s Lu-Dramen (in: Jb. für internationale Germanistik 25) 1993; D. PEROTTO, D. moral. Aspekt in den Lu-Dramen ~s (Lizentiatsarbeit Zürich) 1993; R. FLORACK, ~s Lu. Zerrbild der Sinnlichkeit, 1995 (zugleich Diss. Stuttgart 1994); H. HOFMANN, Spieglein, Spieglein an der Wand ...: ~s Lu, femme fatale par excellence? (in: Focus on Lit. 2) Cincinnati/Ohio 1995; K. LITTAU, Refractions of the Feminine. The Monstrous Transformations of Lu (in: MLN 110) 1995; P. UTZ, Was steckt in Lulus Kleid? E. oberflächliche Lektüre v. ~s Schauerdrama (in: «Verbergendes Enthüllen». Zu Theorie u. Kunst dichter. Verkleidens. FS für Martin Stern, hg. W. M. FUES u. W. MAUSER) 1995; R. FLORACK, ~ im Rampenlicht. Lu z. Beispiel (in: TuK 131/132) 1996; F. BURI, Z. Bedeutung des Mythus in ~s Lu-Tragödien (in: Theolog. Zs. 52) 1996; F. JAEGER, Tanz u. Lit. in der Belle Epoque. D. Bedeutung des Tanzes in ~s Lu (Lizentiatsarbeit Zürich) 1997; R. J. RICE, «... bist im Leib deiner Mutter nicht fertig geworden». The Lesbian Figure in ~'s Lu-Plays (in: Frauen: MitSprechen, MitSchreiben. Beitr. z. lit.- u. sprachwiss. Frauenforsch., hg. M. HENN u. a.) 1997; M. TATAR, «Das war ein Stück Arbeit». Jack the Ripper and ~'s Lu Plays (in: Themes and Structures. Studies in German Lit. from Goethe to the Present, hg. A. STEPHAN) Columbia/South Carolina 1997; S. MARSCHALL, Leibhaftig Lu – intermedial betrachtet (in: «Unverdaute Fragezeichen». Lit.theorie u. textanalyt. Praxis, hg. H. DAUER u. a.) 1998; S. WURZ, Kundry, Salome, Lulu. Femmes fatales im Musikdrama, 2000; D. SCHMEISER, ~s Lu-Dramen. D. Frau im Text, d. Text der Frau (in: Hist. Gedächtnisse sind Palimpseste [...]. FS z. 70. Geb.tag von G. Wunberg, hg. R. S. KAMZELAK) 2001 (auch in: Zeitgesch. 28, 2001); S. MÜLLER, Serial Killing in a Serial Culture. Lulus apokalyptische Mesalliance mit Jack the Ripper. Überl. zu e. Karneval im Zeichen des Schocks (in: Zeitgesch. 28) 2001; I. ZECHNER, D. Pandora-Phantasma. Von Epimetheus bis Jack the Ripper. Der Stoff, aus dem ~s Lu gemacht ist (ebd.); A. SCHOBER, Die Gleiche immer wieder anders: Lulu, Lu, Pandora, Lolita (ebd.); R. HECHTL, Verratene Imaginationen. Studie zu ~s Lu (Diplomarbeit Klagenfurt) 2001; R. FLORACK, Aggression u. Lust. Anm. z. «Monstretragödie» (in: W., hg. O. GUTJAHR) 2001; J. BOSSINADE, ~s «Monstretragödie» u. die Frage der Separation (Lacan) (ebd.); C. LIEBRAND, Noch einmal: das wilde, schöne Tier Lu: Rezeptionsgesch. u. Text (ebd.); A. BARTL, «Ich bin weder das eine, noch das andere». ~s Lu-Dramen im Kontext des Androgynie-Themas in der dt. Lit. um 1900 (in: Heinrich-Mann-Jb. 20) 2002; A. MARTIN, Pierrot als Femme fatale? Zu den Fass. u. Deutungen v. ~s Lu-Dramenkomplex in kulturwiss. Perspektive (in: Musil-Forum 27) 2003; E. SEILER, Die neuere «Lulu»-Figur an den Schweizer Theatern. E. Rezeption v. ~s Lu zw. 1945 u. heute aus d. Perspektiven d. Theatermacher, d. Kritiker u. des Publikums (Lizentiatsarbeit Zürich) 2003; C. IVANOVIC, Abschied v. Buch? (Der Kult um) Lu in anderen Medien (in: Kultbücher, hg. R. FREIBURG u. a.) 2004; C. TATU, Le paroxysme du jeu de l'acteur dans Lu de ~ (in: Le drame du XVIe siècle à nos jours, Red. P. BARON) Dijon 2004; F. TREDE, D. Paradox d. bacchant. Ballerina. Mythos u. Tanz in ~s Lu-Dramen (in: Mythos u. Krise in d. dt.sprachigen Lit. des 19. u. 20. Jh., hg. B. MIRTSCHEV) 2004; K. WILFORD, ~'s Lu Plays. History and Modern Myth (in: Focus on German Studies 11) Cincinnati/Ohio 2004; H. ABRET, ~ u. s. Verleger Albert Langen (in: EG 60) 2005; L. FORTE, Lu u. d. Utopie des Ursprungs (ebd.); S. CATANI, ~ (in: D. fiktive Geschlecht. Weiblichkeit in anthropolog. Entwürfen u. lit. Texten zw. 1885 u. 1925) 2005 (zugleich Diss. Würzburg 2004); J. FORREST, Pierrette, assassine assassinée. The Portrait of Lu in Two Tableaux (in: Rhine Crossings. France and Germany in Love and War, hg. P. SCHULMAN u. A. M. BRUEGGEMANN) Albany/N. Y. 2005; O. GUTJAHR, Lulus Bild. Vom Schauder des Schauens in ~s «Monstretragödie» (in: D. Bildungshunger d. Lit. FS für Gunter E. Grimm, hg. D. HEIMBÖCKEL u. U. WERLEIN) 2005; G. THIERIOT, L'écriture dramatique de ~ dans Lu. Une mise en question de la dramaturgie aristotélicienne (in: EG 60) 2005; J.-L. BESSON, La Tragédie-monstre de ~. Un auteur à la recherche d'une forme dramatique (ebd.); A. CAMION, Pour une lecture nietzschéenne de la Lu de ~ (in: L'amour autour de 1900, hg. I. HAAG u. K. H. GÖTZE) Lyon 2006 (auch in: Cahiers d'Études Germaniques 50, Aix-en-Provence 2006); K. COMFORT, Artist for Art's Sake or Artist for Sale: Lulu's and Else's Failed Attempts at Aesthetic Self-Fashioning (in: Women in German Yearbook 22) Lincoln 2006; Lu v. ~. GeschlechterSzenen in Michael Thalheimers Inszenierung am Thalia Theater Hamburg (hg. O. GUTJAHR) 2006; O. GUTJAHR, Überblick z. Werk- u. Aufführungsgesch. ~s Lu (ebd.); DIES., Lu gg. die Wand. Bild-Projektionen in ~s Monstretragödie (ebd.); R. FLORACK, Erotik als Provokation u. Projektion. Zu ~s Lu (ebd.); V. MOGL, J. SCHÖNERT, Lu. Urgestalt des Weibes oder Geschöpf d. Männerwelt? (ebd.); J.-L. BESSON, D. Monstretragödie: E. schwarzes Vaudeville (ebd.); J. PANKAU, Wechselnde Blicke. Fortschreibungen v. ~s Lu im Medientransfer u. in Theaterinszenierungen d. Ggw. (ebd.); S. DE VOLDER, Rosa, Lulu et Else: trois femmes de la littérature «fin de siècle» (in: Documents du dialogue franco-allemand 62) Paris 2007; S. DELIANIDOU, Gestörte Geschlechterbeziehungen in d. lit. Décadence um 1900. ~s Lu (in: Musil-Forum 29) 2007; S. MILDNER, Konstruktionen der Femme fatale. Die Lulu-Figur bei ~ u. Pabst, 2007; M. DIEDERICH, D. Inszenierung d. Kindfrau in Wedekinds Lu-Dramen (Diplomarbeit Wien) 2008.

*Zur Oper Lulu* (= Lu) *von Alban Berg:* D. MITCHEL, The Character of Lu: ~'s and Berg's Conceptions Compared (in: The Music Review 15) Cambridge 1954; P. U. BEICKEN, Einige Bem. zu Berg's Lu (in: Vergleichen u. Verändern. FS für H. Motekat, hg. A. GOETZE u. G. PFLAUM) 1970; J. JACQUOT, Les Musiciens et l'Expressionnisme, I Schoenberg et le «Blaue Reiter», II Lu de ~ et Kraus à Alban Berg (in: L'Expressionisme dans le théâtre Européen, hg. D. BABLET u. J. J.) Paris 1971; J. M. STEIN, Lu: Alban Berg's Adaptation of ~ (in: Comparative Literature 26) Oregon 1974; G. R. MAREK, Earth Spirit. ~, the Author of the Lu Plays, Lives Through Berg's Opera (in: Opera News 41) New York 1977; F. CERHA, Arbeitsber. z. Herstellung des 3. Akts d. Oper Lu von Alban Berg, 1979; J. LE RIDER, Lu de ~ à Berg. Métamorphose d'un mythe (in: Critique 36) Paris 1980; W. GRUHN, Alban Berg: Lu. Mythos u. Allegorie bei ~ u. Berg. Gedanken zum 3. Akt der Oper (in: Musiktheater heute. 6 Kongreßbeitr., hg. H. KÜHN) 1982; R. HILMAR, D. Bedeutung d. Textvorlage für d. Komposition der Oper Lu von Alban Berg (in: FS für O. Wessely zum 60. Geb.tag, hg. M. ANGERER u. a.) 1982; C. DAHLHAUS, Berg u. ~. Zur Dramaturgie der Lu (in: C. D., V. Musikdrama z. Literaturoper) 1983; Alban Berg, Lu. Texte, Materialien, Komm. (hg. A. CSAMPAI u. D. HOLLAND) 1985; E. DEMSKI, To be Lulu (ebd.); U. PROKOP, Lu – v. Umgang mit d. Sehnsucht (ebd.); H. F. REDLICH, Alban Bergs Oper Lu: Geschichtl. Prämissen u. d. Weg v. Schausp.text z. Opernlibretto (ebd.); L. GREEN, Lu Wakens (in: The Opera Quarterly 3) Chapel Hill/North Carolina 1985; A. GANZ, Transformations of the Child Temptress. Mélisande, Salomé, Lu (in: ebd. 5) ebd. 1987; W. E. GRIM, Das Ewig-Weibliche zieht uns zurück: Berg's Lu as Anti-Faust (in: The Opera Journal 22) New York 1989; E. HELLER, From Love to Love. Goethe's «Pandora» and ~-Alban Berg's «Pandora-Lulu» (in: Salmagundi 84) Saratoga Springs/N. Y. 1989; A. v. MASSOW, Halbwelt, Kultur u. Natur in Alban Bergs Lu, 1992 (zugleich Diss. Freiburg/Br. 1991); T. F. ERTELT, ~s Lu. Quellenstud. u. Beiträge zur Analyse, 1993; S. KÄMMERER, D. Maler, d. Chefred., d. Komponist. ~s «verliebte Alleinbesitzer» in Alban Bergs Oper «Lulu» (in: TuK 131/132) 1996; P. MÜLLER, Gesch. e. Szene. Von Lessing zu ~ zu Schreker zu Berg (in: Musik denken. E. Lichtenhahn z. Emeritierung [...], hg. A. BALDASSARRE) 2000; I. BIRKHAN, Psychoanalyt. u. philos. Gendergesetze u. d. lit. Gestaltung e. Grenzgängerin zw. Unwissenheit u. kulturellem Vergessen (in: Geschlechter. Ess. z. Ggw.lit., hg. F. ASPETSBERGER u. K. FLIEDL) 2001 [u. a. zu Lu von Alban Berg]; P. STRASSER, «Lulu»-Dramen in der musikalischen Rezeption: Alban Bergs Oper Lu – Text/Musik (in: F. W., hg. O. GUTJAHR) 2001; K. KNAUS, Gezähmte Lulu. Alban Bergs ~-Vertonung im Spannungsfeld v. lit. Ambition, Opernkonvention u. «absoluter Musik», 2004 (zugleich Diss. u. d. T.: Die andere Lulu. Alban Bergs Oper nach ~s Dramen ‹Erdgeist› u. ‹Die Büchse der Pandora›, Graz 2003).

*Verfilmungen:* Lulu. Regie: Alexander von Antalffy (1917); Erdgeist. Regie: Leopold Jessner (1922/23); Die Büchse der Pandora. Regie: Georg Wilhelm Pabst (1929); Lulu. Regie: Rudolf Thiele (1962); Lulu. Regie: Ronald Chase (1975–77); Lulu. Regie: Walerian Borowczyk (1979). –

U. GREGOR, Lulu im Kino – von Asta Nielsen bis Nadja Tiller. Drei ~-Verfilmungen (in: Theater heute 3) 1962 [zu: ‹Erdgeist›; ‹Die Büchse der Pandora› u. ‹Lulu› (Regie: R. Thiele)]; T. ELSAESSER, Lulu and the Meter Man: Pabst's Pandora's Box (1929) (in: German Film and Literature: Adaptations and Transformations, hg. E. RENTSCHLER) New York 1986; M. GRANDE, Il cinema come pratica intersemiotica: ~, Brecht, Pabst (in: Letteratura e Massmedia. Nei Paesi di Lingua Tedesca, hg. M. PONZI) Rom 1991 [zu Pabst's Film ‹Die Büchse der Pandora› u. Brecht's «Die Dreigroschenoper»]; C. RAYMOND, ‹Lulu› Recast. G.W. Pabst's Cinematic Adaptation of ~'s Plays (in: Kodikas, Code – Ars semiotica 14) 1991; K. LITTAU, Serial Translation. Angela Carter's New Reading of Pabst's ~'s Lulu (in: Comparative Critical Studies 2) Edinburgh 2005; A. BURKETT, The Image Beyond the Image. G. W. Pabst's Pandora's Box (1929) and the Aesthetics of the Cinematic Image-Object (in: Quarterly Rev. of Film and Video 24) London 2007.

*Der Kammersänger* (= Ks): KNLL 17 (1992) 465. – R. SCHAUKAL, Besprechungen. Dramat. Ks (in: LE 1) 1898/99; A. D. BEST, Recurrent Motifs in Five Plays by ~: The Artist's Relationship to Freedom and Security (Diss. Exeter) 1968 [zu ‹Der Liebestrank›, Ks, ‹Musik›, ‹Die Zensur› u. ‹Der Stein der Weisen›]; K. WEDEKIND, ~ u. s. Einakter Ks (in: Kieler Vorträge z. Theater 3) 1977; R. GEISSLER, Kunst u. Künstler in d. bürgerl. Gesellsch. E. Unterrichtsreihe über [...], ~s Ks u. T. Manns «Tonio Kröger» (in: Lit. für Leser 1) 1978; E. AUSTERMÜHL, Komm., Interpr. u. ästhet. Analyse. Z. Bedeutung der Kommentierung für d. Verständnis d. Dramen ~s am Beispiel Ks (in: Kommentierungsverfahren u. Kommentarformen, hg. G. MARTENS) 1993; C. RAUSEO, Der Heldentenor u. s. Rolle. Wagners «Tristan» u. ~s Ks (in: Euph. 88) 1994; G. DOMMES, Von Künstlern u. Lebenskünstlern. ~s Ks u. die Keith-Dramen, 1998.

*Der Liebestrank* (= Lt) *auch Fritz Schwigerling:* KNLL 17 (1992) 466. – H. HÄFKER, Besprechungen: ‹D. junge Welt›, Lt (in: LE 2) 1899/1900; O. STOESSL, ~: Lt (in: Die Nation 17) 1899/1900 [zum Erscheinen d. Erstausg.]; B. VIERTEL, Residenzbühne. ~'s Lt (in: Der Merker 2) 1910; A. KUTSCHER, «Signor Domino», e. Quelle ~s (in: Die Lit. [LE] 26) 1923; H. HARBECK, Lt von ~ (in: Die Volksbühne 14) 1963/64; A. D. BEST, Recurrent Motifs in Five Plays by ~: The Artist's Relationship to Freedom and Security (Diss. Exeter) 1968 [zu Lt, ‹Der Kammersänger›, ‹Musik›, ‹Die Zensur› u. ‹Der Stein der Weisen›]; T. BERTSCHINGER, D. Bild d. Schule in d. dt. Lit. zw. 1890 u. 1914, 1969 [u. a. zu ‹Frühlings Erwachen›, Lt u. ‹Mine-Haha›]; H. VINÇON, Körperliche Kunst. ~: ‹Fritz Schwigerling›. Schw. in 3 Aufzügen (in: Dt. Kom., hg. W. FREUND) 1988.

*Der Marquis von Keith* (= MvK): KNLL 17 (1992) 467; Metzler Lit. Chronik (2006) 497. – J. JELLINEK, MvK oder D. Kunst in Berlin Theaterdir. zu werden (in: Die Kritik 17) 1901; O. J. BIERBAUM, MvK. Schausp. v. ~ (in: Die Insel 3) 1901/02; M. HARDEN, Theater [zu ‹Hidalla› u. MvK] (in: Die Zukunft 54) 1906; H. KIENZL, MvK (in: Das Blaubuch 2) 1907; P. GOLDMANN, MvK v. ~ (in: P. G., Literatenstücke u. Ausstattungsregie. Polem. Aufs. über Berliner Theater-Aufführungen) 1910; T. MANN, Über ~ (in: Der Neue Merkur 1) 1914; L. ACKERMANN, Willy Grétor, d. Urbild des MvK (in: Uhu 3) 1927; L. WEBER, ~, MvK. Der Abenteurer in dramat. Gestaltung (Diss. Kiel) 1934; H. MEISSNER, D. Aufführung von ~s MvK (1928) (in: H. M., Sinn u. Aufgabe des Theaters. Ges. Aufs., hg. H. M. u. W. UHDE) 1962; ~: MvK. Texte u. Materialien z. Interpr. (hg. W. HARTWIG) 1965; H. MACLEAN, ~'s MvK: An Interpretation Based on the Faust and Circus Motifs (in: GR 43) 1968; P. BÖCKMANN, Die komödiant. Grotesken ~s (in: Das dt. Lsp. 2, hg. H. STEFFEN) 1969 (auch in: P. B., Dichter. Wege der Subjektivierung, 1999) [zu ‹Frühlings Erwachen›; Lulu-Dramen; MvK]; V. WIPF, ~, MvK (Diss. Zürich) 1969; H.-P. BAYERDÖRFER, Non olet – altes Thema u. neues Sujet. Z. Entwicklung d. Konversationskom. zw. Restauration u. Jh.wende (in: Euph. 67) 1973; H. WYSLING, Z. Abenteurer-Motiv bei ~, Heinrich u. Thomas Mann (in: Heinrich Mann 1871/1971. Bestandsaufnahme u. Unters. [...], hg. K. MATTHIAS) 1973 [u. a. zu ~s MvK] (auch in: H. W., Ausgewählte Aufsätze 1963–1995, 1996); B. DEDNER, Intellektuelle Illusionen. Zu ~s MvK (in: ZfdPh 94) 1975; W. KUTTENKEULER, D. Außenseiter als Prototyp d. Gesellsch., ~s MvK (in: Fin de siècle. Z. Lit. u. Kunst d. Jh.wende, hg. R. BAUER u. a.) 1977; P. B. WALDECK, ~: MvK and W. Hasenclevers «Der Sohn» (in: P. B. W., The Split Self from Goethe to Broch) Lewisburg 1979; A. K. KUHN, Der aphoristische Dialog in MvK (in: Theatrum Mundi. Essays on German Drama and German Lit. FS für Harold Lenz z. 70. Geb.tag, hg. E. R. HAYMES) 1980; A. HÖGER, ~: MvK, 1900 (in: Analyser af tysk lit., hg. A. H. u. a.) Kopenhagen 1982; W. NOLTING, Herrschende Kommunikation. E. Szene aus ~s MvK als Beispiel d. Jh.wende (in: Lit. für Leser, Nr. 1) 1980 (erw. u. d. T.: Sprachkrit. Interpr.: ~s MvK als Darstellung herrschender Kommunikation und als Beispiel d. Jh.wende – in: W. N., Lit. oder Kommunikation, 1982); C. WOOTTON, Shaw and ~. Power Material Versus Power Spiritual in «Major Barbara» and ‹Marquis von Keith› (in: C. W., Selective Affinities. Comparative Essays from Goethe to Arden) New York 1983; A. K. KUHN, The Deceitful Artist in German Expressionist Drama (in: University of Dayton Review 16) 1983/84 [u. a. zu MvK]; H. MAYER, MvK und «Der Hochstapler Felix Krull» (in: H. M., Aufklärung Heute: Reden u. Vorträge 1978–1980) 1985; M. F. GIL PINHEIRO DA COSTA, Arte da aventura – aventura da arte: considerações sobre a relação entre a aventura e a arte num ensaio de George Simmel e num drama de ~ (in: Runa 4) Lissabon 1985; H. WAGENER, D. Renaissance des Schelms im modernen Drama (in: ABnG 20) 1985/86 [u. a. zu ~s MvK]; E. BOA, The Sexual Circus. ~'s Theatre of Subversion, Oxford 1987 (zu: ‹Frühlings Erwachen›, ‹Der Erdgeist›, ‹Die Büchse der Pandora› u. MvK); J. L. HIBBERD, The Morality of ~'s MvK (in: DVjs 61) 1987; E. CZUCKA, Komödie im 20. Jh. ~, Sternheim, Horváth u. einige Spätere. Vor- u. Nachbem. zu e. Lektürekurs (in: Komödien-Sprache. Beitr. z. dt. Lsp. zw. d. 17. u. dem 20. Jh. [...], hg. H. ARNTZEN) 1988; H. MERTEN, H. VINÇON, Ein Genußmensch. Z. Entstehungsgesch. des MvK (in: Pharus I) 1989; G. MARAHRENS, ~s MvK u. F. Dürrenmatts «Die Ehe des Herrn Mississippi» (in: Momentum dramaticum. FS für Eckehard Catholy, hg. L. DIETRICK u. D. G. JOHN) Waterloo 1990; J. SCHÖNERT, Tausch u. Täuschung als Grundmuster gesellschaftl. Handelns in MvK (in: TuK 131/132) 1996 (wieder in: J. S., Perspektiven z. Sozialgesch. d. Lit. Beitr. zu Theorie u. Praxis, 2007); E. AUSTERMÜHL, Münchner Szenen im MvK (ebd.); H. MÖRCHEN, «D. Leben ist e. Rutschbahn». D. Baulöwe Jürgen Schneider u. ~s MvK (in: Schriftgedächtnis – Schriftkulturen, hg. V. BORSÒ u. a.) 2002; J. BEL, MvK de ~ et «Die Ehe des Herrn Mississippi» de F. Dürrenmatt: réappropriation subjective et déplacement de sens (in: Germanica. Études germaniques 31) Lille 2002.

*König Nicolo* (= KöNi) *oder So ist das Leben:* KNLL 17 (1992) 471. – E. HEILBORN, Theater [zu KöNi] (in: Die Nation 21) 1903/04; C. HEINE, KöNi (in: Bühnenbl. Msch. der Vereinigten Stadttheater Barmen-Elberfeld 1) 1920; H. LINGELBACH, Über d. Geheimnis dichter. Sendung im lyr. Bekenntnis (in: Die Horen 5) 1928/29; H. MACLEAN, The King and the Fool in ~'s KöNi (in: Seminar 5) 1969; F. HAGEMANN, Essay oder ~s Schauspiel KöNi (in: Carolinum 37) 1971; N. LUKENS, Büchner's Valerio and the Theatrical Fool Tradition [~s KöNi] 1977 (auch Diss. Univ. of Chicago); P. MERTZ, Der König lebt. D. Gesch. e. Bühnenfigur v. Raupachs Barbarossa zu Ionescos Behringer, 1982; M. M. PADDOCK, ‹So ist das Leben›. ~'s Scharfrichter Diary (in: Monatshefte 91) 1999.

*Hidalla* (= Hi) *auch: Sein und Haben und Karl Hetmann, der Zwergriese:* KNLL 17 (1992) 464. – L. BRAUN, ~s Hi. Auch e. Beitr. z. «Frauenfrage» (in: Frauenrundschau 6) 1905; DIES., ~s Hi (in: D. neue Gesellsch. 1) 1905; M. HARDEN, Theater [zu Hi u. ‹Der Marquis von Keith›] (in: Die Zukunft 54) 1906; A. POLGAR, ~s Hi (in: Die Schaubühne 3) 1907; P. GOLDMANN, Vom Rückgang der dt. Bühne. Polem. Aufs. über Berliner Theateraufführungen, 1908 [zu ‹Frühlings Erwachen› u. Hi]; J. HOFMILLER, Zeitgenossen, 1910 [zu ‹Frühlings Erwachen›, Hi, ‹Erdgeist›, ‹Die Zensur› u. ‹Oaha›]; H. IHERING, ~-Hetmann (in: Der Freihafen 1) 1919; H. ARNTZEN, Der Ideologe als Angestellter. ~s Hi (in: H. A., Lit. im Zeitalter d. Information. Aufs., Ess., Glossen) 1971 (wieder in: Viermal ~. Methoden d. Lit.analyse am Beispiel v. ~s Schausp. Hi, hg. K. PESTALOZZI u. M. STERN, 1975); E. NEF, D. betrogene Betrüger wider Willen (in: Viermal ~. Methoden d. Lit.analyse am Beispiel v. ~s Schausp. Hi, hg. K. PESTALOZZI u. M. STERN) 1975; W. RASCH, D. Schicksal des Propheten (ebd.); V. KLOTZ, ~s Circus mundi (ebd.) (überarb. Fass. u. d. T.: Wilhelmin. Zirkusspiele – in: V. K., Dramaturgie des Publikums. Wie Bühne u. Publikum aufeinander eingehen, insbes. bei Raimund, Büchner, ~, Horváth, Gatti u. im polit. Agitationstheater, 1976); K. BRYNHILDSVOLL, Ulrik Brendl redivivus. Über die Fortschreibung der Rosmersholmschen Veredlungsideologie in ~s Drama Hi (‹Karl Hetman, der Zwergriese›) (in: K. B., Studien z. Werk u. Werkeinfluß Henrik Ibsens) 1988; J. HIBBERD, The Eugenist as Tyrant and Fool: ~'s Karl Hetmann (in: Neoph. 74) 1990; A. BEST, Fool's Gold and False Talismans. ~'s Hi and the Alchemy of Human Relationships (in: GLL 49) 1996; J. G. PANKAU, Über d. Planbarkeit des Schönen. ~s Werk im Kontext von Bohème, Ästhetizismus u. Lebensreform am

Beispiel von Hi (in: Kontinuität – Diskontinuität [...], hg. S. DREISEITEL u. H. VINÇON) 2001.

*Tod und Teufel* (= TuT) *auch Totentanz:* KNLL 17 (1992) 472. – F. PFEMFERT, Vor/Zu/ unserer Aufführung von ~s ‹Totentanz› (in: Die Aktion 2, Nr. 11 / Nr. 13) 1912; J. KALCHER, ~: TuT (in: J. K., Perspektiven des Lebens in d. Dramatik um 1900) 1980; J. HIBBERD, «Sein frevler Mund/Tat das Bekenntnis schrecklich kund». Another Look at TuT (in: W. Yearbook 1991) 1992; R. FLORACK, Liebe im Zeichen d. Sittenrichter. Zu Max Halbes Drama «Jugend», ~s Einakter ‹Totentanz› und Ludwig Thomas Kom. «Moral» (in: Liebe, Lust u. Leid. Z. Gefühlskultur um 1900, hg. H. SCHEUER u. M. GRISKO) 1999; DIES., Sexualdiskurs u. Grotesk-Montage in TuT u. ‹Schloß Wetterstein› (in: Kontinuität – Diskontinuität [...], hg. S. DREISEITEL u. H. VINÇON) 2001.

*Musik* (= Mu): KNLL 17 (1992) 469. – T. HAMPE, Echo der Bühnen. Nürnberg (in: LE 10) 1907/08; H. LABERT, Mu (in: Masken 3) 1908; A. KERR, Thoma-~-Shaw (in: NR 29) 1909 [zu Mu u. ‹Oaha›]; F. M. HUEBNER, Ein Vorläufer v. ~s Drama Mu (in: Die Lit. Gesellsch. 5) 1919; G. F. HERING, D. Ruf zur Leidenschaft, 1959; A. D. BEST, Recurrent Motifs in Five Plays by ~: The Artist's Relationship to Freedom and Security (Diss. Exeter Univ.) 1968 [zu ‹Der Liebestrank›, ‹Der Kammersänger›, Mu, ‹Die Zensur› u. ‹Der Stein der Weisen›]; T. W. ADORNO, ~ u. s. Sittengemälde Mu (in: T. W. A., Noten zur Lit., hg. R. TIEDEMANN) 1974; E. WEIDL, D. Heilung e. Bewußtseinsstörung mit sozialpolit. Hintergrund. Anm. zu ~s Sittengemälde Mu (in: Sprache im techn. Zeitalter 85) 1983; D. GIESING, Gespräch über Mu (in: Pharus I) 1989; K. WEDEKIND, Mutmaßungen über Mu (ebenda).

*Die Zensur* (= Ze): KNLL 17 (1992) 473. – J. HOFMILLER, Zeitgenossen, 1910 [zu ‹Frühlings Erwachen›, ‹Hidalla›, ‹Erdgeist›, Ze u. ‹Oaha›]; L. R. SHAW, Bekenntnis u. Erkenntnis in ~s Ze (in: ~ z. 100. Geb.tag, hg. R. LEMP) 1964; A. D. BEST, Recurrent Motifs in Five Plays by ~: The Artist's Relationship to Freedom and Security (Diss. Exeter) 1968 [zu ‹Der Liebestrank›, ‹Der Kammersänger›, ‹Musik›, Ze u. ‹Der Stein der Weisen›]; DERS., The Censor Censored: an Approach to ~'s Ze (in: GLL 26) 1973; J. HIBBERD, D. Wiedervereinigung v. Kirche u. Freudenhaus: ~'s Ze and His Ideas on Religion (in: CollGerm. 19) 1986; J. G. PANKAU, Exhibitionismus u. Scham. Z. Problematik der Ich-Konstitution in ~s Ze (in: Pharus I) 1989; H. VINÇON, Schamlosigkeit. ~s Einakter Ze; e. Vexierbild (in: F. W., hg. O. GUTJAHR) 2001; G. AURORA, D. Widerspiel v. Geist u. Physis in ~s Ze (Lizentiatsarbeit Zürich) 2001; K.-D. MÜLLER, Sei kein Esel! Zu ~s Einakter Ze (in: Theater ohne Grenzen. FS für Hans-Peter Bayerdörfer z. 85. Geb.tag, hg. K KEIM, P M. BOENISCH u. R. BRAUNMÜLLER) 2003.

*Oaha / Till Eulenspiegel:* KNLL 17 (1992) 469. – S. POLLATSCHEK, ~s ‹Oaha› (in: Die Ggw. 74) 1908; A. KERR, Thoma-~-Shaw (in: NR 29) 1909 [zu ‹Musik› u. ‹Oaha›]; J. HOFMILLER, Zeitgenossen, 1910 [zu ‹Frühlings Erwachen›, ‹Hidalla›, ‹Erdgeist›, ‹Die Zensur› u. ‹Oaha›]; K. MARTENS, Echo der Bühnen: München. ‹Oaha› (in: LE 14) 1911/12; E. STEIGER, Echo der Bühnen: München ‹Till Eulenspiegel› (in: ebd. 19) 1916/17; H.-J. IRMER, ‹Oaha›/ ‹Till Eulenspiegel›: d. Problem des Ggw.dramas (in: Kontinuität – Diskontinuität [...], hg. S. DREISEITEL u. H. VINÇON) 2001; W. WENDE, ‹Till Eulenspiegel› auf d. Weg z. Welterfolg oder ~ u. die «Simplicissimus»-Affäre (in: Eulenspiegel-Jb. 41) 2001.

*Franziska* (= Fra): F. HARDEKOPF, ~s Maske (in: Die Schaubühne 7) 1911 (wieder in: Lit.-Revolution 1910–1925. Dokumente, Manifeste, Programm I, hg. P. PÖRTNER, 1960); R. PECHEL, Kurze Anz.: Dramat. Fra (in: LE 14) 1911/12; E. MÜHSAM, Fra (in: Kain 2) 1912; DERS., Fra (in: Die Schaubühne 8) 1912; F. ALAFBERG, D. unwiderstehliche ~ (in: Burschenschaftl. Bl. 28) 1913; J. BAB, ~s Faust? (in: Die Ggw. 1/6–9) 1913; R. ELSNER, ~: Frau, Nr. 15 (in: Moderne Dramatik in krit. Beleuchtung, Einzeldarst., hg. R. E.) 1913; H. BRANDENBURG, ~s Fra (in: H. B., Kunst u. Künstler. Ges. Aufs. 2) 1925; C. BEYER, Konzeption des Weiblichen in ~s Drama Fra (Magisterarbeit Marburg) 1998; A. MARTIN, Spiel mit Konventionen. Goethes «Faust» u. Franziska Gräfin zu Reventlow in ~s «modernem Mysterium» Fra (in: Kontinuität – Diskontinuität [...], hg. S. DREISEITEL u. H. VINÇON) 2001; E. AUSTERMÜHL, ~s Fra – ein weiblicher Faust? (in: Dazwischen. Z. transitorischen Denken in Lit.- u. Kulturwiss. FS für Johannes Anderegg zum 65. Geb.tag, hg. A. HÄRTER u. a.) 2003; S. DOERING, Verwandlungsspiele. Konstruierte Weiblichkeit in ~s Fra (in: Geschlechterforsch. u. Lit.wiss. [...], hg. P. WIESINGER) 2003; B.-A. GERICKE-PISCHKE, Fra v. ~. D. Einwanderung d. Zensur in d. Konstruktion des Textes, 2006 (zugleich Diss. Hannover 2004).

*Schloß Wetterstein* (= SchloWe): KNLL 17 (1992) 470. – E. MÜHSAM, SchloWe (in: Schaubühne 6) 1910; H. v. HÜLSEN, Dramat. SchloWe (in: LE 14) 1911/12; W. SCHELLER, SchloWe (in: NR 23) 1912; Der Fall SchloWe. Erklärung der Münchner Kammerspiele, 1920; W. HERZOG, Schloß Metternich (in: W. H., Hymnen u. Pamphlete) Paris 1939; W. HANDL, SchloWe (in: Freie dt. Bühne 1) 1919; H. HARBECK, Zu ~s SchloWe (in. Der Freihafen 2) 1919; H. ESSWEIN, Theaterskandale (in: Münchener Volksbühne 1/5) 1920; E. WEISS, E. Wort zu SchloWe (in: E. W., Die Kunst des Erzählens) 1982; J. G. PANKAU, Scham u. Macht. Zu ~s Dramen ‹Simson› u. SchloWe (in: TuK 131/132) 1996; R. FLORACK, Sexualdiskurs u. Grotesk-Montage in ‹Tod u. Teufel› u. SchloWe (in: Kontinuität – Diskontinuität [...], hg. S. DREISEITEL u. H. VINÇON) 2001.

*Simson oder Scham und Eifersucht:* R. PECHEL, Echo der Bühnen. Odysseus und ‹Simson› (in: LE 16) 1913/14; W. HERZOG, «D. Ritter v. Possart» (in: Das Forum 1) 1914; A. POLGAR, Wiener Premieren (in: Die Schaubühne 10) 1914; K. GERLACH, Der Simsonstoff im dt. Drama, 1929 (Reprint 1967); J. G. PANKAU, Scham u. Macht. Zu ~s Dramen ‹Simson› u. ‹Schloß Wetterstein› (in: TuK 131/132) 1996.

*Herakles:* H. SINSHEIMER, ~s ‹Herakles› (Uraufführung der Münchner Festspiele) (in: Der Wagenlenker 1) 1919; E. STEIGER, Echo der Bühnen: München ‹Herakles› (in: LE 22) 1919/20; H. ESSWEIN, Der Herakles-Mythos u. Herakles-Dg. ~s (in: Münchener Volksbühne 1/2) 1919; H. MANN, Damit der ‹Herakles› gespielt wird (in: H. M., Sieben Jahre: Chronik der Gedanken u. Vorgänge) 1929; D. MOUNIER, ~s ‹Herakles›. Unters. zu Funktion u. Rezeption e. mytholog. Dramenfigur, 1984; DIES., ‹Herakles› als Wendepunkt der neueren Herakles-Dramatik (in: Herakles – Herkules 1, hg. R. KRAY u. a) 1994; H.-G. NESSELRATH, Herakles als tragischer Held in u. seit der Antike (in: Tragödie. Idee u. Transformation, hg. H. FLASHAR) 1997.

*Sonnenspectrum* (= So): E. HARRIS u. J. FUEGI, ~'s «Epic Theatre» Model: So and its Indian Source (in: Perspectives and Personalities [...]. FS für Claude Hill, hg. R. LEY, M. WAGNER u. a.) 1978; A. HÖGER, D. Parkleben. Darstellung u. Analyse von ~s Fragment So (in: Text & Kontext 11) Kopenhagen 1983; K. P. MURTI, Sanskrit-Drama and Fin-de Siècle Germany. ~'s So and Lion Feuchtwanger's «Vasantasena» (in: Text and Presentation, hg. K. HARTIGAN) Lanham/Maryland 1989; DERS., ~: So (in: K. P. M., D. Reinkarnation des Lesers als Autor: ein rezeptionsgeschichtl. Versuch über d. Einfluß d. altind. Lit. auf dt. Schriftst. um 1900) 1990 (zugleich Diss. Univ. of Illinois 1987); DERS., The Aesthetization of ~'s «Natürlichkeitsbegriff» in His Early Play So (in: W. Yearbook 1991) 1992.

*Zu weiteren Dramen und Szenen:* E. WEIDL, Vom «Satansdienst» zum Gottesdienst. ~s erotisch-sexuelle Konversion ‹Rabbi Esra› (in: Edition et Manuscrits. Probleme d. Prosa-Ed. [...], hg. M. WERNER u. W. WOESLER) 1987; A. D. BEST, Recurrent Motifs in Five Plays by ~: The Artist's Relationship to Freedom and Security (Diss. Exeter) 1968 [zu ‹Der Liebestrank›, ‹Der Kammersänger›, ‹Musik›, ‹Die Zensur› u. ‹Der Stein der Weisen›]; H. MACHER, «D. Realismus hat dich den Menschen vergessen lassen. Kehr z. Natur zurück!». D. Dichter Meier in ~s ‹Kinder und Narren› u. s. Beziehung zu Gerhart Hauptmann (in: «Es steckt Ungehobenes in meinem Werk ...». Z. Bedeutung Gerhart Hauptmanns für unsere Zeit, hg. P. MAST) 1993; H. BAUM, ‹Hanns u. Gretel›. Z. Herrschaftsverhältnis der Geschlechter (in: TuK 131/132) 1996 (mit erstmals vollständig publiziertem Text); E. WALDMANN, Probleme d. Quellendokumentation bei ~ ‹Bismarck› (in: Quelle – Text – Ed. [...], hg. A. SCHWOB u. E. STREITFELD) 1997; H. RIEBE, Anm. zu ~s Versdg. ‹Der Stein der Weisen oder Laute, Armbrust u. Peitsche. E. Geisterbeschwörung› (in: Kontinuität – Diskontinuität [...], hg. S. DREISEITEL u. H. VINÇON) 2001; P. SPRENGEL, Oben oder unten? ~s Rätseldg. ‹Überfürchtenichts› (ebd.); E. WALDMANN, ~s ‹Bismarck›. Dt.nationale Heldenverehrung oder Dokumente subversiver Kritik, 2005 (zugleich Diss. Mainz 2004).

*Zu den Liedern, Kabarett-Texten und Gedichten:* KNLL 17 (1992) 460. – M. HENRY, Wie die Elf Scharfrichter wurden u. was sie sind (in: Bühne u. Brettl 3) 1903; F. GREGORI, Lyrische Wanderungen (in: LE 8) 1905/06 [u. a. zu ‹D. vier Jahreszeiten›]; H. F. BACHMAIR, Zu e. Bd. Ged. [zu ‹D. vier Jahreszeiten›] (in: Die Aktion 2) 1912; A. KUTSCHER, Die älteste Fass. v. ~s ‹Felix u. Galathea› (in: Freie Dt. Bühne 1) 1919/20; F. JUER, D. Motive u. Probleme ~s im Spiegel s. Lyrik (Diss. Wien) 1925; A. WINTER, Der kathol. ~ (in: Die Weltbühne 2/22) 1926 [zu ‹Unterm Apfelbäumchen›]; E. STERNITZKE, Der Varietébänkelsang. 1.

Die Brettlzeit (in: E. S., Der stilisierte Bänkelsang) 1933; H. GREUL, Die Elf Scharfrichter. Mit Texten v. ~, Hans v. Gumppenberg, Leo Greiner, Heinrich Lautensack, [...], u. a., 1952; P. G. KROHN, ~s polit. Ged. (in: NDL 6) 1958; C. HESELHAUS, Angewandte Lyrik: ~ – Holz – Morgenstern (in: C. H., Dt. Lyrik d. Moderne v. Nietzsche bis Yvan Goll) 1961; A. SCHWEIKERT, Der Heine-Nachfahre ~ (in: A. S., H. Heines Einflüsse auf d. dt. Lyrik 1830–1880) 1969 (zugleich Diss. Freiburg/Schweiz 1967); G. A. FETZ, The Political Chanson in German Literature from ~ to Brecht (Diss. Univ. of Oregon) 1973; M. F. WOODRUFF, Bänkellied Versions by ~ (in: M. F. W., Modern Versions of the Bänkellied: An Aspect of the Twentieth-Century German Ballad) Ann Arbor/Mich. 1974; J. M. WIGMORE, Studies in the Technique of Literary Provocation, with Particular Reference to Peter Handke, ~ and Friedrich Nietzsche (Thesis z. Magister Phil., Westfield College/London) 1977; R. FRISCHKOPF, D. Anfänge des Cabarets in der Kulturszene um 1900. E. Stud. über das «Chat noir» u. s. Vorformen in Paris, Wolzogens «Überbrettl» in Berlin u. d. «Elf Scharfrichter» in München, Ottawa 1977 (zugleich Diss. McGill Univ. Montreal 1976); W. FREUND, ~: ‹Brigitte B.› (in: W. F., Die dt. Ball. Theorie, Analysen, Didaktik) 1978; K. RIHA, ‹Im Heiligen Land› (in: Gesch. im Ged. Text u. Interpr. Protestlied, Bänkelsang, Ball., Chronik, hg. W. HINCK) 1979; W. SCHUMANN, ~ – Regimekritiker? Einige Überlegungen z. «Majestätsbeleidigung» in den «Simplicissimusged.» (in Seminar 15) 1979; P. JELAVICH, Die Elf Scharfrichter: The Political and Sociocultural Dimensions of Cabaret in Wilhelmine Germany (in: The Turn of the Century. German Lit. and Art, 1890–1915 [...], hg. G. CHAPPLE u. H. H. SCHULTE) 1981; T. MEDICUS, Der Abgesang. Erotik u. Melancholie im Spiegel d. Lyrik (in: T. M., D. große Liebe. Ökonomie u. Konstruktion d. Körper im Werk v. ~) 1982; A. BINDER u. H. RICHARTZ, Lyrikanalyse. Anleitung u. Demonstration an Ged. v. B. Schmolck, ~ u. G. Eich, 1984; R. A. JONES, Balladeers on Boards: Brecht and ~ (in: Perspectives on Contemporary Lit. 11) Lexington/ Kentucky 1985; J. SCHRÖDER-ZEBRALLA, ‹D. Neue Vaterunser› – ‹Die Neue Communion› (in: J. S.-Z., ~s religiöser Sensualismus. D. Vereinigung v. Kirche u. Freudenhaus?) 1985 (zugleich Diss. Berlin 1984); E. WEIDL, ~s Moritat ‹Der Lehrer von Mezzodur›. E. poet. Fallstud. aus dem Bereich der forensischen Psychiatrie (in: Psyche 39) 1985; J. PELZER, Satire oder Unterhaltung? Wirkungskonzepte im dt. Kabarett zw. Bohèmerevolte u. antifaschist. Opposition (in: German Studies Rev. 9) Tempe/Arizona 1986; K. RIHA, ~s «Simplicissimus-Ged.» (in: Hdb. d. Lit. in Bayern. Vom FrühMA bis z. Ggw. Gesch. u. Interpr., hg. A. WEBER) 1987; H. B. SEGEL, Turn-of-the-Century Cabaret, New York 1987; E. WEIDL, Problematisierung d. Rechtsprechung aus dem Geist d. Bergpredigt. ~s Moritat ‹Der Tantenmörder› (in: Dt. Ball., hg. G. E. GRIMM) 1988; A. AUSTERMÜHL, ‹Melitta oder Die Liebe siegt›. E. lyrischer Beitr. ~s zu s. Werkprogrammatik (in: Pharus I) 1989; F. BECKER, Ed.probleme bei ~s ‹Lautenliedern› (in: Textkonstitution bei mündl. u. bei schriftl. Überl., hg. M. STERN) 1991; L. R. SHAW, ‹Felix u Galathea› (in: W. Yearbook 1991) 1992; K.KIM, Die Lieder in ~s Dramen, 1993 (zugleich Diss. Bamberg 1992); W. SEGEBRECHT, In der Sache ‹Tantenmörder› (in: FA 16) 1993; F. BECKER, «erfindet mir Tänze, dichtet mir Pantomimen ...». ~s Tanzlieder (in: Musiktheorie 10) 1995; J. DIRKSEN, «Für den Papierkorb zu gut». ~s «Simplicissimus-Ged.» (ebd.); W. WÖHRLE, Zweimal Xanthippe bei ~ u. Bertolt Brecht (in: Antike u. Abendland 48) 2002; DERS., Der Philosoph als Pantoffelheld: ‹Xanthippe› (in: FA 25) 2002; K. OESTERLE, Jedermanns Hymnus: ‹Der blinde Knabe› (in: ebd. 26) 2003; H. OTTO, Die Elf Scharfrichter. D. Münchner Künstlerbrettl 1901–1904. Gesch., Repertoire, Who's Who, 2004; G. W. FORCHT, Liebesklänge und andere ausgewählte Lyrik-Manuskripte des jungen ~, 2006 (2., überarb. Aufl. 2007); F. BECKER, ~: Auteur – compositeur – interprète [= Nachw.] (in: F. W., Krit. Studienausg. I/4, hg. F. B.) 2007.

*Zu den Werbetexten:* P. C. SIEGMANN, ~ als Werbetexter. Unveröff. Ms. aus d. Arch. von Julius Maggi (in: Der kühne Heinrich. Ein Almanach auf d. Jahr 1976, hg. D. BACHMANN u. a.) 1975; U. NACHTSHEIM, ~ als Werbetexter für MAGGI (in: Kultur & Technik 6) 1982; R. FARNER, V. ~ z. TV-Spot. E. Name geht um d. Welt. (in: Maggi-Rev., Jubiläumsausg. 3. 100 Jahre Maggi 1883–1983) 1983; G. DORNSEIF, ~s würzige Maggi-Dg. Jubiläumserinn. aus d. Spritzflasche (in: Sammeln 2) 1988; R. KIESER, Lob der Erbsensuppe (in: F. W.s Maggi-Zeit [...]) 1992 (= Pharus IV).

*Zur Prosa:*

*Mine-Haha oder Über die körperliche Erziehung der jungen Mädchen* (= M-H): KNLL 17 (1992) 468. – W. OLBRICH, ~: M-H (in: D. Rom.führer 2, hg. W.

O., K. WEITZEL u. J. BEER) 1960; T. BERTSCHINGER, D. Bild d. Schule in d. dt. Lit. zw. 1890 u. 1914, 1969 [u. a. zu ‹Frühlings Erwachen›, ‹D. Liebestrank› u. M-H]; O. F. BEST, Zwei mal Schule d. Körperbeherrschung u. drei Schriftst. (in: MLN 85) 1970 [R. Walser «Jakob v. Gunten», F. Kafka «D. Schloß» u. ~s M-H]; A. VIVARELLI, M-H e l'utopia autoritaria di ~ (in: Annali. Istituto Universitario Orientale. Studi tedeschi 24) Neapel 1981; L. MONIKOVÁ, Das totalitäre Glück. ~ (in: NR 96) 1985; A. MUSCHG, ~: M-H (in: A. M., Besprechungen 1961–1979) 1980; O. GUTJAHR, Erziehung zur Schamlosigkeit. ~s M-H u. der intertextuelle Bezug zu ‹Frühlings Erwachen› (in: F. W., hg. O. G.) 2001; DIES., Mit den Hüften denken lernen? Körperrituale u. Kulturordnung in ~s M-H (in: Kontinuität – Diskontinuität [...], hg. S. DREISEITEL u. H. VINÇON) 2001; D. SCHÜMANN, D. Suche nach dem «neuen Menschen» in d. dt. u. russischen Lit. d. Jh.wende. ~s M-H. M. P. Arcybaševs «Sanin», 2001 (überarb. Magisterarbeit Bamberg, 1999); K. M. SOHOLM, Den vitale krop: ~s M-H og Gottfried Benns «Morgue» (in: Kritik 171) Kopenhagen 2004.

*Zur Verfilmung von ‹Mine-Haha›* (u. d. T.: «Innocence» von Lucile Hadzihalilovic, 2004): C. VASSÉ, Entretien avec Lucile Hadzihalilovic «Qu'est-ce-qui va arriver?» est une question importante quand on est enfant (in: Positif. Rev. Mensuelle de Cinéma 527) Paris 2005; J. ROMNEY, Freedom to Obey (in: Sight and Sound 15) London 2005; DERS., School for Scandal (ebenda).

*Zu weiteren Prosatexten:* E. ATTENHOFER, ‹D. Hänseken› (in: Lenzburger Neujahrsbl. 44) 1973; R. A. FIRDA, Narrative Strategies: Three Stories by ~ (in: W. Yearbook 1991, hg. R. KIESER u. R. GRIMM) 1992; P. SPRENGEL, Natur u. Kunst in ~s Londoner Erz. ‹Flirt› (1894) (in: GRM, NF 49) 1999; S. GRÜNER, Liebe nach dem ersten Blick? Zu ~s Erz. ‹Liebe auf den ersten Blick› (in: F. W., hg. O. GUTJAHR) 2001; R. REICHE, D. Anfang d. Erz. ‹D. Schutzimpfung› v. ~. Rekonstruiert mit Hilfe d. Bildung e. Strukturhomologie v. Traumarbeit u. Erzählarbeit (ebd.); H.VINÇON, Inszenierung d. Sexualität. Z. Verwissenschaftlichung u. Literarisierung des Sexualdiskurses im 19. Jh. am Beispiel v. ~s «Eden»-Konzept (in: «Alle Welt ist medial geworden.» Lit., Technik, Naturwiss. in der klassischen Moderne [...], hg. M. LUSERKE-JAQUI) 2005; R. KOLLER, ~. E. Biogr. u. ‹Der Brand von Egliswyl›, 2005 (DVD-Video); A. EXTRA, ~: ‹Ella Belling, die Kunstreiterin› (1896) (in: Sport in dt. Kurzprosa des zwanzigsten Jh. oder Zw. Bruderliebe u. Bruderhaß [...]) 2006 (zugleich Diss. Hamburg 2005).

IB

**Wedekind,** Georg Christian Gottlieb (seit 1809 von), * 8. 1. 1761 Göttingen, † 28. 10. 1831 Darmstadt; Sohn des Stadtpfarrers u. a. o. Prof. d. Philos. Rudolf W. u. der Sophia Magdalena, geb. Morrien, Tochter d. Bürgermeisters v. Göttingen. Studierte ab 1777 Medizin in Göttingen u. Erlangen (1778/79), 1780 Dr. med., im selben Jahr prakt. Arzt in Uslar, 1781 Heirat mit Wilhelmine Louise Moller, 1781–85 Physikus der Grafschaft Diepholz u. 1785–87 des Amts Mülheim am Rhein, 1785 Beitritt z. Kölner Freimaurerloge «Maximilian zu den drei Lilien». 1787 Leibarzt des Kurfürsten Friedrich Karl Joseph v. Erthal, a. o. Prof. an der Univ. Mainz u. 1788–91 Leiter d. ersten Mainzer Poliklinik. Nachdem s. ehemaligen Lehrer Christoph Ludwig Hoffmann, der auch in Mainz am Hofe tätig war, Ende des Jahres 1788 e. Ms. abhanden gekommen war, wurde W. des Diebstahls verdächtigt u. ihm d. Prozeß gemacht, der sich bis z. Einmarsch d. Franzosen in Mainz (1792) hinzog, d. Angelegenheit blieb ungeklärt, u. es wurde nie e. Urteil gesprochen. D. Folge war allerdings, daß W. s. Amt bei Hofe nicht ausüben konnte. Freundschaft u. a. mit d. Theol.prof. Felix Anton Blau, d. Mathematikprof. Karl Westhofen u. (Johann) Georg(e) Adam → Forster. Die beiden letztgenannten gründeten mit W. 1792 den «Mainzer Jakobinerklub», dessen Präs. bzw. Vizepräs. W. war. Im März 1793 Flucht nach Straßburg, Arzt am dortigen Militärkrankenhaus, ab 1795 zusätzlich mit e. eigenen Praxis. 1796 Mitbegr. u. kurzfristig Mithg. d. «Rhein. Ztg.». Nach d. Friedensvertrag v. Campoformio (1797) Rückkehr nach Mainz, Prof. an d. dortigen Univ. u. bis 1801 Leiter des Militärspitals. Nach d. Aufhebung d. Univ. (1802) prakt. Arzt in Kreuznach im damaligen Rhein-Mosel-Departement. 1803–08 Prof. an d. provisor. Medizinschule in Mainz u. Hg. d. Ztg. «D. Patriot». Ab 1808 mit d. Titel Geheimer Hofrat Leibarzt des Großherzogs Ludwig I. v. Hessen-Darmstadt in Darmstadt. Mitbegründer u. 1. Meister vom Stuhl d. dortigen Loge «Johannes d. Evangelist zur Eintracht».

*Schriften* (Ausw.): Über das Betragen des Arztes, den Heilungsweg durch Gewinnung des Zutrauens und durch Überredung des Kranken. Zwei

Vorlesungen (hg. J. v. HAGEN) 1789; Vom Zutrauen. In zwei medizinischen Vorlesungen (hg. DERS.) 1791; Aufsätze über verschiedene wichtige Gegenstände der Arzneywissenschaft, 1791; Über Freiheit und Gleichheit. Eine Anrede an seine Mitbürger, gehalten in der Gesellschaft der Volksfreunde zu Mainz am 30ten Oktober im ersten Jahre der Freiheit und Gleichheit, o. J. [1792]; Einige Bemerkungen über die Regenten, in einer Anrede an die Mainzer, welche in der Gesellschaft der Volksfreunde zu Mainz am 1. Nov. 1792 gehalten worden, 1792; Über Aufklärung. Eine Anrede an seine lieben Mainzer, gehalten in der Gesellschaft [...], 1792; Die Rechte des Menschen und des Bürgers wie sie die französische konstituirende Nationalversammlung 1791 proklamirte (mit Erl.) 1793 (Nachdr. 1994); Bemerkungen und Fragen über das Jakobinerwesen, Jahr 3 [= 1795]; Frankreichs politischer und ökonomischer Zustand unter seiner Konstitution vom dritten Jahre der Republik (1795), 1796; Nachrichten über das französische Kriegsspitalwesen (hg.) 2 Tle., 1797/98; Vertraute Briefe eines französischen Bürgers an einen Freund in Deutschland, über die Revolution vom 19. Brumaire 8. Jahrs der französischen Republik, als einer nothwendigen Folge der Fehler der Konstitution vom 3. Jahre (aus dem Französ übers.) 1800 (anon.); Theoretisch-praktische Abhandlung von den Kuhpocken nach einer Einleitung in die Lehre von ansteckenden Krankheiten, 1802; Über sein Heilungsverfahren im Kriegslazareth zu Maynz, 1802; Die großen Hoffnungen des Menschenfreundes von der Verbreitung der Pestalozzischen Lehrart, Jahr 12 [= 1804]; Über den Werth der Heilkunde, 1812; Über den Werth des Adels und über die Ansprüche des Zeitgeistes auf Verbesserung des Adelsinstituts, 2 Bde., 1816; Das Johannisfest in der Freimaurerei. Mit Anmerkungen für nachdenkende Brüder, 1818; Das Suchen des Freimaurers. Ein Baustück für die Trauerversammlung [...], 1819; Der pythagoräische Orden, die Obskurantenvereine in der Christenheit und die Freimaurerei in gegenseitigen Verhältnissen, 1820; Baustücke. Ein Lesebuch für Freimaurer und zunächst für Brüder des eklektischen Bundes, 2 Bde., 1820/21; Über die Bestimmung des Menschen und die Erziehung der Menschheit, oder: Wer, wo, wozu, bin ich, war ich und werde ich sein, 1828; Beiträge zur Erforschung der Wirkungsart der Arzneimittel, 1830; Über die Cholera im Allgemeinen und die asiatische Cholera insbesondere, 1831.

*Literatur:* Meusel-Hamberger 16 (1812) 161; 21 (1827) 391; NN 9 (1833) 939; ADB 41 (1896) 396; DBE [2]10 (2008) 456. – K. KLEIN, Gesch. v. Mainz während der ersten französ. Occupation 1792/93. Mit den Aktenstücken, 1861; K. G. BOCKENHEIMER, D. Restauration d. Mainzer Hochschule im Jahre 1874, 1884; DERS., Gesch. d. Stadt Mainz während d. zweiten französ. Herrschaft (1798–1814) 1890; DERS., D. Mainzer Clubisten d. Jahre 1792 u. 1793, 1896; G. LEHNERT, ~ (in: Hess. Biogr. 2, hg. H. HAUPT) 1927; O. PRAETORIUS, Prof. d. Kurfürstl. Univ. Mainz 1477–1797 (in: Familie u. Volk 1) 1952; H. MATHY, ~ (1761–1831). D. polit. Gedankenwelt e. Mainzer Medizinprof. (in: Geschichtl. Landeskunde V/1) 1968; Dt. Jakobiner. Mainzer Republik u. Cisrhenanen 1792–1798 (Ausstellung des Bundesarch. u. der Stadt Mainz [...]) 3 Bde., 1982; K. TERVOOREN, D. Mainzer Republik 1792/93. Bedingungen, Leistungen u. Grenzen e. bürgerl.-revolutionären Experiments in Dtl., 1982; F. DUMONT, Die Mainzer Republik v. 1792/93, 1982; M. WEBER, ~ 1761–1831. Werdegang u. Schicksal e. Arztes im Zeitalter d. Aufklärung u. d. Französ. Revolution. Mit e. Anhang: ~s Diätetikvorlesung von 1789/90, 1988 (zugleich Diss. Mainz 1985); W. ALBRECHT, Ernst u. Falk nach d. Wiener Kongreß. E. unbek. Pendant zu den Lessingschen Freimaurergesprächen von ~ (mit Textwiedergabe) (in: Vergessen, Entdecken, Erhellen. Lit.wiss. Aufs., hg. J. DREWS) 1993; D. Mainzer Republik. D. rhein.-dt. Nationalkonvent (Red. D. M. PECKHAUS u. M.-P. WERLEIN) 1993; P. P. RIEDL, Jakobiner u. Postrevolutionär: d. Arzt ~ (in: Kleist Jb.) 1996; Demokrat. Wege. Dt. Lebensläufe aus fünf Jh. (hg. M. ASENDORF u. R. v. BOCKEL) 1997; J. HERRGEN, D. Sprache der Mainzer Republik (1792/93). Hist.-semant. Unters. z. polit. Kommunikation, 2000 (zugleich Habil.-Schr. Mainz 1996); E. LENNHOFF, O. POSNER, D. A. BINDER, Internationales Freimaurer-Lex. (überarb. u. erw. NA) 2000; A. COTTEBRUNE, Mythe et réalité du «jacobinisme allemand» des «Amis de la Révolution» face à l'épreuve de la réalité révolutionnaire. Limites des transferts culturels et politiques du jacobinisme, Lille 2005 (zugleich Diss. Paris 2001). IB

**Wedekind,** Joachim, Geburtsdatum u. -ort unbek.; studierte Biologie (1974 Diplom-Abschluß) u. Pädagogik (1981 Dr. phil.) an d. Univ. Tübingen, 1975–84 wiss. Mitarb. am Leibniz-Inst. f.

Wiss.erziehung in Kiel, am Pädagog. Inst. d. Univ. Tübingen sowie Mitgl. d. Gesellsch. f. Mathematik u. Datenverarbeitung in Sankt Augustin, 1985–2000 Dir. am Zentralen Inst. f. Fernstudienforsch. d. Fern-Univ. in Hagen, seit 2001 Mitarb. am Inst. f. Wissensmedien in Tübingen, lebt ebd.; Fachschriftenautor.

*Schriften:* Virtueller Campus '99. Heute Experiment – morgen Alltag? (mit H. KRAHN) 2000; Referenzmodelle netzbasierten Lehrens und Lernens – virtuelle Komponenten der Präsenzlehre (mit U. RINN) 2002; Lernplattformen in der Praxis (mit K. BETT) 2003; Der Medida-Prix. Nachhaltigkeit durch Wettbewerb (mit C. BRAKE u. M. TOPPER) 2004; Medienkompetenz für die Hochschullehre (mit K. BETT u. P. ZENTEL) 2004; Qualitätssicherung im E-Learning (mit A. SINDLER u. a.) 2006.

AW

**Wedekind,** Kadidja (Epiphania Mathilde Franziska, Ps. Anna Schmid), *6. 8. 1911 München, † 14. 10. 1994 ebd.; Tochter v. Frank → W. u. Tilly → W., studierte 1928–30 Malerei u. Graphik an d. Kunstakad. in Dresden u. 1930–33 an d. Preuß. Akad. der Künste in Berlin, daneben schriftsteller. tätig, Mitarb. an Filmdrehbüchern u. d. Zs. «Querschnitt», d. «Dt. Allg. Ztg.», 1931/32 Schauspielerin, Bühnen- u. Kostümbildnerin u. a. an den Theatern v. Max → Reinhardt, 1932–34 Auftritte in versch. Kabaretts, u. a. in der «Katakombe» u. im «Tingel-Tangel-Tunnel». 1938 Emigration in d. USA (mit e. Touristenvisum) auf Einladung Gottfried → Reinhardts, 1939–43 in New York, u. a. als Kindermädchen u. Verkäuferin tätig, 1941 Heirat (1953 Scheidung) mit d. Berliner Rechtsanwalt u. späteren Politiker Ulrich Biel(schowsky); 1941/42 Auftritte (unter dem Ps.) u. a. im Kabarett «Beggar's Bar». 1942 Leiterin des Kindertheaters in Huntington/Long Island, 1944 Schauspielerin u. Regieassistentin am Palmer Theatre New London/Conn., 1945 Regieassistentin u. 1946 Regisseurin in New York. 1946–49 Mitarb. am Sender «Voice of America». 1949 Rückkehr nach Dtl., 1950–55 Journalistin, u. a. für die «Süddt. Ztg.» u. die «Münchner Illustrierte», auch Tätigkeit beim Fernsehen u. Film. Lebte 1955–57 in der Schweiz, 1957–62 wieder in den USA, wo sie zahlr. Reisen unternahm, auf denen sie an amerikan. Univ. Vorträge über Leben u. Wirken ihres Vaters Frank W. hielt. Lebte dann wieder in Dtl., zuletzt in München.

*Schriften:* Kalumina. Der Roman eines Sommers, 1933 (hg. mit e. Nachw. v. D. HEISSERER, 1996); Eine kleine Staatsaffaire (Kom.) 1952; König Ludwig und sein Hexenmeister. Tatsachenroman (hg. mit e. Nachw. v. D. HEISSERER) 1995.

*Literatur:* Hdb. Emigration II/2 (1983) 1212; Theater-Lex. 5 (2004) 3064; DBE [2]10 (2008) 457. – H. S. MACHER, Nicht nur d. Tochter des Dichters. ~ starb im Alter von 83 Jahren in München (in: Lit. in Bayern 38) 1994; J. C. TRILSE-FINKELSTEIN, K. HAMMER, Lex. Theater international, 1995; D. HEISSERER, «Die Kaiserin von Kalumina». ~s Kinderstaat am Starnberger See (in: Lit. in Bayern 45) 1996; DERS., Kaiserin v. Kalumina : ~ (in: Börsenbl. 74) 1996; Hdb. des dt.sprachigen Exiltheaters 1933–1945. Bd. 2., Tl. 2: F. TRAPP, B. SCHRADER, D. WENK, I. MAASS, Biogr. Lex. d. Theaterkünstler, 1999; A. REGNIER, Du auf deinem höchsten Dach. Tilly Wedekind u. ihre Töchter. E. Familienbiogr., 2003 (Tb.ausg. 2005); D. dt.sprachige Presse. Ein biogr.-bibliogr. Hdb. 2 (bearb. v. B. JAHN) 2005; Große Bayer. Biogr. Enzyklopädie 3 (hg. H.-M. KÖRNER) 2005; A. REGNIER, Frank W. Eine Männertragödie, 2008.

IB

**Wedekind,** Marianne → Reußing, (Maria Jacobina Johanna Friderica) Marianne.

**Wedekind,** Michael, * 1960 Bremen; studierte 1980–88 Gesch., Romanistik u. Erziehungswiss. in Münster/Westf., Perugia, Bologna u. Bukarest, 1989–91 Forsch.aufenthalt in Italien, 1996 Dr. phil., 1996–98 Postdoc-Forsch.projekt im Interdisziplinären Graduiertenkolleg der Dt. Forsch.gemeinschaft an d. Univ. Münster, 2000 Gastprof. am Istituto Trentino di Cultura / Istituto Storico Italo-Germanico in Trento/Italien u. an der Univ. Bukarest/Rumänien, 2001 erneut Gastprof. u. bis 2003 Wiss. Mitarb. an d. Univ. Trento, seit 2003 Wiss. Mitarb. am Hist. Seminar d. Univ. Münster; erhielt 2001 d. Buchpreis «Premio ITAS del libro di montagna» (Trento); Fachschriftenautor u. -hg. in dt. u. italien. Sprache.

*Schriften:* Nazionalismi di confine. Il Trentino-Alto Adige dall'annessione italiana all'occupazione nazista (1918–1945). Una documentazione bibliografica [Nationalismus in einer Grenzlandregion. Trentino-Südtirol – von der italienischen Annexion zur NS-Besatzung (1918–1945). Eine bibliographische Dokumentation], Trient 1994; Nationalsozialistische Besatzungs- und Annexionspolitik in Norditalien 1943 bis 1945. Die Operationszonen «Alpenvorland» und «Adriatisches Küstenland», 2003. AW

**Wedekind,** Rudolf * 4. 8. 1938 Hannover; Buchhalter u.Finanzkaufmann, Landtagsabgeordneter u. Ratsherr, 1961–63 Mitverf. d. Rom.reihe «Die schwarze Fledermaus», lebt in Hannover (1981); Erz. u. Übersetzer.

*Schriften:* R. Beauvais, Als die Chinesen ... Ein satirischer Roman (übers.) 1967; C. Petrie, Don Juan d'Austria (übers.) 1968; Kleine Wahrheiten (Aphorismen) 1968; D. R. Fusfeld, Geschichte und Aktualität ökonomischer Theorien (übers.) 1975.

*Literatur:* Abgeordnete in Nds. 1946–1994. Biogr. Hdb. (bearb. B. SIMON) 1996. AW

**Wedekind,** Tilly (Mathilde Emilie Adolfine, geb. Newes), * 11. 4. 1886 Graz, † 20. 4. 1970 München; nach d. Schauspielausbildung bei Maximiliane Bleibtreu 1902 Debut als Schauspielerin in Graz, 1903/04 in Köln, 1904/05 am Kaiser-Jubiläums-Stadttheater Wien, 1905 in Frankfurt/M. u. Berlin. Im Mai 1905 Auftritt im Trianon-Theater Wien in e. geschlossenen Vorstellung v. Frank → W.s «Die Büchse der Pandora» in d. Rolle der Lulu, Bekanntschaft mit Frank W., der d. Rolle des Jack the Ripper spielte. Nach ihrer Heirat (1906) mit Frank W. trat sie nur mehr in s. Stücken auf. Bis 1908 lebte das Paar in Berlin, dann in München. Nach W.s Tod (1918) gastierte sie u. a. in München, Berlin u. Leipzig, wegen ihrer Krankheit (manisch-depressiv) mußte sie aber immer wieder absagen. Versch. Liebesbeziehungen, u. a. mit Gottfried → Benn, 1928 übersiedelte sie nach Berlin, im Sommer 1939 Besuch bei ihrer Tochter Kadidja → W. in Amerika, 1940–53 mit ihrer Tochter Pamela u. deren Ehemann Charles → Regnier (1915–2001) in St. Heinrich am Starnberger See, unterbrochen von e. Aufenthalt (1943–47) mit ihrer Enkelin Carola in Zürich. Nach 1953 lebte sie in Ambach u. seit 1958 wieder in München.

*Schriften:* Lulu — die Rolle meines Lebens, 1969.

*Nachlaß:* StB München. – Denecke-Brandis 400.

*Literatur:* Theater-Lex. 5 (2004) 3065; DBE $^{2}$10 (2008) 457. – Theater-Lex. (hg. H. RISCHBIETER) 1983; Bosls Bayer. Biogr., ErgBd. (hg. K. BOSL) 1988; A. REGNIER, Du auf deinem höchsten Dach. ~ u. ihre Töchter. E. Familienbiogr., 2003 (Tb.ausg. 2005); B. MERLIN, ~ and Lulu. The Role of Her Life or the Role in Her Life? (in: Auto/Biography and Identity. Women, Theatre and Performance, hg. M. B. GALE, V. GARDNER) Manchester 2004; Große Bayer. Biogr. Enzyklopädie 3 (hg. H.-M. KÖRNER) 2005; A. REGNIER, Frank W. Eine Männertragödie, 2008 (vgl. auch d. Lit. bei Frank Wedekind). IB

**Wedekind,** Wilhelm, * 11. 10. 1863 Aurich, Todesdatum u. -ort unbek.; besuchte Privatschulen, ab 1876 d. Lyceum in Hannover, studierte in Leipzig u. 1885 in Berlin, kaufmänn. tätig, gründete 1892 e. Buchhandlung, e. Verlag u. später auch e. Buchdruckerei, seit 1908 Hg. d. Zs. «Das Kabarett».

*Schriften* (Sachbücher in Ausw.): Die Sozialisten (Schausp.) 1887; Der außereheliche Geschlechtsverkehr, 1899; Sprachfehler oder Sprachentwicklung, 1900.

*Literatur:* R. ECKART, Lex. d. nds. Schriftst. [...], 1891. RM

**Wedekind-Kammerer,** Emilie Friederike, * 8. 5. 1840 Ludwigsburg (nach anderen Angaben Riesbach bei Zürich), † 25. 3. 1916 Lenzburg/Kt. Aargau; Mutter von Frank → W. u. Donald (Lenzelin) → W., Tochter v. Jakob Friedrich Kammerer, der sich wegen revolutionärer Umtriebe der drohenden Festungshaft 1836 durch Flucht nach Riesbach bei Zürich entzog u. ebd. d. erste Zündholzfabrik d. Schweiz gründete. 1853 u. a. Aufenthalt bei ihrer Schwester Sophie, Sängerin an d. Hofoper Wien, 1856 u. a. Gesangs- u. Klavierunterricht, 1857 Reise zu Sophie, die unterdessen verheiratet in Valparaiso/Chile lebte. Mit ihrer Schwester trat sie am Stadttheater auf u. unternahm Konzertreisen. Auf d. Fahrt mit dem Postdampfer nach San Francisco Tod d. Schwester (23. 12. 1858) an Gelbfieber. In San Francisco versch. Engagements am dortigen dt. Theater, bei italien. u. engl. Operntruppen u. als Kirchensolistin. 1860 Heirat mit d. Gastwirt, Sänger u. Hilfsdirigenten Hans Schwegerle (1817–91), im Verlauf d. Jahres 1861 Scheidung. Bekanntschaft mit d. Präs. d. Dt. Clubs in San Francisco, dem Arzt Dr. Friedrich Wilhelm W. (1816–88), im März 1862 Heirat in Oakland, Aufgabe d. Bühnenlaufbahn. 1864 Rückkehr nach Europa, Wohnsitz Hannover. 1872 kaufte Friedrich Wilhelm W. Schloß Lenzburg u. d. Familie übersiedelte dorthin. Nach d. Verkauf des Schlosses (1892) lebte sie im Haus «Steinbrüchli» in Lenzburg.

*Schriften:* Für meine Kinder. Jugenderinnerungen (hg. F. BECKER) 2003.

*Literatur:* A. REGNIER, Frank W. Eine Männertragödie, 2008 (vgl. auch d. Lit. bei Frank Wedekind). IB

**Wedel,** Alexander (Karl August Bernhard) von, *9. 5. 1851 Köln, † nach 1907; stammte aus altem pomm. Adelsgeschlecht, besuchte d. höhere Bürgerschule in Gummersbach u. d. Gymnasium in Recklinghausen, 1869 Eintritt in d. preuß. Postdienst, kaiserl. Postamtsvorsteher in Westf. u. im Elsaß, lebte ab 1884 in Eberswalde/Brandenburg.

*Schriften:* Sentimentales und Poesie, 1899; Lieder der Gegenwart. Mußestündchen für die liebe Jugend [...], 1902 (2., verstärkte Aufl. 1915); Fritz Pfiffikus. 16 Ränke und Schwänke für Jung und Alt, 1903.

*Literatur:* R. SCHMIDT, Dichter u. Schriftst. in Eberswalde (in: R. S., Gesch. d. Stadt Eberswalde 2) 1941. RM

**Wedel,** Charlotte von (geb. von Gwinner), *13. 10. 1891 Berlin, Todesdatum u. -ort unbek.; Enkelin v. Wilhelm von → Gwinner, dem Testamentsvollstrecker Arthur → Schopenhauers, lebte in Possenhofen/Obb. (1952).

*Schriften:* W. v. Gwinner, Arthur Schopenhauer aus persönlichem Umgange dargestellt. Ein Blick auf sein Leben, seinen Charakter und seine Lehre (krit. Neuausg., hg.) 1922; Arthur Schopenhauer. Reisetagebücher (hg.) 1925; Griechenland (mit F. KUYPERS) 1935; Ägyptische Kunst (mit K. LANGE) 1943. AW

**Wedel,** Dieter (eig. Dietrich), *12. 11. 1942 Frankfurt/Main; Sohn d. Ingenieurs Karl u. d. Pianistin Ada W., studierte n. d. Abitur seit 1959 Theaterwiss., Publizistik u. Gesch. an d. FU Berlin, leitete während s. Studiums d. dortige Studentenbühne, daneben als Lektor u. Theaterkritiker tätig, inszenierte Stücke am Amerika-Haus u. am Hebbeltheater in Berlin, 1965 Dr. phil. FU Berlin, 1966 Autor u. Hörspielregisseur bei Radio Bremen, seit 1967 Regisseur beim Norddt. Rundfunk in Hamburg, seit 1978 selbständiger Fernseh- u. Theater-Regisseur sowie Produzent (u. a. 1980–85 am Thalia-Theater in Hamburg), seit 2002 Regisseur d. Nibelungenfestspiele in Worms, seit 2004 deren Intendant (in Zus.arbeit mit d. Regisseurin Karin Beier), lebt in Hamburg u. auf Mallorca; erhielt neben anderen Auszeichnungen d. «Goldenen Gong» (1985), d. «Goldene Kamera» u. d. Adolf-Grimme-Preis (1993), d. «Goldene Romy» (1996) u. d. «Bambi» (2002).

*Schriften:* Das Frankfurter Schauspielhaus in den Jahren 1912 bis 1929 (Diss.) 1965; Der große Bellheim (Rom. n. d. Fernsehfilm d. Autors, mit V. C. HARKSEN) 1992; Held (Rom. n. d. Fernsehfilm d. Autors «Der Schattenmann», mit S. BÖTTCHER) 1996; Der König von St. Pauli (Rom. n. d. Fernsehfilm d. Autors, mit H. EPPENDORFER) 1998 (Neuausg. mit d. Untertitel: Das Buch nach dem großen Fernsehfilm, unter Mitarb. v. A. SCHULLER, 1998); Die Affäre Semmeling (Rom. z. neuen ZDF-Fernsehfilm d. Autors, mit U. HOFFMANN) 2001; Einmal im Leben. Die Geschichte eines Eigenheims (mit DEMS.) 2002; Papa und Mama (Rom. z. großen Fernseh-Zweiteiler n. d. Drehbuch d. Autors, mit A. SCHULLER, unter Mitarb. v. B. ALBROD) 2006; Volles Risiko: Mein Leben. Meine Filme (mit C. THESENFITZ) 2007; Nibelungen-Festspiele Worms 2004. Die Nibelungen – ein «deutsches» Trauerspiel von Friedrich Hebbel (mit J. LUX; Hg. Nibelungenfestspiele Worms) 2008.

*Literatur:* Munzinger-Arch.; Theater-Lex. 5 (2004) 3065. AW

**Wedel,** Dr. von → Kellermann, Carl Alfred.

**Wedel,** (Wilhelmine) Emilie Elisabeth von (geb. Bérard), *27. 12. 1848 Berlin, Todesdatum u. -ort unbek.; 1879 Heirat mit d. Grafen Herrmann B. T. v. Wedel in Zürich-Riesbach, übersiedelte nach d. Scheidung nach Basel.

*Schriften:* Meine Beziehungen zu S. M. Kaiser Wilhelm I., 1900. RM

**Wedel,** Erhard Graf von, *20. 11. 1879 Weimar, † 27. 10. 1955 ebd.; 1908 Gerichtsassessor, seit 1909 Gesandter, u. a. in Athen, Paris u. Sofia, 1915 z. Kriegsdienst eingezogen, n. d. 1. Weltkrieg erneut Gesandter, u. a. in Kopenhagen, Paris u. Memel, seit 1934 Gesandter in Paraguay.

*Schriften:* Zwischen Kaiser und Kanzler. Aufzeichnungen des Generaladjutanten Grafen Carl von Wedel aus den Jahren 1890–1894 (mit Einl. hg.) 1942; Weltoffenes Weimar, 1950.

*Literatur:* Das Deutsche Reich von 1918 bis heute [...] (hg. C. HORKENBACH) 1933. AW

**Wedel,** Georg Wolfgang (Ps. Utes Udenius), *13. 11. 1645 Golzen/Niederlausitz, †7. 9. 1721 Jena; Sohn e. Pastors, studierte Philos. und v. a. Medizin in Jena, Arzt ebd., in Landsberg u. Züllichau, 1667 Dr. med. Jena, Stadtarzt ebd., 1673 Prof. d. Medizin, Chirurgie u. Botanik ebd., 1719 Prof. f. Prakt. Medizin u. Chemie ebd.; 1685 fürstl. sächs. Leibarzt, 1694 kaiserl. Pfalzgraf, Mitgl. d. Dt. Akad. d. Naturforscher Leopoldina; Verf. v. zahlr. Fachschr. u. einigen geistl. Liedern.

*Schriften* (Ausw.): Pharmacia in artis formam redacta, experimentis, observationibus & discursu perpetuo illustrata, 1677 (NA 1693); Opera medica, 4 Bde., 1678–96; Physiologia medica, 1680 (NA 1704); Dissertationes medicae selectae, 1786; Exercitationum medico-philologicarum decades tres, 1686; Introductio in Alchymiam, 1706; Compendium praxeos clinicae exemplaris secundum ordinem casuum Timaei a Guldenklee, 1706 (NA 1707); Vier Geistliche Lieder, 1721 (mit französ. Übers.); Einleitung in die Alchymie, 1724.

*Literatur:* Zedler 53 (1747) 1804; Jöcher 4 (1751) 1842; Goedeke 3 (1887) 296; ADB 41 (1896) 403 (im Artikel Ernst Heinrich W.); DBE ²10 (2008) 457. – G. L. Richter, Allg. biogr. Lex. alter u. neuer geistl. Liederdichter, 1804; J. Günther, Lebensskizzen d. Professoren d. Univ. Jena seit 1558 bis 1858 [...], 1858; Biogr. Lex. d. hervorragenden Ärzte aller Zeiten u. Völker 5 (hg. A. Hirsch) ²1934; E. Giese, B. v. Hagen, Gesch. d. medizin. Fak. d. Friedrich-Schiller-Univ. Jena, 1958; L. Thorndike, A History of Magic and Experimental Science 7 u. 8, New York 1958; Dictionary of Scientific Biogr. 14 (hg. C. C. Gillispie) ebd. 1976; R. Stolz, Naturforscher in Mitteldtl. 1, 2003.

RM

**Wedel,** Heinrich Friedrich Paul von, * 11. 4. 1842 Neumarkt/Preuß.-Schles., Todesdatum u. -ort unbek.; Sohn e. Rittergutsbesitzers, studierte 1861–66 Gesch., Philos. u. Staatswiss. an den Univ. in Berlin, Heidelberg u. Breslau, lebte seit 1871 in Leipzig u. seit 1889 in Berlin-Charlottenburg, beschäftigte sich mit d. Gesch. u. Genealogie des Geschlechtes derer v. W.; Übers., Erz. u. Lyriker.

*Schriften* (Ausw.): Pompeji und die Pompejaner (auf Grundlage von M. Monnier's Werk erw. u. nach den neuesten Forsch. berichtigt, mit 21 Kunstbeil. u. 1 Stadtplan) 1877; Beiträge zur älteren Geschichte der Neumärkischen Ritterschaft, 2 Bde., 1886/87; Urkundenbuch zur Geschichte des schloßgesessenen Geschlechtes der Grafen und Herren von W. 1212–1402, 4 Bde. (bearb. u. hg.) 1885–91; Gedichte, 1891; Herr Heinrich Tuschel von Seldenau. Eine poetische Erzählung aus dem 14. Jahrhundert, 1891; Festklänge für das deutsche Haus, 1896; Hasso der Rothe von W.-Hochzeit und Ritter Hasso II. von W.-Falkenburg, 1897; Horaz, Ausgewählte Lieder (übers.) 1899; Deutschlands Ritterschaft, ihre Entwicklung und ihre Blüte, 1904; Herr Walther von der Vogelweide auf der Fahrt von Wien nach der Wartburg. Nebst einem Liederanhang, 1905; Über die Herkunft, die politische Bedeutung und die Standesstellung des Geschlechtes von Wedel. Von der Mitte des 12. bis zum Ausgang des 14. Jahrhunderts, 1915.

IB

**Wedel,** Karl → Bier, Käthe (zusätzl. Ps.).

**Wedel,** Lupold, * 25. 1. 1544 Rittergut Kremzow/Pomm., † Ende Juni 1615; besuchte d. Schule in Stargard, war dann als Page u. Reisebegleiter tätig, nahm an Kriegen u. a. in Ungarn u. Frankreich teil, reiste nach Palästina, Ägypten, Italien, Spanien, Portugal u. England.

*Schriften:* Lupold von Wedel's Beschreibung seiner Reisen und Kriegserlebnisse 1561–1606 (nach d. Urhs. hg. u. bearb. M. Bär) 1895 (= Balt. Stud. 45).

*Literatur:* ADB 41 (1896) 413; Schottenloher 2 (1935) 371; BWG 3 (1975) 3015. – A. E. Brachvogel, Ritter ~s Abenteuer (Rom.) 1874.

RM

**Wedel,** Marie von → Witilo, Marie.

**Wedel,** Mathias, * 10. 8. 1953 Erfurt; 1986 Dr. phil. Ostberlin, «Pamphletist», verf. Beitr. u. a. für d. «Eulenspiegel», lebt in Altenhof/Brandenburg; Verf. v. satir. Schriften.

*Schriften:* Zu den Funktionen von Satire im Sozialismus (Diss.) 1986; Streitfall Satire (Ess., mit M. Biskupek) 1988; Ausverkauft. Ein gutes Dutzend Kabarett-Betrachtungen, 1989; Nicht mit Kohl auf eine Zelle! Pamphlete aus jüngerer deutscher Gegenwart, 1993; Einheitsfrust, 2 Bde., 1994; Land unter oder Selten ein Schaden ohne Nutzen (mit R. Andert) 1995; Erich währt am längsten. Die Zone darf nicht sterben. Der PDS-Wähler, das unbekannte Wesen (hg. K. Bittermann) 1996; Wie ich meine Kinder mißbrauchte. Das Ende der Erziehung (Illustr. A. Greser u. H. Lenz) 1997; Ihre Dokumente bitte! Von Angelschein bis Zufahrtsberechtigung. Geschichten von tausendundeinem Ausweis (aufgeschrieben u. komm., ausgew. u. hg. T. Heubner) 1997; Leinenzwang für Schwaben,

2000; Bei uns auf dem Dorfe, 2002; Was wäre wenn ...? Die hohe Schule des Konjunktivs, 2003; Pflaumen, die im Osten reiften. Geschichten aus der Merkelei, 2005. AW

**Wedel(l),** Max von, * 2. 10. 1849 Chmiellowitz/Kreis Oppeln/Schles., † August 1914 Berlin; Berufssoldat, zuletzt Hauptmann; Militärschriftsteller.

*Schriften* (Ausw.): Ein preußischer Dictator. Karl Heinrich von Wedel, preußischer Generallieutenant, wirklicher Geheimer Etatsminister und erster Preußischer Kriegsminister. Biographische Skizze, 1876; Handbuch für die wissenschaftliche Beschäftigung des deutschen Offiziers, 1880 (2., 3. u. 4., durchges. u. sehr verm. Aufl. 1882, 1887 u. 1894); Offizier-Taschenbuch für Manöver, Generalstabsreisen, Kriegsspiel, taktische Arbeiten. Mit Tabellen, Signaturentafeln, 1 Zirkel mit Maasstäben und Kalendarium, 1883 (zahlr. Aufl.; 13., vollkommen neu bearb. u. verm. Aufl. v. W. BALCK, 1897; [45]1916).

*Literatur:* Heiduk 3 (2000) 163. IB

**Wedel,** Theda Gräfin von (eig. Mathilde Gräfin von Wedel, geb. Oertzen), * 13. 5. 1933 Leer/Ostfriesland; Volks- u. Realschullehrerin, lebt in Weener/Ostfriesland; Verf. v. Lehrbüchern u. pädagog. Schriften.

*Schriften:* Die Verwendungsmöglichkeit plattdeutscher Literatur in der Grundschule, 1954 (Neuausg., hg. H. BRAUKMÜLLER, 2003); Fibeln für Tichelwarf (Eigenfibeln) 1956–60 (Neuausg., hg. DIES., 2002); Das Leben auf der Evenburg, 1996 (Neuausg., hg. DIES., 2002); Die Motette «Jubila gaude laetare cor meum» von Wolfgang Haendler (hg. DIES.) 2003.

*Literatur:* H. BRAUKMÜLLER, M. FRICKE, Lehrerin ~. Ein Portrait, 2002. AW

**Wedel,** Winnie → Hopf, Andreas (zusätzl. Ps.).

**Wedel-Jarlsberg,** Friedrich Wilhelm Baron von, * 7. 3. 1724 Rendsburg, † 22. 2. 1790 Kopenhagen; studierte in Göttingen, 1741–53 im dän. Militärdienst, 1753–55 u. 1759–68 am obersten dän. Gerichtshof tätig, 1755–59 Deputierter der Finanzen u. 1758–63 Mitkurator des Klosters Vemmetofte/Seeland. Seit 1758 Kammerherr, 1767 Geheimrat, 1768 Amtmann d. beiden schleswig. Ämter Apenrade u. Lügumkloster, 1772/73 Oberlanddrost der Grafschaft Oldenburg u. Delmenhorst. Lebte dann auf s. Gut Ravnstrup/Seeland, beschäftigte sich mit Agrarreformen u. betrieb hist. Stud., 1763 mit d. Dannebrogsorden u. 1783 mit d. Elefantenorden ausgezeichnet, seit 1778 Ehrenmitgl. d. dän. Gesellsch. d. Wissenschaften.

*Schriften* (Ausw.): Empfindungen bey des Königs Tode, Kopenhagen 1766; Entwurf der bürgerlichen Gesetze der Juden nach Anleitung der heiligen Schrift, ebd. 1769; Ein Traum bey dem Tode des Herrn Professor Gellert, ebd. 1770; Abhandlung über die ältere Scandinavische Geschichte von den Cimbrern und den Scandinavischen Gothen, ebd. 1781; Chronologisch-statistische Tabelle der ältern und neuern Scandinavisch-Dänischen Geschichte, ebd. 1782; An das Ehre und Redlichkeit schützende so schätzbare Publicum, ebd. 1783; Versuch, die genaueste Übereinstimmung der biblischen Zeitrechnung mit der Profan-Geschichte zu beweisen, 1786.

*Literatur:* Meusel 14 (1815) 442. – H. BRASCH, Vemmetoftes Historie, Kopenhagen 1859; Dansk biografisk leksikon 15 (Red. S. V. BECH) ebd. 1984; Biogr. Hdb. z. Gesch. des Landes Oldenburg (hg. H. FRIEDL u. a.) 1992. IB

**Wedel-Parlow,** Ludolf von, * 17. 1. 1890 Kassel, Todesdatum u. -ort unbek.; Sohn e. Oberregierungsrats, besuchte d. Volksschule in Köslin/Pomm. u. bis 1911 d. Gymnasium in Kassel, bis 1913 in d. Landwirtschaft tätig, 1914–18 Teilnahme am 1. Weltkrieg, zuletzt als Oberleutnant, studierte 1924–27 Neuere dt. Lit.gesch. in München u. Würzburg, 1927 Dr. phil. u. Privatdoz. in Würzburg, lebte in Heiligkreuzsteinach, Kr. Heidelberg (1958).

*Schriften:* Die Jüdin von Toledo und Kaiser Karls Geisel. Eine stilvergleichende Betrachtung (Diss.) 1927; Der junge Grillparzer, 1929; Grillparzer (Biogr.) 1932; Und immer kann ich nur dein Lob verkünden (Ged.) 1947; Wedelsche Häuser im Osten (im Auftrag d. Familie hg., Federzeichnungen K. H. Snethlage) 1961. AW

**Wedelstaedt,** Barbara von (geb. Toss), * 29. 12. 1936 Basel; Journalistin u. Pressereferentin in Bremen, übersiedelte n. ihrer Pensionierung u. Heirat m. d. Verleger Wolff v. W. (1996) n. Gilzum, Evessen/Nds., begr. ebd. d. W.-Verlag, lebt u. veröff. seit 2001 in Steinfeld an der Schlei/Schleswig-Holst.; Erzählerin.

*Schriften:* Herr Spatz geht auf Camping (Erz.) 1999; Jonathan und meine sieben Zwerge (Rom.) 2000; Unser Dorf kann nicht noch schöner werden. Kurzgeschichten, 2000; Die sächsische Villa (Erz.) 2000; Die Fledermaus im Schuhkarton. Fünf Langgeschichten, 2000; Unfall im Herbst (Erz.) 2000; Ein Kuß in Venedig (Erz.) 2002; Neue Geschichten aus unserem schönen Dorf. Kurzgeschichten, 2002; Warum immer nur die Jugend? (Erz.) 2003; Der Enzianbaum (Erz.) 2005. AW

**Wedelstaedt,** Clara v. → Schelper, Clara.

**Wedemeier,** E. (Ps. f. Ernst Bublitz), * 4. 3. 1883 Klein Krebbel, Kr. Schwerin, Todesdatum u. -ort unbek.; Pfarrer, Schr.leiter v. «D. Deutschkirche» u. «Dt. Glaube u. Kirche», lebte in Havelberg/Brandenburg (1938); Lyriker u. Verf. v. Erbauungsschriften.

*Schriften* (Ausw.): Eiserne Reihen. Kriegsgedichte 1914/15, ca. 1916; Mein Glaube, 1928; Der Starke von oben. Andachten für alle Tage des Jahres (unter Mitwirkung v. dt. Männern u. Frauen hg. mit F. ANDERSEN) 1928; Der Weg zur deutschen Kirche. Nebst einer Erwiderung auf die Angriffe gegen die Deutschkirche, 1931; Nationalsozialismus und Deutschkirche, 1931; Germanenglaube im frühdeutschen Christentum, 1934. AW

**Wedemeyer,** Bernd (Bernd Wedemeyer-Kolwe), * 1961 (Ort unbek.); studierte Volksk., Vor- u. Frühgesch. sowie Assyriologie in Göttingen, 1992 Dr. phil. ebd. u. 2001 Dr. disc. pol., 2002 Habil. u. Privatdoz. am Inst. f. Sportwiss. d. Univ. Göttingen, zudem seit 2003 Beauftragter f. d. Aufbau d. Archivs d. Landes-Sport-Bundes Nds. sowie Vorsitzender d. Wiss. Beirats d. nds. Inst. f. Sportgesch. Hoya e.V., seit 2004 Arbeit an e. Geschichte d. nds. Behindertensports im Auftrag des Behinderten-Sportverbandes Nds., seit 2007 a. o. Professor f. Sportgesch. an d. Univ. Göttingen; Fachschriftenautor.

*Schriften* (Ausw.): Coffee de Martinique und Kayser-Thee. Archäologisch-volkskundliche Untersuchungen am Hausrat Göttinger Bürger im 18. Jahrhundert, 1989; Wohnverhältnisse und Wohnungseinrichtung in Göttingen im 18. und in der ersten Hälfte des 20. Jahrhunderts (Diss.) 1992; Kraftkörper – Körperkraft. Zum Verständnis von Körperkultur und Fitness gestern und heute. Begleitheft zur Ausstellung in der Eingangshalle der neuen Universitätsbibliothek [...] (hg. mit A. KRÜGER) 1995; Starke Männer, starke Frauen. Eine Kulturgeschichte des Bodybuildings, 1996; Der Kraftsportnachlaß Schaefer. Eine Bestandsübersicht, 1997; Der Athletenvater Theodor Siebert. Eine Biographie zwischen Körperkultur, Lebensreform und Esoterik, 1999; Die Bodybuildingbewegung im Kaiserreich und in der Weimarer Republik (kumulative Diss.) 2001; «Der neue Mensch». Körperkultur im Kaiserreich und in der Weimarer Republik, 2004 (zugleich Habil.schr. 2002); Das Archiv des Landes-Sport-Bundes Niedersachsen. Forschungsübersicht und Bestandskatalog, 2006. AW

**Wedemeyer,** Inge von (verh. Singer), * 7. 11. 1921 Eldagsen/Hannover, † 9. 11. 2006 (Ort unbek.); lebte um 1963 in Argentinien, dann in Darmstadt, hielt Meditationsseminare u. -vorträge, beschäftigte sich mit versch. Religionen.

*Schriften* (Ausw.): Manuela im Zeltlager, in einem argentinischen Campamento, 1958; Der blaue Zauberstein, 1960; Bittra und andere Prosa, 1965; Also dieser Stern, 1967; Die sausende Weltmaschine. 64 Ultra-Kurzgeschichten, 1968; Am Ufer des Río Rimac. Erzählungen aus Südamerika, 1969; Sonnengott und Sonnenmenschen. Kunst und Kult, Mythos und Magie im alten Peru, 1970; Noch immer ist sein Poncho bunt, 1975; Quick, Schimmel und der kleine Bruder, 1977; Der Pfad der Meditation im Spiegel einer universalen Kunst, 1977; Ein Buch über Bücher. Die Probleme und die inneren Entscheidungen unserer Epoche. 95 Buchbesprechungen, 1978; I. Shah, Das Geheimnis der Derwische. Geschichten der Sufimeister (übers.) 1982; Die Goldenen Verse des Pythagoras. Lebensregeln zur Meditation (hg. u. Einf.; [Übers. der «Goldenen Verse» aus dem Griech. v. G. von Gerlach]) 1983; ... Nie verweht der Duft der Rose. Orientalische Weisheit, 1983 (mit d. Untertitel: Orientalische Weisheit, Gleichnisse, Erzählungen, Deutungen, 1996); Der Baum des Lebens – seine Blätter heilen alles Leid. Der Baum in Kunst, Kultur, Dichtung und Meditation, 1983; Leben im Diesseits, Hoffnung aufs Jenseits, 1984; Einsamkeit und Gemeinschaft, 1985; Erziehung und Selbsterziehung zur Freiheit, 1985; H. Inajat Han, Das Lied allen Dingen (ausgew., übers. u. hg.) 1985; ders., Irdisches Glück und himmlische Glückseligkeit. Sufi-Erzählungen und Gleichnisse (ausgew., übers. u. hg.) 1986; Konfuzius, Meister der Güte und Mitmenschlichkeit, 1986; Erkenne dich selbst! Oder vom Umgang mit mir selbst, 1986; Pythagoras. Weisheitslehrer des Abendlandes (hg.) 1988; Friedrich Rückert. Weltbürger, Dichter und Gelehrter (mit e. Ausw. aus «Die Weisheit des Brahmanen» v. H. Fietkau) 1989; Weltformel «Liebe». Ebenso aktuelle wie zeitlose Themen im Lichte der Meditation, 1990; Den Herzton stimmen. Einhundertundein Dreizeiler aus dem Buch der Natur, 1991; I. Shah, Die fabelhaften Heldentaten des vollendeten Narren und Meisters Mulla Nasrudin (übers.) 1992; Lieber Gott, Du bist wunderbar! Gebete für Kinder in aller Welt und ein wichtiger Endlos-Brief, 1992; Unterwegs zur Harmonie der Religionen. Fakten und Tendenzen zur Verwirklichung einer universalen Ökumene. Ein Beitrag zum geplanten «Weltparlament der Religionen» in Chicago, 1992; Im Rosengarten zu singen. Die Welt der Rose in Dichtung, Kunst- und Kulturgeschichte. Mit 77 Versen aus dem Rosengarten, 1994; Sri Krishna und Jesus Christus. Eine Hinführung zur Bhagavad-Gita und eine Zusammenschau mit Worten der Bibel. Ein Beitrag zum Dialog der Religionen, 1994; Zarathustra, Heiler des Lebens. Leben, Legende und Lehre, 1995; Mitten im Leben. Geschichten und Gedichte, 1997; Der verrutschte Stern. Geschichten zum Schmunzeln, 1997; Weihnachten – auch für dich und für mich! Geschichten, Gedichte und Berichte, 1997; Wandern im Jetzt. Ultra-Kurzgedichte, 2001; Wohin führt die Meditation? Vorträge und Übungen, 2001; Die meditative Entwicklung der Hände. Wohltun – helfen – heilen mit Herz und Hand und Verstand, 2002. IB

**Wedemeyer,** Johannes, *25. 11. 1628 Riga, †8. 12. 1680 ebd.; studierte Theol. in Rostock, Magister ebd., 1656 Pastor in Nitau/Livl. u. seit 1657 in Riga, 1671 Diakonus ebenda.

*Schriften:* Ein Hirten Lied, Darinn besungen wird, wie ein Hirte seine Hirtinne zur Gegenliebe gebracht, 1655.

*Literatur:* Goedeke 3 (1887) 143. – Allg. Schriftst.- u. Gelehrten-Lex. d. Prov. Livland, Estland u. Kurland 4 (bearb. J. F. v. RECKE, K. E. NAPIERSKY) 1832. RM

**Wedemeyer,** Manfred, *2. 7. 1931 Nortorf/Holst.; studierte Volkswirtschaft in Kiel u. Innsbruck, Diplom-Volkswirt, 1957 Dr. rer. oec., 1971–98 Leiter d. Akad. am Meer Klappholttal/Sylt, zudem 1994–97 wiss. Mitarb. an d. Univ. Klagenfurt u. 1995 Lehrbeauftragter f. Weiterbildung an d. Univ. Bremen, lebt im Ruhestand in Morsum/Sylt; Mitgl. u. a. der Theodor-Storm-Gesellsch. u. d. Gesellsch. f. Kieler Stadtgesch., erhielt 2000 d. C.-P.-Hansen-Preis; Essayist, Erz. u. Verf. v. lokalkundl. Schriften.

*Schriften:* Sylter Literaturgeschichte in einer Stunde. Ein Überblick (Vortrag) 1972; Die Vogelkoje Kampen. Ein Sylter Naturschutzgebiet (Geleitw. B. GRZIMEK) 1974; Grüße von Sylt. 120 Bildpostkarten von anno dazumal, 1977; Westerland in alten Ansichten, 1979; Westerland. Bad und Stadt im Wandel der Zeit. Zum 125jährigen Bad- und 75jährigen Stadtjubiläum (hg. mit H. VOIGT) 1980; C. P. Hansen – der Lehrer von Sylt. Eine Biographie des Heimatkundlers und Malers, 1982; Die schönsten Sagen der Insel Sylt (nacherz. u. hg., Illustr. J. Timm) 1984; Fidus – Magnus Weidemann. Eine Künstlerfreundschaft, 1920–48 (mit V. WEIDEMANN) 1984; Käuze, Künstler, Kenner – kaum gekanntes Sylt, 1986; Exlibris von Magnus Weidemann. Kleinkunst im Buchdeckel (Ausstellungskatalog) 1990; Sylter Schmökerlexikon, 1991; Kleine Geschichte der Insel Sylt, 1993; Exlibris. Kleine Galerie der Individualitäten (mit R. NIESS) 1995; Sylter Spaziergänge (Fotos N.-P. Jessen) 1997; Margarete Boie. Die Dichterin der Insel Sylt (hg. u. eingel., Vorw. A. BAMMÉ) 1997; Den Menschen verpflichtet – 75 Jahre Rotary in Deutschland: 1927–2002 (mit E. ECKEL-KOLLMORGEN u. a.) 2002; H. KUNZ, T. STEENSEN, Sylt Lex., 2002. AW

**Wedemeyer,** Maria (Friederike) von, *23. 4. 1924 Pätzig/Neumark (heute Polen) †16. 11. 1977 Boston/USA; wuchs auf d. Gut ihrer Eltern Hans u. Ruth v. W. auf, besuchte d. Magdalenen-Stift in Altenburg/Thür. u. d. von Elisabeth v. Thadden geleitete Evangl. Landerziehungsheim in Wieblingen bei Heidelberg, wo sie auch maturierte. Im Jänner 1943 verlobte sie sich mit Dietrich → Bonhoeffer, der am 5. April 1943 verhaftet u. 2 Jahre später ermordet wurde. Nach dem 2. Weltkrieg studierte sie Mathematik an d. Univ. Göttingen u. mit e. Stipendium am College in Bryn Mawr/Pennsylvania. 1949 heiratete sie d. Juristen Paul-Werner Schniewind, nach Abschluß d. Stud. Statistikerin d. Firma American Pulley Co. in Philadelphia, nach zwei Jahren Mathematikerin beim Großkonzern Remington-Rand-Univac. Nach Ihrer Scheidung heiratete sie 1959 in Easton/Connecticut Barton Wella, Erfinder u. Gründer e. Farbrik für «Chips». 1965 Scheidung u. Übersiedlung in d. Nähe v. Boston, neuerliche berufliche Tätigkeit bei d. Computerfirma Honeywell, zuletzt als Gruppenleiterin im gesamten techn. Konzernbereich. Sozial engagiert, u. a. Mitarb. in d. «Industrial Mission».

*Briefe:* Brautbriefe Zelle 92. Dietrich Bonhoeffer – M. v. W. 1943–1945 ([mit Anhang] hg. R.-A. v. BISMARCK u. U. KABITZ, mit e. Nachw. v. E. BETHGE) 1992 (2., durchges. Aufl. 1993; überarb. 1999; 4., durchges. Aufl. 2004; Sonderausg. 2006).

*Literatur:* R. MAYER, Brautbriefe aus d. Zelle ~ u. Dietrich Bonhoeffers Verbindungen zu den Gutsbesitzer-Familien in Pomm. (in: Dietrich Bonhoeffer – Mensch hinter Mauern [...], hg. R. M. u. P. ZIMMERLING) 1993; R. BLEISTEIN, Brautbriefe aus d. Gefängnis D. Briefw. Dietrich Bonhoeffer- ~ (in: SdZ 118) 1993; R. SCHINDLER, Verhaftet u. verlobt. Z. Briefw. zw. Dietrich Bonhoeffer u. ~ (in: Theol. u. Freundschaft [...], hg. C. GREMMELS U. W. HUBER) 1994; R. WIND, «Es war eigentlich nur Hoffnung». ~ [...] (in: Ich bin was ich bin. Frauen neben großen Theologen u. Religionsphilosophen des 20 Jh., hg. E. RÖHR) 1997; F. SCHILLINGENSIEPEN, Dietrich Bonhoeffer 1906–1945. E. Biogr., 2005 (4., durchges. Aufl. 2007); R. WIND, Wer leistet sich heute noch e. wirkliche Sehnsucht? ~ u. Dietrich Bonhoeffer, 2006; P. RINTALA, Marias Liebe. E. Biogr. Rom. (aus dem Finn. v. P. UHLMANN) 2006. IB

**Wedemeyer,** Max, * 13. 12. 1911 Braunschweig, † 18. 12. 1994 ebd.; Pastor in Bornum am Elm, 1940–45 Fronteinsatz. 1946–51 Pfarrer in Emmerstedt/Nds., danach an d. St. Jakobi-Kirche in Braunschweig. 1957 Oberlandeskirchenrat u. stellvertretender Landesbischof sowie Leiter des Kirchlichen Presseamtes. 1973 mit d. Verdienstkreuz am Bande des nds. Verdienstordens ausgezeichnet; Erzähler.

*Schriften:* Maria und das Wölfchen. Roman einer tapferen Jugend, 1934; Wendekreis der Pflicht (Rom.) 1937; Passion im Osten. Der Sieg des unbeugsamen Herzens, 1938; Rigo. Geschichte eines Hundes, 1948; Das Antlitz der Begnadeten, 1949; In der Welt habt ihr Angst. Rußland, 28.–30. Januar 1943 (Erz.) 1950; Dunkler Tag – helle Nacht, 1951; Die Versuchung (Rom.) 1951; Dein Dunkel wird sein wie der Mittag (Erz.) 1952; Sieger in der Arena, 1953; Gast nur auf Erden (3 Erz.) 1954; Ein junger Mann kommt ins Dorf (Erz.) 1954 (2. Aufl. u. d. T.: Elisabeth. Ein junger Mann [...], 1962); Maria Magdalena, 1954; Nacht der Wandlung (Erz.) 1957; Tiedemann oder Die heilsamen Nachtgespräche, 1957; Umweg über den Himmel (Erz.) 1959; Die Mutprobe, 1963; Sabine, 1965; Oppermann junior. Schicksal eines jungen Deutschen, 1970; Was Gott zusammenfügt, 1971; Der gestohlene Christus, 1972 (2. Aufl. u. d. T.: Diebstahl um Mitternacht, 1981); Einen Hering für mein Kind, 1973; In deinen Händen bin ich geborgen, 1979; Wie eines Engels Angesicht (Rom.) 1979; Septembertage, 1982. IB

**Wedemeyer,** Werner (Karl Konrad), * 17. 10. 1870 Hameln, † 23. 5. 1934 Kiel; studierte Rechtswiss., 1894 Referendarprüfung in Celle, 1894–98 Gerichtsreferendar in Lüchow, Verden an d. Aller, Hannover u. Celle, 1898 Assessorprüfung in Berlin, dann bis 1903 Gerichtsassessor in Göttingen, 1903 Dr. iur u. 1904 Habil. Marburg/Lahn, seit 1908 a. o. und seit 1916 o. Prof. an d. Rechtswiss. Fak. d. Univ. Kiel (1923–25 Rektor), im Juni 1933 auf eigenen Wunsch vorzeitig pensioniert, nachdem er v. d. nationalsozialist. ausgerichteten Studentenschaft wegen «Umgangs m. Juden» stark bedrängt wurde; Fachschriftenautor.

*Schriften:* Auslegung und Irrtum in ihrem Zusammenhange (Diss.) 1903; Der Abschluß eines obligatorischen Vertrages durch Erfüllungs- und Aneignungshandlungen (Habil.schr.) 1904; Zur Praxis der Entmündigung wegen Geisteskrankheit und Geistesschwäche [...] (Vortrag, mit M. JAHRMÄRKER) 1908; Von der Schiedsgutachterklausel und vom Rücktritt eines Schiedsgutachters, 1913; Die deutschen Korps nach dem Kriege. Denkschrift im Auftrag des Gesamtausschusses des Verbandes alter Korpsstudenten, 1915; Die Entbehrlichkeit der Juristen in den privaten Schiedsgerichten, 1916; Das Reichsgericht und das gemeine Recht, 1931 (= Sonderdr. aus «FS f. Max Pappenheim. [...] dargebracht v. d. Rechts- u. Staatswiss. Fak. d. Christian-Albrechts-Univ. zu Kiel»); Allgemeiner Teil des BGB [Bürgerl. Gesetzbuch] (bearb.) 1933; Rede bei der Bestattung des Geheimen Justizrats Max Pappenheim [...], 1934.

*Literatur:* Catalogus Professorum Academiae Marburgensis (bearb. F. GUNDLACH) 1927; K. A. ECKHARDT, Rede bei d. Bestattung d. o. Prof. d. Rechte ~, 1934; F. VOLBEHR, R. WEYL, Prof. u. Doz. d. Christian-Albrechts-Univ. zu Kiel 1665–1954, [4]1956; E. DÖHRING, Gesch. d. Jurist. Fak. 1665 bis 1965, 1965; (= Gesch. d. Christian-Albrechts-Univ. Kiel, Bd. 3, Tl. 1); R. UHLIG, Vertriebene Wissenschaftler d. Christian-Albrechts-Univ. zu Kiel (CAU) n. 1933. Zur Gesch. d. CAU im Nationalsozialismus. Eine Dokumentation, 1991; K. SCHLÜPMANN, Grenzlanduniv. Kiel (in: Vergangenheit im Blickfeld e. Physikers, Internet-Edition) 1998. AW

**Wedemeyer-Kolwe,** Bernd → Wedemeyer, Bernd.

**Wedepohl,** Edgar (Ps. Florestan), * 9. 9. 1894 Magdeburg, † 7. 3. 1983 West-Berlin; Sohn e. Malers, studierte an d. TH Charlottenburg u. Karlsruhe, 1923 Regierungsbaumeister, ab 1926 freiberufl. Architekt in Köln u. ab 1928 in Berlin, seit 1951 Prof. d. Baugeschichte an d. Hochschule f. Bildende Künste Berlin, 1. Vorsitzender d. Bundes Dt. Architekten, Landesgruppe Berlin, Mitgl. d. Dt. Werkbundes u. d. Akad. f. Städtebau u. Landesplanung.

*Schriften* (Ausw.): Märchen vom Himmelsschlüssel, 1951; Eumetria. Das Glück der Proportionen. Maßgrund und Grundmaß in der Baugeschichte, 1967.

*Literatur:* Vollmer 5 (1961) 93; DBE $^{2}$10 (2008) 458. RM

**Weder,** Bruno H., * 16. 9. 1947 Berneck/Kt. Sankt Gallen; 1967–72 Stud. d. Germanistik, Musikwiss., Allg. u. Schweizer Gesch. an d. Univ. Zürich, daneben Musikstud. an d. Musikakad. (Violine, Kontrapunkt u. Komposition), 1975 Dr. phil. Univ. Zürich, 1970–92 Lehrer in Glarus u. Wattwil sowie 1976–92 Praktikumslehrer f. Studierende d. Höheren Lehramts d. Univ. Zürich, seit 1979 zudem Doz. f. öffentl. Abendvorlesungen an d. Hochschule St. Gallen, 1992–2002 Doz. f. Dt. u. Gesch. (fachwiss. Ausbildung) am Reallehrerseminar d. Kantons Zürich, seit 2000 Doz. f. dt. Lit., Jugendlit. u. Gesch. sowie Leiter d. Werkstatt «Schreiben im Studium» an d. PH Zürich, zudem Lehrbeauftragter f. Lit.wiss. am Dt. Seminar d. Univ. Zürich; seit 2003 Autor u. Berater mehrerer Bde. d. Schulbuchreihe «Sprache zur Sache», lebt in Uznach/Kt. St. Gallen; Fachschriftenautor.

*Schriften:* Satzstellung und Semantik lokaler Ergänzungen (Diss.) 1975; Herbert Rosendorfer. Sein erzählerisches Werk, 1978; Gerold Späth. Heißer Sonntag = Heisse Sunntig (Hörsp.) 1987; Walter Graessli. Radierungen (hg.) 1988; Auf der Suche nach Utopia oder Annäherung an Gerold Späth. Eine Skizze in neun Bildern, 1993; Gründlinge, Grundeln, Greßlinge oder Neues vom Karpfenteich. Einige Anmerkungen zu Gerold Späths neueren Prosawerken, 1993; Walter Vogt (1927–1988). Zwischen Realität und Realismus, 1993; H(einz) Weder, Traum aus schwarzen Krügen. Erzählungen und andere Prosa. Gedichte. Hörspiele. Essays. Zeichnungen und Bilder (hg.) 2000; Der Tell-Mythos (Ess.) 2004; Kommunikative Kompetenz. Kommunikation begreifen und durchschauen, 2004; Beat Brechbühl. Deutschsprachige Lyriker des 20. Jahrhunderts, 2007. AW

**Weder,** Heinz, * 20. 8. 1934 Berneck/Kt. St. Gallen, † 2. 5. 1993 Riggisberg/Kt. Bern; Sohn e. Bankverwalters, aufgewachsen im St. Galler Rheintal, nach d. Handelsmatura in St. Gallen erste berufliche Tätigkeit in Basel u. Genf, Freundschaft mit Ludwig → Hohl, in der Folge Ausbildung z. Verlagsbuchhändler in Bern, wo er mehrere Jahre als solcher arbeitete u. 1973 d. Leitung e. wiss. Verlags übernahm, später Lektor im Gustav Fischer Verlag Stuttgart. Verheiratet mit d. Übers. u. Lyrikerin Hannelise → Hinderberger (ErgBd. 5), lebte in Riggisberg; 1964 Kulturpreis d. Lyons Club Rheintal/St. Gallen, 1965 Lit.preis d. Stadt Bern; Lyriker, Essayist, Hg. (auch e. eigenen Zs. «Tantalus»), Hörsp.autor. – Seit 1987 besteht in Bern d. «Heinz u. Hannelise W. Stiftung» z. Durchführung lit. Veranstaltungen u. z. Förderung d. Schweizer Lit., namentlich d. Lyrik.

*Schriften:* Klaus Tonau. Prosa, 1958; Schwarzgewobene Trauer. Studie für Sopran, Oboe, Violoncello und Cembalo (Text) 1962; Kerbel und Traum. Gedichte, 1962; Kuhlmann. Prosa (m. 12 Zeichnungen v. M. v. Mühlenen) 1962; Figur und Asche (Ged.) 1965; Der Makler. Roman, 1966 (Neuausg. 1969); Niemals wuchs hier Seidelbast. Gedichte, 1967; Johann Gaudenz von Salis-Seewis (Ess., m. a.) 1968; Walter Kurt Wiemken. Manifeste des Untergangs, 1968; Gegensätze. Gedichte, 1970; Über Rodolphe Töpfer (Ess.) 1970 (Neuausg. 1981); Die Schwierigkeiten mit dem Mülleimer. Prosa, 1970; Am liebsten wäre ich Totengräber geworden. Ein Arrangement für sieben Stimmen (Hörsp.) 1971; Ansichten. Gedichte, 1972; Der Mann im Mond. Ein Stück für zwei Stimmen und einen Ansager (Hörsp.) 1972; Der graue Kater. Prosa (m. e. Holzschnitt v. B. Gentinetta) 1972; Wohnen ist, wenn man wohnt. Aphorismen (m. Zeichnungen v. Scapa) 1974; Die letzten Augenblicke des Herrn Xaver Rytz. Mit eingeschobenen Bemerkungen des Doktors und des Sohnes des Herrn Xaver Rytz. Ein Spiel in sechs Szenen, 1974; Schöpfungsgeschichte, 1975; Anton Jakob Kellers gesammeltes Lachen. Feuilletons, Glossen, Aphorismen (m. Illustr. v. H. Wyss) 1976; Veränderungen. Gedichte, 1977; Thema Bern. Unter besonderer Berücksichtigung der Literaturpreis-Szene: Nachtessen mit Tante Amalia in der Harmonie (Feuill.) 1982; Brunke. Ein biographisches Experiment, 1983; David Schelling und Sabine. Eine Liebesgeschichte, 1986; Traum aus schwarzen Krügen. Erzählungen und andere Prosa, Gedichte, Hörspiele, Essays, Zeichnungen und Bilder (hg. B. H. WEDER) 2000.

*Herausgebertätigkeit* (Ausw.): Gegenwart und Erinnerung. Eine Sammlung deutschschweizerischer Prosa (auch Ausw. u. Zus.stellung) 1961; E. Korrodi, Aufsätze zur Schweizer Literatur (auch Ausw. u. Zus.stellung) 1962; F. Ernst, Bild und Gestalt. Aufsätze zur Literatur (auch Ausw. u. Zus.stellung) 1963; L. Hohl, Wirklichkeiten (m. sechs Farbzeichnungen v. H. Aeschbacher, auch Ausw. u. Nachw.) 1963; Briefe von Albin Zollinger an Ludwig Hohl, 1965; Gottfried Keller über Jeremias Gotthelf (auch Nachw.) 1969 (Neuausg. [Tb.] m. Chronik u. Bibliogr. v. F. CAVIGELLI, 1978); Hommage an Carl Spitteler, 1971; J. Cassou, Oeuvre lyrique, 2 Bde., 1971; Ulrich Bräker Lesebuch (Tb.) 1973; R. Walser, Geschichten, 1974; U. Bräker, Tagebücher und Wanderberichte – Der große Lavater – Gespräch im Reiche der Toten – Etwas über William Shakespeares Schauspiele (m. S. VOELLMY, auch Vorw.) 1978; H. Pestalozzi, Fabeln (auch Ausw. u. Zus.stellung) 1979 (Neuausg. 1992); S. Gessner, Idyllen (auch Ausw., Einl. v. H. HESSE) 1980; Reise durch die Schweiz. Texte aus der Weltliteratur (auch Nachw.) 1991.

*Tonträger:* Ich möchte mit dir Schwäne fliegen sehen (Hörsp.; Kassette) 1991.

*Nachlaß:* Schweizer. Lit.archiv Bern (zus. m. dem Nachlaß Hannelise Hinderberger).

*Literatur:* Killy 12 (1992) 177; Schmidt, Quellenlex. 32 (2002) 452; DBE ²10 (2008) 458. – G. KRANZ, 27 Ged. interpretiert, 1973 [zu ~s Ged.: ‹Sodoma malte d. Geißelung al fresco›]; Y. BÄTTIG, M. WAGNER, Bibliogr. d. Berner Schriftst.innen u. Schriftst. 1950–93, 1997; B. H. WEDER, Vorw. (in: H. W., Traum aus schwarzen Krügen) 2000; Schriftst.innen u. Schriftst. d. Ggw. Schweiz (Red. A.-L. DELACRÉTAZ u. a.) 2002; Schweizer Lit.gesch. D. dt.sprachige Lit. im 20. Jh. (hg. K. PEZOLD) 2007.

ML

**Weder-Hinderberger,** Hannelise → Hinderberger, Hannelise (ErgBd. 5).

**Wedergang von Lunden** («Wedergang to lunde»), urkundl. nicht nachgewiesener Propst d. 2. Hälfte d. 15. Jh.; er nennt sich als Verf. einer in d. Sammelhs. Wolfenbüttel, HAB, cod. 19.26.7 Aug. 4°, überl. Slg. v. Betrachtungen u. Gebeten in mnd. Sprache für d. Festzyklus d. Sommerhalbjahres v. Ostern bis Allerheiligen, charakterist. ist d. Streuüberl. einzelner Textpartien (Einzelgebete u. Gebetsfolgen). D. Verf. ist eher als Kompilator denn als Autor anzusehen; d. betende Person ist grammat. Femininum, die d. Hochfesten gewidmeten Texte zeigen d. (frauen-)klösterl. Tagesablauf in s. Wechsel v. privater Andacht u. Gebeten zu d. kanon. Tagzeiten u. zur Meßfeier.

*Literatur:* VL ²10 (1999) 782. – C. BORCHLING, Mnd. Hss. 3, 1902.

RM

**Wedewer,** Hermann (Anton Joseph), * 14. 6. 1811 Coesfeld/Westf., † 16. 4. 1871 Frankfurt/M.; studierte 1829–33 Philol. u. Philos. an d. Univ. Bonn, 1833 Probelehrer am Gymnasium in Coesfeld, 1833/34 Privaterzieher in Fiesole bei Florenz u. 1834–37 Privatlehrer im Hause des russ. Barons v. Stackelberg in Neapel, Mailand, Rom u. Paris. 1837–43 Oberlehrer am Gymnasium in Coesfeld, 1843–70 Prof. u. Inspektor d. kathol. Selektenschule in Frankfurt/M., 1848 Abgeordneter d. 17. Prov. Westf. (Borken) in d. Nationalverslg., 1852–57 u. 1859–64 Vorstand d. kathol. Kirchengemeinde, 1868 Dr. h. c. der Univ., Frankfurt/M.; Verf. spachwiss. u. lit.hist. Werke.

*Schriften* (Ausw.): Homer, Virgil, Tasso, oder Das befreite Jerusalem in seinem Verhältniß zur Ilias, Odyssee und Aeneis, 1843; Über die Nothwendigkeit eines kräftigeren Zusammenwirkens des Hauses und der Schule für Erziehung und Unterricht, 1845; Die Bildung des Schönheitssinnes, ein wichtiger Theil des Unterrichts und der Erziehung, 1851; Die Erziehung vom katholisch-christlichen Standpunkt betrachtet. Nebst Vorschlägen zur Umbildung und Erweiterung der Selekten-Schule zu Frankfurt am Main, 1852; Klassisches Alterthum und Christenthum, mit besonderer Beziehung auf die Gelehrtenschulen, 1855; Über den paränetischen Gebrauch der Mythen bei den Griechen, 1856; Über die Wichtigkeit und Bedeutung der Sprache für das tiefere Verständniss des Volkscharakters. Mit besonderer Berücksichtigung der deutschen Sprache, 1859; Über den Begriff und die Bedeutung der Nationalität überhaupt und die Pflege der deutschen Nationalität durch Unterricht und Erziehung insbesondere, 1861; Zur Sprachwissenschaft, 1861; Über Ursprung und Wesen der Sprache, 1863; Zur Geschichte der Gelehrten-Schule, 1865; Die neuere Sprachwissenschaft und der Urstand der Menschheit, 1867; Das Christenthum und die Sprache, 1867; Die Literatur und die christliche Jugendbildung, 1868; Das Christenthum und die neue Sprachwissenschaft, 1870.

*Literatur:* ADB 41 (1896) 415. – J. JANSSEN, Aus d. Leben e. kathol. Schulmannes u. Gelehrten (in: Hist.-Polit. Bl. 71) 1873; E. RASSMANN, Nachr. v. dem Leben u. den Schr. Münsterländ. Schriftst. des 18. u. 19. Jh., 1866 u. NF 1881; Frankfurter Biogr. 2 (hg. W. KLÖTZER) 1996; H. BEST, W. WEEGE, Biogr. Hdb. d. Abgeordneten d. Frankfurter Nationalverslg. 1848–49, 1996. IB

**Wedewer,** Hermann, * 30. 3. 1852 Frankfurt/M., † 21. 6. 1922 Wiesbaden; Sohn v. Hermann (Anton Joseph) → W., studierte 1872–75 Philos., Gesch. u. Theol. an d. Univ. Münster, 1872 Reisebegleiter d. russ. Fürsten Obolenski durch Ägypten, Syrien u. das heilige Land. 1875 Priesterweihe, 1876–1920 Religionslehrer (1892 Oberlehrer, 1898 Prof. u. 1899 Stud.rat) an den beiden Gymnasien in Wiesbaden, 1888 Dr. theol. in Münster. Mitarb. d. «Frankfurter Broschüren» u. der «Köln. Volkszeitung».

*Schriften:* Eine Reise nach dem Orient (mit e. Stahlstiche, e. Karte des heiligen Landes u. 58 feinen Holzschnitten) 1877 (Nachdr. 2004); Grundriß der katholischen Kirchengeschichte für die oberen Klassen höherer Lehranstalten, 1879 (2., neu bearb. Aufl. 1907); Johannes Dietenberger 1475–1537. Sein Leben und Wirken, 1888 (Nachdr. Nieuwkoop 1967); Die Gesellschaft Jesu in Wahrheit und Dichtung. Populär-wissenschaftlicher Vortrag [...], 1903.

*Literatur:* E. RASSMANN, Nachr. v. dem Leben u. den Schr. Münsterländ. Schriftst. NF, 1881; A. HERRMANN, Gräber berühmter u. im öffentlichen Leben bekanntgewordener Personen auf den Wiesbadener Friedhöfen [...], 1928; O. RENKHOFF, Nassauische Biogr. (2., vollst. überarb. u. erw. Aufl.) 1992. IB

**Wedig,** Claudia, * 13. 2. 1981 Annweiler am Trifels/Rhld.-Pfalz; studierte Wirtschaftsinformatik an d. Berufsakad. Karlsruhe, arbeitet als Softwareentwicklerin, lebt in Frickingen/Bodensee/Baden-Württ.; Erzählerin.

*Schriften:* Die Runensteine, 2007. AW

**Wedig,** (Johann Hieronymus) Ernst (Ps. E. Edwig), * 10. 1. 1774 Naumburg, Todesdatum u. -ort unbek.; 1795 Schulamtsactuar in Pforta, 1798 Archivar u. 1805 Rechtskonsulent bei d. Stiftsregierung in Zeitz, 1821 Justizkommissar u. 1822 Stiftssyndikus in Naumburg. 1794 (mit K. H. L. PÖLLITZ) Hg. der Zs. «Ceres».

*Schriften:* Über die politische Staatskunst. Zur Belehrung und Beruhigung für alle die geschrieben, welche bei der jetzigen Kannegiesserey über Staatsglückseligkeit, Staatsverfassung, Regierung, Regenten und Unterthanen eigentlich nicht wissen, woran sie sind, 2 Bde., 1795 (anon.); Jugendbilder. Ein Geschenk für gute Kinder, 1800; Gedichte, 1803.

*Literatur:* Meusel-Hamberger 16 (1812) 163; 21 (1827) 396. IB

**Weditz,** Anette → Dewitz, Annette von.

**Wedl,** Wolfgang, * 1942 (Ort unbek.); Ausbildung als Diplom-Psychologe, Psychotherapeut in Kassel; Erzähler.

*Schriften:* Der Flug des Kristalls, 2001. AW

**Wedler,** Rainer (Ps. Renarius Flabellarius), * 1. 1. 1942 Karlsruhe; nach d. Matura Schiffsjunge in d. Türkei, Algerien u. Westafrika, studierte dann Germanistik, Gesch., Politikwiss. u. Philos. an d. Univ. Heidelberg, 1969 Dr. phil., Lehrer u. Mitarb. verschiedener Lit.zs., u. a. «d. horen», «Allmende», NDL; seit 1996 Red. d. «Scriptum» u. seit 2005 d. Zs. für Lit. u. Kunst «Matrix». Versch. Auszeichnungen, Preise u. Stipendien, u. a. 1992 Hafiz-Preis, 1996 Stadtschreiber v. Soltau, 2001 Stipendiat der Villa Vigoni in Loveno di Menaggio/Comersee, Italien, 2003 Cismar-Stipendium des Landes Schleswig-Holst. u. 2004 Gast im Centro Tedesco in Venedig. Lebt in Ketsch/Baden-Württ.; Erz. u. Lyriker.

*Schriften:* Die kaschubische Wunde (Rom., mit e. Nachw. v. A. DIWERSY) 1995; Die Befreiung aus der Symmetrie (Rom., hg. R. STIRN) 1999; Das viagrinisch Trostbüchlein, 1999; Zwielichtzeit (Rom.)

2000; Die Katze. 7 ausgesuchte Kurzgeschichten, 2000; Svendborg, Skovsbostrand 8 (Ged.) 2001; Die Farben der Schneiderkreide (Rom.) 2003; Atemwürfel (Ged., mit e. Nachw. v. A. G. LEITNER) 2004; Zwischenstation Algier (Rom.) 2005; Via Ronco 40 (Zeichnungen: P. Frömmig) 2005; Die Heftigkeit der Himbeeren (Erz.) 2006; Deichgraf meiner selbst (Ged.) 2007.

*Literatur:* J. ZIERDEN, Lit.Lex. Rhld.-Pfalz, 1998. IB

**Wedler,** Volker, *28. 4. 1966 Hamburg; studierte 1987/88 zunächst Sport u. Biologie (Lehramt) in Hamburg, danach Medizin u. Sportwiss. in Göttingen u. seit 1991 wieder in Hamburg, 1996 Dr. med. ebd., seit 2001 Oberarzt an d. Klinik f. Wiederherstellungschirurgie d. Univ.spitals u. an d. Orthopäd. Univ.klinik Balgrist in Zürich, zudem Konsiliararzt d. Spital Thurgau AG für d. Plast. u. Rekonstruktive Chirurgie am Kantonsspital Frauenfeld; Lyriker.

*Schriften* (ohne medizin. Fachschr.): Feiges Blut (Ged.) 1999 (Neuausg. 2008); Flügel mit Löchern verlassen dich nie (Ged.) 2006. AW

**Weeber** → Eggert, Walther.

**Weeber,** Jochen, *14. 12. 1971 Vaihingen an der Enz/Baden-Württ.; studierte seit 1991 Sonderpädagogik an d. Hochschule Ludwigsburg/Reutlingen, mehrere Jahre Lehrer, 1999–2003 Red. d. Zs. «LIMA» d. Bundesverbandes junger Autoren, lebt in Reutlingen/Baden-Württ.; erhielt seit 1997 zahlreiche Förderpreise u. Stipendien, d. Lit.preis «Zerrissen u. doch ganz» (2000, z. Thema Behinderung) u. war Stadtschreiber v. Schwaz (2002), Ranis (2003) sowie Ehingen (2004); Erz., Lyriker u. Hörsp.autor.

*Schriften:* Wieder mal Usbekistan (Ged., Zeichnungen J.-D. Hansen) 1999; Die grasgrüne Badehose (Erz.) 2003; Apothekenbäume (Erz.) 2007; Hühner dürfen sitzen bleiben (Kdb., Illustr. A. Reichel) 2008 (zuerst als Hörsp. 2007). AW

**Weeber,** Karl-Wilhelm (Carl Wilhelm), *13. 5. 1950 Witten/Nordrhein-Westf.; studierte Klass. Philol., Gesch., Archäologie u. Etruskologie in Bochum u. Rom, 1977 Dr. phil. Bochum, 1982 Lehrbeauftragter an d. Univ. Bochum u. 1989 an d. Univ. Wuppertal, seit 1990 Studiendir. u. seit 2001 Oberstudiendir. am Wilhelm-Dörpfeld-Gymnasium Wuppertal; Verf. v. kulturhist. Werken.

*Schriften* (Ausw.): Die Spartaner. Enthüllung einer Legende, 1977 (NA 1979); Athen. Aufstieg und Fall des antiken Stadtstaates, 1979; Geschichte der Etrusker, 1979; Sklaverei im Altertum. Leben im Schatten der Säulen, 1981 (NA 1988); Funde in Etrurien, 1982; Panem et circenses. Massenunterhaltung als Politik im alten Rom, 1984 (NA 1994); Perikles. Das goldene Zeitalter von Athen, 1985; Tertullianus, De spectaculis – Über die Spiele (übers. u. hg.) 1988 (NA 2002); Smog über Attika. Umweltverhalten im Altertum, 1990 (Tb.ausg. 1993); Die unheiligen Spiele. Das antike Olympia zwischen Legende und Wirklichkeit, 1991 (Neuausg. 2000); Humor in der Antike, 1991 (NA 2006); Die Weinkultur der Römer, 1993 (verb. Neuausg. 1999); Alltag im Alten Rom. Ein Lexikon, 1995 (5., verb. Aufl. 2000; 6., verb. Aufl. 2001); Flirten wie die alten Römer, 1997; Luxus im alten Rom [...], 2 Bde., 2003/06; Nachtleben im alten Rom, 2004; Musen am Telefon. Warum wir alle wie die alten Griechen sprechen, ohne es zu wissen, 2008; Ganz Rom in 7 Tagen. Ein Zeitreiseführer in die Antike, 2008. RM

**Weech,** Friedrich (Otto Aristides) von, *16. 10. 1837 München, †17. 11. 1905 Karlsruhe; studierte Gesch. an den Univ. in München u. Heidelberg, 1860 Dr. phil. in München, 1861/62 weitere Stud. an d. Univ. Berlin, Mitarb. an den «Chroniken d. dt. Städte» in München, 1862 Habil. an d. Univ. Freiburg/Br. u. ebd. bis 1864 Privatdoz. für ma. Gesch., hielt 1862/63 öffentl. Vorträge über bad. Gesch. an d. Univ., Freundschaft mit Heinrich v. → Treitschke, 1864–67 an d. großherzogl. Hofbibliothek in Karlsruhe, ab 1867 Archivrat (seit 1877 Geheimer Archivrat) am Bad. Generallandesarch. Karlsruhe u. seit 1885 Dir., am Aufbau d. Stadtarch. beteiligt, seit 1888 bis kurz vor s. Tode Mitgl. d. städt. Arch.kommission., Mitbegr. u. Sekretär d. «Bad. Hist. Kommission», 1868–86 Schriftleiter d. «Zs. für d. Gesch. des Oberrheins», korrespondierendes Mitgl. d. Königlichen Bayer. Akad. d. Wiss., zahlr. Auszeichnungen, Orden u. Ehrungen.

*Schriften* (Ausw.): E. Tucher, Baumeisterbuch der Stadt Nürnberg (1464–1475) (mit e. Einl. u. sachlichen Anm., hg. M. v. LEXER) 1862 (Reprint Amsterdam 1968); C. F. Nebenius, Karl Friedrich von Baden (aus dessen Nachlaß hg.) 1868; S. Bürster, Beschreibung des Schwedischen Krieges 1630–1647 (nach der Originalhs. im General-Landesarch. zu Karlsruhe hg.) 1875; Badische Biographien, 5 Bde. (hg., 5. Bd. hg. mit A. KRIEGER) 1875–1906; Baden in den Jahren 1852 bis 1877. Festschrift zum fünfundzwanzigjährigen Regierungs-Jubiläum seiner Königlichen Hoheit des Großherzogs Friedrich, 1877; Aus alter und neuer Zeit. Vorträge und Aufsätze, 1878; Die Deutschen seit der Reformation mit besonderer Berücksichtigung der Culturgeschichte, 1879; Die Zähringer in Baden, 1881; Badische Geschichte, 1890 (Reprint 1981); Badische Truppen in Spanien 1810–1813 nach den Aufzeichnungen eines badischen Offiziers, 1892; Karlsruhe. Geschichte der Stadt und ihrer Verwaltung, 3 Bde. (bearb.) 1895–1904; Römische Prälaten am deutschen Rhein 1761–1764, 1898 (Mikrofiche-Ed. 1992).

*Nachlaß:* Generallandesarch. Karlsruhe; SBPK Berlin; BSB München. – Nachlässe DDR 3,916; Mommsen 7745; Denecke-Brandis 400.

*Literatur:* Biogr. Jb. 10 (1907) 246; DBE $^{2}$10 (2008) 459. – K. OBSER, ~ †. Nachruf (in: Zs. für Gesch. des Oberrheins. NF 21) 1906; K. SOPP, Werkverzeichnis (ebd.); K. BADER, Lex. dt. Bibliothekare im Haupt- u. Nebenamt [...], 1925; A. KRIEGER, ~ (in: Bad. Biogr. 6, hg. A. K. u. K. OBSER) 1935; P. P. ALBERT, ~ u. s. Verdienste um d. bad. Geschichtsforsch., 1936 (Sonderdruck); W. LEESCH, Die dt. Archivare 1500–1945. Bd. 2: Biogr. Lex., 1992; Große Bayer. Biogr. Enzyklopädie 3 (hg. H.-M. KÖRNER) 2005. IB

**Weech,** Lilli von (Ps. f. Elisabeth Weyrauch), * 19. 11. 1887 Regensburg, † 21. 5. 1983 Garmisch-Partenkirchen; besuchte d. höhere Töchterschule, später Bergführerin, Skipionierin u. bildende Künstlerin; Erz. u. Verf. v. Skiführern.

*Schriften:* Skidaten mit Angaben (mit W. FLAIG u. H. SCHNEIDER) 1925; Kleine Geschichten aus großen Bergen, 1928; W. Völk, Ski- und Winterführer durch Garmisch-Partenkirchen und Umgebung (neubearb.) 1941.

*Nachlaß:* Hist. Alpenarch. (Internet-Edition).

*Literatur:* D. GÜNTHER, Alpine Quergänge. Kulturgesch. d. bürgerl. Alpinismus (1870–1930), 1998. AW

**Weede,** Erich, * 1942 Hildesheim; studierte Psychol. in Hamburg, 1966 Abschluß als Diplom-Psychologe, absolvierte danach e. Zweitstudium d. Soziol. u. Politikwiss., 1970 Dr. phil. Mannheim u. 1975 Venia legendi in Polit. Wiss. ebd., 1974–78 leitender wiss. Angestellter bei Zentrum f. Umfragen, Methoden u. Analysen (ZUMA) in Mannheim, 1978 Prof. f. Soziol. an d. Univ. Köln, 1986/87 Visiting Prof. of International Relations am Bologna Center d. Johns Hopkins University, seit 1986 auch Mitgl. d. Redaktionen verschiedener internationaler Fachzs. f. Sozialwiss., seit 1997 o. Prof. f. Soziologie an d. Univ. Bonn (emeritiert), Mitgl. zahlr. polit. u. soziolog. Gesellsch.; Fachschriftenautor.

*Schriften* (Ausw., ohne engl. Publikationen): Charakteristika von Nationen als Erklärungsgrundlage für das internationale Konfliktverhalten. Einige Versuche mit probabilistischen Kausalmodellen (Diss.) 1970; Weltpolitik und Kriegsursachen im 20. Jahrhundert. Eine quantitativ-empirische Studie, 1975; Hypothesen, Gleichungen und Daten. Spezifikations- und Meßprobleme bei Kausalmodellen für Daten aus einer und mehreren Beobachtungsperioden, 1977; Entwicklungsländer in der Weltgesellschaft, 1985; Konfliktforschung. Einführung und Überblick, 1986; Wirtschaft, Staat und Gesellschaft. Zur Soziologie der kapitalistischen Marktwirtschaft und der Demokratie, 1990; Mensch und Gesellschaft. Soziologie aus der Perspektive des methodologischen Individualismus, 1992; Asien und der Westen. Politische und kulturelle Determinanten der wirtschaftlichen Entwicklung, 2000; Mensch, Markt und Staat. Plädoyer für eine Wirtschaftsordnung für unvollkommene Menschen, 2003; Unternehmerische Freiheit und Sozialstaat, 2008. AW

**Weege,** Fritz, * 29. 10. 1880 Frankfurt/M., † 17. 8. 1945 Breslau; 1889 Abitur in Frankfurt/M., studierte Archäologie, klass. Philol. u. alte Gesch. in Bonn u. Berlin, 1906 Dr. phil., bereiste danach bis 1908 Süditalien, Griechenland u. Kleinasien, 1908/09 Assistent am Dt. Archäolog. Inst. in Rom u. Teilnehmer an Grabungen in Olympia und Pylos, 1912 Habil. u. Privatdoz. in Halle/Saale, 1916–18 Lehrauftrag an d. Univ. Tübingen u. 1920 o. Prof. d. klass. Archäologie an d. Univ. Breslau; Fachschriftenautor.

*Schriften:* Die päpstlichen Sammlungen im Vatikan, I Die städtischen Sammlungen auf dem Kapitol: Antiquarium comunale und Museo Barracco, II Die staatlichen Sammlungen im Thermenmuseum, Villa Borghese, dem Collegio romano und dem Museo di Villa Papa Giulio. Privatsammlungen: Palazzo Spada, Palazzo Barberini, Villa Albani (3. Aufl., hg. mit W. AMELUNG u. E. REISCH) 1912/13; Das goldene Haus des Nero. Kaiserliches Deutsches Archäologisches Institut. Neue Funde und Forschungen, 1913; Etruskische Malerei, 1921; Dionysischer Reigen. Lied und Bild in der Antike, 1926; Der Tanz in der Antike, 1926 (Nachdr. 1976); Der einschenkende Satyr aus der Sammlung Mengarini, 1929.

*Literatur:* DBE ²10 (2008) 459. AW

**Weege,** Fritz, * 28. 3. 1892 Stargard/Pomm., Todesdatum u. -ort unbek.; lebte in Kiel-Wik (1938); Bühnenautor.

*Schriften:* Der Bauer und sein Knecht. Ein Scherzspiel unter Benutzung eines alten Tiroler Drischellegspieltextes, 1927; Das Spiel Hiob, 1927; Das Christ-Geburtspiel, 1927; Das Christi Leiden-Spiel, 1927. AW

**Weege,** Robert, * 15. 4. 1874 Berent/Westpr., Todesdatum u. -ort unbek.; Ingenieur, in d. 1930er Jahren in Belgrad tätig; überwiegend Bühnenautor.

*Schriften:* Sehen, Schaffen, Ahnen. Erinnerungen und Betrachtungen eines Ingenieurs. Ein Epos, 1929; Die Nemanjiden. Beginn, Größe und Ende eines Staates. Ein Sammelwerk in 4 Teilen (in 2 Bdn.), 1939; Das Lied der Arbeit. Ein Festspiel, 1941 (als Ms. gedruckt); Hamlet, Prinz von Dänemark. Eine Tragödie, 1943 (als Ms. gedruckt); Das Spiel vom Sein. Ein Festspiel, 1950; Probleme unserer Zeit, 1950. AW

**Weeningh,** W. → Brands, Wilhelm.

**Weer,** Reinhard → Reinhardt, Walther (Wilhelm August Ludwig).

**Weeren,** Friedrich → Deich, Friedrich.

**Weert** → Zenders, Wilhelm.

**Weert ten Haaf** → Webhofen, Dieter.

**Weerth,** Ernst (K.) Aus'm, * 10. 4. 1829 Bonn, † 23. 3. 1909 ebd.; studierte Kunstgesch. u. Archäologie in Bonn, Dr. phil. u. Prof. ebd., 1864 erster Sekretär u. später bis 1884 Präs. d. Ver. v. Altertumsfunden im Rhld., 1876–83 Dir. d. Rhein. Provinzialmus. in Bonn, Mitarb. d. «Dt. Kunstbl.», lebte in Bonn-Kessenich; Verf. u. Hg. v. kunsthist. Fachschriften.

*Schriften:* Die Bronce-Statue von Xanthen, gefunden am 16. Februar 1858, 1860; Die Fälschung der Nenniger Inschriften (geprüft v. Domkapitular v. WILMOWSKY) 1871; Die deutsche Flotten-Bewegung im Jahre 1848 zu Bonn. Eine historische Erinnerung [...], 1900; Fundgruben der Kunst und Ikonographie in den Elfenbein-Arbeiten des christlichen Altertums und Mittelalters (nachgelassenes Werk, hg. F. WITTE) 1912.

*Herausgebertätigkeit* (Ausw.): Kunstdenkmäler des christlichen Mittelalters in den Rheinlanden, 1857ff.; Das Bad der römischen Villa bei Allenz. Fest-Programm zu Winckelmanns Geburtstage am 9. December 1861 (erl.) 1861; Verhandlungen des internationalen Congresses für Alterthumskunde und Geschichte zu Bonn im September 1868, 1871.

*Nachlaß:* Dt. Staatsbibl. Berlin. – Nachlässe DDR 3, 177.

*Literatur:* Biogr. Jb. 14 (1909) *98. AW

**Weerth,** Georg (Ludwig), * 17. 2. 1822 Detmold, † 30. 7. 1856 Havanna/Kuba; Sohn e. lipp. Generalsuperintendenten, brach 1836 d. Besuch d. Detmolder Gymnasiums ab u. absolvierte e. kaufmänn. Lehre in Elberfeld, verkehrte im «Lit. Kränzchen», in (Hermann) Ferdinand v. → Freiligraths «Kränzchen d. Barmer Deklamationsfreunde», in (Johann) Gottfried → Kinkels «Maikäferbund» u. im Dichterkreis um Karl (Joseph) → Simrock in Bonn, 1840–42 Buchhalter d. Grafen Julius z. Lippe-Biesterfeld in Köln, 1842/43 Korrespondent u. Privatsekretär ebd., daneben Besuch v. Vorlesungen (u. a. bei Heinrich → Düntzer) an d. Univ. Köln, 1843–46 Kontorist e. Textilfirma in Bradford/England, 1846–48 Handelsvertreter in Brüssel, Kommissionsagent e. Bradforder Textilfirma, unternahm Reisen durch Belgien, d. Niederlande u. Frankreich; ab 1843 Mitarb. d. «Köln. Ztg.», Freundschaft mit Friedrich → Engels u. Karl → Marx, 1847 Teilnahme am Ökonomistenkongreß in Brüssel, Wahl in d. Präsidium d. neugegründeten «Association Démocratique», Mitarb. d. «Dt. Brüsseler Ztg.» u. d. Heidelberger «Dt. Ztg.», 1848 Feuill.chef der v. Marx u. Engels gegründeten «Neuen Rhein. Ztg.», 1850 Verurteilung zu drei Monaten Haft u. e. Geldstrafe wegen Adelskritik in s. Rom. «Leben u. Thaten des berühmten Ritters Schnapphahnski», nahm nach d. Haftstrafe s. Handelsgeschäfte wieder auf u. bereiste Spanien, Portugal, d. Niederlande u.

Dtl., übernahm 1852 f. d. Firma Steinthal & Co. (Manchester) e. Agentur in Westindien, Geschäftsreise durch Nord-, Mittel- u. Südamerika, 1855 Rückkehr nach England, übersiedelte 1856 nach Havanna.

*Schriften:* Leben und Thaten des berühmten Ritters Schnapphahnski (Rom.) 2 Bde., 1849 (Neuausg., Nachw. N. FOLCKERS, 2006; Mikrofiche-Ausg. in: BDL).

*Ausgaben:* Sämtliche Werke in fünf Bänden (hg. B. KAISER), I Gedichte; II Prosa des Vormärz; III Skizzen aus dem sozialen und politischen Leben der Briten; IV Prosa 1848/49; V Briefe, 1956–57. – Ausgewählte Werke (hg. B. KAISER) 1948; Humoristische Skizzen aus dem deutschen Handelsleben (hg. DERS.) 1949; Das Blumenfest der englischen Arbeiter und andere Skizzen (Vorw. K. KANZOG) 1953 (NA 1988); Englische Reisen (hg. B. KAISER) 1954; Die ersten Gedichte der Arbeiterbewegung (Ausw. u. Nachw. H. PROSS) 1956; Werke in zwei Bänden (hg. B. KAISER) 1963; Fragment eines Romans (vorgestellt v. S. UNSELD) 1965 (= vollständ. Fass. v. Bd. 2 d. «Sämtl. Werke»); Blödsinn deutscher Zeitungen und anderes (Ausw. u. Nachw. D. PFORTE) 1970; Vergessene Texte. Werkauswahl (nach d. Hss. hg. J.-W. GOETTE u. a.) 2 Bde., 1975f.; «Nur unsereiner wandert mager durch sein Jahrhundert». Ein G.-W.-Lesebuch (hg. M. VOGT) 1996; Fragment eines Romans, 2007.

*Briefwechsel:* Sämtliche Briefe (hg. u. eingel. J.-W. GOETTE unter Mitwirkung v. J. GIELKENS) 2 Bde., 1989.

*Tonträger:* Humoristische Skizzen aus dem deutschen Handelsleben (CD) 2005.

*Nachlaß:* G.-W.-Arch. d. Lipp. LB Detmold; Internat. Inst. f. Sozialgesch. Amsterdam; Inst. f. Marxismus-Leninismus Moskau; SB Berlin, Slg. Bruno Kaiser. – Mommsen 1,4061; Denecke-Brandis 400; Rohnke-Rostalski 377. – Hdb. d. Hss.bestände in d. Bundesrepublik Dtl. 1 (bearb. T. BRANDIS, I. NÖTHER) 1992; Inventar zu d. Nachlässen d. dt. Arbeiterbewegung (bearb. H.-H. PAUL) 1993.

*Bibliographie:* Albrecht-Dahlke II/1 (1971) 693; IV/1 (1984) 881; Schmidt, Quellenlex. 32 (2002) 453. – E. FLEISCHHACK, ~-Bibliogr. (in: Lipp. Mitt. aus Gesch. u. Altk. 41) 1972; DERS. u. a., Bibliogr. Nachträge (in: Grabbe-Jb. 1ff.) 1982ff.

*Literatur:* Killy 12 (1992) 177; KNLL 17 (1992) 474 (‹Fragm. e. Rom.›; ‹Leben u. Thaten d. berühmten Ritters Schnapphahnski›; ‹Lieder aus Lancashire›; ‹Skizzen aus d. sozialen u. polit. Leben d. Briten›); Westfäl. Autorenlex. 2 (1994) 454; DBE $^2$10 (2008) 459. – F. MEHRING, ~. E. Dichter d. Proletariats (in: Volksbühne 2) 1893/94; E. DRAHN, ~ auf d. internat. Kongreß d. Volkswirte in Brüssel 1847 (in: Arch. f. Gesch. d. Sozialismus u. d. Arbeiterbewegung 10) 1925 (Nachdr. 1965); K. WEERTH, ~, d. Dichter d. Proletariats. E. Lb., 1930; ~, ‹Humorist. Skizzen aus d. dt. Handelsleben› (in: Studienmaterial zu Analysen v. Werken d. dt. Lit., hg. J. BONK) 1951; I. SCHRÖTER, I. FRÖHLICH, ~. 1822 bis 1856, 1956; H. PROSS, Romantik u. Revolution (in: DR 82) 1956; M. LANGE, ~. D. erste u. bedeutendste Dichter d. dt. Proletariats, 1957; H. SCHNEIDER, D. Widerspiegelung d. Weberaufstandes v. 1844 in d. zeitgenöss. Prosalit. (in: WB 7) 1961; W. BÖTTGER, D. Herausbildung d. satir. Stils in d. Prosawerken ~s (Diss. Leipzig) 1962; R. EICHHOLZ, «Ich sitze nieder, e. Gericht zu halten». D. Dichter ~ (in: Leben, Land u. Leute, hg. W. FÖRST) 1968; A. SCHWEICKERT, Heinrich Heines Einflüsse auf d. dt. Lyrik 1830–1900, 1969; D. BOSSLER, ~ im Urteil s. Zeitgenossen u. in d. Lit.gesch., 1969; E. KITTEL, ~ (in: Westfäl. Lbb.) 1970; W. G. E. MEYER-GERLACH, ~'s Novel ‹Leben u. Thaten [...]› (Diss. Univ. of Toronto) 1971; F. VASSEN, ~. E. polit. Dichter d. Vormärz u. d. Revolution 1848/49, 1971; ~ z. 150. Geb.tag (hg. K.-A. HELLFAIER) 1972; F. WAGNER, Bem. zu ~s Romanfragm. (in: WB 18) 1972; W. FEUDEL, ~, e. sozialist. Parteischriftst. d. Vormärz (ebd.); W. DIETZE, ~s geistige Entwicklung u. künstler. Meisterschaft (in: W. D., Reden, Vorträge, Ess.) 1972; H. RIDLEY, A Note on ~'s Unfinished Novel (in: GLL 26) 1972/73; H. LEBER, Freiligrath, Herwegh, ~, 1973; B. ISSEL, D. Satire ~s u. ihre Rezeption durch d. materialist. Lit.wiss., 1974; ~. Werk u. Wirkung (hg. Akad. d. Wiss. d. DDR) 1974 (enthält u. a.: W. FEUDEL, ~ u. d. sozialist. dt. Lit.; M. KEMP-ASHRAF, ~ in Bradford; F. WAGNER, Einige lit.hist. Beobachtungen an ~s Romanfragm.; I. PEPPERLE, Zu neuen Tendenzen d. Auseinandersetzung mit d. revolutionär-demokrat. u. sozialist. Lit. [...]; S. V. TURAJEW, ~ u. d. Romantiktradition; R. WEISBACH, Divergenz u. Parallelität [...]; H.-G. WERNER, Z. ästhet. Eigenart v. ~s ‹Liedern aus Lancashire›); H. BENDER, Versuch über ~s ‹Leben u. Thaten [...]› (in: Akzente 22) 1975; F. TRÖMMLER, Sozialist. Lit. in Dtl., 1976; U. ZEMKE, A Biography of ~ (1822–1856 (Diss. Cambridge) 1976; K. HOTZ, ~. Ungleichzeitigkeit u. Gleichzeitigkeit im lit. Vormärz, 1976; W. S. LAVUNDI, Social Classes and Themes of True Socialism. A Study of ~'s Pre-Revolutionary Works (Diss. Ann Arbor) Michigan u. London 1977; S.-A. JOERGENSEN, ~ u. Gotthelf als Dichter d. Proletariats. E. krit. Vergleich (in: Geist u. Zeichen, FS A. Henkel, hg. H. ANTON u. a.) 1977; T. BECKERMANN, ~ oder D. Widerspruch zw. d. sozialen Engagement u. d. bürgerl. Erzählform (in: D. dt. Rom. u. s. hist. u. polit. Bedingungen, hg. W. PAULSEN) 1977; C. GOBRON, L'écrivain et journaliste littéraire ~ (Diss. Paris) 1978; L. KRAPF, Rezeption u. Rezeptionsverweigerung. Einige Überlegungen z. polit. Lyrik Georg Herweghs u. ~s (in: Rezeptionsgesch. oder Wirkungsästhetik [...], hg. H.-D. WEBER) 1978; J. HERMAND, ‹Lieder aus Lancashire› (in: Gesch. im Ged., Texte u. Interpr., hg. W. HINCK) 1979; J.-W. GOETTE, D. MAYER, C. STUMPF, «Kleine Leute». Ideologiekrit. Analysen zu Nestroy, ~ u. Fallada, 1979; A. WISHARD, ~'s Vision of Social Change in ‹Fragm. e. Rom.› (in: MLQ 41) 1980; D. KÖSTER-BUNSELMEYER, Lit. Sozialismus, 1981; Dt. Schriftst. im Porträt, IV D. 19. Jh. (hg. H. HÄNTZSCHEL) 1981; W. BÜTTNER, D. Feuill. d. Neuen Rhein. Ztg. (in: Jb. f. Gesch. [Berlin] 22) 1981; ~ u. s. Zeit (Ausstellungskat. Detmold, hg. K. NELLNER) 1981; U. KAISER, D. zeitkrit. Parodie in d. Lyrik ~s (in: Grabbe-Jb. 1) 1982; E. H. ATTICHE, Heines u. ~s Reiseberichte. Unters. zu Gegenstand, Form u. Funktion (Diss. HU Berlin) 1982; J. JANSEN, Einf. in d. dt. Lit. d. 19. Jh. 1, 1982; M. GEISLER, D. lit. Reportage in Dtl., 1982; A. PASINATO, «Vormärz» e revoluzione del 1848 nella letteratura di ~, Udine 1982; H. SCHAUERTE, D. Fabrik im Rom. d. Vormärz, 1983; F. WAHRENBURG, ~s Haltung z. Revolution in d. Jahren 1848/49 (in: Grabbe-Jb. 2) 1983; L. CALVIÉ, Le roman feuilleton ‹Leben u. Thaten [...]› de ~. Modèle litt. Heinéen et réalité sociale et politique (in: Roman et société. Actes du colloque internat. de Valenciennes) Valenciennes 1983; T. E. BOURKE, ~ [...] (in: Neglected German Progressive Writers 1) Galway 1984; B. KAISER, Vom glückhaften Finden. Ess., Ber., Feuill. (hg. T. ERLER) 1985; H. BRÜGGEMANN, «Aber schickt keinen Poeten nach London». Großstadt u. lit. Wahrnehmung im 18. u. 19. Jh., 1985; W. FREUND, «... ein bißchen Not stachelt die Rippen...». Z. Struktur u. Intention d. ‹Lieder aus Lancashire› v. ~ (in: Grabbe-Jb. 4) 1985; B. FÜLLNER, ~s Reiseber. aus England, Frankreich u. Köln [...] im Jahre 1848 [...] (ebd.); A. PASINATO, ~. Letteratura e communismo nel Vormärz (1840–49), Padua ²1985; Lex. dt.sprach. Schriftst., I Von d. Anfängen bis z. Ausgang d. 19. Jh. (Red. K. BÖTTCHER) 1987; B. FÜLLNER, «Kein schöner Ding ist auf d. Welt, als seine Feinde zu beißen» (in: Grabbe-Jb. 6) 1987; E. WEBER, Z. Funktion d. Volksliedelemente in ~s Ged.zyklus ‹Die Not› (1844/45) (in: Jb. f. Volksliedforsch.) 1987; ~. Neue Studien (hg. B. FÜLLNER) 1988 (enthält: F. VASSEN, Der einsame Fremde. Heinrich Heine u. ~s engl. Reiselit.; U. ZEMKE, ~ in Bradford; J.-W. GOETTE, Z. Überl. u. Bedeutung d. Briefe ~s; W. HARTKOPF, «... deine Zuhörer mit dir fortziehen in das rosenduftende Paradies d. Rhetorik». Anm. z. Rhetorik in ~s ‹Schnapphahnski-Rom›); F. VASSEN, ~s England-Lit. von d. Ztg.artikeln bis z. Buchprojekt ‹Skizzen aus dem sozialen u. politischen Leben d. Briten› (1843–1848) (in: Grabbe-Jb. 7) 1988; F. WAHRENBURG, ~s Londonbild im Kontext s. industriellen Städtephysiognomien (in: Rom – Paris – London [...], hg. C. WIEDEMANN) 1988; J.-W. GOETTE, Z. Ed. sämtl. Briefe von u. an ~ (in: Grabbe-Jb. 7) 1988; U. ZEMKE, ~ (1822–1856). E. Leben zw. Lit., Politik u. Handel, 1989; J.-J. ECKARDT, Angriff, Rückzug u. Zuversicht. Satir. Erzählen bei Bonaventura, Jean Paul, E. T. A. Hoffmann, Heinrich Heine u. ~, 1989; W. BÜTTNER, ~- u. Freiligrath-Publikationen in d. «Dt. Brüsseler Ztg.» (in: Grabbe-Jb. 9) 1990; U. ZEMKE, Von Detmold nach Havanna [...] (ebd.); K. FÜLLNER, B. FÜLLNER, «D. Feuill. als Verbrecher». ~s Adelssatire ‹Leben u. Thaten [...]› (in: «Stets wird d. Wahrheit hadern mit dem Schönen», FS M. Windfuhr, hg. G. CAPL-KAUFMANN u. a.) 1990; H. NUTH, D. Figur d. Unternehmers in d. Phase d. Frühindustrialisierung in engl. u. dt. Romanen (Diss. Duisburg) 1991; ~ (1822–1856) (Referate d. I. Internat. ~-Coll. 1992, hg. M. VOGT u. a.) 1993 (enthält: W. BROER, ~s Äußerungen z. Sklavenfrage; W. BÜTTNER, ~ – Feuill.chef d. «Neuen Rhein. Ztg.»; J. FOHRMANN, D. Lyrik ~s; B. FÜLLNER, «D. Tatsachen sind alle wahr». Rom. u. Prozeß. ~s Adelssatire ‹Leben u. Thaten [...]›; J.-W. GOETTE, ~s Reisebriefe u. -berichte; U. KÖSTER, Kontexte zu ~s Bericht über Proletarier in England; F. TATAKI, Zu d. ‹Liedern aus Lancashire›; R. ROSENBERG, ~ in d. dt. Lit.gesch.schreibung; F. VASSEN, D. Lachen d. ~ oder Satire u. Karneval; M. VOGT, Realismus avant la lettre. ~s Rom.fragm.; F. WAHRENBURG, Reisen in d. andere Welt. ~s Briefe aus Spanien u. Portugal; U. ZEMKE, Lehrjahre in England. ~ u. Theodor Fontane [...]); Lex. sozialist. Lit. Ihre Gesch. in Dtl. bis 1945 (hg. S. BARCK u. a.) 1994;

H. G. MORRIS-KEITEL, Identity in Transition. The Images of Working-Class-Women in Social Prose of the Vormärz (1840–1848), New York 1995; U. ZEMKE, ~s Juden-Bild (in: Juden u. jüd. Kultur im Vormärz, Red. H. DENKLER u. a.) 1999; G. VONHOFF, «E. frische Lit.». ~s ‹Skizzen aus d. sozialen u. polit. Leben d. Briten› (in: Mutual Exchanges, ed. R. J. KAVANAGH) 1999; ~ u. d. Feuill. d. «Neuen Rhein. Ztg.» [...] (hg. M. VOGT) 1999 (enthält: F. WAHRENBURG, ~s Feuill. in d. «Köln. Ztg.» u. ihr Kontext; F. VASSEN, D. Bourgeoisie u. d. Langeweile oder Da hilft nur e. richtige Revolution. ~s Feuill. im Frühjahr 1849; M. VOGT, Poesie als Rhetorik. ~s Spottged. ‹Heute morgen fuhr ich nach Düsseldorf›; N. O. EKE, Revolution u. Ökonomie oder Der Bürger in d. Klemme. Präliminarien e. ~-Lektüre; B. FÜLLNER, «D. Revolution hat mich um alle Heiterkeit gebracht». D. 48er Revolution in d. Texten ~s; J.-W. GOETTE, ~s Briefe aus d. Revolutionsjahr; I. RIPPMANN, Frauenpolitik; N. GATTER, D. Fabelkönig, s. Waffenbruder u. d. Gladiatoren. Heines Empfehlung f. Ferdinand Lassalle. Z. Publikationsgesch., mit e. textkrit. Anh.; E. BOURKE, ~ u. d. irischen Politiker Daniel O'Connell u. Feargus O'Connor; U. ZEMKE, «Kaufmann u. homme de lettres à la fois». ~ u. d. «Neue Rhein. Ztg.»; B. FÜLLNER, ~-Chronik Januar 1848 – Juli 1849); Reclams Rom.lex. [...] (durchges. u. erw. Aufl., hg. F. R. MAX, C. RUHRBERG) 2000 (zu ‹Leben u. Thaten ...]›); B. FÜLLNER, «Mein Hauptstudium ist jetzt d. Nationalökonomie ...». ~s List- u. Capital-Exzerpt (in: Lit. in Westf. 5) 2000; F. MELIS, Neue Rhein. Ztg., Organ d. Demokratie, 2000; B. FÜLLNER, «D. Handel ist für mich d. weiteste Leben, d. höchste Poesie». ~ u. d. 1948er-Revolution (in: Grabbe-Jb. 19/20) 2001; W. BROER, E. überraschender ‹Schnapphahnski›-Fund (ebd.); K. ROESSLER, Grabbe, Freiligrath, ~ u. d. Rheinromantik [...], 2002; B. FÜLLNER, Planungen zu e. neuen ~-Ausg. [...] (in: Lit. in Westf. 6) 2002; F. MELIS, Neue Aspekte in d. polit. Publizistik. ~ u. Ferdinand Freiligrath 1848/49 (in: Grabbe-Jb. 21) 2002; G. GADEK, Z. Rezeption ~s in Dtl. (in: ebd. 22) 2003; B. FÜLLNER, «... ich bin ja e. halber Rheinländer!». E. biogr. Skizze z. Mutter ~s (ebd.); F. VASSEN, Rhein contra Themse. ~s Beziehungen z. Romantik (in: Romantik u. Vormärz [...], hg. W. BUNZEL) 2003; B. FÜLLNER, ~s engl. Lektüre [...] (in: Nachlaß, Ed. Probleme d. Überl. persönl. Nachlässe d. 19. Jh. u. ihrer wiss. Ed., hg. C.-E. VOLLGRAF u. a.) 2003; DERS., «Gottlob mit d. Romantik ist es aus». Romantik u. Revolution in ~s Werken (in: Bingen u. d. Rheinromantik, Red. M. SCHMANDT u. a.) 2003; F. MELIS, ~ in neuer Sicht. Großbritannien-Berichterstatter u. Feuilletonist d. «Neuen Rhein. Ztg.» (in: Grabbe-Jb. 23) 2004; B. FÜLLNER, «Man lacht darüber, und damit ist es gut». Bilder u. Karikaturen in ~s Werken (in: Zeitdiskurse. Reflexionen z. 19. u. 20. Jh. als FS f. W. Wülfing, hg. R. BERBIG u. a.) 2004; Metzler Autoren Lex. [...] (3., aktualisierte u. erw. Aufl., hg. B. LUTZ, B. JESSING) 2004; N. O. EKE, Einf. in d. Lit. d. Vormärz, 2005; F. MELIS, ~ u. s. Beiträge f. d. Rubrik «Belgien» in d. «Neuen Rhein. Ztg.» (in: Grabbe-Jb. 24) 2005; H. H. JANSEN, ~ beleben [...] (in: ebd. 25) 2006; M. VOGT, Bericht v. Koll. «~ u. d. Satire im Vormärz» (ebd.); F. MELIS, ~, ‹D. Kornhandel in Köln›. E. bisher unbek. Feuill.beitr. (ebd.); G. GADEK, ~ aktuell (ebd.); B. FÜLLNER, ~-Chronik (1822–1856) 2006; W. KINDT, Konfliktdarst. u. Argumentation in lit. Texten. Linguist. Analysen an Texten v. Sophokles, Goethe, Schiller, ~, Kafka, Borchert u. Fried (in: Sprache u. Lit. 38) 2007; ~ u. d. Satire im Vormärz [...] (hg. M. VOGT u. a.) 2007 (enthält: N. O. EKE, Polit. Dramaturgien d. Komischen. Satire im Vormärz [mit Blick auf d. Dr.]; C. D. CONTER, Personalsatire im Vormärz – Lit.satire u. Persönlichkeitsverletzung; I. RIPPMANN, «Härings-Salat». E. Abrechnung; DIES., Anm. zu ‹Leben u. Tathen d. berühmten Ritters Schnapphahnski› [1849] v. ~; O. BRIESE, Der Ritter. Spuren e. sozio-lit. Wiedergängers; R. HÖRMANN, «Ja, vorüber war d. große köln. Domfarce». Marx' u. ~s Poetik d. Revolution in ihren Satiren 1848/49; B. FÜLLNER, «Blödsinn dt. Zeitungen». ~s satir. Textkritiken in d. «Neuen Rhein. Ztg.»; F. MELIS, «ich [...] möchte [...] im wilden Bacchantentanz Bavay u. Flamenthum vergessen». Humor, Satire u. Ironie in ~s Ztg.artikeln im Revolutionsjahr 1848; M. PERRAUDIN, ~s ‹D. Blumenfest d. engl. Arbeiter› u. a. England-Skizzen: proletar. Heldentum; F. VASSEN, «Rötlich strahlt d. Morgen [...]». Karikatur u. Satire in ~s Szenen u. Portraits ‹aus dem dt. Handelsleben›; M. VOGT, Biblische Keuschheit im satir. Gegenlicht. ~s Ged. ‹Herr Joseph u. Frau Potiphar›); P. STEIN, H. STEIN, Chron. d. dt. Lit. Daten, Texte, Kontexte, 2008 (zu ‹Leben u. Thaten [...]›). RM

**Weerth,** Rupprecht, * 13.4. 1960 Detmold/ Nordrhein-Westf.; Diplompädagoge, Psychotherapeut f. Kinder u. Jugendliche sowie Heilpraktiker, leitet seit 1988 europaweit Ausbildungen im Bereich Neuro-Linguistisches Programmieren (NLP) sowie Seminare im Bereich Persönlichkeitsentwicklung, Kommunikation u. Konfliktmanagement, 1992 Dr. phil. Bielefeld, 1994 Mitbegr. u. seither Leiter d. Inst. f. Systemische Kommunikation u. Veränderung in Münster/Westf., Gründungsmitgl. d. Dt. Gesellsch. f. Neuro-Linguist. Psychotherapie, lebt in Münster; Fachschriftenautor.

*Schriften:* Wiñay Marka, ewiges Volk. Begegnung mit Weltansicht, Leben und Musik der Aymara- und Quetchua-Indianer in den bolivianischen Anden, 1988; NLP und Imagination, I Grundannahmen, Methoden, Möglichkeiten und Grenzen (Vorw. J. KRIZ), II Die Untersuchung zum Buch: Daten und Fakten, 1992/93 (zugleich Diss. u. d. T.: Das Verändern von Vorstellungsqualitäten in Beratungs- und Lernsituationen, 1992). AW

**Weese,** Adalbert, *20. 4. 1842 Freiwaldau/Öst.-Schles., † 16. 10. 1911 Weidenau/Öst.-Schles.; besuchte nach e. Schneiderlehre 1856–66 d. Gymnasium in Troppau, studierte danach Theol. in Olmütz, 1868 Priesterweihe. Kaplan u. 1872–1908 Rel.lehrer am Realgymnasium in Weidenau.

*Schriften* (Ausw.): Die Zeit- und Festrechnung der katholischen Kirche, 1876; Chronologisch-statistischer Rückblick auf die ersten 25 Jahre des k. k. Staatsgymnasiums in Weidenau, 1896; Chronik der Kaiser Franz Josef-Jubiläumskirche, Gymnasialkirche in Weidenau, 3 Tle., 1907–09.

*Literatur:* Heiduk 3 (2000) 164. IB

**Weese,** Arthur, *9. 6. 1868 Warschau, † 30. 5. 1934 Bern; studierte Kunstgesch. in Breslau, unternahm versch. Studienreisen in Italien, Frankreich, England u. den Niederlanden, 1893 Dr. phil. u. 1898 Habil. München, 1904 a. o. Prof. ebd., 1905 Berufung an d. Univ. Bern u. Begründer d. kunsthist. Seminars ebd., wurde 1906 erster (u. blieb bis zu s. Tod) vollamtl. Ordinarius f. Kunstgesch. an d. Univ. Bern, Förderer d. Malers Ferdinand Hodler; Fachschriftenautor.

*Schriften* (Ausw.): Baldassare Peruzzis Anteil an dem malerischen Schmucke der Villa Farnesina [...]. Ein Versuch, 1894; Vom künstlerischen Sehen, 1906; Der schöne Mensch in der Kunst aller Zeiten (hg. G. HIRTH) Bd. 2: Der schöne Mensch in Mittelalter und Renaissance, 1912; Die Kunst im Buchgewerbe, 1913; Die bernische Kunstgesellschaft 1813–1913. Festschrift zur Feier ihres 100jährigen Bestehens, 1913; Die Bamberger Domskulpturen. Ein Beitrag zur Geschichte der deutschen Plastik des XIII. Jahrhunderts (Hauptwerk mit Mappe) 1914; Karl L[udwig] Born. 1864–1914, 1914; Grundbegriffe der Wandmalerei, 1914; Rubens. Der große Flame (ausgew. u. eingel.) 1917; Skulptur und Malerei in Frankreich vom 15. bis zum 17. Jahrhundert, 1917; Aus der Welt Ferdinand Hodlers. Sein Werdegang auf Grund der Sommerausstellung 1917 im Zürcher Kunsthaus, 1918; E. Maria Blaser, Die alte Schweiz. Stadtbilder, Baukunst und Handwerk (eingel.) 1922 (2., verm. Aufl. 1925; 3., vollständig neu bearb. Aufl. 1925); A. Haseloff, Eine thüringisch-sächsische Malerschule des 13. Jahrhunderts (Reprint [d. Ausg. Straßburg 1897] Nendeln/Liechtenstein 1979; enthält: A. W., Die Bamberger Domskulpturen).

*Briefe:* Ausgewählte Briefe 1905–1934 (hg. Bern. Kunstgesellsch., verantwortl. W. VINASSA) 1935.

*Literatur:* HBLS Suppl.bd. (1934) 186. – Schweizer. Zeitgenossenlex. (hg. H. AELLEN) ²1932; ~, 9. Juni 1868 bis 30. Mai 1934 (Gedächtnisschrift) 1934. AW

**Wefel,** Kalla, *9. 10. 1951 Osnabrück; abgebrochene Lehre als Versicherungskaufmann, 1970/71 Schauspieler am Osnabrücker Stadttheater, dann ein Jahr Buchhändler. 1974 Abendmatura u. danach Sport- u. Germanistikstud. an der. Univ. Hamburg. Parallel dazu Sänger, Musiker, Texter u. Komponist, seit 1985 freiberuflicher Kabarettist, 1997 Premiere mit dem eigenen Soloprogramm «Immer locker bleiben ...», weitere folgten. Seit 1992 Mitarb. d. Sprach- u. Lesebuchreihe für den Dt.unterricht der 5.–10. Klasse im Hirschgraben/Cornelsen Verlag, Frankfurt/M.; Übers. amerikan. u. engl. Belletristik sowie Fachübers. (Musik, Film, Politik u. Sport) für Zeitschriften.

*Schriften:* Sind sie frei? Mit dem Taxi zwischen Rock und Reeperbahn, 1987.

*Übersetzungen* (Ausw.): W. Drew, Das Wunder in der 8. Straße, 1988; B. Cornwell, Das Erbe der Väter (Rom.) 1989; R. Sellers, Sting, 1989; D. Greenburg, Satans Frau. Psychothriller, 1989; K. Harvey, Butterfly (Rom.) 1990 (Tb.ausg. 1996); R. M. Stern, Tsunami. Jeder Tag zählt (Rom.) 1990; J. White, Die Föderation (Rom.) 1991; C. Bingham, Flieg mit dem Wind (Rom.) 1991; T. Holt, Wer hat Angst vor Beowulf? (Rom.) 1993; ders., Der fliegende Holländer (Rom.) 1993; J. White, Zyklus

Orbit Hospital. I Hospital-Station, II Star-Chirurg, III Großoperation, IV Ambulanzschiff (ungekürzte Neuausg.) 1993 – V Sector General, VI Notfall Code Blau, VII Der Wunderheiler, VIII Radikaloperation, IX Chef de Cuisine, X Die letzte Diagnose, 1993–99; T. Holt, Wir haben Sie irgendwie größer erwartet (Rom.) 1994; ders., Der Ziegenchor (Rom.) 1994; ders., Liebling der Götter (Rom.) 1995; ders., Wenn die Zeit aber nun ein Loch hat ... (Rom.) 1995; ders., Im Himmel ist die Hölle los (Rom.) 1995; ders., Faust und Konsorten (Rom.) 1996; ders., Snottys Gral (Rom.) 1996; ders., Auch Götter sind nur Menschen (Rom.) 1997; ders., Richards Blockbuster (2 Rom. in 1 Bd.) 1997; C. Ross, Ja! (Rom.) 2001.

*Tonträger* (Ausw.): Die Erschöpfungsgeschichte (2 CDs) 2005.

*Literatur:* Theater-Lex. 5 (2004) 3067. IB

**Wefer,** Peter, *28. 11. 1961 Wittmund/Nds.; biogr. Einzelheiten unbek., lebt in Hannover, Erzähler.

*Schriften:* José und Andronikus (Rom.) 1998; Der Judoka (Erz.) 2005. AW

**Wefers,** Michael, *8. 8. 1854 Mönchengladbach, †17. 10. 1935 ebd.; Kaufmann u. Weinhändler; Erzähler.

*Schriften:* Das Findelkind von Gladbach, 1892 (mehrere Aufl.; neue überarb. Ausg. 1948; 7. Aufl. der neuen, im Jahre 1954 überarb. Ausg. erw. durch d. Slg. «Vigölkes», 2001); Das Röschen von Corschenbroich. Erzählung aus dem Mittelalter, o. J. (neu geschrieben u. illustr. v. K. Reichartz, 1996); Jan van Werth und seine Zeit. Original-Erzählung aus dem 16. und 17. Jahrhundert, 1922 (neue überarb. Aufl. v. A. u. B. Geuter, 1951; Nachdr. 1984 u. 1991); Der Torwart von Gladbach. Historische Erzählung aus dem 17. Jahrhundert, 1924; Vigölkes. Sagen, Märchen, Erzählungen und Lieder aus M. Gladbachs Vergangenheit. Erlebtes und Erdachtes in unserer Mundart (zus.gestellt) 1924. IB

**Weffer,** Herbert, *4. 8. 1927 Bonn-Endenich; Architekt. Mitgl. u. seit 2006 Ehrenmitgl. d. «Westdt. Gesellsch. für Familienkunde, Bezirksgruppe Bonn», zahlr. heimat- u. familienkundl. Veröff. im vereinseigenen Mitteilungssbl. «Die Laterne», dessen Hg. er bis 2003 war, u. im «Jb. des Rhein-Sieg-Kreises»; auch Mundartautor.

*Schriften* (Ausw.): Auswanderer aus Stadt und Kreis Bonn von 1814 bis 1914, 1977; In Bonn wird bönnsch jebubbelt. Lustiges und Deftiges aus der Mundart der Hauptstadtbürger, 1983 (erw. Aufl. mit über 1000 Redensarten u. d. T.: Bönnsch Jebubbels, 1998); So lebten sie im alten Bonn. Texte und Bilder von Zeitgenossen (hg. u. eingel.) 1984; Bonn. Als die Zeit anfing stehenzubleiben, ein Stadtrundgang mit alten Ansichtskarten, 1989; Behütet, bebombt und Steine geklopft. Aus dem Leben eines Bonner Vorstadtjungen, 1997; Bönnsches Wörterbuch. I Von aach bes zwöllef, II Hochdeutsch – Bönnsch, 2000; Bönnsch Jebättböjelche, 2000; Duisdorf wie es früher war, 2000; Die Bevölkerung von Üxheim um 1650–1802 [...] (bearb.) 2005; Leck mich en de Täsch. Geschichten und Anekdoten aus dem alten Bonn, 2005; Ein «Leck mich» kommt selten allein. Geschichten und Anekdoten aus dem alten Bonn, 2006; Famillije-Jehängels. Alte Bonner Familien und ihre Namen, 2006; Schibbelich jelaach. Unglaubliche Bonner Straßengeschichten, 2007. IB

**Wefing,** Heinrich, * 1965 Darmstadt; Journalist, 1995 Dr.iur. seit 1996 Mitarb. d. «Frankfurter Allg. Ztg.», zunächst Red. in Frankfurt/M., 2002–04 Korrespondent v. d. Westküste d. USA u. später Leiter d. Feuill.-Büros in Berlin, erhielt 1998 d. Kritikerpreis d. Bundesarchitektenkammer, 2000 d. Helmut-Sontag-Preis, 2005 d. Journalistenpreis «Politik u. Kultur» d. Dt. Kulturrats u. 2006 d. Kritikerpreis d. Bundes Dt. Architekten; Fachschriftenautor.

*Schriften:* Parlamentsarchitektur. Zur Selbstdarstellung der Demokratie in ihren Bauwerken. Eine Untersuchung am Beispiel des Bonner Bundeshauses (Diss.) 1995; Der Neue Potsdamer Platz. Ein Kunststück Stadt (Fotos A. Muhs) 1998; «Dem Deutschen Volke». Der Bundestag im Berliner Reichstagsgebäude (hg.) 1999; Kulisse der Macht. Das Berliner Kanzleramt, 2001; Münchner Kammerspiele, Neues Haus (mit G. Peichl, Fotos G. Erlacher) 2002; T. van den Valentyn, Architektur (hg.) 2003; Gebrauchsanweisung für Kalifornien, 2005; Pacific Palisades. Wege deutschsprachiger Schriftsteller ins kalifornische Exil 1932 –1941 (Texte mit S. Schulenburg, S. Eick) 2006; Barbara Klemm, Fritz Klemm – Photographien, Gemälde, Zeichnungen (Ausstellungskatalog, Beitr. mit H.-U. Lehmann u. U. Westphal; Konzept u. Red. S.

Hoch) 2007; Christoph Mäckler – Die Rematerialisierung der Moderne / The Rematerialisation of Modern Architecture (dt./engl., mit W. Oechslin) 2008; Die besten Einfamilienhäuser in der Stadt. Deutschland - Österreich - Schweiz (mit B. Hintze) 2009. AW

**Wefing,** Sabina (geb. Hoepner), * 30. 11. 1951 Bielefeld; besuchte seit 1961 d. altsprachl. Gymnasium in Bielefeld, 1967/68 Austauschschülerin in Kansas-City/USA, studierte 1969–73 evangel. Theol., Englisch u. Pädagogik in Münster, 1973/74 Lehrerin in Bielefeld, 1975/76 weitere Stud. d. Philol. in Bonn, 1976 wiss. Assistentin f. AT an d. evangel. Fak. d. Univ. Bonn, 1978 Dr. phil. ebd., Mitgl. d. Initiative «Wirtschaftsstandort Kreis Herford e. V.», lebt in Herford/Nordrhein-Westf.; Jugend- u. Sachbuchautorin.

*Schriften:* Cornelius, der brave Teufel (Bilder G. Kullowatz) 2004; Wenn das Leben nicht fair ist, 2005; Das war knapp – Glück gehabt!, 2006; Der kleine Finanzcoach, I Es ist nie zu früh. Jugendliche und Finanzen: Schüler, II Heute investieren, morgen profitieren. Jugendliche und Finanzen: Auszubildende, III Kapitale Lösungen für kluge Köpfe. Junge Erwachsene und Finanzen: Studenten, IV Klug vorgesorgt. Gepflegt durchs Leben, V Volljährigkeit. ... und plötzlich ist mein Geld weg. Was junge Erwachsene zwischen 18 und 23 über das Thema Geld und Finanzen wissen sollten, 2006/07; Wittekinds Erben. Ein spannender Jugendroman aus Ostwestfalen, 2007; Keine Chance für Simon (Jgdb.) 2007. AW

**Der Weg zur Burg der Tugenden,** sog., diese Minnerede v. Typus d. Minneallegorie umfaßt 169 Titurelstrophen u. entstand im 15. Jh. (vor 1483), sie ist in d. Hs. Wien, cod. 2796, überl. u. gehört z. Hadamar-Tradition (vgl. → Hadamar v. Laber), statt d. Minnejagd steht jedoch d. allegor. Modell d. Gewinnung e. Burg im Vordergrund. Nach langen Wanderungen erreicht d. Ich-Erzähler eine v. e. aggressiven Heer belagerte Burg, die ähnl. wie d. ma. Schönheitspreis e. Frau beschrieben wird. D. Erzähler nähert sich d. Burg heimlich u. unentdeckt, bietet ihr bzw. der aus ihr sprechenden «süßen Stimme» Hilfe an u. wird aufgenommen. Im Zentrum steht weniger allegor. Handlung als e. Lehrgespräch zw. Ich u. Burg/Dame, Hauptthemen sind dabei Forderungen d. wahren und Kritik an falscher Minne. Hauptforderung ist die «scham», kritisiert werden v. a. Treulosigkeit, Betrug u. Gewalt, aber auch d. Habgier d. Adels (Ausg.: M. Mareiner, vgl. Lit., 1986).

*Literatur:* VL [2]10 (1999) 784. – T. Brandis, Mhd., mnd. u. mnl. Minnereden [...], 1968; I. Glier, Artes amandi. Unters. zu Gesch., Überl. u. Typol. d. dt. Minnereden, 1971; «Der Liebende und d. Burg d. Ehre» [...] (hg., übers. u. unters. M. Mareiner) 1986 (= Mhd. Minnereden u. Minneallegorien d. Wiener Hs. 2796 u. d. Heidelberger Hs. Pal. germ. 348, Bd. 10). RM

**Weg,** Hilda (Ps. Hildegard Weg[e]ner), * 13. 2. 1914 (Ort unbek.); Krankenschwester u. Diakonisse, lebte in Wuppertal (1963), Diethölztal-Ewersbach/Hessen (1974) u. Eschenburg/Hessen (1984); Erzählerin.

*Schriften:* Beim Nordwarfbauern (Erz., Textbilder F. Reins) 1957; Beiträge zur Geschichte des Dorfes Wissenbach, I Die Frühzeit, 1988 – II Die Wissenbacher Hütten, 1986 – III Die Eschenburg, 1987 (Bd. IV v. W. Hofheinz: Das Regiment «von Wissenbach», 1989). AW

**Weg,** Konrad → Vieweg, Ernst Kurt.

**Weg,** Ludwig, * 31. 1. 1869 Frankfurt/M., † 31. 12. 1954 Jenbach/Tirol; kaufmänn. Ausbildung, anfänglich in München tätig, seit 1907 Buchhalter in d. Brauerei in Jenbach, Mitarb. d. «Tiroler Heimatbl.»; Erzähler.

*Schriften:* Lach'n is Trumpf. Lustige Geschichten zum Krank- und Gsundlachen, 1924.

*Literatur:* B. Margreiter, D. Mundartdg. im Tiroler Unterland (in: D. Mundartdg. in Nordtirol) 1985. IB

**Wege,** Carl, * 1953 (Ort unbek.); studierte Germanistik, Anglistik/Amerikanistik u. Politik an d. Univ. Hamburg u. d. FU Berlin, 1986 Dr. phil. (Germanistik) Bremen, ebd. 1991 wiss. Mitarb. u. seit 1996 assoziiertes Mitgl. am Inst. f. kulturwiss. Dtl.studien sowie 1999 Habil. u. Venia legendi f. neuere dt. Lit.wiss., Assistant Professor an verschiedenen US-amerikan. Univ. und Doz. d. Dt. Akadem. Austauschdienstes in China, Afrika u. Indien; Fachschriftenautor.

*Schriften und Herausgebertätigkeit:* Brechts «Mann ist Mann» (hg.) 1982; Bertolt Brecht und Lion Feuchtwanger. «Kalkutta, 4. Mai». Ein Stück Neue Sachlichkeit, 1988 (zugleich Diss. 1986); Bertolt

Brecht, Werke. Große kommentierte Berliner und Frankfurter Ausgabe in 30 Bänden (hg. W. HECHT u. a.; Hg. v. Bd. 9) 1992; Der Technikdiskurs in der Hitler-Stalin-Ära (hg. mit W. EMMERICH) 1995; Schkona, Schwedt und Schwarze Pumpe. Zur DDR-Literatur im Zeitalter der wissenschaftlich-technischen Revolution (1955–1971), 1996; Buchstabe und Maschine. Beschreibung einer Allianz, 2000. AW

**Wege,** Christian H(elmut), * 1979 Graz; wuchs in Wettmannstätten/Steiermark auf, studierte Informatik, lebt seit 1995 in Esselbach/Bayern; Erzähler.

*Schriften:* Im Netz der Finsternis (Rom.) 2008. AW

**Wege,** Heinrich, * 13. 4. 1928 (Ort unbek.); studierte n. d. Abitur Pädagogik sowie Geige u. Klavier an d. Musikakad., Lehrer an verschiedenen Schulen, Weiterbildung in Sonderschulpädagogik, ehrenamtl. u. hauptamtl. Bürgermeistertätigkeit, daneben Chorleiter u. Organist; Lyriker.

*Schriften:* Bunter Regenbogen. Gedichte, Gereimtes, Ungereimtes (hg. A. KUEPPER) 2001 (Neuausg. 2006); Farben im Alltag. Vermischte Gedichte, gereimte Alltäglichkeiten, 2002 (Neuausg. 2006). AW

**Wege,** Johanna → Schultze-Wege, Johanna Emma Erdmute.

**Wege,** Lotte (Liselotte), * 19. 8. 1904 Dresden, † 23. 10. 1957 Berlin(-West); Tochter e. Arztes, studierte in München Lit.gesch., 1932 Dr. phil., 1932 Volontärin an d. Sächs. LB, lebte bis 1948 in Dresden, danach in Berlin-Dahlem, Rundfunkred., Erzählerin.

*Schriften:* Hegel und Lenau (Diss.) 1932; Der silberne Baldachin (Rom.) 1936; Der neue Diogenes (Kom., mit E. v. FRANKENBERG) o. J.; Kirke. Antike Capriccios, 1948.

*Literatur:* C. ROTZOLL, Frauen u. Zeiten (8 Porträts) 1987. WK

**Wegehaupt,** Heinz, * 14. 6. 1928 Berlin; studierte 1954–59 Germanistik u. Bibliothekswiss. an d. HU Berlin, 1959–61 Assistent an d. Dt. Staatsbibl. Berlin, 1961–92 Leiter d. Kinder- und Jugendbuchabt. ebd. bzw. an d. SBPK, erhielt 1989 d. Großen Preis d. Dt. Akad. f. Kinder- u. Jgd.lit.; Sachbuchautor z. Thema Kinder- u. Jugendliteratur.

*Schriften* (Ausw.): 150 Jahre Kinder- und Hausmärchen der Brüder Grimm. Bibliographie und Materialien zu einer Ausstellung der Deutschen Staatsbibliothek (mit R. RIEPERT) 1964; Ausgezeichnete Kinder- und Jugendbücher der DDR. Verzeichnis der von 1950 bis 1964 preisgekrönten und zu schönsten Büchern des Jahres erklärten Kinder- und Jugendbücher (zus.gestellt) 1965; Die Deutsche Staatsbibliothek und ihre Kostbarkeiten (mit W. LÖSCHBURG u. L. PENZOLD) 1966; Der Kinderbuchverlag Berlin. Gesamtverzeichnis 1949–1964, 1966; Theoretische Literatur zum Kinder- und Jugendbuch. Bibliographischer Nachweis von den Anfängen im 18. Jahrhundert bis zur Gegenwart, nach den Beständen der Deutschen Staatsbibliothek Berlin. Bibliographie zum Kinder- und Jugendbuch (dt./engl., bearb., Vorw. H. KUNZE) 1972; Deutschsprachige Kinder- und Jugendliteratur der Arbeiterklasse von den Anfängen bis 1945. Bibliographie (zus.gestellt) 1972; Bibliographie der in der DDR von 1949 bis 1971 erschienenen theoretischen Arbeiten zur Kinder- und Jugendliteratur (zus.gestellt) 1972 (2. Aufl. u. d. T.: Bibliographie theoretischer Arbeiten zur Kinder- und Jugendliteratur. In der DDR von 1949 bis 1975 erschienene Bücher und Aufsätze, 1978; davon Fortführung mit d. Untertitel: In der DDR von 1976 bis 1985 erschienene Bücher, Aufsätze und Dissertationen, 1987); Der Kinderbuchverlag Berlin. Verlagsverzeichnis 1949–1973 (hg. z. 25. Jahrestag d. Kinderbuchverlags, zus.gestellt u. bearb.) 1974; Vorstufen und Vorläufer der deutschen Kinder- und Jugendliteratur bis in die Mitte des 18. Jahrhunderts, 1977; Alte deutsche Kinderbücher 1507–1900. Zugleich Bestandsverzeichnis der Kinder- und Jugendbuchabteilung der Deutschen Staatsbibliothek zu Berlin, 4 Bde., 1979–2003; Die Märchen der Brüder Grimm. Eine Ausstellung der Deutschen Staatsbibliothek Berlin/DDR in der Bayerischen Staatsbibliothek München, 1984; Hundert Illustrationen aus zwei Jahrhunderten zu Märchen der Brüder Grimm (zus.gestellt) 1985 (auch u. d. T.: Mein Vöglein mit dem Ringlein rot); Spiegel proletarischer Kinder- und Jugendliteratur. 1870–1936 (mit H. KUNZE) 1985; W. v. Breitschwert, Lustige Bilder-Räthsel für kluge Kinder (Faks.-Ausg., m. Nachw. hg.) 1987; Hundert Illustrationen aus anderthalb Jahrhunderten zu Märchen von Hans Christian Andersen (zus.gestellt) 1989 (auch u. d. T.: Rose, Prinz und Nachtigal); F. Flinzer, Jugendbrunnen 1883. Alte Reime mit neuen Bildern (Faks.-Ausg., m. Nachw. hg.) 1990; Robinson und Struwwelpeter. Bücher für Kinder aus fünf Jahrhunderten (Ausstellungskatalog) 1991; Weihnachten im alten Kinderbuch (zus.gestellt u. mit Nachw.) 1992; Bibliographie theoretischer Arbeiten zur Kinder- und Jugendliteratur. 1992 und 1993 in deutscher Sprache erschienene Veröffentlichungen (zus.gestellt) 1995; Der Verlag Winkelmann & Söhne Berlin 1830–1930, 2008 (m. Bibliographie).

*Literatur:* LexKJugLit 3 (1979) 773. AW

**Wegehaupt,** Matthias, *20. 3. 1938 Berlin, studierte 1956–58 in Greifswald u. 1962–64 an d. Hochschule für bildende u. angewandte Kunst Berlin-Weißensee (ohne Abschluß), danach u. a. als Kraftfahrer tätig, seit 1965 Mitgl. im Verband Bildender Künstler d. Dt. Demokrat. Republik, 1976 Arbeitsstipendium in Ungarn, n. 1989 Ausstellungen in Frankreich, Polen u. Dtl., 1999 Villa Massimo-Stipendiat in Rom, lebt in Ückeritz/Insel Usedom, Erzähler.

*Schriften:* Bilder, die Spuren eines Weges (anläßl. d. Ausstellungen [...]) 1998; Die Insel (Rom.) 2005 (ungekürzte Neuausg. 2007). AW

**Wegele,** Franz Xaver von, *28. 10. 1823 Landsberg am Lech, † 16. 10. 1897 Würzburg; studierte ab 1842 Literaturgesch., neuere Sprachen u. Gesch. an den Univ. in München u. Heidelberg, 1845 Italienreise, 1847 Dr. phil. in Heidelberg, 1848 Habil. für Gesch. an d. Univ. Jena, ebd. Doz. für polit. Gesch. u. Lit.gesch., seit 1850 a. o. Prof., 1852 Mitbegründer des «Vereins für Thüring. Gesch. u. Altk.», ab 1857 o. Prof. für Fränk. Gesch. an d. Univ. Würzburg, 1857 Begründer des Hist. Seminars ebd., mehrfach Dekan d. Philos. Fak., 1862/63 Rektor. Seit 1858 Mitgl. der Hist. Kommission d. Königl. Bayer. Akad. in München, seit 1873 redaktioneller Verantwortlicher d. biogr. Beitr. aus d. polit. Gesch. in der ADB sowie Verf. v. 169 Artikeln. 1881 mit d. Ritterkreuz des Verdienstordens d. bayer. Krone ausgezeichnet u. damit in d. persönl. Adelsstand erhoben.

*Schriften* (Ausw.): Karl August, Großherzog von Sachsen-Weimar, 1850; Dante's Leben und Werke. Kulturgeschichtlich dargestellt, 1852 (2., verm. u. verb. Aufl. u. d. T.: Dante Alighieri's Leben und Werke, 1865; 3., tw. veränd. u. verm. Aufl. mit d. Untertitel: Im Zusammenhange dargestellt, 1879); Arnold von Selenhofen, Erzbischof von Mainz (1153–1160), 1855; Fürstbischof Gerhard und der Städtekrieg im Hochstift Würzburg. Ein Vortrag (mit Anm. u. urkundlichen Beil.) 1861; Friedrich der Freidige, Markgraf von Meißen, Landgraf von Thüringen und die Wettiner seiner Zeit (1247–1325). Ein Beitrag zur Geschichte des deutschen Reiches und der wettinischen Länder, 1870; Kaiser Friedrich I. Barbarossa. Ein Vortrag, 1871; Graf Otto von Hennenberg-Botenlauben und sein Geschlecht, 1875; Göthe als Historiker, 1876; Geschichte der Universität Würzburg, 2 Bde., 1882 (Neudruck 1969); Geschichte der deutschen Historiographie seit dem Auftreten des Humanismus, 1885 (Reprint New York 1965); Vorträge und Abhandlungen (hg. R. Graf Du Moulin Eckart) 1898.

*Nachlaß:* UB Jena; UB Würzburg. – Nachlässe DDR 1,663; Mommsen 7746.

*Literatur:* ADB 44 (1898) 443; Biogr. Jb. 2 (1898) 375; 4 (1900) *66; DBE [2]10 (2008) 460. – J. Günther, Lebensskizzen d. Prof. d. Univ. Jena seit 1558 bis 1858 [...], 1858; ~ (in: Fränk. Lbb. 7, NF d. Lebensläufe aus Franken, hg. G. Pfeiffer u. A. Wendehorst) 1977; J. Petersohn, ~ u. d. Gründung des Würzburger Hist. Seminars (1857). Mit Quellenbeilagen (in: Vierhundert Jahre Univ. Würzburg. E. FS, hg. P. Baumgart) 1982; Bosls Bayer. Biogr. 8000 Persönlichkeiten aus 15 Jh. (hg. K. Bosl) 1983; F. Henning, E. Gelehrtenleben zw. Jena u. Würzburg: ~, 1984; W. Weber, Biogr. Lex. z. Gesch.wiss. in Dtl., Öst. u. d. Schweiz [...] (2., durchges. Aufl.) 1987; M. Wagner, K. Marwinski, ~: Historiker, Lit.wissenschaftler, Hochschullehrer (in: Lebenswege in Thüringen 2, hg. F. Marwinski) 2002; Große Bayer. Biogr. Enzyklopädie 3 (hg. H.-M. Körner) 2005. IB

**Wegele,** Ludwig, *19. 7. 1901 Alzenau/Unterfranken, † 30. 6. 1975 Augsburg; besuchte d. Gymnasium in Dillingen, studierte Naturwiss. (v. a. Geologie), Dr. rer. nat., Mitarb. am Naturwiss. Mus. Augsburg u. Red. d. Zs. «Schwabenland», zudem Kulturreferent, Bürgermeister u. Stadtrat v. Augsburg sowie Geschäftsführer d. Verkehrsver., Gründer d. Alt-Augsburg-Gesellsch. u. Präs. d. Dt. Mozart-Gesellsch. ebd.; Verf. v. lokalkundl. Schriften.

*Schriften* (Ausw.): Die Neuordnung des Naturwissenschaftlichen Museums in Augsburg, 1932; Dichter stehen für Augsburg (hg., Holzschnitte J. Lutz) [2]1937; Augsburg (Text- u. Bildbd.) 1954 (NA 1956; Neuausg. [auch engl., französ. u. italien.] 1975); Mozart und Augsburg (Zeichnungen H. Koller) 1955 (2., neubearb. Aufl. 1960); Große Liebe zu Augsburg. Bekenntnisse aus zwei Jahrtausenden (hg., Zeichnungen ders.) 1956 (Neuausg. mit d. Untertitel: Erinnerungen und Bekenntnisse aus zwei Jahrtausenden, 1971); Die Augsburger Mozart. Ein Bildband (Aufnahmen S. Rostra) 1956; Der halbe Mozart gehört Augsburg. Augsburger Mozart-Festsommer 1956 (Zeichnungen F. Hahnle) 1956; Alte Städte, alte Kunst in Bayrisch-Schwaben (dt./französ.) 1956; Schwäbisches Bayern (Aufnahmen S. Rostra u. T. Schneiders, Buchgestaltung W. Schmidt) 1960; Dreiklang der Mozartstädte Augsburg, Salzburg, Wien, 1960; Das Mozarthaus in Augsburg, 1962; Musik in der Reichsstadt Augsburg (hg., Vorw. B. PAUMGARTNER, mit Beitr. v. A. LAYER u. a.) 1965; Der Lebenslauf der Marianne Thekla Mozart (Zeichnungen L. Beck) 1967; Leopold Mozart, 1719–1787. Bild einer Persönlichkeit (hg.) 1969; Alt-Augsburg erhalten mit Taten. Zehn Jahre Gesellschaft zur Erhaltung Alt-Augsburger Kulturdenkmale. Eine Dokumentation, 1969; Der Augsburger Maler Anton Mozart, 1969; Augsburg, so wie es war, 1974.

*Literatur:* Bosls Bayer. Biogr. (hg. K. BOSL) ErgBd., 1988; A. LAYER, ~ in memoriam (in: Die sieben Schwaben 25) 1975; DERS., Schwäb. Ehrenbuch. Gestalten d. 20. Jh. in u. aus Bayerisch Schwaben d. 20. Jh., 1985. AW

**Wegeleben,** Fritz, * 1941 Dresden; Ausbildung z. Elektriker u. 15 Jahre im Beruf tätig, später Theaterbeleuchter in Mannheim u. Bühnenvolontär in Düsseldorf sowie Kunststud. u. a. bei Josef Beuys, arbeitet als Doz. an d. Volkshochschule in Düsseldorf, lebt ebenda.

*Schriften:* Von der Bewegung zur Form zum Kosmos. Werkbericht 1997 zur Ausstellung [...], 1997; Kosmische Bildsprache. Wege zum Prinzip Raum. Entschlüsselung der Kornkreis-Feldprojektionen, 1997; Lichtkreuze 2000, 2000. AW

**Wegelein,** Josua → Wegelin, Josua.

**Wegeler,** Franz Gerhard, * 2. 8. 1765 Bonn, † 7. 5. 1848 Koblenz; studierte Medizin in Bonn, 1786 Dr. med. ebd., 1789 Prof. d. Gerichtsmedizin u. Geburtshilfe an d. Univ. Bonn, 1793 Rektor, ging wegen d. Einmarsches d. Franzosen 1794 nach Wien, 1796 Rückkehr an d. Univ. Bonn, seit 1807 prakt. Arzt in Koblenz, befreundet mit Ludwig van → Beethoven (ErgBd. 1); Regierungs-Medicinalrat, Geh. Medicinalrat, Ritter d. eisernen Kreuzes.

*Schriften* (Ausw.): Das Buch für die Hebeammen, 1800 (mehrere Aufl.); Einige Worte über die Mineralquelle zu Tönnesstein, 1811 (NA 1821); Biographische Notizen über Ludwig van Beethoven (mit F. RIES) 1838 (mehrere Aufl.; Neudr. mit Erg. u. Erl. v. A. C. KALISCHER 1906; Nachdr. 1972; 2. Nachdr. 2000).

*Nachlaß:* Beethovenhaus Bonn.

*Literatur:* NN 26/1 (1850) 358; ADB 41 (1896) 421; Riemann 2 (1961) 900; MGG ²17 (2007) 638; DBE ²10 (2008) 460. – F. GERHARD, Beethoven in s. Beziehungen zu ~ u. dessen Ehegattin Eleonore, geb. v. Breuning [...], 1911; S. LEY, Beethoven als Freund d. Familie W.-v. Breuning, 1927; Biogr. Lex. d. hervorragenden Ärzte aller Zeiten u. Völker 5 (hg. A. HIRSCH) ²1934; Beethoven u. s. Bonner Freundeskreis. Ausgewählte Dokumente aus d. Slg. Wegeler im Beethovenhaus (hg. M. LADENBURGER) 1998; B. PRÖSSLER, ~, e. rhein. Arzt, Univ.prof., Medizinalbeamter u. Freund Beethovens, 2000. RM

**Wegelin,** Jakob (Daniel), * 19. 6. 1721 St. Gallen, † 7. 9. 1791 Berlin; Sohn e. Spitalschreibers, besuchte elfjährig e. theolog. Kurs in St. Gallen u. beschäftigte sich mit oriental. Sprachen. 1741–43 Hofmeister in Bern, 1744–46 Stud. d. französ. Sprache in Vevey/Kt. Waadt, seit 1747 zweiter Prediger an d. französ. Kirche v. St. Gallen, Stadtbibliothekar u. 1759 Lehrer für Philos. u. Latein an d. dortigen Höheren Lehranstalt. Seit 1765 Prof. der Geschichte an d. Ritterakademie in Berlin, ab 1766 ordentl. Mitgl. u. Archivar d. dortigen Akad. d. Wiss., betrieb geschichtsphilos. Studien, schrieb in dt. u. französ. Sprache.

*Schriften* (Ausw.): Die letzten Gespräche Socrates und seiner Freunde, 1760; D'Alembert, Abhandlung von dem Ursprung, Fortgang und Verbindung der Künste und Wissenschaften, aus dem Discours préliminaire der Encyclopédie übersetzt (mit philos. Anm. erl., u. mit e. Anh. v. Verbindung d. Wiss. begleitet) 1761; Rousseau's patriotische Vorstellungen gegen die Einführung einer Schaubühne für die Comödie in der Republik Genf; nebst dem Schreiben eines Bürgers von St. Gallen, von den wahren Angelegenheiten einer kleinen freyen kaufmännischen Republik, 1761; Vertheidigung des erhabnen moralischen Geschmacks in den schönen Wissenschaften, gegen das Paradoxe, daß er schädlich seyn könne, 1762; Politische und moralische Betrachtungen über die spartanische Gesetz-Gebung des Lykurgus, 1763; Religiöse Gespräche der Todten, 1763; Republikanische Reden, 1771; Briefe über den Werth der Geschichte, 1783 (Nachdruck 1981).

*Literatur:* Meusel 14 (1815) 443; ADB 41 (1896) 423; HBLS 7 (1934) 447; DBE ²10 (2008) 460. – C. DENINA, La Prusse littéraire sous Frédéric II [...] 3, 1791; Nekrolog auf d. Jahr 1791 (ges. v. F. SCHLICHTEGROLL) 1792; Nekrolog für Freunde dt. Lit. 1791–94, 1. Bd. (hg. G. S. RÖTGER) 1796; Hist.-lit. Hdb. berühmter u. denkwürdiger Personen, welche in dem 18. Jh. geboren sind [...] 16/1 (hg. F. C. G. HIRSCHING) 1813; H. BOCK, ~ als Geschichtstheoretiker, 1902; E. SPIESS, ~ v. St. Gallen, d. bedeutendste schweizer. Gesch.philosoph (in: Divus Thomas 6) 1928; L. GELDSETZER, Die Ideenlehre ~s. E. Beitr. z. philos.-polit. Denken d. dt. Aufklärung, 1963; J. SCHOBER, D. dt. Spätaufklärung (1770–1790), 1975; W. HARTKOPF, D. Berliner Akad. d. Wiss. Ihre Mitgl. u. Preisträger 1700–1990, 1992; Dt. Biogr. Enzyklopädie d. Theol. u. d. Kirchen 2 (hg. B. MOELLER u. B. JAHN) 2005. IB

**Wegelin** (Wegelein), Josua, * 11. 1. 1604 Augsburg, † 14. 9. 1640 Preßburg; Sohn e. Magisters u. Ephorus' d. evangel. Collegiums in Augsburg, studierte evangel. Theol. in Tübingen, 1626 Magister ebd., Pfarrer in Budweiler, 1627 vierter Diakon an d. Barfüßerkirche in Augsburg, wurde 1629 durch d. gegenreformator. Restitutionsedikt aus Augsburg vertrieben, 1632 Rückkehr als Archidiakon, 1633 Prediger am Spital z. Heiligen Geist, mußte Augsburg aber nach d. protestant. Niederlage in d. Schlacht bei Nördlingen 1634 endgültig verlassen, Pfarrer u. später auch Inspektor aller evangel. Kirchen u. Schulen d. Preßburger Komitats in Preßburg; Dr. theol. h. c., als Kirchenlieddichter in mehreren evangel. Gesangbüchern vertreten.

*Schriften* (Ausw.): Der gemahlte Jesus Christus in Grund gelegt d. i. gründtliche augenscheinliche Erklärung vnd Abbildung deß Gesätzes vnd Evangelii Unterscheid, 1630; Andächtige Versöhnung mit Gott, Welche Hilffet auß aller Noht, Auff alle Tage, Morgens vn Abends, zu der Buß vnd Beicht [...] gerichtet [...], 1636 (NA 1648, 1651, 1657, 1659, 1670, 1689; auch u. d. T.: Augspurger Bet-Büchlein bzw. Bet-Buch); Hand-Landvn Stand-Büchlein, Auff alle Zeit, Morgens vnnd Abends, Sommer vn Winter, in Kriegs-Thewrungs-Sterbens-Läufften, Daheim vnd zu Land [...] heilsamlich zu brauchen, 1637 (NA 1639); Gebete und Lieder, 1660; Ecclesiae militantis itinerarium oder Reiß-Wagen der Kinder Gottes in der streitenden Kirchen hier auf Erden, 1682.

*Literatur:* Goedeke 3 (1887) 161; ADB 41 (1896) 783; RGG ³6 (1962) 1553; Biogr.-Bibliogr. Kirchenlex. 13 (1998) 584; DBE ²10 (2008) 461. – J. C. WETZEL, Hymnopoegraphia oder Hist. Lebensbeschreibung d. berühmtesten Liederdichter 3, 1724; E. E. KOCH, Gesch. d. Kirchenlieds u. Kirchengesangs 3 u. 8, 1867/76 (Nachdr. 1973); W. BODE, Quellennachweis über d. Lieder d. hannover. u. lüneburg. Gesangbuches, 1881; DERS., ~ (in: Bl. f. Hymnologie 3) 1885 (Nachdr. 1971); A. FISCHER, W. TEMPEL, D. dt. evangel. Kirchenlied d. 17. Jh. 3, 1906; Hdb. z. Evangel. Kirchengesangbuch (hg. C. MAHRENHOLZ, O. SÖHNGEN), II/1 Lbb. d. Liederdichter u. Melodisten (bearb. W. LUEKEN) 1957 (Sonderbd. 1958); R. RUDOLF, E. ULREICH, Karpatendt. Biogr. Lex., 1988; M. FISCHER, R. SCHMIDT, «Mein Testament soll seyn am End». Sterbe- u. Begräbnislieder zw. 1500 u. 2000, 2005. RM

**Wegemann,** Georg, * 20. 7. 1876 Itzehoe/Schleswig-Holst., † n. 1961; studierte Ozeanographie u. Erdkunde in Kiel, München u. Freiburg/Br., 1900 Dr. phil. Kiel, danach bis 1902 Hilfslehrer ebd. sowie in Flensburg, Schleswig, Husum u. Lauenburg, 1902/03 Oberlehrer in Plön, 1903–06 in Hadersleben u. 1906–10 in Rendsburg, 1907 Habil. f. Erdkunde in Kiel, 1908 Privatdoz. u. 1921 a. o. Prof. ebd., trat 1934 in d. Ruhestand; Fachschriftenautor.

*Schriften* (Ausw.): Die Oberflächen-Strömungen des nordatlantischen Ozeans, [...] (Diss.) 1900; Die vertikale Temperaturverteilung im Weltmeere durch Wärmeleitung, 1905; Die Veränderung der Ostseeküste des Kreises Hadersleben, 1907; Die Schleswigschen Diluvialseen und ihre Kryptodepressionen, 1913; Die Ostsee als germanisches Meer, 1915; Die Veränderung der Größe Schleswig-Holsteins seit 1230, 1915; Die Seen Ostholsteins. Ihre Entstehung, Raumverhältnisse und Spiegelschwankungen, 1922; Zur Flurnamenforschung Schleswig-Holsteins (Sammelbd.) 1925; Grundzüge der mathematischen Erdkunde, 1926; Die Orts- und Flurnamen des Herzogtums Lauenburg, 1932; Die Münzen der Kreuzfahrerstaaten, 1934; Die Flurnamen Dithmarschens, 1941;

Die führenden Geschlechter Lübecks und ihre Verschwägerungen, 1941; Der Humanist Euricius Cordus, 1486–1535. Sein Leben und Wirken im Urteil der Nachwelt, 2 Tle., 1943 (unveröff. Hs.); Forschungen des Landesarchivs Lippe, I Externsteine, Varusschlacht und Oesterholz, II Ahnen des Edelherrn Bernhard VII. von der Lippe: 1429–1511, 1945; Die Regenten aus dem Hause zur Lippe. Eine Würdigung ihrer Verdienste um ihre Länder, 1954 (als Ms. gedruckt); Die Kaiser und Könige unter den Ahnen der Kronprinzessin Beatrix der Niederlande (hg.) 1955 (als Ms. gedruckt); Aufsätze zur lippischen Geschichte, 1956; Die Brakteaten und Hohlpfennige Lübecks, Hamburgs und Bremens, 1956; Stonehenge. Das bedeutendste vorgeschichtliche Denkmal Europas. Mit einem Vergleich mit den Externsteinkultstätten bei Detmold, 1956; Das Alter der Detmolder Wohnhäuser, 1957; Anfang und Ende der Selbständigkeit Lippes. 1185–1947, 1958 (als Ms. gedruckt); Die ältesten Spezialkarten der Stadt Detmold von 1678 und 1736, 1958; Die Entstehung der Stadt Detmold 1263, 1959; Die Flurnamen des Landes Lippe, I Die Flurnamen der Stadt Detmold und ihrer Umgebung, II Die Flurnamen der lippischen Städte und deren Bezeichnung in den lippischen Dialekten, 1960; Mein Tätigkeitsbericht anläßlich meines 84. Geburtstages 1960, 1960.

*Nachlaß:* Landesarch. Schleswig. – Mommsen 7747.

*Literatur:* F. Volbehr, R. Weyl, Prof. u. Doz. d. Christian-Albrechts-Univ. zu Kiel 1665–1954, [4]1956. AW

**Wegenast,** Bettina, * 10. 6. 1963 Bern; verh. mit. Philipp → W., besuchte d. Lehrerinnenseminar, 5 Jahre Lehrerin an e. Sonderschule f. lernbehinderte Kinder, seit 1984 freie Journalistin, gründete 1991 einen Comic-Laden in Bern, den sie aufgrund e. schweren Erkrankung 1998 verkaufen mußte, seit 2000 freie Autorin, Übersetzerin u. Referentin, neben anderen Auszeichnungen 1999 Bolero Short-Story Preis, 2003 Jugend-Dramatiker-Preis d. Stadtsparkasse München u. 2008 Nitoba-Förderpreis; Kdb.- sowie Theater- u. Hörsp.autorin.

*Schriften:* Lea und die verschwundene Perlenkette. Eine Zirkusgeschichte, 2000; Endlich hab ich frei!, 2000; Krähe, Mo und Nachbars Kater (Illustr. E. Muszynski) 2000; Krähenbein und Hexenreim (mit C. Pieper) 2002; Die aufregendste Sache der Welt (mit J. Kaergel) 2003; So ein Theater! Mit den Brunnenkindern kreuz und quer durch Bern (mit M. Berdan) 2004; Wolf sein. Eine Geschichte (Bilder K. Bußhoff) 2005; Happs! Das Computermonster (Bilder K. Oertel) 2007; Hannah und ich (mit K. Meyer) 2008. AW

**Wegenast,** Klaus, * 8. 12. 1929 Stuttgart, † 29. 11. 2006 Bremgarten/Kt. Bern; Vater v. Philipp → W., besuchte d. Gymnasium in Stuttgart, absolvierte n. Ende d. 2. Weltkriegs ein sog. Notabitur ebd., begann e. Banklehre, brach diese ab u. studierte Altphilol. u. evangl. Theol. in Tübingen, Heidelberg u. Marburg, legte 1954 d. erste u. 1957 d. zweite theolog. Examen ab, wurde Pfarrer d. württemberg. Landeskirche, gleichzeitig Berufung an d. Wilhelms-Gymnasium in Stuttgart u. 1956–62 ebd. Lehrer f. Latein, Griechisch u. Rel., 1960 Dr. theol. (NT) in Heidelberg, 1962–72 Prof. f. Evangel. Theol. u. Rel.pädagogik an d. PH Lüneburg, seit 1972 o. Prof. f. Prakt. Theol. u. Rel.pädagogik an d. Evangel.-theolog. Fak. d. Univ. Bern, ebd. 1974–76 Dekan d. Fak. u. 1987/88 Rektor d. Univ., 1996 emeritiert; neben anderen Funktionen u. a. Vorsitzender d. Fachgruppe Rel.pädagogik d. dt.sprachigen Univ. u. Hochschulen (1965–72), Mitgl. d. Senatsausschusses (1974–95) u. Präs. d. Weiterbildungskommission (1988–97) d. Univ. Bern, Mitgl. d. Berner Forsch.kommission d. Schweizer. Nationalfonds (1984–95) sowie Leiter d. Verbandes Schweizer. Hochschuldoz.; 2006 Dr. h. c. der Erziehungswiss. Fak. d. Univ. Erlangen-Nürnberg; Verf. u. Hg. v. theolog. Fachschriften.

*Schriften* (Herausgebertätigkeit in Ausw.): Das Verständnis der Tradition bei Paulus und in den Deuteropaulinen (Diss.) 1960 (Neuausg. 1962); Predigten für jedermann (hg. O. Müllerschön u. a.). Das Entscheidende ist geschehen (= Jg. 8, Nr. 11) 1961 – Seid schnell zum Hören! (= Jg. 9, Nr. 7) 1962 – Ich bin das Licht der Welt! (= Jg. 10, Nr. 6) 1963 – Die Zeit ist erfüllt, 1964 (= Jg. 11, Nr. 12) – Hoffen, worauf?, 1966 (= Jg. 13, Nr.2) – Der Friede ist unter uns, 1968 (= Jg. 15, Nr. 7); Jesus und die Evangelien, 1965; Der biblische Unterricht zwischen Theologie und Didaktik, 1965; Streitgespräche (mit H. Stock u. S. Wibbing) 1968; Theologie und Unterricht. Über die Repräsentanz des Christlichen in der Schule. Festgabe für Hans Stock zu seinem 65. Geburtstag (hg.) 1969; Glaube, Schule, Wirklichkeit. Beiträge zur Theorie und Praxis des Religionsunterrichts, 1970; Religionsunterricht unterwegs. Zu Theorie und

Praxis eines umstrittenen Faches (mit H. Grosch) 1970; Religionsunterricht wohin? Neue Stimmen zum Religionsunterricht an öffentlichen Schulen (hg.) 1971; Curriculumtheorie und Religionsunterricht, 1972; Handbuch der Religionspädagogik, 3 Bde., 1973–75; Trennung von Kirche und Staat? Juristische, theologische politische Stimmen zu einem alten Problem, 1975; Orientierungsrahmen, Religionsunterricht, 1977 (Neuausg. mit d. Untertitel: Beiträge zur religiösen Erziehung in Schule und Kirche, 1979); Der Religionsunterricht in der Sekundarstufe, I Grundsätze, Planungsformen, Beispiele, 1980; Handbuch der praktischen Theologie, II Praxisfeld: Der Einzelne / Die Gruppe (Red.; hg. P. C. Bloth) 1981; Religionspädagogik, I Der evangelische Weg, II Der katholische Weg (hg.) 1981/83; Humanwissenschaften und Theologie. Zur Begegnung der Theologie mit modernen Wissenschaften (Ringvorlesung d. Evangel.-theolog. Fak. d. Univ. Bern im Sommersemester 1982, mit T. Müller) 1982; Religionsunterricht in der Grundschule, 5 Bde. (hg.) 1983–85 (zugleich Verf. v. Bd. 1: Religionsdidaktik Grundschule. Voraussetzungen, Grundlagen, Materialien, 1983); Das Leben suchen. Religion 7/8. Ein Arbeitsbuch für den evangelischen Religionsunterricht im 7. und 8. Schuljahr (mit F. Gadesmann u. a.) 1984; Jugend – Zukunft – Glaube. Bemerkungen zur Vermittlung christlicher Tradition in der Traditionskrise von Kirche und Gesellschaft, 1987; Glauben erfahren, 1987; Das Leben suchen. Religion 9/10. Ein Arbeitsbuch für den evangelischen Religionsunterricht im 9. und 10. Schuljahr (hg. F. Gadesmann) 1988; Religionsunterricht in der Sekundarstufe (hg.) 7 Bde., 1993–98 (zugleich Verf. v. Bd. 1: Voraussetzungen, Formen, Begründungen, Materialien, 1993); Gemeindepädagogik. Kirchliche Bildungsarbeit als Herausforderung (mit G. Lämmermann) 1994; Lern-Schritte. 40 Jahre Religionspädagogik 1955–1995, 1999.

*Bibliographie:* Bibliogr. ~ (in: Lern-Schritte [...]) 1999 (siehe Schriften).

*Literatur:* Klassiker der Rel.pädagogik. ~ z. 60. Geb.tag v. s. Freunden u. Schülern (hg. H. Schröder u. D. Zillessen) 1989; Bibeldidaktik in d. Postmoderne. ~ z. 70. Geb.tag (hg. Philipp W., G. Lämmermann u. a.) 1999; Zur Autonomie d. Univ. In memoriam ~ (in: Bull. Vereinigung Schweizer. Hochschuldoz. 33, Nr.1 [April]) 2007.

AW

**Wegenast,** Philipp, * 10. 10. 1960 Stuttgart; Sohn von Klaus → W., verh. mit Bettina → W., studierte Theol., Pädagogik u. Germanistik an d. Univ. Bern, Lic. theol., Gymnasiallehrer, später Personalmanager, 2000 Auswahlkandidat f. d. Dt. kathol. Kinder- u. Jugendbuchpreis; Jgdb.autor.

*Schriften:* Lukas haut ab. Eine Bildergeschichte zum Gleichnis vom verlorenen Sohn (mit M. Baltscheit) 1997; Lisa traut sich. Eine Bildergeschichte zum Gleichnis vom barmherzigen Samariter (mit dems.) 1999; Bibeldidaktik in der Postmoderne. Klaus Wegenast zum 70. Geburtstag (hg. mit G. Lämmermann u. a.) 1999; Wo ist Papa? Eine Bildergeschichte zum Gleichnis vom verlorenen Schaf (mit M. Baltscheit) 2000.

AW

**Wegener,** Alfred (Lothar), * 1. 11. 1880 Berlin, † Mitte November 1930 auf d. grönländ. Inlandeis; Bruder v. Kurt → W., stammte aus e. Pastorenfamilie, studierte Mathematik u. Naturwiss. (insbesondere Astronomie u. Meteorologie) in Heidelberg, Innsbruck u. Berlin, 1905 Promotion in Berlin, 1906–08 Teilnahme an e. Nordostgrönland-Expedition, 1908 Habil. f. Meteorologie, Prakt. Astronomie u. Kosm. Physik an d. Univ. Marburg/L., mit Johann Peter Koch erneute Reise nach Grönland, sie überwinterten 1912/13 als erste auf d. Inlandeis, 1919 Abt.leiter an d. Dt. Seewarte in Hamburg, 1921 a. o. Prof. ebd., 1924 o. Prof. d. Geophysik u. Meteorologie in Graz, 1929 u. 1930 Leiter weiterer Grönland-Expeditionen; Vertreter d. Kontinentalverschiebungs-Hypothese. – A. W. Inst. für Polar- u. Meeresforsch. in Bremerhaven (gegr. 1980).

*Schriften* (Ausw.): Drachen- und Fessel-Ballon-Aufstiege, 1909; Thermodynamik der Atmosphäre, 1911; Die Entstehung der Kontinente und Ozeane, 1915 (zahlr. Aufl.; Nachdr. d. Erstausg. u. d. 4., umgearb. Aufl. 1929, 2005); Durch die weiße Wüste (mit J. P. Koch) 1919; Die Klimate der geologischen Vorzeit (mit W. Köppen) 1924; Wissenschaftliche Ergebnisse der dänischen Expedition nach Dronning Louiser-Land und quer über das Inlandeis von Nordgrönland 1912/13 unter der Leitung von Hauptmann Johann Peter Koch, 1928; Die Entstehung der Mondkrater, 1931; Vorlesungen über Physik der Atmosphäre (mit Kurt W.) 1935.

*Ausgaben:* A. W.s letzte Grönlandfahrt [...] (hg. Else W.) 1932 (zahlr. Aufl.); ~. Tagebücher, Briefe, Erinnerungen (hg. dies.) 1960.

*Nachlaß:* Dt. Mus. München. – Denecke-Brandis 400.

*Literatur:* Killy 12 (1992) 179; Schmidt, Quellenlex. 32 (2002) 460; DBE [2]10 (2008) 461. – Wissenschaftl. Ergebnisse d. Dt. Grönland-Expedition ~ in d. Jahren 1929 u. 1930/31 (hg. Kurt W.) 7 Bde., 1933–40; M. SCHWARZBACH, ~ u. d. Drift d. Kontinente, 1980; H.-G. KÖRBER, ~, 1980 (2., erw. Aufl. 1982); ~. Leben u. Werk 1880–1930 (Ausstellungskat. Inst. f. Geologie Berlin, hg. V. JACOBSHAGEN u. a.) 1980; H. GÜNZEL, ~ u. s. meterolog. Tagebuch d. Grönland-Expedition 1906–08, 1991; fachlex. abc. forscher u. erfinder (hg. H.-L. WUSSING) 1992; C. REINKE-KUNZE, ~. Polarforscher u. Entdecker d. Kontinentaldrift, 1994; U. WUTZKE, Durch d. weiße Wüste. Leben u. Leistungen d. Grönlandforschers u. Entdeckers d. Kontinentaldrift ~, 1997; Lex. d. bedeutenden Naturwissenschaftler 3 (hg. D. HOFFMANN u. a.) 2004; New Dictionary of Scientific Biography 7 (ed. N. KOERTGE u. a.) Detroit u. a. 2008. RM

**Wegener,** Armin, * 17. 10. 1872 Dorpat, † 26. 12. 1936 Geising/Erzgeb.; Sohn d. Pastors u. Religionslehrers Emil Ewald W., Bruder v. Martha → W., studierte 1891–95 Theol. in Dorpat, 1896/97 Probejahr in Moskau, 1897 Ordination z. Pastor-Adjunkt u. danach bis 1910 zweiter Pastor an d. Michaeliskirche in Moskau, auch Anstaltsgeistlicher d. Evangel. Armenhauses u. d. Evangel. Hospitals. 1910–28 Pastor, seit 1919 Propst d. dt. Gemeinde in Wiborg/Finnland, dann bis z. Tod Pastor in Geising.

*Schriften:* Babel und Bibel. Was sie verbindet und scheidet. Vortrag, Moskau 1903; Von der roten zur weißen Fahne. Bilder und Erinnerungen aus der Zeit der Bolschewikenherrschaft in Wiborg 1918, 1927; Einsame Beter, die uns beten lehren, 1930.

*Literatur:* Album des Theolog. Ver. zu Dorpat-Jurjew (bearb. v. A. SEEBERG) 1905 u. Nachtr. 1929; C. L. GOTTZMANN, P. HÖRNER, Lex. d. dt.sprachigen Lit. d. Baltikums u. St. Petersburgs. V. MA bis z. Ggw. 3, 2007. IB

**Wegener,** Ditha, * 17. 6. 1902 Bremen, Todesdatum u. -ort unbek.; lebte im Nordseebad Dangast über Varel/Oldenburg (1952); Kdb.- u. Märchenautorin.

*Schriften:* Ich heiße Anne. Bilder aus heiterer Kindheit, 1946; Hörst du den Mond wohl klingen? Wiegenlieder (Illustr. u. Holzschnitte J. Suvelack) 1947. AW

**Wegener,** Franz, * 6. 10. 1965 Gladbeck/Westf.; studierte Gesch., Philos. u. Pädagogik an d. Ruhruniv. Bochum, M. A., freischaffender Historiker, arbeitet v. a. zu mentalitätsgeschichtl. Themen, zudem Ratsherr d. Stadt Gladbeck u. stellvertretender Vorsitzender d. Kulturförderver. Ruhrgebiet.; Sachbuchautor.

*Schriften:* Wer tötete Helmut Daube? Eine Macintosh-CD-ROM zu einem der spannendsten Kriminalfälle des Jahrhunderts. Der Daube-Mord 1928, 1995 (2., komplett überarb. Aufl. 1997; Buchausg. u. d. T.: Wer tötete Helmut Daube? Der bestialische Sexualmord an dem Schüler Helmut Daube im Ruhrgebiet 1928, mit S. KETTLER u. E.-M. STUCKEL, 2001); ADD, ADHD und Ritalin: Die neue Kreativität. Mehr Erfolg mit Hyperaktivität (mit S. KETTLER) 2000; Das atlantidische Weltbild. Nationalsozialismus und Neue Rechte auf der Suche nach dem versunkenen Atlantis, 2000; Interpretationen zu Hermann Hesses «Der Steppenwolf» (mit E.-M. STUCKEL, tw. engl.) 2001; Memetik. Der Krieg des neuen Replikators gegen den Menschen, 2001; Alfred Schuler, der letzte deutsche Katharer. Gnosis, Nationalsozialismus und mystische Blutleuchte, 2003; Billig reisen mit Ryanair, Germanwings, hlx & Co. Spartipps & Tricks für Irland, Norwegen, die Toskana und Barcelona mit dem Billigflieger (mit M. HERRMANN) 2003; Kelten, Hexen, Holocaust. Menschenopfer in Deutschland, 2004; Heinrich Himmler. Deutscher Spiritismus, französischer Okkultismus und der Reichsführer SS, 2004; Weishaar und der Geheimbund der Guoten. Ariosophie und Kabbala, 2005; Der Alchemist Franz Tausend. Alchemie und Nationalsozialismus, 2006; Billig reisen mit dem Billigflieger: Rom. Ein Reiseführer durch Antike, Romantik und Faschismus (mit E.-M. STUCKEL) 2006; Der Freimaurergarten. Die geheimen Gärten der Freimaurer des 18. Jahrhunderts, 2008; Lavater in Barth, 2008. AW

**Wegener,** Friedrich, * 9. 7. 1866 Arnoldsdorf/Oberschles., † nach 1899; Chefred. d. «Ostpreuß. Ztg.» in Königsberg.

*Schriften:* Jungdeutsche Lieder, 1895. RM

**Wegener,** Georg, * 31. 5. 1863 Brandenburg/Havel, † 8. 7. 1939 Berlin; Sohn des Pfarrers Wilhelm

W., studierte 1884–90 Geographie, Gesch., Germanistik u. Theol. an den Univ. in Heidelberg, Leipzig, Berlin u. Marburg, 1891 ebd. Dr. phil., ab 1892 ausgedehnte Forsch.reisen, besonders in Indien u. China, während des Chines. Krieges (sog. «Boxeraufstand») Kriegsberichterstatter. 1898–1900 Gymnasialoberlehrer in Berlin, 1910/11 wiss. Begleiter d. dt. Kronprinzen in Indien. 1910–31 o. Prof. d. Geographie an d. Handelshochschule Berlin u. 1926/27 deren Rektor. Während des 1. Weltkrieges als Berichterstatter für d. «Kölnische Ztg.» an der Westfront. 1909–18 Schriftführer d. «Gesellsch. für Erdkunde» in Berlin, 1928/29 geschäftsführender Vorsitzender u. Vizepräs. d. «Internationalen Gesellsch. z. Erforschung d. Arktis mit Luftfahrtzeugen»; Verf. v. Memoiren u. Reiseberichten.

*Schriften* (Ausw.): Herbsttage in Andalusien, 1895; Zum ewigen Eise. Eine Sommerfahrt ins nördliche Polarmeer und Begegnungen mit Andrée und Nansen, ²1897; Der Südpol. Die Südpolarforschung und die deutsche Südpolar-Expedition [...], 1897; Deutsche Ostseeküste, 1900; Zur Kriegszeit durch China 1900/1901, 1902; Der Panamakanal, 1903 (2. Aufl. u. d. T.: Der Panamakanal, seine Geschichte, seine technische Herstellung, seine künftige Bedeutung, 1914); Deutschland im Stillen Ozean [...] (hg. A. SCOBEL) 1903; Tibet und die englische Expedition, 1904; Nach Martinique. Erlebnisse und Eindrücke, 1905; S. Genthes Reisen. I Korea, II Marokko, III Samoa (hg.) 1905–1908; Madeleine. Ein Strauß aus unserm Garten. Olga-Julia zum 21. März 1910, unserem 10. Hochzeitstag, 1910 (Privatdruck); Indien. Handbuch für Reisende [...] (auf Grund e. Ms. hg. K. BAEDEKER) 1914; Der Wall von Eisen und Feuer. I Ein Jahr an der Westfront, II Champagne, Verdun und Somme, III Die beiden letzten Jahre, 1915, 1917 u. 1920; Der Zaubermantel. Erinnerungen eines Weltreisenden, 1919 (Auszug u. d. T.: Erinnerungen eines Weltreisenden, 1921); Die geographischen Ursachen des Weltkrieges. Ein Beitrag zur Schuldfrage, 1920; China – ein Zukunftsproblem. Sechs Vorträge, 1925; Im innersten China. Eine Forschungsreise durch die Provinz Kiang-si, 1926; Ein neuer Flug des Zaubermantels. Neue Erinnerungen eines Weltreisenden, 1926 (Auszug u. d. T.: Fliegt mit!, 1928); China. Eine Landes- u. Volkskunde, 1930; Das deutsche Kolonialreich. Wie es entstand, wie es war, wie es verloren ging, 1937; Das Gastgeschenk. Erinnerungen, 1938.

*Nachlaß:* SBPK Berlin; Dt. Inst. für Länderkunde Leipzig. – Denecke-Brandis 400; Nachlässe DDR 2,511.

*Literatur:* Schmidt, Quellenlex. 32 (2002) 464; DBE ²10 (2008) 462. – D. geistige Berlin [...] 3 (hg. R. WREDE u. H. v. REINFELS) 1898; Dt. Zeitgenossenlex. Biogr. Hdb. dt. Männer u. Frauen d. Ggw. (hg. F. NEUBERT) 1905; P. GAUSS, ~ gestorben (in: Geographische Zs. 45/8) 1939; H. GLASER, D. großen Reisenden, 1957; A. WINKLER, ~ z. 100. Geb.tage am 31. Mai 1963 (in: Zs. für Wirtschaftsgeographie 4) 1963; DERS., ~ z. 25. Todestag. Mit Portrait u. Verzeichnis s. Schr. (in: Die Erde 95) 1964. IB

**Wegener,** Gertrud, Lebensdaten unbek. (geb. vermutl. 2. Hälfte d. 19. Jh. in Livl.); Schulbesuch in Dorpat, 1 Jahr Erzieherin in Irland, dann wieder in Livl., wo sie jahrelang schwer krank lebte. Wieder gesund, lebte sie Anfang des 20. Jh. für 3 Jahre in Berlin, dann Privatlehrerin u. Schriftst. in Riga; Erz. u. Lyrikerin.

*Schriften:* Im Steinernen Meer. Roman aus dem Berliner Leben, 1906; Gedichte, 1912.

*Literatur:* Redlich (1989) 351. IB

**Wegener,** Günther S. → Schulze-Wegener, Günther.

**Wegener,** Hans, * 22. 7. 1869 Barmen/Rhld., Todesdatum u. -ort unbek.; studierte Theol. in Greifswald, Berlin u. Halle/Saale, Pfarrer, verf. auch Beitr. in (christl.) Ztg., mit F. Daab 1903–09 Hg. v. «Das Suchen der Zeit. Bl. dt. Zukunft», auch Übers. (aus d. Engl.), lebte in Mörs am Rhein (1909), Zürich (1917) u. im Ruhestand in Dresden (1928); Fachschriftenautor u. Erzähler.

*Schriften:* Morgendämmerung in der Steiermark. Erlebtes und Erlauschtes aus der Los von Rom-Bewegung (Geleitw. P. ROSEGGER) 1902; Pfarrer Bourrier in Paris, sein Übertritt und sein Werk, 1902; Der Gustav-Adolf-Verein in der Schule, 1904; Wir jungen Männer. Das sexuelle Problem des gebildeten jungen Mannes vor der Ehe, 1906; Das nächste Geschlecht. Ein Buch zur Selbsterziehung für Eltern. Das sexuelle Problem in der Kindererziehung, 1908; Zur Notlage der «modernen» Theologen. Eine herzliche Bitte an Gemeinden und Hirten, veranlaßt durch die neuesten kirchlichen Bewegungen in Hamburg, 1895; Fürstenfeld. Ein Bild aus der evangelischen Bewegung in Steiermark, 1901; Die Eiskellergemeinde Fürstenfeld, 1903; Geschlechtsleben und Gesellschaft. Das sexuelle Problem und der soziale Fortschritt, 1910; Wir wollen leben, 1910; Christoph Hartmann (Rom.) 1912; Um die Jugend. Nachdenkliches und Vorbedachtes, 1925. AW

**Wegener,** Hans, * 27. 5. 1896 St. Avold/Lothringen, † 27. 12. 1980 Bremen; Sohn e. Forstmeisters, studierte Kunstgesch., Philos. u. Nationalökonomie an den Univ. in Straßburg, Münster u. Heidelberg sowie an d. TH Stuttgart, wo er auch d. Kunstgewerbeschule besuchte, 1924 Dr. phil., ab 1924 in d. Preuß. SB Berlin tätig, 1929 bibliothekar. Fachprüfung. 1942–45 Leiter d. wiss. Bibl. in Metz, 1945/46 des Amerikahauses in Erlangen u. 1951–61 Dir. d. SB in Bremen; Fachschriftenautor.

*Schriften* (Ausw.): Beschreibendes Verzeichnis der deutschen Bilder-Handschriften des späten Mittelalters in der Heidelberger Universitätsbibliothek, 1927; Beschreibendes Verzeichnis der Miniaturen und des Initialschmuckes in den Deutschen Handschriften bis 1500, 1928; Die Armenbibel des Serai, 1934; Beiträge zur Geschichte der Staatsbibliothek Bremen (hg.) 1952; Schönes altes Bremen in Stichen und Lithographien (hg.) 1957.

*Literatur:* DBE ²10 (2008) 462. – A. HABERMANN, R. KLEMMT, F. SIEFKES, Lex. dt. wiss. Bibliothekare 1925–1980, 1985; H. SCHWARZWÄLDER, D. Große Bremen-Lex., 2002. IB

**Wegener,** Hildegard → Weg, Hilda.

**Wegener,** Karl Friedrich (Ps. Baldrian Schwarzbuckel), * 1734 Pommern, † 20. 6. 1787 Berlin; zu Beginn des Siebenjährigen Krieges als Garnisons-Prediger u. Lehrer am Kadettenkorps in Berlin tätig, 1759 Superintendent in Königs-Wusterhausen, 1767 amtsentsetzt u. danach Prof. am Kadettenkorps in Berlin. Gründer u. Hg. zahlr. Zeitschriften.

*Schriften* (Ausw.): Dankpredigt wegen des Siegs bey Prag, 1757; Der Christ in Kriegszeiten, 1758; Gedichte zur Beförderung des rechten Christenthumes und der guten Sitten, 3 Tle., 1763–65; Die Religion die Seele eines Staates, 1766; Meine Gesinnungen. Ein Lehrgedicht, 1768 (anon.); Der Berlinische Zuschauer, 6 Tle. (hg.) 1770–76; Die Berlinische Zuschauerin, 2 Tle. (hg.) 1770/71; De Platt-Dütsche. Een Geschrywe, dat dee Hooch-Dütschen eene Wochenschrift heeten (hg.) 1772 (anon.); Erich und Florentine, oder Die geprüfte Zärtlichkeit (Lsp.) 1775 (anon.); Die Geschichte der Constantine, oder Die glückliche Waise, 1776; Raritäten. Ein hinterlassenes Werk des Küsters von Rummelsburg, 9 Tle., 1775–85 (anon., Auszug [aus d. 6. Tl.] u. d. T.: Vorschlag zu einer Lesebibliothek für junge Frauenzimmer. Ein bibliographisch-erotisches Curiosum vom Jahre 1780. Mit Anm. u. e. Verzeichniß scherzhafter Cataloge, hg. H. HAYN, 1889); Zeitvertreib auf den Spazirgängen in dem Thiergarten zu Berlin. Bestehend in auserlesenen moralischen, und unterhaltenden Erzählungen, 1772 (Mikrofiche-Ausg. 2007); Der allerneueste Berlinische Zuschauer. Eine Wochenschrift für alle Arten von Lesern, und Leserinnen (hg.) 1776; Kriegerisches Wochenblatt (hg.) 1778; Der Patriot. Eine Wochenschrift (hg.) 1778; Polit'sche Gespräke, öwer'n Krieg; met allerhand schnaaksch'n Leederkens vermengt, 1779; Die Vortreflichkeit des Soldatenstandes. Ein Heldengedicht, 1781; Das Urtheil der Wahrheit über die Berliner Predigtenkritik, und über die, in derselben, beurtheileten Predigten, 1783; Lebensbeschreibung des Herzogs Max Jul. Leopold von Braunschweig, 1785; Ein Blatt wider die Langeweile, nebst einer wöchentlichen Anzeige der merkwürdigsten Berlinischen Neuigkeiten, 1785 (anonym).

*Literatur:* Meusel 14 (1815) 448; ADB 41 (1896) 785; Goedeke 7 (1900) 563; 4/1 (1916) 213. – C. DENINA, La Prusse littéraire sous Frédéric II [...] 3, 1791; G. L. RICHTER, Allg. biogr. Lex. alter u. neuer geistl. Liederdichter, 1804. IB

**Wegener,** Karl Hanns, * 13. 6. 1886 Elberfeld/Rhld. (heute Stadtteil v. Wuppertal), † 7. 3. 1929 Essen; studierte an den Univ. in Gießen, Göttingen u. Bonn, 1910 Dr. phil., seit 1914 Stud.rat an d. Goethe-Schule in Essen; Verf. lit.-hist. Schr. u. Erzähler.

*Schriften:* Ferdinand Avenarius, der Dichter, 1908; Hans Assmann Freiherr von Abschatz. Ein Beitrag zur Geschichte der deutschen Literatur im 17. Jahrhundert, 1910 (Nachdr. 1978); Deutsche Literatur und Literaturgeschichte seit 1910, 1911 (Sonderdruck); Das große Opfer. Tagebuchblätter einer Frau, 1922; J. v. Eichendorff, Werke, 6 Bde. (mit Einl. u. Anm. hg.) 1923; ders., Ausgewählte Werke in 2 Teilen (mit Einl. u. Anm. hg.) 1926; H. Heine, Ausgewählte Werke in 7 Teilen (mit Einl. u. Anm. hg. mit P. BEYER u. K. QUENZEL) 1926. IB

**Wegener,** Kurt, * 3. 4. 1878 Berlin, † 28. 2. 1964 München; Bruder v. Alfred (Lothar) → W., studierte Meteorologie u. Geophysik in Berlin, Innsbruck u. Kiel, 1904–07 Assistent am preuß. Aeronaut. Observatorium, 1905 Promotion, 1908–11 Leiter d. Samoa-Observatoriums d. Göttinger Akad. d. Wiss. u. 1912/13 d. Spitzbergen-Observatoriums, 1919 Abt.vorstand d. Dt. Seewarte in Hamburg, beteiligte sich 1923 an d. Hilfsaktion f. d. norweg. Polarforscher Roald Amundsen, führte nach d. Tod s. Bruders d. Dt. Grönland-Expedition weiter, 1932–46 o. Prof. d. Meteorologie u. Geophysik in Graz.

*Schriften* (Ausw.): Vom Fliegen, 1918 (NA 1922); Vom subtropischen Walde, nach Erfahrungen in Süd-Brasilien, 1929; Wissenschaftliche Ergebnisse der Deutschen Grönland-Expedition in den Jahren 1929 u. 1930/31 (hg.) 7 Bde., 1933–40; Die Physik der Erde. Eine Einführung in verständlicher Darstellung, 1934; Vorlesungen über Physik der Atmosphäre (mit Alfred [Lothar] W.) 1935.

*Literatur:* DBE [2]10 (2008) 462. RM

**Wegener,** Mai, * 1964 Berlin; studierte Psychol. u. Philos. an d. FU Berlin, seit 1991 verschiedene Lehraufträge zu Psychoanalyse, Wiss.geschichte u. Medientheorie, zudem Übersetzerin, 1998 Mitbegründerin d. Psychoanalyt. Salons Berlin, 2001 Dr. phil. HU Berlin, 2001–05 Mitarb. am Zentrum f. Literaturforsch. d. Projekts «Leonardo-Effekte. Exemplarische Konstellationen d. Trennungsgesch. v. Natur- u. Geisteswiss. 1800 – 1900 – 2000»; veröff. v. a. in Fachzeitschriften.

*Schriften:* Neuronen und Neurosen. Der psychische Apparat bei Freud und Lacan. Ein historisch-theoretischer Versuch zu Freuds Entwurf von 1895, 2004 (zugl. Diss. 2001). AW

**Wegener,** Manfred (Ps. Bert F. Island, Gregory Kern, Fred McMason, B. M. Shark, Jack Slade, Fred Wagner, Fred M. Wayer, u. a.), * 6. 10. 1935 Danzig, † 30. 8. 1999 Eberbach bei Heidelberg; flüchtete mit d. Familie kurz vor Kriegsende nach Kopenhagen u. von dort nach Heiligenhafen an d. Ostsee, nach d. Matura Schiffsjunge, Matrose u. zuletzt Steuermann bei d. Hochseefischerei Hamburg, später bei d. Rheinschiffahrt. Lange Jahre im Ausland tätig, dazw. arbeitete er bei d. Dt. Bundesbahn u. unter Tage im Kohlenbergbau. 1964–74 Schleusenwärter d. Neckarschleuse Guttenbach/Baden-Württ., danach freier Schriftst., lebte bis zu s. Tod in Eberbach; Verf. v. Science-Fiction-, Kriminal-, Seeabenteuer- u. Spionagerom., die tw. in Serien erschienen, u. a. (meist unter d. Ps. Fred McMason) «Seewölfe – Seeabenteuer auf sieben Weltmeeren».

*Schriften* (Ausw.): Der Zeitverbrecher, 1963; Das Ende der Menschheit?, 1963; Das Erbe des Teufels, 1963; Wettlauf mit dem Tod, 1964; Die Fahrt in den Tod, 1965; Der Herrscher von Orgu, 1965; Dem Tode entronnen, 1965; Die Verbannten von Devils Port, 1965; Im Zeitstrom verschollen, 1965; Ausbruch aus der Ewigkeit, 1966; Angriffsziel Transmitter, 1966; Einsiedler der Ewigkeit, 2 Tle., 1966; Notruf von Terra, 1966; Ein Gigant erwacht, 1966; Notruf vom neunten Planeten, 1966; Der Energiefresser, 1966; Raumfestung Schalmirane, 1966; Gefahr durch Becon, 1967; Bleigewitter über Boston, 1967; Der galaktische Bluff, 1967; Sternenstaffel Campbell, 1968; Stern der toten Seelen, 1968; Die Mordbrigade der Eisernen Jungfrau, 1969; Staatsfeind Nummer eins, 1969; 7000 Volt für Jonny, 1969; Die Kugel aus dem All, 1969; Vorstoß in die Ewigkeit, 1969; Ein Computer spielt falsch, 1970; Blondinen in Beton, 1970; Blut und Öl, 1970; Konterschlag Centauri, 1970; Dynamit von zarter Hand, 1970; Millionen aus der Central Bank (Kriminalrom.) 1971; Blutiger Schnee, 1971; Leiche in Reserve (Kriminalrom.) 1971; Kommissar X jagt die roten Tiger. Das Taschenbuch zum gleichnamigen Kommissar-X-Film, 1971; Burt Marlows Teufelsplan (Kriminalrom.) 1971; Die Aura des Grauens, 1971; Morde, die der Teufel plant (Kriminalrom.) 1971; Ein Schuß vor den Bug (Kriminalrom.) 1971; Kalt und tot in Singapur (Kriminalrom.) 1971; Das kleine Lied vom großen Tod (Kriminalrom.) 1971; Ein Zinksarg gefällig (Kriminalrom.) 1971; Um drei Uhr wirst du sterben (Kriminalrom.) 1971; Ein Toter ist kein Alibi (Kriminalrom.) 1971; Der Tod kreist über Boston (Kriminalrom.) 1971; Jagd ohne Gnade, 1971; Ausgespielt, 1971; Nacht der blauen Bohnen (Kriminalrom.) 1972; Alibi mit Mottenlöchern, 1972; Zur Henkersmahlzeit Diamanten (Kriminalrom.) 1972; Hauptgewinn, ein Luxussarg (Kriminalrom.) 1972; Sit-in mit dem Sensenmann (Kriminalrom.) 1972; Eisgekühlt ins Jenseits (Kriminalrom.) 1972; Bei Mord gibt's kalte Füße (Kriminalrom.) 1972; Eine Lady fährt zur Hölle (Kriminalrom.) 1972; Blonde Miezen singen nicht, 1972; Blondes Futter für den Löwen, 1972; Ein Stehplatz in der Hölle (Kriminalrom.) 1972; Ein Double für den heißen Stuhl (Kri-

Wegener

minalrom.) 1972; Ein Sarg voll Diamanten (Kriminalrom.) 1972; In Jaypur lauert der Tod (Kriminalrom.) 1972; Heiße Leichen, kalt serviert (Kriminalrom.) 1972; Einen Gruß an den Killer (Kriminalrom.) 1972; Lachend starb der große Boß (Kriminalrom.) 1972; Dienstags killt die blonde Sue, 1972; Ein Toter schwimmt nach Germany, 1973; Für den Rückflug stehen Särge bereit (Kriminalrom.) 1973; Killer heißen selten Miller (Kriminalrom.) 1973; Auch Engel kommen in die Hölle. Western, 1973; Da spuckte Mickeys Magnum Blei (Kriminalrom.) 1973; Na und, auch Katzen sterben irgendwann (Kriminalrom.) 1973; Sein sanfter Todesengel (Kriminalrom.) 1973; Killer in der Nacht (Kriminalrom.) 1973; Faba bestimmt die Todesart, 1973; Der Ripper von Manhattan (Kriminalrom.) 1973; Der Boß der Hilton Company, 1974; Hinrichtung findet bei jedem Wetter statt, 1974; Inferno auf der Drogeninsel, 1975; Die Drachenwelt, 1976; Endstation Tumulus, 1976; Flucht auf den Dunkelstern, 1976; Das Rätsel von Mystra, 1976; Einmal Hölle und zurück, 1977; Drei irische Freibeuter, 1977; Der Jonas, 1977; Das Höllenriff, 1977; Das Vermächtnis des toten Kapitäns, 1977; Strandräuber, 1977; Der Malteserschatz, 1977; Am Auge der Götter, 1977; Flußpiraten, 1977; Ein Anker für die Königin, 1977; Im Meer der toten Seelen, 1977; Feuer an Bord, 1977; Die Rote Korsarin, 1977; Die Bucht der Menschenfresser, 1977; Meuterei auf der Schlangeninsel, 1977; Die versunkene Stadt, 1978; Rebellion am Silberstrand, 1978; Schrecken der Teufelssee, 1978; Im Packeis gefangen, 1978; Das Drachenschiff (Seeabenteuerrom.) 1978; Die Flußbraut, 1978; Im Reich des Drachen, 1978; Piratenjagd, 1978; Klar zum Entern!, 1978; Unter Kopfjägern, 1978; Das Sklavenschiff, 1978; Wilder Atlantik, 1978; Am Kap der Stürme, 1978; Das Atoll des Grauens, 1978; Mord in der grünen Hölle, 1978; Wenn die Ratten von Bord gehen, 1978; Piratengold, 1978; Überfall auf Cadiz, 1979; Teufelskerle, 1979; Die Höllenschiffe, 1979; Kurs auf die Schlangeninsel, 1979; Im Eismeer verschollen, 1979; Die Insel der sieben Augen, 1979; Im Land der Nordmänner, 1979; Gefangen auf Rarotonga, 1979; Das Teufelsschiff, 1979; Angriffsziel Poseidon. Der neue Atomkrimi, 1979; Die Todesfahrt der «Kap Hoorn», 1979; Chinesische Rache, 1980; Im Korallenmeer, 1980; Der rätselhafte Kontinent, 1980; Die Lepra-Inseln, 1980; Totentanz auf Bali, 1980; Verbannt nach Yao Yai, 1980; Das Geheimnis der Seekarte, 1980; Der Herrscher von Tortuga, 1980; In Eisen gelegt, 1980; Der schwarze Pirat, 1980; Der Admiral der Sunda-See, 1980; Die Toteninsel, 1980; Die Todesblume vom Rio Xingu, 1980; Untergang der «Liberty», 1981; Der Stier von Kreta, 1981; Das Geheimnis des Delphins, 1981; In die Falle gelockt, 1981; Nilräuber, 1981; Vorboten des Unheils, 1981; Die Legende von Abydos, 1981; Der letzte Mann der «Arethusa», 1981; Kriegslist in Sardinien, 1981; Gejagt von Uluch Ali, 1981; Folgenschwerer Irrtum, 1981; In der Hand des Feindes, 1981; Grauer Atlantik, 1981; Treffpunkt «Bloody Mary», 1981; Das Ende der «Isabella VIII.», 1981; Zum Kriegsdienst gepreßt, 1981; Das Geisterschiff, 1982; Das Selbstmord-Kommando, 1982; Der Bulle von Wiborg, 1982; Aufbruch in die Karibik, 1982; Bei Nacht und Nebel, 1982; Stunde der Abrechnung, 1982; Der Stapellauf, 1982; Die Jungfernfahrt, 1982; Die Meuterei, 1982; Hafenballade, 1982; Die Furchtlosen, 1982; Kampf um Kotka, 1982; Zwischenfall um Mitternacht, 1982; Korsaren der Karibik, 1982; Der Kampf um Tortuga, 1983; Satans Totenkahn, 1983; In der Gewalt der Spanier, 1983; Der Kämpfer, 1983; Konvoi der Pulverschiffe, 1983; Jäger und Gejagte, 1983; Flammen über Fernost, 1983; Die letzte Fahrt der «Scout», 1983; Im Land des Shogun, 1983; Die Brautfahrt des Old O'Flynn, 1983; Gefangen im Saragassomeer, 1983; Brücke des Todes, 1984; Alte Feinde, 1984; Auf Kurierfahrt mit der «Lady Mine», 1984; Auf Befehl der Company, 1984; Eisige Höhen, 1984; Schrecken aus der Tiefe, 1984; Hexenjagd, 1984; Der Admiral, 1984; Gefahr für den Schlangen-Tempel, 1984; Der Köder, 1984; Ratten an Bord, 1984; Das Silberschiff, 1984; Die Satans-Inseln, 1985; Die Burg Zion, 1985; Sturm über Panama, 1985; Die «Goldene Henne», 1985; Am Golf von Batabano, 1985; An der Cherokee Bay, 1985; In den Bleikammern von Venedig, 1985; Kolonie der Sträflinge, 1985; Die Geister des Old O'Flynn, 1985; Kreuzfahrt zur Hölle, 1985; In Ketten, 1985; Des Teufels Knechte, 1985; Der Schwarzbart, 1985; Des Teufels letzter Haufen, 1985; Küstenwölfe, 1985; Nach dem Sturm, 1985; Überrumpelt!, 1986; Die Letzten der «San Jacinto», 1986; Feuer frei für della Rocca, 1986; Und die See ging hoch ..., 1986; Tod eines Admirals, 1986; Fahrt ins Ungewisse, 1986; Der Fluch von Nan Madol, 1986; ... und der Teufel holt sie alle, 1986; Unter Vollzeug in die Hölle, 1986; Odyssee der toten Seelen, 1986; Fata Morgana, 1986; Perlenjäger, 1986; Die Tochter des Kalifen, 1986; In den Klauen des Tigris, 1986; Schwarzmeer-Piraten, 1987; Überfall im Morgengrauen, 1987; Die Türken-Galeere, 1987; Zigeuner der See, 1987; Die Insel der Dämonen, 1987; In den Riffen gesunken, 1987; Totentanz der Galgenvögel, 1987; Lagune des Todes, 1987; Kundschafter des Königs, 1987; Unternehmen Cadiz, 1987; Das Tor zum Hades, 1987; Das Schiff aus dem Nebel, 1987; Auch ein Bastard wird begraben, 1987; Auf des Messers Schneide, 1987; Auf den Spuren der Arche Noah, 1987; Keine Schonzeit für Ratten, 1988; Im Atlantik verschollen, 1988; Skrupellose Deserteure, 1988; Nebelgeister, 1988; Abschaum der Meere; 1988; Aufbruch in die neue Welt, 1988; Gefangen auf Tir Nan Og, 1988; Der Tod des Königs, 1988; Ein Don wird ausgetrickst, 1988; Der große Raid, 1988; Der Trick des Jean Ribault, 1988; Irische Schnapphähne, 1988; Der Schatz von San Antao, 1988; Der «Tod» des Old O'Flynn, 1988; Der Tempel des Schiwa, 1989; Zum Tode verurteilt, 1989; Gescheiterte Mission, 1989; Die Skelett-Küste, 1989; Die königliche Preßgang, 1989; Kanonendonner am Mandavi, 1989; Falsche Freunde, 1989; Die Arche des Noah, 1989; Der Schatzräuber, 1989; Geusen auf Kaperfahrt, 1989; Die Zeitwoge, 1989; Die Galeere des Sultans, 1989; Der Tiger von Kanchipuram, 1989; In der Schwefelhölle von Kavali, 1989; Geister an Bord, 1989; Im Sturm gesunken, 1990; Zum Kampf gestellt, 1990; Der Despot von Malakka, 1990; Gnadenlose Jäger, 1990; Panoga – der Meeresgott, 1990; Komodo – Insel des Grauens, 1990; Jagd auf das Silberschiff, 1990; In den Händen der Spanier, 1990; Kampf im Korallenmeer, 1990; Blutige Perlen, 1990; Archipel der schwarzen Insel, 1990; Abigails tödliche Leidenschaft. Western, 1993; Abrechnung in Ghost City. Western, 1993; Das Blonde Gift vom Rio Bravo, 1996; Die Rächerin aus Tulsa, 1996; Ausgesetzt im Todesland, 1999; Das wilde Girl vom Nugget Creek, 1999.

*Literatur:* Bibliogr. Lex. d. utopisch-phantast. Lit. (Losebl.ausg.) [1991]; Lex. der Reise- u. Abenteuer-Lit. (Losebl.ausg.) [2003]. IB

**Wegener,** Martha, * 13. 7. bzw. 25. 7. 1881 Ecks/Livl., † nach 1961 (Ort unbek.); Schwester v. Armin → W., lebte bis 1939 in Riga; Lyrikerin.

*Schriften:* Höhenluft. Verse mit Gedanken, Riga 1928; Cantate. Lieder und Gedichte, 1956; Wort und Wesen. Die Wortwelt als Schöpfung und Spiegel, 1959; Gut und böse im Sprachgebrauch, 1961; Lichtstrahlen. Gedichte und Lieder, 1961.

*Literatur:* Redlich (1989) 351. – C. L. Gottzmann, P. Hörner, Lex. d. dt.sprachigen Lit. d. Baltikums u. St. Petersburgs. V. MA bis z. Ggw. 3, 2007. IB

**Wegener,** Martina → Wegener-Stratmann, Martina.

**Wegener,** Paul Hermann, * 11. 12. 1874 Gut Bischorf in Jerrentowitz (später Arnolsdorf)/Kreis Rössel/Ostpr.), † 13. 9. 1948 Berlin-Wilmersdorf; Sohn e. Rittergutsbesitzers, studierte anfängl. Jura, Philos. u. Kunstgesch. an den Univ. in Freiburg/Br. u. Leipzig, daneben Ausbildung z. Schauspieler. Ab 1895 Schauspieler, vorerst an kleineren Bühnen, 1900–03 am Hoftheater Wiesbaden, 1903–06 am Stadttheater Hamburg u. in Altona, 1906–13 unter Max → Reinhardt am Deutschen Theater Berlin, 1913/14 am Theater in der Königgrätzer Straße. Seit 1910 auch Filmschauspieler, u. a. in «Der Student von Prag» (1913), «Der Golem» (1914) u. danach auch Regisseur, u. a. «Der Golem, der in die Welt kam» (1920). Im 1. Weltkrieg meldete er sich freiwillig z. Militärdienst, kehrte 1915 krank nach Berlin zurück u. spielte bis 1920 wieder am Deutschen Theater. Anschließend gab er bis 1938 Gastspiele, u. a. in Berlin, Wien, München u. Darmstadt, zw. 1933 u. 1937 auch Filmregisseur. Ab 1938 in Berlin, bis 1943 Mitgl. des Schiller- u. 1943–45 des Staatstheaters, nach dem 2. Weltkrieg am Deutschen Theater u. 1946/47 am Hebbeltheater sowie Präs. d. «Kammer d. Kunstschaffenden».

*Schriften:* Der Galeerensträfling (nach d. Filmrom., bearb. v. E. Efferl) 1920; Der Golem, wie er in die Welt kam. Eine Geschichte in fünf Kapiteln, 1921; Flandrisches Tagebuch 1914, 1933.

*Nachlaß:* Akad. d. Künste Berlin. – Denecke-Brandis 401.

*Literatur:* Albrecht-Dahlke IV/2 (1984) 356; Theater-Lex. 5 (2004) 3069; DBE ²10 (2008) 463. – L. Eisenberg, Großes biogr. Lex. d. Dt. Bühne im XIX. Jh., 1903; M. Jacobs, ~, 1920; L. Goldstein, ~, [1928]; A. Hindermann-Wegener, Lied eines Lebens. Wegstrecken mit ~, 1950; K. Möller, ~. S. Leben u. s. Rollen. E. Buch von ihm u. über ihn, 1954; H. Pfeiffer, ~, 1957; W. Noa, ~, 1964; C. Diesch, ~ (in: Altpr. Biogr. 2, hg. C. Krollmann) 1969; R. S. Joseph, D. Regisseur u. Schauspieler ~ (Kat., Foto- u. Filmmus. im Münchner Stadtmus.) 1965; W. FORMANN, Der Vorhang hob sich nicht mehr. Theaterlandschaften u. Schauspielerwanderungen im Osten, 1974; Theater-Lex. (hg. H. RISCHBIETER) 1983; P. HOLBA, G. KNORR, P. SPIEGEL, Reclams dt. Filmlex. [...], 1984; H. H. DIEDERICHS, ‹Der Student v. Prag›. Einf. u. Protokoll, 1985; P. WARTHMÜLLER, ~ – dämon. Koloß (in: Grenzgänger zw. Theater u. Kino, hg. K. HICKETHIER) 1986; E. LEDIG, ~s Golem-Filme im Kontext fantast. Lit. Grundfragen z. Gattungsproblematik fantast. Erzählens, 1989 (zugleich Diss. München 1987); M. BIER, Schauspielerporträts. 24 Schauspieler um Max Reinhardt, 1989; B. PEUCKER, German Cinema and the Sister Arts: ~'s «The Student of Prague» (in: Traditions of Experiment from the Enlightenment to the Present. Essays in Honor of Peter Demetz, hg. N. KAISER, P. DEMETZ, D. E. WELLBERY) Ann Arbor/Mich. 1992; J. C. TRILSE-FINKELSTEIN, K. HAMMER, Lex. Theater international, 1995; H. u. K. WENDTLAND, Geliebter Kintopp. [...] Künstlerbiogr. L–Z, 1995; C. B. SUCHER, Autoren, Regisseure, Schauspieler, Dramaturgen, Bühnenbildner, Kritiker (völlig neubearb. u. erw. 2. Aufl.) 1999; K. WENIGER, Das große Personenlex. des Films 8, 2001; Theater in Berlin nach 1945. 1 «Suche Nägel, biete gutes Theater!», 2001; H. SCHÖNEMANN, ~. Frühe Moderne im Film, 2003; K. S. DAVIDOWICZ, V. Mythos z. Filmepos – ~s Golem (in: Jews and Film / Juden u. Film. Vienna, Prague, Hollywood. hg. E. LAPPIN) 2004; N. SAPRÀ, Lex. d. dt. Science-Fiction u. Fantasy, 1870–1918, 2005; Theaterlex. 2 (hg. M. BRAUNECK u. W. BECK) 2007; E. KLEE, D. Kulturlex. z. Dritten Reich. Wer war was vor u. nach 1945, 2007; C. DILLMANN, Wirklichkeit im Spiel. Film u. Filmarchitektur (in: Hans Poelzig 1869 bis 1936. Architekt, Lehrer, Künstler, hg. W. PEHNT u. M. SCHIRREN) 2008; Lex. zum dt.sprachigen Film (Losebl.ausgabe). IB

**Wegener,** (Hugo Paul Theodor Christian) Philipp, * 20. 7. 1848 Neuhaldensleben/Sachsen, † 15. 3. 1916 Greifswald; Sohn e. Pastors u. Lehrers, studierte 1867/68 evangel. Theol. u. Philos. an d. Univ. Marburg, ab 1868 klass. u. german. Philol. an d. Univ. Berlin, 1871 Dr. phil., erhielt 1872 d. Lehrbefähigung für Lat., Griech. u. Dt., 1872–74 wiss. Hilfslehrer am Gymnasium in Treptow an d. Rega/Pomm., 1874–76 am Königl. Stiftsgymnasium in Zeitz/Sachsen, seit 1876 Gymnasial- u. seit 1884 Oberlehrer am Pädagogium des Klosters Unser Lieben Frauen in Magdeburg. Seit 1877 Mitgl. d. «Vereins für ndt. Sprachforsch.», weitere Mitgl.schaften, engagierte sich vor allem im neu gegr. «Verein z. Erforschung d. ndt. Sprache u. Litt. zu Magdeburg» u. seit 1878 bei den «Versammlungen dt. Philologen u. Schulmänner», wo er Hermann → Paul kennenlernte. S. sprachwiss. Aufs. erschienen u. a. in den «Gesch.bl. für Stadt u. Land Magdeburg» u. in den Jahresber. d. jeweiligen Gymnasien. 1886–98 Dir. d. Gymnasiums in Neuhaldensleben u. ab 1898 des Gymnasiums in Greifswald, seit 1902 auch Leiter d. dortigen Pädagog. Seminars für Lehramtskandidaten.

*Schriften* (Ausw.): Drei mittelniederdeutsche Gedichte des 15. Jarhunderts (mit krit. Bem. hg.) 1878; Volksthümliche Lieder aus Norddeutschland, besonders dem Magdeburger Lande und Holstein (nach eigenen Slg. u. Beitr. v. Carstens u. Pröhle hg.) I Aus dem Kinderleben, II Räthsel, Abzählreime, Volksreime, III Spott, Tänze, Erzählungen, 1878–80; Untersuchungen über die Grundfragen des Sprachlebens, 1885 (Reprint Ann Arbor 1980; New Ed., with an Introduction in English by C. KNOBLOCH u. K. KOERNER, Amsterdam 1991); Zur Geschichte des Gymnasiums zu Greifswald, 2 Tle., 1904/05; Zur Geschichte des deutschen Unterrichts, 1906.

*Literatur:* J. G. JUCHEM, Z. Konstruktion des Sprechens. Kommunikationssemantische Betrachtungen zu ~ (in: Zs. für Sprachwiss. 3) 1984; DERS., ~ u. Wundt (in: Ars Semiotica 9) 1986; G. HAHN, Bürgerlich-pädagog. progressives Gedankengut im Wirken des Greifswalder Gymnasialdir. ~ v. 1898–1916 (in: WZ d. Ernst-Moritz-Arndt-Univ. Greifswald 36) 1987; C. KNOBLOCH, Über d. Bedeutung des Greifswalder Sprachwissenschaftlers ~ (ebd.); DERS., ~ (1848–1916) u. d. sprachpsycholog. Diskussion um 1900 (in: Zs. für Phonetik, Sprachwiss. u. Kommunikationswiss. 42) 1989; I. H. GRIMM-VOGEL, ~ 1848–1916. Wesen, Wirken, Wege (Diss. Bonn) 1998; G. HEINRICH, ~ (in: G. H., G. SCHANDERA, Madgeburger Biogr. Lex. 19. u. 20. Jh.) 2002. IB

**Wegener,** Richard, * 13. 9. 1843 Wittstock an d. Dosse/Brandenburg, Todesdatum u. -ort unbek.; Theologe u. Lit.wiss., 1873 Dr. phil., Prediger in Zechlinerhütte bei Rheinsberg/Mark (1917); Verf. v. lit.wiss. u. theolog. Schriften.

*Schriften:* Begriff und Beweis der Existenz Gottes bei Spinoza (Diss.) 1873; Repetitionsbuch der poetischen Nationallitteratur, 1882 (2., verb. Aufl. 1884); Aufsätze zur Litteratur, 1882; Poetischer Fruchtgarten, 1885; A. Ritschls Idee des Reiches Gottes im Licht der Geschichte. Kritisch untersucht, 1897; Die Bühneneinrichtung des Shakespearschen Theaters nach den zeitgenössischen Dramen, 1907; Das Problem der Theodicee in der Philosophie und Literatur des 18. Jahrhunderts mit besonderer Rücksicht auf Kant und Schiller, 1909. AW

**Wegener,** Theodor Kaspar Heinrich (Ordensname P. Thomas de Villanova), * 5. 10. 1831 Coesfeld/Münsterland, † 27. 1. 1918 Dülmen, Kr. Coesfeld; besuchte d. Gymnasium in Coesfeld, studierte Theol. an der Akad. in Münster/Westf., 1855 Priesterweihe, Forts. seiner theolog. Stud. in Rom, dann Kongregationspriester in Kevelaer/Niederrhein u. seit 1866 Kaplan in Haltern/Münsterland, 1884 Seelsorger in Loikum/Niederrhein, trat 1885 in d. Augustinerkloster in Münsterstadt/Oberfranken ein u. nahm s. Ordensnamen an, siedelte 1907 in d. Emmerickhaus in Dülmen über.

*Schriften:* Herr Wiesch. Charakterbild eines westfälischen Landschullehrers und der vorletzt verflossenen Zeit von einem katholischen Geistlichen, 1864; Annabüchlein oder Andacht zur heiligen Anna, [2]1879.

*Literatur:* Schmidt, Quellenlex. 32 (2002) 465; Westfäl. Autorenlex. 2 (2002) 466 (auch Internet-Edition). – E. RASSMANN, Nachr. von dem Leben u. den Schr. Münsterländ. Schriftst. d. achtzehnten u. neunzehnten Jh., 1866 (NF 1881). AW

**Wegener,** Ulrike B., * 27. 6. 1959 Burgsteinfurt/Nordrhein-Westf.; 1990 Dr. phil. Hamburg, Mitarb. d. Landesgalerie im Nds. Landesmus. Hannover, verf. Beitr. f. zahlr. kunsthist. Publikationen sowie f. d. Allg. Künstlerlex. (Saur Verlag), lebt in Berlin; Fachschriftenautorin.

*Schriften:* Flämische Gemälde. Niedersächsisches Landesmuseum Hannover (Texte mit M. TRUDZINSKI) 1993; Familientreffen. Bilder heiliger Familien von Rubens und Jordaens (Ausstellungskatalog, Nds. Landesgalerie Hannover) 1994; Die Faszination des Maßlosen. Der Turmbau zu Babel von Pieter Bruegel bis Athanasius Kircher, 1995 (zugleich Diss. 1990); Künstler – Händler – Sammler. Zum Kunstbetrieb in den Niederlanden im 17. Jahrhundert (Ausstellungskatalog, Nds. Landesgalerie Hannover) 1999; Die holländischen und flämischen Gemälde des 17. Jahrhunderts. Niedersächsisches Landesmuseum Hannover, Landesgalerie. Kritischer Katalog mit Abbildungen aller Werke (bearb., hg. H. GRAPE-ALBERS) 2000. AW

**Wegener,** Wilhelm, * 11. 4. 1838 Brandenburg, Todesdatum u. -ort unbek.; studierte Theol. in Halle/Saale u. Berlin, 1861 ebd. Religionslehrer, 1865 Pastor in Gollwitz bei Brandenburg, 1871 in Brandenburg, später ebd. Superintendent.

*Schriften:* Siegfried und Chrimhilde. Eine poetische Neugestaltung der Nibelungensage, 1867; Drei schnakische Märlein für seine und der Freunde Kinder, 1883 (anon.); Heiligtumsklänge (Ged.) 1887. IB

**Wegener,** Wilhelm (Anton), * 11. 5. 1844 Seelow bei Frankfurt/Oder, † 1916 Eberswalde; Sohn e. Geistlichen, besuchte d. Volksschule in Seelow u. d. Gymnasium in Frankfurt/Oder, d. Pädagogium in Züllichau u. d. Gymnasium in Neu-Ruppin, Lyriker f. versch. Zs., studierte Philol. u. Gesch. in Heidelberg u. Berlin, wurde 1868 in d. Landesirrenanstalt Eberswalde eingewiesen.

*Schriften:* Königin Luise (Dg.) 1879; Märkische Sagen und Gedichte, 1879; Dichtungen, 1880.

*Literatur:* Musen u. Grazien in d. Mark. 750 Jahre Lit. in Brandenburg. E. hist. Schriftst.lex. 2 (hg. P. WALTHER) 2002. RM

**Wegener,** Wilhelm Gabriel, * 10. 3. 1767 Hohenlübbichow/Neumark, † 16. 11. 1837 Züllichau/Prov. Brandenburg; studierte seit 1785 Theol. an d. Viadrina in Frankfurt/Oder, 1788 Dr. theol. ebd., lernte dort d. Brüder Humboldt kennen u. war v. a. mit Alexander v. → Humboldt befreundet, traf 1790 in Breslau mit Johann Wolfgang v. → Goethe zusammen, 1795–1837 Königl. Superintendent u. Oberpfarrer in Züllichau; verf. e. nicht selbstständig veröff. Autobiographie.

*Schriften:* Rede an das Regiment Gensd'armes zur Erinnerung an das hundertjährige Bestehen desselben [...], 1792; Rede an die Züllichausche Bürgerschaft vor der Wahl ihrer Stadtverordneten [...], 1809; Zwei Predigten am dritten Reformations-Jubelfeste, gehalten in der Pfarrkirche zu Züllichau, 1817; Lebensgeschichte des Markgrafen Johannes von Brandenburg, Landesfürsten in der Neumark zu Küstrin [...], 1827; Predigten beim dritten Säcular-Feste der evangelischen Kirche zu Züllichau 1827 (mit K. MARQUARD) 1827; Siegfried und Chrimhilde. Eine poetische Neugestaltung der Nibelungensage, 1867;

*Literatur:* Jugendbriefe Alexander v. Humboldts an ~ (hg. A. LEITZMANN) 1896; Neuer Nekrolog der Deutschen (hg. F. A. SCHMIDT u. B. F. VOIGT) 1937; E. BIEHAHN, Züllichau u. Züllichauer in lit. Begegnungen (in: Heimatkalender d. Kreises Züllichau-Schwiebus auf d. Jahr 1939) 1939; P. HERMANN, Aufz. meines Ur-urgroßvaters ~ (1767–1837) über s. Studienzeit 1785–1788 in Frankfurt an d. Oder (in: Jahresber. 2005/06 d. Förderver. z. Erforsch. d. Gesch. d. Viadrina e. V.) 2006; DERS., Leben u. Werk d. brandenburg. Superintendenten ~ (1767–1837) im Spiegel seiner Autobiogr. (in: Europa in der frühen Neuzeit 7 [...]), 2008. AW

**Wegener,** Wolfram M(ax), * 24. 11. 1907 Berlin, † 20. 8. 1999 Bad Dürkheim/Rhld.-Pfalz; studierte Zeitungswiss., Gesch., Anglistik u. Romanistik in Berlin, Pressereferent f. Touristik d. Landesverkehrsverbände Berlin u. Mark Brandenburg, 1936 Dr. phil. u. Abteilungsleiter d. Verkehrs- u. Quartieramtes f. d. Olympischen Spiele in Berlin, zudem ständiger Mitarb. (Theater- u. Buchkritiker) bei verschiedenen Berliner Tageszte., n. d. 2. Weltkrieg freier Hg. u. Journalist in Halver/Sauerland, langjähriges Mitgl. im Autorenkreis Ruhr-Mark, seit 1976 im Ruhestand, lebte seit 1987 in Neustadt an d. Weinstraße, erhielt d. Wappenschild d. Stadt Halver u. 1977 d. Ehrengabe im Internationalen Prosa-Wettbewerb d. Lit. Union Saarbrücken; Verf. v. polit. Schr. sowie Reisereporter u. Essayist.

*Schriften:* Der Kampf der englischen Presse um Lord Kitchener. Ein zeitungswissenschaftlicher Beitrag zur Wehrpolitik Englands im Frühjahr 1915 (Diss.) 1936; Die Fahne ist mehr als der Tod. Ein deutsches Fahnenbuch, 1940; Modern Britain. Neusprachliche Lesehefte für Unterricht und Fortbildung, H. 1: What Parliament is and does – H. 2: My Man Sunday – H. 3: Winston Churchill – H. 4: The Lady with the Lamp – H. 5: India. The End of an Epoch (hg.) 1949; Wie aus 103 Thalern und 10 Silbergroschen 60 Millionen Deutschmark geworden sind (Sachbuch) 1970; 125 Jahre Sparkasse Halver-Schalksmühle (hg.) 1970; Souvenirs, Souvenirs ... Europäische Miniaturen oder Für jeden Monat eine Handvoll Notizen vom großen Fernweh. Reportagen, 1973; Manipulierte Weltgeschichte. Der Fall Northcliff-Kitchener oder Die Macht der publizistischen Propaganda. Essay, 1973; Die aus dem Rahmen fallen. Menschen und Gespräche heute und gestern. Essays, 1974; Am Polarkreis gibt es Zeugnisse. Neue Reiseblätter aus der alten Welt. Reportagen, 1975; Auch mit kleinen Leuten kann man ... reden. Un-prominente zeitgemäße Begegnungen eines Reisejournalisten (mit Reisetagebuch-Versen v. Lisa W.-WARSOW) 1978; Begegnung mit Suomi. Szenen aus dem heutigen Finnland, 1980.

*Literatur:* Westfäl. Autorenlex. 4 (2002) 877 (auch Internet-Edition). – Lit.lex. Rhld.-Pfalz (Internet-Edition); A. MÜLLER-FELSENBURG: ~ z. 70. Geb.tag (in: Publikation 11) 1977; V. CARL, Lex. d. Pfälzer Persönlichkeiten (2., überarb. u. erw. Aufl.) 1998. AW

**Wegener-Stratmann,** Martina, * 4. 2. 1962 Brake/Nds.; studierte 1982–88 Germanistik u. evangel. Rel.lehre f. d. höhere Lehramt an d. Univ. Oldenburg, 1989–91 Referendarin in Osnabrück u. Oldenburg, 1992–97 freie Mitarb. d. «Nordwestztg.» u. beim Norddt. Rundfunk, seit 1999 Gymnasiallehrerin in Delmenhorst, 2000 Dr. phil. Oldenburg, seit 2004 Doz. f. Dt. am Institut Supérieur des Langues in Tunis; Fachschriftenautorin.

*Schriften:* C. G. Jung und die östliche Weisheit. Perspektiven heute (Vorw. P. SCHWARZENAU) 1990; Über die «unerschöpfliche Schichtung unserer Natur». Totalitätsvorstellungen der Jahrhundertwende. Die Weltbilder von Rainer Maria Rilke und C. G. Jung im Vergleich, 2002 (zugleich Diss. 2001); «Licht über Licht» – Die Vernunfttradition des Islam. Kulturelle und religiöse Aspekte eines Dialogversuchs (Vorw. P. ANTES) 2008. AW

**Wegener-Warsow,** Lisa (Hanna Hermine), * 31. 8. 1908 Berlin-Lichtenberg; Lehrbeamtin bei d. Dt. Reichs-Post, lebte seit 1976 in Neustadt an der Weinstraße; veröff. v. a. in Anthol.; Lyrikerin u. Erzählerin.

*Schriften:* Kontraste. Verse von unterwegs, 1976; Auch mit kleinen Leuten kann man ... reden. Unprominente zeitgemäße Begegnungen eines Reisejournalisten (mit Wolfram M. W.) 1978; Krause Gedanken einer Handpuppe. Nebst Anmerkungen und Beobachtungen, drinnen und draußen, aus unserer Zeit (Verse) 1979; Ich denke oft an Finnland. Kleine Liebeserklärung an ein vertrautes Land, 1982; Rufe im Nebel. Verse vom Drinnen und Draußen, 1983; Gemischte Gefühle. Zeitbezogenes – gereimt und ungereimt, 1985; Was mich bewegt. Gedanken und Erfahrungen in unserer Zeit, 1991.

*Literatur:* Lit.lex. Rhld.-Pfalz (Internet-Edition); V. CARL, Lex. d. Pfälzer Persönlichkeiten (2., überarb. u. erw. Aufl.) 1998. AW

**Weger,** Gottfried, *13. 1. 1951 Simbach/Inn; zunächst Lehre u. Tätigkeit als Koch, dann Weiterbildung z. staatl. geprüften Betriebswirt, lebt als freier Schriftst. in Simbach, neben verschiedenen Künstlerstipendien Preis beim Internationalen Lyrikwettbewerb «Sannio» (1995), Nominierung z. Stefan-Andres-Preis (1998) u. Nominierung z. Gustav-Regler-Preis (2005); überwiegend Lyriker.

*Schriften:* Lebensblicke (Ged.) 1988; Auf Straßen des Lebens. Tanka, 1994; Hau'n wir der BRD ... High-mad-Gedichte, 1994; Japanisches Jahr. Natur-Tanka, 1994; Ein Jahr in der Natur. Alle Texte von G. W., 1994; Im Spiel des Lebens (Ged.) 1995; Ansichten, Einsichten. Gereimte Sprüche, 1996; Ein Tanka-Reigen, 1996; 50 Jahre G. W. Aphorismen und Tanka, 2001 (= Solitär Nr. 14); Zuviel des Herzens. Liebesgedichte, 2008. AW

**Weger,** Julia → Unterweger, Jack.

**Weger,** Michael, *25. 11. 1966 Klagenfurt/Kärnten; absolvierte e. Schausp.stud., Schauspieler u. Regisseur, seit 1989 Ausbildung v. Schauspielern in privaten u. öffentl. Institutionen (u. a. an d. Theaterakad. München), seit 1992 Entwicklung d. EP-Methode (Emotionales Programmieren), 1992–95 Intendant d. Studiobühne Villach, seit 1995 Trainer in Wirtschaftsunternehmen sowie Leiter v. EP-Seminaren, 1996–2000 Leiter d. «Studio Orange» in Villach, seit 1996 zudem Intendant d. Internationalen Theaterfestivals «Spectrum» u. seit 2001 d. Neuen Bühne ebd., lebt in Villach; Sachbuchautor.

*Schriften:* Vom Wirken des Herzens durch EP. Emotionales Programmieren: Wie Sie die schöpferische Kraft Ihrer Gefühle erkennen und einsetzen, 1998; Gefühle zeigen und gewinnen. Emotionales Programmieren im Business, 2000; Gefühle heilen. Die Gefühlskrankheiten der Leistungsgesellschaft besiegen (mit Manuela W.) 2001; Gefühle heilen. Emotionen als Medizin, 2005 (= Kneipp-Gesundheitsbibliothek. Mit großem Gesundheitslexikon [...] Bd. 12, hg. H. BANKHOFER).

*Literatur:* Theater-Lex. 5 (2004) 3070. AW

**Weger,** Siegfried, * 1956 Innsbruck/Tirol; Lehrer, auch Journalist u. Abenteuerreisender, unterrichtete 4 Jahre an e. Schule in Guatemala; Erz. u. Verf. v. Reisebüchern.

*Schriften:* Der Schalenstein (Rom.) 2001; Mythos und Magie der Maya (Bildbd., mit F. TOPHOVEN) 2002; Bergwasser (Text; mit Lyrik v. H. SALCHER, Fotos B. Berger) 2003; Reise durch Tirol (Fotos M. Siepmann) 2006; Geheimnisvolles Tirol. Mystisches, Magisches und Mysteriöses (mit R. HÖLZL) 2007. AW

**Weger,** Tobias, *27. 3. 1968 München; Ausbildung z. Übers. in München, studierte Gesch. sowie Dt. u. Vergleichende Volksk. ebd., 1997–2002 wiss. Mitarb. d. Fachbereichs «Jüd. Stadtgesch.» am Stadtarch. München, 2002–04 Kulturreferent f. Schlesien am Schles. Mus. in Görlitz/Sachsen, seit 2004 wiss. Mitarb. am Bundesinst. f. Kultur u. Gesch. d. Deutschen im östl. Europa in Oldenburg, 2005 Dr. phil. an d. Univ. ebd.; Sachbuchautor.

*Schriften* (Ausw.): Geschichte der Gemeinde Olching. Olching, Esting, Geiselbullach, Graßlfing (mit K. BAUER u. F. SCHERER) 94; Gleiche Worte, gleiche Bilder (Ausstellungskatalog, Mitverf.) 1997; Nationalsozialistischer «Fremdarbeitereinsatz» in einer bayerischen Gemeinde 1939–1945. Das Beispiel Olching (Landkreis Fürstenfeldbruck), 1998; «Kristallnacht». Gewalt gegen die Münchner Juden im November 1938 (mit A. HEUSLER) 1998; Beth ha-Knesset – Ort der Zusammenkunft. Zur Geschichte der Münchner Synagogen, ihrer Rabbiner und Kantoren (mit E. ANGERMAIR u. a.) 1999; Biographisches Gedenkbuch der Münchner Juden 1933–1945. Band 1: A–L (mit A. HEUSLER u. a.) 2003; Archivführer zur Geschichte des Memelgebiets und der deutsch-litauischen Beziehungen (hg. mit J. TAUBER, bearb. C. GAHLBECK u. V. VAIVADA) 2006; Hier wird das Herz von Sorgen leer. Das Hirschberger Tal um 1800. Sonderheft zur Ausstellung «Über den Häuptern der Riesen – Kleists schlesische Reise» des Kleist-Museums Frankfurt (Oder) (Mitverf., hg. W. DE BRUYN u. a.) 2008; «Volkstumskampf» ohne Ende? Sudetendeutsche Organisationen 1945 bis 1955, 2008 (zugleich Diss. 2005); Geschichte verstehen – Zukunft gestalten. Die deutsch-polnischen Beziehungen in den Jahren 1933–1939. Ergänzende Unterrichtsmaterialien für das Fach Geschichte (mit M. RUCHNIEWICZ u. a., hg. K. HARTMANN) 2008. AW

**Wegerer,** Agnes von (Ps. Ernst Norden), * 28. 10. 1820 Magdeburg, † 1. 12. 1900 Berlin; Tochter d. Generalleutnants v. François, verbrachte ihre Jugend in Trier, wo sie sich mit d. späteren Generalleutnant v. W. († 1887) vermählte. Erst nach 1870 begann ihre schriftsteller. Tätigkeit, Mitarb. bei versch. Zs. u. Ztg., d. letzten Jahrzehnte lebte sie in Berlin; Erzählerin.

*Schriften:* Schicksalswechsel. Novelle, 1887; Job von Treuenfels. Novelle aus Hamburgs Vergangenheit – Die junge Frau Doktorin. Humoreske, 1899; Das Ende vom Liede. Zeit und Lebensbild – Ein Opfer ihrer Zeit. Episode aus dem Kriege 1870/71, 1902.

*Literatur:* Biogr. Jb. 5 (1903) *124. IB

**Wegerer,** Asta von (geb. v. Seebach), * 25. 7. 1854 Gotha, † 16. 3. 1931 Berlin; Tochter e. Staatsministers, besuchte d. Marienstift in Gotha u. e. Pensionat in Clarens am Genfersee, 1876 Heirat mit d. Leutnant u. späteren preuß. General Rudolf v. W. in Rastatt, lebte in Karlsruhe, Hanau, Wiesbaden, Straßburg u. Koblenz, seit 1909 in Stettin, seit 1911 in Dresden u. später in Berlin; Mitgl. d. Genossenschaft dt. Tonsetzer.

*Schriften:* Gedichte, 1906.

*Literatur:* M. GEISSLER, Führer durch d. dt. Lit. d. 20. Jh., 1913. RM

**Wegerich,** Christine, * 1976 (Ort unbek.); studierte Rechtswiss. in Marburg und München, 2003 Dr. phil. München, arbeitet als Referendarin in Berlin.

*Schriften:* Die Flucht in die Grenzenlosigkeit. Justus Wilhelm Hedemann (1878–1963) (Diss.) 2004. AW

**Wegerich,** Ullrich (Ps. Mortimer Grave, Jack Slade, John [F.] Way), * 22. 12. 1955 Mainz; studierte Soziologie u. Philos. in Marburg u. Berlin, 1992 Dr. phil. FU Berlin, arbeitete u. a. als Sozialarbeiter u. Storyliner, lebt als freier Autor in Berlin; veröff. v. a. in Rom.-Reihen wie «Wildwest-Rom.», «Western-Expreß», «Western-Legenden» u. «Grusel-Schocker».

*Schriften:* Dialektische Theorie und historische Erfahrung. Zur Geschichtsphilosophie in der frühen kritischen Theorie Max Horkheimers (Diss.) 1994; Berliner Blut (Rom.) 2005; Berliner Macht (Kriminalrom.) 2009. AW

**Wegers-Stamer,** Margrit, * 1948 Hamburg; zunächst Büro-Tätigkeit, dann Hausfrau u. Mutter, lebt in Bönningstedt bei Hamburg.

*Schriften:* Der lachende Jesus (wie er wirklich ist), 2008. AW

**Wegert,** Daniela, * 18. 7. 1971 Rostock; wuchs in d. Dt. Demokrat. Republik als Tochter e. Schlossers u. e. Verkäuferin auf, lebt in Rostock; Erz. u. Lyrikerin.

*Schriften:* Neuntöter. Verachte nie das Unscheinbare (Rom.) 2001 (Neuausg. 2007); Am Meer. Lyrik und Kurzgeschichten, 2008. AW

**Wegerth,** Reinhard (Ps. Leidergott), * 25. 6. 1950 Neudorf bei Staatz/Niederöst.; Schulbesuch u. Matura in Mödling/Niederöst., studierte ab 1968 Jura an d. Univ. Wien, 1975 Dr. iur., 1970 Gründung d. «Gruppe Frischfleisch» mit Reinhard P. Gruber, Nils Jensen u. a., Mitarb. an den Zs. «Neue Wege» u. «Wespennest», bis 1979 Mithg. d. Zs. u. Edition «Frischfleisch», dann Rechtspraktikant, seit 1981 Verlagslektor in Wien, mehrere Stipendien u. Preise, u. a. 1979 Anerkennungspreis d. Landes Niederöst.; Erz. sowie Verf. v. Hörsp., Drehbüchern u. Comic-Texten.

*Schriften:* Hirnsand. Geschichten von Leidergott (mit T. NORTHOFF) 1972; Die Kulturbremsen. Konservative Kulturpolitik in Österreich. Ein Schwarzbuch (mit N. JENSEN) 1978; Zeit-Geschichten. Prosa und Lyrik über eine Jahrhunderthälfte (hg.) 1982; Der große grüne Atemstreik. Kurzroman aus der Zukunft, 1985; Wienerlied – frisch begrünt. Alternative Texte zu beliebten Melodien, 1990; Graf Schleckerl. Eine Wiener Comic-Sage (Zeichnungen H. Pasteiner; Neuausg.) 1998; Basilisk & Co. Bekannte Sagen als Comics (Illustr. F. Hoffmann) 2002; Unterwegs mit Konrad Kiebitz. Comics aus der Umwelt (Illustr. ders.) 2002; Die Fußgänger vom Ballhausplatz. Ein Dialog aus dem Gedankenjahr 2005, 2005.

*Literatur:* Öst. Katalog-Lex. (1995) 427. IB

**Weggel,** Oskar, * 18. 9. 1935 Pfarrkirchen/Bayern; Dr. iur., Prof., Wiss. Referent am Inst. f. Asienkunde in Hamburg, Vorstandsmitgl. d. Dt. Gesellsch. f. Asienkunde.

*Schriften* (Ausw.): China. Zwischen Revolution und Etikette. Eine Landeskunde, 1981 (4., neubearb. Aufl. 1994); China. Zwischen Marx und Konfuzius, 1987 (3., durchges. Aufl. 1988; 4., neubearb. Aufl. 1994; 5., völlig neu bearb. Aufl. 2002); Die Asiaten. Gesellschaftsordnungen, Wirtschaftssysteme, Denkformen, Glaubensweisen, Alltagsleben, Verhaltensstile, 1989 (2., durchges. Aufl. 1990; NA 1997); Das nachrevolutionäre China. Mit konfuzianischen Spielregeln ins 21. Jahrhundert?, 1996; China im Aufbruch. Konfuzianismus und politische Zukunft, 1997; Alltag in China. Neuerungsansätze und Tradition, 1997; Wie mächtig wird Asien? Der Weg ins 21. Jahrhundert, 1999. RM

**Weggenmann,** Michael, * 1958 Kaiserslautern; besuchte bis 1978 d. Goldschmiede- u. Uhrmacherschule ebd., Goldschmied, Kaufmann u. Diamantgutachter, entwickelte 1992 e. eigene Schmuckkollektion, lebt in Kaiserslautern.

*Schriften:* Faboola. Diamanten im Land der Elfen, 2005. AW

**Weghorn,** Peter, Geburtsdatum u. -ort unbek.; 1984–92 Mitarb. (zuletzt Generalrepräsentant) e. Versicherung in Hamburg, danach 1 Jahr in d. USA, seither Unternehmensberater u. Seminarleiter in Dingolshausen/Bayern; Sachbuchautor.

*Schriften:* Rattenfänger in Designerklamotten. Wie Strukturvertriebe arbeiten (mit L. LACHNER) 1996; 22 goldene Führungsregeln im Vertrieb, 1998; Motivationsprofi im Verkauf, 2002; Der Rhetorikprofi, 2002. AW

**Weghorst,** Sabine, * 1955 (Ort unbek.); Diplom-Soziologin, veröff. in e. Verlag in Stedesand/Schleswig-Holst.; Erzählerin.

*Schriften:* Der kleine Moorteufel Melchior. Eine Erzählung (Zeichnungen V. Altenhof) 1985; Lautlose Brandung. Bilder aus dem Koog. Geschichten und Fotografien (mit G. A. SIPPEL) 1985. AW

**Wegleiter,** Christoph, * 22. 4. 1659 Nürnberg, † 16. (13.?) 8. 1706 Altdorf; Sohn e. Kaufmanns, besuchte d. Egidien-Gymnasium u. d. Auditorium Publicum in Nürnberg, studierte ab 1676 evangel. Theol. in Altdorf, 1679 unter d. Namen Irenian Aufnahme in d. Pegnes. Blumenorden, 1680 Magister u. Poeta laureatus, Forts. d. Stud. in Straßburg, Basel u. Jena, 1685 Dr. theol., 1686 Reise n. England, seit 1688 Prof. d. Theol. u. Diakonus in Altdorf; als geistl. Lieddichter in versch. nürnberg. Gesangbüchern vertreten.

*Schriften* (Ausw.): Oratio de palmariis seculi nostri inventis, adjectae sunt in fine breves ad inventa singula notae, 1679; Exercitatio ad quinquaginta secundam codicem theol. titulatam De fide catholica, 1685; Die Pflicht der Hohen Obrigkeiten [...], 1690; Die überschwengliche [...] Heiligungs-Krafft des [...] Sterbens des Messiae, 1697; Christliche Danck-Predigt für den [...] unweit Zenta an der Theys herrlich bestrittenen Sieg [...], 1697; Dissertatio de serpente tentatore [...], 1697; Christus der fürtreflichste Lehrmeister in Anweisung zur Selbst-Verläugnung [...], 1710 (NA 1715).

*Nachlaß:* StB Nürnberg.

*Literatur:* Zedler 53 (1747) 1925; Jöcher 4 (1751) 1848; Goedeke 3 (1887) 291; ADB 55 (1910) 358; Killy 12 (1992) 180; DBE ²10 (2008) 463. – G. G. ZELTNER, Vita theologorum Altorphinarum, Norimbergae et Altorphi, 1722 (mit Bibliogr.); J. C. WETZEL, Hist. Lebens-Beschreibung der berühmtesten Lieder-Dichter 3, 1724; A. F. W. FISCHER, Kirchenlieder-Lex. 2, 1879; W. BODE, Quellennachweis über d. Lieder d. hannover. u. d. lüneburg. Gesangbuches, 1881; A. FISCHER, W. TÜMPEL, D. dt. evangel. Kirchenlied d. 17. Jh. 5, 1911 (Nachdr. 1966); L. MAGON, D. drei ersten dt. Versuche e. Übers. v. Miltons «Paradise Lost». Z. Gesch. d. dt.-engl. Beziehungen im 17. Jh. (in: Gedenkschr. f. F. J. Schneider, hg. K. BISCHOFF) 1956; Bosls Bayer. Biogr. 8000 Persönlichkeiten aus 15 Jh. (hg. K. BOSL) 1983; Große Bayer. Biogr. Enzyklopädie 3 (hg. H.-M. KÖRNER unter Mitarb. B. JAHN) 2005; J. L. FLOOD, Poets Laureate in the Holy Roman Empire. A Bio-Bibliographical Handbook 4, 2006. RM

**Wegmann,** Alice, * 21. 4. 1911 Ganterschwil/Toggenburg/Kt. St. Gallen; studierte Rechtswiss., Dr. iur., Rechtskonsulentin in Zürich, nach 1975 e. Zeitlang Diakonin in der Anstalt Bethel bei Bielefeld, lebte (2009) in e. Seniorenheim in Kilchberg/Kt. Zürich; Erz. u. Verf. v. jurist. Fachliteratur.

*Schriften* (jurist. Schr. in Ausw.): Spiegel der Welt (Nov.) 1942; Die Märchen von Güte, Glück und Sehnsucht (Kdb.) 1944; Jungfer Rägel (Erz.) 1948; Elisabeth (Brieffrom.) 1953; Der königliche Schatten. Madame de Maintenon, 1956; Vertrieben und geborgen (Erz.) 1957; Kilchberger Bilder, 1975; Rechtsbuch der Schweizer Frau, 1975; Eheprobleme – was tun? Konfliktsituationen, Lösungsvorschläge, Beispiele. Rechtliche, finanzielle und menschliche Auswirkungen, 1978; Mosaik Bethel, 1983; Alter weder Paradies noch Hölle, 1985; David, mein Bruder, mein zweites Ich (Erz.) 1987; Mit 91 ins Altersheim, 2003; Stimmen des Alters aus der Hochweid (hg.) 2003.

*Literatur:* A. GRABER, Drei junge Schweizer Autoren (in: Neue Schweizer Bibl. 65) 1943 (mit d. Erz. «Die Toggenburger» v. ~); Lex. d. Frau 2 (Red. G. KECKEIS u. a.) 1954; C. HÜRLIMANN, Gespräch mit ~ (in: Reformatio 3) 1971; Dt.sprachige Schriftst.innen in d. Schweiz 1700–1945 (hg. D. STUMP u. a.) 1994. ML

**Wegmann,** Hans E. (Ps. Hans E. Wegmann-Markwalder); * 12. 5. 1889 Neukirch-Egnach/Kt. Thurgau, † 24. 3. 1973 Zürich; legte d. Reifezeugnis an d. Kantonsschule in Frauenfeld ab, studierte Theol. in Basel, Tübingen u. Berlin, wirkte n. s. Ordination 1914 als Pfarrer in Bosnien, dann als Vikar in Valzeina u. Flims im Kt. Graubünden, übernahm 1919 d. Diasporagemeinde in Dussnang/Kt. Thurgau, kam bald darauf als Pfarrer n. Wald/Kt. Zürich, seit 1925 Pfarrer in Winterthur u. 1932–58 in d. Zürcher Kirchgemeinde Neumünster, zudem Lehrer an d. Volkshochschule in Zürich; Verf. v. theolog. u. biogr. Schr. sowie Lyriker.

*Schriften* (Predigten in Ausw.): Hab' Geduld! (Predigt) 1921; Er lebt (Predigt) 1922; Zwei Stationen (Predigt) 1923; Das Licht leuchtet in der Finsternis (Predigt) 1924; Christian Fürchtegott Gellert (1715–1769). Ein Bild seines Lebens, Schaffens und Leidens, 1925; Albert Schweitzer als Führer. Mit einem Lebensbild, 1928; Albert Schweitzer und der Kampf um die Kultur, 1930; Halt' im Gedächtnis Jesus Christ! Konfirmationsrede [...], 1931; Die religiöse Lage der Gegenwart und das freie Christentum, 1932; Er sah den Menschen (Predigt) 1933; Mahatma Gandhis Lebenswerk, 1933; Fabrikinspektor Dr. Fridolin Schüler, 1934; Das Unheimliche, 1935; Ich bin dein! (Predigten) 1937; Das Rätsel der Sünde, 1937; Vom Sinn des Lebens und des Leidens (2 Radio-Vorträge) 1937; Erlösung, 1938; Feuer auf Erden. Ein Wesensbild Jesu, 1942; Der Ruf des Lebendigen, 1942; Himmel und Erde (Ged.) 1943 (2., erw. Aufl. 1945); Gottes Werk und Mitarbeiter. Eine christliche Glaubens- und Lebenslehre, 1944; Gott und dein Kind, 1945; Riva piana (Ged., Zeichnungen G. Böhmer) 1946; Das Mysterium des Lebens, 1949 (Neuausg. 1955); Sieg über das Leid, 1951; Am unerschöpflichen Quell. Predigtfragmente (ausgew. u. hg. v. Freunden d. Verf.) 1951; Der Genius von Nazareth. Jesus-Predigten, 1956; Gottes Gaben, unsere Aufgaben (Predigten) 1960; Glauben ohne Dogma. Eine Auswahl aus seinen Werken (Einl. M. SCHOCH) 1976.

*Literatur:* Biogr. Lex. verstorbener Schweizer 7, 1973. AW

**Wegmann,** Heinrich, * 16. 4. 1887 Ostbevern/Nordrhein-Westf., † 22. 4. 1961 ebd.; Sohn e. Landwirts, studierte in Münster, 1911 Priesterweihe, Kaplan an versch. Orten, 1939–49 Pfarrer in Altschermbeck (heute Ortstl. v. Schermbeck)/Nordrhein-Westf., lebte dann in Westkirchen u. ab 1952 in Ostbevern.

*Schriften:* Hiäwstklänge, 1956; Hiäwstblomen, 1956. IB

**Wegmann,** Heinz, * 16. 3. 1943 Zürich; Ausbildung z. Primar- u. Sekundarlehrer, Sprachlehrer u. Verleger, Mitarb. an versch. Anthol., lebt in Uerikon/Kt. Zürich; Übers., Erz. u. Lyriker.

*Schriften:* Wartet nur, 1976; Die kleine Freiheit schrumpft. 38 Gedichte, 1979; Schöne Geschichten, 1979; J. Prévert, Gedicht uf Schwyzertütsch (ausgew. u. übers.) 1980; Das Regenbogenzelt. Geschichten, Gedichte, Märchen, Spiele zum Selberlesen, Vorlesen und Erzählen, 1983; L. Cohen, Verussen isch chalt. Gedicht uf Schwyzertüutsch (ausgew. u. übers.) 1983; Amadeo Orgelmann. Ein Bilderbuch (mit P. NUSSBAUMER) 1984; Der gebackene Bär. Geschichten von Reto und Renate, 1991; Aperitifgeschichten, 2002; A la carte. Geschichten zum, ums und übers Essen, 2005. IB

**Wegmann,** Klaus → Bruckner, Emil (ErgBd. 2).

**Wegmann,** Ludwig, * 10. 4. 1909 Büren/Westf., † 14. 12. 1963 Münster/Westf., studierte Germanistik, 1934 Dr. phil., Chefred. bei d. «Münsterschen Ztg.», Vorsitzender d. Westfäl. Rundfunkausschusses u. Geschäftsführer für das Heimatgebiet Minden-Ravensberg im Westfäl. Heimatbund; Verf. v. hist. Schriften.

*Schriften:* Geschichte der Reliquien des hl. Franziskus von Assisi, 1927; Das Haupt der hl. Elisabeth von Thüringen in Wien. Seine Echtheit und Geschichte dargestellt, 1931; König im Käfig. Leben und Taten der Wiedertäufer und ihr klägliches Ende, 1935; Der ewige Schwur. Ein Spiel aus Warburgs Vergangenheit, 1936; Der Teutoburger Wald. Wesen und Leben einer Landschaft, 1939 (3., neugestaltete Aufl. 1955); Westfalenfahrt. Anregungen zu einer besinnlichen Reise, 1959.

*Literatur:* Westfäl. Autorenlex. 4 (2002) 878 (auch Internet-Edition). AW

**Wegmann,** Markus Joseph, * 16. 1. 1789 Baden/Kt. Aargau, † 21. 1. 1828 Frick/Kt. Aargau; besuchte d. Priesterseminar in Luzern, 1813 Priesterweihe, Lehrer u. Kaplan in Baden, 1819 im Chorherrenstift Beromünster, Anfang d. 20er Jahre des 19. Jh. Kapitelsvikar in Frick, wegen s. freisinnigen Anschauungen angefeindet; beschäftigte sich mit Dg. u. Musik.

*Schriften:* Rumfordische Suppe (nach des Verf. Tod hg.) 1834.

*Literatur:* Goedeke 12 (1929) 183. – Lex. d. kathol. dt. Dichter v. Ausgange d. MA bis z. Ggw. [...] (bearb. v. F. WIENSTEIN) 1899. IB

**Wegmann,** Nikolaus, Geburtsdatum u. -ort nicht angegeben; studierte Lit.wiss., Germanistik u. Philos. an d. Univ. Bielefeld u. d. Cornell Univ. in Ithaca/NY, 1984 Dr. phil. Bielefeld, 1989–94 Assistent an d. Univ. Köln, Mitarb. beim Aufbau d. Forsch.zentrums «Medien u. kulturelle Kommunikation» in Köln sowie Lehrstuhlvertretung in Köln u. Potsdam, 2000 Habil. Köln, seither Privatdoz. f. dt. Sprache u. Lit. an d. Univ. Potsdam, seit 2006 Prof. of German an d. Princeton Univ./New Jersey, seit 2007 Vize-Präsident d. Friedrich-Schlegel-Gesellsch. (Mainz) u. seit 2008 Mithg. v. deren Zs. «Athenäum», lebt in Princeton; Fachschriftenautor.

*Schriften:* Diskurse der Empfindsamkeit. Zur Geschichte eines Gefühls in der Literatur des 18. Jahrhunderts, 1988 (zugleich Diss. 1984); Bücherlabyrinthe. Suchen und Finden im alexandrinischen Zeitalter (Habil.schr.) 2000. AW

**Wegmann,** Ute, * 22. 9. 1959 Düsseldorf; studierte Germanistik, Romanistik u. Pädagogik in Köln, M. A., freie Red. d. monatl. Sendung «Die Besten 7 – Bücher f. junge Leser» im «Büchermarkt» beim Dtl.funk (DLF) in Köln, Projektleiterin «Stoffbörse» f. d. Kuratorium junger dt. Film in Wiesbaden u. freie Doz. an d. Univ. Duisburg-Essen, zudem als Journalistin, Regisseurin u. Moderatorin tätig, lebt in Köln; Kinder- u. Jgdb.autorin.

*Schriften:* Sandalenwetter (Kdb., Bilder R. Breitschuh) 2005; Weit weg ... nach Hause (Kdb., Vignetten R. S. Berner) 2007; Never alone (Jugendrom.) 2008. AW

**Wegmann-Grüter,** Roswitha H(eidi), * 20. 1. 1942 Solothurn; Ausbildung z. Kinderkonfektionsschneiderin in Zürich, lebte n. längeren Auslandsaufenthalten zunächst in Lengnau/Kt. Aargau, dann Taxichauffeuse in Baden/Kt. Aargau, seit 1981 in Bassersdorf/Kt. Zürich ansässig; Kunstmalerin u. Erzählerin.

*Schriften:* Der noble Sarg (Rom.) 2003; Seelentausch. Fantasyroman, 2003. AW

**Wegmann-Markwalder,** Hans E. → Wegmann, Hans E.

**Wegner** → Becker, Bernd.

**Wegner,** Albert, 16./17. Jh.; Archidiakon in Hadeln.

*Schriften:* Die Leiter Jacobs, Genesis am 28. Capittel, Dem Jacob Gezeiget. In gesanges weise gemacht, 1617.

*Literatur:* Goedeke 3 (1887) 153. RM

**Wegner,** Alexander, * 17. 4. 1863 Kowno/Litauen, † 13. 9. 1929 Libau/Kurl.; studierte 1883–87 Theol. in Dorpat, dazw. Hauslehrer, seit 1888 Oberlehrer in Moskau, später in Polen u. seit 1906 in Libau, 1911 Mitbegründer d. «Libauer Vereins für Altertumskunde».

*Schriften:* Geschichte der Stadt Libau. Mit 4 Plänen, 1898 (Nachdr. 1970); Schlechtschreibung oder Rechtschreibung? Eine Mahnschrift in ernster Zeit, 1922; Durch Sprachdeutschheit zur Deutschvolkheit, 1926; Herder und das lettische Volkslied, 1928.

*Literatur:* W. LENZ, Dt.balt. biogr. Lex. 1710–1960, 1970. IB

**Wegner,** Armin T(eophil) (Ps. Johannes Selbdritt), * 16. 10. 1886 Elberfeld, † 17. 5. 1978 Rom; Sohn e. Eisenbahnrats u. d. Frauenrechtlerin Marie A. → W., wuchs im Rheinland u. in Schles. auf, brach d. Besuch d. Gymnasiums ab u. wurde Landwirt, holte 1908 d. Abitur nach u. studierte d. Rechte u. Volkswirtschaft in Breslau, Zürich, Paris u. Berlin, 1914 Dr. iur. Breslau, im 1. Weltkrieg Sanitätsoffizier in Polen u. d. Türkei, wurde Augenzeuge d. Völkermordes an d. Armeniern, ab 1918 Mitarb. in Kurt → Hillers «Polit. Rat Geistiger Arbeiter» sowie d. «Gruppe revolutionärer Pazifisten», 1919 Mitbegr. u. Präs. d. «Bundes d. Kriegsgegner», unternahm in d. 20er Jahren ausgedehnte Reisen in

Europa, Asien u. Afrika, durchquerte 1929 mit e. Motorrad d. Wüste Sinai, Red. d. Zs. «D. neue Orient», lebte mit s. ersten Frau, d. Lyrikerin u. Erzählerin Lola → Landau, als freier Schriftst. am Stechlin-See/Mark; protestierte 1933 in e. Brief an Adolf → Hitler gegen d. ersten Judenverfolgungen, wurde daraufhin verhaftet, gefoltert u. in d. Konzentrationslager Oranienburg, Börgermoor u. Lichtenburg verschleppt, konnte 1934 nach England fliehen, ging in d. Schweiz, erhielt keine Arbeitsbewilligung, emigrierte 1936 nach Palästina u. 1937 nach Italien, lebte bis zu s. Tod v. a. in Rom und auf d. Insel Stromboli, wurde 1938 in Positano vorübergehend verhaftet, 1941–43 unter falschem Namen Doz. f. dt. Sprache u. Lit. an d. Univ. Padua, wurde nach d. 2. Weltkrieg fälschlich totgesagt u. blieb lange vergessen, unternahm weiterhin zahlr. Reisen, wurde 1967 v. Yad Vashem als «Gerechter unter d. Völkern» anerkannt; Großes Bundesverdienstkreuz (1956), Eduard-v.-d.-Heydt-Preis d. Stadt Wuppertal (1962) u. a. Auszeichnungen.

*Schriften:* Im Strome verloren. Lieder des Sechzehnjährigen (Privatdruck) 1903; Zwischen zwei Städten. Ein Buch Gedichte im Gang einer Entwicklung, 1909; Gedichte in Prosa. Ein Skizzenbuch aus Heimat und Wanderschaft, 1910; Höre mich reden, Anna Maria. Eine Rhapsodie, 1912; Das Antlitz der Städte [Ged.] 1917 (Nachdr. 1973); Der Osten. Zeitschrift für das östliche Europa (hg.) 1. Jg., 1918; Offener Brief an den Präsidenten der Vereinigten Staaten von Nord-Amerika Herrn Woodrow Wilson über die Austreibung des armenischen Volkes in die Wüste, 1919; Der Weg ohne Heimkehr. Ein Martyrium in Briefen, 1919; Im Hause der Glückseligkeit. Aufzeichnungen aus der Türkei, 1920; Der Ankläger. Aufrufe zur Revolution, 1921; Der Knabe Hüssein. Türkische Novellen, 1921; Das Geständnis (Rom.) 1922; Die Verbrechen der Stunde – die Verbrechen der Ewigkeit. Drei Reden wider die Gewalt, 1922; Die Straße mit tausend Zielen [Ged.] 1924; Wasif und Akif oder die Frau mit den zwei Ehemännern. Ein türkisches Puppenspiel in 8 Bildern (mit L. LANDAU) 1926; Das Zelt. Aufzeichnungen, Briefe, Erzählungen aus der Türkei. Eine Auswahl, 1926; Wie ich Stierkämpfer wurde und andere Erzählungen, 1928; Moni oder Die Welt von Unten. Der Roman eines zweijährigen Kindes, 1929; Fünf Finger über dir. Bekenntnis eines Menschen in dieser Zeit (aufgezeichnet auf einer Reise durch Rußland, den Kaukasus und Persien, Oktober bis Februar 1927/28), 1930 (Nachdr. 1979); Am Kreuzweg der Welten. Eine Reise vom Kaspischen Meer zum Nil, 1930; Jagd durch das tausendjährige Land. Eine Reise zu den jüdischen Siedlungen in Palästina und durch die Wüste Sinai, 1932; Maschinen im Märchenland. 1000 Kilometer durch die Mesopotamische Wüste, 1932; Die Silberspur. Wunder der Welt auf der Fahrt durch neun Meere, 1952; Singe, damit es vorübergeht!, 1967; Ich beschwöre Sie – wahren Sie die Würde des deutschen Volkes, Tel Aviv 1968.

*Ausgaben:* Fällst du, umarme auch die Erde – oder Der Mann, der an das Wort glaubt, 1973; Odyssee der Seele. Ausgewählte Werke (hg. R. STECKEL) 1976 (Nachdr. 2001); Am Kreuzweg der Welten. Lyrik, Prosa, Briefe, Autobiographisches (mit Nachw. hg. R. GREUNER) 1982; Die Verbrechen der Stunde – die Verbrechen der Ewigkeit (hg. L. LEIBBRAND u. a.) 1982; Die Austreibung des armenischen Volkes in die Wüste (Nachw. W. GUST, hg. A. MEIER) 2008.

*Briefe:* «Welt vorbei». Abschied von den sieben Wäldern. Die KZ-Briefe 1933/34. Lola Landau, A. T. W. (aus d. Nachlaß hg. T. HARTWIG) 1999; Brief an Hitler – Letter to Hitler – Lettre à Hitler, 2002.

*Nachlaß:* DLA Marbach; StB Wuppertal. – Denecke-Brandis 401; Rohnke-Rostalski 377. – Hdb. d. Hss.bestände in d. Bundesrepublik Dtl. (bearb. T. BRANDIS, I. NÖTHER) 1992.

*Bibliographie:* Albrecht-Dahlke II/2 (1972) 616; IV/2 (1984) 696; Raabe, Expressionismus (1992) 508; Schmidt, Quellenlex. 32 (2002) 465. – H. BIEBER, ~, e. Ausw.bibliogr., 1971; DIES., ~-Bibliogr. (in: ~, ‹Fällst du, umarme auch d. Erde› [...]) 1973.

*Literatur:* Munzinger-Arch.; Hdb. Emigration II/2 (1983) 1213; Killy 12 (1992) 180; KNLL 17 (1992) 478 (zu ‹D. Geständnis›); Autorenlex. (1995) 821; Biogr.-Bibliogr. Kirchenlex. 13 (1998) 585; DBE $^2$10 (2008) 464. – A. SOERGEL, C. HOHOFF, Dg. u. Dichter d. Zeit 2 [...], 1963; T. B. SCHUMANN, ~, ‹Fällst du, umarme auch d. Erde› (in: NDH 22) 1975; L. RUBINER, D. Dichter greift in d. Politik. Ausgew. Werke 1908–1919 (hg. K. SCHUHMANN) 1976; Vergessen oder Verdrängt? Z. 90. Geb.tag d. Expressionisten u. Weltreporters ~ [...] (in: Univ. Göttingen/Informationen, Nr. 8/25) 1977; W. ROTHE, D. Expressionismus. Theolog., soziolog. u. anthropolog. Aspekte e. Lit., 1977; Butzbacher-Autoren-Interviews 2 (hg. H.-J. MÜLLER) 1977; E. ALKER, Profile u. Gestalten d. dt. Lit.

nach 1914, 1977; J. SERKE, D. verbrannten Dichter. Berichte, Texte, Bilder einer Zeit, 1977 (erw. Tb.ausg. 1980; erw. Neuausg. 1992); T. B. SCHUMANN, Plädoyers gg. d. Vergessen. Hinweise zu e. alternativen Lit.gesch. Porträts u. Aufs. über vergessene oder unbek. Autoren u. Bücher d. 20. Jh., 1979 (Neuausg. u. d. T.: Asphaltlit. 45 Aufs. u. Hinweise zu im 3. Reich verfemten u. verfolgten Autoren, 1983); I. DREWITZ, D. gestörte Kontinuität. Exillit. u. Lit. d. Widerstands, 1981; J. SCHONDORF, E. Bündel Modellfälle. Streifzüge durch Lit. u. Gesch., 1981; V. HERTLING, Quer durch. Von Dwinger bis Kisch. Berichte u. Reportagen über d. Sowjetunion aus d. Epoche d. Weimarer Republik (Diss. Madison) 1982; R. M. G. NICKISCH, ~. E. Dichter gg. die Macht. Biogr. d. Expressionisten u. «Weltreporters», 1982; J. WERNICKE-ROTHMAYER, ~. Gesellschaftserfahrung u. lit. Werk (Diss. TU Berlin) 1982; Verboten u. verbrannt. Dt. Lit. 12 Jahre unterdrückt (Neuausg., hg. R. DREWS, A. KANTOROWICZ) 1983; F. HAMMER, ~, ‹Am Kreuzweg d. Welten› (in: NDL 31) 1983; Stichtag d. Barbarei (hg. N. SCHIFFHAUER, C. SCHELLE) 1983; M. ROONEY, Leben u. Werk ~s im Kontext d. soziopolit. u. kulturellen Entwicklungen in Dtl. (Diss. Bremen) 1984; R. M. G. NICKISCH, D. verstummte Ich ... (in: Exilforsch. 2) 1984; S. B. WÜRFFEL, Ophelia. Figur u. Entfremdung, 1985 (zu ‹D. Ertrunkenen›); H.-M. WOLLMANN, «Nichts gg. die Nazis getan?». ~s Verhältnis z. Dritten Reich (in: Exilforsch. 4) 1986; S. SHEARIER, D. junge Dtl. Expressionist. Theater in Berlin 1917–1920, 1988; W. JENS, Statt e. Lit.gesch. Dg. im 20. Jh., 1990 (NA 1998 u. 2001); Lex. dt.sprach. Schriftst. 20. Jh. (Red. K. BÖTTCHER) 1993; L. LANDAU, Positano oder D. Weg ins dritte Leben. Zwei autobiogr. Anekdoten (aus d. Nachlaß hg. T. HARTWIG) 1995; Lit. v. nebenan 1900–1945. 60 Portraits v. Autoren aus d. Gebiet d. heutigen Nordrhein-Westf. (hg. B. KORTLÄNDER) 1995; M. TAMEKE, ~ u. d. Armenier. Anspruch u. Wirklichkeit e. Augenzeugen (Habil.schr. Marburg) 1996; T. B. SCHUMANN, ~, ‹D. Geständnis› (in: Reclams Rom.lex., Neuausg., hg. F. R. MAX, C. RUHRBERG) 2000; M. ROONEY, E. vergessener Humanist. Gedanken z. 115. Geb.tag ~s anläßl. einer v. d. Else-Lasker-Schüler-Gesellsch. organisierten Ausstellung (in: In meinem Turm d. Wolken. E. Else-Lasker-Schüler-Almanach, hg. U. HAHN, H. JAHN) 2002; G. MÜLLER-WALDECK, Verwehrte Heimkehr. Nachtr. zu e. unheldischen Helden, ~ (in: NDL 52) 2004; J. AUFENANGER, Jugend in Breslau. ~ u. Günther Anders, zwei dt. Wege (in: Zweiseelenstadt. E. Else-Lasker-Schüler-Almanach, hg. H. JAHN) 2004. E. KLEE, D. Kulturlex. zum Dritten Reich [...], 2007. RM

**Wegner,** Bärbel, * 1959 (Ort unbek.); Ausbildung u. Tätigkeit als Buchhändlerin in Dortmund, studierte dann Lit.wiss. u. Sport in Hamburg, Doz. in d. Erwachsenenbildung u. Buchhändlerin, seit 1998 freie Journalistin u. Autorin in Hamburg.

*Schriften:* Von Frauen und Pferden. Zur Geschichte einer besonderen Beziehung (mit. H. STEINMAIER) 1998; Die Freundinnen der Bücher, I Buchhändlerinnen, II Buchhändlerinnen – Antiquarinnen – Bibliothekarinnen (Mitautorin u. Hg.) 2001–03. AW

**Wegner,** Bernd, * 1. 10. 1949 Oberhausen; studierte in Tübingen, Wien u. Hamburg, 1980 Dr. phil. Hamburg, 1980–95 Wiss. Mitarb. am Militärgeschichtl. Forsch.amt u. seit 1997 o. Prof. f. Neuere Gesch. an d. Helmut-Schmidt Univ. d. Bundeswehr in Hamburg, 2000–05 Vorsitzender d. Komitees f. d. Gesch. d. 2. Weltkrieges; Mithg. d. Buchreihe «Krieg in d. Geschichte».

*Schriften* (Ausw.): Hitlers politische Soldaten. Die Waffen-SS 1933–1945. Leitbild, Struktur und Funktion einer nationalsozialistischen Elite (Diss.) 1982 (3., durchges. u. verb. Aufl. 1988; 4., durchges. u. verb. Aufl. 1990; 5., erw. Aufl. 1997); Der Globale Krieg 1941–43 (Mitverf.) 1990; Wie Kriege entstehen. Zum historischen Hintergrund von Staatenkonflikten (hg.) 2000; Wie Kriege enden. Wege zum Frieden von der Antike bis zur Gegenwart (hg.) 2002; Die Ostfront 1943/44 [...] (Mitverf., hg. K.-H. FRIESER) 2007. RM

**Wegner,** Bertha → Wegner-Zell, Bertha.

**Wegner,** Bettina(-Helene) (zeitweise verh. Schlesinger), *4. 11. 1947 Berlin-Lichterfelde; Tochter e. Journalisten u. e. Sachbearbeiterin, übersiedelte n. d. Gründung d. Dt. Demokrat. Republik (DDR) m. ihren Eltern, die überzeugte Kommunisten waren, n. Ostberlin, 1964–66 Ausbildung z. Bibliotheksfacharbeiterin, seit 1966 Stud. an der Schauspielschule Berlin, 1966 Mitbegr. d. Singegruppe «Hootenanny-Klub», trat n. deren Umbenennung in «Oktoberklub» (1967) und d. zunehmenden Vereinnahmung durch d. staatl. Organe

d. DDR 1968 aus d. Gruppe aus, wurde im gleichen Jahr n. Flugblattprotesten gg. d. Intervention d. Warschauer-Pakt-Staaten in d. Tschechoslowakei (Prager Frühling) exmatrikuliert, verhaftet und wegen «staatsfeindl. Hetze» zu 16 Monaten Haft auf Bewährung verurteilt, 1968–70 zur sog. «Bewährung in d. Produktion» als Siebdruckerin in d. Elektro-Apparate-Werken (EAW) Berlin eingesetzt, heiratete 1970 d. Schriftst. Klaus → Schlesinger (1982 geschieden), 1970–72 Mitarb. d. StB Berlin, legte daneben d. Abitur an d. Abendschule ab u. absolvierte 1971/72 eine Diplom-Ausbildung als Sängerin am Zentralen Studio f. Unterhaltungskunst in Berlin; ebd. seit 1973 freischaffende Sängerin u. Liedermacherin, moderierte Veranstaltungsreihen m. eigenen Programmen (u. a. 1973–75 «Eintopp» im Haus d. Jungen Talente Berlin u. 1975/76 «Kramladen» in Berlin-Weißensee), die daraufhin jeweils verboten wurden, geriet 1976 n. Protesten gg. d. Ausbürgerung Wolf → Biermanns erneut polit. unter Druck u. wurde in d. DDR zunehmend m. Auftrittsverboten belegt, seit 1978 Veröff. in d. Bundesrepublik Dtl. (BRD), sowie Auftritte ebd., in Öst., Belgien u. d. Schweiz, arbeitete seit 1980 mit e. Dreijahresvisum ausschließl. im Westen, wohnte aber noch in Ostberlin, entschied sich 1983 n. mehrfacher Aufforderung z. Übersiedlung in d. BRD u. Einleitung e. Ermittlungsverfahrens «wegen Verdachts auf Zoll- u. Devisenvergehen» z. Wohnsitznahme in Westberlin, 1986 erste Tournee in d. BRD, 1993–97 Initiatorin u. Mitgestalterin d. Reihe «Lieder der Welt / Konzerte in Flüchtlingslagern» sowie anderer Benefiz- u. Antifaschismus-Aktionen, gab 2007 ihre Abschiedstour; erhielt mehrere Auszeichnungen, u. a. Goldene Schallplatte f. «Sind so kleine Hände» (1982), Liedermacherpreis «Ehrenantenne» d. Belg. Rundfunks (o. J.), Thüring. Kleinkunstpreis (1996) u. Preis d. Dt. Schallplattenkritik (2001).

*Schriften:* Wenn meine Lieder nicht mehr stimmen (Vorw. S. Kirsch) 1979; Die Kunst, ein Chanson zu singen. Mit zehn Chansons aus dem Repertoire der Yvette Guilbert in Nachdichtungen von B. W. (hg. W. Rösler, aus d. Französ. v. T. Dobberkau) 1981; Traurig bin ich sowieso. Lieder und Gedichte (Notenzeichnungen S. Brock) 1982; Weine nicht, aber schrei. Lieder und Gedichte (mit C. Hennes) 1982; «Als ich grade zwanzig war». Lieder und Gedichte aus Ost und West in Nachdichtungen, 1986; Von Deutschland nach Deutschland ein Katzensprung. Lieder und Gedichte, 1986; Es ist so wenig. Lieder, Texte, Noten (mit R. Lindner u. P. Meier) 1991; In Niemandshaus hab' ich ein Zimmer. Lieder und Gedichte, 1997.

*Schallplatten und CDs:* Lied aus dem neuen Tag (Mitwirkende) 1975; Sind so kleine Hände (live), 1979; Wenn meine Lieder nicht mehr stimmen, 1980; Traurig bin ich sowieso (live), 1981; Jesus / No Woman No Cry (Single) 1982; Weine nicht, aber schrei (mit K. Wecker) 1983; Heimweh nach Heimat (live), 1985; Von Deutschland nach Deutschland ein Katzensprung, 1987; Sie hat's gewußt (live), 1992; Die Lieder, I 1978–1981, II 1981–1985, III 1985–1992 (3 CDs) 1997; Wege (mit K. Troyke) 1998; K. Troyke, Jiddische Vergessene Lieder (Mitwirkende) 1998; Die Leute aus meiner Straße (mit I. Heym) 2000; Alles was ich wünsche (mit K. Troyke) 2001; Die Leute in meiner Straße. Vier Geschichten von Inge Heym und vier Berliner Lieder v. B. W. (CD) 2001; Mein Bruder ... Jüdische Lieder (mit K. Troyke) 2003; Liebeslieder (Doppel-CD) 2004; Die Abschiedstournee (Doppel-CD, mit K. Troyke) 2007.

*Literatur:* Munzinger-Arch.; KLG (auch Internet-Edition); Killy 12 (1992) 182; Schmidt, Quellenlex. 32 (2002) 467; Theater-Lex. 5 (2004) 3071. – D. van Stekelenburg, Gespräch m. Klaus Schlesinger u. ~ (in: DB, H. 3) 1978; ~, Liedermacherin in d. DDR. Interview (in: Linkskurve. Magazin f. Kunst u. Kultur 1) 1979; Schreiben, was uns selbst betrifft. Interview (in: Spuren, H. 3) 1979; I. Nordhoff, Bittere Wahrheit (in: Spielen u. Lernen 9) 1979; M. Sallmann, «Ich taug zum Staatsfeind nicht ...» (in: Dtl. Arch. 13) 1980; O. Watzke, ~ (in: Ged. in Stundenbildern f. d. Sekundarstufe 1, hg. O. W. u. K. C. Haase) 1985; P. Söllinger, ~ (in: P. S., Texte schreiben: Method. Anregungen) 1986; Gregor Gysi u. d. MfS. Die Ber. der IM Notar, IM Gregor, IM Sputnik u. d. MfS (Tonbandprotokolle) über Robert Havemann, Rudolf Bahro, ~, Katja Havemann, Bärbel Bohley, Ulrike Poppe unter «Mitarbeit» v. MfS-Major Günther Lohr (Lohse). 1978–1989 (hg. A. W. Mytze) 1995 (= Europäische Ideen, Sonderh.); A. Jäger, Schriftst. aus d. DDR. Ausbürgerungen u. Übersiedlungen v. 1961 bis 1989, 1995; Berlin – Ein Ort z. Schreiben [...] (Red. K. Kiwus u. B. Voigt) 1996; Biogr. Hdb. d. SBZ/DDR 1945–1990 (hg. G. Baumgartner, D. Hebig) Bd. 2, 1997; Wer war wer in d. DDR? E. biogr. Lex. 2 (hg. H. Müller-Enbergs u. a.) $^{2}$2006. AW

**Wegner,** Christian, * 9. 9. 1893 Hamburg, † 14. 1. 1965 ebd.; Vater v. Matthias → W., 1912–14 Lehre in e. Buchhandlung in Bremen, 1914 Freiwilliger im 1. Weltkrieg. 1919 Ausbildung bei s. Onkel Anton → Kippenberg im Leipziger Insel-Verlag, kurze Zeit Geschäftsführer beim Leipziger Tauchnitz-Verlag. 1930 in Paris Gründer u. Leiter des Albatros-Verlags, d. Auslieferung besorgte s. Geschäftspartner Kurt Enoch (Verlag, Buch- u. Zs.-Großhandlung) in Hamburg. 1936 ging W. nach Hamburg, übernahm Enochs Verlag, der in «C. W. Verlag» u. d. Großhandlung in «Grossohaus W. & Co.» umbenannt wurde (Enoch übernahm W.s Aufgaben in Paris). W. mußte 1939 einrücken, 1943 wegen Wehrkraftzersetzung v. Feldkriegsgericht zu fünf Jahren Gefängnis verurteilt u. z. einfachen Soldaten degradiert, 1944 «zur Bewährung» an d. Ostfront geschickt. Nach d. 2. Weltkrieg baute er, der als einer d. ersten e. Verlegerlizenz erhielt, s. Verlag wieder auf u. verlegte u. a. die von Erich → Trunz herausgegebene 14bändige «Hamburger Goethe-Ausg.». Gründete 1951 mit Bermann Fischer d. Tb.reihe «Fischer Bücherei» in Frankfurt/M., Mitbegründer d. Norddt. Buchhändler- u. Verleger-Verbandes, hatte im Börsenver. d. dt. Buchhandels versch. Ehrenämter inne.

*Übersetzer- und Herausgebertätigkeit:* J. Chenevière, Erkenne dein Herz (Rom., übers. mit e. Geleitw. v. C. J. Burckhardt) 1939; H. de Montherlant, Die tote Königin (Dr., übers.) 1947; Trost der Welt. Eine Sammlung deutscher Lyrik aus 5 Jahrhunderten (hg. mit R. K. Goldschmit-Jentner) 1949.

*Literatur:* DBE ²10 (2008) 464. – Gratulatio. FS für ~ z. 70. Geb.tag (hg. M. Honeit, Matthias W.) 1963 [= Privatdruck]; Karl H. Pressler, Tauchnitz u. Albatross. Z. Gesch. des Tb. (in: Aus dem Antiquariat 1) 1985; A. Trojan, Erben e. großen Passion. D. Name ~ steht seit Generationen für d. Engagement rund ums Buch [...] (in: Börsenbl. 170/9) 2003. IB

**Wegner,** Ernst (Ps. Wegner-Höring), * 12. 7. 1900 Güsten/Anhalt, Todesdatum u. -ort unbek.; Gartenbauinspektor, lebte in Ludwigsburg/Württ. (1943); Fachschriftenautor.

*Schriften:* Pläne für kleine Gärten. Praktische Hinweise für die sachgemäße Anlage eines Gartens, 1934 (2., verb. Aufl. 1937); Das Kind im Garten. Ernste Betätigung und fröhliches Spiel im «Kinderzimmer» des Gartens, 1935; Unser Hausgarten im Jahreslauf. Ein Ratgeber für Gartenfreunde, 1936. AW

**Wegner,** Eva-Gesine, * 13. 11. 1943 Deutsch-Eylau/Westpr.; zunächst Lehrerin an e. Sonderschule f. Lernbehinderte, dann Beschäftigungstherapeutin in d. Psychiatrie, seit 1981 künstler. tätig, lebt als Bildhauerin in Kronberg/Taunus u. Lautertal/Odenwald.

*Schriften:* Der Kopf der Medusa (Ess., hg.) 1989; Bei den Steinen angekommen / Aux pierres de mon départ. E.-G. W. als Bildhauerin im Dialog mit Camille Claudel. Poetische Skizzen (dt./französ., übers. ins Französ. S. Bohn) 1998; Zwischen den Welten. Orte der «Hexen»-Verfolgung als Bildhauerin neu sehen, 2003.

*Literatur:* E. Röhr, ~ (in: Schlangenbrut. Zs. f. feminist. u. rel. interessierte Frauen 5) 1987. AW

**Wegner,** Friedrich Ferdinand (Ps. f. Richard Poegel), * 17. 9. 1888 Strasburg/Uckermark, Todesdatum u. -ort unbek.; lebte in Berlin-Steglitz (1938); polit. Erz. u. Sachbuchautor.

*Schriften:* Verblutendes Deutschland. Ein Roman aus dem deutschen Wirtschaftsleben der Gegenwart, 1931 (Neuausg. 1933); Sind wir auf dem richtigen Wege? Deutsche Schicksalsfragen gestern, heute und morgen, 1954. AW

**Wegner,** Gottfried, * 18. 3. 1644 Oels/Niederschles., † 14. 6. 1709 Königsberg; studierte seit 1663 evangel. Theol. in Königsberg u. Leipzig, 1666 Magister, 1668 Archidiakonus u. Rektor in Neustadt-Eberswalde, 1674/75 Diakonus in Frankfurt/Oder, 1694 Dr. theol. Halle/Saale, 1695 a. o. Prof. d. Theol. in Königsberg u. zweiter Hofprediger, 1709 o. Prof., Oberhofprediger u. Assessor d. samländ. Konsistoriums.

*Schriften* (Ausw.): Geistliche Parodien, 2 Bde., 1668; Calendarium romanum vetus, 1671; Geistliche Gespräche vom Sonntage oder Sabbathe der Christen, 1671; Geistliche Oden / Psalmen und Lieder, 3 Bde., 1676; Herrn D. Martin Luther's seel. vielfältig verlangtes Namen-Büchlein [...] (hg.) 1674 (Nachdr. 1983); Kinder-Bibel Begreiffend I. Sprüche der H. Schrifft, auff alle Sonn- und Festtage durchs gantze Jahr [...], II. Etliche [...] Psalmen König Davids, III. Andächtige Reim-Gebetlein [...], für den Kindern [...] zusammengetragen,

1693; Deutsche Lieder und Gedichte, 1700; Epitome bibliorum, 1700 (NA 1708).

*Literatur:* Zedler 53 (1747) 1938; Jöcher 4 (1751) 1848; Goedeke 3 (1887) 292; ADB 41 (1896) 426. RM

**Wegner,** Heidi, * 25.9. 1946 Wilhelmshaven/Nds.; Diplom-Übersetzerin, erhielt seit 1976 mehrere Arbeitsstipendien, lebt u. arbeitet in Karlsruhe; Lyrikerin.

*Schriften:* Die Faust voller Wunderkerzen (Ged., Nachw. W. H. Fritz, Zeichnungen D. v. Oppeln) 1981. AW

**Wegner,** Hildegard (geb. Maus), * 15.4. 1927 Winsen/Luhe/Nds.; 1949–51 Fotografieausbildung, kam n. d. schweren Krankheit ihres Mannes (seit 1951 verh.) vorübergehend in e. psychiatr. Klinik, brachte sich selbst d. Puppenmachen bei, legte 1968 d. Fotografie-Meisterprüfung ab, führt seit 1969 e. eigenes Porträtstudio in Hannover u. fertigt weiterhin künstler. Puppen an.

*Schriften:* Schatten ohne Licht / Deprived of Light. «Puppen» und Fotografien (Bildbd., Texte dt. u. engl.) 1996.

*Dokumentarfilm:* D. Einsiedler u. d. Puppenmacherin (Videokassette, Regie M. Heuer, Red. H. Huntemann) 2005. AW

**Wegner,** Irmgard (geb. Nothwang), * 19.8. 1920 Schönbronn, Kr. Rottweil, † 4.11. 2007 (Ort unbek.); studierte Medizin, Dr. med., lebte zuletzt in Fellbach/Baden-Württemberg.

*Schriften:* Geschichten aus Khorassan. Wahre und nacherzählte Begebenheiten aus dem Persien der fünfziger Jahre, 1996. AW

**Wegner,** Karin (geb. Richardt), * 9.11. 1960 Gnoien/Mecklenb.; Ausbildung z. Diplom-Wirtschaftsingenieurin an d. FH Wismar, 26 Jahre im öffentl. Dienst in Neubrandenburg tätig, lebt in Holzendorf/Mecklenb.-Vorpommern.

*Schriften:* Den Himmel noch einmal seh'n (Ged.) 2007. AW

**Wegner,** Leonore → Landau, Lola.

**Wegner,** Lite (Elisabeth) (Ps. M. Olivar), * 19. Jh. Kiel, Lebensdaten unbek.; wuchs in Kiel auf, unternahm zahlr. Reisen, hielt sich in e. Pensionat in Geldern auf, lebte seit 1898 in Berlin, Mitarb. d. «Hamburger Korrespondenten» u. d. «Kieler Zeitung».

*Schriften:* Menschenleid und Menschenfreud'. Erzählungen aus Carmen Sylvas Königreich, 1895 (NA 1898); Die Glöcknerin von Braunsberg, 1900; Vom Sanderhof. Erzählung aus Südtirol, 1900. RM

**Wegner,** Lola → Landau, Lola.

**Wegner,** Marie A. (geb. Witt), * 16.9. 1859 Bogdanowo/Pr., † 12.1. 1920 Rostock; Mutter v. Armin T(heophil) → W., Frauenrechtlerin, Gründerin u. später Ehrenvorsitzende d. Schles. Frauenverbandes, Hg. d. Zs. «D. Frau in d. Ggw.» u. Chefred. v. «Frau im Osten» (Breslau).

*Schriften:* Merkbuch der Frauenbewegung, 1908.

*Literatur:* Dt. Biogr. Jb. 2 (1928) 764. AW

**Wegner,** Matthias, * 29.9. 1937 Hamburg; Sohn d. Verlegers Christian → W., wuchs in München auf, studierte Lit.- u. Kunstgesch. in Göttingen, Berlin (West), Basel u. Hamburg, 1965 Dr. phil. Hamburg, absolvierte d. Lehrjahre im Verlag s. Vaters, seit 1969 Mitarb. im Rowohlt Verlag, ebd. zunächst Geschäftsführer, seit 1971 Leiter d. Tb.verlags u. seit 1983 verleger. Leiter d. gesamten Verlags, 1985–90 Programmgeschäftsführer der dt.sprachigen Bertelsmann-Buchclubs in Hamburg u. Gütersloh, seither freier Publizist u. Hg., zudem Rezensent u. Hamburger Kulturkorrespondent d. «Frankfurter Allg. Ztg.» sowie regelmäßiger Mitarb. d. «Neuen Zürcher Ztg.» u. a. Publikationen, leistet außerdem Programmarbeit f. d. Hamburger Kammerspiele, d. St. Pauli-Theater u. d. Ernst Deutsch-Theater in Hamburg, lebt ebd.; Verf. u. Hg. v. lit.wiss. u. hist. Schr. sowie v. Biographien.

*Schriften:* Gratulatio. Festschrift für Christian Wegner zum 70. Geburtstag am 9. September 1963 (hg. mit M. Honeit) 1963; Verbannung. Aufzeichnungen deutscher Schriftsteller im Exil (hg. mit E. Schwarz) 1964; Exil und Literatur. Deutsche Schriftsteller im Ausland 1933–1945, 1967 (zugleich Diss. u. d. T.: Das Problem der Emigration in theoretischen und dichterischen Zeugnissen der deutschen Exil-Literatur, 1965; 2., durchges. u. erg. Aufl. der Buchausg. 1968); Hamburg (dt./engl., Text mit A. Ohrenschall, ins Engl. übers. S. Bollinger, Fotos S. Hinderks) 1991; Klabund und Carola Neher. Eine Geschichte von Liebe und Tod, 1996 (Tb.ausg. 1998); Klabund, Wo andre gehn, da muß ich fliegen ... Ein Lesebuch (mit Vorw. hg.) 1998; Hanseaten. Von stolzen Bürgern und schönen Legenden, 1999 (2., überarb. Aufl. 1999; Tb.ausg. 2001; Neuausg. 2008); Ja, in Hamburg bin ich gewesen. Dichter in Hamburg (vorgestellt, unter Mitarb. v. S. VALENTIN, Vorw. U. TUKUR u. U. WALLER) 2000; Aber die Liebe. Der Lebenstraum der Ida Dehmel, 2000 (Neuausg. 2001; Tb.ausg. 2002); Feuer! Feuer! Feuer! Der große Hamburger Brand von 1842. Eine literarisch-musikalische Erinnerung an Hamburgs großen Brand von 1842 (Tonträger [CD], n. Augenzeugenberichten zus.gestellt mit J. KUNTZSCH) 2001; M. Claudius, Der Mond ist aufgegangen. Vom verzweifelten Damon, Hinz und Kunz, dem großen und dem kleinen Hund, der Philosophei und anderem. Viele Verse und ein Brief (mit Nachw. hg., Fotos R. Groothuis) 2001; «In Hamburg ist die Nacht nicht wie in andern Städten». Ein musikalisch-literarisches Hamburg-Porträt (Tonträger [CD], Textausw.) 2002; Ein weites Herz. Die zwei Leben der Isa Vermehren, 2003 (Tb.ausg. 2004; Neuausg. 2005); Hans Albers (Biogr.; Medienkombination: Buch u. CD, Red. C. DICKEL) 2005 (Tonträger [3 CDs] u. d. T.: Ulrich Tukur liest Hans Albers. Die Biographie, Regie B. NIELS, 2006); Abschied von Heinrich Heine. Mit einem Bericht über Heines letzte Tage, einigen späten Gedichten und einem Pariser Bilderbogen (hg.) 2006.

*Literatur:* Munzinger-Archiv. AW

**Wegner,** Max, * 8. 8. 1902 Wozinkel/Mecklenb., † 8. 11. 1998 Münster/Westf.; Sohn e. Landwirts, studierte Archäologie, Kunstwiss., Sinologie u. Dt. Philol. in Freiburg/Br., Leipzig, München u. Berlin, 1928 Dr. phil., Assistent am Berliner Archäolog. Inst., 1939 Habil., Mitgl. d. «Nationalsozialist. Dt. Arbeiterpartei» (NSDAP), 1942–70 o. Prof. d. Archäologie in Münster; Hg. d. «Orbis Antiquus» (seit 1950).

*Schriften* (Ausw.): Die Herrscherbildnisse in antoninischer Zeit (Habil.schr. Berlin) 1939 (spätere Aufl. u. d. T.: Das römische Herrscherbild); Das Musikleben der Griechen, 1949; Altertumskunde, 1951; Meisterwerke der Griechen, 1955 (Neuausg. 1960); Sizilien, von Einheimischen und Fremden erlebt. Charakterstudie einer Weltinsel, 1964; Die Frauen der Familie Konstantins, 1984; Zeiten – Lebensalter – Zeitalter im archäologischen und kulturgeschichtlichen Überblick, 1991; Hermes. Sein Wesen in Dichtung und Bildwerk, 1996.

*Literatur:* DBE ²10 (2008) 464. – Hdb. d. dt. Wiss., II Biogr. Verz., 1949; FS ~ z. 60. Geb.tag (hg. D. AHRENS) 1962. RM

**Wegner,** Max, * 26. 10. 1915 Holzwickede/Ruhrgebiet, † 22. 10. 1944 Berghofen/Hessen; engagierte sich aktiv in d. Nazibewegung, Kulturhauptstellenleiter bei e. HJ-Bann [Gliederungseinheit d. Hitler-Jugend] in Hamm; Erz., Bühnenautor u. Herausgeber.

*Schriften:* Das deutsche Gebet (Sprechchorsp.) 1932; Die gebrochenen Hände. Eine Tilman-Riemenschneider-Erzählung, 1937 (²1940); Wir glauben! Junge Dichtung der Gegenwart (hg.) 1937; Borius Wichart. Roman aus der Gegenreformation, 1939 (⁵1942); Pflicht. Ein Ring (Erz., hg.) 1939 (³1943); Die Frucht wächst im Gewitter. Matthias Grünewald, Tilman Riemenschneider, Jörg Ratgeb. Drei Erzählungen, 1940 (³1943); Jungen und Mädchen im Krieg. Aus Berichten von Jungen und Mädeln zusammengestellt (hg. mit W. DISSMANN) 1941; Muttererde, Vaterland. Die deutsche Heimat und ihre Menschen in Erzählungen, Gedichten und Bildern (hg.) 1942; Der Deutsche. Künstler und Rebell, 1943; Die Saat der Freiheit (Erz.) 1943; Tilman Riemenschneider. Zeit, Mensch und Werk, 1943; Ewiger Quell (F. 1–4, Mithg.) 1943.

*Literatur:* Westfäl. Autorenlex. 4 (2002) 879 (auch Internet-Edition). – A. KRACHT, ~. E. junger westfäl. Dichter (in: Heimat u. Reich 7) 1940; J. WULF, Lit. u. Dg. im Dritten Reich, 1966; W. TIMM, Gesch. d. Gemeinde Holzwickede m. ihren Ortsteilen Hengsen, Holzwickede u. Opherdicke, 1988; E KLEE, D. Kulturlex. z. Dritten Reich. Wer war was vor u. nach 1945, 2007. AW

**Wegner,** Natascha (Ps.), * 1968 (Ort unbek.); wuchs als Heimkind auf, wurde drogenabhängig u. arbeitete als Prostituierte; Verf. v. autobiogr. Schriften.

*Schriften:* Trotzdem hab ich meine Träume. Die Geschichte von einer, die leben will (mit A. FEID) 1990; Sterben kannst du immer noch (mit DEMS.) 1993. AW

**Wegner,** Paul, * 26. 9. 1887 Flatow/Westpr., † 10. 4. 1965 Bad Saarow/Brandenburg; 1913 Dr. phil., Stud.rat, lebte in Berlin u. seit 1934 in Bad Saarow; Lyriker.

*Schriften:* Heimat (Ged.) 1912; Der dunkle Weg. Ausgewählte Gedichte, 1924 (Neuausg. 1966); Garten der Kindheit (Ged.) 1959; Menschengedanken. Ein Sinngedicht, 1961; Wandrer sind wir. Ausgewählte Gedichte, 1964; Nachlese. Gedichte und Briefe (hg. G. CAMPS) 1980. AW

**Wegner,** Peter C(arl) B(ogislav), * 2. 4. 1763 Sanzkow bei Demmin/Mecklenb.-Vorpomm., † 23. 12. 1836 Friedland/Mecklenb.-Vorpomm.; Sohn e. Predigers, studierte (fünfzehnjährig) Theol. an d. Univ. Greifswald u. 1780 an d. Univ. Frankfurt/Oder, bis 1783 Hauslehrer. Dann Forts. d. Stud. (auch Philos., französ. u. engl. Sprachstud.) an d. Univ. Göttingen, wieder Hauslehrer. Seit 1796 Lehrer am Gymnasium in Friedland, 1797–1828 Rektor, 1824 Dr. d. philos. Fak. d. Univ. Greifswald; Verf. v. Reden u. Gelegenheitsgedichten.

*Schriften:* Schulreden, 1853.

*Literatur:* NN 14 (1838) 976. – F. BRÜSSOW, Nekrolog ~ (in: Freimüthiges Abendbl. 19) 1837; Gedenkschr. z. 600-Jahrfeier der höheren Schule zu Friedland in Mecklenb. (hg. R. SCHRECKHAS) 1937; G. GREWOLLS, Wer war wer in Mecklenb.-Vorpomm.? Ein Personenlex., 1995. IB

**Wegner,** Reiner K., * 1968 Nürnberg; studierte Rechtswiss., danach im jurist. Dienst tätig.

*Schriften:* Mobbing. Heraus aus der Opferrolle!, 2004. AW

**Wegner,** Richard Nikolaus, * 13. 5. 1884 Gelsenkirchen, † 11. 2. 1967 Greifswald; studierte seit 1907 Medizin u. Naturwiss. in Breslau, Grenoble, Lyon, Paris, London u. München, 1910 Dr. phil. Breslau, 1913 Dr. med. u. medizin. Staatsexamen München, in Krankenhäusern in München u. Hamburg tätig, 1914 Habil. u. Privatdoz. f. Anatomie in Rostock, Bataillonsarzt im 1. Weltkrieg, seit 1923 a. o. Prof. d. Anatomie u. Abt.vorsteher am anatom. Inst. d. Univ. Frankfurt/M., unternahm 1927–29 e. Forschungsreise n. Südamerika; 1948–54 o. Prof. u. Dir. d. anatom. Inst. u. Mus. d. Univ. Greifswald; Fachschriftenautor.

*Schriften:* Tertiäre Säugetiere Oberschlesiens, 1907; C. Depéret, Die Umbildung der Tierwelt. Eine Einführung in die Entwicklungsgeschichte auf palaeontologischer Grundlage (übers.) 1909; Tertiär und umgelagerte Kreide bei Oppeln (Oberschlesien), 1911; Tut-ench-Amun. Geleitwort zu einem Vortrage, 1913; Zur Geschichte der anatomischen Forschung an der Universität Rostock, 1917; Frankfurts Anteil an der Verbreitung anatomischer Kenntnisse im 16. bis 18. Jahrhundert. Ein Beitrag zur Urgeschichte der Frankfurter Hochschule, 1925; H. Staden, Wahrhaftige Historia und Beschreibung eyner Landtschafft der wilden nacketen grimmigen Menschfresser-Leuthen, in der Newenwelt America gelegen (Faks.-Wiedergabe nach d. Erstausg. «Marpurg uff Fastnacht 1557», mit e. Begleitschr. hg.) 1925 (2., verm. Aufl. 1927); Aufnahmen während einer Forschungsreise durch Nordargentinien, Nordchile, Bolivien, Peru und Yucatan in den Jahren 1927–29, 1929; Durch Inner-Bolivien und Hoch-Peru (Vortrag) 1930; Zum Sonnentor durch altes Indianerland. Erlebnisse und Aufnahmen einer Forschungsreise in Nordargentinien, Bolivien, Peru und Yucatan, 1931 (2., neubearb. Aufl. 1936); Indianer-Rassen und vergangene Kulturen. Betrachtungen zur Volksentwicklung auf einer Forschungsreise durch Süd- und Mittelamerika, 1934; Volkslied, Tracht und Rasse. Bilder und alte Lieder deutscher Bauern (m. 33 Abb. im Text u. e. nur f. d. Werk hergestellten Schallplatte m. Stücken aus alten Liedern dt. Rassen) 1934; Deutsche Kupferstiche in Farben, 1935; Die Chincha-Bulldogge. Eine ausgestorbene Hunderasse aus dem alten Peru (mit M. HILZHEIMER) 1937; Das Anatomenbildnis. Seine Entwicklung im Zusammenhang mit der anatomischen Abbildung, 1939; Das Anatomische Institut und Museum der Universität Greifswald, 1953; Der Schädelbau der Lederschildkröte Dermochelys Coriacea Linné (1766). Eine ausführliche Monographie des Schädelbaus dieser Schildkröte nebst Bemerkungen über andere Formen, 1959; Der Schädel des Beutelbären (Phascolarctos cinereus Goldfuß 1819) und seine Umformung durch lufthaltige Nebenhöhlen. Eine vergleichend-anatomische Betrachtung mit Einbeziehung der Verhältnisse bei Vombatus und Lasiorhinus, 1964.

*Nachlaß:* Ibero-Amerikan. Inst. Berlin.

*Literatur:* DBE ²10 (2008) 465. – Reichshdb. d. dt. Gesellschaft [...] 2, 1931; Biogr. Lex. d. hervorragenden Ärzte der letzten fünfzig Jahre [...] 2 (hg. u. bearbeitet I. FISCHER) 1933; Hdb. d. dt. Wiss., Bd 2: Biogr. Verz., 1949; FS z. 70. Geb.tag v. ~ (Univ. Greifswald), 1954; G.-H. SCHUMACHER, ~ 80 Jahre (in: Säugetierkundl. Mitt. 12) 1964; DERS., H. WISCHHUSEN, Anatomia Rostochiensis. D. Gesch. d. Anatomie an d. 550 Jahre alten Univ. Rostock, 1970; W. HARTKOPF, D. Berliner Akad. d. Wiss. Ihre

Mitgl. u. Preisträger 1700–1990, 1992; H. REDDEMANN, ~ (in: H. R., Berühmte u. bemerkenswerte Mediziner aus u. in Pomm.) 2003. AW

**Wegner,** Rudolf, * 24. 4. 1880 Spantekow, Kr. Anklam, † 5. 9. 1951 Frankfurt/M.; Astronom u. Meteorologe, beschäftigte sich auch m. Vogelschutz, lebte in Berlin (1934) u. Frankfurt/Main.

*Schriften:* Auf dem Glutball der Sonne, 1932; Das Klima Pommerns, 1934; Merkwürdiges über die Osterdaten, 1934; Über die Dämmerung, 1936; Die Vogelschutzwarte (hg. mit. O. HEINROTH) 1929/30. AW

**Wegner,** Ruth (geb. Kinzy), * 3. 2. 1941 München; arbeitete als techn. Angestellte, Leiterin v. Kursen z. Kreativen Schreiben, lebt in Keltern/Baden-Württ., 2005 Preis im Schreibwettbewerb «Schreibfeder.de».

*Schriften:* Die Zukunftskatze. Geschichten (hg. R. STIRN) 2001.

*Literatur:* Autorinnen u. Autoren in Baden-Württ. (Internet-Edition). AW

**Wegner,** Ulrich, * 1946 (Ort unbek.); studierte Gesch. u. Kunstgesch. in Köln u. Pamplona, arbeitet als Studienreiseleiter in Spanien u. Portugal; Verf. v. Wanderbüchern.

*Schriften:* Wandern auf dem Spanischen Jakobsweg, 1999; Der Jakobsweg. Auf der Route der Sehnsucht nach Santiago de Compostela, 2000. AW

**Wegner,** Willi, * 30. 6. 1920 Hannover; freier Schriftst., Hör- u. Fernsehsp.autor, lebt in Oberursel/Taunus; zahlr. Veröff. in Zs. u. Ztg. in Dtl., Öst. u. der Schweiz sowie in Anthol.; Erzähler.

*Schriften:* Feuer für Melbourne. Mit dem Fahrrad nach Australien (n. Tagebuchaufz. v. W. STEINHOFF, W. WIEGAND u. H. HOFSTEDE) 1957; Moses ahoi. Aus dem Tagebuch des Schiffsjungen Heinz Eckardt, 1960; Tödliche Oliven. Kriminalerzählungen, 1975. AW

**Wegner,** Wolfgang, Geburtsdatum u. -ort unbek.; Schriftst. u. Reisejournalist, lebt in Schöningen/Nds., erhielt 1987 d. Preis d. Leseratten u. 1992 gem. mit s. Ko-Autorin Evamaria → Steinke d. Dt. Drehbuchpreis; Erz., verf. alle Schr. gem. m. E. Steinke.

*Schriften:* Der Robin Hood der Beringstraße. Das abenteuerliche Leben des Max Gottschalk, 1985; Flucht über den Khaiber-Paß. Hangur Shah flieht vor dem Krieg in Afghanistan, 1986; Aufbruch im Namen Gottes. Eine abenteuerliche Flucht nach Australien, 1987; Jan Ochsenknecht oder Die abenteuerliche Entdeckung des Friedens, 1988; Die Hyänen von Impala Hills, 1989; Duell am Yukon, 1989; Boyboy und die Kanukinder (Kdb.) 1990 (Neuausg. mit d. Untertitel: Ein Abschied vom Paradies, 1994); Der Sommer der Kanukinder (Kdb.) 1991 (Neuausg. mit d. Untertitel: Abenteuer in Alaska, 1995); Die Nacht des Leoparden, 1992; Schlittenwolf (Jgdb.) 1993. AW

**Wegner,** Wolfgang, * 19. 1. 1913 Frankfurt/Main, † 6. 1. 1978 München; studierte 1932–35 Kunstgesch. in München u. Frankfurt/Main, 1939 Dr. phil., Soldat im 2. Weltkrieg, 1945 Volontär am Bayer. Nationalmus. u. an d. Staatl. Graph. Slg. München (SGSM), 1946 wiss. Angestellter, 1954 Konservator, 1961 Oberkonservator u. 1970 Landeskonservator d. SGSM, trat 1975 in d. Ruhestand; Publizist v. Ausstellungskatalogen u. Verf. v. kunsthist. Schriften.

*Schriften:* Der deutsche Altar des späten Mittelalters (Diss.) 1941; Hundert Meister-Zeichnungen aus der Staatlichen Graphischen Sammlung München (mit P. HALM u. B. DEGENHART) 1958; Kurfürst Carl Theodor von der Pfalz als Kunstsammler. Zur Entstehung und Gründungsgeschichte des Mannheimer Kupferstich- und Zeichnungskabinetts. (Gesellschaft der Freunde Mannheims und der Ehemaligen Kurpfalz, Mannheimer Altertumsverein von 1859), 1960; Die Faustdarstellung vom 16. Jahrhundert bis zur Gegenwart, 1962; Rembrandt und sein Kreis. Zeichnungen und Druckgraphik (Ausstellungskatalog) 1966; Die Niederländischen Handzeichnungen des 15. bis 18. Jahrhunderts (bearb.) 2 Bde., 1973.

*Literatur:* DBE [2]10 (2008) 465. – E. SCHEIBMAYR, Letzte Heimat. Persönlichkeiten in Münchner Friedhöfen 1784–1984, 1989. AW

**Wegner-Höring** → Wegner, Ernst.

**Wegner-Korfes,** Sigrid (geschiedene Kumpf), * 28. 7. 1933 Potsdam; Tochter v. Otto Korfes (1889–1964), studierte 1952–54 Gesch. an d. Univ. Leipzig, 1953/54 wiss. Hilfsassistentin am Inst. für Gesch. d. Völker der UdSSR ebd., 1954–60

Forts. d. Gesch.stud. an der Lomonossov-Univ. Moskau, Staatsexamen u. 6-monatige Tätigkeit als «Meßwerkbauerin» im Elektro-Apparate-Werk Treptow. Ab 1960 wiss. Assistentin am Inst. für Gesch. d. Völker der UdSSR der HU Berlin, 1964 Dr. phil., wiss. Mitarb. am Zentralinst. für Gesch. d. Akad. d. Wiss. d. DDR in Berlin.

*Schriften* (Ausw.): Blutsonntag 1905. Fanal der Revolution. 1976 (2., veränd. Aufl. 1979); Otto von Bismarck und Rußland. Des Reichskanzlers Rußlandpolitik und sein realpolitisches Erbe in der Interpretation bürgerlicher Politiker (1918–1945) 1990; Weimar – Stalingrad – Berlin. Das Leben des deutschen Generals Otto Korfes. Biografie, 1994.

*Literatur:* L. MERTENS, Lex. d. DDR-Historiker. Biogr. u. Bibliogr. zu den Gesch.wissenschaftlern aus der Dt. Demokrat. Republik, 2006. IB

**Wegner-Schlesinger,** Bettina → Wegner, Bettina.

**Wegner-Zell,** Bertha (geb. Wegner, Ps. B. W. Zell; B. v. York), * 3. 3. 1850 Bromberg/Pomm., † 8. 12. 1927 Berlin; früh verwaist lebte sie bei entfernten Verwandten, heiratete e. Kaufmann u. übersiedelte mit ihm nach Berlin. Unter d. Ps. B. W. Zell erschienen ihre ersten Nov. u. Feuill. in versch. Ztg. u. Zs., während e. längeren schriftsteller. Pause bildete sie sich in Lit. u. Philos. autodidaktisch weiter. 1897–1918 Hg. d. «Töchter-Albums»; Erzählerin.

*Schriften:* Schaumperlen (Nov.) 1884; Das Märchen vom Glück (Erz.) 1885; Kloster Friedlands letzte Äbtissin. Roman aus dem sechszehnten Jahrhundert, 1886; Nachbarskinder (Rom.) 1887; Aus gährender Zeit. Zwei märkische Geschichten, 1888; Zigeunerliebe. Eine Großstädterin (2 Nov.) 1890; Um ein Abendbrot und zwei andere Novellen, 1892; Moderne Junggesellen (Rom.) 1893; Lebenskunst. Die Sitten der guten Gesellschaft auf sittlich ästhetischer Grundlage. Ein Ratgeber in allen Lebenslagen. Auf Anregung hervorragender Persönlichkeiten (hg.) 1893; Frauengröße. Zeitbilder aus dem Leben edler Frauen, 1895; Fahrendes Volk. Ein Künstler-Roman, 1898; Weißes Haar (Rom.) 2 Bde., 1898; Lebende Bilder. Geschichten für die Jugend, 1906; Badeabenteuer. Fehlgeschossen. Humoresken, 1911; Herzblättchens Zeitvertreib. Unterhaltungen für kleine Knaben und Mädchen zur Herausbildung und Entwicklung der Begriffe (hg.) 1911–14; Das grüne Haus am Rhein und andere heitere und ernste Geschichten für junge Mädchen, 1920; Neues Handbuch des guten Tons. Ein Ratgeber in allen Lebenslagen, 1920; Im wilden Garten. Eine Jungmädchengeschichte, 1925; Die fünf Getreuen. Erzählung für reifere junge Mädchen, 1928.

*Literatur:* DBE ²10 (2008) 465. – P. BUDKE, J. SCHULZE, Schriftst.innen in Berlin 1871 bis 1945. Ein Lex. zu Leben u. Werk, 1995. IB

**Wego,** G. F. → Basner, Gerhard (ErgBd. 1).

**Wegrich,** Arno, * 9. 8. 1896, Todesdatum u. -ort unbek.; 1925 Dr. phil. Köln, Hauptschr.leiter, lebte in Halle/Saale (1943); Erzähler.

*Schriften:* Die Geschichtsauffassung David Hume's im Rahmen seines philosophischen Systems, 1926 (zugleich Diss. 1925); Zigeuner-Christl (Rom.) 1940; Der Sohn (Erz.) 1943. AW

**Wegrich,** Erbo (Ps. f. Erich Schredl), * 9. 4. 1965 Kösching/Obb.; studierte Theol. in Eichstätt u. Wien m. Diplom-Abschluß, 1991 Priesterweihe in Eichstätt, Kaplan in Deining u. Nürnberg-Reichelsdorf, seit 1994 Pfarrer in Walting u. seit 2000 in Spalt/Bayern, Großweingarten u. Theilenberg, daneben 1995–2001 Diözesankurat d. Dt. Pfadfinderschaft St. Georg, lebt in Spalt; Verf. u. Hg. v. theolog. Erbauungs- u. Erziehungsschriften.

*Schriften:* Als die Liebe Hand und Fuß bekam. Neue Vorschläge für die Gestaltung der Advents- und Weihnachtszeit (hg., Beitr. M. HAUK-RAKOS u. S. GÖLLER) 1997; Den Vorhang zerreißen. Neue Ideen für Gottesdienste und Gemeindefeiern zu Fastenzeit und Ostern (hg.) 1997; Maari. Der Prinz der Kinder (Bilder U. Irrgang) 1998; Der große Advent zum neuen Jahrtausend. Gottesdienste und Feiern an der Schwelle zum neuen Jahrtausend (mit M. HAUK-RAKOS) 1999; Wir Minis. Das Buch für junge Leute, die einer großen Sache dienen. Alles, was Ministranten und Ministrantinnen wissen müssen, 2000 (Neuausg. u. d. T.: Für Mädchen und Jungen, die einer großen Sache dienen. Das Buch für junge Leute am Altar, 2005); Früh- und Spätschichten. Andachten in der Fasten- und Osterzeit, 2006; Rorate-Gottesdienste. Lichtfeiern im Advent (mit M. HAUK-RAKOS) 2006. AW

**Wegscheider,** Helmut, * 8. 10. 1920 Klagenfurt/Kärnten, † 2002 Eferding/Oberöst.; entstammte e. jüd. Familie, seit 1938 Angestellter in d.

Wirtschaft, studierte seit 1945 nebenberufl. Staatswiss. an d. Univ. Graz, 1949 Dr. rer. pol. ebd., seither leitender Angestellter in d. Papier- u. Textilindustrie; Erz. u. Verf. v. autobiogr. Schriften.

*Schriften:* Das Blinzelsyndrom und andere Absonderlichkeiten (Illustr. L. Tumpach) 1997; Ein sonderbarer Rabe und andere sonderbare Geschichten, 1997; Sowohl Fisch als auch Fleisch. Biographische Notizen, 1999; Die Kunst des Bettelns. Erdichtetes und Erlebtes, 2000; Vom Werden eines (dieses) Buches, 2000; Lebenslinien und der steinige Weg vom Manuskript zum Buch, 2000.

AW

**Wegscheider,** Hildegard (geb. Ziegler), *2. 9. 1871 Berlin, †4. 4. 1953 ebd.; Abitur in Sigmaringen, studierte 1893/94 nach Ablehnung ihres Stud.antrags in Berlin Gesch., Philos. u. Pädagogik an d. Univ. Zürich, 1897 Dr. phil. Halle/Saale (als erste Frau an e. dt. Univ.), Lehrerin bei d. Gymnasialkursen v. Helene → Lange, Doz. an d. Humboldt-Hochschule in Berlin, 1901 Gründerin d. ersten Schule mit Gymnasialunterricht f. schulpflichtige Mädchen, konnte ihr Lehrerinnenamt nach d. Heirat nicht mehr ausüben (Forderung nach Ehelosigkeit f. Lehrerinnen d. preuß. Kultusministeriums), hielt Vorträge z. Frauenfrage, wirkte im Zentralvorstand d. Bundes abstinenter Frauen mit; 1919 als Mitgl. d. «Sozialdemokrat. Partei Dtl.» Angehörige d. Verfassungsgebenden Preuß. Landesverslg., ab 1921 Mitgl. d. Preuß. Landtags, Oberschulrätin im Berliner Provinzial-Schulkollegium, 1933 Entlassung durch d. Nationalsozialisten, Privatlehrerin, nach 1945 ehrenamtl. im Berliner Landesverband d. «Sozialdemokrat. Partei Dtl.» tätig.

*Schriften:* Die arbeitende Frau und der Alkohol, 1904 (NA 1906; 2004 auch als CD-ROM); Die Frau und Mutter als Vorkämpferin gegen den Alkoholismus (Vortrag) 1905; An unsere Frauen, 1946; Weite Welt im engen Spiegel. Erinnerungen (mit Geleitwort u. Anm. hg. S. SUHR) 1953.

*Literatur:* DBE ²10 (2008) 465. – C. WICKERT, Unsere Erwählten. Sozialdemokrat. Frauen im Dt. Reichstag u. im Preuß. Landtag 1919–1933, Bd. 2, 1986; M. d. L. Das Ende d. Parlamente 1933 u. d. Abgeordneten d. Landtage u. Bürgerschaften d. Weimarer Republik in d. Zeit d. Nationalsozialismus. Polit. Verfolgung, Emigration u. Ausbürgerung 1933–1945 [...] (hg. M. SCHUHMACHER) 1995; B. MICHALSKI, Louise Schroeders Schwestern. Berliner Sozialdemokratinnen d. Nachkriegszeit, 1996; U. KÖHLER-LUTTERBECK, M. SIEDENTOPF, Lex. d. 1000 Frauen, 2000.

RM

**Wegscheider,** (Julius August) Ludwig, *27. 9. 1771 Küblingen bei Schöppenstedt (heute Ortsteil)/Nds., †27. 1. 1849 Halle/Saale; Sohn e. Pastors, nach d. Privatunterricht durch den Vater Besuch d. Pädagogiums in Helmstedt u. später d. Collegiums Carolinum in Braunschweig, studierte ab 1791 Theol. an d. Univ. Helmstedt, 1795–1804 Hauslehrer in Hamburg u. seit 1795 Mitgl. d. dortigen Loge «Ferdinand zum Felsen». 1796 Dr. phil. in Helmstedt, 1805 Habil. an d. Univ. Göttingen u. anschließend ebd. Repetent (e. Art wiss. Assistent). 1806 Dr. theol., dritter Prof. d. Theol. u. Philos. an der Univ. Rinteln/Nds. sowie zweiter Stadtprediger. Nach Auflösung d. Univ. in Rinteln (1810) Prof. für NT, Dogmatik u. Religionsphilos. an d. Univ. Halle/Saale, (anon.) Mitarb. d. «Allg. Literatur-Ztg.», Ehrenmeister d. dortigen Loge «Zu den drei Degen». 1830 wurden er u. s. Kollege (Friedrich Heinrich) Wilhelm → Gesenius (ErgBd. 4) in e. Artikel d. «Evangel. Kirchen-Ztg.» beschuldigt, d. christliche Lehre «unwürdig zu lehren». Daraufhin erschienen zahlr. Streitschr., Stellungnahmen u. Entgegnungen. Gründete 1845 den «Verein z. wiss. Fortbildung d. Freimaurerei», den späteren «W.-Verein».

*Schriften* (Ausw.): Versuch, die Hauptsätze der philosophischen Religionslehre in Predigten darzustellen. Nebst einer Abhandlung über Beförderung des Religionsinteresse durch Predigten, 1801; Über die von der neusten Philosophie geforderte Trennung der Moral von Religion, 1804 (Reprint Brüssel 1981); De Graecorum mysteriis religioni non obstrvdendis, 1805; Versuch einer vollständigen Einleitung in das Evangelium des Johannes, 1806; Die Pastoral-Briefe des Apostels Paulus (neu übers. u. erklärt, mit einleitenden Abh. hg.) 1810; Institutiones theologiae christianae dogmaticae [...], 1815 (zahlr. verm. u. verb. Ausg., nach d. 6. Ausg. übers. v. F. WEISS u. d. T.: Lehrbuch der christlichen Dogmatik, 1831; Nachtr. u. Verbesserungen, 1834; Reprint [d. 8., verm. u. verb. Ausg. 1844] Brüssel 1981); Viro summe reverendo et perillustri Augusto Hermanno Niemeyer [...] memoriam ante hos quinquaginta annos [...] Philippi Melanchthonis Epistolae XIII ex autographis nunc primum typis descriptae [...], 1827.

*Nachlaß:* versch. Orte (vgl. Nachlässe DDR 3,861 unter Tholuck, Friedrich August).

*Literatur:* Meusel-Hamberger 8 (1800) 382; 16 (1812) 164; 21 (1827) 399; NN 27 (1851) 124; ADB 41 (1896) 427; RE 21 (1908) 34; LThK ²10 (1965) 977; RGG ⁴8 (2005) 1324; DBE ²10 (2008) 465. – F. STRIEDER, Grundlage zu e. Hess. Gelehrten- u. Schriftst.-Gesch. [...] 16 (hg. L. WACHLER) 1812 u. 17 (hg. K. W. JUSTI) 1819; C. F. FRITZSCHE, Amtliches Gutachten e. offenbarungsgläubigen Gottesgelehrten über d. Verderbliche des Rationalismus, der durch ~ u. Gesenius verbreitet wird, 1830; W. STEIGER, Kritik des Rationalismus in ~s Dogmatik, 1830; M. H. E. MEIER, De vita et moribus ~, 1849; K. BARTH, D. protestant. Theologie im 19. Jh., ³1961; H.-J. GABRIEL, Im Namen des Evangeliums gg. den Fortschritt. Z. Rolle d. «Evangel. Kirchenztg.» unter E. W. Hengstenberg v. 1830 bis 1849 (in: Beitr. z. Berliner Kirchengesch., hg. G. WIRTH) 1987; Braunschweig. Biogr. Lex., 19. u. 20. Jh. (hg. H.-R. JARCK u. G. SCHEEL) 1996; J.-M. VINCENT, Leben u. Werk des Hallenser Theologen ~ (1771–1849). Mit unveröff. Briefen an Eduard Reuss, 1997 (mit Bibliogr. u. Verzeichnis zeitgenöss. Monogr., Aufs. u. Artikel); E. LENNHOFF, O. POSNER, D. A. BINDER, Internationales Freimaurer-Lex. (überarb. u. erw. NA) 2000; Dt. Biogr. Enzyklopädie d. Theol. u. d. Kirchen 2 (hg. B. MOELLER u. B. JAHN) 2005; C. STEPHAN, D. stumme Fak. Biogr. Beitr. z. Gesch. d. Theolog. Fak. d. Univ. Halle, 2005. IB

**Weh,** Adalbert, *4. 5. 1940 Tiengen/Hochrhein, † 25. 6. 2002 Titisee-Neustadt/Baden-Württemberg; wuchs in Pforzheim auf, 1959 Abitur ebd., studierte Latein u. kathol. Theol. in München u. Freiburg/Br., n. d. Referendariat 1969–95 Lehrer in Titisee-Neustadt, Oberstud.rat, seit 1990 Übers. neulat. Texte.

*Schriften:* M. Gerbert, Geschichte des Schwarzwaldes. Siedlungsgebiet des Ordens des heiligen Benedikt (Studienausg., aus d. lat. Orig.-Text übers.) 2 Bde., 1993–96; ders., Schreiben an die hochwürdigen Patres und den Konvent des Klosters in Oberried (übers. aus d. lat. Original-Hs.), 1999; Johannes Reuchlin. Briefwechsel (Leseausg., übers.) 3 Bde., 2000–07; Damian Hugo von Schönborn, Erbauer der Residenz von Bruchsal, Fürstbischof von Speyer und Konstanz. Ein Einblick in die Geschichte der Familie von Schönborn, der «bischöflichen Baulöwen» (mit H. ALTHAUS) 2002.

*Literatur:* Autorinnen u. Autoren in Baden-Württ. (Internet-Edition). AW

**Weh,** Anton, * 1909, † 2001 (Orte unbek.); seit 1940 Soldat im 2. Weltkrieg, zunächst in Frankreich, dann an d. Ostfront, kam in sowjet. Gefangenschaft, lebte in Leipferdingen bei Geisingen/Baden-Württemberg.

*Schriften:* A. W. Zwischen Heimat und Front. 1940–1945 (Aufz., m. Vorw. hg. Siegfried W.) 2005. AW

**Wehage/n,** Dr. Walther → Eggert, Walther.

**Wehberg,** Hans, * 15. 12. 1885 Düsseldorf, † 29. 5. 1962 Genf; Sohn e. Arztes, studierte Rechts- u. Staatswiss. in Jena, Göttingen u. Bonn, Dr. iur., Gerichtsassessor im preuß. Justizdienst, kurzzeitig Mithg. d. «Zs. f. Völkerrecht», Mitgl. d. «Bundes Neues Vaterland», war 1917–19 am Inst. f. Weltwirtschaft u. Seeverkehr in Kiel tätig, bis 1921 Leiter d. völkerrechtl. Abt. d. Dt. Liga im Völkerbund u. bis 1925 Sachverständiger d. parlamentar. Untersuchungsausschusses d. Reichstags über Dtl. Verhalten auf d. Haager Friedenskonferenzen, 1928–60 o. Prof. d. Völkerrechts am Inst. Universitaire des Hautes Études in Genf; Hg. d. «Friedens-Warte» (seit 1923), Mithg. d. «Arch. f. Völkerrecht» (seit 1948); Pazifist u. Vorkämpfer e. fortschrittl. Völkerrechts.

*Schriften* (Ausw.): Das Völkerrecht. Eine Einführung für Nichtjuristen, 1912; Neue Weltprobleme. Gesammelte Aufsätze über Weltwirtschaft und Völkerorganisation, 1919; Deutschland und der Genfer Völkerbund, 1919; Als Pazifist im Weltkrieg, 1919; Die Ächtung des Krieges [...], 1930; Ludwig Quidde, ein deutscher Demokrat und Vorkämpfer der Völkerverständigung (eingel. u. zus.gestellt) 1948; Krieg und Eroberung im Wandel des Völkerrechts, 1953; Hugo Grotius, 1956.

*Nachlaß:* Bundesarch. Koblenz. – Mommsen 1,4066.

*Literatur:* DBE ²10 (2008) 466. – D. internat. Organisationen u. ihre Funktionen im inneren Tätigkeitsgebiet d. Staaten [...] (FS z. 70. Geb.tag, hg. W. SCHÄTZEL, H.-J. SCHLOCHAUER) 1956; P. K. KEINER, Bürgerl. Pazifismus u. «neues» Völkerrecht. ~ (1885–1962) (Diss. Freiburg/Br.) 1976; Biogr. Lex. z. Weimarer Republik (hg. W. BENZ, H. GRAML) 1988; C. DENFELD, ~ (1885–1962). D. Organisation d. Staatengemeinschaft (Diss. Tübingen) 2008. RM

**Wehberg,** Heinrich, * 29. 9. 1855 Berge bei Volmarstein/Ruhr, Todesdatum u. -ort unbek.; besuchte d. Gymnasium in Dortmund, studierte Medizin in Tübingen, Greifswald u. Bonn, 1879 Dr. med. Bonn, Assistent a. d. gynäkolog. Klinik u. später Leiter d. Univ.kinderklinik ebd.; Mitbegr. d. Bundes f. Bodenbesitzreform u. Red. v. dessen Bundesorgan «Freiland» sowie Mitbegr. d. Dt. Land-Liga; Verf. v. sozialpolit. u. medizin. Schriften.

*Schriften* (Ausw.): Die Salpetersäure im Brunnenwasser (Diss.) 1879; Was will die deutsche Land-Liga? Kurze Erläuterung ihrer Bestrebungen für die Arbeiter aller Berufsstände, 1886; Wider den Mißbrauch des Alkohols, zumal am Krankenbette. Medicinische und volkswirtschaftliche Betrachtungen, 1887; Der Kampf um die Lebensanschauung und der Arzneiaberglaube der Ärzte, 1891; Der humanistische Socialismus im Lichte des Freihandels, 1891; Die Verstaatlichung der Bergwerke, ein Stück staatserhaltender, organischer Bodenreform, 1892; Die deutschen Gewerkvereine und die moderne Arbeiterbewegung, 1892; Die Erlösung der Menschheit vom Fluche des Alkoholes, 1894; Die Enthaltsamkeit von geistigen Getränken, eine Konsequenz moderner Weltanschauung, 1897; Beiträge zur Entwicklung und Begründung des Sozialismus, 1898; Die Bodenreform im Lichte des humanistischen Sozialismus, 1913. AW

**Wehd,** Rudolf von der, * 20. 4. 1895 Würzburg, Todesdatum u. -ort unbek.; Sprachlehrer, lebte in Wiesbaden (1981); überwiegend Übers. (aus. d. Französ., Italien. u. Englischen).

*Schriften* (Herausgeberschaften u. Übers. in Ausw.): H. Bremond, Thomas Morus, Lordkanzler, Märtyrer und Held. Ein Hochbild heroischen Mannestumes (übers. u. hg. mit J. M. HÖCHT) 1935; F. Jammes, Das Kreuz des Dichters (übers. mit H. BOCHMANN) 1937; H. Ghéon, Wanderung mit Mozart. Der Mensch, das Werk und das Land (übertr. u. bearb.) 1938; Bruder Felix. Ein Glaubensheld und Gottesmann. Eine Persönlichkeitsstudie (bearb.) 1938; G. Deledda, Cosima. Die Jugend einer Dichterin (übers., Nachw. L. WOELFEL) 1942; E. de Greeff, Untergang durch die Instinkte? (übers. mit H. BROEMSER) 1953; F. Trochu, Das wunderbare Leben des Pfarrers von Ars (übers.) 1956; A. Bessières, Anna-Maria Taigi. Seherin und Prophetin. Beraterin von Päpsten und Fürsten, 1769–1837 (übers.) 1961; W. Hermanns, Maria und der Spötter (übers. mit P. ZANGERS, Vorw. F. SHEEN) 1963; Lache zum Zeitvertreib. Heitere Impressionen, 1972. AW

**Wehde,** Friedel von der (Ps. f. Frieda Plaß), * 4. 1. 1891 Steinhausen bei Bockhorn/Friesland, Todesdatum u. -ort unbek.; lebte in Varel/Friesland (1943); Erzählerin.

*Schriften:* Hannchen Lehners Treubund, 1916; Geschwister Sanders (Nov.) 1916; Wenn Männer zweifeln, 1917; Flimmerglück, 1918. AW

**Wehde,** Wilfried, * 1947; biogr. Einzelheiten unbek.; Verf. v. satir. Schriften.

*Schriften:* Sören, I Er ist auch in dir, II Zweites Buch (mit M. KONARSKI) 2005–08; Deutschland – der Staat des reinen Wahnsinns, 2007. AW

**Wehdeking,** Volker Christian, * 23. 10. 1941 Garmisch-Partenkirchen; studierte Germanistik u. Anglistik an den Univ. in München u. Yale/USA, 1965 M. A., 1966–68 «Instructor» an d. Yale Univ., 1970 Dr. phil. ebd., 1970–84 Assistenzprof. für Dt. Lit. an d. Univ. of Kansas/Lawrence, 1973–76 Forschungsassistent an d. Univ. Konstanz, 1976 Doz. an d. Univ. Augsburg u. seit 1984 Prof. für Medien u. Literaturwiss. an der Hochschule der Medien (HdM) in Stuttgart. Seit 2008 Gastprof. an d. Univ. Gent.

*Schriften* (Ausw.): Der Nullpunkt. Über die Konstituierung der deutschen Nachkriegsliteratur (1945–1948) in den amerikanischen Kriegsgefangenenlagern, 1971 (erw. Ausg. d. Diss. Yale Univ. 1969); Alfred Andersch, 1983; Interpretationen zu Alfred Andersch (hg.) 1983; Tausendundeine Nacht nach Sir Richard Burton (übers. u. Nachw., hg. J. L. BORGES) 1984; Anfänge westdeutscher Nachkriegsliteratur. Aufsätze, Interviews, Materialien, 1989; Erzählliteratur der frühen Nachkriegszeit (1945–1952) (mit G. BLAMBERGER) 1990; Die deutsche Einheit und die Schriftsteller. Literarische Verarbeitung der Wende seit 1989, 1995; G. Kunert, Immer wieder am Anfang. Erzählungen und kleine Prosa (Ausw., hg. mit Nachw.) 1999; Die Stimme hinter dem Text. Begegnungen mit Schriftstellern. Erinnerungen an die Gruppe 47 und Gegenwartsliteratur seit der Wende, 2000; Deutschsprachige Erzählprosa seit 1990 im europäischen Kontext. Interpretationen, Intertextualität, Rezeption (mit Einl., Ausw.bibliogr. u. 3 Beitr., hg. mit A.-M. CORBIN) 2003; Generationenwechsel. Intermedialität in der deutschen Gegenwartsliteratur, 2007; Medienkonstellationen: Literatur und Film im Kontext von Moderne und Postmoderne (hg.) 2008.

*Literatur:* Kopf-Kino. Ggw.lit. u. Medien. FS (hg. L. BLUHM, C. SCHMITT) 2006 (mit Bibliographie).

IB

**Wehding,** Hans Hendrik, * 3. 5. 1915 Dresden, † 8. 10. 1975 Berlin; studierte 1933–37 Musik an d. Orchesterschule d. Sächs. Staatskapelle Dresden, daneben freier Mitarb. beim Sender Dresden u. Dirigent verschiedener Rundfunkorchester, 1940–43 Opernchef in Karlsbad, 1943–45 an d. Volksoper Berlin, 1945–47 an d. Volksoper Dresden, 1947–53 musikal. Leiter beim Sender Dresden u. Dirigent d. Großen Rundfunksymphonieorchesters ebd., 1953–57 musikal. Leiter beim Dt. Fernsehfunk in Berlin, 1966–68 musikal. Oberleiter d. Staatsoperette in Dresden, komponierte Opern, Orchesterwerke u. Filmmusiken, erhielt 1956 d. Heinrich-Greif-Preis.

*Schriften:* So tragen wir in uns das Mal der Zeit (Ged., Holzschnitte C. Wild-Wall u. Erik Winnertz) 1935; Krabbelmich ... Ein fanatisches und erhebendes Buch (Kurzgesch.) 1937; Werke von H. H. W. (Verzeichnis) 1953.

*Literatur:* Theater-Lex. 5 (2004) 3072; DBE [2]10 (2008) 466. – Biogr. Hdb. d. SBZ/DDR 1945–1990 (hg. G. BAUMGARTNER, D. HEBIG) Bd. 2, 1997.

AW

**Wehe,** Peter, * 6. 7. 1966 Düsseldorf; Ausbildung z. Feinmechaniker u. Maschinenbauschlosser, besuchte dann d. Fachschule f. Metalltechnik u. wurde Verwaltungsangestellter, Mitgl. im Lese- u. Lit.förderver. Puchheim/Obb.; Erz. u. Lyriker.

*Schriften:* Andere Texte und Gedichte. Kunterbunte Texte und Gedichte, 1991; Das schwarze Buch. Schwarze Gedichte, schwarze Texte, schwarze Geschichten, 4 Bde., 1991–98; Gedichte für 2, 1992; Neue Gedichte. ... und noch kein bißchen leise ... Fröhliches und Heiteres humorvoll serviert, 1995; Rundrum gut & wunderbar. Phantastische Geschichten, phänomenale Gedichte, 2002. AW

**Wehe,** Trude (eig. Gertrude, geb. Petersen), * 22. 11. 1888 Hamburg, † 25. 8. 1978 Reutlingen/Baden-Württ.; lebte in Ratzeburg/Schleswig-Holst., um 1958 in Hamburg u. später in Reutlingen; vorwiegend Kinderbuchautorin.

*Schriften* (Msp. in Ausw.): Deutsche in Fesseln! Kriegstagebuch einer deutschen Frau in USA, 1934; Brüderchen und Schwesterchen. Märchen in 7 Bildern (frei nach Gebrüder Grimm) 1934; Die sechs Schwäne. Ein Märchen [...], 1939; Die kleinen Freunde der Hanna Oltmann. Ein Bienenbuch, 1939; Flammen am Himmel. Kriegswinter 1939–1940 (Ged.) 1940; Das Seidenhäuschen, 1941; Kämpfer am Meer (Rom.) 1941; Ein Mädel an Bord. Erzählung von der Nordsee, 1941; Dunkle Tage in Amerika, 1942; Schatten über Mexiko, 1943; Die Kuchenkatrin und der Bär (Msp.) ca. 1950; Ich heiße Florita, 1955; Pepe und Florita, 1955; Cilly auf der Geisterinsel, 1958; Wanderer an Gottes Hand. Aus der Lebenschronik eines gottverbundenen Menschen, 1967. IB

**Wehefritz,** Valentin, * 1790 Nürnberg, † 15. 1. 1868 ebd.; Stecknadelmacher u. Schauspieler bei mehreren kleinen Wanderbühnen; Mundartautor.

*Schriften:* Gedichte in Nürnberger Mundart, 1852 (neue Ausg. 1894 u. 1918).

*Nachlaß:* StB Nürnberg.

*Literatur:* Bosls Bayer. Biogr. 8000 Persönlichkeiten aus 15 Jh. (hg. K. BOSL) 1983. IB

**Wehinger,** Brunhilde, Geburtsdatum u. -ort unbek.; studierte Lit.wiss., Romanistik, Germanistik u. Gesch. in Konstanz, Stud.aufenthalte in Perugia, Rennes, Paris, Salamanca u. Barcelona, 1. Staatsexamen (Dt. u. Französ.) u. M. A. (Germanistik u. Romanistik) in Konstanz, ebd. 1984 Dr. phil. (französ. Lit.), danach Wiss. Mitarb. an d. FU Berlin, freiberufl. Übersetzerin, Verlagslektorin u. Publizistin, 2002 Habil. u. Venia legendi f. Roman. Philol. an d. FU Berlin, Vertretungsprof. am Roman. Seminar d. Univ. Köln, Gastwissenschaftlerin am Forschungszentrum Europäische Aufklärung e. V. Potsdam, wiss. Mitarb. u. später stellvertretende Dir. am Potsdamer Forsch.zentrum Europäische Aufklärung d. FU Berlin, zudem Mitarb. am KNLL, an Harenbergs Lex. d. Weltlit. u. am Metzler-Autorinnen-Lex. sowie Mithg. d. Reihen «Gender Studies Romanistik» (seit 1995), «Aufklärung u. Europa», «Aufklärung u. Moderne» u. d. Zs. «Tranvía. Revue der Iberischen Halbinsel» (1986–2001), lebt in Potsdam; Fachschriftenautorin u. Übersetzerin.

*Schriften:* Paris – Crinoline. Zur Faszination des Boulevardtheaters und der Mode im Kontext der Urbanität und der Modernität des Jahres 1857, 1988

(zugleich Diss. 1984; Neuausg. 2004); Konkurrierende Diskurse. Studien zur französischen Literatur des 19. Jahrhunderts (hg.) 1997; Friedrich der Große und Voltaire – ein Dialog in Briefen (Ausstellungskatalog, Red. mit U. STEINER u. A. VOLMER) 2000; Conversation um 1800. Salonkultur und literarische Autorschaft bei Germaine de Staël (Habil.schr.) 2002; Jenseits der Pyrenäen. Frauen unterwegs in Spanien und Portugal (Anthol., hg.) 2002; Europäischer Kulturtransfer im 18. Jahrhundert. Europäische Literaturen – Europäische Literatur? (hg. mit B. SCHMIDT-HABERKAMP u. U. STEINER) 2003; Geist und Macht. Friedrich der Große im Kontext der europäischen Kulturgeschichte (hg.) 2005; Plurale Lektüren. Studien zu Sprache, Literatur und Kunst (FS f. Winfried Engler, hg.) 2007; Europäische Aufklärung zwischen Nationalkultur und Universalismus (hg.) 2007; Übersetzungskultur im 18. Jahrhundert. Übersetzerinnen in Deutschland, Frankreich und der Schweiz (hg. mit H. BROWN), 2008; Europavorstellungen des 18. Jahrhunderts / Imagining Europe in the 18th Century (hg. mit D. EGGEL) 2008; Francesco Algarotti. Ein philosophischer Hofmann im Jahrhundert der Aufklärung (hg. mit H. SCHUMACHER) 2009. AW

**Wehking,** Christof, * 12. 3. 1924 Norden/Ostfriesl., † 10. 9. 2004 Bad Malente/Ostholst.; 1941–53 Verwaltungsangestellter in Norden, 1953–78 Beamter d. dortigen Allg. Ortskrankenkasse, danach bis 1986 deren Dir., seit 1941 Mitgl. als Darsteller, Regisseur u. zeitweise als Bühnenleiter der Ndt. Bühne Norden, Mitarb. am Radio, 1987 Freudenthal-Preis; Verf. v. plattdt. Theaterstücken sowie Kurzgesch. u. Erz., die in versch. Ztg., Zs., Anthol. u. Kalendern erschienen.

*Schriften:* Lengen na wat. Vertellsels, 1974; Gold in de Kehl (mit G. BOHDE) 1976; Een Froo för den Klabautermann (Schw.) 1978; Ferien in Lüttensiel (Lsp.) 1978; Weltünnergang (Lsp.) 1980; Dwarslöpers. Een Spill in dree Deelen, 1983; Een Mann van Welt (Lsp.) 1987; Unkel Martin kummt ut Rotterdam (Kom.) 1988; Swatte Minork as (Schw.) 1990; Papa dröömt van Acapulco (Kom.) 1991; Mitnanner snacken. Een Dialog, ca. 1991; Een Stück ut't Düllhuus (Lsp.) 1993; De Straat torügg. Vertellsels, Riemsels un en Spill, 1993; Eene Deern van de Straat (Schw.) 1994; Lisas Droom (Kom.) 1997; Maiti. Volksstück, 2002.

*Literatur:* Theater-Lex. 5 (2004) 3072. – C. SCHUPPENHAUER, Lex. ndt. Autoren (Losebl.ausg.) [1975]; Nds. lit. 100 Autorenporträts, Bibliogr. & Texte (hg. D. P. MEIER-LENZ u. K. MORAWIETZ) 1981 (mit Textprobe); Lit. in Nds. E. Hdb. (Red. A. DENECKE u. P. PIONTEK) 2000. IB

**Wehl** (eig. Wehl zu Wehlen), Feodor (Ps. Wilhelm Lehmann, gem. m. Rudolf [Karl] → Gottschall), * 9. 2. 1821 Gut Kunzendorf bei Bernstadt/Schles., † 22. 1. 1890 Hamburg; studierte Philos. u. Lit.wiss. in Berlin u. Jena, 1843 Red. d. Zs. «Berliner Wespen», wurde wegen e. satir. Ged. zu sechs Monaten Festungshaft in Magdeburg verurteilt u. aus Berlin ausgewiesen, 1846/47 Dramaturg am Theater in Magdeburg, seit 1847 Red. versch. Zs. («Telegraph f. Dtl.», «D. Jahreszeiten» u. a.) in Hamburg, 1859 Dr. phil. Jena, 1860 mit Martin → Perels Gründer d. Mschr. «Dt. Schaubühne», Mitred. d. Zs. «Reform», lebte 1861–66 in Dresden, Red. d. «Constitutionellen Ztg.» ebd., 1866 Rückkehr nach Hamburg, Red. d. Zs. «Reform», 1870 artist. Dir. u. 1874–84 Intendant d. Hoftheaters in Stuttgart, lebte dann in Ludwigsburg u. seit 1886 wieder in Hamburg, Geh. Hofrat, 1879 Erhebung in d. Adelsstand.

*Schriften:* Berliner Stecknadeln, 2 H., 1844; Der Teufel in Berlin. Dramatische Szenen, 1. H., 1845 (Mikrofiche-Ausg. in: BDL); Das Buch Berlin, 1846; Der Unterrock in der Weltgeschichte, 3 Bde., 1847–51 (auch u. d. T.: Die galanten Damen der Weltgeschichte; Mikrofiche-Ausg. in: BDL); Theater, 1. Bd., 1851; Hölderlin's Liebe. Ein dramatisches Gedicht nebst einem lyrischen Anhange, 1852; Hamburg's Litteraturleben im achtzehnten Jahrhundert, 1856 (Mikrofiche-Ausg. in: BDL); Herzensgeschichten (Nov.) 1857; Novellen. Neue Herzens-Geschichten, 1860; Neuester Declamator, 1. H., 1861; Allerweltsgeschichten. Ein Novellenbuch, 1861; Unheimliche Geschichten, 1862 (Mikrofiche-Ausg. in: BDL); Fliegender Sommer. Leichte Skizzen, 1862; Neue Lustspiele und Dramen, 5 Bde., 1864–69 (erw. Neuausg. u. d. T.: Gesammelte dramatische Werke, 6 Bde., 1882–95); Der Mann der Todten oder Ewige Liebe. Eine Erzählung für sinnige Gemüther, 1866; Von Herzen zu Herzen (Ged.) 1867; In Mußestunden. Ernste und humoristische Essays zum Vorlesen, 1867; Plausch-Geschichtchen, 1867; Didaskalion, 1867; «Am sausenden Webstuhl der Zeit», 2 Bde., 1869 (Mikrofiche-Ausg. in: BDL); Herzens-Mysterien (Erz.) 1870; Ein Pionier der Liebe (Schausp.) 1870; Zum Vortrage (Ged.) 1884; Fünfzehn Jahre Stuttgarter Hoftheater-Leitung. Ein Abschnitt aus meinem Leben, 1886; Das Junge Deutschland. Ein kleiner Beitrag zur Literaturgeschichte unserer Zeit [...], 1886 (Mikrofiche-Ausg. in: BDL); Der Ruhm im Sterben. Ein Beitrag zur Legende des Todes, 1886; Dunkle Blätter aus der Geschichte Italiens (Erz.) 1888; Theodor Storm. Ein Bild seines Lebens und Schaffens [...], 1888; Die Reise nach Glück. Eine weltliche Komödie, 1889; Zeit und Menschen. Tagebuch-Aufzeichnungen aus den Jahren 1863–1884, 2 Bde., 1889 (Mikrofiche-Ausg. in: BDL); Aus dem früheren Frankreich. Kleine Abhandlungen, 1889; Die Rache eines Weibes, 1889; Dramaturgische Bausteine. Gesammelte Aufsätze (aus d. Nachlaß hg. E. KILIAN) 1891.

*Nachlaß:* SUB Hamburg. – Denecke-Brandis 401.

*Literatur:* ADB 44 (1898) 448; Killy 12 (1992) 182; Theater-Lex. 5 (2004) 3073; DBE [2]10 (2008) 466. – K. J. SCHRÖER, D. dt. Dg. d. 19. Jh., 1875; H. SCHRÖDER, Lex. d. hamburg. Schriftst. 7, 1879; E. KILIAN, E. F. FREY, ~ (in: D. dt. Bühnen-Genossenschaft 19) 1890; K. HOCHBERG, ~ (in: D. Ggw. 37) 1890; R. ECKARDT, Lex. d. nds. Schriftst., 1891; A. HINRICHSEN, D. lit. Dtl. (2., verm. u. verb. Aufl.) 1891; R. GENÉE, Zeiten u. Menschen. Erlebnisse u. Meinungen, 1897; K. G. H. BERNER, Schles. Landsleute [...], 1901; R. KRAUSS, D. Stuttgarter Hoftheater v. d. ältesten Zeiten bis z. Ggw., 1908; W. WÖHLERT, D. Magdeburger Stadttheater v. 1833 bis 1869 (Diss. Berlin) 1957; Magdeburger Biogr. Lex. 19. u. 20. Jh. (hg. G. HEINRICH, G. SCHANDERA) 2002. RM

**Wehlau,** Anna von (eigentl. Anna Grosch, geb. Pöppel v. Wehlau), * 12. 8. 1868 Wehlau/Ostpr., † nach 1913; unternahm versch. Reisen, Heirat in Kassel, früh verwitwet, lebte bis 1908 in Gonsenheim/Rhein, dann in Mainz, 1910 in Maria Eich bei München, seit 1911 in Kreuzwinkel bei München u. 1913 in Mainz.

*Schriften:* Liebesfrühlinge. Drei Einakter (mit G. A. MÜLLER) 1904; Die Stimme des Blutes (Rom.) 1908 (auch als Theaterst.); Frau Hedes Eheglück. Roman einer jungen Frau, 1909; Lebenshunger (Rom.) 1909.

*Literatur:* Dtl., Öst.-Ungarns u. d. Schweiz Gelehrte, Künstler u. Schriftst. in Wort u. Bild (hg. G. A. MÜLLER) 1908; M. GEISSLER, Führer durch d. dt. Lit. d. 20. Jh., 1913. RM

**Wehle,** Isaak (Ephraym) → Wehli, Isaak (Ephraym).

**Wehle,** Peter, * 9. 5. 1914 Wien, † 18. 5. 1986 ebd.; studierte Jura an d. Univ. Wien, 1939 Dr. iur., daneben Musikstud., Barpianist u. Mitarb. an versch. Kabaretts u. Revuebühnen in Wien, Prag u. Teplitz-Schönau. 1939–45 (trotz jüd. Herkunft) Kriegsdienst als Dolmetscher. Nach dem 2. Weltkrieg Musiker am Landestheater Salzburg u. Mitbegründer des Kabaretts «Die kleinen Vier». 1948 Bekanntschaft mit Gerhard → Bronner (ErgBd. 2) in der Folge Zus.arbeit u. gemeinsame Auftritte in Wien, u. a. in d. «Marietta Bar», in d. «Fledermaus» u. im Neuen Theater am Kärntner Tor sowie in den satir. Rundfunksendungen «Zeitventil», «Die große Glocke» u. «Der Guglhupf». Häufig auch Zus.arbeit mit Helmut → Qualtinger u. Carl → Merz. In den 60er Jahren gründete er mit Gerhard Bronner, Helmut Qualtinger u. Karl → Farkas das «Neue Wiener Cabaret». Später studierte er Germanistik, 1974 Dr. phil.; schrieb u. komponierte zahlr. Chansons, die er z. Tl. auch selbst vortrug.

*Schriften:* Die unruhige Kugel (mit G. BRONNER) 1963; Die Wiener Gaunersprache. Eine stark aufgelockerte Dissertation, 1977 (u. d. T.: Die Wiener Gaunersprache. Von Auszuzln bis Zimmerwanzen, 1997); Sprechen Sie Wienerisch? Von Adaxl bis – Zwutschkerl, 1980; Sprechen Sie Ausländisch? Von Amor bis Zores, 1982; Der lachende Zweite. Wehle über Wehle, 1983; Sprechen Sie Ausländisch? Was Sie schon immer über Fremdwörter wissen wollten, 1985; Singen Sie Wienerisch? Eine satirische Liebeserklärung an das Wienerlied, 1986; Lauter Hauptstädte. Eine heitere Ortsnamenkunde von Niederösterreich (mit G. BRONNER) 1987.

*Literatur:* Riemann ErgBd. 2 (1975) 890; Killy 12 (1992) 182; Theater-Lex. 5 (2004) 4074; DBE [2]10 (2008) 466. – K. BUDZINSKI u. R. HIPPEN, Metzler Kabarett Lex., 1996; F. CZEIKE, Hist. Lex. Wien 5, 1997; I. FINK, Von Travnicek bis Hinterholz 8. Kabarett in Öst. ab 1945, 2000; Hdb. öst. Autorinnen u. Autoren jüd. Herkunft 18. bis 20. Jh. 3, 2002; J. WÖLFER, R. LÖPER, Das große Lex. der Filmkomponisten, 2003; Öst. Musiklex. 5 (hg. R. FLOTZINGER) 2006. IB

**Wehle,** Peter, * 12. 2. 1967 Wien; Sohn von Peter → W., studierte Musikwiss. u. Psychol. an d. Univ. Wien, 1993 Magister u. 1994 Dr. phil., Musikwissenschaftler u. Psychologe in Wien.

*Schriften:* Sprechen Sie Mozart? Ein Lesebuch zum Nachschlagen, 2005; Haydn, Haydn über alles. Ein Lesebuch zum Nachschlagen, 2008.

*Literatur:* Öst. Musiklex. 5 (hg. R. FLOTZINGER) 2006. IB

**Wehler,** Hans-Ulrich, *11.9. 1931 Freudenberg/Kr. Siegen; Sohn e. Kaufmanns, besuchte d. Volksschule u. d. Gymnasium in Gummersbach, studierte Gesch., Soziologie u. Amerikawiss. an d. Univ. Köln, Bonn, Athens/Ohio u. wieder in Köln, 1962 Dr. phil. Köln, 1970 o. Prof. an d. FU Berlin, seit 1971 o. Prof. f. Gesch.wiss. an d. Univ. Bielefeld, lebt in Bielefeld im Ruhestand; Hauptvertreter d. sog. Bielefelder Schule; Ehrensenator d. Univ. Bielefeld (2004) u. a. Auszeichnungen.

*Schriften* (Ausw.): Sozialdemokratie und Nationalstaat. Nationalitätenfragen in Deutschland von Karl Marx bis zum Ausbruch des Ersten Weltkrieges (Diss.) 1962 (2., vollständ. überarb. Aufl. 1971); Moderne deutsche Sozialgeschichte (hg.) 1966 (mehrere Aufl.); Bismarck und der Imperialismus, 1969 (zahlr. Aufl.); Krisenherde des Kaiserreichs. 1871–1918. Studien zur deutschen Sozial- und Verfassungsgeschichte, 1970 (NA 1979); Deutsche Historiker (hg.) 9 Bde., 1971–82; Das deutsche Kaiserreich 1871–1918, 1973 (mehrere durchges. u. bibliogr. erg. Aufl.); Geschichte als Historische Sozialwissenschaft, 1973; Modernisierungstheorie und Geschichte, 1975; Historische Sozialwissenschaften und Geschichtsschreibung. Studien zu Aufgaben und Traditionen deutscher Geschichtswissenschaft, 1980; Preußen ist wieder chic. Politik und Polemik in 20 Essays, 1983; Deutsche Gesellschaftsgeschichte, I Vom Feudalismus des «alten Reiches» bis zur «defensiven Modernisierung» der Reformära, 1700–1815, 1987; II Von der Reformära bis zur industriellen und politischen «Deutschen Doppelrevolution», 1815–1845/49, 1987; III Von der «Deutschen Doppelrevolution» bis zum Beginn des Ersten Weltkriegs, 1849–1914, 1995; IV Vom Beginn des Ersten Weltkriegs bis zur Gründung der beiden deutschen Staaten, 1914–1949, 2003; V Bundesrepublik und DDR, 1949–1990, 2008 (auch als kartonierte Sonderausg. in 5 Bdn., 2008); Aus der Geschichte lernen? (Ess.) 1988; Entsorgung der deutschen Vergangenheit? Ein polemischer Essay zum «Historikerstreit», 1988; Die Gegenwart als Geschichte (Ess.) 1995; Politik in der Geschichte, 1998; Umbruch und Kontinuität. Essays zum 20. Jahrhundert, 2000; Nationalismus. Geschichte, Formen, Folgen, 2001 (2., durchges. Aufl. 2004); Konflikte zu Beginn des 21. Jahrhunderts (Ess.) 2003; «Eine lebhafte Kampfsituation». Ein Gespräch mit Manfred Hettling und Cornelius Torp, 2006; Notizen zur deutschen Geschichte, 2007; Der Nationalsozialismus. Bewegung, Führerherrschaft, Verbrechen, 2009.

*Literatur:* Was ist Gesellschaftsgesch.? Positionen, Themen, Analysen (FS z. 60. Geb.tag, hg. M. HETTLING u. a.) 1991; Nation u. Gesellsch. in Dtl. Hist. Ess. (FS z. 65. Geb.tag, hg. DERS. u. P. NOLTE) 1996. RM

**Wehli,** Isaak (Ephraym), 18./19. Jh., Lebensdaten u. biogr. Einzelheiten unbekannt.

*Schriften:* Kinder der Muse, 1. Bd., 1806; Elegie auf den Tod des edlen biedern Mannes, Wolf Simon Frankel [...], 1807.

*Literatur:* Goedeke 6 (1898) 587, 780. RM

**Wehling,** Georg(ius), *24.11. 1644 Wilsnack/Priegnitz, †23.3. 1719 Stettin; Sohn e. Schusters, studierte an d. Univ. Helmstedt u. an d. Wittenberger Hochschule, Magister, 1671 Konrektor in Landsberg, 1672 Rektor in Stolp, seit 1682 Rektor d. Stadtschule in Stettin.

*Schriften:* Irenophilia Delineata. Das ist: Der Einigkeit, welche zuförderst der gantzen [...] Christenheit, kurzer Abriß [Kom.] 1687. (Ferner Schulprogr. u. Gelegenheitsschriften.)

*Literatur:* Zedler 53 (1747) 1984; Jöcher 4 (1751) 1850; Goedeke 3 (1887) 229; ADB 41 (1896) 432. RM

**Wehling-Schücking,** Hermann, *3.8. 1884 Epe bei Ahaus/Münsterland, †24.6. 1965 Mettingen/Nordrhein-Westf.; wuchs in Epe auf, besuchte d. Gymnasium in Münster/Westf., seit 1905 im Postdienst in Westf., zunächst in Borghorst u. Hopsten u. seit 1921 in Mettingen; Mundartautor.

*Schriften:* Hülskrabben. Plattdütske Döhnkes, 1910; Trösteleid (Ged.) 1920; Plattdüüts Beädbook för katholske Christen (Geledwoerd un Verdüütskungen van T. BAADER) 1925.

*Nachlaß:* Kreisarch. Borken; Westfäl. Lit.arch. Hagen. – Westfäl. Autorenlex. (Internet-Edition).

*Literatur:* Westfäl. Autorenlex. 3 (2002) 793 (auch Internet-Edition). – W. SEELMANN, D. plattdt. Lit. d. 19. Jh. 3, 1915; L. SCHRÖDER, E. plattdt. Gebetbuch (in: Ahauser Kreiskalender) 1926; T. PERREFORT, ~, Mundartautor, Lyriker, Symbolforscher (in: Unsere Heimat, Jb. d. Kreises Borken) 1984; B. SOWINSKI, Lex. dt.sprachiger Mundartautoren, 1997. AW

**Wehlt,** Hans-Peter, * 11. 2. 1938 Schwusen/Kreis Glogau; studierte 1957–63 Gesch., Germanistik u. Politik an den Univ. in Frankfurt/M. u. Marburg, nach d. Staatsexamen (1963) wiss. Assistent bis 1967 an d. Univ. Marburg, 1967/68 Besuch d. Arch.-Schule ebd. u. zugleich am Staatsarch. Detmold tätig, 1968 Dr. phil., 1983 Staatsarchivdir., Bearb. d. «Lipp. Regesten NF» (1989–2005), ordentliches Mitgl. d. «Hist. Kommission für Westfalen».

*Schriften* (Ausw.): Reichsabtei und König. Dargestellt am Beispiel der Abtei Lorsch mit Ausblicken auf Hersfeld, Stablo und Fulda, 1970; 1200 Jahre Reichsabtei Lorsch, 1972; Confessio Augustana. Die Reformation in Lippe. Ausstellung [...]. Katalog (hg.) 1980; Wir zeigen Profil [...]. Ausstellung des Nordrhein-Westfälischen Staatsarchivs Detmold (Ausstellung u. Kat. mit C. GEHLHAUS u. V. SCHOCKENHOFF) 1990; Briefe als Zeugnisse eines Frauenlebens. Malwida von Meysenbug und ihre Korrespondenzpartner [...] (Red.) 2003.

*Literatur:* Lippisches Autorenlex. (hg. D. HELLFAIER) 1986. IB

**Wehm,** Wilhelm → Wartenegg, Wilhelm von, Edler von Wertheimstein.

**Wehmeier,** Peggy, * 3. 6. 1960 Brilon/Nordrhein-Westf.; verschiedene Tätigkeiten in Ostwestf.-Lippe, u. a. Verkäuferin, Kellnerin, Model u. Versicherungsvertreterin, 1995–2005 Journalistin u. Pressefotografin f. westfäl. Ztg. u. Zs., zudem Fernsehmoderatorin u. Mitarb. an Werbefilmen, erhielt 2000 d. Lit.preis d. Stadt Wolfen.

*Schriften:* Mit Power durch die Pleitezeit. Kein Job, kein Geld? Auf geht's! Tipps für Leute, die sparen wollen, 2000 (auch als CD-ROM u. d. T.: Tipps für Leute, die sparen wollen oder müssen); Von Zaunkönigen und anderen Zeitgenossen. 20 Satiren und eine Parabel, 2001; Die Versammlung der Winde und andere fast wahre Geschichten, 2001; Das alte Buch Mamsell. Märchen für Kleine und Große, 2002. AW

**Wehmeyer-Münzing,** Katrin (Ps. Gazelle), * 23. 11. 1945 Garmisch-Partenkirchen; studierte Medizin, Dr. med., Psychoanalytikerin, lebt in Hamburg, erhielt 2006 d. Kunstpreis «D. goldene Segel» Bad Zwischenahn; Lyrikerin.

*Schriften:* Ich schaukle Schiff. Gereimtes Ungereimtes (Ged.) 2000; Himmelwärts keine Wolke (Ged.) 2001; Glück jäh unterbricht (Ged.) 2003; C. Todes, Der Schatten über mir. Leben mit Parkinson (Mitarb., übers. D. EMMANS u. A. RHIEMEIER) 2005; Elbleuchten. Literarische Fundstücke von Hamburg Altona bis Blankenese (Lyrik u. Prosa, hg. E.-M. ALVES, bearb.) 2005; Schwimmerin im Wolkenmeer (Ged.) 2006. AW

**Wehn,** Monika, * 1952 (Ort unbek.); Handelsfachwirtin u. Kommunikationstrainerin, seit 2003 Leiterin e. Freizeitclubs in Karlsruhe, gründete zudem 2008 d. Projekt «clickevents» f. kreative Kurzurlaube u. Seminare, lebt in Herxheim/Pfalz; Fachschriftenautorin.

*Schriften:* Abenteuer Partnersuche. Erlebnisse mit Kontaktanzeigen, 1997; Fische-Frau, 36, sucht ... Tips und Tricks rund um die Kontaktanzeige, 1997; Das Glück liegt dir auf der Zunge. Konstruktive Rhetorik in Partnerschaft, Familie und Beruf, 2001; Mit Worten kannst du Türen öffnen. Kommunikation für einen entspannten Alltag, 2002; Kleine Signale – große Wirkung. Körpersprache verstehen und einsetzen, 2004. AW

**Wehn,** Otto, * 18. 10. 1893 Frankfurt/M., † 3. 12. 1970 Erbach/Rheingau; studierte Wirtschafts- u. Sozialwiss. in Frankfurt/M., 1924 Dr. rer. pol., Verwaltungsbeamter, zuletzt Oberlandesverwaltungsrat in Wiesbaden. 1960–66 Vorsitzender d. Sektion Wiesbaden d. Dt. Alpenver.; Lyriker u. Verf. v. Landschaftsbüchern.

*Schriften* (Ausw.): Soldanellen im Schnee (Ged.) 1933; Nigritella, Enzian, Felsprimel, Edelweiß (mit bucheigenen Zeichnungen v. H. Sengthaler) 1935; Im kargen Felsgeröll des Hochgebirgs, 1936; Wunder deutscher Landschaft, 1941; Reise durch Südbayern, 1950; Allgäu-Sommer. Ein Bildbuch vom Allgäu mit 32 Bildern, 1952; Allgäu-Winter. Ein Bildbuch vom Allgäu mit 32 Bildern, 1953; Führer durch Wiesbaden und seine Umgebung, 1957.

*Literatur:* O. RENKHOFF, Nassauische Biogr. (2., vollst. überarb. u. erw. Aufl.) 1992. IB

**Wehner,** Burkhard, * 26. 4. 1946 Hamburg; studierte Lit.wiss. u. Philos. in d. USA, arbeitete danach in d. Wirtschaft, absolvierte e. Zweitstud. d.

Volkswirtschaftslehre u. Politikwiss. in Hamburg, seit 1986 freier Schriftst. u. Publizist, lebt in Horst/Schleswig-Holst.; Fachschriftenautor.

*Schriften:* Der lange Abschied vom Sozialismus. Grundriß einer neuen Wirtschafts- und Sozialordnung, 1990; Die Grenzen des Arbeitsmarktes. Grundriß einer neuen Beschäftigungstheorie, 1991; Das Fiasko im Osten. Auswege aus einer gescheiterten Wirtschafts- und Sozialpolitik, 1991; Der neue Sozialstaat. Vollbeschäftigung, Einkommensgerechtigkeit und Staatsentschuldung, 1992 (2., vollst. neubearb. Aufl. mit d. Untertitel: Entwurf einer neuen Wirtschafts- und Sozialordnung, 1997); Die Katastrophen der Demokratie. Über die notwendige Neuordnung des politischen Verfahrens, 1992; Nationalstaat, Solidarstaat, Effizienzstaat. Neue Staatsgrenzen für neue Staatstypen, 1992; Der Staat auf Bewährung. Über den Umgang mit einer erstarrten politischen Ordnung, 1993; Deutschland stagniert. Von der ost- zur gesamtdeutschen Wirtschaftskrise, 1994; Die Logik der Politik und das Elend der Ökonomie. Grundelemente einer neuen Staats- und Gesellschaftstheorie, 1995; Jahrtausendwende. Roman über die Demokratie, 1998; Prämierung des Friedens. Alternativen zum «humanitären» Krieg, 1999; Arbeitsmarkt und Sozialstaat, I Arbeitslosigkeit im Sozialstaat. Eine Problemdiagnose, II Der Arbeitsmarkt im Sozialstaat. Eine Funktionsanalye, 2001; Die andere Demokratie. Zwischen Utopie und reformerischem Stückwerk, 2002; Kafu (Jugendrom.) 2002; Von der Demokratie zur Neokratie. Evolution des Staates, (R)Evolution des Denkens, 2006. AW

**Wehner,** Christa (eig. Christa Wehner-Radeburg), * 15. 5. 1920 Radeburg/Sachsen; besuchte d. höhere Schule in Dresden, Weiterbildung an d. Volkshochschule u. Univ. (u. a. im Fach Archäologie) in Hamburg, lebt in Gehrden/Nds., erhielt mehrere Anerkennungspreise sowie 1983 d. AWMM-Lyrik-Preis; überwiegend Lyrikerin, zahlr. Veröff. in Zs. u. Anthologien.

*Schriften:* Traumhaus, 1979 ($^2$1998); Italienisches Andante (hg. AL'LEU, Illustr. G. Leitner) 1980; Aus Muscheln tropft unnennbarer Gesang (Ged., Illustr. H. Seehausen, Geleitw. G. PRATSCHKE) 1980; Wanderung zum Licht. Lyrik, 1981; Zauber zwischen die Dinge. Lyrik, 1983; F. Alves, Wie ein zu schwerer Mantel (hg.) 1983; Tanzender Überschritt. Lyrische Impressionen, 1991; Oasen im Staub der Äonen, 1995; Im Atem der Zeiten. Eine Morgenfeier im Rahmen der Frühjahrstagung 1997 (Arbeitskreis f. Dt. Dg. e. V.) 1998; Freudesgabe zum 15. Mai 2000 (Arbeitskreis f. Dt. Dg. e. V., bearb. mit E. PFANNKUCH, hg. H.-J. SANDER) 2000; Larghetto. Geflecht aus Seele und Geist (Ged.) 2005.

*Literatur:* Lit. in Nds. E. Hdb. (Red. A. DENECKE u. P. PIONTEK) 2000. AW

**Wehner,** Friedrich Gotthold, * 7. 3. 1737 Gruna bei Görlitz, † 10. 2. 1799 Gebhardsdorf/Oberlausitz; studierte in Lauban u. Leipzig, Hauslehrer in Greiffenberg, seit 1767 Pfarrer in Gebhardsdorf.

*Schriften* (Ausw.): Andächtige Betrachtung der Geburt Jesu, 1767; Erbauliche Todesbetrachtungen und Begräbnißlieder, 1776.

*Literatur:* Meusel 14 (1815) 450; Goedeke 5 (1893) 439. – F. A. WEIZ, D. gelehrte Sachsen [...], 1780; G. F. OTTO, Lex. der seit d. fünfzehenden Jh. verstorbenen und jetztlebenden Oberlausizischen Schriftst. u. Künstler 3, 1803; G. L. RICHTER, Allg. biogr. Lex. alter u. neuer geistl. Liederdichter, 1804. RM

**Wehner,** Herbert (Ps. Kurt Funk), * 11. 7. 1906 Dresden, † 19. 1. 1990 Bonn; Sohn e. Schuhmachers u. e. Schneiderin, wuchs in Dresden auf, mittels e. Stipendiums 1921–23 Ausbildung f. d. Verwaltungsdienst u. 1924 Abschluß d. Realschule m. e. der Mittleren Reife entsprechenden Prüfung, besuchte zudem seit 1922 Abendkurse f. Volkswirtschaftslehre u. Gesch. d. Lit. sowie d. Philos. an d. Dresdener Volkshochschule, 1923 zunächst Mitgl. d. Sozialist. Arbeiterjugend (SAJ), dann Wechsel z. Jugendgruppe Syndikalist.-Anarchist. Jugend Dtl. u. später z. Syndikalischen Arbeiterföderation Erich → Mühsams (v. welcher er sich später wieder abwendete), begann 1924 e. kaufmänn. Lehre, wegen s. polit. Engagements (u. a. als Hg. d. Zs. «Revolutionäre Tat» u. v. Mühsams «Fanal») 1926 entlassen, danach Journalist u. Gewerkschaftsarbeit, 1927 Mitgl. d. Kommunist. Partei Dtl. (KPD) u. 1928 hauptamtl. Sekretär d. Roten Hilfe Dtl. in Dresden, 1929 Sekretär d. Revolutionären Gewerkschaftsopposition in Ostsachsen, 1930 stellvertretender polit. Sekretär d. KPD in Sachsen, 1930/31 Mitgl. d. sächs. Landtags u. stellvertretender Vorsitzender d. KPD-Fraktion, 1932 Techn. Sekretär d. Politbüros d. KPD in Berlin, u. a. Mitarb. Ernst → Thälmanns u. Walter → Ulbrichts, seit 1933 Forts. d. Parteiarbeit in d. Illegalität in Dtl., 1935 auf der d. sog. Brüsseler (= Moskauer)

Parteikonferenz d. KPD in d. Zentralkomitee d. Exil-KPD u. z. Kandidaten d. Politbüros gewählt, 1936 Mitgl. d. Auslandsabteilung d. KPD in Paris, ebd. u. a. Hg. d. «Informationen von Emigranten», reiste n. Prag, n. Verhaftung aus d. Tschechoslowakei ausgewiesen, 1937 v. d. KPD n. Moskau berufen, ebd. Referent f. dt. Fragen im Sekretariat d. Kommunist. Internationale (Komintern), schrieb in Moskau unter d. Decknamen Kurt Funk f. d. dt.sprachige Parteiztg. «Dt. Zentral-Ztg.», 1941 Reise n. Schweden m. d. Parteiauftrag, f. d. Organisierung d. kommunist. Widerstands n. Dtl. zurückzukehren, 1942 in Stockholm verhaftet u. wegen «Gefährdung d. schwed. Freiheit u. Neutralität» 30 Monate in Haft, 1942 wegen d. Vorwurfs, sich dem Parteiauftrag absichtl. entzogen zu haben, aus d. KPD ausgeschlossen, n. d. Haftentlassung in Schweden zunächst Arbeiter in e. Viskosefabrik, dann wiss. Mitarb. in e. Archiv, 1946 Rückkehr n. Dtl. u. Eintritt in d. Sozialdemokrat. Partei Dtl. (SPD) in Hamburg, Red. d. sozialdemokrat. Ztg. «Hamburger Echo», 1948 Mitgl. d. Bezirksvorstandes d. SPD in Hamburg, seit 1949 Abgeordneter im Dt. Bundestag, 1949–66 Vorsitzender d. Bundestagsausschusses f. Gesamtdt. u. Berliner Fragen, 1952–58 Mitgl. d. Europaparlaments, 1953–66 Vorsitzender d. Arbeitskreises f. Außenpolitik u. Gesamtdt. Fragen, 1956/57 stellvertretender Vorsitzender d. Ausschusses f. auswärtige Angelegenheiten, 1957/58 u. 1964–66 stellvertretender Vorsitzender d. SPD-Bundestagsfraktion, 1966–69 Bundesminister für gesamtdt. Fragen, 1969 bis zu s. Rückzug aus d. Politik 1983 Vorsitzender d. SPD-Bundestagsfraktion, 1969–72 stellvertretender Vorsitzender d. Ausschusses z. Wahrung d. Rechte d. Volksvertretung, 1973 Mitbegr. d. Arbeitsgemeinschaft f. Arbeitnehmerfragen (AfA), seit 1980 Alterspräsident d. Dt. Bundestages u. bis 1983 Oppositionsführer f. d. SPD, trat 1983 zu d. vorgezogenen Neuwahlen z. Bundestag aus Altersgründen nicht mehr an, starb n. langjähriger Krankheit; 1973 Großer Verdienstorden d. Bundesrepublik Dtl., 1979 Wenzel-Jaksch-Gedächtnispreis, 1982 u. 1984 Dr. h. c. Univ. Jerusalem, 1984 Verdienstorden d. Poln. Volksrepublik, 1986 Ehrenbürger d. Stadt Hamburg. – 2003 Herbert-u.-Greta-W.-Stiftung in Dresden, 2006 H.-W.-Platz in Bonn-Bad Godesberg.

*Schriften* (Reden u. Ber. in Ausw.): Soll die Arbeiterklasse vor dem Kriege kapitulieren? Eine Auseinandersetzung mit der Politik der II. Internationale, Paris 1940 [unter Ps. Kurt Funk]; G. Dahlberg, Die zukünftige Gesellschaft. Eine kurzgefaßte Prinzipiendiskussion (aus d. Schwed. übers.) 1947; Rosen und Disteln. Zeugnisse vom Ringen um Hamburgs Verfassung und Deutschlands Erneuerung in den Jahren 1848/49, 1948; Ihr Kandidat H. W., Mitglied des Bundestages, stellt sich vor, 1953; Gedanken zum Stuttgarter Parteitag (mit E. Ollenhauer u. F. Erler) 1958; Die Arbeiterfrage im Grundsatzprogramm der SPD (Rede) 1959; Das Gemeinsame und das Trennende (Rede) 1960; Sozialdemokratie in Europa (hg.) 1966; Beiträge zur Deutschlandpolitik. Reden und Interviews vom 7. Februar bis 26. Juli 1967, 1967; Gedanken zur Regierungserklärung. Reden und Interviews vom 3. Dezember 1966 bis 30. Januar 1967, 1967; Die geistige Situation und die politische Wirklichkeit. Reden vor der Bundeskonferenz der SPD am 14. und 15. November 1967 in Bad Godesberg, 1967; Kommunalpolitik und Wiedervereinigungspolitik (mit W. W. Schütz) 1967; Entscheidender Parteitag, 1968 (= Tatsachen – Argumente, Nr. 239); Politik der menschlichen Erleichterungen im geteilten Deutschland, 1968 (= Aktuelle Materialien z. Dtl.-Frage, Nr. 140); Wandel und Bewährung. Ausgewählte Reden und Schriften 1930–1967 (hg. H.-W. Graf Finckenstein u. G. Jahn, Einl. G. Gaus) 1968 (mehrere erw. Ausg., zuletzt 5., erw. Aufl. 1930–1980, hg. G. Jahn, Einl. G. Gaus, 1981; davon Nachdr. 1986); Die programmierte CDU, 1969 (= Tatsachen – Argumente, Nr. 264); Beitrag, 1969 (= Aktuelle Materialien z. Dtl.-Frage, Nr. 167); Parteiorganisation (mit B. Friedrich u. A. Nau) 1969; Die Bundesrepublik ist mündig geworden, 1969 (enthält: K. H. Flach, Wachablösung in Bonn); Untergrundnotizen 1933–45. Von KP zu SPD. Das ungekürzte Tagebuch aus dem Exil (bis dahin unveröff.) 1969; Bundestagsreden (hg. M. Schulte, Vorw. W. Brandt) 1970; Geheimer Bericht KP und Komintern (Kopie d. unveröff. Originals v. 1946) 1970; Zur Diskussion in der SPD. Beiträge (mit W. Brandt u. H. Schmidt) 1971; Rechenschaftsbericht: SPD (Parteitag v. 10.-14. 4. 1973, Hannover) 1973; SPD – Arbeitnehmer – Gewerkschaften (Rede) 1973; Worte des Abgeordneten W. «Die können Sie sich einrahmen» (zus.gest. u. ausgew. G. Pursch, Vorw. G. Reddemann) 1976; Bundestagsreden und Zeitdokumente (Vorw. H. Schmidt) 1978; Frau Abgeordnete, Sie haben das Wort! Bundestagsreden sozialdemokratischer Parlamentarierinnen, 1949–1979 (hg.) 1980;

Zeugnis (hg. G. JAHN) 1982 (Neuausg. mit d. Untertitel: Persönliche Notizen 1929–1942, 1984; NA 1990); Unglaublich, Herr Präsident! Ordnungsrufe, H. W. (hg. R. FLOEHR, K. SCHMIDT) 1982 (5., erw. Aufl. 1985); Frühe Reden. Eine Dokumentation seines Wirkens im Sächsischen Landtag (hg. R. FLOEHR) 1984; Christentum und demokratischer Sozialismus. Beiträge zu einer unbequemen Partnerschaft (hg. R. REITZ) 1985; Selbstbestimmung und Selbstkritik. Erfahrungen und Gedanken eines Deutschen. Aufgeschrieben im Winter 1942/43 in der Haft in Schweden (hg. A. H. LEUGERS-SCHERZBERG, Geleitw. Greta W.) 1994.

*Briefe:* Zwischen zwei Epochen. Briefe 1946 (mit G. REIMANN, hg. C. BAUMGART u. M. NEUHAUS, Vorw. H. WEBER) 1998.

*Nachlaß:* Arch. d. sozialen Demokratie, Bonn. – Quellen z. dt. polit. Emigration [...] (hg. H. BOBERACH u. a.) 1994.

*Literatur:* Munzinger-Arch.; Hdb. Emigration 1 (1980) 799; DBE [2]10 (2008) 467. – D. Volksvertretung. Hdb. d. Dt. Bundestages (hg. F. SÄNGER) 1949 ([3]1953); W. KOSCH, Biogr. Staatshdb. Lex. d. Politik, Presse u. Publizistik (fortgeführt v. E. KURI) 2 Bde., 1963; Staatserhaltende Opposition oder Hat die SPD kapituliert? (Gespräche mit G. GAUS) 1966 (Neuausg. 2006); Menschen unserer Zeit: ~. Ein Lb. (Red. H. REUTHER) 1969; R. APPEL, Gefragt: ~, 1969; H. FREDERIK, ~. Gezeichnet vom Zwielicht seiner Zeit, 1969 (7., neu bearb. u. erw. Aufl. mit d. Untertitel: ~, heute SPD-Vize, gestern Komintern-Agent, 1972); W. STERNFELD, E. TIEDEMANN, Dt. Exil-Lit. 1933–1945. E. Bio-Bibliogr., [2]1970; Auf dem Weg zur sozialen Demokratie (Gesprächspartner L. BAUER) 1971; E. MENDE, Die FDP. Daten, Fakten, Hintergründe, 1972; E. GOYKE, Die Hundert v. Bonn 1972–1976, 1973; A. KLÖNNE, Machte ~ d. SPD kaputt? E. Dokumentation über d. Identitätsverlust d. bundesdt. Sozialdemokraten, 1975; ~. Beitr. zu e. Biogr. (hg. G. JAHN u. R. APPEL) 1976; J. KELLERMEIER, Menschen unserer Zeit. Persönlichkeiten d. öffentl. Lebens, d. Kirche, Wirtschaft u. d. Politik – ~, 1976; ~ 70 Jahre alt. E. Gespräch m. d. SPD-Politiker (geführt v. B. WÖRDEHOFF u. K. DONAT) 1976; T. PIRKER, Die SPD nach Hitler, 1977; W. HENKELS, Neue Bonner Köpfe (vollständig aktualisierte Tb.ausg.) 1977; A. FREUDENHAMMER, K. VATER, ~. E. Leben m. d. Dt. Frage, 1978; H. FREDERIK, ~. Das Ende seiner Legende, 1982; Persönlichkeit u. Politik in d. Bundesrepublik Dtl. Polit. Porträts (hg. W. L. BERNECKER u. V. DOTTERWEICH) 2 Bde., 1982; P. BORIS, Die sich lossagten. Stichworte zu Leben u. Werk v. 461 Exkommunisten u. Dissidenten, 1983; Politiker d. Bundesrepublik Dtl. Persönlichkeiten d. polit. Lebens seit 1949 v. A bis Z (hg. U. NIKEL) 1985; Der Onkel. ~ in Gesprächen u. Interviews (hg. K. TERJUNG) 1986; G. SCHOLZ, ~ (Biogr.) 1986 (Tb.ausg. 1988); H. SOELL, D. junge ~. Zw. revolutionärem Mythos u. prakt. Vernunft, 1991; G[reta] WEHNER, ~: Die Alzheimersche Krankheit. Vortrag am 12. November 1992, 1992 (Ms.-Typoskript, unveröff.); R. MÜLLER, D. Akte ~. Moskau 1937 bis 1941, 1993 (Tb.ausg. 1994); W. C. THOMPSON, The Political Odyssey of ~, San Francisco/Kalif. 1993; J. SIEGERIST, Onkel Herbert wie er wirklich war, 1994; Lex. d. Widerstandes 1933–1945 (hg. P. STEINBACH u. J. TUCHEL) 1994; MdL, d. Ende der Parlamente 1933 u. d. Abgeordneten d. Landtage u. Bürgerschaften d. Weimarer Republik in d. Zeit d. Nationalsozialismus. Politische Verfolgung, Emigration u. Ausbürgerung 1933–1945. E. biogr. Index (hg. M. SCHUMACHER) 1995; M. F. SCHOLZ, ~ in Schweden 1941–1946, 1995 (Tb.ausg. 1997); ~ (1906–1990) u. d. dt. Sozialdemokratie. Referate u. Podiumsdiskussion e. Koll. d. Gesprächskreises Gesch. d. Friedrich-Ebert-Stiftung in Bonn (hg. D. DOWE) 1996; M. WOLF, Spionagechef im geheimen Krieg. Erinn., 1997; N. FREI, Vergangenheitspolitik. D. Anfänge der Bundesrepublik u. d. NS-Vergangenheit, [2]1997; H. KNABE, D. unterwanderte Republik. Stasi im Westen, 1999; U. VÖLKLEIN, «Ich bin ein Gebrannter». Denunziation in Moskau, Verrat in Schweden, Kontakte m. d. Stasi. D. Lebenskrisen d. ~, 2000; D. Traum v. einfachen Leben (8. Januar 1964). Günter GAUS im Interview m. ~ (in: G. G., Was bleibt, sind Fragen. D. klass. Interviews) 2000; A. H. LEUGERS-SCHERZBERG, D. Wandlungen d. ~. V. d. Volksfront z. großen Koalition, 2002 (ungekürzte Neuausg. 2006; Hörbuch [8 CDs] 2006); R. MÜLLER, ~. Moskau 1937, 2004; Cicero. Magazin f. polit. Kultur. Schwerpunktheft ~ (Beitr. K. HARPPRECHT, N. HERMANN u. V. LIERTZ) 2004; M. RUPPS, Troika wider Willen. Wie Brandt, ~ u. Schmidt die Republik regierten, 2004 (ungekürzte Neuausg. 2005); G[reta] WEHNER, Erfahrungen. Aus e. Leben mitten in der Politik (hg. C. MEYER) 2004; F. BEDÜRFTIG, Die Leiden des jungen ~. Dokumentiert in e. Brieffreundschaft in bewegter Zeit 1924–1926 (Red. F. LEGNER) 2005; R. MÜLLER, ~. E. typische Karriere der stalinisierten Komintern? Auch e. Antikritik (in: Mittelweg

36, Jg. 14) 2005; C. MEYER, ~. Biographie, 2006; G. GAUS, Staatserhaltende Opposition oder Hat d. SPD kapituliert? Gespräche m. ~, 2006; ~. E. Politikerleben (Tonträger [1 CD], Textfass. u. Regie D. MICHELERS) 2006; H. DÖHRING, D. Anarchist ~. V. Erich Mühsam zu Ernst Thälmann (in: Klassenkampf im Weltmaßstab, Reihe: Syndikalismus – Gesch. u. Perspektiven) 2006. AW

**Wehner,** Hugo (Ps. Karl Reginaldus, Karl Hugo), * 6. 8. 1851 Hünfeld/Osthessen, Todesdatum u. -ort unbek.; Lehrer in Düsseldorf (1899); Bühnenautor u. Verf. v. rel. Schriften.

*Schriften:* Die Erziehungsprinzipien Dupanloup's und unsere modernen Pädagogen, 1893; Wie einer sein Glück findet. Angelika, 1893; Die Gebrüder Hachmann. Eine Dorfgeschichte (Lsp.) 1893; Die Wunder des heiligen Franziskus Xaverius, 1893; Der neue Bürgermeister von Bergthal oder Vom Irrtum zur Wahrheit, 1894; Der Traum des Königssohnes oder Das größte Wunder der Welt. Eine dichterische Legende, 1895; Der Hofdichter (Lsp., mit B. KIESLER) 1895; Der heilige Karl Borromäus, 1895; Das Leben der heiligen Elisabeth. Ein Büchlein für die liebe Jugend, 1896; Der heilige Kirchenlehrer Augustinus. Ein Büchlein für die reifere Jugend, 1898; Heitere und ernste Erzählungen, 2 Bde., 1899; Die entlarvte Kartenschlägerin. Eine heitere Geschichte. Eine wahre Begebenheit aus dem Siegkreise, 1904; Bomben und Granaten zur Verteidigung des katholischen Glaubens. Beweise für das Dasein Gottes, 1905.

*Literatur:* F. WIENSTEIN, Lex. d. kathol. dt. Dichter. V. Ausgange d. MA bis z. Ggw., 1899; O BRUNKEN u. a., Hdb. z. Kinder- u. Jgd.lit. v. 1850 bis 1900, 2008. AW

**Wehner,** Hugo, Geb.datum u. -ort unbek.; gab 1971 im Alter v. 25 Jahren s. Beruf als Seefunker auf, unternahm 1976–79 e. Weltumseglung, lebt vermutl. in Queensland/Australien.

*Schriften:* Tagedieb und Taugenichts, 1982 (³1994).

*Literatur:* D. Rom.führer [...] 19 (hg. B. u. J. GRÄF) 1988. AW

**Wehner,** Joachim, * 1967; biogr. Einzelheiten unbek.; Erzähler.

*Schriften:* Die neuesten Leiden des jungen Werthers (oder Das Buch der Mißverständnisse) Novelle, 2001; Die Strafe Gottes (Rom.) 2002; Kurzgeschichten der Nachwendezeit, 2003. AW

**Wehner,** Josef Magnus, * 14. 11. 1891 Bermbach/Rhön, † 14. 12. 1973 München; Sohn e. Lehrers, wuchs in Rhöndorf auf, besuchte d. Gymnasium in Fulda, studierte Gesch. u. Altphilol. in Jena u. München, Freiwilliger im 1. Weltkrieg, wurde bei Verdun schwer verwundet, Journalist u. Schriftst. in München, schloß sich als Gegner d. Weimarer Republik nationalist. Kreisen an, 1924–34 Red. u. bis 1943 Theaterkritiker d. «Münchner Ztg.» u. d. «Münchner Neuesten Nachr.», unterzeichnete d. Treuegelöbnis f. Adolf → Hitler, wurde in d. «gleichgeschaltete» Dichterakad. berufen u. trat d. «Nationalsozialist. Dt. Arbeiterpartei Dtl.» (NSDAP) bei, 1939 «Ehrenbeamter» d. Stadt München, lebte nach d. 2. Weltkrieg in München u. Tutzing/Starnberger See.

*Schriften:* Der Weiler Gottes, 1921; Der blaue Berg. Die Geschichte einer Jugend, 1922; Die mächtigste Frau. Phantastische Novellen, 1922; Die Tropfenlegende, 1923; Struensee. Mit Struensees Bildnis, 1925 (Neuausg. u. d. T.: Struensee. Die Schicksale des Grafen Struensee und der Königin Karoline Mathilde, 1938); Die Hochzeitskuh. Roman einer jungen Liebe, 1928 (mehrere Aufl.); Das Hasenmaul (Erz.) 1930; Sieben vor Verdun. Ein Kriegsroman, 1930 (zahlr., auch gekürzte Aufl.); Das Land ohne Schatten. Tagebuch einer griechischen Reise, 1930; Langemarck. Ein Vermächtnis (Rede) 1932; Das unsterbliche Reich. Reden und Aufsätze, 1933; Die Wallfahrt nach Paris. Eine patriotische Phantasie, 1933; Mein Leben, 1934; Ums Morgenrot. Erzählungen aus dem Weltkrieg (mit G. SIEGERT) 1934; Albert Leo Schlageter, 1934 (mehrere Aufl.); Hindenburg, 1935 (mehrere Aufl.); Geschichten aus der Rhön, 1935; Das große Vaterunser. Legenden um die sieben Bitten, 1935; Stadt und Festung Belgerad (Rom.) 1936 (Ausz., hg. F. KEHL, 1940); Schicksal und Schuld. 2 Erzählungen, 1937; Als wir Rekruten waren, 1938 (NA 1942); Hebbel, 1938; M. W. Eine Dichterstunde (zus.gest. N. HANSEN) 1939; Elisabeth (Erz.) 1939 (mehrere Aufl.); Bekenntnis zur Zeit. Ansprachen an den deutschen Menschen, 1940 (mehrere Aufl.); Echnaton und Nofretete. Eine Erzählung aus dem alten Ägypten, 1940 (mit autobiogr. Nachw. d. Verf.); Erste Liebe (Rom.) 1941 (mehrere Aufl.); Das goldene Jahr, 1943; Vom Glanz und Leben deutscher Bühne.

Eine Münchner Dramaturgie. Aufsätze und Kritiken 1933–1941, 1944; Drei Legenden, 1949; Blumengedichte, 1950; Der schwarze Räuber von Haiti (Erz.) 1951; Mohammed. Der Roman seines Lebens, 1952; Der schwarze Kaiser (Rom.) 1953; Johannes der Täufer. Ein Mysterienspiel, 1953; Die schöne junge Lilofee. Ein Wassermärchen, 1953; Das Fuldaer Bonifatiusspiel, 1954; Saul und David. Ein Mysterienspiel, 1954; Das Rosenwunder. Spiel in 1 Aufzug um die Heilige Elisabeth von Thüringen, 1954; Die aber ausharren bis zum Ende. Ein Legendenspiel um den alten und den jungen Tobias, 1955; Der Kondottiere Gottes. Ein Roman vom Leben des Hl. Johannes von Capestrano, 1956; Erde, purpurne Flamme (Ged.) 1962; Abt Sturmius von Fulda. Sein Leben in vierzehn Bildern, 1967. – Textprobe in: BB 5,537.

*Nachlaß:* StB München. – Denecke-Brandis 401.

*Literatur:* Albrecht-Dahlke II/2 (1972) 616; BB 5 (1981) 1081; Lennartz 3 (1984) 1817; Killy 12 (1992) 183; Autorenlex. (1995) 822; Schmidt, Quellenlex. 32 (2002) 468; DBE $^{2}$10 (2008) 468. – H. BRANDENBURG, ~ (in: D. Schöne Lit., H. 2) 1929; W. OEHLKE, Dt. Lit. d. Ggw., 1942; K. A. KUTZBACH, Autorenlex. d. Ggw. [...], 1950; J. SCHOMERUS - WAGNER, Dt. kathol. Dichter d. Ggw., 1950; ~, ‹Mohammed›; ‹D. schwarze Kaiser› (in: D. Rom.führer 5 [...], hg. J. BEER) 1954; D. HAENICKE, Untersuchungen z. Versepos d. 20. Jh. (Diss. München) 1962 (zu ‹D. Weiler Gottes›); W. BORTENSCHLAGER, Dt. Dg. im 20. Jh. Strömungen, Dichter, Werke, 1966; E. STOCKHORST, 5000 Köpfe. Wer war was im 3. Reich, 1967; M. GOLLBACH, ~, ‹Sieben vor Verdun› (in: M. G., D. Wiederkehr d. Weltkrieges in d. Lit.) 1978; M. P. A. TRAVERS, German Novels on the First World War and their Ideological Implications, 1918–1933, 1982; J. S. HOHMANN, «Pg. Wehner hat ein Intersse daran, als Nationalsozialist unbeschadet dazustehen ...». Leben u. Werk d. Kriegs- u. Heimatdichters ~, 1988; Erster Weltkrieg u. nationalsozialist. «Bewegung» im dt. Lesebuch 1933–1945 (hg. DERS.) 1988; DERS., E. Schreibtischtäter. D. Nazi-Dichter ~ kam nach 1945 zu neuen Ehren (in: J. S. H., Mus. d. Vergessens) 1991; J. W. BAIRD, Lit. Reaktionen auf d. Ersten Weltkrieg. ~ u. d. Traum v. e. neuen Reich (in: Dt. Umbrüche im 20. Jh., hg. D. PAPENFUSS, W. SCHIEDER) 2000; H. SARKOWICZ, A. MENTZER, Lit. in Nazi-Dtl. E. biogr. Lex. (erw. Neuausg.) 2002; Große Bayer. Biogr. Enzyklopädie 3 (hg. H.-M. KÖRNER unter Mitarb. v. B. JAHN) 2005; E. KLEE, D. Kulturlex. z. Dritten Reich [...], 2007; J. W. BAIRD, Hitler's War Poets. Literature and Politics in the Third Reich, Cambridge 2008. RM

**Wehner,** Karl-Bruno → Sorgenfrei, Peter.

**Wehner,** Marga → Wagenbauer, Wilma.

**Wehner,** Rosemarie (Ps. Claudia König, Bettina Berndt), *15. 8. 1937 (Ort unbek.); Sekretärin, lebte in Köln (1978); Erzählerin.

*Schriften:* Zertritt die junge Knospe nicht, 1963; Wie war das möglich, Herr Professor?, 1963; Er schenkte ihr das Vaterhaus, 1963; Die weiße Bank am Rosenboot, 1963; Erzieherin im Geisterschloß, 1964; Die schöne Andere. Schicksalsroman, 1964; Warum vergißt du die Andere nicht?, 1964; Mein Sohn soll nicht mehr traurig sein, 1964; Zu jung, um Liebe zu verstehn. Schicksalsroman, 1965; Ohne Mutti bin ich einsam, 1966. AW

**Wehner,** Walter, *2. 10. 1949 Werdohl/Märk. Sauerland; wuchs in Essen auf, ebd. Abitur, studierte Germanistik u. Kunstgesch. in Bochum u. Essen, 1978 Dr. phil. an d. Gesamthochschule Essen, langjähriger Buchhändler, zeitweise Lehrtätigkeiten an Univ., Studienleiter f. Lit., Theater u. Bürgerradio an d. Volkshochschule Essen; schreibt seit 1987 tw. im Autorenduo m. Hanns-Peter → Karr, lebt in Iserlohn/Nordrhein-Westf., neben anderen Auszeichnungen Kulturpreis d. Stadt Velbert (1985), Preis beim Autorenwettbewerb Nordrhein-Westf. (1985), Lit.preis Ruhrgebiet (Förderpreis Lyrik) (1986) u. Hörsp.stipendium d. Filmstiftung Nordrhein-Westf. (1997) sowie gem. m. H. P. Karr Walter-Serner-Preis (1988), Lit.preis Ruhrgebiet (Förderpreis Krimi) (1990), Walter-Hasenclever-Preis d. Stadt Aachen (1990), Preis d. Gruppe Bochumer Autoren (1991), Glauser-Krimipreis (1996) u. Lit.preis Ruhrgebiet (2000); Verf. u. Hg. lit.wiss. Schr. sowie Lyriker u. Krimi-Autor.

*Schriften:* Spuren (Ged.) 1974; Heinrich Heine. «Die schlesischen Weber» und andere Texte zum Weberelend, 1980; Weberelend und Weberaufstände in der deutschen Lyrik des 19. Jahrhunderts. Soziale Problematik und literarische Widerspiegelung, 1981 (zugleich Diss. u. d. T.: Webernot und Weberelend in der Lyrik des neunzehnten Jahrhunderts. Eine Untersuchung der sozialen Problematik und ihrer Widerspiegelung in der Literatur der Restaurationszeit, 1978); Die Arbeiterbewegung im Ruhrgebiet (Nachdr. d. Ausg. v. 1907, hg. u. eingel.) 1981; Einführung in die deutsche Literatur des 19. Jahrhunderts, 2 Bde., 1982/84; Gedichte, 1983; Strukturen, 1983; Essener Lesebuch. Geschichten und Gedichte von 26 Autoren (hg.) 1984; Essen Altstadt. Geschichten vom alten Wachowski (Text-Bildbd.) 1985 (Neuausg. mit d. Untertitel: Geschichten und Bilder vom alten Wachowski, 1990; davon 4., verb. Aufl. 1992); Bibliographie Essener Autoren (hg.) 1986; Worte, Wörter (Ged.) 1988; Berbersommer. Kriminalgeschichten aus der Großstadt, 1992; Geierfrühling. Ein Gonzo-Krimi (mit H. P. KARR) 1994; Rattensommer. Ein Gonzo-Krimi (mit DEMS.) 1995; Blutiger Sommer. Geschichte eines Mädchens, 1996; Gefährliche Bücher. Ein Rätselkrimi (mit H. P. KARR) 1997; Hühnerherbst. Ein Gonzo-Krimi (mit DEMS.) 1997; Eine böse Überraschung. 24 Autoren für 24 Tage (Mitverf.) 1998; Bullenwinter. Ein Gonzo-Krimi (mit H. P. KARR) 1999; Mike Jaeger: Eurokiller. Das Omega-Team. Ein Action-Thriller (mit DEMS.) 1999; Das John-Lennon-Komplott. Jugendkrimi (mit DEMS.) 2000; Gipfeltreffen (Rom., mit DEMS.) 2000; Der Pott kocht. Geschichten zur Criminale (hg.) 2000; Inselschicksale. Von Robinsons Eiland zur politischen Utopie zur Medienwelt. Internet-Katalog zu Robinsonaden, 2000ff.; Literarischer Stadtführer Essen (mit D. HALLENBERGER) 2002; Straße frei. Krimihörspiel (Tonträger, 1 CD) 2008 (enth.: H.-P. KARR, Sie sind verhaftet! [Krimi-Medley]).

*Literatur:* Westfäl. Autorenlex. 4 (2002) 880 (auch Internet-Edition). – H. P. KARR, Lex. d. dt. Krimi-Autoren (Internet-Edition); Was gültig ist, muß nicht endgültig sein. Lit.preis Ruhrgebiet 1986–1991, 1992; Lit.-Atlas NRW. E. Adreßbuch z. Lit.szene (zus.gestellt u. bearb. L. JANSSEN) 1992; Schreiben, lesen, hören. 3. Autoren-Reader. Namen, Rezensionen, Werke (Projektleitung u. Red. T. DUPKE) 1993; Lex. der Kriminallit. Autoren, Werke, Themen, Aspekte (Loseblattslg., hg. K.-P. WALTER) 1993 u. 1995; B. SOWINSKI, Lex. dt.sprachiger Mundartautoren, 1997; T. PRZYBILKA, Krimis im Fadenkreuz. Kriminalrom., Detektivgesch., Thriller, Verbrechens- u. Spannungslit. d. Bundesrepublik u. d. DDR 1949–1990/92. E. Auswahlbibliogr. d. dt.sprachigen Sekundärlit., 1998; Lex. d. dt.sprachigen Krimi-Autoren (Red. A. JOCKERS, Mitarb. R. JAHN) $^2$2005. AW

**Wehner,** Wolfgang, * 1917 München, † 3. 12. 1964 ebd.; Sohn v. Josef Magnus → W., Gerichtsberichterstatter d. «Süddt. Ztg.» u. Kolumnist d. «Münchner Stadtanz.», war auch f. d. Fernsehen tätig.

*Schriften:* Die Gurke traf des Dichters Stirn. Heitere Geschichten aus Münchner Gerichtssälen, 1955; Schach dem Verbrechen. Eine Geschichte der Kriminalistik, 1963; Die weißblaue Anklagebank. Heitere Gerichtsberichte, 2 Bde., 1963/65.

*Literatur:* E. SCHEIBMAYR, Letzte Heimat. Persönlichkeiten in Münchner Friedhöfen 1784–1984, 1989. AW

**Wehner-Davin,** Wiltrud, * 2. 9. 1923 Neuwied/Rhld.-Pfalz; 1952 Ausbildung z. Kriminalbeamtin sowie Diplom-Ausbildung z. Sozialarbeiterin u. Verwaltungswirtin, Kriminalhauptkommissarin zunächst bei der Mordkommission, dann Leiterin d. Vermißtenstelle in Düsseldorf, seit 1973 im Ruhestand, lebt in Düsseldorf.

*Schriften:* Freidaachs kohm de Boddermann – un annere Verzehlscher, 1991; Die Angst ist dein größter Feind. Polizistinnen erzählen (Mitverf.) 2008. AW

**Wehner-Radeburg,** Christa → Wehner, Christa.

**Wehnert,** Felicitas, * 27. 7. 1953 Rothenburg ob der Tauber; Red., seit 1983 Produzentin u. Regisseurin v. Rundfunkfeatures, lebt in Nürtingen/Baden-Württemberg.

*Schriften:* Hundert Jahre Kaiserliche Botschaft. Von der Fürsorge zum Sozialstaat, 1982; Koch-Kunst mit Vincent Klink. Begleitbuch zur Südwestfunk-Fernsehreihe «Ratgeberzeit» (mit V. KLINK u. H.-A. STECHL) 1998; Vom Marktplatz auf den Tisch (mit DENS.) 2000. AW

**Wehnert,** Johann Christian Martin, * 25. 5. 1756 Halle/Saale, † 1. 7. 1825 Parchim/Mecklenb.; studierte 1772–76 Theol., Philos. u. Philol. in Halle, Hauslehrer in Mirow u. Breesen. 1782 Rektor u. 1786 Prof. d. Stadtschule in Parchim, Ehrenmitgl. d. «Dt. Gesellsch.» in Helmstedt.

*Schriften:* Gedanken über die nothwendige Verbindung der häuslichen Erziehung mit der öffentlichen [...], 1783; Untersuchung der Frage, ist dem Staate mit Schulen geholfen, deren Gegenstand blos Unterricht, und nicht damit verbundene Erziehung ist?, 1784; Über einige Ursachen der schlechten häuslichen Erziehung [...], 1784; Mannigfaltigkeiten für Kinder. Eine Vierteljahresschrift, 4 St. (hg.) 1784; Neue Mannigfaltigkeiten für Kinder. [...], 2 St. (hg.) 1786; Mecklenburgische gemeinnützige Blätter (hg.) 2 Bde. 1789–1793 (Mikrofiche-Ausg. 1998); Über die Wohlthat der Privat-Freitische für Schüler auf öffentlichen Schulen. Eine Rede an die löblichen Einwohner von Parchim [...], 1792; Zur Feier des frohen Geburtsfestes der Durchlauchtigsten gnädigsten Herzogin und Frau, Frau Louise, regierenden Herzogin zu Mecklenburg Schwerin [...] welches die Schule zu Parchim [...] begehen wird, ladet alle Gönner und Freunde [...] ein [...], 1794; Über die Mittel, die Studiersucht zu hemmen, und viele vom Studieren abzuhalten, die dazu keinen Beruf haben [...], 1795; Mecklenburgische Provinzialblätter, 5 Bde. (hg.) 1801–03 (auch u. d. T: Mecklenburgische gemeinnützige Blätter 3.–7. Bd.); Schul-Rede bei der öffentlichen Entlassung dreier Jünglinge von der Schule zur Academie am 12ten April 1822 gehalten, 1823.

*Literatur:* Meusel-Hamberger 8 (1800) 382; 10 (1803) 800; 16 (1812) 165; 21 (1827) 400; NN 3 (1827) 1629. – J. C. Koppe, Nekrolog ~ (in: Freimüthiges Abendbl. 8) 1826; K. Schroeder, Mecklenb. u. d. Mecklenburger in d. schönen Lit., 1909; G. Grewolls, Wer war wer in Mecklenb.-Vorpomm.? Ein Personenlex., 1995; W. Kaelcke, ~ (in: W. K., Parchimer Persönlichkeiten 4) 1999; E. Neumann, ~ – Pädagoge u. Publizist in Parchim (in: Pütt. Schr.reihe des Heimatbundes e. V. Parchim in Mecklenb.) 2006. IB

**Wehnert,** Martin * 8. 3. 1918 Leipzig, † 26. 9. 2001 ebd.; studierte 1948–52 Musikwiss., dann Kunstwiss. u. Psychol. an d. Univ. Leipzig u. gleichzeitig Schulmusik an d. Hochschule für Musik, 1956 Dr. phil., Lehrer an d. Hochschule für Musik, 1981 Habil. und ebd. a. o. Prof., 1983 emeritiert, bis 1985 noch Lehrbeauftragter; Verf. zahl. musikwiss. Artikeln, 1964ff. Hg. d. Musikkalenders «D. klingende Jahr».

*Schriften:* (Ausw.): Hochschule für Musik Leipzig, gegründet als Conservatorium der Musik 1843–1968. FS (hg. mit J. Forner u. H. Schiller) 1968; Zur Ästhetik musikalisch konstitutiver Sachverhalte («Themenästhetik»). Problemlage und Forschungsstand, 1981 (Habil.schrift); Musik als Mitteilung oder Dreizehn Mühen, das Verstehen von Musik zu fördern, 1983.

*Literatur:* MGG $^{2}$17 (2007) 643. IB

**Wehr,** Andreas, * 1954 (Ort unbek.); Jurist, Mitarb. d. Konföderalen Fraktion d. Vereinten Europäischen Linken/Nordische Grüne Linke im Europäischen Parlament, lebt in Berlin.

*Schriften:* New Democrats, New Labour, neue Sozialdemokraten (mit F. Unger u. K. Schönwälder) 1998; Europa ohne Demokratie? Die europäische Verfassungsdebatte. Bilanz, Kritik und Alternativen, 2004; Das Publikum verläßt den Saal. Nach dem Verfassungsvertrag: die EU in der Krise, 2006. AW

**Wehr,** Annemarie, * 20. 9. 1911 Merseburg, Todesdatum u. -ort unbek.; lebte in Erlangen (1958); Jugendbuchautorin.

*Schriften:* Barbara. Eine Mädchengeschichte (Zeichnungen W. Felten) 1942 (Neuausg. ohne Untertitel, Textzeichnungen L. Mende, 1949); Monika und die Zauberflöte, 1944; Wenn's wieder schneit ... Geschichten und Gedichte um Winter und Weihnacht (Ausw., Bilder A. Rahlwes) 1947 (Neuausg. 1949); Bettina, das Mädchen aus der Fremde. Eine Erzählung für die Jugend (Federzeichnungen E. Schönfeld) 1949; Da stimmt was nicht, 1955. AW

**Wehr,** Barbara, * Erlangen (Geburtsdatum nicht angegeben); studierte bis 1975 Romanistik u. Allg. Sprachwiss. in München, 1981 Dr. phil. u. 1989 Habil. ebd., seit 1992 Prof. f. Französ. u. Italien. Sprachwiss. an d. Univ. in Mainz, lebt ebd.; Fachschriftenautorin.

*Schriften:* Diskurs-Strategien im Romanischen. Ein Beitrag zur romanischen Syntax, 1984 (zugleich Diss. 1981); SE-Diathese im Italienischen, 1995 (zugleich Habil.schr. 1989); Diskursanalyse. Untersuchungen zum gesprochenen Französisch. Akten der gleichnamigen Sektion des 1. Kongresses des Franko-Romanisten-Verbands (Mainz [...] 1998) (mit H. Thomassen) 2000. AW

**Wehr,** Georg, * 7. 8. 1884 Weisenau-Mainz, † 1914 (Ort unbek.); Lehrer, beschäftigte sich m. Volksliedkunde, lebte in Hofheim bei Worms (1915).

*Schriften:* Das deutsche Volkslied. Ein Volksabend, 1910 (2., verm. u. verb. Aufl. 1913; 3., verm. u. verb. Aufl. 1921); Aus Volkes Herz und Mund. Deutsche Volkslieder (ausgewählt u. getreu n. d. ältesten Quellen u. d. besten mündl. Überlieferungen hg.) 1910.

*Nachlaß:* Hess. Landes- u. Hochschulbibl. Darmstadt. – Denecke-Brandis, 400. AW

**Wehr,** Gerhard, * 26. 9. 1931 Schweinfurt/Main; Ausbildung am Diakoniewerk Rummelsberg bei Nürnberg, danach Diakon d. Evangel.-Luther. Kirche, 1960–68 an d. Evangel. Volkshochschule Alexandersbad/Oberfranken, 1970–90 Lehrbeauftragter an d. Fachakad. für Sozialpädagogik in Rummelsberg, daneben berufsbegleitende geistesgeschichtl. Stud., Dr. theol. h. c., lebt als freier Schriftst. in Schwarzenbruck bei Nürnberg; Verf. v. religions- u. geistesgeschichtl. Werken.

*Schriften* (Ausw.): Der Urmensch und der Mensch der Zukunft. Das Androgyn-Problem im Lichte der Forschungsergebnisse Rudolf Steiners, 1964 (2., erg. Aufl. mit d. Untertitel: Das Mysterium männlich-weiblicher Ganzheit im Lichte der Anthroposophie Rudolf Steiners, 1979); Auf den Spuren urchristlicher Ketzer, 2 Bde., 1965 u. 1967; Martin Buber in Selbstzeugnissen und Bilddokumenten, 1968 ([12]1995); Spirituelle Interpretation der Bibel als Aufgabe. Ein Beitrag zum Gespräch zwischen Theologie und Anthroposophie, 1968; C. G. Jung in Selbstzeugnissen und Bilddokumenten, 1969 ([20]2003); Jakob Böhme in Selbstzeugnissen und Bilddokumenten, 1971 ([9]2007); C. G. Jung und Rudolf Steiner. Konfrontation und Synopse, 1972 (durchges. u. erg. Ausg. 1982); Thomas Müntzer in Selbstzeugnissen und Bilddokumenten, 1972; Wege zu religiöser Erfahrung. Analytische Psychologie im Dienste der Bibelauslegung, 1974; Christusimpuls und Menschenbild. Rudolf Steiners Beitrag zur Erweiterung des religiösen Bewußtseins, 1974; Esoterisches Christentum. Aspekte, Impulse, Konsequenzen, 1975 (überarb. Aufl. 1995 u. d. T.: Gnosis, Gral und Rosenkreuz. Esoterisches Christentum von der Antike bis heute, 2007); C. G. Jung und das Christentum, 1975; Novalis. Der Dichter und Denker als Christuszeuge (hg.) 1976; Der pädagogische Impuls Rudolf Steiners. Theorie und Praxis der Waldorfpädagogik, 1977; Veränderung beginnt innen. Gestalten und Dimensionen christlicher Spiritualität, 1977; Angelus Silesius, Der Cherubinische Wandersmann (hg.) 1977; Der deutsche Jude Martin Buber, 1977; Die Aktualität der Kulturimpulse Rudolf Steiners, 1977; Der Chassidismus. Mysterium und spirituelle Lebenspraxis, 1978; Rudolf Steiner als christlicher Esoteriker, 1978; Friedrich Christoph Oetinger. Theosoph, Alchymist, Kabbalist, 1978; Der anthroposophische Erkenntnisweg, 1978; J. Böhme, Von der Menschwerdung Jesu Christi (hg. u. komm.) 1978; Meister Eckhart, 1979; Paul Tillich in Selbstzeugnissen und Bilddokumenten, 1979; Jakob Böhme, der Geisteslehrer und Seelenführer, 1979; Valentin Weigel. Der Pansoph und esoterische Christ, 1979; Aurelius Augustinus. Größe und Tragik des umstrittenen Kirchenvaters, 1979; Jan Hus. Ketzer und Reformator, 1979; Paracelsus, 1979; Karl Barth. Theologe und Gottes fröhlicher Partisan, 1979; Novalis. Ein Meister christlicher Einweihung, 1980; Saint-Martin. Das Abenteuer des «unbekannten Philosophen» auf der Suche nach dem Geist, 1980; Deutsche Mystik. Gestalten und Zeugnisse religiöser Erfahrung, von Meister Eckhart bis zur Reformationszeit, 1980; Alle Weisheit ist von Gott. Gestalten und Wirkungen christlicher Theosophie. Valentin Weigel, Jakob Böhme, Johann Valentin Andreae, Friedrich Christoph Oetinger, Michael Hahn, 1980; Franz von Baader. Zur Reintegration des Menschen in Religion, Natur und Erotik, 1980; Christian Rosenkreuz. Urbild und Inspiration neuzeitlicher Esoterik, 1980; Stichwort: Damaskus-Erlebnis. Der Weg zu Christus nach C. G. Jung, 1982; Profile christlicher Spiritualität. Hildegard von Bingen, Meister Eckhart, Paracelsus, Jakob Böhme, Johann Valentin Andreae, Angelus Silesius, Friedrich Christoph Oetinger, Novalis, Johann Hinrich Wichern, Friedrich Rittelmeyer, 1982; Rudolf Steiner. Wirklichkeit, Erkenntnis und Kulturimpuls, 1982 (durchges. u. erw. Neuausg. 1987); Friedrich Nietzsche. Der «Seelen-Errater» als Wegbereiter der Tiefenpsychologie, 1982; Martin Luther. Mystische Erfahrung und christliche Freiheit im Widerspruch, 1983; Umstrittene Reformation, 1983; Herausforderung der Liebe. Johann Hinrich Wichern und die Innere Mission, 1983; Friedrich Rittelmeyer. Religiöse Erneuerung als geistiger Brückenschlag zwischen den Zeiten, 1985; Heilige Hochzeit. Symbol und Erfahrung menschlicher Reifung, 1986; Friedrich Nietzsche als Tiefenpsychologe, 1987; Carl Gustav Jung. Leben, Werk, Wirkung, 1988; Die deutsche Mystik. Mystische Erfahrung und theosophische Weltsicht. Eine Einführung in Leben und Werk der großen deutschen Sucher nach Gott, 1988 (Tb.ausg. 1991); Karlfried Graf Dürckheim. Ein Leben im Zeichen der Wandlung, 1988 (aktualisierte u. gekürzte Neuausg. 1996); Meister Eckhart. Mit Selbstzeugnissen und Bilddokumenten dargestellt, 1989 ([7]2008); Mystisch-theosophische Texte der Neuzeit (hg. mit Einl.) 1989; Der Christus ist der Geist der Erde. Christusimpuls und Menschenbild in der Anthroposophie und Waldorfpädagogik, 1989; Philosophie. Auf der Suche nach dem Sinn, 1990; Tiefenpsychologie und Christentum: C. G. Jung, 1990; Lebensmitte. Die Chance des zweiten Aufbruchs, 1991; Martin Buber. Leben, Werk, Wirkung, 1991 (überarb. und erw. Fass. 1996); J. Böhme, Im Zeichen der Lilie. Aus den Werken des christlichen Mystikers (hg., ausgew. u. komm.) 1991; ders., Aurora oder Morgenröte im Aufgang (hg.) 1992; Der innere Christus. Zur Psychologie des Glaubens, 1993; Kontrapunkt Anthroposophie. Spiritueller Impuls und kulturelle Alternative, 1993; Selbsterfahrung durch C. G. Jung. Die Entdeckung des eigenen Ich, 1993; Rudolf Steiner zur Einführung, 1994; Spirituelle Meister des Westens. Leben und Lehre, 1995; Saint-Martin. Der «unbekannte Philosoph», 1995; Europäische Mystik zur Einführung, 1995; J. Böhme, Von der Gnadenwahl (hg. u. erl.) 1995; Die Schrift aus der Mitte. Produktive Verwandlung einer Existenzkrise, 1995; Gründergestalten der Psychoanalyse. Profile – Ideen – Schicksale, 1996; Jean Gebser. Individuelle Transformation vor dem Horizont eines neuen Bewußtseins, 1996; Paul Tillich zur Einführung, 1998; Giordano Bruno, 1999; Mystik im Protestantismus. Von Luther bis zur Gegenwart, 2000; Hilmar von Hinüber, ein sozialer Pionier. Leben und Werk, 2000; Judentum, 2001; Die sieben Weltreligionen. Christentum, Judentum, Islam, Hinduismus, Buddhismus, Taoismus, Konfuzianismus, 2002; Kabbala, 2002; Christentum, 2003; Die großen Psychoanalytiker. Profile – Ideen – Schicksale, 2003; Luther, 2004; Anthroposophie, 2004; Rudolf Steiner, 2005; Der Stimme der Mystik lauschen. Weisheit für jeden Tag des Jahres (zus.gestellt u. komm.) 2005; Die deutsche Mystik. Leben und Inspiration gottentflammter Menschen in Mittelalter und Neuzeit, 2006; Das Lexikon der Spiritualität, 2006; Theo-Sophia. Christlich-abendländische Philosophie. Eine vergessene Unterströmung, 2007; Spirituelle Meister des Westens. Von Rudolf Steiner bis C. G. Jung, 2007; Christliche Mystiker. Von Paulus und Johannes bis Simone Weil und Dag Hammarskjöld, 2008.

*Literatur:* W. SOMMER, Mystik als Lebensaufgabe. Laudatio anläßlich d. theolog. Ehrenpromotion für ~ [...] (in: Nachrichten der Evangel.-Luther. Kirche in Bayern 57) 2002. IB

**Wehr,** Jörg, * 1958 (Ort unbek.); Journalist, Chefred., auch Produzent v. Rundfunksendungen, v. a. zu christl. Themen, lebte in Kadelburg/Baden-Württ. (1984); Erzähler.

*Schriften:* Susanne wird erwachsen, 1981; M. Menne, Anfragen. Meditationen (bearb.) 1981; Zwei finden ihren Weg, 1982; Der schwarze Marshal. Die Spuren verlieren sich im Lonely Forest, 1982; An den Stuhl gefesselt (n. d. Hörsp. «Der Tod/Der Rollstuhl» v. M. MENNE unter Mitarb. v. G.-W. BUSKIES) 1983. AW

**Wehr,** Marco, * 21. 11. 1961 Wuppertal; studierte Physik u. Philos. in Tübingen, 1998 Dr. phil. Marburg, arbeitet als Wissenschaftler zu Fragen d. Voraussagbarkeit, freier Mitarb. d. Zs. «D. Zeit», «Spektrum d. Wiss.» u. «Bild d. Wiss.», zudem Tänzer u. Choreograph m. internationalen Auftritten u. Kurstätigkeit, lebt in Tübingen; Fachschriftenautor.

*Schriften:* Chaos. Eine wissenschaftstheoretische Untersuchung (Diss.) 1998; Die Hand. Werkzeug des Geistes (hg. mit M. WEINMANN) 1999 (Neuausg. 2005); Der Schmetterlingsdefekt. Turbulenzen in der Chaostheorie, 2002; Welche Farbe hat die Zeit? Wie Kinder uns zum Denken bringen, 2007. AW

**Wehr,** Norbert, * 4. 1. 1956 Aachen; ab 1978 Mitarb. u. seit 1983 Hg. v. «Schreibheft – Zs. für Lit.», Lit.kritiker bei d. «Frankfurter Rs.» u. d. «Basler Ztg.», lebt seit 1998 in Essen u. Köln. Versch. Auszeichnungen, Preise u. Stipendien, u. a. 1994 Hermann Hesse-Preis u. Alfred Kerr-Preis, 2001 Förderpreis zum Kurt-Wolff-Preis.

*Herausgebertätigkeit:* H. Melville, Hunilla, die Chola-Witwe. Briefe an Nathaniel Hawthorne und eine Erzählung (übers. v. F. Rathjen, hg. u. mit e. Nachbem.) 1993; Schreibheft. Der Reprint (H. 22 bis 50, mit Reg.) 1998; H. Melville, Moby-Dick oder Der Wal. Im Anhang ein Essay von Jean-Pierre Lefebvre über «Die Arbeit des Wals», zeitgenössische Dokumente aus dem Quellgebiet des Romans [...], ferner Melvilles Essay «Hawthorne und seine Moose» sowie sieben Briefe an Sophia Hawthorne und Nathaniel Hawthorne (übers. v. dems., hg.) 2004.

*Literatur:* J. DREWS, Drei Laudationes. Auf Markus Werner. Auf Ulrich Holbein. Auf ~ u. d. ‹Schreibheft› (in: Vergangene Ggw. – gegenwärtige Vgh. [...], hg. J. D.) 1994; Kölner Autoren-Lex. 1750–2000. II 1901–2000 (bearb. E. STAHL) 2002. IB

**Wehrbach,** Malli Cl. (Ps. f. Wilhelm Carl Bach), * 3.4. 1865 Essen-Ruhr, Todesdatum u. -ort unbek.; Volksschullehrer in Schwelm/Sauerland (1914); Verf. v. Lebensbildern u. pädagog. Schriften.

*Schriften* (Ausw.): Kaiserin Auguste Viktoria. Ein Bild ihres Lebens und ihrer landesmütterlichen Fürsorge, 1898; Hilfsbuch zur Behandlung des Gedächtnisstoffes für den Religionsunterricht in den evangelischen Schulen der Provinz Westfalen, 1903; Ratschläge und Winke für junge Volksschullehrer. Von einem Lehrerfreund, 1903; Kinderschutzgesetz und Volksschullehrer, 1904; Die Lehrerinnenfrage, 1905; Über die Behandlung des Sexuellen in der Schule, 1906; Unsere Kolonien im Schulunterricht, 1907; Zum Kampfe gegen die Schundliteratur, 1909; Ernst von Bandel, der Erbauer des Hermann-Denkmals. Ein Lebensbild, 1909; Königin Luise. Ein Lebensbild zum 100. Todestage, 1910. AW

**Wehren,** Elsa von (Ps. E. v. Wildenfels), * 8. 10. 1875 Hagenau/Elsaß, Todesdatum u. -ort unbek.; lebte seit 1902 in Hannover u. seit 1907 in Görlitz, ihre Erz. u. Nov. erschienen in Zs.; Lyrikerin.

*Schriften:* Gedichte, 1899; Einsamkeiten. Neue Gedichte, 1906; Trösteinsamkeit (Ged.) 1911.

*Literatur:* Lit. Silhouetten. Dt. Dichter u. Denker u. ihre Werke. E. lit.krit. Jb. (hg. u. bearb. v. H. Voss u. B. Volger) 1907–09 (mit Gedichtproben). IB

**Wehren,** Hans K(aspar), * 18.2. 1921 Iserlohn/Nordrhein-Westf., † 17.4. 1988 ebd.; Sohn e. Maschinenschlossers, besuchte 1931–35 d. Mittelschule in Iserlohn, absolvierte ebd. e. kaufmänn. Lehre u. seit 1939 Hilfsangestellter beim dortigen Finanzamt, 1941–45 Soldat im 2. Weltkrieg u. brit. Kriegsgefangenschaft, seit 1950 (bis zu s. Pensionierung) Finanzbeamter in Iserlohn; Mitgl. d. Autorenkreises Ruhr-Mark, seit 1963 d. Gruppe 61 u. seit 1970 d. Autorenver. «Die Kogge», erhielt 1976 d. Preis d. Fremdenverkehrsverbandes Sauerland u. 1981 d. Große Silbermünze d. Kurortes Bad Salzig; Erz. u. Lyriker.

*Schriften:* Der Rosenkranz von Tzschenstochau (Erz.) 1962; Im Wechsel zwischen Tag und Jahr. Aus einem Zyklus, 1962; Der Stern über Simonshof (Nov., Grafik H. Titz) 1963; Aufstand der Disteln (Ged.) 1964; Zikadenstunden. Lyrik, 1970; Bad Salziger Frieden, 1971; Friedenskreuz über Bad Salzig (Ged.) 1971; Und eine Nacht, 1971; Zwischen Lanzetten (Ged., Linolschnitte W. Podschwadek) 1971; Mein Bad Salziger Tagebuch (Ged.) 1972; Steine aus einem Mosaik. Eine Reise nach Trier, 1974.

*Nachlaß:* Fritz-Hüser-Inst. f. dt. u. ausländ. Arbeiterlit., Dortmund.

*Literatur:* Killy 12 (1992) 183; Schmidt, Quellenlex. 32 (2002) 468; Westfäl. Autorenlex. 4 (2002) 882 (auch Internet-Edition); DBE ²10 (2008) 465. – G. Schulz, Porträt e. Dichters. ~ «unter der Lupe» (in: Danzturm, H. 1) 1971; Sie schreiben zwischen Moers und Hamm [...] (hg. H. E. Käufer u. H. Wolff) 1974; Gruppe 61. Arbeiterlit., Lit. der Arbeitswelt? (hg. H. L. Arnold) 1977; Butzbacher Autoren-Interviews 2 (hg. H.-J. Müller) 1977; Lit. Leben in Dortmund (hg. A. Klotzbüche) 1984; H. Schulz-Fielbrandt, Lit. Heimatkunde d. Ruhr-Wupper-Raumes. 1600 Jahre Lit.-Gesch., 1987; Lit.-Atlas NRW. E. Adreßbuch z. Lit.szene (zus.gest. u. bearb. L. Janssen) 1992. AW

**Wehren,** Marianne von (geb. v. Losch; Ps. Rick Waare), * 1830 Wielitzken/Ostpr. (heute Wallenrode), Todesdatum u. -ort unbek.; Tochter e. Gutsbesitzers, lebte 1897 in Jena.

*Schriften:* Zusammengeschmiedet (Rom.) 1905. RM

**Wehrenfennig,** Helmut (auch Wehrenpfennig, Ps. Helgustad Helwehr), * 24.7. 1916 Morchenstern, Kr. Gablonz/Nordböhmen; Sozialarbeiter, Heimleiter, lebt im Ruhestand in Stuttgart; Erz. u. Lyriker.

*Schriften:* Der Sprossenpeppi. Eine Jungengeschichte, 1953; Nicht das Beste, aber besser als manches. Spiegeleien, 1977; Wenn du mich fragst. Gedanken, Bilder, Rufe, Schreie, Gebete, 1978; Der rote Messias (Nov.) 1981; Tagebuch eines Mitläufers, 1983; Gedanken, Träume, Rufe, Schreie, Gebete (Ged.) 1990. AW

**Wehrenpfennig,** Erich, * 9.4. 1872 Klein Bressel bei Jägerndorf/Schles., † 13. (11.?) 4. 1968 Feuchtwangen/Bayern; studierte evangel. Theol. in Wien u. Erlangen, 1909 Pfarrer in Gablonz/Neiße, 1919 Präs. d. Dt. Evangel. Kirche in Böhmen, Mähren u. Öst.-Schles., 1940 Vorsitzender d. Büros d. Dt. Evangel. Kirche in Sudetenland, Böhmen u. Mähren, Februar bis August 1946 in Reichenberg/Böhmen inhaftiert, danach in die sowjet. Besatzungszone abgeschoben, bis 1952 Pfarrer in Stolberg/Sachsen, danach in Feuchtwangen, 1921 Dr. theol. h. c. der Univ. Wien.

*Schriften:* Mein Leben und Wirken, 1956.

*Nachlaß:* Inst. für Reformations- u. Kirchengesch. d. böhm. Länder in Wolfach-Kirnbach/Schwarzwald. – Mommsen 7751.

*Literatur:* Heiduk 3 (2000) 164. – Heimat u. Kirche. FS z. 90. Geb.tag v. ~ (hg. E. TURNWALD) 1963. IB

**Wehrenpfennig,** Helmut → Wehrenfennig, Helmut.

**Wehrenpfennig,** Wilhelm, * 25. 3. 1829 Blankenburg/Harz, † 25. 7. 1900 Berlin; studierte Theol., Gesch. u. Philos. an den Univ. in Jena u. Berlin, 1853 Dr. phil. in Halle/Saale, anschließend Gymnasiallehrer am Joachimsthaler Gymnasium u. 1857 Oberlehrer am Friedrichsgymnasium in Berlin, 1859–62 Dir. d. «Lit. Büros» im preuß. Staatsministerium. Seit 1863 Red. u. 1867–83 Hg. mit Heinrich (Gotthard) von → Treitschke der «Preuß. Jb.», 1872/73 Chefred. der «Spenerschen Ztg.», 1877 Geheimer Regierungsrat u. bis 1879 vortragender Rat im Handelsministerium für d. techn. Lehranstalten, 1879–99 Geheimer Oberregierungsrat im Kultusministerium. 1868–79 Mitgl. d. Preuß. Abgeordnetenhauses mit e. Mandat der Nationalliberalen Partei, seit 1869 auch Mitgl. d. norddt. u. 1871–81 d. dt. Reichstages.

*Schriften* (Ausw.): Die Verschiedenheit der ethischen Prinzipien bei den Hellenen und ihre Erklärungsgründe, 1856; Geschichte der deutschen Politik unter dem Einfluß des italienischen Kriegs. Eine Kritik, 1860; Rede des Prinzen Napoleon (hg.) 1861; Das diplomatische Vorspiel des Krieges, 1870; M. Veit. Eine Lebensskizze, 1870; Die französische Armee, 1870.

*Nachlaß:* Geheimes Staatsarch. Preuß. Kulturbesitz; SBPK, beide Berlin. – Nachlässe DDR 3,919; Mommsen 4067.

*Literatur:* DBE [2]10 (2008) 469. – Nationalliberale Parlamentarier 1867–1917 [...] (hg. H. KALKOFF) 1917; D. dt.sprachige Presse. Ein biogr.-bibliogr. Hdb. 2 (bearb. v. B. JAHN) 2005. IB

**Wehres,** Ulrike, * 1942 Linz/Donau; studierte Germanistik u. Philos. in Köln u. Düsseldorf, 1985 Dr. phil. Düsseldorf, seit 1980 Doz. f. Dt. u. Philos. am Weiterbildungskolleg in Duisburg; Fachschriftenautorin u. Erzählerin.

*Schriften:* Adelbert von Chamisso. Werke in zwei Bänden (neubearb. mit W. DENINGER) 1971; Die Metapher als auslösendes Moment für literarisches Verstehen – verifiziert an der Steinmetaphorik Heinrich Heines (Diss.) 1985; Oskar reißt aus. Gefährliche Reise (Illustr. E. Köpnick) 2007. AW

**Wehrhan,** Christian Friedrich, * 1. 1. 1761 Magdeburg, † 27. 4. 1808 Liegnitz/Schles.; Vater v. Otto Friedrich → W., theolog. u. philos. Stud. an d. Univ. Halle/Saale, 1784–90 Collaborator an d. Bürgerschule in Magdeburg, danach Feldprediger in Neisse, machte 1792–95 d. Feldzug nach Frankreich mit. 1797 Pastor in Groß-Wandlitz u. seit 1800 Oberprediger in Liegnitz, Mitarb. d. «Schles. Provinzial-Blätter».

*Schriften:* Mathilde die Magdeburgerin oder Wiederkehr aus der Gruft, 1800; Scenen und Bemerkungen aus meinem Feldpredigerleben im Feldzuge der Preußen nach Champagne im Jahre 1792, 1802; Predigten über alle Sonn- und Festtage des Jahres (nach s. Tode auf Verlangen s. Zuhörer ausgew. u. hg. [ohne Hg.name]) 1809.

*Literatur:* Meusel-Hamberger 8 (1800) 383; 10 (1803) 800; 11 (1805) 737; 21 (1827) 401; Goedeke 7 (1900) 440; Heiduk 3 (2000) 164. IB

**Wehrhan,** Karl (Heinrich), * 21. 7. 1871 Heidenoldendorf bei Detmold, † 31. 8. 1939 Frankfurt/M.; besuchte 1888–91 d. Lehrerseminar in Detmold, 1891–99 Lehrer in Blomberg/Nordrh.-Westf., 1899–1907 Volksschullehrer in Wuppertal-Elberfeld. 1907 Mittelschullehrerprüfung, 1907–12 Mittelschullehrer in Frankfurt/M. u. 1912–33 Rektor d. dortigen Volta-Mittelschule. Mitbegründer d. «Vereins für rhein. u. westfäl. Volksk.» u. Mithg. dessen Zs., Mitarb. am «Quickborn» u. am «Eekboom», 1926 Leiter d. Frankfurter-Rundfunkstelle; Mitarb. u. Verf. v. Lehrbüchern, Verf. v. sprach-, volks- u. heimatkundlichen Werken.

*Schriften* (Ausw.): Die Sage, 1908; Kinderlied und Kinderspiel, 1909; Biblische Geschichten im Kinderton für Kinder und Kinderfreunde, Schule und Haus erzählt, ca. 1910; Unsere Heimat. Heimatkunde von Frankfurt am Main (mit F. W. SCHMIDT) 1911; Gloria, Viktoria! Volkspoesie an Militärzügen. 200 Wagenaufschriften (ges., mit Einl. u. Anm. hg.) 1915; Letzte Grüße. Volksdichtungen in Nachrufen auf unsere gefallenen Helden (ausgew., mit Einl. u. Anm. hg.) 1915; Die Freimaurerei im Volksglauben. Geschichte, Sagen und Erzählungen des Volkes über die Geheimnisse der Freimaurer und ihre Kunst, 1919 (2., verb. Aufl. 1921; Nachdr. 1985); Die deutschen Sagen des Mittelalters, 2 Bde., 1919/20; Wilhelm Oesterhaus zum 80. Geburtstage. Sein Leben und Dichten (Mitverf.) 1920; Lippische Mundarten. Geschichten und Gedichte, Sprichwörter, Rätsel und Reime (in Ausw. mit H. SCHWANOLD u. A. WIEMANN) 1922; Das niederdeutsche Volkslied «Van Herrn Pastor siene Koh» nach seiner Entwicklung, Verbreitung, Form und Singweise, 1922; Die Externsteine im Teutoburger Walde in Natur, Kunst, Dichtung, Geschichte und Volkssage, 1922; Der Schmachfrieden von Versailles in seinen furchtbaren Wirkungen, 1922; Sagen aus Hessen und Nassau (ges. u. hg.) 1922; Die schönsten Sagen der alten Reichsstadt Frankfurt am Main, 1923; Alte und neue Märchen aus dem Teutoburger Walde und seiner Umgebung (ausgew.) 1923; Hermann der Cherusker und die Hermannsschlacht in der Volksüberlieferung, 1925 (Sonderdruck); Deutscher Eichenkranz. Balladen und Heldensänge als lebende Bilder deutscher Geschichte und deutscher Taten von den ältesten Zeiten bis auf die Gegenwart (ges. u. hg.) 1925; Frankfurter Kinderleben in Sitte und Brauch. Kinderlied und Kinderspiel, 3 Tle. (ges. u. hg., Reg. bearb. v. O. STÜCKRATH) 1929–38; Westfälische Sagen (ges. u. hg.) 1934; Der Aberglaube im Sport, 1936.

*Nachlaß:* Lipp. LB Detmold; LB Wiesbaden. – Denecke-Brandis 371 (unter Stückrath, Otto).

*Literatur:* A. WIEMANN, ~ z. Gedächtnis (in: Der Westfäl. Erzieher 6) 1938; A. BECKER, ~ (in: Hess. Bl. für Volksk. 39) 1941; H. WIENKE, Rektor ~, e. Forscher u. Sammler im Dienste d. Heimat (in: Lipp. Kalender) 1951; Frankfurter Biogr. 2 (hg. W. KLÖTZER) 1996. IB

**Wehrhan,** Otto Friedrich, * 5. 3. 1795 Neisse, † 2. 8. 1860 Coswig bei Dresden; Sohn v. Christian Friedrich → W., studierte Theol., nahm 1813/14 an den Befreiungskriegen teil. Dann Hauslehrer in Schlanz bei Breslau, 1823 Pastor in Groß Peterwitz/Schles., ab 1824 in Kunitz, 1834 suspendiert. 1835–41 Pastor d. evangel.-luther. (altluther.) Gemeinde in Liegnitz. Legte dann s. Amt nieder u. lebte in Dresden, zuletzt in Coswig.

*Schriften:* Fußreise zweyer Schlesier durch Italien und ihre Begebenheiten in Neapel beschrieben, 1821 (Mikrofiche-Ausg. 1997); Familienreise nach Frankreich und Abstecher in's Campanerthal, 1834; Vertheidigung der Lutherischen Sache gegen Olshausen's Schrift «Was ist von den neuesten kirchlichen Ereignissen in Schlesien zu halten?», 1835; Meine Suspendirung, Einkerkerung und Auswanderung. Ein Beitrag zur Geschichte des Kirchenkampfes in Preußen, 1839; Umschau in Deutschland, Frankreich und der Schweiz, 1840; Norddeutsche Reise, 1842; Wunderbares und Seltenes aus der Naturgeschichte, 1844; Dresden. Ein Gedicht in 24 Gesängen. Mit angehängten historischen und topographischen, zugleich als Cicerone für Stadt und Umgegend dienenden Erläuterungen, 1845; Philosophisches Trostbüchlein für Arme und Reiche, 1845; Meine Kriegsgefangenschaft bei den Franzosen im Jahre 1814, 1847; Lebensbeschreibung St. Anschar's, des Apostels des Nordens, 1848; Lebensgeschichte Johann Arndt's, 1848.

*Literatur:* Meusel-Hamberger 21 (1827) 401; Heiduk 3 (2000) 164. – H. SCHRÖDER, Lex. der hamburg. Schriftst. bis z. Ggw. 7, 1879. IB

**Wehrle,** (Gustav) Adolf, * 3. 10. 1846 Dietenbach bei Kirchzarten/Schwarzwald, † 26. 11. 1915 Lautenbach/Schwarzwald; besuchte d. Gymnasium in Freiburg/Br., studierte Theol. u. Philol., Dr. phil., trat 1869 ins Priesterseminar St. Peter ein, 1870 Priesterweihe, als Seelsorger u. Schulinspektor tätig, 1891 Pfarrer in Reichenau/Münster, 1894 Stadtpfarrer in Philippsburg, 1903 Pfarr-Rektor in Rotenfels, 1910 Dekan d. Kapitels Gernsbach u. 1914 Pfarrer in Lautenbach.

*Schriften* (Ausw.): Potpourri nach Spanien, in Spanien und aus Spanien, 1887; Erinnerungen eines Reichstagskandidaten für das Centrum aus dem Drang-Zwang-Qual-Wahl-Jahre 1887, 1887; Seiner Königlichen Hoheit Großherzog Friedrich, dem hohen Gönner der Insel Reichenau und deren ehrwürdigen Münsters, und Hochdessen edler Gemahlin ... gewidmet von den Bewohnern der Insel (mit J. KOCH) 1891; Die Insel Reichenau. Den Fremden und Einheimischen gewidmet (hg. L. WOERL) 1892.

*Literatur:* Necrologium Friburgense. Verz. d. Priester, welche im ersten Semisäculum d. Bestandes d. Erzdiöcese Freiburg im Gebiete u. Dienste derselben verstorben sind [...] (in: Freiburger Diözesan-Arch., Bd. 16) 1883. AW

**Wehrle,** Alois (Peter), * 3. 7. 1791 Kremsier/Mähren, † 13. 12. 1835 Wien; Studium d. Chemie u. Pharmazie an der Univ. Wien, 1819 Dr. der Chemie; Assistent am Polytechnikum Wien, a. o. Prof. an d. dortigen Univ., 1820–35 Prof. der Chemie an der Bergakad. Schemnitz/Slowakei, wo er Vorträge über Chemie, Mineralogie u. Metallurgie hielt, gründete ebd. e. Krankenhaus für Bergleute. Seit 1821 Mitgl. der Mineralog. Gesellsch. in Jena u. Ehrenmitgl. der Pharmazeut. Gesellsch. in St. Petersburg, zahlr. Artikel erschienen in Fachzeitschriften.

*Schriften* (Ausw.): Dissertatio inauguralis chemica sistens historiam acidi muriatici, 1819; Die Grubenwetter [...], 1835; Lehrbuch der Probir- und Hüttenkunde als Leitfaden für akademische Vorlesungen, 3 Bde., 1841.

*Literatur:* Meusel-Hamberger 21 (1827) 402; NN 13 (1837) 1288; Wurzbach 53 (1886) 247; ADB 41 (1896) 788. – G. FALLER, Gedenkbuch z. hundertjährigen Gründung der königlich ungar. Berg- u. Forstakad. in Schemnitz 1770–1870, 1871; Magyar írók élete és munkái 14 (hg. J. SZINNYEI) Budapest 1914; Magyar életrajzi lexikon 3 (hg. v. A. KENYERES) ebd. 1967; R. RUDOLF u. E. ULREICH, Karpatendt. Biogr. Lex., 1988; Slovenský biografický slovník 6, Martin 1994. MT

**Wehrle,** Arnold; * 29. 10. 1899 Zürich, † 1975 (vermutl. ebd.); Sportjournalist, 1922 Gründer u. seither Dir. d. schweizer. Sportnachr.-Agentur «Sportinformation», zudem 1929–48 Sekretär d. Schweizer. Landhockey-Verbands u. dessen Delegierter im schweizer. Olymp. Komitee, seit 1942 Präs. d. Stadtzürcher Verbandes f. Leibesübungen u. 1942–46 Mitgl. d. Gemeinderats Zürich; Hg. d. Schweizer Fußballkalenders (1927ff.) u. a. Sportpublikationen, Fachschriftenautor.

*Schriften* (Ausw.): Volkssport und Wehrsport. Das Schweizerische Sportabzeichen, Wehrsport im Aktivdienst und außer Dienst, freiwilliger Vorunterricht. Handbuch der Leibesübungen in der Schweiz (hg.) 1941; Turnen und Sport in Zürich. Handbuch der Leibesübungen für die Stadt Zürich (Red.) 3 H., 1942–52 (erw. Ausg. mit Anhang: Zürcher Sport-Handbuch, 1922–1962, 1962); 500 Jahre Spiel und Sport in Zürich, 1950; 25 Jahre Nationalliga: 1933–1958 (Jubiläumsschr.) 1958; 100 Jahre Stadtzunft. Festschrift zur Hundertjahrfeier, 1967; Mexico 68. Olympische Sommerspiele 1968 (mit J. RENGGLI) 1968; 50 Jahre Tour de Suisse: 1933 bis 1983 – eine Chronik in Bildern (Bild- u. Textred. mit D. HOSTETTLER u. H. STRASSER) 1983.

*Literatur:* Neue Schweizer Biogr. [...] (Chefred. A. BRUCKNER) 1938. AW

**Wehrle,** Charly, * 1949 Wangen/Allgäu; als Bergsteiger u. a. Teilnahme an d. dt. Expedition z. Nanga Parbat (1976), 1978–84 Wirt im Wettersteingebirge auf d. Stuibenhütte u. d. Oberreintalhütte, seit 1986 auf d. Reintalangerhütte.

*Schriften:* Kletterwelt Oberreintal. Wände – Grate – Dome (mit H. PFLANZELT) 1997; Bergsteiger ohne Maske. Franz Fischer – Hüttenwirt und Original, 1998; Mit Hackbrett und Kontrabaß. Musiktrekking zum Dach der Welt, 2000; Das Reintal – der alte Weg zur Zugspitze, 2002; 25 Jahre Hüttenwirt im Wetterstein: C. W., 4 Bde., 2004 (enth.: Kletterwelt Oberreintal [...]; Bergsteiger ohne Maske [...]; Das Reintal [...]; Portrait eines Weltenbummlers). AW

**Wehrle,** Emil, * 2. 7. 1891 Freiburg/Br., † 11. 7. 1962 Frankfurt/M.; studierte Rechts- u. Staatswiss. an den Univ. in Freiburg/Br. u. Köln, 1913 Dr. rer. pol. u. 1919 Dr. iur., 1921–25 Dir. des Bad. Landesarbeitsamtes in Karlsruhe. 1923 Habil. an d. Univ. Heidelberg, 1925 o. Prof. an d. Handelshochschule Nürnberg, 1929 an d. TH Karlsruhe u. 1933–36 an d. Univ. Marburg. 1936 Prof. an d. Wirtschafts- u. Sozialwiss. Fak. d. Univ. Frankfurt/M., Dir. d. Seminars für Wirtschafts- u. Sozialpolitik u. d. Instituts für Genossenschaftswesen. Gründer u. Leiter d. Forschungsinstituts für Handwerkswirtsch. Bereiste im Auftrag der Bundesregierung u. a. Venezuela, Bolivien, Tunesien u. Südvietnam.

*Schriften* (Ausw.): Gegenwartsfragen der deutschen Handelspolitik, 1930; Die neuere Wirtschafts- und Sozialpolitik Spaniens bis zum politischen Umschwung, 1932; Deutsches Genossenschaftswesen, 1937; Gewerbepolitik, 1952.

*Literatur:* DBE [2]10 (2008) 469. – Vereinigung d. sozial- u. wirtschaftswiss. Hochschullehrer. Werdegang u. Schr. d. Mitgl., 1929; D. Wirtschaftswiss. Hochschullehrer an den reichsdt. Hochschulen u. an der TH Danzig. Werdegang u. Veröff., 1938; Hdb. d. dt. Wiss. 2: Biogr. Verz., 1949; Catalogus Prof. Academiae Marburgensis 2 (bearb. v. I. AUERBACH) 1979; O. RENKHOFF, Nassauische Biogr. (2., vollst. überarb. u. erw. Aufl.) 1992; Frankfurter Biogr. 2 (hg. W. KLÖTZER) 1996; Große Bayer.

Biogr. Enzyklopädie 3 (hg. H.-M. KÖRNER) 2005. IB

**Wehrle,** Martin, * 1970 Löffingen/Schwarzwald; Ausbildung z. Journalisten, Chefred., Führungskraft in e. Börsenkonzern, arbeitet als Karriereberater u. Vortragsredner, begr. 2007 d. Karriereberater-Akad. in Hamburg, lebt in Jork bei Hamburg, erhielt 2003 d. Reportagepreis d. Hamburger Akad. f. Publizistik; Sachbuchautor.

*Schriften:* Geheime Tricks für mehr Gehalt. Ein Chef verrät, wie Sie Chefs überzeugen!, 2003; Die Geheimnisse der Chefs, 2004; Der Feind in meinem Büro. Die großen und kleinen Irrtümer zwischen Chef und Mitarbeiter, 2005; 30 Minuten für Ihre Gehaltserhöhung (Tonträger, 1 CD) 2006; Professor Untat. Was faul ist hinter den Hochschulkulissen (mit U. KAMENZ) 2007; Karriereberatung. Menschen wirksam im Beruf unterstützen, 2007. AW

**Wehrli,** Ambros, * 1930 (Ort unbek.); wuchs in Basel auf, war zunächst in d. Textilbranche tätig, danach Ausbildung als Psychotherapeut, leitete 1975–2000 e. eigene Praxis in Zürich, daneben Tätigkeit für d. Amelung-Klinik in Königstein/Taunus; Verf. v. Ratgebern.

*Schriften:* Einführung in die emotionelle Gruppentherapie nach Casriel, I Du schaffst es, aber du schaffst es nicht allein! (Vorw. W. H. LECHLER), II Die Lebensschule, 2005/07; Verhängnisvolle Abhängigkeiten in Beziehungen, 2008. AW

**Wehrli,** Betty → Knobel, Betty (erg. † 13. 2. 1998 Brissago/Kt. Tessin).

**Wehrli,** Fritz (Robert), * 9. 7. 1902 Zürich, † 27. 8. 1987 ebd.; Sohn e. Kaufmanns, Bruder v. Max → W., studierte Klass. Philol. in Zürich, Basel u. Berlin, 1928 Dr. phil. Basel; 1930 Privatdoz., 1941 a. o. und 1952–67 o. Prof. d. Klass. Philol. an d. Univ. Zürich, Mitbegr. d. Zs. «Museum Helveticum».

*Schriften* (Ausw.): Zur Geschichte der allegorischen Deutung Homers im Altertum (Diss.) 1928; Lathe Biosas. Studien zur ältesten Ethik bei den Griechen (Habil.schr.) 1931 (NA 1976); Motivstudien zur griechischen Geschichte, 1936; Die Schule des Aristoteles. Texte und Kommentar, 10 Bde., 1944–59 (Suppl. 1 u. 2, 1974–78; 2., erg. u. verb. Aufl. 1967–78); Das Erbe der Antike (Red.) 1963; Hauptrichtungen des griechischen Denkens, 1964 (NA 1981); Theoria und Humanitas. Gesammelte Schriften zur antiken Gedankenwelt (hg. H. HAFFTER, T. SZEZÁK) 1972.

*Literatur:* H. HAFFTER, ~ † (in: Gnomon 61) 1989. RM

**Wehrli,** Hermann, * 21. 5. 1901 Niederwil/Kt. Aargau, Todesdatum u. -ort unbek.; ab 1916 in e. Industrieunternehmen in Lenzburg/Kt. Aargau tätig; Mundartdramatiker.

*Schriften:* So vill uf einisch, oder «Unvorhergesehenes». Mundart-Lustspiel in 5 Aufzügen, 1941; De Glücksbrief (Lsp.) 1948.

*Literatur:* R. JOHO, Neuer dramat. Wegweiser. Verzeichnis d. schweizer. Bühnenwerke für d. Volkstheater v. 1900 bis 1952, 1953. IB

**Wehrli,** Johann Jakob, * 6. 11. 1790 Eschikofen/Kt. Thurgau, † 15. 3. 1855 Guggenbühl (heute Andwil)/Kt. Thurgau; Sohn e. Schulmeisters, wuchs in Eschikofen auf, 1810–33 Leiter («Armenvater») der v. Philipp Emanuel v. → Fellenberg (ErgBd. 3) gegr. Armenerziehungsanstalt in Hofwil bei Bern, 1833–53 Leiter des v. ihm gegr. Lehrerseminars in Kreuzlingen, Mitbegr. d. kantonalen landwirtschaftl. Gesellsch.; beabsichtigte als Pädagoge die arme bäuerl. Bevölkerung im Sinne Johann Heinrich → Pestalozzis z. Selbsthilfe zu erziehen u. zu e. rel. Leben anzuleiten, s. Wirken regte d. Gründung ähnl. Anstalten («Wehrli-Schulen») an; nach Forderungen nach mehr Wissenschaftlichkeit, erhoben durch d. Thurgauer Erziehungsrat, gründete W. in Guggenbühl e. eigene landwirtschaftl. Mittelschule.

*Schriften* (Ausw.): Schullehrergespräche über den Hofwiler Lehrkurs, 1832; Zehn Unterhaltungen eines Schulmeisters in der Schulstube, 1833; Einige naturkundliche Unterhaltungen eines Schulmeisters mit der ersten und zweiten Elementarklasse, 1833.

*Nachlaß:* Thurgau. Kantonsbibl. Frauenfeld. – Schmutz-Pfister 6572.

*Literatur:* ADB 41 (1896) 435; HBLS 7 (1934) 453; DBE [2]10 (2008) 489. – J. A. PUPIKOFER, Leben u. Wirken v. ~ als Armenerzieher u. Seminardirector, 1857 (Ausz. u. d. T.: ~ als Armenerzieher in Hofwyl, in: Gesch. d. Erziehung u. Schule in d. Schweiz im 19. u. 20. Jh., hg H. BADERTSCHER, H.-U. GRUNDER, Quellenbd., 1998); J. J. SCHLEGEL, Drei Schulmänner d. Ostschweiz, 1879; J. U. REBSAMEN, FS z. fünfzigjähr. Bestehen d. Seminars zu

Kreuzlingen, 1883; H. MORF, ~ (in: Neujahrsbl. d. Hülfsgesellsch. Winterthur 29) 1891; P. TSCHUDI, «Vater W.» (in: Über Berg u. Thal) 1893; J. SEIFENSIEDER, ~, e. Jünger Pestalozzis, 1896; A. SCHOOP (u. a.), Gesch. d. Kt. Thurgau, 1994. RM

**Wehrli,** Klara, * 20. 3. 1907 Aarau/Kt. Aargau; lebte ebd.; Kinder- u. Jgdb.autorin.

*Schriften:* Von Kindern aus aller Welt (Illustr. R. Hadl u. T. Wiesmann) 1945; Mit Volldampf durch fünf Erdteile (Bilder W. Schnabel) 1946; Durch! Ein Buch vom Durchhalten, Durchkämpfen und Durchsetzen. Auslandschweizer erzählen von ihrem Lebenskampf in Afrika, Asien, Nord- und Südamerika und Australien (Mitverf., hg. F. AEBLI) 1948; Fritz reist nach China (Bilder W. Schnabel) 1960. AW

**Wehrli,** Mariell (geb. Frey), * 17. 3. 1901 Ober-Ehrendingen/Kt. Aargau, Todesdatum u. -ort unbek.; Schriftst. u. Malerin, ab 1940 Anhängerin u. seit 1945 Mitgl. d. Mazdaznan-Bewegung. Bereiste 1939 vor Ausbruch d. 2. Weltkriegs Island, 1964 d. Sowjetunion, ihre Island-Bilder wurden 1939 in München u. 1940 in Zürich ausgestellt; Verf. v. Reiseber. u. Schr. d. Internationalen Mazdaznan-Bewegung (in d. Schweiz: Aryana-Akad. Ober-Ehrendingen).

*Schriften:* Island. Urmutter Europas. Reisebilder und Betrachtungen einer Schweizer Malerin (m. 8 Tafeln u. Umschlag-Illustr. d. Verf.) 1942; P. F. Mamreov, Jesât Nassar. Geschichte des Lebens von Jesus, dem Nazarener. Erste und vollständig neu überarbeitete deutsche Ausgabe von M. W.-F. nach Quellen, Überlieferungen und Legenden des Morgenlandes [...], Utrecht 1961 (2., verm. u. verb. Aufl. [München] 1972); Sowjetunion. Reise in die UdSSR, 1964; Herzübertragung ein Kulturproblem. Das Geheimnis des Lebens, 1969; Ultramontanismus. Teufelsaustreibungsprozeß, 1969 in Zürich/Schweiz, 1969; Der Pfingstgeist. Eröffnungsrede [...]. Nach O. Z.-A. Ha'nish, 1972; O. Z.-A. Ha'nish, Universal-Religion (Synkretismus) Mazdaznan. Quellen, Ergänzungen, Kommentare von M. W.-F. (2., verm. u. verb. Aufl.) 1972.

*Literatur:* Sonder-Ausstellung Island: ~. 11. – 31. Mai 1940 Galerie Neupert Zürich (Ausstellungskat.) 1940; Dt.sprachige Schriftst.innen in d. Schweiz 1700 bis 1945 (hg. D. STUMP u. a.) 1994. ML

**Wehrli,** Max, * 17. 9. 1909 Zürich, † 18. 12. 1998 ebd.; Bruder v. Fritz (Robert) → W., studierte 1928–35 Germanistik, Altgriech. u. Altisländ. an d. Univ. Zürich u. im Sommersemester 1931 an d. Univ. Berlin, 1935 Dr. phil., 1937 Habil. u. bis 1947 Privatdoz. für Dt. Lit.wiss. an der Univ. Zürich, 1947–53 a. o. Prof. für Ältere dt. Lit. ebd., 1953–74 o. Prof. am neugegründeten Lehrstuhl für Ältere dt. Lit. (Frühes MA bis z. frühen 18. Jh.). 1965–67 Dekan d. Philos. Fak. u. 1970–72 Rektor, 1951–67 Mithg. der «Bibliotheca Germanica». Korrespondierendes Mitgl. d. Akad. d. Wiss. in Heidelberg (1977), Göttingen (1981) u. München (1983), weitere Mitgl. schaften in Lit.gesellsch.; versch. Ehrungen, u. a. 1970 Goethe-Medaille in Gold d. Goethe-Instituts, 1979 Gottfried-Keller-Preis, 1986 Dr. phil. h. c. der Univ. München.

*Schriften, Editionen und Übersetzungen* (Ausw.): Johann Jakob Bodmer und die Geschichte der Literatur, 1936; Das barocke Geschichtsbild in Lohensteins Arminius, 1938; Das geistige Zürich im 18. Jahrhundert. Texte und Dokumente von Gotthard Heidegger bis Heinrich Pestalozzi (hg.) 1943 (Neuausg. 1989); H. J. Christoffel von Grimmelshausen, Der abenteuerliche Simplicissimus (hg. u. eingel.) 1944; J. von Eichendorff, Gedichte, Erzählungen, Biographisches (ausgew. u. eingel.) 1945; Deutsche Barocklyrik (hg. u. mit e. Nachw.) 1945; Minnesang. Vom Kürenberger bis Wolfram (Ausw. u. Bearb.) 1946; Allgemeine Literaturwissenschaft, 1951 (2., durchges. Aufl. 1969); Das Lied von der Entstehung der Eidgenossenschaft – Das Urner Tellenspiel (hg.) 1952; Deutsche Lyrik des Mittelalters (Ausw. u. Übers.) 1955 (2., durchges. Aufl. 1962; 3. u. 4., erw. Aufl. 1962 u. 1967; 7., durchges. Aufl. 1988); J. Bidermann, Philemon Martyr (lat. u. dt., hg. u. übers.) 1960; J. Balde, Dichtungen (lat. u. dt., in Ausw. hg. u. übers.) 1963; Wert und Unwert in der Dichtung, 1965; Formen mittelalterlicher Erzählung (Aufs.) 1969; Wolframs «Titurel», 1974; Geschichte der deutschen Literatur vom frühen Mittelalter bis zum Ende des 16. Jahrhunderts, 1980 (3., bibliogr. erneuerte Aufl. [d. 2. Aufl. v. 1984] 1997); Literatur im deutschen Mittelalter. Eine poetologische Einführung, 1984 (Nachdr. 1987 u. 1998); Historie von Doktor Johann Faust (hg. u. übers.) 1986; Hartmann von Aue, Iwein (aus dem Mittelhochdt. übertr., mit Anm. u. e. Nachw.) 1988; Humanismus und Barock (hg. F. WAGNER u. W. MAAZ) 1993; Gegenwart und Erinnerung. Gesammelte Aufsätze (hg. DIES.) 1998.

*Bibliographie:* A. M. HAAS, Bibliogr. d. Veröff. v. ~ (mit Verz. d. betreuten Diss.) (in: Typologia Litterarum [...]) 1969 (siehe Literatur).

*Nachlaß:* DLA Marbach.

*Literatur:* IG 3 (2003) 1989; DBE [2]10 (2008) 470. – Typologia Litterarum. FS für ~ (hg. H. BURGER, A. M. HAAS, S. SONDEREGGER) 1969; Johann-Wolfgang-von-Goethe-Medaille in Gold an ~, Zürich [...] am 21. März 1986 in Frankfurt a. M., 1986; R. KOLK, Reflexionsformel u. Ethikangebot. Z. Beitr. v. ~ (in: Lit.wiss. u. Geistesgesch. 1910 bis 1925, hg. C. KÖNIG) 1993; A. M. HAAS, ~ (1909–1998) Nachruf (in: Jber. Univ. Zürich) 1998/1999; K. BERTAU, ~ (in: Jb. Bayer. Akad. d. Wiss.) 1999; P. v. MATT, In memoriam ~ (in: Mlat. Jb. 34) 1999 (auch als Sonderdruck); DERS., Z. Andenken an ~ (in: Schweizer. Monatsh. 79) 1999. IB

**Wehrli,** Paul, * 3. 9. 1902 Zürich, † 8. (9.) 2. 1978 ebd.; wuchs als Sohn e. Postbeamten in e. Zürcher Arbeiterquartier auf, besuchte d. Handelsabt. d. Kantonsschule, zwei Jahre im Getreidehandel tätig, machte dann d. Externistenmatura, studierte zuerst Germanistik, dann Rechtswiss., verdiente sich s. Stud. m. Geigenunterricht u. als Tanzmusiker. Einige Jahre Sekretär beim Jgdb.-Autor Niklaus → Bolt, dann Angestellter bei d. Postverwaltung als Lehrlings-Instruktor, 1933 Dr. iur.; seit 1938 Sekretär d. Verwaltungsrates d. Zürcher Theater AG u. d. Zürcher Theatervereins, schrieb neben belletrist. Werken zahlr. Stücke f. d. Liebhaberbühne, spielte selbst Theater u. führte auch Regie, s. schriftsteller. Werk wurde durch Buchpreise u. Ehrengaben d. Lit.kommission d. Stadt Zürich u. d. Schweizer. Schillerstiftung ausgezeichnet.

*Schriften* (Ausw.): Verlobung und Trauung in ihrer geschichtlichen Entwicklung von der Reformation bis zum Untergange der alten Eidgenossenschaft. Ein Beitrag zur zürcherischen Rechtsgeschichte (Diss.) 1933; Jeder geht seinen Weg (Rom.) 1937; Du sollst nicht lügen. Ein Spiel zum 9. Gebot, 1938; Die Tore der Fabrik werden ab heute geschlossen. Ein Spiel aus der Not unserer Zeit, 1938; Martin Wendel. Roman einer Kindheit, 1942 (Autobiogr., Neuausg. 1951); Grundfragen der Volkswirtschaft, 1944; Regula Wendel (Rom.) 1945; Albatros. Das Tagebuch des Schülers Peter Wohlgemuth (m. 35 Zeichnungen v. M. von Arx) 1946 (gekürzte Ausg. f. Legastheniker, 1969); Martin macht sich (Rom) 1949; De 5. [foift] Oktober (Lsp. in 1 Akt) 1951; Mein Sohn, Sizilien ist eine Insel (Reiseber.) 1954; O mein Heimatland. Ein Bundesfeierspiel nach Texten zur vaterländischen Geschichte, [mit] Heimatliedern und Aussprüchen von Schweizerdichtern (zus.gestellt) 1954; De Buebechrieg. Ein Spiel für die Jugend in 6 Bildern, 1956; Spuk im Damenspiel (Rom.) 1959 (u. d. T.: Cornelia, 1961); D'Mietskaserne. Ein Dialektspiel in 3 Akten, 1961 (berndt. Fass. v. F. KLOPFSTEIN u. d. T.: Die Mietskaserne, 1961); Der Zigeuner im Ruhestand (Rom.) 1962; Kirche in Leimbach 1899–1972 (Gedenkschr., m. A. BRÄNDLI) 1972.

*Literatur:* R. JOHO, Verz. d. schweizer. Bühnenwerke für d. Volkstheater v. 1900 bis 1952, 1953; Schweizer Schrifttum d. Ggw. (hg. B. MARIACHER u. F. WITZ) 1964; ANON., ~ (in: Beobachter 8) 1972; ~ (in: Frühling d. Ggw. Schweizer Erz. 1890–1950, Bd. 3, hg. A. u. C. LINSMAYER) 1990; B. SOWINSKI, Lex. dt.sprachiger Mundartautoren, 1997. ML

**Wehrli,** Peter K(onrad), * 30. 7. 1939 Zürich; wuchs in Zürich auf, studierte Kunstgesch. u. Germanistik in Zürich u. Paris, seit 1966 (mit e. Unterbrechung 1974) Kultur-Red. beim Schweizer Fernsehen, lebt in Zürich, Mitgl. d. «Gruppe Olten»; Anerkennungsgabe d. Kt. Zürich (1972, 1992, 1994), d. Stadt Zürich (1999, 2008), Ehrengabe v. Kt. sowie Stadt Zürich (1999), Schiller-Preis d. Zürcher Kantonalbank u. a. Auszeichnungen.

*Schriften:* Ankünfte, 1969; Albanien. Reise ins europäische China. Eine Reportage, 1971; Dieses Buch ist gratis (mit T. RUFF hg.) 1971; Donnerwetter, das bin ja ich!, 1973; Katalog von Allem, 1975ff. (Losebl.lieferungen; Haupt-Buchausgaben: Katalog von Allem. 1111 Nummern aus 31 Jahren, 1999; 365 Nummern aus Katalog von Allem, 2005 [Abreißkalender]; Katalog von Allem. Vom Anfang bis zum Neubeginn. 1697 Nummern aus vierzig Jahren [erw. Neuausg.] 2008); Katalog der 134 wichtigsten Beobachtungen während einer langen Eisenbahnfahrt, 1978; Zelluloid-Paradies. Beobachtungen auf dem Markt der Mythen, 1978; Alles von Allem, 1982 (erw. NA, mit Schallplatte); Tingeltangel, 1982; Charivari oder Änderung vorbehalten. Ein Stück für Clowns, 1983; Eigentlich Xurumbambo. Ein Grundbuch, 1992; Der brasilianische Katalog, 2000; Bruno Weber, der Architekt seiner Träume, 2002; Der Blues von meinem Großvater. Rumänische Gedichte (ausgew., m. a.) 2005; Der lateinamerikanische Katalog, 2006; Der Neue Brasilianische Katalog, 2007. (Ferner ungedr. Bühnenst. u. Fernsehfilme, tw. als Video oder DVD.)

*Literatur:* Killy 12 (1992) 184. – Swissmade. D. Schweiz im Austausch mit d. Welt (hg. B. SCHLÄPFER) 1998. RM

**Wehrli,** Philipp, Lebensdaten u. biogr. Einzelheiten unbek.; Fachschriftenautor.

*Schriften:* Wie das Dideldum sich selbst erfand. Eine Abenteuerreise durch die Welt der Physik, 2006. AW

**Wehrli,** Werner, * 8. 1. 1892 Aarau, † 27. 6. 1944 Luzern; besuchte die Konservatorien in Zürich u. Frankfurt/M., studierte 1911/12 Naturwiss., dann Musik an den Univ. in München, Berlin u. Basel. Seit 1918 bis zu s. Tod Musiklehrer am Aargau. Lehrerinnenseminar in Aarau, 1920–29 Dirigent d. Cäcilienvereins Aarau u. 1924–39 des Frauenchores Brugg, daneben Komponist (u. a. Lieder, Festspiele u. Klaviermusik), Volksliedsammler, Glockenexperte, Musikschriftst. u. Lyriker.

*Schriften:* Ein unstillbares Sehnen. W. W. Das Dichterische Schaffen (Vorw., Einf. z. Prosa, Drama u. Lyrik v. K. ERICSON u. M. SCHNEIDER) 1994.

*Literatur:* Riemann 2 (1961) 901 u. ErgBd. 2 (1975) 890; Theater-Lex. 5 (2004) 3076; MGG ²17 (2007) 644; DBE ²10 (2008) 470. – W. MÜLLER v. KULM, ~ (in: Schweizer. Musikztg. LXXXIV) 1944; G. H. LEUENBERGER, ~. Ein Aarauer Komponist (in: ebd. XCII) 1952; K. MEULI, Lbb. aus dem Aargau, 1953; W. SCHUH, ~ (in: Schweizer musikpädagog. Bl. XLII) 1954; Biogr. Lex. des Aargaus (Red. O. MITTLER, G. BONER) 1958; H. LEUENBERGER, Glückliche frühe Jahre. Persönliche Erinn. an ~ z. 20. Todesjahr (in: Aarauer Neujahrsbl. 38) 1964; Schweizer Musiker-Lex. (bearb. von W. SCHUH u. a.) 1964; S. EHRISMANN, K. ERICSON, W. LABHART, ~. Komponist zw. den Zeiten, 1992; K. ERICSON, Heimat als Ausgangspunkt – Heimat als Ziel? Der Komponist ~ (1892–1944). S. Leben u. Schaffen in Aarau (in: Aarauer Neujahrsbl. 67) 1992; M. SCHNEIDER, ~s dichter. Schaffen – e. Überblick (in: W. W., Ein unstillbares Sehnen, Vorw., Einf. […] v. K. ERICSON u. M. S.) 1994; D. dt.sprachige Presse. Ein biogr.-bibliogr. Hdb. 2 (bearb. v. B. JAHN) 2005. IB

**Wehrlin,** Art(h)ur, * 11. 12. 1863 Wien, † November 1950 (Ort unbek., in der Schweiz); Schauspielausbildung bei Josef Lewinsky in Wien, 1890 Debut als Schauspieler am Theater in Salzburg, dann an kleineren Bühnen engagiert. 1894–97 Schauspieler u. Regisseur am Berliner Theater in Berlin, dann in denselben Funktionen am Goethe-Theater in Berlin u. 1898–1905 wieder am Berliner Theater. Seit 1905 Schauspieler u. Regisseur am Altonaer Stadttheater, 1919–21 auch dessen Direktor u. Spielleiter, lebte dann bis etwa 1938 als Schriftst. in Hamburg, weiteres nicht bek.; Erzähler.

*Schriften:* Landratten auf See und anderes. Ein heiteres Büchlein, 1922; Kreuz und Quer (Erz.) 1924; Hinter den Kulissen. Theatererinnerungen, 1927; Schweizer Fahrten eines Humoristen (Rom.) 1928; Von der Bernina zum Matterhorn. Eine heitere Plauderei über Graubünden, Uri und Oberwallis, 1930.

*Literatur:* Theater-Lex. 5 (2004) 3077.– L. EISENBERG, Großes biogr. Lex. d. Dt. Bühne im XIX. Jh., 1903; P. T. HOFFMANN, D. Entwicklung des Altonaer Stadttheaters. E. Beitr. z. Gesch., 1926. IB

**Wehrlin,** Robert, * 14. 6. 1871 Märstetten/Kt. Thurgau, † 22. 6. 1920 Zürich; studierte Theol. u. Philos. an den Univ. in Basel, Berlin u. Zürich, Vikar in Arbon, dann Lehrer in Aarburg. 1901–19 Red. am «Neuen Winterthurer Tagbl.», seit 1902 Mitgl. u. seit 1912 Präs. d. Kantonsrats v. Zürich; Erzähler.

*Schriften:* Der Fabrikant. Ein schweizerischer Zeitroman, 1912; In diesen Zeiten ... 1914–1915, 1915; Zur Scholle. Ein Roman aus diesen Zeiten, 1918; Mütter und Söhne, 1919.

*Literatur:* HBLS 7 (1934) 454. IB

**Wehrlin,** Thomas → Großmann, Stephan.

**Wehrmann,** Bernhard → Bargmann, Bernhard Alexander (ErgBd. 1; zusätzl. Ps.).

**Wehrmann,** (Gustav Heinrich) Eduard, * 19. 1. 1800 Berlin, † nach 1855; Sohn e. Schlossermeisters, zunächst Schauspieler, 1825 Heirat in Frankfurt/O., Handlungs-Commis ebd., früh verwitwet, bis 1855 in Frankfurt/O. als Kaufmann nachgewiesen.

*Schriften:* Der Berggeist des Harzes, 1824; Das Turnier zu Hoheneck. Ritter-Schauspiel in 5 Akten, 1825; Friedrich Wilhelm der Große, Kurfürst von Brandenburg oder Rathenow's Errettung am 15. Juni 1675. Vaterländisches Schauspiel in 4 Aufzügen, 1826; Nützliches Theaterrequisit, besonders für mittlere und reisende Bühnen (mit A. F. OLDENBURG) 1826; Lieschens Hin- und Herzüge (Rom.) 1826; Die Brüder des Todes. Historisch-romantische Erzählung aus dem ersten Viertel des 16. Jahrhunderts, 1828; Poetische Versuche, 1828; Hilda, die Räuberbraut oder Die schwarzen Rächer. Romantisches Gemälde der Ritterzeit, 1829; Welf von Trudenstein oder Die Geheimnisse des Grabes. Schaudergemälde der Ritterzeit, 2 Bde., 1829; Neue Schwänke zur Polterabendfeier, 1829 (NA 1833 u. 1841); Das Raubschloß auf dem Oybin. Romantische Erzählung aus dem 14. Jahrhundert, 1829; Die Seeräuber auf Rügen. Historisch-romantische Erzählung aus dem 12. Jahrhundert, 1834 (NA 1836); Die Kaffeeschwestern und die alten Junggesellen. Zwei Humoresken, o. J.; Die Sprache der Blumen. Der Liebe und Freundschaft geweiht, 1836 (2., sehr verm. Aufl. 1842 u. 1848, NA 1850); Romantische Erzählungen, 1837; Bunte Bilder, auf Reisen gesammelt, 1838; Die Drachenburg oder Der Eremit vom schwarzen Berge. Romantische Erzählung aus der Ritterzeit, 2 Bde., 1838; Ernst und Scherz in bunten Bildern, 1842; Polterabendscherze [...], 1842 (zugleich Anh. d. 3. Aufl. der «Neuen Schwänke zur Polterabendfeier»); Fünfzig Gesänge für Freimaurer. Gesammelt, 1854.

*Literatur:* Goedeke 10 (1913) 514; 11/1 (1951) 566; 14 (1959) 836. – H. HAYN, A. N. GOTENDORF, Bibliotheca Germanorum Erotica & Curiosa 8, ³1914; Musen u. Grazien in d. Mark. 750 Jahre Lit. in Brandenburg. E. hist. Schriftst.lex. 2 (hg. P. WALTHER) 2002. RM

**Wehrmann,** Frodi Ingolfson (unaufgelöstes Ps.), * 6. 2. 1889 Adelnau/Posen, Todesdatum u. -ort unbek.; Hauptmann, Red. d. «Zs. f. Geistes- u. Wiss.reform» (1930) u. Hg. v. «D. Wehrmann» (1938), beschäftigte sich m. Astrologie u. Mythologie, lebte in Pforzheim (1938).

*Schriften:* Die Wirkung der Sonne in den zwölf Tierkreisen. Eine praktische Menschenkenntnis für jedermann auf Grund der Geburtsmonate. Enthält auch die natürlichen individuellen Grundlagen für Kindererziehung, 1923; Die Sendung der Germanen, Gottgeschöpf Weib und seine Auferstehung, 1926; Die Tragik der Germanen. Gottgeschöpf Weib und sein Fall, 1926; Das Garma der Germanen, 1927; Praktische Menschenkenntnis nach den Geburtsmonaten, o. J. (2., erw. Aufl. u. d. T.: Sonne und Mensch, 1927); Dein Schicksal (mit L. v. LIEBENFELS) 1929 (Reprint 2004); Deutsche Abwehr (Flugbl.) 1930. AW

**Wehrmann,** Johannes (auch Hans), * 22. 8. 1877 Flensburg, Todesdatum u. -ort unbek.; Sohn e. Schiffskapitäns, studierte evangel. Theol. in Halle/Saale u. Erlangen, seit 1907 Pastor in Eilbeck bei Hamburg; Erzähler.

*Schriften:* Willie Alten, einer, der den Frieden fand (Rom.) 1907; Das Licht der Tiefe (Erz.) 1909; Menschen ohne Heimat (Rom.) 1913; Die Gemeinde, die Zukunft der Völker, 1919 (3., erw. Aufl. u. d. T.: Die Gemeinde, das Herz der Völker, 1931); Die Erben der Erde (Rom.) 1921; Könige des Kreuzes (Rom.) 1922; Wohnungsnot – sittliche Not. Vortrag, 1922; Es leucht wohl mitten in der Nacht. Weihnachtsgeschichten, 1925 (Auszug u. d. T.: Der Heiland unter den Wölfen. Eine Weihnachtsgeschichte, 1939); Ein Rufer im Volk. Klaus Harms, ein deutscher Christuszeuge, ca. 1941; Wir wollen ihm die Krippe schmücken, 1954. IB

**Wehrmann,** Junki, * 15. 6. 1949 Herzberg/Harz; begr. 1988 m. anderen im Umfeld d. Galerie «vanaf» d. Kunstzs. «Um» in Wien, lebt ebenda.

*Schriften:* Till, 1993. AW

**Wehrmann,** Martin, * 16. 6. 1861 Stettin, † 29. 9. 1937 Stargard/Pomm.; studierte 1879–82 klass. Philol. u. Gesch. in Leipzig, Berlin, Greifswald u. Halle/Saale, 1882 Dr. phil. Halle, danach Gymnasiallehrer zunächst ebd., seit 1884 in Stettin, 1886 Vorstandsmitgl. d. Gesellsch. f. pommersche Gesch. u. Altk., 1887–1912 Mitred. v. deren Jb. «Balt. Stud.» u. den dazugehörigen Mbl. sowie Mithg. d. «Pommerschen Lbb.», 1912 Gymnasialdir. in Greifenberg u. 1921 in Stargard, lebte seit 1926 im Ruhestand in Stargard; Verf. v. hist. Schriften.

*Schriften* (Ausw.): Landeskunde der Provinz Pommern (zunächst z. Ergänzung d. Schulgeographie von E. v. SEYDLITZ) 1893 (4., durchges. Aufl. 1904; 7., durchges. Aufl. 1917; Nachdr. [d. Ausg. v. 1911] 2005); Geschichte von Pommern, I Bis zur Reformation (1523), II Bis zur Gegenwart, 1904/06 (²1919/21; Nachdr. d. Erstausg. 1981; Nachdr. d. 2. Aufl. 1986); Die Begründung des evangelischen Schulwesens in Pommern bis 1593, 1905; Vom Vorabend des Schmalkaldischen Krieges, 1905; Nachrichten zur Geschichte der Familie W., 1909 (als Ms. gedruckt); Taddeo Gaddi, ein Florentiner Maler des Trecento, 1910; Geschichte der Stadt Stettin, 1911 (Nachdr. 1979, 1985 u. 1993); Zur älteren Schulgeschichte Greifenbergs, 1913; Luther, der deutsche Mann, als Mitstreiter, 1915; Das Lutherlied. Eine feste Burg ist unser Gott! in Vergangenheit und Gegenwart (Vortrag) 1916; Das älteste Stettiner Stadtbuch (1305–1352) (hg.) 1921; Pommersche Heimatkunde (hg. mit F. ADLER) 1922; Geschichte der Insel Rügen, 2 Bde., 1922 (2., verb. Aufl. 1923); Bischof Otto von Bamberg in Pommern, 1924; Geschichte von Land und Stadt Greifenberg, 1927 (Nachdr. 1988); Pommern, aufgenommen von der staatlichen Bildstelle (eingel.; beschrieben F. ADLER, C. FRIEDRICH u. O. SCHMITT) 1927; Das hansische Stralsund und sein Bürgermeister Bertram Wulflam, 1927; Pommern des 19. und 20. Jahrhunderts [...] (hg. mit A. HOFMEISTER u. E. RANDT) 1934; Johann Bugenhagen. Sein Leben und Wirken, 1935; Die pommerschen Zeitungen und Zeitschriften in alter und neuer Zeit, 1936; Pommern. Ein Gang durch seine Geschichte, 1935 ([2]1937; NA 1949, Nachdr. 1992); Genealogie des pommerschen Herzogshauses, 1937.

*Nachlaß:* Staatl. Wojewodschaftsarch. Stettin. – Mommsen 4068.

*Bibliographie:* H. BELLEE, D. Arbeiten ~s in zeitl. Folge (in: Balt. Stud. NF Bd. 33) 1931; DERS., D. Arbeiten ~s der Jahre 1931 bis 1936 in zeitl. Folge (in: ebd. NF Bd. 39) 1937.

*Literatur:* FS f. ~ z. 70. Geburtstage [Hg. Ruegisch-Pommerscher Gesch.ver.] 1931; D. geistige Pommern. Große Deutsche aus Pomm. (Sonderausstellung im Landeshaus Stettin anläßl. d. Gaukulturtage Pomm.) 1939; I. MEYER-PYRITZ, Bedeutende Pommern aus fünf Jh. (Ausstellungskatalog) 1961; P. BODE, ~, d. Geschichtsschreiber Pommerns (in: Burschenschaftl. Bl. 77, H. 1) 1962; W. DAHLE, ~ z. 70. Todestag (in: Stettiner Bürgerbrief) 2007.

AW

**Wehrmeister,** P. Cyrill (Magnus), * 17. 10. 1869 Füssen/Allgäu, † 20. 4. 1943 Dießen am Ammersee; besuchte d. Priesterseminar in Dillingen, 1893 Priesterweihe, Kaplan in Seeg/Allgäu, seit 1895 in d. Erzabtei der Missionsbenediktiner St. Ottilien/Obb., Lehrer am dortigen Progymnasium, Regens des Missionsseminars u. Leiter d. Missionsdruckerei. 1941 wurde das Kloster v. der Geheimen Staatspolizei aufgehoben u. W. flüchtete in d. St. Vinzenzkloster in Dießen. Red. d. Missionszs. «Heidenkind», «Missionsbl.» u. seit 1900 auch d. «St. Ottilien-Missionskalenders»; Erzähler.

*Schriften* (Ausw.): Der Weg zum hohen Schlosse. Licht und Leben. Erzählungen fürs Menschenherz, 1897; Das Geheimnis des Sonnenpriesters. Eine Erzählung aus dem Alten Ägypten, 1900; Rebus-Büchlein. Eine Sammlung von Bilderrätseln und einigen anderen Rätselarten, der lieben Jugend gewidmet, 1902; Die heilige Ottilia. Ihre Legende und ihre Verehrung. Nach Quellen dargestellt, 1902; Die Jungfrau von Orleans. Ihr Leben und ihre Taten kurz erzählt, 1905; Die Sterne des Glücks. Worte ans Menschenherz, 1905; Vor dem Sturm. Eine Reise durch Deutsch-Ostafrika vor und bei dem Aufstande 1905, 1906; Hermenegild. Eine Erzählung aus der Geschichte der Westgoten, [2]1913; Das Gudrun-Lied für die Jugend (neu bearb.) [2]1915; Die Benediktiner-Missionäre von St. Ottilien, 1916 (2., stark erw. Aufl. 1928); Mutterherz. Ein Sonnenstrahl für jedermann, 1918; Das goldene Kreuz, 1919; Was soll ich denn noch glauben?, 1919; Denkst Du daran? Ein ernstes Wort für Dich, 1919; Ottilienbüchlein. Eine Festgabe, 1920; St. Odilienbüchlein. Gebet- und Pilgerbüchlein zur Verehrung der hl. Odilia der Patronin des Elsasses (neu hg. A. MEYER) 1927.

*Literatur:* F. RENNER, ~ v. St. Ottilien, e. Genius des jungen Peter Dörfler? (in: Jb. d. Ver. für Augsburger Bistumsgesch. XVI) 1982.

IB

**Wehrmeyer,** Andreas, * 1959 Rheine/Nordrhein-Westf.; studierte bis 1986 Musikwiss., Germanistik u. Gesch. in Münster/Westf. u. an d. TU Berlin, 1990 Dr. phil. ebd., Doz. f. Musikwiss. an d. Hochschule f. Musik Hanns Eisler in Berlin, seit 2007 Leiter d. Sudetendt. Musikinst. in Regensburg.

*Schriften* (Herausgebertätigkeit und Übersetzungen in Ausw.): Studien zum russischen Musikdenken um 1920, 1991 (zugleich Diss. 1990); S. Taneev, Die Lehre vom Kanon (hg., übers. u. mit e. Vorw. sowie ergänzenden Anm. versehen) 1994; Sergej Taneev – Musikgelehrter und Komponist. Materialien zu Leben und Werk (Beitr. V. JAKOVLEV u. a., übers. mit E. KUHN, ausgew., hg. u. mit e. vollständigen systemat. Verz. d. Musikwerke u. Schr. Taneevs sowie e. «Systemat. Bibliogr. d. internationalen Taneev-Lit. bis 1993» versehen) 1996; A. V. Preobraženskij, Die Kirchenmusik in Rußland von den Anfängen bis zum Anbruch des 20. Jahrhunderts (hg. u. mit e. Ess. eingel.) 1999; Sergej Rachmaninow, 2000; Dmitri Schostakowitsch und das jüdische musikalische Erbe (Texte D. ARNEMANN u. a., hg. mit E. KUHN u. G. WOLTER) 2001; Schostakowitschs Streichquartette. Ein internationales Symposium (Beitr. D. BLAGOJ u. a., hg., übers. mit E. KUHN) 2002; Rachmaninow aus der Nähe. Erinnerungen und kritische Würdigungen von Zeitgenossen (Beitr. A. GOLDENWEISER u. a., übers. H.-J. GRIMM, hg.) 2003. AW

**Wehrmut,** Jocosus → Schatzmay(e)r, Emil.

**Wehrs,** Elke, Geburtsdatum u. -ort unbek.; studierte Kulturanthropologie u. Europäische Ethnologie, Pädagogik, Psychoanalyse u. Lit.wiss. in Frankfurt/M., 2000 M. A. u. 2005 Dr. phil. (Erziehungswiss.) ebd., lebt in Dietzenbach/Hessen; Fachschriftenautorin.

*Schriften:* Als Single leben. Beobachtungen zum Wandel der Geschmackskultur (Magisterarbeit) 2000; Verstehen an der Grenze. Erinnerungsverlust und Selbsterhaltung von Menschen mit dementiellen Veränderungen, 2006 (zugleich Diss. 2005); Singleleben. Einsichten in Lebenskonzepte und Lebenswelten von Singles, 2006. AW

**Wehrse,** Horst, * 1950 Nendorf, Kr. Nienburg an d. Weser/Nds.; Lehre zum Großhandelskaufmann in Nienburg, danach Stud. an e. Wirtschaftshochschule, langjähriger Abteilungsleiter e. Wirtschaftsauskunftei in Bremen, lebt ebenda.

*Schriften:* Guanacos kreuzen den Weg. Reiseberichte, 2005. AW

**Wehrt,** Karl Dietrich, * 13. 3. 1747 Dondangen/Kurl., † 17. 1. 1811 Groß-Autz/Kurl.; studierte Theol. in Königsberg u. 1764–67 in Jena, Hofmeister im Hause des Kanzlers Dietrich v. Keyserlingk in Mitau. 1773 Pastor in Baldohn u. Thomsdorf/Kurl., seit 1779 in Groß-Autz. 1801 Propst u. 1808 Dr. theol. d. Univ. Helmstedt. Wegen Elisabeth Charlotte Konstantia von der → Recke mit Johann August → Starck in e. Broschürenstreit verwickelt (1788–90). 1804 Mitgl. d. Kommission für d. protestant. Kirchenwesen in St. Petersburg, Mitarb. d. «Berliner Monatsschrift».

*Schriften:* Handlungen und Gebete beym öffentlichen Gottesdienst in den Herzogthümern Kurland und Semgallen, 1786 (NA 1792); Erklärung an das Publicum wegen eines Briefs den Herrn D. und Oberhofprediger Stark betreffend. Nebst einigen neuen Erläuterungen über des Herrn O. H. P. Starcks Clericat, 1789; An das Publikum, 1790; Mein Abschied von denen, die mir auf dieser Erde theuer und werth waren, 1811.

*Literatur:* Meusel-Hamberger 8 (1800) 385; 21 (1827) 404. – Allgemeines Schriftst.- u. Gelehrten-Lex. der Provinzen Livl., Estland u. Kurl. 4 (bearb. v. J. F. VON RECKE u. K. E. NAPIERSKY) 1832; T. KALLMEYER, D. evangel. Kirchen u. Prediger Kurl. – Tl. 2 Kurländ. Prediger-Lex. (2. Ausg. bearb., erg. u. bis z. Ggw. fortgesetzt v. G. OTTO) 1910; W. LENZ, Dt.balt. biogr. Lex. 1710–1960, 1970. IB

**Wehrt,** Rudolf van → Berndorff, Hans-Rudolf.

**Wehrwein,** Matthias, * 1977 (Ort unbek.); wuchs in Lohr am Main/Bayern auf, studierte Mediendesign, arbeitet als Mediendesigner in Wetzlar; Erzähler.

*Schriften:* Hinter dem Wald (Rom.) 2007. AW

**Wehse,** Ludwig, * 2. 2. 1901 Bad Landeck/Schles., Todesdatum u. -ort unbek.; lebte in Unnau/Westerwald (1952); Erzähler.

*Schriften:* Und setzet ihr nicht das Leben ein ... Bekenntnisse eines deutschen Werkstudenten, 1927. AW

**Wehse,** Oliver (Ps. LordKotz), * 22. 7. 1976 Hannover; Lehre als Einzelhandelskaufmann, arbeitet als Lagerist in e. mittelständischen Betrieb, lebt seit 1987 in Seelze/Nds.; Erzähler.

*Schriften:* Vom Schatten ins Licht (mit L. v. SUOMI) 2007; In den Wirren des Lebens, I Meinwärts (hg., Beitr. A. ROBIN u. a.), II Erlaubt ist was gefällt (hg., Beitr. E. WAGNER u. a.) 2008. AW

**Weibel,** Berta, * 4. 10. 1933 Solothurn/Schweiz; absolvierte e. kaufmänn. Ausbildung u. arbeitete als Büroangestellte, seit 1960 theolog. Weiterbildung, 1969–74 Katechetin d. Pfarrei St. Niklaus in Solothurn, 1975–77 Diplomausbildung an d. Akad. f. Erwachsenenbildung in Luzern, 1977–85 Rel.lehrerin am Gymnasium in Solothurn, 1985–89 Pfarreimitarb. in Zürich, seit 1990 freie Schriftst. u. in d. Erwachsenenbildung tätig, studierte 1995–97 Theol. (m. Abschlußzeugnis) an d. theolog. Fak. d. Univ. Luzern; Biographin.

*Schriften:* Eines Menschen letzte Liebe. Bruder Klaus und Dorothea, 1991 (auch mit d. Untertitel: Aus dem Leben des heiligen Bruder Klaus); Das

Größte ist die Liebe. P. Maximilian Kolbe, 7. Januar 1894 bis 14. August 1941, 1992; Edith Stein. Gefangene der Liebe, 1994; Eine außergewöhnliche Nonne. Maria Celeste Crostarosa. Das Leben der Gründerin der Redemptoristinnen, 1995; Edith Stein. Spiritualität im Alltag, 1998; Ein Blick in Leben und Werk von Pater Josef Kentenich, 2000; Es begann mit der Sehnsucht. Spiritualität und Mystik von Maria Celeste Crostarosa, 2001. AW

**Weibel,** Carl, Lebensdaten unbek.; lebte Ende des 19. Jh. in Bümpliz bei Bern; Mundartautor.

*Schriften:* Die Brechete im Kurzacker und Chorrichter Anna-Bäbis Tod und Begräbniß, 1885; Die Sichlete im Neuhof, 1885; Der Riedacher-Ruedi, oder Berner Landleben, 1888; Die Schulmeisterwahl in Längiwyl und ihre Nachwehen, 1891; Nichts ist so fein gesponnen, 's kommt endlich an die Sonnen, 1897. IB

**Weibel,** Jürg, * 19. 8. 1944 Bern, † 24. 5. 2006 Basel; studierte Medizin in Bern sowie Germanistik, Gesch. u. Romanistik in Basel, 1972 Lic. phil., arbeitete als Gymnasiallehrer u. Musikjournalist, zudem 1972–84 Mithg. d. Schweizer Lit.zs. «drehpunkt», lebte in Basel, erhielt seit 1980 zahlr. Werkbeitr. u. Ehrengaben, u. a. der Kantone Bern, Baselland, Basel-Stadt u. Zürich sowie d. Bundes (Schweiz); Erz., Lyriker u. Hörsp.autor.

*Schriften:* Ellbogenfreiheit (Ged., Illustr. H. Strub, Vorw. J. Ziegler) 1976; Rattenbesuch. Phantastische Erzählungen, 1979; Saat ohne Ernte. Legende und Wirklichkeit im Leben des Generals Johann August Sutter. Eine Chronik, 1980; Die schönste Frau der Stadt. Zehn Erzählungen, 1981; Geisterstadt (Erz.) 1985; Die seltsamen Absenzen des Herrn von Z. (Rom.) 1988; Tod in den Kastanien (Rom.) 1990; Captain Wirz – eine Chronik. Ein dokumentarischer Roman, 1991; Beethovens Fünfte (Rom.) 1996; Ein Kind von Madonna. Irre Geschichten, 1999; Doppelmord am Wisenberg (Kriminalrom.) 2006.

*Literatur:* I. Corazzini, ‹D. schönste Frau der Stadt›. Raccolta di Racconti di ~ (Diss. Università degli Studi della Tuscia) Viterbo 1994. AW

**Weibel,** Karl-Heinz (Ps. Heinz Weibel-Altmeyer), * 14. 3. 1923 Frankfurt/Main; Red., lebte in Gröbenzell/Bayern (1978); Verf. v. Reportagen.

*Schriften:* Alpenfestung. Ein Dokumentarbericht, 1966 (2. Aufl. u. d. T.: Hitlers Alpenfestung, 1971); Der Fall Schön. Report, 1968. AW

**Weibel,** Ludwig, * 14. 3. 1933 Ebnat-Kappel/Kt. St. Gallen; Ausbildung als Feinmechaniker, absolvierte dann d. Abendtechnikum m. Abschluß als Ingenieur, leitete bis 1987 gem. m. seinem Bruder d. familieneigene Kleiderfabrik, seit 1987 in Teilzeit Sekretär d. Seniorchefs e. Kleiderkonzerns in St. Gallen, lebt in Gossau/Kt. St. Gallen; Lyriker u. Erzähler.

*Schriften:* Gesang des Schweigens (Ged.) 1988; Gedichte vom Werden zum Sein, 1991; Dem Sein verwandt (Ged.) 1992; Heiterkeit Elysiens (Prosa) 2002; Poesie des Seins. Dreizeilige Verse, 2005; Glückselig im Sein (Prosa) 2005; Liebe und Sein. Briefe, 2009; Seinsgewissen (Prosa) 2009. AW

**Weibel,** Peter, * 5. 3. 1944 Odessa; kam mit s. Eltern 1945 über Polen nach Öst., wuchs in Ried/Oberöst. auf, studierte u. a. Medizin, Lit., Logik u. Philos. in Paris u. Wien, Dr. phil., nahm in d. 60er Jahren als Medienkünstler u. -theoretiker am «Wiener Aktionismus» teil, Ausstellungsmacher, seit 1976 Doz. bzw. Gastprof. an Kunsthochschulen in Wien, Kassel, Halifax/Kanada u. Buffalo/N. Y., seit 1989 Gründungsdir. d. Inst. f. Neue Medien an d. Städel-Schule in Frankfurt/M., 1989–98 Prof. f. visuelle Mediengestaltung an d. Hochschule f. Angewandte Kunst in Wien, 1992–95 künstler. Leiter d. Festivals «Ars Electronica» in Linz, 1993 künstler. Leiter d. Neuen Galerie am Landesmus. Joanneum Graz u. Öst. Kommissär f. d. Pavillon auf d. Biennale v. Venedig, seit 1999 Vorstand d. Karlsruher Zentrums f. Kunst u. Medientechnologie, 2007 Berufung z. künstler. Leiter d. Biennale Internacional de Arte Contemporánea de Sevilla; Großer Preis d. Stadt Wien f. Projektkunst (1992), Käthe-Kollwitz-Preis (2004), Dr. h. c. Univ. f. Kunst u. Design in Helsinki (2007) u. a. Auszeichnungen.

*Schriften* (Ausw.): Kritik der Kunst, Kunst der Kritik. Essays & I say, 1973; Erweiterte Fotografie, 1981; Logokultur: Im Bauch des Biestes. In der Chronokratie, 1987 (NA 2003 mit Anhang: «Das Reale und sein Double: Der Körper»); Inszenierte Kunstgeschichte (Ausstellungskat.); Gamma und Amplitude. Medien- und kunsttheoretische Schriften (Hg., Komm. u. Vorw. R. Sachsse) 2004; Enzyklopädie der Medien. I Architektur und Medien, 2007; Kunst und Demokratie, 2008; Thorbjorn Lausten. Magnet-Visual Systems (Mitverf. u. -hg.) 2008.

*Herausgebertätigkeit* (Ausw.): wien bildkompendium wiener aktionismus und film (mit V. EXPORT) 1970; Jenseits der Erde. Kunst, Kommunikation, Gesellschaft im orbitalen Zeitalter, 1987; Vom Verschwinden der Ferne (mit E. DECKER) 1990; Bildlicht (Kat., mit W. DRECHSLER) 1991; Im Buchstabenfeld. Die Zukunft der Literatur (Ausstellungskat.) 2001; H. Belting, Szenarien der Moderne. Kunst und ihre offenen Grenzen (ausgew. u. eingel.) 2005; P. Sloterdijk, Der ästhetische Imperativ. Schriften zur Kunst (mit Nachw.) 2007.

*Bild- und Tonträger:* Depiction is Crime (DVD) 2006; Valie Export – Invisible Adversaries (DVD) 2007.

*Literatur:* Munzinger-Arch.; Killy 12 (1992) 184; Öst. Katalog-Lex. (1995) 427. – ~, Bildwelten 1982–1996 (hg. R. SCHULER, T. DREHER) 1996; 05–03–44: Liebesgrüße aus Odessa. Für ~ (hg. E. BONK u. a.) 2004; ~, d. offene Werk 1964–1979, 2006; Öst. Musiklex. 5 (hg. R. FLOTZINGER) 2006. RM

**Weibel,** Peter, * 15. 9. 1947 Thun/Kt. Bern; studierte Medizin, Dr. med., Allgemeinprakt. Arzt, lebt in Bern, 1983 Buchpreis d. Kt. Bern, 1985 Dt.sprachiger Lit.preis d. Kt. Fribourg, 1986 Buchpreis d. Stadt Bern u. 1998 Nomination f. d. Dresdner Lyrikpreis; Erz. u. Lyriker.

*Schriften:* Schmerzlose Sprache. Prosastücke, 1982; Flußleben. Prosastücke, 1990; Lenz, später. Unvollendete Erzählung, 2003; Die Hoffnung, dennoch (Ged.) 1986; Randspuren. Lyrisches Tagebuch, 1993; Mein Vukovar lebt (Ged.) 2002; Im Gegenbild (Erz.) 2007; Am Berg (Erz.) 2008. AW

**Weibel,** Peter, weiteres Ps. für → Koskull, Josi von.

**Weibel,** Rosa, * 24. 10. 1875 Detligen/Kt. Bern, † 1. 10. 1953 Zürich; arbeitete nach d. Schulabschluß im Gastgewerbe, begann als Autodidaktin zu schreiben, nach e. Unfall lebte sie v. 1897 an in ärmlichen Verhältnissen in Zürich; Erz., Verf. v. berndt. Theaterst. u. Ged. sowie Kdb.-Autorin.

*Schriften:* Die Kellnerin, 1903; Am Kamin (Text f. Männerchor, Musik: F. Schneeberger) 1907; Gedichte, 1909; Von Lieb' und Leid. Skizzen, 1914 (NA 1931); Seine Wahl. Eine Erzählung, 1916; Fritzli der Ferienvater. Eine Geschichte für Schweizerkinder, 1918 (Untertitel seit d. 3. Aufl.: Ein Jugendbuch, 1939); Zwischen Klee und Korn (Nov.) 1920; Vorhär u nachhär (berndt. Lsp.) 1929; Die beide Vettere (berndt. Lsp.) 1930; Der Hochziter (berndt. Lsp.) 1933; E Burekumedi (berndt. Lsp.) 1934; Im Turbehof (berndt. Lsp.) 1935; Us em Chinderland, 1936; Flucht. Schicksalswege einer Emigrantin, 1937; Züseli und wie es zu Fritzli kam. Eine Geschichte für Kinder und Kinderfreunde, 1938; Bewährt und treu (Erz. für Kinder) 1942; Hansruedi wird Flieger. Eine Geschichte für Kinder und Kinderfreunde, 1942; Die Leute im Brothüsli. Eine Kindergeschichte, 1942; Peter von der Himmelsweid. Erzählung, 1947; Altmödig u neumödig. Berndeutsches Stücklein in 3 Aufzügen, 1950.

*Literatur:* DBE [2]10 (2008) 471. – Schweizer. Schriftst.-Lex. (hg. H. AELLEN) 1918; Schweizer. Zeitgenossen-Lex. (2. Ausg., hg. H. AELLEN) 1932; R. JOHO, Verz. d. schweizer. Bühnenwerke für d. Volkstheater v. 1900 bis 1952, 1953; Lex. d. Frau 2 (Red. G. KECKEIS u. a.) 1954; ~ (in: I. DYRENFURTH, Gesch. d. dt. Jgdb.) 1967; E. FRIEDRICHS, ~ (in: D. dt.sprachigen Schriftst.innen d. 18. u. 19. Jh.) 1981; R. RIS, Bibliogr. d. berndt. Mundartlit., 1989; ~ (in: Frühling d. Ggw. Schweizer Erz. 1890–1950, Bd. 1, hg. A. u. C. LINSMAYER) 1990; Dt.sprachige Schriftst.innen in d. Schweiz 1700–1945 (hg. D. STUMP u. a.) 1994 ML

**Weibel,** Walther (Ps. Hector G. Preconi), * 20. 3. 1882 Luzern, Todesdatum u. -ort unbek.; besuchte Gymnasien in Luzern u. Solothurn, studierte in Berlin, Rom, Genf u. Bern, Dr. phil., 1907–09 Korrespondent d. «Bunds» u. d. «Basler Nachr.» u. 1910 d. «Frankfurter Ztg.» in Rom, dazw. 1909/10 Red. d. «Zürcher Post» in Zürich, 1911 Korrespondent in Tripolis u. 1912–14 in Petersburg, 1914–19 Red. d. «Frankfurter Ztg.» in Frankfurt/Main, 19–24 Korrespondent d. «Neuen Zürcher Ztg.» in London, seither deren Auslandsredakteur; Fachschriftenautor u. Übersetzer.

*Schriften:* Jesuitismus und Barockskulptur in Rom, 1909; U. Haiyam, Rubaiyat. Die Sprüche der Weisheit (übers.) 1914 (Neuausg. m. Nachw. des Übers., 1917; wieder 1946); Rußland (Bildbd., hg. u. eingel.) 1916; Leonardo da Vinci. Bilder und Gedanken (ausgew. u. eingel.) 1920; Spanien und die Ausstellungen von 1929 (mit E. RIETMANN) 1929; Die Neue Zürcher Zeitung im Weltkrieg (mit A. MEYER) 1930; Sizilien. Eindrücke und Betrachtungen, 1930; Die Kolonialausstellung in Paris

1931, 1931; Der chinesisch-japanische Konflikt vor dem Völkerbund. Die Genfer Ratstagung im Januar und Februar 1932. Die Außerordentliche Versammlung im März 1932 (mit W. BRETSCHER) 1932; Die Abrüstungskonferenz in Genf. 1. Tagung: Februar bis Juli 1932 (mit C. LOOSLI) 1932; Frühlingsfahrt in Spanien 1933, 1933; Abessinien, 1935; Carlo Maderno, 1938; A. Maurois, Die Tragödie Frankreichs (übers.) 1941; W. S. Churchill, Reden, Bd. 7: Geheimreden (ges. C. EADE; übers.) 1947; C. de Gaulle, Memoiren. Der Ruf [1940–1942] (übers. mit O. F. BEST) 1955; F. Maraini, Nippon. Welten und Menschen in Japan (übers.) 1958.

*Literatur:* Neue Schweizer Biogr. (hg. A. BRUCKNER) 1938; T. MAISSEN, D. Gesch. d. NZZ 1780–2005 [...], 2005. AW

**Weibel-Altmeyer,** Heinz → Weibel, Karl-Heinz.

**Weibel-Hinderer,** Doris (Ps. Dorothea Sara), * 13. 3. 1923 Zürich; lebte in Corcelles/Kt. Bern (1988); Erzählerin.

*Schriften:* Die geliehene Seele (Rom.) 1986. AW

**Von der Weiber Leichtsinn** → «Die beiden Freier» (ErgBd. 1).

**Weiberlist** → «Das Kerbelkraut» (ErgBd. 5).

**Weibert,** Ferdinand → Stein, Wilhelm.

**Weibezahl,** Karola, * 25. 10. 1971 Malchin/Mecklenb.; Ausbildung u. Tätigkeit als Hygieneinspektorin in d. Dt. Demokrat. Republik, n. 1989 Sprechstundenhilfe in e. Naturheilpraxis in Hamburg, studierte dann Lebensmitteltechnologie u. arbeitete in e. Konservenfabrik in Rostock, lebt als freie Autorin in Neustrelitz/Mecklenburg-Vorpomm., wurde 2004 f. d. Friedrich-Glauser-Preis nominiert.

*Schriften:* Das Herbstkind (Kriminalrom.) 2003. AW

**Weibgen,** Margarete (Ps. M. Weibgen-Kreidner), * 4. 9. 1895 Liewenberg, Kr. Heilsberg/Ostpr., † 16. 7. 1962 Berlin; Musiklehrerin; Erzählerin.

*Schriften:* Ermländische Geschichten, 1958; Die alte Landstraße, 1959; Am Frischen Haff, 1960; Der Prutschewöll, 1960. AW

**Weich,** Horst, * 5. 9. 1956 Burg-Kunstadt/Bayern; 1987 Dr. phil. Passau, seit 1996 Prof. f. roman. Philol. an d. Univ. München; Fachschriftenautor.

*Schriften:* Don Quijote im Dialog. Zur Erprobung von Wirklichkeitsmodellen im spanischen und französischen Roman (von Amadís de Gaula bis Jacques le fataliste), 1989 (zugleich Diss. 1987); B. Pérez Galdós, Doña Perfecta (Rom., aus d. Span. übers. E. HARTMANN, überarb. u. mit Anm., Zeittafel u. Nachw. hg.) 1989 (Tb.ausg. 1992); Paris en vers. Aspekte der Beschreibung und semantischen Fixierung von Paris in der französischen Lyrik der Moderne, 1998; Namenlose Liebe. Homoerotik in der spanischen Lyrik des 20. Jahrhunderts. Eine zweisprachige Anthologie (ausgew. u. übers. sowie m. Autorenporträts u. Komm. versehen, Beitr. M. STRAUSFELD u. L. A. DE VILLENA) 2000; Cervantes' Don Quijote, 2001 (= Meisterwerke kurz u. bündig, Serie Piper 3150); Iberische Körperbilder im Dialog der Medien und Kulturen (hg. mit B. TEUBER) 2002. AW

**Weichand,** Philipp, * 11. 1. 1875 München, † 16. 5. 1941 ebd.; zuerst Kaufmann, 1904–06 Schauspieler am Stadttheater Passau, hierauf 12 Jahre Mitgl. des Volkstheaters München, 1921–23 Dir. des 1920 eröffneten «Münchener Theaters». Später Besitzer des Gastbetriebes «Weichandhof» in München-Obermenzing; Verf. von Bühnenst., die teilw. nur als Bühnenms. gedruckt sind.

*Schriften:* Susanna im Bade. Operetten-Burleske in 3 Akten (mit J. BERGER, Musik: F. Redl) 1911; Salvator. Ein Alt-Münchner Stück (mit M. FERNER) 1911; Das rotseidene Strumpfbandl. Eine lustige Duo-Szene, o. J.; Das Zündholzschachterl. Ländlicher Schwank, o. J.; Der heilige Florian. Satire in 3 Akten (mit M. NEAL) 1913; Der Jankee-Dudler. Ein Bauernschwank in 3 Akten (mit H. HEINZELMANN) 1913; Der Herr Geschworene. Bauernposse, in 3 Akten (mit G. GAIL) ca. 1920; Der Kuß des Herzogs oder Die wehrpflichtige Braut. Volkstümliche Operette in 3 Akten (mit G. QUEDENFELDT, Musik: F. Werther) ca. 1920; Die Dorfkriminaler. Bauernposse in 3 Akten, 1921; Die verkehrte Braut. Bauernposse, ca. 1928; Der Himmelsschäffler. Altmünchner Volksstück in 3 Akten (mit M. FERNER) ca. 1930; Grüß mir das Lorle noch einmal! Ein deutsches Singspiel in 4 Akten (mit DEMS.) 1934; Muck kämpft mit dem Teufel. Volksstück in 3 Akten (mit M. NEAL) ca. 1939.

*Literatur:* Theater-Lex. 5 (2004) 3078. – E. SCHEIBMAYR, Letzte Heimat. Persönlichkeiten in Münchner Friedhöfen 1784–1984, 1989; W. EBNET, Persönlichkeiten in München v. 1275 bis heute, 2005. IB

**Weichard von Polheim,** †6. 10.1315 Salzburg; zuerst 1292 als Salzburger Domherr bezeugt, 1307 Domdekan, 1312 Erzbischof v. Salzburg. – Bemühte sich um d. Fortführung u. Komplettierung d. Annalen d. Salzburger Domstifts (Hss. Salzburg, St. Peter, cod. a VII 45; Wien, cod. 364 u. 389); den Großteil d. Nachr. übernahm (oder ließ übernehmen) W. aus d. 1304/05 entstandenen zweiten Fass. d. Annalen → Eberhards v. Regensburg (v. Niederaltaich).

*Ausgaben:* H. PEZ, Scriptores rerum Austriacarum [...] 1, 1721 (Mikrofiche-Ausg. 2000); W. WATTENBACH, in: MG Scriptores IX, 1851.

*Literatur:* VL [2]10 (1999) 785. – F. M. MAYER, Beitr. z. Gesch. d. Erzbistums Salzburg 2 (in: Arch. f. öst. Gesch. 62) 1881; O. LORENZ, Dtl. Gesch.quellen im MA seit d. Mitte d. 13. Jh. 1, [3]1886 (Nachdr. 1966); E. KLEBEL, D. Fass. u. Hss. d. öst. Annalistik (in: Jb. f. Landeskde. v. Niederöst., NF 21) 1928; M. MÜLLER, D. Annalen u. Chroniken im Herzogtum Bayern 1250–1314 (Diss. München) 1983. RM

**Weichardt,** Carl, * 8. 2. 1878 Oldenburg, Todesdatum u. -ort unbek.; studierte Philos., moderne Sprachen, Lit., Kunst u. Musik in Leipzig, Berlin u. Kiel, 1900 Dr. phil. Kiel u. 1901 Oberlehrer-Zeugnis, zunächst 2. Red. v. «D. weite Welt», 1902 Feuill.-Red. u. Theaterkritiker d. «Oderztg.» in Frankfurt/Oder, 1903–06 Chefred. d. Ws. «Von Welt u. Haus» in Leipzig, später Red. d. «Frankfurter Ztg.» ebd. u. seit 1915 in Bern/Schweiz.

*Schriften:* Die Entwicklung des Naturgefühls in der mittelenglischen Dichtung vor Chaucer (Diss.) 1900; Das Schloß des Tiberius und andere Römerbauten auf Capri, 1900; Die Genugtuung der Duellgegner in «Der freie Student und das Duell», 1904; Notizen eines Musikkritikers. Werke und Wirkende, 1912; Unter dem Strich. Feuilletons eines Journalisten, 1914; Kleist.Tragödie in einem Vorspiel und 4 Akten, 1943. AW

**Weichardt,** Ellen (geb. Henkel; Ps. Ellen Lenneck), * 5. 2. 1851 Kassel, † 16. 5. 1880 Görbersdorf/Sachsen; Tochter d. späteren Hofrats d. dt. Gesandtschaft in Bern, W. Henkel, u. d. Schriftst. Friederike → Henkel, wuchs z. Tl. in d. Schweiz (Bern) auf, lebte 1872–74 in Berlin, dann in Eisenach, 1879 Heirat mit d. Architekten Karl W. ebenda.

*Schriften:* Der Erbe von Bedford (Rom.) 4 Bde., 1875; Das Fräulein von Eppingheim (Rom.) 3 Bde., 1878. RM

**Weichardt,** Walter (Ps. f. Walter Blumtritt, weiteres Ps. Walter Wichhardt), * 5. 8. 1878 Jena, † 4. 6. 1957 Seefeld/Obb.; besuchte d. Oberrealschule in Jena, absolvierte e. Ausbildung z. Buchhändler in Leipzig, lebte dann in Graz, London u. München, unternahm Reisen n. England, Italien, Holland u. Belgien, 1906 Begründer u. bis 1954 Inhaber d. «Einhorn-Verlags» sowie d. «Gelben Verlags» (in dem 1908–34 vorwiegend Militaria erschienen) in Dachau, München u. seit 1942 in Diessen am Ammersee, begr. zudem 1924 d. ersten Buchclub Dtl. «Bücherbund»; Hg. u. a. der lit. Monatszs. «D. Bücherwurm», d. Ws. «D. Fortschritt», v. «Vaterland u. Freiheit. Kriegsbl. f. Jedermann», «In jede Hand. Mbl. f. Jedermann» u. a. Publikationen.

*Schriften* (Herausgebertätigkeit in Ausw.): Deutsche Liebeslieder (hg.) 1909; Die Dürer-Bibel, I Das Neue Testament, II Die Psalmen Davids. Das Buch Hiob. Die Sprüche Salomons. Der Prediger Salomo. Das Hohelied Salomos (hg.) 1920; Die Venus in der italienischen Malerei, 1922; Der Weiberfeind. Fröhliche und unfröhliche Betrachtungen von Apostel Paulus bis Bernard Shaw, 1937; Ludwig-Richter-Büchlein [...] (hg.) 1949.

*Literatur:* Reichshdb. d. dt. Gesellsch. D. Hdb. d. Persönlichkeiten in Wort u. Bild I, 1930; O. THIEMANN-STOEDTNER, D. Einhorn-Verlag v. ~ in Dachau, I Gesch. d. Verlages, II D. Monatszs. «D. Bücherwurm» (in: Amperland 16) 1980; Lit. in Dachau. Einhorn-Verlag u. Schriftst. im frühen 20. Jh., Bezirksmus. Dachau. (hg. U. K. NAUDERER, m. Beitr. v. N. GÖTTLER u.a.) 2002. AW

**Weichberger,** Alexander, * 1. 8. 1885 Weimar, † 13. 1. 1940 ebd.; Sohn d. Malers Eduard W. (1843–1913) u. Bruder d. Schriftst. Konrad → W., lebte in Weimar.

*Schriften:* Goethe und das Komödienhaus in Weimar, 1779–1825. Ein Beitrag zur Theaterbaugeschichte, 1928 (Nachdr. Nendeln 1977); Das Goethehaus am Frauenplan. Die Geschichte des Hauses von der Erbauung bis zu Goethes Zeit, 1932; Der

Wielandsplatz zu Weimar und seine Geschichte, 1937. WK

**Weichberger,** Konrad, * 10.2. 1877 Weimar, † 15.7. 1948 ebd.; Sohn d. Malers Eduard W. (1843–1913), Bruder v. Alexander → W., studierte 1896–1900 in Jena Romanistik, Anglistik, Philos., Gesch., Kunstgesch. u. dt. Philol., 1900 Dr. phil., 1903–30 Studienrat u. Gymnasialprof. in Bremen, lebte danach auf Schloß Ottersberg bei Bremen, 1934–37 in Berlin, 1937 Rückkehr nach Weimar; Mitbegr. u. Hg. d. Zs. «Die Güldenkammer» (1910–12), Hg. d. Zs. «Die Welle» (1928/29).

*Schriften* (Ausw.): Untersuchungen zu Eichendorffs Roman «Ahnung und Gegenwart» (Diss.) 1900; Joseph von Eichendorff, Das Incognito (hg.) 1901; Schorlemorle. Studentengedichte, 1903; Das Bremer Gastbett, 1908; Planetenquadrille, 1917; Mein Hund und Mara Miróh (Erz.) 1919; Lyra Barbara. Skythendichtungen, 1925; Die drei unbekannten Westgotischen Königs-Bardite Alarichs, Theuderichs II. und der Brunichildis, 1927; Von Troja bis Katalaunum. Echte germanische und germanoide Heldenlyrik, 1928; Schwarz auf Weiß (Ged.) 1929.

*Ausgaben:* Gesammelte Schriften in Einzelausgaben (hg. J. OSMERS) 8 Bde., 1990–2001.

*Literatur:* J. OSMERS, W wie Weichberger, e. Dichter (in: Stint. Lit. aus Bremen, H. 6) 1989; DERS., Auf ganz eigenen Wegen. D. Leben ~s, 2001 (mit Bibliographie). WK

**Weichberger,** Philipp (Jacob), * 1936 Bremen, † 1985 New York; bildete sich autodidakt. z. Kunstmaler aus, lebte in Paris (1955), kurzzeitig in Rom u. Brüssel, siedelte dann n. New York über, zahlr. Ausstellungen in Europa u. Amerika.

*Schriften:* Reißblei. Gedichte aus New York, 1981. AW

**Weichbold,** Victor (Wolfgang), * 13.10. 1962 Kleinsölk/Steiermark; studierte Theol. (1988 Magisterabschluß u. 1992 Dr. theol.) u. Philos. (1993 Magisterabschluß) in Salzburg sowie Medizin (1999 Dr. med.) in Innsbruck, Psychologe, wiss. Mitarb. d. Klin. Abt. f. Hör-, Stimm- u. Sprachstörungen am Univ.spital ebd., lebt in Salzburg; Erzähler.

*Schriften:* Der verwunschene Mönch, 2003 (2., überarb. Aufl. 2007); Der Sezierkurs (Erz.) 2003 (2., überarb. Aufl. 2008); Massa damnata, 2005; Freedom. Fighter, 2006. AW

**Weichbrodt,** Raphael, * 21.9. 1886 Labischin an d. Netze/Prov. Posen, † 31.5. 1942 (Ort unbek., im Raum Groß-Rosen/Niederschles.); studierte Medizin an den Univ. in Heidelberg, Berlin, Freiburg/Br. u. München, 1912 Dr. med., Assistenzarzt in Berlin u. seit 1915 in Frankfurt/M., 1920 ebd. Habil. im Fach Psychiatrie u. Neurologie, Privatdoz., 1925 Facharzt für Nervenkrankheiten u. Psychiatrie in Frankfurt/M., vor allem Tätigkeit als ärztlicher Gutachter, 1926 a. o. Prof. an d. dortigen Univ. 1932 Leiter des Chemisch-serolog. Laboratoriums d. Univ.klinik für Gemüts- u. Nervenkranke. Mußte 1933 wegen seiner jüdischen Herkunft s. Lehramt aufgeben; schrieb zahlr. Fachaufs., Mithg. d. «Hdb. d. ärztlichen Begutachtung» (2 Bde., 1931). Ende Mai 1942 Deportation (mit s. Tochter Dorrit) mit d. Ziel Konzentrationslager Groß-Rosen. Seinem Freund, d. Journalisten Oscar Quint, übergab er z. Aufbewahrung Ms., Dokumente u. Briefe (siehe Nachlaß).

*Schriften:* Der Selbstmord, 1937; Der Versicherungsbetrug, 1940.

*Nachlaß:* Inst. für Stadtgesch. Frankfurt/M., Familiennachlaß Quint.

*Literatur:* DBE $^2$10 (2008) 471. – S. WININGER, Große Jüd. National-Biogr. 6, 1932; Biogr. Lex. d. hervorragenden Ärzte d. letzten fünfzig Jahre [...] 2 (hg. u. bearb. I. FISCHER) 1933; Frankfurter Biogr. 2 (hg. W. KLÖTZER) 1996; Juden d. Frankfurter Univ. (hg. R. HEUER, S. WOLF) 1997; K. SCHÄFER, Verfolgung e. Spur (~), 1998. IB

**Weichel,** Valentin → Weigel, Valentin.

**Weichelt,** Fritz, * 1.6. 1901 Heidenau bei Dresden, † 18.4. 1988 ebd.; Sohn e. Zimmermanns, absolvierte e. Schlosserlehre, Bauarbeiter, lebte in Düsseldorf u. Köln, nach 1945 Angestellter in Pirna.

*Schriften:* Mann in blauer Bluse. Gedichte eines Arbeiters, 1953; Unterwegs (Ged.) 1960.

*Literatur:* Schriftst. d. Dt. Demokrat. Republik u. ihre Werke. Biogr.-bibliogr. Nachweis, 1955. WK/AW

**Weichelt,** Hans, * 14.12. 1873 Plauen/Vogtland, Todesdatum u. -ort unbek.; studierte Theaterwiss., Prof., Stud.rat in Marburg/Lahn, lebte in Niederweimar bei Marburg (1931); Verf. u. Hg. v. lit.wiss. u. biogr. Schriften.

*Schriften:* F. Nietzsche, Also sprach Zarathustra. Erklärt und gewürdigt, 1910 (2., neu bearb. Aufl. u. d. T.: Zarathustra-Kommentar, 1922); Nietzsche, der Philosoph des Heroismus, 1924; Schopenhauer, 1926; Charlotte von Stein, gestorben 6. Januar 1827. Ludwig van Beethoven, gestorben 26. März 1827. Zwei Gedenkreden, 1927; G. E. Lessing, Ein Selbstbildnis [Sämtl. Worte sind Lessings Werken u. Briefen entnommen] (Auswahl u. Anwendung) 1929; Henrik Ibsen, geboren 20. März 1828. Carl August von Sachsen-Weimar, gest. 14. Juni 1828 [u. a.]. Drei Gedenkreden, 1931; F. Nietzsche, Die Geburt der Tragödie [aus dem Geiste der Musik]. Mit 1 Bilde Nietzsches (gekürzt, durchges. u. mit Angaben aus d. Leben d. Verf. sowie mit Anm. ausgestattet) 1931; F. Nietzsche, Also sprach Zarathustra. Auswahl, nebst einigen Gedichten (durchges. u. m. Angaben aus d. Leben d. Verf. sowie mit Anm. ausgestattet) 1931; Friedrich Nietzsche. Auswahl aus seinen philosophischen Schriften nebst einigen Briefen (durchges. u. mit Angaben aus d. Leben d. Verf. sowie mit Anm. ausgestattet) 1931.

AW

**Weichelt,** Johanna Marie (geb. Bruhm), *3.4. 1880 Colditz/Sachsen, Todesdatum u. -ort unbek.; lebte in Dresden (1928) u. Tharandt/Erzgeb. (1934).

*Schriften:* Gedichte, 1913; Marburg. Stimmungsbilder, 1915. AW

**Weichelt,** Walther, *2.5. 1866 Plauen/Vogtland, Todesdatum u. -ort unbek.; Sohn e. Schuldirektors, besuchte d. Königl. Gymnasium in Plauen, studierte Jura u. Theol. in Leipzig, Lehrer, 1894 Diakonus u. seit 1896 Pfarrer in Wilkau bei Zwickau.

*Schriften:* Kaplan Reinhardt (Volksst.) 1902; Die Waldenser. Drama in 1 Aufzug, 1907; Friede und Freude. Erzählungen für unser Volk aus der Feder sächsischer Geistlicher (bearb.) 1908; Das Wort sie sollen lassen stahn. Deklamatorium, 1934. RM

**Weichelt,** Wolfgang, *9.4. 1929 Chemnitz, †25.6. 1993 (Ort unbek.); Verwaltungsausbildung, Sachbearb. beim Rat d. Stadt Chemnitz, 1950–53 Stud. an d. Dt. Akad. für Staats- u. Rechtswiss. (DASR) in Potsdam-Babelsberg, Abschluß als Diplomierter Staatswissenschaftler, anschließend Aspirant an d. Staatl. Moskauer Univ., 1956 Dr. iur., 1956–59 wiss. Mitarb. am Inst. für Rechtswiss. d. DASR, 1959–63 u. 1966–72 wiss. Mitarb. in d. Abt. Staats- u. Rechtsfragen beim Zentralkomitee (ZK) der Sozialist. Einheitspartei Dtl. (SED), 1964–66 Dir. d. Inst. für rechtswiss. Forsch. an d. DASR. 1967–90 Abgeordneter d. Volkskammer u. Vorsitzender d. Verfassungs- u. Rechtsausschusses, 1972–90 Dir. des neugegr. Inst. für Theorie des Staats u. des Rechts d. Akad. d. Wiss. u. 1985–89 Vorsitzender d. Rates für staats- u. rechtswiss. Forsch. bei d. Akad., ab 1977 korrespondierendes u. ab 1985 ordentl. Mitgl. d. Akad. d. Wiss., 1979 Mitgl. d. Akad. für Vergleichendes Recht Paris, weitere Mitgl.schaften. 1968 maßgebl. an d. Ausarbeitung d. neuen Verfassung d. DDR beteiligt.

*Schriften* (Ausw.): Die erste sozialistische deutsche Verfassung, 1968; Lenins Lehre von den Sowjets und die Volksvertretungen in der DDR (Mitverf.) 1970; Probleme der Entwicklung der sozialistischen Demokratie (hg. H. SCHEEL) 1977; Der demokratische Inhalt der sozialistischen Staatsmacht, 1977; Politische Macht und Demokratie im Sozialismus, 1982; Verfassung des Volkes – im Volke lebendig, 1984.

*Bibliographie:* ~ z. 60. Geb.tag. Bibliogr. s. Veröff. (zus.gestellt u. hg. H. LANGE) 1989.

*Literatur:* G. BUCH, Namen u. Daten wichtiger Personen in d. DDR, [4]1987; Biogr. Hdb. d. SBZ/DDR 1945–90, 2 Bd. (hg. G. BAUMGARTNER u. D. HEBIG) 1997; A. JACOBI, Prof. Dr. ~: Staatsrechtler, 1929 bis 1993 (in: Stadtstreicher. D. Magazin für Chemnitz, Zwickau & Großraum 9) 2000; Wer war wer in der DDR? E. Lex. ostdt. Biogr. 2 (Neuausg., hg. H. MÜLLER-ENBERGS, J. WIELGOHS, D. HOFFMANN, A. HERBST) 2006. IB

**Weichert,** Carlo L., * 1945 Berlin; 1986–89 Vollzeit-Heilpraktikerstud. in München, danach Zusatzausbildungen in Psychotherapie, Gesprächs-, Focusing- u. klin. Hypnosetherapie, seit 1990 eigene Praxen in Palling u. Waldkraiburg/Obb., zudem Vortrags- u. Seminartätigkeit sowie Moderator v. Rundfunk- u. Fernsehsendungen; Verf. v. Gesundheits- u. Lebensratgebern.

*Schriften:* Krank durch Antibiotika! Aus ganzheitlicher Sicht [...], 1995; Pilzerkrankungen bei Kindern. Wenn Kinder häufig kränkeln [...], 1997; Charakterstrukturen erkennen. Partnerkrisen erfolgreich lösen, 1999; Ich möchte dich und mich besser verstehen. Partnerschaft erfolgreich leben – durch erkennen von Charakterstrukturen, 2002; Hilfe, mein Kind ist schon wieder krank! Ganzheitliche Therapie und Selbsthilfe bei Antibiotika-Störungen, Infektanfälligkeit, Allergien, 2004; Darm gesund, Mensch gesund durch pro-biotische Therapien, 2004; Weg der Erkenntnis. Erlebnisse und Erfahrungen auf dem Jakobsweg, 2005; Wunder dauern etwas länger. Von Fatima nach Santiago – der portugiesische Jakobsweg, 2008. AW

**Weichert,** Friedrich, * 24. 11. 1786 Ziegra bei Döbeln, Todesdatum u. -ort unbek.; lebte als Privatgelehrter in Rochlitz.

*Schriften:* Literärische Aehrenlese, 2 Bde., 1825.

*Literatur:* Meusel-Hamberger 21 (1827) 404; Goedeke 13 (1938) 145. RM

**Weichert,** Hans-Heinrich → Welchert, Hans-Heinrich.

**Weichert,** Helga, * 16. 7. 1927 Berlin; Journalistin, Mitarb. bei Film u. Rundfunk, lebte in Darmstadt (1988); Kinder- u. Jgdb.autorin.

*Schriften:* Costula, ein Mädchen aus Kreta, 1973; Ferien mit Überraschungen, 1976; Julia aus dem Riesenhaus, 1976; Pit und Petra, 1977; Die Detektive vom Rehberg, 1978 (NA 1986); Tina und das Haus in der Heide, 1979; Felix, ein Pony. Eine ganz und gar erfundene Geschichte, die dennoch zum Nachdenken anregen soll, 1979; Die drei Affen. Eine ganz und gar erfundene Geschichte, die dennoch zum Nachdenken anregen soll, 1979; Wenn Hexen sich zanken, 1980; Tina und Trapper, 1982; Julia aus dem dreizehnten Stock, 1983; Trapper ist der Beste, 1991; Bello hat Geburtstag, 1997. AW

**Weichert,** Ingo, Geburtsdatum u. -ort unbek.; Psychotherapeut, Ausbilder am Zentrum f. innovative Psychotherapie in Königsbrunn/Bayern; Erzähler.

*Schriften* (ohne medizin. Fachschr.): Die Rückkehr vom Asteroiden B 612, 2000. AW

**Weichert,** Johann Gottlieb, 17./18. Jh., Lebensdaten u. biogr. Einzelheiten unbek.; s. Buch erschien in Breslau.

*Schriften:* Passionsgedichte über das Leiden Jesu am Oelberge für gläubige Christen in dieser Gott geheiligten Fastenzeit, auf Verlangen guter Freunde herausgegeben und verfaßt, 1797.

*Literatur:* Meusel-Hamberger 8 (1800) 386; Goedeke 7 (1900) 439. RM

**Weichert,** Karin, * 1952 (Ort unbek.); Juristin, lebte lange in Hamburg, jetzt wohnhaft in Kiel.

*Schriften:* Ein Leben neben der Spur (mit A. Matuchniak) 2004. AW

**Weichert,** Ludwig (Wilhelm Hugo), * 13. 4. 1887 Weener/Ostfriesl., † 28. 8. 1936 (Ort unbek.); 1908–11 Volksschullehrer in Tungeln bei Oldenburg, 1911 Sekretär d. «Christlichen Vereins junger Männer» in Stuttgart, 1912 Evangelist d. Berliner Missionsgesellsch., im 1. Weltkrieg Felddiakon, ab 1919 Missionsinspektor. 1920 u. 1922 seelischer u. körperlicher Zus.bruch, mehrere Kuraufenthalte, u. a. im Schwarzwald u. in der Schweiz. 1925/26 u. 1928/29 Reise als Missionsinspektor nach Afrika. Mitgl. d. «Reichsleitung d. Dt. Christen» u. der Nationalsozialist. Dt. Arbeiterpartei (NSDAP), 1933 Austritt aus d. Partei u. 1934 Rückzug aus allen Ämtern.

*Schriften* (Ausw.): Frank Reins denkwürdiges Jahr. Briefe und Tagebuchblätter eines Schauspielers, 1912; ... Eh der Tag hinabgeglommen, sind wir schon nach Haus gekommen. Gedanken eines, der heimgefunden hat, für moderne Gottsucher, 1913; Ellen Key und ihre Ethik. Eine Wertung ihrer Bedeutung für die deutsche Frauenwelt, 1913; Jesu Königsherrschaft im Herzen Afrikas. Die Arbeit in Magoje, 1913; Zehn Jahre Berliner Missionsarbeit in Daressalam, 1913; Der große Pfadfinder für die evangelischen Missionen Deutsch-Ost-Afrikas. Zum 100sten Geburtstage David Livingstones 19. März 1913, 1913; Die köstliche Perle. Ein Jahrbuch der Berliner Mission (hg.) 1913; Das Senfkorn. Ein Jahrbuch der Berliner Mission (hg.) 1914; Feinde ringsum!, 1915; Unsere Führer und Helden, 1915; Hat Gott seine Hand im Spiel? Kriegsvorträge, 1915; Hindenburg, der Hüter der Ostmark [...], 1915; Nach 30 Jahren. Ein Blick aus der Zukunft in die Gegenwart, 1915; Unser oberster Kriegsherr im Felde, in dankbarer Liebe allen Deutschen daheim und im Felde gewidmet, 1915; Mit blanker Wehr – für deutsche Ehr! Der Große Krieg in Einzelbildern für Volk und Jugend dargestellt, 1915; An der Ostfront. Tagebuchblätter eines Felddiakonen, 1915; Wir müssen anders werden! Vortrag, 1915; Kriegsfahrten eines Friedensboten an die Ostfront, 1916; Wenn die Liebe fehlt ... (Rom.) 1917; Glücksritter und Kreuzfahrer, 1919; Zeitgemäßes – Unzeitgemäßes. Kurze Betrachtungen, o. J. [1919]; Den Messias gefunden. Erzählung aus dem Leben einer Tochter Israels, 1919; Zur Freude geboren. Novellistische Studien, 1919; Drache und Kreuz in China. Ein Wort an die christliche Jungmännerwelt Deutschlands, 1921 (Mikrofiche-Ausg. 2005); Das Geheimnis der Liebe. Ein Vortrag, 1922; Grenzen der Menschheit, 1925; Kehre wieder, Afrika! Mayibuye i Africa! Erlauschtes und Erschautes aus Südwest-, Süd- u. Ostafrika, 1927 (3., überarb. Ausg. v. J. WILDE, 1941); Samuel Keller. Ein Volksmissionar, 1934.

*Literatur:* H. LEHMANN, 150 Jahre Berliner Mission (Geleitw. K. SCHARF) 1974; K. POEWE, The Spell of National Socialism. The Berlin Mission's Opposition to, and Compromise with, the Völkisch Movement and the National Socialism: Knak, Braun, ~ (in: Mission u. Gewalt. D. Umgang christlicher Missionen mit Gewalt u. d. Ausbreitung d. Christentums in Afrika u. Asien [...], hg. U. VAN DER HEYDEN u. J. BECHER) 2000; C. DE WITT, Between Nationalists in South Africa, National Socialists in Germany and the British Empire: Berlin Missionaries in South Africa, 1933–1945 (in: Mission u. Macht im Wandel polit. Orientierungen. Europäische Missionsgesellsch. in polit. Spannungsfeldern in Afrika u. Asien zw. 1800 u. 1945, hg. U. VAN DER HEYDEN u. H. STOECKER) 2005. IB

**Weichhart,** Karl, * 1946 (Ort unbek.); wuchs in Fernitz/Steiermark auf, übersiedelte Ende d. 1960er Jahre in d. Schweiz, seit 1989 Leiter e. eigenen Handelsfirma, zudem Kunstmaler, lebt in Wiedlisbach/Kt. Bern; Erzähler.

*Schriften:* Ich weiß noch, daß er eine Glatze hatte, 2007. AW

**Weichlein,** Siegfried, * 1960 Thalau/Rhön; absolvierte d. Abitur in Fulda, studierte 1981–84 Gesch., Philos. u. kathol. Theol. in Freiburg/Br., Jerusalem u. Tübingen, 1992 Dr. phil. Freiburg/Br., 1992–99 wiss. Assistent am Inst. f. Gesch.wiss. d. HU Berlin, 2002 Habil. ebd., mehrere Gastprofessuren u. Lehrstuhlvertretungen in Dtl., Spanien, Polen u. d. USA, seit 2006 Prof. f. Europäische u. Schweizer. Zeitgesch. an d. Univ. Fribourg/Schweiz; Fachschriftenautor.

*Schriften:* Sozialmilieus und politische Kultur in der Weimarer Republik. Lebenswelt, Vereinskultur, Politik in Hessen, 1996 (zugleich Diss. 1992); Nation und Region. Integrationsprozesse im Bismarckreich, 2004 (zugleich Habil.schr.); Nationalbewegungen und Nationalismus im Europa des 19. Jahrhunderts, 2006. AW

**Weichmann,** Birgit, * 22. 10. 1963 Weißenburg/Bayern; 1992 Dr. phil. Regensburg, Journalistin, tätig im Bereich Presse- u. Öffentlichkeitsarbeit, seit 1991 freie Mitarb. verschiedener Zs., u. a. «DAAD-Letter» u. «Berliner Bl.», erhielt d. Journalistenpr. d. Region Friaul/Italien, lebt in Regensburg.

*Schriften:* Eccomi finalmente a Parigi! Untersuchungen zu Goldonis Pariser Jahren (1762–1793), 1993 (zugleich Diss. 1992); S. Heintz, S. Staudinger, Ein anderer Blick in die Universität. Lesebuch für Studentinnen und solche, die es werden wollen (bearb.) 1996; 100 Jahre Blaue Schwestern von der Hl. Elisabeth München und Regensburg, 2001; Venedig und die Lagune. In die Lagunenstadt eintauchen, Berühmtes und Verstecktes individuell entdecken, 2002 (2., komplett aktualisierte Aufl. 2004; 3., komplett aktualisierte u. neu gestaltete Aufl. 2006; 4., komplett aktualisierte Aufl. 2008); Regensburg ... neu entdecken (mit M. R. LIEBHART) 2003. AW

**Weichmann,** Christian Friedrich, * 24. 8. (alten Stils) 1698 Harburg, † 4. 8. 1770 Wolfenbüttel; Sohn e. Lehrers u. Rektors, kam mit s. Familie 1701 nach Wolfenbüttel u. 1710 nach Braunschweig, studierte ab 1716/17 Philol. u. dann d. Rechte in Halle/Saale, 1720 Hauslehrer bei Herzog Philipp Ernst zu Schlesw.-Holst. in Glücksburg, 1722–25 Red. d. «Gelehrten Sachsen» d. «Staats- u. Gelehrten Ztg. d. Holstein. unpartheyischen Correspondenten» in Hamburg, 1724–26 Mitgl. d. ersten Hamburger «Patriot. Gesellsch.», Koordinator u. Red. d. «Patrioten» (mehrere NA, krit. Ausg. nach d. Aufl. 1724–26, hg. W. MARTENS, 3 Bde. u. Komm.bd., 1969–84); 1728 Aufenthalt in London, Mitgl. d. Royal Society of London, Baccalaureus iuris d. Univ. Oxford, 1728 Angestellter beim Herzog Ludwig Rudolf in Blankenburg, 1729 Rat in d. Justizkanzlei d. Fürstentums, zog mit Ludwig Rudolf, der regierender Herzog zu Braunschweig u. Lüneburg geworden war, nach Wolfenbüttel, war auch mit diplomat. Missionen betraut; 1731 Geheimsekretär in d. fürstl. Geheimratsstube, um 1734 Hofrat u. 1737 unter Herzog Karl I. zusätzl. Rat im Konsistorium, später Vorsitzender, 1765 Entlassung; 1754 Ehrenmitgl. d. Dt. Gesellsch. zu Göttingen, Geh. Justizrat.

*Schriften:* Herrn Barthold Henrich Brockes [...] Irdisches Vergnügen in GOTT (mit Vorrede hg.) 1721 (NA 1724; 2. Bd. 1727); Poesie der Nieder-Sachsen, oder allerhand, mehrentheils noch nie gedruckte Gedichte von den berühmtesten Nieder-Sachsen, sonderlich einigen ansehnlichen Mit-Gliedern der vormals in Hamburg blühenden Teutsch-übenden Gesellschaft [...] (hg. u. Mitverf.) 3 Bde., 1721–26 (Forts., hg. J. P. KOHL, 3 Bde., 1732–38; Nachdr., hg. J. STENZEL, 1980; Nachweise u. Reg., siehe Lit., 1983); Der große Wittekind in einem Heldengedicht von Christian Henrich Postel [...] mit einer Vorrede von dessen Leben und Schriften [...], 1724; Herrn Barthold Henrich Brockes Verteutschter Bethlehemitische Kinder-Mord [...] (hg.) ³1727; Musicalische Kirchenandachten [...], 1731; Hamburgs Glückseligkeit und Hamburgs Freude. Zwei ehedem gefertigte Serenaten, 1746.

*Literatur:* Zedler 54 (1747) 200; Jördens 5 (1810) 242; Goedeke 3 (1887) 344; ADB 55 (1910) 8; Killy 12 (1992) 185; DBE ²10 (2008) 471. – H. SCHRÖDER, Lex. d. hamburg. Schriftst. 7, 1879; A. SCHMIDT-TEMPLE, Stud. z. Hamburger Lyrik d. 18. Jh. (Diss. München) 1898; B. MARKWARDT, Gesch. d. dt. Poetik, I Barock u. Frühaufklärung, ²1958; R. P. BAREIKIS, The German Anthology from Opitz to the Göttinger Musenalmanach (Diss. masch. Harvard) Cambridge/Mass. 1965; M. WINDFUHR, D. barocke Bildlichkeit u. ihre Kritiker. Stilhaltungen in d. dt. Lit. d. 17. u. 18. Jh. (Diss. Heidelberg) 1966; E. BLÜHM, ~, Red. d. Schiffbeker «Correspondenten» (in: Zs. d. Ver. f. Hamburg. Gesch. 53) 1967; R. P. BAREIKIS, D. dt. Lyrikslg. d. 18. Jh. (in: D. dt.sprach. Anthol. 2, hg. J. BARK, D. PFORTE) 1969; C. SCHUPPENHAUER, D. Kampf um d. Reim in d. dt. Lit. d. 18. Jh. (Diss. Hamburg) 1969; J. SCHEIBE, D. «Patriot» u. s. Publikum. Unters. über d. Verfassergesellsch. u. d. Leserschaft e. Zs. d. frühen Aufklärung (Diss. Münster) 1973; ~s Poesie d. Nieder-Sachsen (1721–1738). Nachweise u. Reg. (bearb. C. PERELS, J. RATHJE, J. STENZEL) 1983. RM

**Weichmann,** Elsbeth (Freya) (geb. Greisinger), * 20. 6. 1900 Brünn/Mähren, † 10. 7. 1988 Bonn; Tochter e. Sparkassen-Dir., 1918 Abitur in Brünn, studierte 1919–27 Wirtschafts- u. Staatswiss. in Frankfurt/M., Kiel, Köln u. Graz, Dr. rer. pol. Graz, trat 1918 in d. Sozialdemokrat. Arbeiterpartei Öst. u. 1925 in d. Sozialdemokrat. Partei Dtl. ein, 1928 Heirat mit Herbert → W., 1929–32 Statistikerin bei d. Genossenschaft Dt. Bühnenangehöriger, emigrierte 1933 über Brünn nach Paris, journalist. tätig, 1940 im Frauenlager Pau interniert, flüchtete im gleichen Jahr mit e. Notvisum in d. USA, studierte Business Statistics in New York, 1943–46 statist. Koordinatorin bei d. Rockefeller Foundation, gründete in New York e. Firma, welche Kuscheltiere produzierte, übersiedelte 1949 nach Hamburg, 1957 Gründerin d. Arbeitskreises f. Verbraucherfragen (seit 1958 Verbraucherzentrale), seit 1964 Präs. d. Verbraucherverbände d. Länder d. Europ. Wirtschaftsgemeinschaft in Brüssel, 1957–74 Angehörige d. Hamburger Bürgerschaft, Ehrensenatorin d. Univ. Hamburg. – 1977/78 Gründung d. E.-W.-Gesellsch. u. 1989 d. Herbert-u.-E.-W.-Stiftung (mit Schr.reihe).

*Schriften:* Alltag im Sowjetstaat. Macht und Mensch, Wollen und Wirklichkeit in Sowjet-Rußland (mit Herbert W.) 1931 (gek. Sonderausg. 1932); Zuflucht. Jahre des Exils, 1983.

*Literatur:* Munzinger-Arch. (im Artikel Herbert W.); Hdb. Emigration 1 (1980) 801; DBE ²10 (2008) 472. – A. EGO, Herbert u. E. W. Gelebte Geschichte 1896–1946, 1998. RM

**Weichmann,** Herbert, * 23. 2. 1896 Landsberg/Oberschles., † 9. 10. 1983 Hamburg; Sohn e. Arztes, Schulbesuch in Liegnitz, Kriegsfreiwilliger im 1. Weltkrieg, 1918 Soldatenrat in Litauen, studierte 1919–21 Rechtswiss. in Breslau, Frankfurt/M. u. Heidelberg, 1922 Dr. iur. Breslau, journalist. u. a. für d. «Voss. Ztg.» u. d. «Kattowitzer Ztg.» tätig, 1920 Mitgl. d. Sozialdemokrat. Partei Dtl., Landrichter in Breslau, 1927–28 Chefred. d. «Kattowitzer Ztg.», 1927–33 persönl. Referent d. preuß. Ministerpräs. Otto Braun, 1928 Heirat mit Elsbeth (Freya) → W., Ministerialrat, wurde 1933 wegen s. jüd. Herkunft entlassen, 1933 Emigration über Brünn nach Paris, journalist. tätig, 1940 Internierung, flüchtete im gleichen Jahr über Lissabon nach New York, studierte Wirtschaftswiss. ebd., tätig als selbständ. Wirtschafts- u. Steuerberater; wurde nach d. Rückkehr nach Dtl. 1948 Präs. d. Hamburger Rechnungshofes, ab 1964 Honorarprof. d. öffentl. Haushalts- u. Rechnungswesens an d. Univ. Hamburg, 1957 Finanzsenator u. 1965–71 Erster Bürgermeister d. Freien u. Hansestadt Hamburg, 1961–74 Mitgl. d. Hamburger Bürgerschaft; Ehrenbürger v. Hamburg (1971), Freiherr-v.-Stein-

Preis (1974). – 1989 Gründung d. H.-u.-Elsbeth-W.-Stiftung (mit Schr.reihe).

*Schriften* (Ausw.): Alltag im Sowjetstaat. Macht und Mensch, Wollen und Wirklichkeit in Sowjet-Rußland (mit Elsbeth W.) 1931 (gek. Sonderausg. 1932); Alltag in USA, 1949 (Nachdr. 1985); Das Werden eines neuen Staates. Eindrücke von einer Reise durch Israel im Frühjahr 1957, 1957; Von Freiheit und Pflicht. Auszüge aus den Reden des Bürgermeisters der Freien und Hansestadt Hamburg (hg. P. O. VOGEL) 1969; Gefährdete Freiheit. Aufruf zur streitbaren Demokratie, 1974; Der Gesellschaft und dem Staat verpflichtet. Einfache und schwierige Wahrheiten, 1981.

*Literatur:* Munzinger-Arch.; Hdb. Emigration 1 (1980) 801; Heiduk 3 (2000) 165; DBE ²10 (2008) 472. – S. KAZNELSON, Juden im dt. Kulturbereich, 1959; P. O. VOGEL, Auf klarem Kurs, 1969; ~ (hg. Freie Akad. d. Künste Hamburg) 1971; W. UELLNER, ~ (Bildbiogr.; Vorw. W. BRANDT) 1974; ~ z. Gedächtnis, 1983; Persönlichkeiten d. Verwaltung. Biogr. z. dt. Verwaltungsgesch. 1648–1945 (hg. K. G. H. JESERICH, H. NEUHAUS) 1991; ~ (1896–1983) [...] (hg. C.-D. KROHN) 1996; Rückkehr u. Aufbau nach 1945. Dt. Remigranten im öffentl. Leben Nachkriegsdtl. (hg. C.-D. KROHN, P. v. zu MÜHLEN) 1991; A. EGO, H. u. Elsbeth W. Gelebte Gesch. 1896–1946, 1998. RM

**Weichold,** Dietrich, * 1944 Herrenberg/Baden-Württ.; studierte Germanistik u. Anglistik in Tübingen, 1970–2008 Lehrer f. Dt., Engl. u. Span. an verschiedenen Gymnasien in Tübingen, Madrid u. Rottenburg/Neckar, zudem Projektleiter beim Jugendnetz Baden-Württ., lebt in Ammerbuch/Baden-Württemberg.

*Schriften:* Der kleine Hobbit. Spektakel in elf Bildern nach dem gleichnamigen Buch von J. R. R. Tolkien, 1996; Mailäuten – und andere Geschichten aus den Fünfzigern, 2008. AW

**Weichold,** Jochen, * 14. 8. 1948 Wittenberg; studierte 1969–73 Gesch. u. Germanistik an d. Univ. Jena, 1973–75 Leiter e. Bildungsstätte d. Sozialist. Einheitspartei Dtl. (SED), 1975–90 wiss. Mitarb. bzw. ab 1986 Doz. im Forschungsbereich «Bewußtheit u. Organisiertheit d. Arbeiterbewegung kapitalist. Industrieländer» am Inst. für Imperialismusforsch. d. Akad. für Gesellschaftswiss. beim Zentralkomitee (ZK) der SED, 1979 Dr. phil., 1985 Habil., 1991 Leiter d. Projektgruppe Europäische Linke in d. Projektgemeinschaft Sozialforsch. Berlin, 1992/93 Leiter d. Geschäftsstelle d. Interessenverbandes Berufliche Weiterbildung Berlin-Brandenburg, ab 1994 Vorstandsmitgl. d. Stiftung Gesellschaftsanalyse u. Polit. Bildung, seit 2002 Leiter des Bereiches Archiv u. Bibl. d. Rosa-Luxemburg-Stiftung.

*Schriften* (Ausw.): Anarchismus heute. Sein Platz im Klassenkampf der Gegenwart, 1980; Zwischen Götterdämmerung und Wiederauferstehung. Linksradikalismus im Wandel, 1989; Die europäische Linke. Vergleichende Studie zu linken Parteien und Bewegungen in Europa, 1992; Regenbogen, Igel, Sonnenblume. Ökologische Bewegungen und grüne Parteien, 1993.

*Literatur:* L. MERTENS, Lex. d. DDR-Historiker. Biogr. u. Bibliogr. zu den Gesch.wissenschaftlern aus der Dt. Demokrat. Republik, 2006. IB

**Weichs-Glon,** Friedrich Freiherr zu (eig. Friedrich Reichsfreiherr von und zu Weichs an der Glon), * 16. 11. 1858 Schloß Walchen/Oberöst., Todesdatum u. -ort unbek.; besuchte d. Realschule u. d. Marine-Akad. in Fiume (heute Rijeka/Kroatien), studierte Rechtswiss. u. Philos. an d. Univ. Wien, Dr. phil. ebd., Linienschiffsfähnrich, Regierungsrat, stellvertretender Dir. d. k. u. k. Öst. Staatsbahnen, Hg. v. «D. Leben. Vjs. f. Gesellsch.wiss. u. sociale Cultur» (1897ff.); Fachschriftenautor.

*Schriften* (Ausw.): Nach dem Meere. Beitrag zur Triester Eisenbahnfrage, 1888; 50 Jahre Eisenbahn. Denkschrift zum 50jährigen Jubiläum der Locomotiv-Eisenbahn in Österreich-Ungarn, 1888; Das Localbahnwesen, seine Organisation und Bedeutung für die Weltwirthschaft, 1889; Konservatismus und Österreichs Zukunft, 1891; Das finanzielle und soziale Wesen der modernen Verkehrsmittel, 1894 (Online-Ausg. 2002); Entspricht die gegenwärtige Organisation der Staatsbahnverwaltungen den Zwecken und Aufgaben des Verkehrswesens?, 1895 (Online-Ausg. 2002); Die industrielle Production, ihr Wesen und ihre Organisation, 1897; Die Brotfrage und ihre Lösung, 1898; Österreichische Schiffahrtspolitik, 1912.

*Literatur:* E. GELCICH, ~s Öst. Schiffahrtspolitik u. unser naut. Bildungswesen. E. krit. Besprechung, 1912. AW

**Weichselbaum,** Anton, * 8. 2. 1845 Schiltern/Niederöst., † 23. 10. 1920 Wien; studierte Medizin an d. militärärztl. Josefs-Akad. in Wien, 1869 Dr. med. u. 1869–71 Assistent d. patholog. Anatomie an d. Univ. Wien, zugleich 1869–78 Militärchirurg, 1875 Prosektor am k. k. Garnisonsspital Nr. 1 u. seit 1882 an den Krankenanstalten Rudolfstiftung in Wien, 1877 Habil. u. Privatdoz. an d. Univ. Wien, ebd. seit 1885 a. o. Prof. f. patholog. Histologie u. Bakteriologie u. 1893–1916 o. Prof. f. patholog. Anatomie (1912/13 Rektor); 1892 korrespondierendes u. 1894 wirkl. Mitgl. d. k. Akad. d. Wiss. in Wien, 1888 Mitgl. d. Dt. Akad. d. Naturforscher Leopoldina u. 1917 d. öst. Herrenhauses; Fachschriftenautor.

*Schriften* (Ausw.): Der gegenwärtige Stand der Bakteriologie und ihre Beziehung zur praktischen Medizin, 1887; Gutachten über die Wirksamkeit von Asbestfiltern (nach dem System Breyer) zur Gewinnung von sterilem Wasser, 1891; Über Entstehung und Bekämpfung der Tuberculose (Vortrag) 1896 (2., erg. Aufl. 1904); Die gesundheitsschädlichen Wirkungen des Alkoholgenusses, 1905; Über die Beziehung zwischen Körperkonstitution und Krankheit (Rede) 1912.

*Literatur:* Dt. biogr. Jb. 2 (1928) 764; DBE [2]10 (2008) 472. – aeiou. Öst. Lex. (Internet-Edition); L. Eisenberg, D. geistige Wien. Künstler- u. Schrifts.-Lex. II, 1893; Biogr. Lex. hervorragender Ärzte d. 19. Jh. [...] (hg. J. Pagel) 1901; The Jewish Encyclopedia. A Descriptive Record of the History, Religion, Literature, and Costums of the Jewish People from the Earliest Times to the Present Day 12 (ed. I. Singer) New York 1905; FS f. ~ (beim Abschiede v. Lehramt) (hg. Virchows Arch. f. patholog. Anatomie u. Physiologie u. f. klin. Medizin) 1916; F. Jaksch, Lex. sudetendt. Schriftst. u. ihrer Werke für d. Jahre 1900–1929 [...], 1929; S. Wininger, Große jüd. National-Biogr. [...] VI u. VII, 1932 u. 1935; Biogr. Lex. d. hervorragenden Ärzte d. letzten fünfzig Jahre II (hg. u. bearb. I. Fischer) 1933; S. Osborne, Germany and Her Jews, London 1939; K.-H. Schwarz, Personalbibliogr. v. Prof. u. Doz. d. Patholog.-Anatom. Inst. d. Univ. Wien im ungefähren Zeitraum v. 1875 bis 1936, 1973; A. Kreuter, Dt.sprachige Neurologen u. Psychiater. E. biogr.-bibliograph. Lex. von d. Vorläufern bis zur Mitte d. 20. Jh. 3, 1996; Lex. d. Naturwissenschaftler. Astronomen, Biologen, Chemiker, Geologen, Mediziner, Physiker, 1996; F. Czeike, Hist. Lex. Wien 5, 1997. AW

**Weichselbaum,** Hans, * 9. 12. 1946 Freistadt/Oberöst.; studierte Germanistik u. Gesch. m. Magisterabschluß in Salzburg, Gymnasiallehrer u. Auslandslektorat in China, seit 1973 Leiter d. Georg-Trakl-Forsch.- u. Gedenkstätte in Salzburg u. Mithg. d. Trakl-Stud., zudem 1970–85 Leiter d. Lit.forums «Leselampe» u. 1975–2008 Redaktionsmitgl. d. Lit.zs. «SALZ», 1995 Dr. phil. Salzburg, lebt ebd.; Verf. u. Hg. v. lit.wiss. Schr. u. Biographien.

*Schriften:* Spuren. 8 Autoren (ausgew. u. zus.gestellt, hg. F. Schausberger) 1975; Trakl-Forum 1987 (hg.) 1988; Georg Trakl. Eine Biographie mit Bildern, Texten und Dokumenten, 1994; Deutungsmuster. Salzburger Treffen der Trakl-Forscher 1995 (hg. mit W. Methlagl) 1996; Im Namen des Dichters. 45 Jahre Georg-Trakl-Preis für Lyrik. Geschichte und Dokumentation, 1998; E. Buschbeck, Ersehnte Weite (mit Nachw. hg.) 2000; Ciuha Joze – Trakl Georg. Aquarelle – Gedichte / Akvareli – pesmi (hg. mit P. Baum, übers. K. Kovic) 2002; In den einsamen Stunden des Geistes. Gedichte eines halben Jahrhunderts (hg.) 2002; Androgynie und Inzest in der Literatur um 1900 (hg.) 2005. AW

**Weichselbaum,** Josef, * 1920; biogr. Einzelheiten unbek., lebt in Enzersdorf im Thale/Niederösterreich.

*Schriften:* Gedichte, 1998 (erw. Ausg. 2005). AW

**Weichselbaum,** Norman, * 2. 3. 1961 Wien; zunächst kaufmänn. Ausbildung, besuchte dann d. Prayner-Konservatorium, seit 1982 Musikjournalist, Beitr. u. a. für «Wiener» u. «Cashflow», seit 1992 Chefred. e. Musikermagazins, leitet e. Musikproduktionsfirma in Gablitz/Niederösterreich.

*Schriften:* Mamy blue. Eine Pop-Odyssee aus Wien (Rom., Vorw. G. Danzer) 2003.

*Literatur:* Öst. Musiklex. 5 (hg. R. Flotzinger) 2006. AW

**Weichselbaumer,** Friederike, * 18. 9. 1948 Rutzenmoos/Oberöst.; Hausfrau u. Mutter v. 6 Kindern, lebt in Altmünster am Traunsee/Oberöst.; verf. überwiegend Lyrik u. Aphorismen.

*Schriften:* Solange die Felder grünen (Ged., Graphiken B. Schuster) 1991; Vertrauen gibt Licht. Gedichte und Aphorismen, 1992; Geöffnete Gedanken. Aphorismen (dt./engl., übers. ins Engl. S. Badzik u. C. Kraus) 1992; Dem Leben begegnen. Aphorismen, 1993; Bis meine Landschaft mich findet. Gedanken und Gedichte, 1994; Zwischen zwei Augenblicken. Haiku, 1994; Vom Himmel hoch. Weihnachten, 1995; Ansprechendes Schweigen. Lyrik und Aphorismen, 2002. AW

**Weichselbaumer,** Karl, * 8.8. 1791 München, † 11.1. 1871 ebd.; studierte 1809–13 Jura in Landshut, 1812 Dr. phil., 1815 Eintritt in d. Staatsdienst in München, ab 1825 im Kabinett König Ludwigs I., 1832 geheimer Sekretär im Ministerium des Auswärtigen Amtes, 1837 Rat u. Hofkultusadministrator beim Oberhofmeisterstab, zuletzt Staatsrat.

*Schriften:* Über die Verwandtschaft und Verschiedenheit der Poesie und Philosophie. Eine Gekrönte Preisschrift, 1813; Über den konstitutionellen Geist. Für konstitutionelle Bürger Deutschlands, 1821 (anon.); Niobe, Königin von Theben. Ein Trauerspiel in 5 Acten, 1821; Dido, Königin von Karthago. Ein Trauerspiel in 5 Acten, 1821; Dramatische Versuche. Menökeus. Ein Trauerspiel in 5 Aufzügen – Oenone. Ein Trauerspiel in 3 Aufzügen, 1821 (erschienen auch einzeln); Abendbilder. Eine Sammlung romantischer Erzählungen, 1822; An Ihre Majestät die Königin von Baiern, zum 28. Jäner 1823, 1823; Orpheus. Eine Zeitschrift in zwanglosen Heften, 4 H. (hg.) 1824/25 (Reprint 1971); Die Vertrauenden. Eine Sammlung von Erzählungen und Zwischengesprächen, 2 Bde., 1825/26; Dramatische Dichtungen. Mit Unterhaltungen über die dramatische Literatur und das Theater, 2 Bde., 1828–32; Die Hermanns-Schlacht. Textbuch, 1835; Tassilo. Ein historisches Trauerspiel in 5 Acten und einem Vorspiele, 1835; Tutti-Frutti eines Süddeutschen. 1. (einziger) Bd., 1837; Die Longobarden. Ein Trauerspiel in 5 Akten, 1843; Wladimir's Söhne. Ein Trauerspiel in 5 Acten, 1843; Ein deutsches Lied [Ged.] 1844; Erzählungen für die gebildete Jugend, 2 Bde., 1846 u. 1848; Gedichte, 1855; Historische Novellen, 3 Bde., 1856.

*Literatur:* Meusel-Hamberger 21 (1827) 406; ADB 41 (1896) 789; Goedeke 10 (1913) 615; 11/1 (1951) 191. – J. KEHREIN, Biogr.-lit. Lex. d. kathol. dt. Dichter, Volks- u. Jugendschriftst. im 19. Jh. 2, 1871. IB

**Weichselmann,** Adolf, * 29.9. 1823 Eger, † 24.2. 1874 Freistadt/Oberöst.; studierte Philos. an d. Dt. Karls-Univ. Prag, 1848–53 Aushilfslehrer am Altstädter Gymnasium in Prag u. am Gymnasium in Eger, am letztgen. bis 1853 fest angestellt. 1855–68 Lehrer am Gymnasium in Laibach, 1868–70 Dir. d. Gymnasiums in Ungarisch Hradisch/Mähren, ab 1870 Dir. d. k. k. Staatsrealgymnasiums in Freistadt, später Kreisschulinspektor u. Stadtgemeindevertreter.

*Schriften:* Beiträge zur Erklärung des Horaz, 1858; Balde und Sarbiewski, 1864; Proben einer Sentenzensammlung aus Römischen Klassikern, 1872.

*Literatur:* J. WEINMANN, Egerländer Biogr. Lex. 2, 1987. IB

**Weichslgartner,** Alois Joseph, * 13.9. 1931 Kelheim/Donau; absolvierte e. Volontariat beim «Tagesanz.» in Regensburg, anschließend Lokal- u. Kreisred. d. «Allg. Donauztg.» in Kelheim. Ab 1958 in München Red. e. Presse- u. Bildagentur; 1962–71 Landtagsjournalist u. Rundfunkautor. 1969–72 Red. beim «Münchner Stadtanz.», 1972–94 Chefred. der «Altbayer. Heimatpost» in Trostberg/Obb., Mitarb. am «Heimatspiegel», zahlr. Auszeichnungen u. Preise, u. a. 1973 silbernes Poetenschiff der «Barke», 1982 Poetentaler, 1991 Bundesverdienstkreuz am Bande. Mitgl. d. süddt. Literatenvereinigung «Die Turmschreiber»; Verf. v. Sachbüchern z. bayer. Landes- u. Kulturgesch., Erz. u. Lyriker.

*Schriften* (Ausw.): Führer durch Bad Abbach und Umgebung, 1957; Joseph Weigert, ein Leben für das Dorf, 1966; Pater Viktrizius Weiß, Kapuziner. Ein Lebensbild zum 125. Geburtstag, 1968; Die Woch fangt guat o. Bayrische Wildschützen und Spitzbuben (ges. u. dargestellt mit H. ZÖPFL) 1970; Wer ko, der ko. Kraftmenschen aus Altbayern und Schwaben, 1971; Ma derf moana aber ma derf net moana ma derf. Bayerische Geschichten und Gedichte vom Foppen und Gefopptwerden (hg.) 1972; Sankt Christophorus in Oberbayern (25 Bilder v. N. Molodovsky) 1974; Die Familie Asam (25 Bilder v. dems.) 1975; Bayerischer Psalter. Gebete und religiöse Gedichte aus zwölf Jahrhunderten (bearb. mit H. ZÖPFL, Zeichnungen v. K. Caspar) 1975 (3., neubearb. Aufl. 1990); Kelheim. Donaudurchbruch, Weltenburg, Unteres Altmühltal, 1976; Lüftelmalerei (mit W. BAHNMÜLLER) 1977; Die Asamkirche oder Der Bürgersinn (hg. A. ZETTLER) 1977; Herrenchiemsee, 1978; Baumburg, 1980; Vom Gemming Gustl bis zur Koppn Kathl. Originelle Menschen zwischen Alpen und Main, 1980; Altbayerisches Lesebuch, 1981; Frauenchiemsee, 1981; Pater Sebastian Englert, der ungekrönte König der Osterinsel, 1985; Vom Nordgau zum Chiemgau. Auf den Spuren der Vergangenheit quer durch Altbayern, 1985; Regensburg (Illustr. W. Spitta) 1989; Altbayerische Christnacht, 1989; Wie Wolkenflug ... 60 Gedichte aus 40 Jahren, 1991; Trostberger Rokoko. Ein regionales Kunstzentrum im Chiemgau, 1998, Bayerische Originale ernst und heiter. Eine kleine Porträtgalerie, 1998; Kelheimer Geschichten. Geschichte – Landschaft – Lebensbilder, 2001; Chiemgauer Heimatspiegel, 2001; Schreiber und Poeten. Schriftsteller aus Altbayern und Schwaben im 19. Jahrhundert, 2001; Bergweihnacht. Alpenländische Verse und Geschichten (mit Aquarellen v. V. Hagea) 2004.

*Literatur:* Taschenlex. z. bayer. Ggw.lit. (hg. D.-R. Moser, G. Reischl) 1986; J. Gartner, ~ (in: Autoren u. Autorinnen in Bayern 20 Jh., hg. A. Schweiggert u. H. S. Macher) 2004. IB

**Weicht,** Werner, * 1. 8. 1936 Leobschütz/Oberschles.; kam nach d. Flucht zunächst nach Fellbach bei Stuttgart, trat nach d. Matura 1957 in d. Orden d. Pallotiner in Untermerzbach bei Bamberg ein, ebd. Stud. d. Philos., 1963 Priesterweihe in Augsburg. Theolstud. an d. Univ. Gregoriana Rom, 1976 Dr. theol., seit 1980 Prof. an d. Hochschule d. Pallottiner in Untermerzbach u. Seelsorger in den umliegenden Gemeinden, ab 2008 Rektor d. Geistlichen Hauses der Pallottiner St. Josef Hersberg in Immenstaad am Bodensee.

*Schriften:* Die dem Lamme folgen. Eine Untersuchung der Auslegung von Offb. 14,1–5 in den letzten 80 Jahren, 1976.

*Literatur:* Heiduk 3 (2000) 165. IB

**Weick,** Georg(es) (Ps. Paschali), * 3. 8. 1863 Weißenburg/Elsaß, Todesdatum u. -ort unbek.; Sohn e. Gärtners, früh verwaist, besuchte d. Lehrerseminar in Straßburg, Hauptlehrer in Saarburg/Lothringen, 1894 Gründer u. Red. d. «Elsaß-Lothring. Lehrerztg.», Mittelschulleiter in Dieuze/Lothringen, seit 1905 Seminarlehrer in Straßburg; erster Vorsitzender d. lit. «Alsabundes».

*Schriften:* Die silberne Glocke. Märchen für Jung und Alt, 1892 (mehrere Aufl.); Grenzkapitän Bernhard. Erzählung aus der Zeit des badischen Aufstandes 1849, 1902 (NA 1908); Die Heimatlosen. Ein neues Epos, 1905; Aus verlorenen Gärten (Erz.) 1907; Des Königs heiliger Wille. Drama in 5 Aufzügen, 1914; Die Höhle von Lützelstein. Erzählung aus der Zeit nach dem Siebziger Krieg, 1914; König Heinrich I., 1917; Im klaren Licht. Erzählungen aus dem Elsaß, 1923; Drei Erzählungen für die Fasnacht. Der verbrannte Schneemann. Eine Mutter. Das scheue Reh, 1927; Le Chalumeau. Die Schalmei. 191 unserer schönsten geistlichen und weltlichen Lieder aus beiden Sprachen ein-, zwei- oder dreistimmig, 1929. (Ferner Schulschriften.)

*Literatur:* M. Geissler, Führer durch d. Lit. d. 20. Jh., 1913. RM

**Weick,** Günter, * 6. 1. 1958 Crailsheim/Baden-Württ.; studierte Betriebswirtschaftslehre an d. Univ. Erlangen-Nürnberg, Abschluß als Diplomkaufmann, Organisationsentwickler in e. dt. Konzern, Vertriebs- u. Marketingleiter in e. amerikan. Informationstechnik-Konzern, seit 1995 Geschäftsführer v. SofTrust Consulting in Pullach im Isartal, seit 2003 v. a. Führungskräfte-Coach u. Organisationsentwickler, lebt in Wien; Sachbuchautor.

*Schriften:* Wahnsinnskarriere. Wie Karrieremacher tricksen, was sie opfern, wie sie aufsteigen (mit W. Schur) 1999 (Neuausg. 2004); Die Gründer. Wie sie starten, wie sie wachsen, wie sie reich werden (mit dems.) 2000; Da waren's nur noch neun. Wie man auch die besten Mitarbeiter vergrault (mit dems.) 2002; Sales tales. Die 20 größten Irrtümer über den Verkauf (mit dems.) 2005 (als Hörbuch 2006); Wenn E-Mails nerven. So bekommen Sie die Kontrolle zurück und arbeiten besser, schneller und sicherer (mit dems.) 2008. AW

**Weick,** Hermann, * 30. 12. 1887 Grötzingen bei Karlsruhe (heute Stadttl. v. Karlsruhe), † 4. 2. 1972 Karlsruhe; Journalist, Komponist u. Romanautor.

*Schriften:* Die Komödiantin. Operette in 3 Akten (Text u. Musik) 1923; Frau Renates Ehe (Rom.) 1927; Mario tanzt in den Tod (Kriminal-Rom.) 1933; Der unsichtbare Feind (Kriminal-Rom.) 1940; Viola mit den sieben Sternen (Rom.) 1940; Bist du Merlin? (Kriminal-Rom.) 1948; Das lockende Ziel (Rom.) 1949; Sprung in die Nacht (Rom.) 1956; Ursula geht zum Theater, 1957; Ein Herr namens Thomassin, 1958; Verdacht auf Viola, 1958; Wo das Glück hinfällt (Rom.) 1959; Eine Frau kommt übers Meer, um 1960; Der Mann ohne Gnade, 1960; Der unsichtbare Feind, 1960; Rivalinnen, 1960; Der Rächer, 1961; Verschlungene Wege, 1961; Wer schoß auf Kollander?, 1961; Ein Glück ist in Gefahr, 1962; Kein Leben ohne dich, 1962; Ich tat es nur für dich, 1962; Ärztin

Barbara Lühr, 1963; Heirat ausgeschlossen, 1963.

IB

**Weickard,** Melchior Adam → Weikard, Melchior Adam.

**Weickart,** Eva (Ps. mit Christa Werner: Esther Weiland), * 12. 12. 1957 Kierspe/Westf.; studierte Gesch., Buchwesen u. Volksk. an d. Univ. Mainz, M. A., seit 1978 Leiterin des Frauenbüros d. Stadt Mainz, gelegentlich in d. Freien Theaterszene tätig; Verf. v. Fachschr. u. (unter d. Ps.) v. Kriminalgeschichten.

*Schriften* (Fachschr. in Ausw.): Feuer in der Kinderkrippe (mit C. WERNER)1988; Die NASA schlägt zurück (mit DERS.) 1989; Frauen – Planung – Mobilität. Ein Leitfaden für Frauenbeauftragte und andere Interessierte, 1995; Feminin – Maskulin. Eine Einführung in die geschlechtergerechte Sprache, 1996; Vergessene Frauen. Eine lexikalische Hilfe zur Benennung von Straßen nach weiblichen Persönlichkeiten, 1999 (2., überarb. Aufl. 1999; 4., überarb. Aufl. 2003); Mainzer Frauenkalender 1991–2004. Blick auf Mainzer Frauengeschichte, 2004.

*Literatur:* J. ZIERDEN, Lit.Lex. Rhld.-Pfalz, 1998.

IB

**Weicker,** Alexander (Ps. Jappes, Memo), * 16. 10. 1893 Holzem/Luxemburg, † 19. 12. 1983 Hamm bei Luxemburg; Sohn e. Eisenbahnbeamten, Schulbesuch in Diekirch, studierte 1916–18 Maschinenbau an d. TH München, 1918–22 an d. Univ. ebd., Freundschaft mit Marieluise → Fleißer, lebte dann als Taxifahrer in Paris, unternahm Reisen u. a. durch Rumänien, Portugal, d. Schweiz u. Dtl., blieb 10 Jahre verschollen, lebte 1935/36 in Oberkirch/Baden, 1936–40 Journalist u. Schriftst. in Wasserbillig, lebte seit 1940 in Hamm als Angestellter im Staatsdienst, gründete später e. Firma f. Import–Export u. übernahm Generalvertretungen; Erzähler u. Publizist.

*Schriften:* Fetzen. Aus der abenteuerlichen Chronika eines Überflüssigen, 1921 (Studienausg. mit Komm. u. Bibliogr., hg. G. MANNES, Mersch/Luxemburg 1998).

*Literatur:* LAL (2007) 649. – B. WEBER, Aus e. Diaspora dt. Schrifttums (in: Les Cahiers Luxembourgeois, Nr. 4) 1929; A. HOEFLER, ~ (in: Dichter unseres Landes 1900–45) 1945; DERS., ~ (in: Letzeburger Journal, 18. 11.) 1949; L. DOEMER, D. expressionist. Rom. (in: D. Luxemburger dt.sprach. Rom.) Luxemburg 1964; M. RAUS, Im Sprachexil. Dt. Lit. in Luxemburg (in: D'Letzebuerger Land, 28. 11.) 1975; M. FLEISSER, Schwabing (in: TuK, H. 64) 1979 (Nachdr. in: M. F., Ges. Werke 4, 1994); G. LUTZ, M. Fleißer. Verdichtetes Leben, 1989; G. MANNES, Lit. Expressionismus aus Luxemburg (in: Galerie 12) 1994; DERS., Der Jappes u. die Fleißerin. M. Fleißer u. ~ (in: Galerie 13) 1995; M. FLEISSER, Die List. Frühe Erz. (hg. B. ECHTE) 1995; G. MANNES, M. Fleißer u. ~. Ich bin stolz auf ihn, solange ich lebe, Echternach 1999.

WK

**Weicker,** Georg, Geburtsdatum u. -ort unbek.; 1895 Dr. phil. Leipzig, Lehrer ebd., später Oberstud.rat in Plauen (1925); Fachschriftenautor.

*Schriften:* De sirenibus quaestiones selectae (Diss.) 1895; Der Seelenvogel in der alten Litteratur und Kunst. Eine mythologisch-archaeologische Untersuchung, 1902; Archäologie, 1917; W. Gehl, Geschichte für sächsische höhere Lehranstalten (hg. mit Gotthold W.) 4 H., 1928–33.

AW

**Weickmann,** Dorion, Geburtsdatum u. -ort unbek.; studierte Sozial- u. Wirtschaftsgesch. in Hamburg, 1993 M. A. u. 2001 Dr. phil. ebd., lebt als Autorin u. Journalistin in Berlin.

*Schriften:* Rebellion der Sinne. Hysterie – ein Krankheitsbild als Spiegel der Geschlechterordnung (1880–1920), 1997 (zugleich Magisterarbeit 1993); Der dressierte Leib. Kulturgeschichte des Balletts (1580–1870), 2002 (zugleich Diss. 2001).

AW

**Weickmann,** Rudolf Joseph, * 7. 11. 1937 Nürnberg; Werbeleiter u. freier Schriftst., lebt in Wendelstein/Bayern.

*Schriften* (Ausw.): Das war der wahre Eppelein. Das Leben eines fränkischen Ritters, 1975; Hans Sachs. Leben und Werk des großen Schusterpoeten, leicht faßbar nacherzählt, 1975; Mein Goldfisch hat jetzt Sprechverbot / My Goldfish is not Allowed to Talk. Eine Ansammlung heiter-ernster, lustig-besinnlicher Geschichten aus Bayern, Franken und dem übrigen Ausland, o. J. [1977]; Wotans Weh und Tristans Triebe. Richard Wagner für jedermann (mit e. kompetenten Vorw. v. P. CHRISTIAN) 1977 (Neuausg. 1986); Wärdshaus-Gschmarri, 1979; Der Gänskrogn trifft den Dittlasbatscher. Närmbercher Orchinale der Jahrhundertwende, 1975 (3., verb. u. erg. Aufl. mit dem

Untertitel: Närmbercher und fränkische Orchinale der Jahrhundertwende, 1978); Der «Zapf». Robert Gebhardt und der 1. FCN, 1980; Die Kartl-Akademie Weinzierlein. Einzig amtliches Lehrbuch für «66» und «Närmberger Dreeg», 1981. IB

**Weickum,** Karl Franz, * 1. 7. 1815 Boxberg/Baden, † 20. 2. 1896 Freiburg/Br.; Sohn e. protestant. Verwaltungsbeamten, konvertierte 1834 z. Katholizismus. 1835–38 theol., philos. u. naturwiss. Stud. an d. Univ. Würzburg, 1838–40 Theol.stud. an d. Univ. Freiburg/Br., 1840 Priesterweihe. Wirkte dann in d. Seelsorge, 1843 Pfarrer in Rastatt, 1845–49 in Ziegelhausen bei Heidelberg, mit (Friedrich) Christoph → Schlosser befreundet, 1849–53 Hausgeistlicher in d. Heil- u. Pflegeanstalt Illenau. 1853–61 Pfarrer in Beuern u. Hausgeistlicher d. Klosters Lichtenthal bei Baden-Baden, anschließend Domkapitular in Freiburg/Br., 1866 Domdekan u. 1886 Apostol. Protonotar u. päpstl. Hausprälat.

*Schriften* (Ausw.): Kloster-Reden, 1858; Bernhard der Heilige, Markgraf von Baden. Ein Lebensbild sammt den nöthigen Gebetsübungen eines katholischen Christen zur 400-jährigen Feier seines seligen Todes (verf. u. zus.gestellt von den beiden Beichtvätern der Klöster Lichtenthal u. Baden) 1858; Dramatische Bilder. Schauspiele für die reifere Jugend zur geselligen Unterhaltung und sittlichen Charakterbildung, 1861 (2., verm. Aufl. 1884); Das heilige Meßopfer. Dessen Inhalt und Feier in der katholischen Kirche. Ein Handbuch für Prediger und Katecheten so wie zur allgemeinen Erbauung und Belehrung, 1865; Pius IX., sein Muth und sein Sieg. Festrede [...] in der Metropolitankirche zu Freiburg [...], 1869; Anleitung zum Katechisieren, 1870; Beata quae credidisti! O, selig, die du geglaubt hast. 31 Betrachtungen über das Apostolische Symbolum für die Maiandacht [...]. Gebet- und Betrachtungsbuch, vorzüglich für die gebildetere Jugend bestimmt, 1872 (2., revidierte Aufl. 1893); Die Herrlichkeit des Herrn in seiner Niedrigkeit. Ein Festspiel für die Weihnachtszeit, 1873; Columbus. Dramatisches Gemälde in 5 Acten aus der Geschichte der Entdeckung Amerikas, 1873 (2., revidierte Aufl. 1893); Erinnerungsblüthen von Rom. Ein Sonettenkranz, gewunden zur Feier der erreichten dreißig Pontifikats-Jahre unseres heiligen Vaters Pius IX., 1876; Der Feuerofen in Babylon (bibl. Festsp.) 1879; Weihnachtsspiele. Dramatische Vorstellung der biblischen Mittheilungen über die Geburt Christi in zwei Abtheilungen. I Die Berufung der Hirten, in 3 Akten, II Die Berufung der Heiden, in 2 Akten, 1880; Die Heilung des Blindgeborenen (bibl. Dr.) 1882; Petrus und Kornelius (bibl. Dr.) 1887.

*Literatur:* Biogr. Jb. 3 (1900) *111; ADB 55 (1910) 10; DBE 10 (1999) 381. – J. KEHREIN, Biogr.-lit. Lex. d. kathol. dt. Dichter, Volks- u. Jugendschriftst. im 19. Jh. 2, 1871; J. MAYER, ~ (in: Bad. Biogr. 5, hg. F. v. WEECH u. A. KRIEGER) 1906. IB

**Weida** → Markus von Weida.

**Weidacher,** Josef (Ps. Sepp Weidacher), * 30. 6. 1911 Innsbruck, † 13. 11. 1989 ebd.; Vater v. Laura → W., absolvierte e. kaufmänn. Lehre in e. Fahrradgeschäft, kurzzeitig als Angestellter tätig, erlernte dann d. Spielen d. Zither, ging in d. 1930er Jahren auf d. Walz u. verdiente s. Lebensunterhalt m. Musik, während d. 2. Weltkriegs Soldatenbetreuer in Skandinavien, Frankreich u. Italien, lebte n. 1945 wieder in Innsbruck, Lyriker, Liederdichter u. Erzähler.

*Schriften:* Das Auge des Pan (Ged., Einf. u. Ausw. G. MÜLLER, Zeichnungen L. S. Stecher) 1968; Mit der Seele des Wolfs (Erz., Vorw. R. JORDAN) 1973; Helldunkel (Ged.) 1977; Der Fremde (Ged., Zeichnungen D. Strobel) 1979; Laurentiusnacht (Ged.) 1980.

*Literatur:* TirLit. – W. BORTENSCHLAGER, Gesch. d. spirituellen Poesie, 1977. AW

**Weidacher,** Laura (verh. Buchli), * 29. 1. 1940 Innsbruck; Tochter v. Josef → W., Multimediakünstlerin u. Übersetzerin, im Ruhestand freie Mitarb. d. Redaktion v. Seniorweb.ch, lebt in Delémont/Kt. Jura, 1973 1. Preis im Kurzgesch.-Wettbewerb d. Schweizer. Schriftst.verbandes u. 1979 Förderbeitr. f. Lit. Kt. Aargau.

*Schriften:* Aktionen Blumenhalde. Aarau, 10 bis 13. Juni 1976 (Beitr. mit J.-J. DAETWYLER u. P. KILLER sowie Red. mit K. OEHLER, Fotos W. Erne) 1976; Spuren, Spuren, Spuren, Spuren, Spuren (Fotos u. Ged.) 1977 (erw. NA 1983); Abend (Fotosequenz m. Text) 1980; Doña Quijote. Fragmente, Gedichte (Illustr. U. Stingelin) 1983; L. Laukkarinen, Die andere Frau (mit d. Verf. übers.) 1983. AW

**Weidacher,** Sepp → Weidacher, Josef.

**Weidacher-Buchli,** Laura → Weidacher, Laura.

**Weidauer,** Renate, * 22. 3. 1935 Dresden; studierte Dt., Gesch. u. Erdkunde an d. Univ. München, Lehrerin an verschiedenen bayer. Gymnasien sowie ein Jahr in Schweden, danach 20 Jahre Lehrerin f. Erwachsenenbildung an d. Städt. Abendschule in München, Stud.rätin, lebt in Puchheim/Obb.; Lyrikerin u. Erzählerin.

*Schriften:* Lyrisches Kaleidoskop, 1999; Indien heute – zwischen Staub und weißem Marmor (Ged.) 2000; Breit gefächert (Erz.) 2002; Feuer-Werk, 2002 (= Puchheimer Seniorenbücher 5); Grenzen und Träume, 2004 (= Puchheimer Seniorenbücher 5). AW

**Weidauer,** Ruth (geb. Zahn), * 1925 (Ort unbek.), † 24. 6. 2006 Stuttgart; Theologin, Pfarrerin d. Diakonissenanstalt Stuttgart.

*Schriften:* Von Gottes Gnaden warst du mir bestimmt. Ein Mutterbuch, 1964; Aller Anfang ist schön, 1968; Das marxistische und das christliche Menschenbild. Referat bei der Jahreskonferenz der Schwesternschaft, November 1972, 1972. AW

**Weidauer,** Walter, * 28.7 1899 Lauter/Sachsen, † 13. 3. 1986 Dresden; Sohn e. Korbflechters, Zimmermannslehre, 1918 Kriegsdienst, anschließend Mitgl. e. Freikorps in Oberschles., 1920/21 Mitgl. d. Unabhängigen Sozialdemokrat. Partei Dtl. (USPD), ab 1922 Mitgl. d. Kommunist. Partei Dtl. (KPD). Bis 1929 Zimmermann in Zwickau, 1924–28 Stadtverordneter ebd., 1929–32 Geschäftsführer d. KPD-Verlags «Bücherkiste» in Essen, mehrere Ermittlungsverfahren des Reichsgerichts wegen Verdacht auf Herstellung u. Verbreitung hochverräter. Schr., 1930 mehrmonatiger Aufenthalt in d. UdSSR. 1932/33 Abgeordneter im Reichstag, 1934/35 in Untersuchungshaft wegen Verdachts d. Vorbereitung z. Hochverrat. Freigesprochen lebte er in Lauter, emigrierte 1935 nach Prag, 1936 nach Dänemark, polit. unter versch. Decknamen tätig, 1941 in Kopenhagen verhaftet u. nach Dtl. ausgeliefert. 1942 zu 15 Jahren Zuchthaus verurteilt, zuletzt im Gefängnis in Leipzig. Im Mai 1945 Stadtrat u. Bürgermeister d. Stadt Dresden, 1946–58 Oberbürgermeister, 1958–61 Vorsitzender Rat des Bezirkes Dresden. Langjähriges Mitgl. d. Bezirksleitung d. sozialist. Einheitspartei Dtl. (SED), 1955–57 Mitbegr. u. ab 1957 Vizepräs. d. «Dt. Städte- u. Gemeindetags d. DDR». Nach 1961 hatte er versch. Ehrenämter inne u. erhielt mehrere Auszeichnungen, seit 1969 Ehrenbürger v. Dresden.

*Schriften* (Ausw.): Probleme des Neu- und Wiederaufbaues, 1947; Neue Wege der Kommunalpolitik, 1948; Inferno Dresden. Über Lügen und Legenden um die Aktion «Donnerschlag», 1965 (2., überarb. u. erw. Aufl. 1966; 3., durchges. Aufl. 1966; 4., durchges. u. erg. Aufl. 1983; 8., gekürzte Aufl. 1990).

*Literatur:* Hdb. Emigration I (1980) 802; DBE $^{2}$10 (2008) 473. – L. STIEGLER, ~ z. 70. Geb.tag (in: Stadt u. Gemeinde 7) 1969; Biogr. Hdb. d. SBZ/DDR 1945–90, 2 Bd. (hg. G. BAUMGARTNER u. D. HEBIG) 1997; C. HERMANN, Oberbürgermeister der Stadt Dresden ~ (in: Dresdner Geschichtsbuch 9) 2003; Wer war wer in der DDR? E. Lex. ostdt. Biogr. 2 (Neuausg., hg. H. MÜLLER-ENBERGS, J. WIELGOHS, D. HOFFMANN, A. HERBST) 2006; T. WIDERA, Fremdbestimmung u. Selbstdarstellung im Geschichtsbild des SED-Funktionärs ~ (in: Neues Arch. für sächs. Gesch. 79) 2008. IB

**Weide,** Willy → Weidmannm Leo.

**Weidel,** Karl, * 10. 5. 1875 Schrimm an der Warthe/Schles., † 14. 10. 1943 Magdeburg; studierte 1893–1900 evangel. Theol., Philos. u. Germanistik an d. Univ. Breslau, 1900–02 im Kandidatenkonvikt im Kloster Unser Lieben Frauen in Magdeburg tätig, 1902–18 Oberlehrer u. (seit 1914) Prof. am Pädagogium des Klosters u. Inspektor des Alumnats. 1903 Dr. phil. in Breslau. 1918 Studiendir. bzw. Oberstudiendir. u. bis 1926 Leiter e. Mädchenlyzeums. 1926 kommissar. Leiter, 1927–29 Dir. u. Prof. für Pädagogik u. Philos. an d. Pädagog. Akad. in Elbing/Schles., 1929 Dir. u. Prof. für Pädagogik an d. im Aufbau begriffenen Pädagog. Akad. in Breslau. Nach d. Schließung d. Akad. (1932) bis 1937 Dir. des Vereinigten Dom- u. Klostergymnasiums in Magdeburg. Nebenamtlich baute W. in Magdeburg d. städt. Volksbildungswesen auf, hielt u. a. Goethe-Vorträge in d. Volkshochschule u. reformierte d. Bildungswesen d. Volksschullehrer in Pr., Mithg. d. «Lit.kundl. Lesehefte».

*Schriften* (Ausw.): Jesu Persönlichkeit. Eine Charakterstudie, 1908 (2., stark verm. Aufl. 1913; 3., verb. Aufl. 1921); Pessimismus und Religion, 1909; Weltkrieg und Kirchenglaube. Zur Verständigung über den Bekenntnischarakter der Kirche, 1916;

Weltleid und Religion. Zwei Abhandlungen, 1916; Reformation und Volksschule, 1917; Deutscher Friede, 1918; Goethes Faust. Eine Einführung in sein Verständnis, 1919; Fichtes Reden an die deutsche Nation und unsere Zeit. Eröffnungsvorlesung zur Feier der Begründung der Magdeburger Volkshochschule [...], 1919; Richard Wagners Musikdramen. Eine Darststellung ihres Gedankengehaltes, 1921; Deutsche Weltanschauung, 1925; Schleiermacher, 1925; Das Kloster Unser Lieben Frauen in Magdeburg (mit H. KUNZE) 1925; Bilder aus der Kirchengeschichte, 1926; Sturm und Drang, 1926; Deutsch. Kulturkundliches Lesebuch für die Oberstufe höherer Schulen (hg.) 1927; Der Gang der Weltgeschichte. Aus Hegels Geschichtsphilosophie (hg.) 1927; Die neue Lehrerbildung in Preußen, 1928 (2., verm. Aufl. 1928; Neuausg. 1929); Deutschtum und Antike, 1928; Germanentum und Christentum. Ihre Spannung und ihr Ausgleich in der deutschen Geistesgeschichte (Vortrag) 1937.

*Literatur:* Reichshdb. d. dt. Gesellsch. D. Hdb. d. Persönlichkeiten in Wort u. Bild 2 (Hg. Dt. Wirtschaftsverlag) 1931; A. HESSE, D. Prof. u. Doz. d. preuß. Pädagog. Akademien (1926–1933) u. Hochschulen für Lehrerbildung (1933–1941), 1995; Zw. Kanzel u. Katheder. Das Magdeburger Liebfrauenkloster v. 17. bis 20. Jh. (hg. M. PUHLE u. R. HAGEDORN) 1998; U. FÖRSTER, ~ (in: Magdeburger biogr. Lex. 19. u. 20. Jh. [...], hg. G. HEINRICH u. G. SCHANDERA) 2002. IB

**Weidemann,** Alfred, * 10. 5. 1917 Stuttgart; Filmregisseur; Jugendbuchautor.

*Schriften:* Kaulquappe (Jgdb.) 1951; Winnetou fliegt nach Berlin (Jgdb.) 1951; Gebäckschein 666 (Jgdb.) 1953 (Neuausg. 1985); Die Fünfzig vom Abendblatt, 1960; Ganz Pollau steht Kopf, 1961; Der blinde Passagier (Jgdb.) 1967; Die glorreichen Sieben. Zwei spannende Abenteuer, 1980 (Teilausg. u. d. T.: Die glorreichen Sieben und der rätselhafte Kunstraub, 1986). AW

**Weidemann,** Anja, * 1972 Dortmund; Rechtsanwältin, lebt u. arbeitet in Bonn; Lyrikerin.

*Schriften:* Novembermond (Ged.) 1998; Loni (Ged.) 2000. AW

**Weidemann,** Barbara, * 29. 7. 1940 Kassel; Tochter e. Bankangestellten u. e. Klavierlehrerin, Verwaltungsangestellte, zudem Schauspielunterricht u. Ausbildung z. Rezitatorin, stand mehr als 20 Jahre im Briefw. mit Luise → Rinser, gründete 2004 d. Literatursalon «Gedichtzeile» in Kassel, lebt ebd.; Erz. u. Lyrikerin.

*Schriften:* Cantos und Koran. Reisebilder aus Südspanien, Portugal und Marokko, 1984; Verschüttete Brunnen. Texte über die gefährdeten Schönheiten unserer Welt, 1984; Liebesreise in den Wind oder Impressionen am Meer (Lyrik) 1987; Sommerparadiese. Verse (Bilder I. Danneel) 1991; Frauen-Insel. Eine Autobiographie in Gedichten, 1994; CelloLyrik. Dank an die Musik (Ged.) 2006. AW

**Weidemann,** Diethelm, * 13. 2. 1931 Stettin; studierte 1951–55 Gesch. an d. Univ. Leipzig, 1955/56 Doz. für Gesellschaftswiss. an d. Fachschule für Textilindustrie in Chemnitz, 1956–60 wiss. Assistent u. 1960–74 wiss. Mitarb. am Institut für Internationale Beziehungen, 1966 Dr. phil., wiss. Oberassistent für Zeitgesch. Südostasiens am Institut für Völkerrecht u. Internationale Beziehungen d. Dt. Akad. für Staats- u. Rechtswiss. (DASR) in Potsdam-Babelsberg. 1972 Doz. für Neueste Gesch. Südasiens an der Sektion Asienwiss. an d. HU Berlin, 1974 o. Prof. für Gesch. Südasiens u. 1975–88 Dir. d. Sektion Asienwiss., 1990 o. Prof. f. Theorie u. Gesch. d. internationalen Beziehungen in Asien u. Dir. d. Instituts für Asien- u. Afrikawiss. an d HU Berlin, 1996 emeritiert.

*Schriften* (Ausw.): Vietnam, Land im Süden. Der Kampf des vietnamesischen Volkes um nationale Unabhängigkeit und sozialen Fortschritt (1945–1967) (mit R. WÜNSCHE) 1968 (2., verb. u. erw. Aufl. 1970); Die Entstehung unabhängiger Staaten in Süd- und Südostasien, 1969; Der nationale und soziale Befreiungskampf des vietnamesischen Volkes (mit R. WÜNSCHE) 1971; Indonesien '65. Anatomie eines Putsches (mit H. THÜRK) 1975; Vietnam, Laos und Kampuchea. Zur nationalen und sozialen Befreiung der Völker Indochinas (mit R. WÜNSCHE) 1977; Asien. Kleines Nachschlagewerk (hg. mit R. FELBER) 1987; Südostasien fünf Jahre nach Kambodscha (hg.) 1997; Nachdenken über Asien. Fragestellungen, Standortbestimmungen und die Zukunft der Asienwissenschaften in Berlin, 2003; Es geht nicht nur um Kashmir. Die Konfliktkonstellation Pakistan – Indien, 2003.

*Literatur:* L. MERTENS, Lex. d. DDR-Historiker. Biogr. u. Bibliogr. zu den Gesch.wissenschaftlern aus der Dt. Demokrat. Republik, 2006. IB

**Weidemann,** (Else) Eva, * 14. 9. 1893 Nordhausen/Harz, Todesdatum u. -ort unbek.; lebte auf Capri (1932) u. nach d. 2. Weltkrieg (bis mindestens 1963) in Erfurt; Erz. sowie Kinder- u. Jgdb.autorin.

*Schriften:* Du siehst mich nicht (Rom.) 1931; Inselfieber (Rom.) 1935; Das mißlungene Frühlingsfest (Zeichnungen B. Kunze) 1945. AW

**Weidemann,** (Gottlob) Friedrich (Ps. Freimund Lichtfreund, Otto Freudenreich), * 6. 7. 1788 Zeitz/Sachsen-Anhalt, † 2. 4. 1846 Ratibor/Schles.; besuchte d. Stiftsschule in Zeitz, studierte 1806–09 Rechtswiss. an d. Univ. Leipzig, 1815 Dr. iur., Advokat, 1819–21 Stadtrichter in Lützen, dann Justizkommissar beim Landgericht Halle/Saale, seit 1823 auch Kreis-Justizkommissar u. Justitiar mehrerer Patrimonialgerichte, 1829 Oberkirchenrat v. St. Moritz in Halle, Besitzer e. Verlagsbuchhandlung in Merseburg, nach 1833 Notar u. Justizkommissar am Oberlandesgericht in Ratibor.

*Schriften* (Ausw.): Über die Theilung Sachsens, 1815; Zuruf der neupreußischen Sachsen an ihre geschiedenen Landsleute, 1815; Satyrische Erzählungen. Das Mauthhaus. Der Großinquisitor. Der Bürgerdeputirte zu Bettelstädt. Die Huldigungsfeier, 1819; Über die veränderte Lage der Rechtsconsulenten und Unterrichter im königlich Preußischen Herzogthum Sachsen [...], nebst einem Nekrolog des Herrn D. Scheuffelhuth, 1821; Das Recht des Monarchen, die Agende vom Jahre 1822 in den preußischen Staaten als evangelisches Kirchengesetz einzuführen. Ein historisch-juristischer Versuch, 1825; Licht ohne Schatten. Eine Beleuchtung des Verfahrens über den Schatten ohne Licht. In 3 Briefen, 1830; Die zweite Salina oder Neueste und humoristische Studien (auch mit d. Untertitel: Eine antipietistische und antidemagogische Zeitschrift). Eine Zeitschrift für gebildete Stände (hg.) 1830–32; Die Pietisten als Revolutionaire gegen Staat und Kirche. Eine kirchlich-politisch-philosophische Hypothese, 1830; Bericht über die Umtriebe der Frömmler in Halle, oder: Welch' Zeit ist es im preußischen Staate?, 1830 (2., mit e. Vorrede u. Zusätzen versehene Aufl. 1830); Beleuchtung der in der Hofbuchdruckerei in Altenburg erschienenen Schrift: Über die Umtriebe der Frömmler in Halle oder Welch' Zeit ist es im preußischen Staate?, 1830; Denk- und Lesefrüchte für Stadt und Land. Erzählungen, Gedichte, Beobachtungen an der Saale, Anekdoten (hg.) 1830/31; Kleine Romane und Erzählungen aus der Wirklichkeit mit Treff Quarta major in Karten, 1831; Die Pietisten in Halle in ihrer tiefsten Erniedrigung, 1831 (2. mit noch ungedr. Documenten verm. Ausg. u. d. T.: Die Pietisten in Halle in ihrer tiefsten Erniedrigung oder Was wollen die Pietisten in Preußen? Ein hochwichtiger Beitrag zur Religionsgeschichte und Criminaljustizverfassung in Preußen, 1832); Darstellung der Rechte und Pflichten des Bürgers gegen Regierung und Obrigkeit mit einer Vorrede des Professor Dr. Schütz und einem Anhange: Die Betrügereien bei den Glücksspielen, 1832; Es bleibt beim Alten oder Die neue wiederholte Wahl des Stadtmagistrats in Halle. Eine wahre Historia, 1832; Die beiden Systeme des Dr. Quesnay und Adam Smiths kritisch beleuchtet (aus dem Nachlasse e. berühmten Staatsmannes bearb. u. hg.) 1832; Was werden wir essen? Eine humoristische Frage an die Herren Stadtverordneten in Halle, 1832; Die Bundestagsbeschlüsse vom 28. Junius 1832 und deutschen Demagogen, 1832; Die rabenschwarze Nacht oder Die Mouchards. Posse in 2 Akten, 1832; Hat Seine Majestät der König von Preußen das Recht die Entscheidungen der Gerichtsbehörden bei Auslegung von Staatsverträgen von den Äußerungen des Ministeriums der auswärtigen Angelegenheiten abhängig zu machen? Eine polemisch affirmativ beantwortete Frage gegen die negative Behauptung des Publicisten Johann Ludwig Klübers, 1832; Halle's Bürgertreue. Festspiel zur Vorfeier des allerhöchsten Geburtstages Sr. Majestät [...] Königs Friedrich Wilhelm III. [...], 1833; Getroffene Bilder aus dem Leben vornehmer Knabenschänder und andere Scenen aus unsrer Zeit und Herrlichkeit, 1833; Die Familie Orloff als Mörder der russischen Kaiser, deren Familie und Anhänger, überhaupt als Erzfeinde der russischen Monarchie, 1833; Memoiren aus meinem Leben. Kein Roman, und doch ein Roman, 1834; Novellen, 1837; Oberschlesische Zustände in freien Rasirspiegel-Scenen, 1843 (2., erw. Aufl., 5 H., 1844/45); Die allgemeine christliche Kirche. Keine Sacramente, keine Symbole, 1845.

*Literatur:* Meusel-Hamberger 21 (1827) 402; Goedeke 10 (1913) 285; 11/1 (1951) 343; Heiduk 3 (2000) 165. IB

**Weidemann,** Hugo, * 1826 Schlesien, † 16. 3. 1857 Charleston/Südcarolina; Kaufmann, 1852 Auswanderung nach Nordamerika, war tätig in

New York u. später in Charleston, ab 1854 Mitarb. d. «Dt. Ztg.» ebenda.

*Schriften:* Musenklänge aus dem Süden (Ged., Mitverf.) 1858.

*Literatur:* R. E. WARD, A Bio-Bibliogr. of German-American Writers 1670–1970, New York 1985. RM

**Weidemann,** Ludolf, *20. 3. 1849 Ahrenshök bei Lübeck, † 1939 Quickborn/Schleswig-Holst.; nahm als Freiwilliger am Dt.-Französ. Krieg teil, studierte dann Theol. an den Univ. in Erlangen, Berlin, Jena u. Kiel, 1877–79 Prediger in Oldenburg, ab 1879 Lehrer in Lübeck u. ab 1890 in Hamburg, 1901–09 Pastor in Elmshorn/Schleswig-Holst., 1910/11 Kurprediger an der dt. Kirche in Bordighera/Ligurien, dann Pastor in Großflottbeck bei Hamburg u. zuletzt bis 1921 Pfarrer in Quickborn.

*Schriften:* Karl Maria Kasch. Auch ein Leben, 1904; Wintersturm. Ein Sang von der Ostsee, 1905; Briefe eines Glücklichen, 1919; Weltgeschichte am Kamin. Auf den Gefilden des Altertums, 1929. IB

**Weidemann,** Magnus, *17. 12. 1880 Hamburg, †9. 10. 1967 Keitum/Sylt; studierte evangel. Theol., Philos. u. Kunstgesch. an den Univ. in Kiel, Tübingen u. Greifswald, besuchte d. Predigerseminar in Preetz/Schleswig-Holst., daneben Maler (ohne Ausbildung). 1906/07 Pastor in Amrum, dann Pfarrer in Kiebitzreihe bei Elmshorn, während des 1. Weltkrieges Sanitäter in Frankreich. Gab 1919 s. Beruf auf u. widmete sich d. Malerei sowie d. Aktphotographie. Ab 1922 aktiv in d. Freikörperkultur- u. Lebensreform-Bewegung sowie in d. Jugendbewegung tätig. 1923 Gründer u. bis 1926 Hg. d. «Freude. Zs. für dt. Innerlichkeit», lebte seit 1926 auf der Insel Sylt, 1939–52 ehrenamtlicher Standesbeamter in Keitum, mit d. Maler Hugo Reinhold Karl Johann Höppener (gen. Fidus) befreundet. Unternahm einige Stud.- u. Vortragsreisen, u. a. 1951 in die Schweiz.

*Schriften* (Ausw.): Reform der Frauenkleidung als sittliche Pflicht, 1903; Körper und Tanz, 1925; Wege zur Freude. Gesammelte Aufsätze und Bilder, 1926; Deutsche Revolution – auch in der Kirche. Thesen (als Hs. gedruckt) um 1933; Unsere nordische Landschaft, 1939; Gott ist die Freude. Lieder aus neuem Glauben, 1948; Sonnenleben. Aus der Not zum Lebensglück. Mit vielen schönen Aktaufnahmen, 1950; Geist-Verwandtschaft (Ged.) 1959; Wege und Ziel (Ged.) 1959 (Nachdr. 1977).

*Nachlaß:* W.-Arch. Kiel; Sylter Heimatmuseum.

*Literatur:* Thieme-Becker 35 (1942) 264; Vollmer 5 (1961) 97. – H. MATZEN, D. Heimatkünstler ~ (in: Nordfries. Rs. 43/156) 1926; H. REIMNITZ, ~. E. Werkbericht, o. J. [1950]; I. SCHLEPS, ~. 1880 Hamburg – 1967 Keitum/Sylt (in: Schleswig-Holst. Monatsh. 21) 1969; V. WEIDEMANN, ~ – Leben u. Werk. Z. 100. Geb.tag d. Malers (in: Nordfriesland 14/4) 1980; J. WULF, ~: Keitum-Sylt 1880–1967, 1980; H. JANTZEN, Namen u. Werke. Biogr. u. Beitr. z. Soziologie d. Jugendbewegung 5, 1982; M. WEDEMEYER, Volker W., Fidus – ~. E. Künstlerfreundschaft, 1920–48, 1984; J. WULF, Schönheit und Freude. ~ als Aktphotograph (mit e. Vorw. von M. WEDEMEYER) 1986; Exlibris v. ~. Kleinkunst im Buchdeckel (Kat. [...] v. M. WEDEMEYER) 1990; ~ – Sylter Landschaftsbilder (hg. Martin W.) 2000; H. KUNZ, T. STEENSEN, Sylt Lex., 2002. IB

**Weiden,** Annelie → Schumann, Anneliese.

**Weiden,** Friedrich van, * 1954 Berlin (West); absolvierte e. journalist. Ausbildung ebd., lebt seit 1987 als freier Journalist u. Schriftst. in Hamburg.

*Schriften:* Antrag auf einen Berechtigungsschein. Leben an der Mauer, 2006. AW

**Weiden,** Gunther von der, * 1967 Saarbrücken; Ausbildung z. Fernmeldeinstallateur, studierte dann Polit. Wiss., Germanistik u. Soziologie in Saarbrücken u. Kiel, 1995 M. A., seit 2001 freiberufl. Werber u. Promoter, lebt in Köln.

*Schriften:* Zeit zu leben – Zeit zu erben (Ged.) 2001. AW

**Weiden,** Otto von der → Corvin, Otto.

**Weidenbach,** Anton Joseph, *9. 4. 1809 Linz/Rhein, †21. 11. 1871 Wiesbaden; besuchte d. Lehrerseminar in Brühl, Lehrer in Linz, 1829 in Bacharach u. ab 1835 in Ahrweiler, lebte 1848/49 aus polit. Gründen in Belgien. 1849 gründete u. leitete er bis 1864 e. Töchterinstitut in Bingen/Rhein, ab 1853 Ergänzungsrichter am dortigen Friedensgericht, 1853 hess.-darmstädt. Hofrat. Seit 1864 Leiter e. statist. Büros in Wiesbaden, hielt ebd. wiss. Vorträge. Mitarb. des «Denkwürdigen u. nützlichen rhein. Antiquarius [...]» v. Christian v. → Stramberg, nach dessen Tod Hg. d. Bände 16–20 (1868–71); Verf. lokalgeschichtl. Schriften.

*Schriften* (Ausw.): Die Grafen von Are, Hochstaden, Nurburg und Neuenare. Ein Beitrag zur rheinischen Geschichte, 1845; Mythologie der Griechen, Römer und nordischen Völker. Mit Bezugstellen aus deutschen Dichtern. Für Real-, höhere Bürger- und Töchterschulen, so wie zum Selbstunterricht, 2 Bde., 1850/51; Bingen und Kreuznach mit ihren Umgebungen [...], 1855; Das Leben des heiligen Rupertus, Herzogs von Bingen, beschrieben von der heiligen Hildegard, Äbtissin des ehemaligen Kloster Ruppertsberg (aus d. Lat. übers. u. mit e. hist.-krit. Einl. [...]) 1858; Nassauische Territorien vom Besitzstande unmittelbar vor der französischen Revolution bis 1866 [...], 1870 (Nachdr. 1980).

*Literatur:* H. SCHROHE, ~ (in: Hess. Biogr. 2, hg. H. HAUPT) 1927; O. RENKHOFF, Nassauische Biogr. (2., vollst. überarb. u. erw. Aufl.) 1992. IB

**Weidenbach,** Karl Friedrich, * 14. 1. 1769 Siegen/Nordrhein-Westf., † 14. 7. (nach anderer Quelle 15. 6.) 1815 Ferndorf/Nordrhein-Westf. (heute Stadtteil v. Kreuztal); besuchte d. Pädagogium in Siegen, studierte ab 1783 in Herborn, 1787 Feldprediger in Holland, 1795 Vikar in Herborn, ab 1796 Pfarrer in Frohnhausen bei Dillenburg, 1802 Oberpfarrer in Ewersbach, 1810 strafversetzt (durch d. französ.-belg. Regierung) nach Müsen u. ab 1812 auch Stiftsgeistlicher in Keppel, seit 1815 Pfarrer in Ferndorf. Verf. 1803 e. «Dt.-Holländ./Holländ.-Dt. Wörterbuch» (Anhang 1809).

*Schriften* (Ausw.): Der Einfluß des Christenthums in die Freyheit und Glückseligkeit des Menschen, 2 Predigten, Amsterdam 1794; Das Buch Hiob (aus dem Hebräischen, mit Anm. v. H. A. SCHULTENS, nach dessen Tod hg. u. vollendet v. H. MUNTINGHE, [aus d. Holländ.] übers. v. K. F. W.) 1797; Philosophisch-christliche Reden und Betrachtungen bey dem Schlusse des 18ten und Anfange des 19ten Jahrhunderts, 3 Tle., 1799/1800; Reden unter dem Drucke und bey der Befreyung des Vaterlandes, gehalten in der Pfarrkirche zu Müssen, 1814.

*Literatur:* Meusel-Hamberger 10 (1803) 801; 21 (1827) 408. – O. RENKHOFF, Nassauische Biogr. (2., vollst. überarb. u. erw. Aufl.) 1992. IB

**Weidenbaum,** Inge von, * 5. 3. 1934 Kaschau/Slowakei; Schulbesuch u. Stud. d. Volkswirtschaft u. Germanistik in München, lebt seit 1965 als Nachrichtensprecherin, Hg., Lektorin u. Übers. (aus dem Italien. u. Engl.) in Rom (später auch Ulm/Donau), wo sie z. Bekanntenkreis v. Ingeborg → Bachmann gehörte. 1969–81 Übers. u. Sprecherin des Nachrichtendienstes in dt. Sprache bei Radio Vatikan, Dozentin für Dt. Sprache u. Lit. an d. Univ. Chieti (1983–89) u. für Neuere u. zeitgenöss. Lit. an d. Univ. Cassino (1997–2001). Seit Mitte der sechziger Jahre zusätzlich als Lektorin, Übers., Hg. u. Autorin für versch. dt. u. italien. Verlage, u. a. Piper, Hanser, Suhrkamp, Wagenbach, Edizioni delle Donne, Edizioni SA (Mailand) tätig. 1979 im Auftrag des Öst. Wiss.fonds u. der NB Wien textkrit. Ordnung u. Registratur des gesamten lit. Nachlasses v. Ingeborg Bachmann zus. mit Christine → Koschel. 1983 wurde W. mit dem Hieronymus-Ring ausgezeichnet.

*Herausgebertätigkeit:* I. Bachmann, Werke, 4 Bde. (mit C. KOSCHEL) 1978 (2. Aufl. [Sonderausg.], Mitarb. C. MÜNSTER, 1982; Neuausg. 1993); dies., Daß noch tausend und ein Morgen wird (auch Ausw. u. Einf. mit DERS.) 1986; Wir müssen wahre Sätze finden. Gespräche und Interviews mit Ingeborg Bachmann (mit DERS.) 1984 (Neuausg. 1991); Kein objektives Urteil, nur ein lebendiges. Texte zum Werk von Ingeborg Bachmann (mit DERS.) 1989.

*Übersetzungen* (Ausw.): O. Wilde, Das Bildnis des Dorian Gray (mit C. KOSCHEL) 1970; D. Barnes, Antiphon (mit DEMS.) 1972 (2., revidierte Aufl. [Nachdr.] 2007); G. B. Shaw, Die Millionärin. Die goldenen Tage des guten König Karl (mit DERS. u. A. POSS) 1991 [= Bd. 14 d. ges. Stücke in Einzelausg.]; D. Barnes, Die Frau, die auf Reisen geht, um zu vergessen. Reisebilder (auch Nachw.) 1992; dies., Der perfekte Mord, 1993; dies., Verführer an allen Ecken und Enden. Ratschläge für die kultivierte Frau, 1994; dies., Alles Theater!, 1998.

*Literatur:* Ach, Sie schreiben dt.? Biogr. dt.sprachiger Schriftst. des Auslands-PEN (hg. K. REINFRANK-CLARK) 1986. PT

**Weidenbusch** (Salicetus; Wydenbosch; Weydenbosch), Nicolaus, 15. Jh., stammte aus Bern, studierte in Paris, 1456 Baccalaureus ebd., 1459 Lizentiat u. bald darauf Magister, Dr. med., 1470 Mönch in d. Zisterzienserabtei Frienisberg/Kt. Bern, studierte 1477 in Basel, 1482 Abt d. Zisterze Baumgarten (Pomarium) bei Schlettstadt/Elsaß, erhielt v. Generalabt d. Auftrag, für d. Druck d. liturg.

Bücher d. Ordens zu sorgen («Breviarium Cisterciense» [Basel 1484, Straßburg nach 1487 bzw. 1494]; «Missale Cisterciense» [Straßburg 1487]); 1487 Ernennung z. Visitator u. Reformator aller Zisterzienserklöster im Reich, in Skandinavien u. Polen, legte 1488 s. Amt als Abt v. Baumgarten nieder.

W. stellte d. weitverbreiteten «Liber (Libellus) orationum ac meditationum qui antidotarius anime dicitur» («Antidotarius animae») zusammen (Erstdr. vermutl. Straßburg 1489, über 20 weitere Inkunabelausgaben, mindestens 14 Drucke d. 16. Jh.). W. erklärt im Vorwort unter Hinweis auf d. «Antidotarius» d. → Nicolaus Salernitanus (ErgBd. 6), er wolle als Mediziner gegen alle geistl. Krankheiten Heilmittel bereitstellen und zwar solche, die zu Reue u. Besserung anregen, solche, die zu Beichte u. Buße hinführen sollen, solche, die innere Ruhe bei d. Messe bewirken u. schließl. solche für d. Betrachtung d. Leidens Christi, d. Jungfrau Maria u. d. Feste d. Kirchenjahres. Aus d. Gebeten u. Betrachtungen soll das ausgewählt werden, was benötigt wird, eine auf d. Praefatio folgende «Tabula generalis» dient dabei als Hilfsmittel.

D. Inhalt besteht weitgehend aus Gebeten im Zusammenhang mit d. Sündhaftigkeit d. Menschen (u. a. Beichtgebete, Zehn Gebote, Glaubensartikel, Gaben d. Heiligen Geistes, Sakramente), Kommuniongebeten, Morgen- u. Abendgebeten, Bittgebeten, Gebeten über Leiden u. Tod Jesu, Mariengebeten, Gebeten über Leben, Leiden, Tod, Auferstehung u. Wiederkunft Jesu (e. Art Jesusleben in Gebetform), Gebeten, die d. Priester vor d. Messe sprechen soll sowie e. «informatio», wie d. Horen gebetet werden sollen. Es folgen Meditationen u. Gebete über d. wichtigsten Feste d. Kirchenjahres, über d. Trinität u. über die Heiligen. Oft werden mit d. Sprechen d. Gebete verbundene Ablaßzahlen mitgeteilt, häufig sind (tw. unzutreffende) Verf.namen genannt (v. a. Kirchenväter u. Autoren d. 12. u. 13. Jh.). Mhd. Übers. d. Werkes, das sich an Geistliche richtete, sind, bis auf d. Übertr. einiger Stücke im → «Herzmahner», nicht bekannt; e. französ. Fass. erschien 1580 u. 1607 im Druck.

*Literatur:* VL ²8 (1992) 511 (Salicetus); LThK ³7 (1998) 867 (Nicolaus Salicetus). – R. FETSCHERIN, Gesch. d. bernischen Schulwesens (in: Berner Tb.) 1853; A. FLURI, D. bernische Stadtschule u. ihre Vorsteher bis z. Reformation (in: ebd.) 1893/94; L. PFLEGER, ~, e. gelehrter elsäss. Cistercienserabt d. 15. Jh. (in: Stud. u. Mitt. z. Gesch. d. Benediktinerordens [...] 22) 1901 (überarb. Fass. in: Arch. f. elsäss. Kirchengesch. 9, 1934); G. MÜLLER, Z. Gesch. unseres Breviers (in: Cistercienser-Chron. 29) 1917; F. X. HAIMERL, Ma. Frömmigkeit im Spiegel d. Gebetbuchlit. SüdDtl., 1952; Dictionnaire de spiritualité ascétique et mystique [...] 11, Paris 1982 (Nicolaus Salicetus); Dt. Biogr. Enzyklopädie d. Theol. u. d. Kirchen 2 (hg. B. MOELLER) 2005 (unter Nikolaus Salicetus).

RM

**Weidendahl,** Modeste → Mönnich, Modeste (ErgBd. 6).

**Weidenfeld,** Nathalie, * 1970 Metz/Frankreich; wuchs zweisprachig in Dtl. auf, besuchte e. Schauspielschule in New York, arbeitete als Model in Paris, Mailand, Sydney u. New York, 1993 Rückkehr n. Dtl. u. Tätigkeiten bei Film u. Fernsehen, studierte bis 2000 Lit.wiss. u. Amerikanistik, 2006 Dr. phil. FU Berlin, lebt als freie Autorin u. Lektorin in München.

*Schriften:* Die Orangenprinzessin (Rom.) 2001 (Tb.ausg. 2002; Neuausg. 2004); Einhundert Arten, den Mond zu sehen (Rom.) 2002 (Tb.ausg. 2003; Neuausg. 2004).

AW

**Weidenfeld,** Werner, * 2.7. 1947 Cochem; 1966 Abitur in Koblenz, studierte Politikwiss., Gesch. u. Philos. in Bonn, 1971 Dr. phil. ebd.; 1975–95 Prof. f. Politikwiss. in Mainz, Gastprof. an d. Pariser Sorbonne, 1987–99 Koordinator d. Bundesregierung f. d. dt.-amerikan. Zusammenarbeit, seit 1995 Prof. f. Polit. Wiss. an d. Univ. München, seit 2000 ständiger Gastprof. an d. Remnin Univ. Peking, Leiter d. «Centrums f. angewandte Politikforsch.» (C. A. P.); Hg. d. «Internat. Politik» (1995–2005), Mithg. u. a. der «Mainzer Beitr. z. Europ. Einigung» (seit 1980), d. «Jb. d. Europ. Integration» (seit 1980) u. d. «Münchner Beitr. zur Europ. Integration» (seit 1997); zahlr. Mitgliedschaften (u. a. Vorstandsmitgl. d. Bertelsmann-Stiftung), Dr. h. c. Univ. Middleburg/USA; Bundesverdienstkreuz, Europ. Kulturpreis d. Europ. Kulturstiftungen u. a. Auszeichnungen.

*Schriften* (Ausw.): Jalta und die Teilung Deutschlands. Schicksalsfrage für Europa, 1969; Konrad Adenauer und Europa. Die geistigen Grundlagen der westeuropäischen Integrationspolitik des ersten Bonner Bundeskanzlers, 1976; Deutschland-Handbuch. Eine doppelte Bilanz 1949–1989 (mit H. ZIMMERMANN hg.) 1989; Der deutsche Weg, 1990; Die Deutschen – Profil einer Nation (mit K.-R. KORTE) 1991; Außenpolitik für die deutsche Einheit. Die Entscheidungsjahre 1989/90 (Mitverf.) 1998: Zeitenwechsel. Von Kohl zu Schröder. Die Lage, 1999; Europa-Handbuch (hg.) 1999 (2., aktualisierte u. völlig überarb. Aufl. 2002; 3., aktualisierte u. überarb. Aufl., 2 Bde., 2004); Wie Zukunft entsteht [...] (mit J. TUREK) 2002; Herausforderung Terrorismus. Die Zukunft der Sicherheit (hg.) 2004; Europa leichtgemacht. Antworten für junge Europäer, 2008.

*Bildträger:* Europäische Integration (DVD) 2007.

*Literatur:* Munzinger-Archiv. RM

**Weidenheim,** Johannes (Ps. für Ladislaus Jakob Johannes Schmidt, weiteres Ps. Ernest Waldteufel; als Übers. Helga Schneeberger), *25. 4. 1918 Bačka-Topola/Wojwodina (heute Serbien), † 8. 6. 2002 Bonn; Sohn e. Eisenbahners u. späteren leitenden Beamten d. Zuckerfabrik in Werbaß. Wuchs dreisprachig auf (dt., ungar., serb.), besuchte in Werbaß d. Gymnasium u. die private Dt. Lehrerbildungsanstalt, 1938/39 Lehrer an d. dt. Schule in Belgrad. Gründete 1938 mit Adalbert Karl → Gauß d. Zs. «Schwäb. Volkserzieher» (8 H., 1938–40) u. veröff. darin eigene Ged., Kurzgesch. u. Aufs. Seit 1939 als (jugoslaw. Staatsbürger) Soldat in d. Herzegowina, geriet beim Einmarsch dt. Truppen in Gefangenschaft, Red. am dt. Besatzungssender Belgrad. Nach d. Krieg Übersiedlung nach Dtl., Holzfäller u. Dorfschullehrer in der Lüneburger Heide, seit 1951 in Stuttgart, bis 1955 Lehrer, betreute daneben den lit. Tl. d. «Ws. d. Donauschwaben. Neuland» u. war einige Zeit Kulturreferent d. Jugoslawiendeutschen. Danach bis 1973 Red. d. «Kölner Bl. für dt. u. internationale Politik», Übers. (aus dem Serbokroat.) u. Gerichtsdolmetscher. Lebte seit 1980 als freier Schriftst. in Bonn. Mehrere Auszeichnungen, u. a. 1974 Übersetzerpreis des serb. PEN-Zentrums u. 1996 Ehrengabe des Andreas-Gryphius-Preises d. Künstlergilde; Übers., Lyriker u. Erzähler.

*Schriften:* Die Ehre des Schwachen, Novi Vrbas, o. J. [verschollen]; Williams deutsche Prüfung, ebd. 1940 [verschollen]; Volksdeutsche Stunde. Auswahl von Rundfunk-Feierstunden, Belgrad 1943; Nichts als ein bißchen Musik (Rom.) 1947 (veränd. NA u. d. T.: Nur ein bißchen Musik, Rom. 1959); Kale-Megdan (Rom.) 1948; Das späte Lied, 1954; Und dann war es doch nicht Sonntag, 1955; Der verlorene Vater, 1955; Das türkische Vaterunser (Rom.) 1955; Einen Schritt vor der Freiheit und andere Geschichten, 1955; Bei Niemands brennt noch Licht. Eine Weihnachtserzählung, 1956; Ein Sommerfest in Maresi (Erz.) 1956; Das späte Lied (2 Erz.) 1956; Treffpunkt jenseits der Schuld (Rom.) 1956; Der verlorene Vater (3 Erz.) 1956; Das Haus Babel. Aus einer Krankengeschichte, o. J. [1956]; Tschiritschari, 1956; Deutsche Stimmen 56. Neue Prosa und Lyrik aus Ost und West (Mithg.) 1956; Seltene Stunden (Erz.) 1957; Morgens zwischen vier und fünf. Geschichten von heute, 1958 (mit d. Gattungsbezeichnung Erz., 1963); Maresiana. Eine erzählerische Suite, 1960; Die Donauschwaben. Bild eines Kolonistenvolkes (mit A. K. GAUSS) 1961; Markus Rachuba besucht seinen Sohn, 1961; Gelassen bleibt die Erde aufgetischt (Ged.) 1961; Noch am gleichen Tag (Erz.) 1961; Wann ist ein Krieg zu Ende?, 1961; Schultage (Rom.) 1961; Lebenslauf der Katharina D., o. J. [1963] (Neuausg. u. d. T.: Pannonische Novelle. Lebenslauf der Katharina D., 1991); Stunde des Lebens (Erz.) 1966; Mensch, was für eine Zeit, oder Eine Laus im deutschen Pelz (Rom.) 1968; Lied vom Staub (Erz.) 1992; Heimkehr nach Maresi (Rom.) 1994; Theodora. Bilanz einer Liebe (Rom.) 1998; Maresi. Eine Kindheit in einem donauschwäbischen Dorf (Rom.) 1999.

*Übersetzungen:* M. Oljača, Das Vermächtnis (Rom.) 1962; J. Ribnikar, Die Kupferne (Kurzrom. u. Erz.) 1964; E. Koš, Die Spatzen von Van Pe (Rom.) 1964; ders., Wal-Rummel (Rom.) 1965; B. Radičevic', Das Schlüsselloch (Rom.) 1966; E. Koš, Montenegro, Montenegro (Rom.) 1967; ders., Eis (Rom.) 1970; M. Bulatović, Die Daumenlosen (Rom.) 1975; I. Generalić, Mein Leben, meine Bilder (hg. N. TOMAŠEVIĆ) 1975; N. Tomašević, Tisnikar (mit e. Vorw. v. O. BIHALJI-MERIN) 1978; R. Smiljanić, Hegels Flucht nach Helgoland (Rom.) 1979.

*Literatur:* Albrecht-Dahlke IV/2 (1984) 696; Killy 12 (1992) 186; Schmidt, Quellenlex. 32 (2002) 471; DBE [2]10 (2008) 474; KLG (auch Internet-Version). – K. A. GAUSS, Johannes L. Schmidt [= ~] (in: Südostdt. Rs. 2/8–9) 1943; DERS., ~ ‹Kale-Megdan› (in: Kulturspiegel. Bl. aus d. geistigen Schaffen d. heimatlosen Donauschwaben, H. 3) 1949; N. LAFLEUR, ~ ‹Kale-Megdan› (ebd.); F. HAMM, ~ erz. [zu ‹Kale-Megdan›] (in: Südostdt. Heimatbl. 1) 1953; G. HAFNER, ~: ‹D. türk. Vaterunser› (in: WW,

H. 10) 1955; H.-D. Tschörtner, Jeder Mensch muß sich entscheiden [zu ‹D. verlorene Vater›] (in: Börsenbl. Leipzig 31) 1956; W. Lehmann, Verpaßte Gelegenheit u. trotzdem e. guter Anfang (zu ‹Dt. Stimmen 56›) (in: ebd. 41) 1956; R. Amann, ~, ‹Treffpunkt jenseits der Schuld› (in: D. Strom 1) 1956; H. Günther, ~, ‹E. Sommerfest in Maresi› (in: WW, H. 3) 1957; A. Scherer, Einführung in d. Gesch. d. donauschwäb. Lit. (in: A. S., Die nicht sterben wollten. Donauschwäb. Lit. v. Lenau bis z. Ggw.) 1959 (Nachdr. 1985); W. Kronfuss, ~: ‹Nur e. bißchen Musik› (in: Südostdt. Vjbl. 9) 1960; ders., ~ ‹Maresiana› (in: ebd. 10) 1961; F. Hamm, ~s ‹Kale-Megdan› (in: Südostdt. Heimatbl., H. 1) 1963; F.-A. Schmitt, ~: ‹D. türk. Vaterunser›, ‹Treffpunkt jenseits der Schuld›, ‹Maresiana› (in: D. Rom.führer [...] 13, hg. J. Beer) 1964; C. Ferber, Ball. v. Einzelgänger im Jahre Null [zu ‹Mensch, was für e. Zeit [...]›] (in: D. Welt d. Lit. 5/19) 1968; W. Wien, Gestern, heute oder morgen. 13mal dt. Prosa [zu ‹Mensch, was für e. Zeit [...]›] (in: Bücherkomm. 17/5) 1968; H. Diplich, ~: ‹Lebenslauf d. Katharina D.› (in: Südostdt. Vjbl. 13) 1964; J. A. Stupp, ‹Mensch, was für e. Zeit [...]› (in: ebd. 18) 1969; I. Weber-Kellermann, Z. Interethnik. Donauschwaben, Siebenbürger Sachsen u. ihre Nachbarn, 1978; K. A. Gauss, ~: E. pannon. Schriftst. (in: Wiener Tagebuch, H. 7/8) 1984; ders., Ineinander Lit. Dichter. Entdeckungen (in: Was. Zs. für Kultur u. Politik, Nr. 48) 1985; F. Hutterer, Gruß an ~. Z. 70. Geb.tag (in: Südostdt. Vjbl. 37) 1988; R. Greuling, ~. Aus d. Leben d. Donauschwaben (in: Buchkultur, H. 10/2) 1991 [zu ‹Pannon. Nov.›]; K. A. Gauss, Maresi als Zentrum d. Welt – ~ (in: K. M. G., D. Vernichtung Mitteleuropas. Ess.) 1991; ders., Geistige Zeugen Mitteleuropas (in: Parnaß, H. 4) 1991; S. Bolbecher, Katharina Delhaes, aus Pannonien (in: Mit d. Ziehharmonika, Nr. 3) 1991; R. Vetter, D. donauschwäb. Beitr. z. dt. Vertreibungslit. Versuch e. Sichtung, 1991; S. Sienerth, «Meine Betroffenheit ist kaum zu beschreiben ...». Gespräch (in: Südostdt. Vjbl. 41) 1992; P. Motzan, Leben: Summe v. Verlusten. Zu ~s ‹Pannon. Nov.› (ebd.); T. Frahm, D. Bewältigung d. Einzelheiten. Der in Bonn lebende Autor ~ wird 75 (in: NRW lit., H. 8) 1993; G. Aescht, ~: ‹Lied v. Staub› (in: Südostdt. Vjbl. 43) 1994; H. Ewert, Lit. e. Zeitenwende. D. Endzeitalter donauschwäb. Existenz in Südosteuropa im Spiegel s. lit. Erzeugnisse (in: I. Senz, Die Donauschwaben) 1994; ders., Heimweh nach Pannonien. D. Schriftst. ~ (in: Gesch., Ggw. u. Kultur d. Donauschwaben, H. 5) 1994; J. A. Stupp, Zeitgesch. im donauschwäb. Raum im Spiegel d. südostdt. Vjbl. (ebd.); R. Grimm, Drei bis vier polit. Nov.: Notizen zu Bruno u. Leonard Frank, ~, Thomas Mann u. Gottfried Benn (in: R. G., Versuche z. europäischen Lit.) 1994 [zu ‹Pannon. Nov.›]; P. Motzan, «Unberührt u. doch verwandelt, verwandelt bis ins Mark». Zu ~s Rom. ‹Heimkehr nach Maresi› (in: Südostdt. Vjbl. 44) 1995; ders., Maresi – mein kleines Welttheater. Der donauschwäb. Erzähler ~ wird wiederentdeckt (in: Durch aubenteuer muess man wagen vil. FS für Anton Schwob z. 60. Geb.tag, hg. W. Hofmeister) 1997; I. Poljaković, ~ 80 (in: Südostdt. Vjbl. 47) 1998; S. Komáromi, Pannon. Lebenswelt. Abbild, Traumbild u. Sinnbild e. zerstörten Region im Werk v. ~ (in: Schriftst. zw. (zwei) Sprachen u. Kulturen, hg. A. Mádl u. P. Motzan) 1999; G. Zeillinger, Lieber Anatol! [Nachruf] (in: LK, H. 365/366) 2002; K. D. Bredthauer, ~ (in: Bl. für dt. u. internationale Politik H. 8) 2002; I. Poljaković, Flucht u. Vertreibung in der donauschwäb. Lit. d. Nachkriegszeit unter besonderer Berücksichtigung des Werks v. ~ (Diss. Auckland) 2002; A. Scherer, Gesch. d. donauschwäb. Lit. v. 1848 bis 2000 [...], 2003. IB

**Weidenhofer,** Valentin → Fleischer, Karl.

**Weidenholzer,** Thomas, *24. 11. 1956 St. Florian/Oberöst.; besuchte d. Gymnasium in Kremsmünster, studierte Geschichte u. Germanistik an d. Univ. Salzburg, 1982 Magister, 1984/85 Mitarb. des Karl-Steinocher-Fonds z. Erforsch. d. Gesch. d. Arbeiterbewegung in Salzburg, seit 1988 im Haus d. Stadtgesch. des Stadtarch. Salzburg tätig.

*Schriften* (Ausw.): Chronik der Stadt Salzburg 1980–1989 (mit E. Marx) 1990; Chronik der Stadt Salzburg 1970–1979 (mit dems.) 1993; Salzburgs alte und neue Brücken über die Salzach, 2001; Stadt Salzburg. Geschichte in Bildern und Dokumenten. Kostbarkeiten aus dem Stadtarchiv (mit P. F. Kramml u. S. Veits-Falk) 2002; Salzburger Fotografien 1880–1918 aus dem Fotoatelier Würthle. Sammlung Kraus, 2003 (2., verb. Aufl. 2007); Menschen. Bilder. Johann Barth sieht Salzburg 1950–1975, 2006.

*Literatur:* F. Fellner u. D. A. Corradini, Öst. Gesch.wiss. im 20. Jh. Ein biogr.- bibliogr. Lex., 2006. IB

**Weidenmann,** Alfred (Ps. W. Derfla), * 10. 5. 1916 Stuttgart, † 9. 6. 2000 Zürich; besuchte drei Semester d. Kunstakad. in Stuttgart, bereiste anschließend als Journalist versch. Länder Europas. Seit 1934 Mitgl. d. Nationalsozialist. Dt. Arbeiterpartei (NSDAP), Presse- u. Propagandareferent, Publ. u. a. für d. Reichsjugendführung (RJF) der NSDAP. 1939/40 Hg. d. Buchreihe «Bücher der Jungen», mußte 1940 nach Rußland einrücken, wurde aber bald freigestellt u. drehte Kurzfilme für d. RJF. 1942 Leiter u. Regisseur d. Hitler-Jugend (HJ)-Filmschau «Junges Europa» sowie Leiter der Hauptabt. Film d. RJF. Arbeitete ab 1943 für die Universum Film AG (UFA), wurde beim Einmarsch der Roten Armee in Berlin gefangengenommen. Nach Entlassung aus russ. Gefangenschaft drehte er Kulturfilme u. schrieb Jugendbücher. 1950/51 Produktionsleiter u. Kurzfilm-Regisseur für d. «Junge Film-Union», drehte bis 1978 zahlr. Spielfilme, ab 1972 arbeitete er vorwiegend als Fernsehregisseur. Lebte seit 1984 in Zollikon/Kt. Zürich, später auch wieder in Stuttgart.

*Schriften* (Ausw.): Jungzug 2. 50 Jungen im Dienst (Text, Fotos u. Zeichnungen) 1936; Trupp Plassen. Eine Kameradschaft der Gräben und der Spaten, 1937; Über Fels und Gletscher, 1938; Ganz Pollau steht Kopf, 1938 (erw. u. vollständig neu bearb. Ausg. 1961); Kanonier Bracke Nr. 2, 1938; Jakko. Der Roman eines Jungen, 1939; Unternehmen Jaguar. Taten der Panzerwaffe in Polen, 1940; Ich stürmte das Fort III. Der Angriff auf Modlin. Den Erlebnissen eines Gefreiten nacherzählt, 1940; Kaulquappe. Der Boß der Zeitungsjungen, 1951; Winnetou junior fliegt nach Berlin, 1951; Kaulquappe und die Falschmünzer, 1953; Gepäckschein 666, 1966 (4. Aufl. mit d. Untertitel: Junge Detektive lösen einen aufregenden Kriminalfall, 1974; Tb.ausg. 1990; Neuausg. 1995); Die Fünfzig vom Abendblatt, 1960 (NA 1973; Tb.ausg. mit d. Untertitel: Alibaba und die schnelle Horde, 1981); Der blinde Passagier, 1968; Die glorreichen Sieben, 1972 (zus. mit: Das unheimliche Haus, 1985); Der gelbe Handschuh, 1976; Der Junge aus dem Meer, 1976; Das Geheimnis der grünen Maske, 1976; Der Sohn des Häuptlings, 1979; Der doppelte Schlüssel, 1981; Dicke Fische, kleine Gauner. Das große A.-W.-Buch, 1982; Die Spur führt nach Tahiti, 1995.

*Literatur:* Munzinger-Arch.; LexKJugLit 3 (1979) 773. – P. Holba, G. Knorr, P. Spiegel, Reclams dt. Filmlex. Filmkünstler aus Dtl., Öst. u. der Schweiz, 1984; O. Brunken, Ein schwieriger Fall. ~s ‹Gepäckschein 666› (in: Klassiker d. Kinder- u. Jugendlit., hg. B. Hurrelmann) 1995; K. Weniger, Das große Personenlex. des Films 8, 2001; M. Buddrus, Totale Erziehung für den totalen Krieg. Hitlerjugend u. nationalsozialist. Jugendpolitik, 2 Tle., 2003; Gesch. des dokumentar. Films in Dtl. 3. «Drittes Reich» 1933–45 (hg. P. Zimmermann u. K. Hoffmann) 2005; E. Klee, D. Kulturlex. zum Dritten Reich. Wer war was vor u. nach 1945, 2007; R. Steinlein, D. nationalsozialist. Jugendspielfilm. D. Autor u. Regisseur ~ als Hoffnungsträger d. nationalsozialist. Kulturpolitik (in: Kunst d. Propaganda. D. Film im Dritten Reich, hg. M. Köppen u. E. Schütz) 2007; E. Klee, D. Kulturlex. zum Dritten Reich. Wer war was vor u. nach 1945, 2007; Lex. zum dt.sprachigen Film (Losebl.ausgabe). IB

**Weidenmann,** Jakob(us), * 11. 11. 1866 Zürich, † 22. 11. 1964 Niederdorf/Kt. Baselland; wuchs in e. Waisenhaus auf, Schriftsetzerlehre, besuchte d. Lehrerseminar in Küsnacht/Kt. Zürich, Primarlehrerdiplom, studierte Philos. u. evangel. Theol. in Zürich u. Basel, 1915 Dr. phil. Zürich, 1917 theol. Staatsexamen, 1917/18 Doz. f. Pädagogik u. Psychologie am Lehrerseminar Solothurn, 1918–28 Pfarrer in Kesswil/Kt. Thurgau, dann in St. Gallen, ebd. Lektor an d. Handelshochschule; seit 1914 verh. mit d. Lyrikerin Julie → W. (-Boesch); 1907 Mitbegr. d. Schweizer Wandervogelbundes u. erster Red. d. «Wandervogels», 1929 Mitbegr. d. Singbewegung in d. Schweiz u. Red. d. evangel. Ws. «Leben u. Glauben».

*Schriften* (Ausw.): Richtlinien der Fürsorge für verwahrloste Kinder auf der Basis der Pestalozzischen Anschauungen über das Wesen der Verwahrlosung (Diss.) 1915; Evangelium, Kirche und Kultur, 1926; Pestalozzis soziale Botschaft. Eine Gedenkschrift zum hundertsten Todestag am 17. Februar 1927, 1927; Der moderne Mensch und die Kirche, 1934 (Selbstverlag); Fürchte dich nicht! Der Mensch und der Tod, 1944; Konfessionalismus als Todsünde wider den Heiligen Geist, 1958.

*Nachlaß:* Vadiana St. Gallen.

*Literatur:* DBE ²10 (2008) 474. – Schweizer Biogr. Arch. 1 (Red. W. Keller) 1952. RM

**Weidenmann**(-Boesch), Julie, * 16. 11. 1887 Basel, † 25. 11. 1942 St. Gallen (Zürich?); besuchte Schulen u. d. Lehrerseminar in Basel, 1907/08 Aufenthalt in Holland als Erzieherin, 1909–18 Lehrerin in Basel; 1914 Heirat m. d. Pfarrer Jakob(us) → W., Pfarrfrau seit 1918 in Kesswil am Bodensee, ab 1928 in St. Gallen; m. Maria → Waser, Gertrud von → Le Fort, Ruth → Schaumann, Nanny von → Escher befreundet, jahrelang Mitgl. d. schweizer. Programmkommission v. Radio Beromünster, sozial tätig; Lyrikerin, Verf. v. Bühnenst. u. Ged., die tw. vertont wurden.

*Schriften:* Baumlieder (Ged.) 1919; Aus Tag und Traum. Eine Sammlung deutsch-schweizerischer Frauen-Lyrik der Gegenwart. Nanny von Escher zum 70. Geburtstag in Verehrung zugeeignet (mit H. REINHART) 1925; Seele, mein Saitenspiel (Ged.) 1928; Mein Advent. Kleines Heimatspiel, 1932; Worte in die Zeit gesprochen (Ged.) 1936; Weltfahrt und Ziel. Gedichte aus drei Jahrzehnten (hg. Jakobus W.) 1943; Ausgewählte Gedichte (hg. DERS.) 1945; Wir heben unsre Hände (Text f. gemischten Chor, Musik: W. Schmid) 1953; Alte Heimat (Text f. gemischten Chor, Musik: J. Zentner) 1960; Lyrische Blätter, ca. 1970; Heimatgebet (Text f. Männerchor, Musik: A. u. W. Schmid) 1973.

*Nachlaß:* Vadiana St. Gallen (zus. m. d. Nachlaß Jakobus W.).

*Literatur:* HBLS 7 (1934) 455. – Schweizer. Zeitgenossen-Lex. (2. Ausg., hg. H. AELLEN) 1932; Neue Schweizer Biogr. (hg. A. BRUCKNER) 1938; A. E. MEYER, Brief an ~ (in: Schweizer. Frauenbl. 50) 1942; U. W. ZÜRICHER, ~ (in: D. Aufbau 49) 1942; ANON., ~ (in: Schweizer. Radio-Ztg. 49) 1942; ~ Gedenkschr. (hg. Jakobus W. u. H. REINHART) 1943; C. BÜTTIKER, ~ (in: Schweizer. Frauenkalender) 1943; DIES., ~ (in: Jb. d. Schweizerfrauen 34) 1944; D. LARESE, ~ (in: D. L., Begegnungen) 1947; O. BRAND, ~ (in: Stilles Wirken. Schweizer Dichterinnen) 1947; A. ZÄCH, ~ (in: D. Dg. d. dt. Schweiz) 1951; R. JOHO, Verz. d. schweizer. Bühnenwerke für d. Volkstheater v. 1900 bis 1952, 1953; Werke v. Robert Faesi, [...], ~. Bibliogr., ca. 1970; Dt.sprachige Schriftst.innen in d. Schweiz 1700–1945 (hg. D. STUMP u. a.) 1994. ML

**Weidenmüller,** Anna (Johanna Kunigunde), * 23. 5. 1854 Mackenzell bei Hünfeld/Hessen, † 30. 10. 1934 Neukirchen bei Ziegenhain/Hessen; besuchte d. Ober- u. Seminarklassen d. Höheren Töchterschule in Kassel, seit 1873 Erzieherin u. Lehrerin, mußte wegen Krankheit vorübergehend ihren Beruf aufgeben, 1890–97 Erzieherin u. Lehrerin in Kassel, dann in versch. Orten, 1905–07 wieder in Kassel u. ab 1907 Vorsteherin e. Privatschule in Neukirchen; Erzählerin.

*Schriften:* Die letzte Rose. Ein Waldmärchen, 1879; Schildheiß. Eine deutsche Sage in sieben Gesängen, 1884; Ein Glaube (Erz.) 1895; Piz Zupô. Eine Geschichte aus dem Touristenleben der vornehmen Welt im obern Engadin, 1898; Im Steinbachhof (Rom.) 1905; Salz der Erde (Rom.) 1915.

*Literatur:* Lex. dt. Frauen der Feder. E. Zus.stellung der seit dem Jahre 1840 erschienenen Werke weiblicher Autoren [...] 2 (hg. S. PATAKY) 1898. IB

**Weidenmüller,** Johannes (auch Hans), * 11. 2. 1881 Freyburg an d. Unstrut, † 1936 (Ort unbek.); Werbeanwalt u. -fachmann, begr. 1907 d. erste Werbeagentur Dtl., Schr.leiter d. «Mitt. d. Ver. dt. Reklamefachleute» (1917), lebte in Berlin; Fachschriftenautor.

*Schriften* (Ausw.): Vom sprachlichen Kunstgewerbe. Eine Arbeit über Sprache und Schrift in unserem öffentlichen und privaten Leben, 1908; Erfolgreiche Kundenwerbung. Aufsätze und Arbeitsstücke aus der Werkstatt eines Kundenwerbers, 1912; Führer durch das Werbe-Schrifttum, 1914; Stoff und Geist in der Werbelehre, 1919; Mein Federwerk, 1920; Im Kräftespiel der Kundenwerbung, 15 Lieferungen, 1922; Gesang vom Werbewerk, 1924; Geschäftliche Werbe-Arbeit. Von den Aufgaben, von den Notwendigkeiten, von den Möglichkeiten zeitgemäßer Kundenwerbung, 1927; Der Werbentwerfer als kundenwerblicher Sonderarbeiter (Vortrag) 1928.

*Literatur:* Z. 50. Geb.tag v. Werbwart ~ am 11. Februar 1931, 1931. AW

**Weidenschlager,** Franz (Ps. Frank Salix), * 1949 München; studierte Architektur an d. TU München, langjähriger leitender Mitarb. in verschiedenen Bauverwaltungen in Karlsruhe, Kempten u. München, lebt in Bad Grönenbach/Allgäu.

*Schriften:* Todesangst (Rom.) 2003; Selbstmord (Rom.) 2004. AW

**Weidermann,** Oskar, * 24. 2. 1889 Weißstein/Preuß.-Schles., Todesdatum u. -ort unbek.; Kaufmann, lebte in Bregenz am Bodensee (1938).

*Schriften:* Der Sprung durch den Propeller und andere glaubwürdige Erzählungen, 1936. AW

**Weidermann,** Volker, * 6. 11. 1969 Darmstadt; studierte Politikwiss. u. Germanistik in Heidelberg

u. Berlin, zunächst Lit.kritiker bei d. «tagesztg.», seit 2001 Lit.red. u. Feuilletonchef bei d. «Frankfurter Allg. Sonntagszeitung».

*Schriften:* Lichtjahre. Eine kurze Geschichte der deutschen Literatur von 1945 bis heute, 2006 (als Tonträger [gek. Lesung], 4 CDs, 2006; Tb.ausg. 2007); Das Buch der verbrannten Bücher, 2008.

AW

**Weidhaas,** Peter, *25. 2. 1938 Berlin; Leiter d. Ausstellungsreferats d. Buchmesse Frankfurt/Main, ebd. 1975–2000 Buchmesse-Dir. sowie Geschäftsführer d. Ausstellungs- u. Messe-GmbH d. Börsenver. d. Dt. Buchhandels, zudem Vorsitzender d. Conference of International Bookfairs, veröff. seit 1969 zahlr. Beitr. im Börsenbl. Frankfurt, lebt in Mainz; Lyriker, Fachschriftenautor u. Verf. v. Lebenserinnerungen.

*Schriften:* Steinwürfe (Ged.) 1981; Bücher und Rechte – Literatur aus der Karibik. Ein Katalog der Gesellschaft zur Förderung der Literatur aus Afrika, Asien und Lateinamerika e.V. aus Anlaß der 33. Frankfurter Buchmesse 1981 (hg., verantwortl. J. BECKER, übers. J. ARANDA u. M. GLASER) 1981; Religion von gestern in der Welt von heute. Streitgespräche und Positionen (hg., Vorw. H. ZAHRNT, Leitung E. EPPLER) 1983; Und schrieb meinen Zorn in den Staub der Regale. Jugendjahre eines Kulturmanagers, 1997; Zur Geschichte der Frankfurter Buchmesse, 2003; Und kam in die Welt der Büchermenschen. Erinnerungen, 2007.

AW

**Weidig,** Friedrich Ludwig (Alexander) (Ps. Freimund Hesse), *15. 2. 1791 Oberkleen bei Wetzlar, †23. 2. 1837 Gefängnis Darmstadt (höchstwahrsch. Suizid); Sohn e. Försters, Schulbesuch in Butzbach u. Gießen, studierte 1808–11 evangel. Theol. an d. Univ. Gießen, 1822 Dr. phil., Konrektor u. ab 1826 Rektor d. Lat.schule in Butzbach, beteiligte sich an d. Gründung dt.patriot. Gesellschaften u. wurde, laut d. Gießener Obergericht v. Jahr 1839 zur «Seele d. staatsgefährdenden Unternehmungen» im Großherzogtum Hessen-Darmstadt, Befürworter e. Umsturzes mit d. Ziel e. dt. Einheitsstaates, begann 1834 mit e. Flugschr.serie z. Unterstützung d. liberalen Landtagsopposition, Hauptinitiator e. überregionalen Pressever. z. Druck revolutionärer Flugschr., Zus.arbeit mit Georg → Büchner, 1834 Strafversetzung als Pfarrer nach Obergleen bei Alsfeld, wurde 1835 ebd. unter d. Anklage revolutionärer Verschwörung u. Verbreitung revolutionärer Schr. verhaftet, lebte bis zu s. gewaltsamen Tod in Untersuchungshaft in Darmstadt. – Red. u. Überarb. v. Georg Büchners «Hess. Landboten» (1834; Studienausg., hg. G. SCHAUB, 1996).

*Schriften:* Liederbüchlein aller Teutschen (Mitverf., hg.) 1815.

*Ausgaben:* Gesammelte Schriften (hg. H.-J. MÜLLER) 1987. – Reliquien Dr. F. L. W.s [...] (biogr. Abriß K. BUCHNER) 1838; Gedichte (Vorrede DERS.) 1847.

*Literatur:* NN 15/1 (1839) 294; ADB 41 (1896) 450; BWG 3 (1975) 3054; Killy 12 (1992) 187; Biogr.-Bibliogr. Kirchenlex. 28 (2007) 1551; DBE ²10 (2008) 475. – W. SCHULZ, D. Tod d. Pfarrers Dr. ~. E. actenmäßiger u. urkundl. belegter Beitr. z. Beurtheilung d. geh. Strafprocesses u. d. polit. Zustände Dtl., 1843; H. E. SCRIBA, Biogr.-lit. Lex. d. Schriftst. d. Großherzogthums Hessen [...] 2, 1844; F. NOELLNER, Actenmäßige Darlegung des wegen Hochverraths eingeleiteten gerichtl. Verfahrens gg. Pfarrer Dr. ~, 1844; K. BUCHNER, ~ (in: D. Männer d. Volks, dargest. v. Freunden d. Volks 7, hg. E. DULLER) 1849; O. MÜLLER, Altar u. Kerker, 3 Bde., 1884 [Rom.biogr.]; A. STORCH, ~, e. Lebens- u. Charakterbild, 1913; H. v. TREITSCHKE, Dt. Gesch. im 19. Jh. 4, 1927; K. MIHM, ~. E. Beitr. z. Gesch. d. vormärzl. Liberalismus (in: Arch. f. hess. Gesch. u. Altk., NF 15) 1928; R. BLUM, D. Tod d. Pfarrers Dr. ~ (in: R. B., Ausgew. Reden u. Schr., H. 4, hg. H. NEBEL) 1948; Georg Büchner, ~, D. Hess. Landbote. Texte, Briefe, Prozeßakten (Komm. H. M. ENZENSBERGER) 1974 (NA 1976, 1987); K. IMMELT, ~ (in: Mitt. d. oberhess. Gesch.ver., NF 52) 1967; L. WEICKHARDT, ~, 1969; W. MEYRAHN, D. Butzbacher ~-Stiftung (in: Wetterauer Gesch.bl. 20) 1971; G. SCHAUB, Georg Büchner, ~. D. Hess. Landbote. Texte, Materialien, Komm., 1976; H. BRAUN, D. turnerische u. polit. Wirken v. ~ (Diss. Köln) 1977 (2., erg. u. erw. Aufl. mit d. Untertitel: E. Beitr. z. Gesch. d. revolutionären Bestrebungen im dt. Vormärz, 1983); T. M. MAYER, Büchner u. ~ [...]. Z. Textverteilung d. «Hess. Landboten» (in: TuK, Sonderbd. Georg Büchner 1/2) ²1982; E. ZIMMERMANN, ~ (in: Arch. f. hess. Gesch. u. Altk., NF 93) 1985; H.-J. MÜLLER, Alltag u. Epoche im Leben d. ~ (Vortrag Darmstadt) 1987; DERS., ~, aus dem Schatten hervortretend ... (in: Georg Büchner [...], Ausstellungskat. Darmstadt) 1987; M. WETTENGEL, D. Revolution v. 1848/49 im Rhein-Main-Raum, 1989; B.-

R. Kern, Karl Brauns «Gedanken über d. Prozeß ~» (in: Arch. f. hess. Gesch. u. Altk. 49) 1991; ~ (1791–1837). Neue Beitr. z. 200. Wiederkehr s. Geb.tages (bearb. D. Wolf) 1991 (enthält: B. Heil, D. Einfluß d. Butzbacher Rektors auf s. Schüler u. Mitbürger; U. Kaufmann, «E. staubiges Papier über Vorgesch.»? Z. Rezeption d. «Hess. Landboten» in d. DDR; D. Lehmann, ~-Lit. seit 1918. E. ausgew. Bibliogr.; W. Meyrahn, ~ im Spannungsfeld v. Preußen-Öst. u. im Blickfeld d. Dt. Bundes; H.-J. Müller, ~ im Verhör. Festrede [...]; D. Wolf, Wo wohnte eigentl. ~?; ders., Z. Kreidelithographie «Dr. Fr. L. Weidig – Gedr. bei C. Schild in Gießen»); O. Renkhoff, Nassau. Biogr. Kurzbiogr. aus 12 Jh. (2., vollständ. überarb. u. erw. Aufl.) 1992; Georg Büchner an «Hund» u. «Kater». Unbek. Briefe d. Exils (hg. E. Gillmann u. a.) 1993; E. Weber, «Vaterlandsliebe». ~s polit. Lyrik (in: D. Wartburgfest u. d. oppositionelle Bewegung in Hessen, hg. B. Dedner) 1994; ders., E. antiabsolutist. Programm in Versen. ~s ‹Liederbüchlein aller Teutschen› (1815) (in: Georg-Büchner-Jb. 8) 1995 (mit Textabdruck); F. J. Görtz, ~ (in: D. großen Hessen, hg. H. Sarkowicz, U. Sonnenschein) 1996; G. Raulet, Messager du peuple, messager de Dieu. Remarques sur l'identité discoursive du «Hess. Landbote» de Büchner et ~ (in: Écritures de la révolution dans les pays de langue allemande, hg. G. Rémi u. a.) Saint-Etienne 2003; E. Grothe, D. Ahnen d. polit. Widerstands. Zu Wilhelm Liebknechts Vor- u. Leitbildern (in: Georg-Büchner-Jb. 10) 2005; A. S. Agnimel, D. Verteidigung d. Volkes durch d. Lit. «Les soleils des indépendances» v. Ahmadou Kourouma u. «D. Hess. Landbote» v. Georg Büchner u. ~ (in: Arcadia 40) 2005. RM

**Weidinger,** Gottfried, * 28. 10. 1668 Neustadt/Oberschles., † 2. 7. 1733 Prag; 1687 Eintritt in d. Jesuitenorden, Katechet, lehrte Humaniora, Ethik, Philos. u. Moraltheol., Kollegiums-Rektor u. a. in Neisse, Liegnitz, Troppau u. Prag.

*Schriften:* Theses Philosophicae quoad praecipuas 50 quaestiones compendio explicatae, Prag 1703; Theses Philosophicae cum quaestionibus et parergis Philosophicis, ebd. 1713; Das Von der Allmacht, Weisheit und Liebe Gottes erhaltene Hauss Österreich [...] vorgestellet in aller unterthänigsten Pflicht [...], 1716.

*Literatur:* Sommervogel 8 (1898) 1021; Heiduk 3 (2000) 166. RM

**Weidinger,** Hermann-Josef (eig. Heinrich Anton Weidinger; Ps. Kräuterpfarrer), * 16. 1. 1918 Riegersburg/Niederöst.; † 21. 3. 2004 Waidhofen an der Thaya/Niederöst.; trat in d. Missionshaus Unterwaltersdorf ein, ebd. 1938 Matura, Sprachstud. in Italien, 1938–45 Missionar in China, studierte ebd. bis 1949 Philos. u. Theol. u. absolvierte e. Buchdruckerlehre, begr. daneben in Macao (damals portugies. Kolonie in d. Nähe v. Hongkong) e. Verlag u. besuchte medizin. Kurse, erlernte zudem als Assistent e. Militärarztes d. chines. Naturheilkunde, 1949 Priesterweihe, betreute im Auftrag d. Vatikans im Ausland lebende chines. Akademiker, verließ krankheitsbedingt China u. trat 1953 in d. Prämonstratenserstift Geras ein u. wurde Pfarrer in Harth (Ortsteil v. Geras), baute ebd. e. Collie-Zucht auf, seit 1979 Leiter d. «Ver. d. Freunde der Heilkräuter» in Karlstein an d. Thaya, zudem Übers. ins Chinesische, erhielt 2001 d. Goldene Ehrenzeichen f. Verdienste um d. Bundesland Niederöst.; überwiegend Verf. v. Naturheilschriften.

*Schriften* (Ausw.): Sühnepriester Jakob Kern, 1960; Ein guter Rat vom Kräuterpfarrer, 1981; Ich bin eine Ringelblume. Der Kräuterpfarrer auf der Ätherwelle, 1983; Köstliche Früchte. Verse zum Nachdenken, 1983; Heilkräuter anbauen-sammeln-nützen-schützen, 2 Bde., 1983/84; Trotz allem. Heilkraft des Lächelns, 1984; In Gold geprägt. Aufatmen der Seele, 1984; Sonne im Herzen, 1986; Sprich mit deiner Haut. Der Kräuterpfarrer und die Hautpflege, 1986 (2., verb. Aufl. 1991); Guter Morgentip vom Kräuterpfarrer, 2 Bde., 1988; Stumme Kräuter plaudern. Der Kräuterpfarrer führt zum Beschaulich-Sein, 1989; Laßt mich vom Leben reden, 1990; Augenblicke. Wege zu sich selbst, 1992; Das dreifache Siegel. Gedanken zur Lebenstiefe, 1992; Kräuter für die Seele, 1993; Der Augenblick zählt, 1993; Haustiere, Heilpflanzen und Du, 1993; Hollerbusch, Kranewitt und Haselnuß. Das Heckenbuch des Kräuterpfarrers, 1994; Nütze den Augenblick, 1994; Grüne Oase ums Haus. Das Gartenbuch des Kräuterpfarrers, 1995; Hing'schaut und g'sund g'lebt, 2 Bde., 1995/2002; Mensch und Baum. Der Kräuterpfarrer und die Sinnsprache der Bäume, 1997; Weihnachten mit dem Kräuterpfarrer, 1999.

*Literatur:* Öst. Lex. (Internet-Edition); I. Ackerl, F. Weissensteiner, Öst. Personenlex. d. ersten u. zweiten Republik, 1992; E. Wagner, Kräuterpfarrer ~, e. Protagonist d. alternativen Heilkulturwiss. (Diplomarbeit Wien) 1996; R. Korot-

WICZKA, Kulturelle Aspekte alternativer Heilmethoden am Beispiel v. Kräuterpfarrer ~ (Diplomarbeit ebd.) 2008. AW

**Weidinger,** Joseph, * 30. 4. 1753 Neustadt/Schles., † 22. 3. 1803 ebd.; studierte Theol. am Germanicum in Rom, ebd. 1776 Priesterweihe, danach u. a. Kanonikus am Stift Neisse u. seit 1799 Pfarrer u. Erzpriester in Neustadt.

*Schriften:* Gedächtnisrede auf das Ableben Friedrich des Großen, dieses Namens des II., 1786.

*Literatur:* Heiduk 3 (2000) 166. IB

**Weidinger,** Karl (Ps. Kawei), * 12. 3. 1962 Piringsdorf/Burgenland; arbeitete als Briefträger, später Werbetexter, Kreativdir. u. Kabarettist, lebt in Piringsdorf u. Wien; (humorist. u. satir.) Erzähler.

*Schriften:* Kaweis Postreport. Der Mißbrauch des aufrechten Ganges, 1993 (Neuausg. 2001); Der Herr vom Uhudla, 1995; Kaweis Werbegang. Die Verhaftung der Dunkelheit wegen Einbruchs, 2003; Die schönsten Liebes-Lieder von Slipknot. Ich möchte deine Kehle aufschlitzen & dich in die Wunde ficken, 2007. AW

**Weidinger,** Martin, * 1971 Innsbruck; studierte Politikwiss. u. Anglistik/Amerikanistik in Wien, 2004 Dr. phil., seit 2001 Lehrbeauftragter u. seit 2008 auch Projektmitarb. am Inst. f. Politikwiss. ebenda.

*Schriften:* Nationale Mythen – männliche Helden. Politik und Geschlecht im amerikanischen Western, 2006 (grundlegend veränderte u. erw. Ausg. d. Diss. 2004). AW

**Weidkuhn,** Peter, * 28. 12. 1926 Basel; studierte dt. u. klass. Lit. (ohne Abschluß), arbeitete zunächst als Fischer, Handlanger u. Hilfsarbeiter, besuchte d. Lehrerseminar in Basel, Diplom-Abschluß als Primar- u. Sonderklassenlehrer, studierte Ethnologie, Volksk. u. Rel.gesch. an d. Univ. Basel, 1965 Dr. phil. u. 1972 Habil. ebd., 1967–92 Assistent am Ethnolog. Seminar d. Univ. Basel, danach Doz. am C. G. Jung-Inst. in Zürich, unternahm zudem 1972 Feldforsch. in Nordaustralien u. 1980/81 in e. Fabrik in Wien; 1972–76 Vorsitzender d. Dt. Ver. f. Rel.gesch. u. 1977–80 Mitbegr. u. erster Präs. d. Schweiz. Gesellsch. f. Rel.wiss.; Fachschriftenautor.

*Schriften:* Aggressivität, Ritus, Säkularisierung. Biologische Grundformen religiöser Prozesse (Diss.) 1965; Rechtmäßige Revolte bei Buschmännern und Pygmäen. Eine religionsethnologische Kritik der politischen Soziologie des abweichenden Verhaltens (Habil.schr.) 1972 (Neuausg. m. e. Ess.: Dreiunddreißig Jahre später: Rechtmäßige Revolten heute, 2004); Der Fall Gove. Schweizerische Aluminium-Industrie in einem Reservat australischer Ureinwohner, 1974; Weibliche Produktivität – männliche Produktivität. Arbeitsethnologische Streiflichter auf den Wandel der Arbeitsteilung nach Geschlecht, 1995; Reizwort Marktwirtschaft. Elemente einer Kulturanthropologie des Marktes, 1998; Monolith Marktrationalität. Probebohrungen eines Kultur- und Sozialanthropologen, 2003; Zur Leistung genötigt – zur Muße bestellt. Eine kultur- und sozialanthropologische Studie zum so genannten Recht auf Arbeit, 2004; Traumzeit prallt auf Aluminiumzeit. Felderfahrungen im nordaustralischen Busch, notiert in Tagebuch-Briefen, 2005; Kulturanthropologie à la Bâloise. Vorträge und Aufsätze aus den Jahren 1963–2004, 2 Bde., 2006. AW

**Weidl,** Judith (früher Judith Lieber), Lebensdaten u. biogr. Einzelheiten unbek.; Erzählerin u. Bühnenautorin.

*Schriften:* Die Herberge zum schwarzen Schaf, 1987; Die Liebe hat Geburtstag. Ein Spiel um die drei Weisen aus dem Morgenland, 1987; Als alle Welt sich zählen ließ, 1989; Der Nachtwächter von Bethlehem. Ein heiteres Weihnachtsspiel, 1991; Engel über Bethlehem. Ein Weihnachtsspiel in Reimen, 2006. AW

**Weidle,** Karl Friedrich, * 10. 1. 1893 Tübingen, † 27. 11. 1970 ebd.; studierte bis 1911 Musik in Stuttgart u. 1918 in Frankfurt/M., besuchte seit 1912 d. TH Stuttgart, 1919 Diplom-Ingenieur, dann Assistent in Stuttgart, Düsseldorf, Augsburg u. Köln, 1924 Dr. ing. u. seither Architekt in Tübingen, zudem Musikreferent d. «Tübinger Ztg.» u. d. «Tübinger Chronik», n. d. 2. Weltkrieg hauptsächl. musikal. tätig; Fachschriftenautor.

*Schriften:* Bauformen in der Musik, 1925 (zugleich Diss. 1924); Goethehaus und Einsteinturm. Zwei Pole heutiger Baukunst, 1929.

*Literatur:* Thieme-Becker 35 (1942) 272; Dt. Musikerlex. (hg. E. H. MÜLLER) 1929; W. STÜRZL, «Unser Verlangen geht nach Licht und Luft». Wohnhäuser d. Neuen Bauens in Tübingen (Magisterarbeit Tübingen) 1998. AW

**Weidlein,** Johann (Janós), * 25. 10. 1905 Murga/Komitat Tolnau/Ungarn, † 29. 1. 1994 Schorndorf/Baden-Württ.; studierte Germanistik u. Hungaristik an d. Univ. Budapest, 1930 Dr. phil., 1930–40 Lehrer am Evangel. Gymnasium in Szarvas/Ungarn, 1940 Habil. an d. Univ. Debrecen, 1940–44 Dir. des Jakob-Bleyer-Gymnasiums in Budapest u. Inspektor d. volksdt. Mittel- u. Oberschulen in Ungarn. 1944 Flucht aus Ungarn, 1946–69 Lehrer, ab 1950 Stud.dir. u. stellvertretender Dir. am Gymnasium in Schorndorf, trat 1969 in den Ruhestand. Beschäftigte sich vor allem mit d. Siedlungsgesch. d. Dt. in Ungarn u. mit dt.-ungar. Kulturbeziehungen. Mehrere Ehrungen u. Mitgl.schaften, u. a. 1977 Donauschwäb. Kulturpreis d. Landes Baden-Württ., 1982 Verdienstkreuz am Bande des Verdienstordens der Bundesrepublik Dtl., seit 1962 Mitgl. d. Südostdt. Hist. Kommission, Mitarb. an zahlr. Zs. u. Fachorganen, u. a. 1952–58 an den «Südostdt. Heimatbl.», 1952–63 an d. «Zs. für Mundartforsch.», 1959–87 an «Der Donauschwabe», 1959–69 am «Wiener Südostjb.», 1960–85 an den «Südostdt. Vjbl.» u. 1966–81 am «Arch. d. Suevia Pannonica».

*Schriften* (Ausw.): Hintergründe der Vertreibung der Deutschen aus Ungarn. Eine historische Studie, 1953; Deutsche Leistungen im Karpatenraum und der madjarische Nationalismus, 1954; Der Prozeß gegen Dr. Franz Anton Basch, 1956; Schicksalsjahre der Ungarndeutschen. Die ungarische Wendung, 1957; Die verlorenen Söhne. Kurzbiographien großer Ungarn deutscher Abstammung, 2 Bde., 1960 u. 1967; Deutsche Kulturleistungen in Ungarn seit dem 18. Jahrhundert, 1963; Jüdisches und deutsches Schicksal in Ungarn unter dem gleichen Unstern, 1969; Entwicklung der Dorfanlagen im donauschwäbischen Bereich, 1965; Deutsche Schuld in Ungarn? Der madjarische Mythos von der deutschen Gefahr, 1966; Das Bild des Deutschen in der ungarischen Literatur, 1977; Pannonica. Ausgewählte Abhandlungen und Aufsätze zur Sprach- und Geschichtsforschung der Donauschwaben und der Madjaren, 1979; Hungaro-Suebica. Gesammelte Beiträge zur Geschichte der Ungarndeutschen und der Madjaren, 1981; Die deutsche Ungarnforschung. Eine kritische Sichtung ungarischer Einflüsse, 1983; Untersuchungen zur Minderheitenpolitik Ungarns von den Anfängen bis zur Gegenwart, 1990; Höhen und Tiefen einer Partnerschaft. Deutsche und Ungarn. Forschungsbeiträge von J. W. zur Geschichte der Ungarndeutschen und der Madjaren (hg. Gerda W., mit e. Nachw. von C. P. MAYER) 2006.

*Bibliographie:* D. wiss. Arbeiten ~s bis 1945 (in: Donauschwäb. Briefe 5) 1964; A. SCHLITT, Bibliogr. ~ (in: Arch. d. Suevia Pannonica 6 u. 9) 1969/70 u. 1978/79 (Forts. in: Suevia Pannonica 3) 1985.

*Literatur:* IG 3 (2003) 1990. – A. SCHLITT, Univ.-Doz. ~. Zu s. 50. Geb.tag (in: D. Südostdt. 6) 1955; DERS., ~ (in: Der Donauschwabe 8) 1958; A. TAFFERNER, Mundartforscher ~ (in: Arch. d. Suevia Pannonica 3) 1966; DERS., Sprachforscher ~ (in: ebd. 5) 1968; A. SCHLITT, Volkstum in d. Entscheidung. ~ – d. Werk, d. Weg, d. Mensch (in: ebd. 9) 1978/79; F. ZIMMERMANN, ~ – e. Gesch.forscher, der Gesch. macht (in: Südostdt. Vjbl. 18) 1966 (auch Sonderdr.); ~ – FS, 1985; ~ z. 80. Geb.tag (zus.gestellt v. F. SPIEGEL-SCHMIDT) 1985 (= Suevia Pannonica 13). IB

**Weidler,** Wilhelm E., * 7. 8. 1875 Artern/Thür., Todesdatum u. -ort unbek.; studierte Philos. u. roman. Sprachen in Halle/Saale u. an d. Sorbonne Paris, weitere Ausbildung in London, Grenoble u. Genf, 1900 Dr. phil. Halle/Saale, 1901–06 Lehrer in Altona bei Hamburg, Kiel, Lauenburg, Ratzeburg u. Neumünster/Holstein, unternahm ausgedehnte Reisen in Europa, seit 1915 Prof. f. Heraldik u. Genealogie; 1919–23 Hg. d. Zs. d. Zentralstelle f. nds. Familiengesch. Hamburg u. später deren Ehrenvorsitzender, lebte in Altona (1935); Verf. v. genealog. u. lokalkundl. Schriften.

*Schriften* (Ausw.): Das Verhältnis von Mrs. Centlivres «The Busy Body» zu Molière und Ben Jonson (Diss.) 1900; Die Künstlerfamilie Bernigeroth und ihre Porträts. Eine familiengeschichtliche Studie, 1914 (Nachtr. z. Hauptwerk, 1922); Leben und Schriften des Astronomen, Physikers und Rechtsgelehrten Johann Friedrich Weidler (1691–1755), 1915; Bibliographia Weidleriana. Ein Beitrag zur Stamm- und Schriftenkunde, 1916; Christian Wilhelm von Schiller (1874–1917). Gedächtnisrede, 1918; Die hamburgische Wappenrolle des Eduard L. Lorenz-Meyer, 1919; Wie gelangt man zur Kenntnis von Familienbildnissen?, 1925; Die Bildnisse des Hamburger Kupferstechers Fritzsch. Ein Beitrag zur Porträt- und Familienkunde, 2 Tle., 1933/34; Die Mitglieder des Altonaer Alpenklubs [...], 1935; «Redende Wappen» und Wappenfabriken, zugleich ein Mahnruf bei Annahme eines Familienwappens, 1937; Die Katakomben in Hamburg-Altona und ihre Toten, 1938; Latein für den Sippenforscher (Wb., mit P. A. GRUN u. K. H. LAMPE) 2 Tle., 1939 (2., völlig umgearb. u. erg. Aufl. 1965/69). AW

**Weidlich,** Hansjürgen, 18. 3. 1905 Holzminden/Nds., † 12. 6. 1985 Göttingen; 1922–24 kaufmänn. Lehre in Hannover, 1924–27 kaufmänn. Korrespondent, 1927–29 Lagerverwalter in Pittsburgh/USA, 1930/31 Packer in New York City. 1932 Rückkehr n. Dtl., lebte arbeitslos in Berlin, seit 1933 freier Schriftst., 1940–45 Soldat im 2. Weltkrieg. Lebte später in d. Lüneburger Heide u. in Hamburg; Verf. v. Hör- u. Fernsehspielen sowie Erzähler.

*Schriften:* Felix contra U.S.A. Ein Deutscher haut sich mit Amerika. Roman des Quota-Immigrant No 10363, 1934 (überarb. Neuausg. 1964); Ich bin auch nur ein Mensch (Rom.) 1935; Kleine Männer. Ein Jungens-Roman, 1942; Ordnung muß sein, 1955; Die abenteuerliche Bandscheibe, 1956; Martin geht mit in den Wald (Erz.) 1956; Der Knilch und sein Schwesterchen. Die Geschichte zweier Adoptivkinder, 1958 (u. d. T.: Der Knilch und sein Schwesterlein [...], 1965); Liebesgeschichten für Schüchterne, 1959; Geschichten mit Herz, 1960; Wenn der Wind darübergeht. Die Geschichte einer Liebe, 1961; Wie der Knilch zu Vater und Mutter kam, 1961; Versetzung zweifelhaft (Rom.) 1962 (Neubearb. 1962); Herr Knilch und Fräulein Schwester. Aus Kindern werden Leute, 1965; Hannover, so wie es war. Ein Bildband (Ausw. u. Zus.stellung d. Bilder U. Stille) 1968 (3., verb. Aufl. 1972); Ich komme vom Mond. Alte und neue heitere Geschichten, 1969; Es fing an mit Lenchen. Ernstes und Heiteres im Rückspiegel der Zeit, 1972; Geschichten der Liebe, 1973; Das Schönste vom ganzen Tag, 1979.

*Tonträger:* Viel Vergnügen mit H. W.s. heiteren Erzählungen (Langspielplatte), o. J. [1979].

*Literatur:* Munzinger-Arch.; DBE $^{2}$10 (2008) 476. – Nds. lit. 100 Autorenporträts, Bibliogr. & Texte (hg. D. P. MEIER-LENZ u. K. MORAWIETZ) 1981 (mit Textproben). IB

**Weidlich,** Leopold, * 23. 1. 1801 Leobschütz/Schles., † nach 1852 (Ort unbek.); besuchte 1818–20 d. Lehrerseminar in Oberglogau, anschließend Lehrer in Falkenberg u. 1827–52 Seminarmusiklehrer in Oberglogau.

*Schriften* (Ausw.): Das Wissenswerteste aus der Musik, o. Jahr.

*Literatur:* Heiduk 3 (2000) 166. IB

**Weidlich-Huth,** Kerstin (Kerstin Huth), * 12. 10. 1965 Erlangen; Ausbildung z. Diplom-Kauffrau, Organisatorin v. Festveranstaltungen, lebt in München; Sachbuchautorin.

*Schriften:* Wir feiern Hochzeit. Wie das schönste Fest gelingt, 1999 (Neuausg. u. d. T.: Alles für die Hochzeitsfeier. Wie das schönste Fest gelingt, 2004; wieder mit d. Untertitel: So gelingt Ihr schönstes Fest [m. CD-ROM] 2007). AW

**Weidling,** Carsten J(ohann) W(olfgang), * 28. 8. 1966 Dresden; Sohn d. Talkmasters Otto Franz W. (Ps. O. F. Weidling), absolvierte e. Tischlerlehre, trat dann in d. Dt. Demokrat. Republik als Zauberer auf, nach 1989 Texter u. Moderator bei verschiedenen Rundfunk- u. Fernsehsendern, lebt in Leipzig u. Berlin.

*Schriften:* Das Großmaul. Hör auf Deine Mikroben! (Rom.) 2002; Im Namen des Vaters und des Sohnes (... und der heiteren Muse) (Biogr., mit Otto Franz W.), 2006; Leben in der Werbepause. Der längst überfällige Ratgeber (Das Buch im 16:9-Format!), 2007. AW

**Weidling,** Friedrich, * 5. 9. 1869 Breslau/Schles., Todesdatum u. -ort unbek.; Sprachwissenschaftler, 1894 Dr. phil. Straßburg, Gymnasialdir. in Pleß/Oberschles. (1917); Fachschriftenautor.

*Schriften:* Über Johannes Clajus deutsche Grammatik (Diss.) 1894; J. Clajus, Die deutsche Grammatik. Nach dem ältesten Druck von 1578 mit den Varianten der übrigen Ausgaben (hg.) 1894; Schaidenreißers Odyssea (Neudr. [der Ausg.] Augsburg 1537, hg.) 1911; Eine geeignete Form der höheren Schule in dem Land Oberschlesien, 1920. AW

**Weidmann** → auch Waidmann, Widmann.

**Weidmann(-Zweifel),** Afra, * 1935 (Ort unbek.); Krankenschwester im Ruhestand, Mitbegr. u. Vorstandsmitgl. d. Menschenrechtsorganisation «Augenauf», engagiert sich seit 2004 als Rechtsberaterin f. Asylsuchende am Flughafen Zürich-Kloten, lebt in Zürich, erhielt 2008 d. «Prix du MODS 2000».

*Schriften:* Rondell. Texte aus der Nähe, 1990; Tal der Linth (Texte, Fotos U. Gambke) 1993. AW

**Weidmann,** Erwin, * 1959 Schwabach/Bayern; studierte Elektrotechnik an d. Fachhochschule Nürnberg sowie Malerei u. Bildende Künste an d. Europäischen Kunstakad. Trier u. d. Akademie Faber-Castell in Spardorf/Bayern; Lyriker.

*Schriften:* ÜberLebensGedichte, 2001; Versuchung (Ged.) 2003; Universum heute Nacht (Ged.) 2007. AW

**Weidmann,** Franz (Seraph) Karl (auch Carl), * 14. 2. 1787 oder 1790 Wien, † 28. 1. 1867 ebd.; Sohn von Joseph → W. u. Neffe v. Paul → W., 1809 Debut als Schauspieler am Burgtheater Wien, nahm 1819 s. Bühnenabschied. Danach freier Schriftst., seit 1833 vorwiegend journalist. Tätigkeit, Mitarb. d. «Zs. für Kunst, Lit., Theater u. Mode» u. der «Theater-Ztg.»; Verf. v. Bühnenst., Ged., Reiseführern u. Reisebeschreibungen.

*Schriften* (Ausw.): Sieg, Freiheit und Friede. Eine allegorische Szene, 1814; Gedichte, 1815; Clementine von Aubigny. Dramatisches Gedicht in 4 Aufzügen, 1816; Gedichte, 2 Bde., 1816/17; Wegweiser auf Ausflügen und Streifzügen durch Österreich und Steyermark, 1821 (2., verm. Ausg. 1836); Wiens Umgebungen, historisch-malerisch geschildert, 1824–27 (2. Aufl. u. d. T.: Die Umgebungen Wiens [...], 1839; 2. bis 1853 verm. Aufl., 1853); Die Rosenbaum'sche Gartenanlage, 1824–27; Die Geächteten (Schausp.) 1826; Der Costum-Ball am Schlusse des Carnevals 1826 bei dem k. britischen Botschafter Sir Henry Wellesley, 1826; Der Brandhof, und das Fest seiner Einweihung am 24. August 1828, 1828; Worte der Erinnerung an das Fest der Einweihung des Brandhofes [...], 1828; Reise von Wien nach Maria-Zell in Steyermark und dessen Umgebung, 1830; Panorama von Wien, oder Neueste malerische Ansichten der vornehmsten und merkwürdigsten Plätze, Straßen, Palläste, Kirchen, Klöster, Gärten und anderen vorzüglicheren Gebäuden [...], nebst derselben Vorstädte und den herumliegenden Gegenden. Mit deren Beschreibung und einem Auszuge ihrer Geschichte, 1832 (2., umgearb. Aufl. u. d. T.: Neuestes Panorama von Wien, oder Malerische Ansichten [...], 1838); Der Führer nach und um Ischl. Handbuch für Badegäste und Reisende, 1834; Darstellungen aus dem Steyermärkischen Oberlande, 1834; Till Eulenspiegel (Lsp., nach K. Lebrun) 1837; Gemeinfaßliche kurze Darstellung aller Länder und Völker der Erde. Als erstes geographisches Unterrichtsbuch für die Jugend, 1840; Panorama der österreichischen Monarchie oder Malerisch-romantisches Denkbuch der schönsten und merkwürdigsten Gegenden derselben, der Gletscher, Hochgebirge, Alpenseen und Wasserfälle, bedeutender Städte mit ihren Kathedralen, Pallästen und alterthümlichen Bauwerken, berühmter Badeörter, Schlösser, Burgen und Ruinen, so wie der interessantesten Donau-Ansichten, 10 Bde., 1840 (Reprint 2001); Das pittoreske Österreich oder Album der österreichischen Monarchie. Mit Karten, Ansichten der Städte, Gegenden, Denkmale und Trachten in Farbenbildern, 1840/41; Andeutungen zu Ausflügen von einem halben Tag bis zu vier Tagen mittelst der beiden von Wien auslaufenden Eisenbahnen, 1842; Madame Richomme Vergnügen und Zeit oder Acht Tage Ferien. Zur belehrenden Unterhaltung für die Jugend (nach d. Französ. frei übers.) 1842; Album des Erzherzogthums Österreich ob der Enns, 1842; Die Budweis-Linz-Gmundener Eisenbahn. In der Geschichte ihrer Entstehung und Vollendung dargestellt, 1842; Die fünfzigjährige Jubelfeier Seiner kaiserlichen Hoheit des Herrn Erzherzogs Karl Ludwig als Großkreuz des militärischen Maria Theresien-Ordens, 1843; Pittoreskes Welt-Album oder Neueste Sammlung von 160 malerischen Ansichten [...] aus allen fünf Welttheilen [...], 1843; Touristen-Handbuch auf Ausflügen und Wanderungen in Salzburg und den Hochthälern Pongau's, Lungau's und Pinzgau's, 2 Bde., 1845; Das österreichische Heer im Jahre 1848, 1849; Die Alpengegenden Niederösterreichs und Obersteyermarks im Bereiche der Eisenbahnen von Wien bis Mürzzuschlag, 1851; Der Tourist auf der Südbahn von Wien bis Triest, 1852; Illustrierter Fremdenführer in Wien und durch dessen romantische Umgebungen, 1853 (ab d. 7. Aufl. u. d. T.: Neuster illustrierter Fremdenführer in Wien, 1857); Ischl und seine Umgebung. Taschenbuch für Badegäste und Touristen, 1854; Handbuch für Reisende durch Tyrol und Vorarlberg (3., gänzlich umgearb. Aufl. von J. G. Seidls «Tyrol») 1854; Panorama des Semmerings, 1855; Illustrierter Fremdenführer von Graz und seinen malerischen Umgebungen, 1856; Ein Festtag im Gebirge. Ländliches Bild in 1 Aufzug, 1856; Wenzel Scholz. Erinnerungen, 1857; Maximilian Korn. Sein Leben und künstlerisches Wirken. Ein Beitrag zur Geschichte des Hofburgtheaters nach eigenen Erinnerungen und mit Benützung der zuverlässigsten Quellen (zus.gestellt) 1857; Album der Westbahn von Wien bis Linz, nebst Ausflügen in den Wienerwald, das Ötschergebiet, das Ennsthal und den großen Priel, 1859; Der Tourist auf der Westbahn von Wien bis Linz [...], 1859; Moriz Graf von Dietrichstein. Sein Leben und Wirken aus seinen hinterlassenen Papieren dargestellt, 1867.

*Ausgaben:* Sämtliche Werke. I Schauspiele, 1821, II Gedichte, 1822, III Memorabilien aus meiner Reisetasche, 3 Tle., 1823.

*Literatur:* Meusel-Hamberger 21 (1827) 410; Wurzbach 53 (1886) 262; ADB 44 (1898) 455 u. 577; Goedeke 10 (1913) 648; 11/2 (1953) 429 u. 476; Theater-Lex. 5 (2004) 3080; DBE [2]10 (2008) 476.– Allgemeines Theater-Lex. oder Encyklopädie alles Wissenswerthen für Bühnenkünstler, Dilettanten u. Theaterfreunde 7 (hg. R. Blum, K. Herlossohn, H. Marggraff) 1842; Chronik des k.k. Hof-Burgtheaters (hg. E. Wlassack) 1876; L. Fränkel, Die drei Wiener ~s u. d. [Paul] ~sche ‹Faust› (in: Ber. d. Freien dt. Hochstifts zu Frankfurt/M., NF 16) 1900; L. Eisenberg, Großes biogr. Lex. d. Dt. Bühne im XIX. Jh., 1903; F. Czeike, Hist. Lex. Wien 5, 1997; O. Brunken, B. Hurrelmann, K.-U. Pech, Hdb. z. Kinder- u. Jugendlit. Von 1800 bis 1850, 1998; K. Perdula, D. Verhältnis d. Presse z. Wiener Vorstadttheater der Nestroyzeit (Diss. Wien) 2000; D. dt.sprachige Presse. Ein biogr.-bibliogr. Hdb. 2 (bearb. v. B. Jahn) 2005.

IB

**Weidmann,** Joseph, * 24. 8. 1742 Wien, † 16. 9. 1810 ebd.; Vater v. Franz (Seraph) Karl → W., Bruder v. Paul → W., besuchte d. Akadem. Gymnasium d. Jesuiten in Wien. Ging 1757 in Brünn z. Bühne u. war bis 1760 Figurant u. Grotesktänzer in der Truppe Johann Joseph Brunians, dann Statist bei der Prehauserschen Truppe u. in kleineren Rollen am Hofburgtheater Wien. 1762–65 am Theater in Salzburg, 1765 in Prag, 1766–71 in Linz/Donau, 1771/72 in Graz u. 1773–1810 Mitgl. des Hofburgtheaters Wien, seit 1779 auch als Regisseur.

*Schriften:* Einführungsscene. Bey der Gelegenheit, als der jüngere Baumann in der Rolle des Bettelstudenten am 4. Merz das k. k. National-Hoftheater zum ersten Male betrat, 1795.

*Literatur:* Wurzbach 53 (1886) 267; Goedeke 5 (1893) 330; ADB 44 (1898) 457; Goedeke 11/2 (1953) 436; Theater-Lex. 5 (2004) 3081. – Allgemeines Theater-Lex. oder Encyklopädie alles Wissenswerthen für Bühnenkünstler, Dilettanten u. Theaterfreunde 7 (hg. R. Blum, K. Herlossohn, H. Marggraff) 1842; L. Eisenberg, Großes biogr. Lex. d. Dt. Bühne im XIX. Jh., 1903; L. Fränkel, Die drei Wiener ~s u. d. [Paul] ~sche ‹Faust› (in: Ber. d. freien dt. Hochstifts zu Frankfurt/M., NF 16) 1900; R. Schäfer, D. Brüder Paul u. ~ (Diss. Wien) 1936; F. Fuhrich, Theatergesch. Oberöst. im 18. Jh., 1968; G. Zechmeister, Die Wiener Theater nächst der Burg u. nächst dem Kärntnerthor von 1747 bis 1776, 1971; K. Fleischmann, D. steir. Berufstheater im 18. Jh., 1974; A. Scherl, ~ (in: Starší divadlo v českých zemích do konce 18. století. Osobnosti a díla, hg. A. Jakubcová) Prag 2007.

IB

**Weidmann,** Konrad, * 10. 10. 1847 Dießenhofen am Rhein, † 17. 8. 1904 Lübeck; Maler, Illustrator, nahm 1889 im Auftrag d. Leipziger «Illustr. Ztg.» u. d. «Hamburger Nachr.» als Zeichner an d. Afrika-Expedition H. v. Wissmanns teil.

*Schriften:* Historisches Album von Lübeck (Anno: 1310, 1400, 1480, 1555, 1610, 1650, 1725, 1796, 1852, 1882), 1882; Deutsche Männer in Afrika. Lexicon der hervorragendsten deutschen Afrika-Forscher, Missionare etc., 1894.

*Literatur:* Biogr. Jb. 10 (1907) *125; Thieme-Becker 35 (1942) 272.

AW

**Weidmann,** Kurt, * 30. 3. 1930 Wiesbaden, † 11. 12. 1975 ebd.; Angestellter; Erzähler.

*Schriften:* Falsche Priester, echte Dollars (Zeichnungen H. Hellmessen) 1968; Die unfaire Lady (Zeichnungen P. G. Hammesfahr) 1970.

AW

**Weidmann,** Leo (Ps. Willy Weide), * 1. 5. 1940 Taldykorgan/Kasachstan; stammte aus e. dt. Familie aus Wolhynien, die nach Kasachstan deportiert wurde. Studierte an d. Fak. für Journalistik an d. Univ. Alma Ata, Mitarb. bei versch. Ztg., u. a. 1965–88 Chefred. d. Zs. «Freundschaft», 1993–95 Chefred. d. Almanachs «Phönix», Mitgl. d. Schriftst.verbandes d. UdSSR; übersiedelte 1995 nach Dtl.; Übers. (ins Russ.) u. Erz. (auch in russ. Sprache).

*Schriften:* Aufzeichnungen eines Reporters (Vorw. H. Belger) Alma Ata 1972; Sage mir, wer dein Freund ist (Erz.) ebd. 1974; Zwischen Vergangenheit und Zukunft. Berichte, ebd. 1980.

*Literatur:* H. Belger, Rußlanddt. Schriftst. Von d. Anfängen bis z. Ggw. Biogr. u. Werkübersichten (ins Dt. übers. u. erg. v. E. Voigt) 1999.

IB

**Weidmann,** Paul (eigentl. Franz de Paula), * 10. 9. 1744 Wien (nach anderen Angaben 26. 3. 1748 getauft), † 9. 4. 1801 ebd.; Onkel von Franz (Seraph) Karl → W., Bruder von Joseph → W., mit dem er d. Akadem. Gymnasium der Jesuiten besuchte. 1767 Kanzleipraktikant in d. Registratur d. Böhm. Hofkanzlei in Wien, wurde später auf Grund s. großen Fremdsprachenkenntnisse Sekretär im Geheimen Chiffrekabinett des Kaisers, 1786 in die Hofkanzlei zurückversetzt (wohl im Zus.hang mit d. Verschärfung d. Zensur), 1792 pensioniert, mit der Verpflichtung, zu weiteren Dienstleistungen im Bedarfsfall z. Verfügung zu stehen. 1798 als Expeditionsadjunkt der Hofkammer für Münz- u. Bergwesen zugeteilt; Erz. u. Dramatiker. Bei manchen Werken ist d. Verf.schaft unsicher, da sie auch s. Bruder Joseph W. zugeschrieben werden können.

*Schriften:* Dido (Tr.) 1771; Anna Boulen. Ein deutsches Originaltrauerspiel in Versen, 1771; Pedro und Ines. Ein deutsches Originaltrauerspiel in Versen, 1771; Abdalah, oder Keine Wohlthat bleibt unbelohnt. Ein deutsches Originaldrama, 1771; Die Überraschung. Ein deutsches Originallustspiel, 1771; Usanquei, oder Die Patrioten in Sina. Ein deutsches Originaltrauerspiel, 1771; Pizarro, oder Die Amerikaner. Ein deutsches Originaltrauerspiel, 1772; Merope. Ein deutsches Original-Trauerspiel, 1772; Habahah oder Die Eifersucht im Serail. Ein deutsches Originaltrauerspiel in Versen, 1772; Mostadhem oder Der Fanatismus. Ein deutsches Originaltrauerspiel in Versen, 1772; Adelhaid oder Die Deutschen. Originaltrauerspiel in Versen, 1772; Die Schule der Freygeister. Ein deutsches Originallustspiel in Prosa, 1772; Der Mistrauische. Lustspiel in Prosa, 1772; Der Selbstmord, oder Der unglückliche Lottospieler. Ein deutsches Originaldrama in Prosa, 1773; Der Schwätzer oder Die bösartige Mutter. Ein Originallustspiel in Prosa, 1773; Die Mütter oder Wie soll man denn euch Mädchen ziehen? Originallustspiel in Prosa, 1773 (zus. mit «Die schöne Wienerinn», hg. mit Vorw. v. L. Puchalski, 2004); Der Kontrast, oder Der Geheimnißvolle. Originallustspiel in Prosa, 1773; Die Räuber, oder Die schwere Wahl. Ein Originaldrama, 1773; Die dankbare Tochter. Ein Originaldrama in Prosa, 1773; Die Folter oder Der menschliche Richter. Ein deutsches Originaldrama in Prosa, 1773; Der Gefühlvolle oder Der glückliche Maler. Ein Originallustspiel, 1773; Der glückliche Schatzgräber. Ein komisches Singspiel, 1773; Der Ungeduldige, oder Der Geist des Widerspruchs. Ein Originallustspiel in Prosa, 1773; Der Podagrist. Ein Originallustspiel, 1774; Der Stolze. Original-Lustspiel, 1774; Der Ehrgeizige, der es nicht sein will. Originallustspiel, 1774; Karlssieg. Ein Heldengedicht in zehn Gesängen, 2 Tle. (2. Tl. u. d. T.: Abhandlung von der Epopee) 1774; Johann Faust. Ein allegorisches Drama von fünf Aufzügen, 1775 (anon.; [1782 wurde es unter G. E. Lessings Namen in Nürnberg aufgeführt]; mit d. Zusatz: Muthmaßlich nach G. E. Lessing's verlorenem Ms. [vielmehr v. P. W.] hg. C. Engel, 1877; Neudruck [d. Ausg. v. 1775] hg. R. Payer zu Thurn, 1911; mit e. Nachw. hg. G. Mahal, 2000; Mikrofiche-Ausg. in: BDL); Das befreite Wien. Originaldrama, 1775; Soliman vor Wien. Originaltrauerspiel, 1775; Der Kühehirt (auch u. d. T.: Der Kuhhirt) Originallustspiel, 1775; Die Erziehung (Lsp.) 1775; Die schöne Wienerinn, 1776 (zus. mit «Die Mütter», hg. mit Vorw. v. L. Puchalski, 2004); Peter der Große (Schausp.) 1776; Der Leichtgläubige (Lsp.) 1776; Der Fuchs in der Falle, oder Die zwey Freunde. Ein altdeutsches Lustspiel, 1776; Der Bettelstudent oder Das Donnerwetter. Originallustspiel, 1776; Stefan Fädinger oder Der Bauernkrieg. Originaldrama, 1777; Der Mißbrauch der Gewalt. Originallustspiel, 1778; Die Bergknappen. Originalsingspiel (Musik: I. Umlauf[f]) 1778; Der Tod Theresiens. Ein allegorisches Gemälde, 1780; Der Pfarrerkrieg, ein scherzhaftes Heldengedicht in drey Gesängen, 1781 (Mikrofiche-Ausg. in: BDL); Der Eulenspiegel. Ein Allegorisches Schauspiel aus dem 19. Jahrhundert, 1781; Der Phoenix, oder Die Prüfung des Herzen. Ein lyrisches Fest, 1781; Die Nonnenschlacht. Ein scherzhaftes Gedicht, 1782 (Mikrofiche-Ausg. in: BDL); Cicero für das schöne Geschlecht. Eine komische Erzählung, 1782; Der Held im gemeinen Leben. Eine wahre Geschichte aus Familienbriefen und geheimen Anekdoten (ges.) 2 Tle., 1783; Der Almanach der Liebe, 1783 (Mikrofiche-Ausg. in: BDL); Charakteristische Satiren nach den Temperamenten gesammelt, 1784 (Mikrofiche-Ausg. in: BDL); Das neue Jerusalem in 10 Gesängen, 1784; Der Sonderling oder Besser schielend als blind. Originallustspiel, 1785; Die Dorfhändel, oder Bund über Eck. Ein komisches Originalsingspiel, 1785; Die drey Zwillingsschwestern. Originallustspiel, 1785; Der weibliche Aesop oder 60 Mittagsstunden, 1785; Die Neider oder So rächt man sich an seinen Feinden. Originallustspiel, 1786; Der Eroberer. Eine poetische Phantasie in 5 Kaprizzen. Aus alten Urkunden mit neuen Anmerkungen, 1786 (anon.; Nachdr., hg. u. erl. L. BODI, F. VOIT, Vorw. H. KREUZER, 1997); Italus (Tr.) 1787; Der Landphilosoph oder Die natürliche Weisheit. Originallustspiel, 1787; Der Schreiner. Originallustspiel, 1787; Die weibliche Eroberungssucht oder Mit der Liebe ist nicht gut scherzen. Originallustspiel, 1787; Die Rückfälle oder Die Stärke der Gewohnheit. Ein Originallustspiel, 1788; Der Mädchentausch, oder Die Liebe macht sinnreich. Originallustspiel, 1789; Der Fabrikant oder Das war ein fürstlicher Zeitvertreib. Originallustspiel, 1789; Die Jugendfehler. Originallustspiel, 1794; Moralische Erzählungen, 1795.

*Ausgaben*: Sämmtliche Werke, 8 Bde., 1771–94.

*Literatur:* Wurzbach 53 (1886) 272; ADB 44 (1898) 458 u. 577; Goedeke 5 (1893) 313; 4/1 (1916) 288; 374; 631; 11/2 (1953) 436; 476; Killy 12 (1992) 188; Schmidt, Quellenlex. 32 (2002) 472; Theater-Lex. 5 (2004) 3082; DBE ²10 (2008) 477. – L. FRÄNKEL, Z. sog. Pseudo-Lessing'schen ‹Faust› des ~ (in: Goethe-Jb. 14) 1893; H. PFEILSCHMIDT, Lessings ‹Faust› – auf d. Nürnberger Bühne (in: Altes u. Neues aus d. Pegnesischen Blumenorden 2) 1893; L. FRÄNKEL, Die drei Wiener ~s u. d. [Paul] ~sche ‹Faust› (in: Ber. des FHD, NF 16) 1900; R. PAYER VON THURN, ~, d. Wiener Faust-Dichter des 18. Jh. (in: Jb. d. Grillparzer-Gesellsch. 13) 1903; DERS., ~s ‹Merope› (in: Stud. z. vergleichenden Lit.gesch. 3, hg. M. KOCH) 1903; K. WENDRINER, D. Faustdg. vor, neben u. nach Goethe, 1914; H. SUSSMANN, «Anna Boleyn» im dt. Drama (Diss. Wien) 1916; R. SCHÄFER, D. Brüder Paul u. Joseph ~ (Diss. Wien) 1936; L. SCHRAM, D. Bühnenwerk ~s. E. Beitr. z. Wiener Theatergesch. des späteren 18. Jh. (Diss. Wien) 1943; H. HENNING, Faust in fünf Jh. Ein Überblick z. Gesch. des Faust-Stoffes v. 16. Jh. bis z. Ggw., 1963; K. ADEL, Faust, d. verlorene Sohn des Barockzeitalters. Unters. zu ‹Johann Faust› v. ~. D. Stellung v. ~s ‹Faust› in d. Tradition (in: Jb. des Wiener Goethe-Vereins, NF 68) 1964 (wieder in: K. A., V. Sprache u. Dg. 1800–2000, 2004); DERS., ~ (in: Jb. d. Gesellsch. für Wiener Theaterforsch. XV/XVI) 1966; O. MICHTNER, Das alte Burgtheater als Opernbühne. V. d. Einführung des dt. Singsp. (1778) bis z. Tod Kaiser Leopolds II. (1792), 1970; K. ADEL, Die Faust-Dg. in Öst., 1971; G. ZECHMEISTER, Die Wiener Theater nächst der Burg u. nächst dem Kärntnerthor v. 1747 bis 1776, 1971; L. BODI, Tauwetter in Wien. Z. Prosa d. öst. Aufklärung 1781–1795, 1977 (2., erw. Aufl. 1995); D. öst. Lit. Ihr Profil an d. Wende v. 18. z. 19. Jh., 2 Tle. (hg. H. ZEMAN) 1979; K. SIBLEWSKI, Ritterlicher Patriotismus u. romant. Nationalismus in der dt. Literatur 1770–1830, 1981 [u. a. zu ‹Stephan Fädinger›]; W. M. BAUER, Antikisierende Gattung u. polit. Funktion. D. kom. Kleinepen ~s u. Joseph Friedrich von Kepplers im Rahmen d. Lit. der frühjosephin. Zeit (in: Öst. im Europa der Aufklärung [...] 2) 1985 (= Tl. von: W. M. B., Beobachtungen z. kom. Epos in d. öst. Lit. d. 18. u. 19. Jh. – in: D. öst. Lit. Ihr Profil im 19. Jh. (1830–80), hg. H. ZEMAN, 1982); J. v. SONNENFELS, Briefe über d. wiener. Schaubühne (hg. H. HAIDER-PREGLER) 1988; H. H. HAHNL, Hofräte, Revoluzzer, Hungerleider. 40 verschollene öst. Literaten, 1990; F. ČERNY, ~ ‹Johann Faust› (in: F. Č., Divadlo v Kotcích: 1739–1783) Prag 1992; M. A. IBIKUNLE, ~. S. Werk u. die hist. Situation (Diss. Salzburg) 1993; F. ČERNY, D. erste dt. Bearb. des Faust-Stoffes in der Form des «regelmäßigen Schauspiels» (~, Kotzen-Theater, Prag 1775) (in: Europäische Mythen d. Neuzeit: Faust u. Don Juan 2 [...], hg. P. CSOBÁDI) 1993 (auch in: F. Č., D. tschech. Theater. Ausgewählte Stud., Prag 1995); DERS., Thema der Bauernaufstände im Repertoire der ersten tschech. professionellen Theatervorstellungen in Prag in den achtziger Jahren des 18. Jh. (in: F. Č., D. tschech. Theater. Ausgewählte Stud., Prag 1995); L. BODI, Parodie der Macht u. Macht d. Parodie. ~s ‹Der Eroberer› (1786) u. d. öst. Lit.tradition (in: Komik in d. öst. Lit., hg. W. SCHMIDT-DENGLER) 1996 (auch in: P. W., Der Eroberer, Nachdr., hg. u. erl. v. L. B., F. VOIT, 1997); E. TIMPE, The Fable in Austrian Rococo Lit. (in: E. Leben für Dg. u. Freiheit. FS z. 70. Geb.tag v. Joseph P. Strelka, hg. K. F. AUCKENTHALER) 1997; S. VLADIMIROVA, D. Rußlandbild im öst. Drama am Ende d. 18. Jh. (in: Rußland – Öst. Lit. u. kulturelle Wechselwirkungen, hg. J. HOLZNER, S. SIMONEK, W. WIESMÜLLER) 2000; L. KÜHSCHELM, ‹D. Eroberer› v. ~. Struktur u. parodist. Elemente (Diplomarbeit Wien) 2002; M. SCHLEGL, D. oberöst. Bauernkrieg literarisiert. Am Beispiel v. ‹Stephan Fädinger oder Der Bauernkrieg› v. ~, «Der Bauernauffstand ob der Enns» v. B. D. A. Cremeri u. «Stephan Fädinger. E. Gesch. aus den Zeiten Kaiser Ferdinand des Zweyten» (anon.) (Diplomarbeit Graz) 2002; L. PUCHALSKI, ~s lit. Grenzgängertum (in: Grenzgänge u. Grenzgänger in d. öst. Lit., hg. M. KLÁNSKA) Krakau 2004. IB

**Weidmann,** Richard G., * 9. 12. 1955 Raidelbach/Bergstraße; Verleger, lebt in Modautal/Hessen; Lyriker, Kinder- u. Jugendbuchautor sowie Erzähler.

*Schriften:* Und wieder singen Soldaten (Rom.) 1976; Zwischen Ordnungsdienst und Lehrerschreck. Schülervertretung, Schülermitbestimmung [...], 1981; Die Nuschel vom Rummelplatz (Jugendrom.) 1982; Blaukehlchens Abenteuer (Kdb., Bilder H. Klapper) 1983; Der spinnt doch oder Die Klassenfahrt (Jugendrom.) 1984; Am Wegrand blühen dunkle Steine. Lyrik zum Verschenken, Denken, Träumen. Ausgewählte Gedichte aus zwei Jahrzehnten (1965–1985), 1985; Geisterwald, I «Werft den Müll raus», schallt es durch den ganzen Geisterwald, II Im Wald schreit selbst der kleinste Zwerg, wir brauchen kein Atomkraftwerk!, III Der Mensch gräbt selber sich sein Grab – brennt er den ganzen Urwald ab, IV Die Luft voll Dreck – der Regen sauer, das überlebt kein Baum und Mensch auf Dauer!, 1987–92.

AW

**Weidmann,** Rudolf (auch Ruedi Weidmann, Ps. pacifer), * 11. 10. 1930 Schlieren/Kt. Zürich; Landwirt, daneben Friedensrichter, Mitverf. d. Publ. d. Schweizer. Volkspartei «SVP aktuell» (1979–85) u. d. «Rumänien-Ber.» (1993–2001), verf. zudem Beitr. f. «Der Landfreund» (1973–76), d. «Limmattaler Tagbl.» (1973–77) u. d. «Strickhofblatt» (2000), lebt in Schlieren; Novellist, Essayist u. Lyriker.

*Schriften:* Us em Puurehuus. Bäuerliche Gelegenheitsdichtung der Gegenwart (mit A. SENTI) 1972; Gesang als Lebenshilfe, 1976 ([8]1995); Schliermer Dorfgeschichte. Verzellt vom Gmeindschriiberheiri. (verf. u. hg., Erz. H. BRÄM) 1981; H. u. K. Scheitlin, Wir Kinder vom «Negerdorf». Erinnerungen zweier Gasikinder an die Zeit zwischen den beiden Kriegen (hg.) 1996; Schlieremer Quartiere. Rückblicke und Erinnerungen (Red.) 2005; H. Meier, Schlieren in den ersten Nachkriegsjahrzehnten (Red.) 2006.

AW

**Weidner,** Albert, * 24. 2. 1871 Berlin, † 1946 oder 1948 (Ort unbek.); Pädagoge u. Volkswirtschaftler, Hg. d. Zs. «D. arme Teufel», lebte in Berlin-Charlottenburg (1934); Fachschriftenautor.

*Schriften:* Aus den Tiefen der Berliner Arbeiterbewegung, 1905; Sozialisierung des Theaters durch die Volksbühne. Eine Denkschrift [...], 1920; Mutter und Kind als Problem neuzeitlicher Volksgemeinschaft, 1936.

AW

**Weidner,** Christopher A., * 5. 1. 1967 München; studierte Gesch., Lit. d. MA, Indogermanistik u. Nord. Philol. ebd., beschäftigt sich seit 1983 m. Astrologie u. Mytholgie, 1992–94 Ausbildung an d. Schule f. Transpersonale Astrologie in Nürnberg, seit 1994 freischaffender Autor u. beratender Astrologe in München, begr. ebd. 1996 d. Kurs- u. Seminarprojekt «Phoenix Astrologie»; Verf. v. esoter. Schriften.

*Schriften* (Ausw.): Die Sprache der Sterne. Ein Astrologiekurs für Einsteiger, 1999 (Neuausg. u. d. T.: Astrologie für Einsteiger, 2001); Die Gesetze des Feng-Shui. Schritt für Schritt seinen Lebensraum gestalten, 1999; Kinderhoroskope richtig deuten. Talente entdecken und fördern, 2001; Ich bin schwanger. Feng Shui für Mutter und Kind (mit M. KLEIN) 2002; Entdecke den Schamanen in dir. Reise in die innere Welt des Alltags, 2003; Finde deine Träume. Techniken und Übungen zur Wahrnehmung von Träumen. Entdecken einer individuellen Traumsymbolik, 2003; Astrologie des Glücks. Zufriedenheit schöpfen aus der inneren Quelle, 2004; Feng-Shui gegen das Chaos auf dem Schreibtisch. Streßfrei und erfolgreich am Arbeitsplatz, 2004; Das Feng-Shui-Praxisbuch. Fernöstliche Lebenskunst für den Alltag, 2005; Einführung in die intuitive Astrologie. Nutzen Sie Ihr inneres Wissen für tiefe Einsichten über sich selbst (mit S. BENDS) 2005; Aszendent – Quelle der Kraft, 2006; Praxisbuch chinesische Astrologie, 2006; Wabi Sabi – nicht perfekt und trotzdem glücklich! Der asiatische Weg zu mehr Gelassenheit, 2007; Orte der Kraft. Magische Plätze in Deutschland, 2007; Systemische Astrologie. Konstellationen sind Lösungen, 2008.

AW

**Weidner,** Daniel, * 1969 Hamburg; studierte bis 1995 Philos., Soziologie, Germanistik u. Wiss.theorie in Freiburg/Br., Jena u. Wien, 1996/97 Mitarb. am Internationalen Forsch.zentrum Kulturwiss. u. seit 1996 Doz. f. Wiss.theorie an der Univ. Wien, 2000 Dr. phil. u. Doz. f. Kulturwiss. an d. HU Berlin, 2000–05 Mitarb. u. seit 2005 Leiter versch. Projekte am Zentrum f. Lit.- u. Kulturforsch. in Berlin; Fachschriftenautor.

*Schriften:* M. Wiener, Jüdische Religion im Zeitalter der Emanzipation (hg.) 2002; F. Rosenzweig, Zur jüdischen Erziehung (hg.) 2002; Gershom

Scholem. Politisches, esoterisches und historiographisches Schreiben, 2003 (zugleich Diss. 2000); Figuren des Europäischen. Kulturwissenschaftliche Perspektiven (hg.) 2006; Nachleben der Religionen. Kulturwissenschaftliche Untersuchungen zur Dialektik der Säkularisierung (Mithg.) 2007. AW

**Weidner,** Johann Leonhard, * 11. 11. 1588 Ottersheim/Pfalz, † 5. 2. 1655 Heidelberg; Sohn e. evangel. Pfarrers, besuchte d. Gymnasium u. d. Univ. Heidelberg, Schüler u. a. von Jan(us) → Gruter(us), befreundet mit Friedrich Lingelsheim (dem Sohn v. [Georg] Michael → Lingelsheim [ErgBd. 5]) u. Julius Wilhelm → Zincgref, 1612 Lehrer in Neuhausen bei Worms, 1615 Rektor d. Lat.schule in Elberfeld, versch. Lehr- u. Rektoratsämter u. a. in Düsseldorf (1622), Duisburg (1623), Nijmegen (1636) u. Maastricht (1648), seit 1650 Prof. u. Rektor am Heidelberger Gymnasium. – Verf. u. a. Beitr. zu Gruters «Florilegium ethico-politicum» (3 Bde., 1610–12), besorgte als Testamentsvollstrecker Zincgrefs d. späteren Aufl. v. dessen «Der Teutschen scharpfsinnige kluge sprüch [...]» (ab 1644) u. fügte e. umfangreichen 3. Tl. (Leiden 1644) hinzu.

*Schriften* (Ausw.): TRIGA AMICO-POETICA [...], 1619 (mit Zincgref u. Lingelsheim); ELIXIR JESUITICUM, Sive Quinta Essentia Jesuitarum ex variis, inprimis Pontificijs, authoribus Alembico veritatis extracta, mundi theatro exhibetur [...], 1641 (NA mit 2. Tl. 1645); JUBILEUM, sive SPECULUM JESUITICUM, Exhibens Praecipua Jesuitarum, scelera, molitiones, innovationes, fraudes, imposturas, et mendacia, contra statum Ecclesiasticum, Politicumque [...], Ex Variis Historiis, inprimis vero Pontificiis collecta [...], 1643; HISPANICA Dominationis Arcana [...], Leiden 1643; Teutscher Nation APOPHTHEGMATVM, Das ist, Deren in den teutschen Landen Wehr-Lehr- Nehr-Weiberstands Personen, Hof- und Schalcksnarren, Beywörter sambt anhang etlicher Außländischer Herren, Gelährter vnd anderer, auch Auß vnd Jnländischer Martyrer, Lehrreicher Sprüch, Anschläg, Fragen, Gleichnüssen vnd was dem Anhängig oder Gleichförmig DRITTER THEIL [...] zusammen getragen [...], Leiden 1644 (mehrere Aufl.; 2 weitere Tle., hg. v. s. Sohn Johann Wilhelm, 1655).

*Literatur:* Zedler 54 (1747) 282; Jöcher 4 (1751) 1856; Goedeke 3 (1887) 37; ADB 44 (1898) 463; Killy 12 (1992) 1888; DBE ²10 (2008) 477. – W. CRECELIUS, D. Anfänge d. Schulwesens in Elberfeld, II ~, Rektor d. Lat.schule zu Elberfeld, Fortsetzer v. Zincgrefs Apophthegmata, 1886 (Progr. Elberfeld); T. VERWEYEN, Apophthegmata u. Scherzrede. D. Gesch. e. einfachen Gattungsform u. ihre Entfaltung im 17. Jh. (Diss. Münster) 1970. RM

**Weidner,** Karl, * 8. 11. 1901 Leipzig, † vermutlich nach 1937 (als Opfer des Stalinismus in d. Sowjetunion); 1926/27 Schauspieler am Nordmark-Landestheater Schleswig, 1929/30 am Schauspielhaus Leipzig, auch als Dramaturg, Mitgl. des Leipziger «Kollektivs Junger Schauspieler». 1930 Mitgl. d. Kommunist. Partei Dtl. (KPD) u. Funktionär d. «Roten Hilfe» Dtl., ging 1932 in die UdSSR, 1932–37 Dramaturg, Schauspieler u. Übers. am Deutschen Staatstheater in Engels an der Wolga. 1937 verhaftet (u. a. als «faschistischer Spion») u. seither verschollen.

*Schriften:* Franz Kraft. 8 Bilder aus dem Leben und der Kampf der Wolgadeutschen. Festspiel des Deutschen Staatstheaters zur Fünfzehnjahrfeier der Wolgadeutschen Autonomie (mit A. SAKS) Engels 1934.

*Literatur:* Hdb. des dt.sprachigen Exiltheaters 2: Biogr. Lex. d. Theaterkünstler 2 (hg. F. TRAPP u. a.) 1999. IB

**Weidner,** Lieselotte, * 19. 4. 1927 München; Ausbildung z. Kindergärtnerin, später auch in anderen Berufen tätig, u. a. Verwaltungsangestellte, lebt in Neubiberg bei München; Erz. u. Lyrikerin in Mundart.

*Schriften:* Hundsveigerl und Heckenrosen (Vorw. H. SCHNEIDER) 1978; Kimm, staade Zeit. Verserl und Geschichten zwischen Advent und Dreikönig, 1988; Deine Katze, meine Katze. Verserl auf sanften Pfoten, 1991; Wo d' hischaugst Engerl. Verserl und Gschichtn auf Weihnachtn zua, 2001.

*Literatur:* Taschenlex. z. bayer. Ggw.lit. (hg. D.-R. MOSER, G. REISCHL) 1986. IB

**Weidner,** Nicolaus, * um 1480 Breslau, † 1555 ebd.; besuchte d. Schulen in Neisse, studierte Theol. an d. Univ. Krakau, Rom u. Leipzig, 1523 Pfarrer in Neisse, Domherr u. 1542 Pfarrer in Oltaschin.

*Schriften:* Catholicum carmen, ad Philippum Melanchthonem, o. J. (1530; NA 1531).

*Literatur:* Heiduk 3 (2000) 166. – G. BAUCH, ~ (in: Zs. d. Ver. f. Gesch. u. Altertum Schles. 41) 1907. RM

**Weidner,** (Wilhelm Carl) Otto (Max Ludwig Heinrich), * 11. 11. 1870 Wolfenbüttel, † 1914 ebd.; besuchte d. Gymnasium in Wolfenbüttel, Abbruch wegen Krankheit, lebte im Elternhaus in Wolfenbüttel.

*Schriften:* Waldeinsamkeit. Lyrisch-philosophische Dichtung, 1902; Geist und Stoff. Ein Weltzyklus. Lyrisch-philosophische Dichtung, 1905. (Ferner zwei ungedr. Bühnenstücke.)

*Literatur:* Sachsens Gelehrte, Künstler u. Schriftst. in Wort u. Bild [...] (hg. B. Volger) 1907/08.

RM

**Weidner,** Stefan, * 1. 10. 1967 Köln; studierte Islamwiss., Germanistik u. Philos. an den Univ. in Göttingen, Damaskus, Berkeley u. Bonn, Übers., Literaturkritiker u. freier Schriftst. in Köln, Mitarb. u. a. an d. «Kölnischen Rs.», an d. «Frankfurter Allgemeinen Ztg.» u. d. «Neuen Zürcher Ztg.». Seit 2001 Chefred. d. zweimal jährlich erscheinenden Zs. «Fikrun wa Fann» (hg. vom Goethe-Institut), lebt seit 2004 in Berlin. 2006 Clemens-Brentano-Preis u. 2007 Johann-Heinrich-Voß-Preis.

*Schriften:* K. Al-Maaly, Phantasie aus Schilf. Gedichte (übers. mit d. Autor) 1994; B. S. as-Sayyab, Die Regenhymne und andere Gedichte (arab. u. dt., hg. u. übers. mit K. Al-Maaly) 1995; S. Boulus, Zeugen am Ufer. Gedichte (arab. u. dt., übers. mit dems.) 1997; Adonis, Ausgewählte Gedichte 1958–1965 (arab. u. dt., übers. u. hg.) 1998; Die Farbe der Ferne. Moderne arabische Dichtung (hg. u. übers.) 2000; Kaffeeduft und Brandgeruch: Beirut erzählt. Ein Lesebuch (hg.) 2002; F. Rifka, Das Tal der Rituale. Ausgewählte Gedichte arabisch-deutsch (übers. mit U. u. S. Yussuf Assaf, hg. u. Nachw.) 2002; M. Darwish, Wir haben ein Land aus Worten. Ausgewählte Gedichte 1986–2002 (arab. u. dt., übers. u. hg.) 2002; Erlesener Orient. Ein Führer durch die Literaturen der islamischen Welt, 2004; Adonis, Ein Grab für New York. Ausgewählte Gedichte 1965–1971 (arab. u. dt., übers. u. hg.) 2004; Mohammedanische Versuchungen. Ein erzählter Essay, 2004; Das Göttliche im Profanen. Die Darstellung des Religiösen im Werk des syro-libanesischen Dichters Adonis, 2005; ... und sehnen uns nach einem neuen Gott ... Poesie und Religion im Werk von Adonis (mit e. Ess. über Adonis' Rezeption dt. Philos. sowie mit e. Gespräch zw. Adonis u. S. W.) 2005; Allah heißt Gott. Eine Reise durch den Islam, 2006; Fes. Sieben Umkreisungen, 2006; Manual für den Kampf der Kulturen. Warum der Islam eine Herausforderung ist. Ein Versuch, 2008; Mohammedanische Versuchungen, 2008.

*Literatur:* Kölner Autoren-Lex. 1750–2000. II: 1901–2000 (bearb. E. Stahl) 2002.

IB

**Weidner,** Theresia (Ps. f. Josephine [eig. Hella] Hirsch), * 6. 10. 1921 Berlin, † 14. 4. 2002 (Ort unbek.); Religionslehrerin u. Erzieherin, lebte zuletzt im Konvent d. Ursulinen in Wien, erhielt 1977 d. 2. internationalen Preis im Rundfunk-Wettbewerb Premio UNDA, Sevilla; Verf. v. Lyrik, Meditationen sowie Kinder- u. Jugendbüchern.

*Schriften* (Herausgebertätigkeit in Ausw.): Vier Kerzen. Anregungen und Material für Advent- und vorweihnachtliche Feiern für Kinder (zus.gestellt S. Hornauer u. L. Schuler) 1964; Fröhlich beisammen. Lieder, Kanons und Sketches für unbeschwerte Stunden, 1977; Nun ratet, spielt und singt. Gedichte, Reime, Rätsel, Spiele für die Arbeit mit Kindern vom 3. bis zum 10. Lebensjahr, 1978; Du guter Gott, wir singen dir. 99 religiöse Kinderlieder für das Volks- und Hauptschulalter, 1979; Brot für jeden Augenblick. Ein Stundenbuch (zus.gestellt) 1983; Das Stundenglas. Gedanken, Gedichte und Gebete für alle Tageszeiten (hg.) 1984; Wie gut, daß du mich kennst. Ein Meditationsbuch (mit P. A. Thomas) 1985; Hoffnung und Zuversicht. Ein Meditationsbuch (mit R. Meyer) 1987; Das Knusperhaus. Reime, Geschichten, Spielgedichte für Familie, Schule, Kindergarten, 1988; Im Zauberwald. Spaß beim Singen, Spielen, Lesen, 1989; Unser Papa und der liebe Gott, 1990; Unser Papa und das Buch der Bücher, 1991; Wenn die Sonne wieder lacht. Geschichten und Lieder von Fastnacht bis Pfingsten, 1993; Geht zu Josef! Unerklärliche Gebetserhörungen durch den heiligen Josef. Autobiographische Aufzeichnungen, 2001.

AW

**Weidner-Sennecke,** Barbara (Ps. Barbara Sennecke), * 15. 2. 1957 Magdeburg; Sekretätin, Angestellte im öffentl. Dienst, lebt in Stadthagen/Nds.; Erzählerin.

*Schriften:* Die Marmorgöttin (Rom.) 2003. AW

**Weidner-Steinhaus,** Amalie, * 4. 1. 1876 Ruhrort (Stadttl. v. Duisburg), † 3. 2. 1963 Duisburg; lebte seit ca. 1897 in Duisburg, heiratete 1898 Gustav Adolf Weidner u. betrieb zeitweise mit ihm e. Geschäft für Konditoreibedarf; Mundartautorin.

*Schriften:* Jan or Gretje. Geschichskes üt de Ruhr, 1930; Ruhrort mit dem größten Binnenhafen der Welt. Wohre Stöckskes on Lietjes üt de olde Ruhr, 1931; Liewe olde Ruhr. En heimatbükske, 1951; Muttersprache, Mutterlaut, in plattdeutscher Mundart, mit vielen hochdeutschen Übersetzungen der volkstümlichsten Ausdrucksweisen. Der Jugend und den Freunden der plattdeutschen Muttersprache zugeeignet, 1952.

*Nachlaß:* Stadtarch. Essen; Stadtarch. Duisburg. – Mommsen 7752a; Rohnke-Rostalski 379.

*Literatur:* E. BUNGARDT, ~ (in: Heimat Duisburg, Jb.) 1964. IB

**Weidt,** Jean (eig. Hans W., Ps. Serkin), * 7. 10. 1904 Hamburg, † 29. 8. 1988 Berlin; machte e. Gärtnerlehre, arbeitete ab 1923 als Gärtner u. in versch. anderen Berufen, daneben Tanzausbildung in Hamburg, 1925 erster Tanzabend mit eigener Choreographie. 1929 Gründer u. bis 1933 Leiter d. Gruppe «Die roten Tänzer», mit ihr zahlr. Auftritte u. a. für die Kommunist. Partei Dtl. (KPD; seit 1930 Mitgl.) u. d. «Revolutionäre Gewerkschaftsopposition». 1933 erhielt d. Tanzgruppe e. Einladung z. ersten «Internationalen Olympiade d. revolutionären Tanzes» nach Moskau, daraufhin v. der Gestapo zus.geschlagen u. verhaftet, dennoch gelang ihm u. s. Truppe in e. riskanten Aktion d. Reise nach Moskau. Emigrierte anschließend nach Frankreich, bis 1935 aktiv in d. französ. kommunist. Partei tätig, Gründung d. Truppe «Ballets W.», 1935 Ausweisung, erhielt durch Bürgschaft Erwin → Piscators e. Einjahresvisum für Moskau, ebd. Stud. des klass. Balletts. 1936/37 illegale Tanzaufführungen unter d. Ps. in Prag u. Böhmen. Ab 1937 wieder in Paris, versch. Auftritte, 1939 interniert, zuerst in d. Nähe v. Orléans, ab 1940 in Algerien. 1942–45 Soldat in e. Pionierkorps d. brit. Armee, 1945 Entlassung u. Rückkehr nach Paris, wo er das «Ballet des Arts» gründete, zahlr. Gastauftritte in Westberlin u. in d. französ. Besatzungszone. Ab 1949 Choreograph u. Tänzer an d. Kom. Oper Ostberlin, später auch an den Theatern in Schwerin u. Chemnitz. Ende der 50er Jahre freischaffender Ballettmeister u. 1959 Gründer sowie Leiter bis zu s. Tod d. «Gruppe junger Tänzer» (nach s. Tod unter d. Namen «Gruppe J. W.»). Mehrere Auszeichnungen.

*Schriften:* Der rote Tänzer. Ein Lebensbericht, 1968; Auf der großen Straße. J. W.s Erinnerungen (nach Tonbandprotokollen aufgezeichnet u. hg. v. M. REINISCH) 1984.

*Nachlaß:* Tanzarch. Leipzig; Dt. Tanzarch. Köln.

*Literatur:* Hdb. Emigration II/2 (1983) 1214; DBE [2]10 (2008) 477. – H. SCHNEIDER, Exiltheater in der Tschechoslowakei 1933–1938, 1979; J.-L. SONZOGNI, C. ENGELHARDT, ~, Tanzen für ein besseres Leben (Videokassette) 1988; S. ARNOLDS, ~ u. Lola Rogge – zwei Tänzer u. d. totalitäre Staat. Z. Verhältnis v. Tanz u. Politik, exemplar. dargestellt anhand des Weges zweier Ausdruckstänzer in u. durch den Nationalsozialismus (Diplomarbeit Köln) 1994; Biogr. Hdb. d. SBZ/DDR 1945–90, 2 Bd. (hg. G. BAUMGARTNER u. D. HEBIG) 1997; Hdb. des dt.sprachigen Exiltheaters 1933–1945. Bd. 2., Tl. 2: F. TRAPP, B. SCHRADER, D. WENK, I. MAASS, Biogr. Lex. d. Theaterkünstler, 1999. IB

**Weier** (Wey[r]er, Wier[us], Wierius), Johann (auch Piscinarius), * zw. 24. 2. 1515 u. 24. 2. 1516 Grave/Nordbrabant, † 24. 12. 1588 Tecklenburg; Sohn e. Großhändlers, besuchte d. Lat.schulen in s'Hertogenbosch u. Löwen, 1532/33 Schüler v. Heinrich Cornelius → Agrippa v. Nettesheim in Bonn, studierte ab 1534 Medizin in Paris, 1537 Promotion in Orléans (?), 1545 Stadtarzt in Arnheim, 1550–78 Leibarzt d. Herzogs Wilhelm III. v. Jülich-Cleve-Berg, lebte zuletzt auf s. Landgut in Tecklenburg; Gegner d. Hexenverfolgung u. -prozesse, wurde v. kathol. Kreisen angegriffen u. als Ketzer diffamiert, s. Werke kamen auf d. Index d. verbotenen Bücher.

*Schriften:* De praestigiis daemonum et incatationibus, ac veneficiis, libri V, 1563 (erw. Neuausg. 1564, 1566, 1568, 1577 u. 1583; dt. Übers. v. W. selbst 1567 u. 1578 [Nachdr. Amsterdam 1967]; unautorisierte Übers. v. Johann Füglin u. d. T.: Von Teufelsgespenst [...] Hexen und Unholden, 1656 [Nachdr. o. J., um 1975; Mikrofiche-Ausg. o. J.]; ein nur d. Hexen behandelnder Ausz. von W. selbst u. d. T.: De lamiis liber I, 1577 [NA 1586]); Medicinarum Observationum rarum liber I, 1567 (NA 1657); De commentitiis jejuniis, 1577; De irae morbo & curatione ejusdem philosophica, medica & theologica, 1577; Pseudomonarchia daemonum, 1577; Artzney Buch von etlichen bisanher unbekandten und nicht beschriebenen Kranckheiten, 1580 (NA 1583, 1588).

*Ausgaben:* Opera omnia (hg. M. ADAM) Amsterdam 1659 (NA 1660). – Arzney Buch [...] (hg. M. SAATKAMP) 1988.

*Literatur:* Zedler 56 (1748) 512 (unter Wierus); Jöcher 4 (1751) 1952 (unter Wier); ADB 42 (1897) 266 (unter Weyer); Killy 12 (1992) 189 (unter Weier); Biogr.-Bibliogr. Kirchenlex. 20 (2002) 1537 (unter Weyer); RGG [4]8 (2005) 1505 (unter Weyer); DBE [2]10 (2008) 585 (unter Weyer). – M. ADAM, Vitae Germanorum medicorum, 1620; C. BINZ, ~, e. rhein. Arzt, d. erste Bekämpfer d. Hexenwahns. e. Beitr. z. Gesch. d. Aufklärung u. d. Heilkunde (in: Zs. d. Berg. Gesch.ver. 21, Sonderausg. Bonn) 1885 (2., umgearb. u. verm. Aufl. 1896); L. DOOREN, ~, Leven en Werken (Diss. Utrecht) 1940; U. F. SCHNEIDER, D. Werk ‹De praestigiis Daemonum› v. ~ u. s. Auswirkungen auf d. Bekämpfung d. Hexenwahns (Diss. Bonn) 1951; R. v. NAHL, Zauberglaube u. Hexenwahn im Gebiet v. Rhein u. Maas. Spätma. Volksglaube im Werk ~s (in: Rhein. Arch. 116) 1983; W.-D. MÜLLER-JAHNCKE, Astrolog.-magische Theorie u. Praxis in d. Heilkunde d. frühen Neuzeit, 1985; Von d. Unfug des Hexen-Processes. Gegner d. Hexenverfolgungen v. ~ bis Friedrich Spee (hg. H. LEHMANN, O. ULBRICH) 1992; M. SCHEELE, V. Wirken d. Teufels in d. Welt. E. Analyse d. Teufelsbildes in ‹De praestigiis daemonum› v. ~, 1996; Handwb. z. dt. Rechtsgesch. 5 (hg. A. ERLER, E. KAUFMANN u. a.) 1998; M. VALENTE, ~, agli albori della critica razionale dell'occulto e del demoniaco nell'Europa del Cinquecento, Florenz 2003. RM

**Weier,** Winfried, * 26. 4. 1934 Fulda; Sohn e. Studienrats, studierte Philos., Germanistik u. Theol. in Würzburg u. Mainz, 1959 Dr. phil. Mainz, 1966 Habil. und a. o. Prof. an d. Univ. Salzburg, ab 1978 Prof. f. Philos. an d. Univ. Würzburg, lebt in Reichenberg im Ruhestand.

*Schriften* (Ausw.): Sinn und Teilhabe. Das Grundthema der abendländischen Geistesentwicklung, 1970; Strukturen menschlicher Existenz. Grenzen heutigen Philosophierens, 1977; Nihilismus. Geschichte, System, Kritik, 1980; Geistesgeschichte im Systemvergleich. Zur Problematik des historischen Denkens, 1984; Phänomene und Bilder des Menschseins. Grundlegung einer dimensionalen Anthropologie, Amsterdam 1986; Die Grundlegung der Neuzeit. Typologie der Philosophiegeschichte, 1988; Religion als Selbstfindung. Grundlegung einer existenzanalytischen Religionsphilosophie, 1991; Brennpunkte der Gegenwartsphilosophie. Zentralthemen und Tendenzen im Zeitalter des Nihilismus, 1991; Das Phänomen Geist. Auseinandersetzung mit Psychoanalyse, Logistik, Verhaltensforschung, 1995; Idee und Wirklichkeit. Philosophie deutscher Dichtung, 2005; Gott als Prinzip der Sittlichkeit. Grundlegung einer existenziellen und theonomen Ethik, 2009. RM

**Weiergang,** Wilhelmine → Weyergang, Wilhelmine.

**Weiershausen,** Romana, * 15. 11. 1968 München; studierte Dt. u. Mathematik in Göttingen sowie französ. Lit. u. dt.-französ. Kulturwiss. in Paris, 2003 Dr. phil. (neuere dt. Lit.wiss.) an d. Univ. Göttingen, danach wiss. Mitarb. ebd., Gastdozentur an d. Univ. Czernowitz/Ukraine, seit 2006 wiss. Mitarb. an d. Univ. Bremen.

*Schriften:* Wissenschaft und Weiblichkeit. Die Studentin in der Literatur der Jahrhundertwende, 2004 (zugleich Diss. 2003). AW

**Weifert,** Ladislaus Michael, * 6. 3. 1894 Werschetz/Banat, † 10. 12. 1977 München; Bruder v. Stefan Maria → W., studierte 1912–19 mit kriegsbedingter Unterbrechung Germanistik, Romanistik u. Hungaristik an d. Univ. Budapest, gab an versch. Orten Dt.- u. Französ.unterricht, 1932 Dr. phil. an d. Univ. Belgrad, zw. 1935 u. 1939 Stud. am «Dt. Sprachatlas» in Marburg/Lahn. 1940 Habil., 1939–41 Lehrer für Dt. Sprache des Königs Peter II. v. Jugoslawien. 1940–43 Doz., 1943/44 a. o. Prof. für dt. Philol. an d. Univ. Belgrad. Im Oktober 1944 Flucht nach Dtl., 1944/45 in Neustadt bei Coburg, 1945–49 wiss. Mitarb., zuletzt kommissar. Syndikus d. Bayer. Akad. d. Wiss. in München, anschließend bis 1959 Stud.prof. an d. dortigen Ludwigsoberrealschule, seit 1946 auch Lehrbeauftragter für dt. Phonetik u. Mundartenkunde an d. Universität.

*Schriften* (Ausw.): Weißkirchner Familiennamen, Werschatz 1928; Die deutschen Siedlungen und Mundarten im Südwestbanat, Belgrad 1941; Die Mundarten der Banater Gemeinden Heufeld und Mastort, 1962; Banater Spitznamen, 1973.

*Literatur:* K. L. REIN, ~. Nachruf (in: Zs. für Dialektologie u. Linguistik 45/3) 1978; A. P. PETRI, Biogr. Lex. des Banater Dt.tums, 1992. IB

**Weifert,** Mathias Josef Constantin, * 18. 5. 1960 Schweinfurt; studierte 1981–86 Geographie, Wirtschaftswiss. u. Sozialkunde an d. Univ. Erlangen-

Nürnberg, 1992 Forts. s. Stud. (Soziol., Geographie u. Betriebswirtschaftslehre) an d. Univ. Würzburg, 1997 Dr. phil., 1986–88 Stud.referendar, 1988–94 Lehramtsassessor u. seit 1994 Stud.rat in Miltenberg/Unterfranken.

*Schriften* (Ausw.): Die Entwicklung der Banater Hauptstadt Temeschburg, 1987; Chronik der Arbeitsgemeinschaft Donauschwäbischer Lehrer 1947–1997, 1997; Die Donauschwaben. Eine südostdeutsche Volksgruppe, 1998; Im Banat, in Franken und Hessen-Nassau zuhause. Ein Beitrag zur Ahnenforschung, 2005 (2., überarb. und erw. Aufl. 2008).

*Literatur:* A. P. PETRI, Biogr. Lex. des Banater Dt.tums, 1992. IB

**Weifert,** Stefan Maria, *20.6. 1897 Werschetz/Banat, †20.8. 1940 ebd.; Bruder v. Ladislaus Michael → W., studierte 1919–25 an d. TH in Budapest u. Prag, 1926–36 Architekt in d. Staatlichen Bauabteilung in Sarajewo, dann freiberufl. tätig, zuletzt im Städt. Bauamt in Werschetz.

*Schriften:* Hennemann. Schauspiel aus der Zeit des letzten Banater Türkenkrieges (1788), 1936; Das Glück. Ein Märchen, 1937.

*Literatur:* A. P. PETRI, Biogr. Lex. des Banater Dt.tums, 1992. IB

**Weiffenbach,** Toddy K(urt), *19.1. 1953 Friedrichshafen/Bodensee; lebt auf d. Insel Reichenau/Baden-Württemberg.

*Schriften:* Die unglaubliche Geschichte über Protonchen, 2000. AW

**Weig,** Johannes → Weyg, Johannes.

**Weigand,** Elisabeth, * 1957 Frankfurt/Main; absolvierte e. Fremdsprachenstud., 6 Jahre Unternehmensberaterin in d. Computerbranche, unternahm zahlr. Reisen, lebt seit 1994 in Kanada, leitet m. ihrem Mann d. Unternehmen f. Wildnistouren «Yukon Wild».

*Schriften:* Mit dem Kanu quer durch Alaska. 3200 km auf dem Yukon-River (hg. R. BREUER u. U. DAHM) 1995 (Neuausg. u. d. T.: Yukon-River-Expedition. 3200 km mit dem Kanu durch die Wildnis Alaskas. Ein Erlebnisbericht, 2006); Sieben Monate weiße Einsamkeit. Winter, Wildnis, Wölfe, 2008. AW

**Weigand,** Gustav, *1.2. 1860 Duisburg, †8.7. 1930 Belgershain/Sachsen; 1878–81 Lehrer an d. Mädchenmittelschule in Darmstadt u. 1881–84 Gymnasiallehrer in Mainz, studierte seit 1884 an d. Univ. in Leipzig, zugleich Lehrer an d. Privatschule Teichmann ebd., 1887 Reise n. Thessalien, 1888 Dr. phil. Leipzig, 1889/90 weitere Reisen n. Mazedonien, Albanien u. Griechenland, 1890/91 Stud. in Paris, 1891 Habil. Univ. Leipzig, 1893 Gründer u. seither Dir. d. Inst. f. rumän. u. bulgar. Sprache ebd., Hg. d. Jahresber. d. Inst. f. rumän. Sprache «Balkan-Arch.» (1894ff.), d. «Linguist. Atlas d. Dacorumän. Sprachgebietes» (1898–1909) u. d. «Bulgar. Bibl.» (1916ff.); Königl. sächs. Hofrat, Träger d. rumän. Verdienstordens, korrespondierendes Mitgl. d. rumän. Akad. (seit 1892) u. Ehrenmitgl. d. siebenbürg.-rumän. Gesellsch. f. Kultur u. Litteratur; Verf. v. Fachschr. u. Reiseliteratur.

*Schriften* (Ausw.): Die Sprache der Olympo-Walachen nebst einer Einleitung über Land und Leute, 1888 (Nachdr. 1988); Vlacho-Meglen. Eine ethnographisch-philologische Untersuchung, 1892; Von Berat über Muskopolje nach Gjordscha, 1892; Ein Besuch bei den Walachen der Manjana in Akarananien, 1893; Die Aromunen. Ethnographisch-philologisch-historische Untersuchungen über das Volk der sogenannten Makedo-Romanen oder Zinzaren, I Land und Leute. Bericht des Verfassers über seine Reisen in der südwestlichen Balkanhalbinsel, II Volksliteratur der Aromunen, 1894/95; Der Banater Dialekt, 1896; Körösch- und Marosch-Dialekte, 1897; Brieflicher Sprach- und Sprech-Unterricht für das Selbststudium Erwachsener: Rumänisch (mit G. POP) 1900; Praktische Grammatik der rumänischen Sprache, 1903; Die Dialekte der Bukowina und Bessarabiens, 1904; Bulgarische Grammatik, 1907 (2., vermehrte u. verb. Aufl. 1917); Rumänen und Aromunen in Bulgarien, 1907; A. Konstantinof, Baj Ganju (hg., übers. u. erl.) 1908; Der gegische Dialekt von Borgo Erizzo bei Zara in Dalmatien, 1911; Bulgarisch-deutsches Wörterbuch (mit A. DORITSCH) 1913; Albanesische Grammatik im südgegischen Dialekt. Durazzo, Elbassan, Tirana, 1913; Albanesisch-deutsches und deutsch-albanesisches Wörterbuch, 1914; Deutsch-bulgarisches Wörterbuch (mit A. DORITSCH) 1918; Spanische Grammatik für Lateinschulen, Universitätskurse und zum Selbstunterricht, 1922; Ethnographie von Makedonien. Geschichtlich-nationaler, sprachlich-statistischer Teil, 1924 (Neudr. [dt., m. bulgar. Titelbl.: Etnografija na Makedonija] Sofia 1981).

*Nachlaß:* UB Leipzig. – Nachlässe DDR 1, 92.

*Literatur:* DBE ²10 (2008) 478. – E. DAIANU, ~ (in: Transilvania 26) Hermannstadt 1896; G. S. SAJAKTZIS, Poezie în dialectul macedeo-romîn dedicata dlui dr. ~ (Ged. im mazedo-rumän. Dialekt, ~ gewidmet) (in: ebd. 27) 1896; ~. Alegerea membru onorar al Asociatiunii (Zur Wahl v. ~ z. Ehrenmitgl. des Ver.) (ebd.) 1896; D. litterarische Leipzig. Illustr. Hdb. d. Schriftst.- u. Gelehrtenwelt, d. Presse u. d. Verlagsbuchhandels in Leipzig, 1897; C. DIACONOVICH, Enciclopedia Româna 2, Hermannstadt 1904; Sachsens Gelehrte, Künstler u. Schriftst. in Wort u. Bild I (hg. B. VOLGER) 1907; Dtl., Öst.-Ungarns u. der Schweiz Gelehrte, Künstler u. Schriftst. in Wort u. Bild (hg. G. A. MÜLLER) 1908; G. N. HATZIDAKIS, Kurze Antwort d. Prof. Dr. G. N. Hatzidakis auf d. Inhalt der Schrift: ‹Ethnographie von Makedonien› v. Prof. Dr. ~, 1924; L. PREDESCU, Enciclopedia Cugetarea, Bukarest 1940 [Biogr.]; I. IORDAN, Atlasul dacoromânesc al lui ~ (D. dakorumän. Atlas v. ~) (in: I. I., Lingvistica romanica) Bukarest 1962; W. BAHNER, ~ (in: Bedeutende Gelehrte in Leipzig I, hg. M. STEINMETZ, Red. G. HARIG) 1965; S. PUSCARIU, Calare pe doua veacuri. Amintiri din tinerete (Rittlings auf zwei Jahrhunderten. Jugenderinn.) Bukarest 1968; DERS., ~, mein erster Univ.lehrer (in: Balkan-Arch., NF 5) 1980; R. SCHLÖSSER, ~ u. s. Bedeutung für d. Romanistik u. für d. Balkanologie (ebd.) 1980; H. FRISCH, Beitr. zu d. Beziehungen zw. d. europäischen u. d. rumän. Linguistik, Bochum/Bukarest 1983; K. SUCHER, D. Leben u. Wirken v. ~ (in: Linguist. Arbeitsber. 42) 1984; R. SCHLÖSSER, ~s Briefe an Hermann Suchier (in: Balkan-Arch., NF 16) 1991; D. Bedeutung d. roman. Sprachen im Europa der Zukunft. Romanist. Koll. IX in Tübingen. Stand u. Perspektiven d. dt.sprachigen Rumänistik (hg. W. DAHMEN u. a.) 1992; H. W. SCHALLER, ~. Sein Beitr. z. Balkanphilol. u. z. Bulgaristik, 1992; DERS., ~ u. d. nationalen Bestrebungen d. Balkanvölker (in: Sprache in der Slavia u. auf d. Balkan [...], hg. U. HINRICHS) 1993; DERS., ~ u. d. Makedon. Frage (in: D. Makedon. Frage. 14. Salzburger Slawistengespräch) 1995; M. POPA, ~ in Rumänien (in: 100 Jahre Rumänistik an d. Univ. Leipzig, hg. K. BOCHMANN u. S. KRAUSE) 1996; V. ARVINTE, D. rumän. Dialektologie zu ~s Zeit u. in d. Ggw. (ebd.); E. BELTECHI, ~ u. d. dakorumän. Dialekt (ebd.); K. BOCHMANN, Rumän. Stud. in Leipzig – Voraussetzungen u. Leistung (ebd.); R. WINDISCH, E. Rückblick auf ‹D. Dialekte der großen Walachei› (ebd.); V. FRATILA, D. Beitr. ~s z. Erforsch. d. Banater Subdialekts (ebd.) 1996; H.-J. u. J. KORNRUMPF, Fremde im Osmanischen Reich 1826–1912/13. Bio-bibliograph. Register, 1998; R. WINDISCH, D. Überleben von Vorurteilen. ~ (1860–1930) u. d. rumän. Dialektgeographie (in: Kulturdialog u. akzeptierte Vielfalt? Rumänien u. rumän. Sprachgebiete nach 1918, hg. H. FÖRSTER u. H. FASSEL) 1999; Dictionar enciclopedic, Chisinau 2001; M. M. DELEANU, ~ si banatenii. Comentarii filologice si contributii documentare (~ u. d. Banater. Philolog. Komm. u. Belegdokumente) Reschitz 2005; T. KAHL, ~ în Grecia. Despre greutatea unei perceptii în lumea greaca. Istoria aromânilor (~ in Griechenland. Über d. Schwierigkeiten e. Wahrnehmung in d. griech. Welt. D. Gesch. der Aromunen) Bukarest 2006. AW

**Weigand,** Harald, * 1960 Langenfeld/Bayern; studierte Pädagogik u. Sozialpädagogik an den Univ. Freiburg/Br. u. Erlangen-Nürnberg, 1997 Dr. phil. Erlangen-Nürnberg, Journalist, verf. u. a. Mundart-Beitr. f. d. Bayer. Rundfunk, lebt in Langenfeld; Lyriker, Erz. u. Sachbuchautor.

*Schriften:* Von Langevelt zu Langenfeld. Ein fränkisches Dorf im Wandel der Zeit, 1991; Die sozialökologische Perspektive in der Offenen Kinderarbeit. Eine qualitative Untersuchung, 1998 (zugleich Diss. 1997); Franknleid (Ged.) 1998; Neustadt, Land, Fluß. Ein fränkisches Portrait (mit A. RIEDEL) 2000; Zeitzeing (Ged.) 2001; Den Mond küssen. Sprachspiele, 2002; Kumm (Mundartlyrik) 2006.

*Literatur:* Selbstporträt. Literatur in Franken [...] (hg. D. STOLL) 1999. AW

**Weigand,** Jörg (gem. Ps. mit s. [zweiten] Gattin Karla → W.: Celine, Noiret), *21. 12. 1940 Kelheim/Donau; besuchte d. Gymnasium in Freiburg/Br., studierte ab 1962 Romanistik, Sinologie, Japanologie u. Polit. Wiss. an den Univ. Erlangen u. Würzburg, 1966 Stud.aufenthalt in Paris, 1969 Dr. phil. Würzburg. Verf. dann Forsch.aufträge, schrieb Fachartikel u. übers. (aus d. Französ.) u. a. Kriminalrom., 1971–73 Redaktions-Volontariat, 1973–96 polit. Korrespondent im Studio Bonn des Zweiten Dt. Fernsehens (ZDF), lebt in Staufen/Baden-Württ.; Hg., Übers. u. Verf. v. Kurzgesch. u. Hörsp. im Genre Science Fiction.

*Schriften* (Ausw.): Die Stimme des Wolfs. Science Fiction-Erzählungen aus Frankreich (hg., aus d.

Französ. übertr. v. O. MARTIN) 1976; Fensterblumen. Papierschnitt-Kunst aus China, 1977; Vorbildliches Morgen. Experten stellen ausgewählte Science-fiction-Stories vor (hg.) 1978; Die andere Seite der Zukunft. Moderne Science-fiction-Erzählungen (hg.) 1980; Sie sind Träume. Science-fiction-Erzählungen aus Frankreich (ausgew. u. mit e. Einl. hg., dt. Übers. v. J. FISCHER) 1980; Vorgriff auf morgen. Science-fiction-Stories aus der Bundesrepublik Deutschland (hg.) 1981; Gefangene des Alls und andere Science-fiction-Stories (hg.) 1982; Die Träume des Saturn (hg.) 1982; Lebensweisheit aus dem Reich der Mitte (ges. aus d. Chines. u. hg.) 1982; Der Traum des Astronauten. Science-fiction-stories, 1983; Der Herr der Bäume. Neue phantastische Geschichten aus Frankreich (hg., ins Dt. übertr. v. B. Borngässer) 1983; Vergiß nicht den Wind. Neue deutsche fantasy-Geschichten (hg.) 1983; In Jahrtausenden. Visionäre Geschichten des 19. Jahrhunderts (hg.) 1985; Blick ins Morgen. 7 Science-fiction-Geschichten (hg.) 1986; Der Störfaktor und andere Erzählungen aus der Wirklichkeit unserer Zukunft, 1988; Schneevogel (Erz.) 1988; Pseudonyme. Ein Lexikon. Decknamen der Autoren deutschsprachiger erzählender Literatur, 1991 (2., verb. u. erw. Aufl. 1994; 3., verb. u. erw. Aufl. 2000); Isabella oder Eine ganz besondere Liebe. Eine Novelle aus heutiger und vergangener Zeit, 1993; Träume auf dickem Papier: das Leihbuch nach 1945 – ein Stück Buchgeschichte, 1995; Das weite Feld der Phantasie. Aspekte deutschsprachiger Unterhaltungsliteratur. 111 Aufsätze aus 28 Jahren, 1995; Geschichten am Rande der Wirklichkeit (mit e. Nachw. v. W. U. ERWES) 1998; Wagnis 21. Visionen, Hoffnungen, Ängste. 21 Science-Fiction-Erzählungen (hg.) 2002; W. Ernsting, Clark Darltons Gästebuch. Die ersten Jahre der Science Fiction in Deutschland (hg. mit Karla W.) 2003; Spuk in den Cevennen (mit DERS.) 2006; Wenn Geister Rache üben ... (Rom., mit DERS.) 2007; Tödliche Gefahr (Rom., mit DERS.) 2007; Das schwarze Kloster (Rom., mit DERS.) 2008; Phantastischer Oberrhein (Erz., hg.) 2008; Franz Kurowski – die ganze Welt als Abenteuer. 60 Jahre Autor. Ein Leben als Wissensvermittler, Historiker und Erzähler (zus.gestellt u. hg.) 2008; Rot wie der Tod (Rom., mit Karla W.) 2009.

*Literatur:* M. BIEGER, Pessimismus mit Hoffnungsfunken. Dt. sprachige Science Fiction Autoren – ~ (in: Börsenbl. Frankfurt Nr. 69) 1985; Bibliogr. Lex. d. utop.-phantast. Lit. (Losebl.ausg.) o. J. [1986]; D. pseudonyme Universum. ~ z. 60. Geb.tag (hg. R. G. GAISBAUER) 2000; H. J. ALPERS u. a., Lex. d. Fantasy-Lit., 2005. IB

**Weigand,** K. W. → Weygandt, Wilhelm.

**Weigand,** (Friedrich Ludwig) Karl, * 18. 11. 1804 Unterflorstadt in d. Wetterau/Hessen, † 30. 6. 1878 Gießen; Sohn e. Försters († 1817), Privatunterricht in Staden, bis 1816 bei s. Großvater, d. Amtschirurgen Friedrich Ludwig Lichtstadt, anschließend bei e. Pfarramtskandidaten. Besuchte 1821–24 d. Schullehrerseminar in Friedberg, 1824–30 Hauslehrer in d. Familie d. Königl. Preuß. Generalmajors Freiherr v. Müffling in Mainz, daneben autodidakt. Sprachstud. u. 1830 Maturitätsprüfung in Gießen. Studierte dann Theol. u. Philol. an d. Univ. Gießen, 1833 theolog. Fak.prüfung in Gießen, 1834 theolog. Schlußprüfung in Darmstadt, nachträglich (1846) ordiniert. 1834–37 zweiter Lehrer an d. Realschule in Michelstadt, 1836 Dr. phil., 1837–67 ordentl. Lehrer für dt. u. lat. Sprache, Religion u. Gesch. an d. neugegründeten Realschule in Gießen, 1855–57 provisor. u. 1857–67 Dir. d. Schule. 1849 Habil., bis 1851 Privatdoz. u. danach a. o. Prof., 1857–78 o. Prof. für Dt. Sprache u. Lit. an d. Univ. Gießen. Führte nach Jacob (Ludwig Carl) → Grimms Tod (1863) mit Rudolf → Hildebrand d. «Dt. Wörterbuch» fort, an dem er seit 1854 Mitarb. war. 1849–77 Mitgl. d. Gießener Gesellsch. für Wiss. u. Kunst, 1859 ordentliches Mitgl. d. Hist. Ver. für d. Großherzogtum Hessen u. weitere Mitgl.schaften. S. mundartlichen Ged., Erz. u. Sagenslg. sind in versch. Zs. veröffentlicht.

*Schriften* (Ausw.): Wörterbuch der deutschen Synonymen, 3 Bde., 1840–43 (2. Ausg. mit Verbesserungen u. neuen Artikeln, 3 Bde., 1852); Weinhauszeichen (hg.) 1848; Segensformeln (hg.) 1848; Friedberger Passionsspiel (hg.) 1849; Deutsches Wörterbuch (3., völlig umgearb. Aufl. v. Friedrich Schmitthenners «Kurzem deutschen Wörterbuche») 2 Bde., 1857–71 (2., verb. u. verm. Aufl. 1873–76; 3., verb. u. verm. Aufl. 1878; 5. Aufl. in d. neusten für Dtl., Öst. u. d. Schweiz gültigen amtl. Rechtschreibung. Nach des Verf. Tode vollständig neubearb. v. K. v. BAHDER, H. HIRT, K. KANT, hg. H. HIRT, 1907–10; Nachdr. 1968).

*Nachlaß:* SBPK Berlin; UB Gießen (vgl. dazu auch IG 3,1966). – Denecke-Brandis 401.

*Bibliographie:* [Bibliogr. v. Beitr. in versch. Ztg. u. Zs.] in: O. BINDEWALD, Z. Erinn. an ~. E. Lb.,

1879; Bibliogr. [d. veröff. mundartlichen Ged. u. Erz.] in: W. CRECELIUS, Oberhess. Wörterbuch 1, 1897 [Vorwort].

*Literatur:* ADB 55 (1910) 360; Goedeke 15 (1966) 1064; 1154; IG 3 (2003) 1994; DBE [2]10 (2008) 479. – W. U. JTTING, ~ u. s. Bedeutung für d. Schule (in: Pädagog. Bl. für d. Lehrerbildung 8) 1879; O. BINDEWALD, Z. Erinn. an ~. E. Lb., 1879; K. ESSELBORN, ~ als Sagensammler (in: Hess. Bl. für Volksk. 21) 1922; W. SCHOOF, ~ u. d. Grimmsche Wörterbuch. E. Jh.erinn. (in: GRM 26) 1938 (auch in: Hess. Chron. 29, 1942); DERS., Die hess. Mitarb. d. Grimmschen Wörterbuches (in: Zs. d. Ver. für Hess. Gesch. u. Landeskunde 63) 1952; W. H. BRAUN, ~ (in: D. hess. Landkreis Friedberg, hg. E. MILIUS) 1966; A. HUBER, Kritiker u. Konkurrenten, erste Mitarb. u. Fortsetzer d. Brüder Grimm am Dt. Wörterbuch (in: D. Grimmsche Wörterbuch. Unters. z. lexikographischen Methodologie, hg. J. DÜCKER) 1987; I. SEEMANN, D. Semantik d. Unbekannten. Hist. Bedeutungswörterbücher im 19. Jh. – Schmitthenner u. ~, 1993; J. WAGNER, Der Wörtersammler ~ (1804–1878) u. s. Zeit (hg. v. Hist. Arch. d. Gemeinde Florstadt anläßlich des 200. Geb.tags des Sprachforschers u. Mundartdichters) 2004. IB

**Weigand,** Karl-Heinz, * 11. 10. 1951 Berlin; studierte Informatik, seit 1980 Prüfingenieur f. d. digitale Telekommunikation, 1995–2004 Projektleiter e. dt. Telekommunikationsunternehmens m. Einsatz im Mittleren Osten, seither freiberufl. Berater u. Autor, lebt in Rheinfelden/Baden.

*Schriften:* Fest am Wickel (Rom.) 2006. AW

**Weigand,** Karla (geb. Wolff, Ps. Carola Blackwood, Veronika Matthis u. gem. m. Jörg → Weigand: Celine Noiret), * 25. 4. 1944 München; verh. m. Jörg W., studierte Pädagogik, Kinder- u. Jugendpsychol., Gesch., Kunstgesch. u. Theol., 20 Jahre als Lehrerin tätig, lebt als freie Autorin in Staufen/Baden-Württ.; Romanautorin.

*Schriften:* W. Ernsting, Clark Darltons Gästebuch. Die ersten Jahre der Science Fiction in Deutschland (hg. mit Jörg W.) 2003; Firmin – ein Opfer seiner Leidenschaft (Rom.) 2004; Gefangen in Monkstone Castle (Rom.) 2005; Hab' Vertrauen zu mir, mein Schatz (Rom.) 2005; Mord in der Abtei (Rom.) 2005; Aufregung in Langenbach (Rom.) 2005; Fluch der Berberhexe (Rom.) 2005; Opfer einer Intrige (Rom.) 2005; Gewitter über dem Findeishof (Rom.) 2005; Die silberne Madonna (Rom.) 2005; Rivalin aus der Vergangenheit (Rom.) 2006; Die Kammerzofe (hist. Rom.) 2006; Spuk in Venedig (Rom.) 2006; Spuk in den Cevennen (mit Jörg W.) 2006; Die Hexengräfin (hist. Rom.) 2007; Der Blutgraf von Florenz (Rom.) 2007; Von Eifersucht verfolgt (Rom.) 2007; Wo das Grauen herrscht (Rom.) 2007; Wenn Geister Rache üben ... (Rom., mit Jörg W.) 2007; Tödliche Gefahr (Rom., mit DEMS.) 2007; Das schwarze Kloster (Rom., mit DEMS.) 2008; Die Heilerin des Kaisers (hist. Rom.) 2008; Im Dienste der Königin (Rom.) 2009; Rot wie der Tod (Rom., mit Jörg W.) 2009. AW

**Weigand,** Kurt, * 19. 11. 1920 Hagen/Westf.; 1940 Dr. phil. Frankfurt/Main, Dramaturg, Lektor, Übers. u. Hg., lebte in Frankfurt/Main (1958); Fachschriftenautor.

*Schriften* (Übers. u. Herausgebertätigkeit in Ausw.): Situation und Situationsgestaltung in der Tragödie, 1941 (zugleich Diss. 1940); Katastrophe und Genie in den Strukturen der Geschichte. Hinweis auf den Versuch einer Faktorialanalyse, 1954; J.-J. Rousseau, Schriften zur Kulturkritik. Die zwei Diskurse von 1750 und 1755 (eingel., übers. u. hg.) 1964 (2., erw. u. durchges. Aufl. 1971; 3., durchgesehene Aufl. 1978; 4., erw. Aufl. 1983; [5]1995); Napoléon. Briefe. Aus dem Briefwechsel des großen Korsen (n. d. durchges. Übertr. v. F. M. KIRCHEISEN hg. u. eingel.) 1960; E. Weil, Philosophie der Politik (übers. mit W. GERTZ) 1964; C. L. de Secondat de Montesquieu, Vom Geist der Gesetze (eingel., ausgew. u. übers.) 1965 (Nachdr. 1980, 1984, 1989; Nachdr.: durchges. u. bibliogr. erg. Ausg., 1994). AW

**Weigand,** Rodja K., * 23. 10. 1945 München; studierte Bautechnik, Ingenieur, lebt in Schwifting/Bayern, Mitarb. v. «Akzente», «Kürbiskern», «Schmankerl» u. a. Zs., er war mit der Malerin Franziska → Sellwig († 1995), die unter dem Namen Ingeborg W. lit. tätig war, verheiratet; Lyriker.

*Schriften:* Biagts an Stahl. Bayrische Gedichte, 1975; Vom gefährdeten Lachen (Ged.) 1976; Viele von uns denken noch, sie kämen durch, wenn sie ganz ruhig bleiben. Deutschsprachige Gegenwartslyrik von Frauen (hg. mit Ingeborg W.) 1978; Das Landsberger Lesebuch. Prosa, Lyrik und Kunst aus oder über den Landkreis Landsberg/Lech (hg.) 1979; Papagena-vogelfrei (hg.) 1980 (u. d. T.: Spiegelbild. Gedichte von Frauen, 1988); Unruhe über Steinen (Ged.) 1981; Tee und Butterkekse. Prosa von Frauen (hg. mit Ingeborg W.) 1982; Zerstrahlt. Gedichte 1980–1985, 1986; Ebenda (Ged.) 1990; Der Kuß am Kiel des Schiffes. Gedichte 1990–2000, 2001; Im Anblick des Endlichen. Gedichte 2000–2006, 2006.

*Literatur:* F. HOFFMANN, J. BERLINGER, D. neue dt. Mundartdg. Tendenzen u. Autoren dargestellt am Beispiel d. Lyrik, 1978. IB

**Weigand,** Sabine (eig. Sabine Weigand-Karg), * 11.6. 1961 Nürnberg; studierte Gesch. an d. Univ. Bayreuth, 1992 Dr. phil., arbeitet als Ausstellungsplanerin f. Museen, lebt in Schwabach/Bayern, erhielt 2006 d. Preis «Kulturmeter» d. Stadt Schwabach; Fachschriftenautorin u. Verf. v. hist. Romanen.

*Schriften:* Die Plassenburg. Residenzfunktion und Hofleben bis 1604 (Diss.) 1992 (Neuausg. 1998); Die Sammlung Mühlhäuser. Völkerkundliche Objekte aus dem ehemaligen Deutsch-Ostafrika (Ausstellungskatalog, Mitverf., hg. F. WINTER) 1995; Vergessen und verdrängt? Schwabach 1918–1945 (Ausstellungskatalog, hg.) 1997; Die Markgräfin (Rom.) 2004 (Tb.ausg. u. Hörbuch 2005; Neuausg. 2007); Das Perlenmedaillon (Rom.) 2005 (Tb.ausg. 2007); Die Königsdame. Die Osmanin am Hof von August dem Starken (hist. Rom.) 2007 (Tb.ausg. 2008); Historisches Stadtlexikon Schwabach (mit W. DIPPERT u. a., hg. E. SCHÖLER) 2008; Die Seelen im Feuer (Rom.) 2008. AW

**Weigand,** Wilhelm (eig. Wilhelm Schnarrenberger), * 13.3. 1862 Gissigheim/Baden, † 20.12. 1949 München; Sohn e. Landwirts, studierte Philos., Kunstgesch. u. Romanistik in Brüssel, Paris u. Berlin, lebte seit 1889 als Schriftst. in München, 1896 Berufung in d. staatl. Kommission z. Ankauf moderner Kunst ebd., Bekanntschaft u. a. mit Richard → Dehmel, Frank → Wedekind u. Otto Julius → Bierbaum, stand in Beziehungen z. Kreis um d. Kunstmaler Wilhelm Leibl, 1904 Mitbegr. u. anfängl. Hg. d. «Süddt. Monatshefte»; 1917 Ernennung z. Prof., Johann-Peter-Hebel-Preis u. Ehrenbürger d. Univ. Heidelberg (1942), Friedrich-Rückert-Preis (1943), Ehrenbürger v. Gissigheim (1947) u. a. Auszeichnungen.

*Schriften:* Die Frankenthaler (Rom.) 1889 (umgearb. Neuausg. 1894, 1902, 1912); Im Exil (Nov.) 1890; Gedichte, 1890; Essays, 1891; Rügelieder, 1892; Der neue Adel. Lustspiel in vier Akten, 1893 (neubearb. Ausg. 1908); Friedrich Nietzsche. Ein psychologischer Versuch, 1893; Der Wahlcandidat. Lustspiel in drei Akten, 1893; Dramatische Gedichte. o. J. (1894); Sommer. Neue Gedichte, 1894; Der Vater. Drama in einem Akt, 1894; Das Elend der Kritik, 1895; Agnes Korn. Drama in drei Akten, 1895; Don Juans Ende. Lustspiel in einem Akt, 1896; Der zwiefache Eros (Erz.) 1896; Zwei Lustspiele. Der neue Adel. Der Wahlkandidat [umgearb.] 1896; Das Opfer. Schauspiel in vier Akten, 1896; Lorenzino. Tragödie in vier Akten, 1897; Die Renaissance. Ein Dramencyclus, I Tessa. Savonarola, II Cäsar Borgia. Lorenzino, 1899 (verm. Neuausg., 4 Bde., 1901–03); Moderne Dramen, I Der Wahlkandidat. Agnes Korn. Der neue Adel. Der Vater; II Don Juans Ende. Der Dämon. Der Einzige. Der Übermensch, 1900; In der Frühe. Neue Gedichte (1894–1901) 1901; Florian Geyer. Ein deutsches Trauerspiel in fünf Akten, 1901; Stendhal, 1903; Gedichte. Auswahl, 1904; Lolo. Eine Künstler-Komödie, 1904; Novellen, 2 Bde., 1904–06 (Ausz. u. d. T.: Anselm, der Hartheimer. Sirene [Einl. W. HOLZAMER] 1906); Der Abbé Galiani, 1908 (verm. NA mit d. Untertitel: Ein Freund der Europäer, 1948); Der Einzige. Ein Schauspiel in vier Akten, 1908; Der Gürtel der Venus. Eine Tragödie in fünf Akten, 1908; Der verschlossene Garten. Gedichte aus den Jahren 1901–1909, 1909; Montaigne, 1911; Stendhal und Balzac. Zwei Essays, 1911; Psyches Erwachen. Ein Schauspiel in drei Akten, 1912; Honickl von Helmhausen. Das Abenteuer des Dekans Schreck. Zwei Erzählungen (Einl. E. LIESEGANG) 1912; Könige. Ein Schauspiel in fünf Akten, 1912; Der Ring. Ein Novellenkreis, 1913 (veränd. NA 1921, veränd. NA 1947 mit d. Untertitel: Schicksale um ein Familienkleinod); Wendelins Heimkehr. Eine Erzählung aus der Fremdenlegion, o. J. (1915); Weinland. Novellen aus Franken, 1915; Die Löffelstelze (Rom.) 1919; Frauenschuh. Drei Novellen und eine Widmung, 1920 (Ausz. 1921); Die Hexe (Erz.) o. J. (1920); Wunnihun. Eine Roman-Arabeske mit einer Vogelgeschichte, 1920; Der graue Bote (Erz.) 1924; Rosmarie und andere Erzählungen, o. J. (1927); Die ewige Scholle (Rom.) 1927; Die Fahrt zur Liebesinsel (Rom.) 1928 (NA u. d. T.: Jean Antoine Watteau. Die Fahrt zur Liebesinsel. Historischer Roman, 1938); Von festlichen Tischen. Sieben Novellen, 1928; Die Gärten Gottes (Rom.)

1930; Die rote Flut. Der Münchener Revolutions- und Rätespuk 1818/19 (Rom.) 1933; Der Musikantenstreik. (Der Ring des Präsidenten) (Vorw. F. DENK) 1933; Helmhausen (Rom.) 1938; Die liebe Frau von Biburg. Kleiner Roman, 1939; Menschen und Meister, o. J. [1940]; Welt und Weg. Aus meinem Leben, 1940; Der Ruf am Morgen (Rom.) o. J. (1941); Venus in Kümmelburg. Ein Roman-Scherzo, 1942; Der graue Bote und Vatels Traum. Zwei Novellen, 1944; In Dur und Moll. Ein Quartett, 1944; Michael Schönherr [Rom.] o. J. (1944); Sebastian Scherzlgeigers Fahrt nach Kautzien. Auch ein Reiseroman, halb Mär, halb mehr, 1948. – Textproben in: BB 5,763.

*Übersetzungen, Herausgebertätigkeit:* A. Bayersdorfer, Leben und Schriften. Aus seinem Nachlaß herausgegeben (mit H. MACKOWSKY, A. PAULY) 1902; Meister Franz Rabelais', Der Arzeney Doctoren, Gargantua und Pantagruel (mit Einl. hg., Lebensabriß d. Übersetzers u. Bibliographie v. G. PFEFFER) 2 Bde., 1906 (verm. NA 1924); M. de Montaigne, Gesammelte Schriften (hist.-krit. Ausg. mit Einl. u. Anm. unter Zugrundelegung der Übertragung v. J. J. BODE, mit O. FLAKE) 8 Bde., 1908–11; [A. v. Villers], Briefe eines Unbekannten (aus dessen Nachlaß neu hg., mit K. Graf LANCKORONSKI) 2 Bde., 1910 (Ausz. 1925); R. W. Emerson, Natur. Zwei Essays (mit T. WEIGAND übers.) 1913; L. de Rouvroy, Duc de Saint-Simon. Der Hof Ludwigs XIV. [...] (mit Einl. hg.) o. J. [1913] (erw. NA 1925); F. de Stendhal, Gesammelte Werke (mit F. BLEI hg.) 15 Bde., 1921–23; G. Flaubert, Gesammelte Werke (Mithg.) 6 Bde., 1923.

*Nachlaß:* Mainfränk. Mus. Würzburg. – Denecke-Brandis 401. – Hdb. d. Hss.bestände in d. Bundesrepublik Dtl. 1 (bearb. T. BRANDIS, I. NÖTHER) 1992.

*Literatur:* BB 5 (1981) 1081; Killy 12 (1992) 189; Autorenlex. (1995) 823; Schmidt, Quellenlex. 32 (2002) 473; DBE ²10 (2008) 479. – H. MANN, D. Elend d. Kritik (in: D. zwanzigste Jh. 5) 1895; W. W. HOLZAMER, ~ (in: LE 5) 1902/03; H. BENZMANN, ~s Lyrik (ebd.); H. ÜBERSCHAER, ~s hist. Dr. (Diss. masch. Breslau) 1920; A. SOERGEL, ~ (in: A. S., Dg. u. Dichter d. Zeit. E. Schilderung d. dt. Lit. d. letzten Jahrzehnte) 1925; W. KUNZE, ~ (in: Fränk. Monatsh. 8) 1929; H. BRANDENBURG, ~ (in: NLit, H. 1) 1931; A. ELOESSER, D. dt. Lit. von d. Romantik bis z. Ggw., 1931; W. W. OEFTERING, Gesch. d. bad. Lit. E. Abriß 3, 1937; E. ALKER, ~ (in: Dg. u. Volkstum 41) 1941; E. BAADER, ~. E. fränk. Dichter (in: Mein Heimatland 29) 1942; ~, ‹D. Frankenthaler›; ‹D. Löffelstelze›; ‹D. Ring› (in: D. Rom.führer 2 [...], hg. W. OLBRICH) ²1960; A. SCHMIDT, Lit.gesch. unserer Zeit, 1968; D. Johann-Peter-Hebel-Preis 1936 bis 1988 (bearb. M. BOSCH) 1988; H. D. SCHMIDT, E. Grabkapelle als Dichterstätte. ~ in Gissigheim (in: C. GRÄTER, «... muß in Dichters Lande gehen ...». Dichterstätten in Franken) 1989; M. BOSCH, ~ (in: Bad. Biogr., NF 4, hg. B. OTTNAD) 1996; C. GRÄTER, Franke mit Formwillen ohne Publikums-Fortune. Z. 50. Todestag v. ~ (in: Bad. Heimat 79) 1999; Große Bayer. Biogr. Enzyklopädie 3 (hg. H.-M. KÖRNER unter Mitarb. v. B. JAHN) 2005. RM

**Weigand,** Wolfgang, * 1966 (Ort unbek.); Dipl.-Theologe; Erzähler.

*Schriften:* Legion (Erz.) 2006. AW

**Weigang,** Dorothee (auch Dorothea, geb. Roitsch, Ps. Anneliese Ackermann), * 31. 5. 1882 Dresden, Todesdatum u. -ort unbek.; lebte in Menden/Sauerland (1973); Erzählerin.

*Schriften:* Josi. Ein Mädchenschicksal unserer Tage, 1950; Karins Abenteuer, 1950; Josi schafft es dennoch, 1950; Korry entscheidet sich, 1951; Tanja in Gefahr!, 1957; Die Drillinge, 1958; Aufregung um Monika, 1959; Lissy endlich zu Hause. Im Korbflechterwagen von Ort zu Ort. Eine Erzählung für Kinder, 1962; Vier Mädchen und ein Sommer. Eine Jungmädchengeschichte, 1962; Oh, diese Karin. Eine reizende Erzählung über einen kleinen Wildfang, 1962; Drillinge wie noch nie, 1973; Fräulein Wildfang, 1973; Gefahr für Karin, 1973; Der große Ackermann Sammelband, 1982. AW

**Weigang** (Weygang), Johann Karl Gottlob Wilhelm, * 18. Jh. Schweidnitz, Todesdatum u. -ort unbek.; Kandidat d. Predigtamtes u. Hofmeister in Reichau/Schlesien.

*Schriften:* Geographisches Lied über Schlesien und die Graffschaft Glatz, zur Wiederholung der Erdbeschreibung dieser Provinzen. Für die Jugend bestimmt, 1792; Geographie in Versen. Ein ersprießliches Hülfsmittel für die Jugend zur leichtern Erlernung der Geographie, I/1 Von Spanien, Portugal, Frankreich und Italien. Nebst einer Melodie [...], 1796; Schlesien und Glatz, geographisch -poetisch beschrieben. Mit einer Musikbeilage, 1807.

*Literatur:* Meusel-Hamberger 8 (1800) 393; Goedeke 7 (1900) 434. – C. J. A. HOFFMANN, D. Tonkünstler Schlesiens [...], 1830. RM

**Weigel,** Albert, * 7. 11. 1919 Hatzenbühl/Pfalz; ab 1946 Verwaltungsbeamter in Hatzenbühl u. ab 1972 in d. Verbandsgemeinde Jockgrim, 1982 pensioniert; beschäftigte sich mit Ortskunde u. Heimatforschung.

*Schriften* (Ausw.): Die Marienkirche Landau-Pfalz. Eine Jubiläumsgabe zum 50. Jahrestag [...], 1961; Jubiläumsschrift anläßlich der 700-Jahr-Feier der Gemeinde Hatzenbühl, 1972; 400 Jahre Tabakanbau in Hatzenbühl, 1973; Geschichte der Pfarrei Eschbach, Pfalz, 1982; Neuleiningen in der Zeit des Nationalsozialismus, 1984; Ein Kaiserhof wird zum Dorf. 1300 Jahre Steinweiler. Chronik der Gemeinde Steinweiler, 1994; Vom Rheinübergang um das Jahr 275 zum – neuen – Potz. Familien- und Gebäudechronik der Gemeinde Neupotz, 1997.

*Literatur:* V. CARL, Lex. Pfälzer Persönlichkeiten (3., überarb. u. erw. Aufl.) 2004. IB

**Weigel,** Andrea, *20. 9. 1953 Wanne-Eickel/Nordrhein-Westf.; Fremdsprachenkorrespondentin, Übers., lebt in Castrop-Rauxel/Nordrhein-Westf., Lyrikerin.

*Schriften:* So einfach kann es sein (Ged.) 1984. AW

**Weigel,** Andreas, * 3. 10. 1961 Bludenz/Vorarlberg; studierte bis 1988 u. a. Germanistik in Wien, 1992 Dr. phil. ebd., langjähriger Pressereferent, verf. Beitr. f. d. öst. Hörfunk (ORF), Ztg. («D. Standard», «D. Presse», «Salzburger Nachr.», «Wiener Ztg.» u. a.), Zs. («Falter», «James Joyce Quarterly», «Rolling Stone» u. a.) sowie mehrere Lit.jahrbücher, lebt in Wien.

*Schriften:* Ruckworts gegen den Strom der Zeilen. Lese-Notizen ... zu Hans Wollschlägers «Herzgewächse oder Der Fall Adams», erstes Buch, 2 Tle., 1992/94 (zugleich Diss. 1992). AW

**Weigel,** Christian Ehrenfried von, *24. 5. 1748 Stralsund, † 8. 8. 1831 Greifswald; Sohn d. Stadtarztes Bernhard W., studierte 1764–69 Medizin u. Naturwiss. an den Univ. in Greifswald u. Göttingen, 1771 Dr. med., hielt ab d. Sommersemester 1772 botan. u. mineralog. Vorlesungen an d. Univ. Greifswald, 1773 Adjunkt d. Medizin. Fak. u. bis 1881 Dir. des Botan. Gartens u. Aufseher d. akadem. Mineralienslg., 1775–1805 o. Prof. d. Chemie u. Pharmazie, 1776 Dr. phil., seit 1780 Assessor u. 1794–1806 Dir. des Gesundheitskollegs v. Schwed. Pomm. u. Rügen. Mehrere Auszeichnungen, u. a. 1806 in den Reichsadelsstand erhoben, 1814 Ritter des Nordsternordens. Seit 1790 Mitgl. d. Dt. Akad. d. Naturforscher Leopoldina u. weitere Mitgl.schaften; Verf. v. Fachschr., Übers. aus dem Schwed. u. Französ.; nach ihm ist die «Weigelia», e. Gattung der Geißblattgewächse, benannt.

*Schriften* (Ausw.): Observationes Chemicae et Mineralogicae, 2 Tle., 1771–73 (u. d. T.: Chemisch-Mineralogische Beobachtungen, aus d. Lat. übers. u. mit vielen Zusätzen verm. v. J. T. PYL, 1779); Vom Nutzen der Botanik, 1773; Vom Nutzen der Chemie, insbesondere in Absicht auf Pommern betrachtet, 1774; Grundriß der reinen und angewandten Chemie, 2 Bde., 1777; J. P. Marat, Physische Untersuchungen über das Feuer (aus d. Französ. übers. mit Anm.) 1782; ders., Entdeckungen über das Licht, durch eine Reihe neuer Versuche bestätigt (aus d. Französ. übers. mit Anm.) 1783; ders., Physische Untersuchungen über die Elektricität (aus d. Französ. übers. mit Anm.) 1784; Beiträge zur Geschichte der Luftarten. In Auszügen, als ein Nachtrag zu dem historischen kurzen Begriffe elastischer Ausflüsse in Herrn Lavoisier physikalisch-chemischen Schriften, 1784; Über die Academie zu Greifswald gegen Hr. Cammerrath von Reichenbach, 1787; Einleitung zur allgemeinen Scheidekunst, 3 St., 1788–94; Magazin für Freunde der Naturlehre und Naturgeschichte, Scheidekunst, Land- und Stadtwirthschaft, Volks- und Staatsarznei (hg.) 1794–97 (Mikrofiche-Ausg. 1994).

*Literatur:* Meusel-Hamberger 8 (1800) 393; 10 (1803) 802; 21 (1827) 412; NN 9 (1833) 699; ADB 41 (1896) 464; DBE [2]10 (2008) 479. – Biogr. Lex. der hervorragenden Ärzte aller Zeiten u. Völker 5 (hg. A. HIRSCH, 2., durchges. u. erg. Aufl. v. W. HABERLING, F. HÜBOTTER, H. VIERORDT) 1934; H. LANGER, C. FRIEDRICH, ~ – e. bedeutender Naturwissenschaftler an d. Univ. Greifswald (in: Greifswald-Stralsunder Jb. 13/14) 1982; H. LANGER, C. FRIEDRICH, H.-J. SEIDLEIN, ~ – s. Bedeutung für d. Entwicklung d. Pharmazeut. Wiss., 3 Tle. (in: Die Pharmazie 37) 1982; G. GREWOLLS, Wer war wer in Mecklenb.-Vorpomm.? Ein Personenlex., 1995; Biogr. Enzyklopädie dt.sprachiger Naturwissenschaftler 2 (hg. D. v. ENGELHARDT) 2003; H.

Reddemann, Berühmte u. bemerkenswerte Mediziner aus u. in Pomm., 2003. IB

**Weigel,** Dieter, * 1935 Quedlinburg/Harz; wuchs in Gernrode/Harz auf, studierte Geologie, lebt seit 1966 in Wettmar/Nds.; Verf. v. Reiseberichten.

*Schriften:* Reisemosaik bei den Minangkabau – Sumatra. Heiteres, Ernstes, Alltägliches, Unglaubliches, 1998; Flucht ins Wadi Araba. Heiteres, Ernstes, Alltägliches und Unglaubliches in und am Rande der Wüste, 2003. AW

**Weigel,** Eduard, Lebensdaten unbek.; lebte in d. zweiten Hälfte d. 19. Jh. vermutl. in Berlin.

*Schriften:* Ollerhand neckscsches Geramsel. Erzählungen in schlesischer Mundart, 1881. IB

**Weigel,** Erhard, * 1625 (getauft 16. 12.) Weiden/Oberpfalz, † 21. 3. 1699 Jena; Sohn e. Tuchmachers, besuchte d. Stadtschule, dann d. Gymnasium in Wunsiedel u. Halle/Saale, Schreiber beim Astronomen Bartholomäus Schimpfer, studierte Mathematik in Leipzig, 1650 Magister d. Philos., Privatlehrer, 1652 Habil. u. seit 1653 Prof. f. Mathematik in Jena, an d. Univ. ebd. mehrfach Dekan u. Rektor; Herzogl. Hofmathematiker u. Oberbaudirektor v. Sachsen-Jena, 1686 Pfalz-Sulzbach. u. 1688 Kaiserl. Rat, unternahm Reisen u. a. nach Den Haag (1691), Kopenhagen u. Stockholm (1696–97), Nürnberg (1672, 1687, 1698) u. Wien (1687), förderte maßgebl. d. Kalenderreform, d. h. die Durchsetzung d. Gregorian. Kalenders auch in protestant. Gebieten.

*Schriften* (Ausw.): Analysis Aristotelica ex Euclide restituta [...], 1658 (NA 1679); Speculum temporis civilis, das ist bürgerlicher Zeit-Spiegel [...], 1664; Mathematische Kunstübungen sampt ihrem Anhang [...], 1670; Idea matheseos universae [...], 1672; Himmels-Zeiger der Bedeutung aller Dinge dieser Welt, inssesonderheit derer Sterne [...], 1681; Kurtzer Entwurff der freudigen Kunst- und Tugend-Lehr vor Trivial und Kinder-Schulen, 1682; Von der Würkung des Gemüths, so man das Rechnen heist [...], 1683; ARETOLOGISTICA, Die Tugend-übende Rechen-Kunst. Darinnen Nicht allein die allgemeine Theorie der zehl- und meßbaren Dinge, wie auch Des Verstands- und Willens-Würckungen darüber kurtz beschrieben, Sondern auch die Rechen-Prax, wie man zahlmässig rechnen, und dadurch Die Tugenden Der Jugend fertig angewöhnen möge, Mit gewissen Regeln angewiesen wird, 1687; ARETOLOGISTICAE, Der Tugend-übenden Rechen-Kunst, anderer Theil [...], 1687; Wienerischer Tugend-Spiegel, Darinnen Alle Tugenden nach der Anzahl Derer gleich so vielen Festungs-Linien und Wercken. Bey der Welt gepriesenen nunmehr zum andernmal so tapffer wider Türck und Tartarn detendirten Kayserlichen Residenz-Stadt Wien zu immerwährendem Gedächtnuß vorgestellet, und nebenst einer Mathematischen Demonstration von GOtt wider alle Atheisten, zum Grund der Tugenden beschrieben und Mit Kupffern vorgebildet werden [...], 1687; Philosophia mathematica, Theologia naturalis solida [...], 2 Tle., 1693 (Nachdr., Vorw. J. Ecole, 2006); Extract aus der Himmels-Kunst vor jedermann [...], 1698; Entwurff der Conciliation deß Alten und Neuen Calender-Styli, 1699.

*Ausgaben:* E. W., Werke (hg. u. eingel. T. Behme) Bd. 1ff., 2003ff. – Gesammelte pädagogische Schriften (hg. H. Schüling) 1970.

*Literatur:* Zedler 54 (747) 288; Jöcher 4 (1751) 1857; ADB 41 (1896) 465; Pyritz 2 (1985) 710; Killy 12 (1992) 190; Schmidt, Quellenlex. 32 (2002) 473; DBE ²10 (2008) 479. – E. Bartholomäi, ~ (in: Zs. f. Mathematik u. Physik 13, Suppl.) 1868; E. Spiess, ~ [...]. E. Lb., 1881; G. Wagner, ~, e. Erzieher aus d. XVII. Jh. (Diss. Leipzig) 1931; M. Wundt, D. Philos. an d. Univ. Jena [...], 1932; H. Schöffler, Dt. Geistesleben zw. Reformation u. Aufklärung (Neuausg.) 1956; W. Mägdefrau, ~s Wirken in Jena [...] (in: Gesch. d. Univ. Jena [...] 1, Leitung M. Steimetz) 1958; C. Schaper, Neue archival. Forsch. z. Lebensgesch. v. Prof. ~ (in: Arch. f. Gesch. v. Oberfranken 39) 1959; Thüringer Erzieher (hg. G. Franz, W. Flitner) 1966; H. Schlee, ~ u. s. süddt. Schülerkreis. E. pädagog. Bewegung im 17. Jh., 1968; W. Röd, ~s Lehre von d. entia moralia (in: Arch. f. Gesch. d. Philos. 51) 1969; W. Hestermeyer, Pädagogia mathematica. D. Idee e. universellen Mathematik als Grundlage d. Menschenbildung in d. Didaktik ~s, zugleich e. Beitr. z. Gesch. d. pädagog. Realismus im 17. Jh., 1969; H. Schüling, ~ (1625–1699). Materialien z. Erforschung s. Wirkens, 1970; W. Röd, ~s Metaphysik d. Gesellsch. u. d. Staates (in: Studia Leibnitiana 3) 1971; K. Moll, D. junge Leibniz 1, 1978; ders., E. unausgetragene Kontroverse zw. G. W. Leibniz u. ~ (in: Studia Leibnitiana, Suppl. 21) 1980; ders., Von ~ zu C. Huygens (in: ebd. 14) 1982; U. G. Leinsle, Reformversuche protestant. Metaphysik im Zeitalter d. Rationalismus, 1988; H.-R. LINDNER, ~s ‹Idea matheseos universae›. Über Leibniz' «Lingua universalis» bis zu Freges «Lingua charakteristica». Untersuchungen z. Entwicklung d. Logik an d. Univ. Jena (Diss. Jena) 1988; T. KOBUSCH, Sein u. Sprache. Hist. Grundlegung e. Ontologie d. Sprache, Leiden 1987; T. BRÜGGEMANN (in Zus.arbeit mit O. BRUNKEN), Hdb. z. Kinder- u. Jgd.lit. Von 1570 bis 1750, 1991; Enzyklopädie Philos. u. Wiss.theorie 4 (hg. J. MITTELSTRASS) 1996; ~, (1625–1699). Barocker Erzvater d. dt. Frühaufklärung. Beitr. d. Kolloquiums anläßl. s. 300. Todestages [...] (hg. R. E. SCHIELICKE u. a.) 1999. RM

**Weigel,** Ernst Philipp (Ps. Ernst Emmler, Herbert Steineck), * 7. 7. 1878 Raschau/Erzgeb., † 1948 (Ort unbek.); studierte an den Univ. in Dresden u. Leipzig, 1907 Dr. phil., Volkswirt u. Notar in Berlin, lebte nach 1942 wieder in Raschau.

*Schriften:* Das sächsische Sibirien. Sein Wirtschaftsleben. Ein Beitrag zur Würdigung des Erzgebirges, 1908; Elisa Radziwill. Das Drama der Jugendliebe Kaiser Wilhelms I., 1911; Ehrgefühl (Schausp.) 1917; Jech un mei Haamit. Ein erzgebirgisches Heimatbuch mit Liedern, Gedichten und Erzählungen, 1939 (2., erw. Aufl. [mit d. Zusatz: und Bühnenspielen] 1940). IB

**Weigel,** Friedeman, * 1959 (Ort unbek.); studierte Germanistik u. Fremdsprachen, lebte mehrere Jahre im europäischen Ausland, Doz. f. Dt. u. Engl. in Bremen; Erzähler.

*Schriften:* Freiflug (Rom.) 2007. AW

**Weigel,** Hans (Ps. Florestan, Julius Hansen, Hermann Kind, Sven Lundborg), * 29. 5. 1908 Wien, † 12. 8. 1991 Maria Enzersdorf bei Wien; Sohn des Eduard W., Direktors e. Glaswarenfabrik u. der Regina W., geb. Fekete. Besuchte d. Akadem. Gymnasium in Wien, studierte 1926/27 Jura in Hamburg u. 1927/28 in Berlin, Abbruch d. Stud., 1928 Volontär bei der Zs. «D. lit. Welt» in Berlin, dann im Paul-Zsolnay-Verlag in Wien tätig. 1931 längerer Paris-Aufenthalt, seit 1933 freier Schriftst., Texter für versch. Wiener Kabaretts, u. a. «Der liebe Augustin», «Die Stachelbeere», «Lit. am Naschmarkt», Mitbegründer d. «Bundes junger Autoren», Mitautor v. Operettenlibretti (u. a. «Axel an der Himmelstür», Musik: R. Benatzky) u. Filmproduktionen. 1938 Flucht nach Zürich, dann nach Basel, wo s. Frau Gertrud Ramlo (Künstlername für Gertrud Kugel) 1938/39 am Stadttheater engagiert war. Kurze Zeit in e. Arbeitslager in Basel interniert. Mitgl. d. «Free Austrian Movement» (FAM). Schrieb in d. Flüchtlingszs. «Über d. Grenzen», adaptierte Stücke v. Johann → Nestroy u. Carlo Goldoni für das Schauspielhaus Zürich. Ab 1943 unter dem Ps. Hermann Kind Mitarb. an Alfred Rassers Kabarett «Kaktus» in Basel u. an d. Ws. «Nebelspalter». 1945 Rückkehr nach Öst., Publizist, Radiokommentator, Theaterkritiker u. a. für d. «Neue Öst.» u. den «Kurier», Förderer d. lit. Nachwuchses (u. a. Ingeborg → Bachmann, Ilse → Aichinger, Gerhard → Fritsch) in Öst., den er im Café Raimund um sich scharte, Hg. d. Anthol.-Reihe «Stimmen d. Ggw.», mit Friedrich → Torberg wird er für den sog. «Brecht-Boykott» an öst. Bühnen der Nachkriegszeit verantwortlich gemacht. Zuletzt war er mit der Schauspielerin Elfriede → Ott (ErgBd. 6) liiert. Mehrere Auszeichnungen, u. a. Ehrenkreuz für Wiss. u. Kunst d. Republik Öst. (1967), Nicolai-Medaille der Wiener Philharmoniker (1978), Staatspreis für Verdienste um d. öst. Kultur im Ausland (1988); Bearb. u. Übers. engl. u. französ. Bühnenstücke, Dramatiker u. Prosaist.

*Schriften* (Herausgeber- u. Übersetzungstätigkeit in Ausw.): Das himmlische Leben. Novelle quasi una fantasia, 1945; Barabbas oder Der fünfzigste Geburtstag. Eine tragische Revue in drei Akten, 1946; Der grüne Stern. Utopischer Gegenwartsroman, 1946 (Neuausg. 1976); Kleines Lehrbuch der Ehe. Von Inge und Sven Lundborg [d. i. Hans Weigel], 1947; Angelica. Dramatische Phantasie, o. J. [1948]; Unvollendete Symphonie (Rom.) 1951; Junge österreichische Autoren (hg.) 1951; Stimmen der Gegenwart (hg.) 1951–54; Hölle oder Fegefeuer. Fragment einer göttlichen Tragikomödie, 1952; Kleiner Knigge für Unpünktliche, 1956 (verkürzte Neufass. u. d. T.: Pünktlichkeit für Anfänger. Vorläufige Ratschläge für eine Änderung von Gewohnheiten im Sinne des Uhrzeigers, 1965); O du mein Österreich. Versuch des Fragments einer Improvisation für Anfänger und solche, die es werden wollen (Illustr. v. P. Flora) 1956 (Neuausg. mit d. Untertitel: Versuch des Fragments einer Improvisation, 1967); Wien für Anfänger (Zeichnungen: H. Polsterer) 1957; Masken, Mimen und Mimosen. Liebeserklärung eines Zivilisten an die Welt hinter den Kulissen der Kulissen, 1958 (u. d. T.: Apropos Theater. Masken, Mimen und Mimosen. [...], 1974); W. Krauss, Das

Schauspiel meines Lebens. Einem Freund erzählt (hg., Vorw. C. Zuckmayer) 1958; Flucht vor der Größe. Beiträge zur Erkenntnis und Selbsterkenntnis Österreichs, 1960 (unveränd. Neudr. mit d. Untertitel: Sechs Variationen über die Vollendung im Unvollendeten, 1970); Tausendundeine Premiere. Wiener Theater 1946–1961, 1961; Lern dieses Volk der Hirten kennen. Versuch einer freundlichen Annäherung an die Schweizerische Eidgenossenschaft, 1962; J. Nestroy, Ausgewählte Werke (hg. mit Einl.) 1962; Blödeln für Anfänger. Aussichtsloser Versuch der Bewältigung eines in dieser Form nicht zu bewältigenden Gegenstandes (mit Zeichnungen v. P. Flora) 1963; Attila Hörbiger. Das Welteis. Darf ich mitspielen? Der Sohn vom Hörbiger. Der Bruder vom Hörbiger. Der Hörbiger. Der Mann von der Wessely. Der Attila, 1963 [mit Schallplatte]; Tirol für Anfänger. Vorläufige Bruchstücke zum Entwurf einer Skizze über Land und Leute. Mit vielen Zeichnungen von Paul Flora, 1964 (Neuausg. 1981); A. Schnitzler, Spiel im Morgengrauen und acht andere Erzählungen (Ausw., hg. mit Einl.) 1965; Das tausendjährige Kind. Kritische Versuche eines heimlichen Patrioten zur Beantwortung der Frage nach Österreich (mit 25 Zeichnungen v. P. Flora) 1965 (hg. E. Ott, 1996); Das kleine Walzerbuch, 1965; Apropos Musik. Unsystematische und laienhafte Versuche eines Liebhabers zur Heranführung an die Tonkunst in der 2. Person Einzahl, mit 18 imaginären Porträts von Hans Fronius, 1965; Das Buch der Wiener Philharmoniker, 1967 [einmalige Festausg. mit Schallplatte]; Johann Nestroy, 1967; Wohl dem, der lügt! Kammer-Musical in 2 Akten mit einem Prolog und einem Zwischenspiel (nach Miguel Mihuras Komödie «Las Entretenidas», Musik: R. Stolz) 1968; Karl Kraus oder Die Macht der Ohnmacht. Versuch eines Motivenberichts zur Erhellung eines vielfachen Lebenswerks, 1968 (Tb.ausg. 1972); Vorschläge für den Weltuntergang. Satiren, 1969; Das silberne Zeitalter. Geburtstagsgruß an den neunzigjährigen Robert Stolz, 1970; K. Böhm, Ich erinnere mich ganz genau. Autobiographie (hg.) 1970 ([2.,] erw. NA 1974); Götterfunken mit Fehlzündung. Ein Antilesebuch (mit e. Geleitw. v. S. Schimmel sowie 13 Vignetten v. P. Rüfenacht) 1971; Die Leiden der jungen Wörter. Ein Antiwörterbuch, 1974 (5., erw. Aufl. 1975); J. B. Molière, Komödien, 7 Bde. (neu übertr.) 1975; Der exakte Schwindel oder Der Untergang des Abendlandes durch Zahlen und Ziffern, 1977; Das Land der Deutschen mit der Seele suchend. Bericht über eine ambivalente Beziehung, 1978; In memoriam, 1979; Ad absurdum. Satiren, Attacken, Parodien aus 3 Jahrzehnten, 1980; Große Mücken, kleine Elefanten. 40 Plädoyers für das Feuilleton, 1980; Gerichtstag vor 49 Leuten. Rückblick auf das Wiener Kabarett der dreißiger Jahre, 1981; 1001 Premiere. Hymnen und Verrisse, 2 Bde., 1982; Apropos Musik. Kleine Beiträge zu einem großen Thema, 1982; Das Schwarze sind die Buchstaben. Ein Buch über dieses Buch, 1983; Jeder Schuß ein Ruß, jeder Stoß ein Franzos. Literarische und graphische Kriegspropaganda in Deutschland und Österreich 1914–1918 (mit W. Lukan u. M. D. Peyfuss) 1983; H. W. für Anfänger (z. Fünfundsiebzigsten zus.gestellt u. mit e. Nachw. versehen v. s. Freund R. Schneider) 1983 [Sonderausg.]; Satiren aus dem Nebelspalter, 1983; Nach wie vor Wörter. Literarische Zustimmungen, Ablehnungen, Irrtümer, 1985; Man kann nicht ruhig darüber reden. Umkreisung eines fatalen Themas, 1986; Man derf schon. Kaleidoskop jüdischer und anderer Witze, 1987; Die tausend Todsünden. Ein lockeres Pandämonium, 1988; Ist Pünktlichkeit heilbar?, 1988; Das Abendbuch. Egozentrische Erinnerungen und Berichte unter tunlichster Aussparung des allzu Privaten und religiös Konfessionellen (Red. E. Vujica) 1989; Das Scheuklappensyndrom. Undisziplinierte Gedanken über Mitläufer und nützliche Idioten (mit 5 Zeichnungen v. Ironimus) 1990; H. W. quergelesen (hg. E. Ott) 1994; Das tausendjährige Kind. H. W. und sein Österreich (hg. dies.) 1996; Spitzen, Splitter & Chansons. Ausgewählte Texte (hg. dies.) 2005; Niemandsland. Ein autobiographischer Roman (hg. dies. u. V. Silberbauer) 2006; In die weite Welt hinein. Erinnerungen eines kritischen Patrioten (hg. E. Vujica) 2008.

*Nachlaß:* StLB Wien, Hs.slg.; Privatbesitz. – Hall-Renner 352; Renner 431.

*Literatur:* Munzinger-Arch.; Albrecht-Dahlke II/2 (1972) 810; Riemann ErgBd. 2 (1975) 891; Hdb. Emigration II/2 (1983) 1215; Albrecht-Dahlke IV/2 (1984) 813; Killy 12 (1992) 192; LöstE (2000) 672; Schmidt, Quellenlex. 32 (2002) 474; Theater-Lex. 5 (2004) 3087; DBE [2]10 (2008) 479. – K. Humer, D. Vorkriegsgeneration u. ihre Stellungnahme zu den Zeitfragen (Diss. Wien) 1950; J. Hannak, Der Fall des ~. E. notwendige Abrechnung, 1959; E. Pablé, ~, hauptberuflich Österreicher (in: LK 3) 1968; K. Wolf, Die krit.-

feuilletonist. Aussage im heutigen Journalismus. Dargestellt anhand v. Arbeiten ~s (Diss. Wien) 1969; J. SCHONDORFF, ~: ‹Vorschläge für den Weltuntergang› (in: Bücherkomm. 18/5) 1969; R. HEGER, D. öst. Rom. d. 20. Jh. 1, 1971; W. BORTENSCHLAGER, Kreativ-Lex., 1976; H. KRICHELDORFF, ~ ‹Ad absurdum› (in: NDH 27) 1980; J. SCHONDORFF, ~ ‹Ad absurdum› (in: LK 16) 1981; DERS., ~s ‹Gerichtstag vor 49 Leuten› (ebd.); M. KNIGHT, ~: ‹In memoriam› (in: MAL 14) 1981; I. BAUMANN, Über Tendenzen antifaschist. Lit. in Öst. Analysen z. Kulturzs. «Plan» u. zu Rom. von Ilse Aichinger, Hermann Broch, Gerhard Fritsch, Hans Lebert, George Saiko u. ~ (Diss. Wien) 1982; Theater-Lex. (hg. H. RISCHBIETER) 1983; E. TANZER, «Le Misanthrope» – Molière. Analyse d. Übers. v. ~ u. Vergleich hist. Übers. (Diplomarbeit 1983); S. SCHMID-BORTENSCHLAGER, D. Etablierung e. lit. Paradigmas. ~s ‹Stimmen der Ggw.› (in: Lit. in Öst. v. 1950 bis 1965 [...], Leitung W. SCHMIDT-DENGLER) 1985; F. SILBERMANN, ~: ‹Nach wie vor Wörter› (in: NDH 33) 1986; H. SCHWARZBACH, ~ oder D. Kunst der schöpfer. Kritik. E. Dokumentation, 1988 [Videokassette]; W. OBERMAIER, ~, Leben u. Werk. Z. 80. Geb.tag. Kat. z. Ausstellung d. Wiener StLB [...] September – Oktober 1988 (hg. F. PATZER) 1988; E. KATÓ, «Stadtbekannte Schriftstellerei»: Über ~, der in Kürze s. 80. Geb.tag feiert (in: Lesezirkel 5/31) 1988; J. MACVEIGH, Kontinuität u. Vgh.bewältigung in d. öst. Lit. nach 1945, 1988; P. BECHER, ~: ‹Ad absurdum› (in: German Studies Rev. 12) Kalamazoo/Mich. 1989; R. WAGNER, ~: ‹D. Abendbuch› (in: LK 25) 1990; D. PIZZINI, In memoriam Prof. ~ (in: Nestroyana 11) 1991; H. FRÖHLICH, Empfohlene Aufbrauchsfrist abgelaufen? Bem. zu ~s Molière-Übers. (in: Öst. Dichter als Übersetzer [...], hg. W. PÖCKL) 1991; A. SILLABER, D. Kalte Krieg d. Kritiker. Friedrich Torberg u. ~ nach 1945 (Diplomarbeit Graz) 1992; E. BRÜNS, Zu den intertextuellen Bezügen v. Ingeborg Bachmanns «Malina» u. ~s ‹Unvollendete Symphonie› (in: ZfdPh 113) 1994; E. ADUNKA, Friedrich Torberg u. ~. Zwei jüd. Schriftst. im Nachkriegsöst. (in: MAL 27) 1994; E. GAUSS, ~. Theaterkritik 1946–1962 (Diplomarbeit Wien) 1994; J. C. TRILSE-FINKELSTEIN, K. HAMMER, Lex. Theater International, 1995; K. BUDZINSKI, R. HIPPEN, Metzler-Kabarett-Lex., 1996; Öst. Lit. v. außen. Personalbibliogr. z. Rezeption d. öst. Lit. in dt. u. schweizer. Tages- u. Wochenztg. 1975–1994 (zus.gestellt v. M. ALMBERGER u. Monika KLEIN, hg. Michael KLEIN) 1996; Lit.landschaft Niederöst. P. E. N.-Club (hg. H. ZEMAN) 1997; L. REITANI, Appunti sull'identità ebraica nella Vienna della seconda repubblica (in: Studia austriaca 5, hg. F. CERCIGNANI) Mailand 1997; F. CZEIKE, Hist. Lex. Wien 5, 1997; Im Dialog mit ~: Freunde u. Weggefährten erinnern sich (hg. E. VUJICA) 1998; C. B. SUCHER, Autoren, Regisseure, Schauspieler, Dramaturgen, Bühnenbildner, Kritiker (völlig neubearb. u. erw. 2. Aufl.) 1999; Hdb. des dt.sprachigen Exiltheaters 1933–1945. Bd. 2., Tl. 2: F. TRAPP, B. SCHRADER, D. WENK, I. MAASS, Biogr. Lex. d. Theaterkünstler, 1999; I. FINK, Von Travnicek bis Hinterholz 8. Kabarett in Öst. ab 1945, 2000; W. SCHUSTER, Keine Lust auf Wirklichkeit. Vor 50 Jahren gab ~ den ersten Bd. d. Anthol. «Stimmen der Ggw.» heraus (in: Morgen. Kulturberichte) 2001; J. LÜTZ, «was bitter war u. dich wachhielt». Ingeborg Bachmann, ~ u. Paul Celan (in: «Displaced». Paul Celan in Wien 1947 – 1948. Kat. anläßlich d. Ausstellung «Displaced» [...], hg. P. GOSSENS u. M. G. PATKA) 2001; Hdb. öst. Autorinnen u. Autoren jüd. Herkunft 18. bis 20. Jh. 3, 2002; K. F. STOCK, R. HEILINGER, M. STOCK, Personalbibliogr. öst. Dichterinnen u. Dichter. Von den Anfängen bis z. Ggw. 3, 2002; U. BOSSIER, Wenn Literaten übers. Molières «Misanthrope» in sieben neueren Verdeutschungen, 2003 (zugleich Diss. Düsseldorf 2001); D. dt.sprachige Presse. Ein biogr.-bibliogr. Hdb. 2 (bearb. v. B. JAHN) 2005; Kaleidoskop. Texte von Mitgl. des Öst. Schriftst.verbandes aus den Jahren 1945–2005 (hg. E. ZUZAK) 2005. IB

**Weigel,** Hans-Ulrich → Weigel, Ulli.

**Weigel,** Heinrich, *20. 3. 1936 Schwarzenberg/Erzgeb.; studierte 1954–58 Germanistik an d. Univ. Leipzig, 1958 Staatsexamen, Lehrer in Leipzig, dann in Bernburg/Saale, Berka u. Eisenach. 1971–73 Fernstud. d. Geographie an d. PH Dresden. Bis 2001 Sprachtherapeut (für Unfallopfer u. Schlaganfallpatienten) in e. Rehabilitationsklinik in Bad Tennstedt. Danach intensive journalist. Tätigkeit, Verf. v. kulturgeschichtl. Beitr. für Ztg. u. heimatkundl. Zs., lebt (2003) in Eisenach.

*Schriften* (Ausw.): Zur physischen Geographie des Kreises Eisenach (mit J. SITTE) 1978; Wanderungen um Eisenach, 1979; Zur Natur der Hörselberge (Mitverf.) 1987; Zur Geschichte der Hörselberge, 1988; Die Geistermesse in St. Severi. Sagen und Geschichten aus Erfurt und Umgebung (hg.) 1992;

Das grüne Herz Deutschlands. Von den Landschaften Thüringens, 1993; Tannhäuser in der Kunst (mit W. KLANTE u. I. SCHULZE) 1999; Die Hörselberge bei Eisenach. Kulturgeschichte einer magischen Landschaft, 2002; Ludwig Storch. Beiträge zu Leben und Werk des thüringischen Schriftstellers (mit L. KÖLLNER) 2003; Ludwig Bechstein in Briefen an Zeitgenossen, 2007; Ludwig Storch und die Ruhlaer Mundart, 2008.

*Literatur:* D. FECHNER, H. VÖLKERLING, Thüringer Autoren d. Ggw. Ein Lex., 2003. IB

**Weigel** (eig. Weigl), Helene, * 12. 5. 1900 Wien, † 6. 5. 1971 Berlin(-Ost); Tochter des Prokuristen u. späteren Dir. e. Textilfabrik Siegfried W. u. seiner Gattin Leopoldine W., geb. Pollack, Besitzerin e. kleinen Spielwarengeschäftes. Besuch des Realgymnasiums v. Eugenie → Schwarzwald, Bekanntschaft mit der dän. Schriftst. Karin Michaelis, mit der sie lebenslang befreundet blieb. 1918 Schauspiel- u. Sprechunterricht bei Arthur Holz u. Rudolf Schildkraut, Ende 1918 Debut als Schauspielerin in Bodenbach/Mähren. 1919–22 in Frankfurt/M. engagiert, seit 1922 an versch. Bühnen in Berlin, u. a. 1923–25 bei Max → Reinhardt am Deutschen Theater, ab 1927 trat sie auch auf Arbeiterbühnen auf. Seit 1923 Beziehung zu Bertolt → Brecht, 1929 Heirat. Ende Februar 1933 Flucht über Prag nach Wien, Anfang April Reise mit den Kindern nach Carona/Kt. Tessin, Anfang Mai auf Einladung von Michaelis Übersiedlung nach Thurö/Dänemark, Dezember 1933 bis 1939 in Skovsbostrand/Svendborg, kurze Zeit Lehrerin an e. Schauspielschule in Kopenhagen. Im April 1939 Flucht nach Schweden. Im März 1940 Flucht mit dem Schiff nach Finnland, im Mai 1941 Reise über Leningrad nach Moskau, Wladiwostock u. von dort mit dem Schiff nach Amerika. 1941–47 im Exil in Santa Monica/Kalif., keine Auftrittsmöglichkeit. Im November 1947 Rückkehr nach Europa, im Februar 1948 spielte sie in Chur bei d. Uraufführung von Brechts «Die Antigone nach Sophokles» die Titelrolle. Im Oktober Reise nach Berlin, Gründung des Berliner Ensembles (BE), das W. bis zu ihrem Tod leitete, daneben führte sie auch Regie u. stand als Schauspielerin auf der Bühne. 1950 Gründungsmitgl. der Akademie der Künste, zahlr. Auszeichnungen, u. a. 1949, 1953 u. 1960 Nationalpreis d. Dt. Demokrat. Republik (DDR), 1954 Clara Zetkin Medaille.

*Briefe:* H. W. «Wir sind zu berühmt, um überall hinzugehen». Briefwechsel 1935–1971 (hg. S. MAHLKE) 2000; Bertolt Brecht, H. W., Briefe 1923–1956 (hg. E. WIZISLA, W. JESKE) 2006.

*Nachlaß: Akad. d. Künste Berlin (Brecht-Nachlaß). – Mommsen 475.*

*Literatur:* Munzinger-Arch.; Albrecht-Dahlke II/2 (1972) 1109; Hdb. Emigration II/2 (1983) 1215; Albrecht-Dahlke IV/2 (1984) 356; Theater-Lex. 5 (2004) 3087; DBE [2]10 (2008) 480. – D. Schauspielerin ~. E. Fotobuch. Text: Bertolt Brecht, Fotos: Gerda Goedhart (hg. W. PINTZKA) 1959; M. WEKWERTH, Notate. Über d. Arbeit des Berliner Ensembles 1956 bis 1966, 1967; ~ z. 70. Geb.tag (hg. W. HECHT, S. UNSELD) 1970; Bertolt Brecht u. ~ in Buckow (hg. vom Brecht-Zentrum der DDR) 1977; V. TENSCHERT, ~, 1981; C. FUNKE, W. JANSEN, Theater am Schiffbauerdamm. D. Gesch. e. Berliner Bühne, 1992; K. HABLICH, Kunstproduktion fordert weibliche Opfer. Paula Banholzer, Ruth Berlau, Marieluise Fleißer, Elisabeth Hauptmann, Margarete Steffin, ~, Marianne Zoff. D. Mitarb. Bert Brechts (Diplomarbeit Klagenfurt) 1995; J. C. TRILSE-FINKELSTEIN, K. HAMMER, Lex. Theater International, 1995; Biogr. Hdb. d. SBZ/DDR 1945–90, 2. Bd. (hg. G. BAUMGARTNER u. D. HEBIG) 1997; N. ANZENBERGER, ~. E. Künstlerleben im Schatten Brechts?, 1998; S. WIRSING, E. proletar. Bühnenfrau. ~ u. d. Brechttheater, 1998; Theaterfrauen. Fünfzehn Porträts (hg. U. MAY) 1998; C. B. SUCHER, Autoren, Regisseure, Schauspieler, Dramaturgen, Bühnenbildner, Kritiker (völlig neubearb. u. erw. 2. Aufl.) 1999; Hdb. des dt.sprachigen Exiltheaters 1933–1945. Bd. 2., Tl. 2: F. TRAPP, B. SCHRADER, D. WENK, I. MAASS, Biogr. Lex. d. Theaterkünstler, 1999; «Unerbittlich das Richtige Zeigend». ~ (1900–71). Ausstellung [...] in der Dresdner Bank [...]. Katalog (Red. H. GUTSCHE u. M. GLEISS) 2000; S. KEBIR, Abstieg in den Ruhm. ~, e. Biogr., 2000; W. HECHT, ~, e. große Frau des 20. Jh., 2000; C. STERN, Männer lieben anders. ~ u. Bertolt Brecht, 2000; ~ in Fotografien v. Vera Tenschert (Vorw. K. THALBACH) 2000 (mit CD-ROM); ~ 100 (hg. J. WILKE) Madison/Wisc. 2000 (= The Brecht Yearbook 25); M. FEHERVARY, ~ u. Anna Seghers. Two Unconventional Conventional Women (ebd.); P. HANSSEN, Brecht and ~ and «Die Gewehre der Frau Carrar» (ebd.); Chausseestrasse 125. D. Wohnungen v. Bertolt Brecht u. ~ in Berlin Mitte. Stiftung Arch. d. Akad. der Künste, 2000; H. LEOPOLD, ~: e. Porträt,

2000 [Videokassette]; S. KEBIR, V. d. erot. Beziehung z. Arbeitspartnerschaft: ~ u. Bertolt Brecht (in: Argonautenschiff 9) 2000; ~ (in: F. SCHULZ, Ahrenshoop. Künstlerlex.) 2001; Theater in Berlin nach 1945. 1. Bd.: «Suche Nägel, biete gutes Theater!», 2001; C. HEROLD, Mutter des Ensembles: ~ – e. Leben mit Bertolt Brecht, 2001; E. BAKOS, Geniale Paare. Künstler zw. Werk u. Leidenschaft, 2002; Hdb. öst. Autorinnen u. Autoren jüd. Herkunft 18. bis 20. Jh. 3, 2002; W. HECHT, Brecht als Pygmalion? Sein Modell der ~ (in: Aufklärungen. Z. Lit.gesch. d. Moderne. FS für Klaus-Detlef Müller z. 65. Geb.tag, hg. W. FRICK) 2003; A. WÜNSCHMANN, ~: Wiener Jüdin – große Mimin des ep. Theaters, 2006; Wer war wer in der DDR? E. Lex. ostdt. Biogr. 2 (Neuausg., hg. H. MÜLLER-ENBERGS, J. WIELGOHS, D. HOFFMANN, A. HERBST) 2006; G. ACKERMANN u. W. DELABAR, Vor der Flucht. ~s Inhaftierung im Februar 1933 (in: Dt. Lied, hg. G. A.) 2007; Theaterlex. 2 (hg. M. BRAUNECK u. W. BECK) 2007; E. KLEE D. Kulturlex. z. Dritten Reich. Wer war was vor u. nach 1945, 2007; M. STEINER, Schauspielerinnen im Exil (1930–1945). Vier exemplar. Lebensläufe – Therese Giehse, Lilli Palmer, Salka Viertel, ~, 2008. IB

**Weigel,** Johann Adam Valentin, * 29. 9. 1740 Sommerhausen/Main, † 24. 6. 1806 Haselbach/Kr. Landeshut; studierte in Nürnberg, Altdorf, Leipzig u. Halle/Saale, in letztgen. Stadt einige Zeit Lehrer am dortigen Waisenhaus. 1769 Hofmeister in Schles., seit 1778 evangel. Prediger im Bolkenhayn-Landeshutischen Kr. in Schlesien.

*Schriften:* Betrachtungen über die Wissenschaften und die schönen Künste des gegenwärtigen Zustandes in Europa (aus d. Französ.) 1767; Geistliche Lieder, 1775; Auserlesene Stellen der heiligen Schrift, auf alle Tage des Jahrs mit Versen aus den neuesten Liederdichtern begleitet (hg.) 1775; Der andächtige Christ, enthaltend Morgen- und Abend-, Beicht- und Communion-, Kranken- und Sterbens-, Fest- und andere Gebete, bey verschiedenen Zeiten und Gelegenheiten, nebst einer Sammlung neuer Lieder, die sich auf die Gebete beziehen, 1775 (neue verb. Ausg. 1788); Geistliche Lieder für Kinder, 1777; Die wichtigsten Wahrheiten der Christlichen Religion in Versen [...] aus neuern Liedern gesammlet, und [...] geordnet, 1777; Christliche Morgen- und Abend-Unterhaltungen auf jeden Tag des Jahrs für Kinder von reiferm Alter, 4 Tle., 1780–84; Unterhaltungen mit Gott in den Abendstunden auf jeden Tag des Jahrs, 2 Tle., 1785; Die wichtigsten Wahrheiten der christlichen Glaubens- und Sittenlehre für Katechumenen, 1786; Unterhaltungen mit Gott in den Morgenstunden auf jeden Tag des Jahres, 2 Tle., 1787; Gebetbuch, meinen Katechumenen zum Andenken an ihrem Konfirmationstage gewidmet, 1787 (3., verb. u. verm. Ausg. 1810); Christmoralische Unterhaltungen der Andacht in der Fastenzeit, nach Anleitung der Leidensgeschichte Jesu, 1798; Geographische, naturhistorische und technologische Beschreibung des souverainen Herzogthums Schlesien, 10 Tle., 1800–06.

*Literatur:* Meusel-Hamberger 8 (1800) 396; 10 (1803) 802; 11 (1805) 738; 16 (1812) 167 u. 386; Heiduk 3 (2000) 167. – G. L. RICHTER, Allgemeines biogr. Lex. alter u. neuer geistlicher Liederdichter, 1804; Hdb. z. Kinder- u. Jugendlit. Von 1750 bis 1800 (Red. O. BRUNKEN, H.-H. EWERS, S. HAHN u. M. MICHELS) 1982. IB

**Weigel,** Johann Christoph, * 1661 (getauft 15. 7.) Marktredwitz/Eger, † 1726 (begraben 3. 9.) Nürnberg; Kupferstecher, Kunsthändler u. Verleger, seit 1700 in Nürnberg tätig, wurde 1717 in d. Größeren Rat d. Stadt berufen.

*Schriften:* Nutzliche Anweisung zur ZEICHNUNGKUNST, der kunst-beflissenen Iugend zum Anfang Täglicher Übung vorgelegt, o. Jahr.

*Literatur:* T. BRÜGGEMANN (in Zus.arbeit mit O. BRUNKEN), Hdb. z. Kinder- u. Jgd.lit. Von 1570 bis 1750, 1991. RM

**Weigel,** Karl Theodor, * 3. 6. 1892 Ohrdruf/Thür., † Mitte Dezember 1953 Detmold; absolvierte nach d. Matura d. Baufachschule in Suhl, schloß sich d. Wandervogel-Bewegung an, 1915 Kriegsfreiwilliger. Nach d. Krieg Ausbildung z. Buchhändler im Verlag Erich Matthes in Hartenstein/Erzgeb., gründete 1921 e. Buch- u. Kunsthandlung sowie e. kleinen Verlag in Bad Harzburg, 1928 Konkurs. Übte danach versch. Tätigkeiten aus, u. a. Skilehrer in den Harzer Bergen, 1930–34 Red. d. «Bad Harzburger Ztg.». Betrieb volkskundl. u. landschaftl. Stud. z. Harzer Bergland u. veröff. in den Zs. «Der Harz» u. «Der Brocken». 1927 Bekanntschaft mit den Vertretern d. «völk. Vorzeitforsch.» Hans Hahne, 1929 mit Wilhelm Teudt u. Hermann Wirth. 1931 Beitritt z. Nationalsozialist. Dt. Arbeiterpartei (NSDAP), 1934 Gaupresseamtsleiter d. Gaues Südhannover/Braunschweig in Holtensen bei Hannover. 1936 «Abteilungsvorsteher» d. «Hauptstelle für Sinnbildforsch.» in Berlin, die 1937 an d. «Ahnenerbe» angeschlossen u. in d. «Pflegestätte für Schrift- u. Sinnbildkunde» in Marburg (seit 1939 in Horn/Lippe) eingegliedert wurde. Unternahm ausgedehnte Reisen, um Sinnbilder zu photographieren, hielt zahlr. Vorträge u. veröff. über runen- u. sinnbildkundliche Themen, organisierte Sinnbildausstellungen, u. a. 1941 in den besetzten Ländern Niederlande u. Belgien, 1942 Vortragsreise in d. besetzten poln. Gebiete. Nach dem Einmarsch der Alliierten im April 1945 verhaftet u. bis Dez. 1947 interniert. Lebte danach in Holzhausen u. war als Vertreter der Elsano-Werke in Bendorf/Rhein tätig. – Das «W.sche Sinnbildarch.» wurde 1946 dem Seminar für Volksk. d. Univ. Göttingen eingegliedert.

*Schriften* (Ausw.): Der kuriose Harz. Ein Buch der Merk- und Denkwürdigkeiten des Harzes. Ein Heimatbuch für den Harzwanderer (hg.) 1925; Lebendige Vorzeit rechts und links der Landstraße, 1934; Runen und Sinnbilder, 1935 (2., verb. Aufl. 1937; 3., verb. Aufl. 1940); Sinnbilder unserer Heimat. Woher stammen sie? Was sagen sie uns?, 1935; Nürnberg, Frankenland, Deutschland, 1936; Sinnbilder in der fränkischen Landschaft, 1938; Landschaft und Sinnbilder. Eine Betrachtung zur Sinnbildfrage, 1938; Osterwieck/Harz, die Stadt der Runen und Sinnbilder, 1938; Germanisches Glaubensgut in Runen und Sinnbildern, 1939; Sinnbilder in Niedersachsen, 1941; Ritzzeichnungen in Dreschtennen des Schwarzwaldes, 1942 (Nachdr. 1975); Beiträge zur Sinnbildforschung, 1943.

*Literatur:* U. Nussbeck, ~ u. das Göttinger Sinnbildarch. E. Karriere im Dritten Reich, 1993 (zugleich Diss. Göttingen 1991). IB

**Weigel,** Kurt, * 19. 3. 1950 Cloppenburg/Nds; Priesterweihe in Münster/Westf., 1980–85 Kaplan d. kathol. Kirchengemeinde St. Willehad auf d. Insel Wangerooge/Nds., dann bis 1994 Spiritual im Priesterseminar in Limburg/Lahn, seither Pfarrer auf Wangerooge.

*Schriften:* Mit ausgestreckten Händen. 44 Karten mit Gebeten und Zeichnungen von K. W., 1985; Heilende Nähe (mit T. v. der Schulenburg) 1987; Gebete – nicht nur für den Urlaub, 1988; Es gibt Zeiten, da möchte ich auf einer Insel wohnen. Meditatives Strandgut zwischen Himmel und Erde, 2001. AW

**Weigel,** Maximilian, * 1881 (weitere Lebensdaten unbek.); lebte in Annaberg/Erzgeb.; Mundartautor.

*Schriften:* Arzgebärgsche Orchenale, $^{2}$1935; Schindludergunge, 1937; Vum altn Schrut un Korn. Erzählungen in erzgebirgischer Mundart, 1939. IB

**Weigel,** Philipp → Steineck, Herbert.

**Weigel,** Robert G(eorg), * 1961 (Ort unbek.); studierte Dt. Gesch. u. Lit. an d. State Univ. of New York in Albany, 1992 Ph. D. ebd., seit 1993 Doz. an der Auburn Univ. in Alabama; publiziert v. a. zur öst. Lit. d. 20. Jahrhunderts.

*Schriften:* Zur geistigen Einheit von Hermann Brochs Werk. Massenpsychologie. Politologie. Romane (Diss.) 1992 (Mikrofiche-Ausg. Ann Arbor/Mich.; Neuausg. [Tübingen] 1994); Zerfall und Aufbruch. Profile der österreichischen Literatur im 20. Jahrhundert, 2000; Soma Morgensterns verlorene Welt. Kritische Beiträge zu seinem Werk (dt./engl., hg.) 2002; Vier große galizische Erzähler im Exil. W. H. Katz, Soma Morgenstern, Manès Sperber und Joseph Roth (dt./engl.) 2005; Arthur Koestler. Ein heller Geist in dunkler Zeit. Vorträge [...] (hg.) 2009. AW

**Weigel,** Sigrid, * 25. 3. 1950 Hamburg; studierte Germanistik, Politologie u. Pädagogik in Hamburg, 1977 Dr. phil., Doz. u. Prof. an d. Univ. Hamburg, 1990–93 Vorstandsmitgl. d. Kulturwiss. Inst. Essen, 1992–98 Prof. d. Germanistik an d. Univ. Zürich, 1998–2000 Dir. d. Einstein-Forums Potsdam, seit 1999 Dir. d. Zentrums f. Lit.- u. Kulturforsch. Berlin (ZfL), seit 2000 Prof. f. Dt. Lit.gesch. an d. TU Berlin, Vorstandsvorsitzende d. Geisteswiss. Zentren Berlin (GWZ); Hg. d. Reihe «Lit. – Kultur – Geschlecht» (seit 1992), Mithg. d. «Trajekte. Newsletter d. Zentrums f. Lit.forsch. Berlin» (seit 2000); Dr. h. c. Univ. Löwen (2007).

*Schriften* (Ausw.): Flugschriftenliteratur 1848 in Berlin. Geschichte und Öffentlichkeit einer volkstümlichen Gattung (überarb. Diss.) 1979; «... und selbst im Kerker frei!». Schreiben im Gefängnis. Zur Theorie und Gattungsgeschichte der Gefängnisliteratur 1750–1933, 1982; Die Stimme der Medusa. Schreibweisen in der Gegenwartsliteratur von Frauen, 1987 (Tb.ausg. 1989; NA 1995); Topographien der Geschlechter. Kulturgeschichtliche Studien zur Literatur, 1990; Gegenwartsliteratur seit

1968 (mit K. BRIEGLEB hg.) 1992; Bilder des kulturellen Gedächtnisses. Beiträge zur Gegenwartsliteratur, 1994; Entstellte Ähnlichkeit. Walter Benjamins theoretische Schreibweise, 1996; Ingeborg Bachmann. Hinterlassenschaften unter Wahrung des Briefgeheimnisses, 1999 (Tb.ausg. 2003); Genealogie und Genetik. Schnittstellen zwischen Biologie und Kulturgeschichte (hg.) 2002; Literatur als Voraussetzung der Kulturgeschichte. Schauplätze von Shakespeare bis Benjamin, 2004; Genea-Logik. Generation, Tradition und Evolution zwischen Kultur- und Naturwissenschaften, 2006; Märtyrer-Porträts. Von Opfertod, Blutzeugen und heiligen Kriegern (hg.) 2007; Walter Benjamin. Das Heilige, die Kreatur, die Bilder, 2008; Grammatologie der Bilder, 2008. RM

**Weigel,** Stephan, *25. 12. 1848 Mährisch-Neustadt, † 15. 9. 1924 Neutitschein/Mähren; Gendarmeriewachtmeister u. Heimatforscher.

*Schriften:* Neutitscheiner Krippenlieder (ges. u. hg.) 1909.

*Literatur:* Heiduk 3 (2000) 167. IB

**Weigel,** Ulli (eig. Hans-Ulrich), *13. 11. 1944 Eberbach/Neckar; Schlagertexter d. Schallplattenfirma «Hansa» in Berlin, begr. in d. 1970er Jahren d. «Sinus-Tonstudio», Musikproduzent, seit 2001 auch Drehbuchautor, lebt in Berlin.

*Schriften:* Die Bonner kommen! Satirische Lebenshilfe für Berliner und solche, die es werden wollen (hg. R. DÜRR u. J. SCHON) 1998. AW

**Weigel** (Weichel), Valentin (auch Haynensis), *7. 8. 1533 Naundorf (heute Großenhain)/Sachsen, † 10. 6. 1588 Zschopau/Sachsen; stammte aus armer Familie, besuchte 1548/49–1554 als Stipendiat d. Fürstenschule in Meißen, studierte 1554–63 evangel. Theol. in Leipzig, daneben naturwiss. Studien, 1563–67 Fortsetzung d. Stud. in Wittenberg, seit 1567 Pfarrer in Zschopau. Wirkte als Vertreter d. radikalen Flügels d. Reformation prägend u. a. auf Jacob → Böhme, d. Rosenkreuzerideen u. auf apokalypt. bzw. spiritualist. Denker d. 17. Jh. in Dtl. bis z. radikalen Pietismus, auch d. luther. Pfarrer u. Erbauungsschriftst. Johann Arndt (1555–1621) berief sich auf ihn. W.s Schr. erschienen offenbar erst nach s. Tod u. wurden v. Kirchenbehörden u. tw. vom Staat streng verfolgt (öffentl. Verbrennungen in Sachsen 1624 u. 1721); d. Bezeichnung «Weigelianer» galt lange als d. Äußerste d. Opposition gg. Staat u. Kirche. D. Trennung v. Pseudoweigeliana von d. echten Schr. W.s ist z. Tl. noch unklar.

*Schriften:* Der Güldene Griff aller Dinge ohne Irrthumb zu erkennen vielen hochgelährten unbekandt und doch allen Menschen nothwendig zu wissen (1578) 1613; Nosce te ipsum. Erkenne dich selbst, 1615; Kirchen- Oder Hauspostill über die Sontags und fürnembsten Fest Evangelien [...] 1617; Dialogus de Christianismo, 1618.

*Ausgaben:* Sämtliche Schriften (hg. W.-E. PEUCKERT, W. ZELLER), 1. Lieferung: Vom Ort der Welt. Ein nützliches Tractätlein, 1962; 2. Lieferung: Schrifftlicher Bericht von der Vergebung der Sünden oder Vom Schlüssel der Kirchen, 1964; 3. Lieferung: Zwei nützliche Tractate, der erste von der Bekehrung des Menschen, der andere von der Armut des Geistes oder wahren Gelassenheit (1570). Kurzer Bericht und Anleitung zur Deutschen Theologie (1571) 1966; 4. Lieferung: Dialogus de Christianismo (1584) (hg. A. EHRENTREICH) 1967; 5. Lieferung: Ein Büchlein vom wahren seligmachenden Glauben [...] (1572) 1969; 6./7. Lieferung: Handschriftliche Predigtsammlung (1573/74) 1977/78. – Sämtliche Schriften, Neuedition (hg. u. eingel. H. PFEFFERL) 1996ff.; bisher erschienen: III Vom Gesetz oder Wirken Gottes. Gnothi seauton, 1996; VIII Der Güldene Griff. Kontroverse um den «Güldenen Griff». Vom iudicio im Menschen, 1997; IV Gebetbuch (Büchlein vom Gebet). Vom Gebet. Vom Beten und Nichtbeten, 1999; VII Von Betrachtung des Lebens Christi. Vom Leben Christi. De vita Christi, 2002; XI Informatorium. Natürliche Auslegung von der Schöpfung. Vom Ursprung aller Dinge. Viererlei Auslegung von der Schöpfung, 2007. – Ausgewählte Werke (mit Einl. hg. S. WOLLGAST) 1977/78.

*Literatur:* Zedler 54 (1747) 293; Jöcher 4 (1751) 1859; ADB 41 (1896) 472; Killy 12 (1992) 192; KNLL 17 (1992) 479 (zu ‹D. Güldene Griff›); Schmidt, Quellenlex. 32 (2002) 475; TRE 35 (2003) 447; RGG [4]8 (2005) 1331; DBE [2]10 (2008) 481. – J. SCHELLHAMMER, Widerlegung d. vermeintlichen Postill ~s, 1621; J. Z. HILLIGER, J. G. REICHEL, Vita, fata et scripta ~ [...] (Diss. Wittenberg) 1721; L. PERTZ, Beitr. z. myst. u. ascet. Litt. (in: Neanders Zs. f. d. hist. Theol. 27 u. 29) 1857/59; J. O. OPEL, ~. E. Beitr. z. Litt.- u. Culturgesch. Dtl. im 17. Jh., 1864; A. ISRAEL, ~'s Leben u. Schriften [...], 1888; H. MAYER, D. myst. Spiritualismus ~s, 1926; F. Schiele, Zu d. Schr. ~s (in: Zs. f. Kirchengesch. 48, NF 11) 1929; H. Längin, Grundlinien d. Erkenntnislehre ~s (Diss. Erlangen) 1948; A. Koyré, Mystiques, spirituels, alchimistes du XVIe siècle allemand, Paris 1955 (Nachdr. ebd. 1971); F. Lieb, ~s Komm. z. Schöpfungsgesch. u. d. Schr.tum s. Schülers Benedikt Biedermann. E. lit.krit. Untersuchung z. myst. Theol. d. 16. Jh., 1965; S. Wollgast, D. frühe Weigelianismus. Z. Lit.kritik d. Pseudoweigeliana (in: S. W., Theol. u. Frömmigkeit 1, hg. B. Jaspert) 1971; E. W. Kämmerer, D. Leib-Seele-Geist-Problem bei Paracelsus u. einigen Autoren d. 17. Jh., 1971; E. Ozment, Mysticism and Dissent. Religious Ideology and Social Protest in the 16th Century, New Haven/Conn. 1972; B. Gorceix, La mystique de ~ (1533–1588) et les origins de la théosophie allemande, Lille 1972; R. v. Dülmen, Schwärmer u. Separatisten in Nürnberg [...]. E. Beitr. z. Problem d. «Weigelianismus» (in: AfK 55) 1973; S. Wollgast, D. ferne Weg d. Geistes. Z. Würdigung ~s (in: S. W., Theol. u. Frömmigkeit 2, hg. B. Jaspert) 1978; W. Zeller, Naturmystik u. spiritualist. Theol. bei ~ (in: Epochen d. Naturmystik, hg. A. Faivre, R. C. Zimmermann) 1979; G. Wehr, ~, d. Pansoph u. esoter. Christ, 1979; S. Wollgast, Philos. in Dtl. zw. Reformation u. Aufklärung 1550–1650, 1988; G. Wehr, D. dt. Mystik, 1988; H.-G. Kemper, Dt. Lyrik d. frühen Neuzeit, III Barock-Mystik, 1988; H. Pfefferl, ~ u. Paracelsus (in: Paracelsus u. s. dämonengläubiges Jh., Mitarb. H. Domandl) 1988; W. Kühlmann, Paracelsismus u. Häresie. Zwei Briefe d. Söhne ~s aus d. Jahr 1596 (in: Wolfenbütteler Barock-Nachr. 18) 1991; H. Pfefferl, D. Überl. d. Schr. ~s (Diss. Marburg) 1991; ders., Neues zu ~ (1533–1588) u. d. krit. Ausg. s. «Sämtl. Schr.» (in: Wolfenbütteler Renaissance-Mitt. 17) 1993; S. Wollgast, Vergessene u. Verkannte, 1993; H. Pfefferl, D. Rezeption d. paracels. Schr.tums bei ~. Probleme ihrer Erforschung am Beisp. d. kompilator. Schr. ‹Viererlei Auslegung von d. Schöpfung› (in: Neue Beitr. z. Paracelsus-Forsch.) 1995; Metzler Philosophen Lex. [...] (2., aktualisierte u. erw. Aufl., hg. B. Lutz) 1995; Enzyklopädie Philos. u. Wiss.theorie 4 (hg. J. Mittelstrass) 1996; A. Weeks, ~ (1533–1588). German Religious Dissenter, Speculative Theorist, and Advocate of Tolerance, Albany/N. Y. 2000; G. Busch, Reformatorisches Denken u. frühneuzeitl. Philosophieren. E. vergleichende Stud. zu Martin Luther u. ~, 2000; B. Hamm, «Im Leben Christi wandeln». Notizen z. ~-Gesamtausg. u. zu ~s Theol. (in: Wolfenbütteler Renaissance-Mitt. 28) 2004; A. Weeks, ~ and «The Fourfold Interpr. of the Creation». An Obscure Compilation or ~'s Crowning Attempt at Reconciliation of Natural and Spiritual Knowlege? (in: Daphnis 34) 2005. RM

**Weigel,** Wenzel, * 6. 11. 1888 Tschentschitz bei Podersam/Böhmen, † 2. 4. 1979 Regensburg; besuchte d. dt. Lehrerbildungsanstalt in Prag, anschließend Volksschullehrer. Studierte ab 1910 Philos., Psychol., Pädagogik, Mathematik u. Physik an d. Dt. Univ. Prag, 1920 Dr. phil., Lehrer in Prag u. Iglau, 1922–27 Lehrauftrag am Psycholog. Inst. der Neuen Univ. Hamburg. 1927 Rückkehr nach Prag, Habil. für Pädagogik an der Dt. Univ. Prag u. ebd. Privatdoz., 1931 stellvertretender u. 1937 wiss. Dir. d. Dt. PH Prag. Mitbegründer d. Dt. Pestalozzi-Gesellsch. in Prag. Lebte nach d. Vertreibung in Viehhausen bei Regensburg, 1950 Abgeordneter des Wahlkreises Oberpfalz, setzte sich für d. Gründung d. Univ. Regensburg ein. 1953–58 Auslandspublizist in der Schweiz, Mitarb. d. «Neuen Zürcher Ztg.», «Ostschweizer» u. a., ab 1958 Leiter d. Volkshochschule in Regensburg.

*Schriften:* Vom Wertereich der Jugendlichen, 2 Bde., 1926 u. 1936.

*Literatur:* DBE ²10 (2008) 481. – J. Weinmann, Egerländer Biogr. Lex. 2, 1987; D. dt.sprachige Presse. Ein biogr.-bibliogr. Hdb. 2 (bearb. v. B. Jahn) 2005; Große Bayer. Biogr. Enzyklopädie 3 (hg. H.-M. Körner) 2005. IB

**Weigel-Rössler,** Curt (Ps. Rauhried), * 11. 9. 1892 Aue/Erzgeb., Todesdatum u. -ort unbek.; Konsulatssekretär, lebte u. a. in Stettin/Pomm. (1939), Rendsburg/Schleswig-Holst. (1952) u. Hamburg (1978); Erzähler.

*Schriften:* Karpathenjagd und Bergweltzauber, 1938; Im Zauber einsamer Höhen. Berglandroman aus den Waldkarpathen, 1948; Räuber der Wildnis, 1965. AW

**Weigelin,** Ernst, * 24. 6. 1874 Biberach/Riß, † 7. 10. 1952 Stuttgart; studierte Rechtswiss. in Tübingen, Berlin u. Leipzig, Dr. iur., seit 1908 Richter am Landgericht Stuttgart u. seit 1933 Vorsitzender d. Landesarbeitsgerichts ebd.; Fachschriftenautor.

*Schriften:* Sitte, Recht und Moral. Untersuchungen über das Wesen der Sitte, 1919; Einführung in die Moral- und Rechtsphilosophie. Grundzüge einer Wirklichkeitsethik, 1927; Hamlet-Studien. Beiträge zur Hamletkritik, 1934.

*Literatur:* D. Dt. Reich v. 1918 bis heute. Darin: Führende Persönlichkeiten (hg. C. HORKENBACH) 1933. AW

**Weigelt,** Agathe (geb. Doerk), Lebensdaten u. biogr. Einzelheiten unbek.; lebte in Berlin-Friedenau (1928).

*Schriften:* Nachtwache und Anderes, 1916; Die Rahel [Varnhagen von Ense]. Briefe und Tagebuchblätter (ausgew. u. eingel.) 1921. AW

**Weigelt,** Brigitte, Geburtsdatum u. -ort unbek.; betreibt e. Montageservice in Alfeld an d. Leine/Nds., zudem Schriftst. u. Buchillustratorin.

*Schriften:* Seltsame Sachen. Ganz normal, 2006. AW

**Weigelt,** Curt Heinrich, * 2. 6. 1883 Rufach/Elsaß, † Oktober 1934 Brixlegg/Tirol; Kunsthistoriker, 1910 Dr. phil. Leipzig, 1913 Assistent am Suermondt-Mus. in Aachen, 1920 wiss. Red. am Thieme-Becker in Leipzig, später erster Assistent am Dt. Kunsthist. Inst. in Florenz; Verf. v. kunsthist. Schriften.

*Schriften:* Duccio di Buoninsegna. Studien zur Geschichte der frühsienesischen Tafelmalerei, 1911 (= erw. Ausg. d. Diss. v. 1910); Albin Egger-Lienz. Eine Studie 1914; Das Kunsthistorische Institut in Florenz 1888 – 1897 – 1925, 1925; Giotto. Des Meisters Gemälde in 293 Abbildungen (hg.) 1925; O. E. Saunders, Englische Buchmalerei (übers.) 2 Bde., 1927; Die sienesische Malerei des vierzehnten Jahrhunderts, 1930. AW

**Weigelt,** Friedrich (Wilhelm), * 16. 11. 1899 Zduny/Posen, † 1986 München; besuchte 1913–17 d. Präparandenanstalt in Lissa/Niederschles. u. d. Lehrerseminar in Posen, n. Teilnahme am 1. Weltkrieg Lehrer in Berlin, seit 1919 Mitgl. d. Sozialdemokrat. Partei Dtl. (SPD), 1933 v. d. Nationalsozialisten entlassen, Mitarb. im Fotoatelier s. Ehefrau, zudem gelegentl. als Schauspieler tätig, 1941–45 Red. beim Berliner Rundfunk, n. dem 2. Weltkrieg journalist. Mitarb. sozialdemokrat. Ztg., 1948–50 Mitgl. d. Stadtverordnetenverslg. v. Groß-Berlin, seit 1949 zudem Oberschulrat im Berliner Hauptschulamt, 1951–55 schulpolit. Sprecher d. SPD im Berliner Abgeordnetenhaus, außerdem Lizenzträger d. Freien Volksbühne sowie Begr. u. Leiter d. «Theaters der Schulen» Berlin, übersiedelte n. s. Pensionierung 1962 n. München; Erz. sowie Märchen- u. Fachschriftenautor.

*Schriften:* Schneeglöckchen, der Frühlingsbote (Märchen) 1924; Die kleine Bohne (Märchen) 1924; Fritz Wilde, der Junglehrer (Rom.) 1925 (Nachdr., m. Nachw. hg. V. HOFFMANN, 1980); Kinderpsychologische Skizzen, 1927; Neue Lebensformen in der Schule. Eine Betrachtung zur Schuldisziplin, 1955; Wahrhafte Erziehung. Wesen und Tat der Freikörperkultur (mit W. ZIMMERMANN u. W. SCHÖFFER) 1955; Schule und Theater (Textillustr. M. Kemnitz) 1961.

*Literatur:* V. HOFFMANN, ~ (in: Schulreform – Kontinuitäten u. Brüche. D. Versuchsfeld Berlin-Neukölln II, hg. G. RADDE) 1993. AW

**Weigelt,** Georg Christian, * 8. 9. 1816 Altona, † Mitte November 1885 vermutl. Wyk auf Föhr; besuchte d. Gymnasium in Altona, studierte 1837–44 Theol. in Kiel, Leipzig u. Berlin, 1844 theolog. Examen, anschließend Hauslehrer im Holstein., 1847 Übertritt z. Dt.-Katholizismus u. bis z. Auflösung (1853) Prediger d. dt.-kathol. (auch freie christl.) Gemeinde in Hamburg, 1856–60 u. wieder seit 1865 Besitzer d. Nordseebads Wyk auf Föhr; Verf. v. Predigten u. theolog. Abhandlungen.

*Schriften* (Ausw.): Bibel und Gegenwart. Predigten, gehalten in der freien christlichen Gemeinde zu Hamburg-Altona, 1848–50; Sakramente und Gottesdienst. Vier Predigten, 1849; Paulus, der Apostel einer neuen Zeit. Drei Predigten [...], 1849; Wahrheit und Dichtung im Evangelium, 5 Tle., 1850; Urchristenthum und freie Gemeinden, geschildert in Predigten, 10 Tle., 1851; Anfrage des Senates zu Hamburg an die Deutsch-Katholische Gemeinde und Antwort derselben, 1851; Die sogenannten Beweise für das Dasein eines Gottes, erläutert in der deutsch-katholischen Gemeinde zu Hamburg, 1852; Das Gemüth in seinem Verhältniß zum Christenthum und zur Humanität. Sieben Predigten [...], 1852; Bilder aus der jüdischen Geschichte. Sechs Predigten zum Verständniß des alten Testaments [...], 1852; Wie Deutschland christlich ward. Beschrieben in 6 geschichtlichen Vorträgen, 1853; Geschichte der neueren Philosophie. Populäre Vorträge, 2 Tle., 1854/55; Die nordfriesischen Inseln vormals und jetzt. Eine Skizze des Landes und seiner Bewohner [...] mit einer Karte der Insel Föhr und der nordfriesischen Inseln vormals und jetzt, 1858 (2., umgearb. Aufl. 1873); Christliche und humane Menschenliebe. Zur Erinnerung an Frau Emilie Wüstenfeld, 1875.

*Literatur:* Lex. d. Schleswig-Holstein-Lauenburg. u. Eutin. Schriftst. v. 1829 bis Mitte 1866, 2. Bd. (ges. u. hg. E. ALBERTI) 1868; H. SCHRÖDER, Lex. der hamburg. Schriftst. bis z. Ggw. 7, 1879; Lex. d. Schleswig-Holstein-Lauenburg. u. Eutin. Schriftst. v. 1866–1882 [...] 2 (ges. u. hg. E. ALBERTI) 1886.

IB/AW

**Weigelt,** Horst, *27. 4. 1934 Liegnitz/Schles.; Sohn e. Uhrmachermeisters, studierte evangel. Theol. an d. Univ. Erlangen u. Tübingen, 1961 Dr. theol. Erlangen, 1973 Doz. in Erlangen, seit 1975 o. Prof. f. Neuere Kirchengesch. an d. Univ. Bamberg, 2002 emeritiert, lebt in Bamberg; Mitgl. d. Hist. Kommission z. Erforschung d. Pietismus, Vorstand d. Ver. f. bayer. Kirchengesch., Hg. d. «Zs. f. bayer. Kirchengesch.» (1979–97).

*Schriften* (Ausw.): Johann August Urlsperger, ein Theologe zwischen Pietismus und Aufklärung (Diss.) 1961; Pietismus-Studien, I Der spenerhallische Pietismus, 1965; Sebastian Franck und die lutherische Reformation, 1971; Spiritualistische Tradition im Protestantismus. Die Geschichte des Schwenckfeldertums in Schlesien (Habil.schr.) 1973; Lavater und die Stillen im Lande. Distanz und Nähe. Die Beziehungen Lavaters zu Frömmigkeitsbewegungen im 18. Jahrhundert, 1988; Johann Kaspar Lavater. Leben, Werk, Wirkung, 1991; Johann Kaspar Lavater, Reisetagebücher (hg.) 1997; Von Schwenckfeld bis Löhe [...]. Gesammelte Aufsätze (hg. W. LAYH u. a.) 1999; Handbuch der Geschichte der evangelischen Kirche in Bayern (Mithg.) 2 Bde., 2000/02; Geschichte des Pietismus in Bayern. Anfänge, Entwicklung, Bedeutung, 2001; Von Schlesien nach Amerika. Die Geschichte des Schwenckfeldertums, 2007.

RM

**Weigend-Abendroth,** Friedrich, *23. 7. 1921 Teplitz-Schönau/Böhmen, † 13. 1. 1986 Stuttgart; machte, während er d. Humanist. Gymnasium s. Heimatstadt besuchte, e. Lehre im väterl. Druckerei- u. Ztg.betrieb. Studierte 1940/41 Theaterwiss., Philos. u. Germanistik an d. Dt. Karls-Univ. Prag, ab 1941 Soldat an d. Ostfront, 1943/44 Bildungsurlaub (Besuch d. Hochschule für Darstellende Kunst in Prag, Diplom als Schauspieler u. Regisseur). Geriet 1945 in amerikan. Kriegsgefangenschaft, Flucht nach Teplitz-Schönau, von dort Ausweisung. Bis 1950 in Dresden, anfänglich Schauspieler, dann Journalist, Dramaturg u. Werbeleiter an d. Sächsischen Staatsoperette. Seit 1951 in Öst., Leiter d. Pressestelle d. Erzdiözese Salzburg, 1952–54 Chefred. d. «Salzkammergut-Ztg.» in Gmunden, 1954–60 Chefred. d. «Öst. Monatshefte» u. 1960–62 Red. an d. Wochenztg. «Die Furche», Mitarb. bei versch. Zs. u. am Rundfunk. Studierte daneben Philos., Soziol. u. Geistesgesch. an d. Univ. Wien, 1960 Dr. phil., 1962–68 stellvertretender Chefred. u. Leiter d. Kulturressorts d. Wochenztg. «Echo der Zeit» in Recklinghausen, ab 1968 bis zu s. Tod Chef. des Feuill. d. «Stuttgarter Ztg.» u. seit 1970 Leiter d. Ressorts «Geisteswissenschaften».

*Schriften:* Max Adlers transzendentale Grundlegung des Sozialismus. Als Beitrag zur Methodenfrage des Marxismus verstanden (Diss). 1960; Entdecker der entdeckten Erde. Report über Egon Erwin Kisch (Funkms.) 1968; Entschlafen, abberufen, erlöst. Die Sprache der Todesanzeigen, 1973; Keine Ruhe im Kyffhäuser. Das Nachleben der Staufer. Ein Lesebuch zur deutschen Geschichte (Mitverf.) 1978; Der Reichsverräter am Rhein. Carl von Dalberg und sein Widerspruch, 1980; Texte aus der Stuttgarter Zeitung: 1968–1986 (hg. v. d. Stuttgarter Ztg.) 1986.

*Literatur:* H. FERDINAND, ~ (in: Baden-Württemberg. Biogr. 3, hg. B. OTTNAD u. F. L. SEPAINTNER) 2002.

IB

**Weigerath,** Aladár von → Weigerth, Aladár von.

**Weigert,** Franz, *8. 6. 1886 Libkowitz bei Luditz/Böhmen † 16. 12. 1949 Memmingen/Bayern; besuchte d. Lehrerbildungsanstalt in Leitmeritz, bis 1932 Lehrer in Rodisfort/Böhmen, dann stellvertretender Schuldir. in Unterlomnitz; s. Ged. u. Gesch. erschienen in d. «Dt. Jugend», in d. «Dt. Heimat» u. in anderen Zeitschriften.

*Schriften:* Von 88 zur eisernen 9, 1932; In Wolhynien ragt ein Kreuz. Aus den Kämpfen der Neunerschützen im Weltkriege, 1934; Auf der Suche nach Franklin, 1937; Abenteuer in der Südsee. 3 Erzählungen von kühnen und abenteuerlichen Entdeckungsfahrten, 1943; Im Fichtenwaldtale. 6 Tiergeschichten, 1943.

*Literatur:* Lebens- u. Arbeitsbilder sudetendt. Lehrer 2 (hg. vom Lehrerverein in Pohrlitz) 1932/

33; J. WEINMANN, Egerländer Biogr. Lex. 2, 1987.
IB

**Weigert,** Hans, * 10. 7. 1896 Leipzig, † 9. 9. 1967 Düsseldorf; studierte 1919–24 Kunstgesch. an den Univ. in München, Berlin u. Leipzig, 1924 Dr. phil., 1928 Habil. für Kunstgesch. an d. Univ. Marburg, Lehrbeauftragter an der Univ. Bonn. 1935 a. o. Prof. u. 1941 beamteter a. o. Prof. an der Univ. Breslau. Vertrat in s. Schriften d. nationalsozialist. Gedankengut. Lebte nach d. 2. Weltkrieg ohne Anstellung in Stuttgart.

*Schriften* (Ausw.): Das Straßburger Münster und seine Bildwerke (hg. R. HAMANN) 1928; Die Kaiserdome am Mittelrhein: Speyer, Mainz und Worms (aufgenommen v. W. Hege, beschrieben v. H. W.) 1933; Stilkunde. I Vorzeit, Antike, Mittelalter, II Spätmittelalter und Neuzeit, 1938 (3., durchges. u. erg. Aufl. 1958); Kunst von heute als Spiegel der Zeit, 1934; Die heutigen Aufgaben der Kunstwissenschaft, 1935; Geschichte der deutschen Kunst von der Vorzeit bis zur Gegenwart, 1942 (Neubearb. u. d. T.: Geschichte der deutschen Kunst, 1963); Geschichte der europäischen Kunst, 1951; Kleine Kunstgeschichte Europas. Mittelalter und Neuzeit, 1953 (8., neubearb. u. erg. Aufl. 1968); Die Kunst am Ende der Neuzeit, 1956; Kleine Kunstgeschichte der Vorzeit und der Naturvölker (hg.) 1956; Kleine Kunstgeschichte der außereuropäischen Hochkulturen (hg.) 1957; Die Geburt Christi (hg. u. eingel.) 1958.

*Literatur:* DBE [2]10 (2008) 482. – J. WULF, D. bildenden Künstler im Dritten Reich. E. Dokumentation, 1989; P. BETTHAUSEN, P. H. FEIST, C. FORK, Metzler Kunsthistoriker Lex. 200 Porträts dt.sprachiger Autoren aus vier Jh., 1999; R. HEFTRIG, Neues Bauen als dt. «Nationalstil»? Modernerezeption im «Dritten Reich» am Beispiel des Prozesses gg. ~ (in: Kunstgesch. im Nationalsozialismus. Beitr. z. Gesch. e. Wiss. zw. 1930 u. 1950, hg. N. DOLL, C. FUHRMEISTER, M. H. SPRENGER) 2005; E. KLEE, D. Kulturlex. z. Dritten Reich. Wer war was vor u. nach 1945, 2007.
IB

**Weigert,** Josef, * 14. 7. 1870 Kelheim/Donau, † 9. 9. 1946 Großenpinning bei Landau an d. Isar; besuchte Seminarien in Regensburg u. Metten, studierte ab 1890 Theol. u. Philos. am bischöflichen Klerikalseminar in Regensburg, 1895 ebd. Priesterweihe, Kaplan an versch. Orten. 1901–31 Pfarrer u. Leiter d. Pfarrökonomie d. Pfarrei Mockersdorf am Rauhen Kulm bei Kemnath, 1931–39 Pfarrer in Sarching bei Regensburg, lebte seit 1939 in Großenpinning, 1930 Ehrenmitgl. d. «Hist. Ver. v. Oberpfalz u. Regensburg»; Verf. v. Sachbüchern z. Themenkreis des bäuerl. Lebens, Kurzgesch., Anekdoten, Plaudereien u. Hörsp. für den Rundfunk.

*Schriften* (Ausw.): Deutsche Volksschwänke des sechzehnten Jahrhunderts (ausgew. u. hg.) 1909; Das Dorf entlang. Ein Buch vom deutschen Bauerntum, 1915 (2. u. 3., verm. Aufl. 1919; 4. u. 5., verm. Aufl. 1923); Bauer, es ist Zeit! Ein Mahnwort an die Bauern, 1920 (2., verb. Aufl. 1923); Treu deiner Scholle – Treu deinem Gott! Gebetbuch für den katholischen Bauersmann, 1920; Beim Kienspanlicht. Die Lebensanschauung des Volkes aus seinem Munde, 1922; Die Volksbildung auf dem Lande, 1922; Religiöse Volkskunde. Ein Versuch, 1924 (2. u. 3., verb. Aufl. 1925); Bauernpredigten in Entwürfen, 1924 (2. u. 3., verm. Aufl. 1925): Des Volkes Denken und Reden, 1925; Untergang der Dorfkultur?, 1930; Die weibliche Jugend auf dem Lande [...], 1930; Von Beruf und Leben auf dem Lande, 1931; Die Ernte. Eine Würdigung der Bauernarbeit, 1934.

*Literatur:* Bosls Bayer. Biogr. 8000 Persönlichkeiten aus 15 Jh. (hg. K. BOSL) 1983; A. J. WEICHLSGARTNER, ~ E. Leben für d. Dorf, 1966; DERS., Er war e. großer Stern am Bauernhimmel: «d. Bauernpfarrer» ~ (in: Straubinger Kalender 402) 1998; DERS., ~ [...]. Pfarrer, Bauer u. Schriftst. (in: Autoren u. Autorinnen in Bayern, 20. Jh., hg. A. SCHWEIGGERT u. H. S. MACHER) 2004; Große Bayer. Biogr. Enzyklopädie 3 (hg. H.-M. KÖRNER) 2005.
IB

**Weigert,** Renate, * 1933; biogr. Einzelheiten unbek.; lebt in Rodewisch/Sachsen; Lyrikerin.

*Schriften:* Unterm feurigen Rad der Zeit. Ein Leben in Versen, 1995; Alle meine Instrumente. Lyrische Reflexionen, 1997.
AW

**Weigerth,** Aladár von (auch Aladár von Weigerath), * 13. 10. 1895 Budapest, † 6. 8. 1982 Ottersweiler/Baden-Württ.; besuchte d. Handels- u. Musikakad. in Budapest, bis 1926 Direktionssekretär e. Großbank ebd., danach freiberufl. Musiker u. Komponist, auch Übers., lebte in Baden-Baden, erhielt 1926 d. 1. Preis im Wettbewerb f. rel. Lieder «Ave Maria»; Erz. sowie Bühnen- u. Hörsp.autor.

*Schriften:* Nadine. Theater-Roman, 1975; Der Fall Möhring. Zeitkritisches Schauspiel in drei Akten, 1975 (als Ms. vervielfältigt); Weekend mit Carola (Erz.) 1983; Vera Valéry (Rom.) 1984; Nofretete. Fantastische Komödie in drei Akten, 1986; Madame Récamier. Sie verhalf politischen Gefangenen zur Freiheit, 1987.

*Literatur:* S. KEMPFER, A Magyar társadalom lexikonja, Budapest 1930; Magyar muzsika könyve (ed. I. MOLNÁR) ebd. 1936. AW

**Weiggers Lügen,** sog., es handelt sich um zwei in d. Hs. Heidelberg, cpg 314 (v. J. 1443–49, aus Augsburg), überl. Lügenerzählungen in Prosa, in deren Mittelpunkt e. «Weygger» aus Landsberg/Lech steht. D. erste Erz. (in lat. Sprache) schildert, wie W. im Winter s. Pferd verliert. Er hatte d. Tier an einen durch d. Schneelast nach unten gedrückten Ast gebunden; als d. Schnee herunterfällt, schnellen Ast u. Pferd in d. Höhe. Im Herbst findet W. das Gerippe d. Pferdes, darin haben Bienen Waben gebaut u. Honig gesammelt, der auch noch e. Bären anlockt. Beides entschädigt für d. Verlust d. Pferdes. D. zweite Text (in mhd. Sprache) erzählt v. Fischen: W.s Angel hat sich unter Wasser in e. Axt verfangen, e. Fisch beißt an u. W. schleudert diesen mitsamt d. Axt an Land, wo auch noch e. Hase tödlich getroffen wird. Beide Texte gehören weniger in d. Tradition d. ma. → Lügenreden (ErgBd. 5) als in d. Umkreis d. späteren Münchhausiaden u. d. Jägerlateins (Ausg.: E. MARTIN, in: ZfdA 13, 1867).

*Literatur:* Ehrismann 2 (Schlußbd., 1935) 355; VL $^{2}$10 (1999) 787. – C. MÜLLER-FRAUREUTH, D. dt. Lügendg. bis auf Münchhausen, 1881 (Nachdr. 1965); W. R. SCHWEIZER, Münchhausen u. Münchhausiaden. Werden u. Schicksale e. dt.-engl. Burleske, 1969; H.-J. ZIEGELER, Kleinepik im spätma. Augsburg. Autoren u. Sammlertätigkeit (in: Lit. Leben in Augsburg während d. 15. Jh., hg. J. JANOTA, W. WILLIAMS-KRAPP) 1995 (z. Handschrift). RM

**Weigl,** Alexander, * 26. 9. 1858 Temeschburg/Siebenb., † 29. 4. 1916 Wien; absolvierte d. Handelsakademie, Bankbeamter, Gründer u. Besitzer e. Unternehmens für Ztg.ausschnitte («Observer»), 1902–04 Hg. (mit Max Benesch) d. «Öst. Centralbl. für gewerbliche Neuanmeldungen»; Verf. v. Liedtexten, Parodien u. Libretti.

*Schriften:* Kravaleria musicana (Sicilianische Ehrenbauern). Parodistische Oper, 1892.

*Literatur:* Dt.-öst. Künstler- u. Schriftst.-Lex. 1 [...] (hg. H. C. KOSEL) 1902; A. P. PETRI, Biogr. Lex. des Banater Deutschtums, 1992; Öst. Musiklex. 5 (hg. R. FLOTZINGER) 2006. IB

**Weigl,** Andreas (Michael), * 23. 3. 1961 Wien; studierte ab 1979 Wirtschaftsinformatik, Gesch. u. Wirtschaftsgesch. an d. Univ. Wien, 1985 Magister, 1991 Dr. rer. soc. oec. (= Dr. d. Sozial- u. Wirtschaftswiss.), 1984–89 im Statist. Amt d. Stadt Wien tätig, 1989–98 Fachreferent in d. Magistratsdirektion d. Stadt Wien, 1998–2008 stellvertretender Leiter des Statist. Amtes d. Stadt Wien, ab 2008 am Wiener Stadt- u. Landesarch.; 1986–93 Mitarb. an versch. wirtschaftshist. Projekten, seit 1992 Mitarb. am «Hist. Atlas v. Wien» u. seit 2001 Doz. am Institut für Wirtschafts- u. Sozialgesch. d. Univ. Wien.

*Schriften* (Ausw.): Demographischer Wandel und Modernisierung in Wien, 2000; Wien im Dreißigjährigen Krieg. Bevölkerung – Gesellschaft – Kultur – Konfession, 2001; Frauen-Leben. Eine historisch-demografische Geschichte der Wiener Frauen. Eine Studie [...], 2003.

*Literatur:* F. FELLNER, D. A. CORRADINI, Öst. Gesch.wiss. im 20. Jh. Ein biogr.-bibliogr. Lex., 2006. IB

**Weigl,** Bruno, * 16. 6. 1881 Brünn/Mähren, † 25. 9. 1938 ebd.; zunächst Ausbildung z. Ingenieur an d. dt. TH Brünn, ebd. 1907–24 Angestellter im Staatsdienst bei d. mähr. Statthalterei, danach Komponist, Volkshochschul- u. Privatlehrer f. Musiktheorie sowie Musikschriftst., Mitgl. im Musikver. u. seit 1918 in d. Dt. Gesellsch. f. Wiss. u. Kunst in Brünn; Fachschriftenautor.

*Schriften:* Die Geschichte des Walzers nebst einem Anhang über die moderne Operette, 1910; Handbuch der Violoncell-Literatur. Systematisch geordnetes Verzeichnis der Solo- und instruktiven Werke für den Violoncell (zus.gestellt, mit krit. Erl. u. Angabe d. Schwierigkeitsgrade versehen) 1911 (3., vollst. umgearb. u. erg. Aufl. 1929); Harmonielehre, I Die Lehre von der Harmonik der diatonischen, der ganztonischen und der chromatischen Tonreihe, II Musterbeispiele zur Lehre von der Harmonik, 1925; Handbuch der Orgelliteratur. Systematisch geordnetes Verzeichnis der Solokompositionen und instruktiven Werke für Orgel (zus.gestellt, mit krit. Erl. u. Angabe d. Schwierigkeitsgrade vers. = vollst. Umarbeitung d. Führers durch d. Orgellit., hg. B. KOTHE, neu bearb. O. BURKERT, 2 Bde., 1890–95) 1931 (Nachdr. 1988).

*Literatur:* Riemann 2 (1961) 901; MGG ²17 (2007) 663; DBE ²10 (2008) 483. – Encyklopedie dejin mesta Brna (Internet-Edition); Dt. Tonkünstler u. Musiker in Wort u. Bild (hg. F. JANSA) ²1911; Kurzgefaßtes Tonkünstlerlex. F. Musiker u. Freunde d. Tonkunst (begr. P. FRANK, neu bearb. W. ALTMANN, 12., sehr erw. Aufl.) 1926; Illustr. Musik-Lex. (hg. H. ABERT) 1927; Dt. Musiker-Lex. (hg. E. H. MÜLLER) 1929; F. JAKSCH, Lex. sudetendt. Schriftst. u. ihrer Werke f. d. Jahre 1900–29, 1929; A. DOLENSKÝ, Kulturní adresár CSR. Biografický slovník Žijících kulturních pracovníku a pracovnic, Prag 1936; Československý hudební slovník osob a institucí (Red. G. CERNUŠÁK u. a.) ebd. 1963–65; Lex. z. dt. Musikkultur. Böhmen, Mähren, Sudetenschles. 2 (hg. Sudetendt. Musikinst.) 2000. AW

**Weigl,** Franz Xaver, * 5. 2. 1878 Preith bei Eichstätt, † 19. 11. 1952 Gräfelfing/München; entstammte e. Lehrerfamilie, schloß bereits als Elfjähriger d. Schule ab, wirkte danach als «Schulhelfer» s. Vaters, 1891–96 Lehrerausbildung in Eichstätt, studierte zudem an d. Univ. München u. unternahm Bildungsreisen durch d. Schweiz u. England, 1899 in d. Schulwesen d. Landeshauptstadt München berufen, v. a. mit d. Ausarbeitung v. Erziehungsmodellen betraut, daneben in d. Fortbildung d. Priesterkatecheten am Katechet. Seminar sowie an verschiedenen Hilfsschulen in München tätig, seit 1918 Mitgl. d. bayer. Landtags, zudem 1919–30 (krankheitsbedingter Ruhestand) Stadtschulrat in Amberg, n. 1945 Doz. an d. Lehrerbildungsanstalt in Pasing, seit 1947 auch Schriftleiter d. Zs. «Pädagog. Welt. Mschr. f. Erziehung – Bildung – Schule».

*Schriften* (Ausw.): Die sozialistische Pädagogik und die auf ihr beruhende Schulreform, 1912; Kind und Religion, 1914; Die Jugenderziehung und der Krieg. Anregungen zur Belehrung und Führung der Jugend im und nach dem Völkerkrieg, 1915; Wesen und Gestaltung der Arbeitsschule, 1921 (4., überarb. u. erg. Aufl. 1925; 7., überarb. Aufl. 1949); Der Unterricht in der Biblischen Geschichte nach den Grundsätzen der Arbeitsschule in der Mittel- und Oberstufe der Volksschulen. Religion und Leben, 1922; Bildung durch Selbsttun. Ein Beitrag zur Theorie und Praxis der Arbeitsschule, 2 Bde., 1923; Gesinnungsbildung in den Sachfächern, 1924; Berufsanalysen als Grundlage einer psychologisch und pädagogisch eingestellten praktischen Berufsberatung, 1926; Das Nachschlagewort in der Jugend- und Volksbildung, 1927; Albrecht Dürer. Sein Leben und Schaffen [...] (bearb.) 1928; Die Wertwelt der Volksschuljugend, 1929; Johann Evangelist Wagner. Gründer der J. E. W.schen Wohltätigkeitsanstalten in Bayern, Regens am Priesterseminar in Dillingen a. D. Eine Lebensgeschichte, 1931; Der heilige Albert der Große, 1932; Heimat und Volkstum in religionspädagogischer Auswertung. Theoretische Überlegungen und allgemeinpraktische Anweisungen, 1934; Deutsche Heilige. Für die Jugend dargestellt, 2 Tle., 1935; Himmelfahrt und Krönung Mariens. Sprech- und Singchor [...], 1935; Schwäbische heilige Frauen durch ein Jahrtausend, 1937; Kleine Regensburger Bistumslegende, 1937; Ein Bilderbuch vom lieben Gott (erdacht u. bearb. mit J. ZINKL, Bilder E. Kozics) 1939; Soziales Bildungsgut im Schulaltersaufbau, 1948; Valentin Trotzendorf und seine Zeitgenossen, 1948; Heimat- und Weltkunde in Willmanns Didaktik, 1949; Johann Michael Sailers «Über Erziehung für Erzieher», 1951; Pädagogisches Fachwörterbuch (unter Mitarb. v. E. HERMANN u. a.) 1952.

*Literatur:* LThK ²10 (1965) 980; Biogr.-Bibliogr. Kirchenlex. 13 (1998) 602. – J. ZINKL, ~ z. 70. Geb.tag (in: Pädagog. Welt 2) 1948; DERS., ~ [mit ausführl. Bibliogr.] (in: ebd. 7) 1953; H. GÄRTNER, Reformpädagogik exemplarisch: ~ (Diss. München) 1970; Große Bayer. Biogr. Enzyklopädie 3 (hg. H.-M. KÖRNER, Mitarb. B. JAHN) 2005. AW

**Weigl,** Heinrich, * 28. 9. 1884 Würzburg, Todesdatum u. -ort unbek.; lebte in Würzburg (1939).

*Schriften:* Aus betendem Herzen. Ein lyrisches Gebetbüchlein, 1935. AW

**Weigl,** Helene → Weigel, Helene.

**Weigl,** Hermann, * 3. 8. 1960 (Ort unbek.); Ausbildung z. Diplomingenieur, arbeitet als System- und Anwendungsbetreuer, lebt in Kelheim/Bayern; Science-Fiction- u. Fantasy-Autor.

*Schriften:* Der Weg zwischen den Sternen, I Der Preis der Unsterblichkeit, II Die Rache der Seth-Anat, III Die Göttin und die Zigeunerin (Rom.) 2007/08. AW

**Weigl,** Johann Baptist, * 26. 3. 1783 Hahnbach/Oberpfalz, † 5. 7. 1852 Regensburg; wuchs in d. Benediktinerabtei Prüfening auf, besuchte d. Gymnasium in Amberg, 1801 Eintritt in d. Benediktinerorden, 1806 Priesterweihe, 1813 Prof. d. Moraltheol. u. Kirchengesch. am Lyceum Amberg, 1825 Lycealrektor, Kreisscholarch, 1834 Kanonikus, 1836 bischöfl. geistl. Rat u. Domkapitular in Regensburg, 1850 a. o. Mitgl. d. bayer. Akad. d. Wiss.; auch als Komponist tätig.

*Schriften* (Ausw.): Thomae a Kempis de imitatione Christi libri IV, editio adcurata, 1815 (mehrere Aufl., dt. Übers. 1836–61); Katholisches Gebet- und Gesangbuch für nachdenkende und innige Christen, mit besonderer Rücksicht auf die Verhältnisse der studirenden Jugend, 1817; Hymnus Neroni argenteus, regi Ludovico oblatus, addita brevi commentatione, 1830; G. v. Gregory Denkschrift über den wahren Verfasser des Buches von der Nachfolge Christi, revidirt und herausgegeben durch den Herrn Grafen Lanjuinais, ins Deutsche übersetzt und mit den nothwendigen Erläuterungen und Zusätzen versehen, 1832; Abt Prechtl, eine biographische Skizze mit dem Bildnisse des Verblichenen, 1833; Theologisch-chronologische Abhandlung über das wahre Geburts- und Sterbejahr Jesu Christi, 2 Tle., 1849.

*Ausgaben:* J. B. W.s hinterlassene Kanzelvorträge (hg. L. Mehler) 3 Bde., 1853–55.

*Literatur:* Meusel-Hamberger 21 (1827) 414; NN 30 (1854) 466; ADB 41 (1896) 476; Goedeke 12 (1919) 507; MGG $^2$17 (2007) 664. – J. Mettenleiter, Musikgesch. d. Stadt Regensburg, 1866; Bosls Bayer. Biogr. 8000 Persönlichkeiten aus 15 Jh. (hg. K. Bosl) 1983; T. Emmerig, ~. Prof., Domkapitular, Komponist. E. Erinn. z. 150. Todestag (in: D. Oberpfalz 91) 2003; Große Bayer. Biogr. Enzyklopädie 3 (hg. H.-M. Körner unter Mitarb. v. B. Jahn) 2005. RM

**Weigl,** Maria, * 10. 9. 1919 Innsbruck, † 6. 9. 2004 Ebbs/Tirol; Hausfrau, lebte in Walchsee/Tirol.

*Schriften:* Af an kloan Hoangascht. Mundart aus der Kufsteiner «Unteren Schranne», 1988.

*Literatur:* TirLit. AW

**Weigl,** Stefan, * 1. 3. 1962 München; studierte 1985–89 Germanistik, Orientalistik sowie Werbe- u. Organisationspsychologie an d. Univ. München, Texter u. Creative Director in Werbeagenturen in München, Düsseldorf u. Köln, seit 2000 freier Drehbuch- u. Hörsp.-Autor, erhielt 2005 d. Hörsp.preis d. Kriegsblinden; Erzähler.

*Schriften:* Marienplatz. Einmal Löwe, immer Löwe (Rom.) 2007. AW

**Weigl,** Valentine (auch W.-Hallerberg, geb. Sindhuber), * 17. 1. 1908 Hofkirchen bei St. Valentin/Niederöst.; 1927 Heirat mit d. Landwirt Stefan W. u. Übernahme d. Hofes Haller am Hallerberg, Gemeinde St. Valentin, wo sie (seit 1951 verwitwet) 2000 noch lebte; Mundartautorin.

*Schriften:* Weg durch Wildnis und Blüah, 1975; Um das Erbe der Väter. Heimatroman aus dem Enns-Donauwinkel 1938–1945, 1982.

*Literatur:* Mit Pflug u. Feder. Beitr. dichtender Bäuerinnen u. Bauern d. Ggw. aus Niederöst. [...] (ausgew u. hg. F. Holler) o. J. [1975]; W. Sohm, D. Mundartdg. in Niederöst., 1980. IB

**Weigle,** Fritz (Ps. F. W. Bernstein), * 4. 3. 1938 Göppingen/Baden-Württ.; studierte seit 1957 an d. Kunstakad. Stuttgart u. d. Hochschule d. Künste Berlin, 1961 Abschluß als Kunsterzieher in Stuttgart, 1961 Wiederaufnahme d. Grafik-Studiums in Berlin u. parallel dazu bis 1964 Stud. d. Germanistik an d. FU Berlin, 1964 Red. d. satir. Monatszs. «pardon», kurz darauf m. Robert → Gernhardt u. K. F. → Waechter Gründung v. deren Beil. «Welt im Spiegel» (bis 1975), 1965 Referendar in Frankfurt-Sachsenhausen, 1966 Lehrer im hess. Schuldienst, 1968 Assessor in Bad Homburg, 1972 Kunsterzieher an der PH Göttingen, Mitte d. 1970er Jahre Mitbegr. der aus d. Red. v. «pardon» hervorgegangenen sog. «Neuen Frankfurter Schule» (NFS), seit 1979 Mitarb. des als Publikationsorgan d. NFS entstandenen Satiremagazins «Titanic», 1984–99 (Pensionierung) Prof. f. Karikatur u. Bildgesch. in Dtl. an d. Hochschule d. Künste in Berlin, lebt ebd., erhielt d. «Göttinger Elch» u. d. Binding-Kulturpreis (2003) sowie d. Kasseler Lit.preis f. grotesken Humor (2008); Graphiker, Karikaturist u. Verf. v. satir. Schriften.

*Schriften* (ohne reine Bildbände): Besternte Ernte (Ged., m. R. Gernhardt) 1966 (durchges. u. nicht verb. NA mit d. Untertitel: Gedichte aus 15 Jahren, 1977; Neuausg. 1983 u. 1997); Die Wahrheit über Arnold Hau (fiktive Biogr., mit F. K. Waechter u. R. Gernhardt) 1966 (durchges. Neuausg. 1996); Welt im Spiegel 1964–1969. Reprint der ersten fünf Jahre von WimS (mit dens.) 1969 ($^{14}$1997);

Lehrprobe. Report aus dem Klassenzimmer, 1969; Der Zeichner als – Sehr interessante Zeichnungen, 1978; Reimwärts (Ged.) 1981; Die Drei (mit F. K. WAECHTER u. R. GERNHARDT) 1981 (enthält Die Wahrheit über Arnold Hau, Besternte Ernte, Die Blusen des Böhmen; Jubiläumsausg. 1995); Die Kinderfinder. Reisen in alte Bilder, 1981; Unser Goethe. Ein Lesebuch (hg. mit E. HENSCHEID) 1982, Literarischer Traum- und Wunschkalender (mit DEMS.) 1985; Sternstunden eines Federhalters. Neues vom Zeichner Lebtag, 1986; TV-Zombies. Bilder und Charaktere (mit E. HENSCHEID) 1987; Lockruf der Liebe (Ged.) 1988 (Tb.ausg. 1992); Bernsteins Buch der Zeichnerei. Ein Lehr-, Lust-, Sach- und Fach-Buch sondergleichen, 1989; Die Luftfracht. Ein teurer Spaß, 1990; Kampf dem Lern. 61 Beiträge zur pädagogischen Abrüstung, 1991; Schluß jetzt! Das Buch zur Caricatura (Textbeitr., hg. A. FRENZ u. A. SANDMANN) 1992; Der Blechbläser und sein Kind. Grafik, Gritik, Gomik. Zeichnereien, Cartoons und Schmähbilder (mit e. Vorw. v. B. RAUSCHENBACH u. 4 Ged. v. S. BOROWIAK, hg. D. STEINMANN) 1993; Der Struwwelpeter umgetopft (nach Vor-Bildern v. H. HOFFMANN) 1994; Wenn Engel, dann solche, 1994; Reimweh. Gedichte und Prosa (Ausw. u. Nachw. E. HENSCHEID) 1994; Die Stunde der Männertränen. Texte auf Papier. Zeichnungen auch, 1995; Lesen gefährdet Ihre Dumheit. Ein Autorenalphabet mit Leserstimmen (Vorw. H. TRAXLER) 1996; Falsch frankiert. Geschichten über die Post (hg. M. WAGNER) 1998; Berliner Bilderbuch brominenter Bersönlichkeiten (mit M. BOFINGER) 1999; Kriki – durchs wilde Kopistan. Mit einer Krikikritik von F. W. B., 2000; Elche, Molche, ich und du. Tiergedichte, 2000; Der Untergang Göttingens und andere Kunststücke in Wrt & Bld. Materialsammlung und Lebensabschnittsbericht über die Zeit von 1972 bis 1985 (hg. P. KÖHLER) 2000; Richard Wagners Fahrt ins Glück. Sein Leben in Bildern und Versen, 2002; Die Gedichte. Das heißt in diesem Falle. Alle, 2003; 65 Jahre F. W. B. Ein Buch der Rendsburger Zeichnerei (hg. H. SCHELLE) 2003; Kunst & Kikeriki. Gewählte Texte und Lobreden, 2004; Die Superfusseldüse. 19 Dramen in unordentlichem Zustand, 2006; P. Hacks, Liebesgedichte (hg.) 2006; Doppelpaß in Meisenheim (anläßl. zweier Kunstausstellungen v. F. W. B. [...], mit H. DRESCHER) 2006; Luscht und Geischt (Ausw. u. Nachw. R. GERNHARDT) 2007; Literatur als Qual und Gequalle. Über den Literaturbetriebsintriganten Günter Grass (Textbeitr. [m. a.] u. Karikaturen, hg. K. BITTERMANN) 2007; Smoke Smoke Smoke that Cigarette. Eine Verherrlichung des Rauchens (Mitverf.) 2008.

*Tonträger:* Im Wunderland der Triebe. Der tönende Sex-Report (Schallplatte, mit R. GERNHARDT u. F. K. WAECHTER) 1969 (Neuausg. [CD] 2006); Gutenberg Buchhandlung live im Milestone-Keller (CD, mit H. ROSENDORFER u. R. GERNHARDT) 1995; Die 3 Frisöre. Eine haarige Lesung von Robert Gernhardt, F. W. B. und F. K. Waechter (CD) 1999; Liebe, Lust, Leidenschaft. Eine Ohren-Orgie der literarischen Hocherotik (CD, m. a.) 2003; In mir erwacht das Tier. Gedichte (CD) 2004; Der Bär auf dem Försterball. Hacks und Anverwandtes (CD, m. a.) 2004; Hört, hört! Autorenlesung. Das Beste aus WimS [Welt im Spiegel] (mit R. GERNHARDT) 2004 (Neuausg. 2007); Horch – ein Schrank geht durch die Nacht (CD) 2005; Geschichten für uns Kinder (3 CDs, Sprecher u. Hg. R. BECK), 2006.

*Literatur:* K. FLEMIG, Karikaturisten-Lex., 1993; O. M. SCHMITT, D. Prof. oder Warum ~ noch kein unwürdiger Greis ist (in: O. M. S., D. schärfsten Kritiker der Elche. D. Neue Frankfurter Schule in Wort u. Strich u. Bild) 2001. AW

**Weiglein,** Peter, 15. Jh., verf. e. zwanzig Fünfzeilerstrophen d. → «Lindenschmidt» (ErgBd. 5)-Typs umfassendes Lied z. Lob d. Reichsstadt Rothenburg ob d. Tauber über d. Eroberung d. Schlosses Ingelstadt bei Würzburg durch d. Rothenburger u. verbündete Reichsstädte im Jahr 1441. In d. Signaturstrophe bezeichnet sich W. als Bäckersknecht, d. Lied entstand wohl unmittelbar nach d. Ereignis. D. Text ist in Michael Eisenharts Rothenburger Chron. (Hs. München, cgm 7870 [2. Viertel 16. Jh., Teilautograph]), und mehreren jüngeren Hss. überliefert.

*Ausgaben:* Liliencron, Nr. 77; Cramer 3,422. – Ein hundert deutsche historische Volkslieder. Gesammelt und in urkundlichen Texten chronologisch geordnet (hg. F. L. v. SOLTAU) 1836 ($^2$1845, Nachdr. 1978).

*Literatur:* Liliencron 1 (1865) 374; Cramer 3 (1982) 583; VL $^2$10 (1999) 788. – H. W. BENSEN, Gesch. d. Bauernkrieges in Ostfranken, 1840; H. BLEZINGER, D. Schwäb. Städtebund in d. Jahren 1438–1445, 1954; U. MÜLLER, Unters. z. polit. Lyrik d. dt. MA (Habil. Stuttgart) 1974; L. SCHNURRER, D. Volkslied v. d. Eroberung d. Burg Ingelstadt

(1441) durch d. Rothenburger (in: D. Linde. Beil. z. Fränk. Anz. f. Gesch. u. Heimatkde. v. Rothenburg/Tbr. Stadt u. Land 64) 1982. RM

**Weiglin,** Jakob, nicht identifizierter ma. Übersetzer d. pseudocyprian. Schr. «De duodecim abusivis saeculi» («De duodecim abusionum gradibus») ins Dt., d. Titel d. Drucks Reutlingen 1492 lautet «Ciprianus von den zwölff mißbrüchen diser welt». D. lat. Text, der neben Cyprian v. Karthago auch Augustinus zugeschrieben wurde, entstand vermutl. im 7. Jh. in Irland (Ausg. u. a. bei S. HELLMANN, vgl. Lit.). W. folgte d. Vorlage weitgehend, deutl. sind einige Kürzungen sowie Umschreibungen e. Ausdrucks u. Verdoppelungen. E. weitere Übers. d. «XII abusiva» ist anon. in d. Hs. St. Gallen, Stiftsbibl., cod. 1035 (15. Jh.), überl; e. besondere Weiterwirkung im dt. Sprachgebiet erfuhr d. Text in Form v. Priameln.

*Literatur:* VL ²10 (1999) 789. – S. HELLMANN, Ps.-Cyprianus, De XII abusivis saeculi, 1909; H. KIEPE, D. Nürnberger Priameldg. Unters. zu Hans Rosenplüt u. zum Schreib- u. Druckwesen im 15. Jh. (Diss. Göttingen) 1984. RM

**Weiglin,** Paul, *26. 9. 1884 Neustrelitz/Mecklenb., † 19. 4. 1958 Berlin; studierte Lit. u. Kunstgesch. an den Univ. in München u. Berlin, 1911 Dr. phil., 1904/05 Red. d. «Landesztg.» in Neustrelitz, 1905–11 Red. v. «Westermanns Monatsheften» u. 1911–12 v. «Velhagen & Klasings Monatsheften». 1921–23 Leiter des Dom-Verlages in Berlin, dann kurze Zeit im Ullstein-Buchverlag u. bis 1925 Dir. des Volksverbandes der Bücherfreunde in Berlin, danach bis 1944 Hg. v. «Velhagen & Klasings Monatsheften». Er war mit der Schriftst. Friedel → Merzenich verheiratet; Verf. lit.historischer Werke.

*Schriften:* Gutzkows und Laubes Literaturdramen, 1910 (Reprint New York 1970); F. Gerstäcker, Abenteuergeschichten (4 Erz., bearb.) 1911; Unsere Feinde unter sich, 1915; Die dramatische Literatur und Kunst in Deutschland, 1928; F. Reuter, Ausgewählte Werke in einem Bande (zus.gestellt u. eingel.) 1934; Berliner Biedermeier. Leben, Kunst und Kultur in Alt-Berlin zwischen 1815 und 1848, 1942; S. Borris, Der große Acker (Ausw. u. Nachw.) 1946; Bilderbuch von Alt-Berlin, 1953; Berlin im Glanz. Bilderbuch der Reichshauptstadt von 1888 bis 1918, 1954; Unverwüstliches Berlin. Bilderbuch der Reichshauptstadt seit 1919, 1955; Juristischer Spaziergang in Berlin, 1955.

*Literatur:* DBE ²10 (2008) 484. – Reichshdb. d. dt. Gesellsch. [...] 2 (Hg. Dt. Wirtschaftsverlag) 1931; D. dt.sprachige Presse. Ein biogr.-bibliogr. Hdb. 2 (bearb. v. B. JAHN) 2005. IB

**Weigmann,** Otto (Albert), *13. 5. 1873 Lauf/Baden, † 1940 (Ort unbek.); Kunsthistoriker, Dr. iur. et phil., Prof., 1918–37 Dir. d. Staatl. Graph. Slg. München, begr. zudem 1925 d. Vereinigung d. Freunde dieser Slg., erhielt 1937 d. Ehrenbürgerwürde d. Stadt Lauf; Fachschriftenautor.

*Schriften:* Eine Bamberger Baumeisterfamilie um die Wende des 17. Jahrhunderts. Ein Beitrag zur Geschichte der Dientzenhofer, 1902 (Neudr. 1979); Die Lachner-Rolle von Moritz von Schwind. Erläuternder Text, 1904; Schwind. Des Meisters Werke in 1265 Abbildungen (hg.) 1906; Ein Kapitel königlich bayrischer Kunstpflege, 1913; Sion Longley Wenban 1848–1897. Kritisches Verzeichnis seiner Radierungen mit einer biografischen Einführung, 1913; Neuere Maler-Radierer (hg.) 1913; Holzschnitte aus dem Gulden Püchlein (von unser lieben Frauen Maria) von 1450 in der Graphischen Sammlung zu München (hg.) 1918; Schwinds Entwürfe für ein Schubertzimmer, 1925; Die staatliche Zeichnungen-Sammlung im Schlosse zu Aschaffenburg, 1932. AW

**Weigold,** Hans, *23. 7. 1910 Passau, † 10. 8. 1993 (Ort unbek.); lebte zuletzt in Puchheim/Bayern; Erzähler.

*Schriften:* Meraner Elegie (mit Geleitw. hg. G. PRATSCHKE, Illustr. W. Ulfig) 1971; Eines der verwunschenen Häuser (Kriminalrom.) 1983. AW

**Weigold,** Hermann, *3. 8. 1939 Schwäbisch Gmünd; absolvierte e. Lehre als Maschinenschlosser u. danach e. Ausbildung z. Grund- u. Hauptschullehrer sowie z. nebenamtl. Kirchenmusiker, Sonderschullehrer, Schulleiter in Oberkochen u. Sonderschulrektor in Ellwangen, leitete zudem e. private Schule für Erziehungshilfe im Kinder-und Jugenddorf Marienpflege ebd.; Erzähler.

*Schriften:* Spiele und Lieder zur Bibel. Für Grundschulen und Kindergruppen (Medienkombination: Textbuch u. Liedkassette) 1984; Singt alle mit. Liederbuch für Sonderschulen (hg. mit W. KATEIN u. a.) 1984; Und den Nächsten lieben wie dich selbst. Maßnahmen zur Linderung und Behebung der leiblichen und seelischen Armut in Wien im 19. Jahrhundert bis 1918, 2006; Chormusik im Ostalbkreis. Eine sozio-kulturelle Untersuchung zu Geschichte, Gegenwart und Ausblick in die Zukunft des Chorgesangs [...] (Medienkombination: CD-ROM u. Beiheft) 2008.

*Literatur:* Autorinnen u. Autoren in Baden-Württ. (Internet-Edition). AW

**Weigold,** Matthias, Geburtsdatum u. -ort unbek.; studierte seit 1972 Theaterwiss. u. Germanistik in München, als Theaterregisseur tätig, lebte lange in Irland sowie zeitweise in Italien u. Indien, Journalist u. Fotograf, lebt in München; Erzähler.

*Schriften:* Irland. Begegnungen mit Ruinen, Sagen und Erdgeistern (mit S. KORTE) 1992; Der Gesang der Todesfeen (Rom.) 2002; Sieben Briefe von Liebe und Tod (Rom.) 2007. AW

**Weigoni,** Andrascz Jaromir (auch Andreas [J.] Weigoni), * 18. 1. 1958 Budapest; bis 1977 Ausbildung z. Elektroinstallateur, dann Autor u. Regisseur für d. Westfäl. Landestheater, d. Aktionsgruppe «Paul Pozozza Museum» u. d. Westdt. Rundfunk, zudem Dramaturg v. Tanztheaterproduktionen u. poet. Performances (u. a. im Lit. Colloquium Berlin, im Lit.haus Hamburg, in d. «Filmdose» Köln, im «Kom(m)ödchen» Düsseldorf u. in Poetry-Cafés in New York City) sowie Ausstellungsmacher u. Leiter v. Hörsp.seminaren in Dtl. u. im Ausland, außerdem tätig als Übers. ins Englische, Koreanische u. Rumänische, erhielt mehrere Stipendien (u. a. 1994 Aufenthalt im Künstlerdorf Schöppingen, 1995 Aufenthalt im Künstlerhaus Schloß Plüschow/Mecklenb. u. Arbeitsstipendium d. Stadt Düsseldorf, 1996 Aufenthalt in Solothurn/Schweiz) u. war 1997 Stadtschreiber in Düsseldorf, lebt in Mühlheim/Ruhr; Lyriker, Erz. u. Hörsp.autor.

*Schriften:* Liebe, Haß & Zwielicht, 1982; Herbstträume oder Die Kunst des organischen Zitats, 1983; Der unmaskierte Narr oder Die Kunst des organischen Zitats II, 1984; Begegnungen mit F. oder Die Kunst des organischen Zitats III. Ein Roman, 1985; Der lange Atem. Gedichte & Collagen von 1975–1985, 1986; Vorläufiges zum Ästhe-Trick des Widerspruchs oder die Ver(fuß)ballhornung von Müh-Stick, 1987; Jaguar. Der Gossenroman, von dem Kritiker träumen. Ein nervenaufreibender Crimicomic, 1989; Monster. Unsere netten Nachbarn von nebenan. Alltägliche Geschichten über ganz normale Menschen, 1990; Trialog. Ein Sprech-Spiel-Theaterstück, 1994; Fünf – oder die Elemente. Dokumentationsdrama in vier Akten, 1994 (als Live-Hörsp. [CD], Regie I. RAUSCHAN, 2002); Kopfkino. Ein Film für Ohren – den Synchronsprecherinnen gewidmet, 1994; Den Ball von der Linie kratzen. Eine Fußballoperette (Text, Idee mit F. FENSTERMACHER) 1994; Odem, Replica. Gedichte zwischen '75 – '85. Dub-Versions, 1995; Letternmusik im Gaumentheater. Ein lyrisches Polydram in fünf Akten, 1995; Señora Nada. Ein lyrisches Monodram, 1995; ArtIQlationen (buchstabiert mit B. JENSEN) 1995; Kollegengespräche. Zum 30. Jahrestag des Verbandes Deutscher Schriftsteller [...] (hg., Medienkombination: Buch u. CD) 1999; Unbehaust & Gedichte aus dem Umfeld (Medienkombination: Buch u. CD, Holzschnitte H. Hieronymus) 2003; Faszikel. VerDichtungen (Transformationen H. Hieronymus) 2004; Dichterloh. Kompositum in vier Akten (Ged.) 2005 (auch als Hörbuch [CD]); Idole (Medienkombination: Buch u. CD, verdichtet v. A. J. W., transformiert v. H. Hieronymus) 2007.

*Tonträger:* The Last Pop Songs. Kurzhörspiele (CD, Komposition K. H. Blomann) 1989; Auf der Suche nach McGuffin (CD, Regie J. SONDERHOFF) 1992; Literaturclips (CD, mit F. MICHAELIS) 1993; Auf ewig Dein (CD, Regie F. E. HÜBNER) 1994; A. J. W. proudly presents: Top 100 (CD) 1995; Familie Funkenstein (CD, Regie B. Ax) 1995; Die Pommesbude (CD, Regie DERS. u. A. KURTH) 1996; Petra Patzer (CD) 1996; Oden an die Zukunftsseelen. Die schwärmerische Lyrik Kaiserin Elisabeths. Hörspiel unter Verwendung von Gedichten der Kaiserin (CD, Regie K. WIRBITZKY) 1998; Ohryeure. Eine akustische Anthologie mit literaturpädagogischen Hörspielprojekten 1993–1998 (2 CDs, hg.) 1998; Die anonymen Analphabeten. Eine Hörspielerei der Gesamtschule Solingen zum Thema: Lesen (CD) 1999; 1/4 Fund-HörBuch (CD) 2000; GhostTraXXX (CD, Regie I. RAUSCHAN, Klangkompositionen F. Michaelis u. T. Täger) 2000; Gedichte-HörBuch (2 CDs, mit J. SCHMIDT, auch Regie mit E. KUROWSKI) 2000; RedenRedenReden. Live-Hör-Spiel (CD, mit B. WIESEMANN) 2001; Das kleine Helferlein. Hörfilm (CD, mit S. MARX) 2002; Zur Sprache bringen. Hör-Spiel-Projekt zum europäischen Jahr für Menschen mit Behinderung (CD) 2003; Unbehaust I & II (CD) 2003; Blutrausch. Ein Ohr-Ratorium nach dem Roman «Massaker» (CD) 2004; Amaryll (CD) 2004. AW

**Weigt,** Karl A. H., * 15. 11. 1862 Berlin, † 29. 8. 1932 Hannover; Oberlehrer an e. privaten Lehranstalt in Berlin u. Pastor an d. Zionskirche ebd., später Red., Dir. d. Verbände u. Ver. z. Schutz f. Handel u. Gewerbe, Syndikus d. Detaillisten-Ver. u. Dir. d. Papierverarbeitungs-Berufsgenossenschaft in Hannover; Fachschriftenautor.

*Schriften:* Katechismus der Feuerbestattung. Auskunfts- und Nachschlagebüchlein für Jedermann über alles Wissenswerte aus dem Gebiete der Feuerbestattung (im Auftrag. d. «Ver. f. Feuerbestattung» zu Frankfurt a. M. u. unter Mitwirkung vieler verehrter Freunde unserer Sache bearb.) 1901; Almanach der Feuerbestattung. Kurzgefaßter Wegweiser durch das gesamte Gebiet der Feuerbestattungs-Bewegung (unter Mitwirkung d. bedeutendsten Führer dieser Bewegung in Dtl., Öst. u. d. Schweiz zus.gestellt) 1905. AW

**Weigum,** Clara (auch Klara), * 29. 11. 1872 Rothrist/Kt. Aargau, † 1965 (Ort unbek.); 1903 Heirat mit e. dt.stämmigen Russen, lebte m. ihrem Mann, der Pfarrer war, bis 1913 in Rußland, danach in Appenzell, arbeitete neben ihrem Einsatz als Pfarrfrau in verschiedenen Büros u. war Lehrerin an d. Sonntagsschule; publizierte zahlr. Ess. in Organen d. Sittlichkeitsbewegung.

*Schriften:* Rolfs und Käthes Weg. Eine Steppengeschichte, nach wahren Begebenheiten, 1926.

*Literatur:* S. GRANACHER, D. Schriftstellerin ~ (1872–1965). Leben u. Werk (in: FrauenLeben Appenzell [...], hg. R. BRÄUNIGER) 1999. AW

**Weiguny,** Bettina, * 1970 (Ort unbek.); EU-Korrespondentin f. d. Nachr.magazin «Focus» in Brüssel, arbeitet als Wirtschaftsjournalistin u. freie Autorin u. a. für d. «Frankfurter Allg. Sonntagsztg.» u. «Focus», lebt in Bad Soden/Taunus.

*Schriften:* Das Beste aus dem Klosterladen. Natürlich genießen – die besten Tipps, 2003; Die geheimnisvollen Herren von C&A. Der Aufstieg der Brenninkmeyers, 2005 (Hörbuchausg. [7CDs] 2006; Neuausg. [d. Buches] 2007). AW

**Weih,** Minna, * 5. 11. 1867 Karlsruhe, Todesdatum u. -ort unbek.; lebte in Straßburg/Elsaß (1917).

*Schriften:* Meiner Schwesterseele (Ged.) 1906; Herzensernte, 1910. AW

**Weihe,** Friedrich August, * 19. 5. 1721 Hördorf bei Halberstadt, † 15. 12. 1771 Gohfeld/Minden (heute Stadtteil v. Löhne/Nordrh.-Westf.); Vater v. Karl (Justus Friedrich) → W., studierte 1739–41 Theol. in Halle/Saale, 1742–50 Feldprediger, machte d. Zweiten Schles. Krieg (1744/45) mit, seit 1751 Prediger in Gohfeld.

*Schriften:* Sammlung geistlicher Lieder alt-evangelischen Inhalts zum Bau des Reiches Gottes (hg.) 1763 (nebst einem Anhang von 10 Liedern, 1831); Schriftmäßiges Zeugniss von Gnade und Recht, 1763; Sammlung erbaulicher Briefe, vornemlich Ermunterungen zum Glauben in sich enthaltend. Nebst einigen Liedern desselben Verfassers, 1774 (neue Ausg. 1840) – [2] Nebst den übrigen noch ungedruckt gewesenen Liedern desselben Verfassers, 1776.

*Literatur:* Leben u. Charakter ~s, Predigers zu Gohfeld im Fürstenthum Minden. E. Beytr. zu den Nachr. v. dem Charakter u. d. Amtsführung rechtschaffener Prediger u. Seelsorger, 1780 (anon.); L. TIESMEYER, ~, e. Prophetengestalt aus d. 18. Jh. Zugleich e. Trostbüchlein in schwerer Zeit (Nachw. R. Hermann W.) 1921; M. BRECHT, ~ e. Vater des Pietismus in Westf. u. Vorläufer der Minden-Ravensberger Erweckungsbewegung (in: Zw. Spener u. Volkening. Pietismus in Minden-Ravensberg im 18. u. frühen 19. Jh., hg. C. PETERS u. a.) 2002; C. PETERS, Z. Vorgesch. Volkenings. Die Frommen Minden-Ravensbergs auf dem Weg ins 19. Jh. (in: Pietismus u. Neuzeit 30) 2004; Neue Aspekte der Zinzendorf-Forsch. (hg. M. BRECHT u. P. PEUCKER) 2006. IB

**Weihe,** Hermann von der, * 19. 1. 1906 Hamburg-Altona, Todesdatum u. -ort unbek.; lebte in Hamburg (1998).

*Schriften:* Das kleine Buch der Reden. Ansprachen für Hochzeiten, Verlobungen, Jubiläen, Richtfeiern, Geburtstage, Vereinsfeste usw., 1950; Lustige Zwiegespräche. 7 Kurzspiele, 1951. AW

**Weihe,** Karl (Justus Friedrich), * 12. 7. 1752 Gohfeld/Westf., † 7. 10. 1829 Mennighüffen/Minden; Sohn d. Pfarrers Friedrich August → W., besuchte d. Domschule in Halberstadt u. d. Gymnasium in Minden, studierte Theol. in Bützow u. Halle/Saale, Hauslehrer, seit 1774 evangel. Pfarrer in Mennighüffen; betrieb auch e. landwirtschaftl. Musterhof.

*Schriften:* Das gute Leben eines rechtschaffenen Dieners Gottes nach einem alten Gedichte von Johann Valentin Andreä neu bearbeitet, 1820; Der

Sohn Gottes auf Erden. Versuch einer Erzählung des Lebens Jesu nach den Evangelisten – in gereimten Versen, 2 Bde., 1822/24.

*Literatur:* Meusel-Hamberger 21 (1827) 415; Goedeke 10 (1913) 597; 16 (1985) 443. – F. W. Bauks, Die evangel. Pfarrer in Westf. von d. Reformationszeit bis 1945, 1980. RM

**Weihe,** Martin, * 1823 Sprenge/Westf., † 1893 Köslin/Pommern; Urkenkel von Friedrich August → W., studierte Medizin in Greifswald, 1847 Dr. med., Arzt in Köslin; Lyriker.

*Schriften:* Haideblumen, 1858. IB

**Weihe,** Richard (Emanuel), * 1.9. 1961 Bern; Schausp.akad. u. Gesangsausbildung in Zürich, Stud. d. Lit.wiss. u. Ideengesch. ebd. sowie in Oxford, Bonn u. Cambridge, Lic. phil. (1992) u. Habil. Zürich, Moderator d. Sendung «Sternstunden Philos.» im Schweizer Fernsehen, Doz. an d. Fak. f. d. «Studium fundamentale» d. Privaten Univ. Witten/Herdecke, zudem Senior Fellow am Internationalen Forsch.zentrum Kulturwiss. in Wien (2006/07) u. Fellow an d. Akad. Schloß Solitude bei Stuttgart (2007), außerdem Dramaturg u. Übers. aus d. Engl., lebt in Bonn; Erzähler.

*Schriften:* Die Theater-Maschine. Motion und Emotion (Diss.) 1992; P. Green, Johnny Johnson (musikal. Kom., übers., Musik K. Weill) 1992; O. Nash, S. J. Perelmann, Ein Hauch von Venus (musikal. Kom., übers., Musik K. Weill) 1994; M. Strand, Dunkler Hafen (übers. mit M. Krüger u. R. G. Schmidt) 1997; Meer der Tusche (Erz.) 2003; Die Paradoxie der Maske. Geschichte einer Form, 2004; Weg des Vergessens (Rom.) 2006. AW

**Weihenstephan** → Maurus von Weihenstephan (ErgBd. 6).

**Weihenstephaner Chronik,** sog., sie entstand um 1433 u. wurde durch kleinere Zusätze bis 1435, 1462 u. 1469/72 fortgesetzt; überl. ist sie vollständig in d. drei Hss. Wolfenbüttel, HAB, cod. 38. 28 Aug. 2° (v. Jahr 1467), München, cgm 259 (n. 1469), u. Wien, cod. 2861 (v. Jahr 1474), nur den (Haupt-)Teil z. sagenhaften Gesch. Karls d. Großen enthalten d. Hss. München, cgm 315, u. Paris, Bibl. de l'Institut de France, ms. 3408 (v. Jahr 1486, aus Weihenstephan). Es handelt sich um e. anon. volkssprachl. Weltchron.kompilation mit deutl. Bezügen z. obb. u. Münchener Gesch. D. weltgesch. Tl. d. Chron. ist im wesentl. e. leicht gekürzte, sonst vorwiegend wortgetreue Übers. d. → «Flores temporum»; berichtet wird v. d. Anfängen Roms, d. röm. Gesch., d. spätantiken u. ma. Kaiser- u. Papstgesch. bis zu Ereignissen d. vierten Jahrzehnts d. 15. Jh., e. relativ großen Raum im Verhältnis z. Gesamtwerk nehmen d. Gesch. v. Bau d. Burg Weihenstephan durch König Pippin, d. Hofintrige gg. dessen Frau Berta, d. Geburt u. Jugend Karls d. Großen, d. Bericht über Karls Aufenthalt in Spanien u. d. Schlacht bei Roncevalles ein. Mit d. Berta-Sage wird, abweichend v. anderen Berichten, der lokale Bezug d. Karls-Gesch. z. Benediktinerkloster Weihenstephan bei Freising hergestellt. D. Quellenlage für d. Karl-Tl. ist nicht endgültig geklärt, angenommen wurde etwa e. Bearb. v. → Strickers «Karl d. Großen» mit Erweiterungen aus → Jans Enikels «Weltchronik».

*Ausgaben:* S. Krämer, vgl. Lit., 1972. – Auszüge: J. C. v. Aretin, vgl. Lit., 1803; Eraclius [...] (hg. H. F. Massmann) 1842; Spätlese des Mittelalters 1 (aus d. Hss. hg. u. erl. W. Stammler) 1963.

*Literatur:* VL ²10 (1999) 790. – Aelteste Sage über d. Geburt u. Jugend Karls d. Großen (z. ersten Mal bekannt gemacht u. erl. J. C. v. Aretin) 1803 (Mikrofiche-Ausg. 1990); Der keiser und der kunige buoch oder die sogenannte Kaiserchron. [...] 3 (hg. H. F. Massmann) 1854; G. Paris, Un ms. inconnu de la chronique de Weihenstephan (in: Romania 11) Paris 1882; ders., Sur la chronique de Weihenstephan (ebd.); O. Freitag, D. sog. ~. E. Beitr. z. Karlssage, 1905 (Nachdr. 1972); S. Krämer, D. sog. ~. Text u. Unters., 1972; P. Johanek, Weltchronistik u. regionale Gesch.schreibung im SpätMA (in: Gesch.schreibung u. Gesch.bewußtsein im SpätMA, hg. H. Patze) 1987; J. Schneider, Andreas v. Regensburg (in: Zweisprach. Gesch.-schreibung im spätma. Dtl., hg. R. Sprandel) 1993; R. Sprandel, Chronisten als Zeitzeugen. Forsch. z. spätma. Gesch.schreibung in Dtl., 1994; H. J. Mierau, A. Sander-Berke, B. Studt, Stud. z. Überl. d. Flores temporum, 1996 (= MG, Stud. u. Texte 14); R. G. Dunphy, D. Ritter mit d. Hemd. Drei Fass. e. ma. Erz. (in: GRM 49) 1999. RM

**Weiher,** Eugen August von (Ps. Franz Herwey), * 28. 12. 1875 Berlin, † nach 1941 (Ort unbek.); Offizier, lebte nach d. 1. Weltkrieg, verabschiedet als Major, in Freienwalde/Oder u. nach 1932 in Freiburg/Br.; Dramatiker.

*Schriften:* Hypatia. Drama in 3 Akten, 1911; Freya. Ein Sonnenspiel, 1924; Arminius. Drama in 3 Aufzügen oder 2 Teilen, 1926. IB

**Weiher,** H. E. → Bender, Helmut (ErgBd. 1, zusätzl. Ps.).

**Weiher,** Irmgard (Ps. Dorothea C. Mahler), * 14. 7. 1958 Freising; studierte Sprachwiss. u. Betriebswirtschaft in München, lebt in St. Johann/Bayern; Erzählerin.

*Schriften:* Der Schürzenjäger und die Köchin. Eine luftig-leichte Liebesgeschichte (Rom.) 2000 (Neuausg. mit d. Untertitel: Ein Liebesroman, 2009). AW

**Weiher,** Ruth → Rajewska von Weiher, Ruth.

**Weiher,** Ursula (geb. Reimann), * 28. 12. 1932 Liegnitz/Schles.; studierte Dt., Italien. u. Kunsterziehung f. d. Lehramt, langjährige Lehrerin, lebt in Lahr/Baden-Württ.; Jugendbuchautorin.

*Schriften:* Viel Wirbel um Reni, 1966; Renate lebt gefährlich, 1966; Renate das Schlüsselkind, 1966; Viel Aufregung um Bärbel, 1973; Eine ungewöhnliche Klasse, 1976; Reiterferien mit Constanze, 1977; Sekretariatskunde, 1982 (³1989); Reiterferien im Paradies der Pferde, 1983.

*Literatur:* Autorinnen u. Autoren in Baden-Württ. (Internet-Edition). AW

**Weiher,** Waldemar, * 25. 9. 1920 Berent/Westpr.; Maschinenbauingenieur, lebt in Bürgstadt/Bayern; Lyriker.

*Schriften:* Unseres Lebens Kette (Ged.) 1986. AW

**Weiherer,** Heide-Marie, * 1970 Passau/Bayern; Ausbildung z. Sozialpädagogin, Kindergarten- u. Heimleiterin, danach Journalistin, freie Mitarb. beim Passauer «Wochenbl.», lebt in Passau.

*Schriften:* Achtung! Teenie-Terror! [...] Eine heitere Zeitreise mit Selbsterfahrungsgarantie, 2005. AW

**Weihnachtsspiele,** ma. → «Bilsener W.» (ErgBd. 2); «Carmina Burana»; «Einsiedler W.» (ErgBd. 3); «Erlauer Spiele»; «Freiburger Dreikönigsspiel»; «Freisinger Officium Stellae»; «Freisinger Ordo Rachelis»; «St. Galler Spiel von der Kindheit Jesu»; «Hessisches W.»; «Marburger Prophetenspiel»; «Meyers W.» (ErgBd. 6); «Münchner W.» (ErgBd. 6); «Ordo Prophetarum»; «Regensburger W.fragmente»; «Schwäbisches (Konstanzer) W.»; «Straßburger Weihnachtsspiel».

**Weihrauch,** August (Wilhelm) → Weirauch, August (Wilhelm).

**Weihrauch,** Werner, * 4. 7. 1928 Breslau/Schles.; wuchs in Karlsburg, Kr. Oels/Niederschles. auf, absolvierte e. kaufmänn. Ausbildung, n. d. 2. Weltkrieg zunächst Bergmann u. Filmvorführer, danach bis 1993 (Ruhestand) im kaufmänn. Außendienst tätig, lebt in Alsdorf/Nordrhein-Westf.; autobiogr. Erzähler.

*Schriften:* Erzähl aus deiner Kindheit, 2003 (Neuausg. 2007); Erzähl aus deiner Jugend, 2007. AW

**Weihreter,** Hans, * 20. 4. 1948 Heidenheim an der Brenz/Baden-Württ.; unternimmt seit d. 1980er Jahren ausgedehnte Reisen, auch zu Forsch.zwecken, längere Aufenthalte u. a. im Iran, in Afghanistan u. im Himalaya, Kunstsammler u. -händler, lebt in Augsburg; Reiseschriftst. u. Verf. v. Kunstführern.

*Schriften:* Schmuck aus dem Himalaya, 1988; Schätze der Menschen und Götter. Alter Goldschmuck aus Indien, 1993; Blumen des Paradieses. Der Fürstenschmuck Nordindiens, 1997; Westhimalaya. Am Rand der bewohnbaren Erde, 2001; Thog-lcags. Geheimnisvolle Amulette Tibets (CD-ROM) 2002; Kavachha. Die Amulette der Hindus Indiens (CD-ROM) 2004; Die Juwelen der Maharajas (CD-ROM) 2005; Die schützende Pracht. Indischer Schmuck aus drei Jahrhunderten (CD-ROM) 2007 (Buchausg. 2008). AW

**Weihs,** Erich, * 28. 1. 1923 Dux/Böhmen, † nach 2005 Bayreuth; studierte Medizin an d. Univ. München, 1949 Dr. med., Nervenarzt in Bayreuth; vorwiegend Lyriker.

*Schriften:* Am Rande der Zeit (Ged.) 1972; Einsam bin ich nicht allein. Aphorismen, 1972; Des Lebens Jahr. Ein Gedichtzyklus bestehend aus: Lebensjahr, Frühling, Sommer, Herbst, Winter, Jahreszeit, 1972; Worte ohne Titel (Ged.) 1977; Vom Dunkel zum Licht (Ged.) 1977; Ich breite meine Arme aus, 1984; Advent einst und jetzt (Ged.) 1984; Erinnerungen. Erinnerungen eines alten Arztes für seinen Sohn, den jungen Arzt, 1984; Hobelspäne.

Aphorismen, 1985; Fürsetzer Reiterspiele, 1985; Der Rosenbaum (Ged.) 1986; Drei Bayreuther in Kärnten, 1989; Des Sängers Fluch. Ein Sudetendeutscher kehrt in seine Heimat zurück, 1991; Impressionen vom Wolfgangsee (Ged.) 1992; Aus meiner Werkstatt. Praxisleben eines Nervenarztes, 1993; Ein Mensch seiner Zeit. Erlebnisse eines Deutschen im 20. Jahrhundert, 1994; Dreck auf der Seele – Gewissen. Aphorismen, 1995. IB

**Weihs,** Richard, * 6. 10. 1956 Wels/Oberöst.; 1973 erste Veröff. v. Kurzgesch. in Lit.zs., seit 1976 als freier Schriftst., Musiker u. Schauspieler in der freien Theaterszene tätig. 1982–87 Mitgl. des Kabaretts u. Puppentheaters «Trittbrettl», seit 1988 Auftritte als Solo-Kabarettist; lebt in Wien.

*Schriften:* Der Fersenfresser. Perverse Verse & diverse Lieder, 1998; Wiener Wut. Das Schimpfwörterbuch. Zweitausend einschlägige Ausdrücke (ges. u. kommentiert) 2000; Der Blues-Gustl. Eine Wiener Legende, 2001; Wiener Witz, der Schmähführer. 1333 Wiener Wuchteln (ges. u. übers.) 2002 (erw. u. verschärfte NA = 2., erw. Aufl. 2002).

*Literatur:* Öst. Katalog-Lex. (1995) 428; Theater-Lex. 5 (2004) 3094. – I. FINK, Von Travnicek bis Hinterholz 8. Kabarett in Öst. ab 1945, 2000. IB

**Weihs-Trostprugg,** Henriette (von) (auch Weihs von Trostprugg, Weiss-Trostprugg; Ps. Harry von Weiß), * 7. 8. 1896 Bruck an der Leitha/Niederöst., † 6. 1. 1979 ebd.; Sprach- u. Musiklehrerin; Erzählerin.

*Schriften:* Die Heilige im Spitzwegbild und Die Pfingstausstellung oder Der Sieg des Geistes über Tod und Teufel, 1956 (erw. Neuausg. 1971); Die nassen Augen (Marcel Delorme) (Rom.) 1964; Treccia D'oro – Das Leuchten im Tessin (Rom.) 1967; Pilgerfahrten rund um den Mond. (Erz.) 1969; Wunder oder Legende. Kurzgeschichten, 1971.

*Nachlaß:* Dokumentationsstelle f. neuere öst. Lit. Wien. – Renner, 431; Hall-Renner, 352.

*Literatur:* F. MAYRÖCKER, Von den Stillen im Lande. Pflichtschullehrer als Dichter, Schriftst. u. Komponisten, 1968. AW

**Weijand,** Erich (Ps. Erich Weijand Wüstewaltersdorf), * 22. 12. 1896 Berlin, † 1935 Wüstewaltersdorf/Niederschles.; Lehrer in Wüstewaltersdorf.

*Schriften:* Der Menschenschmied. Ein Buch von Heimat, Wanderschaft und Liebe. Gesammeltes und Erlauschtes von der Hohen Eule, 1927. AW

**Weik,** Saheta Susanne, * 1951 (Ort unbek.); Ausbildung z. Diplompädagogin, Tätigkeit als Körpertherapeutin (Heilpraktikerin Psychotherapie) u. Kursleiterin im Bereich Frauenbildung, lebt in Bad Zwesten/Hessen.

*Schriften:* Drachinnengesänge. Geschichten aus dem Leben der Drachin Ruach, 1992 (NA 1999); Mit der Drachin reisen (Illustr. K. A. Truzenberger) 2001. AW

**Weikard,** Mariane → Reitzenstein, (Marian[n]e) Sophie von.

**Weikard** (Weickard), Melchior Adam, * 28. 4. 1742 Römershag bei Brückenau/Schwaben, † 25. 7. 1803 Brückenau (heute Bad Brückenau); Sohn e. Brauerei- u. Gastwirtschaftsbesitzers, besuchte ab 1753 d. Gymnasium in Hammelburg, studierte 1758–64 Medizin u. Philos. in Würzburg, nach d. Promotion z. Dr. med. 1763 Amts- u. Brunnenarzt in Brückenau, 1770 Leibarzt d. Fuldaer Fürstbischofs Heinrich v. Bibra, Hofrat, 1771 Prof. an d. Univ. Fulda, 1784 Kammerhofarzt in St. Petersburg, 1785 Staatsrat ebd., begleitete 1787 d. Zarin Katharina II. auf ihrer Krimreise, 1789 Leibarzt d. Fürstin Katharina Barjatinskij, 1791 d. Fürstbischofs v. Dalberg in Mainz, 1792 Arzt in Mannheim, seit 1794 Arzt in Heilbronn, 1803 als fürstl. Geheimrat Dir. d. Fuldaer Medizinalkollegiums. Geriet als konsequenter Vertreter d. Aufklärung mehrmals mit d. Zensur in Konflikt; Hg. d. «Magazins d. theoret. u. pract. Arzneykunst» (4 Stücke, 1797) u. d. «Slg. medicin.-pract. Beobachtungen u. Abhandlungen» (3 Bde., 1798).

*Schriften* (Ausw.): Gemeinnützige medicinische Beyträge, 1770; Der philosophische Arzt, 4 Stücke, 1775–77 (mehrere Aufl.; verm. u. verb. Aufl., 2 Bde., 1790; umgearb. u. verm. Aufl., 4 Tle., 1793; neue, verm. u. verb. Aufl., 2 Bde., 1798); Vermischte medicinische Schriften, 3 Stücke, 1778–80 (NA, 2 Bde., 1793); Biographie des Doctors M. A. Weikard von Jhm selbst herausgegeben, 1784 (Nachdr., hg. F.-U. JESTÄDT, 1988; Mikrofiche-Ausg. in: BDL); Gedanken eines Weltbürgers über geheime Gesellschaften, Petersburg 1786; Von Schwärmerey und Aufklärung, 1788; Medicinische Fragmente und Erinnerungen, 1791 (Nachtr.

1791); Entwurf einer einfachern Arzneykunst oder Erläuterung und Bestätigung der Brown'schen Arzneylehre, 1795 (3., verm. Aufl. 1797); Medicinisch-practisches Handbuch auf Brown'sche Grundsätze und Erfahrungen gegründet, 3 Tle., 1797 (Neuausg. 1801); Taurische Reise der Kaiserin von Rußland Katharina II., 1799; Philosophische Arzneykunst oder Von Gebrechen der Sensationen, des Verstandes und des Willens, 1799; Denkwürdigkeiten aus der Lebensgeschichte des Kaiserlich Russischen Etatsraths M. A. W. nach seinem Tode zu lesen, 1802 (Nachdr. 1988).

*Literatur:* Meusel-Hamberger 8 (1800) 387; 10 (1803) 801; 11 (1805) 737; ADB 41 (1896) 485; Killy 12 (1992) 202; DBE [2]10 (2008) 484. – N. K. MOLITOR, ~, d. Empyriker, 1791; D. gelehrte Schwaben oder Lexicon der jetzt lebenden schwäb. Schriftst. [...] (hg. J. J. GRADMANN) 1802; T. KIRCHHOFF, Dt. Irrenärzte 1, 1921; Biogr. Lex. d. hervorragenden Ärzte aller Zeiten u. Völker 5 (hg. A. HIRSCH) [2]1934; K. GARTENHOF, ~ (in: Mainfränk. Jb. f. Gesch. u. Kunst 4) 1952; O. M. SCHMITT, ~. Arzt, Philosoph u. Aufklärer, 1970; Bosls Bayer. Biogr. 8000 Persönlichkeiten aus 15 Jh. (hg. K. BOSL) 1983; M. MICHLER, ~ (1742–1803) u. s. Weg in d. Brownianismus. Medizin zw. Aufklärung u. Romantik. E. medizinhist. Biogr., 1995; A. KREUTER, Dt.sprach. Neurologen u. Psychiater. E. biobibliogr. Lex. von d. Vorläufern bis z. Mitte d. 20. Jh. 3, 1996. RM

**Weikersheim,** Matthias → Doll, Herbert Gerhard.

**Weikert,** Alfred, * 29. 4. 1910 Wien; Dr., Sektionsrat, leitete e. eigenen Verlag in Wien, zudem Übers. (aus d. Serbokroat.); Verf. v. lokalkundl. Schriften.

*Schriften:* Dichtung der Gegenwart (hg. mit R. HENZ) 17 Bde., 1950/51; Menschen in Niederösterreich, 1983; Schauplatz Niederösterreich, 1984; Niederösterreich-Kalender, 1986; Musikspaziergang in Wien, 1990. AW

**Weikert,** Anne(gret), Geburtsdatum u. -ort unbek.; verh. mit Wolfgang → W., Diplompädagogin, Paar- u. Familientherapeutin, Mitarb. f. Öffentlichkeitsarbeit am Paracelsus-Therapiezentrum in Bad Essen/Nds.; Verf. v. Familienratgebern.

*Schriften:* Alles im Griff. Wie Männer in der Partnerschaft mit Gefühlen umgehen (mit Wolfgang W.) 1992; Wenn Männer zuviel trinken. Frauen lernen, mit Alkoholproblemen in der Beziehung umzugehen (mit DEMS.) 1993; Tyrannen in Turnschuhen. Überlebenstraining für geplagte Eltern (mit DEMS.) 1994 (Neuausg. 1996); Rebellen in Strampelhosen. Familienglück mit kleinen Monstern (mit DEMS.) 1996; Kursbuch Erziehung. Für ein harmonisches Miteinander von Eltern und Kindern, 1997; Rituale geben Kindern Halt. [...] Praktischer Rat aus eigener Erfahrung, 1997; Der Ratgeber für Alleinerziehende. Die alltäglichen Herausforderungen erfolgreich bewältigen, 1998; Patchworkfamily – Familienglück im zweiten Anlauf. Guter Rat für das Zusammenleben in der Stieffamilie, 2000; Rabenmütter haben die glücklicheren Kinder. Schluß mit dem Schuldkomplex! (mit Wolfgang W.) 2000; Das große Praxisbuch Kindererziehung. Bewährte Ratschläge und Lösungen für jedes Alter, 2005. AW

**Weikert,** Felix, 19. Jh., Lebensdaten u. biogr. Einzelheiten unbekannt.

*Schriften:* Neues Narrenschiff in Freud und Leid zu lustiger Kurzweil, 1840 (Mikrofiche-Ausg. in: BDL). RM

**Weikert,** Heinrich, * 1803 (Ort unbek.), † 1872 Hanau/Hessen; Gesangslehrer am Gymnasium u. an der Bürgerschule in Hanau, ebd. auch Kantor.

*Schriften* (Ausw.): Erklärung der gebräuchlichsten musikalischen Kunstwörter. Ein Hilfsbuch für angehende Tonkünstler, 1827 (2., verb. u. verm. Aufl. 1828); Kinder-Gärtlein, ein Buch für Mütter zur ersten Beschäftigung der Phantasie der Kinder zugleich auch als erstes unterhaltendes Lesebuch (bearb. u. zus.gestellt) 1841.

*Literatur:* O. BRUNKEN, B. HURRELMANN, K.-U. PECH, Hdb. z. Kinder- u. Jugendlit. Von 1800 bis 1850, 1998. IB

**Weikert,** Johann Wolfgang, * 29. 6. 1778 Nürnberg, † 19. 11. 1856 ebd.; Lehre als Schneider, während d. Wanderschaft autodidakt. Bildung in Lit. u. Gesch., ließ sich als Schneidermeister in Nürnberg nieder, nach s. Heirat mit d. (vermögenden) Tochter des Nürnberger Drechslermeisters Keilpflug gab er 1834 s. Beruf auf u. leitete d. v. seinem Schwiegervater geerbte Nachtlichterfabrikation. Ab 1816 trat er in kleinen Rollen am dortigen Theater auf; Lyriker u. Verf. kleinerer dramat. Stücke.

*Schriften:* (Einzeldrucke v. Ged. in Ausw.): Gedichte in Nürnberger Mundart, 1814 (Mikrofiche-Ausg. in: BDL); Der Hausherr in der Klemme (Lsp.) 1817; Nürnberger Speiteufel, um 1825 (anon.); Tod und Teufel, o. J. (anon.); Der Teufel und der Artesische Brunnen, o. J. (anon.); Gedichte in Nürnberger Mundart, 1828; Die Bürger-Tambours – Die Schütter Kirchweih (2 Tableaux) 1830; Oster-Eier. Ein Quodlibet in Nürnberger Mundart, 1830; Das Volksfest, Die Fürther Kirchweih und noch Jemand. Ein Gespräch, um 1830 (anon.); Gedichte in hochdeutscher Sprache und Nürnberger Mundart, 2 Bde., 1830/31 (Mikrofiche-Ausg. in: BDL); Die Cholera-Manschetten. Ein Schniz in Nürnberger Mundart, um 1832; Gespräch zwischen dem alten und neuen Theater, 1833 (anon.); Gedichte in Nürnberger Mundart von W., 1834 (Mikrofiche-Ausg. in: BDL); Neueste Gedichte, 1836 (Mikrofiche-Ausg. in: BDL); Gedichte in hochdeutscher Sprache und Nürnberger Mundart, 1838 (Mikrofiche-Ausg. in: BDL); Dürer im Munde seines Volkes. Ein Dialog, 1840; Scenen, Schwänke und Originalitäten aus dem reichsstädtischen Leben Nürnbergs. Aus Überlieferung und eigener Erfahrung (ges.) 1842 (Mikrofiche-Ausg. in: BDL); Sämmtliche Gedichte in Nürnberger Mundart und in hochdeutscher Sprache (mit Anm. u. e. Wörterbuch neu hg., 1. [einziger] Bd.) 1842 (Mikrofiche-Ausg. in: BDL); Ausgewählte Gedichte in Nürnberger Mundart (hg. u. mit e. grammat. Abriß u. Glossar versehen v. G. K. FROMMANN) 1857 (neue [4.,] verm. Ausg., mit mehreren bisher ungedr. Ged. Mit e. Wörterbuch, 1886; Mikrofiche-Ausg. in: BDL); Ritterburg und andere Geschichten, 1964. – Textprobe in: BB 4,638.

*Literatur:* ADB 41 (1896) 485; Goedeke 7 (1900) 558; 11/1 (1951) 195; 15 (1966) 1060; BB 4 (1980) 1104; Theater-Lex. 5 (2004) 3094; DBE [2]10 (2008) 485. – J. PRIEM, Z. Erinn. an den Nürnberger Volksdichter ~ (in: Album d. lit. Vereins in Nürnberg) 1858; G. LEHMANN, Drei Nürnberger Volksdichter (Sachs, Grübel, ~), 1893; F. BOCK, ~, Mundartdichter (in: Lebensläufe aus Franken 4, hg. A. CHROUST) 1930; Stadtlex. Nürnberg (2., verb. Aufl., hg. M. DIEFENBACHER u. R. ENDRES) 2000.

IB

**Weikert,** Wolfgang, * 1951 (Ort unbek.); verh. mit Annegret → W., Diplom-Pädagoge, Sozialtherapeut, Lehrbeauftragter f. Gesundheitsmanagement an d. Univ. Bremen, leitet seit 1984 e. eigenes Unternehmen f. Gesundheitsmanagement in Bad Essen/Nds.; Verf. v. Ratgebern.

*Schriften:* Alles im Griff. Wie Männer in der Partnerschaft mit Gefühlen umgehen (mit Annegret W.) 1992; Wenn Männer zuviel trinken. Frauen lernen, mit Alkoholproblemen in der Beziehung umzugehen (mit DERS.) 1993; Tyrannen in Turnschuhen. Überlebenstraining für geplagte Eltern (mit DERS.) 1994 (Neuausg. 1996); Berufswahl mit Zukunft. Der Basisberuf als Grundstein im Baukastensystem, 1995; Ich bekenne. Prominente berichten, wie sie sich aus der Alkoholabhängigkeit befreiten, 1995; Selbsthilfe durch die Kraft der Gefühle, 1995; In der Krankheit spricht die Seele. Die Sprache der Organe verstehen, Krankheiten rechtzeitig erkennen und heilen, 1996; Rebellen in Strampelhosen. Familienglück mit kleinen Monstern (mit Annegret W.) 1996; Was mein Körper sagen will. Die Sprache der Organe verstehen, Krankheiten frühzeitig erkennen und heilen, 1999; Rabenmütter haben die glücklicheren Kinder. Schluß mit dem Schuldkomplex! (mit Annegret W.) 2000.

AW

**Weikl,** Bernd (eig. Bernhard), * 29. 7. 1942 Wien; wuchs in Bodenmais/Bayer. Wald u. Mainz auf, studierte Volkswirtschaft an d. Univ. Mainz u. besuchte gleichzeitig d. dortige Konservatorium, weitere Gesangsausbildung 1965–58 an d. Musikhochschule Hannover. 1969 Debut als Sänger am Staatstheater Hannover, 1970–73 Mitgl. d. Deutschen Oper am Rhein Düsseldorf-Duisburg, seit 1972 Mitgl. der Staatsoper Wien, seit 1973 auch an den Staatsopern in Hamburg u. München u. seit 1974 an der Deutschen Oper Berlin. Als Gast tritt er an allen großen Opernhäusern in Europa u. Übersee auf. 1985 durch d. Landesregierung v. Schleswig-Holst. z. Honorarprof. ernannt, 1993 Dr. d. Betriebswirtschaft an d. Univ. Wilna, 1998 Dr. h. c. der Univ. Alma Ata/Kasachstan u. im selben Jahr Ehrenmitgl. d. Staatsoper Wien. 2002 o. Prof. an d. Musikhochschule Lübeck, danach Prof. für Management-Rhetorik an d. Sales Manager Akad. (SMA) in Linz/Oberöst., Vorstandsmitgl. d. Europäischen Musiktheaterakademie.

*Schriften:* Frei erfunden. Aus Oper, Politik und dazwischen. Eine Satire, 1996; Hoffentlich gelogen. Aus Oper, Politik, Kultur und drumherum ...; eine Satire, 1997; Vom Singen und von anderen Dingen. Ein Ratgeber für alle, die beruflich oder privat mit einer klangvollen Stimme erfolgreicher sein wollen, 1998; Licht & Schatten. Meine Weltkarriere als Opernsänger. Eine Mutter-Sohn-Beziehung als zweite Handlung, 2007.

*Literatur:* Munzinger Arch.; Theater-Lex. 5 (2004) 3095; MGG ²17 (2007) 667. – E. PLUTA, D. Porträt: ~ (in: Opernwelt 7) 1974; L. MÜLLER, ~: Interview (in: ebd. 8) 1978; A. SCHALL, ~ (in: ebd. 11) 1980; U. HESSLER, Chaos ist das ungeschriebene Gesetz. Interview mit ~ (in: Journal der Bayer. Staatsoper 3) 1990/91; R. HALLER, Weltstar wurde Ehrenbürger von Bodenmais. Kammersänger Prof. ~ ist 50 geworden (in: Schöner Bayer. Wald 8) 1992; A. PÂRIS, Klassische Musik im 20. Jh. Instrumentalisten, Sänger [...] (2., erw. völlig überarb. Aufl.) 1997; «Gebt ihr mir Armen zu viel Ehr»? ~ wird Ehrenmitgl. d. Staatsoper Wien (in: Journal d. Staatsoper Wien, März) 1998; K. J. KUTSCH, L. RIEMENS, Großes Sängerlex. 7 (4., erw. u. aktualisierte Aufl.) 2003; J. HAGEN, Weltberühmter Hans Sachs. Kammersänger ~ – Prof. Dr. u. ein Mensch dazu (in: J. H., Auf den Spuren dt. Reichtums. Schlösser, Museen, Wirkungsstätten großer Künstler) 2006; Öst. Musiklex. 5 (hg. R. FLOTZINGER) 2006. IB

**Weikmann,** Christa, * 22. 7. 1912 Marburg; übersiedelte 1939 nach Retznei/Südsteiermark, längere Aufenthalte in Belgien, Mitarb. d. «Neuen Zeit», lebte (2000) in Ehrenhausen/Steiermark; Kinder- u. Jugendbuchautorin.

*Schriften* (Ausw.): Geschichten von Punch und Moor, 1990; Knuckepuck und andere neue Märchen, 1991.

*Literatur:* Öst. Katalog-Lex. (1995) 428. IB

**Weikmann,** Eckhart, * 11. 12. 1941 Graz; Dr. med., Arzt im Landeskrankenhaus Oberwart/Burgenland, lebt in Unterschützen/ebenda.

*Schriften:* Im Vorgebirge meiner Traurigkeit (24 Sonette, Bilder A. Werner) 1995. AW

**Weil,** Alexander Ritter von Weilen → Weilen, Alexander von.

**Weil,** Bernd A., * 28. 11. 1953 Selters-Eisenbach/Taunus; studierte 1973–78 Germanistik, Politikwiss., Gesch. u. Pädagogik in Frankfurt/M., Diplom-Psychologe u. Sozialpädagoge, seit 1981 Studienrat u. später Oberstudienrat an d. Gewerblich-Technischen Schulen in Offenbach, 1991 Dr. phil. Frankfurt/M.; Mitarb. d. Gesellsch. f. dt. Sprache Wiesbaden.

*Schriften:* Fabeln. Verstehen und gestalten [...], 1982; Klaus Mann. Leben und literarisches Werk im Exil, 1983; Faschismustheorien. Eine vergleichende Übersicht mit Bibliographie, 1984; Das Falkenlied des Kürenbergers. Interpretationsmethoden eines mittelhochdeutschen Textes, 1985; Die Rezeption des deutschen Minnesangs in Deutschland seit dem 15. Jahrhundert (Diss.) 1991; Der deutsche Minnesang. Entstehung und Begriffsdeutung, 1993; Schach dem Teufel. Erzählung in Anlehnung an die «Schachnovelle» von Stefan Zweig, 1995 (NA [als Book on Demand] 2008). RM

**Weil,** Bruno, * 4. 4. 1883 Saarlouis/Saar, † 11. 11. 1961 New York; studierte Rechts- u. Staatswiss. an den Univ. in München u. Straßburg, 1906 Dr. iur., 1906 Referendar, 1910 Assessor u. 1910–19 Rechtsanwalt in Straßburg. Polit. tätig, u. a. 1913 Verteidiger (auf elsäss. Seite) in d. sog. «Zabern-affäre». 1915–18 Kriegsteilnahme, wegen d. Artikels «Elsaß-Lothringen u. d. Krieg» in d. «Frankfurter Allg. Ztg.» wurde er vor e. Kriegsgericht gestellt u. an d. Ostfront versetzt. Nach d. Rückkehr in das mittlerweile französ. Elsaß Berufsverbot. Seit 1919 in Berlin, Rechtsanwalt u. seit 1920 auch Notar u. Rechtsberater der engl. u. französ. Botschaft. Mitgl. des «Centralvereins dt. Staatsbürger jüd. Glaubens» (CV), später Vorstandsmitgl., Mithg. d. «Kartell-Convent-Bl.» (KC-Bl.) u. 1906–08 d. «KC.-Jb.». Nach 1933 stellte er s. internationalen Beziehungen in den Dienst jüd. Organisationen. 1935 Emigration nach Argentinien. Während e. Aufenthalts in Paris 1939 interniert, 1940 Flucht in die USA, dann nach Argentinien u. später wieder in d. USA. Lebte in New York, 1942 Mitbegründer u. Präs. der «Jewish Axis Victims League», Mitbegründer u. Vizepräs. der «American Association of Former European Jurists», Gründer u. Präs. weiterer Komittees u. Hilfsorganisationen.

*Schriften* (Ausw.): Juden in der deutschen Burschenschaft. Ein Beitrag zum Streit um die konfessionelle Studentenverbindung, 1905; Elsaß-Lothringen und der Krieg, 1914; Die jüdische Internationale, 1924; Die deutsch-französischen Rechtsbeziehungen vom Kriegsanfang bis zur Gegenwart, 1929; Der Prozeß des Hauptmanns Dreyfus, 1930 (4.–6., veränd. Aufl. 1930); Glück und Elend des Generals Boulanger, 1931; Panama, 1933; Der Weg der deutschen Juden, 1934; Baracke 37 – stillgestanden! Ich sah Frankreichs Fall hinter Stacheldraht, Buenos Aires 1941; Durch drei Kontinente, ebd. 1948; Der Geiselmord von Lampsakos. Frei gestaltet nach Ciceros erster Rede gegen Verres, 1958; Clodia. Roms große Dame und Kurtisane, 1960; 2000 Jahre Cicero, 1962.

*Nachlaß:* Leo Baeck Inst. New York. – Mommsen 7756.

*Literatur:* Hdb. Emigration I (1980) 803; DBE ²10 (2008) 485. – Reichshdb. d. dt. Gesellsch. [...] 2 (Hg. Dt. Wirtschaftsverlag) 1931; S. WININGER, Große Jüd. National-Biogr. 7 [Nachtrag], 1935; E. G. LOWENTHAL, Juden in Preußen. Biogr. Verzeichnis. E. repräsentativer Querschnitt, 1981; J. WALK, Kurzbiogr. z. Gesch. d. Juden 1918–1945, 1988; P. C. KELLER, Mutterkorn Vaterland. ~: Autor – Advokat – Politiker. E. Lesebuch [mit Bibliogr.], 1988; H. GÖPPINGER, Juristen jüd. Abstammung im «Dritten Reich». Entrechtung u. Verfolgung (2., völlig neubearb. Aufl.) 1990. IB

**Weil,** Christian → Borst, Otto (†22. 8. 2001, ErgBd. 2).

**Weil,** Gabriela, *24. 4. 1958 Kassel; Ausbildung z. Arzthelferin u. Fremdsprachenkorrespondentin, lit. Stud. an d. Cornelia-Goethe-Akad. in Frankfurt/Main, Rezensentin, lebt in Baunatal/Hessen; Mitgl. d. Theodor-Storm-Gesellschaft.

*Schriften:* Laterna magica (Kunstmärchen) 2002. AW

**Weil,** Gotthold Eljakim (auch Eliakim), *13. 5. 1882 Berlin, †25. 4. 1960 Jerusalem; studierte seit 1900 Orientalistik u. Bibl.wiss. an d. Univ. Berlin, 1905 Dr. phil., 1912 Habil. u. seither Doz. f. nachbibl. jüd. Gesch. u. Lit. sowie seit 1914 auch f. Turkologie ebd., seit 1906 zudem Mitarb. d. Königl. Bibl. u. 1918–31 Leiter d. oriental. Abt. d. Staatsbibl. Berlin, 1920–32 Honorarprof. an d. Univ. Berlin, 1932–34 o. Prof. f. Semit. Philol. am Oriental. Seminar d. Univ. Frankfurt/Main, zugleich Gastdir. d. Inst. f. Oriental. Stud. an d. Hebrew Univ. in Jerusalem, 1934 v. d. Nationalsozialisten in d. Zwangsruhestand versetzt, emigrierte 1935 n. Palästina, seither Prof. f. türk. u. arab. Linguistik sowie Leiter d. Nationalbibl. an d. Hebräischen Univ. in Jerusalem; Fachschriftenautor.

*Schriften:* Die grammatischen Schulen von Kufa und Basra, 1913; Abu'l-Barakat ibn Al-Anbari. Die grammatischen Streitfragen der Basrer und Kufer (hg., erklärt u. eingel.) 1913; Festschrift, Eduard Sachau zum siebzigsten Geburtstage (gewidmet v. Freunden u. Schülern, in deren Namen hg.) 1915; Grammatik der osmanisch-türkischen Sprache, 1917; Die Königslose. J. G. Wetzsteins freie Nachdichtung eines arabischen Losbuches (überarb. u. eingel.) 1929; Arabischer Text (bearb., Einf. W. DOEGEN) 1929; Tatarische Texte. Nach den in der Lautabteilung der Staatsbibliothek befindlichen Original-Platten (hg., übers. u. erklärt) 21 H., 1930; M. Maimonides, Über die Lebensdauer. Ein unediertes Responsum (hg., übers. u. erklärt) 1953; Grundriß und System der altarabischen Metren, 1958.

*Literatur:* Hdb. Emigration II/2 (1983) 1217; DBE ²10 (2008) 486. – Jüdisches Lex. E. enzyklopäd. Hdb. d. jüd. Wissens 4,2 (begründet G. HERLITZ u. B. KIRSCHNER) 1930; S. WININGER, Große jüd. National-Biogr. [...] 6 u. 7, 1932 u. 1935; Philo-Lex. Hdb. d. jüd. Wissens (4., verm. u. verb. Aufl.) 1937; Palestine Personalia 1947 (ed. P. CORNFELD) Tel Aviv 1947; The Universal Jewish Encyclopedia in Ten Volumes. An Authoritative and Popular Presentation of Jews and Judaism since the Earliest Times (ed. I. LANDMAN) New York 1948; Jews in the World of Science. A Biographical Dictionary of Jews Eminent in the Natural and Social Sciences (ed. H. COHEN u. I. J. CARMIN) New York 1956; A. BLOCH, ~, ‹Grundriß u. System d. altarab. Metren› (in: GGA, Sonderdr.) 1959; R. MUMMENDEY, D. Bibliothekare d. wiss. Dienstes d. UB Bonn 1818–1968, 1968; Lex. d. Judentums (Chefred. J. F. OPPENHEIMER) 1971; Bibliogr. z. Gesch. der Frankfurter Juden 1781–1945 (bearb. H.-O. SCHEMBS) 1978; E. G. LOWENTHAL, Juden in Preußen. Biogr. Verz. [...], 1981; W. TETZLAFF, 2000 Kurzbiogr. bedeutender dt. Juden d. 20. Jh., 1982; P. ARNSBERG, D. Gesch. d. Frankfurter Juden seit d. Französ. Revolution III (bearb. u. vollendet H.-O. SCHEMBS) 1983; A. HABERMANN u. a., Lex. dt. wiss. Bibliothekare 1925–1980, 1985; Jüd. Geistesleben in Bonn 1786–1945. E. Biobibliogr. (bearb. H. FREMEREY-DOHNA u. R. SCHOENE) 1985; J. WALK, Kurzbiogr. z. Gesch. d. Juden 1918–1945, 1988; D. COHN-SHERBOK, The Blackwell Dictionary of Judaica, Oxford 1992; Juden d. Frankfurter Univ. (hg. R. HEUER u. S. WOLF) 1997; J. M. LANDAU, ~ (in: The Early Twentieth Century and Its Impact on Oriental and Turkish Studies [= D. Welt d. Islams, NF 38, H. 3]) Leiden 1998; M. KIRCHHOFF, Häuser des Buches. Bilder jüd. Bibliotheken, 2002. AW

**Weil,** Grete (eig. Margarete Elisabeth Jockisch, geb. Dispeker), * 18. 7. 1906 Rottach-Egern/ Obb., † 14. 5. 1999 Grünwald bei München; Tochter e. jüd. Rechtsanwalts, studierte Germanistik in Frankfurt/M., München u. Berlin (ohne Abschluß), gehörte z. Freundeskreis um Klaus → Mann, 1932 Heirat mit d. Dramaturgen an d. Münchner Kammerspielen Edgar Weil, Ausbildung z. Fotografin, 1935 Emigration nach Holland, mißlungener Versuch, nach d. Kapitulation d. Niederlande nach England zu fliehen, Fotografin beim «Jüd. Rat», tauchte 1943 in Amsterdam unter u. hielt sich versteckt, schrieb f. d. illegale «Hollandgruppe Freies Dtl.» d. Puppensp. «Weihnachtslegende 1943»; 1947 Rückkehr nach Dtl., lebte als Schriftst. in Darmstadt, Stuttgart, Berlin, Hannover u. ab 1955 in Frankfurt/M., verh. mit d. Opernregisseur Walter Jockisch, lebte bei Locarno/Kt. Tessin u. seit 1974 in Grünwald; Preis d. Dt. Altenhilfe (1980), Geschwister-Scholl-Preis (1988), Carl-Zuckmayer-Medaille d. Landes Rheinland-Pfalz (1995), Bayer. Verdienstorden (1996) u. a. Auszeichnungen.

*Schriften* (Übersetzungen in Ausw.): Ans Ende der Welt (Erz.) 1949 (Tb.ausg. 1987); Boulevard Solitude (Libr.) 1951; Die Witwe von Ephesus (Libr.) 1951; D. Walker, Schottisches Intermezzo (übers.) 1959; M. Hutchins, Noels Tagebuch (übers.) 1960; L. Durrell, Groddeck (übers.) 1961; Tramhalte Beethovenstraat (Rom.) 1963 (Neuausg. 1992); Happy, sagte der Onkel. Drei Erzählungen, 1968; Meine Schwester Antigone (Rom.) 1980 (Tb.ausg. 2000); Generationen (Rom.) 1983; J. Brouwers, Versunkenes Rot (übers.) 1984; Der Brautpreis (Rom.) 1988; Spätfolgen (Erz.) 1992; Leb ich denn, wenn andere leben (Autobiogr.) 1998; Erlebnis einer Reise. Drei Begegnungen, 1999.

*Nachlaß:* Lit.arch. Monacensia München.

*Literatur:* Hdb. Emigration II/2 (1983) 1218; Albrecht-Dahlke IV/2 (1984) 697; Killy 12 (1992) 202; KNLL 17 (1992) 480 (zu ‹Meine Schwester Antigone›); Autorenlex. (1995) 824; Schmidt, Quellenlex. 32 (2002) 478; LGL 2 (2003) 1309; Wall (2004) 476; Theater-Lex. 5 (2004) 3096 (im Artikel Edgar Weil); DBE $^{2}$10 (2008) 486. – A. Silbermann, ~, ‹Tramhalte Beethovenstraat› (in: D. Tribüne 3) 1964; E. Laudowicz, D. Pollmann, Nicht dazu erzogen, Widerstand zu leisten. ~ (in: Weil ich d. Leben liebe. Persönliches u. Politisches aus d. Leben engagierter Frauen, hg. E. L., D. P.) 1981; A. Silbermann, ~, ‹Meine Schwester Antigone› (in: NDH 33) 1986; S. Weigel, D. Stimme d. Medusa. Schreibweisen in d. Ggw.lit. v. Frauen, 1987; L. Wieskerstrauch, ~ (in: L. W., Schreiben zw. Unbehagen u. Aufklärung [...]) 1988; A. Eichholz, «Wenn Sie an meinem Herzen lecken könnten, wären Sie vergiftet» (Laudatio anläßl. d. Verleihung d. Geschwister-Scholl-Preises, in: Börsenbl. Frankfurt 44) 1988; R. Wall, Verboten, verbrannt, vergessen. Dt.sprach. Schriftstellerinnen 1933–1945, 1988; A. v. Bormann, «... Erfahren, was Leiden bedeutet» (in: d. horen 34) 1889; H. Koelbl, ~. Interview (in: H. K., Jüd. Portraits) 1989; E. Kuby, Mein ärgerliches Vaterland, 1989; B. Setzwein, Klage u. Anklage e. Überlebenden. ~ u. d. «Morbus Auschwitz» (in: B. S., Käuze, Ketzer, Komödianten. Literaten in Bayern) 1990; I. Hildebrandt, Bin halt ein zähes Luder. 15 Münchner Frauenporträts, 1990; A. v. Bormann, D. dt. Exilrom. in d. Niederlanden. Formsemant. Überlegungen (in: Interbellum u. Exil, hg. S. Onderdelinden) Amsterdam 1991; H. Ester, ~, ‹Spätfolgen› (in: DB 23) 1993; L. Nussbaum, U. Meyer, ~: unbequem, z. Denken zwingend (in: Exilforsch. 11) 1993; K. Böttcher, Lex. dt.sprach. Lit. 20. Jh., 1993; E. Liebs, E. jüd. Antigone (in: SuF, H. 2) 1994; ~, ‹D. Brautpreis› (in: D. Rom.führer [...] XXVIII/2, hg. B. u. J. Gräf) 1994; E. Aurenche, ~ et le mythe d'Antigone (in: Cahiers d'Études germaniques 26) Aix-en-Provence 1994; C. König, «Ich schreibe nicht um mich zu befreien, weil ich nicht zu befreien bin!». Leben u. Werk d. Schriftst. ~ (in: 1945 ... und jetzt auch wieder Bücher! Lit. in München u. Kulturpolitik d. Amerikaner [Ausstellungsbroschüre Pasinger Fabrik München]) 1995 (auch als CD-ROM); U. Meyer, «O Antigone ... stehe mir bei». Z. Antigone-Rezeption im Werk v. ~ [...] (in: LiLi, H. 104) 1996; ders., «Neinsagen, die einzige unzerstörbare Freiheit». D. Werk d. Schriftst. ~ (Diss. Gießen) 1996; H. W. Henze, Reiselieder mit böhm. Quinten. Autobiogr. Mitt. 1926–1995, 1996; L. Nussbaum, ~: «Und ich bin nach Dtl. zurückgekehrt, in d. Mörderland» (in: Exilforsch. 17) 1997; C. Giese, Das Ich im lit. Werk v. ~ u. Klaus Mann. Zwei autobiogr. Gesamtkonzepte (Diss. Bochum) 1997; I. v. d. Lühe, «Osten, das ist Nichts». ~s Rom. ‹Tramhalte Beethovenstraat› (in: Wechsel d. Orte, hg. I. v. d. L., A. Runge) 1997; G. Stern, The Bible and Greek Dramas as Intertexts. ~'s Adaption of her Sources (in: Lit. u. Gesch., hg. K. Menges) Amsterdam 1998; M. MacGowan, Myth, Memory, Testimony. Jewishness in ~'s ‹Meine Schwester Antigone› (in: European Memories of the Second World War, ed. H. PEITSCH u. a.) New York 1999; Metzler Lex. d. dt.-jüd. Lit. (hg. A. B. KILCHER) 2000; U. KÖHLER-LUTTERBECK, M. SIEDENTOPF, Lex. d. 1000 Frauen, 2000; E. NICOLAI, ~, ‹Leb ich denn, wenn andere leben› (in: DB 30) 2000; E. LIEBS, ~: A Jewish Antigone (in: Facing Fascism and Confronting the Past, ed. E. P. FREDERIKSEN u. a.) Albany/N. Y. 2000; S. BAACKMANN, Configurations of Myth, Memory, and Mourning in ~'s ‹My Sister Antigone› (in: GQ 73) 2000; S. BRAESE, ~'s America. A Self-Encounter at the Moment of the Anti-Authoritarian Revolt (in: GR 75) 2000; E. NICOLAI, ~, ‹Erlebnisse e. Reise› (in: DB 31) 2001; M. MATTSON, Classical Kinship and Personal Responsibility. ~'s ‹Meine Schwester Antigone› (in: Seminar 37) 2001; F. MEYER, Vom «Ende d. Welt». ~s Rückkehr zu dt. Lesern (in: Erfahrung nach d. Krieg [...], hg. C. CAEMMERER) 2002; M. KRÖGER, Konstruktion v. Identität in autobiogr. Texten v. Jüdinnen. Ruth Elias, Ruth Klüger, ~, Naomi Bubis/Sharon Mehler, Laura Waco (in: Zw. Trivialität u. Postmoderne. Lit. v. Frauen in d. 90er Jahren, hg. I. NAGELSCHMIDT u. a.) 2002; J. SAYNER, E. Existenz aus Erinnerung. ~s ‹Leb ich denn, wenn andere leben› (ebd.); M. P. R. DA SILVA, Autobiografia e mito no romance. ‹Meine Schwester Antigone› de ~, Coimbra 2004; M. MATTSON, ~, a Jewish Author? (in: German Studies Rev. 27) Kalamazoo/Mich. 2004; Autoren u. Autorinnen in Bayern. 20. Jh. (hg. A. SCHWEIGGERT, H. S. MACHER) 2004; P. R. BOS, German-Jewish Literature in the Wake of the Holocaust. ~, Ruth Kluger, and the Politics of Address, New York 2005; DERS., Homoeroticism and the Liberated Woman as Tropes of Subversion. ~'s Literary Provocations (in: GQ 78) 2005; W. FOCKE, D. zerbrechl. Welt d. menschl. Angelegenheiten [...], 2005; G. LEYERZAPF, «Verhängnis Amsterdam». ~s Schicksal in ihrem Werk (in: Im Schatten d. Lit.gesch. [...], hg. J. ENKLAAR) Amsterdam 2005; S. BAACKMANN, D. Politik d. Erinnerung. ~ u. Christa Wolf – und deren Transpositionen d. kulturellen Gedächtnisses (in: Patentlösung oder Zankapfel? [...], hg. P. BABISCH) 2005; DIES., ~, widerständige Zeugenschaft (in: Shoa in d. dt.sprach. Lit., hg. N. O. EKE u. a.) 2006; P. STEIN, H. STEIN, Chron. d. dt. Lit. Daten, Texte, Kontexte, 2008 (zu ‹Meine Schwester Antigone›). RM

**Weil,** Gustav, *25. 4. 1808 Sulzburg/Baden, †29. 8. 1889 Freiburg/Br.; erhielt durch e. Hauslehrer schon als Kind Unterricht in französ., lat. u. hebräischer Sprache, widmete sich seit 1820 bei s. Großvater in Metz dem Talmudstud., studierte 1828–30 Gesch., Philos. u. oriental. Sprachen an d. Univ. Heidelberg, 1830 Forts. s. Sprachstud. in Paris u. Algier, 1831–35 Französischlehrer an d. Schule von Abu Zabel in Kairo, über Konstantinopel Rückkehr nach Dtl., 1836 Dr. phil. in Tübingen u. im selben Jahr Habil. an d. Univ. Heidelberg, 1838 Doz., 1845 a. o. Prof. u. 1861 o. Prof. der oriental. Sprachen an d. Univ. Heidelberg. 1836–38 Kollaborator u. dann bis 1861 Bibliothekar an d. UB Heidelberg. Erhielt versch. Orden, u. a. 1873 den Persischen Sonnenorden u. 1878 das Ritterkreuz 1. Klasse des Zähringer Löwenordens.

*Schriften* (Ausw.): Die poetische Literatur der Araber vor und unmittelbar nach Mohammed. Eine historisch-kritische Skizze, 1837; Tausend und eine Nacht. Arabische Erzählungen, 4 Bde. (zum ersten Male aus d. Urtext vollständig u. treu übers., hg. mit e. Vorhalle v. A. LEWALD) 1838–41 (3., vollst. umgearb., mit Anm. u. mit e. Einl. versehene Aufl. 1866; 6., umgearb. Aufl., neu hg. L. FULDA, 1909; 7., vollst. umgearb., mit Einl. u. Anm. versehene Aufl. 1913); Mohammed der Prophet, sein Leben und seine Lehre. Aus handschriftlichen Quellen und dem Koran geschöpft und dargestellt, 1843; Historisch-kritische Einleitung in den Koran, 1844 (2., verb. Aufl. 1878); Biblische Legenden der Muselmänner (aus arab. Quellen zus.getragen u. mit jüd. Sagen verglichen) 1845; Geschichte der Chalifen nach handschriftlichen, größtentheils noch unbenützten Quellen bearbeitet, 5 Bde., 1846–62 (Neudruck 1967); Das Leben Mohammeds, nach Mohammed Ibn Ishak (bearb. v. Abd el-Malik Ibn Hischam; aus dem Arab. übers.) 1864; Geschichte der islamitischen Völker von Mohammed bis zur Zeit des Sultan Selim, übersichtlich dargestellt, 1866.

*Literatur:* ADB 41 (1896) 486; DBE $^{2}$10 (2008) 486. – Bad. Biogr. 4 (hg. F. v. WEECH) 1891; K. BADER, Lex. dt. Bibliothekare, 1925; S. WININGER, Große Jüd. National-Biogr. 6, 1932; J. FÜCK, D. arab. Stud. in Europa bis in den Anfang des 20. Jh., 1955; D. DRÜLL, Heidelberger Gelehrtenlex. 1803–1932, 1986. IB

**Weil,** Heinrich, *20. 4. 1875 Wien, † nach 1938 vermutl. Klosterneuburg/Niederöst.; studierte an d. Univ. Wien, Dr. phil., Prof. am Gymnasium in Klosterneuburg.

*Schriften:* Die Quellen von Alxingers «Doolin von Mainz», 1902; Zu Alxingers «Bliomberis», 1904; Ehrenbuch des Klosterneuburger Gymnasiums (zus.getragen unter Beihilfe v. F. SILBERHUBER) 1916; Klosterneuburg, Stadt und Stift (Mitverf.) 1927. IB

**Weil,** Jakob, * 11. 8. 1792 Bockenheim bei Frankfurt/M. (heute Stadttl. v. Frankfurt/M.), † 18. 11. 1864 Frankfurt/M.; Lehrer am Philanthropin in Frankfurt/M., 1818–45 Leiter e. jüd. Privatschule ebd., seit 1850 im Vorstand d. «Israelit. Gemeinde», Mitgr. u. einige Jahre Vorstandsmitgl. d. Vereins z. Förderung d. Handwerks unter den Juden. Mitarb. u. a. am «Magazin für d. Lit. des Auslandes» u. an den «Bl. für lit. Unterhaltung».

*Schriften* (Ausw.): Fragmente aus dem Talmud und den Rabbinen. Versuch eines Beitrags zu den Actenstücken für die Beurtheilung dieser Werke, 2 Bde. (hg.) 1809 u. 1811; Erinnerung an Moses Mendelssohn bei der Feier seines hundertjährigen Geburtstages. Ein Vortrag, 1829; Das junge Deutschland und die Juden, 1836; Die erste Kammer und die Juden in Sachsen, 1837; Wagener, Stahl, die Juden und die protestantischen Dissidenten, 1857; Die alten Propheten und Schriftgelehrten und Das Leben Jesu für das deutsche Volk von David Strauss, 1864.

*Literatur:* Meusel-Hamberger 21 (1827) 417. – S. WININGER, Große Jüd. National-Biogr. 6, 1932; P. ARNSBERG, D. Gesch. d. Frankfurter Juden seit d. Französ. Revolution 3, 1983. IB

**Weil,** Josef → Weilen, Josef Ritter von.

**Weil,** Josef → Weyl, Josef.

**Weil,** Jürgen W(olfgang), (Ps. Gisela von Frieben, Eugen Wiltner), * 12. 7. 1939 Klosterneuburg/Niederöst.; studierte theoret. Physik, Mathematik u. oriental. Sprachen in Wien, 1964 Dr. phil., zweijährige Assistentenstelle am Institut für theoret. Physik an d. Univ. Innsbruck, 1972 ebd. Habil., danach wiss. Red. bei der Internationalen Atomenergieorganisation (IAEO) in Wien u. Lektor für Arabisch am Institut für Orientalistik an d. Univ. ebd., Mitarb. an d. «Presse» u. am «Wiener Journal»; Übers u. Erzähler.

*Schriften* (Ausw.): Ein Spiel um viel, 1974; Mädchennamen – verrätselt. Hundert Rätsel-Epigramme aus dem arabischen Werk Alf gariya wagariya (Text arab./dt., Übers., Einl. u. Komm.) 1984; Fridolin und die Bombe oder Wie der Astrophysiker Orel lernte, das Leben zu lieben oder Aufzeichnungen eines (fast) Unbekannten (Rom.) 1987; Leidenfrost und anderes, 1990; Lieder eines im Gebüsch Sitzenden, 1993; Ihr Lächeln, hohes Gericht, 1995; Wein und Dichtung. Ausgewählte Streiflichter (Aquarelle u. Collagen v. A. Neuwirth) 1993; Trauermarsch mit Intermezzo und anderes, 1994; Endspiel. Ein Sommer-Divertimento, 2002; Reet Kudu, Vollmond und Straßenlaterne (Rom., übers.) 2006; Kirche, Kunst und Kriminal (Rom.) 2007; Ihr naht euch wieder ... Bilder froher Tage, 2007.

*Literatur:* Öst. Katalog-Lex. (1995) 428. IB

**Weil,** Julius, * 28. 4. 1847 Crossen/Oder, Todesdatum u. -ort unbek.; studierte Jura u. Philos. an den Univ. in Berlin u. Heidelberg, Dr. iur., 1869–74 am Stadt- u.- Kammergericht in Berlin, seit 1874 in Breslau, 1888 Landgerichtsrat u. 1909 Geheimer Justizrat, trat 1911 in den Ruhestand; Erz. u. Verf. v. ungedr. Bühnenstücken.

*Schriften:* Waldtrauer. Ein Liebesgesang, 1872; Die Frauen im Recht. Juristische Unterhaltungen am Damentisch, 1872; Feuilletonistenfahrten, 1877; Unser Rudolf. Eine heitere Familienchronik, 1890; Die goldene Villa (Rom.) 1897; Nachfolger (Rom.) 1898; Die klugen Frauen (Nov.) 1899; Die Subalternen (Rom.) 1899; Töchter. Idyllen, 1899; Das Recht zu lieben und andere Novellen, 1902.

*Literatur:* S. WININGER, Große Jüd. National-Biogr. 6, 1932; Musen u. Grazien in d. Mark [...]. E. hist. Schriftst.lex. (hg. P. WALTHER) 2002. IB

**Weil,** Karl (Ritter von), * 6. 2. 1804 Bockenheim bei Frankfurt/M. (heute Stadttl. v. Frankfurt/M.), † 5. 1. 1878 Wien; Schwiegervater v. Salomon Hermann Ritter v. → Mosenthal, studierte in Heidelberg u. Freiburg/Br., 1827 Dr. phil., 1828/29 Hofmeister in Stuttgart, 1830/31 Korrespondent der Augsburger «Allgemeinen Ztg.» in Straßburg u. Paris. 1831–51 vortragendes Mitgl. u. Expeditor bei d. israelit. Oberkirchenbehörde u. ab 1834 Sekretär d. israelit. Oberkirchenrates in Stuttgart. Ab 1832 Hg. d. «Württemberg. Ztg.» (ab 1834 u. d. T.: «Dt. Kurier»), 1842–44 Hg. d. «Konstitutionellen Jb.», 1848 als Hg. d. «Konstitutionellen Ztg.» vorübergehend in Berlin. 1851–73 Beamter im öst. Außenministerium, 1855 Regierungsrat, 1864 in den erblichen Ritterstand erhoben. Mitarb. u. a.

an d. «Times», d. «Köln. Ztg.» u. d. «Öst. Rev.».; Verf. v. (tw. anon.) völkerrechtl. Fachschr. u. Übersetzer.

*Schriften* (Ausw.): W. Scott, Woodstock oder Der Ritter. Ein historischer Roman (übers.) 1826 (2., verm. Aufl. 1851); ders., Redgauntlet. Ein Roman (übers.) 1826 (3., verm. Aufl. 1865); ders., Robin der Rothe (übers.) 1826; G. Spencer, Rebekka Berry oder Scenen und Charaktere am Hofe Carls des Zweiten (übers.) 1827; Über die Zulässigkeit der Juden zum Bürgerrechte. Bei Gelegenheit der Verhandlungen über diesen Gegenstand in der württembergischen Ständeversammlung. Nebst beigefügten Aktenstücken und Documenten, 1827; Denkschrift über den königlichen Gesetzesvorschlag über die künftigen Verhältnisse der Israeliten. Mit besonderer Berücksichtigung auf die Organisation des israelitischen Schul- und Kirchenwesens, 1827; Herr Professor von Mohl in Tübingen und die Allgemeine Rentenanstalt zu Stuttgart. Eine Prüfung der Mohlschen Schrift: «Erörterung über die Allgemeine Rentenanstalt zu Stuttgart», 1838; Zur Jubiläums-Feier des Königs Wilhelm von Württemberg, 1841; Konstitutionelle Jahrbücher, 5 Jg., 1843–47; An die hohe Ständeversammlung. Ehrerbietiges Gesuch der Israeliten des Königreichs um Verwendung für den Zweck ihrer Gleichstellung mit den christlichen Unterthanen in politischen und in bürgerlichen Rechten [...], 1845 (anon.); Quellen und Aktenstücke zur deutschen Verfassungsgeschichte. Von der Gründung des deutschen Bundes bis zur Eröffnung des Erfurter Parlaments und dem Vierkönigsbündnisse (mit hist. Erl. zus.gestellt) 1850.

*Literatur:* Wurzbach 54 (1886) 8; Goedeke 17 (1991) 1701; DBE ²10 (2008) 487. – L. SALOMON, Gesch. d. Dt. Ztg.wesens von den ersten Anfängen bis z. Wiederaufrichtung des Dt. Reiches 3, 1906; S. WININGER, Große Jüd. National-Biogr. 6, 1932; Hdb. öst. Autorinnen u. Autoren jüd. Herkunft 18. bis 20. Jh. 3, 2002; D. dt.sprachige Presse. Ein biogr.-bibliogr. Hdb. 2 (bearb. v. B. JAHN) 2005.

IB

**Weil,** Karl, * 1846 Speyer, † 1892 Pittsburg/Pennsylvanien; studierte Theol., wanderte 1868 nach Amerika aus, Pastor in versch. Städten, zuletzt in Pittsburg; Lyriker.

*Schriften:* Gedichte aus den Papieren des verstorbenen Rev. K. W. (ges. u. zus.gestellt von Frau W. WEIL) Pittsburg 1892.

*Literatur:* R. E. WARD, A Bio-Bibliogr. of German-American Writers 1670–1970, White Plains/N. Y. 1985.

IB

**Weil,** Karl Jakob, * 13. 12. 1922 Frankfurt/Main; Soldat u. Gefangenschaft im 2. Weltkrieg, danach kaufmänn. Angestellter, lebt in Schöneck/Hessen; Erz. u. Sachbuchautor.

*Schriften:* Die Erde kann erzählen, 2000; Freiheit die ich meine. Historischer Roman, 2001; Die Hochzeit an der Mosel (Erz.) 2002; Knastologie. Deutsche Geschichte aus dem Untergrund, 2004; Darwin, die Evolution und die Kirche. Ein Forscher im Spiegel seiner Zeit, 2007.

AW

**Weil,** Karl Rudolf. * 28. 8. 1839 Berlin, Todesdatum u. -ort unbek.; 1864 Dr. med., seit 1865 approbierter Arzt, 1866 u. 1870/71 Einsatz als Militärarzt im Felde, lebte in Berlin; Fachschriftenautor.

*Schriften* (Ausw.): Die Massage der Augen, 1903; Der Gustav Adolf-Verein in seinem Entwicklungsgang, 1904; Die Bedeutung der Nährsalze für die Gesundheit, 1906; Mein Atmungs-System. Zur Erlangung von Lebensfrische, Tatkraft und Körperschönheit. Sicherster Schutz gegen Lungenleiden, 1922.

*Literatur:* D. geistige Berlin 3 (hg. R. WREDE) 1898.

AW

**Weil,** Mathilde (Ps. M. Fritz), * 18. 7. 1870, biogr. Einzelheiten unbek.; lebte in Wien (1932); Erzählerin.

*Schriften:* Alt-Wiener Sagen, 1913 (Neuausg. 1915); Annerl und zwölf andere Novellen, 1916; Schubertiaden von M. W. und zwölf andere Novellen, 1917; Altwiener Musikergeschichten, 1923.

AW

**Weil,** Oksi, * 31. 7. 1978 Gorliwka/Ukraine; studierte 1995–2000 Wärmeenergetik an der Staatl. TU in Donezk mit Diplom-Abschluß, lebt seit 2000 als freie Schriftstellerin in Dtl., veröff. v. a. in Periodika.

*Schriften:* Der Zustand des Schlafes. Kurzgeschichten, 2005.

AW

**Weil,** Ria (Ps. f. Ria Sturm), * 18. 4. 1900 Koblenz, Todesdatum u. -ort unbek.; jüd. Abstammung, schrieb d. Buch, während sie 1 Jahr durch e. Helfer vor d. Nationalsozialisten in Fließ bei Glienicke versteckt wurde, emigrierte später in d. USA.

*Schriften:* Ein Märchenjahr im Kindelwald. Ein Buch für große und kleine Kinder (Bilder A. Wellmann) 1934 (Neuausg., hg. B. UNGER, Illustr. W. Würfel, 2005; davon Tb.ausg. 2008). AW

**Weil,** Robert → Homunkulus.

**Weil,** Rudolf, * 14. 5. 1848 Frankfurt/Main, † 10. 11. 1914 Berlin; studierte klass. Philol. u. Altertumswiss., 1872 Dr. phil. Berlin, seit 1879 Mitarb. u. 1896–1909 Ober-Bibliothekar d. Königl. Staatsbibl. in Berlin, lebte ebd.; Fachschriftenautor.

*Schriften:* De amphictonum delphicorum suffragiis – capita duo priora (Diss.) 1872; Das Münzwesen des Achäischen Bundes, 1882; Die Künstlerinschriften der sicilischen Münzen, 1884; J. Friedlaender, Repertorium zur antiken Numismatik. Im Anschluß an Mionnet's description des médailles antiques (aus d. Nachlaß hg.) 1885.

*Literatur:* Dt. biogr. Jb. 1 (1925) 318. – K. BADER, Lex. dt. Bibliothekare. Im Haupt- u. Nebenamt, bei Fürsten, Staaten u. Städten, 1925. AW

**Weil,** Thor Alban, Lebensdaten u. biogr. Einzelheiten unbek.; überwiegend Lyriker.

*Schriften:* Traumgesichte, 1985; Planetenzeit (Ged.) 1985. AW

**Weil,** Thorolf, Geburtsdatum u. -ort unbek.; 35 Jahre Berufssoldat u. Techniker bei d. Dt. Luftwaffe, seither Doz. f. Radartechnik u. Führungselektronik an e. Militärakad. im Ausland sowie Ausbilder beim ComputerClub in Nordholz/Nds., lebt ebenda.

*Schriften:* Goldgruben zuhause. Der etwas andere Ratgeber zum Energie-, Geld- und Nervensparen für Laien und Heimwerker, 2007; Nachhall der Zeit. Ein Mystery-Abenteuer aus Zeit und Raum, 2008. AW

**Weil,** Werner, Lebensdaten u. biogr. Einzelheiten unbek.; lebte in Sprockhövel/Nordrhein-Westf. (1981); Erzähler.

*Schriften:* Wie weit ist's nach Tambico? Die Geschichte zweier Freunde, 1978; Freunde für's Leben, 1984. AW

**Weilacher,** Udo, * 4. 3. 1963 Kaiserslautern; 1984–86 Ausbildung z. Landschaftsgärtner, 1986–93 Stud. d. Landespflege an d. TU München u. d. California State Polytechnic University Pomona in Los Angeles/Kalif., seit 1992 Leiter e. eigenen Landschaftsarchitekturbüros, 1993–97 wiss. Angestellter am Inst. f. Landschaft u. Garten d. Univ. Karlsruhe, 1997–2002 Mitarb. am Inst. f. Landschaftsarchitektur d. Eidgenöss. TH in Zürich, 2001 Dr. phil. ebd., seit 2002 Prof. f. Landschaftsarchitektur u. Entwerfen an d. Univ. Hannover, seit 2006 zudem Dekan d. Fak. f. Architektur u. Landschaft ebd.; Fachschriftenautor.

*Schriften:* Zwischen Landschaftsarchitektur und Land Art (Vorw. J. D. HUNT u. S. BANN) 1996; Visionäre Gärten. Die modernen Landschaften von Ernst Cramer (Vorw. P. LATZ u. A. RÜEGG) 2001; Landschaftsarchitekturführer Schweiz (mit P. WULLSCHLEGER, Projekttexte S. BEZZOLA u. a.) 2002; In Gärten. Profile aktueller europäischer Landschaftsarchitektur (auch Fotos mit Rita W.) 2005; Insites. 2002–2007. Fünf Jahre Landschaftsarchitektur und Entwerfen [...] Leibniz-Universität Hannover (mit J. BÖTTGER u. N. UHRIG) 2007; Syntax der Landschaft. Die Landschaftsarchitektur von Peter Latz und Partner, 2008. AW

**Weiland,** Andreas, * 14. 10. 1944 (Ort unbek.); Film- u. Kunstkritiker sowie Übers., seit 1967 Mithg. d. Lit.- u. Filmjournals «Touch» u. seit 1970 d. Zs. «Jietou/Street» (Taiwan), lebte in Bochum (1973) und jetzt in Aachen; überwiegend Lyriker.

*Schriften:* Gedichte aus einem dunklen Land, 1998; Das verwandte Land, 2000; At Mad Mick's Place. Poems, 2000; Die Tage, das Zeitalter (Ged.) 2001; Midwestern Vistas & Other Poems. Dedicated to the Memory of Herbert Marcuse, 2001; Die Chonnam-Lieder, 2003; The Kranenburg Poems, or Seismic Shifts, 2003; Die Rosenberg-Barradini-Torres-Gedichte, 2005.

*Literatur:* Hdb. d. alternativen dt.sprachigen Lit. (hg. P. ENGEL u. C. SCHUBERT) 1973. AW

**Weiland,** Elisabeth (geb. Gallenkemper), * 21. 8. 1927 Essen; absolvierte e. Bankfachausbildung, besuchte d. Fachschule f. Soziale Frauenberufe, Ausbildung zur Krankenschwester u. Operationsschwester, arbeitete als Assistentin in d. Facharztpraxis ihres Mannes in Ahlen/Nordrhein-Westf., lebt ebd.; Verf. v. Lyrik u. Kurzprosa.

*Schriften:* Nebel im Spätherbst. Haiku, Senryu, Tanka, 1989; Lettern auf Stein und Hügel. Tanka, 1990; ... und Blätter fallen. Haiku (mit Nachw. hg. C. H. KURZ) 1990; Steine im Mondlicht. Sommer-Kasen (hg.) 1990; Vom Rot des Mohns. 4. deutschsprachiges Hyakuin, 1988–1990 (hg.) 1990; Fliegengewicht. 52 Renga (mit C. Miesen) 1990; «Ich möchte Worte finden ...». Meditative Texte zu Zeichnungen der Tisa von der Schulenburg, 1991; Wir sammeln Träume, 1990–1991 (mit C. H. Kurz) 1992; Kraniche. Zeichen des Friedens und der Hoffnung. Haiku und Senryu, 1993; Im Wirbel der Zeit. Gedichte zum Brückenbau zwischen Ost und West (mit G. Rosendahl u. M. Kultajewa) 1993; Strandläufer. Kurzgedichte der Gattung Haiku und Tanka (Zeichnungen H. Rotermund) 1994; Fundgrube. Renga (mit I. Lachmann) 1995; Herbstkantate (Ged., Zeichnungen H. Rotermund) 1996; Botschaft der Rose. Kurzgedichte (Vorw. S. Ladwig) 1998; Wer bist Du? Meditative Texte zu Zeichnungen der Tisa von der Schulenburg, 2001; Wortbilder zu Radierungen von Alfred Kitzig, 2002; Leicht-Sinn. 45 Renga. Kurz- und Partnergedichte nach japanischem Vorbild, 2007. AW

**Weiland,** Esther → Weickart, Eva.

**Weiland,** Ina → Krah, Ina (Sophina [Josephine] Margaretha).

**Weiland,** Joseph, * 21. 9. 1882 Schrick bei Mistelbach/Niederöst., † 12. 7. 1961 Stammersdorf bei Wien; Sohn e. Weinbauern, besuchte d. Stiftsgymnasium Kremsmünster, studierte Versicherungsmathematik an d. Univ. Wien, Versicherungsbeamter in Triest, nach 1918 in Mistelbach, 1922–46 in Stammersdorf, 1946–49 in Paasdorf bei Mistelbach, 1949–51 in Theresienfeld/Niederöst. u. ab 1951 wieder in Stammersdorf; Mundartdichter.

*Schriften:* Dö Plattnbrüáder! Komische Szene in einem Akte mit Gesang, 1921; Bein Gmoáarzt z' Blödnbrunn. Lustspiel [...] nur für Herrenabende und moderne Weiber mit Jazzbegleitung, 1922; Ein Kleeblatt, 1922; Dá Briáftrachá! Eine Dorfgeschichte in einem Akte, 1924; Dá Himmühofer. Posse, 1924; «Aus da Weingegend». Ernste und heitere Gedichte in niederösterreichischer Mundart, 1927; 's Hauerrastl. Gedichte in der Mundart des Viertels unter dem Manhartsberg, 1932; Mein dritts Lesn. Ernstes und Heiteres in der Mundart des niederösterreichischen Weinviertels, 1935; Liada, Lehrn und Allahand, 1946; Herbst in meinem Weinberg. Auslegweinbau und Leskern. Ausgewählte Dichtungen in ui-Mundart, 1948; Letzts Lesn. Gedichte in niederösterreichischer Mundart (Weinviertel) (Ausw.: A. T. Dietmaier) 1982.

*Literatur:* Albrecht-Dahlke IV/2 (1984) 813; Schmidt, Quellenlex. 32 (2002) 479. – Am Quell der Muttersprache. Öst. Mundartdg. der Ggw. (hg. J. Hauer) 1955 (mit Textprobe); K. Bosek-Kienast, Heimatkünder. Ges. Aufs., 1956; Dg. aus Niederöst. 2: Mundart (Red. L. Schiferl) 1971 (mit Textprobe); W. Sohm, D. Mundartdg. in Niederöst., 1980. IB

**Weiland,** Karl, * 15. 11. 1875 Fellbach/Württ., † nach 1935; früh verwaist, wuchs in Esslingen auf, absolvierte e. Flaschnerlehre, ging 1892 nach Bremen, kehrte 1893 nach Esslingen zurück, arbeitete in e. Metallwarenfabrik, später Volontär im Kontor e. Fabrik, Kassendiener bei d. städt. Verwaltung in Eßlingen, machte sich 1908 selbständig.

*Schriften:* Lieder eines Arbeiters (Vorw. E. Klein) 1903; Neue Gedichte. «Aus Welt und Zeit» (Begleitwort ders.) 1908; Höhen und Tiefen des Lebens. Ausgewählte Gedichte (Geleitwort Freiherr v. Gleichen-Russwurm) 1909; Deutsche Klänge (Geleitspruch ders.) 1922; Herbstgold. Herausgegeben zu seinem 60. Geburtstag am 15. 11. 1935, 1935. RM

**Weiland,** Ludwig, * 16. 11. 1841 Frankfurt/M., † 5. 2. 1895 Göttingen; Sohn e. Malers u. Zeichenlehrers, besuchte d. Gymnasium in Frankfurt/M., studierte 1861–64 Dt. Philol. u. Gesch. in Göttingen u. Berlin, Bekanntschaft mit Georg → Waitz u. Karl (Victor) → Müllenhoff, 1864 Dr. phil. Göttingen, seit 1867 Mitarb. d. MG in Berlin, 1876 a. o. und 1879 o. Prof. d. Gesch. in Gießen u. seit 1881 in Göttingen; Mitgl. d. Nationalliberalen Partei.

*Schriften und Herausgebertätigkeit* (Ausw.): Die Werke des Abtes Hermann von Altaich. Nach der Ausgabe der Monumenta Germaniae übersetzt, 1871; Sächsische Weltchronik. Eberhards Reimchronik von Gandersheim. Braunschweiger Reimchronik. Chronica ducum de Brunswick [...] (hg.) 1877 (Nachdr. 1971, 1980); Beitrag zur Kenntniss der literarischen Thätigkeit des Mathias von Neuenburg, 1891; Reichsgesetze bis 1272 (hg.) 2 Bde., 1893–96.

*Literatur:* ADB 41 (1896) 490; DBE $^{2}$10 (2008) 488. – H. Bresslau, Gesch. d. Monumenta Germaniae historica, 1921 (Nachdr. 1976). RM

**Weiland,** Richard, *9.6. 1829 Dresden, † 1901 ebd.; kurze Zeit Schauspieler, dann freier Schriftst. in Dresden; Lyriker u. Dramatiker.

*Schriften:* Kaiser und Papst. Historisches Drama in 5 Aufzügen und einem Vorspiel, 1866; Des Landstürmers Tochter. Trauerspiel in 5 Aufzügen, 1870; König Wilhelms Traum in Rézonville nach der Schlacht bei Gravelotte ... Ein Zeitgedicht, 1871. IB

**Weiland,** Severin, * 1963 Wilhelmshaven; Stud. d. Kommunikations- u. Politikwiss. an d. Univ. u. Ausbildung an d. Dt. Journalistenschule in München, 2002 Parlamentskorrespondent u. seit 2004 stellvertretender Leiter d. Berliner Büros von «Spiegel online»; Sachbuchautor u. Erzähler.

*Schriften:* 9. November, das Jahr danach. Vom Fall der Mauer bis zur ersten gesamtdeutschen Wahl. Eine Chronik (Mitverf.) 1991; Santiago (Kriminalrom.) 2001. AW

**Weiland-Freeman,** Ruth, *17.4. 1895 Leipzig, Todesdatum u. -ort unbek.; studierte Nationalökonomie, Gesch. u. Philos., 1918 Dr. phil., Gastdoz. an d. Univ. Chicago, 1945 Beraterin d. amerikan. Militärregierung in Fragen d. Wohlfahrtspflege in Dtl., Journalistin u. Übersetzerin aus d. Engl., Mitgl. d. Comité Exécutif der Union International de Secours aux Enfants (Genf), lebte in Honnef/Nordrhein-Westf. (1952); Fachschriftenautorin.

*Schriften:* Bedingungen und Wirkungen der Kinder-Tagesheime im Kriege, 1921; Die Kindererholungsheime des Roten Kreuzes in Deutschland, 1928; Die Kinder der Arbeitslosen (Vorw. G. BÄUMER) 1933; Kinderfürsorge jenseits unserer Grenzen, 1937; Irische Freiheitskämpfer (hg.) 1940.

*Literatur:* Lex. der Frau 2 (Red. G. KECKEIS u. B. OLSCHAK) 1954. AW

**Weilandt,** Fritz, *27.3. 1941 Greifenhagen/Pomm.; Mag. phil., verf. u. a. Beitr. f. d. öst. Rundfunk, lebt in Wien; Lyriker, Erz. u. Übersetzer.

*Schriften:* Zur Physiologie der Freiheit & Von bleibendem Wert (Fotos V. Export u. O. Knebl) 1974. AW

**Weilbächer,** Paul (Ps. Paul vom Wildbach), *7.3. 1860 Weilbach/Bayern, Todesdatum u. -ort unbek.; 1888 Dr. iur. Würzburg, Generalsekretär d. Augustinus-Ver. z. Pflege d. kathol. Presse in Krefeld-Kempen; Fachschriftenautor.

*Schriften:* Wer ist Eigenthümer des Kirchenvermögens nach gemeinem Recht? (Diss.) 1888; Festgabe zum silbernen Jubiläum gefeiert zu Coeln am 23. August 1903. Augustinus-Verein zur Pflege der katholischen Presse (hg.) 1903. AW

**Weilen,** Alexander von (eig. Alexander Weil, Ritter von Weilen), *4.1. 1863 Wien, †23.7. 1918 Böckstein/Salzburg (Bergunfall); Sohn v. Joseph v. → W., studierte 1880–84 Germanistik, Französ., Engl. u. später klass. Philol. an d. Univ. Wien, 1884 Dr. phil., 1884/85 Forts. s. Stud. an den Univ. in Berlin u. München. 1885–1915 Mitarb. u. später Kustos d. k.k. Hofbibl. in Wien. 1887 Habil. an d. Univ. Wien, bis 1899 Privatdoz. für Neuere dt. Lit.gesch. ebd., 1899–1909 a. o. u. 1909–18 (titular.) o. Prof. für Neuere dt. Lit.gesch., 1893–1901 auch Prof. an d. Schauspielschule des Konservatoriums. Ab 1901 Theaterkritiker («Burgtheaterreferent») d. kaiserl. «Wiener Ztg.», Mitarb. d. «Neuen Freien Presse», d. «Montags-Rev.» u. ausländ. Ztg. u. Zs.; Vizepräs., später Vorsitzender d. «Gesellsch. für Theatergesch.» in Wien, Mitgl. d. Journalisten- u. Schriftst.vereins «Concordia»; Mitarb. an d. «Weimarer-Goethe-Ausg.», Hg. (mit Anm. zu den Werken v. William Shakespeare), u. Verf. v. theaterhist. Schriften.

*Schriften* (Ausw.): Der ägyptische Joseph im Drama des 16. Jahrhunderts. Ein Beitrag zur vergleichenden Litteraturgeschichte, 1887; Aus dem Gelehrtenleben des 18. Jahrhunderts. Ein Brief P. C. Henrici's mitgetheilt, 1888; Gerstenbergs Briefe über Merkwürdigkeiten der Litteratur, 2 Bde. (hg.) 1888–90 (Nachdr. 1968); Briefe Franz Dingelstedt's an Friedrich Halm, 1898 (Sonderdruck); Johann Joseph Felix von Kurz, genannt Bernardon. Ein Beitrag zur Geschichte des deutschen Theaters im 18. Jahrhundert, 1899 (Sonderdruck); Geschichte des Wiener Theaterwesens von den ältesten Zeiten bis zu den Anfängen der Hoftheater, 1899; Zur Wiener Theatergeschichte. Die vom Jahre 1629–1740 am Wiener Hofe zur Aufführung gelangten Werke theatralischen Charakters und Oratorien, 1901; Der «Kaufmann von London» auf den deutschen und französischen Bühnen, 1902 (Sonderdruck); Das k. k. Hofburgtheater seit seiner Begründung, 2 Bde., 1903–06; H. Laube, Theaterkritiken und dramaturgische Aufsätze, 2 Bde. (ges., ausgew. u. mit Einl. u. Anm. hg.) 1906; Hamlet.

Auf der deutschen Bühne bis zur Gegenwart, 1908; Julie Rettich. Erinnerungsblätter zum Gedächtnisse ihres hundertsten Geburtstages (17. April 1809) 1909; Der erste deutsche Bühnen-Hamlet. Die Bearbeitungen Heufelds und Schröders (hg. u. eingel.) 1914; Carl Ludwig Costenoble's Tagebücher von seiner Jugend bis zur Übersiedlung nach Wien (1818), 2 Bde. (auf Grundlage d. Originalhs. mit Einl. u. Anm. hg.) 1912; Joseph W., Ritter v. W., Ausgewählte Werke, 2 Bde. (hg. u. mit Einl. versehen) 1912; C.-L. Costenoble, Über Grillparzer. Ungedruckte Notizen aus seinen Tagebüchern. August Sauer zum 12. Oktober 1915 dargebracht, 1915; Der Spielplan des neuen Burgtheaters 1888–1914 (ausgearb. u. eingel.) 1916 (Nachdr. 1975); Charlotte Birch-Pfeiffer und Heinrich Laube im Briefwechsel. Auf Grund der Originalhandschrift dargestellt, 1917; Das Theater. 1529–1740, 1917 (Sonderdruck); Karl Gutzkow und Charlotte Birch-Pfeiffer, 1918 (Sonderdruck).

*Literatur:* Dt. biogr. Jb. 2 (1928) 708; IG 3 (2003) 1997; DBE ²10 (2008) 485. – H. RICHTER, ~ [...] verunglückt in den Gasteiner Bergen am 23. Juli 1918 (in: Jb. d. Dt. Shakespeare-Gesellsch. 55) 1919; S. WININGER, Große Jüd. National-Biogr. 6, 1932; F. CZEIKE, Hist. Lex. Wien 5, 1997; Hdb. öst. Autorinnen u. Autoren jüd. Herkunft 18. bis 20. Jh. 3, 2002; D. dt.sprachige Presse. Ein biogr.-bibliogr. Hdb. 2 (bearb. v. B. JAHN) 2005. IB

**Weilen,** Helene (Ps. Mandl-Weilen), * 26. 2. 1898 Wien, † 24. 8. 1987 ebd.; Tochter v. Alexander v. → W., Nichte v. Marie v. → Ebner-Eschenbach, freie Schriftst. u. Mitarb. u. a. an der Zs. «Kinderpost» u. am Radio in Wien, 1968 Silbernes Ehrenzeichen für Verdienste um d. Republik Öst.; Verf. v. Jugendrom., Kdb. u. Bilderbüchern.

*Schriften* (Ausw.): Reisebüro «Ferienglück» (Jugendrom.) 1947; Susi. Ein Jungmädchenbuch, 1948; Susi – oder Susanne? Ein Mädchenbuch, 1949; Susi, du bist unmöglich! Ein Mädchenbuch, 1949; «Der Bärli und die Hedi, der Dackel und der Fredi ...». Ein Bilderbuch (Bilder: A. Hoffmann) 1949; Achtung – Abfahrt! (Bilder: W. Mayrl) 1949; Mutti hat Ausgang, 1950; Micki und Nicki fliegen auf die Erde. Ein Weihnachtsbilderbuch (Illustr.: A. Hoffmann-Hanus) 1950; Lenerl, der Glückspilz, 1950; Wieso Elfi?, 1951; Vroneli. Ein Mädchenroman aus unseren Tagen, 1953; Kasimir, der Igel, 1954 (u. d. T.: Der kleine Igel Kasimir, 1974); Treffpunkt Kastanie. Roman für die Jugend, 1955; Ihr bester Freund. Ein Roman für die Jugend, 1955; Postamt Christkindl, 1956 (Neuausg. 1976); Kasimir und Kasimira, 1958; Mein großes Igel-Buch, 1961; Mein großes Teddy-Buch, 1961; Veronika und ihr bester Freund, 1962; Tumult um Tück, 1962; Mein Wichtel-Buch (Illustr.: A. Hoffmann u. F. Kuhn) 1962; Wettfahrt mit Ursula, 1963 (Neuausg. 1981); Doktor Seidelbast, 1963; Tonis Paradies, 1964; Betreten strengstens verboten!, 1965 (Neuausg. 1981); Yvonne und ihre Freundin, 1966; Ein Tag ohne Mutti, 1967; Ich heiße Gigi, 1967; Drei finden einen Weg, 1967 (NA 1973); Amalia mit dem langen Hals, 1967; Rosinchen, das Wildschwein, 1969; Tonis glückliche Tage, 1973 (NA 1975); Susannes Geheimnis, 1973; Omi sehr gesucht, 1973; Yvonne heißt die Neue, 1974; Alle meine Tiere, 1975; Die Bremer Stadtmusikanten. Kindermusical für Schauspieler in vier Bildern, um 1985.

*Nachlaß:* Privatbesitz. – Hall-Renner 353. IB

**Weilen,** Joseph von (eig. Joseph Weil, Ritter von Weilen), * 28. 12. 1828 (1830?) Tetin/Böhmen, † 3. 7. 1889 Wien; Vater von Alexander v. → W. Schloß sich e. Wandertruppe an u. spielte u. a. in Marienbad, Eger u. seit 1848 in Laibach, wo er für d. Truppe auch Theaterstücke verfaßte. Dann in Wien; während der Wirren der Revolution von 1848 zwangsrekrutiert. 1852 Lehrer für Gesch. u. Geographie an d. Kadettenschule in Hainburg/ Niederöst., 1854 Prof. an der Genie-Akad. in Klosterbruck bei Znaim. 1861–73 Skriptor an der Hofbibl. Wien u. seit 1863 auch Prof. für dt. Lit. an der dortigen Generalstabsschule. 1873 mit Salomon Hermann Ritter v. → Mosenthal Gründer u. Leiter der Schauspielschule am Wiener Konservatorium. 1874 in den erblichen Adelsstand erhoben. 1883 Präs. des Journalisten- u. Schriftst.ver. «Concordia», 1886 Red. des cisleithan. Tl. des v. Kronprinz Erzherzog Rudolf initiierten mehrbändigen Werkes «Die öst.-ungar. Monarchie in Wort u. Bild»; Dramatiker. u. Verf. v. Festsp., Festged., Prologen u. Epilogen.

*Schriften* (Ausw.): Phantasien und Lieder, 1853; Männer vom Schwerte. Heldenbilder aus Österreich, 1853; Dr. R. Hirsch. Biographisch-kritische Skizze, 1858; Tristan (romant. Tr.) 1858; Heinrich von der Aue (Schausp.) 1860; Ein Wiederfinden (Schausp.) 1863; Gedichte, 1863; Edda (Dr.) 1864; Am Tage von Oudenarde. Dramatisches Gedicht in einem Aufzug, 1865; Drahomira (Tr.) 1867; Rosamunde (Tr.) 1870; Der neue Achilles (Schausp.) 1871; An der Pforten der Unsterblichkeit. Dramatisches Gedicht, 1872; F. Grillparzer, Sämmtliche Werke, 10 Bde. (hg. M. H. LAUBE) 1872; Graf Horn (Dr.) 1873; Dolores (Dr.) 1874; Aus dem Stegreif (Festsp.) 1876, An der Grenze (Schausp.) 1876; S. H. v. Mosenthal, Gesammelte Werke, 6 Bde. (hg.) 1878; König Erich (Tr.) 1880; Daniele (Rom.) 1884; Szenischer Prolog zur Eröffnung des k.k. Hof-Burgtheaters am 14. October 1888, 1888.

*Ausgaben:* Dramatische Dichtungen, 3 Bde., 1865–70; Ausgewählte Werke, 2 Bde. (hg. u. mit Einl. versehen von Alexander v. W.) 1912.

*Nachlaß:* StLB Wien, Hs.slg. – Hall-Renner 352; Renner 431.

*Literatur:* Wurzbach 54 (1886) 1; ADB 41 (1896) 488; Theater-Lex. 5 (2004) 3097; DBE [2]10 (2008) 487. – J. KEHREIN, Biogr.-lit. Lex. d. kathol. dt. Dichter, Volks- u. Jugendschriftst. im 19. Jh. 2, 1871; S. WININGER, Große Jüd. National-Biogr. 6, 1932; L. DORNINGER, Die Hausdichter des Burgtheaters (Diss. Wien) 1961; S. WEYR, Die Wiener. Zuagraste und Leut' vom Grund, 1971; H. H. HAHNL, Hofräte, Revoluzzer, Hungerleider. 40 verschollene öst. Literaten, 1990; F. CZEIKE, Hist. Lex. Wien 5, 1997; Hdb. öst. Autorinnen u. Autoren jüd. Herkunft 18. bis 20. Jh. 3, 2002. IB

**Weilen,** Paul von → Samarow, Gregor.

**Weilenmann,** E. → Veller, Richard Adolf.

**Weilenmann,** Hermann, *9. 5. 1893 Winterthur/Kt. Zürich, †22. 4. 1970 Zürich; besuchte Gymnasien in Winterthur u. Zürich, studierte Gesch. u. Rechtswiss. in Zürich, Genf, Leipzig u. Kiel, 1917–30 Mitarb. an schweizer Ztg., 1920/21 Generalsekretär d. Neuen Helvet. Gesellsch., 1923 Dr. phil. Kiel, seit 1924 Sekretär u. seit 1933 Dir. d. Volkshochschule d. Kt. Zürich in Zürich, daneben Red. d. Schweizer Heimkalenders (1925–27), d. Volkshochschul-Bl. f. Wiss. u. Kunst (1925–27) u. v. «Raschers Monatsheften» (1930/31), 1938 Dir. d. Summer School of European Studies, 1951 Dr. h. c. Univ. Zürich; Fachschriftenautor.

*Schriften:* Der Befreier. Eine Prosadichtung, 1918; Die Vereinigung der Deutschen und Romanen in der Schweiz und die Rechtssprachen in den XIII Orten (Diss.) 1923; Die vielsprachige Schweiz. Eine Lösung des Nationalitätenproblems, 1925; Die Volkshochschule des Kantons Zürich und ihre Tätigkeit auf dem Lande (Vortrag) 1925; Zukunftsaufgaben der Volkshochschulen des Kantons Zürich (Vortrag) 1929; Provence. Arles, Avignon, Nîmes. Ein Reisebuch (hg.) 1934; Zusammenschluß zur Eidgenossenschaft. Neun Vorträge über die Selbstbestimmung des Volkes (Bilder aus d. Schweizerchronik v. J. Stumpf) 1940; Uri. Land, Volk, Staat, Wirtschaft und Kultur (hg.) 1943; Pax Helvetica oder Die Demokratie der kleinen Gruppen (Zeichnungen P. Gauchat) 1951; Fais ce que vouldras. Rede über die Freiheit, 1953; Universität und Volkshochschule, 1960; 40 Jahre Zürcher Volkshochschule. Bericht, 1960.

*Nachlaß:* Zentralbibl. Zürich.

*Literatur:* Schweizer. Zeitgenossen-Lex. (hg. H. AELLEN) [2]1932; Neue Schweizer Biogr. (Red. A. BRUCKNER) 1938. AW

**Weiler Schwesternbuch,** sog., es wurde um 1350 v. einer anon. Dominikanerin d. Klosters Weiler bei Esslingen/Württ. verf. u. ist in d. drei Hss. München, cgm 750 (geschrieben 1454 v. Anna → Ebin), Nürnberg, StB, Cent. VI, 43b (15. Jh., aus d. Dominikanerinnenkloster St. Katharina in Nürnberg), u. Graz, Dominikanerkloster, cod. 14424 (früher Scrin. VIII ser. n. 11, um 1500, aus d. schweizer. Zisterzienserinnenkloster Steinen in d. Au), überl. Es handelt sich um e. Textslg. über d. Gnadenleben d. Dominikanerinnen d. Klosters Weiler auf d. Grundlage mündl. Klostertradition, eigener Erfahrung u. möglicherweise auch schriftl. Quellen. Ziel d. Buches ist es, wie bei anderen Texten dieser Gattung (vgl. u. a. → «Dießenhofener S.» [ErgBd. 3], → «Ulmer S.», → «Ötenbacher S.» [ErgBd. 6]), den Schwestern d. Heiligkeit ihres Konvents zu zeigen, sie zu erbauen u. z. Frömmigkeit aufzufordern. D. Text umfaßt e. Prolog, 29 Kap. u. e. Epilog; erwähnt werden 27 Nonnen meist aus adligen oder bürgerl. Familien aus d. Zeitraum von etwa 1280 bis z. Mitte d. 14. Jh.; e. etwas ausführlichere Vita haben nur die ersten sechs erhalten, sonst besteht d. Text vorwiegend aus d. Schilderung einzelner myst. Erlebnisse u. Erfahrungen. Im Vordergrund d. Gnadengaben stehen Visionen, Träume u. Erscheinungen, darunter besonders häufig Christkind-Erscheinungen; spekulative Mystik ist kaum auszumachen, Askesepraktiken sind nur selten erwähnt. E. Deutung d. geschilderten Ereignisse fehlt.

*Ausgaben:* K. BIHLMEYER, Mystisches Leben in dem Dominikanerinnenkloster Weiler bei Esslingen im 13. und 14. Jahrhundert (in: Württ. Vjh. f. Landesgesch., NF 26) 1916.

*Literatur:* VL [2]10 (1999) 801; LThK [3]10 (2001) 1026 (Weiler). – K. BIHLMEYER, vgl. Ausg., 1916; M. P. PIELLER, Dt. Frauenmystik im XIII. Jh. (Diss. Wien) 1928; G. KUNZE, Stud. zu d. Nonnenviten d. dt. MA. E. Beitr. z. rel. Lit. im MA (Diss. Hamburg) 1952; R. RODE, Stud. zu d. ma. Kind-Jesu-Visionen (Diss. Frankfurt/M.) 1957; W. BLANK, D. Nonnenviten d. 14. Jh. E. Stud. z. hagiogr. Lit. d. MA (Diss. Freiburg/Br.) 1962; S. UHRLE, D. Dominikanerinnenkloster Weiler bei Esslingen 1230–1571/92 (Diss. Tübingen) 1969; G. J. LEWIS, Bibliogr. z. dt. Frauenmystik d. MA, 1989; D. OHLENROTH, Darbietungsmuster in dominikan. Schwesternbüchern aus d. Mitte d. 14. Jh. (in: FS W. Haug, B. Wachinger, Bd. 1, hg. J. JANOTA u. a.) 1992; G. J. LEWIS, By Women, for Women, about Women. The Sister-Books of Fourteenth-Century Germany, Toronto 1996. RM

**Weiler,** Andrea (eig. Andrea Weiler-Prinz), * 19. 1. 1958 Korbach/Hessen; bis 1978 Fachausbildung z. medizin.-wiss. Diplomkosmetikerin in München, 1983–2002 Leiterin e. Gästehauses in Oberstdorf/Allgäu, 2002–06 Zahnarzthelferin in Öst., studiert seit 2007 Psychol., lebt in Burgberg/Allgäu; Erzählerin.

*Schriften:* Honig auf dem Bauch oder Jüngere Männer haben mehr Phantasie (Rom.) 1997; Liebe oder Wahnsinn. Leben mit einem psychisch Kranken (Rom.) 2000; E-Mails aus dem Zauberwald (Rom.) 2006. AW

**Weiler,** Andreas → Brandhorst, Andreas (ErgBd. 2).

**Weiler,** Clemens, * 18. 9. 1909 Tübingen, † 1. 8. 1982 Stuttgart; 1930–36 schöngeistige Stud. an den Univ. in München, Paris, Wien, Frankfurt/M. u. Marburg, 1937 Dr. phil., 1937–39 Museumsleiter d. Kreise Montabaur – Herborn – Königstein u. Diez, 1946–72 Leiter d. städt. Gemäldegalerie u. seit 1969 auch Dir. des Mus. Wiesbaden, lebte im Ruhestand in Stuttgart.

*Schriften* (Ausw.): Alexej von Jawlensky, der Maler und Mensch, 1955; Alexej Jawlensky, 1959; Marianne Werefkin, Briefe an einen Unbekannten 1901–1905 (hg.) 1960; Von der Loreley zur Germania, 1963.

*Literatur:* O. RENKHOFF, Nassauische Biogr. (2., vollst. überarb. u. erw. Aufl.) 1992. IB

**Weiler,** Ella → Busse, Emilie.

**Weiler,** Hans → Lindstedt, Hans Dietrich (ErgBd. 5).

**Weiler,** Hans → Münchner Bibel des Johannes Vil(l)er (ErgBd. 6).

**Weiler,** Hedi (eig. Hedi Weiler-Kiderlen), * 19. 7. 1947 Ravensburg/Baden-Württ.; gelernte Kauffrau, führt m. ihrem Ehemann e. Weinhandlung, war 5 Jahre f. d. Ökolog.-Demokrat. Partei Mitgl. im Kreistag u. ist derzeit Mitgl. im Stadtrat v. Ravensburg, lebt ebd.; Erzählerin.

*Schriften:* Devabanja und die Geheimnisse von Himmel und Erde, 2004. AW

**Weiler,** Ingomar, * 28. 4. 1938 Treglwang/Steiermark; studierte Gesch., Turnen, Pädagogik u. Philos. an der Univ. Graz, 1962 Dr. phil., 1959 wiss. Hilfskraft u. 1962–64 Assistent am Inst. für Gesch. d. Univ. Graz, 1967 Univ.-Assistent am Inst. für Gesch. d. Univ. Innsbruck, 1969/70 Stud.aufenthalt an d. Harvard Univ. in Cambridge/Mass., 1971 Habil. an d. Univ. Innsbruck, 1972 ebd. Univ.-Doz. für Alte Gesch., 1974 a. o. Prof. u. 1976–2002 o. Prof. für alte Gesch. u. Altk. an d. Univ. Graz. 2007 Dr. h. c. der Univ. Mainz. Hg. u. Mithg. versch. Fachpubl., u. a. 1982–90 Mithg. d. «Informationen für Gesch.lehrer» u. 1989–95 d. Zs. «Nikephoro».

*Schriften* (Ausw.): Agonales in Wettkämpfen der griechischen Mythologie, 1969; Der Agon im Mythos. Zur Einstellung der Griechen zum Wettkampf, 1974; Griechische Geschichte. Einführung, Quellenkunde, Bibliographie, 1976 (2., durchges. u. erw. Aufl. 1988); Der Sport bei den Völkern der Alten Welt. Eine Einführung (mit d. Beitr. «Sport bei den Naturvölkern» v. C. ULF) 1981 (2., durchges. Aufl. 1988); Soziale Randgruppen und Außenseiter im Altertum. Referate [...], (hg. mit H. GRASSL) 1988; Grundzüge der politischen Geschichte des Altertums (hg.) 1990; Olympia – Sport und Spektakel. Die Olympischen Spiele im Altertum und ihre Rezeption im modernen Olympismus. Symposion (hg.) 1998; Die Beendigung des

Sklavenstatus im Altertum. Ein Beitrag zur vergleichenden Sozialgeschichte, 2003; Die Gegenwart der Antike. Ausgewählte Schriften zu Geschichte, Kultur und Rezeption des Altertums (hg. P. MAURITSCH) 2004.

*Literatur:* D. Sonne auf d. Erde holen. Wiss. u. Wissenschaftler an d. Johannes-Gutenberg-Univ. (hg. F. WITTIG) 1993; F. FELLNER, D. A. CORRADINI, Öst. Gesch.wiss. im 20. Jh. Ein biogr.-bibliogr. Lex., 2006; Antike Lebenswelten. Konstanz, Wandel, Wirkungsmacht. FS für ~ z. 70. Geb.tag (hg. P. MAURITSCH u. a.) 2008. IB

**Weiler,** Jodocus, v. Heilbronn (Iodocus de Hailprunna, Iodocus Weiler Heilbrunnensis, Iodocus de Heilbronn, Jodocus Mercatoris), † 19. 4. 1457 Wien; 1414/15 Immatrikulation an d. Wiener Univ., 1416 Baccalaureus, 1419 Magister, Lehrtätigkeit in d. Artistenfak., Lehrer u. a. von → Ulrich v. Landau, mehrfach Dekan, 1433, 1439 u. 1447 Rektor. In d. 20er Jahren Aufnahme e. Theol.studiums, spätestens 1433 theol. Baccalaureus formatus, 1439 theol. Lizentiat, 1441 Dr. theol.; erhielt 1440 e. Kanonikat an St. Stephan, auch als Prediger tätig. Freundschaft mit Johann → Schlit(t)pacher (v. Weilheim), der zwei akrostichische Ged. auf W. verf. Die erhaltenen Schr. W.s stehen überwiegend im Zus.hang mit s. Lehrtätigkeit in d. Artes u. d. Theologie.

Von W.s Vorlesungen für d. Artesstud. ist nur d. Komm. über fünf Bücher d. aristotel. «Ethica» in d. Hs. Graz, UB, cod. 883, erhalten. D. Hs. Wien, Schottenstift, cod. 23, enthält wahrsch. als Autograph. Komm. über Psalm 101–150 («Postilla seu exposicio tercie quinquagene psalmorum»); d. gleiche Hs. überl. e. Markuskomm. W.s zwei Matthäus-Komm. überl. d. Hss. Wien, cod. 4450 u. 4451 («Quaestiones in Mattheum», Tl. II u. III, e. erster Tl. ist nicht erhalten, e. Ausz. daraus sind vielleicht d. sieben Quaestionen «De iuramento» in d. Hs. München, clm 18700).

D. «Tractatus de usu et modo dictandi» (Hss. u. a. Oxford, Bodleian Library, MS. Lyell 51 [früher Admont, Stiftsbibl., cod. 596]; Klagenfurt, Bischöfl. Bibl., cod. XXXI a 3) ist e. Bearb. d. «Practica» d. Laurentius v. Aquileja, den sieben «tabulae» ist e. achte mit Mustern f. Antwortbriefe angehängt. Ob eine in d. meisten Hss. folgende Abh. über Exordia ebenfalls v. W. stammt, ist unsicher. D. Klagenfurter Hs., e. Redaktion aus d. Jahren 1451–55, enthält e. neunte «tabula» f. Briefe an Ungläubige, Exkommunizierte u. Feinde. E. kurze Ars dictandi ist d. «Tractatus generalis rethorice» (Hs. Milevsko [Mühlhausen/Tschechien], Stiftsbibl., cod. C 590/S, v. Jahr 1447), welcher v. a. mit Beispielen u. weniger mit Regeln orientiert, als Autorität wird → Nikolaus von Dybin mit Namen genannt. Ebenfalls kurz gefaßt ist d. «Rhetorica», die mit e. Anweisung f. d. Abfassung v. Privilegien schließt (Hs. Klagenfurt, siehe oben).

D. theol. Schr. W.s widmen sich vorwiegend d. Bereich d. prakt.-pastoralen Theol., d. Predigt, Grundfragen d. rel. Kultes u. kanonist. Fragen, Hauptautorität ist → Thomas von Aquin, organisiert sind d. Texte streng scholastisch. Alle Fälle v. Exkommunikation behandelt d. «Tractatus de excommunicacione et casibus reservatis» (Hss. u. a. Klagenfurt, Bischöfl. Bibl., cod. XXXI a 1 [v. Jahr 1446]); kleinere kanonist. Schr. handeln von d. Frage, ob e. Mönch über Besitz verfügen dürfe (Hss. Melk, Stiftsbibl., cod. 911 [P 31]; München, clm 18600) bzw. davon, ob e. gewählter Bischof vor s. Bestätigung bereits amtlich tätig sein dürfe (Hs. Melk, Stiftsbibl., cod. 131 [L 4]). Hauptfrage im «Tractatus de predicationibus» (Hs. Klagenfurt, Bischöfl. Bibl., cod. XXXI a 1) ist diejenige, welches geistl. Verdienst sich d. gewissenhafte Prediger erwerbe u. welche materielle Entlohnung ihm zustehe. D. «Tractatus de dulia et latria» widmet sich in elf Quaestionen d. Begründung, d. Grenzen u. d. Formen d. rel. Kults, unterschieden wird zw. Anbetung (latria) u. Marien- u. Heiligenverehrung (dulia), behandelt wird ferner d. Frage, ob u. wie Gott u. d. Heiligen in Bildern u. Zeichen verehrt werden können u. dürfen. D. «Tractatus de superstitionibus» handelt in fünf Quaestionen v. d. Bilderanbetung u. v. Götzendienst als Anfang d. Aberglaubens, anschließend folgen sieben Quaestionen über Weissagung u. Prognostik (beide Texte zus. in d. Hss. Wien, cod. 3706, u. ebd., Schottenstift, cod. 378 [55. d. 6.]). Acht Predigten, die W. zu Gründonnerstag im Wiener Schottenstift gehalten hatte, überl. vollständig d. Hs. Wien, cod. 4706. Diese Hs. enthält auch weitere, verstreute Predigten W.s sowie e. Ansprache, die W. 1452 vor d. Erzbischof v. Gran u. ungar. Kanzler Dionysius Széchy sowie ungar. u. böhm. Gesandten gehalten hatte.

Briefe W.s sind nur innerhalb d. Korrespondenz Schlit(t)pachers erhalten (vgl. F. HUBALEK, Lit., 1963). Irrtümliche Zuschreibungen an W. sind e. «Decretum abbreviatum» (Hs. Wien, cod. 5352) sowie d. «Speculum amatorum mundi» d. Bernhardin v. Siena in d. Hss. Melk, Stiftsbibl., cod. 1863 (E 1) u. cod. 1583 (E 88).

*Literatur:* VL $^{2}$10 (1999) 794. – L. ROCKINGER, Über Formelbücher v. 13. bis z. 16. Jh. als rechtsgesch. Quellen, 1855; DERS., Briefsteller u. Formelbücher d. 11.–14. Jh., 1863/64 (Nachdr. New York 1961 u. ö.); J. ASCHBACH, Gesch. d. Wiener Univ. im ersten Jh. ihres Bestehens 1, 1865; H. GÖHLER, D. Wiener Kollegiat-, nachmals Domkapitel z. hl. Stephan in s. persönl. Zus.setzung in d. ersten zwei Jh. s. Bestehens (Diss. masch. Wien) 1932; F. HUBALEK, Aus d. Briefwechsel d. Johannes Schlitpacher v. Weilheim (D. Kod. 1767 d. Stiftsbibl. Melk) (Diss. masch. Wien) 1963; A. LHOTSKY, D. Wiener Artistenfak. 1365–1497 (in: WSB 247/2) 1965; D. Akten d. theol. Fak. d. Univ. Wien 2 (hg. P. UIBLEIN) 1978. RM

**Weiler,** Jakob, * 10. 11. 1877 Speicher/Eifel, Todesdatum u. -ort unbek.; kathol. Pfarrer, engagierte sich v. a. im Bereich d. ländl. Wohlfahrts- u. Jugendpflege, lebte in Gotzweiler/Saar (1938).

*Schriften:* Dorf-Frühling und Dorfheime, 1916; Mich ruft es zur Arbeit. Ein Lebensbuch für die Dorfjugend über die Gebote, 1920; Neuzeitliche Dorfführer, 1925. AW

**Weiler,** Jan, * 28. 10. 1967 Düsseldorf; wuchs in Meerbusch/Nordrhein-Westf. auf, n. Abitur u. Zivildienst zunächst als Werbetexter tätig, absolvierte dann d. Dt. Journalistenschule in München, zugleich freier Mitarb. bei d. «Westdt. Ztg.», seit 1994 Red. u. 2000–04 Chefred. d. Magazins d. «Süddt. Ztg.», seit 2007 Kolumnist d. Zs. «stern»; Erzähler.

*Schriften:* Eckehart Schumacher Gebler. Die Offizin-Haag Drugulin und das Museum für Druckkunst in Leipzig (Rep.) 1999; Maria, ihm schmeckt's nicht. Geschichten von meiner italienischen Sippe, 2003 (erw. Neuausg. 2004; Tonträger, 4 CDs, 2004; Hörsp.fass., 2 CDs, 2008); Antonio im Wunderland (Rom.) 2005 (Tonträger, 4 CDs, 2005; Tb.ausg. 2006); In meinem kleinen Land, 2006 (Tonträger, 3 CDs, 2006); Gibt es einen Fußballgott? (Illustr. H. Traxler) 2006 (Tonträger, 1 CD, 2006; Tb.ausg. 2008); Land in Sicht. Eine Deutschlandreise (Fotos R. Sülflow) 2007; Sabine. Das mehr oder weniger tragische Ende einer total tollen Beziehung (Hörsp., Regie) 2007; Made in Germany (Text, hg. A. GOTHE) 2008; Drachensaat (Rom.) 2008 (Hörsp.fass., 3 CDs, 2008); Direktübertragung. Die besten Live-Mitschnitte und ein Feueralarm (Tonträger, 2 CDs) 2008. AW

**Weiler,** Klaus, * 13. 7. 1928 Düsseldorf; studierte n. d. 2. Weltkrieg Musik m. d. Hauptfach Violine in Berlin (ohne Abschluß), dann Ausbildung z. Buchhändler u. Diplom-Bibliothekar, seit 1959 Bibliothekar an verschiedenen wiss. Bibl., zuletzt 1970–88 an d. TU München, lebt in Seevetal/Nds.; Biograph u. Verf. v. philosoph. Schriften.

*Schriften:* Rheinische Volkslieder in mehrstimmigen Sätzen. Eine Zusammenstellung von Volksliedbearbeitungen (mit E. KLUSEN) 1969; Celibidache. Musiker und Philosoph (Biogr.) 1993 (2., völlig neu bearb. u. erw. Aufl. 2008); Die sinngebende Macht des Todes. Philosophische Betrachtungen, 2000; Gerhard Taschner – das vergessene Genie. Eine Biographie (Geleitw. I. TURBAN) 2004. AW

**Weiler,** Ludwig, * 30. 7. 1899 Mainz, Todesdatum u. -ort unbek.; Dr. med., Medizinalrat, lebte in Berlin (1958).

*Schriften:* Carl Theodor Billroth (Biogr.) 1942 (2. Aufl. u. d. T.: Theodor Billroth, 1943); Die Südamerikanerin, 1959 (= Frauen fremder Völker). AW

**Weiler,** Otto, um 1800, Lebensdaten u. biogr. Einzelheiten unbek.; s. Schr. erschien in Königsberg.

*Schriften:* Gemählde und Erzählungen aus dem gesellschaftlichen Leben. Ein Gegenstück zu G. W. Ch. Starke's Gemählden aus dem häuslichen Leben, 1800.

*Literatur:* Meusel-Hamberger 10 (1803) 803; Goedeke 7 (1900) 416. RM

**Weiler,** Rainer, * 13. 4. 1931 Eislingen/Fils/Baden-Württ.; studierte Pädagogik, Realschullehrer f. Gesch., Gemeinschaftskunde u. Engl., später Realschulrektor in Eislingen/Fils, zudem Betreuer d. Stadtarch. ebd.; Verf. v. lokalkundl. Schriften.

*Schriften:* Eislingen – Stadt an der Fils (mit M. AKERMANN) 1968; Eislingen im Wandel der Zeiten (Gesamtred. u. Texte) 1983; Wende, Neubeginn in der Stadt Eislingen, Fils 1945, 46 (zus.gestellt u. bearb.) 1986 ($^{2}$1995); Die Straße und das Dorf. Häuser und Erinnerungen im südlichen Eislingen, 1988 (Nachdr. 2002, enthält zudem: Zwischen Fils und Krumm [unselbständig veröff. 1990]); Dr. Theodor Engel – Stationen eines reichen Lebens. In Überlieferungen und seinen Gedichten (zus.gestellt u.

bearb.) 1992; Vor 70 Jahren. Vereinigung und Stadt Eislingen, 2003.

*Literatur:* Autorinnen u. Autoren in Baden-Württ. (Internet-Edition); M. MUNDORFF, Eislingen und seine Fabriken. ~ z. Siebzigsten (hg. W. ZIEGLER) 2001. AW

**Weiler,** Rudolf, * 12. 3. 1928 Wien; studierte Kathol. Theol. an d. Univ. Wien, 1953 Dr. theol. ebd., bereits 1951 Priesterweihe, Priester in d. Erzdiözese Wien sowie Vorsitzender d. Wiss. Beirats d. Apostol. Werkes Kirche u. Sport, wurde f. e. Lehrauftrag an d. Kathol.-Theolog. Fak. d. Univ. Wien vom Pfarrdienst freigestellt, seit 1954 Stud. d. Staatswiss. an d. Univ. Wien, 1961 Dr. rer. pol. ebd., 1964 Doz. am Lehrstuhl f. Ethik u. Sozialwiss. d. Univ. Wien u. im gleichen Jahr Habil. ebd., 1966 a. o. und 1968–96 (emeritiert) o. Prof. f. Ethik u. Sozialwiss. an d. Kathol.-Theolog. Fak. d. Univ. Wien (1970/71 Dekan), zudem 1966 Gründungsdir. d. Inst. f. Sozialethik ebd. u. Hg. v. dessen Schr.reihe, langjähriger erster Vorsitzender d. 1967 gegründeten Univ.zentrums f. Friedensforsch. Wien, 1995–2003 Honorarprof. an d. Philosoph.-Theolog. Hochschule in St. Pölten, seit 2000 Doz. an d. Päpstl. Philosoph.-Theolog. Hochschule Benedikt XVI. in Heiligenkreuz; Verf. v. theolog. u. (sozial)ethischen Schriften.

*Schriften* (Ausw.): Wirtschaftswachstum und Frauenarbeit, 1962; Wirtschaftliche Kooperation in der pluralistischen Gesellschaft, 1964; Im Sport entscheidet der Mensch (Referat) 1965; Die Frage des Menschen: Wer bin ich? Vom Sinn des menschlichen Lebens, 1968; Zusammenarbeit von Christen und Atheisten. Das Problem der gemeinsamen sittlichen Normen. Moraltheologentagung 1969 in Wien (mit K. HÖRMANN) 1970; Unterwegs zum Frieden. Beiträge zur Idee und Wirklichkeit des Friedens (hg., mit V. ZSIFKOVITS) 1973; Internationale Ethik. Eine Einführung, 3 Bde., 1986–89; Einführung in die katholische Soziallehre. Ein systematischer Abriß, 1991; Einführung in die politische Ethik, 1992; Wirtschaftsethik, 1993; Herausforderung Naturrecht. Beiträge zur Erneuerung und Anwendung des Naturrechts in der Ethik, 1996; Sportethik. Aufrufe zu Gesinnung und Bekenntnis, 1996; Der Tag des Herrn. Kulturgeschichte des Sonntags (hg.) 1998; Völkerrechtsordnung und Völkerrechtsethik (hg.) 2000; Naturrecht in der Anwendung. «Johannes-Messner-Vorlesungen» 1996–2001 [...], 2001; Wirtschaften – ein sittliches Gebot im Verständnis von Johannes Messner (hg.) 2003; Die Wiederkehr des Naturrechts und die Neuevangelisierung Europas (hg.) 2005.

*Literatur:* Frieden u. Gesellsch.ordnung. FS f. ~ z. 60. Geb.tag (hg. A. KLOSE) 1988; Prinzip Mensch im Sport. 50 Jahre Kirche und Sport in Österreich. FS f. ~ (hg. B. MAIER) 2006. AW

**Weiler,** Rudolf, * 26. 2. 1948 Winterthur/Kt. Zürich; studierte engl., französ. u. dt. Sprach- u. Lit.wiss. an d. Univ. Zürich, 1975 Lic. phil. ebd., Lehrer in Winterthur, 1980–94 auch polit. engagiert, seit 2000 Lehrer an d. Business School d. Kaufmänn. Verbandes Zürich, auch Übers. (aus d. Engl.), lebt in Stäfa/Kt. Zürich.

*Schriften:* Nabokov's Bodies. Description and Characterization (Diss.) 1975; geistlaufseele / soulrunspirit (dt./engl.) 2000; Noir. Momente, Situationen, Leben, 2004; Business English Translation, 2 Bde., 2006/07. AW

**Weiler,** Sophie Juliane (geb. Gostenhofer), * 14. 1. 1745 Obersontheim/Württ., † 21. 10. 1810 Augsburg; 1768 Heirat mit d. Diakonus Johann Daniel Gotthilf W., lebte in Augsburg.

*Schriften:* Augsburgisches Kochbuch, 1788 (zahlr., auch verm. u. verb. Aufl., auch u. d. T.: «Neues» oder «Neuestes» Augsburg. Kochbuch; Nachdr. d. 14. Aufl. 1978).

*Literatur:* Meusel-Hamberger 8 (1800) 399; 10 (1803) 803; 16 (1812) 386; 21 (1827) 417. – D. gelehrte Schwaben oder Lexicon der jetzt lebenden schwäb. Schriftst. [...] (hg. J. J. GRADMANN) 1802; C. W. O. A. SCHINDEL, D. dt. Schriftst.innen d. 19. Jh. 2, 1825. RM

**Weiler,** Wendelin, * 4. 2. 1808 Mainz, † 7. 9. 1868 ebd.; Schulbesuch in Mainz, trat dann in d. hess. Militärdienst ein, Chevauxleger u. Gendarm, trat 1844 in d. Zivilstand zurück, zuerst Kleinhändler, dann Bediensteter bei d. hess. Ludwigsbahn in Mainz; s. Gelegenheitsgedichte erschienen in Einzeldrucken auf fliegenden Blättern.

*Schriften:* Der Hausknecht als Millionär (Lokalposse) 1860.

*Literatur:* J. KEHREIN, Biogr.-lit. Lex. d. Dichter, Volks- u. Jugendschriftst. 2, 1871; F. WIENSTEIN, Lex. d. kathol. dt. Dichter, 1899. RM

**Weiler-Auer,** Hubert J. → Auer, Hubert J. (ErgBd. 1).

**Weiler-Prinz,** Andrea → Weiler, Andrea.

**Weilert,** Arthur, Geburtsdatum unbek.; in Rußland geboren u. aufgewachsen, 1941 Abitur, wegen s. dt. Abstammung im 2. Weltkrieg n. Sibirien deportiert u. bis 1955 inhaftiert, studierte dann Germanistik, n. Promotion u. Habil. Prof. f. Sprachwiss. an d. Univ. Kiew, 1993 Übersiedlung n. Dtl., lebt in Bonn.

*Schriften:* Abschied von der Farbe Rot. Unter den Rädern des Stalinskarren, 2007. AW

**Weilguny,** Roland, * 1971 Freistadt/Oberöst.; studierte an d. Univ. Linz, 1996 Übersiedlung n. Frankfurt/M., ebd. Mitarb. e. internationalen Beratungsgesellsch., lebt n. längeren Aufenthalten in Sydney u. Wien in Paris.

*Schriften:* Agnes und ihre Landsleute. Eine Reisegeschichte, 2004; Harbour Bridge (Rom.) 2006. AW

**Weilhammer,** Hans, * 28. 5. 1867 Augsburg, Todesdatum u. -ort unbek.; studierte Medizin an d. Univ. München, Assistenzarzt in München, Dr. med., übernahm ärztl. Vertretungen in versch. Orten, ab 1891 Arzt in d. Nähe v. Darmstadt, Ausbildung z. Konzertsänger, seit 1900 Arzt, Schriftst. u. Sänger in Frankfurt/Main.

*Schriften:* Erstlinge (Ged.) 1902. RM

**Weilhardt,** Ludwig (Ps. für Ludwig Wendling), * 18. 7. 1854 Ach an der Salzach/Oberöst., † 15. 7. 1908 ebd.; Gemeindearzt in Ach.

*Schriften:* Aus und um den Weilhardt. Geschichten und Erzählungen aus dem oberösterreichischen Volksleben und Anderes, 1900 (2., bedeutend verm. Aufl. 1907).

*Literatur:* F. Krackowizer, F. Berger, Biogr. Lex. des Landes Öst. ob der Enns. Gelehrte, Schriftst. u. Künstler Oberöst. seit 1800, 1931; J. Hauer, D. Mundartdg. in Oberöst. Ein bio-bibliogr. Abriß, 1977. IB

**Weilhart,** Oskar → Gerzer, Oskar.

**Weilhartner,** Rudolf, * 12. 4. 1935 Zell an der Pram/Oberöst.; studierte Germanistik u. Theaterwiss., Lehrerausbildung in Linz, Lehrer in Riedau/Oberöst., lebt ebd. im Ruhestand. 1978–84 Mithg. d. Lit.zs. «die rampe», mehrere Preise u. Auszeichnungen, u. a. 1979 Kulturpreis d. Landes Oberöst. für Lit.; Hörsp.autor u. Lyriker.

*Schriften:* Schneefelder (Ged.) 1968; Landsprache (Ged.) 1981.

*Literatur:* Öst. Katalog-Lex. (1995) 429. IB

**Weilheim** → Schlit(t)pacher, Johann.

**Weill,** Alexander (eig. Abraham), * 10. 5. 1811 Schirrhofen/Elsaß, † 18. 4. 1899 Paris; besuchte d. Talmudschulen in Metz, Nancy u. Frankfurt/M., erhielt 1829 d. Rabbinerdiplom. Studierte dann klass. u. moderne Sprachen in Frankfurt/M., Bekanntschaft mit Heinrich → Heine, Mitarb. u. a. am «Journal de Francfort», an der «Didaskalia» u. an d. «Ztg. für d. elegante Welt». Übersiedelte 1837 nach Paris, freier Schriftst. u. Mitarb. an französ. Bl., u. a. mit Giacomo Meyerbeer u. Victor Hugo bekannt.

*Schriften* (nur dt.sprachige): Eine Reise durch den Mond. Mit einer drei Bogen starken Vorrede: Der Staat und die Industrie, 1843; Berliner Novellen (mit E. Bauer), 1843 (Mikrofiche-Ausg. in: BDL); Sittengemälde aus dem elsässischen Volksleben. Novellen (mit e. Vorw. v. H. Heine) 1843 (2., verm. Aufl. 1847; mit e. Nachw. u. Anm. v. R. Glaser, 1991); Rothschild und die Europäischen Staaten, 1844; Staatsentwürfe über Preußen und Deutschland, 1845; Der Bauernkrieg, 1847; Esmeralda, 1862; Knittelverse eines Elsässer Propheten, Paris 1885; Skizzenreime meiner Jugendliebe. Alte Jugendgedichte mit einem erlebten Roman: «Meine letzte deutsche Liebe», 1887; Briefe hervorragender verstorbener Männer Deutschlands an A. W. (mit e. Nachw.: «Eine Revolution in der Geschichte der Religion») 1889; Zwei Jugenddramen. I Alexander der Große, II Haß und Liebe, 1896.

*Literatur:* Biogr. Jb. 4 (1900) *187. – G. Karpeles, Heinrich Heine. Aus s. Leben u. s. Zeit, 1849; Jüd. Athenäum. Gallerie berühmter jüd. Männer jüd. Abstammung u. jüd. Glaubens, von d. letzten Hälfte des 18., bis z. Schluß d. ersten Hälfte d. 19. Jh., 1851; A. Kohut, Berühmte israelit. Männer u. Frauen in d. Kulturgesch. d. Menschheit [...] 2, 1901; M. Bloch, ~, sa vie, ses œuvres, Vincennes 1905; R. Dreyfus, ~ ou le prophète du Faubourg Saint Honoré [...] (in: Rev. des études juives 53) Paris 1907; S. van Praag, ~ (1811–1899) (in: D. Jude 7) 1923; S. Wininger, Große Jüd. National-Biogr. 6, 1932; G. Blin, ~ et C. Baudelaire (in: Rev. d'histoire littéraire de la France 63) Paris

1963; L. SCHNEIDER, D. Dichter als Daguerreotyp. Zu Heines ~-Vorw. (mit e. unvorsichtigen Zwischenbem. z. Realismus) (in: Zw. Daguerreotyp u. Idee, hg. M. LAUSTER) 2000; G. WEISS, ~s ‹Sittengemälde aus dem elsässischen Volksleben› (1847): Volkskundl. Zeugnisse, lit. Kunstwerke u. emanzipator. Botschaften (in: Heine Jb. 39) 2000. IB

**Weill,** Erwin (Louis), * 2. 11. 1885 Wien, † vermutlich nach dem 9. 1. 1942 Konzentrationslager Riga-Kaiserwald; studierte an den Univ. in Zürich u. München, freier Schriftst. in Wien. Ende November 1941 ins Konzentrationslager Theresienstadt gebracht, von dort wurde er am 9. Jänner 1942 nach Riga deportiert; Lyriker u. Erzähler.

*Schriften:* Tage der Garben (Ged.) 1909; Miniaturen der Liebe (Nov.) 1921; Das Haus der Träumer (Rom.) 1921; Indische Flamme, 1922; Die Taxushecke. Gedichte aus der galanten Zeit, 1922; Der Chinchillamantel (Rom.) 1923; Der Palast zu den Tausend Wonnen (Rom.) 1924; In einem kühlen Grunde. Der Roman des jungen Eichendorff, 1925; Venezianische Sonne. Der Roman des Malers Giorgione, 1926; Das Ewig-Weibliche. Novellen und Dialoge, 1926; Der Lustgarten der Marquise. Neue Rokokogedichte, 1926; P. Busson, Sylvester. Eine Sommergeschichte [abgeschlossen von E. W.] 1927; Berühmte Räuber. Aus dem Leben von Sawney Cunningham, James Hind, Nickel List, Lipps Tullian (aus alten Quellen zus.gestellt) 1928; Lautlose Götter, 1930; Der schleichende Tod, 1930; Alice entdeckt Europa, 1930; Greta Garbo, 1930; Requiem. Der Roman des Wolfgang Amadeus Mozart, 1932; Gottes Bollwerk. Ein Starhemberg-Roman aus der Türkenzeit, 1933; Casanova. Ein Lebensbild, 1933; Flamme aus Spanien. Der Roman des Ignatius von Loyola, 1933; Schönbrunn – Sanssouci. Der Roman des Siebenjährigen Krieges, 1933; Vier Frauen und ein Kaiser, 1935; Rokokogedichte, 1936; Kronprinz Rudolf. Das Leben eines merkwürdigen Mannes, 1936.

*Literatur:* S. WININGER, Große Jüd. National-Biogr. 6, 1932; Hdb. öst. Autorinnen u. Autoren jüd. Herkunft 18. bis 20. Jh. 3, 2002. IB

**Weill,** Kurt (Curt Julian), * 2. 3. 1900 Dessau/Anhalt, † 3. 4. 1950 New York; Sohn des Kantors u. Religionslehrers an der Dessauer Synagoge Albert W. u. dessen Gattin Emma, geb. Ackermann. Erster Klavierunterricht bei s. Vater, später Privatschüler Albert Bings, Kapellmeister am Hoftheater Dessau, ab 1916 «außerplanmäßiger» Korrepetitor ebd., ab 1918 Besuch d. Hochschule für Musik in Berlin, nebenbei Chordirigent d. Jüd. Gemeinde in Berlin-Friedenau. Im Juli 1919 Abbruch des Studiums (aus finanziellen Gründen), Korrepetitor u. Theaterkapellmeister. 1921–23 Schüler der Meisterklasse von Ferruccio Busoni in Berlin, 1922 Klavierspieler in e. Bierkeller, ab 1923 erteilte er Privatunterricht. 1922 Mitgl. d. «Novembergruppe», e. Berliner Künstlervereinigung, die regelmäßig Konzerte, Kammermusikabende u. Diskussionen veranstaltete. 1924 Bekanntschaft u. Zus.arbeit mit Georg → Kaiser, in dessen Haus in Grünheide bei Berlin er s. spätere Gattin, d. Schauspielerin, Sängerin u. Tänzerin Lotte Lenja (eig. Karoline Wilhelmine Charlotte Blamauer, 1898–1981) kennenlernte. 1924–28 ständiger Mitarb. d. Programmzs. «Der dt. Rundfunk», im Sommer 1925 Bekanntschaft u. Zus.arbeit mit Yvan → Goll, ab 1927 Zus.arbeit mit Bertolt → Brecht u. ab 1930 mit Caspar → Neher. Mai bis Mitte Juni 1928 längerer Aufenthalt mit Brecht in Le Lavandou an der französ. Riviera, um an der «Dreigroschenoper» zu arbeiten (31. 8. 1928 Uraufführung). Bei der Uraufführung der Oper «Aufstieg und Fall der Stadt Mahagonny» (9. 3. 1930) in Leipzig kam es zu organisierten Krawallen durch Nazi-Störtrupps. Im Sommer 1930 vorläufiges Ende d. Zus.arbeit mit Brecht. Drei Tage nach der sog. «Ringuraufführung» des «Silbersees» (Leipzig – Magdeburg – Erfurt: 18. 2. 1933) Beginn d. nationalsozialistischen Kampagne z. Absetzung d. Produktionen, am 14. 3. 1933 fand d. letzte Vorstellung statt, einige Tage später flüchtete W. nach Paris, ebd. Uraufführung des Balletts mit Gesang «Die sieben Todsünden» (letzte gemeinsame Arbeit mit Brecht). September 1933 Scheidung von Lotte Lenja; Jänner bis Juni 1935 in London, Anfang September (zus. mit Lotte Lenja) Überfahrt nach New York, im Frühjahr 1936 Kontakte zum New Yorker «Group Theatre» u. Auftrag, mit Paul Green als Textdichter] ein Stück zu komponieren («Johnny Johnson»). Jänner 1937 erneute Heirat von W. u. Lotte Lenya (= amerikan. Schreibung). Ende Jänner bis Anfang Juli 1937 u. März bis Mai 1938 in Hollywood, um d. Musik zu dem Film «You and Me» (Regie Fritz Lang) zu komponieren. Anschließend in Suffern (nahe New York), Zus.arbeit mit Maxwell Anderson, Moss Hart u. Ira Gershwin, dem Bruder des Komponisten George G., 1941 Uraufführung von «Lady in the Dark», Durchbruch am Broadway,

Kauf d. «Brook House» in New City im Rockland County. Nach dem Eintritt der USA in den 2. Weltkrieg arbeitete W. an verschiedenen musikal. Projekten für den amerikan. «War Effort». 1943 Aufführung des Massenspiels «We will Never Die» (Text: Ben Hecht) in mehreren Großstädten, im August desselben Jahres erhielt d. Ehepaar d. amerikan. Staatsbürgerschaft. 1946 fast ganzjährige Zus.arbeit mit Elmer Rice u. Langston Hughes an der Broadway-Opera «Street Scene». 1947 Reise nach Europa (ohne Dtl.) u. Palästina, dort Wiedersehen (nach 14 Jahren) mit s. Eltern. Zwei Wochen nach s. 50. Geb.tag erlitt W. e. Herzattacke u. starb Anfang April im New Yorker Flower Hospital. – 1962 gründete Lotte Lenya die K. W.-Foundation for Music in New York, die seit 1983 auch das W.-Lenya Research Center verwaltet. Die K. W. – Foundation gibt seit 1996 d. K. W. Edition (Gesamtausg.) u. zweimal jährlich d. «K. W. Newsletter» heraus. Seit 1994 besteht das K.-W.-Zentrum im Meisterhaus Feininger in Dessau. Dort befinden sich e. Mus., e. Informations- u. Dokumentationszentrum über K. W., Arch., Bibl. u. Mediathek. Jährlich im Februar/März findet in Dessau d. internationale K. W. Fest statt.

*Schriften:* Ausgewählte Schriften (hg. D. DREW) 1975; Musik und Theater. Gesammelte Schriften. Mit einem Anhang: Ausgewählte Gespräche und Interviews (hg. S. HINTON u. J. SCHEBERA, Vorw. D. DREW) 1990 (erw. u. revidierte Neuausg. u. d. T.: Musik und musikalisches Theater [...], 2000).

*Briefe:* Speak Low (When You Speak Love). The Letters of K. W. and Lotte Lenya (hg. L. SYMONETTE u. K. H. KOWALKE) Los Angeles/London 1996 (dt. u. d. T.: Sprich leise, wenn Du Liebe sagst. Der Briefwechsel K. W./Lotte Lenya, 1998); Briefe an die Familie 1914–1950 (hg. L. SYMONETTE u. E. JUCHEM) 2000; Briefwechsel mit der Universal-Edition (ausgew. u. hg. N. GROSCH) 2002.

*Bibliographien:* Albrecht-Dahlke II/2 (1972) 1108; Theater-Lex. 5 (2004) 3099. – Bibliography ~ (in: K. H. KOWALKE, ~ in Europe) 1979; D. FARNETH, ~ in the Eighties. An Annotated Bibliogr., Prepared for the International K. W.-Symposium [...], New York 1990; U. HAUSCHILD, ~ (1900–1950) [...] (in: Forum Musikbibl.: Beitr. u. Informationen aus d. Musikbibliothekar. Praxis 3) 1990; A Stranger Here Myself: K. W.-Stud. (hg. K. H. KOWALKE u. H. EDLER) 1993; G. DIEHL, Ausw.-Bibliogr. u. Werkverzeichnis (in: K. W. Die frühen Werke 1916–1928) 1998; J. SCHEBERA, ~, 2000 (Teilbibliogr., Monogr. u. Dissertationen).

*Nachlaß:* New Haven/Conn. Yale Univ. The Library of the School of Musik; W.-Lenya-Research Center d. K. W. Foundation New York; Music Library of Univ. of Rochester/New York.

LITERATUR

Allgemein zu Leben und Werk
Weill und Dessau
Zusammenarbeit mit Bertolt Brecht
Zu den gemeinsamen Werken von Brecht und Weill
Mahagonny (Songspiel) und Aufstieg und Fall der Stadt Mahagonny (Oper)
Die Dreigroschenoper
Der Lindberghflug
Der Jasager
Die sieben Todsünden
Zusammenarbeit mit Caspar Neher
Zusammenarbeit mit Yvan Goll
Zusammenarbeit mit Georg Kaiser
Der Weg der Verheißung
Rezeption

*Allgemein zu Leben und Werk:* Riemann 2 (1961) 902; Riemann ErgBd. 2 (1975) 891; Hdb. Emigration II/2 (1983) 1220; MGG [2]17 (2007) 669; DBE [2]10 (2008) 488. – H. H. STUCKENSCHMIDT, Musik u. Musiker in der Novembergruppe (in: Kunst der Zeit 3 = Sonderheft: 10 Jahre Novembergruppe) 1928; H. CONNOR, ~ u. die Zeitoper (in: Die Musik 25) 1932; S. WININGER, Große Jüd. National-Biogr. 6, 1932; H. PRUNIÈRES, Œuvres de ~ (in: La Rev. musicale 13) Paris 1933; E. E. NORTH, Le compositeur ~ (in: Cahiers du sud 6) Marseille 1935; H. W. HEINSHEIMER, ~: From Berlin to Broadway (in: International Musician 3) New York 1948; G. HARTUNG, Z. epischen Oper Brechts u. ~s (in: WZ d. Martin-Luther-Univ. Halle-Wittenberg, Gesellschaftswiss.-sprachwiss. R., H. 8) 1959; H. U. ENGELMANN, ~ – heute (in: Darmstädter Beitr. z. neuen Musik 3) 1960; H. A. FIECHTNER, D. Bühnenwerke v. ~ (in: Öst. Musikzs. 16) 1961; H. KOTSCHENREUTHER, ~, 1962; K. H. KOWALKE, ~ in Europe, Ann Arbor/Mich. 1979; J. SCHEBERA, ~ – für Sie porträtiert, 1980; R. SANDERS, The Days Grow Short: The Life and Music of ~, New York 1980 (dt. Ausg. [übers. v. L. Germann] u. d. T.: ~, 1980); D. JARMAN, ~. An Illustrated Biography, Bloomington 1982; J. SCHEBERA, ~ – Leben u. Werk. Mit e. Anh.: Texte u. Materialien v.

u. über ~, 1983; Theater-Lex. (hg. H. Rischbieter) 1983; S. C. Cook, Opera during the Weimar Republic: the Zeitopern of Ernst Krenek, ~, and Paul Hindemith (Diss. Ann Arbor/Mich.) 1985; A New Orpheus: Essays on ~ (hg. K. H. Kowalke) New Haven 1986; D. Drew, ~: A Handbook, London 1987; F. A. Strangis, ~ and Opera for the People in Germany and America (Diss. Univ. of Western Ontario) 1987; A. Bassi, ~, Mailand 1988; ~. A Guide to His Works (hg. M. R. Mercado) New York 1989 (²1995); ~-Festival, Düsseldorf 1990 (Red.: E. v. Leliwa) 1990; P. Huynh, ~ et la république de Weimar. Une vision de l'Avantgarde dans la presse (1923–33) (Diss. Tours) 1990; J. Schebera, ~. E. Biogr. in Texten, Bildern u. Dokumenten, 1990; Vom Kurfürstendamm zum Broadway: ~ (1900–1950) (hg. B. Kortländer, W. Meiszies u. D. Farneth) 1990; S. Kämmerer, Illusionismus u. Anti-Illusionismus im Musiktheater. E. Unters. z. szen.-musikal. Dramaturgie in Bühnenkompositionen v. Richard Wagner, Arnold Schönberg, [...] u. ~, 1990; R. Taylor, ~: Composer in a Divided World, Boston 1991; D. M. Kilroy, ~ on Broadway: the Postwar Years (1945–1950) (Diss. Harvard Univ.) 1992; H.-W. Heister, «Amerikan. Oper» u. antinazistische Propaganda. Aspekte v. ~s Produktion im US-Exil (in: Exilforsch. 10) 1992; P. Huynh, ~ de Berlin à Broadway, Paris 1993; A Stranger Here Myself: ~-Stud. (hg. K. H. Kowalke u. H. Edler) 1993; S. Hinton, Großbritannien als Exilland: D. Fall ~ (in: Musik in der Emigration 1933–1945. Verfolgung, Vertreibung, Rückwirkung, hg. H. Weber) 1994; B. MacClung, American Dreams: Analyzing Moss Hart, Ira Gershwin, and ~'s ‹Lady in the Dark› (Diss. Univ. of Rochester/N. Y.) 1994 (Mikrofiche-Ausg. Ann Arbor/Mich. 1997); A Guide to the W.-Lenya Research Center (zus.gestellt u. hg. D. Farneth, J. Andrus, D. Stein) New York 1995; ~-Stud. (hg. N. Grosch, J. Lucchesi u. J. Schebera) 1996; J. Arndt, Tango und Technik: ~s Rezeption des «Amerikanismus» der Weimarer Republik (in: Musik der zwanziger Jahre, hg. W. Keil) 1996; H. Geuen, V. d. Zeitoper z. Broadway Opera: ~ u. die Idee des musikal. Theaters, 1997 (zugleich Diss. Kassel 1996); R. E. Babcock, The Operas of Hindemith, Krenek, and ~: Cultural Trends in the Weimar Republic, 1918–1933 (Diss. Univ. of Texas, Austin) 1996; M. von der Linn, Degeneration, Neoclassicism, and the Weimar-Era Music of Hindemith, Krenek, and ~ (Diss. Columbia Univ.) 1998; ~. Die frühen Werke 1916–1928, 1998 (= Musik-Konzepte 101/102); N. Grosch, ~, die «Novembergruppe» u. die Probleme e. musikal. Avantgarde in d. Weimarer Republik (ebd.); G. Diehl, ~ (1900–1950) – Leben u. Werk. Ausgew. schaffensbiogr. Daten u. Selbstäußerungen (1900–1928) (ebd.); Hdb. des dt.sprachigen Exiltheaters 2: Biogr. Lex. d. Theaterkünstler 2 (hg. F. Trapp u. a.) 1999; J. Rosteck, Zwei auf einer Insel: Lotte Lenya u. ~, 1999; ~. A Life in Pictures and Documents (hg. D. Farneth, E. Juchem u. D. Stein) New York 1999 (dt. v. E. Juchem, 2000); E. Juchem, ~ u. Maxwell Anderson. Neue Wege zu e. amerikan. Musiktheater, 1938–1950, 2000 (zugleich Diss. Göttingen 1999); ~ in Memoriam 1900–2000. Begleitheft z. Ausstellung des Dt. Musikarch. Berlin v. 10. Juli bis 8. September 2000 (zus.gestellt von B. v. Seyfried) 2000; J. Schebera, ~, 2000; ~. Auf d. Weg z. ‹Weg der Verheißung› (hg. H. Loos u. G. Stern) 2000; J. M. Fischer, «Happy End» – aber nur für ~ (in: Brecht u. s. Komponisten, hg. A. Riethmüller) 2000 (wieder in: J. M. F., Vom Wunderwerk d. Oper, 2007); M. H. Kater, Composers of the Nazi Era: Eight Portraits, New York 2000; K. S. Amidon, «Nirgends brennen wir genauer». Institution, Experiment, and Crisis in the German «Zeitoper», 1924–1931 (Diss. Princeton/New Jersey) 2001; C. Kuhnt, ~ u. d. Judentum, 2001 (zugleich Diss. Hamburg 2000); F. Hirsch, ~ on Stage: From Berlin to Broadway, New York 2002; Hyesu Shin, ~, Berlin u. d. Zwanziger Jahre. Sinnlichkeit u. Vergnügen in der Musik, 2002 (zugleich Diss. FU Berlin 2000); Amerikanismus – Americanism – ~. Die Suche nach kultureller Identität in der Moderne (hg. H. Danuser u. H. Gottschewski) 2003; E. Lichtenhahn, David im Musiktheater des 20. Jh. Bem. zu Werken v. Carl Nielsen, Arthur Honegger, ~ u. Darius Milhaud (in: König David. Biblische Schlüsselfigur u. europäische Leitgestalt [...], hg. W. Dietrich) 2003; ~ u. das Musiktheater in den 20er Jahren (hg. M. Heinemann) 2003; K. W.-Symposion. Das musikdramat. Werk. Z. 100. Geb.tag u. 50. Todestag (hg. M. Angerer) 2004; J. Heinzelmann, ~ im Exil. Pazifismus oder Defätismus? Drei verdrängte Werke 1933–1937 (in: Das (Musik-)Theater in Exil u. Diktatur [...], hg. P. Csobádi) 2005; U. Müller, ‹River Chanty›. ~s letztes Werk, e. Musical-Fragment v. Huckleberry Finn (in: D. Fragment im (Musik-)Theater [...], hg. P. Csobádi) 2005; M. Rizzuti, Il musical di ~ (1940–50). Prospettive, generi e tradizioni,

Rom 2006; W. RUF, «Un-jüd. jüd. Künstler»: ~ (in: Jüd. Musik u. ihre Musiker im 20. Jh. [...], hg. W. BIRTEL) 2006; N. GROSCH, «... an einer einzelnen humorist. Figur den phantastischen Irrtum des Krieges aufzuzeigen». ~, Eisler u. d. musikal. Dramaturgie in Schweyk (in: Cahiers de l'ILCEA 8) Grenoble 2006; E. JUCHEM, ~ – e. europäisch-amerikan. Modellfall? (in: Kulturstereotype u. unbek. Kulturlandschaften – am Beispiel v. Amerika u. Europa [...], hg. J. BRÜGGE) 2007; P. ÜBERBACHER, ~ u. d. Musiktheater. Darstellung s. wichtigsten Ideen, Neuerungen u. Reformen z. Thema Musiktheater u. Oper im Zeitraum v. 1900–1930 (Diplomarbeit Salzburg) 2007 (mit CD-ROM); B. D. MACCLUNG, ‹Lady in the Dark›. Biography of a Musical, New York 2007; F. DUSCH, ~ (in: Transnational u. transkulturell. Lebenswege verändern, hg. W. BERG) 2007.

*Weill und Dessau:* F. BRÜCKNER, Gesch. der Juden u. der jüd. Gemeinde in Dessau (in: Häuserbuch der Stadt Dessau 11) 1983; J. SCHEBERA, ~ u. Dessau (in: Dessauer Kalender) 1985; DERS., «Meine Tage in Dessau sind gezählt ...». ~ in Briefen aus s. Vaterstadt (ebd.) 1992; A. ALTENHOF, ~, e. musikal. Weltbürger aus Dessau (in: Wegweiser durch d. jüd. Sachsen-Anhalt, hg. J. DICK, M. SASSENBERG) 1998; J. SCHEBERA, Zw. Synagoge u. Herzoglichem Hoftheater. ~: Kindheit u. Jugendjahre in Dessau (in: K. W. Die frühen Werke 1916–1928) 1998; U. JABLONOWSKI, ~ u. Dessau (in: Triangel 6) 2001; V. HERTLEIN u. A. WORASCHK, An American in Dessau. D. W.-Gesellsch. gibt der Stadt Dessau e. vielschichtiges Erbe zurück (in: ET. Magazin der Regionen 3) 2001; A. ALTENHOF, ~ u. Dessau (in: Zs. Dialog der Kulturen 2) 2003.

*Zusammenarbeit mit Bertolt Brecht:* G. HARTUNG, Z. ep. Oper Brechts u. ~s (in: WZ d. Martin-Luther-Univ. Halle-Wittenberg, Gesellschaftswiss.-sprachwiss. R., H. 8) 1959; S. C. HARDEN, The Music for the Stage. Collaborations of ~ and Brecht (Diss. Chapel Hill) 1972; T. R. NADAR, The Music of ~, Hanns Eisler and Paul Dessau in the Dramatic Works of Bertolt Brecht (Diss. Ann Arbor/Mich.) 1974; Über ~ (hg. D. DREW) 1975; G. WAGNER, ~ u. Brecht. D. musikal. Zeittheater, 1977 (Reprint, Tokio 1984 [ursprünglich Diss. Wien 1977 u. d. T.: Die musikal. Verfremdung in den Bühnenwerken v. ~ u. Bertolt Brecht]); J. SCHEBERA, Drei Brecht-Komponisten in den USA: Hanns Eisler, ~ u. Paul Dessau (in: Exil in den USA) 1979; H. R. SPINDLER, Music in the Lehrstücke of Bertolt Brecht (Diss. Univ. of Rochester) 1980; S. H. BORWICK, ~'s and Brecht's Theories on Music in Drama (in: Journal of Musicological Research 4) New York 1982; J. ENGELHARDT, Gestus u. Verfremdung. Stud. z. Musiktheater bei Strawinsky u. Brecht/~, 1984; F. HENNENBERG, Neue Funktionsweisen d. Musik u. d. Musiktheaters in den zwanziger Jahren. Stud. über d. Zus.arbeit Bertolt Brechts mit Franz S. Bruinier u. ~ (Diss. Halle/Saale) 1987; J. LUCCHESI, «... denn die Zeit kennt keinen Aufenthalt.» Busoni, ~ u. Brecht (in: Berliner Begegnungen. Ausländ. Künstler in Berlin 1918 bis 1933 [...], hg. K. KÄNDLER) 1987; C. ALBERT, Wichtig vor allem zu lernen ist Einverständnis. Brechts Zus.arbeit mit den Komponisten ~, Hindemith u. Eisler (in: Heinrich-Mann-Jb. 5) 1987; S. HINTON, The Concept of Epic Opera: Theoretical Anomalies in the Brecht-~ Partnership (in: D. musikal. Kunstwerk. FS für C. Dahlhaus, hg. H. DANUSER u. a.) 1988; G. STERN, The Music Drama that Never was: Brecht's and ~'s American Version of ‹The Good Person of Sezuan› (in: Wegbereiter der Moderne. FS für K. Jonas, hg. H. KOOPMANN u. C. MUENZER) 1990 (wieder in: G. S., Lit. Kultur im Exil, 1998); F. HENNENBERG, Brecht u. ~ im Clinch? (in: Berliner Beitr. z. Musikwiss. Beih. z. Neuen Berlin. Musikztg. 9) 1994; T. KIM, D. Lehrstück Brechts. Unters. z. Theorie u. Praxis e. zweckbestimmten Musik am Beispiel v. Paul Hindemith, ~ u. Hanns Eisler, 2000 (zugleich Diss. Friburg/Br. 1999); G. HARTUNG, Z. epischen Oper Brechts u. ~s (in: G. H., Ges. Aufs. u. Vorträge 3, Der Dichter Bertolt Brecht. 12 Stud.) 2004; J. HERZ, Der Schoß ist fruchtbar noch oder einem potenten Theater ist nichts heilig (in: Communications from the International Brecht Society 33) New Brunswick/New Jersey 2004; J. LUCCHESI, «Starb wie ein Tier in Wurzeln gekrallt». Brechts u. ~s ‹Vom Tod im Wald› (in: The Brecht Yearbook 32) Madison/Wisc. 2007.

*Zu den gemeinsamen Werken von Brecht und Weill*

*Mahagonny (Songspiel)* und *Aufstieg und Fall der Stadt Mahagonny (Oper)* (= Maha): Bertolt Brecht, ~, Maha. E. Bibliogr. d. musikwiss. Sekundärlit. (zus.gestellt v. J. ROTHKAMM) 2000. – F. EISNER, «O wunderbare Lösung...!». Z. Verhältnis v. Musik u. Text im Musiktheater am Beispiel der Oper Maha v. Bertolt Brecht u. ~ (Diplomarbeit Innsbruck) 2002; J. HERZ, ~, Bertolt Brecht u. ihr Maha. Absurdes Theater oder Lehrstück? Musiktheater unter d. Hammer d. Politik – Lieder zur Klampfe u. ein unamerikan. Komitee – Neue Musik u. American Opera (in: Mahagonny – d. Stadt als Sujet u. Herausforderung des (Musik-)Theaters [...], hg. P. CSOBÁDI u. a.) 2000; L. GOEHR, Abgebrühte Desillusioniertheit: Maha als die letzte kulinar. Oper (in: Zs. für Ästhetik u. allgemeine Kunstwiss. 48) 2003; R. HILLIKER, Brecht's Gestic Vision for Opera. Why the Shock of Recognition Is More Powerful in ‹The Rise and Fall of the City of Mahagonny› than in ‹The Three Penny Opera› (in: Essays on Twentieth-Century German Drama and Theater. An American Reception, 1977–1999, hg. H. H. RENNERT u. a.) New York 2004; D. CHISHOLM, Brecht's and ~'s Views of Mahagonny. Musical-Textual Tensions (in: The Brecht Yearbook 29) Madison/Wisc. 2004; K. S. AMIDON, «Oh Show us ...». Opera and/as Spectatorship in Maha (ebd.); S. EARNEST, American Productions of ‹The Rise and Fall of the City of Mahagonny› 1970–2004 (in: Communications from the International Brecht Society 33) New Brunswick/New Jersey 2004; J. SCHEBERA, ‹Mahagonny› – Songspiel u. Oper. Aufführungs- Rezeptionsgesch. 1927–1933 (ebd.); E. NYSTRÖM, Libretto im Progreß: Brechts u. ~s Maha aus textgeschichtlicher Sicht, 2005 (zugleich Diss. Göteborg) 2004; M. TAYLOR, Layers of Representation. Instability in the Characterization of Jenny in ‹The Rise and Fall of the City of Mahagonny› by Brecht and ~ (in: Bertolt Brecht. Performance and Philosophy, hg. G. KAYNAR, L. BEN-ZVI) Tel Aviv 2005; «Können uns u. euch u. niemand helfen». Die Mahagonnysierung d. Welt. Bertholt Brechts u.~s ‹Aufstieg und Fall der Stadt Mahagonny› (hg. G. KOCH) 2006; ‹Mahagonny›. Brecht/~ (hg. F. HENNENBERG) 2006; J. HERMAND, Bertolt Brecht ~: Maha (1930). D. trostlose Leben in d. «Spaßgesellsch.» (in: J. H., Glanz u. Elend d. dt. Oper) 2008.

*Die Dreigroschenoper* (=Drgro): Bertolt Brechts Dreigroschenbuch (hg. S. UNSELD) 1960 (Tb.ausg., 2 Bde., 1973); B. BRECHT, Über Drgro (in: J. SCHEBERA, K. W. – Leben u. Werk) 1983 (zuerst in: «Augsburger Neueste Nachr.» v. 9. 1. 1925); ~s Drgro (hg. W. HECHT) 1985; F. HENNENBERG, ~, Brecht u. d. Drgro (in: Öst. Musikzs. 6) 1985; J. FUEGI, Most Unpleasant Things with The ‹Threepenny Opera›: ~, Brecht, and Money (in: A New Orpheus: Essays on K. W., hg. K. H. KOWALKE) New Haven 1986; Bertolt Brecht/~: Drgro – Igor Strawinsky, «The Rake's Progress» (hg. A. CSAMPAI u. D. HOLLAND) 1987; ~. ‹The Threepenny Opera› (hg. S. HINTON) Cambridge 1990; P. ANDRASCHKE, Drgro. Soziales Engagement im Musiktheater des 18. u. d. 20. Jh. (in: Opera kot socialni ali politicni angazma/Oper als soziales oder polit. Engagement, hg. P. KURET) Laibach 1992; J. LUCCHESI, Geschäfte Musik. Brecht/~, Drgro (in: Diskussion Dt. 25) 1994; U. FISCHER, Drgro: ein Fall für (mehr als) Zwei. ~, Brecht et alii in den Untiefen des Gesellschafts- u. Urheberrechts. Z. Gedenken an ~ (in: Neue jurist. Ws. 53) 2000 (erw. Fass. in: Prozesse u. Rechtsstreitigkeiten um Recht, Lit. u. Kunst, hg. H. WEBER, 2002); F. DIECKMANN, Lust u. Schrecken der Desillusionierung. Anm. z. Drgro (in: Merkur 57) 2003; W. BARKEMEYER, Zur Entwicklung des ep. Musiktheaters. D. Zus.arbeit ~s u. Berthold Brechts, dargestellt am Beispiel der Drgro mit e. Analyse ausgew. Musikstücke (Diplomarbeit Hildesheim) 2004; M. CLASEN, «Wie hast du's mit der Religion?» Stud. zu Bertolt Brecht, ~ u. ihrer Drgro (Diss. Kassel) 2005; B. EKMANN, Warum ist die Drgro besser? Kriterien für d. Wertung satirischer Texte u. Stücke (in: Kulturelle u. interkulturelle Dialoge. FS für Klaus Bohnen z. 65. Geb.tag, hg. J. T. SCHLOSSER) 2005; John Gay's «The Beggar's Opera» 1728–2004. Adaptations and Re-Writings (hg. U. BÖKER, I. DETMERS u. A.-C. GIOVANOPOULOS) Amsterdam 2006; K. SCHUHMACHER, Ekstasen d. Sachlichkeit: Z. Drgro (1928) v. Bertolt Brecht u. ~ (ebenda).

*Der Lindberghflug* (= Lf): R. WURMSER, Lf u. d. Lehrstück: Bertolt Brechts Versuche zu e. neuen Form des Musiktheaters auf dem Baden-Badener Musikfest 1929 (in: Alban Bergs Wozzeck u. die zwanziger Jahre [...], hg. P. CSOBÁDI u. a.) 1997; P. SEIBERT, V. d. Zeitenwende z. Wendezeit. Anm. zu Brechts Lf/Ozeanflug (in: Medienfiktionen. Illusion – Inszenierung – Simulation [...], hg. S. BOLIK u. a.) 1999; G. SCHUBERT, Lf v. ~, Hindemith u. Brecht: Konzeption u. Funktion (in: Amerikanismus – Americanism – ~ [...], hg. H. DANUSER u. H GOTTSCHEWSKI) 2003.

*Der Jasager* (= Ja): Bertolt Brechts Ja u. «Der Neinsager»: Vorlagen, Fass., Materialien (hg. P. SZONDI) 1966; J. SCHEBERA, «Theater der Zukunft?» ~s Ja u. Eislers «Die Maßnahme» (in: Musik u. Gesellsch. 3) 1984; P. W. HUMPHREYS, Expressions of Einverständnis: Musical Structure and Affective Content in ~'s Score for Ja (Diss. Los Angeles) 1988; W. GUNDLACH, Pädagog. Musik zweier Welten: ~ Ja – ‹Down in the Valley› (in: V. pädagog. Umgang mit Musik, hg. H. J. KAISER) 1993; H. GEUEN, Musik-Erziehung z. «Neuen Menschen»? D. Schuloper Ja

v. Bertolt Brecht u. ~ als musikpädagog. Politikum (in: Kontinuitäten, Diskontinuitäten. Musik u. Politik in Dtl. zw. 1920 u. 1970, hg. H. G.) 2006.

*Die sieben Todsünden:* ‹Die sieben Todsünden.› A Sourcebook (hg. J. LEE u. K. H. KOWALKE) New York 1987; K. H. KOWALKE, Seven Degrees of Separation. Music, Text, Image, and Gesture in ‹The Seven Deadly Sins› (in: South Atlantic Quarterly 104) Durham/North Carolina 2005.

*Zusammenarbeit mit Caspar Neher:* H.-W. HEISTER, Geld u. Freundschaft – Einige Anm. zu ~s ‹Bürgschaft› u. ‹Silbersee› (in: Stud. z. Berliner Musikgesch., hg. T. EBERT-OBERMEIER) 1982; A. HAUFF, Caspar Neher u. ~. Ihre Zus.arbeit u. Freundschaft (in: Caspar Neher, hg. C. TRETOW u. H. GIER) 1997; J. SCHEBERA, «Große» Oper in Zeiten schwerster Krise u. Kulturreaktion: ‹Bürgschaft› 1932: Schlußpunkt des Opernschaffens v. ~ in Dtl. (in: Theater der Zeit 3) 1990; D. DISKIN, The Early Performance History of ~'s ‹Bürgschaft›, 1930–33 (Diss. University of Southern California) 2003; DIES., Schlachtfeld Berlin. Carl Ebert u. d. Uraufführung v. ~s ‹Bürgschaft› (in: Aspekte des modernen Musiktheaters in d. Weimarer Republik, hg. N. GROSCH) 2004; U. FISCHER, Rechtliche, rechtshist. u. rechtssoziolog. Anm. zu ~s u. Caspar Nehers Oper ‹Die Bürgschaft› (in: Neue jurist. Ws. 57) 2004.

*Zusammenarbeit mit Yvan Goll:* A. HAUFF, D. Bühnenwerke ~s auf Textvorlagen v. Kaiser, Goll u. Neher (Examensarbeit Univ. Mainz) 1985; R. VILAIN, ‹Der neue Orpheus›. Iwan Goll u. ~ (in: Glasba med obema vojnama in Slavko Osterc/Musik zw. beiden Weltkriegen u. Slavko Osterc, hg. P. KURET) Laibach 1995; DERS., G. CHEW, Iwan Goll u. ~: ‹Der neue Orpheus› and ‹Royal Palace› (in: Yvan Goll – Claire Goll. Texts and Contexts; hg. E. ROBERTSON u. R. VILAIN) Amsterdam 1997; R. WACKERS, Eurydike folgt nicht mehr, oder Auf der Suche nach dem neuen Orpheus. Skizze d. musikal.-dichter. Zus.arbeit zw. ~ u. Iwan Goll anhand der Kantate ‹Der neue Orpheus› (in: K.W. D. frühen Werke 1916–1928) 1998; DIES., Dialog der Künste. D. Zus.arbeit v. ~ u. Yvan Goll, 2004 (zugleich Diss. Saarbrücken 2003).

*Zusammenarbeit mit Georg Kaiser:* H.-W. HEISTER, Geld u. Freundschaft – Einige Anm. zu ~s ‹Bürgschaft› u. ‹Silbersee› (in: Stud. z. Berliner Musikgesch., hg. T. EBERT-OBERMEIER) 1982; A. HAUFF, Die Bühnenwerke ~s auf Textvorlagen von Kaiser, Goll u. Neher (Examensarbeit Univ. Mainz) 1985; J. SCHEBERA, Georg Kaiser u. ~: Stationen e. Zus.arbeit 1924–1933 (in: SuF 1) 1986; S. C. COOK, ‹Der Zar läßt sich photographieren›. ~ and Comic Opera (in: A New Orpheus. Essays on K. W., hg. K. H. KOWALKE) New Haven 1986; K. SCHMIDT, ~, ‹Der Zar läßt sich photographieren› (Diplomarbeit Wien) 1992; G. DIEHL, D. junge ~ u. s. Oper ‹D. Protagonist›. Exemplar. Unters. z. Deutung des frühen kompositor. Werkes, 1994; ‹Der Silbersee› - A Sourcebook (hg. J. LEE, E. HARSH u. K. H. KOWALKE) New York 1995; G. DIEHL, Z. Verhältnis v. dramaturg. Konzeption u. kompositor. Gestaltung in ~s früher Oper ‹D. Protagonist› (in: K. W.-Stud., hg. N. GROSCH, J. LUCCHESI u. J. SCHEBERA) 1996; U. ZITZLSPERGER, Caught between two Ears: Georg Kaiser's «The Silver Lake» (in: Georg Kaiser and Modernity, hg. F. KRAUSE) Göttingen 2005; M. M. SHAHANI, The Three Collaborative Musical Theatre Works of ~ and Georg Kaiser. Eclectic Musical Styles and their Relationships to Dramatic Situations and Characterizations (Diss. Hartford) 2006 (Mikrofiche-Ausg. Ann Arbor/Mich. 2006).

*Der Weg der Verheißung* (= WdV; Text: Franz Werfel) / *The Eternal Road* = ER; engl. Übersetzung von Ö. Lewisohn): B. KORTLÄNDER, WdV – ER (in: V. Kurfürstendamm z. Broadway: K. W., hg. B. KORTLÄNDER, W. MEISZIES u. D. FARNETH) 1990; P. SCHÖNBACH, Die Vertonung Werfelscher Dramen (in: Franz Werfel im Exil [...], hg. W. NEHRING u. H. WAGENER) 1992; C. KUHNT, E. «Bibelspiel» im Exil: WdV v. ~, Werfel u. Reinhardt (Diplomarbeit Hamburg) 1994; G. STERN, D. beschwerliche Genese des WdV (in: G. S., Lit. Kultur im Exil) 1998; ~ Auf dem Weg z. WdV (hg. H. LOOS u. G. STERN) 2000; G. STERN, Die Via dolorosa endet in Chemnitz. D. Reise e. Musikdramas v. Manhattan nach Sachsen (ebd.); N. ABELS, Von den Mühen e. Bibelspiels. Franz Werfel u. ~: WdV (ebd.); L. M. FIEDLER, ER. Max Reinhardts Weg (ebd.); E. HARSH, Some Observations on Compositional Aspects of WdV (ebd.); H. LOOS, ~ WdV, geistliche Oper u. Oratorium (ebd.); A. CITRON, Art and Propaganda in the Original Production of ER (ebd.); C. KUHNT, «Drei pageants» – ein Komponist. Anm. zu ER, ‹We Will Never Die› u. ‹A Flag is Born› (ebd.); V. BOPP, WdV – vom New Yorker Exil zur Oper Chemnitz. E. hist.-hermeneut. Abhandlung über e. «bibl. Moralspiel in Musik» v. Franz Werfel, ~ u. Max Reinhardt (Magisterarbeit Heidelberg) 2001; W. SCHNEIDER, ~ – Franz Werfel, WdV. Dramaturgie u. Interpretationsansätze (Magisterarbeit Bayreuth) 2001; K. Kowalke, ER. – Max Reinhardts Inszenierung v. Franz Werfels u. ~s WdV 1937 in New York. Entstehungsgesch. u. Regiebuchanalyse (Diss. FU Berlin) 2002; dies., «Ein Fremder ward ich im fremden Land –». Max Reinhardts Inszenierung v. Franz Werfels u. ~s ER (WdV) 1937 in New York, 2 Bde., 2004 (zugleich Diss. FU Berlin 2003); G. Stern, A Musical Drama as Cultural Catalyst. The Byways of ~'s WdV (in: GR 78) 2003; ders., D. bundesdt. Rezeption e. Exildramas. D. Musikdrama WdV v. Werfel u. ~ auf d. Chemnitzer Opernbühne (in: Romantik und Exil. FS für Konrad Feilchenfeldt, hg. C. Christophersen, U. Hudson-Wiedenmann, B. Schillbach) 2004; J. C. Friedman, The Literary, Cultural, and Historical Significance of the 1937 Biblical Stage Play ER, Lewiston/N. Y. 2004; P. Petersen, WdV v. ~, Werfel, Reinhardt u. «Hagadah shel Pessach» v. Dessau/Brod. E. Vergleich (in: Musiktheater im Exil der NS-Zeit [...], hg. P. P.) 2007 (auch Sonderdruck); K. Kowalke, Drei «unjüd.-jüd.» Künstler. ~s u. Franz Werfels Bibelspiel ER in d. Inszenierung Max Reinhardts in New York (in: Judenrollen. Darstellungsformen im europä. Theater v. d. Restauration bis z. Zwischenkriegszeit, hg. H.-P. Bayerdörfer) 2008.

*Rezeption:* J. Engelhardt, Fragwürdiges in d. ~-Rezeption. Z. Diskussion um e. wiederentdeckten Komponisten (in: Argument, Sonderbd. 24) 1976; P. J. O'Connor, ~ a la française (in: ~ Newsletter 19) New York 1991; S. Hinton, Fragwürdiges in d. dt. ~-Rezeption (in: A Stranger Here Myself: K. W. Stud., hg. K. H. Kowalke u. H. Edler) 1993; T. Levitz, Junge Klassizität zw. Fortschritt u. Reaktion: Ferruccio Busoni, Philipp Jarnach u. d. dt. ~-Rezeption (in: K. W. Stud., hg. N. Grosch, J. Lucchesi u. J. Schebera) 1996; P. Huynh, ~s Schaffen in d. französ. Medienlandschaft 1933–35 (in: Emigrierte Komponisten in d. Medienlandschaft des Exils 1933–45, hg. N. Grosch u. a.) 1998; T. R. Schulz, ~ Works: Von Glenn Miller bis PJ Harvey – Wie Musiker aus Jazz, Rock u. Pop zum Nachruhm ~s beitragen (in: Neue Zs. für Musik CLXI) 2000; C. Kruppa, ~ u. s. Rezeption in Dtl. u. in den USA (Diplomarbeit Passau) 2005; L. Grün, E. Nicht-Verhältnis. D. Rezeption d. Werke ~s in Dessau zw. 1945 u. 1989 (in: Musikstadt Dessau, hg. G. Eisenhardt) 2006. IB

**Weill,** Pierre, * 1. 2. 1955 Basel; studierte an d. Univ. Basel u. d. London School of Economics, Lic. rer. pol., Journalist, Mitarb. d. «Basler Ztg.», lebt in Basel; Sachbuchautor.

*Schriften:* Der Milliarden-Deal. Holocaust-Gelder – wie sich die Schweizer Banken freikauften, 1999; Föderalismus in Bewegung. Wohin steuert Helvetia? (Mitverf., hg. G. Neugebauer) 2000. AW

**Weiller,** Cajetan von, * 2. 8. 1762 (1761?) München, † 23. 6. 1826 ebd.; Sohn des Taschnermeisters Johann Kaspar W. u. s. Ehefrau Maria Barbara, geb. Lex, besuchte 1773–78 d. Kurfürstl. Gymnasium in München, August bis Dezember Novize im Kloster Benediktbeuern, studierte anschließend Theol. u. Philos. am Lyzeum in München, 1785 Priesterweihe in Freising, 1786 Approbation. Gab dann Privatstunden, hielt ab 1792 Vorlesungen in Philos. u. Theol. bei den Theatinern in München u. war in d. Seelsorge tätig, 1794 kurze Zeit Kaplan im Damenstift der Kurfürstin Maria Anna. Ab 1792 (bis 1794 ohne Gehalt) Lehrer für Mathematik, Gesch. u. Religion an d. lat. u. dt. Realschule von Xavier Fuchs in München, 1799–1807 Prof. der prakt. Philos. u. Pädagogik sowie Rektor (bzw. ab 1808 Dir.) am Lyzeum ebd., 1809–23 Dir. aller Stud.anstalten Münchens. 1812 Lehrer d. Philos. des Prinzen Karl. Seit 1807 ordentliches Mitgl. d. philolog.-philos. Klasse d. Bayer. Akad. d. Wiss. München, seit 1823 deren Generalsekretär. 1802 Dr. h. c. der Philos. Fak. der neu eingerichteten Univ. Landshut, 1813 wurde ihm d. persönliche Adel verliehen. 1820 Ehrenmitgl. d. «Pädagog. Gesellsch.» Leipzig.

*Schriften* (Ausw.): Über den nächsten Zweck der Erziehung, nach kantischen Grundsätzen, 1798; Grundlinien eines auf die Natur des jungen Menschen berechneten Schulplans, 1799; Über die gegenwärtige und künftige Menschheit: Eine Skizze zur Berichtigung unserer Urtheile über die Gegenwart und unsere Hoffnung für die Zukunft, 1799; Versuch einer Jugendkunde, 1800; Über die Nothwendigkeit, den Eintritt in die gelehrten Schulen und den Aufenthalt darin zu erschweren [...], 1801; Über den Unglauben, der auf unsern Schulen gelehrt wird. Eine Rede, 1802; Erbauungsreden für Studierende in den höheren Klassen, 3 Bde., 1802–04; Versuch eines Lehrgebäudes der Erziehungskunde, 2 Bde., 1802 u. 1805; Mutschelle's Leben, 1803; Über die Herstellung des gehörigen Verhältnisses der Bildung des Herzens zur Bildung des Kopfes, als die dermahlige Hauptaufgabe der Erziehung, 1803; Der Geist der allerneuesten Philosophie der Herren Schelling, Hegel und Kompagnie: Eine Übersetzung aus der Schulsprache in die Sprache der Welt. Mit einigen leitenden Winken zur Prüfung begleitet. Zum Gebrauch für das gebildete Publikum überhaupt, 2 Bde., 1803–05; Anleitung zur freyen Ansicht der Philosophie, zunächst für seine Zuhörer, 1804; Verstand und Vernunft. Fällt alles Licht durch die Seitenfenster oder Einiges auch von Oben ein?, 1806; Ideen zur Geschichte der Entwicklung des religiösen Glaubens, 3 Bde., 1808–1814; Über das Verhältnis der philosophischen Versuche zur Philosophie. Eine Abhandlung, 1812; Grundriß der Geschichte der Philosophie, zunächst für seine Zuhörer, 1813; Tugend, die höchste Kunst. Eine Erörterung aus dem Gebiete der Moralphilosophie und höhern Psychologie, zur akademischen Feyer des Namensfestes des Königs, 1816; Grundlegung zur Psychologie, 1817; Lehren von der Tugend. Eine denkwürdige Einheit und Verschiedenheit (mit J. SALAT) 1817; Erklärungen über das Heilige. Eine denkwürdige Einheit und Verschiedenheit (mit DEMS.) 1817; Friederich Heinrich Jacobi, ehemaliger Präsident der k. Akademie der Wissenschaften zu München, nach seinem Leben, Lehren und Wirken [...] dargestellt (mit F. v. SCHLICHTEGROLL, u. F. THIERSCH) 1819; Über die religiöse Aufgabe unserer Zeit [...], 1819; Über die nächste Rücksicht, welche die Erziehung in unsern Tagen zu nehmen hat. Eine Rede, 1821; Kleine Schriften. I Schulreden, II Akademische Reden und Abhandlungen, III Vermischte Reden und Abhandlungen, 1822–26; Zum Andenken an Adolph Heinrich Friedrich von Schlichtegroll, königlich Bayerischen Director und General-Secretair der Akademie der Wissenschaften [...], 1823; Der Geist des ältesten Katholicismus, als Grundlage für jeden spätern. Ein Beitrag zur Religionsphilosophie, 1824; Ein Wort der Erinnerung an Georg Freyherrn von Stengel [...], 1825; Charakterschilderungen seelengroßer Männer. Nebst der Biographie des verstorbenen Verfassers von einem seiner Schüler, 1827; Grundlegung zur Ethik als Dynamik zu einer auf die Lehre der Tugendkräfte gegründeten Lehre der Tugendgesetze (hg. von s. Testaments-Executor [d. i. Dettenhofer]) 1848. – Textprobe in: BB 3,572.

*Literatur:* Meusel-Hamberger 8 (1800) 400; 10 (1803) 803; 11 (1805) 738; 16 (1812) 168 u. 143; 21 (1827) 417; NN 4 (1828) 371; ADB 41 (1896) 494; LThK ²10 (1965) 992; BB 3 (1990) 1267; Biogr.-Bibliogr. Kirchenlex. 13 (1998) 614; DBE ²10 (2008) 4389. – Gelehrten- u. Schriftst.-Lex. der Dt. kathol. Geistlichkeit 2 (hg. F.-J. WAITZENEGGER) 1820; T. DÖRING, D. gelehrten Theologen Dtl. im 18. u. 19. Jh. 4, 1835; W. SCHERER, E. Theorie der Jugendkunde aus dem Anfang des 19. Jh. [~] (in: Pharus IV/1) 1913; A. VÁGACS, ~s Pädagogik (Diss. München) 1917; Bosls Bayer. Biogr. 8000 Persönlichkeiten aus 15 Jh. (hg. K. BOSL) 1983; S. v. MOISY, Von d. Aufklärung z. Romantik. Geistige Strömungen in München, 1984; H. I. K. VIERLING-IHRIG, Schule d. Vernunft. Leben u. Werk des Aufklärungspädagogen ~ (1762–1826), 2001 (zugleich Diss. München 2001); DIES., D. Pädagogik der Vernunft: d. Lehrer ~ u. s. Schüler Johann Andreas Schmeller (in: Zs. für bayer. Landesgesch. 66) 2003; Große Bayer. Biogr. Enzyklopädie 3 (hg. H.-M. KÖRNER) 2005. IB

**Weilshaeuser,** Friedrich W. Walter, * 14. 6. 1880 Breslau, Todesdatum u. -ort unbek.; lebte in Siegen/Westf. (1938).

*Schriften:* Das Siegerland (Jgdb.) 1929. AW

**Weilshäuser,** Helene (eig. Helene Braunes-Weilshäuser, Ps. H. Linden); * 28. 8. 1867; weitere Lebensdaten u. biogr. Einzelheiten unbek., verf. auch Gedichte.

*Schriften:* Den deutschen Frauen, ca. 1914; Drei Frauen. Ein Kriegs-Stimmungsbild, o. J. [1914]. AW

**Weimann,** Daniel, * 1621 Unna/Mark, † 29. 10. 1666 Den Haag; Sohn e. Ratsschreibers, studierte in Köln, Utrecht u. Leiden, Dr. iur., 1649 clev. Regierungsrat, diplomat. Tätigkeit in Den Haag, 1653 in Berlin Mitgl. d. Geh. Rats, lebte später als kurfürstl. Diplomat abwechselnd in Den Haag, Cleve u. tw. Berlin, 1659 Kanzler d. Herzogtums Cleve, 1661 in London tätig; legte e. Journal an mit Abschr. s. Korrespondenz, Aktenstücken u. zeitungsartigen Berichten, sog. «Nouvelles», von dem 10 Bde. erhalten sind.

*Nachlaß:* Hauptstaatsarch. Düsseldorf; Geh. Staatsarch. Berlin; Bundesarch. Berlin. – Mommsen 1,4075.

*Literatur:* ADB 41 (1896) 494. – E. BLOCHMANN, D. Flugschr. «Gedencke daß du ein Teutscher bist». E. Beitr. z. Kritik d. Publizistik u. d. diplomat.

Aktenstücke (in: Arch f. Urkundenforsch. 8) 1923.
RM

**Weimann,** Edith → Müller, Edith (zusätzl. Ps.).

**Weimann,** (Friedrich Wilhelm) Karl, * 21. 9. 1873 Duisburg, Todesdatum u. -ort unbek.; besuchte d. Gymnasium in Duisburg, studierte 1894–1900 Philol. u. Rechtswiss. in Heidelberg, München, Bonn u. Berlin, 1900 Dr. phil. Leipzig, 1913 Habil. u. Privatdoz. f. Gesch. an d. Univ. Leipzig, seit 1924 a. o. Prof. u. seit 1934 auch Dir. d. Seminars f. hist. Hilfswiss. am hist. Inst. ebd., zudem Mitgl. d. Prüfungsausschusses f. Volkswirtschaft (seit 1922) u. d. sächs. Prüfungsamtes f. Bibl.wesen (seit 1934), lebte in Leipzig (1935); Fachschriftenautor.

*Schriften:* Die Mark- und Walderbengenossenschaften des Niederrheins, 1911; Das tägliche Gericht. Ein Beitrag zur Geschichte der Niedergerichtsbarkeit im Mittelalter (Habil.schr.) 1913 [vollständ. Ausg. erschien als: Unters. z. dt. Staats- u. Rechtsgesch., H. 119]; Die Ministerialität im späteren Mittelalter, 1924; Der deutsche Staat des Mittelalters, 1925; Rede an Herrn Geheimrat Prof. Dr. Erich Brandenburg bei Überreichung der Festschrift am 31. Juli 1928, 1928; Der gesellschaftliche Aufbau des deutschen Volkes im Mittelalter, 1931.
AW

**Weimann,** Robert, * 18. 11. 1928 Magdeburg; studierte 1947–51 Anglistik u. Slawistik an d. Univ. Halle/Saale, 1955 Dr. phil. an d. HU Berlin, 1951–58 wiss. Aspirant u. Assistent ebd., 1962 Habil., 1963–65 Prof. für engl. Lit.gesch. u. allgemeine Lit.wiss. an d. PH Potsdam, 1965–68 an d. HU Berlin. 1968–91 Bereichs-, später Forschungsgruppenleiter an d. Akad. d. Wiss. d. Dt. Demokrat. Republik (DDR) Ab 1974 Gastprof., u. a. in Toronto (1982) u. Harvard (1986 u. 1989/90). 1991–94 kommissar. Leiter d. Zentrums für Lit.forsch. Berlin/München, 1992–2001 Prof. für Theaterwiss. an der Univ. of California, Irvine. 1969–93 ordentliches Mitgl. der Akad. d. Künste Berlin(Ost), Sektion Lit. u. Sprachpflege, 1978–90 erster Vizepräs. d. Akad. der Künste, seit 1993 Mitgl. d. Akademie d. Künste Berlin, Sektion Lit., 1985–93 Präs. d. Dt. Shakespeare-Gesellsch., zahlr. Auszeichnungen u. Mitgl.schaften, u. a. seit 1984 Ehrenmitgl. d. Modern Language Association of America, 1986 Johannes-R.-Becher-Medaille, 1988 Dr. h. c. der PH Potsdam, 2001 American Medal of Honor, 2008 Ehrenprof. d. Philos. Fak. der Univ. Potsdam. Lebt in Basdorf bei Berlin u. Irvine/Kalif.; Verf. lit.wiss. Werke.

*Schriften* (Ausw.): Drama und Wirklichkeit in der Shakespearezeit. Ein Beitrag zur Entwicklungsgeschichte des elisabethanischen Theaters, 1958; New Criticism und die Entwicklung bürgerlicher Literaturwissenschaft. Zu Geschichte und Kritik des modernen Interpretationsbegriffs in der Anglistik, 1960 (mit dem Untertitel: Geschichte und Kritik neuer Interpretationsmethoden, 1962; 2., durchges. u. erg. Aufl. mit d. Untertitel: Geschichte und Kritik autonomer Interpretationsmethoden, 1974); Daniel Defoe. Eine Einführung in das Romanwerk, 1962; Dramen der Shakespearezeit (hg. u eingel.; übers., durchges. u. erg. v. K. U. Szudra u. L. L. Schücking) 1964; Shakespeare und die Tradition des Volkstheaters. Soziologie, Dramaturgie, Gestaltung, 1967; Theater und Gesellschaft in der Shakespeare-Kritik. Methoden und Perspektiven der Forschung, 1970; Phantasie und Nachahmung. Drei Studien zum Verhältnis von Dichtung, Utopie und Mythos, 1970; Literaturgeschichte und Mythologie. Methodologische und historische Studien, 1971 (mit e. neuen Einl. 1977); Tradition in der Literaturgeschichte. Beiträge zur Kritik des bürgerlichen Traditionsbegriffs bei Croce, Ortega, Eliot, Leavis, Barthes u. a. (eingel. u. hg.) 1972; Renaissanceliteratur und frühbürgerliche Revolution. Studien zu den sozial- und ideologiegeschichtlichen Grundlagen europäischer Nationalliteraturen (hg. mit W. Lenk u. J.-J. Slomka) 1976; Realismus in der Renaissance. Aneignung der Welt in der erzählenden Prosa (hg.) 1977; Structure and Society in Literary History. Studies in the History and Theory of Historical Criticism, London 1977; Kunstensemble und Öffentlichkeit. Aneignung, Selbstverständigung, Auseinandersetzung, 1982; Shakespeare und die Macht der Mimesis. Autorität und Repräsentation im elisabethanischen Theater, 1988; Der nordamerikanische Roman. Repräsentation und Autorisation in der Moderne (hg.) 1989; Wert – Repräsentation – Geschichte. Zur Kulturproblematik postindustrieller Gesellschaften, 1992; Ränder der Moderne. Repräsentation und Alterität im (post)kolonialen Diskurs (hg. unter Mitarb. v. S. Zimmermann) 1997; Zwischen Performanz und Repräsentation. Shakespeare und die Macht des Theaters. Aufsätze von 1959–1995 (hg. C. W. Thomsen, K. L. Pfeiffer) 2000; Author's Pen and Actor's Voice. Playing and Writing in Shakespeare's Theatre, Cambridge 2000; Shakespeare and the Power of Performance. Stage and Page in the Elizabethan Theatre (mit D. BRUSTER) ebd. 2008.

*Literatur:* J. PEPER, Im Namen d. Wirklichkeit. ~s marxist. Beitr. z. Selbstverständnis bürgerl. Lit.wiss. (in: DVjs 42) 1968; Berlin – e. Ort z. Schreiben. 347 Autoren v. A bis Z (hg. K. KIWUS, Vorw. W. JENS) 1996; Biogr. Hdb. d. SBZ/DDR 1945–90, 2. Bd. (hg. G. BAUMGARTNER u. D. HEBIG) 1997; Wer war wer in der DDR?. E. Lex. ostdt. Biogr. 2 (Neuausg., hg. H. MÜLLER-ENBERGS, J. WIELGOHS, D. HOFFMANN, A. HERBST) 2006. IB

**Weimann,** Waltraud, Lebensdaten u. biogr. Einzelheiten unbek.; Erzählerin.

*Schriften:* Wer spricht da von Schuld? Geständnis um das Drama einer Ehe, 1987; Das Glück kommt per Annonce. Heiter-besinnlicher Roman, 1988. AW

**Weimar,** A. → Götze, Augusta.

**Weimar,** Heidi → Zuper, Heidi.

**Weimar,** Johann Martin (Ps. Emilie Grünthal; Ramiew), * 1755 Nellingsheim/Oberamt Rottenburg, † 8. 8. 1798 Wien; Buchdrucker in Wien; Satiriker, Erz. u. Gelegenheitslyriker.

*Schriften:* Wöchentliche Wahrheiten für und über die Herren in Wien (hg.) 1783; Ein Neujahrs-Geschenk für die Herren Wienerautoren. Von einem Schwaben, 1785; Rechtfertigung des Schwaben über sein Neujahrsgeschenke an die Herren Wienerautoren, 1785; Die Wienerautoren contra den Edlen von Schönfeld. Buchdrucker und Buchhändler am Kärntnerthor (mit J. J. FEZER) 1785; Faschingskrapfen für die Herren Wiener Autoren von einem Mandolettikrämer, 1785; Über Wiens Autoren. Von zwey Reisenden X. X., 1785; Eleonore, Gräfin von Ulefeld. Nicht Roman sondern wirkliche Geschichte. Ein Beitrag zu der Lebensgeschichte des Freiherrn von Trenck, 1787; Ursachen der Französischen Revolution. Meinen Mitbürgern in Deutschland zur Beherzigung vorgelegt, 1793; Der Wiener Nachtwachter an seine deutschen Mitbürger zum neuen Jahr 1796, 1795. IB

**Weimar,** Klaus, * 20. 8. 1941 Hamburg; 1967 Dr. phil. Zürich, 1974 Privatdoz. u. seit 1982 Titularprof. f. Dt. Lit.wiss. an d. Univ. Zürich, 1999–2003 Visiting Prof. an d. Johns Hopkins Univ. Baltimore; Mithg. d. RL (3. Aufl., 1997–2003).

*Schriften* (Ausw.): Versuch über Voraussetzung und Entstehung der Romantik (Diss.) 1968; Historische Einleitung zur literaturwissenschaftlichen Hermeneutik, 1975; Anatomie marxistischer Literaturtheorien, 1977; Enzyklopädie der Literaturwissenschaft, 1980 (NA 1993); Goethes Gedichte 1769–1775. Interpretationen zu einem Anfang, 1982 (NA 1984); W. Binder, Friedrich Hölderlin, Studien (mit E. BINDER hg.) 1987; Geschichte der deutschen Literaturwissenschaft bis zum Ende des 19. Jahrhunderts, 1989 (NA 2003). RM

**Weimar,** Peter, * 13. 3. 1920 (Ort unbek.); studierte nach d. 2. Weltkrieg Philos. an. d Univ. Köln, freiberuflich in d. Wirtschaft tätig, längere Auslandsaufenthalte; Lyriker.

*Schriften:* Lehrgedichte, 1970; Die Rose, 1974.

*Literatur:* Kölner Autoren-Lex. 1750–2000. II: 1901–2000 (bearb. E. STAHL) 2002. IB

**Weimar-Mazur,** Werner, * 19. 12. 1955 Weimar; wuchs in Karlsruhe auf, studierte ebd. Geologie m. Diplom-Abschluß, 1989–92 Aufenthalt in Bern/Schweiz, seit 1992 selbständiger Ingenieur in Denzlingen/Südbaden, lebt in Lörrach-Haagen/Baden-Württ.; Lyriker u. Erz., veröff. v. a. in Zs. u. Anthologien.

*Schriften:* Tauch ein. Gedichte 1970–1994, 1995.

*Literatur:* Autorinnen u. Autoren in Baden-Württ. (Internet-Edition). AW

**Weimarer Kunst- und Wunderbuch** → «Ingenieur-, Kunst- und Wunderbuch» (ErgBd. 5); «Der Hussitenkriegs-Ingenieur» (ErgBd. 5).

**Weimarer Liederhandschrift,** sog., sie entstand im dritten Viertel d. 15. Jh. wahrsch. in oder bei Nürnberg, umfaßt 142 Bll. u. ist seit d. 18. Jh. in Weimar, heute Herzogin Anna Amalia Bibl., Q 564, überl.; ihre Bezeichnung als «Liederhs.» geht auf den wohl nach d. zweiten Tl. d. Slg. entstandenen ersten Tl. zurück. Dieser Tl. (Textverlust am Anfang u. vielleicht am Schluß) ist v. Hand A allein geschrieben u. enthält stroph. Dg. v. etwa 1200 bis etwa 1350 (ohne Melodien), anzunehmen ist e. mitteldt./ndt. Vorstufe. Hauptinhalt ist e. Zus.stellung aller Gattungen v. Frauenlobs (→ Heinrich v. Meißen) Liedproduktion, Frauenlob selbst wird nur als Erfinder d.

Spruchtöne u. als Verf. d. Minne- u. Marienleichs genannt. D. größere erste Hälfte bietet Einzelstrophen u. Strophenfolgen in acht Spruchtönen u. ist nach Tönen geordnet; verbunden sind überwiegend Texte Frauenlobs aus s. späteren Schaffensphase u. solche in s. Manier, darauf folgt eine auf d. Thema Minne konzentrierte Partie, darunter Lieder → Heinrichs IV., Herzog v. Schles.-Breslau, u. → Wenzels v. Böhmen. D. Appendix ab Bl. 101 enthält 49 Strophen ohne Überschrift, Lieder u. Liedexzerpte aus e. mitteldt./ndt. Corpus → Walthers v. d. Vogelweide, e. Dg. in 55 Titurelstrophen, zwei Texte im «Langen Ton» → Regenbogens u. → Konrads v. Würzburg Spruch 32,166 im «Hofton». Innerhalb d. Toncorpora wird d. Prinzip d. Mehrstrophigkeit optisch dargest. durch Barüberschriften wie Nennung d. Tonautors/Tonnamens. Der zweite Tl. der W. L. (Textverlust vor Bl. 141 u. vielleicht danach) bietet acht Reimpaardg. d. 14. u. 15. Jh.: «Der Welt Lauf» v. → Heinrich d. Teichner, «Der → Bauern Lob», e. anon. Text z. Nutzen d. Messebesuchs, d. «Rosenplütschen Fastnachtsp.» K 40 u. K 19 (Hans → Rosenplüt), «D. → Ritter in d. Kapelle», drei Paare d. wahrsch. v. Rosenplüt stammenden → «Weingrüße und -segen» u. → «Stiefmutter u. Tochter» (nur Anfang u. Ende). Dieser Tl. wurde v. Hand B begonnen u. v. Hand A erweitert.

*Ausgaben:* Die W. L. Q 564: Lyrik-Handschrift F (hg. E. MORGENSTERN-WERNER) 1990 (Transkription; überarb. u. gekürzte Diss. Salzburg). – Abbildungen bei H. BRUNNER u. a., vgl. Lit., 1977, u. L. VOETZ, vgl. Lit., 1988.

*Literatur:* HMS 4 (1838) 906; RSM 1 (1994) 273; VL $^{2}$10 (1999) 803. – Fastnachtsp. aus d. 15. Jh. 3 (hg. A. v. KELLER) 1853 (Nachdr. 1965); F. HACKER, Unters. z. ~ F. (in: PBB 50) 1927; H. THOMAS, Unters. z. Überl. d. Spruchdg. Frauenlobs, 1939; Walther v. d. Vogelweide, D. gesamte Überl. d. Texte u. Melodien. Abbildungen, Materialien, Melodietranskriptionen (hg. H. BRUNNER u. a.) 1977; Frauenlob (Heinrich v. Meißen), Leichs, Sangsprüche, Lieder 1/2 (hg. K. STACKMANN, K. BERTAU) 1981; F. SCHANZE, Meisterl. Liedkunst zw. Heinrich v. Mügeln u. Hans Sachs 2, 1984; T. KLEIN, Z. Verbreitung mhd. Lyrik in NordDtl. (in: ZfdPh 106) 1987; B. WACHINGER, Von d. Jenaer z. ~. Z. Corpusüberl. v. Frauenlobs Spruchdg. (in: Philol. als Kulturwiss. ..., FS K. Stackmann, hg. L. GRENZMANN, H. HERKOMMER, D. WUTTKE) 1987; L. VOETZ, in: Cod. Manesse ... (hg. E. MITTLER, W. WERNER) (2., verb. Aufl.) 1988; B. WACHINGER, Hohe Minne um 1300 (in: Wolfram-Stud. 10) 1988; G. KORNRUMPF, Konturen d. Frauenlob-Überl. (ebd.); DIES., Walthers «Elegie» (in: Walther v. d. Vogelweide, Hamburger Kolloquium z. 65. Geb.tag v. K.-H. Borck, hg. J.-D. MÜLLER, F.-J. WORSTBROCK) 1989; Walther v. d. Vogelweide, Leich, Lieder, Sangsprüche (hg. C. CORMEAU) 1996; J. JANOTA, Walther am Ende. Z. jüngsten Aufz. v. Minneliedern Walthers v. d. Vogelweide in d. ~ (F) (in: MA u. frühe Neuzeit. Übergänge, Umbrüche, Neuansätze, hg. W. HAUG) 1999; Sangsprüche in Tönen Frauenlobs. Suppl. z. Göttinger Frauenlob-Ausg. (hg. J. HAUSTEIN, K. STACKMANN) 2 Tle., 2000. RM

**Weimarer Marienklage** → «Marienklagen» («Augsburger Marienklage»).

**Weimer,** Annelore, *21. 12. 1926 Berlin; Journalistin, lebt seit d. 1950er Jahren in Potsdam; Erz. u. Hörspielautorin.

*Schriften:* Zwei auf einer Insel. Ferienerzählung (Illustr. H. Baltzer) 1955.

*Literatur:* Schriftst. d. Dt. Demokrat. Republik u. ihre Werke. Biogr.-bibliograph. Nachweis I, 1955. AW

**Weimer,** Brigitte (Ps. Linda Mahony), *3. 6. 1941 Sagan/Schles.; wuchs in Hof/Bayern auf, Ausbildung z. kaufmänn. Angestellten, siedelte m. ihrem amerikan. Ehemann in d. USA über, kehrte später n. Dtl. zurück, bis 2001 Verwaltungsangestellte in Hof, lebt seither als freie Schriftst. in Schwarzenbach/Bayern; Kriminalerzählerin.

*Schriften:* Tödlicher Haß (Kriminalrom.) 2002; Und die Tränen zerfließen im Wind (Thriller) 2003.

*Literatur:* Lex. d. dt.sprachigen Krimi-Autoren (Red. A. JOCKERS, Mitarb. R. JAHN) $^{2}$2005. AW

**Weimer,** Gerda → West, Gerda.

**Weimer,** Gerhard, *10. 7. 1932 Leonberg-Eltingen/Württ.; zunächst Landwirt, besuchte dann d. Abendgymnasium u. studierte Theol. in Berlin, Heidelberg u. Tübingen, Pfarrer, Leiter d. Ländl. Heimvolkshochschule Hohebuch/Baden-Württ., lebt in Ditzingen-Heimerdingen/Baden-Württ.; Erzähler.

*Schriften:* Ich bin, der ich bin. Mose und der verborgene Gott (Rom.) 1997; Bis bald in Bethlehem

(Rom.) 1998; Das Osterwasser (Rom.) 2000.

*Literatur:* Autorinnen u. Autoren in Baden-Württ. (Internet-Edition). AW

**Weimer,** Günther, * 18. 12. 1928 Hagen/Westf.; Förster, lebt in Wallmerod/Rhld.-Pfalz; Erzähler.

*Schriften:* Gereimtes aus einem Westerwälder Forsthaus, 1999; Eine Reise durch das Jahr, 1999; Tierisches ABC für Große und Kleine, 2000. AW

**Weimer,** (Philipp Jakob) Hermann, * 19. 3. 1872 Limburg/Lahn, † 13. 6. 1942 Frankfurt/M.; Sohn e. Photographen, studierte Theol., Germanistik u. Philos. an den Univ. in Marburg, Halle/Saale, Lausanne u. Genf, 1899 Dr. phil., besuchte dann d. Stud.seminar in Wiesbaden, ebd. Probejahr. 1899 Oberlehrer in Remscheid, 1900–02 an d. Oberrealschule in Wiesbaden, 1912 Dir. d. Realgymnasiums in Biebrich/Rhein, 1927–32 Dir. d. Pädagog. Akad. Frankfurt/M.; Verf. pädagog. Fachschriften.

*Schriften* (Ausw.): Geschichte der Pädagogik, 1902 (2., verb. Aufl. 1904; 4. u. 5., verm. u. verb. Aufl. 1915 u. 1921; 6., umgearb. Aufl. 1928; 7. u. 8., neubearb. Aufl. 1930 u. 1935; 9., erneut durchgearb. Aufl. 1938; 10., verb. u. verm. Aufl. 1941; 11. u. 12., neubearb. u. verm. Aufl. v. Heinz W. 1954 u. 1956; 13., durchges. u. verm. Aufl. 1958; 14., neubearb. u. verm. Aufl. 1960; 15., neubearb. Aufl. 1962; 17., neubearb. Aufl. 1967; 18., vollständig neubearb. Aufl. v. W. SCHÖLER, 1976; 19., völlig neu bearb. Aufl. v. J. JACOBI 1992); Der Weg zum Herzen des Schülers, 1907 (3., verm. u. verb. Aufl. 1917); Haus und Leben als Erziehungsmächte. Kritische Betrachtungen, 1911; Deutsche Jugendbildung im Wandel der Zeiten, 1925; Psychologie der Fehler, 1925 (2., verb. Aufl. 1929); Fehlerbehandlung und Fehlerbewertung. Mit einem Anhang: Geschichtliches und Grundsätzliches zur Fehlerforschung, 1926 (2., verb. und verm. Aufl. 1931); Schulerziehung im Geiste von Potsdam, 1934.

*Literatur:* DBE [2]10 (2008) 490. – O. RENKHOFF, Nassauische Biogr. (2., vollst. überarb. u. erw. Aufl.) 1992; H. BREITKREUZ, Stud. z. frühen Fehlerforschung in Dtl. ~s Kleine fehlerkundliche Schr.: Einf. – Texted. – Anm., 2009 (zugleich Diss. Augsburg 2007). IB

**Weimer,** Jürgen, * 1941; biogr. Einzelheiten unbekannt.

*Schriften:* John Gilgamesch Vain. Ein Western/Schauspiel, 2006. AW

**Weimershaus,** Wolfgang, * 6. 6. 1922 Welper/Ruhr; 1940 Abitur in Landsberg an d. Warthe, studierte (v. Fronteinsätzen im 2. Weltkrieg unterbrochen) Medizin in Breslau, Straßburg, Göttingen u. Jena, 1946 Dr. med. Jena, wiss. Mitarb. (im Bereich Mikrobiologie) an d. Univ. Frankfurt/M., 1949–80 Leiter e. eigenen Laboratoriums in Offenbach, daneben 1976–82 Vorsitzender d. Bezirksärztekammer Frankfurt/M., neben anderen Auszeichnungen Verdienstorden d. Bundesrepublik Dtl.; Lyriker u. Verf. v. Kurzprosa.

*Schriften:* Irgendwo Wolken (Ged. u. Prosa, Illustr. K. Steinel) 1982; Im Labyrinth der Phantasie (Ged. u. Prosa, Illustr. ders.) 1984; Sage und Schreibe (Ged., Illustr. ders.) 1985.

*Literatur:* W. THEOPOLD, Dr. med. ~ z. 80. Geb.tag (in: Hess. Ärztebl. 7) 2002. AW

**Weimerskirch,** Fritz (Joseph Francois; Ps. Wef; Innocenti), * 1. 1. 1895 Neudorf (heute Stadttl. v. Luxemburg), † 12. 5. 1971 Luxemburg; Magazinverwalter bei d. Eisenbahn, 1930–52 Leiter d. Clausener Musikgesellsch., nach d. 2. Weltkrieg in d. Leitung d. Vereins «Hémechtstheater Letzeburg»; Übers. (aus d. Französ. u. Dt. in d. luxemburg. Mundart) u. Verf. v. Liedern, Sketchen, Revuen u. Theaterstücken.

*Schriften* (Ausw.): 'T ass eriwer. 2 Akten (mit A. DONNEN) Luxemburg 1945; Radaratom. Zwé Akten, ebd. 1947.

*Literatur:* LAL (2007) 650. – M. KAISER, ~ z. Gedenken (in: Rev. musicale 32) Luxemburg 1971; L. BLASEN, D. luxemburg. Mundarttheater nach d. 2. Weltkrieg (in: nos cahiers 10) ebd. 1989; F. THEATO, ~. Eng onvergiesslech Clausener Perséinlechkeet (in: Fanfare grand-ducale de Clausen 150e anniversaire, hg. A. A KREMER u. a.) ebd. 2001. IB

**Weimerskirch,** René, * 13. 11. 1921 Mersch/Luxemburg, † 25. 2. 1985 Gasperich/Luxemburg; nach d. Ausbildung z. Lehrer in Gasperich an versch. Orten Lehrer. 1943 z. Wehrdienst zwangsverpflichtet, Flakgehilfe, von tschech. Partisanen gefangengenommen, im Juli 1945 Rückkehr n. Luxemburg, Grundschullehrer in Grevels, Pütscheid, 1946–49 in Nospelt u. dann in Luxemburg. Seit 1952 Dirigent der «Chantres de Ste Thérèse de Gasperich» u. Hausautor d. dem Chor angeschlossenen Theatergruppe «Goyspill» u. seit 1962 auch für das Kabarett «Flantëssen». Nach dem 2. Vatikan. Konzil (1965) übers. er Lieder u. Gebete aus d. Lat.

u. Französ. ins Luxemburg.; komponierte Sakralmusik u. Chorgesänge, verf. Theaterstücke, übers. (u. a. Molière) u. adaptierte St. für das Luxemburg. Volkstheater.

*Schriften* (Ausw.): De sauren Apel. E Stéck aus de Joeren 1940–45 a 4 Deler, Lëtzebuerg [Luxemburg] 1963; De Stëppchen. Farce an zwéin Akten, ebd. 1963; D' Feier am Stréi. Eng al Geschicht an neiëm Gezei, ebd. 1963; D' Wonnerrous. No engem bekannte Märchen [...], ebd. 1964; «De louse Bauer». Koméidistéck a Biller, ebd. 1966; «De Beemchen». E Spill fir Chrëschtdag, ebd. 1966; Den Eilespill. En Szenespill fir kleng a grouss Leid, ebd. 1967; De fënnefte Setz. E satirescht Koméidistéck aus eiser Zäit an 6 Biller, ebd. 1968; Den Harlekeng, oder, de letzeburger Eilespigel. En Zeene-spill fir kleng a grouss Leid, ebd. ca. 1970; De Schëllegen. Koméidistéck a 5 Biller, ebd. 1970; En hätt gär séng Rou. E Stéck a 4 Deler an engem Nospill, ebd. 1974; Entgleist. Stéck an 3 Deler, ebd. 1979.

*Literatur:* LAL (2007) 651. – Les chantres de Ste Thérèse: Erënnerung un de ~ (1921–1985), Gasperich 1985; F. HOFFMANN, D. dramat. Werk ~s u. s. Stellung in d. luxemburg. Lit. (ebenda). IB

**Wein,** Erwin, * 27. 11. 1912 Nürnberg; Filmregisseur, lebte in Bad Berneck/Fichtelgeb. (1958).

*Schriften:* Das Fichtelgebirge im Bild, 1949. AW

**Wein,** Hermann, * 20. 5. 1912 München; Sohn e. Bankiers, 1936 Dr. phil. und 1942 Habil. an d. Univ. Berlin, 1943–71 Prof. d. Philos. in Berlin u. Göttingen, 1951–52 Research Fellow bei d. Rockefeller Foundation u. an d. Harvard Univ. Cambridge/Mass., versch. Gastprofessuren, lebt in München.

*Schriften* (Ausw.): Untersuchungen über das Problembewußtsein, 1937; Das Problem des Relativismus. Philosophie im Übergang zur Anthropologie, 1950; Positives Antichristentum. Nietzsches Christusbild im Brennpunkt nachchristlicher Anthropologie, Den Haag 1962; Sprachphilosophie der Gegenwart. Eine Einführung in die europäische und amerikanische Sprachphilosophie des 20. Jahrhunderts, 1963; Philosophie als Erfahrungswissenschaft. Aufsätze zur philosophischen Anthropologie und Sprachphilosophie (Ausw. u. Einl. J. M. BROEKAN) Den Haag 1965; Philosophische Anthropologie, Metapolitik und politische Bildung [...], 1965; Kentaurische Philosophie. Vorträge und Abhandlungen, 1968. RM

**Wein,** Martin, * 1925 Beuthen/Oberschles.; studierte Mathematik, Physik u. Volkswirtschaftslehre in Halle/Saale u. Erlangen, seit 1954 journalist. tätig, seit 1966 Mitarb. d. Zs. «stern» sowie Ressortleiter anderer Zs., 1976–85 Chefred. d. «Lübecker Nachr.», lebt seither als freier Schriftst. in Lübeck; Verf. v. hist. Schriften.

*Schriften:* Ich kam, sah und schrieb. Augenzeugenberichte aus fünf Jahrtausenden (hg.) 1964; Das war Martin Luther. Leben, Werk und Zeit des Reformators in Berichten aus erster Hand. Eine Dokumentation, 1983; Die Weizsäckers. Geschichte einer deutschen Familie, 1988 (Tb.ausg. 1991); Schicksalstage. Stationen der deutschen Geschichte, 1992 (NA 2005); Willy Brandt. Das Werden eines Staatsmannes, 2003. AW

**Wein,** Martin, * 25. 8. 1975 Essen; 1995 Abitur in Wilhelmshaven, studierte 1995–99 Gesch., Neuere dt. Lit.wiss. u. Politikwiss. (M. A.), daneben freier Journalist, seit 1999 Red.volontariat, 2000–04 Red. u. seit 2007 Pauschalist bei d. «Wilhelmshavener Ztg.», 2006 Dr. phil. an d. Fernuniv. Hagen, lebt in Wilhelmshaven; Erz. u. Verf. v. hist. Schriften.

*Schriften:* Land hinter den Wellen (Rom.) 1996; Zirkus zwischen Kunst und Kader. Privates Zirkuswesen in der SBZ/DDR, 2001; Stadt wider Willen. Kommunale Entwicklung in Wilhelmshaven/Rüstringen 1853–1937 (Diss.) 2006; Um drei an der K-W-Brücke! Geschichten und Anekdoten aus dem alten Wilhelmshaven, 2008. AW

**Wein-Vollstedt,** Anneliese, * 1933 Rosenberg/Westpr.; kam durch Flucht im 2. Weltkrieg n. Rangsdorf bei Berlin, Ausbildung u. Tätigkeit als Operationsschwester, lebt in Bruchköbel/Hessen; Verf. e. autobiogr. Schrift.

*Schriften:* Jahrgang '33. Abschied – Trauer – Neubeginn, 2000. AW

**Weinand,** Johannes, * 3. 4. 1841 Bonn, Todesdatum u. -ort unbek.; päpstl. Hausprälat u. Domkapitular, lebte in Köln (1914).

*Schriften:* Leo XIII. Seine Zeit, sein Pontificat und seine Erfolge. Deutsche Festschrift zum fünfzigjährigen Bischofs-Jubiläum Sr. Heiligkeit, o. J. (2., reich illustr. Ausg. 1886; neue, reich illustr. Ausg. 1892). AW

**Weinand,** Maria (Appolonia), * 23. 11. 1882 Gut Forsterhof/Kr. Cochem, † 10. 5. 1960 Essen-

Kupferdreh; 1900–03 Besuch d. Lehrerinnenseminars in Xanten, 1903–06 Lehrerin in Krefeld-Taar, ab 1906 an Volks- u. Hilfsschulen in Essen. Studierte ab 1923 Philos., Psychol., Pädagogik, Soziol., Germanistik u. Gesch. an den Univ. in Münster, Hamburg u. Köln, 1929 Dr. phil., 1930–48 Rektorin e. Volksschule in Essen. 1932/33 Mitgl. d. Preuß. Landtages, ab 1946 Lehrauftrag an d. neugegründeten Pädagog. Akad. in Essen-Kupferdreh.

*Schriften:* Der Monde Gruß. Vaterländisches Festspiel für Schulen und Vereine, 1908; Essener Sagenbuch. Sagen aus Essen und seiner Umgebung (ges. u. bearb. mit H. Vos) 1912 (3. u. 4., verm. Aufl. 1914; in neuer u. erw. Aufl. 1931); Ihr draußen (Ged.) 1915; Der Krieg (Ged.) 1915; Soldaten (Ged.) 1915; Gedichte einer Deutschen, 1916; Das betende Volk. Neue Gedichte, 1918; Das Berufsideal der Volksschullehrerin unter besonderer Berücksichtigung des Berufsmotives und des Berufsvorbildes, 1931 (Mikrofiche-Ausg. 1995); Die Gudrunsage. Ein Lied der deutschen Frauentreue (für d. Schule bearb.) 1935; Die große Dichterin Annette von Droste-Hülshoff. Eine Sicht ihres Lebens und ihrer Werke, 1948.

*Literatur:* E. Dickhoff, Essener Köpfe. Wer war was?, 1985; B. Sack, Zw. religiöser Bindung u. moderner Gesellsch. Kathol. Frauenbewegung u. polit. Kultur in der Weimarer Republik (1918/19–1933), 1998 (zugleich Diss. Freiburg/Br. 1995). IB

**Weinart,** Benjamin Gottfried, *20.2. 1715 Schönwalde/Niederlausitz, † 7. 3. 1795 Dohna/Sachsen; Vater von Benjamin Gottfried → W., Sohn e. Pfarrers, studierte Theol. in Wittenberg, 1741 Magister, Hauslehrer in d. Oberlausitz, ab 1746 Substitut in Dohna, 1750 Diakon, 1760 Archidiakon, 1765 Pfarrer u. Adjunkt d. Pirnaischen Inspektion; Verf. v. Gelegenheitsschriften.

*Schriften* (Ausw.): Ein gesegnetes Alter nach dem Sinn Mosis [...], 1753; De mercede satoris iustitiae vera eaque firma et stabili ad Proverb. XI, 18, 1755; Zwey Jubelpredigten [...], 1755.

*Literatur:* Meusel 14 (1815) 465; Meusel-Hamberger 8 (1800) 400; 10 (1803) 804; 12 (1806) 392; ADB 55 (1910) 14. – F. A. Weiz, D. gelehrte Sachsen [...], 1780. IB

**Weinart,** Benjamin Gottfried, * 4. 5. 1751 Dohna/Sachsen, † 1. 12. 1813 Dresden-Neustadt; Sohn v. Benjamin Gottfried → W., besuchte d. Lateinschule in Pirna, studierte dann Rechtswiss. in Leipzig, 1774 Magister. 1776–79 Advokat in Dresden, ab 1779 gräflich Hoymscher Amtmann in Ruhland/Oberlausitz u. später Reuß. Amtmann in Guteborn, Grünwald u. Schwarzbach, 1797 kurfürstlich sächs. Finanzprokurator in den Ämtern Senftenberg, Finsterwalde u. Doberlug. Nach 1798 lebte er als Rechtskonsulent u. Privatgelehrter in Dresden bzw. auf s. Weinberg («Weinartsruhe») in Kötzschenbroda. Zahlr. Aufs. erschienen u. a. in den «Dresdner Gelehrten Anz.» u. im «Wittenberg. Wochenblatt».

*Schriften* (Ausw.): Neue Sächsische historische Hausbibliothek, 2 Tle., 1775 u. 1784; Topographische Geschichte der Stadt Dresden und der um dieselbe herum liegenden Gegenden, 8 H., 1777–81 (fotomechan. Neudr. 1974; Reprint 1987); Versuch einer Litteratur der Sächsischen Geschichte und Staatskunde, 2 Tle., 1790/91; Rechte und Gewohnheiten der beyden Markgrafthümer Ober- und Nieder-Lausitz (hg.) 4 Tle. (nebst Reg. über alle Tle.) 1793–98; D. A. Friedrich Büsching's Magazin für die neue Historie und Geographie, fortgesetzt, und mit den nöthigen Registern über alle Theile versehen, 23. Tl., 1793 (Mikrofiche-Ausg. 1996).

*Nachlaß:* LB Dresden. – Nachlässe DDR 1,665; Mommsen 4076.

*Literatur:* Meusel-Hamberger 10 (1803) 804; 16 (1812) 169; 21 (1827) 420; ADB 55 (1910) 15. – F. A. Weiz, D. gelehrte Sachsen [...], 1780; C. Weidlich, Biogr. Nachr. v. den letztlebenden Rechtsgelehrten in Teutschland 4, 1785; G. F. Otto, Lex. d. [...] Oberlausitzischen Schriftst. u. Künstler 3, 1803 u. Suppl.bd. 1821; C. J. G. Haymann, Dresdens theils neuerlich verstorbene, theils jetzt lebende Schriftst. u. Künstler [...], 1809; F. Stimmel u. a., Stadtlex. Dresden A–Z, 1994; N. Weiss, J. Wonneberger, Dichter, Denker, Literaten aus 6 Jh. in Dresden, 1997; R. Eigenwill, ~ (in: Sächs. Biogr. [...] bearb. v. M. Schattkowsky) 2009 [Internet-Version]. IB

**Weinbach,** Andreas, * 1776 Niedergladbach/Rheingau-Taunus-Kr., † 12. 6. 1857 Erbach/Rheingau; lebte seit 1794 in Erbach, bis 1834 als Kaufmann tätig, 1818–25 Schultheiß, widmete sich später d. Astronomie.

*Schriften* (Ausw.): Neues Welt-System. Dargestellt wie es ist, 1850.

*Literatur:* O. RENKHOFF, Nassauische Biogr. (2., vollst. überarb. u. erw. Aufl.) 1992. IB

**Weinberg,** Alexander, * 7. 7. 1860 Iglau/Mähren, Todesdatum u. -ort unbek.; Lehrer an d. Staatsrealschule in Leitmeritz/Böhmen (1911); Fachschriftenautor.

*Schriften* (Ausw.): Die chemischen Elemente, 1884; Das Pflanzengrün (gemeinnütziger Vortrag) 1886; Die Chemie der Alaune, 1888; Die Organisation und Methodik des Unterrichtes in der Warenkunde, 1889; Unsere Lebensmittel und deren Verfälschungen. Eine hygienische Studie, 1896; Der botanische Garten an der k. k. Staatsoberrealschule in Leitmeritz in systematischer Beziehung (Jahresber.) 1903–08; Die Alpenpflanzen des botanischen Gartens in Leitmeritz, 1911. AW

**Weinberg,** Gustav, * 26. 4. 1856 Gersdorf/Hessen-Nassau, † 26. 4. 1909 Frankfurt/M.; besuchte d. Gymnasium in Marburg, studierte v. a. Philol. in Straßburg, Heidelberg (Dr. phil.) u. Berlin, 1887 Hilfslehrer an d. Realschule d. israelit. Gemeinde in Frankfurt/M., 1890 Rel.lehrer an d. Wöhlerschule u. an d. Musterschule ebd., seit 1902 Doz. f. französ. u. engl. Handelskorrespondenz an d. Frankfurter Akad. f. Sozial- u. Handelswissenschaften.

*Schriften:* Der Halling. Oper in 3 Akten. Text mit freier Benutzung einer Novelle von C. Bleibtreu, o. J. (1895); Lieder eines Narren, 1896. RM

**Weinberg,** Hanns, * 4. 6. 1891 Horst-Emscher/Ruhrgebiet, Todesdatum u. -ort unbek.; Staatsanwalt, auch journalist. u. als Übers. tätig, lebte in Düsseldorf (1932) u. nach d. 2. Weltkrieg in Bad-Brückenau/Unterfranken (1952).

*Schriften:* Staatsanwalt Dennoch (Rom.) 1929; Wenn die Köpfe rollen (Kom.) 1933. AW

**Weinberg,** Jehuda Louis, * 15. 12. 1876 Hörde bei Dortmund, † 6. 10. 1960 Tel Aviv; studierte Jura an den Univ. in Heidelberg, München, Bonn u. Berlin, Dr. iur., 1906–12 Rechtsanwalt in Dortmund, 1913/14 Mitarb. im Palästina-Amt in Jaffa, 1914 Rückkehr n. Dtl., nach d. 1. Weltkrieg Leiter d. Palästina-Amtes in Berlin u. Mitarb. d. «Jüd. Rs.», 1921 endgültige Übersiedlung nach Palästina, Rechtsberater d. dt. Generalkonsuls in Jerusalem, später Rechtsanwalt in Tel Aviv; Übers. u. Lyriker.

*Schriften:* Gehässige Sonette, Tel Aviv 1943; Felix Danziger. Sonette, ebd. 1943; Heinrich Loewe. Aus der Frühzeit des Zionismus, Jerusalem 1946; In den Vorhöfen des Heiligtums. Sonette, Tel Aviv ca. 1950; Der Rubaijat des Omar Chajjam. NF, ebd. 1950; Symphonia Judaica, ebd. ca. 1951; Sang aus dem Morgenland. Hebräisch-arabischer Diwan des Assaf Halsvi [handgeschrieben v. B. Kraus-Rosen] ebd. 1955.

*Literatur:* D. AMIR, Leben u. Werk d. dt.sprachigen Schriftst. in Israel. E. Bio-Bibliogr., 1980; J. WALK, Kurzbiogr. z. Gesch. d. Juden 1918–1945, 1988; D. DAMWERTH, Verbrannt, verfolgt, vertrieben [...]. E. Dokumentation z. 70. Jahrestag d. Bücherverbrennung am 10. Mai 1933, 2003. IB

**Weinberg,** Josef, * 2. 5. 1892 München, † 10. 3. 1972 Treuchtlingen/Bayern; studierte Volkswirtschaft. an den Univ. Erlangen u. München, 1935 Dr. phil., Kaufmann, später Verwaltungstätigkeit; Erzähler.

*Schriften:* Der Kommandant vom Hohen-Twiel. Roman nach historischen Motiven. Mit einer Ansicht und Planskizze der Festung und einem Bild des Kommandanten Konrad Widerhold, 1936; Der Schultheiß von Justingen. Roman nach technischen Motiven, 1937 (mit d. Untertitel: Das Werden des 1. Albwasserwerkes, 1970; mit d. Untertitel: Historischer Roman um den Beginn der Albwasserversorgung, 1987); Bedrohte Stadt. Eine Erzählung, 1941; Der rote und der schwarze Utz. Roman nach historischen Motiven, 1943; Der grüne Reiter. Roman nach einem berühmten Kriminal-Prozeß, 1949; Die Wunderrakete von Rainhill, 1954. IB

**Weinberg,** Käte → Werner, Käte.

**Weinberg,** Kurt, * 24. 2. 1912 Hannover; Schulbesuch in Berlin, emigrierte 1933 nach Frankreich, journalist. Tätigkeit, u. a. Mitarb. an Arthur → Koestlers «Die Zukunft», 1934–36 in Portugal, 1939/40 Kriegsfreiwilliger in d. Fremdenlegion in Algerien, nach Internierung u. Demobilisierung 1940/41 in d. Cité universitaire v. Toulouse versteckt. 1941 Flucht in d. USA, Sprachlehrer u. Journalist, 1942–45 in amerikan. Kriegsdiensten (u. a. im Mittelmeer). 1946–49 Besuch d. Trinity College in Hartford/Conn., 1949 M.A. in roman. Sprachen, studierte dann an d. Yale Univ., 1953

Doktorat, versch. Gastprofessuren, 1962–79 Prof. für französ. u. vergleichende Lit.wiss. an d. Univ. Rochester/N. Y., 1971 Gastprof. in Heidelberg u. 1979/80 in Konstanz.

*Schriften* (Ausw.): Kafkas Dichtungen. Die Travestien des Mythos, 1963; The Figure of Faust in Valéry and Goethe. An Exegesis of Mon Faust, Princeton/New Jersey 1976.

*Literatur:* Hdb. Emigration II/2 (1983) 1221. – D. STERN, Werke v. Autoren jüd. Herkunft in dt. Sprache. E. Bio-Bibliogr., [3]1970; Dt. u. öst. Romanisten als Verfolgte des Nationalsozialismus (hg. H. H. CHRISTMANN u. F.-R. HAUSMANN in Verbindung mit M. BRIEGEL) 1989. IB

**Weinberg,** Magnus, * 13. 5. 1867 Schenklengsfeld/Hessen, † 12. 2. 1943 Konzentrationslager Theresienstadt; besuchte d. Gymnasium in Fulda, studierte seit 1887 Philos., Psychol., Pädagogik sowie chaldäische u. syr. Sprache u. Lit. an der Univ. Berlin, gleichzeitig Stud. am Hildesheimerschen Rabbinerseminar, 1893 Dr. phil. an d. Univ. Halle/Saale. 1895–1931 Bezirksrabbiner in Sulzbürg/Oberpfalz, bzw. seit 1910 in Neumarkt/Oberpfalz, anschließend Bezirksrabbiner für Regensburg-Neumarkt in Regensburg. Zog sich 1935 nach Würzburg zurück, von 1939 bis z. Auflösung d. jüd. Gemeinde (22. 9. 1942) Rabbiner d. dortigen Kultusgemeinde. Am 23. 9. 1942 mit s. Gattin nach Theresienstadt deportiert, wo beide ermordet wurden.

*Schriften* (Ausw.): Die Geschichte Josefs angeblich verfaßt von Basilius dem Großen aus Casarea (nach e. syrischen Hs. d. Berliner Königlichen Bibl. mit Einl., Übers. u. Anm. hg.) 1893; Geschichte der Juden in der Oberpfalz, 3.–5. Bd., 1909–27 (Bde. 1 u. 2 nicht erschienen); Kriegsandacht für jüdische Frauen und Mädchen. Eine Ergänzung sämtlicher Frauenandachtsbücher, 1914; Die Polemik des Rabbenu Tam gegen Raschi. Eine Studie, 1914 (Sonderdruck); Das erste halbe Jahrhundert der israelitischen Kultusgemeinde Neumarkt Oberpfalz. Ein kurzer geschichtlicher Überblick, 1919; Die Memorbücher der jüdischen Gemeinden in Bayern, 2 Tle., 1937/38.

*Literatur:* S. WININGER, Große Jüd. National-Biogr. 6, 1932; Bewährung im Untergang. E. Gedenkbuch (hg. E. G. LOWENTHAL, 2., erg. Aufl.) 1966; J. WALK, Kurzbiogr. z. Gesch. d. Juden 1918–1945, 1988; R. STRÄTZ, Biogr. Hdb. Würzburger Juden 1900–45, 2 Bde., 1989; A. POMERANCE, Rabbiner ~: Chronist jüd. Lebens in d. Oberpfalz (in: D. Juden in d. Oberpfalz, hg. M. BRENNER, R. HÖPFINGER) 2009. IB

**Weinberg,** Margarete (geb. Lissauer, Ps. Wolf Marwein, Marie Salander, Gabriele Haack, Greta Wilborg, Lisa Sauer), * 14. 3. 1876 Berlin, Todesdatum u. -ort unbek.; beschäftigte sich m. Frauen- u. Erziehungsfragen, auch Übersetzerin, lebte in Berlin (1934).

*Schriften:* Die Hausfrau in der deutschen Vergangenheit und Gegenwart, 1920; Was wir wollen. Werbeschrift für den Verband deutscher Hausfrauenvereine, 1920; Unsere Hauswirtschaft und Volkswirtschaft in ihren wechselseitigen Beziehungen, 1922; Richtiges Einkaufen. Praktische Warenkunde der Hausfrau für Nahrung, Kleidung, Hausrat, 1922; Das Frauenproblem im Idealstaat der Vergangenheit und der Zukunft. Ein Streifzug durch das Wunderland der Utopisten, 1925. AW

**Weinberg,** Max, * 25. 7. 1845 Barenburg/Nds., † 11. 2. 1924 Berlin; v. a. Übers. u. Dolmetscher aus d. Hebräischen, lebte in Berlin.

*Schriften:* Vom Ostseestrand. Seebilder, 1900. AW

**Weinberg,** Stefan (Ps.) → Perfahl, Jost.

**Weinberg,** Symson (eig. Samuel Weinberg, Ps. Jimmy Berg, Otto Forst-Berg, Raimund Danberg, Helmut Raabe), * 23. 10. 1909 Kolomea/Öst.-Ungarn, † 4. 8. 1988 New York; wuchs in Wiener Neustadt u. Wien auf, u. a. Hauskomponist d. Kabaretts «ABC im Regenbogen», ebd. Zusammenarbeit m. Jura → Soyfer, emigrierte 1938 über Zürich u. London in d. USA; Radiojournalist f. «Voice of America» in New York; Liedtexter.

*Schriften:* Von der Ringstraße zur 72nd Street. Jimmy Bergs Chansons aus dem Wien der dreißiger Jahre und dem New Yorker Exil (hg. H. JARKA) 1996.

*Nachlaß:* Lit.haus Wien. AW

**Weinberg,** Werner, * 30. 5. 1915 Rheda/Westf., † 27. 1. 1997 Cincinnati/Ohio; Bruder v. Käte → Werner, stammte aus e. jüd. Händlerfamilie, 1934 Abitur, danach bis 1936 Ausbildung am jüd. Lehrerseminar in Würzburg, 1937–39 Lehrer u. Vorbeter in Rheda u. Hannover, flüchtete vor d. Nationalsozialisten n. Amsterdam, ebd. Tätigkeiten als

Lehrer u. Gärtner, 1943 in d. Konzentrationslager Bergen-Belsen deportiert, lebte n. d. Befreiung 1945 zunächst in d. Niederlanden, siedelte 1948 in d. USA über, Studien u. Lehrertätigkeit in Louisville/Kentucky (M. A.) u. Dayton/Ohio (1961 Dr. phil.), 1961–84 (emeritiert) Prof. f. hebräische Sprache u. Lit. am Hebrew Union College in Cincinnati/Ohio, später auch mehrere Gastprofessuren sowie private Reisen in Dtl.; Verf. v. Schr. zur jüd. Sprache u. Geschichte.

*Schriften* (engl. Schr. in Ausw.): Die Reste des Jüdischdeutschen, 1969 (2., erw. Aufl. 1973); How do you spell Chanukah? A General-Purpose Romanization of Hebrew for Speakers in English, Cincinnati 1976; History of Hebrew Plene Spelling, ebd. 1985; M. Mendelssohn, Gesammelte Schriften (Bd. 9, 10 u. 15–18 hg.) 1985–93; Rhedaer Schmus, 1986; Wunden, die nicht heilen dürfen. Die Botschaft eines Überlebenden (Autobiogr.) 1988 (zuerst engl. u. d. T.: Selfportrait of a Holocaust Survivor, 1985, dt. Übers. v. Autor unter Mitarb. v. Lisl W.); Lexikon zum religiösen Wortschatz und Brauchtum der deutschen Juden (hg. W. RÖLL) 1994.

*Nachlaß:* Jacob Rader Marcus Center of the American Jewish Archives, Cincinnati/Ohio.

*Literatur:* Hdb. Emigration II/2 (1983) 1221; Westfäl. Autorenlex. 4 (2002) 884 (auch Internet-Edition). – J. WALK, Kurzbiogr. z. Gesch. d. Juden 1918–1945, 1988; R. STRÄTZ, Biogr. Hdb. Würzburger Juden 1900–1945, 1989; I. NÖLLE-HORNKAMP, Auf d. Suche n. e. jüd. Lit. in u. aus Westf. – Ergebnisse d. Projekts Westfäl. Autorenlexikon (in: Jüd. Lit. in Westf., Spuren jüd. Lebens in der westfäl. Lit., hg. H. STEINECKE, I. N.-H. u. D. TIGGESBÄUMKER) 2004. AW

**Weinberger,** Alois (Ps. für Alois Otto Mair), * 29. 6. 1887 Innsbruck-Wilten, † 8. 5. 1979 Trautenfels/Steiermark; Benediktiner des Stiftes Admont/Steiermark, seit 1912 in der Seelsorge tätig, 1926 Vikar in Hohentauern, ab 1938 Pfarrvikar in Wald am Schoberpaß/Steiermark; Dramatiker u. Lyriker.

*Schriften:* Wenn des Krieges Fackel loht! Kriegs-Gedichte, 1915; Mutterherz im Völkerstreit (Ged.) 1916; Am Mooshof. Ein Volksstück in 3 Aufzügen, 1924; Die Samariterin. Volksstück in 5 Akten (6 Aufzügen) 1927; Lerchensang und Wachtelschlag (Ged.) 1927; Der bunte Garten (Ged.) 1930; Der Bartkönig. Ein Vagabundenstreich in 3 Aufzügen, 1932; Verklärung (Ged.) 1934; Steirische Balladen. Balladen und balladenartige Gedichte, 1959; Wie der Erzherzog zu an Leibjaga kommen is. Ein kleines Erzherzog-Johann-Spiel, 1961; Die falsche Kommission oder «Frischer Wind beim Bärenwirt». Eine ländliche Komödie in 3 Akten, 1961.

*Literatur:* TirLit. – H. EMBACHER, ~ u. d. christlichsoziale Gewerkschaftspolitik (Hausarbeit Wien) 1965; P. WIMMER, Wegweiser durch d. Lit. Tirols seit 1945, 1978. IB

**Weinberger,** Andreas, * 1. 7. 1908 Traunstein/Obb.; lebte in München; Bühnenautor u. Erz., verf. zudem 1953/54 ca. 10 sog. Volksromane n. Bühnenst. v. Ludwig → Anzengruber.

*Schriften:* Der Pfleger von Starnberg. Volksdrama in 3 Aufzügen, 1934; Weizen und Spreu. Roman einer Jugend, 1939; Der Schlampani Sepp. Vergnügliche Gebirgsjägergeschichten, 1941; Die Himmelsrout'n. Ländliche Geschichten, 1942; Jägerköpfe. Gebirgsjägergeschichten, 1942; Hundstage. Lustige Gebirgsjägergeschichten, 1942; Das gelbe Edelweiß. Wege und Werden einer Gebirgsdivision, 1943; Leitenhamer Geschichten (Zeichnungen F. Bleyer) 1943; Das Handgranatenköpfl. Bilder und Geschichten von der Eismeerfront, 1944. AW

**Weinberger,** Christiane, * 10. 1. 1936 Breslau; studierte Philos. an d. Univ. Graz, 1975 Dr. phil., ab 1977 Assistentin am Inst. für Philos. an d. Univ. Graz, 1983 Habil. ebd. u. 1985 Univ.-Doz. für Philos., 1987 krankheitsbedingte Aufgabe d. Lehrtätigkeit.

*Schriften* (Ausw.): Logik, Semantik, Hermeneutik. Eine Einführung (mit Ota W.) 1979; Evolution und Ethologie. Wissenschaftstheoretische Analysen (mit e. Geleitwort v. K. LORENZ) 1983.

*Literatur:* Bausteine zu e. Gesch. d. Philos. an d. Univ. Graz (hg. T. BINDER, R. FABIAN, U. HÖFER, J. VALENT) Amsterdam 2001. IB

**Weinberger,** Hannes, * 8. 7. 1953 Wien; gelernter Schriftsetzer u. Graphiker, in e. Verlag tätig, Veröff. in in- u. ausländ. Ztg., lebt in Hollabrunn/Niederöst.; Lyriker.

*Schriften:* Sehnsucht durch das Leben (Ged.) 1988; Die unbewegte Zeit (Ged., Vorw. W. SCHMIDT-DENGLER) 1992.

*Literatur:* Öst. Katalog-Lex. (1995) 429. IB

**Weinberger,** Hans Christoph, * 12. 12. 1934 Darmstadt; evangel. Pfarrer in Breithardt/Taunus, lebt im Ruhestand in Taunusstein/Hessen; Verf. v. lokalkundl. Schriften.

*Schriften*: Burg Hohenstein, 1997 (Neuausg. u. d. T.: Die Burg Hohenstein, 2001); Kleine Chronik des Ortes Hohenstein-Breithardt, 1998; Ein Rundgang durch das alte Wehen, o. J. (2., erw. Aufl. 2002); Kleine Geschichte von Wehen. Vergangenheit und Gegenwart, 2002; Wehener Anekdoten, 2003; Die evangelische Kirche in Wehen, 2003 (NA u. d. T.: Die evangelische Kirche in Wehen in Wort und Bild, 2004); Über die Juden in Wehen, 2003; Wer suchet, der findet. Vornamen in Wehen und anderswo. Gesammelt und mit Erläuterungen versehen, 2004; Wehen und das Dritte Reich, 2004; Mühlen in Wehen, 2004 (2., verb. Aufl. 2006); Jüdische Sitten und Gebräuche. I Bestattungen und Friedhöfe, 2005 (m. n. e.); Künstliche Burgruinen in Hessen, 2006; Weher-Lesebuch, 2006; Von Orgeln und Organisten, 2006; Burgen, Schlösser, Festungen am Rhein. Von Wiesbaden bis Lahnstein, von Mainz bis Koblenz, 2007. AW

**Weinberger,** Johannes, * 2. 7. 1975 St. Pölten/Niederöst.; verschiedene Stud. (ohne Abschluß) u. Tätigkeiten, zudem Musiker, seit 2000 freier Autor, lebt in Wien, erhielt d. Lit.preis Steyr (2003), d. Georg Timber-Trattnig Memorial Award (2007) sowie mehrere Stipendien u. Förderpreise (zuletzt Öst. Staatsstipendium f. Lit. 2008); Erz., Songtexter u. Hörsp.autor.

*Schriften:* Vérité (Rom.) 2002; Autorenmorgen (mit L. Kollmer u. M. Edelsbrunner, Autorenportraits J. Woldrich, hg. S. Buchberger) 2002; Schatzjagd (Rom.) 2003; Ich zähle zornig meine Schritte (Rom.) 2003; Mara, Mara (Rom.) 2004; Hinter dem Sichtbaren. Der Sturz (Prosadg., Grafiken R. M. Spangl, hg. S. Buchberger) 2005 (Einzelveröff. v. «Der Sturz» [Erz.] 2004); Aus dem Beinahe-Nichts (Märchen, hg. ders. u. J. Lagger) 2007; 16 Sechsunddreißigfeldzeichen. Der Fluß (mit E. A. Kienzl) 2008. AW

**Weinberger,** Karl, * 2. 12. 1892 München, † 4. 11. 1966 Holzkirchen/Obb.; Lehrer in Holzkirchen; vorwiegend Erzähler.

*Schriften:* Bayerische Leuchtkugeln. Satire und Ernst im Unterstand (mit eigenen Zeichnungen) 1919; Arnspacher. Ein Roman aus der Münchner Schwedenzeit, 1928; Vox humana. Ein Mysterienspiel in vier Aufzügen, 1930; Der Ketzerrichter Konrad (hist. Rom.) 1936; Sturm am Tegernsee (hist. Rom.) 1941; Die schöne Tölzerin (hist. Rom.) 1943; Menuett in Nymphenburg (hist. Rom.) 1944. IB

**Weinberger,** Lili → Knauss-Weinberger, Lili (ErgBd. 5).

**Weinberger,** Martin, * 21. 4. 1893 Nürnberg, † 6. 9. 1965 New York; studierte mit kriegsbedingter Unterbrechung Kunstgesch. u. Philos. an den Univ. in Würzburg, Heidelberg u. München, 1920 Dr. phil., 1920/21 Doz. für Kunstgesch. an d. Volkshochschule Nürnberg, 1922–25 versch. wiss. Hilfstätigkeiten an Mus. in München, 1926–30 Forsch.aufenthalt am Kunsthist. Institut in Florenz, 1931–33 Assistent am Theatermus. München. Aufgrund d. Rassengesetze wurde s. Arbeitsvertrag nicht verlängert u. W. emigrierte zunächst nach Italien (1933/34 in Florenz), dann nach London, ebd. bis 1936 Lehrbeauftragter am Courtauld Inst. of Art war, 1937 weiter in die USA, Lehrtätigkeit an der New York Univ., 1938–44 an der Univ. of Pennsylvania u. ab 1947 Prof. am Inst. of Fine Arts an d. Univ. in New York.

*Schriften* (Ausw.): Nürnberger Malerei an der Wende zur Renaissance und die Anfänge der Dürerschule, 1921; Dürer, der Meister deutscher Form (ausgew. u. eingel.) 1922; Ruisdael. Der Maler der Landschaft (ausgew. u. eingel.) 1924; Michelangelo, the Sculptor, 2 Bde., London 1967.

*Literatur:* Hdb. Emigration II/2 (1983) 1222; DBE [2]10 (2008) 491. – U. Wendland, Biogr. Hdb. dt.sprachiger Kunsthistoriker im Exil. Leben u. Werk der unter d. Nationalsozialismus verfolgten u. vertriebenen Wissenschaftler 2, 1999. IB

**Weinberger,** Ota, * 20. 4. 1919 Brünn, † 30. 1. 2009 Graz; studierte Rechtswiss. an d. Univ. Brünn, 4 Jahre in mehreren Konzentrationslagern inhaftiert, nach d. 2. Weltkrieg Forts. d. Stud., 1947 Dr. iur., im Gerichtsdienst tätig. Weigerte sich, d. Kommunist. Partei beizutreten, mußte daher s. Dienst quittieren u. als Schlosser arbeiten, studierte daneben Philos. an den Univ. in Brünn u. Prag, 1961 Dr. phil., 1964 Habil. u. Doz. für Logik an d. Univ. Prag. 1968 Mitarb. im «Klub d. engagierten Parteilosen», hielt sich während d. Einmarsches d. Truppen d. fünf Warschauer Pakt Staaten beim

Weltkongreß für Philos. in Wien auf u. blieb ebd., zunächst Gastdoz. an den Univ. Wien, Graz u. Linz, 1972–89 (emeritiert) o. Prof. für Rechtsphilos. u. Vorstand d. Inst. für Rechtsphilos. an d. Univ. Graz. 2004 Dr. h. c. der Univ. Brünn.

*Schriften* (Ausw.): Rechtslogik, 1970 (2., umgearb. u. wesentlich erw. Aufl. 1989); Logische Analyse in der Jurisprudenz, 1979; Fanatismus und Massenwahn. Quellen der Verfolgung von Ketzern, Hexen, Juden und Außenseitern (hg. mit A. Grabner-Haider u. K. Weinke) 1987; Moral und Vernunft. Beiträge zu Ethik, Gerechtigkeitstheorie und Normenlogik, 1992; Aus intellektuellem Gewissen. Aufsätze von O. W. über Grundlagenprobleme der Rechtswissenschaft und Demokratietheorie (hg. z. 80. Geb.tag d. Autors v. M. Fischer, P. Koller u. W. Krawietz) 2000; Wahrer Glaube. Agnostizismus und Logik der theologischen Argumentation, 2004.

*Literatur:* Theorie d. Normen. Festgabe für ~ z. 65. Geb.tag (hg. W. Krawietz, H. Schelsky, G. Winkler, A. Schramm) 1984 (mit Schr.verzeichnis); Institution u. Recht. Grazer Internationales Symposium zu Ehren v. ~ (hg. P. Koller, W. Krawietz u. P. Strasser) 1994 (mit Schr.verzeichnis); Bausteine zu e. Gesch. d. Philos. an d. Univ. Graz (hg. T. Binder, R. Fabian, U. Höfer, J. Valent) Amsterdam 2001. IB

**Weinberger,** Peter, * 11.4. 1943 Wien; seit 1969 Assistent am Inst. f. Physikal. Chemie d. Univ. Wien u. 1970 Dr. phil. ebd., 1971–73 Forsch.assistent u. Gastdoz. an den Univ. Uppsala, New York u. Oxford/England, 1972–78 Assistent am Inst. f. Techn. Elektrochemie d. TU Wien, 1978 Habil., 1980–82 Mitarb. an d. Univ. Bristol/England, seit 1982 Prof. f. Quantenchemie am Inst. f. Techn. Elektrochemie u. Festkörperchemie d. TU Wien u. Berater am «Center for Materials Science» d. Nationallaboratoriums in Los Alamos/New Mexico, zudem verschiedene Gastprofessuren, u. a. in Jülich, Zürich, New York u. Paris; Erzähler.

*Schriften* (ohne Fachschr.): Ave Eva. Zeitreise eines Geschichtenerzählers namens Jossuah aus Kapernaum in erzählten, gemalten und gedachten Bildern (Graphiken U. Wittwer) 1997; Die kleine Frau Hofmann. Zwei Fast-Kriminalgeschichten aus der Wiener Leopoldstadt (Illustr. J. Moser) 1999; Apograffiti. Zwanzig unzeitgemäße Erzählungen, 2001; Lepra (Fotos M. Erben) 2003. AW

**Weinberger,** Sabine Franziska, * 27.6. 1967 (Ort unbek.); studierte bis 1996 Slawistik u. Anglistik/Amerikanistik an d. Univ. Innsbruck, Übersetzerin, Kdb.autorin u. Erzählerin.

*Schriften:* Flügellos. Eine zauberhafte Geschichte, 2007.

*Literatur:* TirLit. AW

**Weinbörner,** Udo, * 9.2. 1959 Plettenberg/Nordrhein-Westf.; 1984–2006 Referent im Bundesministerium der Justiz in Bonn, seit 2007 Referatsleiter im Bundesamt f. Justiz ebd.; 1986–96 Hg. v. «BlitZ – Bonner lit. Ztg.», verf. Feuill.beitr. f. «Die Welt» u. d. «Rhein. Merkur», Kurzhörsp. f. d. Westdt. Rundfunk, Beitr. f. d. Laufzeit Verlag Berlin sowie f. Sport- u. jurist. Fachzs. (u. a. «IPRax – Praxis d. Internationalen Privat- u. Verfahrensrechts», «D. Rechtspfleger» u. «D. Rechtspflegerbl.»), zudem als Redenschreiber tätig, lebt in Meckenheim/Nordrhein-Westf.; Erz. sowie Verf. v. Ratgebern u. jurist. Fachliteratur.

*Schriften* (Ausw.): Debüt (Erz.) 1984; Goethe ade (Ged.) 1986; Der Froschkönig (Rom.) 1988; In Sachen Eva D. Die Geschichte einer Zwangssterilisierten. Roman, mit Materialien zu den geschichtlichen Hintergründen, 1989 (auch als Theaterst.); Hinter der Tretmühle beginnt das Leben. Lassen Sie sich nicht von Streß, Hetze und Alltagstrott kaputtmachen! (Ratgeber) 1992; Die heilende Kraft des Trauerns. Lesebuch, 1992; Der Rechtsratgeber für Frauen. Ihre Rechte in Beruf, Partnerschaft, Familie und Alltag (Ratgeber, mit Anne W.) 1992; So erwerbe und sichere ich Grundeigentum. Ein Ratgeber für das Grundbuchrecht in Ost- und Westdeutschland, 1992 (2., vollständig überarb. u. erw. Aufl. 1993); Selbstverständlich selbständig! Wie Frauen erfolgreich den Weg in die berufliche Unabhängigkeit finden (Ratgeber, mit Anne W.) 1993; Kursbuch Immobilien. Der umfassende Ratgeber für Käufer, Anleger und Bauherren (Ratgeber) 1995; Garantiert Steuern sparen! (Ratgeber, mit J. Baus) 1995; Zwangs- und Teilungsversteigerung bei Grundbesitz. Ein Ratgeber mit Praxistips und Erfolgsstrategien, 1995 (2., überarb. u. erw. Aufl. mit d. Untertitel: Beispiele, Hinweise und Erfolgsstrategien für Bieter, Gläubiger, Eigentümer und Berater, 2000); Das neue Insolvenzrecht mit EU-Übereinkommen (Sachb.) 1997; Schiller. Der Roman, 2005; Das Herz so rot. Der Georg Büchner Roman, 2009. AW

**Weinbrenner,** (Johann Jakob) Friedrich, * 29. 11. 1766 Karlsruhe, † 1. 3. 1826 ebd.; Sohn d. Hofzimmermeisters Johann Ludwig W. († 1774), besuchte d. Handwerkerschule v. Christian Heinrich Fahsolt u. später einige Jahre d. Gymnasium, 1787–89 Bauführer in Zürich, dann in Lausanne, wo er Flötenunterricht erteilte. 1790 Stud.aufenthalt in Wien u. 1791/92 in Berlin, Bekanntschaft u. a. mit den Architekten Carl Gotthard Langhans u. Hans Christian Genelli. 1792–97 Italienreise, 1797/98 Assistent des amtierenden Hofbauinspektors in Karlsruhe, 1799 in Straßburg, seit 1801 Hofbauinspektor in Karlsruhe, das er zur großherzoglichen Residenz ausbaute (Bauten u. a. evangel. u. kathol. Stadtkirche, Synagoge, Rathaus, Münze, Hoftheater). 1800 Leiter e. staatlich geförderten privaten Bauschule, d. 1825 in die neu gegründete Polytechn. Schule Karlsruhe aufging (heutige TH). Daneben baute er u. a. auch in Baden-Baden (u. a. das Kurhaus). 1801 Großherzoglicher Baudir., führte d. gesamte Bauwesen Badens, 1825 Geheimrat, Ehrenmitgl. d. Kunstakad. in Berlin u. München.

*Schriften* (Ausw.): Über Theater in architektonischer Hinsicht mit Beziehung auf Plan und Ausführung des neuen Hoftheaters zu Carlsruhe, 1809; Ausgeführte und projektierte Gebäude, 1., 3. u. 7. H., 1822, 1830 u. 1835 (Nachdr. mit Komm. v. W. SCHIRMER, 1978); Denkwürdigkeiten aus seinem Leben, von ihm selbst geschrieben (hg. u. mit e. Anh. begleitet v. A. SCHREIBER) 1829 (hg. u. mit e. Nachw. v. K. K. EBERLEIN, 1920; hg. A. V. SCHNEIDER, 1958); Briefe und Aufsätze (hg. A. VALDENAIRE) 1926.

*Literatur:* Meusel-Hamberger 16 (1812) 170; 21 (1827) 421; ADB 41 (1896) 500; Thieme-Becker 35 (1942) 288; Killy 12 (1992) 203; Schmidt, Quellenlex. 32 (2002) 480; DBE ²10 (2008) 491. – A. SCHREIBER, ~. E. Denkmal d. Freundschaft, 1826; A. WOLTMANN, ~ (in: Bad. Biogr. 2, hg. F. v. WEECH) 1875; O. SENECA, ~ (Diss. Karlsruhe) 1907; A. VALDENAIRE, ~. S. Leben u. s. Bauten,1919 (2., erw. Aufl. 1926; Nachdr. 1976 u. 1985 [= 4. Aufl., mit erg. Schr.- u. Lit.verzeichnis]); DERS., ~ u. Tulla (in: Bad. Heimat 15) 1928; DERS., Karlsruhe, d. klassisch gebaute Stadt, o. J. [1929]; S. SINOS, Entwurfsgrundlagen im Werk ~s (in: Jb. d. Staatlichen Kunstslg. Baden-Württ. 8) 1971; K. LANKHEIT, ~ – Beitr. zu s. Werk (in: Fridericiana, H. 19) 1976; W. SCHIRMER, ~ 1766–1826 (in: Dortmunder Architekturausstellung 1977: 5 Architekten d. Klassizismus in Dtl., Ausstellungskat.) 1977; K. LANKHEIT, ~ u. d. Denkmalskult um 1800, 1979 (Reprint 1998); S. SINOS, ~, s. Beitr. z. Baukunst d. 19. Jh. (in: Karlsruher Beitr. 1) 1981; C. ELBERT, Die Theater ~s – Bauten u. Entwürfe, 1988 (zugleich Diss. Karlsruhe 1985); ~ u. s. Schule (Ausstellung [...] Karlsruhe [...], Bearb. P. PRETSCH) 1987; F. WERNER, ~ (1766–1826) (in: Baden-Württ. Portraits 2. Gestalten aus d. 19. u. 20. Jh., hg. H. SCHUMANN) 1988; Juden in Karlsruhe. Beitr. zu ihrer Gesch. bis z. nationalsozialist. Machtergreifung (hg. H. SCHMITT) 1988; H. M. GUBLER, Karlsruhe u. d. Schweizer Architektur im frühen 19. Jh. Z. grenzüberschreitenden Wirkung ~s (in: Unsere Kunstdenkmäler 40) 1989; F. WERNER, ~ 1766–1826 (in: Große Badener. Gestalten aus 1200 Jahren, hg. H. ENGLER) 1994; G. LEIBER, ~s städtebauliches Schaffen für Karlsruhe, 2 Bde., 1996 u. 2002; W. SCHIRMER, Klassizismus in Karlsruhe ~ (1766–1826). Stadtplaner, Architekt, Baubeamter, Lehrer (in: Schlösser Baden-Württ. 1) 2001; U. M. SCHUMANN, ~s Weg nach Rom. Bauten, Bilder u. Begegnungen, 2008. IB

**Weindel,** Philipp, * 18. 2. 1900 Venningen/Rhld.-Pfalz, † 6. 12. 1988 Landau/Pfalz; studierte Theol. in Eichstätt u. Innsbruck, 1923 Priesterweihe in Speyer, zunächst Kaplan, ab 1929 Pfarrer in Roxheim, 1934 Studienrat am Gymnasium in Landau, 1938 Dr. theol., 1946 Domkapitular v. Speyer, 1965 Domprobst, versch. Auszeichnungen.

*Schriften* (Ausw.): Das Verhältnis von Glauben und Wissen in der Theologie Franz Anton Staudenmaiers. Eine Auseinandersetzung katholischer Theologie mit Hegelschem Idealismus, 1940; Der Mensch vor Gott. Beiträge zum Verständnis der menschlichen Gottbegegnung (hg. mit R. HOFMANN) 1948; Der Dom zu Speyer. Geschichte, Beschreibung, 1970 (2., [verb.] Aufl. 1972; 3. u. 4., überarb. Aufl. 1977 u. 1980; 6., überarb. Aufl. 1990).

*Literatur:* V. CARL, Lex. Pfälzer Persönlichkeiten (3., überarb. u. erw. Aufl.) 2004. IB

**Weindich,** Gabriele, * 18. 9. 1929 Bartenstein/Ostpr.; verh. mit Jupp → Weindich, studierte Chordirigieren an d. Hochschule f. Musik Hanns Eisler in Berlin, Begründerin u. über 50 Jahre Leiterin v. gemischten Chören u. Singakad. in Berlin, Stralsund, Brandenburg u. Neustrelitz, absolvierte zudem e. Fernstud. d. Kulturwiss. an d. HU Berlin m. Diplomabschluß, lebt in Neustrelitz/Mecklenburg-Vorpommern.

*Schriften:* O Fortuna ... Lebensrhythmen. Autobiografische Notizen, 2008.

*Literatur:* F. WILHELM, «Früher wurden d. Chöre einfach mehr geschätzt». Bei d. Chorleiterin ~ treffen Beruf u. Berufung zusammen. D. Gründerin d. Singakad. u. der «Turmvokalisten» (in: Nordkurier 182) 2004. AW

**Weindich,** Jupp (eig. Josef Adolf), * 16. 4. 1932 Oppeln/Oberschles.; verh. mit Gabriele → W., studierte an d. Musikhochschule in Halle/Saale, 1955 Staatsexamen als Opernregisseur, 2 Jahre Regisseur u. Dramaturg am Theater Stralsund, Obersp.leiter am Musiktheater Neubrandenburg, 9 Jahre Entwicklungsregisseur, Leiter d. Studios u. Spielleiter an d. Staatsoper Berlin, 1968–91 Intendant am Theater Neustrelitz, absolvierte zudem e. Fernstud. d. Kulturwiss. an d. HU Berlin m. Diplomabschluß, lebt in Neustrelitz/Mecklenburg-Vorpomm.; Liederdichter, Librettist, Jgdb.autor u. Erz., veröff. zudem verschiedene Schriften im Eigenverlag.

*Schriften* (ohne Eigenverlag): Krach um Kater Paul (Jgdb., Zeichnungen W. Schinko) 1998; Saskia (Erz.) 2000; Wende-Trilogie, I Heiraten ist riskant, II Clown Charly. Eine turbulente Theatergeschichte, III Engel e. V., 2001–03; Applaus? Geschichten eines Theatermachers, 2004.

*Literatur:* Theater-Lex. 5 (2004) 3119. – S. SCHULZ, Spuren hinterlassen in konflikthaltigem Alltag. D. Neustrelitzer Autor ~ wird heute 70 (in: Nordkurier 88) 2002. AW

**Weine,** Weinrich (Ps. f. Jürgen Preuss), * 18. 2. 1942 Düsseldorf; Ausbildung z. Reedereikaufmann, 36 Jahre in d. Überseeschiffahrt tätig, zuletzt als Unternehmensberater, seit 1995 freier Autor, lebt in Ratingen/Nordrhein-Westf.; Lyriker.

*Schriften:* Nieder mit dem Mieder! Weibgedichte, 1997; Von unten betrachtet. Grabsprüche, 2000; Der Reißwolf heult mit (Ged.) 2006; Alles in Buddha. Ein Dialog, 2008. AW

**Weineck,** Ladislaus → Weinek, Ladislaus.

**Weinek** (auch Weineck), Ladislaus, * 13. 2. 1848 Ofen (heute Budapest), † 12. 11. 1913 Prag; studierte 1865–73 Mathematik, Physik u. Astronomie in Wien, Berlin u. Leipzig, zudem 1869/70 Erzieher d. Kinder e. Grafen in Erdökürt u. 1872/73 Vermesser in Leipzig u. München, seit 1873 wiss. Mitarb. u. später Leiter d. Projekts d. Beobachtung d. Venusdurchgangs an d. Sternwarte Schwerin, 1874 stellvertretender Leiter d. dt. Venusexpedition zum Kerguelen-Archipel im Ind. Ozean, seit 1875 Observator d. Sternwarte Leipzig, kurz darauf Mitarb. d. Privatsternwarten Gohlis u. Dresden, 1879 Dr. phil. Jena, seit 1883 o. Prof. d. Astronomie an d. Dt. Univ. u. Dir. der k. k. Sternwarte in Prag; 1893 Ehrendoktor d. Univ. Berkeley/Kalif., Mitgl. zahlr. naturwiss. Gesellsch., u. a. der Leopoldin.-Karolin. Akad. d. Naturforscher Halle/Saale, Ehrenmitgl. d. Astronom. Gesellschaften v. Leipzig, London, Paris, San Francisco, Brüssel u. a.; Fachschriftenautor.

*Schriften* (Ausw.): Beobachtung des Venus-Durchganges am 6. December 1882 zu Dresden, 1883; Anleitung zum Gebrauche der unter Kontrolle des Astronomen Dr. L. W. entworfenen rotirenden Sternkarte des nördlichen Himmels mit Beispielen (mit M. SCHNEIDER) 1885; Atlas der Himmelskunde. Auf Grundlage der Ergebnisse der coelestischen Photographie [...] (mit A. Freiherr v. SCHWEIGER-LERCHENFELD) 1898; Astronomische Beobachtungen an der K. K. Sternwarte zu Prag in den Jahren 1892–1899. Nebst Zeichnungen und Studien der Mondoberfläche nach photographischen Aufnahmen (hg.) 1901; Erläuterungen zum Prager photographischen Mond-Atlas, 1901; Die Reise der deutschen Expedition zur Beobachtung des Venusdurchganges am 9. Dezember 1874 nach der Kergueleninsel und ihr dortiger Aufenthalt [Neuherausgabe e. Ms.druckes d. Jahres 1887] 1911.

*Literatur:* Wurzbach 54 (1886) 28; Biogr. Jb. 18 (1917) *135. – J. C. POGGENDORFF, Biogr.-lit. Handwb. z. Gesch. d. exacten Wiss. [...] III, 1898; IV, 1904; V, 1926; A. HINRICHSEN, D. lit. Dtl. (2., verm. u. verb. Aufl.) 1891; F. JAKSCH, Lex. sudetendt. Schriftst. u. ihrer Werke für d. Jahre 1900–1929 [...], 1929. AW

**Weinel,** Heinrich, * 28. 4. 1874 Vonhausen (heute zu Büdingen/Hessen), † 29. 9. 1936 Jena; studierte Theol. in Gießen u. Berlin, 1899 Stiftsrepetent in Bonn, 1900 Habil. ebd., 1904 a. o. Prof. f. NT an d. Univ. Jena, zudem seit 1904 Hg. d. Reihe «Lebensfragen. Schr. u. Reden» sowie seit 1909 theolog. Leiter d. Jenaer Ferienkurse f. Lehrerinnen u. Lehrer, bis 1912 Vorstand d. «Vereinigung d. Freunde d. Christl. Welt», 1916–18 Lazarettprediger in Görlitz, 1921/22 Rektor d. Univ. Jena u. seit 1925 o. Prof. f. NT ebd.; Verf. v. theolog. Fachschriften.

*Schriften* (Ausw.): Paulus als kirchlicher Organisator, 1899; Jesus im neunzehnten Jahrhundert, 1903 (3., neubearb. Aufl. m. e. Schlußteil: Im neuen Jh., 1914); Die Gleichnisse Jesu. Zugleich eine Anleitung zu einem quellenmäßigen Verständnis der Evangelien, 1904 (4., durchgängig verb. Aufl. 1918); Paulus. Der Mensch und sein Werk. Die Anfänge des Christentums, der Kirche und des Dogmas, 1904 (2., gänzl. umgearb. Aufl. 1915); Die urchristliche und die heutige Mission. Ein Vergleich, 1907; Ibsen, Björnson, Nietzsche. Die Kritik des Individualismus am Christentum, 1907; Die Stellung des Urchristentums zum Staat, 1908; Ist das «liberale» Jesusbild widerlegt? Eine Antwort an seine «positiven» und an seine radikalen Gegner mit besonderer Rücksicht auf A. Drews, Die Christusmythe, 1910; Biblische Theologie des Neuen Testaments. Die Religion Jesu und des Urchristentums, 1911 (2., vielfach verb. u. verm. Aufl. 1913; 3., durchgängig verb. u. tw. umgearb. Aufl. 1920; 4., völlig neubearb. Aufl. 1928); Zur Reform des Religionsunterrichts. Die Dresdener Leitsätze des Bundes für Reform des Religionsunterrichts, 1912; Johann Gottlieb Fichte, 1914; Paulus und Seneca, 1917; Die Religion in der Volkshochschule. Mit 32 Entwürfen für Vortragsreihen und Arbeitsgemeinschaften, 1919; Die Bergpredigt. Ihr Aufbau, ihr ursprünglicher Sinn und ihre Echtheit, ihre Stellung in der Religionsgeschichte und ihre Bedeutung für die Gegenwart, 1920; Sozialismus und Christentum. Männer und Programme, 1920; Die Hauptrichtungen der Frömmigkeit des Abendlands und das Neue Testament (Rede) 1921; Luthers wirtschaftliche und politische Anschauungen, 1922; Die spätere christliche Apokalyptik, 1923; Der Sinn der Carl Zeiß-Stiftung. Ernst Abbes sozialpolitische Gedanken. Aus seinen Vorträgen und Schriften, 1925; Aus der Gotteslehre der gegenwärtigen Philosophie und Theologie, 1927; Das Jesusbild in den geistigen Strömungen der letzten 150 Jahre, 1927; Das Gebet in den Religionen der Gegenwart, 1928; Richard Adelbert Lipsius. Gedächtnisrede [...], 1930; Die deutsche evangelische Kirche, ihre Notwendigkeit, ihre Aufgaben, ihre Gestaltung und ihr Bekenntnis, nebst einer Chronik der Versuche deutscher kirchlicher Einigung von 1807 bis 1. Juni 1933, 1933; Offener Brief an den Führer der Deutschen Glaubensbewegung Professor Hauer, 1934.

*Nachlaß:* F. W. Graf, D. Nachl. ~s (in: Zs. f. Kirchengesch. 107) 1996.

*Literatur:* LThK ²10 (1965) 996; Biogr.-Bibliogr. Kirchenlex. 13 (1998) 616; Schmidt, Quellenlex. 32 (2002) 480; RGG ⁴8 (2005) 1361; DBE ²10 (2008) 491. – A. Harnack, ~, ‹D. Wirkungen des Geistes u. der Geister› (in: Theolog. Lit.ztg. 18) 1899; G. Krüger, ~, ‹D. Wirkungen des Geistes u. der Geister› (in: ARW 2) 1899; W. Bousset, ~, ‹D. Wirkungen des Geistes u. der Geister› (in: GGA 163) 1901; E. Haupt, Der Fall ~ (in: Dt.-Evangel. Bl. NF 3) 1903; M. Reischle, Theol. u. Rel.gesch. Fünf Vorlesungen gehalten auf d. Ferienkurs in Hannover im Oktober 1903, 1904; R. H. Grützmacher, D. Forderung einer modernen positiven Theol. unter Berücksichtigung v. Seeberg, T. Kaftan, Bousset, ~ (in: Neue kirchl. Zs. 15) 1904; E. Krieck, Die neueste Orthodoxie u. d. Christusproblem. Eine Rückantwort an ~, nebst einigen Bem. z. Jülicher, Bornemann, Beth und v. Soden, 1910; A. Drews, D. Zeugnisse f. d. Geschichtlichkeit Jesu. E. Antwort an d. Schriftgelehrten m. besonderer Berücksichtigung d. theolog. Methode. [...], 1911; K. W. Feyerabend, Ist unsere Verkündigung v. Jesus unhaltbar geworden? Ein Wort z. der v. Prof. ~ gestellten u. beantworteten Frage (in: Zs. f. Theol. u. Kirche 21) 1911; A. Schweitzer, Gesch. der Paulin. Forsch. v. der Reformation bis auf d. Ggw., 1911; M. Rade, Wilhelmshöhe 2. u. 3. Juli (= An d. Freunde. Vertrauliche, d. i. nicht f. d. Öffentlichkeit bestimmte Mitt. Nr. 37) 1911; ders., Nach dem Evangel.-Sozialen Kongreß. Geschrieben im Juni (= An die Freunde. Vertrauliche, d. i. nicht f. d. Öffentlichkeit bestimmte Mitt. Nr. 41) 1912; A. Harnack, ~s ‹Bibl. Theol. des NT› (in: D. Christl. Welt 26) 1912; W. Bousset, ~, ‹Bibl. Theol. des NT› (in: Theolog. Lit.ztg. 37) 1912; R. Bultmann, Vier neue Darst. der Theol. des NT (in: Mschr. f. Pastoraltheol. z. Vertiefung d. gesamten pfarramtl. Wirkens 8) 1912; P. Fiebig, Jesu Gleichnisse im Lichte der rabbin. Gleichnisse (in: Zs. f. d. neutestamentl. Wiss. u. d. Kunde der älteren Kirche 13) 1912; E. Preuschen, Erklärung (z. Kontroverse ~ – Fiebig) (ebd.) 1912; M. Brückner, Die neuen Darst. der neutestamentl. Theol. (in: Theolog. Rs. 16) 1913; J. Weiss, NT (in: ARW 17) 1914; H. R. Mackintosh, Recent Thought on the Atonement: ~, Harnack, Herrmann, Brown, Campbell, Moberly (in: Rev. and Expositor 12) Louisville/Kentucky 1915; C. Onnasch, Was kann e. Prof. der Theol. einer Gemeinde nützen? (= An d. Freunde. Vertrauliche, d. i. nicht f. d. Öffentlichkeit bestimmte Mitt. Nr. 63) 1919; J. Resch,

Kirchenpolitikfreie Rel. (= An d. Freunde. Vertrauliche, d. i. nicht f. d. Öffentlichkeit bestimmte Mitt. Nr. 68) 1920; E. STIER, Erste Hauptverslg. d. Bundes f. Ggw.christentum (= An d. Freunde. Vertrauliche, d. i. nicht f. d. Öffentlichkeit bestimmte Mitt. Nr. 81) 1925; O. RÜHLE, Der Theolog. Verlag v. J. C. B. Mohr (Paul Siebeck). Rückblicke u. Ausblicke, 1926; ~ z. 60. Geb.tag (= D. freie Volkskirche 22, Sammelbd.) 1934; K. HEUSSI, ~ als Theolog (in: D. christl. Welt 50) 1936; C. MENSING, Begegnungen m. ~ (ebd.); E. WENTSCHER, ~ in s. Jugend im Rheinland (ebd.); M. ZIMMERMANN, ~ u. s. Schülerinnen (ebd.); H. JURSCH, ~ als Lehrer (ebd.); H. TÖGEL, Erinn. an ~ (in: Protestantenbl. 69) 1936; H. W. BEYER, ~ † (in: D. Wartburg 35) 1936; R. KADE, ~ u. d. Volkshochschule (in: D. christl. Welt 51) 1937; H. JURSCH, ~ z. Gedächtnis (in: Feierstunde auf d. Augustusburg am 7. Juni 1938) 1938; H. E. EISENHUTH, ~ z. Gedächtnis (in: Dt. Christentum. Wochenztg. d. Nationalkirchl. Bewegung Dt. Christen 3) 1938; J. RATHJE, D. Welt des freien Protestantismus. Ein Beitr. z. dt.-evangel. Geistesgesch. Dargest. an Leben u. Werk v. Martin Rade, 1952; K. HEUSSI, Gesch. der Theolog. Fak. zu Jena, 1954; Gesch. der Univ. Jena 1548/58 bis 1958. FS z. vierhundertjährigen Univ.jubiläum (hg. M. STEINMETZ) 1958; Verz. d. Prof. u. Doz. der Rhein. Friedrich-Wilhelms-Univ. zu Bonn 1818–1968 (hg. O. WENIG) 1968; H. v. HINTZENSTERN, 50 Jahre Thüringer Kirche (in: Aus zwölf Jh. Thüringer kirchl. Stud. II) 1972; A. LINDEMANN, Jesus in der Theol. des NT (in: Jesus Christus in Historie u. Theol. Neutestamentl. FS f. Hans Conzelmann z. 60. Geb., hg. G. STRECKER) 1974; F. W. KANTZENBACH, Kirchl.-theolog. Liberalismus u. Kirchenkampf. Erwägungen z. einer Forsch.aufgabe (in: Zs. f. Kirchengesch. 87) 1976; Briefe des Kaplans Leonhard Fendt aus den Jahren 1905–1910. E. Beitr. z. Modernismus-Forsch. (hg. u. erl. K.-D. WIGGERMANN, in: ebd. 91) 1980; K. MEIER, Barmen u. d. Univ.theol. (in: Die luther. Kirchen u. d. Bekenntnissynode v. Barmen. Referate d. internat. Symposiums auf d. Reisenburg 1984, hg. W.-D. HAUSCHILD, G. KRETSCHMAR u. C. NICOLAISEN) 1984; E. VIEHÖFER, D. Verleger als Organisator. Eugen Diederichs u. d. bürgerl. Reformbewegungen der Jh.wende (in: Arch. f. Gesch. d. Buchwesens) 1988; W. ZAGER, Begriff u. Wertung der Apokalyptik in der neutestamentl. Forsch.,1989; G. SINN, Christologie u. Existenz. Rudolf Bultmanns Interpr. des paulin. Christuszeugnisses, 1991; G. LÜDEMANN, D. Wiss.verständnis der Rel.geschichtl. Schule im Rahmen des Kulturprotestantismus (in: Kulturprotestant. Beitr. z. e. Gestalt des modernen Christentums, hg. H. M. MÜLLER) 1992; H. PLEITNER, D. Ende der liberalen Hermeneutik am Beispiel Albert Schweitzers, 1992; C. SCHWÖBEL, Einl. (in: An d. Freunde. Vertrauliche, d. i. nicht f. d. Öffentlichkeit bestimmte Mitt. [1903–1934], Nachdr.) 1993; M. HONECKER, Nationale Identität u. theolog. Verantwortung. Überlegungen z. e. spannungsvollen Beziehung (in: Zs. f. Theol. u. Kirche 92) 1995; E. KOCH, Christentum zw. Rel., Volk u. Kultur. Beobachtungen z. Profil u. Wirkung des Lebenswerks v. ~ (in: Zw. Konvention u. Avantgarde. Doppelstadt Jena – Weimar, hg. J. JOHN u. V. WAHL) 1995; F. W. GRAF, Das Laboratorium der rel. Moderne. Zur «Verlagsrel.» des Eugen Diederichs Verlags (in: Versammlungsort moderner Geister. Der Eugen Diederichs Verlag – Aufbruch ins Jh. der Extreme, hg. G. HÜBINGER) 1996; N. JANSSEN, Vermittlung theolog. Forsch.ergebnisse durch Ferienkurse u. d. Engagement der «Rel.geschichtl. Schule» (1892–1914) (in: Hist. Wahrheit u. theolog. Wiss. Gerd Lüdemann z. 50. Geb.tag, hg. A. ÖZEN) 1996; A. ÖZEN, D. RGG als Beispiel f. Hoch-Zeit u. Niedergang d. «Rel.geschichtl. Schule» im Wandel der dt. protestant. Theol. d. ersten Viertels d. 20. Jh. (in: D. «Rel.geschichtl. Schule». Facetten e. theolog. Umbruchs, hg. G. LÜDEMANN) 1996; Dt. biogr. Enzyklopädie d. Theol. u. d. Kirchen 2 (hg. B. MOELLER u. B. JAHN) 2005; R. CONRAD, Lex.politik. D. erste Aufl. d. RGG im Horizont protestant. Lexikographie, 2006. AW

**Weinelt,** Herbert, * 30. 10. 1910 Freiwaldau/Öst.-Schles., † 23. 2. 1943 (gefallen) bei Charkow; studierte Sprachwiss. an d. Univ. Prag, 1934 Dr. phil., 1935–42 Assistent am «Sudetendt. Mundartwb.», 1939 Habil. an d. Univ. Prag, ab 1942 Doz. für Volksk. u. Volksforsch. an d. Univ. Königsberg, Begründer u. Hg. d. Zs. «Dt. Volksforsch. in Böhmen u. Mähren».

*Schriften* (Ausw.): Burg und Schloß Freudenthal im Wandel der Geschichte, 1937; Beiträge zur mährisch-schlesischen Volks- und Heimatforschung, H. 1 (hg.) 1938 (m. n. e.); Die mittelalterliche deutsche Kanzleisprache in der Slowakei, 1938 (Reprint 1979); Das Stadtbuch von Zipser Neudorf und seine Sprache. Forschungen zum Volkstum einer ostdeutschen Volksinselstadt, 1940;

Deutsche mittelalterliche Stadtanlagen in der Slowakei. Ein Beitrag zur ostdeutschen Volkstumsgeographie, 1942; Siedlung und Volkstum südlich des Altvaters, 1944.

*Literatur:* Heiduk 3 (2000) 167. – W. JUNGANDREAS, ~, ‹D. ma. dt. Kanzleisprache in d. Slowakei› (in: Zs. für Dialektologie u. Linguistik 16) 1940; J. GRÉB, ~ ‹D. Stadtbuch von Zipser Neudorf u. s. Sprache› (in: ebd. 18) 1942; H. SCHLENGER, ~. Werk u. Leistung e. ostdt. Volksforschers (in: Dt. Arch. für Landes- und Volksforsch. 8) 1944 (mit Schriftenverzeichnis). IB

**Weiner,** Christine (Ps. Karoline Weber), * 1960 Gießen; arbeitete als Heilpädagogin, studierte dann Betriebswirtschaftslehre m. Diplom-Abschluß f. Personalentwicklung, führt e. Unternehmensberatungsfirma in Mannheim, auch journalist. tätig, lebt in Mannheim; Erz. u. Verf. v. Ratgebern.

*Schriften:* Nimm zwei (Rom.) 1998 (Neuausg. 2004); Der Sonntagskuchen. Eine Geschichte von Liebe, Glück und Lebenslust (Illustr. K. Assmann, Rezepte E. HESS) 2002; Wer schön sein will, muß sich lieben. Sinnliches Selbstcoaching für Frauen (mit G. KUTSCHERA) 2002; Das feine Leben der Geliebten (Rom.) 2003; Blöde Kuh! oder Warum beste Freundinnen sich trennen und wie sie wieder zueinander finden, 2003; Diva, Zicke, kleines Luder. Lebenskünstlerinnen lieben die Verwandlung, 2004 (Neuausg. 2008); Emanuel. Wie ein Engel mein Leben veränderte (mit C. ZIMMER) 2004 (Tb.ausg. 2006); Keine Diät ist die beste Diät. Ein liebevoller Begleiter zum Wunschgewicht. Abnehmen ohne Kalorienzählen, Diätplan & schlechte Laune, 2006; Das Pippilotta-Prinzip. Ich mach mir die Welt, wie sie mir gefällt (mit C. KUPFER) 2006 (auch als Hörbuch [1 CD]; Neuausg. 2009); Die perfekte Fußballbraut. So meistern Sie mit Ihrem Liebsten die Fußball-WM und die Zeit danach (mit DERS.) 2006; Täglich zu Tiffany. Vom Vergnügen, anders zu sein (mit DERS.) 2007; Keine Angst vor großen Tieren. So zähmen Sie Ihren Chef, 2007; Feuerjahre. Liebe, Lust und Leidenschaft mit Forty Something (mit U. RICHTER) 2008; Der Struwwelpeter für Eltern. Mut zum Erziehen. Mit Liebe und Selbstvertrauen Eltern sein (mit K. L. HOLTZ) 2008. AW

**Weiner,** Giula → Broda, Ina.

**Weiner,** Herbert, Lebensdaten u. biogr. Einzelheiten unbek.; lebte in Koblenz (1958); Erzähler.

*Schriften:* Ein Stein fiel aus der Krone. Ein lustiges Spiel, 1949; Dreimal Dreizehnter. Eine Jungengeschichte aus unseren Tagen, 1954. AW

**Weiner,** Otto, * 8. 9. 1892 Schaffhausen/Schweiz, Todesdatum u. -ort unbek.; Hauptlehrer u. Rektor, lebte in Konstanz (1958); Verf. v. lokalkundl. Schriften.

*Schriften:* Die Im-Thurn in Büsingen. Eine heimatliche Studie, 1925; Büsingen am Hochrhein, die reichsdeutsche Insel in der Schweiz (Zeichnungen Ekkehard W.) 1938. AW

**Weiner,** Richard M., * 6. 2. 1930 Czernowitz/Bukowina; flüchtete 1969 in d. Westen, Mitarb. am Europäischen Zentrum f. Kernforsch. (CERN) in Genf, 1974–95 (Emeritierung) Prof. f. theoret. Physik an d. Univ. Marburg/Lahn, 1977 Mitgl. d. Academy of Science of New York, forscht seit 1995 am Laboratoire de Physique Theorique d. Univérsité Paris-Sud, lebt in Marburg und Paris.

*Schriften* (ohne Fachschr.): Das Miniatom-Projekt. Ein Wissenschafts- und Kriminalroman, 2007. AW

**Weinert,** Alois → Weinert-Wilton, Louis.

**Weinert,** Andreas, * etwa um 1700 Leutschau/Zips/Oberungarn, † nach 1750 wahrsch. Eperies/Oberungarn; Bruder von Samuel → W., Schulbesuch in Leutschau, studierte ab 1719 evangel. Theol. an der Univ. Wittenberg, 1722 Dr. theol., Konrektor u. Rektor in Wetzlar, 1722–29 Konrektor u. dann Rektor in Leutschau, ab 1729 Pfarrer in Eperies; Verf. v. lat. Abh., dt. Predigten sowie Gedichten.

*Schriften* (Ausw.): Cautelae circa id, quod in religione ac theologia practicum dicitur, observandae, 1722; Die sonderbahre Schickung Gottes bey der Ehe des [...] David Frühauffs Seelen-Sorgers in Topschau [...] mit der Frauen Susanna verwittibten Katschierin geb. Wachsmannin, [...], wohlmeinend betrachtet, 1724; Das wohlregierende Alter an dem [...] Johann Caspar Amman [...] gewesenen Kauff- und Handels-Mann [...] dieser Stadt Leutschau [...] den 22 Januarii 1725 Jahres seelig verlassen [...] der Trauer-Versammlung gezeuget und vorgestellet, 1725; Hominis Dextra felicitas triplex; das ist die dreifache Glückseligkeit des Menschen [...] als

Herr Samuel Michaelides [...] Herrn Johann Gottfried Erteln [...] seine Tochter Rebekkam christehlich anvertrauete [...], 1725; Das überhäuffte Leyden der Frommen suchte bey dem [...] Grab der [...] Frauen Susanna Groszin [...], als dieselbe 1726. den 13. October verschieden [...] durch nachgesetzte Zeiten aus mitleidiger Schuldigkeit vorzustellen, 1726; Hochfeyerliche Solennität der neuen Fahnen Benediction, eines hochlöblichen Regiments-Infanterie des [...] Fürsten [...] Ferdinand Alberts [...] Gouverneurs zu Commorn [...], 1727; Die Glückseligkeit eines frühzeitigen Todes [...] desz [...] Samuel Günthers Predigers [...] in Leutschau, welcher [...] in die frohe Ewigkeit eingegangen [...], 1729; Die innigliche Herzens-Freude der evangelischen Gemeinden, in der königlichen Freyen Stadt Eperies über der freudenvollen Geburt des [...] königlichen Cron- und Erb-Printzens Josephi Benedicti in einer Freuden- und Danck Predigt, 1741; Das verirret und wieder zu rechtgebrachte Schaaf [...], 1750.

*Literatur:* J. L. BARTHOLOMAEIDES, Memoriae Ungarorum qui in Universitate Vitebergensi [...], 1817; A. FABÓ, Monumenta Evangelicorum Augustanae confessionis in Hungaria Historica 1: Brevis de vita superintendentuum evangelicorum in Hungaria commentatio [...], 1861; DERS., ~ (in: Magyar protestáns egyházi és iskolai figyelmezö XVIII) Debrecen 1872; Magyar írók élete és munkái 14 (hg. J. SZINNYEI) Budapest 1914; R. RUDOLF u. E. ULREICH, Karpatendt. Biogr. Lex., 1988. MT/PT

**Weinert,** Erich (Bernhard Gustav) (Ps. Erwin, Gustav Bernhardt, Max von Bülowbogen, Pius, Tom der Reimer, Gustav Winterstein, Erhart Winzer), * 4. 8. 1890 Magdeburg, † 20. 4. 1953 Berlin; Sohn e. Ingenieurs, n. d. Besuch d. Knabenbürgerschule in Magdeburg 1905–08 Lehre als Lokomobilbauer ebd., 1908–10 weitere Ausbildung z. Buchillustrator an d. Kunstgewerbe- u. Handwerkerschule Magdeburg, studierte 1910–12 an d. Königl. Kunstschule Berlin m. Staatsexamen-Abschluß als akadem. Zeichenlehrer, 1913 nach kurzer freiberufl. Tätigkeit z. Militär eingezogen u. 1914–18 Soldat im 1. Weltkrieg, Mitbegr. d. Künstlergemeinschaft «Die Kugel» (veröff. seit 1920 erste Ged. in deren Zs.), 1919/20 Lehrer an d. Magdeburger Kunstgewerbeschule, seit 1921 Auftritte m. eigenen Texten im Leipziger Kabarett «Retorte», übersiedelte 1923 n. Berlin, seither ebd. Texter u. Rezitator d. Künstlercafés «Küka», veröff. s. Texte zudem in kommunist. u. linksbürgerl. Zs. wie «Weltbühne», «Simplizissimus», «Lachen links» u. «Eulenspiegel», 1928 Mitbegr. u. Vorstandsmitgl. d. Bundes proletar.-revolutionärer Schriftst. u. Red. v. dessen Mitgl.ztg. «D. Linkskurve», trat zunächst in d. Sozialdemokrat. Partei Dtl. u. 1929 in d. Kommunist. Partei Dtl. ein, 1931 Reise in d. Union d. Sozialist. Sowjetrepubliken (UdSSR), Prozeß wegen «Gotteslästerung, Aufreizung z. Klassenhaß u. Aufforderung z. bewaffneten Aufstand», erhielt 7 Monate Redeverbot in Preußen, lebte 1931–33 in d. Künstlerkolonie (Kreuznacher Straße) in Berlin-Wilmersdorf, 1933 wurden viele s. Ms. (u. a. 2000 ungedruckte Ged.) v. d. Nationalsozialisten vernichtet, emigrierte 1933 zunächst in d. Schweiz u. ließ sich dann im Saargebiet nieder, wurde dort 1934 steckbriefl. gesucht, emigrierte 1935 weiter über Paris n. Moskau, kämpfte 1937/38 als Mitgl. d. Internationalen Brigaden im span. Bürgerkrieg, 1939 kurzzeitig in St. Cyprien/Südfrankreich interniert, durch Eingreifen d. französ. Schriftst.verbandes befreit u. Rückkehr in d. UdSSR, 1943 Mitbegr. u. bis 1945 Präs. d. Nationalkomitees «Freies Dtl.» in Moskau, kehrte 1946 n. Dtl. zurück, trotz schwerer Krankheit als Vizepräs. d. Zentralverwaltung f. Volksbildung in d. sowjet. Besatzungszone (SBZ) tätig, seit 1950 Mitgl. d. Akad. d. Künste d. Dt. Demokrat. Republik (DDR), lebte in Ost-Berlin, erhielt 1949 u. 1952 d. Nationalpreis d. DDR sowie 1950 d. Martin-Andersen-Nexö-Lit.preis; (propagandist.) Lyriker sowie Übers. aus d. Russischen. – In d. DDR wurden zahlr. Straßen u. Plätze n. E. W. benannt, u. d. Freie Dt. Jugend verlieh 1957–89 d. E.-W.-Medaille als Kunstpreis.

*Schriften:* Der Gottesgnadenhecht und andere Abfälle, 1923; Affentheater. Politische Gedichte, 1925; 1928. Politische Gedichte, 1928; E. W. spricht (Ged.) 1930 (Tondokumente [Schallplatte], mit Li W., 1989); Ausgewählte Gedichte, Moskau 1932; Es kommt der Tag (Ged., m. e. Selbstber.: Zehn Jahre an der Rampe) ebd. 1934; Pflastersteine. Gedichte gegen den Feind, 1934; Rot Front (Ged.) Kiew 1936; Gedichte, Moskau 1936; Lieder der spanischen Revolution (mit H. HUPPERT) ebd. 1937; Songs of the People (mit B. BRECHT u. H. EISLER) New York 1937; Auf dem Podium. Sammlung von revolutionären Gedichten, die sich für den Vortrag gut eignen (zus.gest. u. m. Anleitung z. Rezitieren versehen) 1938; Trotz alldem! Sammelband antifaschistischer deutscher Erzähler (Red.)

Kiew 1938; Dem Genius der Freiheit. Dichtungen um Stalin (zus.gest. u. red.) ebd. 1939; Der Gerichtstag. Gedicht, 1940; Der Tod fürs Vaterland und andere Erzählungen und Szenen, Moskau 1942; Stalin spricht (Ged.) ebd. 1942; An die deutschen Soldaten (Ged.) ebd. 1942 (mehrere Ausg.); Die Wohlfahrtspflegerin, ebd. 1943; Gedichte (mit J. R. BECHER) ebd. 1943; Erziehung vor Stalingrad. Fronttagebuch eines Deutschen (Vorw. O. M. GRAF) New York 1943; Die fatale letzte Patrone (mit F. WOLF u. a.) London 1943; Gegen den wahren Feind. Gedichte und Verse, Moskau 1944; S. Marschak, Kinderchen im Käfig (f. dt. Kinder in dt. Sprache gebracht) 1947; Kapitel II der Weltgeschichte. Gedichte über das Land des Sozialismus, 1947; Rufe in die Nacht. Gedichte aus der Fremde 1933 bis 1943, 1947; Gedichte (Holzschnitte W. Klemke) 1949; Gedichte. Eine Auswahl, 1950 (Neuausg. 1956); Das Zwischenspiel. Deutsche Revue von 1918 bis 1933 (eingel. B. KAISER) 2 Bde., 1950 (Neuausg. in 1 Bd. 1953); Camaradas. Ein Spanienbuch, 1951 (Neuausg. mit d. Untertitel: Ein Buch über den spanischen Bürgerkrieg, 1974); Memento Stalingrad. Ein Frontnotizbuch, 1951; Eugène Pottier und seine Lieder, 1951; H. Vogeler, Erinnerungen (hg.) 1952; Die Fahne der Solidarität. Deutsche Schriftsteller in der Spanischen Freiheitsarmee 1936–1939 (ausgew. u. eingel.) 1953.

*Übersetzungen und Nachdichtungen:* E. Pottier, Gedichte, Moskau 1939; Stalin im Herzen der Völker. Nachdichtungen, ebd. 1939; M. Lermontow, Der Dämon, ebd. 1940; Lieder um Stalin. Nachdichtungen aus Dichtungen der Völker der Sowjetunion, 1949; I. Franko, Ich seh ohne Grenzen die Felder liegen. Ausgewählte Dichtungen, 1951; T. Schewtschenko, Die Haidamaken und andere Dichtungen, 1951; Dem Genius der Freiheit. Nachdichtungen aus Liedern der Sowjetvölker, 1951.

*Gesamtausgaben:* Gesammelte Werke in 10 Bänden (hg. Li W[EINERT] unter Mitarb. v. U. MÜNCHOW u. A. KANTOROWICZ): [I] Rufe in die Nacht. Gedichte, [II] Prosa, Szenen, Kleinigkeiten (zus.gest. u. eingel. E. REICHE), [III] Camaradas. Ein Spanienbuch (zus.gest. P. KAST), [IV/V] Das Zwischenspiel. Deutsche Revue von 1918 bis 1933. (eingel. B. KAISER), [VI] Memento Stalingrad. Ein Frontnotizbuch. Worte als Partisanen. Aus dem Bericht über das Nationalkomitee «Freies Deutschland» (zus.gest. W. BREDEL), [VII] Um Deutschlands Freiheit. Literarische Arbeiten aus der Zeit des 2. Weltkrieges (Vorw. A. KURELLA), [VIII] Ein Dichter unserer Zeit. Aufsätze aus 3 Jahrzehnten (Zwischentexte W. BREDEL), [IX] Nachdichtungen, [X] Nachgelassene Lyrik aus drei Jahrzehnten, 1955–60; Gesammelte Gedichte (hg. Li W., Anm. E. ZENKER): I 1919–1925, II 1926–1927, III 1928–1929, IV 1930–1933, V 1933–1941, VI 1941–1953, 1970–75; VII Nachdichtungen französischer, russischer und ukrainischer Lyrik des 19. Jahrhunderts, 1987.

*Ausgaben:* Gedichte (Ausw. u. Nachw. H. MARQUARDT) 1954; E. W. erzählt. Berichte und Bilder aus seinem Leben (Teilslg., hg. R. ENGEL) 1955; Ausgewählte Szenen (hg. u. komm. E. REICHE) 1956; Das Nationalkomitee «Freies Deutschland» 1943–1945. Bericht über seine Tätigkeit und seine Auswirkung (Geleitw. H. MATERN) 1957; Vorwärts! Unsere Zeit beginnt! Eine Auswahl Gedichte, Erzählungen, Skizzen, Reden (Teilslg., hg. W. BREDEL) 1958; Und diese Welt wird unser sein (Ged., m. 17 Graphiken u. e. Photomontage, hg. H. MARQUARDT) 1959; Das Gästebuch des Fürsten Jussupow (Schallplatte, Sprecherin Li W.) 1959; E. W. Ein Lesebuch für unsere Zeit (hg. F. LESCHNITZER, unter Mitarb. v. Li W.) 1961 ([8]1976); Der rote Feuerwehrmann (Schallplatte, Originalaufnahme d. Autors) 1962; Das Lied vom roten Pfeffer. 100 Gedichte (zus.gestellt Li W. u. a.) 1968; Der Frühling braust, wir ziehn fürbaß. Verse vom Kabarett (hg. H. BEMMANN, m. Illustr. u. Noten) 1969; Adelante! Pasaremos! / Vorwärts! Wir werden durchkommen! Erzählungen, Reportagen und Dokumente aus dem spanischen Bürgerkrieg (Texte m. a.) 1976; E. W., 1977 (= Kürbiskern-Zeit-Gedichte, Ausg. f. d. Bundesrepublik Dtl.); Das pasteurisierte Freudenhaus. Satirische Zeitgedichte (Ausw. H. GREINER-MAI) 1978; D. KITTNER, Der rote Feuerwehrmann. Eine E.-W.-Revue (Schallplatte) 1978 (Neuausg., 1 CD, 1999); Der preußische Wald. Ein Vortragsbuch (hg. W. SELLHORN) 1986; E. W. Zeitgedichte – Zeitgeschichte (hg. u. eingel. W. PREUSS) 1990; Genauso hat es damals angefangen. Ein E.-W.-Lesebuch (Textausw. u. Zus.stellung R. ARNSWALD, mit e. Ess. R. ZIEMANN) 2004.

*Nachlaß:* Lit.-Archive d. Dt. Akad. d. Künste, Berlin; Stiftung Arch. d. Parteien u. Massenorganisationen d. Dt. Demokrat. Republik im Bundesarch., Berlin. – Mommsen, 4077. – Vorläufiges Findbuch d. lit. Nachl. v. ~ (1890–1953) (bearb. H.

SCHURIG) 1959; Quellen z. dt. polit. Emigration [...] (hg. H. BOBERACH u. a.) 1994.

*Bibliographien:* Albrecht-Dahlke II/2 (1972) 617 u. IV/2 (1984) 697; Schmidt, Quellenlex. 32 (2002) 480. – M. GRAUPNER, ~, Werkverz. (in: D. Buchbesprechung 9) 1955; W. PREUSS, Bibliogr. (in: W. P., ~. Bildbiogr.) 1970; D. K. SEBROW, Werkliste 1942–1943 (in: WB 20) 1974; H. WITZKE, ~. Bibliograph. Materialslg. (in: WZ d. PH Magdeburg 14) 1977.

*Literatur:*

*Allgemein zu Leben und Werk:* Munzinger-Arch.; HdG 2 (1970) 291; LexKJugLit 3 (1979) 777; Hdb. Emigration I (1980) 805; Hdb. Editionen (1981) 571; Killy 12 (1992) 207; Autorenlex. (1995) 825; Theater-Lex. 5 (2004) 3119; DBE [2]10 (2008) 492. – Lit.Port Berlin/Brandenburg (Internet-Edition); D. Zeit der Entscheidung. Ilja Ehrenburg, Boris Lawrenjow, Wadim Koshewnikow, Leonid Sobolljew, Alexej Tolstoi, ~, Friedrich Wolf, Theodor Plivier, [Zürich] 1945; G. LEUTERITZ, ~, Ged. (in: Aufbau 4) 1948; K. A. KUTZBACH, Autorenlex. d. Ggw. Schöne Lit. verfaßt in dt. Sprache [...], 1950; W. BREDEL, ~ z. 60. Geb.tag (in: Aufbau 6) 1950; H. RUSCH, Z. 60. Geb.tag d. Volksdichters ~ (in: Börsenbl. Leipzig 117) 1950; B. KAISER, Über d. Entwicklung d. polit. Lyrik in Dtl. ~ z. 60. Geb.tag, 1951; Unsere Nationalpreisträger 1952 [Aufbau Verlag Berlin], 1953; M. APLETIN, ~ † (in: Neue Welt 8) 1953; V. N. DEVEKIN, ~ † (in: Sowjet-Lit. 8) Moskau 1953; M. REICH-RANICKI, ~, Dichter d. Volkes (in: SuF 5) 1953; Nationalpreisträger ~, Dichter d. revolutionären Proletariats. E. Einf. in s. Leben (hg. Zentralinst. f. Bibl.wesen Berlin) 1953; I. EMMRICH, D. gesellschaftl. Problematik u. d. künstler. Bedeutung d. agitator.-polem. Lyrik seit 1920 (Diss. Jena) 1954; G. SCHRAMMEL, Schwert u. Flamme d. revolutionären dt. Dg. Aus d. Leben u. Werk ~s, 1954; A. ZWEIG, ~, Nachruf (in: NDL 2) 1954; M. GRAUPNER, ~ (in: D. Buchbesprechung 9) 1955 (m. Werkverz.); F. LESCHNITZER, ~ als Publizist (in: D. Weltbühne 10) 1955; U. MÜNCHOW, Stilmittel in d. Ged. ~ als Satiriker u. Revolutionär (in: NDL 4) 1956; W. K. PFEILER, ~ [engl.] (in: W. K. P., German Lit. in Exile) Lincoln/Nebraska 1957; M. LANGE-W., Mädchenjahre, 1958; ~ (= Bibliograph. Kalenderbl. d. Berliner StB 2) 1960; K. u. W. GEISSLER, ~, Dichter d. kämpfenden u. siegenden Arbeiterklasse (in: NDL 8) 1960; J. PLÖTNER, ~. 1890–1953, 1960; DERS., ~ – Leben u. Werk, 1961 (= Lehrgang dt. Sprache u. Lit.; durchgesehene NA 1963); L. v. BALLUSECK, ~ (in: L. v. B., Dichter im Dienst. D. sozialist. Realismus in d. dt. Lit.) [2]1962; J. R. BECHER, ~ (in: J. R. B., Über Lit. u. Kunst, hg. M. LANGE) 1962; J. DOLMATOWSKI, Begegnung m. ~ (in: Kunst u. Lit. [Sowjetwiss.] 11) 1963; ~. Dichter u. Tribun (1890–1953) (hg. Dt. Akad. d. Künste zu Berlin) 1965; F. LESCHNITZER, ~ (in: F. L., Von Börne zu Leonhard, oder Erbübel/Erbgut? Aufs. aus 30 Jahren) 1966; G. ZIRKE, ~ vs. J. Goebbels. ~s Vers-Wochenschauen u. Ged. (in: NDL 14) 1966; E. STOCKHORST, 5000 Köpfe. Wer war was im 3. Reich, 1967; ~ (= Poesiealbum 5) 1967; D. POSDZECH, Z. Operativität d. polit.-satir. Lyrik ~s. E. Beitr. zu Unters. d. Wechselbeziehungen zw. d. Schaffens- u. Kommunikationsprozeß operativer Publizistik u. Lit. (Diss. Rostock) 1968; G. GREIFENHAGEN, ~. Lyr. Selbstaussagen: Sowjetunion-Erlebnisse (in: Zs. f. Slawistik 13) 1968; G. SCHRÖDER, ~. D. ewige Wandervogel. E. Analyse, 1968; O. F. KUTSCHER, Frucht aus früherworbenem Lorbeer. E. Jugenderinn. an d. Dichter ~, 1969; W. PREUSS, ~. Sein Leben u. sein Werk, 1970 (ab 4. Aufl. [1974] auch u. d. T.: ~. Leben u. Werk; [9]1987); DERS., ~. Bildbiogr., 1970; E. ZENKER, Z. Edition d. Lyrik-Ausg. ~s (in: NDL 18) 1970; W. STERNFELD, E. TIEDEMANN, Dt. Exil-Lit. 1933–1945. E. Bio-Bibliogr., [2]1970; F. HIPPMANN, D. ästhet. Konzeption ~s u. ihre Ausprägung in s. lyr. Schaffen vor 1933 (Diss. Jena) 1970; F. ALBRECHT, ~ (in: F. A., Dt. Schriftst. in d. Entscheidung) 1970; A. DYMSIC, ~, Sänger d. Kampfes (in: A. D., E. unvergeßl. Frühling. Lit. Porträts u. Erinn.) 1970; T. HUEBNER, ~ [engl.] (in: The Lit. of East Germany) New York 1970; Biogr. Lex. z. dt. Gesch. Von d. Anfängen bis 1945 (hg. G. HASS u. a.) [2]1971; H. RICHTER, D. Balladendg. ~s (in: WZ d. Pädagog. Inst. Magdeburg 8) 1971; M. DAU, D. polit. Lyrik ~s (in: WB 17) 1971; H. KAUFMANN, ~s lit.geschichtl. Stellung (ebd.); U. REINHOLD, ~-Koll. Magdeburg (ebd.); S. SCHLENSTEDT, Z. Parteilichkeit ~s (ebd.); G. GREIFENHAGEN, ~. Bezüge zu Majakowski (in: Begegnungen u. Bündnis, hg. G. ZIEGENGEIST) 1972; R. WEISBACH, ~. Sprechdichter d. sozialist. Lyrik (in: R. W., Menschenbild, Dichter u. Ged.) 1972; Gesch. d. dt. Lit. v. d. Anfängen bis z. Ggw., Bd. 10: 1917 bis 1945, 1973; L. WEINERT, E. SCHERNER, ~. «Klassen»dichter (in: NDL 21) 1973; O. FUHLROTT, Unterrichtsmodelle Ged. (in: DU 26) 1973; J. S. GUMPERT, ~ (in: D. Weltbühne 29) 1974; G. ALBRECHT, Schriftst. d. DDR (Gesamtred. K. BÖTTCHER) [2]1975; F. J. RADDATZ, ~ (in: F. J. R., Tradition

u. Tendenzen 1) 1976; H. RICHTER, ~. Sprech- u. Volksdichter (in: Schriftst. u. lit. Erbe, hg. H. R.) 1976; F. REININGHAUS, ~, K. Tucholsky u. H. Eisler. Künstler gegen d. imperialist. Krieg 1925–1933 (in: Sozialist. Zs. f. Kunst u. Gesellsch., H. 2) 1976; E. ALKER, ~ (in: E. A., Profile u. Gestalten d. dt. Lit. n. 1914) 1977; B. ZÖLLNER, ~ u. D. Süverkrüp. Volksverbundenheit u. Volkstümlichkeit (in: WZ d. PH Magdeburg 14) 1977; L. FÜRNBERG, ~ (in: L. F., Ges. Werke 5) ²1977; ~ (= Bibliograph. Kalenderbl. d. Berliner StB 48, zus.gestellt M. BARAKOW u. E. BIRR) 1978; E. JÖST, ~, Ges. Ged. (in: Kürbiskern. Lit., Kritik, Klassenkampf 13) 1978; B. DELIIWANOWA, ~, J. R. Becher u. N. Chrelkow. Antifaschist. Lyrik u. Pariser Kommune (in: WB 25) 1979; Kunst u. Lit. im antifaschist. Exil 1933–1945 (hg. W. MITTENZWEI) Bd. 1: Exil in d. UdSSR 1979 – Bd. 5: Exil in d. Tschechoslowakei, in Großbritannien/Skandinavien u. in Palästina, 1981 – Bd. 6: Exil in d. Niederlanden u. in Spanien, 1981 – Bd. 7: Exil in Frankreich, 1981; K. VOSS, Reiseführer f. Lit.freunde. Berlin. Vom Alex bis z. Kudamm, 1980; H. SCHURIG, ~-Arch. (in: Mitt. d. Akad. d. Künste d. DDR 18) 1980; J. RAUBAUM, ~. D. Verhältnis d. «Volkstribuns» zum Christentum (in: Begegnung 20) 1980; D. PIKE, ~ (in: D. P., Dt. Schriftst. im sowjet. Exil 1933–1945) 1981; F. HIPPMANN, ~-Forsch. Stand, Probleme, Aufgaben (in: WZ d. PH Magdeburg 18) 1981; S. P. SCHEICHL, Gilm-Palimpseste. Heidi Pataki – ~ – Georg Trakl. Formen der Intertextualität (in: Mitt. aus d. Brenner-Arch. 1) 1982; A. ABUSCH, ~ (in: A. A., Ansichten über einige Klassiker) 1982; Verboten u. verbrannt. Dt. Lit. 12 Jahre unterdrückt (Neuausg., hg. R. DREWS u. A. KANTOROWICZ) 1983; F. HIPPMANN, ~. Weg u. Wirken (Habil.schr. Jena) 2 Bde., 1983; J. RAUBAUM, E. Dichter m. Gesinnung. ~s Kampf f. d. Befreiung v. Faschismus (in: DU 38) 1985; F. BEYER, Z. kulturpolit. Mitarb. d. Schriftst. ~, Theodor Plivier, Johannes R. Becher u. Willi Bredel beim Aufbau d. Grundlagen e. sozialist. Verlagswesens in d. sowjet. besetzten Zone Dtl. v. Mai 1945 bis Dezember 1946 (Diss. PH Zwickau) 1985; B. KAISER, ~, Ged. (in: B. K., Vom glückhaften Finden) 1985; D. POSDZECH, ~s Konzeption revolutionärer Volksdg. in d. Erprobung n. 1945 (in: WZ d. Univ. Rostock 34) 1985; J. SCHEBERA, Spurensuche. ~, Paul Arma. Antifaschist. Massenlieder 1934/35 (in: WB 31) 1985; Beitr. z. Pflege d. Erbes v. ~ (1890–1953). Kolloquium z. 95. Geb. d. Dichters (Magdeburg) 1986; U. BERGER, ~ im Exil (in: U. B., Woher u. wohin) 1986; D. FECHNER, Künstler. Bildnisse v. ~ (in: Marginalien, H. 100) 1986; D. POSDZECH, Funktionsdominanzen der Antikriegslyrik Kurt Tucholskys, ~s u. Erich Kästners in d. Jahren der Weimarer Republik (in: Anti-Kriegslit. zw. den Kriegen (1919–1939) in Dtl. u. Schweden, hg. H. MÜSSENER) Stockholm 1987; H. RICHTER, D. Sprechdichter als Volksdichter: ~ (in: H. R., Verwandeltes Dasein) 1987; H. WITZKE, ~. Lyrik z. Oktoberrevolution (in: WZ d. PH Magdeburg 24) 1987; Bleibendes u. Zeitgebundenes in d. Dg. ~s (Symposium, 18. 5. 1988 Magdeburg) 1988; G. v. WILPERT, Dt. Dichterlex. Biogr.-bibliogr. Handwb. z. dt. Lit.gesch. (3., erw. Aufl.) 1988; F. RUDORF, ~ (in: F. R., Poetolog. Lyrik u. polit. Dg.) 1988; W. SCHLEVOIGT, Arbeitstagung ~. Werk u. Wirkung heute (in: WZ d. PH Magdeburg 25) 1988; G. MIKETTA, D. Pflege d. lit. Erbes ~s in d. DDR unter bes. Berücksichtigung d. Stadt Magdeburg als Geburtsort d. Dichters (Diss. Magdeburg) 1989; H. FRIEDO, ~ als Hg. d. eigenen Werkes u. als Publizist (1947 bis 1953) (in: Zw. polit. Vormundschaft u. künstler. Selbstbestimmung, hg. I. HIEBEL) 1989; L. MORGNER, ~ u. d. proletar.-revolutionären Lit.traditionen in d. BRD (in: WZ d. PH Magdeburg 26) 1989; G. SCHANDERS, ~. Wirkungsgesch. u. sozialist. Erbepolitik (ebd.); G. ZANDER, H. MÜNZER, ~ z. 100. Geb.tag (in: KünstlerKolonieKurier 3) 1990/91; Die Säuberung: Moskau 1936. Stenogramm e. geschlossenen Parteiverslg. (hg. R. MÜLLER, G. LUKÁCS) 1991; W. BECK, Jura Soyfer u. d. dt. Satiriker Tucholsky, Mehring, ~ (in: D. Welt des Jura Soyfer, Red. H. ARLT) 1991; Lex. dt.sprachiger Schriftst. 20. Jh. (hg. K. BÖTTCHER u. a.) 1993; K. FLEMIG, Karikaturisten-Lex., 1993; F. REINKE, Haus des «Sängers der Revolution» mit neuem Klang (in: Börsenbl. 56) 1993; Biogr. Hdb. d. SBZ/DDR 1945–1990 (hg. G. BAUMGARTNER, D. HEBIG) Bd. 2, 1997; F. OBERHAUSER, N. HENNEBERG, Lit. Führer Berlin [...], 1998; W. U. SCHÜTTE, ~ u. Hans Reimann. Zwei ungleiche Freunde (in: Halb erotisch – halb politisch. Kabarett u. Freundschaft bei Kurt Tucholsky, hg. S. OSWALT) 2000; Magdeburger Biogr. Lex., 2002; Wer war wer in d. DDR? E. biogr. Lex. 2 (hg. H. MÜLLER-ENBERGS u. a.) 2006.

*Zu einzelnen Werken:* U. BERGER, ~s Kampfdg. ‹Camaradas› (in: Aufbau 8) 1952; G. CASPAR, ~, ‹Memento Stalingrad› (ebd.); R. DREWS, ~, ‹Memento Stalingrad› (in: D. Weltbühne 7) 1952; H. BRACKE, ~, ‹Camaradas›. Z. Freiheitskampf d.

span. Volkes (in: Neuer Weg, H. 14) 1956; H. W. KUBSCH, ‹Vorwärts, unsere Zeit beginnt!› (in: NdL 6) 1958; G. ZIRKE, ~, ‹Memento Stalingrad› (in: ebd. 8) 1960; K.-H. HÖFER, ~, ‹Lied d. Pflastersteine› (in: K.-H. H., Kleine Lit.fibel) 1962; E. SCHERNER, ~, ‹D. Lied v. roten Pfeffer› (in: NdL 16) 1968; A. ROSCHER, ~, ‹Helles Lied aus d. dunklen Hof› (in: ebd. 17) 1969; H. RICHTER, ~, ‹E. dt. Mutter›, ‹Stadtbahnbogen 314› (in: H. R., Verse, Dichter, Wirklichkeiten. Aufs. z. Lyrik) 1970; T. HUEBNER, ~, ‹D. heiml. Aufmarsch› [engl.] (in: The Lit. of East Germany) New York 1970; Gesch. d. dt. Lit. v. d. Anfängen bis z. Ggw., Bd. 10: 1917 bis 1945, 1973 (zu ‹Abschied v. d. Front›, ‹E. dt. Mutter›, ‹Lied d. Pflastersteine›); D. POSDZECH, ‹Affentheater›, ‹Bekenntnisse e. Künstlers z. neuen Welt› (in: D. P., D. lyr. Werk ~s. Z. Verhältnis v. operativer Funktion u. poet. Gestalt in d. polit. Lyrik) 1973; C. TREPTE, ‹~ spricht› (in: NDL 21) 1973; F. HIPPMANN, ~, ‹D. rote Wedding› (in: DU 28) 1975; J. RAUBAUM, ~s Aufs. in d. «Metallarbeiter-Ztg.» (in: WB 27) 1981; H. HAASE, ~, ‹E. dt. Mutter› (in: NdL 29) 1981; E. KRAUSE, ~, ‹Sozialdemokrat. Mailiedchen› (in: E. K., Ged.verständnis, Ged.erlebnis) 1983. AW

**Weinert,** Gerda (geb. Birkner), * 9. 1. 1936 Frankfurt/O.; Lehre als Gärtnerin in Heinersdorf, 1953 Heirat mit Manfred → Weinert, d. Ehepaar lebt seit 1959 in Beeskow/Kr. Oder-Spree, neben ihrer Hauptaufgabe (Mutter u. Hausfrau) versch. Tätigkeiten, u. a. 1972–77 Erziehungshilfe u. 1982–84 Kultursachbearbeiterin. 1970/71 Besuch e. Sonderkurses am Institut für Lit. Johannes R.-Becher in Leipzig, 1990–99 freiberufliche Journalistin bei der «Märk. Oderztg»; Erzählerin.

*Schriften:* Ein Schritt vor die Tür. Kurze Geschichten, 1969; Zwölf Männer und ich (Feuill.) 1976; Fische im Glas (Erz.) 2000; Und niemand sang Kalinka. Eine Reise ins Russische, 2003.

*Literatur:* Wer schreibt? Autoren u. Übers. im Land Brandenburg (hg. v. Brandenburg. Lit.büro) 1998. IB

**Weinert,** (Karl) Hans, * 14. 4. 1887 Braunschweig, † 7. 3. 1967 Heidelberg; studierte Naturwiss., Medizin u. Anthropologie in Göttingen u. Berlin, 1909 Promotion, 1910 Studienrat, Kriegsdienst im 1. Weltkrieg, 1926 Habil. in Berlin, Assistent am Anthropolog. Inst. d. Univ. München, Mitarb. am Kaiser-Wilhelm-Inst. f. Anthropologie in Berlin, 1932 a. o. Prof. f. Anthropologie, menschl. Stammes- u. Urgesch. bzw. Vererbungslehre in Berlin, 1933 Mitgl. d. nationalsozialist. Lehrerbundes, 1935–55 o. Prof. d. Anthropologie u. Dir. d. Anthropologie-Inst. an d. Univ. Kiel, 1937 Mitgl. d. «Nationalsozialist. Dt. Arbeiterpartei» (NSDAP), 1940 Mitgl. d. Dt. Akad. d. Naturforscher Leopoldina, 1942 im Beirat d. Ernst-Haeckel-Gesellsch. in Jena; Mithg. d. «Zs. f. Rassenkunde», Hg. d. «Zs. f. Morphologie u. Anthropologie».

*Schriften* (Ausw.): Ursprung der Menschheit. Über den engeren Anschluß des Menschengeschlechts an den Menschenaffen, 1932 (NA 1944); Biologische Grundlagen für Rassenkunde und Rassenhygiene, 1934 (NA 1943); Die Rassen der Menschheit, 1935 (NA 1939; Mikrofiche-Ausg. New York/Leiden 2002); Zickzackwege in der Entwicklung des Menschen, 1936; Vom rassischen Werden der Menschheit, 3 Tle., 1938; Entstehung der Menschenrassen, 1938; Der geistige Aufstieg der Menschheit. Vom Ursprung bis zur Gegenwart, 1940 (2., umgearb. Aufl. 1951); Stammesgeschichte der Menschheit, 1941; Stammesentwicklung der Menschheit, 1951.

*Literatur:* DBE [2]10 (2008) 492. – P. WEINGART (u. a.), Rasse, Blut u. Gene. D. Gesch. d. Eugenik u. Rassenhygiene in Dtl., 1996; N. C. LÖSCH, Rasse als Konstrukt. Leben u. Werk Eugen Fischers, 1997; B. MEYER, ~, (Rasse-)Anthropologe an d. Univ. Kiel v. 1935–1955 (in: Regionen im Nationalsozialismus, hg. M. RUCK, H. POHL) 2003; E. KLEE, D. Personenlex. z. Dritten Reich. Wer war was vor u. nach 1945 (aktualisierte Ausg.) 2005. RM

**Weinert,** Jan (Ps. Jan Müller), * 1963 Jena; wuchs in Ost-Berlin auf, 1980 Ausbildung z. Krankenpfleger, unternahm seit 1992 mehrere Weltreisen, lebt in Berlin; Lyriker, veröff. s. Ged. überwiegend in Künstlerbüchern.

*Schriften:* Mordgründe/Unter Männern, 1990 (unter Ps.); Von Zett bis a (Illustr. P. Harnisch) 1990; Verklärte Nacht (Bilder ders.) 1990; Gedichte, Grafiken (Kalender 1992, Bilder ders.) 1991; Einzig & einsam (Collagen B. Jesch, hg. U. WARNKE) 1991; Die Legende vom Erdmann (Zeichnungen P. Harnisch) 1993; Verfärbungen (Radierungen ders.) 1993; Wettermusiken (Originalzeichnungen ders.) 1994; Die drei blauen Federn (Zeichnungen ders.) 1995; Namenlose (Zeichnungen ders.) 1995; Der andere Fluß (Zeichnungen ders.) 1995; Bildwortklang (im Rahmen e.

Ausstellungseröff. im Künstlerbund Dresden e.V., Medienkombination [Buch u. Tonkassette], Text, Bilder ders.) 1996; Siebenmusiken (Radierungen ders.) 1996; Nirgendfeuer (Bilder ders.) 1996; Zwölfbildgedichte (Grafik u. Gestaltung ders.) 1996; Der Fluß, die Tod (Zeichnungen ders.) 1997; Endstation Anfang (Zeichnungen ders.) 1997; Gedichte aus dem Nichts (Bilder ders.) 1998; Kalt (Bilder ders.) 1999; Die Bilder (Zeichnungen ders.) 1999; Wüste II (Bilder ders.) 2000; Schwarzwerk, 2002; Lebenszeiten (Bilder P. Harnisch) 2002; Erde (Zeichnungen ders.) 2002; Wolken (Zeichnungen ders.) 2003; Tarot der Sprüche (Bilder ders.) 2003; Nachtsicht (Radierungen ders.) 2003; Schwarzlicht (Ged., Bilder ders.) 3 Tle., 2003/04; Jahrbuch (Ged., Aquarelle ders.) 2004; Zauberzungen (Ged., Radierungen ders.) 2004; Augentanz (Ged., Bilder ders.) 2005; W. Shakespeare, Sonette (Nachdg., Illustr. ders.) 2005; Triphon (Orgelprojekt Dreikönigskirche Dresden, Ged., Malerei zu Orgelwerken [...] C. Just) 2005; Frühling – Sommer – Herbst – Winter (Ged., Malerei dies.) 2005; Frau (Bilder P. Harnisch) 2006; Legenden (Ged., Bilder ders.) 2006; Spiegellandschaft. Liebesgedichte (Holzschnitte L. Adler) 2006; W. Blake, An Island in the Moon / Eine Insel im Mond (übers., Anm. u. Nachw. von G. Krämer, Illustr. H. Hussel) 2007.

AW

**Weinert,** Manfred, * 23. 8. 1934 Gatow/Kr. West-Sternberg/Polen; Schulbesuch in d. Mark Brandenburg, versch. berufl. Tätigkeiten, 1953 Heirat mit Gerda Birkner (→ Weinert). Ausbildung z. Heimerzieher, 1959 Übersiedlung nach Beeskow/Kr. Oder-Spree u. Internatsleiter ebd. bis 1978, 1978–82 freischaffender Schriftst., 1982–91 Nachtwächter. 1967 Mitgl. d. Sozialist. Einheitspartei Dtl. (SED), 1971 Kandidat des Schriftst.verbandes d. DDR, 1979 Austritt aus d. Partei, bekam dadurch Schwierigkeiten bei d. Verlagen, die ihn vorher gedruckt hatten. 1982 Mitgl. d. Schriftst.verbandes der DDR u. nach der Wende 1990 Mitgl. des Verbandes Dt. Schriftst.; Erz., vorwiegend für Kinder u. Jugendliche.

*Schriften:* Ein Blumenstrauß für Vater. Ein Bilderbuch (mit E. Gürtzig) 1972; ... und der Klapperstorch fängt Frösche. Eine Bilderbucherzählung (mit dems.) 1974; Brückenträume, 1975; Hab dich nicht so! Kurze Prosa, 1975 (3., erw. Aufl. 1980); In einer Nacht nach Orenburg, 1976; Olaf vom Turm, 1976; Das Endlose eines Augenblicks (Erz.) 1978; Danka darf in der Schule schlafen, 1979; Zur Hochzeit unterwegs (Erz.) 1979; Selgo (Erz.) 1979; Das Hufeisen der Natter. Eine Familiengeschichte, 1982; Brinno, Sohn des Geächteten, 1984; Rallye zu viert (Kinderrom.) 1989; Kein Gras darüber. Romanreport, 1990; Beeskow. Zwischen Spree und Bornower Höh', 1994; Der Verlag (Rom.) 2000; Abseits im Grund oder Die Vertreibung (Rom.) 2001; Liebe ungeliebte Zeit. Ichnogramm, 2003; Der Kronzeuge (Rom.) 2004; Rosen in Zugluft (Erz.) 2004; Die Versuche der Agnetta Weiss (Rom.) 2006.

*Literatur:* Bestandsaufnahme 1: Lit. Steckbriefe (hg. B. Böttcher) 1976; K. Langer, ~s ‹D. Endlose e. Augenblicks› (in: NDL 28) 1980; Wer schreibt? Autoren u. Übers. im Land Brandenburg (hg. v. Brandenburg. Lit.büro) 1998.

IB

**Weinert,** Margret (geb. Landsiedel), * 19. 2. 1925 Bremen-Arbergen, † 7. 3. 2008 Ritterhude/Nds.; Büroangestellte, nach ihrer Heirat Hausfrau u. Mutter in Ritterhude; plattdt. Mundartautorin.

*Schriften:* Een Brügg von Hart to Hart, 1985; Ik vertell jo wedder wat, 1996.

*Literatur:* H. O. E. Gronau, ~ wurde 75 Jahre (in: Zw. Hunte u. Weser 40) 2000; D. Bettmann, Nu will ik mal wat vertellen: ~ tritt seit 50 Jahren mit plattdt. Gesch. auf (in: ebd. 42) 2001.

IB

**Weinert,** Samuel, * etwa um 1700 Leutschau/Zips/Oberungarn, † nach 1740 wahrsch. ebd.; Bruder v. Andreas → W., studierte ab 1729 an der Univ. Wittenberg, 1740 Rektor am evangel. Gymnasium in Leutschau, Autor e. Huldigungs-Gelegenheitsschr. in Versen sowie Verf. e. Gebetbuchs.

*Schriften:* Die wohlausgeübte und aus Gnaden wohlbelohnte Hirten-Treue [...] den 12. Mart. 1734. erfolgten Leichen Begängniss des [...] Eliae Perlicii [...], 1734; Die zur Buße angestimmte Davids-Harffe, Oder Nachdrücklicher Buß-Wecker, Darinnen die gantze Lehre Von der Buße Vorgetragen, 1738.

*Literatur:* A. Fabó, Monumenta Evangelicorum Augustanae confessionis in Hungaria Historica 1: Brevis de vita superintendentuum evangelicorum in Hungaria commentatio [...] 1861; ders., ~ (in: Magyar protestáns egyházi és iskolai figyelmezö XVIII) Debrecen 1872; Magyar írók élete és munkái 14 (hg. J. Szinnyei) Budapest 1914; J. Rezik u. S. Matthaeides, Gymnaziológia. Dejiny gymnázií na Slovensku, Preßburg 1971; R. RUDOLF u. E. ULREICH, Karpatendt. Biogr. Lex., 1988.

MT/PT

**Weinert,** Simon, * 1975 (Ort unbek.); wuchs in Grabenstetten/Baden-Württ. auf, studierte sieben Semester germanist. Mediävistik in Tübingen u. 1999–2005 klass. Gesang an d. Hochschule für Musik «Hanns Eisler» in Berlin, zudem seit 1995 als Sänger, Schauspieler u. Buchhändler tätig, lebt in Berlin.

*Schriften:* Der Drache regt sich (phantast. Erz., Illustr. T. Putze) 2006; V. Pettersson, Das erste Zeichen des Zodiac. Das zweite Zeichen des Zodiac (2 Rom., übers. mit H. RIFFEL) 2008/09. AW

**Weinert-Wilton,** Louis (Ps. für Alois Weinert), * 11. 5. 1875 Weseritz/Böhmen, † 5. 9. 1945 Prag (in e. tschech. Lager für Deutsche); absolvierte d. Militärschule in Pola/Kroatien, nahm aus gesundheitlichen Gründen als Oberleutnant s. Abschied. 1901 Red. am «Prager Tagbl.» u. später Chefred. des «Prager Abendbl.», ab 1921 kaufmänn. Dir. des «Neuen Deutschen Theaters» in Prag, seit 1936 freier Schriftst. ebd.; Verf. v. Kriminalrom. u. (meist ungedruckten) Dramen.

*Schriften:* Die Mühlhofbäuerin. Eine Dorftragödie in 3 Acten, 1901; Die weiße Spinne (Rom.) 1929 (Neuausg. 1938; NA 1950); Die Königin der Nacht (Rom.) 1930; Die Panther, 1934 (Neuausg. 1938; NA 1950); Der Drudenfuß, 1931; Der betende Baum, 1932; Licht vom Strom, 1933; Der schwarze Meilenstein, 1935; Die chinesische Nelke, 1936; Spuk am See, 1938; Der Teppich des Grauens, 1938 (Neuausg. 1952); Der Skorpion, 1939.

*Literatur:* DBE [2]10 (2008) 492. – J. WEINMANN, Egerländer Biogr. Lex. 2 u. 3, 1987 u. 2005; Egerland (hg. J. SUCHY, H. GÖRGL, O. ZERLIK) 1984 (mit Textprobe); N. MENZEL, D. vergessenen Morde des ~ (in: Schwarze Beute 2, hg. N. KLUGMANN, P. MATHEWS) 1987; Lex. der d. Krimi-Autoren (Internet-Version). IB

**Weinfurter,** Stefan, * 24. 6. 1945 Prachatitz/Böhmen; studierte 1966–73 Gesch., Germanistik u. Pädagogik in München u. Köln, 1973 Dr. phil. Köln, 1974–81 Akadem. Rat u. 1980 Privatdoz. ebd., 1982 Prof. d. ma. Gesch. in Eichstätt, 1987 in Mainz, 1994 in München u. seit 1999 o. Prof. in Heidelberg; Mitgl. d. Konstanzer Arbeitskreises f. ma. Gesch., 2003 o. Mitgl. d. Heidelberger Akad. d. Wissenschaften.

*Schriften und Herausgebertätigkeit* (Ausw.): Salzburger Bischofsreform und Bischofspolitik im 12. Jahrhundert. Der Erzbischof Konrad I. von Salzburg (1106–1147) und die Regularkanoniker (Diss.) 1975; Die Salier und das Reich (Mithg.) 3 Bde., 1991; Herrschaft und Reich der Salier. Grundlinien einer Umbruchzeit, 1991; Heinrich II. (1002–1024), Herrscher am Ende der Zeiten, 1999; Stauferreich im Wandel. Ordungsvorstellungen und Politik in der Zeit Friedrich Barbarossas (hg.) 2002; Das Jahrhundert der Salier (1024–1125), 2004; Gelebte Ordnung – Gedachte Ordnung. Ausgewählte Beiträge zu König, Kirche und Reich (hg. H. KLUGER u. a.) 2005; Canossa. Die Entzauberung der Welt, 2006; Heilig – Römisch – Deutsch. Das Reich im mittelalterlichen Europa (mit B. SCHNEIDMÜLLER hg.) 2006; Salisches Kaisertum und neues Europa. Die Zeit Heinrichs IV. und Heinrichs V. (mit DEMS. hg.) 2007; Das Reich im Mittelalter. Kleine deutsche Geschichte von 500 bis 1500, 2008.

RM

**Weingärtner,** Joseph, * 22. 1. 1805 Münster/Westf., † 7. 9. 1896 ebd.; studierte 1823–26 Rechtswiss. an den Univ. Bonn u. Berlin, 1826 Auskultator beim Oberlandesgericht in Münster, 1828 Referendar, 1832 Assessor am Land- u. Stadtgericht in Vreden, 1842 in Salzkotten, 1843–49 Dir. d. Land- u. Stadtgerichts in Vlotho, 1849–79 Kreisgerichtsdir. in Warburg u. seit 1867 jährlich im Herbst Vorsitzender d. Schwurgerichts in Paderborn. Lebte im Ruhestand in Münster; Verf. v. numismat. Schr. u. Erzählungen.

*Schriften* (Ausw.): Das Kind und seine Poesie in plattdeutscher Mundart, 1880; Die Gold- und Silber-Münzen des Bisthums Paderborn. Nebst historischen Nachrichten. Nachträge zu den Münzen der Edlen von Büren und der Abtei Helmershausen, 1882 (Reprint 1999); Die Silber-Münzen von Cölnisch Herzogthum Westfalen und Grafschaft oder Vest Recklinghausen. Nebst historischen Nachrichten, 1886; Beschreibung der Kupfer-Münzen Westfalens. Nebst historischen Nachrichten, 2 Tle. 1872/73 u. 1881 (unveränd. photomechan. Nachdr. 1976/77; Reprint 1999); Beiträge zur älteren Geschichte der Stadt Marburg, 1889; Erzählungen aus Westfalen. I Land und Leute an der westfälisch-holländischen Gränze, II Ut Mönsters olle Tied; 1890.

*Literatur:* Biogr. Jb. 3 (1900) *122. – E. RASSMANN, Nachr. v. d. Leben u. d. Schr. Münsterländ. Schriftst. d. 18. u. 19. Jh., NF 1881; F. WIENSTEIN, Lex. d. kathol. Dichter [...], 1899; W. SEELMANN, D. plattdt. Lit. d. 19. Jh. 1 u. 3, 1896 u. 1915. IB

**Weingärtner,** Klaus, * 20. 4. 1913 Berlin-Friedenau; lebte n. d. 1. Weltkrieg in Essen, ebd. Abitur, danach Ausbildung z. Gymnasiallehrer, Soldat im 2. Weltkrieg in Frankreich u. Rußland, nach 1945 Lehrer f. Dt., Engl. u. Musikwiss. in Köln u. Essen, lebt in Essen; Lyriker.

*Schriften:* Aufbruch ist alles (Lyrik) 1981; Am Berg schau hoch (Lyrik) 1982; Aus irdischem Umbruch (Ged.) 1991 (Neuausg. 1999 u. 2004); Gott ist Bildhauer. Verse zur Nachlese, 1994; Aus der Bedrängnis. Gedankengänge und Poesie, 1995; Vor neuem Leben. Vers und Spruch, 1997 (Neuausg. mit d. Untertitel: Gedichte, Szenen, Sentenzen, 2004). AW

**Des Weingärtners Frau und der Pfaffe,** sog., diese schwankhafte Märendg. wahrsch. aus d. 2. Hälfte d. 14. Jh. umfaßt 86 Verse u. ist in d. oberdt. Hss. Nürnberg, Germ. Nat.mus. Hs 5339 a (Ende 15. Jh.), u. Wolfenbüttel, HAB, cod. 2. 4. Aug. 2° (ebenfalls Ende 15. Jh.), überl. Während e. Weingärtner in s. Garten arbeitet, vergnügt sich s. Frau mit d. Pfaffen im Bett u. versäumt es, ihrem Mann d. Essen zu bringen. D. Winzer kommt zornig n. Hause, wo s. Frau sich todkrank stellt u. sich v. Pfaffen d. Beichte abnehmen läßt. D. Weingärtner erschrickt, wird aber auf Bitten s. Frau vom sich verabschiedenden Pfaffen getröstet, was ihm d. Dank d. Mannes einträgt. D. Epimythion lautet: So machen Frauen manchen zum Toren.

*Ausgaben:* Neues GA, Nr. 12. – Kleinere mittelhochdeutsche Erzählungen, Fabeln und Lehrgedichte 2 [...] (hg. K. EULING) 1908 (n. Hs. HAB); Maeren-Dichtung 2 (hg. T. CRAMER) 1979 (Paralleldruck d. beiden Handschriften).

*Literatur:* VL $^{2}$10 (1999) 808. – S. L. WAILES, Social Humor in Middle High German Mären (in: ABäG 10) 1976; J. HEINZLE, Märenbegriff u. Nov.theorie. Überlegungen z. Gattungsbestimmung d. mhd. Kleinepik (in: ZfdA 107) 1978; H. HOVEN, Stud. z. Erotik in d. dt. Märendg. (Diss. München) 1978; H. FISCHER, Stud. z. dt. Märendg. (2., durchges. u. erw. Aufl. J. JANOTA) 1983; H.-J. ZIEGELER, Erzählen im SpätMA. Mären im Kontext v. Minnereden, Bispeln u. Romanen (Diss. Tübingen) 1985. RM

**Weingans,** Jobs → Reiniger, Ernst Emil.

**Weingardt,** Markus Alexander, * 7. 10. 1969 Ulm; studierte Verwaltungswiss. in Konstanz, Dr. rer. soc., arbeitet als freier Journalist, zudem Mitarb. d. Evangel. Forsch.stätte FEST (Heidelberg) u. d. Stiftung «Weltethos» (Tübingen), lebt in Tübingen, erhielt 1998/99 e. Stipendium d. Staates Israel u. 2002 d. Herbert-Wehner-Stipendium; Sachbuchautor.

*Schriften:* Deutsch-israelische Beziehungen. Zur Genese bilateraler Verträge 1949–1996, 1997; Deutsche Israel- und Nahostpolitik. Die Geschichte einer Gratwanderung seit 1949, 2002; Religion Macht Frieden. Das Friedenspotential von Religionen in politischen Gewaltkonflikten (Geleitw. D. SENGHAAS u. H. KÜNG) 2007. AW

**Weingart,** Almut, * 1951 (Ort unbek.); freischaffend tätig u. a. als Mundart-Kabarettistin u. Kirchenführerin, verf. auch Kolumnen f. d. Ztg. «Hess./Nds. Allgemeine», lebt in Kaufungen/Hessen.

*Schriften:* Fremde in der Heimat – Heimat in der Fremde. Der lange Weg nach Kaufungen. Flüchtlinge und Heimatvertriebene im Landkreis Kassel, 2001; Mich frochd jo kinner! S Annchen machd sich Gedanggen. Satiren aus dem nordhessischen Alltag (Vorw. G. BURGHARDT, Illustr. Carola W.) 2002. AW

**Weingart,** Annegret, * 1961 (Ort unbek.); Heilerziehungspflegerin, ehemalige Mitarb. d. Behinderteneinrichtung «Elbe-Werkstätten» in Hamburg; Erz. u. Sachbuchautorin.

*Schriften:* Weil es dich und mich gibt. Auseinandersetzung mit der eigenen Lebensgeschichte als Grundlage für die persönliche sinnvolle Lebensgestaltung [...], 2004; Im Wendekreis der Seejungfrauen (Erz.) 2004. AW

**Weingart,** Hermann, * 25. 6. 1866 Großfahner bei Gotha, † 26. 2. 1921 Borgfeld bei Bremen; Sohn e. Garnisonspredigers u. Lehrers, studierte Theol. an den Univ. in Jena u. Berlin, 1891–97 Pastor in Eischleben bei Arnstadt, 1897–99 in Osnabrück.

Da er d. leibliche Auferstehung Christi leugnete, wurde er s. Amtes enthoben. Seit 1902 Pastor in Borgfeld.

*Schriften* (Predigten in Ausw.): Drei Taborstunden meines Lebens: Wahl-, Einführungs- und Antrittspredigt [...] (hg.) 1897; Predigten in Auswahl, gehalten zu St. Marien in Osnabrück, 1900; Der Prozeß W. in seinen Hauptaktenstücken mit Beilagen, 1900; Suchen und Finden. Predigten für Kopf und Herz, 1904; Aus der Vergangenheit der bremischen Landgemeinde Borgfeld, 1. H., 1908 (m. n. e.); Thüringen. Bilder aus Geschichte, Land und Volk, 1909; Aus meiner Zeit. Aufsätze und Gedichte, 1912; Schillers Botschaft an unsere Zeit, 1915.

*Literatur:* H. SCHWARZWÄLDER, D. große Bremen-Lex., 2002. IB

**Weingart,** Peter, * 5.6. 1941 (Ort unbek.); studierte 1961–67 Soziologie, Volkswirtschaftslehre, Betriebswirtschaftslehre u. Staatsrecht an d. Univ. Freiburg/Br. u. d. FU Berlin, 1967 M. A. in Soziologie FU Berlin, 1967/68 Fellow an d. Princeton University in New Jersey, 1969 Dr. rer. pol. FU Berlin, 1969–71 Wiss. Referent am Wirtschaftswiss. Inst. d. Gewerkschaften in Düsseldorf, 1971–74 Geschäftsführer d. Univ.schwerpunkts Wiss.forsch. an d. Univ. Bielefeld, seit 1973 Prof. f. Soziologie ebd., 1983/84 Fellow am Wiss.kolleg zu Berlin u. 1984/85 Visiting Scholar an d. Harvard University in Cambridge/Mass., 1989–94 Dir. d. Zentrums f. interdisziplinäre Forsch. u. seit 1994 Dir. d. Inst. f. Wiss.- u. Technikforsch. an d. Univ. Bielefeld; 1981–95 Mithg. v. «Scientometrics» u. 1995–99 d. Zs. «Minerva», zudem Hg. d. «International Yearbook Sociology of the Sciences», Mithg. d. «International Journal of Sociology and Social Policy» u. redaktioneller Berater d. Suhrkamp-Verlags f. d. Bereich Wiss.forsch.; Fachschriftenautor.

*Schriften* (Herausgebertätigkeit in Ausw., ohne engl.sprachige Publikationen): Die amerikanische Wissenschaftslobby. Zum sozialen und politischen Wandel des Wissenschaftssystems im Prozeß der Forschungsplanung, 1970 (zugleich Diss. 1969); Politische Soziologie (mit O. STAMMER, unter Mitarb. v. H.-H. LENKE) 1972; Wissensproduktion und soziale Struktur, 1976; Wissenschaftsplanung und Wissenschaftsbegriff, 1976; Umweltforschung, die gesteuerte Wissenschaft? Eine empirische Studie zum Verhältnis von Wissenschaftsentwicklung und Wissenschaftspolitik (mit G. KÜPPERS u. P. LUNDGREEN) 1978; Wissenschaftsindikatoren und quantitative Wissenschaftsforschung. Eine annotierte Bibliographie (mit A. LEUPOLD u. M. WINTERHAGER) 1980; Die Nobelpreise in Physik und Chemie 1901–1929. Materialien zum Nominierungsprozeß (mit G. KÜPPERS u. N. ULITZKA) 1982; Die Vermessung der Forschung. Theorie und Praxis der Wissenschaftsindikatoren (mit M. WINTERHAGER) 1984; Rasse, Blut und Gene. Geschichte der Eugenik und Rassenhygiene in Deutschland (mit J. KROLL u. K. BAYERTZ) 1988 (Tb.ausg. 1992); Technik als sozialer Prozeß (hg.) 1989; Die sogenannten Geisteswissenschaften. Außenansichten. Die Entwicklung der Geisteswissenschaften in der BRD 1954–1987, 1991; Indikatoren der Wissenschaft und Technik. Theorie, Methoden, Anwendungen (hg.) 1991; Doppel-Leben. Ludwig Ferdinand Clauss: Zwischen Rassenforschung und Widerstand, 1995; Grenzüberschreitungen in der Wissenschaft / Crossing Boundaries in Science (hg.) 1995; Forschungsstatus Schweiz 1995. Publikationsaktivität und Rezeptionserfolg der schweizerischen Grundlagenforschung im internationalen Vergleich 1981–1995 [...] (mit M. WINTERHAGER) 1997; Die Stunde der Wahrheit? Zum Verhältnis der Wissenschaft zu Politik, Wirtschaft und Medien in der Wissensgesellschaft, 2001 (unveränderter Nachdr. 2005); Von der Hypothese zur Katastrophe. Der anthropogene Klimawandel im Diskurs zwischen Wissenschaft, Politik und Massenmedien (mit A. ENGELS u. P. PANSEGRAU, unter Mitarb. v. T. HORNSCHUH) 2002 (2., leicht veränderte Aufl. 2008); Wissenschaftssoziologie, 2 Bde., 2003; Die Wissenschaft der Öffentlichkeit. Essays zum Verhältnis von Wissenschaft, Medien und Öffentlichkeit, 2005; Das Wissensministerium. Ein halbes Jahrhundert Forschungs- und Bildungspolitik in Deutschland (hg. mit N. C. TAUBERT) 2006; Politikberatung und Parlament (mit M. B. BROWN u. J. LENTSCH) 2006; Nachrichten aus der Wissensgesellschaft. Analysen zur Veränderung der Wissenschaft (mit M. CARRIER u. W. KROHN) 2007; Wissen – Beraten – Entscheiden. Form und Funktion wissenschaftlicher Politikberatung in Deutschland [...] (mit J. LENTSCH, unter Mitarb. v. M. G. ASH) 2008.

*Literatur:* Internationales Soziologenlex. 2 (hg. W. BERNSDORF u. H. KNOSPE, 2., neubearb. Aufl.) 1984. AW

**Der Weingarten,** unter dieser Bezeichnung gehen geistl. Ged. (bzw. Lieder) d. 14. bis 17. Jh.;

gemeinsam sind endgereimte Langzeilen u. Motivbestand, variierend sind Incipit, Aufbau u. inhaltl. Akzentuierungen. Christus erscheint als v. Himmel kommendes «weinkorn», das v. Maria gezogen wurde und endlich s. «preßbaum», d. Kreuz, selber tragen mußte. Hintergrund sind frei kombinierte bibl. Weinstock- u. Weinberg-Bilder; gemahnt wird, in d. Weinberg zu gehen, um die rechte Zeit d. Lese nicht zu verpassen.

D. Dg. «Ich waiz ein weingarten doran ist vol gut lez», ist in d. Hs. Wien, cod. 410, mit e. Nachtr. v. ungeübter Hand, überl. (14. Jh., Ausg.: J. CHMEL, D. Hss. der k. k. Hofbibl. in Wien 2, 1841). D. zweite Dg., «Ich weis mir einen garten dorjnn ist guot wesen», ist in d. → «Pfullinger Liederhs.» (ErgBd. 6) überl. u. stammt aus d. 2. Hälfte d. 15. Jh. (Ausg.: P. WACKERNAGEL, D. dt. Kirchenlied v. d. ältesten Zeit bis z. Anfang d. XVII. Jh. [...] 2, 1867 [Nr. 822/823; Nachdr. 1964 u. 1990]). Kathol. Kirchengesangbücher d. 17. Jh. bieten zudem versch. Fass. des W. (Ausg.: P. WACKERNAGEL, siehe oben, Nr. 827–830).

*Literatur:* VL $^2$10 (1999) 807. – A. THOMAS, D. Darst. Christi in der Kelter, e. theol. u. kulturhist. Studie, zugleich e. Beitr. z. Gesch. u. Volkskunde d. Weinbaus, 1936 (Nachdr. 1981); D. SCHMIDTKE, Stud. z. dingallegor. Erbauungslit. d. SpätMA. Am Beisp. d. Gartenallegorie, 1982. RM

**Weingarten,** Adam von, * 1789 (Ort unbek.), † 23. 2. 1831 Wien; 1821 Hauptmann im k. k. Generalquartiermeisterstab in Wien, Weiteres nicht bek.; Erzähler.

*Schriften:* Erzählungen, 1825; Neueste Erzählungen und Novellen, 1832.

*Literatur:* Wurzbach 54 (1886) 36; Goedeke 10 (1913) 503. IB

**Weingarten,** Gerhard, * 1929 Gelsenkirchen-Buer/Ruhrgebiet; arbeitete n. d. 2. Weltkrieg als Gärtnermeister u. Fischer u. a. in u. bei Kiel, zudem Texter (Lieder, Satiren u. Sketche) f. d. Ernst-Busch-Chor in Kiel.

*Schriften:* Kindertage in heroischen Zeiten. Eine autobiografische Erzählung, I 1929–42, II 1942–43, 2004/08. AW

**Weingarten,** (Georg Wilhelm) Hermann, * 12. 3. 1834 Berlin, † 22. 4. 1892 Pöpelwitz bei Breslau; Sohn e. Handwerkers poln. Herkunft, der v. Judentum z. Protestantismus konvertierte. Besuchte d. Gymnasium zum Grauen Kloster in Berlin, studierte ab 1853 Theol. u. Orientwiss. in Jena u. Berlin, 1857 lic. theol., 1858–64 Adjunkt am Joachimsthaler Gymnasium in Berlin, 1864–72 Oberlehrer an d. Andreas-Realschule ebd., Freundschaft mit Hermann (Carl) → Usener. 1862 Habil. an d. Theolog. Fak. d. Univ. Berlin, anschließend Privatdoz., 1868 a. o. Prof. für Kirchengesch., 1872 nervlicher Zus.bruch u. längerer Kuraufenthalt. 1873 Dr. theol. d. Univ. Jena u. im selben Jahr o. Prof. d. Kirchengesch. an d. Univ. Marburg u. 1876–90 an d. Univ. Breslau. Wegen schwerer nervlicher Erkrankung mußte er in d. geschlossene Nervenheilanstalt Pöpelwitz eingeliefert werden.

*Schriften* (Ausw.): Independentismus und Quäkerthum. Ein Beitrag zur inneren Geschichte der Reformation, 2 Tle., 1861 u. 1864; Pascal als Apologet des Christenthums. Eine kirchengeschichtliche Studie, 1863; Die Revolutionskirchen Englands. Ein Beitrag zur inneren Geschichte der englischen Kirche und der Reformation, 1868; Der Ursprung des Mönchtums im nachconstantinischen Zeitalter, 1877.

*Literatur:* ADB 55 (1910) 364; RE 21 (1908) 62; RGG $^2$5 (1931) 1799; Biogr.-Bibliogr. Kirchenlex. 20 (2002) 1528; DBE $^2$10 (2008) 492. – K. MÜLLER, Nachruf (in: Chronik d. königlichen Univ. zu Breslau 7) 1893; B. JASPERT, Mönchtum u. Protestantismus. Probleme u. Wege d. Forschung seit 1877. Bd. 1: Von ~ bis Heinrich Boehmer, 2005. IB

**Weingarten,** Karola (geb. Eppstein), * 5. 6. 1905 Dortmund, † 20. 6. 1965 New York; Philosophin, emigrierte 1933 n. Frankreich, 1941 n. Marokko u. 1942 in d. USA.

*Schriften:* Zur Erkenntnistheorie der konkreten Dialektik (mit M. RAPHAEL) Paris 1934 (Nachdr. 1972; überarb. u. m. Marginalien versehene Fass. letzter Hand d. Erstausg. u. d. T.: Theorie des geistigen Schaffens auf marxistischer Grundlage, 1974); Slaves in the South (ed. The Workers' Defence League) New York 1945.

*Literatur:* W. STERNFELD, E. TIEDEMANN, Dt. Exil-Lit. 1933–1945. E. Bio-Bibliogr., $^2$1970. AW

**Weingarten,** Susanne, * 1964 (Ort unbek.); besuchte Schulen in Krefeld u. Hilden/Nordrhein-Westf., 1983 Abitur, 1983–85 Sozialarbeiterin in Detroit u. Washington, D. C., studierte 1985–92 Amerikanistik, Philos., Germanistik u. Journalistik in Hamburg, daneben versch. Praktika bei Ztg. u. Lit.verlagen sowie Ausbildung z. Red. an d. Journalistenschule in Hamburg, seit 1992 Feuill.-Red. f. Kultur u. Gesellsch. beim «Spiegel», lebt in Hamburg; Fachschriftenautorin.

*Schriften:* Die Rückkehr der phallischen Frau im Hollywood-Kino der achtziger Jahre, 1995; Die widerspenstigen Töchter. Für eine neue Frauenbewegung (mit M. WELLERSHOFF) 1999; Bodies of Evidence. Geschlechtsrepräsentationen von Hollywood-Stars, 2003. AW

**Weingartenpredigt** → «Berliner Weingartenpredigt» (ErgBd. 1).

**Weingartner Liederhandschrift** (auch «Stuttgarter Liederhandschrift»), sog., sie ist in Stuttgart, Württ. LB, HB XIII 1, überl. u. wurde wahrsch. im ersten Viertel d. 14. Jh. in Konstanz zusammengestellt, nach Weingarten gelangte sie als Geschenk aus Privatbesitz nicht nach 1613. D. Auftraggeber ist unbek., als Anreger kann → Heinrich (II.) v. Klingenberg (ErgBd. 4) gelten. Die W. L., neben d. «Heidelberger Liederhs. C» (→ «Liederhss.») wichtigste Quelle für d. Kenntnis von «Des Minnesangs Frühling», scheint schon im 14. Jh. beschädigt u. repariert worden zu sein (Textverluste, angenähte Bll. u. a.) D. Hs. umfaßt 30 Strophencorpora auf elf Lagen (857, ehemals ca. 900 Strophen) u. auf weiteren drei Lagen zwei Reimpaardg., beteiligt waren fünf Hände; Bilder waren zu d. Corpora Nr. 1–28 u. 30 geplant u. wurden in d. ersten 25 Nr. ausgeführt. D. größten Anteil am Repertoire hat neben d. klass. d. frühe u. insbesondere d. roman. beeinflußte Minnesang.

D. Corpora Nr. 1–25/26 sind eine auf Lieder d. hohen Minne u. Kreuzlieder konzentrierte Slg., welche nach d. Namenprinzip geordnet ist. Vertreten sind Kaiser → Heinrich VI., → Rudolf v. Fenis-Neuenburg, → Friedrich v. Hausen, → Burggraf v. Rietenburg, → Meinloh v. Söflingen (Sevelingen), → Otto v. Botenlauben, → Bligger v. Steinach, → Dietmar v. Aist, → Hartmann v. Aue, → Albrecht v. Johansdorf, → Heinrich v. Rugge, → Heinrich v. Veldeke, → Reinmar d. Alte, → Ulrich v. Gutenburg, → Bernger v. Horheim, → Heinrich v. Morungen (u. «Reinmar b»), → Ulrich v. Munegiur, → Hartwig v. Rute, → Ulrich v. Singenberg, → Wachsmut v. Künzingen, → Hilt(e)bolt v. Schwangau, → Wilhelm v. Heinzenburg, → Leuthold v. Seven, → Rubin, → Walther v. d. Vogelweide u. → Wolfram v. Eschenbach (ohne Bild). Eingeschrieben sind Name u. Stand d. Dichter jeweils in das jedem Corpus vorangestellte Bild, ab Nr. 4 meist erg. mit Wappen u. Helmzier. Zu d. meisten Namen werden zw. 5 u. 48 Strophen vermittelt, zu Reinmar bzw. Heinrich v. Morungen u. Walther v. d. Vogelweide aber weit über hundert, besonders d. Walther-Corpus mit d. Sangsprüchen u. Wolframs Tagelied V u. d. Tageliedabsage oder -parodie IV sprengen d. Rahmen d. Minnesang-Slg.

Corpus Nr. 27 von 82 Strophen versammelt 12 Lieder → Neidharts v. Reuent(h)al u. der Neidhart-Tradition. Nr. 28 a/b, 29 u. 30 sind in einem Ton abgefaßt, sie bieten d. Lehrged. → «Winsbecke» u. «Winsbeckin», e. Marienpreis v. 36 Strophen u. 25 Sangsprüche d. Jungen → Meißner; Nr. 31 a/b enthält d. Anfang d. «Minnelehre» v. → Johann v. Konstanz, gefolgt von d. → «Minneklage I» (ErgBd. 6). D. Minnesang-Slg. Nr. 1–25 zeigt sehr viele Gemeinsamkeiten mit d. «Heidelberger Liederhs. C» (→ «Liederhss.»), deshalb wird e. Vorstufe *BC vermutet.

*Ausgaben:* Die W. L. (hg. F. PFEIFFER, F. FELLNER) 1843 (Nachdr. 1966); K. LÖFFLER, Die W. L. in Nachbildung, 1927; Die W. L. (bearb. K. H. HALBACH) I Vollfaksimile, II Textband (Textabdruck v. O. EHRISMANN) 1969. – Miniaturen bei G. SPAHR, vgl. Lit., 1968, I. F. WALTHER, Gotische Buchmalerei. Minnesänger [...] 1978 u. W. IRTENKAUF, vgl. Lit., 1983.

*Literatur:* HMS 4 (1838) 898; MF $^{36}$2 (1977) 40, 47; Lex. d. MA 5 (1991) 1971; Killy 12 (1992) 205; KNLL 19 (1992) 778; VL $^{2}$10 (1999) 809. – W. WISSER, D. Verhältnis d. Minneliederhss. B u. C zu ihrer gemeinschaftl. Quelle (Progr. Eutin) 1889; P. GANZ, Gesch. d. herald. Kunst in d. Schweiz im 12. u. 13. Jh., 1899; K. LÖFFLER, D. Hss. d. Klosters Weingarten, 1912; H. WIENECKE, Konstanzer Malereien d. 14. Jh. (Diss. Halle/Saale) 1912; H. SCHNEIDER, E. mhd. Liederslg. als Kunstwerk (in: PBB 47) 1923; K. LÖFFLER, Konstanz, d. Heimat d. ~ (in: Zs. f. d. Gesch. d. Oberrheins, NF 43) 1930; H. THOMAS, Unters. z. Überl. d. Spruchdg. Frauenlobs, 1939; A. KNOEPFLI, Kunstgesch. d. Bodenseeraums 1, 1961; E. JAMMERS, D. königl. Liederbuch d. dt. Minnesangs. E. Einf. in d. sog. Manessische Hs., 1965; G. SIEBERT-HOTZ, D. Bild d. Minnesängers. Motivgesch. Unters. z. Dichterdarst. in d. Miniaturen d. Großen Heidelberger Liederhs. (Diss. Marburg/L.)

1964; G. SCHWEIKLE, Reinmar d. Alte. Grenzen u. Möglichkeiten e. Minnesangsphilol. (Habil. masch. Tübingen) 1965; D. dt. Minnesang. Aufsätze zu s. Erforschung (hg. H. FROMM, 3., überprüfte u. erg. Aufl.) 1966; G. SPAHR, ~. Ihre Gesch. u. ihre Miniaturen, 1968; D. ~ (bearb. K. H. HALBACH) II Textbd. (mit Beitr. v. W. IRTENKAUF, K. H. HALBACH, R. KROOS) 1969; H. FRÜHMORGEN-VOSS, Text u. Illustr. im MA. Aufsätze zu d. Wechselbeziehungen zw. Lit. u. bildender Kunst (mit Einl. hg. N. H. OTT) 1975; H. BECKER, Die Neidharte [...] 1978; G. F. JONES u. a., Verskonkordanz z. Weingartner-Stuttgarter Liederhs., 3 Bde., 1978; H. KUHN, Kleine Schr., III Liebe u. Gesellsch. (hg. W. WALLICZEK) 1980; Cod. Manesse [...] (hg. W. KOSCHORRECK, W. WERNER) 1981; O. SAYCE, The Medieval German Lyric 1150–1300. The Development of its Themes and Forms in their European Context, Oxford 1982; W. IRTENKAUF, Staufischer Minnesang. D. Konstanz-Weingartner Liederhs., 1983; Cod. Manesse [...] (hg. E. MITTLER, W. WERNER) 1988; W. IRTENKAUF, Einige Beobachtungen z. ~ (in: Litterae medii aevi, FS J. Autenrieth, hg. M. BORGOLTE, H. SPILLING) 1988; G. KORNRUMPF, D. Anfänge d. Maness. Liederhs. (in: Hss. 1100–1400, hg. V. HONEMANN, N. F. PALMER) 1988; F. SCHANZE, Z. Liederhs. X (ebd.); B. WACHINGER, Autorschaft u. Überl. (in: Autorentypen, hg. B. W., W. HAUG) 1991; M. CURSCHMANN, «Pictura laicorum litteratura»? (in: Pragmat. Schriftlichkeit im MA, hg. H. KELLER u. a.) 1992; H. SALOWSKY, Cod. Manesse. Beobachtungen z. zeitl. Abfolge d. Niederschrift d. Grundstocks (in: ZfdA 122) 1993; F.-J. HOLZNAGEL, Wege in d. Schriftlichkeit. Unters. u. Materialien z. Überl. d. mhd. Lyrik (Diss. Köln) 1995; C. SAUER, Konstanzer Buchmalerei in Weingarten? (in: Buchmalerei im Bodenseeraum, 13. bis 16. Jh., hg. E. MOSER) 1997; M. CURSCHMANN, Wort – Schrift – Bild (in: MA u. frühe Neuzeit. Übergänge, Umbrüche u. Neuansätze, hg. W. HAUG) 1999; A. HAUSMANN, Reinmar d. Alte als Autor. Unters. z. Überl. u. z. programmat. Identität, 1999; DERS., Autor u. Text in d. ~. Zu Möglichkeiten u. Grenzen d. Interpr. v. Überl.varianz (in: Text u. Autor [...] hg. C. HENKES u. a.) 2000; A. CLASSEN, D. hist. Entwicklung e. lit. Sammlungstypus: d. Liederbuch v. 14. bis z. 17. Jh. Von d. ~ bis z. «Venus-Gärtlein» (in: «daß gepfleget werde der feste buchstab», FS H. Rölleke, hg. L. BLUHM, A. HÖLTER) 2001; M. STOLZ, D. Aura d. Autorschaft. Dichterprofile in d. Manessischen Liederhs. (in: Buchkultur in MA [...], H. Herkommer [...] gewidmet, hg. M. STOLZ, A. METTAUER) 2006. RM

**Weingartner Predigten** → «Predigten, ma.»

**Weingartner Reisesegen** *Ic dir nach sihe,* sog., dieses dreiteilige rheinfränk. Gebet wurde Ende d. 13. Jh. am Schluß d. ehemals Weingartner, jetzt Stuttgarter Hs. HB II 25, eingetragen. Eröffnet wird d. Text mit d. lat. Bekreuzigungsformel, es folgen e. gereimter Segen v. fünf Zeilen, worin dem Scheidenden v. Zurückbleibenden fünfmal elf Schutzengel nachgesendet werden, sowie e. Prosagebet, das darum bittet, d. heilige Ulrich möge d. Abschiednehmenden mit e. schützenden Raum gleich jenem umgeben, in welchem Jesus geboren wurde.

*Ausgaben und Literatur:* Ehrismann 1 (1932) 110, 118; MSD 1 (1892) 18; 2 (1892) 54; de Boor-Newald [9]1 (1979) 94; VL [2]10 (1999) 818. – E. G. GRAFF, in: Diutiska 2, 1827 (Erstveröffentlichung); R. KOEGEL, Gesch. d. dt. Lit. bis z. Ausgange d. MA I/2, 1897; D. kleineren ahd. Sprachdenkmäler (hg. E. v. STEINMEYER) 1916; H. MOSER, Vom ~ zu Walthers Ausfahrtsegen (in: PBB Halle 82, Sonderbd.) 1961; C. L. MILLER, The Old High German and Old Saxon Charms. Text, Commentary and Critical Bibliography (Diss. Washington Univ.) St. Louis 1963; Gedichte v. d. Anfängen bis 1300 [...] (hg. W. HÖFER, E. KIEPE) 1978 (= Epochen d. dt. Lyrik 1; mit Übers.); H. STUART, Z. Interpr. d. Reisesegen (in: ZfdPh 97) 1978; K. BERG, N. KRUSE, D. Weingartener Ausfahrtssegen (in: Communicatio enim amicitia. Freundesgabe f. U. Hötzer, hg. K. B., N. K.) 1983. RM

**Weingartner,** Christian, * 1958 Wels/Oberöst.; studierte Sportwiss. u. Publizistik an d. Univ. Salzburg, 1988 Dr. phil. ebd., arbeitet als Journalist u. Fotograf in Salzburg; Erz. u. Lyriker.

*Schriften:* Atemlos (Ged.) 1996; Die Region als Bühne. Fotodokumente, 1998; Der Traum der Regenbogenschlange. Australische Texte, 2002; Reise-Blues. Texte vom Unterwegssein, 2005; Vom Fallen des Schnees im August. Gedichte über Atemlosigkeit, Verweigerung und Reflexion, 2005; Was am Weg liegt. Kurzgeschichten, 2007. AW

**Weingartner,** Felix (Paul) Edler von Münzberg, * 2. 6. 1863 Zara (Zadar)/Dalmatien, † 7. 5. 1942 Winterthur/Kt. Zürich; 1873–81 Klavier- u. Musikstud. bei Wilhelm Mayer-Rémy in Graz, 1881–83 am Konservatorium in Leipzig u. Stud. d. Philos. an der dortigen Univ., 1883–86 weitere Stud. bei Franz Liszt in Weimar. Ab d. Saison 1884/85 Dirigent an versch. Bühnen, u. a. 1889–91 am Hoftheater Mannheim u. 1891–98 am Hoftheater Berlin. 1898–1903 erster Dirigent der Kaim-Konzerte in München. 1908–11 Dir. der Hofoper u. 1919–24 Dir. der Volksoper Wien, bis 1927 Leiter der Wiener Philharmoniker. 1914–19 Generalmusikdir. in Darmstadt. Lebte seit 1924 in Erlenbach bei Zürich. 1927 Leiter der Symphoniekonzerte der Allgemeinen Musikgesellsch. Basel u. bis 1933 auch Dir. d. Konservatoriums sowie Dirigent am dortigen Stadttheater, 1929 Dr. h. c. der Univ. Basel. 1935/36 erneut Dir. der Wiener Staatsoper, danach Rückkehr in die Schweiz, wo er u. a. in Interlaken Sommerkurse für Dirigenten gab. Neben s. Dirigententätigkeit war er schriftsteller. tätig u. komponierte u. a. Symphonien, Kammermusik, Chorwerke u. Opern, zu denen er auch d. Texte selbst verfaßte.

*Schriften* (Ausw.): Sakuntala. Ein Bühnenspiel in drei Aufzügen. Oper, 1884; Malawika und Agnimitra. Eine Komödie in 3 Aufzügen (nach Kalidasa). Oper, 1885; Die Lehre von der Wiedergeburt und das musikalische Drama nebst dem Entwurf eines Mysteriums «Die Erlösung», 1895; Über das Dirigiren, 1896 (3., vollständig umgearb. Aufl. 1905); Bayreuth (1876–1896), 1897 (2., umgearb. Aufl., 1904); Musikalische Walpurgisnacht. Ein Scherzspiel, 1907; Genesius. Oper in drei Aufzügen (Dg., mit Benutzung d. Operndg. «Geminianus» von H. Herrig) 1907; Golgatha. Ein Drama in zwei Teilen, 1908; Erlebnisse eines «Königlichen Kapellmeisters» in Berlin, 1912; Akkorde. Gesammelte Aufsätze, 1912 (Nachdr. 1977); Carl Spitteler, ein künstlerisches Erlebnis, 1913; Kain und Abel. Oper in einem Akt. Textbuch, 1914; Die Dorfschule. Oper in 1 Akt (nach d. altjapan. Drama «Teeakoya») 1919; Meister Andrea. Komische Oper in 2 Akten mit Dialog (nach E. Geibels gleichnamigem Lsp.) 1919; Eine Künstlerfahrt nach Südamerika. Tagebuch Juni–November 1920, 1921; Bo Yin Ra, 1923; Lebenserinnerungen I, 1923 (2., umgearb. Aufl. 1928) – II, 1929; Terra. Ein Symbol – Prolog, 3 Spiele – Epilog, 1933; Unwirkliches und Wirkliches. Märchen, Essays, Vorträge, 1936.

*Nachlaß:* GSA Weimar; SBPK Musik-Abt. Berlin; StLB, Hs.slg. Wien; Öffentl. Bibl. d. Univ. Basel. – Nachlässe DDR 1,666 u. 3,895 (unter Vignau); Renner 432; Schmutz-Pfister 6584.

*Literatur:* Munzinger-Arch.; Riemann 2 (1961) 904; ErgBd. 2 (1975) 892; Hdb. Emigration II/2 (1983) 1223; Theater-Lex. 5 (2004) 3121; MGG ²17 (2007) 698; DBE ²10 (2008) 493. – E. KRAUSE, ~ als schaffender Künstler. E. Stud., 1904; E. HUTSCHENRUYTER, Levensschets en portrei van ~, Haarlem 1906; P. RAABE, ~ als schaffender Künstler (in: D. Musik 7) 1907/08; J. C. LUSZTIG, ~, 1908; P. STEFAN, Gustav Mahlers Erbe. E. Beitr. zur neuesten Gesch. d. dt. Bühne u. des Herrn ~, 1908; O. TAUBMANN, ~ (in: Monographien moderner Musiker 3) 1909; A. WOLFF, Der Fall ~, 1912; A. DETTE, ~ ‹Kain u. Abel›. Oper in 1 Akt. Führer durch d. Werk, 1916; F. GÜNTHER, ~, 1917; A. DETTE, Goethes Faust. Bühneneinrichtung u. Musik v. ~. Einf., 1918; H. SCHERCHEN, ~ (in: Jb. d. lit. Vereinigung Winterthur) 1933; ~. E. Brevier mit Werkverz. (hg. u. eingel. v. W. JACOB) 1933; FS für ~ zu s. 70. Geb.tag, 2. Juni 1933 (Hg. Allgemeine Musikgesellsch. Basel) 1933; C. W.-STUDER, ~ als Mensch u. Künstler. Vortrag [...] anläßlich der Gedenkfeier zum zehnten Todestag ~s im Lyceumclub Basel, 1952 (Sonderdruck); H. ZEHNTNER, ~ u. Hans Huber. Zwei Ausstellungen in Basel (in: Fontes artis musicae 1) Middleton/Wisconsin 1954; C. W.-STUDER, Gustav Mahler u. ~ (in: Öst. Musikzs. 15) 1960; Schweizer Musiker-Lex. (bearb. von W. SCHUH u. a.) 1964; D. MACK, V. d. Christianisierung des «Parsifal» in Bayreuth. E. Brief ~s an Hermann Levi (in: Neue Zs. für Musik 130) 1969; ~. Recollections & Recordings. With a Comprehensive Discography (hg. C. DYMENT) Rickmansworth 1976; P. KRAKAUER, ~ als Dir. d. Wiener Oper 1908–11 und 1935/36 (Diss. Wien) 1981; S. JAEGER, D. Atlantisbuch d. Dirigenten, 1985; N. J. DORNHEIM, «Una imagen clara de lo vivido». El diario de viaje a Sudamérica de ~ (junio – noviembre de 1920) (in: Boletín de lit. comparada 16/18) Mendoza 1991/93 u. 1994; P. HAGMANN, E. Musiker an d. Schwelle z. Ggw.: z. fünfzigsten Todestag v. ~ (in: Basler Stadtbuch 113) 1992; S. STOMPOR, Künstler im Exil, 2 Tle., 1994; W. PASS, G. SCHEIT, W. SVOBODA, Orpheus im Exil. D. Vertreibung d. öst. Musiker von 1938 bis 1945, 1995; F. CZEIKE, Hist. Lex. Wien 5, 1997; H. ZEMAN, D. Karrieredirigent u. Komponist als Operndir. – D. Direktion ~: 1919–24 (in: Die Volksoper. Das Wiener Musiktheater) 1998; L'Art du chef d'orchestre. Un choix de textes de Hector Berlioz, Richard Wagner, ~, Bruno Walter,

Charles Munch (hg. u. komm. G. LIÉBERT) Paris 1988; H. GILBERT, «Ich hab' ihn erschlagen!» oder Das Ende der Romantik als Bühnenereignis. Zu ~s ‹Kain u. Abel› (in: Kain u. Abel. D. bibl. Gesch. u. ihre Gestaltung in bildender u. dramat. Kunst, Lit. u. Musik, hg. U. KIENZLE) 1998; W. KREBS, D. Tod Gottes als Ende d. Romantik. Zu ~s ‹Kain u. Abel› (ebd.); Musikstadt Basel. D. Basler Musikleben im 20. Jh. (hg. S. SCHIBLI) 1999; H. MEIER, D. Schaubühne als musikalische Anstalt. Stud. z. Gesch. u. Theorie der Schauspielmusik im 18. u. 19. Jh. sowie zu ausgew. «Faust»-Kompositionen, 1999 (zugleich Diss. München 1995); Große Bayer. Biogr. Enzyklopädie 3 (hg. H.-M. KÖRNER) 2005; J. C. MITCHELL, The Braunschweig Scores. ~ and Erich Leinsdorf on the First Four Symphonies of Beethoven, Lewiston/N. Y. 2005; Öst. Musiklex. 5 (hg. R. FLOTZINGER) 2006; W. G. VÖGELE, «... ein tiefes Bedürfnis, das mich zu Ihnen treibt.» Z. Verhältnis ~ – Rudolf Steiner (in: Schweizer Jb. für Musikwiss. 27) 2007; Komponisten in Basel. Siebzig musikal. Begegnungen aus fünf Jh. (hg. M. KUNZ, B. KEUSCH) 2008. IB

**Weingartner,** Gabriele, * 2. 12. 1948 Edenkoben/Pfalz; studierte Germanistik u. Gesch. in Berlin u. Cambridge/Mass., Erzählerin, Kulturjournalistin, Lit.kritikerin, lebte in St. Martin/Pfalz, seit 2008 in Berlin wohnhaft; 1996 Martha-Saalfeld-Förderpreis, 1998 u. 2001 Stipendiatin im Künstlerhaus Schloß Wiepersdorf bei Jüterbog, 2000 Gerty-Spies-Preis, 2007 Hermann-Sinsheimer-Plakette d. Stadt Freinsheim u. a. Auszeichnungen.

*Schriften:* Der Schneewittchensarg (Rom.) 1996; Bleiweiß (Rom.) 2000; Frau Cassirers Brust (Erz.) 2001; Schreibtisch. Leben. Literarische Momentaufnahmen (mit V. HEINLE) 2004; Die Leute aus Brody (Erz.) 2005; Fräulein Schnitzler (Rom.) 2006.

*Literatur:* P. KURZECK, Lit. auf d. Prüfstand. P. K. im Gespräch mit ~, Erwin Rotermund u. Michael Bauer (in: FluchtPunkte, hg. G. FORSTER u. a.) 1995; D. LEUPOLD, Lit. auf d. Prüfstand. D. L. im Gespräch mit ~, Erwin Rotermund u. Michael Bauer (in: Horizonte, hg. S. GAUCH u. a., 1996; J. ZIERDEN, Lit.Lex. Rheinland-Pfalz, 1998. WK

**Weingartner,** Johann Hilarius (getauft auf d. Namen Franz Johann Nepomuk Anton Kajetan), * 13. 1. 1784 Gmunden/Oberöst., † 9. 6. 1842 Wartberg/Oberöst.; studierte Theol. in Kremsmünster, 1807 Priesterweihe, Weltpriester u. Kooperator in Atzbach u. Leondin bei Linz, 1811 Suppleant d. Moral- u. Pastoraltheol., 1812 Kooperator in Enns, 1815 Prof. d. Kirchengesch. in Linz, 1819–23 Prof. d. Kirchenrechts u. seit 1825 Pfarrer in Wartberg, Dechant u. Schuldistriktsaufseher ebenda.

*Schriften:* Überblick der Bekehrung Europas oder Kurze Geschichte der Einführung des Christenthums bei den europäischen Völkern vom 1. bis 14. Jahrhundert, 1824; Polyhymnia. Eine Sammlung von Phantasien des Geistes und Herzens in Gedichten, 1825; Des Manlius Torquatus Severus Boethius fünf Bücher vom Troste der Philosophie. Prosaisch und metrisch übersetzt und mit Anhang von einem Christen begleitet, 1827. (Ferner theol. Abhandlungen.)

*Literatur:* Wurzbach 54 (1886) 37; Goedeke 12 (1919) 246; 17 (1991) 1705. – F. KRACKOWIZER, F. BERGER, Biogr. Lex. d. Landes Oberöst. ob d. Enns. Gelehrte, Schriftst. u. Künstler Oberöst. seit 1800, 1931. RM

**Weingartner,** Josef, * 10. 2. 1885 Dölsach/Osttirol, † 11. 5. 1957 Meran/Südtirol; nach Studien in Brixen Promotion in Theol. u. Kunstgesch. in Wien, 1907 Priesterweihe, 1915–21 Prof. d. Kirchenrechts am Priesterseminar in Brixen, 1921 Generalkonservator d. Denkmalamtes in Wien, seit 1922 Propst u. Hauptstadtpfarrer in Innsbruck, 1947 Doz. f. Kunstgesch. an d. Univ. ebd.; Verf. v. kunsthist. Schr., Erz., Erinn., pastoralen u. homilet. Schriften.

*Schriften* (Ausw.): Die Heiligen und Seligen Tirols, 1910; Die frühgotische Malerei Deutschtirols, 1916; Südtirol. Wanderungen abseits vom Baedeker, 1922; Denkmäler Südtirols, 4 Bde., 1923–30 (7. Aufl. 1985); Der Geist des Barock, 1925; Sizilien. Wanderbilder, 1926; Die Apostelgeschichte. Kurze Bibelpredigten, 1928; Römische Barockkirchen, 1930; Die Nonne von Sonnenburg (Erz.) 1935; Der Kardinal (Nov.) 1946; Causa Amore (Erz.) 1947; Heimat des Herzens, 1948 (3. Aufl. u. d. T.: Landschaft und Kunst in Südtirol [...], ausgew., eingel. u. mit Anm. versehen J. RAMPOLD, 1979); Im Glanze der Heiligen. Charakterbilder aus der Kirchengeschichte, 1949; Tiroler Burgenkunde [...], 1950; Unterwegs. Lebenserinnerungen, 1951; Im Hochstift, 1952; Südtiroler Bilderbuch, 1953; Originale im Priesterrock (Erinn.) 1962; Im Dienste der Musen. Briefwechsel mit Josef Garber. Mit einer einleitenden Biographie, 1978.

*Literatur:* Killy 12 (1992) 204; Biogr.-Bibliogr. Kirchenlex. 13 (1998) 622; DBE $^{2}$10 (2008) 493. – Beitr. z. Kunstgesch. Tirols (FS z. 70. Geb.tag) 1955; Österreicher d. Ggw. Lex. schöpferischer u. schaffender Zeitgenossen (Red. R. TEICHL) 1951; Wegweiser durch d. moderne Lit. in Öst. (hg. H. KINDERMANN) 1954; M. WEINGARTNER-HÖRMANN, Propst ~, d. Kunsthistoriker (in: D. Schlern 51) 1977; E. THURNHER, ~s Dichtertum (ebd.); I. ACKERL, F. WEISSENSTEINER, Öst. Personenlex. d. ersten u. zweiten Republik, 1992; E. GADNER, Aus d. Fülle. Leben u. Werk v. Propst ~, 2007 (mit ausführl. Werkverzeichnis). HP/RM

**Weingartner,** Paul, * 8. 6. 1931 Mühlau bei Innsbruck; 1950–52 Lehrerausbildung in Innsbruck, bis 1955 Lehrer, studierte dann Philos., Mathematik, Physik u. Psychol. an d. Univ. Innsbruck, 1961 Dr. phil., 1961/62 Research Fellow des British Council an d. Univ. London. 1962–67 Forschungsassistent am Inst. für Wissenschaftstheorie des Internationalen Forschungszentrums Salzburg, 1963/64 weitere Stud. an d. Univ. München, 1965 Habil. für Philos. an d. Univ. Graz, 1965/66 Doz. ebd., 1966 Doz. d. Philos. an d. Univ. Salzburg, 1970 a. o., 1971–99 (emeritiert) o. Prof. für Philos. ebd. u. mit Unterbrechungen Vorstand d. Inst., seit 1972 auch Vorstand d. Inst. für Wissenschaftstheorie des Internationalen Forschungszentrums Salzburg. Zahlr. Ehrungen, Preise u. Mitgl.schaften, u. a. 1966 Kardinal Innitzer-Preis für Philos., 1995 Dr. h. c. der Univ. Lublin/Polen, Mitgl. d. Academy of Sciences New York u. d. Inst. d. Görresgesellsch. für Interdisziplinäre Forsch., als Gastprof., Vortragender u. Teilnehmer an Symposien u. Tagungen war er weltweit tätig.

*Schriften und Herausgebertätigkeit* (Ausw.): Wissenschaftstheorie. I Einführung in die Hauptprobleme, 1971 (2., revidierte Ausg. 1978) – II,1 Grundlagenprobleme der Logik und Mathematik, 1976; Werte in den Wissenschaften. Festschrift zum 30jährigen Bestehen des Internationalen Forschungszentrums (hg. mit F. M. SCHMÖLZ) 1991; Die Sprache in den Wissenschaften (hg.) 1993; Logisch-philosophische Untersuchungen zu philosophiehistorischen Themen. Von Platon und Aristoteles zu Wittgenstein und Popper, 1996; Logisch-philosophische Untersuchungen zu Werten und Normen. Werte und Normen in Wissenschaft und Forschung, 1996; Gesetz und Vorhersage (hg.) 1996; Evolution als Schöpfung? Ein Streitgespräch zwischen Philosophen, Theologen und Naturwissenschaftlern (hg.) 2001; Das Problem des Übels in der Welt vom interdisziplinären Standpunkt (hg.) 2005; Rohstoff Mensch, das flüssige Gold der Zukunft? Ist Ethik privatisierbar? (hg.) 2009.

*Literatur:* Philos. als Wiss. Essays in Scientific Philos. ~ gewidmet (hg. E. MORSCHER u. a.) 1981; Advances in Scientific Philos. Ess. in Honour of ~ on the Occasion of the 60th Anniversary of His Birthday (hg. G. SCHURZ u. G. J. W. DORN) Amsterdam 1991; Bausteine zu e. Gesch. d. Philos. an d. Univ. Graz (hg. T. BINDER, R. FABIAN, U. HÖFER, J. VALENT) ebd. 2001. IB

**Weingartner,** Peter, * 24. 1. 1954 Luzern; studierte Pädagogik f. d. Fächer Dt., Gesch., Engl. u. Französ., 1979 Sekundarlehrer-Diplom, bis 1981 Lehrer in Luthern u. Ufhusen u. seither in Triengen (alle Kt. Luzern), zudem als Red. tätig, lebt in Triengen; Hörsp.- u. Bühnenautor sowie Erzähler.

*Schriften:* De Stücklibrünzler (Lsp.) 1997; Stühle im Zug. Geschichten aus dem Innern des Landes, 2006. AW

**Weingartner,** Wendelin, * 7. 2. 1937 Innsbruck/Tirol; studierte Rechtswiss. in Innsbruck, 1961 Dr. iur., seit 1963 Mitgl. d. Tiroler Landesregierung f. d. Öst. Volkspartei (ÖVP), seit 1989 als Landesrat (Minister) f. d. Ressort Wirtschaft, daneben 1964–66 Mitarb. d. Verwaltungsgerichtshofs in Wien u. seit 1984 auch Vorstandsvorsitzender d. Tiroler Landeshypothekenbank, 1991–2000 Obmann d. ÖVP u. 1993–2002 Landeshauptmann von Tirol, lebt in Innsbruck.

*Schriften:* Nachdenken über Tirol (hg., m. Beitr. v. 50 Autorinnen u. Autoren, Bilder B. Schalhaas) 1993; Unsere schönsten Skitouren in Tirol (mit P. HABELER) 1999.

*Literatur:* Munzinger-Archiv. – aeiou. Öst. Lex. (Internet-Edition); G. FÖGER, ~. Skizzen e. Landeshauptmanns. E. Fühlungnahme, 2000. AW

**Weingast,** Gabriele, * 1965 Wien; Ausbildung u. versch. Tätigkeiten in d. Gastronomie, später Mutter u. Hausfrau.

*Schriften:* Saskia und die Superchecker. Vier Mädchen und acht Abenteuer (Jgdb.) 2007. AW

**Weingruber,** Johann Ignaz, * wahrsch. um 1700 Komorn/Oberungarn, † wahrsch. nach 1768 Deutschendorf/Zips/Oberungarn; Dr. phil., röm.-kathol. Pfarrer in Menhardsdorf/Zips, dann Dechant in Deutschendorf.

*Schriften:* Solium glori altitudinis a principio [...]. Der von Anbeginn hohe Thron der Herrlichkeit [...], 1736; Augenscheinliches Wunderwerk göttlicher Vorsichtigkeit [...] Eperies den 31. Julii 1768 [...], 1768.

*Literatur:* Magyar írók élete és munkái 14 (hg. J. SZINNYEI) Budapest 1914. MT

**Weingrüße** (*Wein-, Bier-, Metgrüße und -segen*), sog., unter dieser Bezeichnung geht e. Komplex v. anon. in zahlr. Hss. (u. a. Nürnberg, Germ. Nat.mus., Hs 5339 a [wohl ursprüngl. Kern mit einheitl. Verfasserschaft]; Berlin, mgq 495; Dresden, LB, Mscr. M 50) u. mehreren Drucken (u. a. Augsburg, ca. 1510 [«Ain schöner spruch von lobung wein met vnd bier»]) überl. Reimpaardg., die vermutl. v. Hans → Rosenplüt oder aus s. Umfeld stammen, Entstehungszeit ist d. 15. Jh. Literar. sind d. W. den Priameln u. d. «Klopfan»-Sprüchen aus demselben Umkreis vergleichbar; d. Ged. umfassen zw. 14 u. 28 vierhebige Reimpaarverse. In d. Überl. sind d. Texte meist zu Paaren geordnet, so daß auf e. Gruß an d. jeweilige Getränk ein Segen als Abschied folgt. Inhaltl. werden Wein, Met u. Bier gepriesen, d. Trunkenheit erscheint in d. Regel als komisch oder nur bei anderen als schädlich. D. Komplex umfaßt nach H. Maschek (vgl. Ausg.) e. Vorspruch v. neun gereimten Versen u. 24 Gedichte: 10 Paare über d. Wein sowie je ein Paar über Bier u. Met.

*Ausgaben:* Lyrik des späten Mittelalters (hg. H. MASCHEK) 1939 (= DLE Realistik d. SpätMA 6; Nachdr. 1964 u. 1971). – M. HAUPT, in: Altdeutsche Blätter 1, 1836; Die Weimarer Liederhandschrift Q 564 (hg. E. MORGENSTERN-WERNER) (Diss. Salzburg) 1990. – Abdrucke v. Druckausgaben: Dichtungen des sechszehnten Jahrhunderts (hg. E. WELLER) 1874; Ein hübscher Spruch von dem edlen Wein, 1912 (= Zwickauer Facs.drucke 13).

*Literatur:* VL ²10 (1999) 819. – Pamphilus Gengenbach (hg. K. GOEDEKE) 1856 (Nachdr. Amsterdam 1966); F. LEHR, Stud. über d. komischen Einzelvortrag in d. älteren dt. Lit. (Diss. Marburg/L.) 1907; H. KIEPE, D. Nürnberger Priameldg. Philol. Stud. an Hand ausgew. Beispiele (Diss. Göttingen) 1984; N. HAAS, Trinklieder d. dt. SpätMA. Unters. zu Hans Rosenplüt u. zum Schreib- u. Druckwesen im 15. Jh. (Diss. Göttingen) 1991. RM

**Weinhäupl,** Evelyn (eig. Evelyne Schmidt-Weinhäupl, geb. Kiesenhofer), * 30. 4. 1950 Graz; 1969 Matur u. bis 1971 Ausbildung an d. Pädagog. Akad. d. Bundes ebd., 1971–93 Lehrerin in St. Anna am Aigen/Oststeiermark, seit 1988 zudem Sprach- und Kommunikationstrainerin an d. PH sowie d. TH in Györ/Ungarn, seit 1993 Lehrerin an d. Übungsvolksschule d. Pädagog. Akad. d. Bundes in Graz, 1996 Lehramtsprüfung f. Sonder- u. Schwerstbehinderten-Pädagogik, 1997 z. Prof. ernannt, erhielt d. Steir. Kinder- u. Jugendlit.preis sowie d. Leibnitzer Kunstpreis (1991), d. Steir. Leseeule (1995) u. d. Steir. Preis f. Kinder-Schreibwerkstätten (1997); Jugendbuchautorin.

*Schriften:* Die Targis und ich. Ferien bei den Tuareg (Illustr. A. Sancha) 1991; Der Sandsturm, 1993; Der geheimnisvolle Said, 1994; Geheimnisvolle Laura, 1997; Silvia und der Regenzauber, 1997; Nora in der verborgenen Welt, 1998; Das Haus am Hügel, 2003; Huiii, Gespenster! Meine liebsten Gruselgeschichten. Von Autoren on Tour (Kdb., Mitverf.) 2008. AW

**Weinhals,** Bruno, * 8. 5. 1954 Horn/Niederöst., † 10. 6. 2006 Wien; brach s. 1974 begonnenes Übersetzerstud. (Engl. u. Italien.) an d. Univ. Wien ab u. lebte als freier Schriftst. in Wien, versch. Preise u. Stipendien, u. a. 1986, 1992 u. 1998 Öst. Staatsstipendium für Lit., 1996 Öst. Dramatikerstipendium; Übers., Erz., Lyriker u. Verf. v. Hörsp. u. Theaterstücken.

*Schriften:* Die Entdecker. Sechsundzwanzig Gedichte und eine Suite, 1983; Männerstück, 1983; Alle Namen der Welt. Abenteuergeschichten, 1984; Der Körper des Herzogs, 1984; Die Nacherzählung, 1985; Fingersatz. 12 Szenen, 1986; Friedrich. Eine Komödie, 1986; Die Heimkehr des Odysseus, 1987; Lektüre der Wolken. Gedichte, Essay, 1992; Fabulierbuch. Prosa, Essay, 2000; Theben für Tote. Eine Wiederholung, 2000; Wassernährendes Feuer (Ged.) Maastricht 2001; Bericht von der Insel. Prosa, ebd., 2002.

*Literatur:* Öst. Katalog-Lex. (1995) 429. – H. RAIMUND, ~ z. Beispiel (in: LK, H. 267/268) 1992; H. AUGUSTIN, ~: ‹Lektüre der Wolken› (in: INN 10) 1993. IB

**Weinhandl,** Ferdinand, * 31. 1. 1896 Judenburg/Steiermark, † 14. 8. 1973 Graz; Sohn e. Schuldir., studierte Philos., Psychol. u. klass. Archäologie an d. Univ. Graz, 1915 Freiwilliger im 1. Weltkrieg, nach schwerer Verwundung kriegsuntauglich u. 1916 Forts. d. Stud., 1919 Dr. phil., im selben Jahr Heirat mit Margarete Glantschnigg (→ W.), 1919–21 Lektor in e. Verlag in München. 1922 Habil. für Philos. an d. Univ. Kiel, hielt anschließend ebd. u. an anderen Orten Vorträge, 1927 a. o. Prof., 1935 o. Prof. u. 1936–38 Dekan d. Philos. Fak. d. Univ. Kiel. Seit 1929 Fachschaftsleiter d. «Kampfbundes für dt. Kultur», seit 1933 Mitgl. d. Nationalsozialist. Dt. Arbeiterpartei (NSDAP) u. seit 1934 d. Sturmabt. (SA). 1938 wiss. Leiter d. «Wiss. Akad. d. NSD-Dozentenbundes d. Univ. Kiel» u. 1938–40 Mithg. d. «Jahresbde.» d. gen. Akad. Ab 1942 o. Prof. an d. Univ. Frankfurt/M. u. 1944 bis zu s. Entlassung 1946 an d. Univ. Graz. 1952 ebd. a. o. Prof., 1958 restituiert u. bis 1965 o. Prof. für Psychol. u. Pädagogik an d. Univ. Graz. Daneben Tätigkeit als Psychotherapeut. 1932 Richard-Avenarius-Preis d. Sächs. Akad. d. Wiss., 1963 öst. Ehrenkreuz für Kunst u. Wiss. 1. Klasse, 1965 korrespondierendes Mitgl. d. philos.-hist. Klasse d. Öst. Akad. d. Wissenschaften.

*Schriften* (Ausw.): Ignatius von Loyola, Die geistlichen Übungen (hg., eingel. u. übertr.) 1921; Aus Gerhard Tersteegens Briefen (hg.) 1922; Über Urteilsrichtigkeit und Urteilswahrheit, 1923; Meister Eckehart im Quellpunkt seiner Lehre, 1923 (2., verm. Aufl. 1926); Einführung in das moderne philosophische Denken. Methoden, Probleme, Ergebnisse und Literatur, 1924; Wege der Lebensgestaltung, 1924; Person, Weltbild und Deutung, 1926; Die Gestaltanalyse, 1927; Über das aufschließende Symbol, 1929; Charakterdeutung auf gestaltanalytischer Grundlage, 1931; Die Metaphysik Goethes, 1932 (Nachdr. 1965); Philosophie und Mythos, 1936; Der deutsche Idealismus und wir (Festrede) 1939, Philosophie – Werkzeug und Waffe, 1940; Paracelsus und Goethe, 1941; Geistesströmungen im Ostraum, 1942; Europa und die deutsche Philosophie (hg.) 1943; Die Philosophie des Paracelsus, 1944; Wege zum Lebenssinn, 1951; Eine Lilie blüht über Berg und Tal. Grundtexte des Mystikers Jakob Böhme (ausgew. u. eingeführt) 1954; Gott ist gegenwärtig. Auswahl aus den Schriften Gerhard Tersteegens (eingel. u. hg.) 1955; Das Vermächtnis des Wanderers. Goethes Gedanken über Staat und Gemeinschaft (hg. u. eingel.) 1956; Gestalthaftes Sehen, Ergebnisse und Aufgaben der Morphologie. Zum 100. Geburtstag von Christian von Ehrenfels (hg.) 1960; Stoltzius von Stoltzenberg, Chymisches Lustgärtlein (hg.) 1964; Polarität als Weltgesetz und Lebensprinzip. Abhandlungen, 1974.

*Nachlaß:* UB Graz, Abt. für Sonderslg. – Renner 432; Hall-Renner [2]353.

*Literatur:* DBE [2]10 (2008) 493. – Gestalt u. Wirklichkeit. Festgabe für ~ (hg. R. MÜHLHER u. J. FISCHL) 1967 (mit Schr.verzeichnis); B. ROLLETT, A. EDER, Univ.prof. Dr. ~ z. 75. Geb.tag, 1971 (= Unser Weg, Sonderh. Nr. 2; auch Sonderdruck); F. KAINZ, ~. Nachruf (in: Almanach d. Öst. Akad. d. Wiss. 124) 1975; M. LESKE, Philosophen im Dritten Reich, 1990; 100 Jahre Psychol. an d. Univ. Graz (hg. E. MITTENECKER u. G. SCHULTER) 1994; J. ALWAST, ~ (in: Biogr. Lex. für Schleswig-Holst. u. Lübeck 10) 1994; B. ROLLETT, ~. Leben u. Werk (in: Bausteine zu e. Gesch. d. Philos. an d. Univ. Graz, hg. T. BINDER) Amsterdam 2001; I. KOROTIN, Dt. Philosophen aus d. Sicht des Sicherheitsdienstes des Reichsführers SS. Dossier: ~ (in: Jb. für Soziologiegesch. 1997/98) 2001; J. ALWAST, Akadem. Philos. im «Dritten Reich» u. ihr Beitr. z. Normalisierung v. Inhumanität (in: Uni-Formierung des Geistes. Univ. Kiel u. d. Nationalsozialismus 2, hg. H.-W. PRAHL) 2007. IB

**Weinhandl,** Margarete (geb. Glantschnigg), * 5. 6. 1880 Cilli/Untersteiermark (heute Slowenien), † 28. 9. 1975 Graz; Tochter d. Rechtsanwaltes Dr. Eduard G., Schulbesuch in Marburg/Drau, 1902–06 Ausbildung an d. dortigen Lehrerinnenbildungsanstalt, ab 1907 Lehrerin an d. evangel. Schule in Graz, veröff. Beitr. im «Schulboten» u. «Kunstwart» sowie Ged. u. Erz. in d. Slg. «Heimatgrüße» u. im «Heimgarten». 1919 Heirat mit Ferdinand → W., übersiedelte mit ihm 1921 nach Kiel, Mitgl. d. Nationalsozialist. Dt. Arbeiterpartei (NSDAP) u. Kulturreferentin der Nationalsozialist. Frauenschaft Schleswig-Holsteins. Ab 1942 in Frankfurt/M., 1944 Rückkehr nach Graz; Erz. u. Lyrikerin.

*Schriften* (Ausw.): E. Stagel, Deutsches Nonnenleben. Das Leben der Schwestern zu Töß und der Nonne von Engelthal. Büchlein von der Gnaden Überlast (eingel. u. übertr.) 1921 (mit e. Vorw. v. A. M. HAAS u. e. Nachw. v. A. GUILLET, 2004); Was die sonnige Welt dem Kinde erzählt. Ein Bilderbuch (Verse, Bilder v. C. Lauzil) 1922; Die Steiermark. Eine Dichtung, 1923; Der Osterweg, 1925; Schleswig-Holstein. Eine Landschaft in 7 Schöpfungstagen, 1927; Festspiel zur Feier des hundertjährigen Bestandes der Evangelischen Schule in Graz: 1828–1928, 1928; Ich bin ein Gast gewesen. Ein Weihnachtsspiel, 1928; Der innere Tag. Ein Handbuch zum geistigen Forschen in der Schrift, 1928; Der Gottesfreund Nikolaus von der Flüe. Eine Dichtung (Ged.) 1929; Kleine Bühne. Fünf Theaterstücke für Kinder, 1930; Lising, 1930; Die Rutengängerin. Ein Roman, 1931; Drei Gedichte zum hundertsten Todestag Goethes, 1932; Der Morgenvogel, 1932; Adventsbüchlein, 1934; Im Herzen des Gartens, 1934; Moorsonne (Rom.) 1940; Beherztes Leben. Gedanken des Vertrauens und der Besinnung, 1942; Und deine Wälder rauschen fort. Kindheit in der Untersteiermark, 1942; Das goldene Tor. Ein Bilderbuch vom Jahreslauf (Ged., Bilder v. E. Reiser) 1947; Brennende Herzen. Lebensbilder großer Christen, 1949; Martin und Monika, 1951; Ritter, Tod und Teufel. Eine Erzählung, 1954; Gesammelte Gedichte, 1956; Das Städtchen im Spiegel, 1956; Wo der Wald sich lichtet (Erz.) 1960; Jugend im Weinland, 1962; Frühlicht, Traum und Tag, 1965; Natur, das offenbare Geheimnis. Wege und Winke, 1965.

*Nachlaß:* UB Graz, Abt. für Sonderslg. – Renner 432; Hall-Renner ²354.

*Literatur:* Killy 12 (1992) 206; Schmidt, Quellenlex. 32 (2002) 486; DBE ²10 (2008) 493. – A. Heinzel, ~, geb. Glantschnigg. E. lit. Porträt (in: 5. Jahresber. der Bundes-Lehrerinnenbildungsanstalt in Graz) 1951; A. Heinzel, Der Lehrerdichterin ~ z. 75. Geb.tag (in: Unser Weg 10) 1955; R. Heger, D. öst. Rom. d. 20. Jh. 2, 1971. IB

**Weinhandl,** Wilhelm, * 26. 6. 1923 Gießelsdorf/Steiermark; Postangestellter, lebt in Graz; Erz. u. Lyriker.

*Schriften:* Hürdenlauf zum Glück, o. J. [1957–67] (= Der gute Bergland-Rom. 109); Der Engel von Friedewald, o. J. [1957–67] (= Der gute Bergland-Rom. 116); Kamerad Elli, 1958; Kalte Welt (Ged., hg. J. Schister) 1959; Irrende Herzen, 1961 (Neuausg. 1964). AW

**Weinhart,** Benedikt, * 19. 3. 1818 Kempten/Allgäu, † 3. 3. 1901 Freising/Obb.; während d. Gymnasialzeit betrieb er mit s. Freund Daniel → Haneberg Stud. d. oriental. Sprachen, studierte ab 1836 kathol. Theol. an d. Univ. München, 1840 Priesterweihe in Augsburg, 1842 Dr. theol., 1843–46 Lehrer am Priesterseminar u. am Lyzeum in Speyer, 1846–86 Prof. d. Dogmatik am königl. Lyceum in Freising u. 1872–86 auch Leiter d. Bibl., 1867 mit d. Titel Erzbischöflicher Geistlicher Rat ausgezeichnet. Hielt 1847–49 vertretungshalber Vorlesungen in Kirchengesch. an d. Theolog. Fak. d. Univ. München.

*Schriften* (Ausw.): Über die Bedeutung des heiligen Meßopfers, 1847; N. P. S. Wiseman, Zusammenhang zwischen Wissenschaft und Offenbarung. Zwölf Vorträge (in dt. Übers. hg. D. Haneberg, Nach d. neuesten Aufl. d. Originals verb. u. verm. v. B. W.) 1856; Das Neue Testament unseres Herrn Jesus Christus (nach der Vulgata übers. u. erklärt) 1865 (2., verb. Aufl. 1899; durchges. sowie mit Einf. u. ausgew. Anm. v. S. Weber, 1921); Die Renovation der Domkirche in Freising durch den Fürstbischof Veit Adam. Nach Akten im erzbischöflichen Archiv und in der Kapitel-Bibliothek in München, 1888.

*Nachlaß:* Dombibl. Freising. – Denecke-Brandis 402.

*Literatur:* Biogr. Jb. 6 (1904) 144; LThK ²10 (1965) 998; Biogr.-Bibliogr. Kirchenlex. 13 (1998) 624; DBE ²10 (2008) 493. – J. Punkes, Freisings höhere Lehranstalten z. Heranbildung v. Geistlichen in der nachtridentin. Zeit [...], 1885; Zw. Freising u. Speyer. Aus dem Briefw. Bischofs Daniel Bonifaz v. Hanebergs mit dem Prof. ~ in den Jahren 1872 bis 1876 (hg. M. Ruf, in: Arch. für mittelrhein. Kirchengesch. 28) 1976; Große Bayer. Biogr. Enzyklopädie 3 (hg. H.-M. Körner) 2005; Dt. Biogr. Enzyklopädie d. Theol. u. der Kirchen 2 (hg. B. Moeller mit B. Jahn) 2005. IB

**Weinhart,** Franz Xaver von, * 15. 11. 1746 Innsbruck, † 8. 2. 1833 ebd.; studierte Humaniora, absolvierte dann d. vorgeschriebenen Stud. in Philos. u. Gesch. u. begann 1766/67 mit d. Stud. d. Rechtswiss. an d. Univ. Innsbruck, 1774 Dr. iur., 1774–77 a. o. Lehrer ohne Gehalt an d. Lehrkanzel für Statistik u. Dt. Reichsgesch. an d. Univ. Innsbruck, 1777 Ordinarius. 1782 bei d. Umwandlung d. Univ. in e. Lyzeum entlassen, hielt aber weiterhin (unentgeltlich) Vorlesungen, ab 1789 Prof. f. Reichsgesch., Lehen- u. Dt. Staatsrecht. 1792 Rückwandlung in e. Univ., 1794/95 Rektor, 1801/02 u. 1802/03 Dekan d. jurist. Fak., nach Aufhebung d. jurist. Fak. (1810) pensioniert; Lyriker (2 Ged.bänden wurde d. Druckerlaubnis nicht erteilt).

*Schriften:* Jubellied des Landvolks in Tyrol bei Wiederkunft Amaliens, den 18ten Brachmonats 1783, 1783; Das Aerndtefest der Tonkunst. Singspiel, 1812.

*Nachlaß:* Arch. d. Tiroler Matrikel-Stiftung, Innsbruck, Faszikel: W.; Arch. d. Familie Schullern zu Schrattenhofen, Innsbruck/Aldrans, Abt. W. (vgl. auch. F.-HEY, D. Innsbrucker Familie [...], 1970).

*Literatur:* Goedeke 6 (1898) 676. – F.-H. HYE, D. Innsbrucker Familie W. im Tiroler Geistesleben 1600–1833, 1970 (mit Abdruck v. 3 Ged.); F. GRASS, ~ (1746–1833). Begründer d. Lehrkanzel d. Reichsgesch. an d. Univ. Innsbruck im Rahmen der Familiengesch. der W. zu Thierburg u. Vollandsegg [mit e. Anhang: F. X. W.s Selbstdarstellung v. 10. 1. 1817] (in: FS Nikolaus Grass z. 60. Geb.tag [...] 2: Aus Gesch. u. Recht d. Almen, Kultur- u. Kunstgesch. [...], hg. L. CARLEN u. F. STEINEGGER) 1975. IB

**Weinhausen,** Friedrich, * 19. 7. 1867 Mörshausen/Kurhessen, † 28. 8. 1925 Berlin; besuchte d. Gymnasium in Fulda u. d. Univ. in Marburg/Lahn, seit 1895 Red. v. Friedrich → Naumanns Wschr. «Hilfe» in Frankfurt/M. (später in Berlin) u. seit 1903 der «Nation», 1903 Generalsekretär d. Freisinnigen Vereinigung u. seit 1910 Generalsekretär d. Fortschrittl. Volkspartei, 1902–08 Gemeindeverordneter in Steglitz, seit 1911 freier Schriftst., 1912 Mitgl. d. Reichstages, 1913 d. Hauses d. Abgeordneten u. 1919 d. verfassungsgebenden Dt. Nationalverslg.; veröff. v. a. sozialpolit. Aufs. in Zs. u. Tageszeitungen.

*Schriften:* Deutsche Arbeit und deutscher Sieg. Das Interesse der «kleinen Leute» am Kriegsausgang, 1917; Betriebsrätegesetz. Gesetzestext mit Wahlordnung, Einführung, Anmerkungen und Sachregister (bearb.) 1920 (2., stark verm. Aufl. u. d. T.: Betriebsrätegesetz nebst Wahlordnung, Betriebsbilanzgesetz, Gesetz über Entsendung von Betriebsratsmitgliedern in den Aufsichtsrat und die wichtigsten Ausführungsverordnungen des Reichs und der Länder [...], 1922); Demokraten und oberschlesische Krisis, 1921.

*Literatur:* Reichstags-Hdb. 1890–1933. Legislatur (Wahl)-Periode 1920, 1920; D. Dt. Reich v. 1918 bis heute (hg. C. HORKENBACH) 1930; Biogr. Hdb. f. d. preuß. Abgeordnetenhaus (1867–1918) (bearb. B. MANN) 1988. AW

**Weinheber,** Josef, * 8. 3. 1892 Wien, † 8. 4. 1945 (Selbstmord) Kirchstetten/Niederöst.; vorehelicher Sohn des Fleischhauers Johann Christian W. u. der Weißnäherin Theresia Franziska, geb. Wykidal. Nach der Trennung der Eltern (1898) bis 1899 in e. Erziehungsanstalt, anschließend Besuch d. Volksschule. 1901 Tod des Vaters u. 1904 Tod d. Mutter, W. u. s. Schwester Amalia (1896–1910) kamen in d. Hyrtlsche Waisenhaus in Mödling/Niederöst., wo er e. Freiplatz am dortigen Gymnasium erhielt. Wegen Mißerfolgs in Mathematik Verlust d. Freiplatzes, kurze Zeit Gehilfe in e. Bierbrauerei in Wiener Neudorf, dann Lehrling in d. Roßschlächterei s. Tante Franziska, verwitwete Trbuschek, in Wien-Ottakring. Ab 1910 lebte W. als Ziehsohn bei Marianne Grill, der Mutter e. ehemaligen Waisenhauskameraden ebd., Tätigkeit u. a. im Büro e. Molkerei. Ab 1911 Besuch der Abendkurse des Vereins «Freies Lyzeum», lernte u. a. Griech. u. Lat., im April Eintritt in den Postdienst. 1913 Veröff. s. ersten Ged.; als Postbeamter während d. 1. Weltkrieges v. Militärdienst befreit. Juli/August 1916 Bekanntschaft u. Briefw. mit Hilde Zimmermann aus Wagstadt bei Troppau, kurze Zeit mit der Bildhauerin Irmgard Stuart Willfort verlobt. 1917 Bekanntschaft mit Emma Fröhlich, 1919 Heirat, 1920 Scheidung. Verkehrte im Kreis um Leo → Perutz, der s. Förderer wurde, Veröff. in d. Zs. «Die Muskete» (bis 1924). 1924 erschien d. Rom. «Das Waisenhaus» in Fortsetzungen in d. «Arbeiter-Ztg.», d. Buchausg. wurde wegen Auflösung des Verlags nicht mehr ausgeliefert. 1925 Preis der Stadt Wien. 1925 u. 1926 Reisen nach Italien mit s. Amtskollegin Hedwig Oberst, verwitwete Krebs (1885–1958), 1927 Heirat. Ab 1928 Beginn des Briefw. mit Paul Cohn (Paul → Hohenau), 1929 Zus.arbeit mit Leopold → Liegler u. Bekanntschaft mit Friedrich → Sacher. 1932 Aufgabe d. Postdienstes (zuletzt Inspektor im Post- u. Telegraphendienst). Seit Dezember 1931 Anwärter, seit Februar 1933 Mitgl. d. öst. Nationalsozialist. Dt. Arbeiterpartei (NSDAP) u. Landesfachberater für Schrifttum im öst. «Kampfbund für dt. Kultur». Nach d. Verbot d. Partei im Frühjahr 1934 vorübergehend inhaftiert, W. stellte d. Zahlung d. Mitgliedsbeitr. z. NSDAP ein, ließ sich jedoch von d. Partei zunehmend vereinnahmen u. schrieb in ihrem Auftrag zahlr. Ged., 1936 v. d. Univ. München mit d. Mozart-Preis der Goethe-Stiftung ausgezeichnet, 1937 Bezug d. Landhauses in Kirchstetten, das er mit d. Preisgeld erworben hatte. Oktober/November erste Vortragsreise durch Dtl., weitere folgten. Im November 1937 erste Begegnung mit Gerda Janota bei e. Lesung in Linz, Liebesbeziehung u. 1941 Geburt des gemeinsamen Sohnes Christian W.-Janota. 1938 hielt W. d. Festvortrag beim ersten «Großdt. Dichtertreffen» in Weimar. 1940 erster von drei Aufenthalten in d. Trinkerheilanstalt Inzersdorf bei Wien, 1941 Grillparzer Preis u. anläßl. s. 50. Geb.tages Dr. h. c. der Univ. Wien u. mit d. Ehrenring d. Stadt Wien ausgezeichnet. 1944 Wieder- bzw. Neuaufnahme in d. NSDAP, rückwirkend z. 1. Jänner 1941. Auf s. Reisen malte W. zahlr. Bilder, s. Ged. wurden u. a. von Richard (Georg) → Strauss u. Paul → Hindemith (ErgBd. 5) vertont; Lyriker, Erz. u. Essayist. – 1956 Gründung der J. W.-Gesellsch. mit Sitz in Kirchstetten.

*Schriften:* Der einsame Mensch (Ged.) 1920 (NA 1943); Von beiden Ufern (Ged.) 1923; Das Waisenhaus (Rom.) 1925; Boot in der Bucht (Ged.) 1926; Adel und Untergang (Ged.) 1934 [mit e. Beih.: Ess. «D. Lyriker J. W.» v. F. SACHER] (NA [ohne Beih.] 1937); Vereinsamtes Herz (Ged.) 1935; Gedichte, 1935; Wien wörtlich (Ged.) 1935 (veränd. NA [u. mit 2 neuen Ged.] 1938; veränd. Ausg. 1948; Neuausg. mit Vorw. u. Illustr. v. W. ZELLER-ZELLENBERG, 1972); Deutscher Gruß aus Österreich (Ged.) 1936; Späte Krone (Ged.) 1936 (Auszug u. d. T.: Von der Kunst und vom Künstler, 1950; mit Holzschnitten u. e. Nachw. v. J. WEISZ, 1954); Selbstbildnis. Gedichte aus 20 Jahren, 1937 (ab d. 2. Aufl. mit dem erw. Untertitel: «[...] von ihm selbst ausgew.», 1940); O Mensch, gib acht. Ein erbauliches Kalenderbuch für Stadt- und Landleut, 1937 (Neuausg. 1950; NA 1959 u. 1966); Zwischen Göttern und Dämonen. 40 Oden, 1938; Kleiner Kalender nach Gedichten von J. W. für gemischten a capella-Chor (Musik: G. Schwarz) 1938; Kammermusik (Ged.) 1939 (mit e. Nachw. v. G. STADLER-JANOTA, 1994); Den Gefallenen, 1940; Blut und Stahl. 3 Oden, 1941; Himmelauen, Wolkenfluh, 1941; Ode an die Buchstaben, 1942; Gedichte [hg. A. SCHMID] 1944; Dokumente des Herzens. Aus dem Gesamtwerk ausgewählte Gedichte, 1944 (Neuausg. mit dem Untertitel: Aus d. Gesamtwerk v. Dichter selbst ausgew. Ged., 1953); Hier ist das Wort (Ged.) 1947 (2., leicht überarb. Aufl. 1953); Über die Dichtkunst, 1949; Würde und Ehre der geistigen Arbeit. Eine Rede, 1949; Vier unterdrückte Gedichte (in d. Gesamtausg. v. Josef NADLER fehlend) 1978.

*Auswahlausgaben:* Ausgewählte Gedichte. Über alle Maße aber liebte ich die Kunst (Einf. u. Ausw. v. F. SACHER) 1951; Gedichte und Prosa. Das Glockenspiel (hg. u. mit e. Nachw. v. F. FRÖHLING) 1959; Gedichte (ausgew. v. F. SACHER, Geleitwort u. Zeittafel v. F. JENACZEK) 1966; Das große J.-W.-Hausbuch (hg. mit Vorw. v. C. W.-JANOTA) 1995.

*Gesamtausgaben:* Sämtliche Werke (hg. J. NADLER u. Hedwig W.) I Gedichte. 1. Tl., 1953, II Gedichte. 2. Tl., 1954, III Die Romane (Das Waisenhaus – Nachwuchs – Gold außer Kurs), 1953, IV Kleine Prosa, 1954, V Briefe, 1956; Sämtliche Werke (neu hg. F. JENACZEK), I Jugendwerke. Lyrik, Drama, Prosa. 1. Halbbd. Aus dem Nachlaß, 1915–1929, 1980 – 2. Halbbd. Erste Veröffentlichungen 1934–1945, 1984, II Die Hauptwerke. Neun Bücher Lyrik, 1972 [= 3., durchges. u. veränd. Aufl. d. Ausg. hg. J. NADLER u. Hedwig W.], III Gedichte, Fragmente, Nachträge, Aphoristisches. Außerhalb der Sammlungen, 1996, IV Prosa 1. Theoretische Schriften, erzählende Schriften, autobiographische Schriften 1929–1944, 1970 [= 2., durchges. u. veränd. Aufl. d. Ausg. hg. J. NADLER u. Hedwig W.], V Prosa 2. Romane und Romanfragmente, 1976 [= 2., veränd. Aufl. d. Ausg. hg. J. NADLER u. Hedwig W.]; Neuausgabe der Werke in Einzelbänden. O Mensch, gib acht. Ein erbauliches Kalenderbuch für Stadt- und Landleut (hg. C. FACKELMANN) 2006.

*Briefe:* Briefe an Maria Mahler (hg. P. ZUGOWSKI) 1952; Briefe an Sturm (hg. u. eingel. v. DEMS.) 1955; Briefe (hg. J. NADLER u. Hedwig W.) 1956 (= Sämtliche Werke V); J. W. an Edmund Finke [Briefe] (in: Jahresgabe d. J. W.-Gesellsch.) 1968/69; J. W.: Fünfzehn Briefe unter dem Pseudonym Sven Teaborg aus dem Jahre 1916 – Hilde Zimmermann: Elf Antwortbriefe (in: Jahresgabe d. J. W.-Gesellsch.) 1989/90.

*Periodika:* Jahresgabe d. J. W.-Gesellsch. 1956–1993/94 (eingestellt). – Ab 2008/09 u. d. T.: Literaturwiss. Jahresgabe d. J. W.-Gesellschaft, NF (hg. C. FACKELMANN).

*Nachlaß:* Hs.slg. d. Öst. NB Wien. – Hall-Renner [2]354. – R. ADOLPH, Bibliotheken u. Arch. d. Dichter. IV ~ (in: Aus d. Antiquariat 12) 1956; D. GRIESER, Schneckenrennen. Ein ~ namens Janota (in: D. G., Glückliche Erben. D. Dichter u. s. Testament) 1983; L. MIKOLETZKY, Archivmaterial zu ~ (in: Jahresgabe d. J. W.-Gesellsch.) 1984–86.

*Bibliographie:* Albrecht-Dahlke II/2 (1972) 810; IV/2 (1984) 813; Schmidt, Quellenlex. 32 (2002)

487. – ~-Bibliogr. (in: NLit. 36) 1935; H. BERGHOLZ, ~: Bibliogr., 1953; DERS., ~ – Schrifttum. E. Forschungsber. (in: DVjs. 31) 1957; K. ADEL, Verz. d. Ged. ~s (in: Jahresgabe d. J. W.-Gesellsch.) 1959; J. TWAROCH, Lit. aus Niederöst. Von Frau Ava bis Helmut Zenker. E. Hdb., 1984; K. F. u. M. STOCK, R. HEILINGER, Personalbibliogr. öst. Dichterinnen u. Dichter [...] 3 (2., wesentlich erw. u. verb. Aufl.) 2002.

LITERATUR

ÜBERSICHT



*Allgemein zu Leben und Werk:* Munzinger Arch.; Vollmer 5 (1961) 101; Thieme-Becker 35 (1942) 295; KNLL 17 (1992) 489; Killy 12 (1992) 207; Autorenlex. (1995) 826; LThK $^{3}$10 (2001) 1031; DBE $^{2}$10 (2008) 494. – E. FINKE, ~. Versuch e. Deutung u. Würdigung (in: Der Weg 2) 1934; H. R. LEBER, ~ (in: Die Lit. 37) 1934/35; K. M. GRIMME, ~ privat (in: Der getreue Eckart 12) 1934/35; F. KOCH, ~ (in: Lebendige Dg. 1) 1934/35; DERS., ~ (in: Zs. für Dt.kunde 49) 1935; R. HOHLBAUM, E. lang verkannter großer Dichter (in: Völk. Kultur 3) 1935; DERS., ~ (in: NLit. 36) 1935; ~. Persönlichkeit u. Schaffen (hg. A. LUSER) 1935; A. SCHMIDT, ~ in d. Kritik (ebd.); M. C. BENTIVOGLIO, ~ (in: Zs. für Dt. Bildung 12) 1936; E. BILDT, Gedanken zur Rezitation, anläßlich d. Begegnung mit d. Werke ~s (in: Hochschule u. Ausland 14) 1936; F. SACHER, ~ (ebd.) (auch in: D. Innere Reich 2, 1936); R. LOESCH, ~ (in: D. Innere Reich 2) 1936; C. WATZINGER, ~ – Wesen u. Gestalt (in: Dt. Arbeit 36) 1936; B. MASCHER, ~ (in: D. Bücherwurm 22) 1936/37; A. CLOSS, ~. E. Einf. (in: GRM 25) 1937; K. W. MAURER, ~ (in: GLL 1) 1937; K. SCHMIDT, ~ (in: D. dt. Volkserzieher 2) 1937; C. WATZINGER, D. Werk ~s (in: Dtl. Erneuerung 21) 1937; K. ZIESEL, Begegnung mit ~ (in: Herdfeuer 12) 1937; E. HORBACH, ~ (in: De Weegschaal 4) Middelburg 1937/38; P. THUN-HOHENSTEIN, ~ (in: Hochland 35) 1938; G. GABETTI, Poeti contemporanei: Presentazioni I: ~ (in: Studi Germanici 3) Florenz 1938/39; J. PFEIFFER, Form u. Existenz. ~s dichter. Werk (in: Eckart 15) 1939; ~ im Bilde. E. Geschenkwerk für d. Freunde des Dichters (mit Originalbeitr. d. Dichters, e. biogr. Stud. v. L. GRABNER u. 82 Originalaufnahmen v. O. Stibor) 1940; H. WOCKE, ~ (in: GRM 28) 1940; R. HOHLBAUM, ~ fünfzigjährig (in: Die Westmark 9) 1941/42; F. STÜBER, ~ z. 50. Geb.tag (in: D. getreue Eckart 19) 1941/42; H. CLAUDIUS, ~ z. 9. März 1942 (in: D. Augarten 7) 1942; F. KOCH, ~, 1942; A. KRIENER, ~ 50 Jahre alt (in: Großdt. Leihbücherbl. 4) 1942; R. LIST, ~ – z. 50. Geb.tag d. Dichters [...] (in: Böhmen u. Mähren 3) 1942; T. MAUS, ~ (in: Zs. für dt. Bildung 18) 1942; W. SIEBERT, ~ (in: NR 35) 1942; W. WESTECKER, ~ (in: Euopäische Lit. 1) 1942; ~. Ehrendoktor d. Philos. d. Univ. Wien. Im Auftrage des Rektors d. Univ. Wien (zus.gestellt v. D. KRALIK) 1943; F. MARTINI, «Menschlichkeit». Zu ~s Dg. anläßlich s. 50. Geb.tages (in: Dg. u. Volkstum 43) 1943; W. HEYBEY, Natur u. Gemeinschaft im Werk ~s (in: Zs. für Dt.wiss., H. 2) 1944; J. KLEIN, ~. E. Einf. u. Deutung, Stockholm 1945; E. SANDHOFER, D. Dichtungen ~s (Diss. Innsbruck) 1945; Debatte um ~ (in: Der Turm II/7) 1947; O. BASIL, Erinn. an ~ (in: Öst. Tagebuch 2) 1947; F. E. PETERS, Im Dienst der Form. Ges. Aufs., 1947; Tribüne der Jungen. Wir u. ~ (in: Plan 2) 1947/48; E. WALDINGER, Nicht Adel, aber Untergang. Betrachtungen z. Fall ~ (ebd.) (wieder in: E. W., Noch vor d. jüngsten Tag. Ausgew. Ged. u. Ess., hg. K.-M. GAUS, 1990); M. STURM, E. vorletztes Wort z. Fall ~ (in: Bücherschau 2) 1948; R. VOGGENHUBER, D. Fall ~ (in: Ber. u. Informationen d. öst. Forsch.instituts für Wirtschaft u. Politik 3) 1948; A. WINKLHOFER, ~ (in: A. W., Dichter d. Zeit. Gesicht u. Seele) 1948; E. HARTL, ~, e. Beispiel (in: Wiener lit. Echo 1) 1948/49; H. BERGHOLZ, The ~ Controversy (in: GLL, NS 3) 1949; O. GÄRTNER, ~ u. s. Bild v. Menschen (Diss. Marburg) 1949; DERS., Legende um ~ (in: WW 4) 1949; ~ (hg. A. ÖLLERER) 1949; E. FINKE, ~. D. Mensch u. d. Werk, 1950; M. JELUSICH, ~ (in: Der Weg 4) Buenos Aires 1950; S. SCHÖNFELDT, Stud. z. Formproblem in d. Lyrik ~s (Diss. Wien) 2 Bde., 1951; L. STUHRMANN, ~. Rausch u. Maß, 1951 (= Diss. [Bonn] u. d. T.: ~, d. Dichter zw. Göttern u. Dämonen, 1949); Bekenntnis zu ~. Erinn. s. Freunde (hg. H. ZILLICH) 1950; M. JAHN, Aus meinen Erinn. an ~ (ebd.);

F. SCHREYVOGL, Seinesgleichen werden wir nicht mehr sehen (ebd.); B. BREHM, Wie ich ihn kennen lernte (ebd.); H. CLAUDIUS, ~ u. ich (ebd.); E. FENZ, ~ u. d. Sprachdeutung (ebd.); E. FINKE, Blick auf s. Leben u. s. Tod (ebd.); H. GIEBISCH, Mein Freund u. Helfer (ebd.); H. G. GÖPFERT, ~ zu Hause (ebd.); R. GÖTH, ~s Sorge um Volk u. Vaterland (ebd.); M. GRENGG, S. schönste Bestätigung als Dichter (ebd.); H. KINDERMANN, E. Rest bleibt ungesagt (ebd.); M. MAHLER, Von d. Ewigkeit (ebd.); G. PEZOLD, ~ u. s. Verlag (ebd.); R. PIPER, In Hofgastein (ebd.); F. SACHER, Arbeitsbegegnungen (ebd.); F. T. CSOKOR, D. Fall ~ (in: FH 6) 1951; H. M. LUGER, D. Menschenbild ~s (Diss. Innsbruck) 1951; O. GÄRTNER, ~ u. d. Sprache (in: Muttersprache, H. 1) 1951; K. SCHÖBERL, Stud. z. Werk ~s (Diss. Graz) 1951; H. BERGHOLZ, The Hero in ~'s Poetry (in: Monatshefte 44) 1952; J. KLEIN, Aus e. Briefw. mit ~ (in: WW 7) 1952; F. KOCH, ~: Leben u. Werk (in: Universitas 7) 1952; H. R. LEBER, ~ als Sammler u. Bibliophile (in: D. Antiquariat 8) 1952; J. NADLER, ~. D. Gesch. s. Lebens u. s. Dg., 1952; E. WALDINGER, A propos ~ (in: BA 26) 1952; F. M. WASSERMANN, Between Gods and Demons. ~, the Man and the Poet (in: GLL, NS 6) 1952/53; O. E. BOLLNOW, ~s Weg zu neuer Humanität (in: O. E. B., Unruhe u. Geborgenheit im Weltbild neuerer Dichter. 8 Ess.) 1953 (3., durchges. Aufl. 1968); F. HEER, ~ aus Wien (in: FH 8) 1953 (wieder in: F. H., Land im Strom d. Zeit. Öst. gestern, heute, morgen, 1958); O. F. A. MENGHIN, ~. Recuerdos personales (in: Estudios Germánicos 10) Buenos Aires 1953; F. POLITI, ~. Capitoli per un saggio, Mailand 1953; DERS., Prospettive su ~ (in: Letterature moderne 4) Mailand 1953; G. RIEDEL, D. Kreis des ~ (in: American German Rev. 20) Philadelphia/Pennsylvania 1953; K. TOBER, D. Formgesetz in d. Dg. ~s (in: Ammann-Festgabe 1, hg. J. KNOBLOCH) 1953 (= Innsbrucker Beitr. z. Kulturwiss. 1); H. BERGHOLZ, A Note on ~ (in: Poetry 85) New York 1954; K. FACKINER, Problematik des Wortes im lyrischen Werke ~s. Versuch e. perspektiv. Deutung (Diss. Frankfurt/M.) 1954; E. MELBER, D. Wiener Mundart bei ~ u. ihre Stellung zu d. Altersschichten im Wiener Dialekt (Diss. Wien) 1954; M. VOGTMANN, D. sprachkünstlerische Gestaltung d. Lyrik ~s (Diss. Erlangen) 1954; W. WALDSTEIN, ~ (in: W. W., Kunst u. Ethos) 1954; H. HAHNE, ~ (in: Pforte 6) 1954/55: ~ u. s. Wahlheimat Kirchstetten (Ausw. u. Gestaltung: J. u. M. SEITZ) 1955 (2., erw. Aufl. 1965); S. MELCHINGER, D. Fall ~ (in: Wort u. Wahrheit 10) 1955; J. NADLER u. Hedwig W., ~ u. d. Sprache, 1955 (2., um Belege u. e. Logos-Erl. v. E. MEHL verm. Aufl. 1968); J. H. SCHOLTE, Tien jaar na ~'s dood (in: Neoph. 39) 1955; V. ENGELHARDT, Dichter. Aspekte Wiens (Musil, ~, Doderer) (in: Eckart 25) 1955/56; K. ADEL, ~s Weg durch d. Welt d. Künste z. Wort (in: Jahresgabe d. J. W.-Gesellsch.) 1956; H. FRENZEL, ~. Tragik u. Form (in: Merkur 10) 1956; R. GRIX, Form u. Formen bei ~. Versuch e. Interpr. s. lyr. Hauptwerkes (Diss. Marburg) 1956; W. MUSCHG, ~s Glück u. Ende (in: W. M., D. Zerstörung d. dt. Lit.) 1956; K. OKA, ~ (In: Doitsu Bungaku 17) Tokio 1956; T. H. HALSEY, ~, an Austrian Poet (in: Proceedings of the Australian Goethe Society 6) Melbourne 1956–59; H. GIEBISCH, An Kirchstetten vorbei. E. Erinn. an ~ (in: Jahresgabe d. J. W.-Gesellsch.) 1957; E. VICARIO-SANDHOFER, Begegnung mit ~ (ebd.); F. MAIER, ~s Stellung z. Sprache (Diss. Wien) 1958; H. PONGS, ~ in unserer Zeit (in: Jahresgabe d. J. W.-Gesellsch.) 1958; K. TUCHEL, «Einsamkeit, Urangst, Frömmigkeit» (Z. Weltbild ~s) (ebd.); M. HORNUNG-JECHL, Wiener Redensarten in ~s ‹Wien wörtlich› (in: Muttersprache 68) 1958; H. LECHNER, ~ u. s. lit. Lebenswerk (in: ÖGL 2) 1958; E. BINDER, ~ u. d. Antike (Diss. Wien) 1959; C. MATZINGER, D. Stellung d. Wiener Mundart in den Rom. ~s (Diss. Wien) 1959; K. ROHM, Gedenken für Hedwig W. Die Gestalt s. Frau im Werk (in: Jahresgabe d. J. W.-Gesellsch.) 1959; K. TUCHEL, D. Geheimnis beginnt mit d. Schritt. Z. Bedeutung d. Sprache im Spätwerk ~s (ebd.); F. JENACZEK, Im Hinblick auf ~s «Rom.» (Anti-Muschg) (ebd.); E. HARTL, ~ (1892–1945) (in: Wort in d. Zeit 6) 1960 (u. d. T.: D. Ende. ~ u. d. vergiftete Zeit, in: D. größere Öst. Geistiges u. soziales Leben v. 1880 bis z. Ggw. 100 Kapitel mit e. Ess., hg. K. SOTRIFFER, 1982); T. J. CASEY, ~'s Classical Myth (in: Hermathena 94) Dublin 1960; L. STAWARS, ~, dokumentar. Nachweise s. Abstammung (in: Wiener Gesch.bl. 14) 1959; DERS., Z. Abstammung ~s (in: Jahresgabe d. J. W.-Gesellsch.) 1960; J. LENTNER, ~. D. Mensch im Widerspruch (in: ÖGL 4) 1960; P. GÖBBELS, Stil- u. Motivstud. z. Dg. ~s (Diss. Freiburg/Br.) 1961 (Mikrofiche-Ausg. 1995); H.-E. BAHR, ~s artist. Spielerei (in: H.-E. B., Poiesis. Theolog. Unters. d. Kunst) 1961; H. O. SCHMIDT, The Affirmative Answer to Existence in the Work of ~ (Diss. Boston) 1962 (Microfilm Ann Arbor/Mich. 1968); K. ROHM, Blick in d. Spiegel. ~s Selbstbildnisse (in: Jahresgabe d. J. W.-Gesellsch.)

1962 u. 1963; J. NADLER, ~ (in: Neue Öst. Biogr. ab 1815. Große Österreicher 15) 1963; F. POLITI, Incontri critici ~iani (in: F. P., Studi di letteratura tedesca e marginalia) Bari 1963; E. KRANNER, Anekdoten um ~ (in: Jahresgabe d. J. W.-Gesellsch.) 1963 u. 1966/67; D. VAN MAELSAEKE, ~. E. Beitr. z. Entmythisierung e. abendländ. Formkünstlers u. z. neuen Würdigung e. idyll. Dichters (Diss. Gent) 1964; F. SACHER, Ess. über ~ (in: F. S., D. Brunnenstube. Erz., Betr.) 1964; F. JENACZEK, Wort u. Wert. Zu ~s Übers. aus Horaz u. aus Rilke (in: Stifter Jb. 8) 1964; H. SCHÖNY, ~s Vorfahren. E. Arbeitsber. (in: Jahresgabe d. J. W.-Gesellsch.) 1964/65; F. FELDNER, ~. E. Dokumentation in Bild u. Wort, 1965; W. MÜLLER-SEIDEL, D. Fall ~ (in: W. M.-S., Probleme d. lit. Wertung [...]) 1965 (2., durchges. Aufl. 1969); R. MÜHLHER, D. Symbol d. «Göttin des Wortes» bei ~ (in: Sprachkunst als Weltgestaltung. FS für Herbert Seidler, hg. A. HASLINGER) 1966 (wieder in: R. M., Österreich. Dichter seit Grillparzer. Ges. Aufs., 1973); F. FELDNER, Dichter zw. zwei Welten. Z. 20. Todestag ~s (in: Jahresgabe d. J. W.-Gesellsch.) 1966/67; K. ROHM, ~s Lob d. Dinge (ebd.); H. GIEBISCH, Begegnungen mit ~ (in: Lit. aus Öst. 12) 1967; E. KRANNER, Als er noch lebte. Erinn. an ~, 1967; O. K. PERFLER, D. Entwicklung der lyr. Sprachkunst bei ~ (Diss. Wien) 1967; W. METHLAGL, ~ im «Klingsor» (in: Südostdt. Semesterbl., H. 20/21) 1968; J. KLEIN, ~s Werke in Kollegs u. Seminarien e. dt. Univ. seit 1946 (in: Jahresgabe d. J. W.-Gesellsch.) 1968/69 (mit kleinen Änderungen u. d. T.: Was blieb v. ~s Werk, in: WW 25, 1970); G. FRITSCH, Grundsätzliches über ~ (ebd.); H. WITTMANN, ~ als Beamter (in: Heimatland 15) 1970; E. VICARIO, ~, le Poète – L'homme et l'œuvre (Diss. Aix-Marseille) 1971; F. JENACZEK, Über einige Prinzipien, Schwierigkeiten u. Besonderheiten d. neuen ~-Ausg. (in: Jahresgabe d. J. W.-Gesellsch.) 1972/73; K. ADEL, Aus Anlaß d. Neuausg. v. ~s Sämtlichen Werken (ebd.); H. SCHÖNY, Neue Forschungsergebnisse z. Ahnenreihe ~s (in: ebd.) 1974/75; K. ROHM, Z. 30. Todestag ~s [2 Reden] (ebd.); F. FELDNER, ~iana (in: Heimatland 20) 1975; ~. Gedächtnisausstellung z. 30. Todestag. Aus d. Nachlaß Hedwig W. Ausstellung des Niederöst. Landesmus. [...] (Bearb. H. RIEPL u. G. WINKLER) 1975; W. SZABO, Erinn. an ~ (in: Die Pestsäule 2) 1975 (u. d. T.: Zwei Gesichter. Begegnungen mit ~, in: Morgen 6, 1982 u. in: J. W. (1892–1945). Sonderausstellung [...] im Bezirksmus. Döbling [...], wiss. Gestaltung S. DRESSLER, 1992); E. FINKE, Über ~ (in: Heimatland 21) 1976; I. MARSCHALL, D. mundartliche Wortschatz ~s im gegenwärtigen Wienerischen. E. altersspezifische Unters. (Diss. Wien) 1976; K. M. GRIMME, D. 2 Gesichter ~. Erinn. an den Poeten (in: Morgen 6) 1978; W. KIRSCH, Paul Hindemiths ~-Madrigale (1958) (in: Hindemith-Jb. 7) 1978; W. ZETTL, ~ auf d. falschen Parnaß (in: Podium, H. 32) 1979 (wieder in: LK 16, 1981); L. TOMAN, Kirchstetten – 35 Jahre später (in: Kulturber. aus Niederöst. 5) 1980; S. ZIEGLER, Wohin d. Vater den Wein kaufen fuhr. ~s Ahnen aus Großharras (in: S. Z., Weinviertel. Portrait e. Kulturlandschaft) 1980; E. HARTL, ~ u. d. Zwischenreich (in: Jahresgabe d. J. W.-Gesellsch.) 1980/81; K. J. TRAUNER, ~s Lyrik im Spiegel d. öst. Zeitgesch. (ebd.); A. BERGER, D. Begriff «Sprachkunst» u. d. Lyrik ~s (in: Sprachkunst 12) 1981; K. AMANN, D. literaturpolit. Voraussetzungen für d. «Anschluß» d. öst. Lit. im Jahre 1938 (in: ZfdPh 101) 1982; L. STAWARS, ~s merkwürdiger Lebenskreis (in: Heimatland 27) 1982; A. SCHMIDT, Meine Erinn. an ~ (in: VASILO 33) 1984; K. J. TRAUNER, Wort- u. Sacherklärungen zu ~s ‹Wien wörtlich› (in: Jahresgabe d. J. W.-Gesellsch.) 1984–86; A. WITESCHNIK, ~ – vertont (ebd.); G. RENNER, «Hitler-Eid für öst. Schriftst.?» Über öst. Schriftst.organisationen d. dreißiger Jahre (in: Österreich. Lit. d. dreißiger Jahre. Ideolog. Verhältnisse, institutionelle Voraussetzungen, Fallstud., hg. K. AMANN u. A. BERGER) 1985; A. BERGER, Götter, Dämonen u. Irdisches. ~s dichter. Metaphysik (ebd.); E. HARTL, ~ als homo politicus (in: Geistiges Leben im Öst. d. Ersten Republik [...]) 1986 (wieder in: J. W. (1892–1945). Sonderausstellung [...] im Bezirksmus. Döbling [...], wiss. Gestaltung S. DRESSLER, 1992); G. RENNER, Öst. Schriftst. u. d. Nationalsozialismus (1933–1940). D. «Bund d. dt. Schriftst. Öst.» u. d. Aufbau d. Reichsschrifttumskammer in d. «Ostmark» (in: Arch. für Gesch. d. Buchwesens 27) 1986; G. M. VAJDA, ~ (in: Öst. Lit. des 20. Jh., hg. S. P. SCHEICHL) 1986; J. L. ATKINSON, ~, Sänger des Austrofaschismus? (in: Leid der Worte. Panorama des lit. Nationalsozialismus, hg. J. THUNECKE) 1987; Biogr. Lex. z. Weimarer Republik (hg. W. BENZ u. H. GRAML) 1988; K. AMANN, Lit.betrieb 1938–1945. Vermessungen e. unerforschten Gebietes (in: NS-Herrschaft in Öst. E. Hdb., hg. E. TÁLOS, E. HANISCH u. W. NEUGEBAUER) 1988 (Nachdr. 2002); S. MARX, ~ – Übersetzer von Francesco d'Assisi u. Cecco Angiolieri (in: Jahresgabe d. J. W.-Gesellsch.) 1989/90 (auch in: Österreichische Dichter als Übers. [...], hg. W. PÖCKL, 1991); H. WEIGEL, Kleine Verbeugung vor ~ (in: Jahresgabe d. J. W.-Gesellsch.) 1991/92; A. WITESCHNIK, «Bleib ferne, Stern». Begegnungen mit ~ (ebd.); A. SCHMIDT, ~ als «Gesangspädagoge» (ebd.); ~ (1892–1945). Sonderausstellung anläßlich s. 100. Geb.tages im Bezirksmus. Döbling, Villa Wertheimstein [...] (wiss. Gestaltung S. DRESSLER) 1992; A. BERGER, D. problematische Österreicher ~ (ebd.); A. EDER, Materialien zu ~s «Schuld u. Sühne» (ebd.); K. M. KISLER, ~ u. St. Pölten (ebd.) (auch in: Jahresgabe d. J. W.-Gesellsch. 1991/92); A. EDER, ~ – zu hoch gestellt, zu tief zurückgestuft? (in: Kulturber. aus Niederöst. 3) 1992; H. BRÄUNDLE-FALKENSEE, «A Flaschn Ribiselwein, i muaß dichten!» ~ u. Kirchstetten, der Dichter als Bauer (in: Morgen 16) 1992 (wieder in: Jahresgabe d. J. W.-Gesellsch., 1993/94); K.-D. MULLEY, V. Postbeamten z. Poeten. D. Intellektuellen im Nationalsozialismus. Anm. zum Beispiel ~, des «großen Reiches größter Lyriker», der vor 100 Jahren geboren wurde (ebd.); H. ZEMAN, «Ich weiß, wie Zeit u. Tod mit mir verfahren. Verlassen war ich, jetzt bin ich verkannt». ~ (1892–1945) z. 100. Wiederkehr s. Geb.tags (in: Lit. in Bayern, H. 28) 1992 (wieder in: Jahresgabe d. J. W.-Gesellsch., 1993/94); K. KAISER, «D. Zucht d. Wortes» u. ~ (in: Mit d. Ziehharmonika 9) 1992 (wieder in: Jahresgabe d. J. W.-Gesellsch., 1993/94); DERS., Ist ~ diskutabel? E. Gg.polemik (in: Mit d. Ziehharmonika 10) 1993 (wieder in: Jahresgabe d. J. W.-Gesellsch.); E. HARTL, Ist ~ diskutabel? [...] (in: Jahresgabe d. J. W.-Gesellsch.) 1993/94 [zuerst in: Wiener Journal Nr. 147/148, 1992/93]; DERS., «Wie ich bös getan» (ebd.) [zuerst in: D. Presse, 7. 3. 1992]; DERS., Zeit z. Rehabilitierung: er war nicht standhaft, aber geständig (ebd.) [zuerst in: Salzburger Nachr., 28.9.1992]; A. SCHMIDT, Zw. Anerkennung u. Verkennung (in: Jahresgabe d. J. W.-Gesellsch., 1993/94) [zuerst in: D. Furche, 5. 3. 1992]; DERS., Stille Einkehr im Garten v. Kirchstetten (ebd.) [zuerst in: Oberöst. Nachr., 7. 3. 1992]; P. MOSSER, «V. Gasthof auf d. Dichterberg» (ebd.) [zuerst in: Wiener Ztg., 6. 3. 1992]; DERS., D. verheimlichte Geliebte (ebd.) [zuerst in: DIVA, März 1992]; A. BERGER, Dt. Sprache, heilige Mutter (ebd.) [zuerst in: D. Standard, 9. 3. 1992 – dazu e. Komm. v. K. MACHT u. d. T.: Getrübte Sicht]; E. FINKE, Über d. Sprache (ebd.) [zuerst in: Sprachbl., Juni 1992]; M. ROLLENITZ, Mein Jahr im Hause ~ (ebd.); W. MARINOVIC, D. Dichter ~ im Spannungsfeld d. Politik s. Zeit (ebd.); F. JENACZEK, ~. Z. 100. Wiederkehr s. Geb.tages (in: Jb. d. Wiener Goethe-Vereins 97/98) 1993/94; DERS., Warum ist d. neue ~-Ausg. notwendig? (ebd.); ~ 1892–1945. Ausstellung veranstaltet v. d. J. W.-Gesellsch. in d. Öst. NB [..., Konzept u. Kat.: F. JENACZEK, Red. E. IRBLICH] 1995; A. BERGER, D. tote Dichter u. s. Prof. ~ u. Nadler in d. Diskussion nach 1945 (in: Konflikte – Skandale – Dichterfehden in d. öst. Lit., hg. W. SCHMIDT-DENGLER, J. SONNLEITNER u. K. ZEYRINGER) 1995; G. U. SANFORD, Dirne, Gänschen, Göttin, Mutter. D. lückenhafte Palette d. Frauenbilder in d. Lyrik ~s (in: Jura Soyfer and his Time 1995, hg. D. G. DAVIAU) Riverside/Kalif. 1995; S. P. SCHEICHL, Landschaftsged. ~s im Kontext öst. Zs. der dreißiger Jahre (in: Die habsburg. Landschaften in d. öst. Lit. [...], hg. S. H. KASZYNSKI u. S. PIONTEK) Posen 1995; M. SCHLÖGL, D. Tote v. Kirchstetten. Vor 50 Jahren starb ~, Öst. begnadetster Lyriker als häßlicher Nazi (in: Morgen 18) 1995; F. CZEIKE, Hist. Lex. Wien 5, 1997; A. BERGER, ~ u. d. Nationalsozialismus. Z. polit. Biogr. des Dichters (in: Macht Lit. Krieg. Öst. Lit. im Nationalsozialismus, hg. U. BAUR, K. GRADWOHL-SCHLACHER u. S. FUCHS) 1998; C. FACKELMANN, «Gelingt mir / aber das Wort, so lös und erlös ich / aus dem Verlust». Z. Gestalt d. öst. Lit. in dem geschichtlichen Raum d. Entfaltung des sprachkünstler. Ged. in Werk, Schaffens- u. Wirkungsbereich ~s (Diplomarbeit Wien) 1998; D. STRIGL, Spurensicherung auf dem «öst. NS-Parnaß». Otto Basil u. d. Debatte um ~ (in: Otto Basil u. d. Lit. um 1945. Tradition – Kontinuität – Neubeginn, hg. V. KAUKOREIT u. W. SCHMIDT-DENGLER) 1998; F. JENACZEK, ~ (1892–1945). Ärgernisse u. Ausblicke (in: Schr. d. Sudetendt. Akad. d. Wiss. u. Künste 20) 1999; A. BERGER, ~ (1892–1945). Leben u. Werk – Leben im Werk, 1999; DERS., Wien, Öst. u. d. «Reich». D. Scheitern des Dichters ~ im Spannungsfeld v. Nationalsozialismus, Patriotismus u. innerer Emigration (in: Öst.-Konzeptionen u. jüd. Selbstverständnis. Identitäts-Transfigurationen im 19. u. 20. Jh., hg. H. MITTELMANN) 2001; H. SARKOWICZ, A. MENTZER, Lit. in Nazi-Dtl. Ein biogr. Lex. (erw. u. überarb. Neuausg.) 2002; A. BERGER, Dienende Kunst. Lyrik im öffentlichen Raum 1938–1945 am Beispiel ~s (in: D. «öst.» nationalsozialist. Ästhetik, hg. I. DÜRHAMMER u. P. JANKE) 2003; D. GRIESER, «Du liebes, liebes Mädel!». ~ u. Gerda Janota (in: D. G., D. späte Glück. Große Lieben großer Künstler, 2., durchges. Aufl.) 2003;

A. BERGER, E. ~-Porträt: v. Adel u. v. Untergang (in: Krit. Ausg. Zs. für Germanistik & Lit. 8) 2004; C. FACKELMANN, Was kann u. was muß Forschung zum Werk ~s leisten? Z. Situation nach d. Erscheinen v. A. Bergers Monogr. «J. W. [...]» im 110. Jahr nach d. Geburt des öst. Lyrikers (in: Jb. d. Öst. Goethe-Gesellsch. 106/107) 2004; L. KOLAGO, ~ über s. Experimente in lyr. Technik (in: Studia niemcoznawcze = Stud. z. Dt.kunde 31) Warschau 2005; D. STRIGL, Geliebte, mir geraubt .... Schicksalsjahre d. Republik. ~s Unglück u. Ende (in: Morgen 1) 2005; C. FACKELMANN, D. Sprachkunst ~s u. ihre Leser. Annäherungen an die Werkgestalt in wirkungsgeschichtl. Perspektive, 2 Bde., 2005 (teilw. zugleich Diss. Wien 2004); K.-R. TRAUNER, ~ (in: Dem Wahren Schönen Guten. Protestantismus u. Kultur [...], hg. K.-R. T.) 2007; DERS., ~-Erinnerungsstätten in Wien u. Niederöst. (in: Aus d. Werkstatt e. Kulturwissenschafters. Z. 75. Geb.tag des Autors K. R. Trauner, zus.gestellt u. hg. D. u. K.-R. T.) 2007; K. SCHLICK, 100 berühmte Niederösterreicher, 2007; A. BERGER, E. Lyrikkonzept gg. den Trend. Z. Grundlegung v. ~s Poetik in den zwanziger Jahren (in: Lit. u. Kultur im Öst. der Zwanziger Jahre. Vorschläge zu e. transdisziplinären Epochenprofil, hg. P.-H. KUCHER) 2007; E. KLEE, D. Kulturlex. z. Dritten Reich. Wer war was vor u. nach 1945, 2007; L. KOLAGO, «Über e. Vierteljh. hindurch hatte ich nun geprüft, versucht, verworfen, um das Ged. zu finden». ~s Lehre v. Bau der Ged. (in: V. Wort z. Text. Stud. z. dt. Sprache u. Kultur. FS für Prof. Józef Wiktorowicz z. 65. Geb.tag, hg. W. CZACHUR u. M. CZYZEWSKA) Warschau 2008; W. FACKELMANN, Ein «Spätling der Gestalter». Z. Einf. in d. historiographisch-krit. Auseinandersetzung mit ~ (in: Literaturwiss. Jahresgabe d. J. W.-Gesellsch., NF) 2008/09.

*Bezüge/Vergleiche:* F. BEISSNER, Hölderlin u. d. neuere dt. Dg. George, Rilke, ~ (in: Geistige Arbeit 4) 1937; A. BECK, ~ in s. Verhältnis zu Hölderlin (in: De Weegschaal 6) Middelburg 1939; H. KINDERMANN, Klopstock u. ~ (in: H. K., Kampf um d. dt. Lebensform. Reden u. Aufs. über d. Dg. im Aufbau d. Nation) 1941; F. E. PETERS, D. Wiederkehr des Empedokles. Friedrich Hölderlin u. ~, 1942; P. FRIEDRICH, Symbol: ~ u. Graham Greene (in: Besinnung 6) 1951; A. HAYDUK, Eichendorff u. ~. E. unveröff. Brief des Wiener Dichters (in: Aurora 14) 1954; H. HENNING, Krit. Beitr. zu ~ u. Hölderlin. Mit e. unveröff. Brief ~s (in: Festgruß für Hans Pyritz [...]) 1955 (= Euph. Sonderh.); E. HARTL, ~ u. Karl Kraus (in: Jahresgabe d. J. W.-Gesellsch.) 1958 (erw. Fass. in: ÖGL 9, 1965); K. ROHM, Gedenken für Marianne Grill. ~s zweite Mutter (ebd.) 1960; H. JÄGER, ~ u. Michelangelo (ebd.) 1961; R. IBEL, Mensch der Mitte: George, Carossa, ~, 1962; F. JENACZEK, Z. Begriff «Wortgestalt». E. Brief über d. Einfluß d. Ästhetik v. Karl Kraus auf ~ (in: Stifter-Jb. 7) 1962; E. KRITSCH, Schopenhauer's Philosophy in the Poetry of ~ (in: MLQ 23) 1962; P. A. KELLER, Dreigestirn: ~, Max Mell, Josef Friedrich Perkonig. Begegnungen, Erinn., 1963; C. G. TUCKER, Studies in Sonnet Literature. Browning, Meredith, Baudelaire, Rilke, ~ (Diss. Univ. of Iowa) 1967 (Mikrofilm-Ausg. Ann Arbor/Mich. 1989); K. HERUSCH, ~ u. Edwin Grienauer (in: Jahresgabe d. J. W.-Gesellsch.) 1968/69; G. MARTIN, ~ – W. H. Auden (in: G. M., Werkstatt Niederöst. [...]) o. J. [1979]; F. JENACZEK, Alfons Petzold u. ~ (in: Jahresgabe d. J. W.-Gesellsch.) 1980/81 (überarb. Fass. – in: Jb. d. Wiener Goethe-Vereins 95, 1991); T. BINDER, ~ u. Rilke (in: Scheidewege 12) 1982/83; S. GRIMM, Stefan George in Arbeiten schriftlicher Abiturprüfung (Beispiel: «D. Dichter in Zeiten d. Wirren» [S. George] – ‹Sache des Sängers› [~]) (in: Neue Beitr. z. George-Forsch. 8) 1983; H. EICHBICHLER, Sprache u. Dg. bei ~ u. J. Leitgeb. Z. Problem d. künstler. Schaffens (in: H. E., Zw. Stunde u. Ewigkeit. Lit. Kritiken, hg. u. eingel. v. E. THURNHER) 1983; R. ROČEK, Wildgans u. ~, Sozialethos gg. Sprachfetischismus (in: R. R., Neue Akzente. Ess. für Liebhaber d. Lit.) 1984; ~, W. H. Auden u. ihre Wahlheimat Kirchstetten [Red. F. FÜRNWEIN] 1985; A. BERGER, ~s Auseinandersetzung mit Rilke (in: Rainer Maria Rilke u. Öst. Symposion [...], hg. unter wiss. Red. v. J. W. STORCK) 1986; F. J. RICHTER, ~, Wilhelm Szabo oder D. bedenkliche u. d. bedachte Mythos (in: Podium, H. 61/62) 1986; F. ACHBERGER, Theodor Kramer u. ~: Antipoden d. öst. Lit. (in: F. A., Fluchtpunkt 1938. Ess. z. öst. Lit. zw. 1918 u. 1938, hg. G. SCHEIT, mit e. Vorw. v. W. SCHMIDT-DENGLER) 1994; W. MARINOVIC, Dt. Dg. aus Öst.: Schönherr – ~ – Waggerl, 1997; H. F. PFANNER, ~ oder Waldinger: öst. Lyrik im Licht u. Schatten des Nationalsozialismus (in: ABnG 44) 1998; D. STRIGL, Spurensicherung auf dem «öst. NS-Parnaß». Otto Basil u. d. Debatte um ~ (in: Otto Basil u. d. Lit. um 1945. Tradition – Kontinuität – Neubeginn, hg. V. KAUKOREIT u. W. SCHMIDT-DENGLER) 1998; A. BERGER, ~ zw. Otto Weininger, Karl Kraus u. Adolf Hitler. Krämpfe e. virilen Ästhetik d. Sprachkunst in der nationalsozialist. Ära (in: Lit. im Wandel. FS für Viktor Žmegac z. 70. Geb.tag, hg. M. BOBINAC) Zagreb 1999; DERS, ~s Odenzyklus ‹Zw. Göttern u. Dämonen›. Ein Hölderlin-, Nietzsche- u. Rilke-Diskurs 1938 (in: V. Ged. z. Zyklus – v. Zyklus z. Werk. Strategien d. Kontinuität in d. modernen u. zeitgenöss. Lyrik, hg. J. LAJARRIGE) 2000; D. STRIGL, «Erschrocken fühl ich heut mich dir verwandt». Theodor Kramer u. ~ (in: Chronist s. Zeit – Theodor Kramer, hg. H. STAUD) 2000 (= Zwischenwelt 7); C. FACKELMANN, Einige Quellen u. Hinweise zu ~s Hauptmann-Rezeption (in: Jb. d. Öst. Goethe-Gesellsch. 108/109/110) 2006.

*Zur Lyrik:* F. SACHER, D. Lyriker ~, 1934; K. REISHOFER, D. Dichter als geistiger Führer d. Nation (Z. Lyrik ~s) (in: Rundpost 10) 1934; E. ZELLER, D. Lyriker ~ (in: Dt. Zukunft 4) 1936; T. MAUS, ~, d. Lyriker d. Ostmark (in: D. dt. Erzieher, Beil. [Ausg. für Gau Essen] 5) 1938; E. EDER, ~s Oden als Zeit- u. Problemdichtungen (Diss. Wien) 1940; J. PFEIFFER, Kunst u. Existenz. Über den Lyriker ~ (in: J. P., Zw. Dg. u. Philos. Ges. Aufs.) 1947 (wieder in: Eckart, 1959; u. in: J. P., D. dichter. Wirklichkeit. Versuche über Wesen u. Wahrheit d. Dg., 1962); E. WAGNER, D. Problematik in ~s Prosawerken, gedeutet u. verglichen mit d. seines lyr. Gesamtwerkes. Mit e. Anhang z. Wiener Dialekt im ‹Nachwuchs› (Diss. Graz) 1948; F. SACHER, D. Lyriker ~. E. Bekenntnis, 1949; S. SCHÖNFELDT, Stud. z. Formproblem in d. Lyrik ~s, 2 Bde. (Diss. Wien) 1951; K. FACKINER, Problematik des Wortes im lyrischen Werke ~s. Versuch e. perspektiv. Deutung (Diss. Frankfurt/M.) 1954; M. VOGTMANN, D. sprachkünstlerische Gestaltung d. Lyrik ~s (Diss. Erlangen) 1954; D. BRAUN, Die lyrische Poetik ~s (Diss. München) 1955; R. GRIX, Form u. Formen bei ~. Versuch e. Interpr. s. lyr. Hauptwerkes (Diss. Marburg) 1956; F. JENACZEK, ~s frühe Ged. Stud. z. Periode des am Stoff orientierten Interesses, 1915 bis 1922 (in: Stifter Jb. 6) 1959; K. ADEL, Verz. d. Ged. ~s (in: Jahresgabe d. J. W.-Gesellsch.) 1959; H. CYSARZ, ~ u. d. jüngste dt. Lyrik (in: ebd.) 1964/65; O. K. PERFLER, D. Entwicklung der lyr. Sprachkunst bei ~ (Diss. Wien) 1967; K. ADEL, ~s antike Strophen (in: Jahresgabe d. J. W.-Gesellsch.) 1978/79; K. J. TRAUNER, ~s Lyrik im Spiegel d. öst. Zeitgesch. (in: ebd.) 1980/81; A. BERGER, D. Begriff «Sprachkunst» u. d. Lyrik ~s (in: Sprachkunst 12) 1981; F. JENACZEK, Zu ~s antiken Strophen. Erwiderung (in: Jahresgabe d. J. W.-Gesellsch.) 1984–86; K. ADEL, Rainer Maria Rilkes «Les Roses». Nachdg. v. ~ (ebd.); G. U. SANFORD, Dirne, Gänschen, Göttin, Mutter. D. lückenhafte Palette d. Frauenbilder in d. Lyrik ~s (in: Jura Soyfer and his Time 1995, hg. D. G. DAVIAU) Riverside/Kalif. 1995; S. P. SCHEICHL, Landschaftsged. ~s im Kontext öst. Zs. der dreißiger Jahre (in: Die habsburg. Landschaften in d. öst. Lit. [...], hg. S. H. KASZYNSKI u. S. PIONTEK) Posen 1995; C. FACKELMANN, Als Lyriker war er berühmt ...: ~ z. Gedenken (in: Lit. in Bayern 21) 2005.

*Zu einzelnen Gedichten und Gedichtsammlungen:* E. WALDINGER, ~: ‹D. einsame Mensch› (in: Die Wage, NF 4) 1923; O. BRUDER, ~, ‹Boot in d. Bucht› (in: Eckart-Ratgeber 7) 1932; H. LÜTZELER, ~s ‹Hymnus auf d. dt. Sprache› (in: Dg. u. Volkstum 37) 1936; C. SCHNEIDER, ~ ‹Vereinsamtes Herz› (in: Rev. Germanique 27) Paris 1936; L. LIEGLER, ~ ‹Vereinsamtes Herz› [...] (in: Öst. Rs. Land – Volk – Kultur 2) 1936; A. SCHMIDT, ~s neuer Gedichtbd. [‹O Mensch, gib acht›] (in: NLit. 39) 1939; G. FRICKE, ~: ‹Späte Krone› (in: Zs. für Dt.kunde 51) 1937 (wieder in: Lübeckische Bl. für dt. Landesgesch. 84, 1940); A. FOCKE, ~s Variationen auf e. Hölderlin. Ode (in: Jahresgabe d. J. W.-Gesellsch.) 1957; K. ADEL, ~: ‹Späte Krone› (ebd.) (wieder in: K. A., V. Sprache u. Dg.: 1800–2000, 2004); W. FRANKE, ~, ‹D. Baum›. E. Zeitged. Umwege e. Interpr. (in: DU 10) 1958; H. JÄGER, ~, ‹D. Nacht ist groß› (in: Jahresgabe d. J. W.-Gesellsch.) 1959; H. SCHMIDT, Zu ~s Sonettenkranz auf Michelangelos «Nacht» (ebd.); F. JENACZEK, ~s Nachdg. v. Rainer Maria Rilkes «Les Roses» [Ed. u. Komm.] (ebd.); DERS, Resultate e. lyr. Experiments. Interpr. d. Ged. ‹D. Trommel› (in: ebd.) 1960 u. 1961 (2., überarb. Fass. u. d. T.: Die Trommel. Versuch in nachgestaltendem Lesen, in J. W., Sämtliche Werke 3, 1996); R. KRAUSS, ~: ‹März› u. ‹Vorfrühling› (in: Neue Wege z. Unterrichtsgestaltung 12) 1961; K. ADEL, ‹Janus› (in: Jahresgabe d. J. W.-Gesellsch.) 1962 (wieder in K. A., V. Sprache u. Dg. 1800–2000, 2004); G. HÜBERT, Abend u. Nacht in Ged. verschiedener Jh. 1 (Diss. Tübingen) 1964 [u. a. zu ‹Um Mitternacht›]; C. G. TUCKER, Studies in Sonnet Literature. Browning, Meredith, Baudelaire, Rilke, ~ (Diss. Univ. of Iowa) 1967 (Mikrofilm-Ausg. Ann Arbor/Mich. 1989); C. S. BROWN, ~'s Hölderlin-Variationen (Komm. u. Übers.) (in: Southern Humanities Rev. 2) Auburn/Alabama 1968; W. E. YATES, Architectonic Form in ~'s Lyric Poetry. The Sonnet ‹Blick v. oberen Belvedere› (in: Modern Language Rev. 71) Cambridge 1976;

F. JENACZEK, ~: ‹Notturno›. Anm. zu Leistung u. Grenze des Lit.pädagogen Johannes Pfeiffer (in: Jb. des Wiener Goethe-Verein 86/87/88) 1982/84; A. EDER, ~: ‹O Mensch gib acht› (in: LIMES, Nr. 11) 1988 (wieder in: Jahresgabe d. J. W.-Gesellsch., 1989/90); H. EICHBICHLER, ~, ‹An e. Schmetterling› (in: H. E., Ged. sprechen zu uns. Interpr.) 1989; F. JENACZEK, Aus d. Wien d. frühen Dreißiger Jahre. ~s Ode ‹An den Bruder›: Formanalyse u. Problemdiskussion (in: Zeit u. Stunde. FS Aloys Goergen, hg. H. KERN) 1985; U. ANDRESEN, ~: ‹Dezember› (in: Wem Zeit ist wie Ewigkeit. Dichter, Interpreten, Interpr., hg. R. RIEDLER) 1987; U. WEINZIERL, ‹Sprache unser› (in: FA 19) 1996; L. KOLAGO, ‹Variationen auf eine Hölderlinische Ode› ~s oder Mißlungene Rettung lyr. Formen (in: Annäherungen. Poln., dt. u. internationale Germanistik. Hommage für Norbert Honsza z. 70. Geb.tag, hg. B. BALZER u. I. SWIATLOWSKA) Breslau 2003; DERS., ~s Ged. ‹D. Kanon› geschrieben «zu e. sehr alten Melodie» (in: Studia niemcoznawcze = Stud. z. Dt.kunde 29) Warschau 2005; DERS., «Gestalten aus den Urtatsachen d. Sprache». Anm. zu rhythm. u. metr. Variationen im Zyklus ‹Vom Rhythmus› (in: Ad mundum poëtarum et doctorum cum Deo. FS für Bonifacy Miazek, hg. E. BIALEK) Breslau 2005.

*Adel und Untergang:* H. EIBL, ~ – ‹Adel u. Untergang› (in: Der Weg 2) 1934; C. WATZINGER, ‹Adel u. Untergang›. D. Werk ~s (in: Klingsor 11) 1934 (veränd. in: Ostdt. Heimat 2, 1935/36; mehrmals abgedruckt); R. HOHLBAUM ~ – Ges. Ged. [zu ‹Adel u. Untergang›] (in: D. Getreue Eckart 12) 1934/35; O. BRANDT, ~: ‹Adel u. Untergang› (in: Akadem. Nachr. 2) 1935; L. KEFER, ‹Adel u. Untergang› . ~ u. s. Werk (in: Zeitgesch. [2]) 1935.

*Wien wörtlich:* A. SCHMIDT, ~ als Dichter Wiens [Z. Erscheinen s. Buches ‹Wien wörtlich›] (in: Lebendige Dg. 1) 1935; F. SACHER, ~, ‹Wien wörtlich› (in: NLit. 36) 1935; E. MAYERHOFER, ~: ‹Wien wörtlich› (in: Öst. Rs. Land – Volk – Kultur 2) 1935; P. STIFTER, ~s Ged. in Wiener Mundart (in: Roseggers Heimgarten 59) 1935; M. HORNUNG-JECHL, Wiener Redensarten in ~s ‹Wien wörtlich› (in: Muttersprache 68) 1958; A. SCHMIDT, ~ Als Dichter v. ‹Wien wörtlich› (in: Jahresgabe d. J. W.-Gesellsch.) 1978/79; K. J. TRAUNER, Wort- u. Sacherklärungen zu ~s ‹Wien wörtlich› (in: ebd.) 1984–86.

*Zwischen Göttern und Dämonen:* A. SCHMIDT, ~s neues Lyrikbuch [‹Zw. Göttern u. Dämonen›] (in: NLit. 39) 1939; W. POLLAK, ‹Zw. Göttern u. Dämonen› (in: Getreuer Eckart 16) 1938 (auch in: Rundpost 14, 1940); E. LAATHS, ~s ‹Zw. Göttern u. Dämonen› (in: D. Innere Reich 5) 1939; H. PONGS, ~, ‹Zw. Göttern u. Dämonen› (in: Dg. u. Volkstum 40) 1939; K. EIGL, Wille z. Macht d. Götter. Versuch e. Interpr. v. ~s Buch ‹Zw. Göttern u. Dämonen› (in: D. Augarten 7) 1942; F. JENACZEK, ~, ‹Zw. Göttern u. Dämonen› [Ode 36] (in: Wege z. Ged., hg. R. HIRSCHENAUER u. A. WEBER) 1956; DERS., Aufzeichnungen z. e. Ged. v. ~ [‹Zw. Göttern u. Dämonen›, Ode 36] (in: Stifter Jb. 5) 1957; A. BERGER, ~s Odenzyklus ‹Zw. Göttern u. Dämonen›. Ein Hölderlin-, Nietzsche- u. Rilke-Diskurs 1938 (in: V. Ged. z. Zyklus – v. Zyklus z. Werk. Strategien d. Kontinuität in d. modernen u. zeitgenöss. Lyrik, hg. J. LAJARRIGE) 2000; A. M. PFLEGER, D. neue Mensch zw. Göttern u. Dämonen. D. Widmungsexemplar v. ~s Odenzyklus ‹Zw. Göttern u. Dämonen› aus d. Besitz Gerhart Hauptmanns (in: Jb. d. Öst. Goethe-Gesellsch. 108/109/110) 2006 (wieder in: Literaturwiss. Jahresgabe d. J. W.-Gesellsch., NF, 2008/09).

*Hier ist das Wort:* J. NEUMAIR, ~: ‹Hier ist d. Wort› (in: Öst. pädagog. Warte 36) 1948; O. GÄRTNER, ~s ‹Hier ist d. Wort› (in: WW 4) 1949; J. NADLER, ~s Spätwerk ‹Hier ist d. Wort› (in: Universitas 8) 1953; W. ENZINCK, ~: ‹Hier ist d. Wort› (in: Dietsche Warande en Belfort 50) Antwerpen 1950.

*Kammermusik:* M. JAHN, ~, ‹Kammermusik› (in: D. innere Reich 6) 1939; K. A. KUTZBACH, ~, ‹Kammermusik› (in: NLit. 41) 1940; J. FITZELL, ~s ‹Kammermusik› (in: D. dt. Lyrik [...]. Interpr. 2, hg. B. v. WIESE) 1956; H. O. BURGER, ~. ‹Kammermusik› (E. Variation) (in: Ged. u. Gedanke. Auslegungen dt. Ged., hg. H. O. B.) 1942; L. KOLAGO, «Jetzt wollte ich nichts als singen, schön singen, wie d. Instrumente das tun». ~s ‹Kammermusik› als e. rhythm.-metr. Variation (in: Studia niemcoznawcze = Stud. z. Dt.kunde 28) Warschau 2004.

*Im Grase:* E. TER-NEDDEN, ~ ‹Im Grase› (in: D. Gedichtstunde [...], hg. J. WILHELMSMEYER u. E. BÖGER) 1959; M. KÜSEL, ~ ‹Im Grase› (in: Bl. für d. Dt.lehrer 5) 1961; H. MOTEKAT, ~: ‹Im Grase› (in: Interpr. moderner Lyrik [...]) 1968; F. JENACZEK, ~: ‹Im Grase›. Z. Ästhetik d. Lyrik ~s u. zu ihrem Zus.hang mit d. Sprachdenken v. Karl Kraus (in: D. öst. Lit. [...]. Ihr Profil v. d. Jh.wende bis z. Ggw. (1880–1980), hg H. ZEMAN) 1989 (wieder in: Jahresgabe d. J. W.-Gesellsch., 1991/92).

*Zu den Romanen:* E. WAGNER, D. Problematik in ~s Prosawerken, gedeutet u. verglichen mit d.

seines lyr. Gesamtwerkes. Mit e. Anhang z. Wiener Dialekt im ‹Nachwuchs› (Diss. Graz) 1948; J. KLEIN, ~s Rom. ‹D. Waisenhaus› (in: Jahresgabe d. J. W.-Gesellsch.) 1957; C. MATZINGER, D. Stellung d. Wiener Mundart in den Rom. ~s (Diss. Wien) 1959; F. JENACZEK, Im Hinblick auf ~s «Rom.» (Anti-Muschg) (in: Jahresgabe d. J. W.-Gesellsch.) 1959; D. GRIESER, Mödling wörtlich. Wieso sich d. Waisenhaus v. ~ unter s. Wert dargestellt fühlt (in: D. G., Schauplätze öst. Dg.) 1974 (wieder in: D. G., Alte Häuser – Große Namen. E. Wien-Buch, 1986); H. WAMESER, ~s Rom. (Hausarbeit [Diplomarbeit] Wien) 1976; J. PERKO, «~ wörtlich». D. Rom. ~s. Ihre Ambivalenz v. Leben u. Dg. (Diplomarbeit Klagenfurt) 1985. IB

**Weinheimer,** Adam, * 6. 12. 1614 Gießen, † 21. 9. 1666 Eßlingen; besuchte d. Gymnasium in Gießen, 1635 Magister d. Philos. in Marburg/Lahn, 1638 Major d. Stipendiaten u. Lehrer am Pädagogicum ebd., 1644 Gymnasialrektor in Speyer, 1651 Hofprediger u. Superintendent in Gaildorf, seit 1653 Superintendent in Eßlingen.

*Schriften:* Geistliche Wacht oder Übung der Gottseeligkeit eines Ritterlichen Kämpfers, 1642; Schmäh- und Lügen-Kriegs- und Sieges-Fahne wider die Lügner, 1646; Quaestiones selectae de Domini nostri Iesu Christi divinitate & humanitate, 1647; Limburgische Abschieds- und Eßlingische Ordinations-Predigt, 1653; Beicht-Spiegel, das ist: Christlicher Unterricht von der Beicht [...], 1654; Bußprediger deß im Christmonat 1652 erschienenen [...] Cometen, 1654; Gottes Feinden Christen-Hertz, Bey sonder-Göttlicher Bekehrung zweyer Juden, 1654; Rhetor extemporaneus s. variandi et amplificandi copia verborum et rerum, 1656 (NA 1663); Corona vitae aeternae, Das ist: Ehren-Cron deß ewigen Lebens [....], 1657; Apologia Scholastica, Civilis et Religiosa [...], 1659; Mors in olla oder Coloquinten des Hauß-Creutzes in dem Ehestande, 1660 (NA 1662; Mikrofiche-Ausg. in: BDL); Danck- und Freuden-Mahl wegen der Augspurgischen Confession, 1660; Frau Calumnia, des leidigen Teuffels Tochter: zur Schmach und Schand, allen höllischen Verläumbdern ertzbübischen Lügenschmieden und -Tichtern, 1661; Gomorra der schandlichen Gottesvergessenen Entheiligung des Sabaths, 1661; Sodom deß abscheulichen hochsträfflichen Lasters der Unzucht, 1661; Catena evangelica oder Postille über die Sonn- Fest- und Feyertags-Evangelia, 1663 (NA 1671); Die fünff Brüder des reichen Mannes, 1665; Kinder-Postill, 1666 (NA 1685).

*Literatur:* Zedler 54 (1747) 790; Jöcher 4 (1751) 1862; Neumeister-Heiduk (1978) 488. – F. W. STRIEDER, Grundlage e. Hess. Gelehrten u. Schriftst.gesch. seit d. Reformation bis auf gegenwärtige Zeiten, XVI (hg. L. WACHLER) 1809 (Mikrofiche-Ausg. 1983; Nachdr. 1989). RM

**Weinheimer,** Hermann, * 1. 1. 1874 Löwenstein/Württ., Todesdatum u. -ort unbek.; studierte in Erlangen, Greifswald u. Tübingen, ab 1899 Lehrer in Argentinien, nach s. Rückkehr nach Dtl. 1903/04 Red. an Friedrich → Naumanns Zs. «D. Hilfe», 1912 Dr. theol. in Tübingen, Pfarrer in Schopfloch/Baden-Württemberg.

*Schriften:* Geschichte des Volkes Israel in 2 Bänden. I Von den Anfängen bis zur Zerstörung Jerusalems durch die Babylonier, II Die Entstehung des Judentums. Von der babylonischen Gefangenschaft bis zur Zerstörung Jerusalems durch die Römer, 1909/10; Zwei Schwestern. Roman aus Südamerikas Gegenwart, 1910; Hebräer und Israeliten. Eine Untersuchung über die Bedeutung der Bezeichnung 'Ibrim und ihre Folgerungen auf die Beziehungen Israels zu Ägypten und auf die Einwanderung der Israeliten in Kanaan (Diss.) 1912; Hebräisches Wörterbuch in sachlicher Ordnung, 1918. IB

**Weinhengst,** Paula, * 1930 (Ort unbek.); studierte Philos., Psychol. u. Lit. in Wien, 1953 Dr. phil. ebd., lebt in Wien, überwiegend Lyrikerin.

*Schriften:* Das Pathologische bei George Crabbe (Diss.) 1953; Gedichte (mit E. LOEWENTHAL u. M. NEUHAUSER-KÖRBER) 1965 (= Neue Dg. aus Öst., Bd. 122/123); Kalter Mond und Julihitze. Eine lyrische Liebeserklärung an Murau, 2003; Weitersuchen, Weiterlieben. Texte aus Murau, 2004; Begegnung in Xanadu. Nachdenkliche und seltsame Geschichten und Gedichte zwischen Dort und Hier, 2005; Vieles nennt man Liebe. Neue Geschichten und Gedichte suchen Liebe – oder mehr?, 2006. AW

**Weinhofen,** Irmgard, * 1931 (Ort unbek.); seit 1948 m. Brigitte → Reimann befreundet, wuchs in Burg bei Magdeburg auf, lebte seit ca. 1950 in Ostberlin, heiratete 1959 e. Niederländer u. siedelte 1963 n. Amsterdam über.

*Schriften:* Grüß Amsterdam. Briefwechsel Brigitte Reimann – I. W. 1956–1973 (hg. A. DRESCHER u. D. WEISKE) 2003. AW

**Weinhold,** Adolf Ferdinand, * 19. 5. 1841 Zwenkau/Sachsen, † 2. 7. 1917 Chemnitz; studierte 1857–61 Naturwiss. in Leipzig u. Göttingen, 1861 Assistent an d. Landwirtschaftl. Versuchsstation Chemnitz, seit 1864 Physiklehrer an der Königl. Gewerbeschule ebd., 1870 Prof.titel, 1873 Dr. phil. Univ. Leipzig, seit 1878 Mitarb. am Eidgenöss. Polytechnikum Zürich, trat 1912 in d. Ruhestand; gilt als Begründer d. Experimentalphysik u. entscheidender Mentor d. Elektrotechnik.

*Schriften:* Vorschule der Experimentalphysik. Naturlehre in elementarer Darstellung nebst Anleitung zur Ausfertigung der Apparate, 1882 ([5]1907); Physikalische Demonstrationen. Anleitung zum Experimentieren im Unterricht an höheren Schulen und technischen Lehranstalten, 3 Tle., 1911–13 (6., verm. u. verb. Aufl. 1921); Leitfaden für den physikalischen Unterricht an der staatlichen Gewerbe-Akademie zu Chemnitz, 1919 (23., neubearb. Aufl. 1937); Briefwechsel A. F. W. – Ernst Abbe (eingeleitet u. mit Anm. versehen R. FEIGE u. D. SZÖLLÖSI) 1990.

*Nachlaß:* Privatbesitz / TU Chemnitz.

*Literatur:* Dt. biogr. Jb. 2 (1928) 677. – J. C. POGGENDORFF, Biogr.-lit. Handwb. z. Gesch. d. exacten Wiss. [...] III u. IV, 1898 u. 1904; DERS., Biogr.-lit. Handwb. f. Mathematik [...] V (red. P. WEINMEISTER) 1926. AW

**Weinhold,** Angela, * 1955 Geesthacht/Schleswig-Holst.; wuchs in Ostfriesland auf, studierte n. d. Abitur Grafik-Design m. Schwerpunkt Buch- u. Presseillustr. an d. Folkwang-Hochschule in Essen, seit 1980 freiberufl. Illustratorin f. Schul- und Jugendbuchverlage, lebt in Essen; Verf. u. Illustratorin v. Kinder- u. Jugendsachbüchern.

*Schriften* (Ausw., ohne reine Illustrationsarbeiten): Wir gehen auf den Spielplatz, 1992; Im Schwimmbad, 1993; In der Stadt, 1995; Leo und Lisa gehen zur Kinderärztin, 1997; Leo und Lisa auf dem Biobauernhof, 1998; Was gibt es auf dem Bauernhof?, 1999; Und was ist das? Meine ersten Wörter und Bilder, 1999; Conny Koala büxt aus, 2000; Unser Wetter, 2000; Verkehrs-Rätsel für den sicheren Schulweg, 2001; Bei den Indianern, 2002; Unsere Religionen. Christentum, Islam, Hinduismus, Buddhismus, Judentum, 2003; Wir entdecken die Zahlen, 2004; Experimentieren und Entdecken. Mehr als 30 Experimente zu Luft und Wasser, 2004; Wir entdecken die Buchstaben, 2005; Unsere Erde, 2006; Was Insekten alles können, 2007; Die Dinosaurier, 2008. AW

**Weinhold,** Edgar, * 3. 5. 1903 Beuthen/Oberschles., † 19. 4. 1998 Genf; biogr. Einzelheiten unbek.; Erzähler.

*Schriften:* Kreuzfahrt mit Tatjana (Rom.) 1977; Gestaltete Gedanken. Haiku, 1982; Ich möchte Botschafterin werden (Rom.) 1986; Viren für Nofretete. Ein Traumspiel, 1988; Gedanken im Flug. Haiku, Senryu, Tanka, 1988. AW

**Weinhold,** Emil, * 5. 2. 1866 Burkhardtsdorf/Erzgeb., Todesdatum u. -ort unbek.; Lehrer u. Schuldir. in Chemnitz (1922); Fachschriftenautor.

*Schriften:* Die Durchzüge vertriebener Salzburger Protestanten durch Chemnitz im Jahre 1732, 1893; Vom Weinkeller des Chemnitzer Rates, 1897; Der Fichtelberg im sächsischen Erzgebirge, 1904; 75 Jahre Leben und Wirken. Gedenkworte zum 75jährigen Bestehen des Pädagogischen Vereins zu Chemnitz, 1906; Chemnitz und seine Umgebung. Geschichtliche Bilder aus alter und neuer Zeit, 1906 (2., bereicherte u. z. Tl. umgearb. Aufl., 1910); Geschichte des Chemnitzer Bäckerhandwerkes, 1910. AW

**Weinhold,** Karl (Gotthold Jakob), * 26. 10. 1823 Reichenbach/Schles., † 15. 8. 1901 Bad Nauheim/Hessen; Sohn e. protestant. Pfarrers, besuchte d. Gymnasium in Schweidnitz, studierte Theol., dann Germanistik u. Philos. in Breslau u. Berlin, 1846 Dr. phil. u. 1847 Habil. in Halle/Saale, 1849 a. o. Prof. f. Dt. Philol. in Breslau, 1950 o. Prof. d. Dt. Sprache u. Lit. in Krakau, 1851–61 o. Prof. f. Dt. Philol. in Graz, 1861–76 o. Prof. f. Dt. Sprache, Lit. u. Altk. in Kiel (1870–72 Rektor), 1876–89 in Breslau (1879/80 Rektor), seit 1889 o. Prof. f. Dt. Sprache u. Lit. in Berlin (1893/94 Rektor), befreundet u. a. mit Karl v. → Holtei; Hg. d. «Germanist. Abh.» (1882–91), 1890 Gründer d. ersten dt. Ver. f. Volksk. in Berlin, Hg. d. «Zs. d. Ver. f. Volksk.», NF d. «Zs. f. Völkerpsychologie u. Sprachwiss.» (1891–1901); wirkl. Mitgl. d. Akad. d. Wiss. Wien (1860), auswärt. Mitgl. d. Bayer. Akad. d. Wiss. (1878), o. Mitgl. d. Preuß. Akad. d. Wiss. (1889), Dr. iur. h. c. Univ. Göttingen (1881), Geheimer Reg.rat (1888).

*Schriften* (Ausw.): Mittelhochdeutsches Lesebuch [...], 1850 (mehrere Aufl.); Die deutschen Frauen in dem Mittelalter. Ein Beitrag zu den Hausalterthümern der Germanen, 1851 (2. Aufl., 2 Bde., 1882; mehrere Aufl.; Nachdr. d. 2. Aufl. Amsterdam 1968); Über die Dialectforschung. Die Laut- und Wortbildung in den Formen der schlesischen Mundart [...], 1853 (Nachdr. 1969); Weihnacht-Spiele und Lieder aus Süddeutschland und Schlesien. Mit Einleitung und Erläuterungen. Mit einer Musikbeilage, 1853 (Neuausg. 1875; Nachdr. Vaduz 1987); Altnordisches Leben, 1856 (verm. Nachdr. 1977); Grammatik der deutschen Mundarten, I Alemannische Grammatik, 1863; II Bairische Grammatik, 1867 (Nachdr. 1967 u. 1985); Heinrich Christian Boie. Beitrag zur Geschichte der deutschen Literatur im 18. Jahrhundert, 1968 (Nachdr. Amsterdam 1970); Mittelhochdeutsche Grammatik. Ein Handbuch, 1877 (mehrere Aufl.; Nachdr. 1967); Lamprecht von Regensburg, Sankt Francisken Leben und Tochter Syon. Nebst Glossar zum ersten Mal herausgegeben, 1880; Kleine mittelhochdeutsche Grammatik, 1881 (mehrere Aufl.; fortgeführt v. G. EHRISMANN, 18., verb. Aufl., neu bearb. H. MOSER, 1994); Jakob Michael Reinhold Lenz, Dramatischer Nachlaß. Zum ersten Male herausgegeben und eingeleitet, 1884; Jakob Michael Reinhold Lenz, Gedichte. Mit Benutzung des Nachlasses Wendelins von Maltzahn herausgegeben, 1891; Brauch und Glaube. Schriften zur deutschen Volkskunde (hg. C. PUETZFELD) 1937; Zur Geschichte des heidnischen Ritus (hg. u. bearb. D. WEIGT) 2004.

*Nachlaß:* Arch. d. Berlin-Brandenburg. Akad. d. Wiss. Berlin; SBPK Berlin; Bibl. d. HU Berlin; UB Berkeley/Kalif.; Bibl. d. Tiroler Landesmus. Ferdinandeum Innsbruck; DLA Marbach; GSA Weimar; UB Wrocław.

*Literatur:* Biogr. Jb. 6 (1904) 47; Killy 12 (1992) 208; IG 3 (2003) 1999; DBE ²10 (2008) 494. – Beitr. z. Volksk. (FS ~ [...], hg. W. CREIZENACH u. a.) 1896; Schles. Landsleute [...] aus d. Zeit v. 1180 bis z. Ggw. (hg. K. G. H. BERNER) 1901; E. SCHMIDT, Gedächtnisrede auf ~, 1902; M. ROEDINGER, ~ (in: Zs. d. Ver. f. Volksk. 11) 1902 (mit Bibliogr.); F. VOGT, ~ (in: ZfdPh 34) 1902; T. SIEBS, ~ (in: Schles. Lbb. 1) 1922 (NA 1985); G. OSTHUES, «D. Macht edler Herzen u. gewaltiger Weiblichkeit». Zwei frühe Beitr. z. Situation d. Frau im MA. ~ u. Karl Bücher (in: Der frauwen buoch. Versuche zu e. feminist. Mediävistik, hg. I. BENNEWITZ) 1989; Lexicon Grammaticorum [...] (hg. H. STAMMERJOHANN) 1996. RM

**Weinhold,** Rudolf, * 16. 3. 1925 Pirna, † 1. 2. 2003 Dresden; nach d. 2. Weltkrieg kurze Zeit Lehrer, studierte 1948–52 Ethnologie u. Gesch. an d. Univ. Leipzig, anschließend ebd. Assistent, 1956/57 am Institut für Volkskunstforsch. beim Zentralhaus für Volkskunst in Leipzig, 1957 Dr. sc. phil. u. 1957–62 wiss. Mitarb. am Institut für Dt. Volksk. d. Dt. Akad. d. Wiss. in Berlin, wo er sich d. Themenkreis Weinbaukultur u. Arbeit der Winzer widmete. Seit 1962 Leiter der sächs. Forschungsstelle des Berliner Akad.-Instituts in Dresden, 1971 Habil., seit 1980 Mitarb. e. bilateralen Forschungsunternehmens zw. Ungarn u. der Dt. Demokrat. Republik (DDR), Ehrenmitgl. d. Ungar. Ethnographischen Gesellsch., Präsidiumsmitgl. d. «Historikergesellsch.» d. DDR; veröff. vor allem z. Thema Weinkultur.

*Schriften* (Ausw.): Buttenträgerfiguren. Gebrauchs- und Ziergeräte aus der Weinbauüberlieferung, 1969 (Sonderdruck); Winzerarbeit an Elbe, Saale und Unstrut. Eine historisch-ethnographische Untersuchung der Produktivkräfte des Weinbaus auf dem Gebiete der DDR, 1973; Vivat Bacchus. Eine Kulturgeschichte des Weines und des Weinbaus, 1975; Ton in vielerlei Gestalt. Eine Kulturgeschichte der Keramik, 1982; Volksleben zwischen Zunft und Fabrik. Studien zu Kultur und Lebensweise werktätiger Klassen und Schichten während des Übergangs vom Feudalismus zum Kapitalismus (hg.) 1982; Keramik in der DDR. Tradition und Moderne (mit W. GEBAUER u. R. BEHRENDS) 1988.

*Bibliographie:* Verzeichnis d. Veröff. v. ~ 1953–90 (in: Demos 30) 1990.

*Literatur:* K. KÖSTLIN, Nachruf: ~ 1925–2003 (in: Zs. für Volksk. 101) 2005; L. MERTENS, Lex. d. DDR-Historiker. Biogr. u. Bibliogr. zu den Gesch.wissenschaftlern aus der Dt. Demokrat. Republik, 2006. IB

**Weinhold,** Siegfried, * 16. 10. 1934 Drebach/Erzgeb., † 17. 1. 2002 Stollberg/Erzgeb.; wuchs als Kind e. Bergarbeiterfamilie auf u. erlernte ebenfalls d. Beruf e. Bergmanns, arbeitete später als Autoschlosser, Handelskaufmann, Bibliothekar u. Bühnenarbeiter, studierte 1967–70 am Lit.inst. «Johannes R. Becher» in Leipzig, seither freischaffender Schriftst. u. 1971 Mitgl. d. Schriftst.verbandes d. Dt. Demokrat. Republik, lebte seit 1978 in Karl-Marx-Stadt (Chemnitz); Erz. sowie Kinder-, Jugendbuch- u. Hörspielautor.

*Schriften:* Lockruf des Abenteuers, 1968; Hallo, Gold! (Rom.) 1971, Ehrlich und das feine Leben,

1973; Haribert, das Schwarzohr, 1974; Ferry und das fremde Geld, 1976; Angst in fremden Betten. Streiche, Morde, Diebereien in 4 Erzählungen, 1976 (Neuausg. mit d. Untertitel: Kriminalgeschichten, 1996); Stelzenbeins Reise mit dem Onkel, 1978 (Neuausg. zus. mit: Stelzenbeins Suche nach dem Onkel, 1986); Der Tod hat einen Schlüssel. Kriminalerzählung, 1979; Stelzenbeins Suche nach dem Onkel, 1980 (Neuausg. zus. mit: Stelzenbeins Reise mit dem Onkel, 1986); Liebe mit tödlichem Ausgang. Mord, Neid, Gier und Niedertracht in 4 Erzählungen, 1981; Gejagt und nicht geliebt. Kriminalroman, 1985; Eine Leiche zuviel. Kriminalerzählung, 1987; Der schwarze Nickel. Das Räuberschicksal des Nicol List, 1994.

*Literatur:* Albrecht-Dahlke IV/2 (1984) 698; Schmidt, Quellenlex. 32 (2002) 494. – StB Chemnitz: Chemnitzer Autorenlex. (Internet-Edition); M. SCHMIDT, ~, ‹Lockruf d. Abenteuers› (in: NDL 17) 1969; DIES., ~, ‹Hallo, Gold!› (in: ebd. 20) 1972; R. BERNHARDT, ~, ‹Hallo, Gold!› (in: Ich schreibe 14) 1973; K. BEUCHLER, ~, ‹Ehrlich u. d. feine Leben› (in: Beitr. z. Kinder- u. Jugendlit., H. 33) 1974; D. ALBRECHT, Schriftst. d. DDR (Gesamtred. K. BÖTTCHER) [2]1975; M. ZSCHIESCHE, ~, ‹Ferry u. d. fremde Geld› (in: Beitr. z. Kinder- u. Jugendlit., H. 51) 1979; H. HORMANN, ~, ‹Stelzenbeins Reise mit d. Onkel›, ‹Stelzenbeins Suche nach d. Onkel› (ebd.); E. KOLAKOWSKY, ~, ‹Stelzenbeins Suche nach d. Onkel› (in: DU 34) 1981; R. KLIS, Lit. f. Kinder, 1982; M. PAECH, ~, ‹Stelzenbeins Reise mit d. Onkel›, ‹Stelzenbeins Suche nach d. Onkel› (in: M. P., Der Beitr. junger Autoren u. Debütanten z. sozialist. Kinderlit. d. DDR, Diss. Leipzig) 1986; G. SAALMANN, ~, ‹Gejagt u. nicht geliebt› (in: Kritik 86. Rez. z. DDR-Lit., hg. E. GÜNTHER) 1987. AW

**Weinholz,** (Heinrich) Albert (Ps. Krebshold), *21. 7. 1822 Berlin, †28. 3. 1901 Bonn; Sohn e. Kaufmanns, nach d. Ausbildung z. Buchhändler eröffnete er e. Buchhandlung in Berlin. Ab 1849 Beamter bei d. preuß. Telegraphenverwaltung, für d. Einrichtung v. Telegraphenstationen verantwortlich, 1862–87 Ober-Telegraphen-Sekretär z. Verwaltung d. Telegraphenstation in Bonn; Erz., Lyriker u. Verf. v. zwei Lsp., die in Berlin aufgeführt wurden.

*Schriften:* Der Buchhändler Krebshold, wie er als Beförderer der Humanität ein armer Teufel wird, und später als Beförderer der Charlatanerie sein Glück macht. Dargestellt von ihm selber, 1846; Die Thaten Friedrich des Großen, besungen von A. W., 1846 (2., sehr veränd. wohlfeile Ausg. u. d. T.: Der alte Fritz, 1847); Gedichte. Eine Probe, 1847; Die Thaten eines Chinesischen Kriegers im Frieden. Auch allenfalls Dorfgeschichte zu nennen, 1847; Nante's erste Omnibus-Fahrt in Berlin, 1847; Sonettenkranz den Mitgliedern des ersten vereinigten Landtags gewunden, 1847; Am Morgen der Freiheit. Zum Besten der Hinterbliebenen der im Kampfe um die Freiheit in Berlin am 18./19. März Gefallenen (Ged.) 1848; Welt und Gemüth. Lebensbild, 1848; Schicksale einer Proletarierin. Eine Neujahrsgabe für reiche Leute, 1848; Madame Daniel als Emanzipirte. Berliner Genre-Bild, 1849; Daniels Weihnachtsbaum. Berliner Genre-Bild, ca. 1850; Tannenbaums Leid, Freud und Herrlichkeit, 1863; Gedichte, 1869 (3., verm. Aufl. 1880); Immortellen in Sonetten auf den Bonner Friedhof niedergelegt, 1876 (2., verb. u. verm. Aufl. 1882; 3., verm. Aufl. 1888); Erinnerungen aus dem Leben eines Briefträgers. Ernste und heitere Erzählungen, 1878; Kaiser-Blumen. Gepflanzt, gepflückt und Seiner Majestät dem Kaiser Wilhelm als Festgabe zur Vollendung des 91. Lebensjahres dargebracht, 1888.

*Literatur:* Biogr. Jb. 6 (1904) 256. IB

**Weininger,** Johannes (Ps. Farm, A. Warenburg), *4. 1. 1912 Kostheim/Ukraine, †13. 1. 1968 Leninpol/Kirgisien; bis 1934 Lehrer in Sibirien u. Kirgisien, 1934–36 Soldat in d. Roten Armee, 1941/42 wieder Lehrer in Sibirien u. danach neuerlich Soldat. Studierte nach d. 2. Weltkrieg an d. PH in Engels u. seit 1950 Mathematiklehrer in Leninpol, externe Stud. am Pädagog. Inst. in Frunse/Kirgisien; Mitarb. d. Zs. «Rote Fahne» u. «Neues Leben»; Übers., Erz. u. Lyriker.

*Schriften:* Harfenseiten (mit J. KUNC) Frunse 1967; Ich sehe die Welt (Erz.) Alma-Ata 1969.

*Literatur:* Nachr. aus Kasachstan. Dt. Dg. in d. Sowjetunion (hg. A. RITTER) 1974 (mit Textprobe); H. BELGER, Rußlanddt. Schriftst. Von den Anfängen bis z. Ggw. Biogr. u. Werkübersichten. (ins Dt. übers. u. erg. v. E. VOIGT) 1999. IB

**Weininger,** Otto, *3. 4. 1880 Wien, †4. 10. 1903 ebd. (Suizid); Sohn e. assimilierten jüd. Goldschmieds, studierte an d. Univ. Wien Philol., Mathematik, Biologie u. Naturwiss., Schüler u. a. von Richard Freiherr v. → Krafft-Ebing, 1902 Dr. phil. u. Übertritt z. Protestantismus, verkehrte im Literatenmilieu Jung-Wiens, beeinflußte mit s. Psychol. der Geschlechter u. a. Karl → Kraus, Georg → Trakl, Ludwig → Wittgenstein, Robert (Matthias Alfred) → Musil, Elias → Canetti, Heimito v. → Doderer u. Thomas → Bernhard.

*Schriften:* Geschlecht und Charakter. Eine prinzipielle Untersuchung, 1903 (erw. Fass. d. Diss. «Eros und Psyche»; zahlr. Aufl., 30. Aufl. [Neuausg.] 1980; Nachdr. d. 1. Aufl. 1997 u. 2008 [mit Anh.]); Über die letzten Dinge, 1903 (zahlr. Aufl.; Nachdr. 2007); Die Liebe und das Weib, 1917; Taschenbuch und Briefe an einen Freund, 1919.

*Ausgaben:* Eros und Psyche. Studien und Briefe 1899–1902 (hg., eingel. u. komm. H. RODLAUER) 1990.

*Literatur:* Killy 12 (1992) 209; Biogr.-Bibliogr. Kirchenlex. 18 (2001) 1495; DBE [2]10 (2008) 494. – H. SWOBODA, ~s Tod, 1911 (erw. Neuausg. 1923); G. KLAREN, ~. D. Mensch, s. Werk u. s. Leben, 1924; H. W. BRAUN, D. Weib in ~s Geschlechtscharakterologie, 1924; P. BIRO, D. Sittlichkeitsmetaphysik ~s. E. geistesgeschichtl. Stud., 1927; S. ROSENBERG, Friedrich Nietzsche u. ~ (Diss. Wien) 1928; L. THALER, ~s Weltanschauung im Licht d. Kantischen Lehre, 1935; A. CENTGRAF, E. Jude treibt Philos., 1943; D. ABRAHAMSEN, The Mind and Death of a Genius, New York 1946; ~, Genie u. Verbrechen (hg. W. SCHNEIDER) 1962; H. v. DETTELBACH, ~ (in: Neue Öst. Biogr. ab 1815. Große Österreicher XVII) 1968; W. M. JOHNSTON, Öst. Kultur- u. Geistesgesch. Gesellschaft u. Ideen im Donauraum 1848–1938 (aus d. Amerikan. übers. O. GROHMANN) 1974; W. W. JAFFE, Studies in Obsession: ~, Arthur Schnitzler, Heimito v. Doderer (Diss. New Haven/Conn.) 1979 (Mikrofilm Ann Arbor/Mich. 1980); B. NITZSCHKE, Männerängste, Männerwünsche, 1980; N. WAGNER, Geist u. Geschlecht. Karl Kraus u. d. Erotik d. Wiener Moderne, 1981; ~. Werk u. Wirkung (hg. J. LE RIDER, N. LESER) 1984; J. LE RIDER, D. Fall ~. Wurzeln d. Antifeminismus u. Antisemitismus (übers. aus d. Französ. u. bearb. D. HORNIG) 1985 (mit Bibliogr.); A. JANIK, Ess. on Wittgenstein and ~, Amsterdam 1985; R. DELLA PIETRA, ~ e la crisi della cultura austriaca, Neapel 1985; M. C. MARCETTEAU, Robert Musil et ~: différence raciale et différence sexuelle dans L'homme sans qualités (Diss. Paris) 1986; Y. SOBOL, Weiningers Nacht, 1988 (Bühnentext, im Anh. Beitr. versch. Autoren; 1990 verfilmt); S. BELLER, Vienna and the Jews 1867–1938. A Cultural History, Cambridge 1989; U. HECKMANN, D. verfluchte Geschlecht. Motive d. Philos. ~s im Werk Georg Trakls (Diss. Aachen) 1992; Jews & Gender. Responses to ~ (ed. N. A. HARROWITZ, B. HYAMS) Philadelphia 1995; J. ZITTLAU, Vernunft u. Verlockung. D. erot. Nihilismus ~s, 1990 (zugleich Diss. Düsseldorf 1990); ~ e la differenza. Fantasmi della ragione nella Vienna del primo Novecento (hg. G. SAMPAOLO) Mailand 1995; Enzyklopädie Philos. u. Wiss.theorie 4 (hg. J. MITTELSTRASS) 1996; B. HAMANN, Hitlers Wien. Lehrjahre e. Diktators, 1996; W. HIRSCH, E. unbescheidene Charakterologie: Geistige Differenz v. Judentum u. Christentum. ~s Lehre v. bestimmten Charakter (Diss. Tübingen) 1997; C. SENGOOPTA, ~. Sex, Science, and Self in Imperial Vienna, Chicago 2000; A. CAVAGLION, La filosofia del pressappoco. ~, sesso, carattere e la cultura del Novecento, Neapel 2001; D. S. LUFT, Eros and Inwardness in Vienna. ~, Musil, Doderer, Chicago 2003; Wittgenstein Reads ~ (ed. D. G. STER u. a.) Cambridge 2004; Mehr oder Weininger. E. Textoffensive aus Öst./Ungarn (hg. A. KEREKES u. a.) 2005; Dtl., Italien u. d. slav. Kultur d. Jh.wende. Phänomene europ. Identität u. Alterität (hg. G. RESSEL) 2005; E. LUCKA, ~, s. Werk u. s. Persönlichkeit, 2005. RM

**Weinitz,** Franz, * 15. 9. 1855 Berlin, † 18. 11. 1930 ebd.; besuchte Gymnasien in Berlin u. München, studierte u. a. Kunstgesch. in München, Berlin, Heidelberg, Straßburg, Leipzig u. Paris, 1882 Dr. phil. Heidelberg, Prof., Mitgl. d. Sachverständigenkommission f. d. vorgeschichtl. Abt. d. Mus. f. Völkerkunde in Berlin, unternahm neben zahlr. Reisen in Europa 1893/94 e. Reise um d. Welt, Fachschriftenautor.

*Schriften* (Ausw.): Der Zug des Herzogs von Feria nach Deutschland im Jahre 1633. Ein Beitrag zur Geschichte des dreißigjährigen Krieges (Diss.) 1882; Des Don Diego de Aedo y Gallart Schilderung der Schlacht von Nördlingen (i. J. 1634). Aus dessen Viaje del Infante Cardenal Don Fernando de Austria (übers. u. m. Anm. versehen) 1884; Museum für deutsche Volkstrachten und Erzeugnisse des Hausgewerbes (Berlin C., Klosterstraße 36). Kurzer Führer durch die Sammlung des Museums (Vorrede R. VIRCHOW) 1890; Theodor Hosemann. Eine kunstgeschichtliche Studie zur Erinnerung an die neunzigste Wiederkehr des Tages seiner Geburt, 1897; Des «Deutsch-Francoß» Jean Chrétien Toucements Schilderung Berlins aus dem Jahre 1730, 1900; Der Greif mit dem Apfel. Eine

Augsburger Goldschmiedearbeit des 17. Jahrhunderts [...], 1902; Die Kunst auf dem Lande (Rezension d. Sonder-Ausstellung im Kunstgewerbe-Mus. Berlin) 1905; Die alte Garnisonkirche in Berlin. Ein geschichtlicher Abriß nebst Schilderung ihrer Zerstörung durch den Brand am 13. April 1908, 1908; Das Schloß Luisium bei Dessau. Eine geschichtliche und kunstgeschichtliche Studie, 1911; Johann Jacobi. Der Gießer des Reiterdenkmals des Großen Kurfürsten in Berlin. Sein Leben und seine Arbeiten, 1913.

*Literatur:* H. KULLNICK, Berliner u. Wahlberliner. Personen u. Persönlichkeiten in Berlin v. 1640–1914, 1960. AW

**Weinkauf,** Benjamin, * 1972 (Ort unbek.); zunächst als (Lied-)Texter tätig, seit 1999 Bildreporter bei «BILD» m. Sitz in Leipzig, lebt ebd.; überwiegend Lyriker.

*Schriften:* Ab- und Zustände. Gedichte, Texte, Lieder, 1991; Die eine andere Fremde, 1994. AW

**Weinkauf,** Bernd, * 26. 2. 1943 Küstrin; studierte 1962–66 Germanistik, Lit. u. Kunsterziehung am Pädagog. Inst. in Erfurt, danach bis 1971 Lehrer in Zossen u. 1971–73 in Leipzig. 1973–76 Stud. am Institut für Lit. Johannes R.-Becher ebd., 1976–79 Dramaturg am dortigen «Theater der Jungen Welt». Seit 1979 freischaffender Werbetexter u. Autor in Leipzig, seit 1982 außerdem Autor u. Red. beim Kulturjournal «Leipziger Bl.», 1990/91 Dezernent für Kultur u. Schule d. Stadt Leipzig; Übers. (ins Japan., Bulgar. u. Dän.), Verf. v. Drehbüchern (Fernseh-Ess.), Sachbüchern (z. Leipziger Stadtgesch.) u. Erzähler.

*Schriften* (Ausw.): Ich nannte sie Sue (Erz.; mit Illustr. d. Autors) 1978; Freizeit und Erholung im Bezirk Leipzig, 1980; B. W. beschreibt Leipziger Denkmale. Herbert Lachmann hat sie fotografiert, 1980 (3., bearb. Aufl. u. d. T.: Leipziger Denkmale. Eine Brockhaus Miniatur. Beschrieben v. B. W., fotografiert v. H. L., 1987); Leipziger Bilderbogen, 1982; Leipzigs langes Leben (mit H. LUDWIG) 1982; Erleben Sie Leipzig live durch Anekdoten – Berichte – Chroniken – Dokumente aus acht Jahrhunderten (zus.getragen u. ausgew., teils neu erz.) 1982; Leipziger Allerlei, 1983; Leipziger Details, um 1984; Gewandhaus zu Leipzig. Zwei Variationen über ein Thema (mit G. GROSSE) 1987; Leipziger Lindentour. Ein Rundgang durch die Stadt [...], 1990; Leipzig als ein Pleißathen. Eine geistesgeschichtliche Ortsbestimmung (hg. mit A. FREY) 1995; Zeit für Leipzig (mit J. KUNSTMANN) 1997; Leipzig mit Goethes Augen. Sechs biographisch-stadtgeschichtliche Skizzen, 1999; Schatzkammer Auerbachs Keller. Festschrift zum Jubiläum, 475 Jahre Weinausschank in Auerbachs Keller (hg. U. REINHARDT) 2000 (2., veränd. Aufl. mit d. Untertitel: Haus-, Kunst-, Literatur- und Weltgeschichte, 2007); Deutsches Tagebuch 1884–1888. Auszüge aus den Jahren 1884–1885, in denen Mori Ogai in Leipzig lebte (Ausw. u. dt. Bearb.) 2003; Plädoyer für Plauen. Fünf Kapitel Geschichte und Gegenwart von Menschen, Märkten und Maschinen (Red.) 2005; Das Buch Gose. Die Geschichte der Gose von ihren Anfängen bis auf den morgigen Tag, 2005; Reise durch Leipzig, 2008.

*Literatur:* H. GÜNTHER, ~s ‹Ich nannte sie Sue› (in: Temperamente 4) 1979; B. RÜDIGER, Auf d. Suche nach d. Merkwürdigen: Rezension zu ~: ‹Ich nannte sie Sue› (in: NDL 27/4) 1979; Bestandsaufnahme 2: Debutanten 1976–1980 (hg. B. BÖTTCHER) 1981; U. KIEHL, D. Lit. im Bezirk Leipzig 1945–1990. E. Bibliogr. d. Bücher u. Zs., 2002. IB

**Weinkauf,** Elisabeth, * 7. 8. 1943 Breslau; Lehrerin; Erzählerin.

*Schriften:* Gegenliebe (Erz.) 1984. AW

**Weinkauff,** Gina, * 31. 5. 1957 Köln; studierte Germanistik, 1991 Dr. phil. Mainz, 1994 Lehrbeauftragte an d. PH Erfurt, 1996–97 wiss. Mitarb. an d. PH Heidelberg u. 1997–2000 in Leipzig, seit 2001 wiss. Mitarb. u. Doz. am Inst. f. dt. Sprache u. Lit. an d. PH Heidelberg; Mithg. d. Zs. «Lesezeichen» (seit 2001).

*Schriften* (Ausw.): Der rote Kasper. Das Figurentheater in der pädagogisch-kulturellen Praxis der deutschen und österreichischen Arbeiterbewegung von 1918–1933, 1982; Rote Kasper-Texte. Stücke aus den 20er Jahren für das Figurentheater der Arbeiterkinder (hg.) 1986; Ernst Heinrich Bethges Ästhetik der Akklamation. Wandlungen eines Laienspielautors in Kaiserreich, Weimarer Republik und NS-Deutschland (Diss.) 1992; Blumenhimmel – Alltagsfreunde. Sophie Reinheimer 1874–1935. Märchen, Bilderbücher, Umweltgeschichten (mit R. SCHLECKER hg.) 1995; Ent-Fernungen. Fremdwahrnehmung und Kulturtransfer in der deutschsprachigen Kinder- und Jugendliteratur seit 1945 (mit U. NASSER, M. SEIFERT) 2 Bde., 2006. RM

**Weinkauff,** Hermann (Karl August Jakob), * 10. 2. 1894 Trippstadt/Pfalz, † 9. 7. 1981 Heidelberg; Sohn d. Forstmeisters Karl August W., studierte ab 1912 Rechtswiss. an d. Univ. München, 1914 Kriegsfreiwilliger, Forts. d. Stud. 1919 in Heidelberg u. 1920 in Würzburg, 1920 erste u. 1922 zweite jurist. Staatsprüfung, 1922/23 Gerichtsassessor im Staatsministerium d. Justiz, 1925 Tätigkeit bei d. Reichsanwaltschaft, dann am Landgericht München, 1928/29 Stud. d. französ. Rechts in Paris. 1930–32 Oberamtsrichter am Arbeitsgericht Berchtesgaden, 1932–37 Dir. am Landgericht München I, ab 1935 Hilfsrichter am Reichsgericht in Leipzig, 1937 Reichsgerichtsrat, während d. 2. Weltkriegs als unabkömmlich gestellt, obwohl W. nicht Mitgl. d. Nationalsozialist. Dt. Arbeiterpartei Dtl. (NSDAP) war. 1945 mit vorläufiger Genehmigung d. Militärregierung Augsburg u. Frankfurt/M. Richter am Amtsgericht Schrobenhausen, einige Monate in e. amerikan. Internierungslager in Dachau interniert. 1946 Präs. des Landgerichts Bamberg, 1949 Oberlandesgerichtspräs., 1949/50 Stud.reise in d. USA. 1950–60 erster Präs. d. neuerrichteten Bundesgerichtshofes in Karlsruhe. Lebte im Ruhestand in Karlsruhe u. leitete bis 1971 d. Forschungsprojekt «Die dt. Justiz u. d. Nationalsozialismus». Seit 1977 lebte er im Wohnstift Augustinum in Heidelberg. 1950 Gründungsmitgl. u. Mithg. bis 1961 d. «Juristenztg.», 1961–66 Vorstandsmitgl. d. Dt. Sektion d. Internationalen Vereinigung für Rechts- u. Sozialphilos. (IVR), weitere Mitgl.schaften. 1938 «Silbernes Treudienst-Ehrenzeichen», 1960 Großes Bundesverdienstkreuz mit Stern u. Schulterband, 1961 bayer. Verdienstorden u. im selben Jahr Dr. h. c. der jurist. Fak. d. Univ. Heidelberg.

*Schriften* (Ausw.): Bericht über meine Amerikareise, 1950 (Sonderdruck); Die Militäropposition gegen Hitler und das Widerstandsrecht, 1954; Über das Widerstandsrecht. Vortrag, 1956; Die deutsche Justiz und der Nationalsozialismus. Ein Überblick, 1968.

*Literatur:* Munzinger-Arch.; DBE [2]10 (2008) 495. – W. ODERSKY, ~ z. Erinn. (in: Neue jurist. Ws. 47) 1994; K.-D. GODAU-SCHÜTTKE, ~: erster Präs. d. Bundesgerichtshofes (in: Zw. Recht u. Unrecht. Lebensläufe dt. Juristen, Red. H. SCHLÜTER) 2004; V. CARL, Lex. Pfälzer Persönlichkeiten (3., überarb. u. erw. Aufl.) 2004; Große Bayer. Biogr. Enzyklopädie 3 (hg. H.-M. KÖRNER) 2005; D. HERBE, ~ (1894–1981). D. erste Präs. d. Bundesgerichtshofs, 2008 (zugleich Diss. Frankfurt/M. 2007); DERS., ~ – D. erste Präs. des Bundesgerichtshofs (in: Dt. Richterztg. 87) 2009. IB

**Weinke,** Annette, * 7. 1. 1963 Kiel; studierte Gesch., Publizistik u. Kunstgesch. in Göttingen u. Berlin, 1990–92 Wiss. Mitarb. am Inst. f. Kommunikationsgesch. d. FU Berlin, 1993–96 Mitgl. d. «Arbeitsgruppe Regierungskriminalität» der Staatsanwaltschaft II am Landgericht Berlin, 1996–2000 Doktorandin am Fachbereich Neuere u. Neueste Gesch. d. Univ. Potsdam, 2001 Dr. phil. HU Berlin, 2002 Visiting Prof. an d. Univ. Amherst/Mass., 2002/03 Rechercheurin f. d. Bundesanstalt f. vereinigungsbedingte Sonderaufgaben u. andere Einrichtungen, 2003/04 Doz. an d. Univ. Chapel Hill/ North Carolina, 2005/06 Doz. f. d. «Berlin European Studies Program (FU-BEST)» an d. FU Berlin, 2006 Mitarb. d. Forsch.stelle Ludwigsburg d. Univ. Stuttgart, seit Ende 2006 freiberufl. Historikerin am Forsch.- u. Ausstellungsprojekt «D. Inszenierung der Rechtsschauprozesse, Medienprozesse u. Prozeßfilme in der SBZ/DDR» an d. HU Berlin, lebt in Berlin; Verf. v. Fachschriften.

*Schriften:* Die Verfolgung von NS-Tätern im geteilten Deutschland. Vergangenheitsbewältigung 1949–1969 oder Eine deutsch-deutsche Beziehungsgeschichte im kalten Krieg (Diss.) 2002; U-Haft am Elbhang. Die Untersuchungshaftanstalt der Bezirksverwaltung des Ministeriums für Staatssicherheit in Dresden 1945 bis 1989/1990 (mit G. HACKE) 2004; Die Nürnberger Prozesse, 2006; Inszenierung des Rechts. Schauprozesse, Medienprozesse und Prozeßfilme in der DDR (hg. mit K. MARXEN) 2006; Eine Gesellschaft ermittelt gegen sich selbst. Die Geschichte der Zentralen Stelle Ludwigsburg 1958–2008, 2008. AW

**Weinke,** Kurt, * 23. 5. 1942 St. Georgen ob Judenburg/Steiermark; studierte Philos., Anglistik u. Gesch. an d. Univ. Graz, 1966 Dr. phil. u. Univ.assistent am Institut für Philos. d. Univ. Graz, 1976 Habil. u. seit 1980 a. o. Prof.; Fachschriftenautor.

*Schriften und Herausgebertätigkeit* (Ausw.): Der Naturalismus bei Ludwig Feuerbach. Versuch einer Darstellung und Kritik seiner Philosophie (Diss.) 1965; Rationalität und Moral, 1977 (zugleich Habil.schr. u. d. T.: Probleme der Ethik, 1975); Fanatismus und Massenwahn. Quellen der Verfolgung von Ketzern, Hexen, Juden und Außenseitern (Mithg.) 1987; Bedrohte Demokratie (hg. mit M.

W. FISCHER) 1995; Meisterdenker der Welt. Philosophen – Werke – Ideen (hg. mit A. GRABNER-HAIDER) 2004; Denklinien der Weltkulturen (hg. mit DEMS.) 2006.

*Literatur:* Bausteine zu e. Gesch. d. Philos. an d. Univ. Graz (hg. T. BINDER, R. FABIAN, U. HÖFER, J. VALENT) Amsterdam 2001. IB

**Weinke,** Wilfried (Ps. Jakob Lenz), *22. 1. 1955 Fockbek/Schleswig-Holst.; studierte u. a. Lit.wiss. an d. Univ. Hamburg, vorübergehend als Lehrer tätig, forscht u. publiziert als freier Historiker z. jüd. Gesch. Hamburgs, erhielt 2002 d. Preis d. Wiener Library/London u. 2007 d. Obermayer German Jewish History Award; Sachbuchautor.

*Schriften:* Ehemals in Hamburg zu Hause. Jüdisches Leben am Grindel (hg. mit U. WAMSER) 1991 (vollständig überarb. u. erw. Neuausg. u. d. T.: Eine verschwundene Welt. Jüdisches Leben am Grindel, 2006); Hamburg. Luftbilder von gestern und heute – eine Gegenüberstellung, 1998; «Wir sind die Kraft!». Arbeiterbewegung in Hamburg von den Anfängen bis 1945 (hg. mit U. BAUCHE, L. EIBER u. U. WAMSER) 1998; Verdrängt, vertrieben, aber nicht vergessen. Die Fotografen Emil Bieber, Max Halberstadt, Erich Kastan, Kurt Schallenberg, 2003. AW

**Weinkopf,** Eduard, *7. 3. 1885 Weikertschlag an d. Thaya/Niederöst., Todesdatum u. -ort unbek.; Dr. phil., Bibliothekar u. Kustos, auch Übers., lebte in Waidhofen an d. Thaya (1938); Fachschriftenautor.

*Schriften:* Naturgeschichte auf dem Dorfe. 12 Aufsätze über volkstümliche Tier- und Pflanzenkunde mit Anmerkungen, 1926; Die Sparkasse Waidhofen a. d. Thaya. Eine Geschichte ihrer Entwicklung anläßlich ihres neunzigjährigen Bestandes (1842–1932) (Geleitw. F. NEUWIRTH) 1932. AW

**Weinland,** (Christoph) David Friedrich, *30. 8. 1829 Grabenstetten/Baden-Württ., †16. 9. 1915 Hohenwittlingen bei Bad Urach; Sohn d. Pfarrers August Johann Friedrich W. (1778–1857), besuchte d. Lateinschule in Nürtingen, 1843–47 d. evangel.-theolog. Seminar in Maulbronn, studierte 1847–51 Theol. am Tübinger Stift u. Naturwiss. an d. dortigen Univ., 1852 Dr. phil., anschließend Assistent am Zoolog. Mus. d. Univ. Berlin. 1855 Leiter des mikroskopischen Labors an d. Harvard Univ. in Cambridge/Mass., Reisen führten ihn nach Kanada, Mexiko, in die Karibik u. nach Haiti, wo er völkerkundliche Stud. betrieb u. 1857 im Auftrag d. amerikan. Küstenwache d. Korallenwachstum untersuchte. 1858 aus gesundheitlichen Gründen Rückkehr nach Europa, 1859–63 wiss. Sekretär d. Zoolog. Gesellsch. am neu gegründeten Zoolog. Garten in Frankfurt/M. u. 1862/63 zweiter Dir. d. Senckenberg. Naturforschenden Gesellsch. u. Leiter d. Abt. für wirbellose Tiere. Lebte seit 1863 als Privatgelehrter in Hohenwittlingen, ab 1870 winters in Bad Urach, 1876–83 in Esslingen, dann in Baden-Baden u. seit 1886 wieder in Hohenwittlingen. Mitarb. zahlr. in- u. ausländ. Zs., Gründer u. Hg. (1860–63) d. Zs. «D. zoolog. Garten», seit 1860 Mitgl. d. Dt. Akad. d. Naturforscher Leopoldina u. weitere (Ehren-)Mitgl.schaften in- u. ausländ. naturwiss. Gesellsch. u. Akad.; Verf. v. Fachschr. u. Erzähler.

*Schriften* (wiss. Bücher in Ausw.): Führer durch den zoologischen Garten in Frankfurt am Main, 1860; Über Inselbildung durch Korallen und Mangrovebüsche, 1860; Rulaman. Naturgeschichtliche Erzählung aus der Zeit der Höhlenmenschen und des Höhlenbären. Der Jugend und ihren Freunden gewidmet, 1878 ([später ohne d. Zusatz «Naturgeschichtl.»] 3., durchges. Aufl. 1892; 6., durchges. Aufl. mit vermehrten Anm. 1906; 8., durchges. Aufl. 1912; Neuausg. 1972; [mit d. Zusatz «Naturgeschichtl.»] mit sämtlichen Illustr. d. Erstausg., Nachw. H. KÜSTER, 1986; Tb.ausg. u. d. T.: Rulaman. Der Roman aus d. Zeit d. Höhlenmenschen, 1994; Auszug u. d. T.: Aus grauer Vorzeit. Erzählung aus der Steinzeit, o. J. [1925]; neue Aufl. o. J. [1931]; wesentlich gekürzte Ausg. v. B. LAMEY, 1947; zahlr. Nachdr. u. Übers.); Kuning Hartfest. Ein Lebensbild aus der Geschichte unserer deutschen Ahnen, als sie noch Wuodan und Duonar opferten. Der deutschen Familie, vornehmlich unserer Jugend gewidmet, 1879 (11., durchges. Aufl. o. J. [1936]; NA mit e. Vorw. v. H. BINDER, 1990).

*Bibliographie:* Ernst W., Schr. v. ~ (1917) (in: Abh. z. Karst- u. Höhlenkunde, Reihe F, H. 1) 1967.

*Literatur:* Dt. biogr. Jb. 1 (1925) 343; LexKJugLit 3 (1979) 778; DBE ²10 (2008) 495. – E. NÄGELE, Zu ~s 80. Geb.tag (in: Bl. d. Schwäb. Albver. 21) 1909; DERS., ~ (in: ebd. 27) 1915; W. BACHMEISTER, Dr. ~ z. Gedächtnis (in: Ornitholog. Mschr. 41) 1916; W. WEISS, ~, Zoologe u. Jugendschriftst.

(in: Württemberg. Nekrolog für d. Jahr 1915) 1919; A. HERTNECK, Auf Rulamans Spuren (in: Bl. d. Schwäb. Albver. 41) 1929; T. KLETT, Im «Schlößle» v. Hohenwittlingen bei ~ (ebd.); E. NÄGELE, Zu ~s Gedächtnis (ebd.); E. HENNING, Württemberg. Forschungsreisende d. letzten anderthalb Jh., 1953; R. EBERLING, ~ (1829–1915). Wanderer durch d. Welt, Heimat u. Gesch. (in: Bl. d. Schwäb. Albver. 71) 1965; F. BERGER, ~ (Biogr.) (in: Abh. z. Karst- u. Höhlenkunde, Reihe F, H. 1) 1967; H. KLOEPPEL, Nachw. u. Worterklärungen (in: D. F. W., Rulaman [...]) 1972; R. WILD, ~s ‹Rulaman›. Krit. Bem. beim Wiederlesen (in: Jugendschr.-Warte, H. 4) 1976; H. BINDER, ~: Zoologe, Jgdb.autor, 1829–1915, 1977 (in: Lbb. aus Schwaben u. Franken 13) 1977 (auch als Sonderdruck); DERS., Wer war ~? (in: D. F. W., Kuning Hartfest [...], 1990; Gesch. d. dt. Kinder- u. Jugendlit. (hg. R. WILD) 1990; H. BINDER, Vorw. (in: D. F. W., Rulaman [...]) 1993; Frankfurter Biogr. 2 (hg. W. KLÖTZER) 1996; G. LANGE, ~ (in: Kinder- u. Jugendlit. Ein Lex., 8. Erg.-Lieferung) 1999 [Losebl.ausg.]; H. PLETICHA, Mein Freund Rulaman (in: Lese-Erlebnisse u. Lit.-Erfahrungen [...]. FS für K. Franz z. 60. Geb.tag, hg. G. LANGE) 2001; H. FISCHER, ~ (in: Lex. d. Reise- u. Abenteuer-Lit., 50. Erg.-Lieferung) 2002 [Losebl.ausg.]; Rulaman, der Steinzeitheld. Sonderausstellung des Biberacher Braith-Mali-Mus. [Ausstellungskat., hg. F. BRUNECKER] 2003; F. BRUNECKER, «Rulaman der Steinzeitheld». – E. hist. Rom. mit Irrtümern (in: Schwäb. Heimat 54) 2003; P. BRÄUNLEIN, Und kommt aus Schwabenland. Der Steinzeit-Longseller ‹Rulaman› (in: Bulletin Jugend u. Lit. 35) 2004; H. J. ALPERS u. a., Lex. d. Fantasy-Lit., 2005; P. JENTZSCH, Auf den Spuren des Rulaman – Jugendbuchlektüre u. «Kultur vor Ort». Didakt. Skizzen z. Fächerverbindung (in: Am Anfang war d. Staunen [...], hg. G. HÄRLE) 2005; J. LEHMANN, Rulaman & s. Horden. Reise ins steinzeitliche Südwestdtl., 2007; B. HURRELMANN, M. MICHELS-KOHLHAGE, G. WILKENDING, Hdb. z. Kinder- u. Jugendlit. Von 1850 bis 1900, 2008. IB

**Weinland,** Erhard Friedrich, * 20. 10. 1745 Esslingen/Württ., † 23. 4. 1812 ebd.; Mecklenburg.-Schwerin. Konsistorialrat u. Justizrat in Rostock, 1781 Konsulent d. schwäb. Reichsritterorts am Kocher in Esslingen, 1785 Senator u. Oberforstmeister ebd., 1710 Ober-Justizrat in Stuttgart, 1811 Kriminal- u. Tribunalrat in Esslingen.

*Schriften* (Ausw.): Rede über die Rechte der Kurfürsten bey der Wahl eines Römischen Königs, 1764; Die Hirten des Bethlehemitischen Feldes in der Christnacht. Ein Singstück, 1774.

*Literatur:* Meusel-Hamberger 8 (1800); 10 (1803) 806; 16 (1812) 172; 21 (1827) 431. – D. gelehrte Schwaben oder Lexicon der jetzt lebenden schwäb. Schriftst. [...] (hg. J. J. GRADMANN) 1802. RM

**Weinland,** Manfred (Ps. Adrian Doyle, Olsh Trenton u. a.), * 23. 4. 1960 Zweibrücken/Pfalz; veröff. (tw. unter Ps.) ca. 200 Rom., v. a. in Heftreihen wie «Vampira», «Jerry Cotton», «Perry Rhodan», «Damona King» u. «Gespenster-Krimi», arbeitet außerdem als Übers. (aus d. Amerikan.) u. Lektor f. Rom.-Adaptionen zu Videospielen im Dino-Verlag Stuttgart, lebt in Zweibrücken, erhielt 2001 d. Dt. Phantastik-Preis f. d. beste Kurzgesch.; Fantasy- u. Science-Fiction-Erzähler.

*Schriften* (Ausw.): Der Moloch. In der Galaxis Wolf-Lundmark. Ein Prospektor endeckt die wandernde Stadt. Ein Planetenroman, 1996; Erbin des Fluchs, 1999; Kinder des Millennium, 1999; Die achte Plage (mit T. STAHL) 1999; Dunkle Himmel (mit DEMS.) 2000; Das Volk der Nacht, 2000; Landru (mit M. KAY) 2000; Krieg der Vampire (mit DEMS.) 2001; Blutskinder (mit M. NAGULA u. C. KERN) 2001; Die Spiegel der Nacht, 2001; Die Kinder der Nacht, 2001; Die Hüter der Nacht, 2002; Die Tücher der Erinnerung, 2002; X-World. Gefahr aus der Urzeit!, 2002; Die Tore der Nacht, 2003; Die Arche der Nacht, 2004; Das Herz der Nacht, 2005; Bad Earth. Die SF-Saga, 2003ff.; K. Brand, Ren Dhark. Die große SF-Saga, 8 Bde. (Mitverf. u. Hg.) 2003–07 (bisher Bd. 1–5 auch als Hörbücher). AW

**Weinland,** Martina, * 17. 11. 1956 Berlin; 1989 Dr. phil. FU Berlin, Kunsthistorikerin u. Kuratorin, Leiterin d. Mus. f. Kindheit u. Jugend d. Stiftung «Stadtmus. Berlin»; Sachbuchautorin.

*Schriften:* Kriegerdenkmäler in Berlin 1870 bis 1930, 1990 (zugleich Diss. 1989); Wasserbrücken in Berlin. Zur Geschichte ihres Dekors, 1994; Berlin: Umsteige-Bahnhof (Ausstellungskatalog dt./engl., Red. mit A. CORNELSEN) 1996; Das Jüdische Museum im Stadtmuseum Berlin. Eine Dokumentation (dt./engl., hg. mit K. WINKLER) 1997; ... schaut auf diese Stadt! Die Geschichte Berlins (Ausstellungskatalog dt./engl., Red. mit DEMS.) 1999; Der Blaue Obelisk. Theodor-Heuss-Platz Berlin (Text) 1999; Wohnen im Wandel. Das Zuhause, die Zeit, die Wohnkultur (Ausstellungskatalog, Red.) 2000; Im Dienste Preußens – wer erzog Prinzen zu Königen? (Ausstellungskatalog, Red., Beitr. N. BACHMANN u. a.) 2001; Berliner Kindheit zwischen 1945 und 2005. Zwischen Krieg und Frieden (Ausstellungskatalog, Text- u. Bildred. mit D. KÜCHENMEISTER) 2005; I. Hahn u. a., Die Fotografiensammlung des Malers Eduard Gaertner. Berlin um 1850 (Red.) 2006. AW

**Weinlaub,** Ullrich, * Feldkirch/Vorarlberg (Geburtsdatum unbek.); studierte Geisteswiss. in Freiburg/Br., lebt u. arbeitet ebenda.

*Schriften:* Zusammen Trinken, gemeinsam Sterben (Erz.) 2008. AW

**Weinlich-Tipka,** Louise → Tipka, Louise.

**Weinlig,** Christian Traugott, *31. 1. 1739 Dresden, †25. 11. 1799 ebd.; Ausbildung bei Julius Heinrich Schwarze, 1756 als Maurer beim Umbau des Seitenflügels d. kurfürstl. Palais beschäftigt, seit 1760 im sächs. Staatsdienst. 1766/67 Stud.aufenthalt in Paris u. anschließend bis 1770 in Rom, ebd. Bekanntschaft mit Johann Joachim → Winckelmann, nach s. Rückkehr nach Dresden 1773 Oberbauamtszahlmeister, 1793 Hofbaumeister u. 1799 Oberlandbaumeister. Vertreter d. «Dresdner Zopfstils» (u. a. «W.-Zimmer» im Schloß Pillnitz, heute Kunstgewerbemuseum).

*Schriften:* Briefe über Rom verschiedenen die Werke der Kunst, die öffentlichen Feste, Gebräuche und Sitten betreffenden Innhalts, nach Anleitung der davon vorhandenen Prospecte von Piranesi, Panini und andern berühmten Meistern, 3 Bde., 1782–87; Oeuvres d'Architecture, 4 H., 1784–99.

*Literatur:* Meusel 14 (1815) 469; ADB 41 (1896) 505; Thieme-Becker 35 (1942) 298; DBE $^2$10 (2008) 496. – Neuestes gelehrtes Dresden [...] (hg. J. G. A. KLÄBE) 1796; C. J. G. HAYMANN, Dresdens theils neuerlich verstorbne, theils ietzt lebende Schriftst. u. Künstler [...], 1809; Hist.-litt. Hdb. berühmter u. denkwürdiger Personen, welche in dem 18. Jh. gestorben sind [...] 16/1 (hg. F. C. G. HIRSCHING) 1813; Neues allgemeines Künstlerlex. [...] 21 (bearb. v. G. K. NAGLER) 1851; P. KLOPFER, ~ u. d. Anfänge des Klassizismus in Sachsen, 1905 (zugleich Diss. TH Dresden); F. STIMMEL u. a., Stadtlex. Dresden A-Z, 1994; I. A. HAUPT, ~ (1739–99). E. Architektenkarriere im Kurfürstentum Sachsen (Diss. Eidgenöss. TH Zürich) 2005. IB

**Weinmann,** Alexander, *20. 2. 1901 Wien, †3. 10. 1987 ebd.; 1920–24 Flötenstudium an der Akad. für Musik u. Darstellende Kunst in Wien, parallel dazu Stud. d. Musikwiss. u. Gesch. an d. Univ. Wien u. 1954 Forts. d. Stud. in Innsbruck, 1955 Dr. phil., 1922–62 praktischer Musiker u. Komponist. In den von ihm begründeten Reihen «Beitr. z. Gesch. d. Alt-Wiener Musikverlages» u. «Wiener Archivstud.» stellte er zahlr. Bde. über Wiener Verleger d. späten 18. u. frühen 19. Jh. sowie Kompositions-Verz. zus., Mithg. d. 6. Aufl. d. «Köchel-Verz.», Landesleiter d. öst. Abt. d. «Répertoire International des Sources Musicales» (RISM); Verf. zahlr. Artikel, vor allem z. Musikgesch. Wiens.

*Schriften* (Ausw.): Wiener Musikverleger und Musikalienhändler von Mozarts Zeit bis gegen 1860. Ein firmengeschichtlicher und topographischer Behelf. Festgabe [...] Mozartjahr 1956, 1956; Verzeichnis der Musikalien aus dem k.k. Hoftheater-Musik-Verlag, 1961; Wiener Musikverlag «am Rande». Ein lückenfüllender Beitrag zur Geschichte des Alt-Wiener Musikverlages, 1970; Der Alt-Wiener Musikverlag im Spiegel der «Wiener Zeitung», 1976; J. P. Gotthard als später Originalverleger Franz Schuberts, 1979; «Das Grab» von J. G. v. Salis-Seewis. Ein literarisch-musikalischer Bestseller, 1979; Georg Druschetzky. Ein vergessener Musiker aus dem alten Österreich [...], 1986; Ferdinand Schubert. Eine Untersuchung, 1986.

*Literatur:* Riemann ErgBd. 2 (1975) 893; MGG $^2$17 (2007) 703. – J. GMEINER, ~ (in: Öst. Musikztg. 42) 1987; W. LITSCHAUER, In memoriam ~ (in: Mitt. d. Öst. Gesellsch. für Musikwiss. 18) 1988; Öst. Musiklex. 5 (hg. R. FLOTZINGER) 2006. IB

**Weinmann,** Beatrice, * Wien (Geburtsdatum unbek.); studierte Gesch. u. Germanistik an d. Univ. Wien, 1995 Dr. phil. ebd., Lehrtätigkeit in Wien, Trägerin d. Leopold-Kunschak-Preises, lebt in Niederöst.; Biographin.

*Schriften:* Josef Klaus. Ein großer Österreicher, 2000 (= erw. Ausg. d. Diss. u. d. T.: Josef Klaus. ÖVP-Reformer und Bundeskanzler. Zum 85. Geburtstag des letzten ÖVP-Kanzlers, 1995); Gottfried Berger. Buchhändler und Österreicher aus Leidenschaft, 2002; Waltraut Haas (Biogr.) 2007. AW

**Weinmann,** Fred → Weinmann, Fritz Siegfried.

**Weinmann,** Fred, *31. 1. 1908 Fischbach bei Dahn, †24. 5. 1991 Kaiserslautern; besuchte d. Schulen u. d. Lehrerbildungsanstalt in Speyer, 1929–35 Lehrer in Frankenthal, ab 1935 in Kaiserslautern. Studierte 1940–42 am Berufspädagog. Inst. in München. Nach d. 2. Weltkrieg Lehrer an d. Meisterschule für Handwerker in Kaiserslautern, 1970–73 Doz. an d. Werkkunstschule; hielt Vorträge u. verf. zahlr. Schr. z. pfälz. Volkskunde.

*Schriften* (Ausw.): Steinkreuze und Bildstöcke in der Pfalz, 1973; Kultmale der Pfalz, 1975; Kapellen im Bistum Speyer, 1975; Hausfiguren in der Pfalz, 1989; Fachwerk und Fachwerkbauten in der Pfalz, 1990.

*Literatur:* V. CARL, Lex. Pfälzer Persönlichkeiten (3., überarb. u. erw. Aufl.) 2004. IB

**Weinmann,** Fritz Siegfried (Fred), *21. 5. 1888 Frankfurt/M., †6. 5. 1967 ebd.; studierte Nationalökonomie, einige Jahre Korrespondent bei e. Londoner Börsenfirma, übernahm dann d. väterl. Lederwarenfabrik. Nach d. 1. Weltkrieg u. d. Tod d. Vaters gründete er in Offenbach e. eigene Firma für Lederwaren. 1925 übersiedelte er in die USA, wo er versch. Tätigkeiten, vor allem kunsthandwerkliche, ausübte, Maler u. Schriftst., zwanzig Jahre Präs. des Dt. Sprachver. in New York. 1955 Rückkehr nach Frankfurt/M.; Lyriker (s. Ged. erschienen in amerikan. u. dt. Zeitschriften).

*Schriften:* Lunas Abenteuer. Eine romantische Erzählung in Reimen für Jung und Alt (mit neun Bildtafeln nach Aquarellen des Verf.) New York 1952; Verzeichnis der Schülerskizzen, Aquarelle und späteren Arbeiten von F. S. W. in der Ausstellung «Alt Frankfurt vor 60 Jahren» [...]. Beilage: Ach! – Hätte mer die Judde noch!, 1963.

*Literatur:* Z. 75. Geb.tag v. ~, 1962; Bibliogr. z. Gesch. d. Frankfurter Juden 1781–1945 (bearb. v. H.-O. SCHEMBS) 1978; R. E. WARD, A Bio-Bibliogr. of German-American Writers 1670–1970, White Plains/N. Y. 1985. IB

**Weinmann,** Josef, *28.7.1926 Karlsbad/Böhmen, †14.1.2008 Männedorf/Kt. Zürich; nach Kriegsdienst u. Kriegsgefangenschaft Stud. d. Zahnmedizin in Dtl., Dr. d. Zahnmedizin. Seit 1964 Zahnarzt mit eigener Praxis in Männedorf. Verf. v. heimatkundl., genealog. u. biogr. Beitr. in versch. Ztg., u. a. in d. «Zürichsee-Ztg.». 1974–84 veröff. er im «D. Egerländer» s. Forsch. über Egerländer Studenten an ausländ. Univ., Mitgl. d. «Egerländer Gmoi», 1966 Mitgl. im Arbeitskreis Egerländer Kulturschaffender (AEK), 1976 Leiter d. Arbeitsgemeinschaft Egerländer Biogr. Lex. im AEK u. weitere Mitgl.schaften. Zahlr. Auszeichnungen, u. a. 1995 Bundesverdienstkreuz am Bande u. 2002 Egerländer-Kulturpreis Johannes-von-Tepl.

*Schriften* (Ausw.): Egerländer Biografisches Lexikon mit ausgewählten Personen aus dem ehemaligen Regierungsbezirk Eger, 3 Bde. (bearb. u. hg.) 1985, 1987 u. 2005; Egerländer Porzellan und Steingut 1792–1945. Handbuch für Sammler und Freunde des deutschen westböhmischen Antikporzellans, 1998. IB

**Weinmann,** Karl, *22. 12. 1873 Vohenstrauß/Oberpfalz, †26. 9. 1929 Pielenhofen/Oberpfalz; musikal. Ausbildung als Singknabe im Domchor u. an d. Kirchenmusikschule in Regensburg, studierte Philos. u. Theol. in Regensburg u. Innsbruck, 1899 Priesterweihe in Regensburg, 1901 Stiftschorregent u. Seminarinspektor d. Alten Kapelle ebd., 1904 Dr. phil. Univ. Freiburg/Schweiz, seit 1908 Domvikar u. Bibliothekar d. Proske-Musikbibl. in Regensburg, zudem seit 1910 Leiter d. Kirchenmusikschule ebd., 1917 Promotion z. königl. Prof. an d. theolog. Fak. in Freiburg/Br., seit 1926 Generalpräses d. Allg. Caecilienver.; Hg. d. «Kirchenmusikal. Jb.» (1908–11), d. Kirchenmusikal. Mschr. «Musica sacra» (1910–19 u. 1925–29), d. Slg. «Kirchenmusik» u. Mithg. d. «Uffenheimer Gesch.quellen»; Verf. v. musikhist. Abh. sowie Hg. v. Choralausgaben.

*Schriften* (Herausgebertätigkeit in Ausw.): Geschichte der Kirchenmusik, 1904 (2., verb. u. verm. Aufl. mit d. Untertitel: Mit besonderer Berücksichtigung der Kirchenmusikalischen Restauration im 19. Jahrhundert, 1913); Das Hymnarium Parisiense, 1905; Karl Proske, der Restaurator der klassischen Kirchenmusik, 1909; Laudes vespertinae sive Thesaurus Cantionum, quas e typicis praesertim libris excerpsit, 1914; Palestrinas Geburtsjahr. Eine historisch-kritische Untersuchung, 1915; Psalmenbuch. Die Psalmen der Vesper und Komplet für alle Sonntage, Duplexfeste und für das Totenoffizium nach der Vatikanischen Ausgabe [...] (hg.) 1915; Johannes Tinctoris (1445–1511) und sein unbekannter Traktat «De inventione et usu musicae». Eine historisch-kritische Untersuchung, 1917 (Neuausg., Ber. u. Vorw. W. FISCHER, 1961); «Stille Nacht, heilige Nacht». Die Geschichte des Liedes zu seinem 100. Geburtstag, 1918; Das Konzil von Trient und die Kirchenmusik. Eine historisch-kritische Untersuchung, 1919 (Nachdr. 1980); Die Feier der heiligen Karwoche (hg., m. dt. Übers. u. Erklärungen v. S. STEPHAN) 1925; Festschrift Peter Wagner zum 60. Geburtstag [...] (hg.) 1926 (Nachdr. 1969).

*Literatur:* Dt. biogr. Jb. 11 (1932) 372; Riemann 2 (1961) 905; LThK ²10 (1965) 998; Biogr.-Bibliogr. Kirchenlex. 13 (1998) 627 (auch Internet-Edition); DBE ²10 (2008) 496. – Kurzgefaßtes Tonkünstlerlex. f. Musiker u. Freunde d. Tonkunst (begr. P. FRANK, neu bearb. W. ALTMANN, 12., sehr erw. Aufl.) 1926; Illustr. Musik-Lex. (hg. H. ABERT) 1927; Dt. Musiker-Lex. (hg. E. H. MÜLLER) 1929; M. SIGL, ~s musiklit. Werk (in: Musica sacra 59) 1929; K. SCHÄZLER, ~ † (in: Hochland 27) 1929/30; A. SCHARNAGL, D. Regensburger Kirchenmusikschule (in: Beitr. z. Gesch. d. Bistums Regensburg 23/24) 1989; Lbb. aus d. Gesch. d. Bistums Regensburg (hg. G. SCHWAIGER) 1989; Dt. biogr. Enzyklopädie d. Theol. u. d. Kirchen 2 (hg. B. MOELLER u. B. JAHN) 2005. AW

**Weinmann,** Karl Gottfried (Ps. Karl Julius Eduard Bedford), * 19. 4. 1774 Hirschberg/Schles., † 5. 9. 1845 Kammerswaldau bei Schönau; seit 1802 Pastor in Kammerswaldau.

*Schriften:* Sudetenfrüchte. Erste Gabe, 1822.

*Literatur:* Meusel-Hamberger 22/1 (1829) 176 (unter Bedford); Goedeke 13 (1938) 247. RM

**Weinmann,** Rudolf (auch Weimann), * 26. 1. 1870 München, Todesdatum u. -ort unbek.; studierte anfänglich Jura, dann Lit.gesch. u. Philos. in München, 1891 in Berlin u. 1892/93 in Wien, 1895 Dr. phil. in München. Ab 1899 Schauspieler am Stadttheater Heidelberg, 1901–03 in Graz, 1903–07 in Köln, auch als Regisseur, dann in Wien u. 1908–13 in Dresden. Nach dem 1. Weltkrieg Schauspieler an versch. Bühnen in Berlin, zuletzt am Theater in der Behrenstraße. Spielte 1931 auch in mehreren Filmen mit. Um 1935 als «nichtarisch» aus d. Reichstheaterkammer ausgeschlossen, weiteres nicht bek., 1947 spielte er in dem Film «Macht im Dunkel» mit.

*Schriften:* Die Lehre von den spezifischen Sinnesenergien (Diss.) 1895; F. Schiller, Die Räuber. Ein Schauspiel (für d. Bühne bearb.) 1913; Philosophie, Welt und Wirklichkeit. Eine erkenntnistheoretische Skizze, 1922; Gegen Einsteins Relativierung von Zeit und Raum. Gemeinverständlich, 1922; Anti-Einstein, 1923; Widersprüche und Selbstwidersprüche der Relativitätstheorie, 1925; Versuch einer endgültigen Widerlegung der speziellen Relativitäts-Theorie, 1926; Hundert Autoren gegen Einstein (hg. mit H. ISRAEL u. E. RUCKHABER) 1931.

*Literatur:* Theater-Lex. 5 (2004) 3126. – G. STAMMLER, ~: ‹Anti-Einstein› (in: Kant-Stud. 32) 1927; Hdb. des dt.sprachigen Exiltheaters 2: Biogr. Lex. d. Theaterkünstler 2 (hg. F. TRAPP u. a.) 1999. IB

**Weinmeier,** Elvira, * 22. 5. 1936 Wien; lebt ebd., Lyrikerin.

*Schriften:* Symphonie in Moll. Haikus und Ritninge (mit C.-P. BÖHNER) 1989. AW

**Weinmeister,** Paul (Ps. Franz Meister), * 5. 2. 1856 Marburg, † 19. 8. 1927 Leipzig; studierte ab 1874 Mathematik u. Physik an d. Univ. Marburg u. ab 1876 an d. Univ. Leipzig, ebd. auch philos. u. pädagog. Stud., 1879 Dr. phil. an d. Univ. Marburg, 1877–1921 Oberlehrer an d. Thomasschule in Leipzig, seit 1917 Konrektor u. seit 1920 Oberstud.rat. Nach s. Pensionierung leitete er d. Poggendorff-Büro u. gab 1926 den 5. Bd. des «Biogr.-lit. Handwörterbuches d. exakten Naturwiss.» heraus. Seit 1884 bis z. s. Tode Vorsteher d. reformierten Konsistoriums Leipzig, seit 1895 Leiter d. «Numismat. Vereins», Mitgl. d. «Dt. Sprachvereins», Zweig Leipzig, veröff. nach d. 1. Weltkrieg in Leipziger Tagesztg. «Sprachecken»; verf. zahlr. Aufs. z. d. Themenkreisen Physik, Chemie u. Numismatik (unter d. Ps.) sowie Gelegenheitsgedichte.

*Schriften* (Ausw.): Marborger Geschichtercher. «Wahrheit und Dichtung» in Volks-Mundart, 1877 ([ohne Untertitel] ²1885); Münzkunde für Anfänger, 1895; Beiträge zur Geschichte der evangelisch-reformierten Gemeinde zu Leipzig 1700–1900, 1900.

*Literatur:* R. WEINMEISTER, Z. Erinn. an ~ (in: Hessenland 6) 1928. IB

**Weinmüller,** Gerlinde, * 11. 8. 1960 Salzburg; studierte Germanistik u. kombinierte Rel.pädagogik in Salzburg, seit 1985 Lehrerin, lebt in Niederalm bei Anif/Salzburg; Lyrikerin u. Erzählerin.

*Schriften:* Himmel voller Asphalt (Ged.) 2001; Die Entlarvung des Schmetterlings. Kurzgeschichten, 2003; Verfallen (Ged.) 2006. AW

**Weinobst,** Theo, * 17. 5. 1949 (Ort unbek.), † 9. 5. 1998 Nienburg/Nds.; biogr. Einzelheiten unbek.; Verf. v. lokalkundl. Schriften.

*Schriften:* Göttingen. Straßen einer alten Stadt, 1974; Göttinger Kirchen. Ein Spiegelbild der Stadtgeschichte, 1975; Romantisches Göttingen. Bürgerhäuser aus dem 16. Jahrhundert (Fotos F. Paul) 1975; Bäume. Denkmäler der Natur, 1976; Eduard Meyer. Der Professor mit dem großen Herzen. Ein Lebensbild, 1977; Hildesheimer Straßennamen. Wegweiser durch die Stadtgeschichte (Fotos E. Breloer) 1984; Die kleine Nienburgerin. Eine Idee aus Bronze, 1989; Straßen in einer alten Stadt. Bilder von gestern und heute [Nienburg], 1990; Es war einmal ... ein leeres Blatt. Lyrik, 1993; In den Mund gelegt. Was Nienburger nie gesagt haben, 1993; Die Nienburger Bärenspur. Ein Wegweiser zu den Sehenswürdigkeiten, 1994; Samtgemeinde Marklohe aus der Vogelperspektive, 1997. AW

**Weinold,** (Siegfried) Johannes, * 24. 11. 1872 Leipzig, Todesdatum u. -ort unbek.; mußte vorzeitig wegen Krankheit d. Gymnasium abbrechen, nach versch. Kuraufenthalten um 1897 am Ratsarch. Leipzig tätig, später Dramaturg am Stadttheater Jena, ab 1914 am Stadttheater Naumburg/Saale, wo er 1935 noch lebte; Dramatiker.

*Schriften:* Sirenenliebe. Drei Einakter, 1909; Der Ehekontrakt. Eine moralische Pikanterie in 4 Aufzügen, 1909; Aus der Art geschlagen. Schauspiel in 5 Aufzügen, 1910.

*Literatur:* D. litt. Leipzig. Illustr. Hdb. d. Schriftst.- u. Gelehrtenwelt [...], 1897. IB

**Weinreb,** Friedrich (eig. Efraim Fischl), * 18. 11. 1910 Lemberg/Galizien, † 19. 10. 1988 Zürich; nach Ausbruch d. 1. Weltkrieges flüchtete d. Familie über Wien 1916 nach Scheveningen/Holland. Studierte Nationalökonomie u. Statistik an den Univ. in Rotterdam u. Wien. 1932–42 anfangs als wiss. Mitarb., später als Forschungsleiter u. Dozent am Niederländ. Ökonom. Institut in Rotterdam tätig. Daneben intensive Beschäftigung mit dem Talmud u. dem Sohar (Slg. v. Texten d. Kabbala); mit d. Philosophen Arthur → Schopenhauer, Friedrich → Hegel, Friedrich → Nietzsche, René Descartes, Baruch Spinoza u. Henri-Louis Bergson. 1935 persönl. Bekannschaft mit Nathan → Birnbaum, dessen Vertrauter u. Sekretär, lebenslange Freundschaft mit dessen jüngstem Sohn Uriel → Birnbaum. Während d. Besetzung d. Niederlande durch d. Nationalsozialisten half er zahlr. jüd. Familien in abenteuerl. Aktionen, schließlich verhaftet u. schwer mißhandelt 1943 ins Lager Westerbork transportiert. V. Sicherheitsdienst des Reichsführers nach Den Haag gebracht, wo er sich neuerlich in Täuschungsmanövern für s. Glaubensbrüder einsetzte. Anfang 1944 tauchte er unter u. lebte im Untergrund in d. Nähe v. Arnhem. Nach d. 2. Weltkrieg Verhaftung u. Verurteilung wegen Zus.arbeit mit d. nationalsozialist. Regime. 1952–56 Ordinarius für Ökonometrie u. Statistik an d. Univ. Jakarta/Indonesien, 1956 an d. Univ. Kalkutta u. Mitarb. am zweiten Fünfjahresplan Indiens. Im selben Jahr Rückkehr nach Holland, Vorlesungstätigkeit an d. Univ. Rotterdam. 1958 Prof. d. Ökonometrie an d. Middle East Technical Univ. in Ankara, nach dem Militärputsch im Sommer 1961 Rückkehr nach Holland. Anschließend Gastdozent am Institut universitaire de Hautes Études Internationales in Lausanne u. Tätigkeit als Experte bei den Vereinten Nationen in Genf. Lebte ab 1964 in Den Haag, später in Naarden, hielt Kurse u. Vorträge über d. hebräische Sprache, d. Bibel u. d. jüd. Überlieferung. 1968 übersiedelte er nach Jerusalem u. arbeitete an s. Memoiren u. an weiteren Büchern zu jüd. Themen, daneben u. darüberhinaus ausgedehnte Vortragstätigkeit (s. Vorträge sind auf Tonträgern dokumentiert). Seit 1973 lebte er in Zürich. – 1980 wurde auf Initiative v. Marian von Castelberg u. F. W. die F. Weinreb-Stiftung in Zürich gegründet, seit 2006 kümmert sich d. stiftungseigene Verlag um W.s Œuvre.

*Schriften* (Ausw.): De Bijbel als Schepping, Den Haag 1963 (in dt. Sprache [übers. v. C. Schumacher], gekürzte Fass. u. d. T.: Der göttliche Bauplan der Welt. Der Sinn der Bibel nach der ältesten jüdischen Überlieferung, 1966; ungekürzte Ausg. [übers. v. K. Dietzfelbinger u. F. J. Lukassen] u. d. T.: Schöpfung im Wort. Die Struktur der Bibel in jüdischer Überlieferung, 1994); Ik die verborgen ben, ebd. 1967 (in dt. Sprache [übers. v. E. Düssel] u. d. T.: Die Rolle Esther. Das Buch Esther nach der ältesten jüdischen Überlieferung, 1968); Die Symbolik der Bibelsprache [...], 1969; Collaboratie en verzet, 3 Bde., Amsterdam 1969/70 (in dt. Sprache [übers. v. F. J. Lukassen] u. d. T.: Die langen Schatten des Krieges, I Im Land der Blinden, II Klug wie die Schlange, sanft wie die Taube, III Endspiel, 1989); Das Buch Jonah. Der Sinn des Buches Jonah nach den ältesten jüdischen Überlieferungen (nach e. Übers. d. holländ. Ms. durch H. Aeppli, bearb. v. F. Horn, mit Steinzeichnungen v. U. Birnbaum) 1970; Hat der Mensch noch eine Zukunft? Eine letzte Chance, 1971; Die jüdischen Wurzeln des Matthäus-Evangeliums, 1972 (Neuausg. 1991); De weg door de tempel, Bussum 1972 (in dt. Sprache [übers. v. K. Dietzfelbinger] u. d. T.: Der Weg durch den Tempel. Aufstieg und Rückkehr des Menschen. Textbearb. C. Schneider, 2000); Begegnungen mit Engeln und Menschen. Mysterium des Tuns. Autobiographische Aufzeichnungen 1910–1936, 1974; Vom Sinn des Erkrankens. Gesundsein und Krankwerden, 1974; Leben im Diesseits und Jenseits. Ein uraltes vergessenes Menschenbild, 1974; Wie sie den Anfang träumten. Überlieferung vom Ursprung des Menschen, 1976; Zahl, Zeichen, Wort. Das symbolische Universum der Bibelsprache, 1978 (neu gestaltete inhaltlich unveränd. Ausg. 2007); Wunder der Zeichen – Wunder der Sprache. Vom Sinn und Geheimnis der Buchstaben, 1979; Buchstaben des Lebens. Nach jüdischer Überlieferung, 1979 (Neuausg. mit d. Untertitel: Das hebräische Alphabet. Erzählt nach jüdischer Überlieferung, 1990); Traumleben. Überlieferte Traumdeutung. 4 Bde., 1979–1981 (Tb.ausg. u. d. T.: Kabbala im Traumleben des Menschen, 1994); Selbstvertrauen und Depression (Textfass. C. Schneider) 1979; Zeichen aus dem Nichts (Bilder v. D. Franck, hg. u. eingel. v. dems.) 1980; Gedanken über Tod und Leben. Das ganze Leben, 1980; Der Krieg der Römerin. Erinnerungen 1935–1942, 2 Bde., 1981/82; Legende von den beiden Bäumen. Alternatives Modell einer Autobiographie, 1981; Die Astrologie in der jüdischen Mystik (Textfass. C. Schneider) 1982; Biblische Porträts (Bilder E. Wachter, hg. u. eingel. v. dems.) 1982; Die bewahrte Stimme. Über Hören und Sprechen in der mündlichen Überlieferung (mit Inhaltsangaben u. vollständigem Verz. der Tonkassetten des ISIOM W.-Tonarch. 1971–82) 1983; Vom Geheimnis der mystischen Rose (Textfass. C. Schneider) 1983; Das jüdische Passahmahl und was dabei von der Erlösung erzählt wird, 1984; Der biblische Kalender. Mit einer chassidischen Geschichte für jeden Tag des Jahres. I Der Monat Nissan, 1984, II Der Monat Ijar im Zeichen Stier, 1985, III Der Monat Siwan im Zeichen Zwillinge, 1986, IV Der Monat Tammus im Zeichen des Krebses, 1990; Vom Essen und von der Mahlzeit, 1984; Das Wunder vom Ende der Kriege. Erlebnisse im letzten Krieg, 1985; Was ist beten? Lebenspraxis als Gebet, 1985; Der siebenarmige Leuchter (Textfass. C. Schneider) 1985; Wenn ein Rebbe eine Geschichte erzählt. Chassidische Geschichten, 1985; Frömmigkeit heute. Eine Wende zum neuen Menschen, 1986; Leiblichkeit. Unser Körper und seine Organe als Ausdruck des ewigen Menschen, 1987; Innenwelt des Wortes im Neuen Testament. Eine Deutung aus den Quellen des Judentums, 1988; Die Haft. Geburt in eine neue Welt. Erinnerungen 1945 bis 1948, 1988; Meine Revolution. Erinnerungen 1948 bis 1987 (aus d. Nachlaß hg. v. d. F. W. Stiftung) 1990; GottMutter. Die weibliche Seite Gottes (Textfass. C. Schneider) 1990; De Kalender, Amsterdam 1990 (in dt. Sprache [übers. v. K. Dietzfelbinger] u. d. T.: Das Buch von Zeit und Ewigkeit. Der jüdische Kalender und seine Feste, 1991); Das Ende der Zeit. Vom Sterben und Auferstehen, 1991; Beginnen mit einem neuen Blatt. Die Überschwemmung (Fragment). Erzählungen aus dem Nachlaß (in faksimilierter Wiedergabe d. Hs. d. Autors u. dt. Übers. [...] v. K. Dietzfelbinger, hg. u. mit e. Nachw. versehen v. C. Schneider) 1991; Het Hebreewse Alfabet. 12 Lessen, Veere 1991 (in dt. Sprache [übers. v. dems.] u. d. T.: Vor Babel. Die Welt der Ursprache, 1995); Wege ins Wort. Von der Verborgenheit der Schrift, 1992; Der mystische Weg (Textfass. C. Schneider) 1993; Psychologie der Sehnsucht. Entwurf einer biblischen Seelenkunde (Textfass. ders.) 1996; Selbstvertrauen, Agression und Depression. Geschichten des Alten Testaments als Dramen der Seele (Textfass. ders.) 1995; W.-Lesebuch. Mit einem Lebensbild des Autors (hg. ders.) 1997; Das Markus-Evangelium. Der Erlöser als Gestalt des religiösen Weges, 2 Bde. (Textfass. ders.) 1999; Gern möchte ich vom Messias erzählen. Juden und Christen unterwegs (Textfass. ders.) 2001; Warum wir uns verhalten, wie wir uns verhalten (aus dem Niederländ, übers. v. J. P. Geri-Hug) 2001; Gotteserfahrung (Bearb., Vorw. u. Hg. C. Schneider) 2002; Das chassidische Narrenparadies und andere Schriften (hg. ders.) 2003; Vom Sinn der Versuchung (Textfass. ders.) 2003; Die Freuden Hiobs. Eine Deutung des Buches Hiob nach jüdischer Überlieferung (Textfass. ders.) 2006; Die sieben Prophetinnen. Prophetie des Leibes (Textfass. ders.) 2008.

*Bibliographie:* W. Wachter, ~ hören und sehen. E. Festgabe für ~ z. 70. Geb.tag [...], 1980 (siehe Lit.); Gesamtverz. aller lieferbaren Originalvorträge v. ~ (Red. H. Haessig) Locarno 1999.

*Literatur:* J. PRESSER, Ondergang. De vervolging en verdelging van het Nederlandse jodendom 1940–1945, 's-Gravenhage 1965; W. WACHTER, ~ hören und sehen. E. Festgabe für ~ z. 70. Geb.tag mit e. vollständigen Verz. s. in dt. u. holländ. Sprache gehaltenen Vorträge z. jüd. Überl. u. e. Bibliogr. – Beigefügt: Autobiograph. Notizen zu Vorträgen u. Veröff. 1928 bis 1980, 1980; R. H. WÜLLNER, ~ «Im Gespräch», 2 Bde., 1990; M. KLANSKA, Aus d. Schtetl in d. Welt. 1772–1938. Ostjüd. Autobiogr. in dt. Sprache, 1994; R. GRÜTER, Een fantast schrijft geschiedenis. De affaires rond ~, Amsterdam 1997 (zugleich Diss. Leiden 1997); I. KOREN, ~'s Commentary on the Two Tales of Creation in Genesis (in: Jewish Studies Quarterly 6) Tübingen 1999 (dt. u. d. T.: ~s Deutung der zwei Schöpfungsgesch. im Buch Genesis, 2001); Hdb. öst. Autorinnen u. Autoren jüd. Herkunft 18. bis 20. Jh. 3, 2002; R. MARRES, ~. Verzetsman en groot schrijver, Soesterberg 2002; J. H. LAENEN, ~ en de joodse mystiek, Baarn 2003; E. BAER, Hier und dort. ~s Gedanken über d. Geheimnis des Weges, 2008. IB

**Weinrebe** → «Geistliche Weinrebe» (ErgBd. 4).

**Weinreich,** Amandus, * 22. 11. 1860 Offendorf bei Lübeck, † 1. 3. 1943 Schwerin/Mecklenb.; besuchte d. Gymnasium in Lübeck., studierte danach an den Univ. in Kiel, Erlangen, Greifswald u. Berlin, 1887 Pastor in Gützkow/Pomm., 1890–93 in Neumünster, 1893–1907 in Altona-Ottensen, 1907 Klosterprediger in Preetz u. Stud.dir. d. Predigerseminars. 1913 lic. theol. h. c. der Univ. Kiel., 1913 ebd. Habil., 1917 Dr. theol. h. c., 1920 Honorarprof. für Prakt. Theol. an d. Univ. Kiel u. 1924–29 Pastor in Sterup/Kr. Flensburg, lebte im Ruhestand in Schwerin.

*Literatur:* Aus der Vorstadt. Religiöse Reden, 1907; Der Ertrag des Krieges für das religiöse, sittliche und kirchliche Leben unserer Gemeinden. Vortrag, 1915; Plattdütsche Predigten, 1935.

*Literatur:* F. VOLBEHR, R. WEYL, Prof. u. Doz. der Christian-Albrechts-Univ. zu Kiel 1665–1954 [...] (4. Aufl. bearb. v. R. BÜLCK) 1956. IB

**Weinreich,** Caspar, 15. Jh., vermutl. Angehöriger d. gleichnamigen, v. 14. bis 16. Jh. in Danzig bezeugten Fernhandels- u. Reeder-Familie, hielt sich um 1460–80 wahrsch. v. a. in d. Niederlanden u. vielleicht auch in England auf u. kehrte dann nach Danzig zurück. – Verf. eine weitgehend auf eigenen Beobachtungen beruhende Danziger Chronik über d. Jahre 1461–96, welche in e. Abschr. d. Danziger Chronisten u. Quellensammlers Stenzel Bernbach aus d. 2. Hälfte d. 16. Jh. erhalten ist. Berichtet wird über sehr unterschiedl. Ereignisse wie d. «Rosenkriege», Konflikte Westpr. mit d. König Polens, Piraterie, Salzpreise, Wahlergebnisse, Bauvorhaben u. Eheschließungen v. Danziger Bürgern, im Zentrum stehen aber Handel u. d. Wohlergehen d. Hanse-Stadt Danzig. D. Aufz. sind nüchtern u. stehen unverbunden, nur d. chronolog. Ordnung folgend, nebeneinander.

*Ausgaben:* C. W.'s Danziger Chronik. Ein Beitrag zur Geschichte Danzigs, der Lande Preußen und Polen, des Hansabundes und der nordischen Reiche (hg. u. erl. T. HIRSCH, F. A. VOSSLER) 1855 (Nachdr. 1973); T. HIRSCH, in: Scriptores rerum Prussicarum [...] 4, 1870 (Nachdr. 1965).

*Literatur:* VL [2]11 (2004) 1645. – U. ARNOLD, Gesch.schreibung im Preußenland bis z. Ausgang d. 16. Jh. (in: Jb. f. d. Gesch. Mittel- u. Ost-Dtl. 19) 1970. RM

**Weinreich,** Dirck, * 1960 Halle/Saale; studierte 1981–86 Kulturwiss. u. Kunstgesch. in Leipzig, 1986–88 wiss. Mitarb. an d. Kulturakad. Halle, 1988/89 Aufnahmeleiter im Fernsehstudio ebd., seit 1990 freier Fotojournalist, zudem Maler u. Digital-Künstler, lebt in Halle.

*Schriften:* Halle (Saale). Augenblicke, Fotoporträts hallescher Künstler (Ausstellungskatalog, Red. H.-G. SEHRT) 1996; Vom Postillon zur Post AG. Die Geschichte des halleschen Postwesens, 1999. AW

**Weinreich,** Fritz, Lebensdaten u. Biogr. unbek.; pfälzischer Mundartautor.

*Schriften:* Mannemer Glosse. Heitere Dichtungen, 1930. IB

**Weinreich,** Gerd, * 13. 7. 1942 Berghöfen/Ostpr.; Stud. d. Germanistik, mehrjähriger Aufenthalt in Dänemark, veröff. seit 1984 zahlreiche Bücher u. Materialien für d. Dt.unterricht in Dänemark, 1992 Mitbegr. u. seither Red. d. Zs. «Brennpunkt Dt.» (Dänemark), auch Übers. (aus d. Dän.), lebt in Hamburg, erhielt 1993 d. Förderpreis f. lit. Übers. Hamburg; Verf. v. lit.wiss. Schriften.

*Schriften:* P. Weiss, «Marat, Sade». Grundlagen und Gedanken zum Verständnis des Dramas, 1974;

33 Gedichte vom Kriegszustand in Friedenszeiten, 1982; P. Weiss, «Die Ermittlung». Grundlagen und Gedanken zum Verständnis des Dramas, 1983; Neonazismus in der BRD (mit K. ANKER-MØLLER) Nykøbing Mors/Dänemark 1984; Sevda – 17 Jahre. «Meine eine Hälfte ist deutsch, die andere türkisch» (Dialog-Erz., hg., Erzählerin S. KAYAOGLU) Måløv/Dänemark 1987; T. Storm, «Der Schimmelreiter». Grundlagen und Gedanken zum Verständnis des Dramas, 1988. AW

**Weinreich,** Gerhard, * 1963 (Ort unbek.); Physiker, arbeitet in e. Lungenklinik, verf. zudem Beitr. f. «D. Zeit», «Neue Zürcher Ztg.», «Süddt. Ztg.», «Frankfurter Rs.» u. a. Ztg., lebt in Dortmund; Erzähler.

*Schriften:* Schwichtenbergs letztes Spiel (Rom.) 2007. AW

**Weinreich** (Weinrich), Johann Michael, * 12. 10. 1683 Dettern/Unterfranken, † 18. 3. 1727 Meiningen; studierte evangel. Theol. u. a. in Erfurt u. Halle/Saale, 1710 Magister in Erfurt, Rektor u. 1722 fürstl. sächs. Hofdiakon in Weiningen, Aufseher d. fürstl. Bibl. ebd.; auch rel. Lyriker.

*Schriften* (Ausw.): Nachricht von der Stadt Erfurt, 1713; Kirchen- und Schulenstaat des Fürstenthums Henneberg alter und mittlerer Zeiten, 1720; Erleichterte Methode, die Humaniora mit Nutzen zu treiben, 1721. (Ferner zahlr. Disputationen u. Schulprogramme.)

*Ausgaben:* Singularia Weinrichiana, Das ist: M. Joh. Michael Weinreichs [...] Merckwürdiges Leben und Lieder (hg. J. C. WETZEL) 1728.

*Literatur:* Jöcher 4 (1751) 1865; Goedeke 3 (1887) 301. – J. C. WETZEL, vgl. Ausg., 1728; Hist.-lit. Hdb. berühmter u. denkwürdiger Personen [...], 16/1 (hg. F. C. G. HIRSCHING) 1813; K. BADER, Lex. dt. Bibliothekare, 1925; Bedeutende Männer aus Thüringer Pfarrhäusern (bearb. W. QUANDT) 1957. RM

**Weinreich,** Otto (Karl), * 13. 3. 1886 Karlsruhe, † 26. 3. 1972 Tübingen; Sohn e. großherzogl. Kammermusikers, Schulbesuch in Karlsruhe, studierte Klass. Philol. in Heidelberg, 1909 Dr. phil. ebd., unternahm Studienreisen nach Griechenland, Kleinasien u. Italien, 1914 Habil. f. Klass. Philol. in Halle/Saale, 1916 a. o. Prof. in Tübingen, 1918 o. Prof. in Jena, 1919 in Heidelberg u. 1921–54 in Tübingen, 1924–33 u. 1945–52 Musikkritiker d. «Schwäb. Tagbl.»; Mitgl. d. Akad. d. Wiss. Heidelberg (seit 1919), Mithg. d. «Arch. f. Rel.wiss.» (1916–38) u. d. «Tübinger Beitr. z. Altertumswiss.» (1927–61); Großes Bundesverdienstkreuz.

*Schriften* (Ausw.): Antike Heilungswunder. Untersuchungen zum Wunderglauben der Griechen und Römer, 1909 (Nachdr. 1969); Triskaikadekadische Studien. Beiträge zur Geschichte der Zahlen, 1916 (Nachdr. 1967); Senecas Apocolocytosis. Die Satire auf Tod, Himmel und Höllenfahrt des Kaisers Claudius. Einführung, Analyse und Untersuchungen, 1923; Die Distichen des Catull, 1926 (Nachdr. 1964 u. 1972); Studien zu Martial. Literaturhistorische und religionsgeschichtliche Untersuchungen, 1928; Epigrammstudien, I Epigramm und Pantomismus [...], 1948; Römische Satiren [...] (eingel. u. übertr.) 1949 (2., durchges. Aufl. 1962; 3. Aufl. u. d. T.: Das darf doch nicht wahr sein! [...], 1963); Der griechische Liebesroman, 1962; So nah ist die Antike. Spaziergänge eines Tübinger Gelehrten, 1970.

*Ausgaben:* Ausgewählte Schriften (hg. G. WILLE unter Mitarb. v. U. KLEIN) 4 Bde., Amsterdam 1969–79.

*Literatur:* DBE [2]10 (2008) 497. – Satura. Früchte aus d. antiken Welt (FS) 1952; ~ (in: Baden-Württ. Biogr. 2, hg. B. OTTNAD) 1999. RM

**Weinrich,** (Ludwig) Alexander Theodor, * 16. 6. 1762 Weilburg an d. Lahn, † 20. 5. 1830 Kleinrechtenbach/Kr. Wetzlar; studierte ab 1780 Theol. in Erlangen, 1783–85 Hauslehrer, dann Kollaborator am Gymnasium in Weilburg, ab 1789 Pfarrer in Kleinrechtenbach u. zugleich seit 1817 erster Superintendent d. neuen Evangelischen Kirchenkreises Wetzlar.

*Schriften:* Virgils Hirtengedichte, in teutschen Jamben und Hexametern (frei übers. u. mit Anm. begleitet) 1789; Der Geburtstag. Eine Jäger-Idylle in 4 Gesängen, 1803 (anon.); Welches sind die zweckmäßigsten Mittel, Klätschereyen in kleinen Städten abzustellen? Eine Preisschrift [...], 1806; Dichtungen, 2 Bde., 1816; Rede zur Eröffnung der ersten Synodalversammlung des Kreises Wetzlar [...], 1818; Versuch einer wissenschaftlichen Begründung des Verhältnisses zwischen einem monarchisch-christlichen Staat und seiner Kirche, 1822; Über die Vorstellungen von einem Elysium, mit besonderer Hinsicht auf Schillers Gedicht «Die Götter Griechenlands», 1822 (Sonderdruck).

*Literatur:* Meusel-Hamberger 8 (1800) 404; 10 (1803) 1806; 16 (1812) 173; 21 (1827) 431; Goedeke 6 (1898) 364 u. 808; Biogr.-Bibliogr. Kirchenlex. 27 (2007) 1508. – G. ENGELBERT, D. Anfänge d. Synoden Braunfels u. Wetzlar (in: Monatsh. für Evangel. Kirchengesch. des Rheinlandes 13) 1964; A. WANDEL, D. ältesten nachreformator. Rechtenbacher Pfarrer u. ihre Familien (in: V. Re(ch)te(i)nbach bis Rechtenbach [...]. D. Dorf im Spiegel d. Gesch., hg. C. SCHMIDT, O. P. WALZ, A. W.) 1988; O. RENKHOFF, Nassauische Biogr. (2., vollst. überarb. u. erw. Aufl.) 1992. IB

**Weinrich,** Dora, * 19. 2. 1873 Wien, Todesdatum u. -ort unbek.; biogr. Einzelheiten unbek., lebte 1904 in Frankfurt/Main.

*Schriften:* Märchen, 1903. RM

**Weinrich,** Franz Johannes (Ps. Heinrich Lerse), * 7. 8. 1897 Hannover, † 24. 12. 1978 Ettenheim/Baden-Württ.; Sohn eines Maurerpoliers, besuchte d. Höhere Handelsschule in Hannover, anschließend kaufmänn. Lehre, war danach arbeitslos (arbeitete u. a. als Ztg.austräger u. Dachdecker). Ab 1916 als Freiwilliger im 1. Weltkrieg, 1917 vor Arras schwer verwundet, 1917/18 Zivilangestellter an d. Westfront. Lebte seit 1919 als freier Schriftst. in Hannover, 1920–24 in Neuss, Kontakt zum Kreis um Karl Gabriel → Pfeill, ab 1924 im südlichen Baden: bis 1940 in Horben, 1940–62 in Breisach, 1962–68 in Hondingen u. seit 1968 im Altersheim St. Maria in Lahr; Lyriker, Dramatiker (Mysterien- u. Legendensp.) u. Erzähler.

*Schriften:* Himmlisches Manifest. Ein Gesicht, 1919; Ein Mensch. Szenen vom Tode eines Menschen, 1920; Mit Dir tanze ich den nächsten Stern (Ged.) 1921; Der Tänzer unserer lieben Frau. Ein klein Legendenspiel nach altem Text, 1921 (Volksausg. 1923); Spiel vor Gott. In einem Vorspiel und 3 Aufzügen, 1922; Columbus. Ein Trauerspiel, 1923; Das Tellspiel der Schweizer Bauern. Neu von F. J. W., 1923 (Neuausg. 1950); Mittag im Tal (Ged.) 1924; Die Meerfahrt. Eine Erzählung. Eine Geschichte der Irrfahrten Parzivals, der auszog, den Vater zu suchen und welchen Vater er findet, 1926; Mater ecclesia. Chorwerk in 4 Teilen, 1928; Die Magd Gottes. Ein Spiel von der heiligen Elisabeth (Bühnenbearb. v. F. BUDDE) 1928; Das Spiel von St. Elisabeth. Die Handlung wurde entworfen von A[uguste] Pfeffer, in Worte gefaßt von F. J. W., für die Bühne bearbeitet von F. Budde, 1928; Die heilige Elisabeth von Thüringen, 1930 (Auszug u. d. T.: Aus Sankt Elisabeths Jugendtagen, 1947; u. d. T.: Elisabeth von Thüringen, 1949; 5., überarb. Aufl. 1958); Der Kinderkreuzzug. Ein chorisches Spiel in 3 Aufzügen, 1931; Litanei vom Leiden Christi. Für einen Einzelsprecher und Chor, 1931; Die Löwengrube (Rom.) 1932; Rückkehr von Babylon (Tr.) 1932; Legende vom Glauben. Gericht über Babel. Dichtungen für Sprechchöre, 1933; Wege der Barmherzigkeit (Ged.) 1933; Die Feier von der Gemeinschaft der Heiligen. Ein liturgisches Allerheiligen-Allerseelenspiel, 1934; Der Reichsapfel (Ged.) 1934; Die Feier vom Königtum Jesu Christi, 1934; Gesang der Wächter unter dem Kreuze. Zu sprechen am Schluß einer Kreuzeswacht in der Kirche, 1934; Der große Opfergang, 1934; Der Tod der heiligen Elisabeth. Eine Szene vom Sterben der großen Heiligen, 1934; Der heilige Bonifatius, 1935; Die versiegelte Kuppel (Erz. u. Dg.) 1935; St. Elisabeth. Ruhm Deutschlands und Mutter der Armen. Eine kirchliche Feier, 1935; Lob eines großen Herzens. Zur 700jährigen Wiederkehr des Tages der Heiligsprechung Sankt Elisabeths, 1935; Die Marter unseres Herrn. Erzählung von seinen Henkern, von Menschen und Engeln, 1935 (2., überarb. u. verm. Aufl. u. d. T.: Die Marter des Herrn. Erzählt von seinen Richtern und Henkern [...], 1960); Das Xantener Domspiel, 1936 (4 Auszüge [erschienen einzeln 1937] u. d. T.: Helena, Herbergswirtin und Kaiserin. Eine Szene; Das Märtyrerspiel; Die Ritterweihe Siegfrieds. Eine Szene; Das Spiel vom heiligen Bonifatius); Die Feier der Tauferneuerung, 1936; Das Kirchweihspiel, 1936; Maranatha. Komme, Herr! Eine Andacht im Advent, 1936; Bleib bei uns, Maria. Eine kirchliche Feier, 1936; Die heilige Lioba, 1937; Lobgesang. Chorische Feier, 1937; Der Tänzer unserer lieben Frau. Ein Legendenspiel, 1937 (nur tw. identisch mit d. Ausg. v. 1921); Die heilige Nacht hebt an. Vorfeier der Geburt des Herrn (Dg., Musik: A. Bersack) 1938; Der Rosenkranz von Anno Domini 1942, 1946; Seine Straße. Der Kreuzweg des Herrn in jener und in dieser Zeit, 1946; Der Empörer. Ein Spiel vom letzten Advent, 1947; Die Eroberung des Friedens. Ein Marienspiel, 1947; Dich gehts an, Jedermann. Ein Spiel (Musik: F. Philipp) 1947; Die sieben Geister Gottes und die sieben Gaben, 1947; Der Räuber des linken Cherubs. Ein Weihnachtsspiel, 1947; Trost in der Nacht (Ged.) 1947; Breisach gestern und heute (mit e. Geleitwort v. L. WOHLEB) 1949; Die wunderbare Herberge. Geschichten in Vers und Prosa, 1950; Der Kreuzritter. Ein Spiel um Bernhards von Baden letzten Ritt, 1950; Drei Weihnachtserzählungen, 1953; Zur frohen Hoffnung, 1954; Der Schatz im Berg (Rom.) 1954; Das Welttheater Luzifers. Ein Spiel von heute und morgen (als Ms. hg. v. d. Abtei Weingarten) 1956; Alles, was Odem hat. Nachdichtungen der Psalmen, 1957; Lobgesang auf das lebendige Brot. Sakramentsgedichte, 1957; Die Psalmen. Ihre tausendjährige Geschichte und immerwährende Bedeutung, 1957; Der Jüngling neben uns (Rom.) 1961; Der Kreuzweg des Herrn (Kreuzwegbilder: S. Rischar) 1962; Die kleine Weile. Gedichte und Dichtungen aus 4 Jahrzehnten, 1962; Die Psalmen (übers.) 1968; Der Psalter des Herrn. Psalmen zu Bildern aus der Vaterunser-Kapelle im Ibental, 1972; Die Hochzeit zu Kana. Warum ihr Wein so früh zur Neige ging, 1976.

*Bibliographie:* Albrecht-Dahlke IV/2 (1984) 698; Schmidt, Quellenlex. 32 (2002) 497. – G. v. WILPERT, A. GÜHRING, Erstausg. dt. Dg. E. Bibliogr. z. dt. Lit. 1600–1990 (2., vollständ. überarb. Aufl.) 1992.

*Nachlaß:* DLA Marbach. – Denecke-Brandis 402; Kussmaul 847.

*Literatur:* Raabe, Expressionismus (1992) 511; LThK [3]10 (2001) 1031; DBE [2]10 (2008) 497. – W. SPAEL, ~ (in: Westdt. Ws. 3) 1921; M. KOCH, ~, ‹D. Tänzer unserer lieben Frau› (in: D. schöne Lit. 22) 1921; J. SPRENGLER, ~: ‹E. Mensch›, ‹D. Tänzer unserer lieben Frau› (in: Hochland 19) 1921; DERS., ~: ‹Spiel vor Gott› (in: ebd. 20) 1922; DERS., Der ‹Columbus› des ~ (ebd.); E. SCHRÖDER, ~ (in: Lit. Handweiser 63) 1926/27; H. LANG, Zu e. dichter. Biogr. ‹D. heilige Elisabeth v. Thür.› v. ~ (in: D. Neue Reich 13) 1930; M. v. MILITZ, ~, ‹D. heilige Elisabeth v. Thür.› (in: D. schöne Lit. 31) 1930; C. VÖLKER, D. Rom. e. Eichsfelder Familie in d. Fremde. ~, ‹D. Löwengrube› (in: Unser Eichsfeld 28) 1933; J. SPRENGLER, ~, ‹D. Marter unseres Herrn› (in: Gral 30) 1936; E. K. MÜNZ, ~ (in: Seele 23) 1947; J. SCHOMERUS-WAGNER, Dt. kathol. Dichter d. Ggw., 1950; K. A. KUTZBACH, Autorenlex. d. Ggw. [...], 1950; G. HASELIER, Gesch. d. Stadt Breisach 3, 1985; C. SIEBLER, ~ (in: Baden-Württemberg. Biogr. 3, hg. B. OTTNAD u. F. L. SEPAINTNER) 2002. IB

**Weinrich,** Harald, * 24. 9. 1927 Wismar; kam 17-jährig zunächst in amerikan., dann für zweieinhalb Jahre in französ. Kriegsgefangenschaft, maturierte 1948 in Münster, studierte Romanistik, Germanistik, klass. Philol. u. Philos. an den Univ. in Münster, Freiburg/Br., Toulouse u. Madrid, 1954 Dr. phil., 1957 Habil. u. Privatdoz. an d. Univ. Münster. 1959–65 o. Prof. für Romanistik an d. Univ. Kiel u. in ders. Funktion bis 1969 an d. Univ. Köln, 1969–78 o. Prof. für Linguistik an d. Univ. Bielefeld u. 1972–74 Dir. d. «Zentrums für interdisziplinäre Forsch.», ab 1974 bis zu s. Emeritierung 1992 o. Prof. an d. Univ. München, wo er das Fach «Dt. als Fremdsprache» begründete. Gastprof. an den Univ. Ann Arbor u. Princeton, 1989/90 am Europa-Lehrstuhl des Collège de France in Paris, ab 1992/93 ebd. erster ausländ. o. Prof. für Romanistik. Mitgl. d. Dt. Akad. für Sprache u. Dg., d. Rhein.-Westfäl. Akad. d. Wiss., d. Akad. d. Wiss. Göttingen, d. Bayer. Akad. d. Schönen Künste u. weitere in- u. ausländ. Mitgl.schaften. Zahlr. Auszeichnungen u. Ehrungen, u. a. 1977 Sigmund-Freud-Preis, 1985 Konrad-Duden-Preis, 1993 Brüder-Grimm-Preis, 1996 Ernst Hellmut Vits-Preis, 1997 Hansischer Goethe-Preis, 2003 Joseph-Breitbach-Preis, mehrere Ehrendoktorate; Verf. v. Fachschr., auch in französ. u. italien. Sprache, viele s. Schr. wurden auch (u. a. ins Italien., Französ. u. Japan.) übersetzt.

*Schriften* (Ausw.): Das Ingenium Don Quijotes, 1956; Tragische und komische Elemente in Racines «Andromaque», 1958; Tempus. Besprochene und erzählte Welt, 1964 (2., völlig neu bearb. Aufl. 1971; 6., neu bearb. Aufl. 2001); Linguistik der Lüge, 1966 (6. Aufl. mit e. «Nachwort nach 35 Jahren», 2000); Literatur für Leser. Essays und Aufsätze zur Literaturwissenschaft, 1971 (Tb.ausg. = 2. Aufl. [gekürzt], 1986); Sprache in Texten, 1976; Metafora e menzogna. La serenità dell'arte, Bologna 1976; Für eine Grammatik mit Augen und Ohren, Händen und Füßen – am Beispiel der Präpositionen, 1976; Wege der Sprachkultur, 1985; Lügt man im Deutschen, wenn man höflich ist?, 1986; La Mémoire linguistique de l'Europe. [1[e]] Leçon inaugurale au Collège de France, Paris 1990; Textgrammatik der deutschen Sprache (mit M. THURMAIR, E. BREINDL, E.-M. WILLKOP) 1993 (2., 3. u. 4., revidierte Aufl. 2003; 2005 u. 2007); La memoria di Dante, Florenz 1994; Gibt es eine Kunst des Vergessens?, 1996; Lethe. Kunst und Kritik des Vergessens, 1997; Sag Schibboleth (Ged.) 1997; Chaire de Langues et Littératures Romanes. [2[e]] Leçon inaugurale au Collège de France, Paris 1999; Le Temps, le pouls et les tempes. Leçon terminale au Collège de France, ebd. 1999; Sprache, das heißt Sprachen, 2001 (2., erg. Aufl. 2003; 3., erg. Aufl. 2006); Chamisso, die Chamisso-Autoren und die Globalisierung, 2002; Knappe Zeit. Kunst und Ökonomie des befristeten Lebens, 2004 (3., überarb. Aufl. 2005); Wie zivilisiert ist der Teufel? Kurze Besuche bei Gut und Böse, 2007; Vom Leben und Lesen der Tiere. Ein Bestiarium, 2008.

*Herausgebertätigkeit* (Ausw.): Spanische Sonette des Siglo de Oro, 1961; Deutsch als Wissenschaftssprache (mit H. KALVERKÄMPER) 1985; Eine nicht nur deutsche Literatur. Zur Standortbestimmung der «Ausländerliteratur» (mit I. ACKERMANN) 1986; Kleine Literaturgeschichte der Heiterkeit, 1990 (erw. u. überarb. Neuausg. 2001); Linguistik der Wissenschaftssprache (mit H. L. KRETZENBACHER) 1995.

*Bibliographie:* Verz. d. wiss. Arbeiten v. ~ 1956–2005 (in: H. W., Sprache, das heißt Sprachen, 3., erg. Aufl.) 2006.

*Literatur:* Munzinger-Arch. – G. HILTY, Tempus, Aspekt, Modus. Zu ~ ‹Tempus. Besprochene u. erzählte Welt› 1964 [...] (in: Vox Romanica 24) 1965; Vorstellung neuer Mitgl.: Geno Hartlaub, ~ (in: Jb. Darmstadt) 1970; Dudenpreis d. Stadt Mannheim für ~ [...] (in: Mannheimer H.) 1986; G. DROSDOWSKI, D. Leiden des Wörterbuchmachers. Bekenntnisse e. Verdammten [~ z. 65. Geb.tag], 1992; Linguist. Hdb. [...] 2 (hg. W. KÜRSCHNER) 1994; G. GAST, ~ (in: Dt. Lit.wiss. 1945–1965. Fallstud. zu Institutionen, Diskursen, Personen, hg. P. BODEN) 1997; W. ABRAHAM, Textgrammatik u. Satzgrammatik. Gem. u. unterschiedliche Aufgaben? Aus Anlaß v. ~s ‹Textgrammatik d. dt. Sprache› (in: Beitr. z. Gesch. d. dt. Sprache u. Lit. 119) 1997; H. STAMMERJOHANN, Laudatio. ~ u. s. Schloß in d. Provence (in: H. W., Warum will Kant s. Diener Lampe vergessen? Beitr. d. Akadem. Festveranstaltung zur Verleihung des Ernst-Hellmut-Vits-Preises [...], hg. W. HOFFMANN) 1998; T. DAUM, ~: e. Würdigung, 1999; Autorenlexikon/P.E.N.-Zentrum Dtl. (aktualisierte NA, Red. S. HANUSCHEK) 2000; Persönlichkeiten aus Mecklenb. u. Pommern (hg. H. GRAUMANN) 2001; Viele Kulturen – e. Sprache. Hommage an ~ zu s. 75. Geb.tag (Red. G. GERSTBERGER u. F. ALBERS) 2002; Y. PAZARKAYA, Dt. Jurte für Sprachnomaden. Laudatio auf ~ (in: Jb. d. Bayer. Akad. d. Schönen Künste München 16) 2002; Erster Lehrstuhlinhaber der Chaire européenne. D. Sprachwissenschaftler Prof. Dr. ~ schuf Meilensteine d. Textlinguistik (in: Mecklenb. 46) 2004; F. ORTU, Cultura linguistica come «Gesamtkunstwerk»: conversazione con ~ (in: Comunicare 6) Bologna 2006. IB

**Weinrich,** Johann Michael → Weinreich, Johann Michael.

**Weinrich,** Knut, * 19. 4. 1967 Kempen am Niederrhein/Nordrhein-Westf.; Politologe, M. A., Red. in d. Abt. Dokumentation u. Reportage beim Norddt. Rundfunk in Hamburg, produziert v. a. hist. Filmdokumentationen.

*Schriften:* Tod unterm Kruzifix (Rom.) 2000.

*Bildtonträger* (Ausw.): Als der Krieg zu Ende war. Norddeutschland 1946–1948 (DVD) 2001; Hamburgs Geschichte. Hafen, Flut und Feuerstürme, I 1842–1914, II 1914–1945 (2 Videokassetten) 2003; Die Schlacht um Monte Cassino (Videokassette, mit I. LILLEY) 2004; Gerd Bucerius. Der Herr der ZEIT (DVD, mit F. HUBER) 2006; Bomben auf Helgoland (Videokassette) 2007. AW

**Weinrich,** Martin, * 21. 5. 1865 Uder/Thür., † 15. 8. 1925 Heiligenstadt/Thür.; Sohn e. Zimmermanns, besuchte 1880–85 d. Lehrerseminar in Heiligenstadt, 1885–92 Lehrer in Dingelstädt, anschließend bis 1918 Lehrer in Magdeburg-Neustadt, trat 1918 krankheitshalber in d. Ruhestand u. übersiedelte nach Heiligenstadt.

*Schriften:* Wänn's mant wohr äs? Nach än Glickchen Eichsfaell'r Schnurren un Schnozel, 1924 (Reprint 1990); Därre Hozel un driege Quitschen. Plattditsche Eichsfaeller Schnurren un Schnozel, 1924 (Reprint 1990); Korn un Sprie, Spaß muß si. Nachmol an Bittelchen vull Eichsfaell'r Schnurren un Schnozel, 1928 (Reprint 1990). IB

**Weins,** Michael, * 9. 3. 1971 Köln; studierte Psychol. in Hamburg, Schriftst., Musiker u. Lit.veranstalter, Gründungsmitgl. d. Lit.clubs «Macht e. V.», lebt in Hamburg, erhielt 2000 u. 2005 d. Hamburger Förderpreis f. Lit.; Erzähler.

*Schriften:* Schlucker 2000. 33 Köpfe aus Hamburgs Literarischer Clubkultur (mit D. HAGEDORN) 1999; Feucht. 24 Kurzgeschichten, 2001; Goldener Reiter (Rom.) 2002; Krill (Erz.) 2007. AW

**Weins,** Thomas, * 26. 12. 1965 Enkirch/Rhld.-Pfalz; studierte seit 1986 evangel. Theol., Germanistik u. Gesch. in Wuppertal, Heidelberg u. Berlin (ohne Abschluß), freier Mitarb. im Schwulen Mus. Berlin, lebt in e. Bauwagen; Erzähler.

*Schriften:* Total perfekt alles (Rom.) 2005. AW

**Weinsberg** → Konrad von Weinsberg (ErgBd. 5).

**Weinsberg,** Hermann von, * 3. 1. 1518 Köln, † 23. 3. 1597 ebd.; Sohn e. Handelsgehilfen u. Kölner Ratsmitgl., besuchte d. Gymnasium in Emmerich, studierte ab 1534 d. Rechte in Köln, 1536 Baccalaureus, 1537 Magister artium u. 1543 Licentiatus legum; Advokat in Köln, Mitgl. d. Rats, 1549 Burggraf, betrieb auch e. Weinhandel, 1564 Bannerherr, auch Ratsrichter u. Kirchmeister. – Begann 1560 mit d. Niederschrift s. (v. ihm so gen.) «Hausbuches»; dabei handelt es sich um e. Chron. u. Autobiogr. in Form v. Gedenkbüchern u. flankierenden Schr., welche über 7000 Folioseiten umfaßt und v. a. von kulturhist. Bedeutung ist.

*Ausgaben:* Das Buch Weinsberg. Kölner Denkwürdigkeiten aus dem 16. Jahrhundert, I und II (bearb. K. HÖHLBAUM) 1886/87; III und IV (bearb. F. LAU) 1897/98; V (bearb. J. STEIN) 1926 (Nachdr. 2000). – Das Buch Weinsberg. Aus dem Leben eines Kölner Ratsherrn (hg. J. J. HÄSSLIN) 1960.

*Literatur:* ADB 55 (1910) 18; Schottenloher 2 (1935) 374; 5 (1939) 280; Killy 12 (1992) 210; DBE [2]10 (2008) 497. – A. BIRLINGER, Grammat. Versuche e. Kölners aus d. XVI. Jh. Aus d. Buch W. (in: Germania 19) 1874; J. DREESEN, Kölner Kultur im 16. Jh. D. Hs. d. ~ Mitt. u. Erl., 1899; J. STEIN, ~ als Mensch u. Historiker (in: Jb. d. Köln. Gesch.ver. 4) 1917; E. M. HÜTTE, D. Stadtköln. Bürgertum im 16. Jh. dargest. nach d. Chron. ~s (Diss. Köln) 1940; W. HERBORN, ~ (in: Rhein. Lbb. 11) 1988; H.-J. BACHORSKI, L'élément biographique dans les chroniques (in: Chroniques Nationales et Chroniques Universelles, hg. D. BUSCHINGER) 1990; W. HERBORN, Das Lachen im 16. Jh. D. Chron. d. ~ als Quelle f. e. Gemütsäußerung (in: Rhein.-Westfäl. Zs. f. Volksk. 40) 1995; B. STUDT, D. Hausvater. Haus u. Gedächtnis bei ~ (in: Rhein. Vjbl. 61) 1997; K. SIMON-MUSCHEID, La faim et l'abondance. Le repas dans la mémoire. Les autobiographies des XVe et XVIe siècles, Florenz 1997; ~ (1518–1597), Kölner Bürger u. Ratsherr. Stud. zu Leben u. Werk (hg. M. GROTEN) 2005. RM

**Weinschenk,** Harry (Erwin) (Ps. Jens Harrynk), * 12. 3. 1898 Bromberg/Pomm., Todesdatum u. -ort unbek.; Schauspieler, Musiker u. Journalist, in d. 1940er Jahren Schriftleiter d. «Berliner Nachtausg.», lebte später in Hamburg (1973).

*Schriften:* Künstler plaudern, 1938; Schauspieler erzählen, 1938; Wir von Bühne und Film, 1939; Unser Weg zum Theater, 1941; Wie wir Schauspieler wurden, 1943. AW

**Weinschenk,** Jakob Hugo, * 28. 5. 1877 Mainz, Todesdatum u. -ort unbek.; kaufmänn. Ausbildung, 1896–98 in London, Bordeaux u. Südfrankreich, danach Weinhändler in Mainz, emigrierte 1933 in die USA; Lyriker.

*Schriften:* Friedsame Sonette, 1906; Gedichte, 1907; Die fünf Segel (Ged.) 1913; Sonette in B-Moll, 1909 (Neudr. 1911); Von verblühenden Leiden. Ein Gebinde des J. H. W., 1915; Die silbernen Sonette, 1920; Sonette, 1930.

*Literatur:* M. GEISSLER, Führer durch d. Lit. d. 20. Jh., 1913 (mit Textprobe). IB

**Weinschrott,** Elisabeth (geb. Kanton), * 19. 11. 1937 Temeschburg/Banat; studierte Germanistik, Romanistik u. Politik an d. Univ. ebd., seither als Gymnasiallehrerin tätig, übersiedelte m. ihrer Familie 1970 n. Rastatt/Baden-Württ. u. 1976 n. Baden-Baden; Erz. u. Reisebuchautorin.

*Schriften:* Mama. Authentische Geschichten aus dem Familienalltag, 2001; Von Cop nach Sotschi. Eine Fahrt durch die Ukraine und den Kuban ans Schwarze Meer, 2008; Durch den Kaukasus. Eine Reise durch Georgien, Aserbaidschan und Armenien, 2009. AW

**Weinschrott,** Peter, * 8. 1. 1912 Bakowa/Banat; besuchte d. Dt. Realgymnasium in Temeschburg u. 1926–30 ebd. d. Lehrerbildungsanstalt, anschließend Lehrer an versch. Volksschulen im Banat, auch Organist. Lebte seit 1973 in Dtl.; Lyriker.

*Schriften:* Worte der Liebe. Die alte Pendeluhr (Ged.) 1988.

*Literatur:* A. P. PETRI, Biogr. Lex. des Banater Deutschtums, 1992. IB

**Der Weinschwelg,** sog., diese «Trinkerrede» d. 13. Jh. ist in zwei Fass. in d. Hss. Wien, cod. 2705 (A; 416 Verse u. 23 Abschnitte, zus. mit d. «Weinschlund» d. → Strickers), Karlsruhe, LB, cod. Karlsruhe 408 (c; 200 Verse u. 9 Abschnitte) u. als kleines Fragm. in Leipzig, UB, cod. Ms. 1614, überl. D. Text, e. hymn. Lob d. Weins, ist in vierhebigen

Reimpaaren geschrieben, d. Abschnitte werden jeweils durch d. refrainartigen Vers «Dô huop er ûf unde tranc» abgeschlossen.

Am Anfang wird d. Zecher vorgestellt: kein Auerochs oder Elch säuft mit solchen Riesenschlucken wie er, er ist e. unübertroffener Meister s. Fachs. D. Monolog d. Meistersäufers setzt mit d. Lob d. Weins ein, der als unersetzbarer Freudenspender dargestellt wird; d. Freuden, die d. Wein bietet, können auch nicht v. einer glänzenden höf. Gesellsch. übertroffen werden. D. Loblied wird immer rauschhafter u. hymnischer, d. Lob wendet sich immer mehr d. eigenen einzigartigen Trinkmeisterschaft zu, als Folie d. eigenen Leistungsfähigkeit u. zur iron. Distanzierung dienen dabei Motive d. höf. Lit. u. Kultur, konkrete lit. Anspielungen u. d. Nennung v. hohen Schulen u. Bildungsstätten. D. Parodie des Höfischen wird verstärkt durch d. Kontrast zw. höf. Terminologie u. unhöf. Inhalt. Mit e. grotesken Szene bricht d. Text ab: D. Weinschwelg legt e. Ritterrüstung an, um seinem v. Wein aufgeblähten Körper Halt zu bieten, nachdem ihm Gürtel u. Hemd bereits geplatzt sind.

*Ausgaben:* Altdeutsche Wälder 3 (hg. J. u. W. GRIMM) 1816; D. W. (aufs Neue u. mit Erl. hg. T. VERNALEKEN) 1858; D. W. (hg. K. J. SCHRÖER) 1876 (mhd./nhd.); Zwei altdeutsche Schwänke [...] (neu hg. E. SCHRÖDER) 1913 ([3]1935); Der Stricker. Verserzählungen 2. Mit einem Anhang: D. W. (hg. H. FISCHER, 2., neubearb. Aufl.) 1967 (revid. NA J. JANOTA, 1977; 4., durchges. Aufl. 1997); Der Stricker. Abbildungen zur handschriftlichen Überlieferung 2. Die Martinsnacht. Anhang: D. W. (hg. J. JANOTA) 1974. – Abdruck von c: Codex Karlsruhe 408 (bearb. U. SCHMID) 1974.

*Literatur:* Ehrismann 2 (Schlußbd., 1935) 116; Killy 12 (1992) 210; KNLL 19 (1992) 780; de Boor-Newald [5]3/1 (1997) 252 u. ö.; VL [2]10 (1999) 821. – E. SCHRÖDER, vgl. Ausg., 1913; L. WOLFF, Reimwahl u. Reimfolge im ~ (in: ZfdA 72) 1935; K. HUFELAND, D. dt. Schwankdg. d. SpätMA. Beitr. z. Erschließung u. Wertung d. Bauformen mhd. Verserz. (Diss. Basel) 1966; K.-H. SCHIRMER, Stil- u. Motivunters. z. mhd. Versnov., 1969; S. L. WAILES, Wit in the ~ (in: GLL 27) 1973/74; E. GRUNEWALD, D. Zecher- u. Schlemmerlit. d. dt. SpätMA. Mit Anh.: «D. Minner u. d. Luderer» (Diss. Köln) 1976; H.-J. ZIEGELER, Erzählen im SpätMA. Mären im Kontext v. Minnereden, Bispeln u. Romanen (Diss. Tübingen) 1985; H. BIRKHAN, Gesch. d. altdt. Lit. im Licht ausgew. Texte 7, 2005. RM

**Weinstein,** Adelbert, * 17. 5. 1916 Halle/Saale, † 12. 1. 2003 Wiesbaden; Sohn e. Chemikers, nach d. Abitur Kriegsdienst im 2. Weltkrieg, Major, bis 1947 in brit. Kriegsgefangenschaft, Volontär bei d. «Mainzer Allg. Ztg.», studierte daneben Gesch., Volkswirtschaft u. Romanistik in Mainz, seit 1949 Red. d. «Frankfurter Allg. Ztg.», spezialisiert f. Militärpolitik, unternahm als Berichterstatter zahlr. Reisen; Großes Bundesverdienstkreuz.

*Schriften:* Armee ohne Pathos. Die deutsche Wiederbewaffnung im Urteil ehemaliger Soldaten, 1951; Keiner kann den Krieg gewinnen. Strategie oder Sicherheit?, 1955; Das neue Mekka liegt am Nil. Aufbruch und Umbruch im Nahen Osten, o. J. (1958); Das ist de Gaulle. Ansprüche und Wirklichkeit. Versuch eines Porträts, 1963.

*Literatur:* Munzinger-Arch.; DBE [2]10 (2008) 497. RM

**Weinstein,** Bernhard Max (auch Max Bernhard), * 1. 9. 1852 Kowno/Rußland, † 26. 3. 1918 Berlin; besuchte d. Gymnasium in Insterburg/Ostpr., studierte Medizin, Mathematik u. Physik in Breslau u. Berlin, Dr. phil., 1878 Angestellter bei d. Berliner Sternwarte, dann Beamter d. Kaiserl. Normal-Eichungs-Kommission, seit 1887 auch Doz. d. Naturphilos. u. Physik u. später Prof. an d. Berliner Univ., Geh. Regierungsrat.

*Schriften* (Fachschr. in Ausw.): Denken und Träumen [Dg.] 1901; Die philosophischen Grundlagen der Wissenschaften. Vorlesungen gehalten an der Universität Berlin, 1906; Die Entstehung der Welt und der Erde nach Sage und Wissenschaft, 1908 (NA 1913, 1919); Welt- und Lebensanschauungen, hervorgegangen aus Religion, Philosophie und Naturerkenntnis, 1910; Die Grundgesetze der Natur und die modernen Naturlehren, 1911. RM

**Weinstein,** Max Bernhard → Weinstein, Bernhard Max.

**Weinstein,** Zeus (Ps. f. Peter Neugebauer), * 14. 2. 1929 Hamburg; besuchte 1948/49 d. Werbefachschule Hamburg, studierte 1951–54 freie Grafik an d. Hochschule f. bildende Künste ebd., s. Rate-Krimis «Z. W.s Abenteuer» u. zahlr. Karikaturen wurden zuerst in d. Zs. «Stern» veröff., zudem freier Mitarb. v. «D. Zeit» u. «D. Welt», befreundet mit → Loriot.

*Schriften* (ohne reine Illustrationsarbeiten): Lexikon der Erotik, I Von abartig bis Klysophos, II Von

Knallnymphe bis Zyklothymie, 1969/70 (Neuausg. [Teilausg.] u. d. T.: P. N.s Lexikon der Erotik, 1970; Tb.ausg. m. d. Zusatz: Cartoons, 1982); Z. W.s Abenteuer. 31 rätselhafte Kriminalfälle, 1970; Sherlock Holmes, die Wahrheit über Ludwig II. Ein Bericht von Dr. John H. Watson (hg.) 1978; Sherlock Holmes Companion (hg., übers. W. SCHMITZ) 2 Bde., 1984/85; Z. W.s Abenteuer. 50 rätselhafte Kriminalfälle, 1986 (Tb.ausg. 1989); Schlummer-Schocker. Zwielichtige Geschichten, 1988; Sherlock-Holmes-Handbuch (hg.) 1988 (Nebentitel: Das umfassende Sherlock-Holmes-Handbuch; Neuausg. 2008).

*Literatur:* K. FLEMIG, Karikaturisten-Lex., 1993.

AW

**Weinstock,** Heinrich, * 30. 1. 1889 Elten/Niederrhein, † 8. 3. 1960 Bad Homburg vor der Höhe; studierte Germanistik, klass. Philol. u. Philos., 1912 Dr. phil. in Münster, anschließend Wehr- u. Kriegsdienst. 1918-26 im Höheren Schuldienst u. in d. Schulverwaltung tätig, 1926-39 u. 1945/46 erneut Dir. d. Kaiser-Friedrichs-Gymnasiums (heute Heinrich-von-Gagern-Gymnasium) in Franfurt/M., Vorsitzender der wissenschaftl. Prüfungsamtes an d. Univ., bis 1936 Mitgl. im pädagog. Prüfungsausschuß d. Prov. Hessen-Nassau, 1930-33 Hg. d. «Neuen Jb. für Wiss. u. Jugendbildung». Im 2. Weltkrieg für fünf Jahre z. Kriegsdienst verpflichtet. 1946 Vertretungsprof. am Lehrstuhl für Philos. u. Pädagogik u. 1949 o. Prof. für Philos. u. Pädagogik an d. Univ. Frankfurt/M., Mithg. d. mehrbändigen «Hdb. d. Unterrichts an höheren Schulen. Z. Einf. u. Weiterbildung in Einzeldarstellungen».

*Schriften und Übersetzungen* (Ausw.): Antike Bildungsideale, 1925; Sophokles, 1931 (umgearb. NA 1937; 3., überarb. Aufl. 1948); Polis. Der griechische Beitrag zu einer deutschen Bildung heute an Thukydides erläutert, 1934; Die höhere Schule im deutschen Volksstaat. Versuch einer Ortsbestimmung und Sinndeutung, 1936; Thukydides, Der große Krieg (übers. u. eingel.) 1938; Sallust, Das Jahrhundert der Revolution (übers u. eingel.) 1939; Sophokles, Die Tragödien (übers. u. eingel.) 1941; Die abendländische Ordnung der deutschen Bildungsanstalten, 1947; Platon, Die Briefe (übers. u. eingel.) 1947; Realer Humanismus. Die Wiederkehr des Tragischen. Platon und Marx oder Humanismus und Sozialismus. 2 Vorträge, 1949; Die Tragödie des Humanismus. Wahrheit und Trug im abendländischen Menschenbild, 1953 (2., durchges. Aufl. 1954; Nachdr. 1989); Arbeit und Bildung. Die Rolle der Arbeit im Prozeß um unsere Menschenwerdung, 1954; Realer Humanismus. Eine Ausschau nach Möglichkeiten seiner Verwirklichung, 1955; Wilhelm von Humboldt (Ausw. u. Einl.) 1957; Die politische Verantwortung der Erziehung in der demokratischen Massengesellschaft des technischen Zeitalters, 1958; Erziehung ohne Illusionen. Auf der Suche nach pädagogischen Grundsätzen (nach d. Tode d. Verf. hg. U. WULFHORST) 1963; Absoluter oder realer Humanismus? (besorgt u. eingel. v. E. HOJER) 1966.

*Literatur:* W. ZIEGENFUSS, G. JUNG, Philosophen-Lex. [...] 2, 1950; E. DAUZENROTH, Das Trag. im Blickfelde ~s (in: Vjs. für wiss. Pädagogik 37) 1961; O. REGENBOGEN, ~. Die Tragödie des Humanismus (in: Gnomon 26) 1954; U. WULFHORST, ~, Dir. d. Kaiser-Friedrichs-Gymnasiums 1926 bis 1949 (in: 100 Jahre Heinrich-von-Gagern-Gymnasium [...], hg. von Schulleitung, Schulelternbeirat u. Lehrerkollegium [...]) 1988; K. C. LINGELBACH, Hierarchisierung u. Funktionalisierung öffentlicher Bildung. Unabweisbare Postulate d. modernen «Leistungsgesellsch.»? Aspekte beruflicher Bildung in ~s Rede über d. «Realen Humanismus» (in: I. LISOP, «Vom Handlungsgehilfen z. Managerin». Ein Jh. d. kaufmänn. Professionalisierung in Wiss. u. Praxis am Beispiel Frankfurt/M.) 2001; C. NIEMEYER, Nietzsche, d. Jugend u. d. Pädagogik. E. Einf., 2002.

IB

**Weinstock,** Horst, * 25. 6. 1931 Lindenberg/Allgäu; studierte 1949–54 Anglistik, Romanistik u. Philos. an den Univ. Mainz u. München, 1957 Dr. phil., 1956–61 wiss. Assistent an d. Univ. München, 1963–70 Akadem. Rat an d. Univ. Saarbrücken, 1970 ebd. Habil., seit 1970 bis zu s. Emeritierung 1996 Prof. für Hist. Engl. Sprachwiss. an d. Rhein.-Westfäl. TH Aachen, 1974–79 u. 1982 Prodekan, 1990–92 Wahlsenator, 1990–96 stellvertretender Vorsitzender d. Philos. Fak.tages. Mitgl. versch. in- u. ausländ. wiss. Vereinigungen.

*Schriften* (Ausw.): Die Funktion elisabethanischer Sprichwörter und Pseudosprichwörter bei Shakespeare, 1966; Die englische Literatur in Text und Darstellung, Bd. 2: 16. Jahrhundert (hg.) 1984; Kleine Schriften. Ausgewählte Studien zur alt-, mittel- und frühneuenglischen Sprache und Literatur, 2003.

*Literatur:* Linguist. Hdb. [...] 2 (hg. W. KÜRSCHNER) 1994; Bright is the Ring of Words. FS für ~ z. 65. Geb.tag (hg. C. POLLNER, H. ROHLFING, F.-R. HAUSMANN) 1996. IB

**Weinstock,** Rolf, * 8. 10. 1920 Emmendingen/Baden, † 2. 12. 1952 ebd. (an d. Folgen d. Haft während d. Nationalsozialismus); kaufmänn. Lehre in e. Textilgeschäft, 1938 Haft in d. Gefängnissen Speyer u. Ludwigshafen, 1938/39 im Konzentrationslager Dachau, 1940 erneute Verhaftung, Deportation nach Frankreich, bis 1942 im Camp Gurs, kam von dort über d. Sammellager Drancy ins Konzentrationslager Auschwitz-Birkenau, Arbeit in d. Kohlengrube Jawischowitz, Januar-April 1945 im Konzentrationslager Buchenwald, nach d. Befreiung Rückkehr nach Emmendingen.

*Schriften:* Das wahre Gesicht Hitlerdeutschlands. Häftling Nr. 59000 erzählt von dem Schicksal der 10000 Juden aus Baden, aus der Pfalz und aus dem Saargebiet in den Höllen von Dachau, Gurs-Drancy, Auschwitz, Jawischowitz, Buchenwald (Singen), 1948; Rolf. Kopf hoch! Die Geschichte eines jungen Juden (Bericht; bearb. A. v. FISCHER) 1950. WK

**Weinstock,** Wilm, * 28. 10. 1905 (Rhld.), † 17. 7. 1981 Hennigsdorf/Brandenburg; lebte seit 1949 in Hohen Neuendorf bei Berlin, zahlr. Veröff. f. Kinder in Ztg. u. Zs. wie «ABC-Ztg.» u. «Frösi» sowie Anthol. wie «Dank den Jahreszeiten» (1953); Lyriker u. Kinderlieddichter. – M. Bieler porträtierte W. W. in s. Rom. «Ewig und drei Tage» (1980) in d. Figur d. Alexander Heidenreich.

*Schriften:* Froh und fleißig. Ein Kinderliederbuch, 1949.

*Nachlaß:* Lit.arch. d. Akad. d. Künste Berlin/Brandenburg.

*Literatur:* Literaturport Berlin/Brandenburg (Internet-Edition). AW

**Weintraub,** Alfred →Werner, Alfred.

**Weintraub,** Barbara (verh. v. Hilden), 16./17. Jh., Lebensdaten unbek.; stammte aus Augsburg, heiratete d. Wundarzt Fabriz v. Hilden, lebte um 1603 in Bern.

*Schriften:* Arzneibüchlein, 1603.

*Literatur:* E. OELSNER, D. Leistung d. dt. Frauen in d. letzten vierhundert Jahren auf wiss. Gebiet, 1894; W. SCHÖNFELD, Frauen in d. abendländ. Heilkunde, 1947; J. M. WOODS, M. FÜRSTENWALD, Schriftst.innen, Künstlerinnen u. gelehrte Frauen d. dt. Barock. E. Lex., 1984. RM

**Die Weintrauben,** sog., diese Reimpaarerzählung vermutl. aus d. ersten Drittel d. 15. Jh. gilt als Grenzfall zw. «Märe» u. «Bîspel», überl. ist sie in d. zwei Hss. Karlsruhe, LB, cod. Donaueschingen 104 («Liedersaal-Hs.», 136 Verse) u. Dresden, LB, Ms. M 67 (140 Verse). – E. junger Mann auf Wanderschaft bittet e. Klosterbruder, der d. Klostergarten pflegt, um Weintrauben. D. Mönch will ihm keine geben, erstens könne er nicht jedem Vorbeiziehenden Trauben schenken u. zweitens verbiete ihm das d. Ordensregel. D. «knab» bietet e. schönes Messer als Geschenk an u. d. Bruder streckt gierig d. Hand durch d. Zaun, d. Bursche hält diese fest u. schlägt mit d. Heft d. Messers auf sie ein. Gewarnt wird mit dieser Geschichte vor der «gîtikait» (Habgier).

*Ausgaben:* J. v. LASSBERG, Lieder Saal. Das ist: Sammelung altteutscher Gedichte, herausgegeben aus ungedruckten Quellen 1, 1820 (Privatdruck, Buchhandelsausg. 1846, Nachdr. 1968); Die deutsche Märendichtung des 15. Jahrhunderts (hg. H. FISCHER) 1966.

*Literatur:* VL ²10 (1999) 823. – H.-J. ZIEGELER, Erzählen im SpätMA. Mären im Kontext v. Minnereden, Bispeln u. Romanen (Diss. Tübingen) 1985. RM

**Weinzettl,** Franz, * 15. 7. 1955 Feldbach/Steiermark; studierte ab 1973 Germanistik u. Gesch. an d. Univ. Graz, seit 1983 freier Schriftst., Veröff. u. a. in den «Manuskripten». Machte ab 1992 neben s. schriftsteller. Tätigkeit e. Ausbildung in klientenzentrierter Psychotherapie, seit 1997 Psychotherapeut in d. Beratungszentren Bruck, Kapfenberg u. Weiz sowie mit eigener Praxis in Graz. Erhielt mehrere Auszeichnungen, Preise u. Stipendien, u. a. 1979 gemeinsam mit Gerhard Meier den v. Peter → Handke weitergegebenen Franz-Kafka-Lit.preis, 1982 Literaturförderungspreis des Forum Stadtpark Graz, 1990 Lit.preis d. Landes Steiermark, 2005 Hermann-Lenz-Preis; Erzähler.

*Schriften:* Auf halber Höhe (Erz.) 1983 (Neuausg., mit zwei Briefen v. Peter Handke, 2003); 600 Jahre Gossendorf, 1985; Die Geschichte mit ihr (Erz.) 1987; Der Jahreskreis der Anna Neuherz (Erz.) 1988 (Neuausg., mit e. Nachbem. v. A. KOLLERITSCH, 2004); Im Pappelschatten, Liebste (Erz.) 1990; Prag, Pécs, Budapest, 1993; Zwischen Nacht und Tag, 1997 (u. d. T.: Zwischen Tag und Nacht, 2005); Das Glück zwischendurch. Prosa und Verse, 2001; Abseits, auf den Gleisen, 2008.

*Literatur:* KLG; Killy 12 (1992) 211; Öst. Katalog-Lex. (1995) 430. – F. VARGA, ~ ‹D. Jahreskreis der Anna Neuherz› (in: DB 18) 1988; E. BREITENEDER, Z. Funktion v. Naturbeschreibungen bei Gerhard Roth, Peter Handke, Gisela Corleis u. ~ (Diplomarbeit Wien) 1989; W. VOGL, ~: ‹D. Jahreskreis der Anna Neuherz› (in: LK 23) 1989; B. EYSSEN, ~: ‹Die Gesch. mit ihr› (in: D. Rom.führer [...] 28, hg. B. u. J. GRÄF) 1994; C. W. PROESCHOLDT, ~: ‹D. Jahreskreis der Anna Neuherz› (ebd.); C. HELL, Leiden zerredet (in: LK 319/320) 1997 [zu ‹Zw. Nacht u. Tag›]; D. DAUME, Was Wagner sagt (in: Manuskripte H. 163) 2004 [zu ‹Auf halber Höhe›]; M. DROSCHKE, Verrückte Aussöhnung (in: LK 385/386) 2004 [zu ‹Auf halber Höhe›]; H. MIESBACHER, Erzählte Natur. V. Lesen u. Schreiben der Natur, zu ~ (in: Manuskripte, H. 171) 2006.

IB

**Weinzheimer,** Volker, * 1969; biogr. Einzelheiten nicht bekannt gegeben; Science-fiction- u. Fantasy-Autor.

*Schriften:* Im Schatten der Dämmerung, I Lichter Tag, II Die Schwärze der Nacht (mit T. BAROLI) 2002.

AW

**Weinzierl,** Erika (geb. Fischer), * 6. 6. 1925 Wien; Tochter des Lehrerehepaares Otto u. Maria F., verheiratet mit Peter W., o. Prof. für Experimentalphysik († 1996), Mutter v. Michael → W. u. Ulrich → W.; studierte vor dem 2. Weltkrieg Medizin, gehörte z. Kreis des geistigen Widerstandes um Karl → Strobl, 1943 vom Nationalsozialist. Regime z. Arbeitsdienst (u. a. Arbeit in e. Rüstungsbetrieb u. als Straßenbahnschaffnerin) verpflichtet. Studierte nach d. 2. Weltkrieg Gesch. u. Kunstgesch. an d. Univ. Wien u. 1946–48 Ausbildung am Inst. für Öst. Gesch.forsch. (IÖG) ebd., 1948 Dr. phil., 1948–64 am Haus-, Hof- und Staatsarch. tätig, 1961 Habil., 1967 a. o. und 1969 o. Prof. für Öst. Gesch. mit Schwerpunkt Zeitgesch. an d. Univ. Salzburg, seit 1979 o. Prof. für Neuere, mit besonderer Berücksichtigung d. Neuesten Gesch. an d. Univ. Wien, 1995 emeritiert. 1965–92 Leiterin des Inst. für kirchliche Zeitgesch. d. Univ. Salzburg u. 1977–94 d. Ludwig Boltsmann Inst. (LBI) für Gesch. d. Gesellschaftswiss. Wien-Salzburg. 1965–94 Hg. d. «Veröff. u. Publ. d. Inst. für kirchl. Zeitgesch.», 1971–79 Mithg. d. «Veröff. d. Hist. Inst. d. Univ. Salzburg», 1977–89 d. «Materialien z. Zeitgesch.», 1977–94 d. «Veröff. d. LBI» u. 1981–91 d. «Veröff. z. Zeitgesch.». Ehrenvorsitzende der «Öst. Gesellsch. für Zeitgesch.», Präs. (bzw. Ehrenpräs.) der «Aktion gg. den Antisemitismus», Vorsitzende des wiss. Beirats der v. ihr mitbegründeten «Öst. Gesellsch. für Exilforsch.», Vorstandsmitgl. des Kuratoriums der Stiftung Bruno-Kreisky-Arch., Mitgl. des Kuratoriums des Nationalfonds der Republik Öst. für Opfer des Nationalsozialismus, Mitgl. des Berliner Beirates «Topographie des Terrors», Ehrenmitgl. d. «Theodor-Kramer-Gesellsch.» u. a. Mitgl.schaften, zahlr. Auszeichnungen, u. a. 1979 Premio Adelaide Ristori d. Centro Culturale Italiano Rom, Goldene Ehrenmedaille d. Stadt Wien, Öst. Staatspreis für Kulturpublizistik, Bruno-Kreisky-Preis.

*Schriften und Herausgebertätigkeit* (Ausw.): Geschichte des Benediktinerklosters Millstatt in Kärnten, 1951; Österreichische und europäische Geschichte in Dokumenten des Haus-, Hof- und Staatsarchivs, 1957 (2., veränderte Aufl. 1965); Aus den Anfängen der christlichsozialen Bewegung in Österreich. Nach der Korrespondenz des Grafen Anton Pergen, 1961 (Sonderdruck); Der Österreicher und sein Staat (hg.) 1965; Universität und Politik in Österreich. Antrittsvorlesung, 1969; Zu wenig Gerechte. Österreicher und Judenverfolgung 1938–1945, 1969 (2., erw. Aufl. 1985; 4., erw. Aufl. 1997); Die päpstliche Autorität im katholischen Selbstverständnis des 19. und 20. Jahrhunderts (hg.) 1970; Österreich: die Zweite Republik, 2 Bde. (hg. mit K. SKALNIK) 1972; Klemens Maria Hofbauer, 1973 (Sonderdruck); Der Modernismus. Beiträge zu seiner Erforschung (hg.) 1974; Das neue Österreich. Geschichte der Zweiten Republik (hg.) 1975; Emanzipation? Österreichische Frauen im 20. Jahrhundert, 1975; Kirche und Gesellschaft. Theologische und gesellschaftswissenschaftliche Aspekte (hg.) 1979; Emanzipation der Frau. Zwischen Biologie u. Ideologie (hg.) 1980 (Nachdr. 1991); Österreich 1918–1938. Geschichte der Ersten Republik, 2 Bde. (hg. mit K. SKALNIK) 1983; Das große Tabu. Österreichs Umgang mit seiner Vergangenheit (hg. mit A. PELINKA) 1987; Christen und Juden in Offenbarung und kirchlichen Erklärungen vom Urchristentum bis zur Gegenwart (hg.) 1988; Prüfstand. Österreichs Katholiken und der Nationalsozialismus, 1988; Der Februar 1934 und die Folgen für Österreich, 1995;

Vertriebene Vernunft – Rückkehr unerwünscht? Festrede zur Eröffnung des Internationalen Brucknerfestes, 1995; Vom Weggehen. Zum Exil von Kunst und Wissenschaft (hg. mit S. WIESINGER-STOCK u. K. KAISER) 2006.

*Bibliographie:* F. STEINKELLNER, Schriftenverz. ~ (in: Unterdrückung u. Emanzipation [...]) 1985 (siehe Lit.); Publ. u. Lehrtätigkeit. Z. 70. Geb.tag (Red. M. ERTL) 1995.

*Literatur:* Unterdrückung u. Emanzipation. FS für ~ z. 60. Geb.tag (hg. R. G. ARDELT u. a.) 1985; Ecclesia semper reformanda. Beitr. z. öst. Kirchengesch. im 19. u. 20. Jh. [FS für ~ z. 60. Geb.tag] 1985; I. POSCHACHER, Karrierefrauen. Ber. der Presse 1992/93. E. inhaltsanalyt. Unters. am Beispiel d. Persönlichkeiten Heide Schmidt, Hilde Umdasch, ~ u. Emmy Werner (Diplomarbeit Wien) 1994; Publ. u. Lehrtätigkeit. Z. 70. Geb.tag (Red. M. ERTL) 1995; M. JOCHUM, Krit. Chronistin Öst. Die Zeithistorikerin ~ (in: Zeitgesch. 30) 2003; H. KONRAD, D. 68er Generation d. öst. Zeithistorikerinnern. E. Perspektive auf generationsspezifische Sozialisationsmerkmale u. Karriereverläufe. D. Zeithistorikerin ~ (ebd.); L. BRANDAUER, E. GEBER, ~, keine Verdrängung (in: Auf. E. Frauenzs. 130) 2005; F. FELLNER, D. A. CORRADINI, Öst. Gesch.wiss. im 20. Jh. Ein biogr.-bibliogr. Lex., 2006; M. WELAN, ~ (in: C. WAPPEL, C. S. MOSER [Red.], Stichwortgeberinnen. 14 Portraits erfolgreicher Frauen aus Politik u. Wirtschaft) 2008. IB

**Weinzierl,** Franz Joseph, *24. 12. 1777 Pfaffenberg/Bayern, † 1. 1. 1829 Regensburg; philos. Stud. in München, theolog. Stud. am Lyceum in Regensburg, 1801 Priesterweihe, 1801/02 Kaplan in Penting (heute Ortstl. von Schorndorf), 1802–06 Prof. am Gymnasium in Regensburg, seit 1806 Domprediger u. später auch Domkapitular ebd.; vorwiegend Übersetzer.

*Schriften* (Ausw.): Gebetbuch der Heiligen Gottes nach den gewöhnlichsten Andachtsübungen gesammelt, 1803 (2., verm. u. verb. Aufl. 1825; 7., verb. Aufl. 1855); Des ehrwürdigen Thomas von Kempen sechs Erbauungsschriften (aus d. sämmtlichen Werken ausgew., übers., u. allen Freunden d. Nachfolge Christi gewidmet) 1812 (Mikrofiche-Ausg. 1995); Die sieben Bußpsalmen, in gereimten Versen, 1814; Das Gesangbuch der heiligen römisch-katholischen Kirche. Aus ihrer Sprache in gereimten Versen übersetzt, 1816 (2., verm. Aufl. 1824; Mikrofiche-Ausg. 1999); Hymnen und Lieder für den katholischen Gottesdienst. Aus dem Lateinischen der französischen Breviere in gereimten Versen übersetzt, 1817; Sprüche der Weisheit aus den heiligen Büchern der Denksprüche, des Predigers, der Weisheit und Sirachs Sohnes (ausgew. u. in gereimten Versen übers.) 1821; Zwey Rosenkränze zur Ehre Jesu Christi, und seiner jungfräulichen Mutter Maria. Aus dem Lateinischen des Horstius übersetzt und allen Freunden des Rosenkranzgebethes gewidmet, 1822; Die Klagelieder des Propheten Jeremias und die übrigen Gesänge der Heiligen Schrift. In gereimten Versen übersetzt, 1824; Die Psalmen, in gereimten Versen übersetzt, 1824; F. J W.'s nachgelassene Schriften religiösen Inhalts, 1831–34.

*Literatur:* Meusel-Hamberger 16 (1812) 174; 21 (1827) 432; NN 7 (1831) 901. – Gelehrten- u. Schriftst.-Lex. d. dt. Kathol. Geistlichkeit 2 (hg. v. F. J. WAITZENEGGER) 1820; H. J. M. DÖRING, Die gelehrten Theologen Dtl. im achtzehnten u. neunzehnten Jh. [...] 4, 1835. IB

**Weinzierl,** Franz Xaver (Taufnamen Albert Franz), *2. 12. 1757 Großmehring bei Ingolstadt, † 12. 6. 1833 Neustadt an d. Donau; Philos.stud. in Ingolstadt, trat 1777 in das Augustiner-Chorherrenstift Polling bei Weilheim ein, Dr. phil., 1781 Priesterweihe. In Polling u. am kurfürstl. Gymnasium in München (1781–94 u. 1799–1803) Lehrer d. Rhetorik, alten Sprachen sowie d. griech. u. röm. Lit., nach d. Säkularisation d. Klöster seit 1805 Stadtpfarrer in Neustadt an d. Donau; Komponist, Übers. (aus d. Griech. u. Französ.) u. Lyriker.

*Schriften* (Ausw.): Kurze griechische Sprachlehre [...], 1787; G. C. Sallustius, Katilina und Jugurtha (dt. u. lat. mit dem Leben d. Geschichtsschreibers, e. durchgängigen Analyse, u. Bem. sowohl über d. allgemeinen Vorzüge des Historiographen, als d. Übers. selbst) 1790; Desbillons Fabeln, ein teutsches Lese- oder lateinisches Übungsbuch für junge Anfänger. In Hinsicht auf ihre Bildung ausgewählt und [...] mit einer Vorrede begleitet, 1792; Kornel Nepos, teutsch mit einer Abhandlung über seine Person, Sprache, Moral etc. [...], 1792; Hirtenpflichten oder Blumen auf das Grab des verklärten Franziskus Töpsl, Probstes zu Polling, 1796; Phaedrus in deutschen Reimen (mit Anm. u. e. Vorbereitung zu s. Lektüre etc.) 1797; Rede über den Text: Ich bin die Mutter der schönen Liebe am feyerlichen Titularfeste [...] der [...] in dem uralten und befreyten Benediktinerstifte zu Wessobrunn in Oberbaiern errichteten Erzbruderschaft [...], 1798; Liedersammlung. Gedichtet und in Musik gesetzt, 1799 (Nachdr., hg. E. WITTERMANN, 1980); X. W.'s, der Zeit Regens im Seminarium zu Polling, Fabeln nach Desbillons. Zum Vergnügen und Nutzen, 1800; Rede über den Werth und Zweck der Römersprache. Gelesen am Ende des Schuljahres, 1801; J. P. C. de Florian, Numa Pompilius, Rom's zweiter König – Numa Pompilius, second roi de Rome (übers.; französ. u. dt. Parallelausg.) 1803; Homers Froschmauskrieg (übers.) 1804; Sallust, Sämtliche Werke (dt. u. lat.) 2 Bde., 1805; Markus Tullius Cicero's Tuskulische Untersuchungen an M. Brutus in fünf Büchern (dt. u. lat.) 1806; Wechselgesang auf König und Königinn, abgesungen von den Söhnen und Töchtern bei der allerhöchsten Durchreise [...] in Neustadt an der Donau, gedichtet von F. X. W., 1830. – Textproben in: BB 3,430.

*Literatur:* Meusel-Hamberger 8 (1800) 405; 10 (1803) 806; 16 (1812) 174; 21 (1827) 432 (jeweils unter W., Albert Xaver); Goedeke 7 (1900) 165; BB 3 (1990) 1268; Killy 12 (1992) 211; DBE 10 (1999) 400. – F. J. LIPOWSKY, Baier. Musik-Lex., 1811 (Nachdr. 1982); R. v. DÜLMEN, Probst Franziskus Töpsl u. d. Augustiner-Chorherrenstift Polling. E. Beitr. z. Gesch. d. kathol. Aufklärung in Bayern, 1967 (zugleich Diss. München 1967); H. PÖRNBACHER, ~ als Schriftst. (in: F. X. W., Liedersammlung [...], Nachdr., hg. E. WITTERMANN) 1980; R. MÜNSTER, ~ als Musiker (ebd.); Bosls Bayer. Biogr. 8000 Persönlichkeiten aus 15 Jh. (hg. K. BOSL) 1983; Große Bayer. Biogr. Enzyklopädie 3 (hg. H.-M. KÖRNER) 2005. HP/IB

**Weinzierl,** Helga, * 1957 (Innviertel/Oberöst.); Bankangestellte, zudem geschäftsführende Obfrau d. «Oberöst. Talenteforums f. Lit. u. Kunst», Leiterin v. Lit.-Workshops, Lektorin u. Red. d. Lit.magazins «Talente», lebt in Linz.

*Schriften:* Der Zauber des Falters (Kriminalrom.) 2001; Strömungsabriß. Buchners zweiter Fall (Kriminalrom.) 2005. AW

**Weinzierl,** Hubert, * 3.12. 1935 Ingolstadt; studierte Forstwiss. an d. Univ. München, 1958 Abschluß als Diplom-Forstwirt, Referendar in d. Bayer. Staatsforstverwaltung u. Praktikant in d. Landwirtschaft, seither Tätigkeiten als Unternehmer sowie Land-, Forst- u. Teichwirt; engagiert sich zudem seit 1953 in d. Naturschutzbewegung, seit 1964 Präsidiumsmitgl. d. Dt. Naturschutzrings e.V. (DNR), 1965–72 ehrenamtl. Regierungsbeauftragter f. Naturschutz in Ndb., 1969–2002 Vorsitzender d. Bundes Naturschutz in Bayern, 1983–98 Vorsitzender d. Bundes f. Umwelt u. Naturschutz Dtl. e.V. (BUND), seit 2000 Präs. d. DNR, seit 2001 Mitgl. im Rat f. Nachhaltige Entwicklung d. Bundesregierung u. seit 2005 Vorsitzender d. Kuratoriums d. Dt. Bundesstiftung Umwelt (DBU), lebt in Wiesenfelden/Ndb.; Fachschriftenautor u. Erzähler.

*Schriften* (Fachschr. in Ausw.): Natur in Not. Naturschutz, eine Existenzfrage. Eine Dokumentation des Deutschen Naturschutzringes (Red.) 1966; Deutschlands Nationalpark im Bayerischen Wald soll Wirklichkeit werden. Die Krönung des Naturschutzgedankens (mit Beitr. v. B. GRZIMEK u. a.) 1968; Die große Wende im Naturschutz, 1970; Wo alle Wege enden. Ein besinnliches Kalendarium mit Worten, Gedichten und Geschichten ausgewählt aus Skizzenbüchern, 1973; Projekt Biber. Wiedereinbürgerung von Tieren, 1973; Das große Sterben. Umweltnotstand, das Existenzproblem unseres Jahrhunderts, 1974; Doch sie änderten sich nicht. Ein besinnliches Naturschutzbrevier, 1974; Zerrissene Fäden. Ein unbehagliches Kalenderbüchlein, 1975; Das große Unbehagen. Wanderungen zwischen Traum und Zeit, 1976; Der Hofnarr, 1977; Hoffnungen. Ein nachdenkliches Kalendarium, 1978; Die Kröten, 1978; Tagebuch eines Naturfreundes (Vorw. K. LORENZ) 1979; Wilde Birnen. Ein Traum in sieben Bildern, 1979; Natur als Fortschritt, 1979; Gnade für die Schöpfung. Ökologie und Theologie im Widerstreit? (mit K. LORENZ u. E. ZU GUTTENBERG) 1981; Nachklänge, 1983; Passiert ist gar nichts. Eine deutsche Umweltbilanz, 1985; Ökologische Offensive. Umweltpolitik in den 90er Jahren, 1991; Lindenzeit. Bäume und Landschaften (mit H. GRABE) 1991; Das grüne Gewissen. Selbstverständnis und Strategien des Naturschutzes, 1993; Sehnsucht Wildnis. Gespür für Leben neu entdecken (mit B. SEITZ-W., Vorw. C. AMERY) 2002; Leben braucht Vielfalt. Faszination Natur in Dorf und Stadt erleben [...]. Mit Naturschutz-Lexikon (mit C.-P. HUTTER u. J. FLASBARTH) 2003; Biber: Baumeister der Wildnis, 2003; Still erlischt das Feenkraut (Ged.) 2006; Erwartungen an die Instrumente des Naturschutzes im Umweltgesetzbuch, 2008; Zwischen Hühnerstall und Reichstag. Erinnerungen, 2008.

*Literatur:* Munzinger-Archiv. – Taschenlex. z. bayer. Ggw.lit. (hg. D.-R. Moser u. G. Reischl) 1986. AW

**Weinzierl,** Luise Antonie (Ps. A. Baer, R. Hofmann, C. Law), * 17. 1. 1835 Lemberg/Galizien, † 17. 7. 1915 Wien; Tochter e. öst. Stabsoffiziers, Lehrerin, Mitarb. u. a. d. «Neuen illustr. Ztg.», «Über Land u. Meer» u. «Breslauer Sonntagsbl.», lebte in Wien; Übers. (aus dem Engl., Französ., Italien.) u. Erzählerin.

*Schriften:* Die Reise um die Erde in achtzig Tagen. Nach Jules Verne (für d. Jugend bearb.) 1888; Der weiße Häuptling. Eine Sage von Nord-Mexico. Nach Capitain Mayne-Reid (für d. Jugend bearb.) 1888; Die Weltumsegelung. Nach Jules Verne (für d. Jugend bearb.) 1893; Die Rache des Indianers. Nach Kapitän Mayne-Reid (für d. Jugend bearb.) 1893; Die Erbin von Zawalow und Sah ein Knab' ein Röslein stehn (2 Erz.) 1913; Die Herrin von Orla. Eines alten Mannes Erzählung, 1913.

*Literatur:* L. Eisenberg, D. geistige Wien. Künstler- u. Schriftst.-Lex. 1, 1893; Lex. dt. Frauen d. Feder [...] 2 (hg. S. Pataky) 1898. IB

**Weinzierl,** Michael, * 6. 8. 1950 Wien, † 19. 6. 2002 ebd.; Sohn v. Erika → W., Bruder v. Ulrich → W., studierte Gesch. u. Kunstgesch. an d. Univ. Wien, 1975 Dr. phil., zunächst Assistent, 1988 Habil., danach Doz., 1996 titular a. o. und seit 1999 a. o. Prof. für Neuere Gesch. an d. Univ. Wien.

*Schriften* (Herausgebertätigkeit in Ausw.): Republikanische Politik und republikanische politische Theorie in England 1658–60 (Diss.) 1975; Freiheit, Eigentum und keine Gleichheit. Die Transformation der englischen politischen Kultur und die Anfänge des modernen Konservativismus 1791–1812, 1993; Die beiden Amerikas. Die Neue Welt unter kolonialer Herrschaft (Mithg.) 1996; Individualisierung, Rationalisierung, Säkularisierung. Neue Wege der Religionsgeschichte (hg.) 1997; Protestantische Mentalitäten (Mithg.) 1999.

*Literatur:* F. Fellner, D. A. Corradini, Öst. Gesch.wiss. im 20. Jh. Ein biogr.-bibliogr. Lex., 2006; Auf dem Weg in die Moderne. Radikales Denken, Aufklärung u. Konservativismus. Gedenkband für ~ [mit Publ.verz.] (hg. B. Bader-Zaar, M. Grandner u. E. Saurer) 2007. IB

**Weinzierl,** Rupert, * 1967 (Ort unbek.); freischaffender Kulturwissenschaftler, 2001/02 Schrödinger Stipendiat d. öst. Wiss.fonds an d. Univ. of North Carolina in Chapel Hill, lebt in Wien.

*Schriften:* 30 Trends für Österreich zur Jahrtausendwende (mit C. Haerpfer) 1995; Fight the Power! Eine Geheimgeschichte der Popkultur und die Formierung neuer Substreams, 2000; The Post-Subcultures Reader (hg. mit D. Muggleton) Oxford 2003. AW

**Weinzierl,** Theodor Ritter von, * 18. 3. 1853 Bergstadtl/Böhmen, † 24. 6. 1917 Wien; studierte 1874–77 an d. Univ. Wien, 1877–83 Assistent an d. Hochschule f. Bodenkultur ebd., 1881 Dr. phil. Univ. Wien u. 1882 Habil. an d. Hochschule f. Bodenkultur ebd., seit 1886 Dir. d. Samenkontrollstation der k. u. k. landwirtschaftl. Gesellsch. (heute Bundesamt u. Forsch.zentrum f. Landwirtschaft) Wien, zudem Mitarb. an d. öst. Agrargesetzgebung u. beeideter Sachverständiger d. öst. Handelsgerichts, Ritter d. Franz-Josef-Ordens, Mitgl. d. Leopoldin.-Carolin. Akad. dt. Naturforscher, d. mähr.-schles. Ackerbaugesellsch. u. d. Staatprüfungskommission f. Landwirte; Fachschriftenautor.

*Schriften* (Ausw.): Jahresbericht der Kaiserlich Königlichen Samen-Kontroll-Station (K. K. landwirtschaftlich-botanischen Versuchsstation) in Wien für das Jahr 1912, 1912; Die Bedeutung der Samenkontrolle für den österreichischen Gartenbau (Vortrag) 1913; Meine Gräserzüchtungen. Akklimatisationsrassen, 1914; Eine neue Methode der botanischen Bestandesaufnahme der Weiden, 1914; Die Samenkontrolle in Österreich und ihr Einfluß auf Landwirtschaft und Handel, 1914; Kriegserfahrungen auf dem Gebiete der Samenkontrolle und des Saatgutverkehrs (Vortrag) 1915; Einsammeln von Grassamen und Grassamenbau 1916, 1916; Das k. k. Kraglgut, eine Weide- und Versuchswirtschaft in Österreich. Zugleich Bericht über die wichtigsten vom Jahre 1909 bis inklusive 1915 ausgeführten weidewirtschaftlichen und wissenschaftlichen Arbeiten, 1917.

*Literatur:* DBE [2]10 (2008) 498. – aeiou. Öst. Lex. (Internet-Edition); L. Eisenberg, D. geistige Wien. Künstler- u. Schriftst.-Lex. II, 1893; Dtl., Öst.-Ungarns u. der Schweiz Gelehrte, Künstler u. Schriftst. in Wort u. Bild (hg. G. A. Müller) 1908; W. Böhm, Biogr. Hdb. z. Gesch. d. Pflanzenbaus, 1997. AW

**Weinzierl,** Ulrich, * 7. 3. 1954 Wien; Sohn v. Erika → W., Bruder v. Michael → W., studierte Germanistik u. Kunstgesch. in Wien, 1977 Dr. phil., zunächst Verlagslektor u. Literaturkritiker, 1984 Kulturkorrespondent in Öst. u. 1987 Feuilleton-Red. d. «Frankfurter Allg. Ztg.», seit 2000 Mitarb. v. «Die Welt», lebt in Wien; seit 2001 korrespondierendes Mitgl. d. Dt. Akad. f. Sprache u. Dg., erhielt 1988 d. Kritikerpreis d. «Steir. Herbstes», 1989 d. Preis f. Publizistik Wien, 1990 d. Öst. Staatspreis f. Lit.kritik, 1996 d. Johann-Heinrich-Merck-Preis d. Dt. Akad. f. Sprache u. Dg., 2001 d. Alfred-Kerr-Preis u. 2009 d. Preis d. Frankfurter Anthol.; Verf. u. Hg. v. lit.wiss. u. biogr. Schriften.

*Schriften:* Er war Zeuge, Alfred Polgar. Ein Leben zwischen Publizistik und Literatur, 1978; Carl Seelig, Schriftsteller, 1982; Alfred Polgar. Eine Biographie, 1985 (Tb.ausg. 1995; NA 2005); Hermann Ungar. Die Romane, 1993; Arthur Schnitzler. Lieben, Träumen, Sterben, 1994 (Tb.ausg. 1998); Hofmannsthal. Skizzen zu seinem Bild, 2005 (Tb.ausg. [ohne Untertit.] 2007); Alfred Polgar. Poetische Kritik und die Prosa der Verhältnisse (Vortrag) 2007.

*Herausgebertätigkeit:* A. Polgar, Taschenspiegel (m. Nachw.) 1980; ders., Sperrsitz (m. Nachw.) 1980; ders., Kleine Schriften (mit M. Reich-Ranicki) 6 Bde., 1982ff., Versuchsstation des Weltuntergangs. Erzählte Geschichte Österreichs 1918–1938, 1983; Februar 1934. Schriftsteller erzählen, 1984; Österreicher im Exil, 1934–1945. Eine Dokumentation, [I] Frankreich (Ausw. u. Bearb., Beitr. K. Schewig-Pfoser u. E. Schwager), [II] Belgien (Ausw. u. Bearb., Einl. G. Herrnstadt-Steinmetz) 1984/87; Österreichs Fall. Schriftsteller berichten vom «Anschluß», 1987; Lächeln über seine Bestatter: Österreich. Österreichisches Lesebuch von 1900 bis heute, 1989; Stefan Zweig, Triumph und Tragik. Aufsätze, Tagebuchnotizen, Briefe, 1992; Noch ist das Lied nicht aus. Österreichische Poesie aus neun Jahrhunderten, 1995. AW

**Weinzierl,** Walter, * 14. 1. 1902 Feldkirch/Vorarlberg, † 24. 12. 1972 Dornbirn/Vorarlberg; Sohn e. Apothekers, Schulbesuch in Augsburg, Innsbruck u. Dornbirn. Nach d. Matura 1921 Eintritt in d. Firma Franz M. Rhomberg, zuerst Laborant, 1923–36 Textilchemiker u. ab 1937 Leiter d. betriebswirtschaftl. Abt.; Lyriker, auch in Mundart.

*Schriften:* Gedichte, 1923; Mein Land und meine Liebe, 1932; Batlogg. Ein Freiheitsdrama, 1933; Ich glaube ans Leben! Aussprüche, 1943; Mine liabe Wealt. Gedichte in Vorarlberger Mundart, 1963; Neige dich zu deinem Herzen (Ged.) o. J. [1966]; Sagen aus Dornbirn (gesammelt) 1968; Was man aus uralten Zeiten bei uns finden kann, 1969; Erblühe Mensch zu neuer Wesenheit (Ged.) 1969; Hugo von Montforts lyrische Gedichte in hochdeutscher Nachdichtung, 1971; Über den alten Bergbau in Vorarlberg, 1972.

*Literatur:* J. Hauer, Lebendiges Wort. Öst. Mundartdichter aus allen Bundesländern [...], 1976; A. Schwarz, D. Mundartdg. in Vorarlberg, 1981 [mit Textprobe]. IB

**Weippert,** Georg (Heinrich), * 10. 2. 1899 München, † 13. 7. 1965 Erlangen; nahm als Gefreiter am 1. Weltkrieg teil, studierte Bau-Ingenieurwesen m. Diplom-Abschluß an d. TH München, Assistent am techn.-wirtschaftl. Inst. u. 1930 Dr. rer. techn. ebd., 1931 Habil. u. seither Doz. f. Gesellsch.lehre an d. TH München, zudem 1933/34 Lehrauftrag f. Sozialökonomie an d. Bautechn. Fak. Weihenstephan, 1938–45 a. o. Prof. f. Statistik an d. Univ. Königsberg/Pr. u. 1945/46 in Göttingen, seit 1947 o. Prof. f. Statistik u. Volkswirtschaftslehre an d. Univ. Erlangen; Fachschriftenautor.

*Schriften* (Ausw.): Das Prinzip der Hierarchie in der Gesellschaftslehre von Platon bis zur Gegenwart, 1932 (zugleich Diss. 1930); Sündenfall und Freiheit, 1933; Umriß der neuen Volksordnung, 1933; Das Reich als deutscher Auftrag, 1934; Daseinsgestaltung, 1938; «Politische Wissenschaften» an den Hochschulen? (mit F. Baumgärtel) 1949; Das Jahrhundert zwischen Individualismus und Kollektivismus (Vortrag) 1949; Bildung sozialer Gruppen, 1950; Die Ideologien der «kleinen Leute» und des «Mannes auf der Straße» (Vortrag) 1952; Werner Sombarts Gestaltidee des Wirtschaftssystems, 1953; Lebensverhältnisse in kleinbäuerlichen Dörfern. Ergebnisse einer Untersuchung in der Bundesrepublik 1952 (hg. mit C. v. Dietze u. M. Rolfes) 1953; Der späte List. Ein Beitrag zur Grundlegung der Wissenschaft von der Politik und zur politischen Ökonomie als Gestaltungslehre der Wirtschaft, 1956; Jenseits von Individualismus und Kollektivismus. Studien zum gegenwärtigen Zeitalter, 1964; Aufsätze zur Wissenschaftslehre, I Sozialwissenschaft und Wirklichkeit (Vorw. W. Ehrlicher), II Wirtschaftslehre als Kulturtheorie, 1966/67; Stifters Witiko. Vom Wesen des Politischen (Nachw. T. Pütz, aus d. Nachlaß hg. u. m. Quellenangaben versehen C. Thiel) 1967.

*Literatur:* DBE ²10 (2008) 498. – D. Wirtschaftswiss. Hochschullehrer an den reichsdt. Hochschulen u. an d. TH Danzig. Werdegang u. Veröff., 1938; Hdb. d. dt. Wiss. II, 1949; E. Stockhorst, 5000 Köpfe. Wer war was im 3. Reich, 1967; Internationales Soziologenlex. (hg. W. Bernsdorf u. H. Knospe) ²1984. AW

**Weirather,** Carina, * 1976 Kempten/Allgäu; studierte Sozialpädagogik an der Hochschule f. Sozialwesen in Esslingen, 2006 Diplom-Abschluß (m. Auszeichnung d. Stadt Esslingen), Theaterpädagogin am soziokulturellen Forum f. ehemalige Drogenabhängige «Wilde Bühne» in Stuttgart.

*Schriften:* Forumtheater zur Gewaltprävention. Evaluation des Forumtheaters der Wilden Bühne e.V., 2008. AW

**Weirauch,** Anna Elisabet (Ps. A. E. Ries[s]), * 7. 8. 1887 Galatz/Rumänien, † 21. 12. 1970 West-Berlin; Tochter e. Bankiers u. e. Schriftst.in, kam 1893 nach Berlin, besuchte d. Höhere Töchterschule, privater Schausp.unterricht, 1903–14 Schauspielerin bei Max → Reinhardt am Dt. Theater Berlin, Schriftst.in, während d. Zeit d. Nationalsozialismus Mitgl. d. Reichsschrifttumskammer, lebte nach 1933 in Gastag/Obb., nach d. 2. Weltkrieg in München u. seit 1961 wieder in Berlin; Goldene Medaille f. Kunst u. Wissenschaft.

*Schriften:* Treulieb und Wunderhold. Weihnachtsmärchen in acht Bildern, 1908; Die kleine Dagmar (Rom.) 1918; Anja. Die Geschichte einer unglücklichen Liebe. Ein Roman, 1919; Der Tag der Artemis. Drei Novellen, 1919; Sogno. Das Buch der Träume. Ein Roman, 1919; Der Skorpion. Ein Roman, 3 Bde., 1919–31 (mehrere Aufl.; NA Bd. 1 1977, Bd. 1–3, mit Nachw. hg. M. Fisch, 1993); Gewissen. Ein Roman, 1920; Die gläserne Welt (Rom.) 1921; Der Garten des Liebenden. Szene aus dem Drama «Die Turmuhr», o. J. (1921); Agonie der Leidenschaft (Rom.) 1922; Ruth Meyer. Eine fast alltägliche Geschichte, 1922; Edles Blut (Rom.) 1923; Falk und die Felsen. Ein Theaterroman, o. J. (1923); Höllenfahrt (Rom.) 1925; Tina und die Tänzerin (Rom.) 1927; Ungleiche Brüder (Rom.) 1928; Ein Herr in den besten Jahren (Rom.) 1929; Die Farrels (Rom.) 1930; Lotte. Ein Berliner Roman, o. J. (1932); Ein Mädchen ohne Furcht (Rom.) 1935; Junger Mann mit Motorrad (Rom.) 1935; Café Edelweiß. Ein fröhlicher Roman, 1936; Das Haus in der Veenestraat (Rom.) 1936; Frau Kern. Ein Berliner Roman, 1936; Martina wird mündig (Rom.) 1937; Das Rätsel Manuela (Rom.) 1939; Großgarage Tiedemann [Rom.] 1939/40; Der große Geiger (Rom.) 1940; Mynheer Corremans und seine Töchter (Rom.) 1940; Die drei Schwestern Hahnemann (Rom.) 1941; Die Geschichte mit Genia (Rom.) 1941; Überhaupt keine Frau (Rom.) 1941; Denken Sie an Oliver! Kriminal-Roman, o. J. (1941); Carmen an der Panke. Kriminal-Roman, o. J. (1942); Einmal kommt die Stunde (Rom.) o. J. (1943); Der Engel ohne Flügel. Lustspiel in drei Akten (mit. H. Vietzke, Bühnenms.) 1946; Bluff. Ein Lustspiel in drei Akten (Bühnenms.) 1947; Mordprozeß Vehsemeyer. Ein spannender Kriminalroman, 1948/49; Die Ehe der Maria Holm (Rom.) 1949; Das Schiff in der Flasche. Zwei Kinder segeln um die Welt (Jgdb.) o. J. (1951); Schicksale in der Coco-Bar. Frauenroman, o. J. (1952); Wiedersehen auf Java. Frauenroman, o. J. (1952); Claudias großer Fall (Rom.) 1954; Warum schweigst du? (Rom.) o. J. (1954); Die Vorstellung fiel aus. Ein fesselnder Roman, 1956; Das Mädchen mit dem schlechten Ruf, 1960; Der Mann gehört mir (Rom.) 1960; Kleines Fräulein – was nun? [Rom.] 1962; Stachlige Mimosen [Rom.], 1962; Dem Scheinwerferlicht verfallen, o. J. (1963); Der sonderbare Herr Sörrensen (Rom.) o. J. (1963); Die Filmfanny (Rom.) 1964; Meine Frau Sabine [Rom.], 1964; Der Traum vom Glück zerbricht, o. J. (1964).

*Literatur:* Killy 12 (1992) 211; Theater-Lex. 5 (2004) 3131; DBE ²10 (2008) 498. – C. Schoppmann, ‹D. Skorpion›. Frauenliebe in d. Weimarer Republik, 1985; G. Brinker-Gabler, K. Ludwig, A. Wöffen, Lex. d. dt.sprach. Schriftst.innen 1800–1945, 1986; M. Fisch, Unglück e. unglückl. Liebe. ~s Rom. ‹D. Skorpion› (in: Ich bin meine eigene Frauenbewegung. Frauen-Ansichten aus d. Gesch. e. Großstadt, hg. P. Zwaka u. a.) 1991; P. Budke, J. Schulze, Schriftst.innen in Berlin 1871 bis 1945. E. Lex. zu Leben u. Werk, 1995; N. P. Nenno, Bildung and Desire. ~'s ‹D. Skorpion› (in: Queering the Canon [...], ed. C. Lorey u. a.) Columbia 1998; U. Köhler-Lutterbeck, M. Siedentopf, Lex. d. 1000 Frauen, 2000; A. K. Hans, Defining Desires. Homosexual Identity and German Discourse 1900–1933, Cambridge/Mass. 2005. RM

**Weirauch,** August (Wilhelm) (auch Weihrauch u. Weyrauch; möglicherweise Ps. für August Schmidt), *4. 10. 1818 Berlin (Daten fraglich), †2. 10. 1883 Rudolstadt/Thür.; seit 1840 Schauspieler, zuerst in Dessau, dann in Königsberg, Altona u. Stettin, 1848–63 am Friedrich Wilhelmstädtischen Theater in Berlin, 1860/61 auch am dortigen Wallner-Theater, 1863/64 techn. Dir. am Krolltheater u. 1864/65 Mitdir. v. Meysels Sommer-Theater ebd., zog sich 1865 vermutlich von d. Bühne zurück; Dramatiker.

*Schriften:* Wenn Leute Geld haben! Komisches Lebensbild [...], 1850; Weibliche Seeleute. Vaudeville-Posse in 2 Aufzügen, 1853; Die Bummler von Berlin. Posse mit Gesang in 2 Abtheilungen und 4 Bildern (mit D. KALISCH) 1854; Sein Herz ist in Potsdam. Posse mit Gesang in 1 Akt, 1858 (Mikrofilm-Ausg. o. J.); Berliner Droschkenkutscher. Posse mit Gesang und Tanz [...], o. J.; Kieselack und seine Nichte vom Ballet. Posse mit Gesang und Tanz in 4 Abtheilungen und 10 Bildern, 1860; Vetter Flausing, oder Nur flott leben! Posse mit Gesang in 3 Aufzügen (mit H. WACHENHUSEN) um 1860; Die Mottenburger. Gesangsposse (mit D. KALISCH, Musik: R. Bial) 1868; Der Schulmeister und sein Freund. Komisch-dramatisches Original-Gemälde [...], 1871; Hermann und Dorothea. Liederspiel in 1 Akt (mit D. KALISCH, Musik: A. Lang) 1875; Die Maschinenbauer von Berlin. Posse mit Gesang (mit e. Porträt W.s u. Illustr. nach Alt-Berliner Stichen, [Textbuch] für den Rundfunk eingerichtet v. A. BRAUN) 1925.

*Literatur:* ADB 41 (1896) 484; Theater-Lex. 5 (2004) 3131. – M. RUDOLPH, Rigaer Theater- u. Tonkünstler-Lexikon, 1890; G. WAHNRAUH, Berlin, Stadt d. Theater, 1957. IB

**Weirauch,** Wolfgang, *1. 2. 1953 Flensburg/Schleswig-Holst.; Geschäftsführer d. Flensburger Hefte Verlags, Mitverf. u. Hg. d. dort erscheinenden «Flensburger Hefte. M. d. Mitt. anthroposoph. Einrichtungen u. Initiativen», auch Journalist u. Vortragsredner; Sachbuchautor.

*Schriften* (Ausw.): Das Geheimnis der EAP [Europäische Arbeiterpartei]. Idee, Geschichte, Programm, Praxis, Hintergrund (mit H. KNOBLAUCH) 1987; Hexen, New Age, Okkultismus, 1988; Zehn Jahre real-existierendes freies Geistesleben. Zur Geschichte der Gädeke-Studie. Hintergründe, Fakten (Interview m. R. u. W. GÄDEKE) 1991; Schwarze und weiße Magie, 1993; Ita Wegmann und die Anthroposophie. Ein Gespräch mit Emanuel Zeylmans, 1996; Im Spiegel der Finsternis (Rom.) 1998; Die neue Weltordnung. Der Irak-Krieg und seine Folgen, 2003; Der Tod als Höhepunkt des Lebens. Das Ich ist urgesund (mit V. FINTELMANN) 2005. AW

**Weirer,** Wolfgang, *30. 10. 1963 Graz/Steiermark; Dr. theol., a. o. Prof. f. Katechetik u. Rel.pädagogik an d. Univ. Graz, lebt in Kumberg/Steiermark; Verf. v. theolog. Sach- u. Kinderbüchern.

*Schriften:* Theologie im Umbruch. Zwischen Ganzheit und Spezialisierung (hg. R. ESTERBAUER) 2000; Meine Erstkommunion. Ein Geschenkbuch zur Erstkommunion (mit S. VOGEL, Vorw. J. WEBER) 2000; Meine Taufe (Kdb., mit DERS.) 2001; Qualität und Qualitätsentwicklung theologischer Studiengänge. Evaluierungsprozesse im Kontext kirchlicher und universitärer Anforderungen aus praktisch-theologischer Perspektive, 2004. AW

**Weirich,** Fernand (Ps. Fern), *29. 3. 1948 Rodingen/Luxemburg; besuchte d. Gewerbeschule in Esch-sur-Alzette, 1969 Eintritt in d. Postverwaltung. 1963 Mitbegründer d. Rockband «The Misteries», 1979–85 Mitarb. des «Lëtzeburger Journals». Ab den 90er Jahren d. 20. Jh. vorwiegend Illustrator, 1998–2003 Illustrator u. Karikaturist an d. Wochenztg. «Le Jeudi» u. seit 2004 an d. Tagesztg. «Le Quotidien». Ab 1998 Veröff. v. Cartoons u. Comicstrips, manchmal in Zus.arbeit mit Jean Portante u. Jemp Schuster.

*Schriften:* Den Nagel auf den Kopf, Pétange 1978; Zeitgenössische Luxemburger Autoren, Esch-sur-Alzette 1983; Chronik der Luxemburger Lyrik. 13. Jahrhundert bis um 1920 (hg.) Echternach 1984.

*Literatur:* LAL (2007) 652. – G. HAUSEMER, ~: Mir wëlle schreiwe wéi mir sin (in: Schreiben & Lesen 5) 1985. IB

**Weirich,** Hans-Armin, *29.1.1920 Lahr/Schwarzwald; nahm als Fliegeroffizier am 2. Weltkrieg teil, studierte 1946–48 Rechtswiss. u. Volkswirtschaft an d. Univ. Heidelberg, 1951 Dr. iur. ebd., 1956–94 Notar m. Schwerpunkt Vertragsgestaltung im Grundstücksrecht u. Erbrecht, zudem Doz. an d. Univ. Mainz u. Ehrenpräs. d. Notarkammer Koblenz, erhielt 1978 d. Titel Justizrat u. wurde 1986 z. Honorarprof. d. Univ. Mainz ernannt, lebt in

Ingelheim/Rhld.-Pfalz; Fachschriftenautor, Lyriker u. Verf. v. Memoiren.

*Schriften* (Fachschr. in Ausw.): Das rechtsphilosophische Werk von Roscoe Pound. Eine Studie zur Erneuerung der Rechtsphilosophie in Amerika (Diss.) 1951; Freiwillige Gerichtsbarkeit. Eine Einführung in die Systematik und Praxis, 1981; Erben und Vererben. Handbuch des Erbrechts, 1983 (2., völlig neubearb. Aufl. 1987; 5., neubearb. Aufl. 2004); Klang und Stille. Epigramme und Gedichte, 1993; Denken ins Offene. Aphoristisches Tagebuch, 1993; Spiegelungen. Aphoristisches Tagebuch 1992–1996, 1997; Verwehende Spuren. Erinnerungen und Reflexionen, 2001; Sinn und Hintersinn. Aphoristisches Tagebuch, 2002; Streiflichter. Aphoristisches Tagebuch 2001–2003, 2006; Sprachspiel und Erkenntnis. Epigramme, 2008.

AW

**Weis,** Adel → Weis, Adolphe.

**Weis,** Adolphe (auch Adolf u. Adel), * 24. 11. 1897 Luxemburg-Clausen, † 26. 12. 1977 Luxemburg; Bruder v. Wilhelm → W., besuchte d. Industrie- u. Handelsschule in Limpertsberg, zuerst Buchhalter. Seit 1919 Lehrer, 1921–35 in Eisenborn u. ab 1935 in Walferdingen. Seit 1952 im Familienministerium tätig, betreute u. a. 1955–74 e. v. Familienministerium initiierte Radiosendung zu den Themen Familie u. Verhältnis d. Generationen. 1955 gründete W. d. Vereinigung «Chantiers de la Fraternité Chrétienne», die sozial benachteiligten Familien d. Kauf e. Wohnung erleichtern sollte.

*Schriften:* De Scho'lméschter Grof. E Vollekssteck a ve'er Akten, Esch/Uelzecht 1927; Dohém. E klengt Spill aus schwe'rer Zeit, o. Ort u. J. [1939]; Méi schéin doheem. Radiogespréicher em den Owend, 2 Bde., Luxemburg 1961 u. 1964; Die längste Nacht. Luxemburg unterm Hakenkreuz, ebd. 1966; Das Leben kann schöner sein. Radio-Plaudereien, Esch-sur-Alzette 1968; Komödie im Lift. Aus Leben und Lieben, Luxemburg 1970; Wer war Fränki Thiel? Lebenswege eines Suchenden [...], ebd. 1974; Mat néng Sou op der Clausener Kirmes [...], Clausen 1976; Um Vaubang. Aalstater Geschichten, Luxemburg 1977 (Neuausg. 2003).

*Literatur:* LAL (2007) 652. – M. GEORGEN, ~ (in: Jonghémecht 1) Esch-sur-Alzette 1926/27; H. RINNEN, † ~ (in: Eis Sprooch 9) Luxemburg 1978.

IB

**Weis,** Alfred (Ps. Alfred von der Vulka), * 13. 12. 1856 Mattersdorf/Ungarn (heute Mattersburg, Burgenland/Öst.), † nach 1897; besuchte d. Gymnasium in Wiener Neustadt u. Wien, bis 1889 Journalist in Wien, ab 1893 Red. d. «Berliner Wespen» in Berlin.

*Schriften:* Schlaglichter. Aphorismen und Epigramme, 1893.

*Literatur:* R. WREDE, H. v. REINFELS, D. geistige Berlin [...] 3/1, 1897.

RM

**Weis,** Bertold Karl, * 20. 2. 1907 Bruchsal/Baden; 1930 Dr. phil. Heidelberg, Lehramtsassessor, Rundfunkabt.leiter d. Hitler-Jugend in Karlsruhe (1939).

*Schriften:* Das Restitutions-Edict Kaiser Julians, 1933; (zugleich Diss. 1930); Familienkunde für das Gebiet Baden (hg. u. bearb. im Auftrag d. Gebietes 21 [Baden] d. Hitler-Jugend) ca. 1935.

AW

**Weis,** Eberhard, * 31. 10. 1925 Schmalkalden/Thür.; studierte Gesch. in München, Dijon u. Paris, 1952 Dr. phil. München, 1953–69 Archivbeamter in Bayern, 1969 Habil. in München u. o. Prof. an d. FU Berlin, 1970–74 Prof. an d. Univ. Münster, seither Prof. f. Neuere Gesch. an d. Univ. München; 1973–94 Mitgl. u. 1983–93 Vorsitzender d. wiss. Beirats d. Dt. Hist. Inst. in Paris, seit 1979 ordentl. Mitgl. d. Bayer. Akad. d. Wiss. u. deren Kommission f. bayer. Landesgesch., zudem 1982–87 Sekretär u. 1987–97 Präs. d. Hist. Kommission d. Bayer. Akad. d. Wiss.; erhielt 2007 d. Preis d. Einhard-Stiftung zu Seligenstadt u. d. Kulturpreis d. Bayer. Landesstiftung; Verf. v. hist. Schrifen.

*Schriften:* Geschichtsschreibung und Staatsauffassung in der französischen Enzyklopädie. Nebst Anmerkungen und Bibliographie, 1956 (zugleich Diss. 1952); Stadtarchiv Deggendorf. Auf der Grundlage eines Inventars von Alois Mitterwieser (Einl. W. FINK) 1958; Die Herzogsburg zu Dingolfing (mit H. HÖGNER, hg. H. BLEIBRUNNER) 1961; Montgelas, I Zwischen Revolution und Reform. 1759–1799, 1971 (zugleich Habil.schr. 1969; Neuausg. 1988), II Der Architekt des modernen bayerischen Staates. 1799–1838, 2005 (durchges. u. ergänzte einbändige Sonderausg. u. d. T.: Montgelas. Eine Biographie. 1759–1838, 2008); Die Gesellschaft in Deutschland, I Von der fränkischen Zeit bis 1848 (mit K. BOSL) 1976; Propyläen-Geschichte Europas, Bd. 4: Der Durchbruch des Bürgertums. 1776–1847, 1978 (ungekürzte Neuausg. 1982; ungekürzter fotomechan. Nachdr. d. 2. Aufl. v. 1981,

1992 u. 1998; Neuausg. als Bd. 4 d. Weltbild-Geschichte Europas, 2002); Die Säkularisation der bayerischen Klöster 1802/03. Neue Forschungen zu Vorgeschichte und Ergebnissen, 1983; Reformen im rheinbündischen Deutschland (hg. mit E. MÜLLER-LUCKNER) 1984; Bayern und Frankreich in der Zeit des Konsulats und des Ersten Empire (1799–1815), 1984; Der Illuminatenorden (1776–1786). Unter besonderer Berücksichtigung der Fragen seiner sozialen Zusammensetzung, seiner politischen Ziele und seiner Fortexistenz nach 1786 (Vortrag) 1987; Deutschland und Frankreich um 1800. Aufklärung – Revolution – Reform (hg. W. DEMEL u. B. ROECK) 1990; Cesare Beccaria (1738–1794), Mailänder Aufklärer und Anreger der Strafrechtsreformen in Europa (Vortrag) 1992; Bayern / Staatsrat. Die Protokolle des Bayerischen Staatsrats 1799 bis 1817, I 1799 bis 1801, II 1802 bis 1807 (hg. mit H. RUMSCHÖTTEL, bearb. R. STAUBER u. E. MAUERER) 2006/08.

*Literatur:* W. WEBER, Biogr. Lex. zur Geschichtswiss. in Dtl., Öst. u. d. Schweiz. D. Lehrstuhlinhaber f. Gesch. v. den Anfängen d. Faches bis 1970 (2., durchges. Aufl.) 1987. AW

**Weis,** Gottlieb Wenzeslaus (Ps. Wenzeslaw Bielawsky), *9. 1. 1810 Breslau, †21. 8. 1879 ebd.; studierte ab 1832 Theol. in Breslau, Hauslehrer in d. Nähe v. Breslau, seit 1836 Mit-Red. d. «Breslauer Zeitung».

*Schriften:* Roderich, der letzte König der Westgothen. Historisches Drama in 5 Aufzügen, 1837.

*Literatur:* K. G. NOWACK, Schles. Schriftst.-Lex. [...] 3, 1838. RM

**Weis,** Guillaume → Weis, Wilhelm.

**Weis,** Hans, *24. 3. 1890 Memmingen/Allgäu, †4. 2. 1956 ebd.; Sohn e. Photographen, besuchte d. Gymnasien in Memmingen u. Kempten, studierte 1909 bis 1914 Klass. Philol., Gesch., Archäologie u. Kunstgesch. an d. Univ. München, im 1. Weltkrieg Soldat, 1920 Dr. phil. München, Gymnasiallehrer, Maler u. Schriftst. in versch. Orten d. Pfalz (1925 Studienrat) u. 1927–55 in Memmingen (1937 Studienprof.), 1937 Ausschluß aus d. Reichskammer d. Bildenden Künste sowie Mal- u. Ausstellungsverbot. Gilt als Hauptvertreter d. pfälz. Expressionismus innerhalb d. bildenden Kunst.

*Schriften:* Junge Pfälzische Graphik, 1924; Jocosa. Lateinische Sprachspielereien, gesammelt u. erläutert, 1938 (2., durchges. Aufl. 1941; 4., verb. Aufl. 1942; NA 1952); Curiosa. Noch einmal Lateinische Sprachspielereien, gesammelt und erläutert, 1939 (NA 1940; 3., verb. Aufl. 1942; Neuausg. u. d. T.: Bella Bulla. Lateinische Sprachspielereien, 1951 [mehrere Aufl.]; NA 1985); Deutsche Sprachspielereien, 1940 (mehrere Aufl.; 4. Aufl. u. d. T.: Spiel mit Worten. Deutsche Sprachspielereien, 1965 [mehrere Aufl.]); Die Laterne des Diogenes. Anekdoten aus dem Altertum, gesammelt und bearbeitet, 1940 (NA 1942); Heiteres Französisch, 1942 (2., überarb. Aufl. 1966; NA 1985); Semper vivum. Lateinische Denksprüche, 1948.

*Literatur:* Vollmer 5 (1961) 102; DBE [2]10 (2008) 499. – L. STAB, Gespräch um ~ (in: Heimaterde 3) 1925; V. PFIRSICH, D. späte Expressionismus 1918–1925, 1985; C. JÖCKLE, ~ (in: Pfälz. Expressionisten, Ausstellungskat.) 1987; DERS., ~ (in: Pfälzer Lbb. 5, hg. H. HARTHAUSEN) 1996; V. CARL, Lex. d. Pfälzer Persönlichkeiten (3., überarb. Aufl.) 2004. RM

**Weis,** Hans-Willi, * 1951 Idar-Oberstein/Rhld.-Pfalz; studierte seit 1970 Soziologie, Politik, Gesch. u. Philos. in Trier u. Marburg/Lahn, 1978 Dr. phil. Marburg, Yoga- u. Meditationslehrer sowie Leiter d. Kolloqiums f. Transpersonale Psychol. in Freiburg/Breisgau.

*Schriften:* Die geschichtliche Struktur der Gegenwart und die begriffliche Bestimmung sozialrevolutionärer Praxis (Diss.) 1978; Konfusius. Sex & Crime in höheren Welten, 1989; Exodus ins Ego. Therapie und Spiritualität im Selbstverwirklichungsmilieu, 1998; Spiritueller Eros. Auf den Spuren des Mystischen, 1998. AW

**Weis,** Heinrich, *3. 5. 1901 Hirschhorn am Neckar/Hessen, †31. 1. 1976 Freiburg/Br.; Red., Mitgl. d. PEN-Clubs, lebte in Feiburg/Br.; Erz., Essayist u. Sachbuchautor.

*Schriften:* Der Donnersberg. Gestalt und Schicksale einer deutschen Landschaft (Zeichnungen R. Stumm) 1939 (Neuausg. 1963); Die Seeschlacht am Weidendamm. Eine Jungengeschichte (Bilder R. Wilde) 1939; Gestalten der Kindheit (Federzeichnungen A. Fuss) 1947 (Neuausg. 1954 u. 1968); Werk einer Sichel. Erzählungen (Federzeichnungen H. Fischer) 1948; Die Alpenkette vom Säntis bis zum Montblanc, vom Hochschwarzwald aus «ferngesehen» (Aufnahmen u. Fotomontage W. Pragher) 1954 (Neuausg. 1964 u. 1984); Mit Motor und mit Muße. Zehn Autowanderungen in die nähere und weitere Umgebung von Freiburg, 1959; Heimliche Gegenwart. Begegnungen und Bilder (Texte d. Tonbandarch. Hess. Autoren) 1959 (= Der Dichter spricht, F. 3); Feuer und Schatten zugleich (Erz.) 1965; Gestalt und Stimme einer Landschaft (Zeichnungen E. Lützenkirchen) 1966; Ford-Personenwagen. Eine Chronik (mit H. THUDT) 1987. AW

**Weis,** Johann Baptist (Ps. Hans-Jörgl, Hans Jörgel von Speising, Hans Jörgel von Gumpoldskirchen), * 12. 12. 1801 Plan/Böhmen, † 19. 3. 1862 Wien-Speising; besuchte d. Gymnasium in Eger u. absolvierte 1820–23 den philos. Lehrkurs in Wien, 1823 Eintritt in d. k. k. Staatsbuchhaltung, trat 1849 als Rechnungsrat d. k. k. Hofkriegsbuchhaltung in d. zeitl. Ruhestand. 1829 Mitarb. d. «Neuen Arch. für Gesch., Staatenkunde, Lit. u. Kunst», 1837 übernahm er die v. Joseph Alois → Gleich 1832 begründete Zs. «Komische Briefe des Hans-Jörgels [...]» u. führte sie unter wechselnden Titeln (siehe Schr.) bis 1850, d. Beitr. sind in Wiener Mundart verf.; 1854 gab er s. schriftsteller. Tätigkeit auf u. zog sich auf s. Landhaus in Speising (seit 1892 Tl. d. Wiener Gemeindebez. Hietzing) zurück.

*Schriften und Herausgebertätigkeit* (Ausw.): Der österreichische Volksfreund, 4 Bde. (hg.) 1830/31; Wien's Merckwürdigkeiten mit ihren geschichtlichen Erinnerungen. Ein Wegweiser für Fremde und Einheimische, 1832 (3., verm. u. verb. Aufl. 1836); Neue Komische Briefe des Hans-Jörgel von Gumpoldskirchen an seinen Schwager Max in Feselau, und dessen Gespräche über verschiedene Tagesbegebenheiten in Wien, 1833–40 – Forts. u. d. T.: Komische Briefe eines Gumpoldskirchners an seinen Schwager Max in Feselau über Wien und seine Tagesbegebenheiten, 1841 – Komische Briefe des Hans-Jörgls von Gumpoldskirchen an seinen Schwager in Feselau [...], 1842–48 – Hans-Jörgl. Volksschrift im Wiener Dialekt (H. 7) 1848 – Der Constitutionelle Hans-Jörgl. Volksschrift im Wiener Dialekt (ab H. 8) 1848–50; Reiseabentheuer auf einer Luftfahrt von Wien nach Gratz und zurück über Leoben, Vordernberg, Ischl, Linz nach Ober St. Veit. In Briefen an seinen Schwager Maxel in Feselau (etc.), 1841; Hans-Jörgels Badereise oder Abenteuer auf einer Fahrt von Wien nach Karlsbad, Marienbad, Franzensbad und zurück (etc.). In Briefen an seinen Schwager Maxel in Feselau, 1842; Badereise, oder Abenteuer auf einer Fahrt von Wien nach Brünn, Prag, Töplitz, Teschen (etc.), 2 Tle., 1842; Hans-Jörgels Reise nach Oberösterreich, Salzburg und Bayern, oder Abenteuer auf einer Fahrt nach Steyer, Kremsmünster, Gmunden (etc.). In Briefen an den Schwager Maxel in Feselau, 2 Bde., 1844; Ein Blick in das Reich der Dummheiten, oder Wie schuldig oft Einer dazu kommt, daß er ein Dummrian werden muß. In vier Kapiteln dargestellt, 1845; Kunst, Kunstenthusiasmus, Lorbeerkränze und Kelchpletschen. Eine lustige Abhandlung, um die Thränen des Unglücks zu trocknen. Ausgegeben am 6. Juli 1846, 1846; Die Sylvesternacht in Speising oder Betrachtungen, Ansichten, Anmerkungen beim Eintritte des Jahres 1848, 1848; Eine weltliche Predigt zum Dank-Feste für die Glücklich überstandene Revolution in Wien (hg.) 1848; Wiener Volkszeitung. Ein Tageblatt für alle Stände – Forts. u. d. T.: Österreichische Volkszeitung (hg.) 1849–1953; Einen schönen Gruß an Palmerston. Nach der alten Melodie: Ein'n schönen Gruß von Mariazell, 1850; Allerunterthänigstes Promemoria an Seine Majestät den König von Preußen, 1850; Ein Wort an den Gemeinderath, o. J.; Zweites Wort an den Gemeinderath, o. J.; Wiener Briefe vom Hans Jörgel von Speising, 1851/52; Die Reise Sr. Majestät des Kaisers Franz Joseph I. in Ungarn und Siebenbürgen im Jahre 1852, 1852.

*Literatur:* Wurzbach 54 (1886) 121; DBE [2]10 (2008) 508 (unter Weiß, Johann Baptist). – M. URBAN, Zur Lit. Westböhmens, 1896; E. BÖSEL, D. komischen Briefe des Hans-Jörgel von Gumpoldskirchen u. der Wiener Vormärz (Diss. Wien) 1929; J. GAMILLSCHEG, Witz, Satire u. Karikatur in d. Wiener Revolution v. 1848. E. Beitr. z. Wirkung v. Aussagen der Massenmedien in d. Revolution (Diss. Wien) 1976; D. Revolution von 1848/49 (hg. W. GRAB) 1988; W. HÄUSLER, Freiheit in Krähwinkel? Biedermeier, Revolution u. Reaktion in satir. Beleuchtung (in: ÖGL 31) 1987; Interieurs. Wiener Künstlerwohnungen 1830–1930 (Ausstellungskat., Zus.stellung u. Text: S. MATTL-WURM) 1991; F. CZEIKE, Hist. Lex. Wien 5, 1997; M. SCHREIBER, ~ u. s. «Hans-Jörgel». Z. Gesch. e. Wiener Zs. in den Jahren 1837–1850 mit besonderer Berücksichtigung des Revolutionsjahres 1848 (Diplomarbeit Wien) 2008. IB

**Weis,** Johanna Elisabeth → Forster, Hanna.

**Weis,** Ludwig, * 19. 1. 1813 Zweibrücken, † 15. 5. 1880 München; Sohn e. Eisenhändlers, studierte

Rechtswiss. in München, Dr. iur., Tätigkeit in e. Anwaltskanzlei, 1841 selbständiger Rechtsanwalt am Bezirksgericht Zweibrücken, 1849 Abgeordneter d. Wahlkreises Zweibrücken-Pirmasens (u. ab 1863 d. Wahlkreises Dillingen) in d. zweiten Kammer im bayer. Landtag, 1851 o. Prof. d. Rechte in Würzburg, 1859 Bürgermeister v. Würzburg, 1862 Ministerialrat, 1871 Präs. d. Appellationsgerichtes d. Pfalz in Zweibrücken; Ehrenbürger v. Würzburg (1862).

*Schriften:* Handbuch für Huissiers, 4 Lieferungen, 1839–40; Anti-Materialismus oder Kritik aller Philosophie des Unbewußten. Vorträge aus dem Gebiete der Philosophie mit Hauptrücksicht auf deren Verächter, 3 Bde., 1871–73; Der alte und der neue Glaube. Ein Bekenntniß als Antwort auf David Friedrich Strauß, 1873; Idealrealismus und Materialismus. Eine allgemein verständliche Darstellung ihres wissenschaftlichen Werthes, 1877.

*Literatur:* W. SCHÄRL, D. Zusammensetzung d. bayer. Beamtenschaft v. 1806 bis 1918, 1955; V. CARL, Lex. d. Pfälzer Persönlichkeiten (3., überarb. Aufl.) 2004. RM

**Weis,** Ludwig, * 5. 8. 1830 Fürth/Odenwald, † nach 1912 Darmstadt (?); Sohn e. Richters, Schulbesuch in Darmstadt, studierte Pharmazeutik, später Naturwiss. in Berlin, 1859 Gymnasiallehramtsexamen u. Dr. phil., Lehrer in Hamburg, Hauslehrer in Bonn, 1864 Realschullehrer in Ruhrort u. 1871 in Darmstadt, Prof., trat 1890 in d. Ruhestand.

*Schriften* (Ausw.): Gedanken zur Poesie und Philosophie, 1861; Die neue Edda. Eine poetische Weltbetrachtung in 28 Gesängen, 1870.

*Literatur:* A. BURGER, Bibliogr. d. schönen Lit. Hessens, 1907. RM

**Weis,** Norbert, * 18. 8. 1947 Daun/Eifel; 1978 Doktorat in d. Fachrichtung Psychiatrie an d. medizin. Fak. d. Univ. Saarbrücken, n. d. Stud. als Agraringenieur vorwiegend in Südostasien tätig, arbeitet als Ausbilder u. Betreuer ausländ. Studenten in Frankfurt/M., auch Übers. aus d. Französischen.

*Schriften:* Einladung in den Rheingau (Fotos U. Köhler-Kurze) 1971; Wo die Wüste erblüht. Aus dem Erfahrungsschatz eines Menschen, der Gott über alles liebt. Ein Einsiedlermönch (übers.) 1984 (3. Aufl. [überarb. Neuausg.] 2004); Königsberg. Immanuel Kant und seine Stadt, Erlebnisbericht, 1993; Ein Ende in Lourdes. Grenzen einer Reise, Erlebnisbericht 1995; Eine Liebschaft am Pregel. Geschichte einer Vergeltung (Rom.) 1997; Paul Josef Nardini. Der Mensch – der Priester – der Selige (Vortrag) 2006; Circus Scribelli. Über Grobiane, Streithähne und andere lautstarke Gestalten in der deutschen Literatur, 2008. AW

**Weis,** Roland, * 5. 6. 1959 St. Georgen/Baden-Württ.; 1980–82 Ztg.volontariat u. danach Lokalred. beim «Südkurier» in Konstanz, seither Red. u. freier Journalist, studierte daneben 1984–92 Neuere u. Neueste Gesch. sowie Politikwiss., Wirtschafts- u. Sozialgesch. in Freiburg/Br., 1992 Dr. phil. ebd., zudem seit 1989 Mitgl. im Gemeinderat in Titisee-Neustadt/Baden-Württ., seit 1992 Leiter d. Nachrichtenredaktion bei Radio FR1 in Freiburg u. seit 1994 Kreisrat im Kreistag Breisgau-Hochschwarzwald, seit 2002 Leiter d. internen Kommunikation e. Energieversorgungsunternehmens in Südbaden, lebt in Titisee-Neustadt; (Kriminal-)Erzähler u. Sachbuchautor.

*Schriften:* Würden und Bürden. Katholische Kirche im Nationalsozialismus, 1994 (zugleich Diss. 1992); Die größten Flops der Weltgeschichte, 1997; Schwarzwald. Reisen mit Insider-Tipps, 2003 (Neuausg. 2008); Erfindungen (Illustr. H. Kock u. F. Kliemt) 2004; Der Güllelochmord (Kriminalrom.) 2005; Keltenkult und Kuckucksuhren (Kriminalrom.) 2006; Das Kirschtortenkomplott (Kriminalrom.) 2008.

*Literatur:* Autorinnen u. Autoren in Baden-Württ. (Internet-Edition). AW

**Weis** (Weiß), Ulrich, * 1. 11. 1713 Augsburg, † 4. 6. 1763 Irsee bei Kaufbeuren/Bayern; Sohn e. Schneiders, trat 1728 in d. Benediktinerabtei Irsee ein, studierte ebd. u. 1735–37 an d. Univ. Salzburg Theol. u. Rechtswiss., Magister d. Philos., 1736 Priesterweihe, 1738 Prof. d. Philos. u. Theol. in Irsee, Aufenthalt in Prag, 1745 Prof. u. Studiendirektor in Irsee, 1759 Gründungsmitgl. d. Bayer. Akad. d. Wiss.; verf. vielleicht d. Text d. Musikdr. «Verior Prometheus» (1743).

*Schriften:* Liber de emendatione intellectus humani: in duas partes digestus, veram operationum omnium intellectus theoriam, tum earundem directionem solide eo edisserens, 1747; Epistola apologetica ad Eminentissimum Cardinalem Quirinum, 1750.

*Literatur:* Meusel 14 (1815) 472; Baader 1 (1824) 309; ADB 41 (1896) 682; Biogr.-Bibliogr. Kirchenlex. 13 (1998) 682; DBE [2]10 (2008) 513. – B. JANSEN, Philosophen kathol. Bekenntnisses in ihrer Stellung z. Philos. d. Aufklärung (in: Scholastik 11) 1936; W. BARTMANN, ~ u. s. Kritik an d. Erkenntnislehre d. Scholastik (Diss. Würzburg) 1940; A. KRAUS, Geistesleben im Reichsstift Irsee im Zeitalter d. Aufklärung (in: D. Reichsstift Irsee [...], hg. W. PÖTZL u. a.) 1981; H. PÖRNBACHER, Barocklit. in Irsee (ebd.); Augsburger Stadtlex. (2., völlig neu bearb. u. erhebl. erw. Aufl., hg. G. GRÜNSTEUDEL u. a.) 1998; Große Bayer. Biogr. Enzyklopädie 3 (hg. A.-M. KÖRNER unter Mitarb. v. B. JAHN) 2005 (unter Weiß). RM

**Weis,** Wëllem → Weis, Wilhelm.

**Weis,** Wilhelm (auch Guillaume, Wëllem u. Wöllem; Ps. Hermann Berg, H. B., Bruder Klaus, B. K., Messager, Sylvester), * 15. 3. 1894 Luxemburg-Clausen, † 23. 3. 1964 Luxemburg; Bruder v. Adolf → W., besuchte 1908–14 d. Industrie- u. Handelsschule in Limpertsberg, 1915 Eintritt ins Priesterseminar in Luxemburg, 1920 Priesterweihe u. Seelsorger am Bischöfl. Konvikt. 1925–32 Kaplan in Luxemburg/Bonneweg, 1932–36 Pfarrer in Kopstal u. 1936–59 Gefängnisseelsorger in Stadtgrund. Mitarb. versch. kathol. Zs. u. Ztg., 1961 mit d. Prix de littérature ausgezeichnet; Erz., Lyriker u. Verf. v. rel. Spielen.

*Schriften:* Die goldene Grube. Märchenbuch, Luxemburg 1927; Gang zum Licht (Ged.) Esch-sur-Alzette 1928; Briefe eines Hinterwäldlers, 2 Tle., Luxemburg 1934 u. 1949; Maria Siebenschmerz. Laienspiel zum Nutz und Frommen der Christenheit, ebd. o. J.; Unserer Lieben Frau. Oktavbilder, ebd. 1936; Vom Waldquell und vom eisernen Träger. Zwei Märchen, ebd. o. J. [1937]; Kaspar Dennewalds Himlinger Jahr, ebd. 1937; Die Verkündigung. Mysterienspiel, ebd. 1938; Bib. Eng Séchen vum Wöllem W. (Biller vum Misch Majerus) ebd. 1945; De Klautje vun Itzeg. Eng Séchen vum Wöllem W. (Biller vum Nico Schneider) ebd. 1946; Jesu-Nächte. Besinnliche Lesungen, ebd. 1948; Oktav-Predigten 1947, ebd. 1948; Das Spiel vom Heiligen Kreuz, ebd. ca. 1950; Die gekrönte Armut. Elisabethspiel in Bildern, ebd. ca. 1950; Knecht der Liebe (Erz.) ebd. 1952; Wölm Winz (Erz.) ebd. 1954; Geseent Stonnen. Gedichter, ebd. 1956; Späte Garbe. Ausgewählte Schriften, ebd. 1961; Letzte Lese. Aus dem literarischen Nachlaß von W. W., 2 Bde., ebd. 1965/66.

*Literatur:* LAL (2007) 654. – A. HOEFLER, Dichter unseres Landes 1900–1945, Luxemburg 1945; F. HOFFMANN, Gesch. d. Luxemburger Mundartdg., 2 Bde., ebd. 1967; V. DELCOURT, Luxemburg. Lit.gesch., ebd. 1992; Ä. HATZ, Manternacher Seiten aus d. lit. Werk des Heimatdichters ~ (1894–1964) (in: 1893–1993. Chorale Sainte-Cécile Manternach, Red. R. DHUR u. a.) Manternach 1993. IB

**Weis,** Wöllem → Weis, Wilhelm.

**Weis-Bauler,** Madeleine, * 13. 2. 1921 Esch-sur-Alzette; Ausbildung z. Säuglingspflegerin in Brüssel, da sie sich weigerte, Mitgl. d. «Volksdt. Bewegung» zu werden, fand sie zunächst keine Stelle. Später Aushilfskraft in e. Büro u. Mitgl. d. Widerstandsbewegung «Luxemburger Freiheitskämpfer», 1941 Flucht n. Frankreich. 1944 bei e. Kurierdienst wegen Verdachts auf Spionage verhaftet, zunächst z. Arbeitsdienst (u. a. in e. unterirdischen Munitionsfabrik) verurteilt, dann in den Konzentrationslagern Ravensbrück u. Bergen-Belsen inhaftiert. Nach d. Befreiung heiratete sie 1947 d. Mathematiklehrer Robert W. u. lebte mit ihm in Esch-sur-Alzette, seit 1977 in Echternach. Seit einigen Jahren ist sie auch als Malerin tätig, u. 2009 wurden ihre Bilder im Rahmen e. Ausstellung in d. Abtei Neumünster in Luxemburg gezeigt.

*Schriften:* Aus einem anderen Leben, Luxemburg 2002; «Und wir Luxemburgerinnen haben immer gesagt: Wir kommen noch heim!» Lebensbilder (hg. K. MESS) Esch-sur-Alzette 2009.

*Literatur:* LAL (2007) 655. – S. HOFFMANN, La Résistance au Luxembourg pendant la seconde guerre mondiale. Le mouvement de résistance LVL (Letzeburger Vollekslegio'n) Luxemburg 2004. IB

**Weis-Forster,** Hanna → Forster, Hanna.

**Weis-Liebersdorf,** Johannes Evangelista, * 3. 12. 1870 Liebersdorf/Niederschles., Todesdatum u. -ort unbek.; Kirchenhistoriker u. christl. Archäologe, Dr. phil., Kustos d. Königl. Bibl. u. des Arch. d. Bischöfl. Ordinariats in Eichstätt (1916), lebte später (1924) in München; Fachschriftenautor.

*Schriften:* Christenverfolgungen. Geschichte ihrer Ursachen im Römerreiche, 1899; Julian von

Speier († 1285). Forschungen zur Franziskus- und Antoniuskritik, zur Geschichte der Reimoffizien und des Chorals, 1900; Das Jubeljahr 1500 in der Augsburger Kunst. Eine Jubiläumsgabe für das deutsche Volk, 2 Tle., 1901; Christus- und Apostelbilder. Einfluß der Apokryphen auf die ältesten Kunsttypen, 1902; Inkunabeln des Formschnitts in den Bibliotheken zu Eichstätt, 1910; Das Kirchenjahr in 156 gotischen Federzeichnungen, Ulrich von Lilienfeld und die Eichstätter Evangelienpostille. Studien zur Geschichte der Armenbibel und ihrer Fortbildungen, 1913. AW

**Weisbach,** Franz Heinrich (auch Weißbach bzw. Weissbach), * 25. 11. 1865 Chemnitz, † 20. 2. 1944 Markkleeberg/Sachsen; studierte Altphilol. u. Orientalistik in Leipzig, ebd. 1889 Dr. phil. u. 1897 Habil., dazw. Mitarb. d. dortigen UB, 1901–03 Teilnahme an Ausgrabungen in Babylon, seit 1905 a. o. Prof. u. seit 1930 o. Honorarprof. in Leipzig; Fachschriftenautor.

*Schriften:* Die Achämenideninschriften zweiter Art, 1890 (zugleich Diss. 1889; unveränderter fotomechan. Neudr. 1979); Die Altpersischen Keilinschriften in Umschrift und Übersetzung (hg. mit W. Bang) 2 Bde., 1893/1908 (Reprint 1985); Babylonische Miscellen (hg.) 1903 (Neudr. 1978); Das Stadtbild von Babylon, 1904; Die Inschriften Nebukadnezars des Zweiten im Wâdi Brîsa und am Nahr el-Kelb (hg. u. übers.) 1906 (Neudr. 1978); Beiträge zur Kunde des Irak-Arabischen (hg.) 2 Tle., 1908/30 (unveränderter Nachdr. 1968); Die Keilinschriften der Achämeniden, 1911 (unveränderter fotomechan. Nachdr. 1968); Die Keilinschriften am Grabe des Darius Hystaspis, 1911; Neue Beiträge zur Keilinschriftlichen Gewichtskunde, 1916; Die Denkmäler und Inschriften an der Mündung des Nahr El-Kelb, 1922; S. Langdon, Ausgrabungen in Babylonien seit 1918 (n. d. Ms. d. Verf. übers.) 1927; Lehrstoff für den Unterricht im Griechischen, Russischen und Hebräischen (bearb., 2. Aufl. hg. J. Reinhardt) 1928; Das Hauptheiligtum des Marduk in Babylon, Esagila und Etemenanki, 1938 (Neudr. 1967).

*Nachlaß:* Bibl. d. Morgenländ. Gesellsch., Halle/Saale. – Nachlässe DDR 2,512 (unter Weissbach).

*Literatur:* DBE $^{2}$10 (2008) 513. – A. Habermann u. a., Lex. dt. wiss. Bibliothekare 1925–1980, 1985. AW

**Weisbach,** Reinhard, * 8. 7. 1933 Waldesruh bei Berlin, † 13. 11. 1978 Ost-Berlin (Unfalltod); Sohn e. Angestellten, wuchs im Nachkriegsberlin auf, 1948 Mitgl. d. «Sozialist. Einheitspartei Dtl.» (SED), 1951–67 Lehrer in Ost-Berlin, daneben Fernstud. d. Germanistik an d. PH Potsdam, 1966 Dr. phil., 1967–70 stellvertretender Chefred. d. «WB», 1970 Promotion in Pädagogik, darauf Arbeitsgruppenleiter im Zentralinst. d. Lit.gesch. d. Akad. d. Wiss. in Berlin, 1971–78 Seminarleiter d. Zentralen Poetenseminars d. «Freien Dt. Jugend» (FDJ) in Schwerin, Engagement in d. Singe- u. Poetenbewegung, 1978 Leiter d. Zs. «Temperamente»; Erich-Weinert-Medaille d. Nationalen Volksarmee (1972), Heinrich-Heine-Preis (1974) u. a. Auszeichnungen; seit 1982 wird d. R.-W.-Preis verliehen.

*Schriften:* Köpenicker Flaschenpost. Heller- und Batzengedichte, 1965; Wort für Wort (Ged.) 1971; Revolution und Literatur. Zum Verhältnis von Erbe, Revolution und Literatur (mit W. Mittenzwei hg.) 1971; Menschenbild, Dichter und Gedicht. Aufsätze zur deutschen sozialistischen Lyrik, 1972; Wir und der Expressionimus. Studien zur Auseinandersetzung der marxistisch-leninistischen Literaturwissenschaft mit dem Expressionismus, 1972 (NA 1973); Das lyrische Feuilleton des «Volksstaat». Gedichte der Eisenacher Partei (hg.) 1979; Reinhard Weisbach, 1980 (= Poesiealbum 155).

*Literatur:* Killy 12 (1992) 212; DBE $^{2}$10 (2008) 499. – Positionen (hg. W. Mittenzwei) 1969; K. Steinhaussen, E. Mieder, B. Rump, ~ (in: Hoch zu Roß ins Schloß. 15 Jahre Poetenbewegung d. FDJ [...], hg. W. Böhm) 1986. RM

**Weisbach,** Werner, * 1. 9. 1873 Berlin, † 9. 4. 1953 Basel; Sohn e. jüd. Börsenmaklers, Mäzens u. Kunstsammlers, besuchte d. Wilhelms-Gymnasium in Berlin, studierte ab 1891 Kunstgesch., Archäologie, Gesch. u. Philos. in Freiburg/Br., Berlin, München u. Leipzig, Konversion z. Protestantismus, 1896 Dr. phil., unternahm zahlr. Stud.reisen, 1898–99 Volontariat an d. Berliner Museen, 1903 Privatdoz. u. seit 1921 a. o. Prof. d. Kunstgesch. in Berlin, trat öffentl. für Frieden u. e. liberale Demokratie ein, 1933 als «Nichtarier» zwangsemeritiert, 1935 Emigration nach Basel, Privatgelehrter ebd., Gastprofessuren in London u. Cambridge.

*Schriften* (Ausw.): Der junge Dürer. Drei Studien, 1906; Impressionismus. Ein Problem der Malerei in der Antike und Neuzeit, 2 Bde., 1910/11; Der Barock als Gegenreformation, 1921; Die Kunst des Barock in Italien, Frankreich, Spanien und Deutschland, 1924 (NA 1929); Rembrandt, 1926; «Und alles ist zerstoben». Erinnerungen aus der Jahrhundertwende, 1937 (Forts. u. d. T.: Geist und Gewalt, nach der Handschrift herausgegeben W. SCHUDT, 1956); Manierismus in mittelalterlicher Kunst, 1942; Religiöse Reform und mittelalterliche Kunst, 1945; Vom Geschmack und seinen Wandlungen, 1947; Ausdrucksgestaltung in mittelalterlicher Kunst, 1948; Vincent van Gogh. Kunst und Schicksal, 2 Bde., 1949–51; Stilbegriffe und Stilphänomene. Vier Aufsätze (mit Vorw. hg. W. SCHUDT) 1957 (mit Schr.verzeichnis).

*Literatur:* Hdb. Emigration II/2 (1983) 1226; DBE [2]10 (2008) 500. – J. WALK, Kurzbiogr. z. Gesch. d. Juden 1918–1945, 1988; U. WENDLAND, Biogr. Hdb. dt.sprach. Kunsthistoriker im Exil. Leben u. Werk der unter d. Nationalsozialismus verfolgten u. vertriebenen Wissenschaftler 2, 1999; P. BETTHAUSEN u. a., Metzler Kunsthistoriker Lex. [...], 1999. RM

**Weisbach,** Wolf-Rüdiger, * 22. 7. 1941 Sackisch-Kudowa/Schles.; 1963 Abitur in Herchen/Nordrhein-Westf., studierte seit 1963 Medizin in Bonn, Ausbildung in d. Krankenhäusern Siegburg u. Troisdorf, 1968 Dr. med. u. 1969 Approbation, Facharzt f. Allg.medizin u. Sportmedizin, seit 1972 Hausarzt in Windeck-Herchen; zudem seit 1974 Vorstandsmitgl. u. seit 2001 Vorsitzender d. Ärztekammer Rhein-Sieg sowie seit 2003 Lehrbeauftragter f. Allg.medizin an d. Univ. Bonn.

*Schriften* (ohne medizin. Fachschr.): Windecker Skizzenbuch (mit W. EBERHARDT) 1990; Hausbesuch im Wandel. Organisation von Hausbesuchen, Koordination häuslicher Krankenpflege, ärztliche Betreuung Schwerkranker und Sterbender (Geleitw. B. LUBAN-PLOZZA) 1991; Windeck, wie ich es sehe. Mit vier Gedichten von Hermann Hesse, 1994; Die ärztliche Krankenbetreuung im häuslichen Bereich [...] (Text u. Red.) 1996; Vom Blitzauto zur Klümpches-Tante. Bilder und Geschichten aus dem alten Herchen (hg.) 1997; Dying Machines, Dying Metal. Letzte fotografische Impressionen einer stillgelegten Fabrik (mit e. Einf. in d. Gesch. der Fabrik Kabelmetall v. H. PATT) 1998; Landzeichen. Beobachtungen und Gedanken über das Leben auf dem Lande, 2002. AW

**Weisbart,** Josef, * 16. 3. 1887 Nürnberg, † 17. 12. 1946 Heroldsberg/Bayern; lebte in Nürnberg (1934); Verf. v. Bekenntnis- u. Bildungsliteratur.

*Schriften:* Tantiemeberechnung bei Aktiengesellschaften nach den neuesten Urteilen des Reichsgerichts, 1918; International komun-lingue Medial. Principies, justities, gramatike ed vokubuls komparand a Esperanto ed Ido = Zwischenvölkische Gemeinsprache Medial, 1923; Ilustrat Abecedarie del Lingue Medial Europan (mit Betti W.) 1925; Der Wunderquell und Rotnäschen. Zwei Märchen über den «Freund Alkohol», 1925; Geschichte einer «Erziehung» (Zeichnungen M. Graeser) 1928; Woher die Kinder kommen. Lesebuch für heranwachsende Kinder zum Unterricht über die Fortpflanzungstatsachen, 1928; Der Arbeiter. Ein Leben, 1928; Die Forderung der Stunde: Den Giftkrieg verhindern?, 1929; W. Pappenheim, Die Vollstreckung deutscher Schiedssprüche im Auslande (erl., Vorbem. F. HUBER) 1930. AW

**Weisbecker,** Rainer, * 1953 Frankfurt/M.; Ausbildung in Akkordeon u. Gitarre, seit 1970 Auftritte m. verschiedenen Bluesbands in Frankfurt u. Umgebung, seit 1998 Mitgl. d. Mundart-Rezitations-Theaters «Rezi*Babbel» in Frankfurt, seit 2001 freischaffender Mundartdichter u. Liedermacher, lebt in Hanau.

*Schriften:* Ohne de Äppelwoi-Blues. Lieder und Gedichte in hessischer Mundart, 1998; Amsterdam-Blues. Lieder und Gedichte, 1999; Vor de groß Stadt. Zeitgenössische Gedichte in hessischer Mundart, 2000; Herzbluttinte. Gedichte und Kurzgeschichten, 2001; Aach kaa Lösung. Zeitgenössisch hessisch, 2002; Ganz ehrlich. Pfiffisch hessisch, 2004; Schoppepetzers Lamento. Hessisch Schräges rund ums Stöffche (Cartoons G. Henrich) 2005; Gude Petrus. Himmlisch Hessisch zum Doodlache, 2007.

*Tonträger:* ... ganz allaa (CD) 2002; Ach Fräulein, forchbar wallt mei Blut! Karl Ettlinger-Revue (CD, mit M. GESIARZ) 2003; Frankfurter Lieder (CD) 2004; Allaa beim Äppelwoi. Lieder un Blues (CD) 2008. AW

**Weisbecker,** Walter, * 24. 11. 1915 Frankfurt/M., † 17. 9. 1996 ebd.; selbständiger Textilgroßhändler in Frankfurt/M., 1970 Aufgabe d. Geschäftes u. danach schriftsteller. tätig, freier Mitarb. d. «Frankfurter Allg. Ztg.» u. d. «Abendpost, Nachtausg.», daneben hielt er zahlr. Vorträge, Lesungen u. «Rezitationsmatineen» mit d. Schwerpunkt Johann Wolfgang → Goethe, Friedrich → Stoltze u. deren Zeit. 1994 mit d. Goetheplakette d. Stadt Frankfurt/M. ausgezeichnet; Verf. v. Ess., Glossen u. Ged. in Mundart.

*Schriften:* Äppelwein un Äppelcher. Besinnliche und heitere Gedichte in Frankfurter Mundart, 1975; O Pendelschlag des ewig Wechselnden (ausgew. Ged. u. Prosa) 1975; Frisch aus de Kelter. Halb Süße, halb Speierling. Besinnliche und heitere Gedichte in Frankfurter Mundart, 1978; Kleine Lebensbetrachtungen. Glosse, mit spitzer Feder geschildert, mit Wilhelm Busch bebildert, o. J. (Selbstverlag); Triebe – Treue – Träume (ausgew. Ged.) o. J. (Selbstverlag); Unvergesse! Die Wirtschaftswunderwellen seit der Stunde Null. Ein Gedichtzyklus in Frankfurter Mundart (mit e. Vorw. v. J. P. Freiherr v. BETHMANN u. Zeichnungen v. F. Ahrlé) 1980; Hallo? und andere Glossen (mit Zeichnungen v. dems.) o. J. [1980] (Selbstverlag); Pikante frische Hörnchen. Kleine Erzählungen (mit Zeichnungen v. W. Busch) o. J. [1989]; Goethe zwischen Frankfurt und Weimar, 1991; Goethe zwischen Geist und Sinnenfreude, 1994.

*Literatur:* E. ALBERS, ~ Porträt Frankfurter Senioren. D. Sprache u. Dichtkunst verschrieben (in: Seniorenzs., H. 4) 1995; I. BOHL, ~ 80 Jahre (in: D. Literat 37) 1995; DIES., Z. Tode v. ~ (in: ebd. 38) 1996. IB

**Weischedel,** Wilhelm (Ps. Gotthilf Reiter), * 11. 4. 1905 Frankfurt/M., † 20. 8. 1975 Berlin; Sohn des methodist. Theologen Wilhelm Gotthilf W., studierte zunächst evangel. Theol., dann Philos. u. Gesch. an den Univ. in Marburg, Leipzig, Berlin u. Freiburg/Br., 1932 Dr. phil. in Freiburg/Br., Tätigkeit in d. UB Tübingen, 1936 Habil. an d. dortigen Univ., wegen s. polit. Einstellung wurde ihm d. Stelle in d. UB gekündigt, e. akadem. Laufbahn blieb ihm versagt. Als Hilfskraft arbeitete er in e. Wirtschaftsprüfungsgesellsch., gg. Kriegsende hielt er sich in Frankreich auf, Zus.arbeit mit d. französ. Résistance. 1946 a. o. Prof. an d. Univ. Tübingen, 1953–70 o. Prof. d. Philos. an d. FU Berlin, mit d. Theologen Helmut → Gollwitzer (1908–1993) befreundet.

*Schriften* (Ausw.): Versuch über das Wesen der Verantwortung (Diss.) 1933 (u. d. T.: Das Wesen der Verantwortung, Ein Versuch, 1933); Der Aufbruch der Freiheit zur Gemeinschaft. Studien zur Philosophie des jungen Fichte, 1939 (Nachdr. u. d. T.: Der frühe Fichte. Aufbruch der Freiheit zur Gemeinschaft, 1973); Der Mut zur Verantwortung, 1946; B. Pascal, Aus den «Pensées». Größe und Elend des Menschen (Ausw., Übers. u. Nachw.) 1947 (reprograf. Nachdr. [d. Ausg. 1949] 1973); Parmenides und Herakleitos (hg.) 1948 (Mikrofiche-Ausg. 2007); Das Anliegen des Existentialismus, 1948 (Sonderdruck); E. Mörike, Gedichte und Nachdichtungen 1 (hg. mit e. Vorw.) 1949; Die Tiefe im Antlitz der Welt. Entwurf einer Metaphysik der Kunst, 1952; I. Kant, Werke in 6 Bänden (hg.) 1956–64 (mehrere Aufl. d. einzelnen Bde.; Ausg. in 10 Bänden 1975); Wirklichkeit und Wirklichkeiten. Aufsätze und Vorträge, 1960 (Sonderdruck); Der Zwiespalt im Denken Fichtes (Rede) 1962; Denker an der Grenze, Paul Tillich zum Gedächtnis (Rede) 1966; Denken und Glauben. Helmut Gollwitzer und W. W. Ein Streitgespräch, 1965; Die philosophische Hintertreppe. Von Alltag und Tiefsinn großer Denker, 1966 (ab d. 3., erw Aufl. mit d. Untertitel: 34 große Philosophen in Alltag und Denken, 1973; Tb.ausg. 1975; $^{29}$2008); Philosophische Grenzgänge. Vorträge und Essays, 1967; Jacobi und Schelling. Eine philosophisch-theologische Kontroverse, 1969; Kant-Seitenkonkordanz (mit N. HINSKE) 1970; Der Gott der Philosophen. Grundlegung einer Philosophischen Theologie im Zeitalter des Nihilismus. I Wesen, Aufstieg und Verfall der Philosophischen Theologie, II Abgrenzung und Grundlegung, 1971–73 (reprograph. Nachdr. [d. 3. Aufl. v. 1975], 2 Bde. in e. Bd., 1983; Sonderausg. 1998); Auch eine Philosophiegeschichte, in Reime gebracht von W. W., 1975; Kant-Brevier. Ein philosophisches Lesebuch für freie Minuten (hg.) 1975; Skeptische Ethik, 1976; Die Frage nach Gott im skeptischen Denken (hg. W. MÜLLER-LAUTER) 1976.

*Bibliographie:* Schmidt, Quellenlex. 32 (2002) 499. – Bibliogr. ~s (in: Zs. für philos. Forsch. 19/4) 1965; G. SCHWAN, Verz. d. Schr. ~s (in: Denken im Schatten des Nihilismus, FS [...], hg. A. SCHWAN) 1975; Verz. d. Ms., Vorträge, Aufs. u. Bücher ~s aus d. wiss. Nachlaß in der SBPK – u. sonstigen Quellen (auch u. d. T.: Kompendium zu ~) (Zus.stellung u. Komm. J. HIEBER) 2001 (auch Internet-Version).

*Nachlaß:* SBPK Berlin. – Denecke-Brandis 402.

*Literatur:* Munzinger-Arch.; LThK $^{3}$10 (2001) 1032; DBE $^{2}$10 (2008) 500. – M. THEUNISSEN, Hegels Lehre v. absoluten Geist als theolog.-polit. Traktat (~ z. 65. Geb.tag) 1970; W. WEIDLICH, Befragung d. philos. Theol. der radikalen Fraglichkeit (in: Zs. für Theol. u. Kirche 70) 1973; J. Siebenbour, Philos. Theol. in d. Heraufkunft des Nihilismus. E. Versuch e. Auseinandersetzung mit der Überwindung des Nihilismus bei ~ (Diplomarbeit Innsbruck) 1974; Denken im Schatten des Nihilismus. FS für ~ z. 70. Geb.tag am 11. Apr. 1975 (hg. A. Schwan) 1975; P.-O. Ullrich, Bestreitung u. Rechtfertigung der religiösen Frage in d. zeitgenöss. Philos. ~, Helmut Gollwitzer, Gabriel Marcel (Magisterarbeit München) 1975; J. Salaquarda, Die philos. Theol. ~s (in: Gottesbilder heute. Z. Gottesproblematik in d. säkularisierten Gesellsch. d. Ggw., hg. S. Moser u. E. Pilick) 1979; P. Hossfeld, Z. philos. Theol. des radikalen Hinterfragens (in: Neue Zs. für systemat. Theol. u. Religionsphilos. 23) 1981; D. Müller, Dieu cache et révèle. Un défi pour notre temps (in: Rev. d'histoire et de philosophie religieuses 64) Straßburg 1984; S. Semplici, Un filosofo all'ombra del nichilismo: ~, Rom 1984; W. Stoker, De werkelijkheid in geding – de radicaal «fragliche» werkelijkheid in de wijsgerige théologie van ~ (in: Gereformeerd theol. tijdschrift 84) Kampen 1984; M. Düker, D. Rolle des Gewissens in d. «Skeptischen Ethik». Anm. zu ~ (in: Gewißheit u. Gewissen. FS für Franz Wiedmann z. 60. Geb.tag, hg. W. Baumgartner) 1987; R. Garaventa, Nichilismo, teologia ed etica. Saggio su ~, Lecce 1991; K. S. Shim, D. nachmetaphys. Gott. Überlegungen z. Problematik des Verhältnisses v. Gott u. Metaphysik in den Entwürfen von Martin Heidegger, ~ u. Bernhard Welte (Diss. Kirchliche Hochschule Bethel) 1991; J. P. v. Riessen, Nihilisme op de grens van filosofie en theologie. Een onderzoek naar de reflektie op het praktisch nihilisme bij ~, Tillich en Barth, Kampen 1991 (zugleich Diss. Groningen 1991); H. Kress, Philos. Theol. im Horizont des neuzeitlichen Nihilismus. Philos. u. Gottesgedanke bei ~ u. Hans Jonas (in: Zs. für Theol. u. Kirche 88) 1991; P.- J. Mink, D. «philos. Theol.» als Problem der Philos. ~s, 1992 (zugleich Diss. Mainz 1992); L. Mauro, D. Bedeutung d. Philosophiegesch. ~ als Philosophie-Historiker (in: Freiburger Zs. für Philos. u. Theol. 41) 1994; S. Raueiser, Schweigemuster. Über die Rede v. Heiligen Schweigen. E. Unters. unter besonderer Berücksichtigung von Odo Casel, Gustav Mensching, Rudolf Otto, Karl Rahner, ~ u. Bernhard Welte, 1996 (zugleich Diss. Frankfurt/M. 1995); Frankfurter Biogr. 2 (hg. W. Klötzer) 1996; R. F. Smit, ~s Suche nach d. Möglichkeit von Sinn. Metaphysik zw. Existenzphilos. u. Nihilismus, 1997 (zugleich Diss. Amsterdam 1997); J. Hieber, Frage u. Fraglichkeit bei ~. Ansätze e. transzendentalen Theorie d. Interrogation, 1999 (zugleich Diss. Eichstätt 1998); W. E. Müller, Hat Religion noch Plausibilität? Überl. im Anschluß an Heinrich Scholz, ~ u. Gianni Vattimo (in: Stadt ohne Religion? Z. Veränderung v. Religion in Städten – interdisziplinäre Zugänge, hg. J. Heumann) 2005; J. Clement, Antwort auf den Nihilismus? D. philos. Theol. v. ~ (Diss. Utrecht) 2006; R. Deinhammer, Fragliche Wirklichkeit – Fragliches Leben. Philosophische Theol. u. Ethik bei ~ u. Peter Knauer, 2009 (zugleich Diss. Salzburg 2006). IB

**Weischenberg,** Sibylle, * 1. 6. 1954 Schleswig; studierte Modedesign, danach Publizistik, Kunstgesch., Germanistik, Journalistik u. Soziologie, Pressereferentin, journalist. Mitarb. v. «Spiegel», «Bunte» u. «Gala», Kolumnistin d. «Neuen Woche», TV- u. Radio-Moderatorin.

*Schriften:* Wir können auch anders. Feine und fiese Erfolgsstrategien für Frauen. Mit den besten Tricks der VIPs, 2001 (Tb.ausg. 2005); Ich hasse den Sommer. Von Bikinikäufen und anderen Katastrophen, 2007 (auch als Hörbuch); Meine 30 Lippenstifte und ich. Vom vierten Frühling und nicht abziehbaren Preisschildern, 2008 (auch als Hörbuch). AW

**Weischenberg,** Siegfried, * 24. 3. 1948 Wuppertal; besuchte d. Gymnasium in Wuppertal, ab 1966 Stud. d. Soziologie, Gesch., Wirtschafts- u. Kommunikationswiss. an d. Univ. Bochum, 1976 Dr. phil., auch journalist. tätig, 1979–82 Prof. f. Journalistik an d. Univ. Dortmund, 1982–2000 Prof. an d. Univ. Münster, seit 2000 Prof. u. Geschäftsführender Dir. d. Inst. f. Journalistik u. Kommunikationswiss. sowie Dir. d. Zentrums f. Medienkommunikation an d. Univ. Hamburg, versch. Gastprofessuren, 1999–2000 Bundesvosrsitzender d. Dt. Journalisten-Verbandes.

*Schriften* (Ausw.): Journalismus in der Computergesellschaft. Informatisierung, Medientechnik und die Rolle der Berufskommunikatoren, 1982; Journalistik. Theorie und Praxis aktueller Medienkommunikation, 3 Bde., 1992–98 (NA 1998–2004); Die Zukunft des Journalismus. Technologische, ökonomische und redaktionelle Trends (Mitverf.) 1994; Neues vom Tage. Die Schreinemakerisierung unserer Medienwelt, 1997; Nachrichten-Journalismus.

Anleitungen und Qualitäts-Standards für die Medienpraxis, 2001; Handbuch Journalismus und Medien (mit H. J. KLEINSTEUBER u. B. PÖRKSEN hg.) 2005; Die Souffleure der Mediengesellschaft. Report über die Journalisten in Deutschland (mit A. SCHOLL, M. MALIK) 2006.

*Literatur:* Zirkuläre Positionen, II D. Konstruktion d. Medien (hg. T. M. BARDMANN u. a.) 1997; Paradoxien d. Journalismus. Theorie, Empirie, Praxis (FS, hg. B. PÖRKSEN u. a.) 2008. RM

**Weischer,** Heinz (Ps. Jan Dümpelkamp, Rüdiger Kuttropp), * 12. 12. 1940 Heessen bei Hamm/Westf.; besuchte d. Grundschule in Heessen u. d. Gymnasium in Hamm, studierte Germanistik, kathol. Theol., Geographie u. Sozialwiss. in München, absolvierte d. Bayer. Gymnasialdienst, seit 1972 Tätigkeit im Auslandsschulwesen d. Bundesrepublik Dtl., 1987–95 Hg. u. Mitverf. v. «Der dt. Lehrer im Ausland», Schulleiter in Bolivien u. Peru, Fachberater f. Dt. in Rumänien u. Ungarn, lebt in Hamm/Nordrhein-Westf.; Erz., Lyriker u. Sachbuchautor.

*Schriften:* Arequipa, der blaue Kuß. Gedichtzyklus, 1986; Bilsenkraut – Hexenkraut. Einhundert Gedichte über Heessener Hexen, geschrieben von einem Verehrer derselben, 1989; Russenlager. Russische Kriegsgefangene in Heessen (Hamm) 1942 bis 1945, 1992; Noch'n Pilsken, Gerd! Ein vergnügliches Hamm-Heessener Lesebuch nebst einem umfangreichen Wörterbuch der Hamm-Heessener Umgangssprache und einer leichtgefaßten Übungsgrammatik der Randzonensprache Ruhrgebiet-Münsterland, 1993; Der Brautschleier. Mein westfälischer Heimatroman, 1993; Marie Jeanne Hiebel. Französin, -378 1944 in Heessen (mit Monika W.) 1997; Schützenfest. Mein westfälischer Kriminalroman, 1998; Konrads neue Freunde. Eine Geschichte aus Siebenbürgen, 1999; Der reisefaule Jungstorch Theo. Fabeln, Anekdoten und Geschichtchen zur Hebung der pädagogischen Moral, 2001; ... reitet für Deutschland. Satirisches und Polemisches aus 12 Jahren Auslandslehrerzeitschrift (Vorw. M. EGENHOFF) 2003; Leben, Lieben, Sterben. Lebensbilder aus der Nachbarschaft, 2004; Wassili. Ein jugendlicher sowjetischer Soldat in deutscher Kriegsgefangenschaft 1942 bis 1945 (Jugendrom.) 2005; Pröhlkes & Bilderkes, 2005; Zorn und Trauer. Als politischer Gefangener in Zuchthäusern der DDR (mit H. SCHMIDT, Geleitw. W. BIERMANN) 2006; Der Tod der Vicuña. Geschichte eines peruanischen Indiojungen (Jugendrom.) 2006; Zurück aus Costa Rica. Mein westfälischer Abenteuerroman, 2007; Schön bist du, meine Freundin! Frauenschicksale im Alten Testament (mit D. HEMMIS-RÖSLER) 2008.

*Literatur:* Westfäl. Autorenlex. 4 (2002) 884 (auch Internet-Edition). AW

**Weischer,** Marie Theres, * 23. 10. 1905 Hamm/Westf., † 1944/45 (Ort unbek.); besuchte d. Lyzeum in Hamm bis z. Obersekunda, d. Familie verarmte aufgrund d. Inflation in d. 1920er Jahren völlig, seither psychisch erkrankt; Lyrikerin.

*Schriften:* Lied der Landschaft. Aachener Wald und Eifel (Bilder H. Gemünd) ca. 1930 (Neuausg. mit d. Untertitel: Gedichte. Mit den historischen Lichtbildern von Hans Gemünd, hg. M. ZÄNKER, 2000). AW

**Weise des Lehnrechts** → Dietrich (Theoderich) von Bocksdorf.

**Weise,** Adam, * 7. 4. 1775 Weimar, † 1835 Halle/Saale; besuchte d. freie Zeichenschule in Weimar, Maler u. Kupferstecher in Heidelberg u. Dresden, Teilnahme am Feldzug v. 1813, Dr. phil. Jena, darauf Prof. d. Kunstgeschichte in Jena.

*Schriften:* Albrecht Dürer und sein Zeitalter. Ein Versuch, 1819; Grundlage zu der Lehre von den verschiedenen Gattungen der Malerey, 1823; Kunst und Leben. Ein Beitrag zur Landschaftsmalerey, 1825: Guido, Lehrling Albrecht Dürers. Eine Erzählung aus dem 16. Jahrhundert, 1825.

*Literatur:* Meusel-Hamberger 21 (1827) 435; Goedeke 10 (1913) 129; Thieme-Becker 35 (1942) 311. – G. K. NAGLER, Neues allg. Künstler-Lex. oder Nachrichten v. dem Leben u. den Werken d. Maler, Bildhauer, Baumeister, Kupferstecher, Formschneider, Lithographen, Zeichner, Medailleure, Elfenbeinarbeiter [...] 21, 1851. RM

**Weise,** Alberta von → Puttkamer, (Anna Lucie Karoline) Alberta von.

**Weise,** Alexander (Ps. f. Max Fiddicke), * 28. 6. 1882 Berlin, Todesdatum u. -ort unbek.; Volksschullehrer, lebte in Berlin (1938).

*Schriften:* Aequanimitas. Der Weg zum wahren Lebensglück, 1922 (NA 1929). AW

**Weise,** (Ernst) Alfred (Ps. Gerhard Sachs), * 4. 4. 1882 Leipzig, † 27. 9. 1957 Berlin; besuchte d. Latina d. Franckeschen Stiftung in Halle/Saale u. d. Gymnasium in Wurzen, studierte in Leipzig, 1912 Dr. phil., im 1. Weltkrieg Offizier, freier kulturwiss. Schriftst. in Berlin, Reichshauptstellenleiter in d. Reichspropagandaleitung d. «Nationalsozialist. Dt. Arbeiterpartei» (NSDAP), Amt Ausstellungen.

*Schriften* (Ausw.): Die Entwicklung des Fühlens und Denkens der Romantik auf Grund der romantischen Zeitschriften (Diss.) 1912; Sanssouci und Friedrich der Große, 1925 (NA 1933); Rund um Wallenstein, dargestellt, 1927; Unser Berlin, 1928; Vom Wildpfad zur Motorstraße. Streifzüge durch die Geschichte des Verkehrs, 1929 (NA 1933); Wege deutscher Kultur. Geschichtliche Führung, 1931; Ein Jahrhundert auf Schienen 1835–1935, 1936; Söldner und Soldaten. Der Weg zum Volksheer, 1936 (2., erw. Aufl. 1938); Friedrich Ludwig Jahn. Romantiker der Tat, 1937; Der Blutmarsch von Oran. Französischer Sadismus gegen Kolonialdeutsche im Weltkrieg, 1940; Deutsche als Freiwild. Britischer Terror gegen Kolonialdeutsche im Weltkrieg. Ein Zeugenbericht, 1941; König und Kämmerer. Eine Freundschaft, 1944.

*Literatur:* E. Stockhorst, 5000 Köpfe. Wer war was im 3. Reich, 1967; E. Klee, D. Kulturlex. z. Dritten Reich. Wer war was vor u. nach 1945, 2007. RM

**Weise,** Andreas, * 1941 Berlin; studierte Maschinenbau in Aachen, Dr. Ing., zwanzig Jahre in leitenden Funktionen in d. Industrie tätig, seither selbständiger Berater, lebt seit 1999 in Devon/England u. wenige Monate im Jahr weiterhin in Aachen; Erzähler.

*Schriften:* Reflections. Leben in einem Cottage in Südwestengland, 2007; Zwischenrufe. Ein satirischer Streifzug durch Politik und Gesellschaft, 2007. AW

**Weise** (Weisse), Christian (Christianus Weisius; Ps. Siegmund Gleichviel[e], Catharinus Civilis, Orontes, Tarquinius Catullus è Xardo), * 30. 4. 1642 Zittau/Oberlausitz, † 21. 10. 1708 ebd.; stammte aus einer aus Böhmen vertriebenen Familie; Sohn e. Gymnasiallehrers, wurde v. s. Vater unterrichtet, 1660–63 Stud. vorwiegend d. Theol. in Leipzig, 1661 Baccalaureus, 1663 Magister d. Theol. u. private Lehrtätigkeit (Rhetorik, Politik, Historie u. Poesie) ebd., 1668 Sekretär beim Minister d. Herzogs August v. Sachsen-Weimar, Simon Philipp v. Leiningen-Westerburg, in Halle/Saale, 1670 Hofmeister beim Baron Gustav Adolf von d. Schulenburg in Amfurt/Magdeburg, im gleichen Jahr Prof. d. Politik (Lebensklugheit), Eloquenz u. Poesie am Gymnasium in Weißenfels, seit 1678 Rektor am Gymnasium in Zittau, e. protestant. Gelehrtensschule, Leiter d. alljährlich stattfindenden Schulaufführungen mit selbstverfaßten Dramen. – W. gilt neben Christian → Thomasius als einer d. einflußreichsten Vertreter d. frühneuzeitl. Lit. an d. Wende v. Barock z. Frühaufklärung u. zu e. bürgerl.-didakt. Dg., deren Bildungsideal der «Politicus», e. weltgewandter Mann d. Praxis, war.

*Schriften* (Schulschriften in Ausw.): Der grünen Jugend/überflüßige Gedancken, 2 Tle., 1668–74 (versch. NA, Gesamtausg. 1701; Neuausg., hg. M. v. Waldberg, 1917); Trauer- und Trost-Ode [...] Anna Marien/Herzogin zu Sachsen [...] Andenckens [...], 1671; Die Drey/Haupt-Verderber/in Teutschland [...], 1671 (mehrere Aufl.); Die drey ärgsten/Ertz-Narren/in der gantzen Welt/Auß vielen Närrischen Begebenheiten hervorgesucht/und/Allen Interessenten zu besserem Nachsinnen übergeben [...], 1672 (zahlr. NA; verb. Neuausg. 1673; Neuausg., hg. W. Braune, 1878; Nachdr. 1967; Mikrofiche-Ausg. in: BDL); Der Grünen Jugend/Nothwendige Gedanken/Denen Uberflüßigen Gedancken/entgegengesetzt/Und/Zu gebührender Nachfolge/so wol in gebundenen als ungebundenen Reden/allen curiösen Gemüthern recommendirt, 1675 (NA 1684, 1690; Mikrofiche-Ausg. in: BDL); Kluger Hoffmeister/Das ist [...] Nachricht/wie ein sorgfältiger Hoffmeister seine Untergebenen in den Historien unterrichten [...] soll [...], o. J. (1675; verm. NA o. J. [1675]); Die Drey/Klügsten Leute in der gantzen Welt/Aus vielen Scheinklugen/Begebenheiten hervorgesucht/Und allen guten Freunden/zu fleißiger Nachfolge vorgestellet [...], o. J. (1675, mehrere NA); SCHEDIASMA curiosum/DE/LECTIONE/NOVELLARUM [...], 1676; SEBASTIANI CAESARIS de MENENSES Lusitani/SUMMA/POLITICA [...] denuo edita [...]), 1676; Politischer Redner/Das ist/Kurtze und eigentliche Nachricht/wie ein sorgfältiger Hoffmeister seine Untergebenen zu der Wolredenheit anführen soll [...], 1677 (zahlr. NA auch unter versch. Titeln; Fortsetzung u. d. T.: Neu Erleuterter/Politischer Redner [...], 1684; mehrere Aufl.; Mikrofiche-Ausg. in: BDL); Der/

Politische Näscher/Auß/unterschiedenen Gedancken/ hervor gesucht/und/Allen Liebhabern zur Lust/allen Interessenten zu Nutz/nunmehro in Druck befördert, 1678 (zahlr. NA); DE POESI/HODIERNORUM POLITICORUM/Sive/DE ARUTIS INSCRIPTIONIBUS/LIBRI II [...], 1678; ORATIONES DUAE [...], 1678; Der gestürzte/Marggraff von/ANCRE/Jn einem/ Trauer-Spiele [...] auf der Zittauischen Schaubühne/vorgestellt [...], 1679; Baurischer/MACHIAVELLUS/in einem/Lust-Spiel/Vorgestellet [...], 1679 (versch. NA, Nachdr. 1974); Kurtzer Bericht/vom/Politischen Näscher/wie nehmlich/Dergleichen Bücher sollen gelesen/und/Von andern aus gewißen Kunst-Regeln nachgemachet werden, 1680 (NA 1681, 1694); DOCTRINA/LOGICA/DUABUS PARTIBUS [...], 1680 (zahlr. NA); Der/Tochter-Mord/Welchen JEPHTHA/unter dem Vorwande eines Opfers/ begangen hat. Auf der Zittauischen Schaubühne vorgestellet, 1680 (NA 1690); ENCHIRIDION GRAMMATICUM [...], 1681 (mehrere Aufl.); Das/Ebenbild/eines/Gehorsamen Glaubens/Welches ABRAHAM/Jn der vermeintlichen/Opferung Seines Sohnes Isaacs/beständig erwiesen [...], 1680 vorgestellet, 1682; Reiffe/Gedancken/Das ist/Allerhand Ehren- Lust- Trauer- und Lehrgedichte [...], 1682 (NA 1683); Ein neues Lust-Spiel Von einer zweyfachen Poeten-Zunfft, 1682 (NA 1685); Zittauisches THEATRUM/Wie solches Anno M DC LXXXII. praesentiret worden. Bestehende/in drey unterschiedenen Spielen [...], 1683 (mehrere NA); Lust-Spiel/Von der verkehrten Welt [...], 1683; Trauer-Spiel von dem Neapolitanischen Haupt-Rebellen Masaniello, 1683 (Neuausg., hg. R. Petsch, 1907); Neue/Jugend-Lust/Das ist/Drey Schauspiele [...], 1684; Politischer ACADEMICUS/das ist/Kurtze Nachricht/ wie ein/zukünftiger Politicus seine Zeit/und Geld auff der Universität/wol anwenden/könne, 1684 (NA 1685, 1695, 1708); Väterliches/Testament [...], das ist/Eine kurtze Nachricht/wie ein zukünftiger Politicus/in seinem Christenthume soll beschaffen seyn/wenn er auff der Welt die ewige Seligkeit/ davon bringen will, o. J. (1684; erw. NA 1685, mehrere NA); Der grünen Jugend/ Selige Gedancken [...], 1685; Die/Unbewegliche/Fürsten-Liebe/Als ein/Singe-Spiel/Vorgestellet [...], 1686; Die/beschützte/Unschuld/in einem/Lust-Spiel[...] vorgestellet, 1686; De/ortu et processu Scholarum/per Lusatiam superiorem [...], o. J. (1686); Teutsche Staats-Geographie [...], 1687 (mehrere NA); INSTITUTIONES/ORATORIAE [...], 1687 (mehrere NA); SUBSIDIUM PUERILE [...], 1689 (mehrere NA); Politische Fragen/Das ist: Gründliche Nachricht/Von der/ POLITICA/welcher Gestalt/Vornehme und wohlgezogene Jugend/Hierinne/einen Grund legen [...] sol, 1690 (zahlr. NA); Lust und Nutz/der Spielenden Jugend/bestehend/in zwey Schau- und Lustspielen/Vom/keuschen JOSEPH/ und der/unvergnügten Seele [...], 1690 (Ausz. u. d. T.: Der betrogene Betrug, o. J.); TABULAE CHRONOLOGICAE [...], 1691; Curiöse Gedancken/Von/Deutschen Brieffen/Wie/ein junger Mensch/sonderlich/ein zukünfftiger POLITICUS/die galante Welt/wol vergnügen soll/In kurtzen [...] Regeln/So dann Jn anständigen [...] Exempeln [...] vorgestellet, 2 Tle., 1691 (NA 1692, 1702,1719); NUCLEUS/LOGICAE [...], 1691 (mehrere NA); NUCLEUS/POLTICAE [...], 1691 (mehrere NA); NUCLEUS ETHICAE [...], 1691 (mehrere NA); Curiöse Gedancken/ Von/Deutschen Versen [...], 2 Tle., 1692 (NA 1692, 1693,1702); Zwey Reden/Auf Unterschiedene [...] Trauer-Fälle/Des Hohen/Chur Hauses Sachsen [...], 1692; Zittauische Rosen bei dem Helden Grabe des Churfürsten zu Sachsen Johann Georg III., 1692; Gelehrter/Redner [...]. 1692 (NA 1693); Poetische Nachricht/Von/Sorgfälltigen Brieffen [...], 1693 (NA 1698, 1701); Freymüthiger/ und/höfflicher/Redner/das ist/ausführliche Gedancken/von der/ PRONUNCIATION und ACTION [...] gründlich und deutlich entworffen, 3 Tle., 1693; Unterthänigste Zeichen/Des Lobes/des Danckens/und des Wünschens/das ist/ Gewisse Trauer-Reden [...], 1694; Comödien/ Probe/Von Wenig Personen/Jn einer ernsthafften Action/Vom Esau und Jacob [...] Nebst einer Vorrede/De/ INTERPRETATIONE DRAMATICE, 2 Tle., 1696; Curieuse Fragen/über die Logica/Welcher Gestalt/die unvergleichliche Disciplin/von/Alten Liebhabern der Gelehrsamkeit/sonderlich aber/von einem/Politico/ deutlich und nutzlich sol erkennet werden [...] 2 Tle., 1696 (NA 1700, 1714); Ausführliche Fragen/über die/Tugend-Lehre/Welchergestalt ein Studirender nach/Anleitung der/ETHICA/sich selbst erkennen [...], 1696 (neubearb. Fass. u. d. T.: Ordentliche Fragen/über die/christliche/Tugend-Lehre [...], 1697; umgearb. Fass. u. d. T.: Eines Christlichen Hertzens/GOtt ergebene Gedancken/über die/Tugend-Lehre [...], 1703); Politische Fragen, das ist Gründliche Fragen von der Politica, 1696; Vertraute/Gespräche/Wie/Der geliebten Jugend/Jm/Jnformations-Wercke/Mit allerhand/Oratorischen/Möchte/gedienet und gerathen seyn [...], 1698; Curiöse Gedancken /von der/ IMITATION [...], 1698; Der Politischen Jugend/ erbaulicher/Zeit-Vertreib [...], 1699; Eine Auffmunterung/Schöner Gemüther [...], o. J. (1699); Neue Proben/Von der vertrauten/Redens-Kunst/ Das ist/Drey Theatralische Stücke [...], 1700; Curieuse Gedancken/von den/ NOUVELLEN/ oder/Zeitungen [...], 1703 (verm. NA 1706); Curieuser Körbelmacher/Wie solcher/auff/dem Zittauischen Theatro [...] 1702 [...] praesentiret worden, 1705; BREVIS CONSPECTUS/SYSTEMATIS/THEOLOGICI [...], 1705; Oratorische Fragen/an statt einer wolgemeinten Nachlese [...], 1706; Oratorisches SYSTEMA/Darinne/ die vortreffliche Disciplin/Jn ihrer/vollkommenen Ordnung/aus richtigen Principiis/vorgestellet/und mit lauter neuen Exempeln/erkläret wird [...], 1707; Ungleich und gleich gepaarete/Liebes-/ ALLIANCE/Wie solche/Vor einigen Jahren/Jn einem/Lust-Spiele/vorgestellet worden [...], 1708 (Mikrofiche-Ausg. in: BDL); Ordentliche/Todes und Sterbens-/Gedancken/Das gantze Jahr hindurch [...] aus gewissen Sprüchen gezogen [...] und herausgegeben, 2 Tle., 1708 (NA u. d. T.: Erbauliche/Trost- und Sterbe-/Andachten/Bestehende Jn CVII. Sterbe-Oden [...], 1720). (Ferner Gelegenheitsged., Schul- u. Einladungsschr. sowie in Gesangbüchern enthaltene Kirchenlieder.)

*Fehlzitate und unsichere Attributionen:* Schau-Platz der Eitelkeit [...], 1668 (Verf. Ernst Müller); Die politische colica [...], 1680 (Verf. Johannes Riemer); Der politische Maulaffe [...], 1680 (Verf. ders.); Der unbekannte Liebhaber [...], um 1681 (Verf.schaft unsicher); De affecto amoris [...], 1724 (Verf.schaft unsicher); NUMINA VIALIA [...], 1725 (Verf. d. gleichnamige Leipziger Theologe); De irreirrando per Deum [...], 1728 (Verf. ders.); Cosmotrophus [...], 1735 (Verf.schaft unsicher); Systema psalmorum metrica, [...], 1740 (Verf. d. gleichnamige Leipziger Theologe); Das Muster eines wahren Weisen [...], 1741 (Verf. M. S. Starck); Ökonomisches Aufklärungsbuch [...], 1791 (Verf.schaft unsicher); Excercitatio de mnemonico Spiritus Sancti [...], o. J. (Verf.schaft unsicher); Untersuchung der Lehre von dem Termin der Gnaden-Zeit, o. J. (Verf.schaft unsicher).

*Ausgaben:* Sämtliche Werke (hg. J. D. LINDBERG, seit 1991 H.-G. ROLOFF unter tw. Mitarbeit v. S. KURA u. G.-H. SUSEN) 25 Bde., 1971ff. – bisher erschienen: I Historische Dramen 1, 1971; II Historische Dramen 2, 1971; III Historische Dramen 3, 1971; IV Biblische Dramen 1, 1973; V Biblische Dramen 2, 1973; VI Biblische Dramen 3, 1988; VIII Biblische Dramen 5, 1976; XI Lustspiele 2, 1976; XII/1 u. XII/2 Lustspiele 3, 1986; XIII Lustspiele 4, 1996; XV Schauspiele 2, 1986; XVI Schauspiele 3, 2002; XVII Romane 1, 2006; XVIII Romane 2, 2005; XIX Romane 3, 2004; XXI Gedichte 2, 1978. – Kurtzer und ordentlicher Inhalt/DER/THEOLOGIE [...], 1710; Eines treuen/und/Christlichen/Vaters/selige/Hauß- und/Schul-Arbeit [...], 1711; Theatralische Sitten-Lehre/Oder dessen/Curiöser Körbel-Macher/und Triumphirende Keuschheit./Wie solche ehedem/ auf dem Zittauischen/THEATRO/ praesentiret worden [...], 1719 (Mikrofiche-Ausg. in: BDL); Tugend-Lieder [...], 1719; Erbauliche/Buß-/und Zeit-/Andachten/Bestehende Jn CXXX. Oden [...]. Aus seinen hinterlassenen/so wol/geschriebenen Collegiis als auch gedruckten/Carminibus mit Fleiß zusammen/colligiret, 1720; Erbauliche Trost- und Sterbe-Andachten, Bestehende Jn CVII. Sterbe-Oden [...] mit allem Fleisse zusammen gesammlet und allen Christlichen Hertzen [...] gewidmet, 1720; Auserlesene Gedichte (hg. K. FÖRSTER) 1838; Bauern Komödie Von Tobias und der Schwalbe [...] (Einl. R. GENÉE) 1882; Schulkomödie Von Tobias und der Schwalbe (mit Einl. hg. O. LACHMANN) 1885; Die boßhafte und verstockte Prinzessin Ulvida aus Dennemarck und Der geplagte und Wiederum erlösete Regnerus [...] (hg. W. v. UNWERTH) 1914; C. W.s Dramen Regnerus und Ulvilda nebst e. Abhandlung zur deutschen und schwedischen Literaturgeschichte (hg. DERS.) 1914 (Nachdr. 1974 u. 1977); Aus der Frühzeit der deutschen Aufklärung. Christian Thomasius und C. W. (hg. F. BRÜGGEMANN) 1928 (NA 1938; Nachdr. 1972); Ein wunderliches Schauspiel vom Niederländischen Bauer (hg. H. BURGER) 1969; Masaniello. Trauerspiel (hg. F. MARTINI, Nachw. E. MANNACK) 2003.

*Nachlaß:* C.-W.-Bibliothek Zittau. – A. KELLER, S. KURA (u. a.), Die W.-Handschriften der C.-W.-Bibliothek Zittau (in: Daphnis 24) 1995.

*Bibliographie:* Goedeke 3 (1887) 278; Albrecht-Dahlke 1 (1969) 1003; IV/1 (1984) 568; Pyritz 2 (1985) 715; Neumeister-Heiduk (1978) 489;

Dünnhaupt 6 (1993) 4179; Schmidt, Quellenlex. 32 (2002) 500. – A. KELLER (u. a.), Beiträge zur C.-W.-Bibliographie 1 (in: Daphnis 24) 1995.

*Literatur:*

*Allgemein zu Leben und Werk:* Zedler 54 (1747) 1057; Jöcher (1751) 1867; Jördens 5 (1810) 244; ADB 41 (1896) 523; Riemann 2 (1961) 906; ErgBd. 2 (1975) 894; LexKJugLit 3 (1979) 779; Killy 12 (1992) 906; LThK $^3$10 (2001) 1032; Theater-Lex. 6 (2008) 3133; DBE $^2$10 (2008) 500; MGG $^2$Suppl.bd. (2008) 1071. – S. GROSSER, De vita et scriptis ~s, 1710 (Mikrofilm-Ausg. New Haven/Conn. 1973); M. PESCHECK, ~ u. Balbin (in: Niederlausitz. Magazin 15) 1837; E. W. H. KORNEMANN, ~ als Dramatiker (Diss. Marburg) 1853; W. HAHN, ‹Der gestürtzte Marggraff von Ancre [...]› v. ~ (in: Archiv 29) 1861; K. G. GLASS, ~s Verdienste um d. Entwickelung d. dt. Dr. (Progr. Bautzen) 1876; H. PALM, ~. E. litt.-hist. Abh. (Progr. Breslau) 1854 (wieder in: H. P., Beitr. z. Gesch. d. dt. Litt. d. 16. u. 17. Jh. [...], 1877; Nachdr. 1977); A. HESS, ~s hist. Dr. u. ihre Quellen (Diss. Rostock) 1893; A. DAU, D. kulturgeschichtl. wichtigsten Romane d. 17. Jh. 1. D. Simplicissimus u. ~s ‹Drei ärgste Erznarren [...]› (Progr. Schwerin) 1894; O. KAEMMEL, ~, e. sächs. Gymnasialrektor aus d. Reformzeit d. 17. Jh. [...], 1897; K. LEVINSTEIN, ~ u. Molière. E. Stud. z. Entwicklungsgesch. d. dt. Lsp. (Diss. Berlin) 1899; A. WEIGEL, Z. Biogr. ~s (in: Mitt. f. Bücherfreunde aus d. Antiquariat, 4. St.) 1902; J. BEINERT, ~s Romane in ihrem Verhältnis zu Moscherosch u. Grimmelshausen (in: Stud. z. vergleichenden Lit.gesch. 7) 1907; E. WILLISCH, D. Ende d. Zittauer Schulkom. (in: Mitt. d. Gesellsch. f. Zittauer Gesch. 4) 1907; O. KARSTÄDT, D. Urbild der Tendenzdichter (in: Jugendschr.-Warte 16) 1908; O. FRANKL, ~s Lsp. E. Beitr. z. dt. Schuldr. am Ausgange d. 17. Jh. (Progr. Olmütz) 1908; P. BLUM, D. Gesch. v. träumenden Bauern in d. Weltlit., 1908; R. BECKER, ~s Romane u. ihre Nachwirkung (Diss. Berlin) 1910; A. WERNER, Städt. u. fürstl. Musikpflege in Weißenfels bis z. Ende d. 18. Jh., 1911; H. MANTHE, ~ u. d. Schuldr. (in: Masken 7) 1914; R. WINDEL, Z. Gesch. d. Schuldr.: ~s ‹Tochtermord› (in: Neue Jb. 36) 1915; W. RICHTER, ~s nord. Dramen ‹Regnerus› u. ‹Ulvilda› (in: Archiv 134) 1916; W. v. UNWERTH, ~s Dramen ‹Regnerus› u. ‹Ulvilda› (in: ZfdPh 47) 1918; H. SCHÖNROCK, D. Zittauer Schulbühne z. Zeit ~s (Diss. masch. Berlin) 1920; E. COHN, Gesellsch.ideale u. Gesellsch.rom. d. 17. Jh., 1921 (Nachdr. 1967); H. SCHAUER, ~s bibl. Dramen, 1921; M. ZARNECKOW, ~s «Politica Christiana» u. d. Pietismus (Diss. masch. Leipzig) 1924; M. SPETER, Grimmelshausens Einfluß auf ~s Schr. (in: Neoph. 11) 1926; F. BRÜGGEMANN, Aus d. Frühzeit d. dt. Aufklärung. Christian Thomasius u. ~, 1928 (NA 1938; Nachdr. d. NA 1966); H. HAXEL, Stud. zu d. Lsp. ~s (1642–1708). E. Beitr. z. Gesch. d. dt. Schuldr. (Diss. Greifswald) 1932; A. HIRSCH, Bürgertum u. Barock im dt. Rom., 1934; W. EGGERT, ~ u. s. Bühne, 1935 (mit Werkbibliogr.); A. H. J. NIGHT, D. Komische in ~s Lsp. (in: GRM 23) 1935; Bänkelgesang u. Singsp. vor Goethe (hg. F. BRÜGGEMANN) 1937; R. KEMPE, E. Schulfachmann u. Dichter aus d. Oberlausitz (in: D. neue Weg 8) 1939; H. WOLFF, Zu ~s Morallehre (in: Monatshefte 36) 1944; E. JACOBSEN, ~ u. Seneca (in: OL 8) 1950; F.-J. NEUSS, Strukturprobleme d. Barockdramatik. Andreas Gryphius u. ~ (Diss. masch. München) 1955; K. WESSELER, Unters. z. Darst. d. Singsp. auf d. Bühne d. 18. Jh. (Diss. Köln) 1955; B. MARKWARDT, Gesch. d. dt. Poetik, I Barock u. Frühaufklärung, $^2$1958; W. VOLKMANN ~, Erzieher u. Dichter (in: Sächs. Heimat 10) 1959; W. DREHER, ~, e. großer Sohn d. Oberlausitz (in: Natur u. Heimat 8) 1959; W. ULRICH, Stud. z. Gesch. d. dt. Lehrged. im 17. u. 18. Jh. (Diss. Kiel) 1959; H. K. KÜFNER, Der Mißvergnügte in d. Lit. d. dt. Aufklärung, 1688–1759 (Diss. Würzburg) 1960; K. SCHAEFER, D. Gesellsch.bild in d. dichter. Werken ~s (Diss. HU Berlin) 1960; H. HARTMANN, D. Entwicklung d. dt. Lsp. v. Gryphius bis ~ (1648–88) (Diss. masch. Potsdam) 1960; H. O. BURGER, D. Gesch. d. unvergnügten Seele. E. Entwurf (in: DVjs 34) 1960 (wieder in: H. O. B., Dasein heißt e. Rolle spielen [...], 1963); J. WICH, Stud. zu d. Dramen ~s (Diss. Erlangen-Nürnberg) 1962; W. RIECK, D. dt. Lsp. v. ~ bis zur Gottschedin (1688–1736) (Diss. Potsdam) 1963; L. RICHTER, D. Zittauer Gymnasium als Mittler zw. tschechischslowakisch-dt. Wiss.- u. Kulturbeziehungen in d. Periode d. Wirkens v. ~ u. Christian Pescheck 1678–1744 (Diss. masch. HU Berlin) 1963; H. HARTMANN, D. Wandlung d. gesellsch. Ideals in d. dt. Lit. d. Periode v. 1648 bis 1688 [...] (in: WZ PH Potsdam, gesellsch.- u. sprachwiss. Reihe 9) 1965; W. HINCK, D. dt. Lsp. d. 17. u. 18. Jh. u. d. italien. Kom., 1965; H. A. HORN, ~ als Erneuerer d. dt. Gymnasiums im Zeitalter d. Barock. Der «Politicus» als Bildungsideal (Diss. Marburg) 1966; M. WINDFUHR, D. barocke Bildlichkeit u. ihre Kritiker, 1966; J. DYCK, Ticht-Kunst. Dt. Barockpoetik u. rhetor. Tradition, 1966

(3., erg. Aufl. 1991); L. FISCHER, Gebundene Rede. Dg. u. Rhetorik in d. lit. Theorie d. Barock in Dtl., 1968; E. PLETT, Stud. z. Lehrhaftigkeit in d. Dramen ~s (Diss. Univ. of British Columbia) 1969; W. BARNER, Barockrhetorik. Unters. zu ihren geschichtl. Grundlagen, 1970; F. GAEDE, Humanismus, Barock, Aufklärung. Gesch d. dt. Lit. v. 16. bis z. 18. Jh., 1971; M. KAISER, Mitternacht, Zeidler, ~. D. protestant. Schultheater nach 1648 im Kampf gegen höf. Kultur u. absolutist. Regiment (Diss. Göttingen) 1972; H. WAGENER, The German Baroque Novel, New York 1973; G. FRÜHSORGE, D. polit. Körper. Z. Begriff d. Politischen im 17. Jh. u. in d. Romanen ~s (Diss. Heidelberg) 1974; A. P. HERRMANN, ~. A Critical Analysis of his Lyrics (Diss. Vanderbilt-Univ.) Nashville 1974; E. M. SZAROTA, Gesch., Politik u. Gesellsch. im Dr. d. 17. Jh., 1976; K. FORSSMANN, Baltasar Gracian u. d. dt. Lit. zw. Barock u. Aufklärung (Diss. Mainz) 1976; A. MARINO, Publikum u. Verbürgerlichung d. lit. Intelligenz (in: Internat. Arch. f. Sozialgesch. d. Lit. 1) 1976; Dt. Barocklit. u. europäische Kultur [...] (hg. M. BIRCHER, E. MANNACK) 1977 (enthält: G. FRÜHSORGE, «Historie» u. «Schauplatz». Thesen z. Verständnis v. «Historie» als Zeitgesch. in d. polit. Dramen ~s; J. LINDBERG, Höfisch oder gegenhöfisch. D. Dramen ~s in neuer Sicht; K. ZELLER, Rhetorik u. Dramaturgie bei ~ am Beisp. d. dramat. Disposition); V. SINEMUS, Poetik u. Rhetorik im frühmodernen dt. Staat, 1978; K. E. MACBRIDE, Vom «Natürlichen» z. «Ungezwungenen». ~s poet. Theorie (Diss. Pittsburgh, Pennsylvania) 1978; H. KOOPMANN, Dr. d. Aufklärung. Komm. zu e. Epoche, 1979; G. METZGER, ~s Werke, deren Ausgaben u. ihre Verbreitung (Mikrofilm-Ausg.) o. J. (ca. 1980); K. ZELLER, Pädagogik u. Dr. Unters. z. Schulcomödie ~s (Diss. München) 1980; M. BEETZ, Rhetorische Logik. Prämissen d. dt. Lyrik im Übergang v. 17. z. 18. Jh. (Diss. Tübingen) 1980; Europäische Hofkultur im 16. u. 17. Jh. [...] 3 (hg. A. BUCK) 1981; W. EMRICH, Dt. Lit. d. Barockzeit, 1981; H. REICHELT, Barockdr. u. Absolutismus. Stud. z. dt. Dr. zw. 1650 u. 1700, 1981; H.-J. GABLER, Geschmack u. Gesellsch. Rhetor. u. sozialgeschichtl. Aspekte d. frühaufklärerischen Geschmackstheorie (Diss. Freiburg/Br.) 1982; G. E. GRIMM, Lit. u. Gelehrtentum in Dtl. Unters. z. Wandel ihres Verhältnisses v. Humanismus bis z. Frühaufklärung (Habil.schr. Tübingen) 1983; K. GÜNZEL, ~ 1642–1708. Versuch e. Würdigung zu s. 275. Todestag [...], 1983; Theater-Lex. (hg. H. RISCHBIETER) 1983; W. HUBER, Kulturpatriotismus u. Sprachbewußtsein, 1984; W. BARNER, ~ (in: Dt. Dichter d. 17. Jh. Ihr Leben u. Werk, hg. H. STEINHAGEN, B. v. WIESE) 1984; H. KÄSTNER, ~ (in: 400 Jahre Gymnasium Zittau 1586–1986, hg. W. HERBST) 1986; G. SASSE, D. Theatralisierung d. Körpers. Zu e. Wirkungsästhetik f. Schauspieler bei ~ u. Bertolt Brecht (in: Maske u. Kothurn 33) 1987; M. SZYROCKI, D. dt. Lit. d. Barock, 1987; G. BRAUNGART, Hofberedsamkeit. Stud. z. Praxis höf.-polit. Rede im dt. Territorialabsolutismus, 1988; R. K. WILSON, Auf d. Spuren d. Höflichkeitsideals im 17. Jh. Versuch e. Darst. d. Verhältnisses v. Anstandstheorie u. Romanpraxis am Beispiel v. Charles Sorels «Polyandre» u. ~s «polit.» Romanen (Diss. Columbia, South Carolina) 1988; M. BEETZ, ~ (in: Dt. Dichter. Leben u. Werk dt.sprach. Autoren 2, hg. G. E. GRIMM, F. R. MAX) 1988; R. THIEL, Constantia oder Klassenkampf? [...] (in: Daphnis 17) 1988; M. KREMER, Bauern-, Bürger- u. Frauensatire in d. Zittauer Komödien ~s (ebd.); W. BARNER, Gegenreformation u. Aufklärung im lit. Barock (in: Aufklärung u. Gegenaufklärung [...], hg. J. SCHMIDT) 1989; V. BEER, D. Entwicklung d. hochschulvorbereitenden Bildung in Zittau v. d. Anfängen bis z. Ggw. 1 (Diss. PH Dresden) 1989; H. ARNTZEN, Satire in d. dt. Lit. 1, 1989; M. BEETZ, Frühmoderne Höflichkeit. Komplimentierkunst u. Gesellsch.rituale im altdt. Sprachraum (Habil.schr. Saarbrücken) 1990; G. J. A. BURGESS, «D. Wahrheit mit lachendem Munde». Comedy and Humour in the Novels of ~, 1990; B. BEI DER WIEDEN, ~ (in: Gedenktage d. mitteldt. Raumes) 1991; T. BRÜGGEMANN (in Zus.arbeit mit O. BRUNKEN), Hdb. z. Kinder- u. Jugendlit. Von 1570 bis 1750, 1991; Europäische Barock-Rezeption [...] (hg. K. GARBER) 1991; S. THIELITZ, ~ in Weißenfels (in: Weißenfelser Bote 1) 1992; ~ 1642–1708. Gedenken anläßl. s. 350. Geb.tages (Red. B. SOMMER) 1993; B. SOMMER, ~, 1642–1708, 1993; ~. Dichter, Gelehrter, Pädagoge. Beitr. z. ersten ~-Symposium aus Anlaß d. 350. Geb.tages, Zittau 1992 (hg. P. BEHNKE, H.-G. ROLOFF, Red. B. SOMMER) 1994 (enthält: G. ARNHARDT, D. Zittauer Rektor ~ [...]. Anm. z. Bestimmung d. hist. Größe d. Pädagogen [...]; B. BECKER-CANTARIO, «Ein böses Weib ist überwunden ...». Zu Bedeutung u. Funktion d. Frauengestalten in ~s Werk; B. BUSCHENDORF, ~s bibl. Dr. ‹Nebucadnezar›. E. höf. Rollenspiel; C. CAEMMERER, ~s Stücke v. dritten Tag als prakt. Übungsteil s. Oratorienlehre; V. DUDECK, D. Zittau ~s; K. Gajek, Z. Rezeption ~s auf d. barocken Schultheater in Schles. u. d. Lausitz; J. Irmscher, ~ als Wegbereiter d. Zeitgesch.; K. Kiesant, Z. ~-Rezeption nach 1945. Überlegungen zu Entwicklungslinien in d. Lit.gesch.schreibung d. DDR; W. Kühlmann, Macht auf Widerruf. D. Bauer als Herrscher bei Jacob Masen SJ u. ~; H.-G. Ottenberg, ~ u. d. Musik s. Zeit; H.-G. Roloff, ~ – damals u. heute; B. Sommer, ~. Verz. d. Forschungslit.; S. Wollgast, Ehrenfried Walther von Tschirnhaus u. ~. E. Freundschaft); G. Cermelli, Modelli storici nel teatro didattico di ~ (in: Annali, Sezione Germanica, N.S. 4) Neapel 1994; M. Beetz, Trost durch Kunst. Z. musikal. Liebesssprache in ~s Ged. ‹Auff ein galantes Clavichordium‹ (in: D. Affekte u. ihre Repräsentation in d. dt. Lit. d. Frühen Neuzeit, hg. J.-D. Krebs) 1996; A. Beise, Untragische Trauerspiele. ~s u. Johann Elias Schlegels Aufklärungsdr. als Gegenwelt z. Märtyrertragödie v. Gryphius, Gottsched u. Lessing (in: WirkWort 47) 1997; A. D. McCredie, Theatre Songs and Scenographic Music for the Schuldramen of ~ [...]. The Importance of the Biblically Based Dramas (in: FS C.-H. Mahling, Hg. A. Beer u. a.) 1997; ~ z. 290. Todestag am 21. Oktober 1998 (hg. U. Kahl) 1998; W. Neuber, «Ich habe mich fast in keiner Sache so sehr bemüht, als in den Episteln». ~s Brieftheorie [...] (in: Daphnis 27) 1998; K. Kiesant, Inszeniertes Lachen in d. Barock-Kom. Andreas Gryphius' «Peter Squenz» u. ~s ‹D. niederländ. Bauer› (in: Komische Gegenwelten, hg. W. Röcke, H. Neumann) 1999; Gesch. d. dt. Kinder- u. Jgd.lit. (hg. R. Wild, 2., erg. Aufl.) 2002; O. Klein, Gymnasium illustre Augusteum zu Weißenfels. Z. Gesch. e. akadem. Gelehrten-Schule im Herzogtum Sachsen-Weißenfels 1, 2003; C.-M. Ort, Medienwechsel u. Selbstreferenz. ~ u. d. lit. Epistemologie d. späten 17. Jh., 2003; A. Schmidt-Wächter, D. Reflexion d. kommunikativen Welt in Rede- u. Stillehrbüchern zw. ~ u. Johann Christoph Adelung [...] (Diss. Leipzig) 2004; M. Hong, Europäische Orientierung in ~s hist. Dramen (in: Kulturelle Orientierung um 1700 [...], hg. S. Heudecker u. a.) 2004; Metzler Autorenlex. [...] (3., aktualisierte u. erw. Aufl., hg. B. Lutz, B. Jessing) 2004; P.-A. Alt, D. Tod d. Königin. Frauenopfer u. polit. Souveränität im Dr. d. 17. Jh., 2004; G. Laudin, Poètes et plumitifs. De l'utilité sociale de la comédie et de la farce dans Peter Squentz d'Andreas Gryphius et ‹Tobias u. d. Schwalbe› de ~ (in: La volonté de comprendre. Hommage à Roland Krebs, hg. U. Grunewald, M. Godé) 2005; R. G. Bogner, E. Bibeltext im Gattungs- u. Medienwechsel. Dt.sprach. Abraham- u. Isaak-Schausp. d. frühen Neuzeit v. Hans Sachs, ~ u. Johann Kaspar Lavater (in: Isaaks Opferung [Gen. 22] in d. Konfessionen u. Medien d. frühen Neuzeit, hg. J. A. Steiger, U. Heinen) 2006; U. Kundert, Ironie d. Aufrichtigkeit. Disputation u. Narration e. kommunikativen Norm (in: D. Kunst d. Aufrichtigkeit im 17. Jh., hg. C. Benthien, S. Martus) 2006; W. Barner, Aufrichtigkeit u. «Lebendigkeit» bei ~, pragmalinguist. betrachtet (ebd.); M. Hong, Gewalt u. Theatralität in Dramen d. 17. u. d. späten 20. Jh. Unters. zu Bidermann, Gryphius, ~, Lohenstein, Fichte, Dorst, Müller u. Tabori (Diss. Göttingen) 2008; W. Beutin u. a., Dt. Lit.gesch. Von d. Anfängen bis z. Ggw. (7., erw. Aufl.) 2008; A. Wicke, Grenzen d. Komischen um 1700. Z. Dissens zw. Johannes Riemer u. ~ über d. Polit. Rom. (in: Anthropologie u. Medialität des Kom. im 17. Jh. (1580–1730), hg. S. Arend u. a.) Amsterdam 2008.

*Zu einzelnen Werken:*

*Bäurischer Machiavellus (= BM):* KNLL 17 (1992) 492. – A. H. Knight, D. Komische in ~s Lsp. (in: GRM 23) 1935; J. Wich, Stud. zu d. Dramen ~s (Diss. Erlangen-Nürnberg) 1962; W. Schubert, ~, BM [...]. Text u. Materialien z. Interpr., 1966; ders., Sprichwort oder Zitat? Z. lat. Rede im BM (in: WB 15) 1969; H. Koopmann, Dr. d. dt. Aufklärung, 1979; H. v. d. Heide, D. frühe dt. Kom. Mitte 17. bis Mitte 18. Jh., 1982; W. Mieder, ~s BM als sprichwortreiches Intrigenspiel (in: Daphnis 13) 1984; B. Greiner, Kom. auf d. Grenze. ~s Schuldr. BM (in: Im Dial. mit d. interkulturellen Germanistik, hg. H.-C. Graf v. Nayhaus, K. A. Kuczinski) 1993.

*Die Drey Ärgsten Ertz-Narren [...] (= E-N):* KNLL 17 (1992) 493. – A. Dau, D. kulturgeschichtl. wichtigsten Rom. d. 17. Jh., I D. «Simplicissimus» u. ~s E-N (Progr. Schwerin) 1894; J. Beinert, ~s Romane in ihrem Verhältnis zu Moscherosch u. Grimmelshausen (in: Stud. z. dt. Lit.gesch. 7) 1907; R. Becker, ~s Romane u. ihre Nachwirkung (Diss. Berlin) 1910; G. Frühsorge, D. polit. Körper [...] (Diss. Heidelberg) 1974; ~, E-N (in: Dt. Rom.führer, hg. I. Klemm) 1991; ~, E-N (in: Reclams Rom.lex. [...], hg. F. R. Max, C. Ruhrberg) 2000; P. Stein, H. Stein, Chrón. d. dt. Lit. [...], 2008.

*Trauerspiel von dem Neapolitanischen Hauptrebellen Masaniello (= M):* KNLL 17 (1992) 49. – E. S. GILMORE, Masaniello in German Literature (Diss. Yale Univ.) 1950; K. S. GUTHKE, ~s M (in: Revue de langues vivantes 25) Brüssel 1959; H. O. BURGER, Dasein heißt e. Rolle spielen [...], 1963; H. WICHERT, ~'s M and the Revolt Plays (in: GLL 20) 1967; F. MARTINI, ~: M. Lehrstück u. Trauersp. d. Gesch. (in: OL 25) 1970; J. RUDOLF, Lebendiges Erbe [...], 1972; ~: M. E. Wortindex (bearb. G. U. GABEL) 1975; W. HÄNDLER, ~s M – e. Bühnenstück? [...] (in: Inszenierung u. Regie barocker Dramen [...], hg. M. BIRCHER) 1976; P. RUSTERHOLZ, Ber. über d. M-Aufführung in Kassel (ebd.); I. M. BATTAFARANO, D. neapolitan. Hof u. d. Aufstand d. Masaniello in d. italien. Chron. d. 17. Jh. [...] 2 (hg. A. BUCK) 1979; K. REICHELT, Barockdrama u. Absolutismus, 1981; E. MANNACK, Gesch.verständnis u. Drama. Zu ~s M (in: Daphnis 12) 1983; T. W. BEST, On Tragedy in ~'s M (in: DVjs 59) 1985; R. THIEL, Constantia oder Klassenkampf? ~s M (1682) u. Barthold Feins «Masagniello furioso» (1706) (in: Daphnis 17) 1988; I. M. BATTAFARANO, Ethik u. Politik. ~s Revolutionsdr. M (in: I. M. B., Glanz d. Barock) 1994; J. KRAEMER, «Dabey die Politique mit jhren alten Regeln nicht zulangen will». Normenkonflikte in ~s M-Trauersp. (in: Weißenfels als Ort lit. u. künstler. Kultur im Barock-Zeitalter, hg. R. JACOBSEN) 1994; B. FISCHER, E. polit. Experiment über d. Bürgerkrieg. ~s M (in: Zs. f. Germanistik, NF 5) 1995; A. FINK-LANGLOIS, Masaniello en Allemagne 1 u. 2 (in: Recherches germaniques 25 u. 26) Straßburg 1995/96; M. LUSERKE, ~, M (in: Dramen v. Barock bis z. Aufklärung) 2000; S. KRAFT, A. MERZHÄUSER, Il caso Masaniello. Z. Bedeutung italien. Modelle d. Rationalität bei ~ u. Barthold Feind (in: Kulturelle Orientierung um 1700 [...], hg. S. HEUDECKER u. a.) 2004; P. STEIN, H. STEIN, Chron. d. dt. Lit. [...], 2008.

*Kurtzer Bericht vom Politischen Näscher (= PN):* K. BORINSKI, Balthasar Gracian u. d. Hoflit. in Dtl., 1894 (Nachdr. 1971); A. HIRSCH, Bürgertum u. Barock im dt. Rom., [2]1957; W. VOSSKAMP, Rom.theorie in Dtl. Von Martin Opitz bis Friedrich v. Blankenburg, 1973; G. FRÜHSORGE, D. polit. Körper [...] (Diss. Heidelberg) 1974; W. HUALA, D. Romane Johann Riemers [...] (Diss. Los Angeles) 1975; J. A. G. BURGESS, «D. Wahrheit mit lachendem Munde» [...], 1990; ~, PN (in: Dt. Rom.führer, hg. I. KLEMM) 1991; ~, PN (in: Reclams Rom.lex. [...], hg. F. R. MAX, C. RUHRBERG) 2000. RM

**Weise,** Christian, * 1717 Weimar, † 27. 2. 1786 ebd.; Geometer u. Schriftst., lebte in Weimar.

*Schriften:* Vollständiger Unterricht vom Tabacksbau im Gebürge, besonders um die Gegend von Zwickau [...] aus eigener Erfahrung aufgesetzt, und alles ausführlich angezeigt, 1780; Pudelnärrische Reiseabentheuer dreyer Königssöhne, 1789.

*Literatur:* Meusel 14 (1815) 473. RM

**Weise,** Claudia, * 10. 9. 1980 Magdeburg; studierte Humanmedizin, neuere dt. Lit.gesch. u. Philos. in Freiburg/Br., 2007 Dr. med. ebd., Ärztin, zudem seit 2007 Mithg. v. «KALLIOPE. Zs. f. Lit. u. Kunst» u. Mitgl. d. Goethe-Gesellschaft.

*Schriften:* Die Geburt der Hyazinthe (Ged., Illustr. H. Apel) 2002; Gelehrtes Freiburg und Umgebung. Dichter-und-Denker-Stadtplan, 2003; Perspektiven einer zukünftigen Medizin und eines sich wandelnden Arztbildes (Mithg.) 2007.

*Literatur:* Autorinnen u. Autoren in Baden-Württ. (Internet-Edition). AW

**Weise,** Erich, * 4. 9. 1895 Krefeld, † 10. 4. 1972 Hannover; absolvierte d. Gymnasium in Königsberg, studierte 1917–20 Gesch., Germanistik, Slawistik u. Rechtswiss. an d. Univ. ebd., 1921 Dr. phil., bis 1922 Ausbildung z. Archivar in Berlin, 1927 Staatsarchivrat in Düsseldorf, 1930 in Königsberg u. 1935 in Berlin, 1939 z. Archivgutschutz n. Polen entsandt, 1942–44 Oberarchivrat in Posen, 1945 in Stade u. seit 1948 in Hannover, 1959/60 Archivdir. u. Vorstand d. Staatsarch. Stade; seit 1931 Mithg. d. «Preußenführers» u. d. «Grenzmarkführers»; Fachschriftenautor.

*Schriften* (Ausw.): Die alten Preußen, 1934 (2., erw. Aufl. 1936); Der Bauernaufstand in Preußen, 1935; Die Memoiren des Stiftes Xanten (bearb.) 1937; Ordo Teutonicus Sanctae Mariae in Jerusalem. Die Staatsverträge des deutschen Ordens in Preußen im 15. Jahrhundert, 3 Bde., 1939–66 (2., verb. Aufl. v. Bd. 1 [= berichtigter Neudr.] 1970); Das Widerstandsrecht im Ordenslande Preußen und das mittelalterliche Europa, 1955; Der Aufbau des Ordensstaates. Ein Werk Europas (wiss. bearb.) 1959; Die Schwabensiedlungen im Posener Kammerdepartement 1799–1804, 1961; Geschichte des Niedersächsischen Staatsarchivs in Stade nebst Übersicht seiner Bestände, 1964; Ost- und Westpreußen (hg.) 1966 (unveränderter Neudr. 1981); Die Amtsgewalt von Papst und Kaiser und die Ostmission besonders in der 1. Hälfte des 13. Jahrhunderts, 1971; Findbuch zum Bestand 27 Reichskammergericht (1500–1648) (bearb., hg. H.-J. SCHULZE) 1981.

*Nachlaß:* Staatsarch. Stade. – Mommsen 7762.

*Literatur:* W. LEESCH, D. dt. Archivare 1500–1945, Bd. 2, 1992. AW

**Weise,** Georg, *26. 2. 1888 Frankfurt/M., †31. 1. 1978 Sorrent/Italien; studierte Kunstgesch. u. Gesch. in Heidelberg, Gießen u. Freiburg/Br., 1912 Dr. phil. Gießen; 1914 Privatdoz., 1920 a. o. und seit 1921 o. Prof. d. Kunstgesch. an d. Univ. Tübingen, 1925 Aufenthalt in Madrid, 1933 von d. Nationalsozialisten beurlaubt, im selben Jahr wieder eingestellt, in d. folgenden Jahren d. «Dritten Reiches» wiederholt überprüft, 1954 emeritiert; seit 1924 mit K. Watzinger Hg. d. «Tübinger Forsch. z. Archäologie u. Kunstgeschichte».

*Schriften* (Ausw.): Königtum und Bischofswahl im fränkischen und deutschen Reich vor dem Investiturstreit (Diss.) 1912; Untersuchungen zur Architektur und Plastik des frühen Mittelalters, 1916; Spanische Plastik aus sieben Jahrhunderten, 4 Bde., 1925–39; Studien zur spanischen Architektur der Spätgotik, 1933; Die geistige Welt der Gotik und ihre Bedeutung für Italien, 1939; Italien und die Welt der Gotik, 1947; Die deutsche und französische Kunst im Zeitalter der Staufer, 1948; Dürer und die Ideale der Humanisten, 1953; Renaissance und Antike, 1953; Die spanischen Hallenkirchen der Spätgotik und der Renaissance, 1953; Die Plastik der Renaissance und des Frühbarock im nördlichen Spanien, 2 Bde., 1957–59; Il Manierismo. Bilancio critico del problema stilistico e culturale, Florenz 1971.

*Literatur:* Munzinger-Arch.; DBE $^{2}$10 (2008) 500. – Hdb. d. dt. Wiss., II Biogr. Verz., 1949; P. BETTHAUSEN u. a., Metzler Kunsthistoriker Lex. Zweihundert Porträts dt.sprach. Autoren aus vier Jh., 1999. RM

**Weise,** Heinz, *23. 8. 1938 Dresden, †7. 7. 2007 ebd.; Diplom-Journalist, langjähriger Ressortchef d. Dresdner Tagesztg. «Die Union», n. 1989 stellvertretender Chefred. d. Wochenztg. «Sachsen-Spiegel», begründete 1991 m. anderen den Verlag «Verlags- u. Publizistikhaus» in Dresden; Verf. u. Hg. v. lokalkundl. Schriften.

*Schriften:* O. J. Bierbaum, Die Yankeedoodle-Fahrt (hg.) 1984; Dresdner Zwinger (Bilder K.-H. Böhle) 1985; Dresden. Silhouetten einer Stadt (Mitverf.) 1985; Radebeul und die Lößnitz, 1986; Mark Meißen. Von Meißens Macht zu Sachsens Pracht (hg.) 1989; Pillnitz (Fotos S. Schmidt) 1990; Dresden (Fotos R. u. R. Rössing) 1990; G. F. Rebmann, Kreuzzüge durch einen Teil Deutschlands (hg.) 1990; Episoden aus dem Lustschloß Pillnitz, 1996; Dresdner Kuriosa. Merk- und denkwürdige Geschichten aus dem 20. Jahrhundert, 2001; «Mei Sechser» und meine Saxer. Alt-Dresdner Typen & Tatsachen, 2004; Puschkin, Prawda und Pelmeni. Mit dem Traktor nach St. Petersburg, 2004. AW

**Weise,** Hermann Karl (Ps. H. W. M. v. Walthausen), *3. 8. 1830 Leipzig, †22. 2. 1918 Dresden; Sohn e. Schuhmachermeisters, erlernte d. väterl. Handwerk, nach achtjähriger Wanderschaft Schuhmacher in Leipzig, später Red., lebte, seit 1881 mit H. v. Walthausen verheiratet, als freier Schriftst. in Dresden; Lyriker u. Bühnenautor.

*Schriften:* Velida oder Das Winzerfest (Liedersp. in 3 Aufzügen, Musik: B. Vogel) 1878; Deutsche Arbeit (Schausp. in 3 Aufzügen, Musik: ders.) 1878; Hermann's Tod (Tr.) 1888; Romane in Liedern und Mädchenliedern, 1889 – 2. Tl. Burschenlieder. Gedichte zum Componieren, Illustrieren und Deklamieren, 1898; Marbod, König der Markomannen (Dr.) 1902; Überraschungen (Lsp.) 1904; Verwandelt (Dr.) 1908. IB

**Weise,** Horst Günther, * 1924 Dresden; n. d. Abitur Soldat im 2. Weltkrieg, 2 Jahre in russ. Kriegsgefangenschaft, 1947 Rückkehr n. Dresden, Kurzausbildung zum Lehrberuf u. mehrere Jahre Lehrer, als polit. Verdächtiger inhaftiert, n. Freilassung 1951 Flucht n. Westberlin, erhielt 1952 e. Stipendium in d. USA.

*Schriften:* Deutschland wohin? Eine Jugend in Zeiten der Wirrnis (Autobiogr.) 2002. AW

**Weise,** Johannes, *9. 1. 1888 Hannover, † 1927 Berlin; besuchte d. Gymnasium in Hannover, 1906 Abitur ebd., studierte Philos. u. Theol. in Berlin, München, Marburg/Lahn u. Erlangen, 1911 Dr. phil. Erlangen, Sekretär d. Dt. Christl. Studentenvereinigung; Fachschriftenautor.

*Schriften:* Die Begründung der Ethik bei Hermann Cohen (Diss.) 1911; Pazifismus und Christentum, 1920 (2., neubearb. Aufl. mit d. Untertitel: Über die Stellung der Christen zur Friedensbewegung, 1924); Die Deutsche Christliche Studenten-Vereinigung (DCSV). Ihr Werden und ihre Ziele, 1920 (Mikrofilm-Ausg. 1981); Oswald Spenglers Untergang des Abendlandes. Skeptische oder christliche Geschichtsauffassung, 1921; Jesus. Der biblische Weg zu ihm. Ein Bibelstudium, 1923 ([5]1931). AW

**Weise,** Karl, * 19. 11. 1813 Halle/Saale, † 31. 3. 1888 Freienwalde/Oder; Sohn e. Zimmermanns, machte e. Drechslerlehre u. ging dann für einige Jahre auf Wanderschaft, unterbrochen v. längeren Aufenthalten in Ruhla u. Buttstädt/Thür., 1842–48 in Berlin. Nach Ablegung s. Meisterprüfung (Ende 1848) ließ er sich als Drechslermeister in Freienwalde/Oder nieder, als dichtender Handwerker wurde er als «Freienwalder Hans Sachs» bek., 1872 gründete er e. eigenen Verlag u. gab u. a. seit 1882 den ersten Heimatkalender für Freienwalde heraus. 1881 Mitgl. d. Schillerstiftung in Frankfurt/M.; Erz. u. Lyriker.

*Schriften:* Gedichte. I Blumen der Wälder. Zur Erinnerung an Freyenwaldes Fluren, 1858; Schiller. Ein Gedenkblatt an die Feier seines 100jährigen Geburtstages, 1859; Die Braut des Handwerkers. Mit einem Anhange vermischten Inhalts, [4]1861; Familienleben. In Dichtungen. Dem deutschen Volke, 1864; Lorbeer und Rose. Neue Dichtungen. I Georg Derfflinger. Sonette, 1864; Aus dem Volke. Neue Dichtungen. I Die Läuter aus dem Ruhlathale, 1866; Lorbeer und Rose. Vaterländische Gedichte, 1869; Volksharfe (Ged.) 1872 (2. Aufl. mit d. Untertitel: An die Töchter aus dem Volke, 1875); Neuester Führer durch Freienwalde an der Oder und seine Fluren, 1874 (Mikrofiche-Ausg. o. J.); Aus des Volkes Tiefen. I Ein neues Zion, II Marie, eine Tochter aus der Armuth Hütte, 1879; Aus dem Jugendleben eines Handwerkers. Neue Lebensbilder nach eigenen Erlebnissen niedergeschrieben, 1880; Weihnachtserlebnisse einer Handwerkerfamilie, 1882; Friedrich Wilhelm von Braunschweig-Oels. Vaterländische Dichtung in 30 Gesängen (Vorw. F. BODENSTEDT) 1883; Der Gelegenheitsdichter (Erz.) 1884; Aus verklungenem Wanderleben. Der Besuch aus Pommern (Erz.) 1885; Die deutsche Handwerkerbraut, 1886; Aus Kaiser Wilhelms Jugendtagen, 1887; Vertraue auf Gott und deinen Kaiser und 3 andere Erzählungen (hg. mit e. Biogr. d. Dichters v. S. v. NAPOLSKI) 1893.

*Literatur:* ADB 41 (1896) 537; Schmidt, Quellenlex. 32 (2002) 507. – S. v. NAPOLSKI, ~, e. Sänger nach d. Herzen d. Volkes. Sein Lb., 1890; W. SEELMANN, D. plattdt. Lit. des 19. Jh. 2 u. 3., 1896 u. 1915; T. FONTANE, Schr. u. Glossen z. europ. Lit. 2 (ausgew., eingel. u. erl. v. W. WEBER) 1967; E.-O. DENK, Neueste Ergebnisse z. ~- Forsch. (in: Heimatkalender für d. Kr. Freienwalde 32) 1988; DERS., ~ – e. Heimatdichter des Oberbarnim 1813–1888. Anläßl. s. 100. Todestages, 1989; U. PFEIL, ~ u. Victor Blüthgen – zwei Poeten in Freienwalde (in: Von Dichtern, Romanciers u. a. Leuten d. Mark Brandeburg [ohne Hg.]) 1994; H. WEISSPFLUG, «Hans Sachs» von Bad Freienwalde (in: Berlin. Monatsschr. 3/99) 1999; M. ZABEL, ~ (in: Brandenburg. Biogr. Lex., hg. F. BECK u. E. HENNING) 2002; Musen u. Grazien in d. Mark [...]. E. hist. Schriftst.lex. (hg. P. WALTHER) 2002; R. BERBIG, Theodor Fontanes Akte der Dt. Schiller-Stiftung. Mit e. unveröff. Gutachten Fontanes für ~ (in: Spielende Vertiefung ins Menschliche. FS für Ingrid Mittenzwei, hg. M. HAHN) 2002. IB

**Weise,** Karl (Ps. Horst Thorsen), * 27. 11. 1889 Fraulautern (heute Stadttl. v. Saarlouis), Todesdatum u. -ort unbek.; Kulturreferent im Reichspropaganda-Amt Schleswig-Holst. in Kiel, lebte nach d. 2. Weltkrieg in Flensburg; Erz. u. Dramatiker.

*Schriften:* Heimatklänge, 1925; Der Handschlag, 1925; Erlöste Erde. Ein Spiel vom deutschen Arbeitsdienst in 3 Aufzügen, 1934; Kamerad Steinberger. Eine Lagerszene aus dem Arbeitsdienst in 2 Bildern, 1935; Bauer Thaysen (Schausp.) 1937; Carsten Holm. Dramatische Ballade in 7 Bildern, 1940; In der Kelter Gottes. Die Berufung des Michael Kreutz, 1949; Doch nicht vergeblich ...!, 1950; Die versunkene Stadt und In letzter Stunde, 1950; Wunderbare Wege (Erz.) 1953.

*Literatur:* E. STOCKHORST, 5000 Köpfe. Wer war was im 3. Reich, 1967. IB

**Weise,** Karl-Heinz, * 6. 2. 1924 Herne/Westf.; absolvierte d. Volksschule, danach im Hochbau tätig, 1942–45 Teilnahme am 2. Weltkrieg bei d. Kriegsmarine, bis 1947 in brit. Gefangenschaft in Ägypten, seit 1960 hauptberufl. Schriftst. u. auch Maler, verf. Beitr. f. über 80 Tagesztg., Ws., Mschr. u. Rundfunkanstalten in Dtl., Öst. u. d. Schweiz, lebt seit 1966 in Lindsay/Kanada; Kinder- u. Jgdb.autor.

*Schriften:* Wettkampf der Frösche und andere Erzählungen (Zeichnungen R. v. Hagen-Torn)

1961; Bären in Kanada, 1963; Die letzte Fahrt der Silbermöwe, 1964; Kaschmadi, der Schiffsjunge, 1967; Martinas kleine Welt (Zeichnungen u. Schrift H. Wahle) 1969 (Neuausg. 1974; NA 1983); Wir suchen Gold in Kanada (Zeichnungen E. Hauner) 1969; Antje im Holunderbaum (Illustr. E. Hempel, Schreibschrift K. Bogs) 1971 (Neuausg. 1976); Graf Bettel und seine Dienstherren. Die Erlebnisse eines Hundes, 1974; Tiergeschichten, o. Jahr.

*Literatur:* Westfäl. Autorenlex. 4 (2002) 885 (auch Internet-Edition). AW

**Weise,** Katharina, * 14. 4. 1888 Stettin, Todesdatum u. -ort unbek.; lebte bis 1944 in Stettin, dann in Hildesheim u. später in Braunschweig, Weiteres nicht bekannt; Lyrikerin.

*Schriften:* Aussaat. Gedichte, 1908.

*Literatur:* M. GEISSLER, Führer durch d. dt. Lit. d. 20. Jh., 1913; F. RAECK, Pommersche Lit.- Proben u. Daten, 1969. IB

**Weise,** Kathleen, * 11. 9. 1978 Leipzig; studierte 1997–2000 Prosa, Dramatik u. Neue Medien am Dt. Lit.inst. Leipzig, seit 2003 freiberufl. Lektorin u. Autorin, zudem seit 2004 ehrenamtl. Mitarb. d. Lit.büros Leipzig; Erzählerin.

*Schriften:* Code S2 (Jugendrom.) 2007; Langer Schatten (Jugendrom.) 2008. AW

**Weise,** Klara → Cron, Klara.

**Weise,** Lina (Ps. f. Antje Eva Schnabl), * 1958 Havelberg/Sachsen-Anhalt; studierte Wirtschaftsrecht in Leipzig, bis 1989 Juristin in d. Wirtschaft in Ostberlin, arbeitet seit 1990 bei e. Versicherungsgesellsch. in Hamburg, lebt in Buchholz bei Hamburg.

*Schriften:* ... und was ist mit Liebe. Dreizehn Episoden aus dem Leben von Annasofie (Zeichnungen K. Adler) 2000; Poesie der Verwandlung. Lyrik und Fotografien, 2001; Im Osten geht die Sonne auf. Eindrücke aus China, 2006; Rückweg mit leichtem Gepäck. Kurzgeschichten, 2008. AW

**Weise,** Lisa (Ps. E. Liß-Blanc), * 21. 11. 1864 Frankfurt/O., Todesdatum u. -ort unbek.; Tochter e. Fabrikanten, wuchs in Frankfurt/O. auf, studierte Musik, 1887 Übersiedlung nach Dresden, Schriftst., unternahm Reisen durch Dtl., Italien u. Frankreich.

*Schriften:* Moderne Menschen. Skizzen aus und nach dem Leben, 1893; Der entthronte Amor. Drei Novellen, 1894 (NA 1900); Standesgemäß. Roman aus der Gegenwart, 1894; Lebensfreude. Sonnige Geschichten, 1896; Disharmonien und anderes (Rom.) 1898; Salonmüde. Zwei Novellen, 1899; Unfreie Liebe (Rom.) 1901. RM

**Weise,** Lore (geb. Mattheis), * 20. 6. 1936 Hannover; Doz. an d. Kreismusikschule Gifhorn/Nds., lebt im Ruhestand in Schwülper/Nds.; Erzählerin.

*Schriften:* Taktlose Füße (Rom.) 2003; Lose Zungen (Rom.) 2005; Baß erstaunt (Rom.) 2007. AW

**Weise,** Lothar, * 1931 Ebersbach/Sachsen, † 1966 (Ort unbek.); gelernter Textil-Ingenieur; Verf. v. phantast.-utop. Rom., tw. zus. mit Kurt Herwarth → Ball (eig. Joachim Dreetz).

*Schriften:* Alarm auf Station Einstein (mit K. H. BALL) 1957; Signale von der Venus (mit DEMS.) 1958; Brand im Mondobservatorium (mit DEMS.) 1959; Das Geheimnis des Transpluto. Wissenschaftlich-phantastischer Roman, 1962; Unternehmen Marsgibberellin. Wissenschaftlich-phantastischer Roman, 1964; Im Eis des Kometen (mit K. H. BALL) 1968.

*Literatur:* O. R. SPITTEL, Science Fiction in d. DDR. Bibliogr., 2000; R. STEINLEIN, H. STROBEL, T. KRAMER, Hdb. z. Kinder- u. Jugendlit. SBZ/DDR v. 1945 bis 1990, 2006. IB

**Weise,** Maria, * 23. 5. 1967 (Ort unbek.); Finanzkauffrau, im Bereich Telefonmarketing tätig, lebt in Hennef/Nordrhein-Westf.; Erzählerin.

*Schriften:* Heile Welt, warum bröckelst du? (Rom.) 2006. AW

**Weise,** Martin, * 20. 11. 1891 Eibau/Sachsen, † 23. 6. 1952 Greifswald; Lehrer, Stud.rat, Doz. am Pädagog. Inst. d. TH Dresden, lebte ebd. (1931); Fachschriftenautor.

*Schriften:* Der einheitliche Aufbau des gesamten Erziehungswesens, 1924; Paul Oestreich und die Entschiedene Schulreform, 1928. AW

**Weise,** Melitta → Jenetzky, Melitta.

**Weise,** N. d. → Wehnge, Joachim Rüdiger.

**Weise,** (Friedrich) Oscar (Oskar), * 31. 1. 1851 Schmölln/Sachsen, † 5. 5. 1933 Eisenberg/Thür.;

Sohn e. Fleischermeisters, besuchte d. Bürgerschule in Schmölln u. d. Gymnasium in Altenburg, studierte ab 1870 Klass. Philol. u. Sanskrit in Jena u. Göttingen, 1873 Dr. phil. Göttingen, Sprachlehrer an d. höheren Schule in Bad Harzburg; 1874 Probe- u. Hilfslehrer, ab 1875 o. Lehrer u. ab 1888 Hauptlehrer f. Dt., Lat. u. Griech. am Gymnasium in Eisenberg, 1888 Ernennung z. Prof., 1919 emeritiert; 1893 Stud.reise nach Italien, 1899 Teilnehmer e. archäolog. Lehrganges d. Dt. Reiches in Florenz, Neapel u. Paestum; 1899–1924 Vorsitzender u. seit 1924 Ehrenvorsitzender d. Gesch.- u. Altertumsforschenden Ver. in Eisenberg.

*Schriften* (Ausw.): Die griechischen Wörter im Latein. Gekrönte Preisschrift, 1882 (Nachdr. 1964); Die Altenburger Mundart, 1889; Charakteristik der lateinischen Sprache. Ein Versuch, 1891 (4., verb. Aufl. u. d. T.: Charakteristik der lateinischen Sprache, 1909; auch französ.); Unsere Muttersprache, ihr Werden und Wesen, 1895 (zahlr. Aufl.); Schrift- und Buchwesen in alter und neuer Zeit, 1899 (4., verb. Aufl. 1919); Die deutschen Volksstämme und Landschaften, 1900 (5., völlig umgearb. Aufl. 1917); Deutsche Sprach- und Stillehre. Eine Anleitung zum richtigen Verständnis und Gebrauch unserer Muttersprache, 1901 (5., verb. Aufl. 1923); Ästhetik der deutschen Sprache, 1903 (5., verb. Aufl. 1923); Unsere Mundarten, ihr Werden und ihr Wesen, 1910 (Nachdr. d. 2., verb. Aufl. [1919] 1971); Blicke in das Leben und das Wesen unserer deutschen Sprache, 1923; Die deutsche Sprache als Spiegel deutscher Kultur. Kulturgeschichtliche Erörterungen auf sprachlicher Grundlage, 1923; Wanderungen auf dem Gebiete der deutschen Sprachgeschichte und Wortbedeutung, 1923.

*Herausgebertätigkeit* (Ausw.): Musterstücke deutscher Prosa zur Stilbildung und zur Belehrung, 1903 (mehrere Aufl.); F. Polle, Wie denkt das Volk über die Sprache? Plaudereien über die Eigenart der Ausdrucks- und Anschauungsweise des Volkes (3., verb. Aufl.) 1904 (mehrere Aufl.); L. Cholevius, Dispositionen und Materialien zu deutschen Aufsätzen, (12., völlig umgearb. Aufl.) 4 Bde., 1907; Deutsche Redensarten. Sprachlich und kulturgeschichtlich erläutert von Albert Richter (3., verm. Aufl.) 1910 (mehrere Auflagen).

*Literatur:* IG 3 (2003) 2001. – Geh. Studienrat Prof. Dr. ~ (in: Mitt. d. Gesch.- u. Altertum-Ver. zu Eisenberg in Thüringen u. d. Ver. f. Gesch. u. Altertumsforsch. zu Stadtroda in Thür. 45) 1934.

RM

**Weise,** Otfried Reinhard (Ps. Devanando), * 7. 5. 1943 Waldenburg/Schles.; studierte u. a. Geographie u. Geologie in Würzburg, 1967 Dr. rer. nat. u. 1974 Habil. ebd., 35 Jahre in d. Erwachsenenbildung tätig, danach Natur- u. Ernährungswissenschaftler, Psychologe, Astrologe, Konstitutionsforscher u. spiritueller Berater, Leiter des Tabula Smaragdina Inst. u. Verlags in Würzburg u. Höhenberg/Niederöst.; Verf. v. Gesundheitsratgebern.

*Schriften* (Ausw., ohne geograph. Fachschr.): Melone zum Frühstück. Abenteuergeschichten über gesundes, genußreiches Essen, 1991 (Neuausg. 2000); Harmonische Ernährung. Wie Sie bewußter werden und Ihre persönliche, gesunde Ernährung intuitiv selbst finden (mit J. P. Frederiksen) 1991 (4., erw. Aufl. 1993); Die Fünf «Tibeter»-Feinschmecker Küche (mit ders., hg. V. Z. Karrer u. M. Miethe) 1993 ([10]1999); Zur eigenen Kraft finden. Harmonisch leben und essen mit den vier Elementen und Ayurveda, 1995 (Neuausg. mit d. Untertitel: Typusgerechte Ernährung für optimale Gesundheit und Wohlbefinden, Vorw. B. Rütting, 2002); Sanfte Darmreinigung zu Hause. Mit Ayurveda zu neuem Wohlbefinden (mit N. Eschmann) 1997; Entschlackung, Entsäuerung, Entgiftung. Das Praxisbuch zur Körperreinigung, 2000; Die sieben kosmischen Strahlen. Ein Weg zu wahrer Selbsterkenntnis, 2000; Der Weg zu Liebe und Weisheit. Sinn und Ziel auf dem Lernplaneten Erde, 2001.

AW

**Weise,** Sonya, * 1954 Karlsruhe; studierte Musik m. Schwerpunkt Gesang an d. Hochschulen in Karlsruhe u. Würzburg, Gesangspädagogin in Karlsruhe, zudem Bühnenauftritte als Sängerin u. Schauspielerin; Lyrikerin.

*Schriften:* Gedanken der Ruhe (Ged.) 1988.

*Literatur:* Ich schreibe, weil ich schreibe. Autorinnen d. GEDOK. E. Dokumentation (hg. I. Hildebrandt u. R. Massmann) 1990.

AW

**Weisel,** Georg Leopold, * 1804 Preßnitz/Böhmen, † 31. 3. 1873 Neumark/Böhmen; Sohn e. Hausierers, studierte Medizin in Prag an dt. Univ., Spitalsarzt in Klattau, seit 1840 Wund- u. Entbindungsarzt in Neumark, konvertierte (wegen s. Heirat) v. jüd. z. kathol. Glauben; verf. (nicht selbständig erschienene) Nov. u. Erz. z. Themenkreis d. jüd. Lebens.

*Schriften:* Aus dem Neumarker Landestor. Die Volkskunde eines Aufklärers (hg. J. BLAU) 1926.

*Literatur:* S. WININGER, Große Jüd. National-Biogr. 6, 1932; J. WEINMANN, Egerländer Biogr. Lex. 2, 1987; Hdb. öst. Autorinnen u. Autoren jüd. Herkunft 18. bis 20. Jh. 3, 2002. IB

**Weiselberger,** Carl (Ps. Carl W. Berger), * 4. 3. 1900 Wien, † 28. 4. 1970 Victoria/British Columbia/Kanada; absolvierte d. Handeslakad., 1921–34 Fremdsprachenkorrespondent (Italien. u. Französ.) im Bankverein, ab 1934 freier Schriftst. u. Journalist, schrieb Kurzgesch., Ess. u. Abh. über Kunst u. Musik u. a. für «Neues Wiener Journal», «Wiener Tag» (in d. ab Oktober 1937 in Forts. s. Rom. «Die Zeit ohne Gnade» erschien), «Neues Wiener Abendbl.» u. «Bühne». Im April 1939 Flucht nach London, im Mai 1940 als feindlicher Ausländer auf d. Isle of Man interniert u. 2 Monate später nach Kanada deportiert. Bis 1943 in Lagern in New Brunswick u. Sherbrooke/Prov. Quebec festgehalten. Nach s. Entlassung Übersetzer u. Dolmetscher bei d. staatl. Briefzensur in Ottawa. Nach Kriegsende zunächst Korrektor, ab 1946 freier Mitarb. u. später Kunst- u. Musikkritiker mit e. eigenen, einmal wöchentl. erscheinenden Spalte d. Tagesztg. «Ottawa Citizen» in Ottawa. Unter s. Ps. schrieb er Artikel für d. «New Yorker Staatsztg. u. Herold». Vermittler öst. Kultur u. Lit. in Kanada, ab den 50er Jahren Mitarb. d. Wiener Ztg. «Das Neue Öst.» u. «Die Presse». Trat 1968 in d. Ruhestand u. übersiedelte aus gesundheitl. Gründen nach Victoria.

*Schriften:* Der Rabbi mit der Axt. 30 Kurzgeschichten (hg. H. HARTMANSHENN u. F. KRIEGEL) Victoria/British Columbia 1973; Eine Auswahl seiner Schriften (hg. P. LIDDELL u. W. RIEDEL) Toronto 1981; Zum Olymp, wenn ich bitten darf! 12 Dichterkameen (hg. W. RIEDEL) Vancouver 1982; Bridges. Sketches of Life, Artists, And the Arts That Join the Old World and the New (hg. P. LIDDELL u. W. RIEDEL) Winnipeg, 1987.

*Nachlaß:* Univ. of Victoria, McPherson Library, Special Collections. – Hall-Renner ²355; Spalek/Hawrylchak 3/1,529.

*Literatur:* Spalek 2/2 (1989) 1213; 4/3 (1994) 1971; LöstE (2000) 675. – P. LIDDELL u. W. RIEDEL, D. Erzähler u. Journalist ~ (in: Dt.kanad. Jb. 6) Toronto 1981; K. GÜRTTLER, Späte Würdigung: ~s lit. Nachlaß (in: ebd. 7) ebd. 1983; DIES., ~s ‹Z. Olymp [...]› (ebd.); W. RIEDEL, ‹Im großen Menschenkäfig›: ~s Erz. aus d. kanad. Internierung (in: Seminar XIX/2) 1983; DERS., An Austrian in Ottawa. ~'s Canadian Experience (in: The Old World and The New World [...], hg. W. R.) Toronto 1983; DERS., ~, e. öst. Exilschriftst. (in: LK 19) 1984; DERS., ~'s ‹Dichterkameen›. E. Exildokument aus Kanada [zu ~s ‹Zum Olymp, wenn ich bitten darf!›] (in: Exil 7) 1987; DERS., The Lost Shadow: Henry Kreisel's and ~'s Use of Adelbert v. Chamisso's Literary Motif (in: Canadian Rev. of Comparative Lit. XIV/2) Edmonton 1987; DERS., Exiled in Canada: Literary and Related Forms of Cultural Life in the Internment Camps (in: Yearbook of German-American Stud. XXIV) Lawrence 1989. IB

**Von dem weisen Mann und seinem Sohn,** sog., diese geistl. didakt. Dg. in Form e. Vater-Sohn-Lehre ist in d. Hs. Karlsruhe, LB, cod. Karlsruhe 408, überl., stammt aus d. 14. Jh. u. umfaßt 232 Reimpaarverse. Gegenstand d. Lehre sind d. zehn Gebote, d. Werke d. christl. Barmherzigkeit u. d. sieben Todsünden. Auffällig sind (oft einleitende) Begründungen u. Verheißungen, d. einzelnen Lehrstücke werden aber nur wenig expliziert.

*Ausgaben:* Erzählungen aus altdeutschen Handschriften (hg. A. v. KELLER) 1855 (Mikrofiche-Ausg. in: BDL); Codex Karlsruhe 408 (bearb. U. SCHMID) 1974.

*Literatur:* de Boor-Newald 3/2 (1987) 117; VL ²10 (1999) 823. RM

**Weisenberg,** Wawa → Nöstlinger, Christine (zusätzl. Ps.).

**Weisenborn,** Günther (Günter) (Ulrich Carl) (Ps. W. Bohr, Eberhard Foerster, Christian Munk), * 10. 7. 1902 Velbert/Rhld., † 26. 3. 1969 West-Berlin; wuchs in Velbert u. seit 1912 in Opladen auf, 1918 Begründer u. Leiter d. «Bergischen Spielgemeinschaft» in Opladen, 1920 Schulabbruch u. Beginn e. kaufmänn. Lehre, ab 1921/22 Schulbesuch in Köln-Deutz, ab 1923 Stud. d. Theaterwiss., Germanistik, Theol. u. Philos. an d. Univ. Köln, freier Mitarb. d. «Opladener Ztg.», ab 1923/24 Stud. d. Medizin u. Germanistik an d. Univ. Bonn, 1924 Hilfsdramaturg am Theater in Mönchengladbach, 1925 Gründer u. Leiter d. «Bonner Studentenbühne», 1925/26 Kritiker an d. «Rhein. Ztg.», 1926/27 Dramaturg, Hilfsregisseur u. Schauspieler an d. Schausp.bühne Godesberg u. 1927/28 am Bonner Stadttheater, 1927 Dr. phil., lebte u. arbeitete als sozialist. engagierter Dramatiker u.

Schriftst. 1929 in Berlin, 1930/31 als Lehrer, Postreiter u. Farmer in Argentinien u. seit 1931 wieder in Berlin. Zus.arbeit mit Bertolt → Brecht, Hanns → Eisler (ErgBd. 3) u. Slatan Dudow (u. a. Dramatisierung v. Maxim Gorkis Rom. «D. Mutter»). S. Stück «Warum lacht Frau Balsam» wurde nach d. Machtübernahme d. Nationalsozialisten u. d. Uraufführung (im März 1933) sofort verboten, W. galt als unerwünschter Autor, konnte aber (tw. unter Ps.) weiterschreiben u. wurde trotzdem in d. Reichsschrifttumskammer aufgenommen (Ausschluß 1944), leitete mit Trude Hesterberg das v. ihr im Nov. 1933 gegr. Kabarett «D. Musenschaukel», welches 1934 geschlossen wurde. 1937 Emigration in d. USA, Lokalreporter d. «Dt. Staatsztg.» in New York, nach wenigen Wochen Rückkehr nach Berlin als lit. Vertreter d. Filmfirma Metro-Goldwyn-Mayer, stand in Kontakt mit d. Widerstandsgruppe «Rote Kapelle», 1940 beim Rundfunk tätig, Leiter d. Kulturred. u. 1942 d. Korrespondentenzentrale d. «Großdt. Rundfunks», spielte (nach eigenen Angaben) d. «Roten Kapelle» Informationen zu; 1941 Dramaturg am Berliner Schillertheater. Wurde 1942 mit s. Frau Joy → W. (geb. Margarete Schnabel) von d. Gestapo verhaftet, d. Hochverrats angeklagt u. in d. Gefängnissen Spandau, Berlin-Moabit u. Luckau/Niederlausitz inhaftiert, im Mai 1945 Befreiung durch d. Rote Armee, kurzzeitig Bürgermeister v. Luckau, dann in Berlin, mit K.-H. Martin Begründer u. Chefdramaturg am Hebbel-Theater ebd., 1946–48 Mithg. d. satir. Zs. «Ulenspiegel», lebte seit 1948 in Engelswies am Bodensee, seit 1951 in Hamburg (bis 1952 als Chefdramaturg d. Hamburger Kammerspiele), begr. ebd. mit Hans Henny → Jahnn, Erwin (Friedrich Max) → Piscator u. a. ein «Dramaturg. Kollegium», 1952 Gründer d. «Dt. Akad. d. darstellenden Künste», lebte seit 1964 in West-Berlin, Engagement gg. atomare Aufrüstung d. Bundeswehr. Unternahm Reisen u. a. nach Prag u. Warschau (1956), China (1956 u. 1961, Begegnung mit Mao), nach Moskau u. in d. Sowjetunion (1961 u. 1968), London (1956 u. 1966) u. New York (1966). Mitgl. u. a. der Akad. d. Künste Hamburg, korrespondierendes Mitgl. d. Dt. Akad. d. Künste Ost-Berlin; Bundesfilmpreis (1956) u. a. Auszeichnungen.

*Schriften und Ausgaben:* Barbaren. Roman einer studentischen Tafelrunde, 1931 (Tb.ausg. 1992); Das Mädchen von Fanö (Rom.) 1933 (mehrere Aufl., 1941 verfilmt); Die Furie. Roman aus der Wildnis, 1937 (Neuausg. 1998); Die einsame Herde. Buch der wilden, blühenden Pampa, 1937 (Neuausg. 1983); Traum und Tarantel. Buch von der unruhigen Kreatur, 1938; Die Silbermine von Santa Sabina. Roman aus Südamerika, 1940; Die Illegalen. Drama aus der deutschen Widerstandsbewegung (Einl. F. LUFT) 1946 (Tb.ausg., Nachw. H. MAYER, 1955); Historien der Zeit, enthaltend die Dramen: Babel, Die guten Feinde, Die Illegalen (Vorw. P. RILLA) 1947; Memorial, 1948 (mehrere Aufl., Neuausg. 1976); Ballade vom Eulenspiegel, vom Federle und von der dicken Pompanne. Auf dem Theater dargestellt mit Prolog und Chören und nach alten Schwänken, 1949 (NA 1961); Spanische Hochzeit. Ein kleines Schauspiel, 1949; Die Neuberin. Komödiantenstück, 1950; Spiel vom Thomaskantor. Aufzuführen zur Ehre des Meisters aller Musik. Nach alten Berichten verfaßt, 1950; Der lautlose Aufstand. Bericht über die Widerstandsbewegung des deutschen Volkes 1933–1945. Nach dem Material von Ricarda Huch (hg.) 1953 (2., verm. u. verb. Aufl. mit d. Zusatz: Nach dem Material von Ricarda Huch und Walter Hammer, 1954); Dramatische Balladen (Vorw. M. SCHROEDER) 1955 (enthält: Die Illegalen, Ballade vom Eulenspiegel [...], Die Neuberin); Der dritte Blick (Rom.) 1956 (Tb.ausg. 1960); Das verlorene Gesicht. Die Ballade vom lachenden Mann (Schausp.) 1956 (veränderte NA u. d. T.: «Lofter» oder Das verlorene Gesicht. Die Theater-Ballade vom lachenden Mann, 1959); Auf Sand gebaut (Rom.) 1956; Göttinger Kantate. Den Aufruf der achtzehn Wissenschaftler und die großen Gefahren unseres Jahrhunderts szenisch darstellend, als öffentliche Warnung niedergeschrieben, 1958 (Neuausg., Vorw. R. JUNGK, 1984); Schiller und das moderne Theater (Vortrag) 1959; Chu Suchen, Fünfzehn Schnüre Geld. Ein altchinesisches Bühnenstück. Auf das europäische Theater gebracht (übers.) 1959; Am Yangtse steht ein Riese auf. Notizbuch aus China, 1961; Der Verfolger. Die Niederschrift des Daniel Brendel, 1961 (Neuausg. 1977 u. 1979); Theater in China und Europa (Vortrag) o. J. (1962); Der gespaltene Horizont. Niederschriften eines Außenseiters, 1964; Theater, 4 Bde., 1964–67; Die Clowns von Avignon. Klopfzeichen. Zwei nachgelassene Stücke (hg. H. D. TSCHÖRTNER) 1982; Memorial. Der gespaltene Horizont (Nachw. H.-J. BERNHARD) 1982; G. W., Joy W., Einmal laß mich traurig sein. Briefe, Lieder, Kassiber 1942–1943 (hg. E. RAABE) 1984 (erw. Neuausg. u. d. T.: Wenn wir endlich frei sind. Briefe, Lieder, Kassiber 1942–1945, Einl. H. FINKE, hg. E. RAABE, 2008); Die einsame Herde [Kdb.] 1989; Die Reiherjäger und andere Hörspiele (hg. H.-D. TSCHÖRTNER) 1990; Das Gesetz der Wildnis. Fünfzig Abenteuergeschichten, 1994. (Ferner ungedr. Theaterst., Hörsp. u. Drehbücher.)

*Nachlaß:* Lit.arch. d. Akad. d. Künste Berlin; Teilnachlaß seit 1987 im DLA Marbach.

*Literatur:*

*Allgemein zu Leben und Werk:* KLG; Munzinger-Arch.; Albrecht-Dahlke II/1 (1972) 620; IV/2 (1984) 699; Lennartz 3 (1984) 1824; Killy 12 (1992) 215; NHdG (1993) 1134; Autorenlex. (1995) 827; Schmidt, Quellenlex. 32 (2002) 508; DBE [2]10 (2008) 500; Theater-Lex. 6 (2008) 3139. – H. U. EYLAU, Interview mit ~ (in: Aufbau 2) 1946; H. REIN, D. neue Lit. Versuch e. ersten Querschnitts, 1950; K. NOVER-PILARTZ, Interview mit ~ (in: Heute und morgen 6) 1952; R. WINTZEN, Recontre avec ~ (in: Documents, H. 7) Paris 1953; H. KEISCH, Lit. u. hist. Wahrheit. Zu e. westdt. Dokumentenwerk über d. Widerstand gegen Hitler (in: NDL 2) 1954; I. MEIDINGER-GEISE, Welterlebnis in d. dt. Ggw.dg. 1, 1956; G. WEISSBACH, ~s ‹Dramat. Balladen› (in: Aufbau 12) 1956; M. SCHROEDER, Von hier u. heute aus. Krit. Publizistik, 1957; H. IHERING, Bem. zu Theater u. Film (in: SuF 10) 1958; F. LUFT, Berliner Theater 1945–1961. Sechzehn krit. Jahre, 1961; C. TRILSE, Z. 65. Geb.tag ~s (in: Theater d. Zeit 13) 1967; W. WEISCHEDL, ~ zu s. 65. Geb.tag (in: D. Autor, H. 28) 1967; I. DREWITZ, ~ z. 65. Geb.tag (ebd.; auch in: I. D., Zeitverdichtung, 1980); G. PAULUS, Manipulierung e. Mythos. D. 20. Juli 1944 in d. neueren bürgerl. westdt. Lit. u. Publizistik (in: NDL 14) 1967; J.-H. SAUTER, Gespräch mit ~ (in: SuF 20) 1968; H. SCHNEIDER, D. theatral. Praxis ~s (ebd.); G. CWOJDRAK, Nachruf (in: D. Weltbühne 24) 1969; A. DYMŠIC, E. unvergeßlicher Frühling. Lit. Porträts u. Erinn., 1970; W. HUDER, ~, Partisan d. Menschlichkeit (in: Welt u. Wort 25) 1970; I. BRAUER, W. KAYSER, ~, 1971 (mit Bibliogr.); I. DREWITZ, ~, e. Mann d. 20. Jh. (ebd.); Ggw.lit. u. Drittes Reich. Dt. Autoren in d. Auseinandersetzung mit d. Vgh. (hg. H. WAGENER) 1977; E. ALKER, Profile u. Gestalten d. dt. Lit. nach 1914, 1977; Dt. Lit.kritik, IV Vom Dritten Reich bis z. Ggw. (hg. H. MAYER) 1978; R. KURSCHEID, Kampf dem Atomtod. Schriftst. im Kampf gg. e. dt. Atombewaffnung, 1981; I. DREWITZ, D. zerstörte Kontinuität. Exillit. u. Lit. d. Widerstandes, 1981; Dt. Dramen 2 (hg. H. MÜLLER-MICHAELS) 1981; F. HAMMER, Antifaschist sonder Furcht u. Tadel, ~ [...] (in: NDL 31) 1983; Theater-Lex. (hg. H. RISCHBIETER) 1983; Verboten u. verbrannt. Dt. Lit. 12 Jahre unterdrückt (Neuausg., hg. R. DREWS, A. KANTOROWICZ) 1983; W. BREKLE, Schriftst. im antifaschist. Widerstand 1933–1945 in Dtl., 1985; J.-H. SAUTER, Interview mit Schriftst. Texte u. Selbstaussagen, 1986; B. GLOCKSIN, D. dramat. Werk ~s in d. Jahren 1945–1949 (Forsch.arbeit Marburg) 1986; Erfahrung Nazideutschland. Romane in Dtl. 1933–1945 (hg. S. BOCK, M. HAHN) 1987; M. LEHNER-MUCK, ~. Zeittheater zw. d. Zeiten. Stud. z. dramat. Werk ~s unter besonderer Berücksichtigung d. Presserezeption (Diss. Wien) 1987; Contemporary German Fiction Writers 1 (hg. W. ELFE, J. HARDIN) Detroit 1988; V. HÖNES, Velberter Dichter saß zw. allen Stühlen. ~ in d. Kritik (in: Journal 9) 1989; G. RÜCK, ~s antifaschist. Schaffen (in: G. R., Woher d. Geschichten kommen) 1990; G. SOWERBY, D. Dr. d. Weimarer Republik u. d. Aufstieg d. Nationalsozialismus. «D. Feind steht rechts» (Diss. Nottingham) 1991; Erfaßt? D. Gestapo-Album z. Roten Kapelle [...] (hg. R. GRIEBEL u. a.) 1992; H. D. TSCHÖRTNER, ~ schreibt an Brecht (in: Marginalien, H. 127) 1992; K. BÖTTCHER, Lex. dt.sprach. Schriftst. 20. Jh., 1993; H. COPPI, J. DANYEL, J. TUCHEL, D. Rote Kapelle im Widerstand gg. d. Nationalsozialismus, 1994; P. M. WOLKO, Der lautlose Aufstand. Szen. Collagen aus Dramen, Prosawerken u. Briefen v. ~, Joy Weisenborn zu Kampf u. Ende e. Widerstandsgruppe, genannt d. «Rote Kapelle, 1994; Lit. v. nebenan 1900–1945 [...] (hg. B. KORTLÄNDER) 1995; H. DAIBER, Schaufenster d. Diktatur. Theater im Machtbereich Hitlers, 1995; R. SCHWARZ, V. expressionist. Aufbruch z. Inneren Emigration. ~s weltanschauliche u. künstler. Entwicklung in d. Weimarer Republik u. im Dritten Reich (Diss. Mainz) 1995; J. C. TRILSE-FINKELSTEIN, K. HAMMER, Lex. Theater International, 1995; Theaterlex. Autoren, Regisseure, Schauspieler, Dramaturgen, Bühnenbildner, Kritiker (völlig neubearb. u. erw. 2. Aufl., hg. C. B. SUCHER) 1999; H. D. TSCHÖRTNER, D. Dramatiker ~. E. Ed.bericht (in: Aus d. Antiquariat, H. 3) 1999; Hdb. d. dt.sprach. Exiltheaters 1933–1945. Biogr. Lex. d. Theaterkünstler v. F. TRAPP u. a. 2, 1999; H. SARKOWICZ, A. MENTZER, Lit. in Nazi-Dtl. E. biogr. Lex. (erw. u. überarb. Neuausg.) 2002; H. D. TSCHÖRTNER, In memoriam ~ [...] (in: Aus d. Antiquariat, H. 5) 2002; M. YUAN, Zw. dramat. Ballade u. Dokumentartheater. Bühnenst. v. ~ (Diss. Stuttgart, Vorw. V. KLOTZ)

2002; ~ z. 100. Geb.tag (hg. F. OVERHOFF) 2002 (enthält: T. ALLMER, ~ u. d. Kino; W. JUNG, Menschen bewegen u. verändern, ~s Lit.verständnis; F. OVERHOFF, In Velbert geboren; H. D. TSCHÖRTNER, Bertolt Brecht u. ~; N. WILLMANN, ~, d. engagierte Zeitzeuge d. Harnack/Schulze-Boysen-Widerstandsgruppe [1937–1945]); W. KOEPKE, ~'s Ballad of his Life (in: Flight of Fantasy. New Perspectives on Inner Emigration in German Lit. 1933–1945, hg. N. H. DONAHUE u. a.) New York 2003; M. DUCHARDT, «E. völlig polit. Valentin». D. «Eulenspiegel»-Filmprojekt v. Bertolt Brecht u. ~ (in: Gelegentlich: Brecht [...], hg. B. GIESLER u. a.) 2004; M. DEMMER, Spurensuche. D. antifaschist. Schriftst. ~, 2004; Metzler Autoren Lex. [...] (3., aktualisierte u. erw. Aufl., hg. B. LUTZ, B. JESSING) 2004; Hommage à Joseph Rovan (1918–2004). ~ et la résistance allemande (hg. H. MÉNUDIER) Paris 2005; E. KLEE, D. Kulturlex. z. Dritten Reich. Wer war was vor u. nach 1945, 2007; N. WILLMANN, ~, un écrivain de la Résistance allemande, Paris 2007.

*Zu einzelnen Werken:*

*Ballade vom Eulenspiegel [...] (= BE):* P. RILLA, Lit., Kritik u. Polemik, 1950; M. SCHRÖDER, Von hier u. heute aus. Krit. Publizistik, 1957; W. DIETZE, D. dt. Bauernkrieg in d. Dramatik [...], 1974; Neuanfänge. Stud. z. frühen DDR-Lit. (hg. W. PAULUS, G. MÜLLER-WALDECK) 1986; ~, BE (in: Schausp.führer 2) ²1988; S. B. WÜRFFEL, «He Goliarde, he Schalk, he Vagant!». ~s BE (in: Eulenspiegel-Jb. 41) 2001; B. VERHEYEN, Till Eulenspiegel. Revolutionär, Aufklärer, Außenseiter. Z. Eulenspiegel-Rezeption in d. DDR (Diss. Frankfurt/M.) 2004.

*Die Illegalen (= Ill):* KNLL 17 (1992) 495. – G. BIRKENFELD, D. Uraufführung d. Schausp. Ill v. ~ im Berliner Hebbel-Theater (in: Horizont 1/10) 1946; W. KARSCH, Was war – was blieb. Berliner Theater 1945/46, 1947; F. LUFT, ~s Ill (in: F. L., Berliner Theater 1945–1961 [...]) 1961 (wieder in: F. L., Stimme d. Kritik 1, 1982); H. GEIGER, Widerstand u. Mitschuld [...], 1973; G. RUPP, Zweiter Weltkrieg im Dr. [...] (in: Dt. Dr. [...] 2, hg. H. MÜLLER-MICHAELS) 1981; D. FÖRSTER, Wiederentdeckter ~. Ill in Rostock [...] (in: Theater d. Zeit 7) 1985; ~, Ill (in: Schausp.führer 2) ²1988; A. BANCE, Resistance Dr. and the War. The Example of ~'s Ill (in: Modern War on Stage and Screen [...], hg. W. GÖRTSCHACHER, H. KLEIN) Lewiston/N. Y. 1997; D. NIEFANGER, D. Dramatisierung d. «Stunde Null» [...] (in: Zwei Wendezeiten [...], hg. W. ERHART, D. N.) 1997; P. STEIN, H. STEIN, Chron. d. dt. Lit. Daten, Texte, Kontexte, 2008.

*Memorial (= M):* KNLL 17 (1992) 496. – A. AUER, ~, M (in: Aufbau 4) 1948 (wieder in: Kritik in d. Zeit 4, hg. K. JARMATZ, ²1978); H. REIN, D. neue Lit. Versuch e. Querschnitts, 1950; F. HAMMER, ~, M (in: NDL 31) 1983; H. KURZKE, Strukturen d. «Trauerarbeit» in d. dt. Lit. nach 1945 (in: Lit. f. Leser, H. 4) 1983; L. KÖHN, Auf d. Suche nach d. Freiheit. ~s M (1947) im Kontext (in: Jb. z. Lit. d. DDR 6) 1987; W. BARNER, Über d. Nichtvergessen. ~, M (in: Exile and Enlightenment [...] in Honor of G. Stern, hg. U. FAULHABER u. a.) Detroit 1987; D. Schuld d. Worte (hg. P. G. KLUSSMANN, H. MOHR) 1988; ~, M (in: Rom.führer A–Z [...] II/1, Leitung K. BÖTTCHER) ⁶1989.

*Die Neuberin (= N):* F. ERPENBECK, N, Komödiantenst. v. ~ (in: Theater d. Zeit 5) 1950; ~, N (in: Schausp.führer 2) ²1988; G. W. GLADBERRY, Stages on Reform. «Caroline Neubert»/N in the Third Reich (in: Ess. on 20th Century German Dr. and Theatre [...], hg. H.-H. RENNERT) New York 2004.

*U-Boot S 4 (= U-B):* A. ABUSCH, U-B in d. Volksbühne (in: Rote Fahne 11) 1928 (wieder in: A. A., Schr. 2, 1967); E. HEILBORN, U-B [...] v. ~ (in: D. Lit. 31) 1928/29; A. ELOESSER, U-B (in: G. RÜHLE, Theater f. d. Republik) 1967; P. WIEGLER, U-B (ebd.); W. HINCK, D. moderne Dr. in Dtl., 1973; A. KERR, Mit Schleuder u. Harfe (hg. H. FETTING) 1985; H. IHERING, Theater in Aktion [...], 1986.

*Der Verfolger (= V):* M. REICH-RANICKI, Dt. Lit. in West u. Ost, 1963; L. KOPELEW, Verwandt u. verfremdet, 1976; H. M. MÜLLER, D. Judendarstellung in d. dt.sprach. Erzählprosa (1945–1981) ²1986; ~, V (in: Rom.führer A–Z [...] II/2, Leitung K. BÖTTCHER) ⁶1989.

*Zu weiteren einzelnen Werken:* ~, ‹D. Mädchen v. Fanö›, ‹D. Furie› (in: D. Rom.führer [...] V/3, hg. J. BEER) 1954; H. KEISCH, ~, ‹D. Mädchen v. Fanö› (in: NDL 2) 1954; L. KUSCHE, ~, ‹D. verlorene Gesicht› (in: D. Weltbühne 11) 1956; M. LINZER, ~, ‹D. verlorene Gesicht› (in: Theater d. Zeit 11) 1956; G. WEISSBACH, ~, ‹Dramat. Ball.› (in: Aufbau 12) 1956; G. SUTTER, ~, ‹D. dritte Blick› (in: D. Monat 9) 1956/57; A. MÜLLER, China-Oper, frei übertragen. ‹15 Schnüre Geld› v. ~ (in: Theater d. Zeit 12) 1958; E. SCHUMACHER, Theater d. Zeit, Zeit d. Theaters, 1960 (zu ‹15 Schnüre Geld›); A. KRÄTTLI, ~, ‹D. gespaltene Horizont› (in: Schweizer Monatsh. 46) 1966/67; J. TEUSCHERT, ~, ‹Zwei

Engel steigen aus› (in: Theater d. Zeit 12) 1957; H. SIERIG, Narren u. Totentänzer, 1968 (zu ‹D. verlorene Gesicht›); ~, ‹D. Reiherjäger› (in: Reclams Hörsp.führer, hg. H. SCHWITZKE) 1969; H. GEIGER, Widerstand u. Mitschuld [...], 1973 (zu ‹D. Familie v. Makabah›); K.-H. KRETER, ~, ‹Zwei Männer› (in: Interpr. zu Erz. d. Ggw., hg. G. LANGE u. a.) 1975; W. STIEFELE, ~, ‹D. Familie v. Makabah› (in: Kürbiskern 17) 1982; F. HAMMER, ~, ‹D. Clowns v. Avignon› (in: NDL 31) 1983; DERS., ~, ‹D. gespaltene Horizont› (ebd.); DERS., ~, ‹Klopfzeichen› (ebd.); Erfahrung Nazidtl. [...] (hg. S. BOCK, M. HAHN) 1987 (zu ‹D. Furie›); ~, ‹D. Furie›; ‹D. Mädchen v. Fanö› (in: Rom.führer A–Z [...] II/2, Leitung K. BÖTTCHER) $^{6}$1989. RM

**Weisenborn,** Joy (geb. Margarete Schnabel), * 5. 9. 1914 Wuppertal-Barmen, † 2004 Agarone/Kt. Tessin; Ausbildung z. Lehrerin in d. Niederlanden, lebte 1933–37 in England, 1937/38 Privatlehrerin im Schloß d. Grafen v. Schwerin in Mecklenb., war dann in e. Berliner Reisebüro tätig. Befreundet mit Libertas Schulze-Boysen, Kontakte z. Widerstandsgruppe «Rote Kapelle», 1940 als Sängerin u. Schauspielerin mit e. Ensemble auf Wehrmachtstournee in Frankreich, Sizilien u. Dtl., 1941 Heirat mit Günther → W., im Widerstand tätig, 1942 mit ihrem Mann von d. Gestapo verhaftet, 1943 entlassen. Erhielt e. Auftrittsverbot u. wurde als Sparkassenangestellte dienstverpflichtet.

*Schriften:* Günther W. – J. W. Einmal laß mich traurig sein. Briefe, Lieder, Kassiber 1942–1943 (hg. E. RAABE) 1984 (erw. Neuausg. u. d. T.: Wenn wir endlich frei sind. Briefe, Lieder, Kassiber 1942–1945, Einl. H. FINKE, hg. E. RAABE, 2008).

*Literatur:* Theater-Lex. 6 (2008) 3142. – Erfaßt? D. Gestapo-Album z. Roten Kapelle (hg. R. GRIEBEL u. a.) 1992; P. M. WOLKO, Der lautlose Aufstand. Szen. Collagen aus Dramen, Prosawerken u. Briefen v. Günther Weisenborn, ~ zu Kampf u. Ende e. Widerstandsgruppe, genannt d. «Rote Kapelle, 1994; Hdb. d. dt.sprach. Exiltheaters 1933–1945. Biogr. Lex. d. Theaterkünstler v. F. TRAPP u. a., Tl. 2, 1999. RM

**Weisenburger,** Aloys, * 5. 8. 1815 St. Martin/Pfalz, † 21. 10. 1887 Hambach/Bayern; Sohn e. Winzers, besuchte d. Gymnasium in Speyer, studierte Theol. in München, Alumnus im Bischöfl. Priesterseminar in Speyer, 1839 Priesterweihe, Kaplan in Landau/Pfalz, Pfarrverweser in Winnweiler/Bayern, Kaplan u. Lateinlehrer an d. Lateinschule in Blieskastel/Saar, 1848 Pfarrer in Klingenmünster/Bayern, 1850 in Frankenthal/Pfalz u. seit 1858 in Hambach; Bischöfl. Geistl. Rat; Hg. d. «Hauskalenders» (seit 1853), knapp zwanzig Jahre erschien d. «Weisenburger Kalender», vom «Pfälzer Kalendermann» mit d. «Aderlaßmännchen» bereichert.

*Schriften:* Hausmannskost für die Gesunden, Hausmittel für die Kranken. Dem ganzen Volk zum Besten gegeben [...], 1855 (NA 1862; auch englisch).

*Literatur:* J. KEHREIN, Biogr. – lit. Lex. d. kathol. dt. Dichter, Volks- u. Jugendschriftst. 2, 1871; V. CARL, Lex. d. Pfälzer Persönlichkeiten (3., überarb. u. erw. Aufl.) 2004. RM

**Weisenburger,** Hansjörg, * 3. 6. 1927 Hürrlingen/Schwarzwald; lebte in Feiburg/Br. (1958) u. Leutesheim, Kr. Kehl/Baden-Württ. (1973).

*Schriften:* Schatten dieser Tage (Ged.) 1953. AW

**Weisengrün,** Paul, * 10. 12. 1868 Jassy (heute Rumänien), † 22. 12. 1923 Wien; studierte Philos. u. Soziol. an d. Univ. Leipzig, 1895 Dr. phil., freier Schriftst. u. daneben polit. tätig, 1902 Mitbegründer d. «Jüd. Volkspartei», seit 1903 Mitarb. d. Mschr. «D. Weg» u. später d. «Jüd. Ztg.»; Verf. v. soziolog. u. polit. Schriften.

*Schriften:* Die Entwicklungsgesetze der Menschheit. Eine socialphilosophische Studie, 1888; Verschiedene Geschichtsauffassungen. Ein Vortrag, 1890; Das Problem. Grundzüge einer Analyse des Realen, 1892; Die socialwissenschaftlichen Ideen Saint-Simon's. Ein Beitrag zur Geschichte des Socialismus, 1895; Das Ende des Marxismus, 1899; Der Marxismus und das Wesen der sozialen Frage, 1900; Der neue Kurs in der Philosophie. Eine Revision des Kritizismus, 1905; Englands wirtschaftliche Zukunft. Zwei Vorträge, 1910; Die Erlösung vom Individualismus und Sozialismus. Skizze eines neuen, immanenten Systems der Soziologie und Wirtschaftspolitik, 1914; Kulturpolitik, Weltkrieg und Sozialismus, 1920; Neue Weltpolitik des Proletariats, 1921.

*Literatur:* S. WININGER, Große Jüd. National-Biogr. 6, 1932; K. VEDDER, Analyse u. Kritik d. bürgerlichen Gesellschaftskonzeptionen v. ~ u. P. Barth (Diss. PH Erfurt/Mühlhausen) 1986; Hdb. öst. Autorinnen u. Autoren jüd. Herkunft 18. bis 20. Jh. 3, 2002. IB

**Weiser,** Alphons, *18.2.1934 Wölfelsgrund/Schles.; nach d. 2. Weltkrieg vertrieben, absolvierte e. Schlosserlehre, trat in d. Orden d. Pallotiner ein, studierte Theol. u. Philos., 1970 Dr. theol. Würzburg u. Doz. an d. Philos.-Theolog. Hochschule d. Pallotiner in Vallendar, seit 1975 Prof. f. Neutestamentl. Exegese ebenda.

*Schriften* (Ausw.): Jesu Wunder – damals und heute, 1968 (mehrere Aufl.); Die Knechtsgleichnisse der synoptischen Evangelien (Diss.) 1971; Jesus – Gottes Sohn? Antwort auf eine Herausforderung, 1973 (mehrere Aufl.); Was die Bibel Wunder nennt. Ein Sachbuch zu den Berichten der Evangelien, 1975 (zahlr. Aufl.); Studien zu Christsein und Kirche, 1990; Die Theologie der Evangelien des Neuen Testaments, 1993; Die gesellschaftliche Verantwortung der Christen nach den Pastoralbriefen, 1994. RM

**Weiser,** Art(h)ur, * 18. 11. 1893 Karlsruhe, † 5. 8. 1978 Tübingen; 1920 Ordination, 1921 lic. theol., ab 1922 Privatdoz. f. AT in Heidelberg, 1928 a. o. Prof. ebd., 1930–62 o. Prof. für AT in Tübingen, seit 1933 Mitgl. d. «Nationalsozialist. Dt. Arbeiterpartei» (NSDAP), 1935–45 Dekan d. Evangel.-Theolog. Fak. in Tübingen; Hg. d. Komm.reihe «Das AT Deutsch» (seit 1949).

*Schriften* (Ausw.): Glaube und Geschichte im Alten Testament, 1931; Die Psalmen, übersetzt und erklärt, 1935 (7., durchges. Aufl. 1966); Einleitung in das Alte Testament, 1939 (6., verb. Aufl. 1966); Das Buch der zwölf kleinen Propheten 1, 1949 (mehrere Aufl.); Das Buch Hiob, übersetzt und erklärt, 1951 (4., durchges. Aufl. 1963, zahlr. Aufl.); Glaube und Geschichte im Alten Testament und andere ausgewählte Schriften, 1961.

*Literatur:* DBE [2]10 (2008) 501. – Tradition u. Situation. Stud. z. alttestamentl. Prophetie (~ z. 70. Geb.tag dargebracht [...], hg. E. WÜRTHWEIN, O. KAISER) 1963. RM

**Weiser,** Benno → Weiser Varon, Benno.

**Weiser,** Bobby → Weiser Varon, Benno.

**Weiser,** Eric, * 16. 6. 1907 Wien; studierte Rechtswiss. an den Univ. Berlin u. Leipzig, 1929 Dr. iur., in d. sozialist. Jugendbewegung aktiv. Lebte in Berlin, emigrierte 1933 nach Mallorca, 1934 n. Paris u. 1935 weiter n. Jerusalem, ab 1947 ebd. Korrespondent d. «Agence France-Presse» u. 1948/49 Soldat d. israelit. Armee. Ab 1951 wieder in Paris, bis 1955 Übers. u. Red.mitgl. d. dt. Abt. d. «Agence France-Presse», danach freier Schriftst., 1965 Gründungsmitgl. d. Kollegiums medizin. Zs., lebte (1970) in Yerres bei Paris; Verf. v. populärwiss. Abh. für dt. u. schweizer. Zs. sowie v. medizin. Büchern.

*Schriften* (Ausw.): Madame Curie. Leben und Werk großer Frauen, 1955 (NA 1956); So entsteht der Mensch. Von Zeugung und Vererbung, 1959; Die gewonnenen Jahre. Wissenschaft weist Wege zu sinnvollerem und längerem Leben, 1967; Großes Hausbuch der Gesundheit. Ein Doktorbuch für jedermann. Kurzanweisungen für allererste Hilfe unter Mitarbeit zahlreicher Fachärzte (koordiniert u. hg.) 1968 (Jubiläumsausg. 1974; durchges. u. veränd. Ausg. u. d. T.: Der praktische Hausarzt. Ein Handbuch der Gesundheit. Kurzanweisungen für Allererste Hilfe, 1974); Älter werden, aktiv bleiben. Ratschläge für den Ruhestand, 1970; Biologische Rätsel im Niemandsland der Naturwissenschaft, 1976; Der teure Blinddarm und 150 andere Ärztewitze (ges.) 1979.

*Literatur:* Hdb. Emigration II/2 (1983) 1226. – D. STERN, Werke v. Autoren jüd. Herkunft in dt. Sprache. E. Bio-Bibliogr., [3]1970; Hdb. öst. Autorinnen u. Autoren jüd. Herkunft 18. bis 20. Jh. 3, 2002. IB

**Weiser,** Erwin, *30.4.1879 Wien, † 26. 4. 1968 Weilheim/Obb.; Sohn e. Tischlers, gelernter Schriftsetzer, seit 1909 Red. d. «Freudenthaler Ztg.», seit 1921 d. «Freudenthaler Ländchens», später Verleger. Lebte seit 1950 in Dießen/Ammersee; Erzähler.

*Schriften:* Reise- und Wanderbuch: Altvatergebirge, Spieglitzer Gebiet, Lautscher Höhlen, Burg Busau, Adlergebirge, Hultschiner Ländchen, 1928; Grapp und Arbesn. Eine Sammlung von Gedichten und Erzählungen in schlesischer und nordmährischer Mundart nebst kurzen Lebensbeschreibungen der Verfasserinnen und Verfasser, 1931; Schlesisch-mährischer Volkskalender für Haus- und Landwirtschaft (hg.) 1931; Mürauer Erinnerungen (im Auftrag d. Kameraden hg. [mit F. APPEL], die Mürau erlebt u. erlitten haben), 1955; Die schöne, grüne Schles' und ihre Nachbarn. Ein stiller Gruß für sudetendeutsche und nordmährische Heimatvertriebene (bearb. u. gestaltet) 1955; Wie's daham woar, 1957.

*Literatur:* Heiduk 3 (2000) 167. – J. W. KÖNIG, Im Dienste d. Heimat. Festgabe für ~ z. 85. Geb.tag, 1964 (mit Bibliographie). IB

**Weiser,** Franz Xaver S. J., * 21. 3. 1901 Wien, † 22. 10. 1986 Weston/Mass.; besuchte die Gymnasien in Hollabrunn u. Kalksburg, beide in Niederöst., studierte dann Philos., Theol. u. Pädagogik in Pullach, an d. Univ. Innsbruck u. an d. Gregoriana in Rom, ebd. (nach anderen Angaben in Poughkeepsie/USA) Dr. theol., 1930 Priesterweihe in Innsbruck, anschließend Jugendseelsorger in Wien, Präs. d. «Marian. Studentenkongregation Öst.» u. Schriftleiter d. Verbandszs. «Unsere Fahne», in d. er erste Erz. veröff.; v. s. Ordensoberen nach Nordamerika geschickt, um d. Anfänge d. Jesuitenmission im 17. Jh. zu studieren. 1938 Seelsorger u. Pfarrer in Buffalo u. Boston. Nach d. 2. Weltkrieg mit d. Nachkriegshilfe für Dtl. u. Öst. betraut. Ab 1950 Prof. f. Ethik u. Kulturgesch. an d. Diözesanhochschule Boston, 1961 Prof. d. Philos. (Ethik) an d. kathol. Univ. v. Boston, ab 1965/66 o. Prof. d. Liturgiegesch.; Verf. v. Bühnensp. u. Erzähler.

*Schriften:* P. Johann Grueber S. J. (1623–1686). Ein Linzer Forschungsreisender und Missionar, um 1927; Der Held von Nagasaki (frei nach D. Donelly «Light Cavalry of Christ») 1928; Alfreds Geheimnis, ²1928; Der Sohn des weißen Häuptlings (Erz.) ²1928 (¹⁰1985); Walter Klingers Weltfahrt, 1929; Das Licht der Berge. Aus dem Leben eines jungen Menschen, 1931 (NA 1947 u. 1986); Der Kampf um Wien im Türkenkrieg 1683. Eine Erzählung für junge Menschen, 1933; Watomika, der letzte Häuptling der Delawaren, 1933; Im Land des Sternenbanners, 1933; Das Trachtenfest auf Schloß Gimpelfeld (Schw.) 1933; Der Einbruch ins Gemeindeamt (Schw.) 1933; Die Privatistenprüfung (Schw.) 1933; Das geheimnisvolle Paket (Lsp.) 1933; Ferien. Aus dem Leben einer Jugendgemeinschaft, 1935; Lebensbilder. I Watomika [...], II Ekom, der Schwarzrock. Eine Heldengestalt aus der Indianermission (erschien auch selbständig), 1935; Amerikanisches Tagebuch, 1936; Der Gesandte des großen Geistes, 1936; Ein Apostel der Neuen Welt. Das Leben des Franz Xaver Weniger S. J. 1805–1888, 1937; Abenteuer der Jugend, 1938; Hermann und Gretel, 1939; Rothäute und Bleichgesichter. Indianergeschichten, 1949; Zum Vater der Ströme. Die Entdeckung des Mississippi, 1952; Das Weiserbuch. Erlebnisse und Erzählungen, 1953; Im Tal der Bitterwurzel. Eine Erzählung aus der Indianermission im Felsengebirge, 1953; In der Heimat des Herrn, 1958; Walter Klinger. Eine Erzählung für junge Menschen, 1960; Bleichgesichter am großen Strom. Die Erforschung des Mississippi, 1962; Heimkehr, 1965; Im Sturm der Abenteuer, 1966; Orimha, der Irokese. Eine wahre Indianergeschichte, 1969; Das Mädchen der Mohawks, 1970 (zus. mit: Die selige Kateri Tekawitha 1656–1680, 1987); Orimha, der Waldläufer. Eine wahre Indianergeschichte, 1970; Orimha bei den Sioux. Eine wahre Indianergeschichte, 1973; In den Bergen von Montana. Erzählung aus dem Felsengebirge, 1974 (NA 1996).

*Literatur:* J. KAZDA, ~ SJ (in: Blätter d. öst. Jesuiten) 1986; H. SALLABERGER, ~ (in: Lex. d. Reise- u. Abenteuer-Lit., 39. Erg.-Lieferung, Loseblattausg.) 1998. IB

**Weiser,** Hildegard, * 22. 6. 1910 Breslau; Psychologin u. Fachlehrerin, lebt in Hamburg.

*Schriften:* Der Menschen Freunde, 1983; Verena Werschau (Rom.) 1985; Struppis Tagebuch. Lebensgeschiche eines Foxterriers, 1987; Gedichte, 1988; Glied einer Kette (Rom.) 1989. AW

**Weiser,** Igna(t)z Anton von (seit 1747), * 1. 3. 1701 Salzburg, † 26. 12. 1785 ebd.; Besitzer e. großen Textilgeschäftes in Salzburg, seit 1749 Mitgl. des Stadtrats, 1772–75 Bürgermeister, 1775 legte er d. Amt wegen e. Konflikts mit dem Erzbischof Hieronymus Graf von Colloredo nieder. Seit 1741 mit (Johann Georg) Leopold → Mozart befreundet, für den er d. Text zu den beiden Kantaten «Christus begraben» (1741) u. «Christus verurteilt» (1743) schrieb. W.s Bühnenstücke (Interludien u. Singsp.) tw. in Mundart, wurden in Salzburg aufgeführt, sind jedoch ungedr., lange Zeit wurden sie Marion (Marianus, eig. Jakob Anton) → Wimmer zugeschrieben.

*Schriften:* Die Geadelte Bauren oder Die ihr selbst unbekannte Alcinde (Musik: J. E. Eberlin) 1750; Die Schuldigkeit des ersten Gebots. Erster Teil eines geistlichen Singspiels. Libretto (Musik: W. A. Mozart). Klavierauszug nach dem Urtext der Neuen Mozart Ausgabe (bearb. v. K.-H. MÜLLER) 2005.

*Literatur:* Wurzbach 54 (1886) 74; Theater-Lex. 6 (2008) 3143. – H. KLEIN, Unbek. Mozartiana von 1766/67 aus dem Tagebuche des P. Beda Hübner (in: Mozart-Jb. 1957) 1958; H. BOBERSKI, D. Theater der Benediktiner an der Alten Univ. Salzburg (1617–1778) 1978; E. Mönch als Zeitgenosse – Salzburg u. die Musik zur Mozartzeit, widergespiegelt im Diarium des P. Beda Hübner, ausgew. u. komm. von P. Petrus Eder OSB (in: Das Benediktiner Stift St. Peter in Salzburg zur Zeit Mozarts [...], Red. P. E. u. G. WALTERSKIRCHEN) 1991; Salzburger Kulturlex., hg. A. HASLINGER u. P. MITTERMAYR, 2001; I. REIFFENSTEIN, Dialekt in Texten des Salzburger Benediktinertheaters (in: Hanswurst u. Zaubersp. D. barocke Univ.theater in Salzburg) 2004 [Begleitheft z. Ausstellung]; E.-M. HOFER, D. mundartlichen Singsp. v. ~ u. deren Vergleich mit den Frühwerken von P. Maurus Lindemayr (Diplomarbeit Wien) 2005; R. ANGERMÜLLER, D. Testament des Salzburger Bürgermeisters ~ (1701–1785), Mozarts Textdichter (in: Mitt. d. Gesellsch. für Salzburger Landeskunde 145) 2005. IB

**Weiser,** Karl, * 1811 Mainz, † 16. 7. 1865 ebd.; Kaminfeger, später Dir. d. Feuerwehr; Verf. v. Bühnensp. u. (ungedr.) Gelegenheitsged. in Mundart.

*Schriften:* Mainzer Localpossen. Meister Oehlgrün und seine Familie, Carnevaltheater vom Jahre 1840 und Der Heirathsantrag im Wochenblatt, Carnevaltheater vom Jahre 1843, 1843; Die deutsche Feuerwehr. Handbuch für das gesamte Feuerlöschwesen, 1885 (Reprint ca. 1998).

*Literatur:* J. KEHREIN, Biogr.-lit. Lex. d. kathol. dt. Dichter, Volks- u. Jugendschriftst. im 19. Jh. 2, 1871. IB

**Weiser,** Karl (Ps. Siegfried, Paul Wasily Newsky), * 29. 7. 1848 Alsfeld/Hessen, † 1. 7. 1913 Weimar; Sohn e. Schauspielerehepaares, debutierte 1866 als Schauspieler am Theater in Freiburg/Br., dann an versch. Bühnen, u. a. 1868–70 in Frankfurt/O., 1873–80 am Hoftheater Karlsruhe u. 1882–92 am Hoftheater Meiningen, mit dessen Ensemble er zahlr. Gastspiele absolvierte, u. a. in New York u. Chicago. Seit 1892 Schauspieler u. seit 1905 Oberregisseur am Hoftheater Weimar. S. «Jesus-Tetralogie» (1906), die für e. Freilichtaufführung geplant war, wurde v. weimar. Staatsministerium verboten; Bühnenautor u. Lyriker.

*Schriften:* Das Mammuth. Satyrisches Drama mit Chören in einem Aufzuge, 1868; Das hohe Lied meiner Liebe. Erotisches Gedicht in vierundzwanzig Gesängen, 1869; Karl der Kühne und die Schweizer. Geschichtliches Trauerspiel in 5 Aufzügen, 1873; Licht! Liebe! Leben! (Ged.) 1878; Der Wucherer, 1880; Nero (Tr.) 1881; Erotika, 1888; Tagebuchblätter der Liebe, 1893; Rabbi David. Schauspiel in 5 Aufzügen, 1894; Am Markstein der Zeit (Schausp.) 1895; Ein genialer Karl. Erzählung aus dem Schauspielerleben vormärzlicher Zeit, 1895; Penelope (Lsp.) 1895; Hutten (Schausp.) 1900; Zu Grunde. Soziales Drama in 3 Akten. Mit einer Vorbemerkung, 1904; Parenthesen. Fünf Einakter nach Erzählungen in Schillerschen Dramen. Mit einer Vorbemerkung, 1904; Weiber, Helden und Narren. Verse, 1904, Loki. Modernes Drama in 1 Akt. Mit einer Vorbemerkung, 1905; Jesus. Eine dramatische Dichtung. I Herodes der Große, II Der Täufer, III Der Heiland, IV Jesu Leid, 1906; Maximilian von Mexiko. Tragödie in 7 Handlungen, 1912.

*Literatur:* Biogr. Jb. 18 (1917) *135; DBE [2]10 (2008) 510; Theater-Lex. 6 (2008) 3144. – O. G. FLÜGGEN, Biogr. Bühnen-Lex. d. Dt. Theater [...]. 1. (einziger) Jg., 1892; L. EISENBERG, Großes biogr. Lex. d. dt. Bühne im 19. Jh., 1903; Theater-Lex. Fach-Lex. d. Dt. Bühnen-Angehörigen (hg. H. HAGEMANN) 1906; L. SCHRICKEL, Gesch. des Weimarer Theaters v. s. Anfängen bis heute, 1928; S. WININGER, Große Jüd. National-Biogr. 6, 1932. IB

**Weiser,** Karl, *22.10.1855 Czernowitz/Öst.-Ungarn, † 27. 2. 1925 Wien; studierte an den Univ. in Czernowitz, Leipzig u. Wien, 1877 Dr. phil., Sprachlehrer u. Übers. (aus d. Engl. u. Span.) in Wien; Verf. sprachwiss. Bücher u. Lyriker.

*Schriften* (Ausw.): Pope's Einfluss auf Byron's Jugenddichtungen, 1877; P. B. Shelley, Feenkönigin (metrisch übertr.) 1878; A. Tennyson, Königsidyllen. Im Metrum des Originals übertragen, ca. 1882; Die Rose aus der Vendée. Novelle in zwei Büchern, 1900; Englische Literaturgeschichte, 1898 (Neudr. 1902; 2., verb. u. verm. Aufl. 1906; 4., verb. u. verm. Aufl. 1914); Die Buchensaat. Dramatisches Gedicht in 4 Aufzügen, 1912; Aus großer Zeit (Ged.) um 1916.

*Literatur:* Dt.-öst. Künstler- u. Schriftst.-Lex. [...] (hg. H. C. KOSEL) 1902. IB

**Weiser,** Peter, * 28. 1. 1926 Mödling/Niederöst.; studierte Romanistik u. Philos. an den Univ. in Wien u. Genf, 1948 Red. d. «Mödlinger Nachr.», dann bis 1951 an d. Wiener Wochenztg. «Die Furche», ab 1951 am Sender Rot-Weiß-Rot (heute

Öst. Rundfunk [ORF]), 1955 Chefdramaturg. Theaterkritiker am «Kurier», an den «Salzburger Nachr.» u. an d. «Frankfurter Allg. Ztg.», Red.mitgl. d. Kulturzs. «Morgen». 1961 Generalsekretär der Wiener Konzerthausgesellsch., ab 1977 beim damaligen Bundeskanzler Bruno → Kreisky beschäftigt, seit 1991 Koordinator v. kulturellen Sonderprojekten der Stadt Wien; Übers. u. Bearb. v. Theaterst. u. Libretti, Verf. v. Hörsp. sowie Erzähler.

*Schriften:* Familie Floriani. Ein wienerischer Jahreslauf in 30 Bildern. Nach der «Radiofamilie» des Senders «Rot-Weiß-Rot» (mit J. MAUTHE, Illustr. v. E. Kniepert) 1954 (Nachdr. 1990); Ein Roman aus Wien, 1964; L. Bernstein, Musik – die offene Frage (übers.) 1979; Wien, stark bewölkt, 1982; L. Bernstein, Erkenntnisse. Beobachtungen aus fünfzig Jahren (übers.) 1983.

*Literatur:* Öst. Katalog-Lex. (1995) 430. IB

**Weiser Varon,** Benno (eig. Benno Weiser, auch Bobby W., Ps. Prospero), * 4. 10. 1913 Czernowitz/ Öst.-Ungarn; kam mit s. Familie während des 1. Weltkrieges nach Wien, bereits während d. Schulzeit lit. tätig, 1930 Gründungsmitgl. u. bis 1932 Leiter des «Verbands zionist. Mittelschüler». Schrieb u. a. Liedtexte für bekannte Wiener Sänger, später Revuen u. Kabarett-Texte, 1933–38 Mitwirkender im «Jüd.-Polit. Cabaret». Studierte Medizin, 1932–34 Leiter d. jüd. Selbstwehrgruppe «Haganah» an d. Univ. Wien, emigrierte 1938 kurz vor Stud.abschluß über d. Niederlande nach Quito/ Ecuador, Mitarb. versch. Ztg., Hg. d. Wochenbl. «La Defensa» u. «La Revista de Dos Mundos». 1943–46 Präs. der «Zionist. Organisation». 1946–48 Beauftragter der «Jewish Agency» für Kolumbien u. Ecuador, lebte meist in Bogotá/Kolumbien. 1948–60 Leiter d. lateinamerikan. Abt. d. «Jewish Agency» in New York. Übersiedelte 1960 nach Israel, 1961 Berichterstatter im Prozeß gg. Adolf Eichmann. 1964–72 (unter dem Namen Benjamin Varon) Botschafter Israels in der Dominikan. Republik, Jamaica u. Paraguay. 1972 Rückkehr in d. USA, 1986–2000 Prof. für Judaist. Stud. an der Univ. Boston u. Theaterkritiker, lebte (2009) in Brookline bei Boston; Verf. v. Ess., Rom u. Ged. in dt., span. u. engl. Sprache.

*Schriften:* El Mirador del Mundo (Ess.) Quito 1941; Yo era Europeo (Rom.) ebd. 1942 (dt. u. d. T.: Ich war Europäer. Roman einer Generation, aus dem Span. übers. v. R. ANDRESS [auch Nachw.] u. E. SCHWARZ, 2008); Visitenkarte (Ged.) New York 1957; Si yo fuera Paraguayo, Asunción 1972; Professions of a Lucky Jew, New York 1992.

*Literatur:* LöstE (2000) 676; Spalek 3/4 (2003) 411 (siehe auch d. Kap. «Exil- Kabarett in New York»); Theater-Lex. 6 (2008) 3144. – H. GOLD, Öst. Juden in d. Welt, Tel Aviv 1971; D. Heimat wurde ihnen fremd, d. Fremde nicht zur Heimat. Erinn. öst. Juden aus dem Exil (hg. A. WIMMER) 1993; Wie weit ist Wien. Lateinamerika als Exil für öst. Schriftst. u. Künstler (hg. A. DOUER u. U. SEEBER) 1995; B. DALINGER, «Verloschene Sterne». Gesch. des jüd. Theaters in Wien, 1998; Hdb. des dt.sprachigen Exiltheaters 2: Biogr. Lex. d. Theaterkünstler 2 (hg. F. TRAPP u. a.) 1999; Hdb. öst. Autorinnen u. Autoren jüd. Herkunft 18. bis 20. Jh. 3, 2002; B. DALINGER, Quellened. z. Gesch. des jüd. Theaters in Wien, 2003. IB

**Weiserl,** Kaspar, * 25. 1. 1793 Wagendrüssel/Zips, † 15. 11. 1884 ebd.; s. Vater, e. Bergmann, starb noch vor s. Geburt, nach d. Schule machte er e. zweijährige Lehre als Schneider, daneben bildete er sich autodidaktisch weiter. Fünfzehnjährig ging er auf Wanderschaft, die ihn bis nach Debrezin u. Miskolc (beide in Ostungarn) führte, nach s. Rückkehr Schneidermeister in Wagendrüssel, 1838 Stadtrichter. 1844 kaufte er s. Vaterstadt aus dem Untertanenverhältnis d. gräflichen Familie Máriássy frei, u. d. Stadt wurde e. freie polit. Gemeinde.

*Schriften:* Schicksal meines Lebens, oder Lebensbeschreibung des C. W. und Rosina W., geb. Jesse, 1864; Aufzeichnungen und Briefe, 1882.

*Literatur:* S. WEBER, ~ (in: S. WEBER, Ehrenhalle verdienstvoller Zipser des XIX. Jh.) Zipser Neudorf 1901; Magyar írók élete és munkái 14 (hg. J. SZINNYEI) Budapest 1914; K. A. HRITZ, Wagendrüssel. Versuch e. kleinen Streifzugs durch d. Gesch. d. einst blühenden Zipser Bergstadt (in: Karpaten-Jb. 21) 1970. MT/PT

**Weisfert,** Julius Nikolaus (Ps. Dr. Tintophonius), * 26. 7. 1873 Moskau, Todesdatum u. -ort unbek.; Chefred. d. «Wilhelmshavener Ztg.» (1911) u. später Red. in Berlin (1930).

*Schriften:* Biographisch-litterarisches Lexikon für die Haupt- und Residenzstadt Königsberg und Ostpreußen, 1897 (Nachdr. 1975). AW

**Weisflog,** Carl, * 27. 12. 1770 Sagan/Niederschles., † 14. 7. 1828 Warmbrunn/Niederschles.;

Sohn v. Christian Gotthilf → W., besuchte d. Gymnasium in Hirschberg, studierte ab 1790 zuerst Theol., dann d. Rechte u. Philos. in Königsberg, Hauslehrer in Gumbinnen/Ostpr., Referendar in Tilsit u. Memel, 1802 Rückkehr nach Schles., Stadtrichter u. 1827 Stadtgerichtsdirektor in Sagan, unternahm versch. Reisen in schles. Bäder, lernte 1819 E(rnst) T(heodor) A(madeus) → Hoffmann kennen, der W.s schriftsteller. Vorbild wurde; Mitarb. versch. Zs., Tb. u. Almanache.

*Ausgaben:* Phantasiestücke und Historien, 12 Bde., 1824–1829 (Nachdr. [mit e. Biogr. v. C. v. Wachsmann] 1839; Mikrofiche-Ausg. in: BDL); Das große Los, o. J. (1851); Ausgewählte Historien und Phantasiestücke, 4 Bde., 1868; Deutsche Humoristen aus alter und neuer Zeit, III C. W. (hg. J. Riffert) 1882 (Neuausg. in: Klassiker d. dt. Humors 3, 1890); Bürgerliche Historien (hg. C. G. v. Maassen) 1922; Das große Los in etzlichen anmuthigen Historien (hg. G. Meyrink) 1925.

*Literatur:* Meusel-Hamberger 21 (1828) 438; Goedeke 8 (1905) 506; ADB 55 (1910) 372; Killy 12 (1992) 216; DBE ²10 (2008) 501. – H. J. Koning, ~ (1770–1828). E. schles. Biedermeierschriftst. in d. Spuren E. T. A. Hoffmanns (in: Schlesien 34) 1989; H. Vollmer, ~ (1770–1828) (in: Corvey-Journal 1) 1989; H. J. Koning, ~ u. Johann Nestroy. ‹D. große Los› u. «D. böse Geist Lumpazivagabundus» (in: Nestroyana 10) 1990; ders., ~, e. Epigone E. T. A. Hoffmanns (in: E.-T.-A.-Hoffmann-Jb. 2) 1994; ders., ~ (1770–1828). E. vergessener schles. Nachfolger E. T. A. Hoffmanns u. e. Stofflieferant Johann Nestroys (in: FS A. Zielinski, hg. E. Bialek u. a.) 2004. RM

**Weis(s)flog,** Christian Gotthilf (Ps. Lauterensis), * 11. 4. 1732 Lauter bei Schneeberg/Erzgeb., † 21. 3. 1804 Sagan/Niederschles.; Vater v. Carl → W., studierte seit 1755 Theol. in Leipzig, 1760 Försterei-Hofmeister in Belstädt u. Hirschberg (beide Thür.), seit 1767 in Bautzen, 1769 Kantor an d. evangel. Kirche u. Lehrer an d. Stadt- u. Fürstenschule in Sagan; zudem Chorleiter, Komponist v. Singspielen u. Mitarb. am Baudissinischen Gesangbuch.

*Schriften:* Das aus seinem gänzlichen Untergang noch gerettete Teutschland, 1763; Das verschonte Hirschberg, 1763; Der Patriot und Menschenfreund, als stets vereiniget, 1768; Die geistliche Liederpoesie, theoretisch und practisch entworfen von Lauterensis, 1769; Von der Vortrefflichkeit und dem allgemeinen Nutzen der Wissenschaften und guten Sitten, 1770; Abhandlung von der Bildung des Herzens durch Beyspiele, 1770; Sammlung auserlesener neuer, auch alter und verbesserter Sterbe- und Begräbnißlieder, 1782; Kurzer Unterricht im Rechtschreiben der teutschen Sprache für niedre Schulen und andre Leute, welche hierinnen noch einige Anweisung noethig zu haben glauben, 1785; Das Frühstück auf der Jagd, oder Der neue Richter. Ein ländliches Lustspiel mit Gesang in zween Aufzügen, hauptsächlich fürs Schultheater, 1785.

*Literatur:* Meusel-Hamberger 8 (1800) 428; MGG 14 (1968) 427; Theater-Lex. 6 (2006) 3145. – K. K. Streit, Alphabet. Verz. in Schles. lebender Schriftst., 1776; G. L. Richter, Allg. biogr. Lex. alter u. neuer geistl. Liederdichter, 1804; C. J. A. Hoffmann, D. Tonkünstler Schles., 1830; R. Eitner, Biogr.-bibliograph. Quellenlex. der Musiker u. Musikgelehrten 10, 1904. AW

**Weisgerber,** Bernhard, * 21. 11. 1929 Rostock; Sohn v. (Johann) Leo → W., studierte 1949–56 Sprachwiss. u. Germanistik an den Univ. in Marburg u. Bonn, 1952/53 pädagog. Stud. an d. Pädagog. Akad. Bonn, 1953 u. 1956 erste u. zweite Lehrerprüfung, 1963 Dr. phil., 1953–63 Lehrer, dann Dir. e. Volksschule in Oberbachem. 1958–61 Assistent an d. Pädagog. Akad. in Bonn, 1963–68 Doz. der Didaktik d. dt. Sprache u. Lit. an d. PH Neuss, 1968–72 o. Prof. an d. PH Rhld., Abt. Wuppertal, u. seit 1972 bis zu s. Emeritierung o. Prof. der Germanistik, Fach Didaktik d. dt. Sprache u. Lit. an d. neu gegründeten Berg. Univ. Wuppertal, 1972/73 Dekan für den Fachbereich Sprach- u. Lit.wiss.; Autor v. Fachschriften.

*Schriften* (Ausw.): Beiträge zur Neubegründung der Sprachdidaktik, 1964; Elemente eines emanzipatorischen Sprachunterrichts, 1972 (2., durchges. u. erw. Aufl. 1975); Theorie der Sprachdidaktik, 1974; Vom Sinn und Unsinn der Grammatik, 1985; Neue Beiträge zu Sprachwissenschaft und Sprachdidaktik (1988–1998), 1998; Tage in Sosnowiec. Stätten und Stationen, 1998; Carl und Walter Cüppers und ihr Wirken im Drachenfelser Ländchen in den Jahren nach 1945. Heimatgeschichtliche Dokumentation, 1999; Leo W., Leben und Werk. Aus Anlaß der Übergabe seines Nachlasses an die Brüder-Grimm-Gesellschaft e.V. in Kassel am 25. November 2000 (hg. u. bearb.) 2000; Schulchroniken als historische Dokumente (hg.) 2008;

*Literatur:* Linguisten Hdb. [...] 2 (hg. W. KÜRSCHNER) 1994; Von lernenden Menschen. Erst- u. Zweitspracherwerbsprozesse. FS für ~ z. 65. Geb.tag (hg. S. MERTEN) 1994. IB

**Weisgerber,** Gerhard, * 11. 2. 1940 Körprich/Saarland; studierte Kathol. Theol. u. Germanistik an den Univ. Bonn u. Freiburg/Br., Gymnasiallehrer f. Dt. u. Rel., zugleich weitere Ausbildung zum Gesangslehrer u. Sprecherzieher mit Diplom-Abschluß an d. Musikhochschule Stuttgart, bis 1980 Lehrbeauftragter f. lit.wiss. Propädeutik an d. Abt. Sprecherziehung ebd., 1980–2003 Leiter d. Gymnasiums in Isny/Allgäu, daneben als Konzertsänger tätig; Lyriker.

*Schriften:* Und dennoch hat es Sinn. Eine lyrische Begegnung mit der Allgäuer Landschaft (Federzeichnungen R. Fritz) 1993; Mal sehen, was die Leute machen. Von Menschen und Allzumenschen, in 301 Schüttelreimen beobachtet, 1997; Es ist, wie wenn ... Gleichnisse, Vorderwitziges, Hintergründiges, 1998; Licht soll kommen. Bildmeditationen zum Advent und zu Weihnachten (Einf. M. BREUNINGER) 2005; Ach, wär ich von den Deinen, Kunst ... doch leider hab ich keinen Dunst! Musikalische Schüttelreime (Zeichnungen A. Schautz) 2007. AW

**Weisgerber,** (Johann) Leo, * 25. 2. 1899 Metz, † 8. 8. 1985 Bonn; Sohn des Lehrers Nikolaus Ludwig W., Vater v. Bernhard → W., 1917/18 Kriegsdienst in Flandern, studierte ab 1918 Indogermanistik, Vergleichende Sprachwiss., Germanistik, Romanistik u. Keltologie an den Univ. in Bonn, München und Leipzig, 1923 Dr. phil., 1925/26 Stud.referendar an d. Städt. Oberrealschule Bonn, 1925 Habil. an d. Univ. ebd. u. bis 1927 Privatdoz. für Allgem. u. Indogerman. Sprachwiss., 1926/27 Doz. mit Lehrauftrag für Dt.unterricht u. Volksk. an der neugegr. Staatl. Pädagog. Akad., 1927–30 a. o. und ab 1938 o. Prof. für Vergleichende Sprachwiss. u. Sanskrit an d. Univ. Rostock, 1938–42 o. Prof. für Allgem. u. Indogerman. Sprachwiss. sowie Dir. des Seminars für allgem. indogerman. Sprachwiss. an d. Univ. Marburg, 1942–67 o. Prof. für Kelt. Sprache u. Kultur sowie der Allgemeinen Sprachwiss. an d. Univ. Bonn, ab 1947 mit Gerhard Deeters Leiter d. Sprachwiss. Inst. an d. Univ., 1934 Mitgl. der Nationalsozialist. Volkswohlfahrt (NSV), Mitgl. d. Reichsdozentenschaft u. des Nationalsozialist. Rechtswahrerbundes, 1940–44 mit Unterbrechungen Sonderführer bei d. Propaganda-Abt. Frankreich, u. a. Mitarb. im Kelt. Inst. der Bretagne. 1940/41 Kriegsdienst u. 1944/45 beim Volkssturm. Mitgl. versch. Gremien u. Gesellsch., u. a. wiss. Beirat der Dudenred., Mitgl. d. Kommission für Rechtschreibfragen, Mitgl. d. Gesellsch. für dt. Sprache Wiesbaden, 1936 korrespondierendes Mitgl. d. Akad. d. Wiss. Göttingen, 1954 Mitgl. der (heutigen) Rhein.-Westfäl. Akad. d. Wiss., versch. Auszeichungen u. Ehrungen, u. a. 1961 Konrad-Duden-Preis der Stadt Mannheim, 1965 Dr. phil. et litt. h. c. der Univ. Löwen, 1975 Verdienstkreuz 1. Klasse d. Verdienstordens der Bundesrepublik Dtl.; Mitarb. an versch. Lexika u. Hdb., Mithg. versch. Zs., u. a. 1934–44 von «Wörter u. Sachen», 1948–67 der «Rhein. Vjbl.» u. 1950–77 d. Zs. WirkWort; Fachschriftenautor.

*Schriften* (Ausw.): Sprache als gesellschaftliche Erkenntnisform. Eine Untersuchung über das Wesen der Sprache als Einleitung zu einer Theorie des Sprachwandels (Habil.-Schrift) 1924 (hg. B. LAUER u. R. HOBERG, mit e. Einf. v. Bernhard W., 2008); Muttersprache und Geistesbildung, 1929; Die Stellung der Sprache im Aufbau der Gesamtkultur, 1934; Die volkhaften Kräfte der Muttersprache, 1939; Die Entdeckung der Muttersprache im europäischen Denken, 1948; Der Sinn des Wortes Deutsch, 1949; Von den Kräften der deutschen Sprache, 4 Bde., 1949/50 (2., erw. Aufl. 1953–59; 3., neu bearb. Aufl. d. Bde. 1 u. 2, 1962); Das Tor zur Muttersprache, 1951; Das Gesetz der Sprache als Grundlage des Sprachstudiums, 1951 (2., neubearb. Aufl. u. d. T.: Das Menschheitsgesetz der Sprache als Grundlage der Sprachwissenschaft, 1964); Die sprachliche Zukunft Europas, 1953; Die Leistung der Mundart im Sprachganzen (Vortrag) 1956; Die vier Stufen in der Erforschung der Sprachen, 1963; Zur Grundlegung der ganzheitlichen Sprachauffassung. Aufsätze, 1925–1933. Zur Vollendung des 65. Lebensjahres L. W.s (hg. H. GIPPER) 1964; Rhenania germano-celtica. Gesammelte Abhandlungen. Dem Autor zum 70. Geburtstag am 25. Februar 1969 (hg. J. KNOBLOCH u. R. SCHÜTZEICHEL) 1969; Die geistige Seite der Sprache und ihre Erforschung, 1971; Zweimal Sprache. Deutsche Linguistik 1973 – Energetische Sprachwissenschaft, 1973.

*Nachlaß:* Univ.-Arch. Bonn; Brüder-Grimm-Mus. Kassel; Hess. Staatsarch. Marburg; Univ.-Arch. Rostock.

*Bibliographie:* Schmidt, Quellenlex. 32 (2002) 512 u. 33 (2003) 7. – Bibliogr. d. Schr. ~s (in: Sprache, Schlüssel zur Welt. FS für ~, hg. H. GIPPER) 1959; H. GIPPER, Fortführung d. Bibliogr. d. Schr. ~s für d. Jahre 1949–64 (in: L. W., Z. Grundlegung d. ganzheitl. Sprachauffassung [...], hg. H. G.) 1964; Schriftenverz. ~. ~ z. 85. Geb.tag (zus.gestellt v. K. D. DUTZ, hg. H. G.) 1984; K. D. DUTZ, Usus manusque. Schriftenverz. ~ (in: Interpr. u. Re-Interpret. [...], hg. K. D. D.) 2000.

*Literatur:* Munzinger-Arch.; IG 3 (2003) 2003; DBE [2]10 (2008) 502. – P. HARTMANN, Wesen u. Wirkung d. Sprache im Spiegel d. Theorie ~s, 1958; Sprache, Schlüssel zur Welt. FS für ~ (hg. H. GIPPER) 1959; H. BRINKMANN, ~ z. 60. Geb.tag (in: WirkWort 9) 1959; G. HELBIG, D. Sprachauffassung ~s (in: DU 13 u. 15) 1961 u. 1963; Köpfe der Forsch. an Rhein u. Ruhr, 1963; W. LORENZ, Zu einigen Fragen des Zus.hangs v. Sprache u. Gesellsch. E. krit. Auseinandersetzung mit ~, 1966 (zugleich Diss. Leipzig 1966); T. BYNON, ~'s Four Stages in Linguistic Analysis (in: Man. The Journal of the Royal Anthropological Institute NS 1) London 1966; Verz. d. Prof. u. Doz. d. Rhein. Friedrich-Wilhelms-Univ. zu Bonn 1818–1968 (hg. O. WENIG) 1968; G. HELBIG, Gesch. d. neueren Sprachwiss. [...], 1971 (Nachdr. 1986); U. THILO, Versuch e. Vergleichs d. Sprachtheorien Ferdinand de Saussures u. ~s (Diss. FU Berlin) 1978; Catalogus Professorum Academiae Marburgensis [...] 2: Von 1911 bis 1971 (bearb. v. I. AUERBACH) 1979; Bernhard W., ~ z. achtzigsten Geb.tag (in: Muttersprache 89) 1979; Internationales Soziologenlex. 2 (2., neubearb. Aufl., hg. W. BERNSDORF u. H. KNOSPE) 1984; Zündschnur z. Sprengstoff. ~s keltolog. Forsch. u. s. Tätigkeit als Zensuroffizier in Rennes während des 2. Weltkriegs (in: Linguistische Ber., H. 79) 1982; P. SCHMITTER, D. Zeichen- u. Bedeutungstheorie ~s als Grundlage semant. Analyse (zugleich e. Beitr. z. Gesch. d. Wortfeldtheorie) (in: Philol. u. Sprachwiss., hg. W. MEID) 1983; H. SCHWARZ, Zu ~s 85. Geb.tag (in: WirkWort 34) 1984; H. BRINKMANN, Zu ~s Lebenswerk (in: ebd. 35) 1985; W. BESCH, ~ (in: Rhein. Vierteljahresbl. 49) 1985; DERS., Nachruf auf ~ (in: Rhein.-Westfäl. Akad. d. Wiss., Jb.) 1985; J. KNOBLOCH, ~ z. Gedenken (in: D. Sprachdienst 29) 1985; In memoriam ~. Reden gehalten [...] bei d. akadem. Gedenkfeier d. Philos. Fak. d. [...] Univ. Bonn, 1986; J. KNOBLOCH, Energet. Weltgestaltung durch d. Muttersprache. D. Vermächtnis ~s (in: Sprachwiss. 11) 1986; W. KÖLLER, Philos. der Grammatik. V. Sinn grammat. Wissens, 1988; ~: Engagement u. Reflexion. Kritik e. didakt. orientierten Sprachwiss. (hg. H. IVO) 1994; H. IVO, ~s Sprachdenken. Kein Denken im Geist oder Buchstaben Humboldts (ebd.); G. BOVELAND, I. STRASSHEIM, Sprachgemeinschaft u. Volksgemeinschaft. E. ideolog. motiviertes u. mythisch strukturiertes Verhältnis im Denken ~s (ebd.); P. ROEDER, Unstatthafte Bausteine? ~s Cassirer-Rezeption (ebd.); K.-H. EHLERS, «daß ich an d. Förderung aller phonolog. Probleme lebhaften Anteil nehme»: ~s «unwahrscheinliche» Beziehung z. Prager Schule d. Linguistik (in: Beitr. z. Gesch. d. Sprachwiss. 7) 1997; J. LERCHENMÜLLER, «Keltischer Sprengstoff». E. wissenschaftsgeschichtl. Stud. über d. dt. Keltologie v. 1900–45, 1997; Z. GRABARCZYK, Muttersprache u. Wirklichkeit in d. linguist. Theorie v. ~ (in: Studia Germanica Gedanensia 6) Danzig 1998; D. HELLER, Wörter u. Sachen. Grundlagen d. Historiographie d. Fachsprachenforsch., 1998; Bernhard W., Muttersprache u. Sprachgemeinschaft. Zu ~s 100. Geb.tag (in: WirkWort 49) 1999; ~, Leben u. Werk. Aus Anlaß d. Übergabe s. Nachlasses an die Brüder-Grimm-Gesellsch. e.V. in Kassel am 25. November 2000 (hg. u. bearb. v. Bernhard W.) 2000; Interpr. u. Re-Interpr. Aus Anlaß d. 100. Geb.tages v. ~ (1899–1985) mit e. historiographischen Anh. u. d. Schriftenverz. ~ (hg. K. D. DUTZ) 2000; H. GIPPER, ~: Leben u. Werk (ebd.); K. R. JANKOWSKY, Joachim Heinrich Campe (1746–1818) u. s. «Wörterbuch» im Vergleich zu ~s sprachtheoret. Arbeiten. E. Beitr. z. Gesch. d. dt. Sprache (ebd.); H. LÖSENER, Zweimal «Sprache»: ~ u. Humboldt (ebd.); H. GLINZ, ~: 3 Briefe aus dem Jahr 1950 (ebd.); N. BLANCHARD, Un agent du Reich à la rencontre des militants bretons. ~, Brest 2003; J. ROTH, Methodologie u. Ideologie des Konzepts der Sprachgemeinschaft. Fachgeschichtl. u. systemat. Aspekte e. soziolog. Theorie d. Sprache bei ~, 2004 (zugleich Diss. Frankfurt/M. 2004); N. GUTENBERG, Erich Drachs «Grundgedanken d. dt. Satzlehre» u. ihr Verschwinden in ~s ‹Tor z. Muttersprache› (in: D. Aktualität des Verdrängten. Stud. z. Gesch. d. Sprachwiss. im 20. Jh., hg. K. EHLICH u. K. MENG) 2004; M. BUDDRUS, S. FRITZLAR, D. Prof. d. Univ. Rostock im Dritten Reich. E. biogr. Lex., 2007; R. HOBERG, Erinn. an ~. Grußwort bei d. Vorstellung v. ~s Habil.schrift ‹Sprache als gesellschaftliche Erkenntnisform› im Brüder Grimm-Mus. in Kassel [...] (in: D. Sprachdienst 52) 2008; Bernhard W.,

«Habent sua fata libelli». Vortrag z. Publ. d. Habil.schrift ~s von 1924 [...] (ebd.); B. SYLLA, Hermeneutik der langue: ~, Heidegger u. d. Sprachphilos. nach Humboldt, 2009 (tw. zugleich Diss. u. d. T.: D. Sprachinhaltsforsch. ~s, ihre sprachphilos. Implikationen u. ihr Bezug zu Heidegger, Braga/Portugal 2008). IB

**Weisgerber,** Vera (verh. Hewener), *23. 2. 1955 Saarwellingen/Saarland; studierte 1972–74 Betriebswirtschaft an d. Fachhochschule des Saarlandes u. 1975–78 Sozialarbeit/Sozialpädagogik an der Kathol. Fachhochschule f. Soziales in Saarbrücken (Abschluß als Diplom-Sozialarbeiterin), absolvierte dazw. ein soziales Jahr im Kindergarten der Pfarrei St. Blasius in Saarwellingen, seither im öffentl. Gesundheitsdienst tätig, zudem Red. d. Gesundheitszs. «Die Klingel» (1985–88), Red.mitgl. d. Zs. «Brücken» (1989/90) u. Leiterin d. Red.teams d. Zs. «IN-FORM» (1990/91), seit 1991 Red. verschiedener Dokumentationen u. Fachpubl. d. Gesundheitsamtes Saarbrücken; erhielt zahlr. Auszeichnungen, zuletzt 2005 d. Poesiepreis u. d. Bronzemedaille f. kulturelle Verdienste beim Internationalen Lit.wettbewerb CEPAL (Europäisches Zentrum f. d. Förderung v. Kunst u. Lit. in Frankreich), 2007 d. Silbermedaille f. kulturelle Verdienste ebd. sowie 2009 d. Joker-Lyrikpreis; vorwiegend Lyrikerin.

*Schriften:* Windblumen (Ged.) 1985; Novembrisches Bittersüß (Ged.) 1986; So leicht stirbt der Regen. Gegenwartslyrik, 1999; Versteck der Bänke. Lyrisches Reisebrevier, 1999; Vermißtenanzeige. Gewidmet den ermordeten Juden des Naziregimes. Lyrik und Prosa, 2000; Lichtflut. Reisenotizen in Lyrik und Prosa, 2001; Eine Neigung aus Blau. Gegenwartslyrik, 2002; Bist Himmel mir und tausend Feuerfunken (Ged.) 2003; Verwirbelungen der Zeit (Ged.) 2005; Es kommen andere Ewigkeiten (Ged.) 2007; Püttlinger Blattwerke. Literatissimo-Projekt der Stadt Püttlingen (mit G. FOX u. M. ROECKNER) 2008; Himmelsstürme. Naturlyrik, 2009. AW

**Weisgram,** Wolfgang, * 1957 Wiener Neustadt/Niederöst.; studierte Theaterwiss. u. Publizistik, Journalist bei d. Wiener Stadtztg. «Falter», dann Sportred. u. Burgenland-Korrespondent d. Tagesztg. «D. Standard» in Wien, zudem Hg. d. Zs. «Der See» u. freier Schriftst., lebt in Marz/Burgenland; Sachbuchautor u. Erzähler.

*Schriften:* Landbuch Niederösterreich. Ein Ratgeber für Ausflüge (Red.) 1985; Der Neusiedler See. Geschichte, Kultur, Natur, Ausflüge, Wanderungen und angenehme Plätze rund um den See (mit V. SEBAUER u. R. VESELY) 1994; Im Inneren des Balles. Eine Expedition durch die weite Wirtschaftswunderwelt des österreichischen Fußballs [...] (mit J. SKOCEK) 1994; Wunderteam Österreich. Scheiberln, wedeln, glücklich sein (mit DEMS.) 1996; Der Wienerwald und die Thermenregion. Geschichte, Kultur, Natur, Ausflüge, Wanderungen und angenehme Plätze zwischen Klosterneuburg und dem Triestingtal (mit V. SEBAUER, hg. O. PRUCKNER) 1996; 100 Jahre Rapid. Geschichte einer Legende (mit J. SKOCEK u. K. P. KOBAN) 1999; Das Spiel ist das Ernste. Ein Jahrhundert Fußball in Österreich (mit J. SKOCEK, hg. B. MAUHART) 2004; Ein rundes Leben. Hugo Meisl – Goldgräber des Fußballs (mit R. FRANTA) 2005; Im Inneren der Haut. Matthias Sindelar und sein papierenes Fußballerleben. Ein biographischer Roman, 2006; MarcosEinSatz oder Der lange Augenblick, in dem Zinédine Zidane etwas kurz angebunden war. Eine Tirade, 2007. AW

**Weishaar,** Anna → Berg, Annie.

**Weishaar,** Sophie, *20. 8. 1902 Strümpfelbach (Stadttl. v. Weinstadt/Baden-Württ.), †6. 6. 1988 Waiblingen/Baden-Württ.; 1919–24 Ausbildung am Lehrerseminar in Markgröningen, 1925/26 Privatanstellung beim Baron v. Massenbach, besuchte 1926–28 d. Hauswirtschaftl. Seminar in Kirchheim (Teck) m. Abschluß als Fachlehrerin f. Handarbeit u. Hauswirtschaft, 1928–39 Volksschullehrerin an versch. Orten, danach in Strümpfelbach, 1956 Oberlehrerin, seit 1968 im Ruhestand, 1972 Ehrenbürgerin v. Strümpfelbach, 1975 ebd. Einweihung des v. ihr aufgebauten Heimatmuseums; Lyrikerin, Verf. v. Ortschroniken u. (z. Tl. ungedruckten) Theaterstücken.

*Schriften:* Strümpfelbach im Remstal 1265–1965 (mit Beitr. v. W. EBERHARDT u. A. RITTER, hg. H. E. WALTER) 1966; Blüten aus dem bunten Spitzweg-Strauß. Gedanken zu Bildern von Karl Spitzweg, 1970; Wortkränze. Gereimte Gedanken zur Freude und zum Trost (Zierschriften I. Schuler) 1972; Der Waldstreit zwischen Endersbach und Strümpfelbach Anno 1793. Szene, 1978; Idler-Sippenbuch, Teil 1: Strümpfelbach i. R., Bessarabien, Krebshof, Stetten i. R., Fellbach, Münster a. N., Freudenstein, Frankfurt, Senden, Cannstatt (zus.gestellt, Red. H. E. WALTER) 1986. AW

**Weishaupt,** (Johann) Adam (Joseph) (Ordensname Spartacus), *6. 2. 1748 Ingolstadt, † 18. 11. 1830 Gotha; Sohn e. aus Westf. stammenden Juristen u. Prof., besuchte d. Jesuitenschule in Ingolstadt, konnte d. Bibl. s. Gönners, d. Reformers u. Univ.dir. Johann Adam v. Ickstatt, benutzen, die auch Schr. französ. Aufklärer enthielt, studierte Rechtswiss., 1768 Dr. iur., 1772 a. o. Prof. f. Natur- u. Völkerrecht u. ab 1773 Ordinarius f. kanon. Recht an d. Univ. Ingolstadt, Gegner d. Jesuiten, gründete 1776 d. Geheimbund der «Perfectibilisten», d. späteren «Illuminatenordens», beeinflußt durch d. Lehrbücher d. Göttinger Philosophen Johann Georg Heinrich → Feder. D. radikalaufklärer. «Illuminatenorden» breitete sich v. Ingolstadt bald im ganzen Reich, v. a. in kathol. Ländern, aus, wurde aber 1785 in Bayern verboten; W. floh nach Regensburg, seit 1787 Hofrat am Hof v. Herzog Ernst II. in Gotha, 1808 Auswärtiges Mitgl. d. Bayer. Akad. d. Wissenschaften.

*Schriften:* Jus civile privatum cum determinationes juris Boici, 2 Bde., 1771/73; Dissertatio de lapsu academiorum, 1775; Apologie der Illuminaten, 1776; Über die Schrecken des Todes. Eine philosophische Rede, 1786; Über Materialismus und Idealismus, ein philosophisches Fragment, 1786 (2., ganz umgearb. Aufl. 1787; Nachdr. d. 2. Aufl. Brüssel 1973; Mikrofilm-Ausg. o. J.); Apologie des Misvergnügens und Uebels. Drey Gespräche, 1787 (2., verm. u. ganz umgearb. Aufl., 2 Bde., 1790); Einleitung zu meiner Apologie, 1787; Das verbesserte System der Illuminaten mit allen seinen Einrichtungen und Graden, 1787 (verm. NA 1788; NA 1818; Abdruck in: Illuminaten 1, 2001); Kurze Rechtfertigung meiner Absichten. Zur Beleuchtung der neuesten Originalschriften, 1787; Nachtrag zur Rechtfertigung, 1787; Geschichte der Vervollkommnung des menschlichen Geschlechts, 1. Tl., 1788 (m. n. e.); Zweifel über die Kantischen Begriffe von Zeit und Raum, 1788 (Nachdr. Brüssel 1968); Über die Gründe und Gewisheit der menschlichen Erkenntniß. Zur Prüfung der Kantischen Critik der reinen Vernunft, 1788; Über die Kantischen Anschauungen und Erscheinungen, 1788 (Nachdr. Brüssel 1970); Saturn, Merkur und Herkules, drey morgenländische Allegorien. Aus dem Französischen des Court de Gérbelin. Mit einer Vorrede begleitet, 1789; Pythagoras oder Betrachtungen über die geheime Welt- und Regierungs-Kunst, 1. Bd., 1790; Über Wahrheit und sittliche Vollkommenheit, 3 Bde., 1793–97 (Nachdr. Brüssel o. J.); Über die Selbsterkenntniß, ihre Hindernisse und Vortheile, 1794 (Neuausg., hg. L. ENGEL, o. J. [1902]); Über den allegorischen Geist des Alterthums. Nach dem Französischen, 1794; Über die geheime Welt- und Regierungs-Kunst, 1795; Die Leuchte des Diogenes. Oder Prüfung unserer heutigen Moralität und Aufklärung, 1804; Materialien zur Beförderung der Welt- und Menschen-Kunde. Eine Zeitschrift in zwanglosen Heften, 3 H., 1809/10; Über die Staatsausgaben und Auflagen, ein philosophischer Versuch mit Gegenbemerkungen von Dr. Karl Frohn, 1820; Über das Besteuerungssystem. Ein Nachtrag zur Abhandlung über die Staatsausgaben. Mit Gegenbemerkungen von Dr. Karl Frohn, 1820.

*Nachlaß:* BSB München. – Denecke-Brandis 403.

*Literatur:* Meusel-Hamberger 8 (1800) 408; 16 (1812) 175; 21 (1827) 439; NN 8/2 (1832) 805; ADB 41 (1896) 539; Goedeke 4/1 (1916) 521; BWG 3 (1975) 3057; Killy 12 (1992) 216; DBE ²10 (2008) 502. – P. STUMPF, Denkwürdige Bayern [...], 1865; H. BOOS, Gesch. d. Freimaurerei. Ein Beitr. z. Kultur- u. Lit.gesch. d. 18. Jh., 1894 (NA 1906); L. WOLFRAM, D. Illuminaten in Bayern u. ihre Verfolgung (2 Schulprogr.) 1899/1900; D. JACOBY, Der Stifter d. Illuminatenordens u. e. Briefstelle Schillers an Körner (in: Euph. 10) 1903; L. ENGEL, Gesch. d. Illuminatenordens, 1906; Bosls Bayer. Biogr. 8000 Persönlichkeiten aus 15 Jh. (hg. K. BOSL) 1963; K. HOMANN, Z. Begriff «Subjektivität» bis 1802 (in: Arch. f. Begriffsgesch. 11) 1967; H. GRASSL, Aufbruch zur Romantik. Bayerns Beitr. z. dt. Geistesgesch. 1765–1785, 1968; Biogr. Lex. zur dt. Gesch. Von d. Anfängen bis 1945, 1971; K. EPSTEIN, D. Ursprünge d. Konservatismus in Dtl., 1973; R. VAN DÜLMEN, D. Geheimbund d. Illuminaten. Darst., Analyse, Dokumentation, 1975 (mit Bibliogr.); W. C. ZIMMERLI, Materialismus u. Idealismus. E. undifferenzierte Analyse (in: Hegel-Jb. 1976) 1978; Lex. d. dt. Gesch. [...] (2., überarb. Aufl., hg. G. TADDEY) 1983; D. Illuminaten. Quellen u. Texte z. Aufklärungsideologie d. Illuminatenordens (1776–1789) (hg. J. RACHOLD) 1984; Biogr. Lex. d. Ludwig-Maximilians-Univ. München, I Ingolstadt-Landshut 1472–1826 (hg. L. BOEHM, W. MÜLLER, W. J. SMOLKA, H. ZEDELMAIER) 1998; E. LENNHOFF, D. ROSNER, D. A.

BINDER, Internat. Freimaurerlex. (überarb. u. erw. NA) 2000 ([5]2006); W. MÜLLER, D. Aufklärung, 2002 (= Enzyklopädie dt. Gesch. 61); L. HAMMERMAYER, Entwicklungslinien, Ergebnisse u. Perspektiven neuerer Illuminatenforsch. (in: Staat u. Verwaltung in Bayern. FS W. Volkert, hg. K. ACKERMANN, A. SCHMID) 2003; Große Bayer. Biogr. Enzyklopädie 3 (hg. H.-M. KÖRNER unter Mitarb. v. B. JAHN) 2005; D. Korrespondenz d. Illuminatenordens, I 1776–1781 (hg. R. MARKNER, M. NEUGEBAUER-WÖLK, H. SCHÜTTLER) 2005. RM

**Weishaupt,** Madeleine, *29. 4. 1970 Zofingen/Kt. Aargau; lebt seit 1998 in Nürnberg u. leitet dort ein Kulturbüro, zudem Vorsitzende d. Verbandes Dt. Schriftst. VS d. Regionalgruppe Mittelfranken.

*Schriften:* Ein Sylter Tagebuch (mit G. BAUM) 2005; «Ich schreibe dir, weil auch ich mir Frieden wünsche». Briefe an Anne Frank (hg.) 2005; «Ich schreibe dir, weil ich nicht bei dir bin». Briefe an die Schweiz (hg.) 2006. AW

**Weishaupt,** Marianne, *15. 8. 1894 Schaprode/Rügen, Todesdatum u. -ort unbek.; lebte in Stralsund (1934).

*Schriften:* Sternschnuppen. Gedichte, 1933. AW

**Weisheitinger,** Ferdinand → Weiß, Ferdl.

**Weisius,** Christianus → Weise, Christian.

**Weiskern,** Friedrich Wilhelm (ursprüngl. Weisker), *29. 5. 1711 Eisleben/Sachsen (nach anderen Quellen 1710), †29. 12. 1768 Wien; Sohn e. sächs. Rittmeisters. Seit 1734 Schauspieler am Kärtnertortheater Wien, verkörperte die Rolle des «Odoardo», e. von ihm geschaffene Figur des grämlichen Alten. Später auch Regisseur u. an d. Aufstellung des Spielplans u. d. Besetzung beteiligt. Betrieb neben s. Bühnenkarriere Sprach- u. Literaturstud; übers., schrieb u. bearb. (meist nach italien., span. u. französ. Vorlagen) zahlr. Stücke, die aufgeführt wurden, aber meist ungedruckt sind.

*Schriften:* Arlekin, ein Nebenbuhler seines Herrn. Ein neues pantomimisches Lustspiel, 1746; Der Zauberthaler des Arlekins. Ein neues pantomimisches Lustspiel, 1747; Bernardon, der verliebte Weiberfeind, in einem gesungenen Lustspiel, o. J. [1752]; Die betrogenen Betrüger (Lsp., aus d. Dän. des [...] Herrn v. Holbergs übers.) 1755; Die Engeländische Pamela (Lsp., dem Italien. des Herrn Karl Goldoni nachgeahmet) 1758; Der Leutansetzer oder Die stolze Armuth (Lsp., dem Italien. des Herrn Goldoni nachgeahmt) 1760; Der Misogyne oder Der Feind des weiblichen Geschlechtes. Ein Lustspiel [...] H. Lessings entlehnt, 1762; Die verunglückten Comödianten. Ein Vorspiel (aus dem Französ. entlehnt) 1762; Samson, ein Trauerspiel des Herrn Ludwig Riccoboni [...] für die deutsche Schaubühne eingerichtet, 1762; Die Herstellung der deutschen Schaubühne zu Wien in einem Vorspiel gefeyert, 1763; Bastienne. Eine französische Operacomique (in freier Übers. nachgeahmet) 1764; Die Wirkung der Rechtschaffenheit (Lsp. aus dem Französ. übers.) 1766; Die doppelte Verwandlung. Eine freie Nachahmung von der bekannten und beliebten komischen Oper: «Le Diable à quatre» von Sédaine, 1767; Topographie von Niederösterreich in welcher alle Städte, Märkte, Dörfer, Klöster, Schlösser, Herrschaften, Landgüter, Edelsitze, Freyhöfe, namhafter Oerter u. d. g. angezeiget werden, welche in diesem Erzherzogthume wirklich angetroffen werden, oder sich ehemals darinnen befunden haben, 3 Bde. (3. Bd. u. d. T.: Beschreibung der k. k. Haupt und Residenzstade Wien) 1769/70.

*Bibliographie:* Bibliographia dramatica et dramaticorum. Komm. Bibliogr. der im ehemaligen dt. Reichsgebiet gedruckten u. gespielten Dramen des 18. Jh. nebst deren Bearb. u. Übers. [...] 13–23 (hg. R. MEYER) 1999–2005.

*Literatur:* Meusel 14 (1815) 475; Wurzbach 54 (1886) 79; ADB 41 (1896) 552; Goedeke 5 (1893) 301; 4/1 (1916) 134 u. 147; Theater-Lex. 6 (2008) 3147; DBE [2]10 (2008) 503. – Allgemeines Theater-Lex. oder Encyklopädie alles Wissenswerthen für Bühnenkünstler, Dilettanten u. Theaterfreunde [...] 7 (hg. R. BLUM, K. HERLOSSSOHN, H. MARGGRAFF) 1842; F. GRÄFFER, ~, d. ruhmeswehrte Mime u. Topograph (in: F. G., Neue Wiener-Localfresken [...]) 1847; K. v. GÖRNER, Der Hans Wurst-Streit in Wien u. Joseph v. Sonnenfels, 1884; M. WEISSKER, Beitr. z. Gesch. u. Genealogie d. Familie Weissker, 2 Bde., 1899 u. 1909; A. v. WEILEN, Gesch. des Wiener Theaterwesens v. d. ältesten Zeiten zu d. Anfängen der Hof-Theater, 1899; C. H. Schmids Chronologie des dt. Theaters (neu hg. P. LEGBAND) 1902; O. ROMMEL, Die Alt-Wiener Volkskom. Ihre Gesch. v. barocken Welt-Theater bis z. Tode Nestroys, 1952; E. SCHENK,

Die Anfänge d. Wiener Kärntnertortheaters (1710–1748) 1969; G. ZECHMEISTER, Die Wiener Theater nächst d. Burg u. nächst d. Kärntnerthor von 1747 bis 1776, 1971; E. PIES, Prinzipale. Z. Genealogie d. dt.sprachigen Berufstheater v. 17. bis 19. Jh., 1973; R. ANGERMÜLLER, Mozart u. Rousseau. Z. Textgrundlage v. ‹Bastien u. Bastienne› (in: Internationale Stiftung Mozarteum, Mitt. 23) 1975; H. HAIDER-PREGLER, Des sittlichen Bürgers Abendschule [...], 1980; F. HADAMOWSKY, Wien Theatergesch. V. d. Anfängen bis z. Ende des ersten Weltkriegs, 1988; R. ANGERMÜLLER, V. Kaiser z. Sklaven. Personen in Mozarts Opern [...], 1989; Stegreifburlesken der Wanderbühne. Szenare der Schulz-Menningerschen Schauspielertruppe nach Hs. d. Öst. NB (hg. O. G. SCHINDLER) 1990; H. HAIDER-PREGLER, Komödianten, Literaten u. Beamte. Z. Entwicklung der Schauspielkunst im Wiener Theater des 18. Jh. (in: Schauspielkunst im 18. Jh. [...], hg. W. BENDER) 1992; K. KAUFMANN, «Es ist nur ein ~!» (in: Lit. in d. Gesch./Gesch. in d. Lit. 29) 1993; G. MARTIN, Herr ~ geht über Land [...] (in: Niederöst. Kulturber. März) 1992; D. JAGERSBACHER, ~ (1710/11–1768). Ansätze zur Konsolidierung des «Diskursmodells Volkstheater» in der öst. Aufklärung (Diplomarbeit Wien) 1994; C. SCHWARZINGER, ~ u. s. Bedeutung für die Entwicklung des Wiener Kärntnertortheaters (Diplomarbeit ebd.) 1996; F. CZEIKE, Hist. Lex. Wien 5, 1997; H. BLANK, Rousseau – Favart – Mozart. 6 Variationen über e. Libretto, 1999; B. MÜLLER-KAMPEL, Hanswurst, Bernardon, Kasperl, Spaßmacher im 18. Jh., 2003; R. LENIUS, Wiener Spuren berühmter Schauspielerinnen u. Schauspieler, 2004. IB

**Weiskirch,** Johanna (geb. Schneider), * 25. 12. 1864 Selters/Westerwald, † 13. 3. 1960 Düsseldorf; heiratete 1891 den Ingenieur August W., der kaufmänn. Leiter beim Bau d. Anatol. Eisenbahn u. danach d. Bagdadbahn war, lebte mit ihm in Istanbul u. Kleinasien. Nach d. Tod ihres Mannes (1906) kehrte sie nach Dtl. zurück u. lebte bis 1915 in Wiesbaden, dann in Braubach/Rhein u. seit 1917 in Düsseldorf; Verf. v. Bühnenst., Msp. sowie Erz. u. Lyrikerin.

*Schriften:* Vater und Sohn, 1909; Gedichte, 1909; «Und du sollst mein Herr sein». Einakter, 1909; Kleine Kinder-Aufführungen, 1910; Kleine Kinderszenen für Haus und Schule, 1911; Allerlei Lustiges für kleine Knaben, 1912; Ernste und heitere Vorträge für Kinder, 1912; Ernst und Scherz für die Kleinen, 1912; Der Manöverschatz. Ein heiteres Spiel, 1914; Die Studentenlore (Singsp., Musik: O. Teich) 1914; Das deutsche Schwert. Kriegsgedichte für die Jugend, für Volks- und Elternabende, 1914; Vaterländische Vortragsgedichte, 1915; Am Goldenen Horn. Eine Erzählung aus großer Zeit, 1916; Des Vaters Erbe (Rom.) 1917; Aus den Tagen des Heiligen Krieges (Original-Rom.) 1918; Unter dem Halbmond und Stern (Erz.) 1918; Die Schloßmühle, 1919; Selige Weihnachtszeit. Weihnachtsaufführung in 2 Aufzügen, 1921; Der Nikolaus bei den Gnomen und Zwergen. Versspiel, 1921; Das heldenmütige Schneiderlein (Msp.) 1922; Der Holzhacker und die drei Wünsche (Msp.) 1922; Und Sonne drüber ... : Aus meiner Kindheit Tagen, 1922 (Mikrofiche-Ausg., o. J.); Die Zwei in der Landeshauptstadt. Scherz in 1 Aufzug, 1923; Das bestrafte Wichtelmännchen (Msp.) 1923; Rosenelfchen und Rittersporn und andere Märchen, 1924; Traumjörg im Zauberberg (Msp.) 1924; Vaterland! Ein Drama aus dem besetzten Gebiet, 1925; Heimatliebe. Ein Lebensbild vom Lande in 4 Akten, 1925; Wenn die Osterglocken klingen! (Bilder: G. Bachem) 1926; Der Zauberschuh (Msp.) 1926; Wunderstern und Zauberstab. Märchen für kleine Leute, 1949.

*Literatur:* Lit. Silhouetten. Dt. Dichter u. Denker u. ihre Werke. E. literarkrit. Jb. (hg. u. bearb. v. H. VOSS u. B. VOLGER) 1909; O. RENKHOFF, Nassauische Biogr. (2., vollst. überarb. u. erw. Aufl.) 1992. IB

**Weiskirch,** Willi, * 1. 1. 1923 Welschen-Ennest/Sauerland, † 11. 9. 1996 Kirchhundem-Würdinghausen/Nordrh.-Westf.; aktiv in d. kathol. Jugendbewegung «Neudtl.» tätig, nach d. Matura (1942) z. Kriegsdienst einberufen, im Oktober 1944 schwer verwundet mit weitreichenden Folgen (war in s. künftigen Leben auf Krücken u. Rollstuhl angewiesen). 1946 Mitbegründer u. Mitgl. d. Christl. Demokrat. Union (CDU), Stud. d. Zeitungswiss. an d. Univ. Münster. 1948 Abbruch d. Stud. u. Arbeit in d. Pressestelle d. Bundes der Dt. Kathol. Jugend, 1952–59 Chefred. der «Wacht», zugleich Leiter des Düsseldorfer Büros d. «Allg. Sonntagsztg.», 1959–69 Chefred. d. kathol. Monatszs. «Mann in d. Zeit» (später mit d. «Feuerreiter» vereinigt u. d. T. «Weltbild») in Augsburg. Danach freier Journalist u. Dokumentarfilmer. 1970–76 Parteisprecher der CDU u. bis 1979 Chefred. d. Mitgl.ztg. d. CDU

«Dt. Monatsbl.», 1976–85 Mitgl. d. Dt. Bundestags u. 1985–90 Wehrbeauftragter.

*Schriften* (Ausw.): Rote Adler, 1948; Die Sache mit dem Wahrsager. Eine unglaubliche Geschichte, 1948; Nie wieder Kommiß! Es muß alles anders werden [...], 1954; Taschenbuch für katholische Soldaten (bearb.) 1963; Als die gold'ne Abendsonne ..., 1964; Aufzeichnungen und Erinnerungen, 1996 (= Abgeordnete des Dt. Bundestages 15: Wolfram Dorn u. W. W., hg. vom Dt. Bundestag, wiss. Dienste, mit e. Vorw. v. R. Süssmuth).

*Nachlaß:* Arch. für Christl.-Demokrat. Politik d. Konrad-Adenauer-Stiftung, Sankt Augustin bei Bonn.

*Literatur:* Munzinger-Arch.; DBE ²10 (2008) 502. – Hdb. d. Bundeswehr u. d. Verteidigungsindustrie 1987/88, 1988; Gemeinden leben den Widerspruch. Chronik – Erinn. – Profile aus d. kathol. Kirchengemeinden in Hagen 1933–45 (hg. R. Hagedorn) 1999; Biogr. Hdb. d. Mitgl. d. Dt. Bundestages 1949–2002, Bd. 2 (hg. R. Vierhaus u. L. Herbst) 2002; D. dt.sprachige Presse. E. biogr.-bibliogr. Hdb. 2 (bearb. v. B. Jahn) 2005; B. Haunfelder, Nordrhein-Westf. Land u. Leute 1946–2006. E. Biogr. Hdb., 2006. IB

**Weiskirchner,** Richard, * 24. 3. 1861 Wien-Margareten, † 30. 4. 1926 Wien; Sohn e. Oberlehrers, studierte Rechtswiss. in Wien, 1883 Dr. iur., danach im Verwaltungsdienst d. Stadt Wien tätig, 1897–1911 Abgeordneter d. öst. Reichsrates u. 1898–1915 Mitgl. d. niederöst. Landtags, 1903 Magistratsdir., 1909–11 öst. Handelsminister, 1910–19 Gemeinderat u. 1912–19 Bürgermeister v. Wien, seit 1917 Mitgl. d. Herrenhauses, 1920–23 Präs. d. Nationalrates; Dr. techn. h. c., Ehrenbürger v. Wien; publizierte 1914–18 im «Amtsbl. d. Stadt Wien» d. Artikelserie «Wien während des Krieges».

*Schriften:* Die Armenpflege einer Großstadt vom Standpunkte der christlichen Auffassung der Armenpflege, 1896; Das Cartellwesen vom Standpunkt der christlichen Wirtschaftsauffassung, 1896; Kriegsfürsorge (hg. Gemeinde Wien) 1914; Die Gemeinde Wien während der ersten Kriegswochen: 1. August bis 22. September 1914 (Ber.) 1914; Städtische Wohnungspolitik, 1917.

*Nachlaß:* StLB Wien, Hs.slg. – Renner 433.

*Literatur:* W. Kosch, Biogr. Staatshdb. 1, 1963; D. Abgeordneten z. Öst. Nationalrat 1918–1975 u. d. Mitgl. d. Öst. Bundesrates 1920–1975, 1975; F. Czeike, Hist. Lex. Wien 5, 1997; C. Mertens, ~ (1861–1926), der unbekannte Wiener Bürgermeister, 2006. AW

**Weiskopf,** Franz Carl (Ps. Peter Buk, Pierre Buk, Frederic W. L. Kovacs, K. K. Regner, O. T. Ring, Heinrich Werth), * 3. 4. 1900 Prag, † 14. 9. 1955 Berlin(-Ost); Sohn d. jüd. Bankbeamten Joseph W., wuchs zweisprachig auf (dt. u. tschechisch), studierte 1919–23 Germanistik u. Gesch. an d. Karlsuniv. in Prag, 1923 Dr. phil., 1920 Mitgl. d. Tschechoslowak. Sozialdemokrat. Arbeiterpartei, seit 1921 d. Kommunist. Partei d. Tschechoslowakei (KPČ). 1925 mit Julius Fučik Hg. d. Zs. «Avantgarda», bereiste ab 1926 als Reporter mehrmals die UdSSR, 1927 u. 1930 Teilnahme an den Konferenzen der «Internationalen Vereinigung Revolutionärer Künstler» in Moskau u. Charkow. Übersiedelte 1928 nach Berlin, im selben Jahr Heirat mit Margarete Bernheim (Alex → Wedding). Mitgl. d. «Bundes proletar.-revolutionärer Schriftst.» (BPRS), 1929–33 Feuilletonred. an d. neugegr. Tagesztg. «Berlin am Morgen», Mitarb. u. a. d. «Arbeiter-Illustr.-Ztg.», d. «Neuen Bücherschau» u. v. «Die Rote Fahne». 1932 Stud.reise durch die Sowjetunion. Im Frühjahr 1933 kehrte W. mit s. Gattin nach Prag zurück. Bis 1938 Chefred. d. nun in Prag erscheinenden «Arbeiter-Illustr.-Ztg.» (seit 1935 u. d. T.: «Volks-Illustrierte»), Ende 1933 mit Bruno → Frei u. Wieland → Herzfelde Gründer d. Wochenzs. «D. Gegenangriff», Mitarb. an Herzfeldes «Neuen Dt. Bl.», 1934 Teilnahme am sowjet. Schriftst.kongreß in Moskau. Im Herbst 1938 flüchtete d. Ehepaar nach Paris, Mitarb. v. «Regard», «Europe», «Das Wort», «Internationale Lit.» (Moskau) u. a. Zs., im Juni 1939 Überfahrt nach USA z. Kongreß d. «League of American Writers» u. zu e. Vortragsreise. W. u. seine Frau blieben in New York, wo sie sich umgehend für gefährdete Schriftst.kollegen, u. a. für Anna → Seghers, Egon Erwin → Kisch u. Thedor Balk (Dragutin → Fodor, ergänze † 25. 3. 1974 Prag) u. später für exilierte Schriftst. einsetzten. Umfangreiche publizist. Tätigkeit, Mitarb. an zahlr. Zs., u. a. «The New Republic», «Aufbau», «Einheit» (London), «The German American» u. «Freies Dtl.» (Mexiko). 1944 Mitbegründer d. Aurora-Verlages in New York. 1947 zweimonatige Reise über Paris nach Prag u. Berlin, 1948 Botschaftsrat der Tschechoslowakei in Washington D. C., 1949/50 Gesandter d. ČSR in Stockholm u. 1950–52 Botschafter der ČSR in Peking. 1952 wieder für kurze Zeit in Prag u. ab 1953 in Berlin(-Ost), mit Willi → Bredel Hg. d. Zs. NDL, Mitgl. d. Sozialist. Einheitspartei Dtl. (SED), Vorstandsmitgl. d. Dt. Schriftst.verbandes u. seit 1954 Mitgl. d. Akad. d. Künste d. Dt. Demokrat. Republik (DDR); Verf. lit.krit. Werke, Übers., Lyriker u. Erzähler.

*Schriften:* Es geht eine Trommel. Verse dreier Jahre, 1923; Tschechische Lieder (übers. u. eingel.) 1925 (unveränd. fotomechan. Neudr. 1981); Januartage. Sammelband zum Todestage von Liebknecht, Luxemburg, Lenin (hg. im Auftrag d. Proletkult) Prag 1926; Die Flucht nach Frankreich. Ein Soldat der Revolution [u. a.]. 3 Novellen, 1926; Umsteigen ins 21. Jahrhundert. Episoden von einer Reise durch die Sowjetunion (Vorw. W. HERZFELDE) 1927; Wer keine Wahl hat, hat die Qual (4 Erz.) 1928; Der Traum des Friseurs Cimbura (Nov.) 1930; Das Slawenlied. Roman aus den letzten Tagen Österreichs und den ersten Jahren der Tschechoslowakei, 1931; Der Staat ohne Arbeitslose. 3 Jahre «5 Jahresplan» (mit E. GLÄSER, mit e. Nachw. v. A. KURELLA) 1931; Zukunft im Rohbau. 18000 Kilometer durch die Sowjetunion, 1932; D. Leblond-Zola, Zola. Sein Leben, sein Werk, sein Kampf (übers. aus d. Franz. von E. DARCY, hg. u. komm.) 1932; Die Stärkeren. Episoden aus einem unterirdischen Krieg, 1934; Die Feuerreiter. Gesammelte Gedichte, Moskau 1935; Die Versuchung. Roman einer jungen Deutschen, 1937 (Neuausg. u. d. T.: Lissy, 1954; ab d. 3. Aufl. u. d. T.: Lissy oder Die Versuchung (Rom.) 1955); Deutsche Frauenschicksale. Stimmen und Dokumente (hg.) 1937; Das Herz – ein Schild. Lyrik der Tschechen und Slowaken (übers. u. hg.) 1937 (erw. NA u. d. T.: Brot und Sterne. Nachdichtungen tschechischer und slowakischer Lyrik, 1951); La Tragédie tchécoslovaque de septembre 1938 à mars 1939 [...] (übers. v. H. JACOB u. J. CASTET, Nachw. J. ČECH) Paris 1939; The Untamed Balkans, New York 1941; Dawn Breaks. A Novel from the V-Front (übers. [aus d. Dt.] v. H. u. R. NORDEN) ebd. 1942 (dt. u. d. T.: Vor einem neuen Tag (Rom.) Mexico 1944); The Firing Squad. A Novel (übers. [aus d. Dt.] v. J. A. GALSTON) ebd. 1944 (dt. u. d. T.: Himmelfahrts-Kommando (Rom.) Stockholm 1945); Die Unbesiegbaren. Berichte, Anekdoten, Legenden 1933–1945, ebd. 1945; Hundred Towers. A Czechoslovak Anthology of Creative Writing (mit Vorw. hg.) ebd. 1945; Twilight on the Danube. A Novel ([aus d. Dt.] übers. v. O. MARX) ebd. 1946 (dt. u. d. T.: Abschied vom Frieden (1913–1914) Roman, 1950; erschien ab 1947 u. d. T.: «Zwielicht an der Donau» als Fortsetzungsrom. in d. «Neuen Berliner Illustrierten»); Morgenröte. Ein Lesebuch (Mithg.) ebd. 1947; Unter fremden Himmeln. Ein Abriß der deutschen Literatur im Exil 1933–1947. Mit einem Anhang von Textproben aus Werken exilierter Schriftsteller, 1947 (2., verb. Aufl. 1948; NA mit e. Nachw. v. I. HIEBEL u. e. komm. Autorenverz. v. W. KIRSTEN, 1981); Children of Their Time. A Novel (übers. [aus d. Dt.] v. I. R. SUES u. H. NORDEN) New York 1948 (dt. u. d. T.: Kinder ihrer Zeit. Roman, 1951; 2., erw. Aufl. u. d. T.: Inmitten des Stroms. Roman, 1955); Elend und Größe unserer Tage. Anekdoten 1933–1947, 1950; Der ferne Klang. Buch der Erzählungen, 1950; Menschen, Städte und Jahre. Berichte, Anekdoten und Geschichten, 1950; Gesang der gelben Erde. Nachdichtungen aus dem Chinesischen, 1951 (gekürzt u. d. T.: China singt. Nachdichtungen aus dem Chinesischen, 1955); Die Reise nach Kanton. Bericht, Erzählung, Poesie und weitere Bedeutung, 1953; Das Anekdotenbuch, 1954 (Ausw. [v. K. H. BERGER] u. d. T.: Das Gespenst im Opernhaus und andere merkwürdige Geschichten, 1978); Aus allen vier Winden. Buch der Skizzen und Reportagen, 1954 (2., erw. Aufl. 1955); Verteidigung der deutschen Sprache. Versuche, 1955; Kisch-Kalender (hg. mit D. NOLL) 1955; Heimkehr (2 Erz.) 1955; Literarische Streifzüge, 1956.

*Ausgaben:* Ausgewählte Werke in Einzelausgaben, 4 Bde., 1951–55; Ausgewählte Werke in Einzelausgaben (Teilslg.), 1959/60; Gesammelte Werke (hg. v. d. Dt. Akad. d. Künste zu Berlin; Ausw. u. Zus.stellung d. Werke besorgten Grete W. u. S. HERMLIN unter Mitarb. v. F. ARNDT), I Abschied vom Frieden (Rom.), II Inmitten des Stroms (Rom.) – Welt in Wehen. Fragment, III Das Slawenlied – Vor einem neuen Tag. Romane, IV Lissy – Himmelfahrtskommando. Romane, V Gedichte und Nachdichtungen, VI Anekdoten und Erzählungen, VII Reportagen, VIII Über Literatur und Sprache. Literarische Streifzüge. Verteidigung der deutschen Sprache, 1960; F. C. W.: 1900–1955 (Zus.stellung R. GREUNER, Red.: R. PLÖTNER) 1960; W. Ein Lesebuch für unsere Zeit (Ausw. u. Hg. A. ROSCHER unter Mitarb. v. Grete W.) 1963; Das Mädchen von Krasnodar. Eine Auswahl (hg. A. WEDDING) 1965; Das Eilkamel. Reiseberichte aus Europa, Asien und Amerika (Ausw. B. STRUZYK) 1978.

*Briefe:* Bodo Uhse, F. C. W., Briefwechsel 1942–1948 (hg. G. CASPAR unter Mitarb. v. M. STRAGIES) 1990.

*Nachlaß:* Dt. Akad. d. Künste Berlin; Leo Baeck Inst. New York; Univ. of Southern California, L. Feuchtwanger Memorial Library; State Univ. of New York at Albany, Departe of Germanic Languages and Lit. – Mommsen 4080a; Spalek/Hawrylchak 1,968; 3/2,788. – M. ANGERMÜLLER, Vorläufiges Findbuch d. lit. Nachlasses v. ~, 1958.

*Bibliographie:* Albrecht-Dahlke II/2 (1972) 622; IV/2 (1984) 700; Spalek 4/3 (1994) 1973; Schmidt, Quellenlex. 33 (2003) 7. – F. ARNDT u. A. ROSCHER, Vorläufige Bibliogr. d. lit. Arbeiten v. u. über ~. Abgeschlossen im September 1957, 1958; I. HIEBEL, Biblogr. ausgew. lit.krit. u. -theoret. Beitr. ~s in Ztg. u. Zs. der Jahre 1921 bis 1955 (in: I. H., ~. Schriftst. u. Kritiker [...]) 1973.

*Literatur:* Hdb. Emigration II/2 (1983) 1226; Killy 12 (1992) 217; KNLL 17 (1992) 497 (zu ‹D. Versuchung›); LöstE (2000) 677; Spalek 3/5 (2005) 240; DBE ²10 (2008) 503. – F. GROSS, ~, ‹D. Flucht nach Frankreich›, 3 Nov. (in: Bücherwarte 2/4) 1927; R. GOODMAN, ~s ‹D. Flucht nach Frankreich› (in: BA 2/2) 1928; W. FABIAN, ~: ‹Die Flucht nach Frankreich›, ‹Umsteigen ins 21. Jh.›, ‹Wer keine Wahl hat, hat d. Qual› (in: Bücherwarte 4/4) 1929; H. KESTEN, ~ (in: Weltbühne 25/16) 1929; R. ARNHEIM, ~: ‹D. Slawenlied› (in: ebd. 27/22) 1931; A. EGGEBRECHT, ~s ‹Slawenlied› (in: Die lit. Welt 7/40) 1931; E. E. KISCH, E. neuer dt. Rom. [‹D. Versuchung›] (in: Volks-Illustrierte, H. 6) Prag 1937; F. KRAUSE, ~s ‹D. Versuchung› (in: BA 14/3) 1940; L. REINER, ~, ‹Dawn Breaks› (in: Freies Dtl. 1) Mexiko 1942; B. UHSE, D. Wunder des Bösen [zu ‹Himmelfahrtskommando›] (in: ebd. 3) 1944; P. M. LINDT, Schriftst. im Exil. Zwei Jahre dt. lit. Sendung am Rundfunk in New York (mit e. Vorw. v. G. N. SHUSTER) New York 1944 (Nachdr. 1974); B. Q. MORGAN ~'s ‹The Firing Squad› (in: BA 19/1) 1945; A. WELLEK, ~'s ‹Hundred Towers› (in: ebd. 19/3) 1945; B. FREI, ~: ‹D. Unbesiegbaren› (in: Austria Libre 4/1) Mexiko 1945; B. UHSE, E. zeitgeschichtl. Rom. Zu ~s ‹Twilight on the Danube› (in: Freies Dtl. 5) Mexiko 1946; H. KESTEN, ~: ‹D. Unbesiegbaren› (in: Dt. Bl. 4/32) Santiago de Chile 1946; R. DOMINO, Zu ~s neuem Rom. ‹Abschied v. Frieden› (in: Austro American Tribune Februar) New York 1946; R. T. HOUSE, ~'s ‹D. Unbesiegbaren› (in: BA 20/1) 1947; B. Q. MORGAN, ~'s ‹Himmelfahrts-Kommando› (in: ebd. 21/1) 1947; R. T. HOUSE, ~: ‹Unter fremden Himmeln› u. ‹Himmelfahrts-Kommando› (in: ebd. 22/4) 1948; H. RUHL, ~s ‹Vor e. neuen Tag› (ebd.); DERS., ~: ‹Himmelfahrtskommando› (in: D. Volksbibliothekar 2/5) 1948; I. SCHEELE, ~s ‹D. Versuchung› (in: ebd. 3/2) 1949; G. CASPAR, E. Vierteljh. [‹D. ferne Klang›] (in: Aufbau 7/4) 1951; G. DEICKE, Nachdg. v. ~ [zu ‹Brot u. Sterne›] (in: ebd. 8/4) 1952; G. CASPAR, D. Alte u. d. Neue. Anm. zu zwei Rom. ~s [‹Abschied v. Frieden›, ‹Kinder ihrer Zeit›] (ebd.); DERS., China – heute [zu ‹D. Reise nach Kanton›] (ebd. 9/6 u. 7) 1953; A. ROSCHER, ~ u. ‹Des Tien Tschien Lied v. Karren› (E. Begegnung) (in: NDL 1/7) 1953; LI KO, E. meisterhafte Nachdg. [zu ‹Des Tien Tschien Lied v. Karren›] (in: Weltbühne 8/44) 1953; V. WERNER, České a slovenské motivy v díle ~a (in: Časopis pro moderní filogii 36) Prag 1954; W. JOHO, ~: ‹Lissy›, Rom. e. jungen Deutschen (in: Börsenbl. Leipzig 121) 1954; F. HAMMER, Wir grüßen e. Heimgekehrten: ~ (ebd.); G. CASPAR, ~, Briefe v. ihm, Erinn. an ihn, Notizen über ihn (in: Aufbau 10/10) 1955; A. ZWEIG, Nachruf (in: NDL 3/10) 1955 (wieder in: A. Z., Früchtekorb. Jüngste Ernte. Aufs., 1956); W. BREDEL, Gedenkworte für ~ (ebd.); S. HERMLIN, Dem Gedenken an ~ (in: ebd. 3/11) 1955 (wieder in: S. H., Begegnungen, 1960; S. H., Äußerungen 1944–1982, 1983); H. WEISE, ~ [mit Werkverz.] (in: Die Buchbesprechung 9/10) 1955; H. KEISCH, Alte u. neue Anekdoten (in: NDL 3/2) 1955; Worte für ~. Zu s. ersten Todestag am 14. September: Grete W., H. G. Brenner, L. Reiner u. P. Reimann (in: ebd. 4/9) 1956; A. HOFMAN, Literárne kritické práce ~a (in: Časopis pro moderní filogii 39) Prag 1957; H. MAYER, ~ der Mittler. Anm. zu 3 Büchern (in: NDL 5/9) 1957 (auch in: Erinn. an e. Freund [...], Ausw. u. Zus.stellung besorgten Grete W., S. HERMLIN u. F ARNDT, 1963); R. KÖSTER, ~: ‹Verteidigung d. dt. Sprache› (in: Sprachpflege, H. 4) 1956; G. CWOJDRAK, Aussicht auf d. lit . Welt [zu ‹Lit. Streifzüge›] (in: NDL 5/4) 1957; H. KOCH, D. Erzähler ~ (Diplomarbeit Leipzig) 1958; ~s Tagebuch, mit e. Vorbem. v. Grete W. (in: NDL, H. 4) 1960; W. VICTOR, Erinn. an ~ (in: Rund um d.Welt, H. 9) 1960; G. ROTHBAUER, Wortwahl u. Satzbau in e. Anekdote v. ~ (in: Sprachpflege 9/4) 1960; ~ 1900–1955 (hg. R. GREUNER) 1960; P. REIMANN, ~s Prager Lehrjahre u. Mittlertum (in: P. R., Von Herder bis Kisch. Stud. z. Gesch. d. dt.-öst.-tschech. Lit.beziehungen) 1961; A. KLEIN, D. Entwicklung der proletar.-revolutionären Romanlit. in Dtl. Eine gattungsgeschichtl. Unters., 1962 (zugleich Diss. Leipzig 1962); F. ARNDT, Die Lyrik ~s vor 1933 (in: Proletar.-revolutionäre Lit. 1918–1933, Bearb. u. Red. H. NEUGEBAUER) 1962 (2., durchges. Aufl. 1965); DIES., Die Prosa ~s vor 1933 (ebd.); E. KRAUSE, D. Traditionen d. ~schen Anekdoten unter besonderer Berücksichtigung H. v. Kleists Vortrag (in: WB 8) 1962; Erinn. an e. Freund. E. Gedenkbuch für ~ (hg. v. d. Dt. Akad. d. Künste zu Berlin, Ausw. u. Zus.stellung besorgten Grete W., S. HERMLIN u. F ARNDT) 1963; A. ROSCHER, ~, d. große Arbeiter (in: F. C. W., E. Lesebuch für unsere Zeit, Ausw. u. Hg. A. R. unter Mitarb. v. Grete W.) 1963; H. HUPPERT, Hauptsache: kein Gewährenlassen! (in: Weltbühne 18/2) 1963; E. E. Kirsch, ~: Leben u. Werk (Bearb. u. Red. H. NEUGEBAUER) 1963; A. KANTOROWICZ, ~. Porträt e. Überlebenden u. Nachschrift 1958 (in: A. K., Dt. Schicksale [...], durchges. u. ausgew. v. G. NENNING) 1964; F. ARNDT, ~ (hg. v. d. Dt. Akad. d. Künste zu Berlin) 1965; A. WEDDING, ~ – mein Lebensgefährte (in: F. C. W., D. Mädchen v. Krasnodar. E. Ausw., hg. A. W.) 1965 (wieder in: A. W., Aus vier Jahrzehnten. Erinn., Aufs. u. Fragmente [...], hg. G. EBERT, 1975); L. VÁCLAVEK, Ideolog. u. ästhet. Probleme des Werks v. ~ (Diss. Prag) 1965; DERS., ~ u. d. Tschechoslowakei, ebd. 1965; DERS., D. lyr. Werk ~s (in: Philologica Pragensia 8/1) Prag 1965; DERS., ~s Lyrik. ~ starb vor 10 Jahren am 14. September (in: DNL 13/9) 1965; DERS., ~ als Erneuerer d. dt. lit. Anekdote (in: Philologica Pragensia 9/2) 1966; W. BORTENSCHLAGER, Dt. Dg. des 20. Jh.: Strömungen – Dichter – Werke, 1966; E. KRAUSE, D. Position Heinrich v. Kleists im Zus.hang mit einigen Problemen d. Anekdote unter Berücksichtigung ~s (Diss. Rostock) 1966; H. TILLE, D. Kunst der Charakterisierung im ep. Schaffen ~s. E. Unters. an den Genres Erz., Rep., Anekdote u. Rom. (Diss. Halle-Wittenberg) 1967; L. VÁCLAVEK, ~ovy překlady české poezie [über ~s Nachdg. tschech. Poesie] (in: Časopis pro moderní filogii 60) Prag 1968; V. MACHÁČKOVÁ-RIEGEROVÁ, ~ u. Ernst Sommer, unbek. Briefe (in: WB 14) 1968; J. KUCZYNSKI, ~. D. dichter. Rep. (in: J. K., Gestalten u. Werke. Soziolog. Stud. z. dt. Lit.) 1969; G. STRAUSS, D. Anekdoten ~s. Textkrit. Unters., 1969 (Diss. Leipzig 1965); E. SCHREIBER, D. Rep. bei Kisch, ~ u. Fučik, 1972 (veränd. Fass. der Diss. u. d. T.: D. Funktion künstler. Gestaltungsmittel in d. Rep. (untersucht an ausgew. Rep. v. Kisch, ~ u. Fučík [...]) Leipzig 1970); H. LANGER, Heldenwahl u. Heldengestaltung im Romanschaffen ~s. D. Beitr. des Autors z. Entwicklung der Gattung (Diss. Greifswald) 1970; R. SCHMELLINSKY, ~ (in: Biogr. Lex. z. dt. Gesch. Von den Anfängen bis 1945, Hg.kollektiv) 1971; H. LANGER, Bilanzierung d. Epoche, ~s Rom. (in: NDL 20) 1972; I. HIEBEL, ~. Schriftst. u. Kritiker. Z. Entwicklung s. lit. Anschauungen, 1973 (Diss. u. d. T.: D. lit. Anschauungen ~s. Beitr. zu e. ~-Bild, Leipzig 1970); M. P. PALIN CRISANAZ, ~, ‹Il canto degli slavi› [zu ~s ‹Slawenlied›] (in: Il romanzo tedesco del Novecento, hg. G. BAIONI u. a.) Turin 1973; F. HAMMER, ~ (in: D. Bibliothekar 29) 1975; A. ROSCHER, D. dritte Wirklichkeit: Zukunft: Gespräche mit ~, 1953–55 (in: NDL 23) 1975; F. J. RADDATZ, Von d. Arbeiterkorrespondenz z. Lit. – Willi Bredel, ~ (in: F. J. R., Traditionen u. Tendenzen. Materialien z. Lit. d. DDR; erw. Ausg., 2 Bde.) 1976; A. KANTOROWICZ, Politik u. Lit. im Exil. Dt.sprachige Schriftst. im Kampf gg. d. Nationalsozialismus, 1978; Kunst u. Lit. im antifaschistischen Exil 1933–1945 (hg. W. MITTENZWEI) Bde. 1, 4 u. 5, 1979, 1981; M. NÖSSIG, Debatten über d. Rom. im Bund. Notizen zu ~ u. a. (in: WB 24) 1978; I. HIEBEL, ~s Beitr. z. wechselseitigen Vermittlung d. dt. u. tschech. Lit. (in: Zs. für Slawistik 25) 1980; S. SCHNEIDER, ~: ‹D. Versuchung› (in: S. S., D. Ende Weimars im Exilrom. [...]) 1980; S. BOCK, Kunst im Kriege oder Von d. Brauchbarkeit des «alten» Rom. ~: ‹Vor e. neuen Tag› (in: Erfahrung Exil. Antifaschist. Rom. 1933–1945. Analysen, hg. S. B. u. M. HAHN) ²1981; V. HERTLING, Quer durch. Von Dwinger bis Kisch. Ber. u. Rep. über d. Sowjetunion aus d. Epoche d. Weimarer Republik, 1982; D. KOSTÁLOVÁ, ~s Traum v. e. neuen Tag. Zu ~s Exilrom. (in: Germanist. Jb. DDR – ČSSR [...]) Prag 1982/83; I. HIEBEL, ~ als Exilierter in s. Heimat (ebd.); P. GALLMEISTER, D. hist. Rom. v. ~ ‹Abschied v. Frieden› u. ‹Inmitten des Stroms›, 1983 (zugleich Diss. Wuppertal 1982); Verboten u. verbrannt. Dt. Lit. 12 Jahre unterdrückt (hg. R. DREWS u. A. KANTOROWICZ, NA m. e. Vorw. v. H. KINDLER) 1983; L. REINEROVÁ, ~s Höllenbeamter mit d. auswechselbaren Kopf (in: L. R., Es begann in d. Melantrichgasse. Erinn. an ~, Kisch, Uhse u. die Seghers) 1985 (Tb.ausg. 2006); H. ARNOLD, ~: ‹Lissy oder D. Versuchung›, ‹Inmitten des Stroms› (in: Rom.führer A–Z. D. dt. Rom. bis 1949. Rom. d. DDR II/2, 5., erw. Aufl., Bearb. u. Red. W. LEHMANN) 1986; H. DÖRING, ~: ‹Himmelfahrtskommando› (ebd.); G. JÄCKEL, ~: ‹Abschied

v. Frieden› (ebd.); S. Reinhardt, Z. Unters. d. Handlungsstruktur v. ~-Anekdoten (in: WZ d. PH Potsdam 30) 1986; Anpassung u. Utopie. Beitr. z. lit. Werk Oskar Maria Grafs, Lion Feuchtwangers, ~s, Anna Seghers u. August Kühns (hg. T. Kraft u. D.-R. Moser; red. Mitarb. B. Altmann) 1987; S. Dunstmair, Wege d. Schuld aus zeitgenöss. Sicht im Exil. D. Darstellung des Kleinbürgertums bei ~ u. Arnold Zweig (ebd.); J. Serke, Böhm. Dörfer. Wanderungen durch e. verlassene lit. Landschaft, 1987; V. Glosíková, Es ging die Trommel. D. Oktoberrevolution aus d. Sicht dt.sprachiger Schriftst. aus d. Tschechoslowakei. U. a. zu Kisch u. ~ (in: Litteraria Pragensia 30) Prag 1987; M. Jähnichen, Zwischenbilanz oder Tschech. Lyrik des 20. Jh. in der DDR-Rezeption (in: WB 33) 1987; M. Groth, The Road to New York. The Emigration of Berlin Journalists, 1933–1945, München 1988 (zugleich Diss. Iowa City 1983); H. Hansen, Intentionen u. Strategien. ~s Rep. (1927–1953) im Spannungsfeld großer gesellschaftl. Veränderungen (in: Zw. polit. Vormundschaft u. künstler. Selbstbestimmung [...], hg. [...] I. Hiebel) 1989; B. Gräf, ~: ‹Inmitten des Stroms›, ‹Abschied v. Frieden› (in: D. Rom.führer [...] 26, hg. B. u. J. G.) 1992; D. Schiller, D. Lit.kritik ~s im Exil 1933–39 (in: D. dt. Lit.kritik im europäischen Exil (1933–1940), hg. M. Grunewald) 1993; Lex. sozialist. Lit. Ihre Gesch. in Dtl. bis 1945 (hg. S. Barck u. a.) 1994; Biogr. Hdb. d. SBZ/DDR 1945–90, 2. Bd. (hg. G. Baumgartner u. D. Hebig) 1997; H. Cai, ~ u. China (in: Neue Forsch. chines. Germanisten in Dtl. [...], hg. H. C.) 1997; I. Hiebel, Hans Mayer über ~, den «Mittler» (in: Hans Mayers Leipziger Jahre [...], hg. A. Klein) 1997; V. Haase, Will man nicht 70 Millionen ausmerzen oder kastrieren ... E. Beitr. zu ~s deutschlandpolit. Vorstellungen im Exil (in: Zuckmayer-Jb. 1) 1998 (wieder in: Lit. u. polit. Dtl.konzepte 1938–1949 [...], hg. G. Nickel, 2004 = Zuckmayer-Jb. 7); C. Zehl Romero, «Armer u. lieber Sagetete»: Anna Seghers u. ~ (in: Anna Seghers in Perspective, hg. I. Wallace) Amsterdam 1998; L. Václavek, ~s Übersetzungen tschech. Poesie (in: L. Topolská, L. V., Beitr. z. dt.sprachigen Lit. in Tschechien, hg. I. Fialová-Fürstová) Olmütz 2000; ders., Zu einigen Autoren des weiteren «Prager Kreises»: Uffo Daniel Horn, Josef Mühlberger, Ludwig Karpe u. ~ (in: Brücken nach Prag [...]. FS für K. Krolop z. 70. Geb.tag, hg. K.-H. Ehlers) 2000; J. H. Frömel, E. Deutscher aus Böhmen: ~ als Emigrant u. Kämpfer gg. d. Nationalsozialismus (in: Dt. Autoren d. Ostens als Gegner u. Opfer d. Nationalsozialismus. Beitr. z. Widerstandspolitik, hg. F.-L. Kroll) 2000; J. H. Frömel, ~ u. s. Beziehung z. Problematik d. Sudetendeutschen (in: Stifter-Jb. 14) 2000; A. Roscher, «Auskunft über damals»: Anna Seghers u. ~ – e. Freundschaft (in: NDL 48) 2000; I. Hiebel, Zu e. Aufs. d. Kritikers ~ über d. Erzählerin Anna Seghers (in: Anna Seghers im Rückblick auf d. 20. Jh. Stud. u. Diskussionsbeitr., Red. A. Klein) 2001; V. Robert, Partir ou rester? Les intellectuels allemands devant l'exil 1933–1939, Paris 2001; D. dt.sprachige Presse. E. biogr.-bibliogr. Hdb. 2 (bearb. v. B. Jahn) 2005; W. Koepke, Keine Rückkehr zur Welt von Gestern. ~s Exilperspektive v. Untergang des alten Öst. (in: Echo des Exils. D. Werk emigrierter öst. Schriftst. nach 1945, hg. J. Thunecke) 2006. IB

**Weiskopf,** Grete → Wedding, Alex.

**Weisl,** Alexandrine Martina → Wied, Martina.

**Weisl,** Wolfgang von, * 27. 3. 1896 Wien, † 21. 12. 1974 Gedera/Israel; Sohn d. Rechtsanwalts Ernst Franz v. W., studierte Medizin an d. Univ. Wien, 1921 Dr. med., Soldat im 1. Weltkrieg, wanderte 1922 nach Israel aus. Korrespondent d. «Neuen Freien Presse» (Wien) u. d. «Voss. Ztg.» (Berlin), unternahm zahlr. Reisen u. beschäftigte sich mit Asienpolitik, Gründer u. Hg. d. kurzlebigen dt.-arab. Ztg. «Nil- u. Palästinagazette», 1924 Leiter d. ersten Haganah-Offiziersschule (jüd. Selbstschutzorganisation in Palästina), 1925/26 Orientkorrespondent d. Ullstein Verlages. 1925 Mitbegründer u. 1930/31 u. 1943/44 Vorsitzender d. zionist.-revisionist. Partei in Israel, unternahm in ihrem Dienst zahlr. Vortragsreisen in Europa. Während d. Unruhen 1929 beim arab. Aufstand verwundet. 1933–37 Arzt im Sanatorium in Purkersdorf bei Wien, danach Rückkehr nach Israel, Arzt u. ab 1940 Leiter des von ihm gegründeten Privatsanatoriums in Gedera. 1946 von d. brit. Mandatsregierung interniert. 1948 im Krieg gg. d. Arab. Liga neuerlich verwundet. Seit 1955 Mitgl. d. Liberalen Partei, Präs. d. Gesellsch. Israel-Öst., Mitgl. d. israel. B'nai-B'rith-Loge, Gründer u. Präs. d. Theodor-Herzl-Loge. – Irrtümlich wurden ihm die Namen Essad Bey, Kurban Said u. Lev Ambramovič Nussenbaum als Ps. u. auch die von diesem Autor verf. Bücher zugeteilt (vgl. dazu den Aufs. v. G. Höpp, siehe Literatur).

*Schriften:* Der Kampf um das Heilige Land. Palästina von heute, 1925; Zwischen dem Teufel und dem Roten Meer, 1928; Allah ist groß. Niedergang und Aufstieg der islamischen Welt von Abdul Hamid bis Ibn Saud (mit Essad Bey) 1936 (mit e. biogr. Ess. v. G. HÖPP, 2002); Die Juden in der Armee Österreich-Ungarns. Illegale Transporte. Skizze zu einer Autobiographie, Tel Aviv 1971.

*Literatur:* LöstE (2000) 679; DBE [2]10 (2008) 503. – S. WININGER, Große Jüd. National-Biogr. 6, 1932; A. KOESTLER, Arrow in the Blue, London 1952 (dt. [übers. v. E. THORSCH] u. d. T.: Pfeil ins Blaue. Ber. e. Lebens 1905–31, 1953); D. STERN, Werke v. Autoren jüdischer Herkunft in dt. Sprache. Eine Bio-Bibliogr., [3]1970; H. GOLD, Öst. Juden in d. Welt. E. bio-bibliogr. Lex., Tel Aviv 1971; M. FAERBER, Nachruf (in: Zs. für d. Gesch. d. Juden, H. 1/2) 1974; D. AMIR, Leben u. Werk d. dt.sprachigen Schriftst. in Israel. Eine Bio-Bibliogr., 1980; Hdb. öst. Autorinnen u. Autoren jüd. Herkunft 18. bis 20. Jh. 3, 2002; G. HÖPP, Mohammed Essad Bey oder Die Welten des Lev Ambramovič Nussenbaum (in: Essad Bey, W. v. W., Allah ist groß [...]) 2002; T. REISS, D. Orientalist. Auf den Spuren von Essad Bey (aus d. Amerikan. v. J. BETTHAUER) 2008. IB

**Weislein,** Karl, * 14. 4. 1864 Oberhollabrunn/ Niederöst., Todesdatum u. -ort unbek.; Notariatsbeamter, lebte nach 1896 in Linz/Donau; Dramatiker u. Lyriker.

*Schriften:* Lieben und Leiden. Eine Sammlung von Gedichten, 1888; Wahrheit. Schauspiel in vier Aufzügen, 1898; Das Siegesfest. Dramatische Dichtung, 1908 (weiters ungedruckte, in Linz aufgeführte Dramen). IB

**Weislinger,** Johann(es) Nicolaus (Nikolaus), * 17. 9. 1691 Püttlingen/Lothringen, † 29. 8. 1755 Kappelrodeck/Baden; wuchs in Drusenheim/ Elsaß auf, besuchte bis 1711 d. Jesuitengymnasium in Straßburg, Hauslehrer, studierte ab 1712 Philos. in Heidelberg, dann Theol. in Straßburg, 1724/25 Priesterweihe, 1726 Pfarrer in Waldulm/Bistum Straßburg, übersiedelte 1730 nach Kappelrodeck, überließ d. Seelsorge weitgehend e. Hilfsgeistlichen u. betätigte sich v. a. als (polem.) Schriftsteller.

*Schriften:* Friß Vogel, oder stirb! das ist: Examen von der wahren Kirche, 1717 (mehrere NA z. Tl. mit anderen Untertiteln; Neuausg., hg. C. PICKHART, 1843; Mikrofiche-Ausg. d. Erstausg. u. d. Aufl. v. 1730 in: BDL); Huttenus delarvatus, das ist, wahrhafftige Nachricht von dem Authore oder Urheber der verschreyten Epistolarum obscurorum Virorum [...], aus authentischen Schrifften zum nöthigen Schutz der verletzten Wahrheit wider Jacobum Burkhard, einem Lutherischen Professor zu Hildburghausen [...] mit Kupfern herausgegeben, 1730 (Mikrofiche-Ausg. in: BDL); Des allenthalben feindseligst angegriffenen Johann Nicolai Weißlingers [...] Antwort auf die Unbillig- und grundlose Klagen der Un-Catholischen [...] wider die bekannte Controvers-Schrifft, deren Titul Friß Vogel, oder stirb!, 1733 (2., verb. Aufl. 1736); Exceptiones una cum Reconventione mei [...] contra Joha. Casparum Malschium [...], 1734 (NA 1751); Außerlesene Merckwürdigkeiten von deren Neuen Theologischen Marck-Schreyeren, Taschen-Spieleren, Schleicheren, Winckel-Predigeren, falschen Propheten, Blinden-Führeren, Splitter-Richteren, Balcken-Trägeren, Mucken-Geigeren, Cameel-Schluckeren und dergleichen welche sich zu Christus Aposteln verstellen, zur geheiligten Übung [...] zusammengetragen [...], 4 Tle., 1737 (NA 1751); Höchst-nothwendige Schutz-Schrifft des scharff angeklagten, doch aber gantz unschuldig befundenen Lutherthums, 2 Bde., 1740/41 (NA 1743); Zweyhundert-Jähriges Jahr-Gedächtnuß auf des hochgelehrten Herrn D. Martini Lutheri Todes-Fall [...], 1746; Armamentarium catholicum perantique [...], 1749; Catalogus librorum impressorum, in Bibliotheca eminentissimi Ordinis S. Johannis Hierosolymitani asservatorum Argentorati, ordine alphabetico [...], 1751; Der entlarvte Luther. Heilige oder Die gründliche Widerlegung eines Mammeluken, namens Johann Philipp Thomb [...], 1756.

*Literatur:* Zedler 54 (1747) 1432 (Weißlinger); Meusel 14 (1815) 476; Pyritz 2 (1985) 721; Biogr.-Bibliogr. Kirchenlex. 13 (1998) 639; LThK [3]10 (2001) 1045; DBE [2]10 (2008) 503. – J. B. ALZOG, Über ~. Zur Verständigung über s. Person u. s. lit. Tätigkeit (in: Freiburger Diözesanarch. 1) 1865; N. PAULUS, D. Polemiker ~ (in: Straßburger Diöcesanbl. 19) 1900; W. PFEIFFER-BELLI, ~s dt. Schr. (in: Euph. 29) 1928; I. BEZZEL, D. Kontroverstheologe ~ (1691–1755) als Büchersammler u. Bibliothekar (in: Arch. f. Gesch. d. Buchwesens 13) 1972; A.

Schlechter, E. dt. myst. Hs. d. Straßburger Dominikanerin Anna Schott aus d. Bibl. v. ~ (in: Zs. f. Gesch. d. Oberrheins 145) 1997. RM

**Weismann,** Anabella, *25.9. 1946 Berlin; 1975/76 Assistentin an d. FU Berlin, 1976–79 Doz. an d. Univ. Amsterdam, 1988 Dr. phil. FU Berlin, 1989 Privatdoz. u. Gastprof. ebd., seit 1996 Prof. d. Soziologie an d. Univ. Oldenburg.

*Schriften* (Ausw.): Froh erfülle Deine Pflicht! Die Entwicklung des modernen Hausfrauenleitbildes im Spiegel trivialer Massenmedien in der Zeit zwischen Reichsgründung und Weltwirtschaftskrise (Diss.) 1989; Golgatha: Vergangenheit mit Jetztzeit geladen. Ein kultursoziologischer Versuch zur Entwicklung religiöser Bildsprachen am Beispiel der Rezeptionsgeschichte von Peter Bruegels «Kreuztragung», 1992; Das Bild als Waffe im Elitenkonflikt. Graphik und Malerei als Medien des öffentlichen und privaten Widerstandes gegen die spanisch-katholische Herrschaft über die Niederlande im 16. Jahrhundert am Beispiel des Werkes von Pieter Bruegel, 1994; Kultur – Propaganda – Öffentlichkeit. Intentionen deutscher Besatzungspolitik und Reaktionen auf die Okkupation (Mithg.) 1998. RM

**Weismann,** August Friedrich Leopold, *17.1. 1834 Frankfurt/M., †5.11. 1914 Freiburg/Br.; erhielt frühzeitig Musik- u. Zeichenunterricht, studierte seit 1852 Medizin in Göttingen, 1856 Dr. med., 1856/57 Assistent an d. Städtischen Klinik in Rostock, ließ sich n. d. Staatsexamen 1858 als prakt. Arzt in Frankfurt/M. nieder, 1859 Oberarzt im Militär u. Stud.aufenthalt in Paris, 1860/61 weitere Stud. an der Univ. Gießen, 1861–63 Leibarzt v. Erzherzog Stephan auf Schloß Schaumburg in Frankfurt/M., 1863 Habil. u. Privatdoz. f. Vergleichende Anatomie u. Zoologie, seit 1865 a. o. und 1873–1912 o. Prof. f. Zoologie an d. Univ. Freiburg/Br., zudem 1868 Gründer u. Dir. d. Zoolog. Inst. ebd.; 1879 Dr. phil. h. c. der Univ. Freiburg/Br., erhielt 1908 d. Darwin-Wallace Medaille d. Linnean Society of London, wirkl. Geheimrat, gilt als bedeutendster dt. Evolutionstheoretiker d. 19. Jh. u. Begründer d. Neodarwinismus; Fachschriftenautor.

*Schriften* (Ausw.): Über die Berechtigung der Darwin'schen Theorie, 1868; Über den Einfluß der Isolierung auf die Artbildung, 1872; Studien zur Descendenz-Theorie, I Über den Saison-Dimorphismus der Schmetterlinge, II Über die letzten Ursachen der Transmutationen, 1875/76 (engl. Ausg. u. d. T.: Studies in the Theory of Descent. With Notes and Additions by the Author, übers. u. mit Anm. hg. R. Meldola, Vorw. C. Darwin, 2 Bde., London 1882; davon Reprint, 2 Bde., New York 1975); Über die Dauer des Lebens. Ein Vortrag, 1882 (Nachdr. 2006); Die Continuität des Keimplasmas als Grundlage einer Theorie der Vererbung, 1885; Über die Zahl der Richtungskörper und über ihre Bedeutung für die Vererbung, 1887; Das Keimplasma. Eine Theorie der Vererbung, 1892 (engl. Ausg. u. d. T.: The Germ-Plasm. A Theory of Heredity, übers. W. Newton Parker u. H. Rönnfeldt, London 1893; davon Reprint, Bristol 2003); Aufsätze über Vererbung und angewandte biologische Fragen, 1892; Die Allmacht der Naturzüchtung. Eine Erwiderung an Herbert Spencer, 1893; Neue Gedanken zur Vererbungsfrage. Eine Antwort an Herbert Spencer, 1895 (Nachdr. 2006); Vorträge über Deszendenztheorie (gehalten an d. Univ. Freiburg/Br.) 2 Bde., 1902 (3., umgearb. Aufl. 1913; engl. Ausg. u. d. T.: The Evolution Theory, übers. A. u. M. R. Thomson, London 1904; davon Reprint, 2 Bde., Bristol 2003); Ausgewählte Briefe und Dokumente = Selected Letters and Documents (dt./engl., hg. F. B. Churchill u. H. Risler) 2 Bde., 1999.

*Nachlaß:* UB Freiburg/Breisgau.

*Literatur:* Dt. biogr. Jb. 1 (1925) 318; DBE [2]10 (2008) 504. – A. Hinrichsen, D. lit. Dtl. (2., verm. u. verb. Aufl.) 1891; FS z. 70. Geburtstage d. Herrn Geh. R. Prof. Dr. ~, 1904 (= Zoolog. Jb. Suppl. 7); Dt. Zeitgenossenlex. Biogr. Hdb. dt. Männer u. Frauen d. Ggw. (hg. F. Neubert) 1905; Biogr. Lex. d. hervorragenden Ärzte d. letzten fünfzig Jahre 2 (hg. u. bearb. I. Fischer) 1933; J. C. Poggendorff, Biogr.-lit. Handwb. Mathematik, Astronomie, Physik m. Geophysik, Chemie, Kristallographie und verwandte Wissensgebiete, Bd. VI: 1923–1931, 1939; Freiburger Prof. d. 19. u. 20. Jh. (hg. J. Vincke) 1957; K. Gebhardt, ~ (in: Dt. Zs. f. Philos. 13) 1965; H. Risler, ~ 1834–1914 (in: Ber. d. Naturforschenden Gesellsch. Freiburg im Breisgau) 1968; I. Asimov, Biogr. Enzyklopädie d. Naturwiss. u. Technik. 1151 Biographien m. 246 Porträts, 1973; H. Risler, ~s Leben u. Wirken n. Dokumenten aus s. Nachlaß (in: Freiburger Univ.bl., H. 87/88) 1985; Große Naturwissenschaftler. Biogr. Lex. Mit e. Bibliogr. z. Gesch. d. Naturwiss. (hg. F. Krafft) [2]1986; Biogr. bedeutender Biologen. E.

Slg. v. Biogr. (hg. W. PLESSE u. D. RUX) $^{3}$1986; R.-D. HEGEL, Zur weltanschaul.-philosoph. Bedeutung der biotheoret. Leistungen ~s (1834–1914) sowie deren erkenntnis- u. wiss.theoret. Konsequenzen. E. Beitr. zur Gesch. des Verhältnisses v. Philos. u. Naturwiss. im 19. Jh. (Diss. HU Berlin) 1988; R. LÖTHER, Wegbereiter der Genetik. Gregor Johann Mendel u. ~, 1989; Fachlex. abc. Forscher u. Erfinder (hg. H. L. WUSSING u. a.) 1992; W. HARTKOPF, D. Berliner Akad. d. Wiss. Ihre Mitgl. u. Preisträger 1700–1990, 1992; Badische Biogr. NF 4 (hg. B. OTTNAD) 1996; K.-P. DRECHSEL, Beurteilt – Vermessen – Ermordet. D. Praxis der Euthanasie bis z. Ende d. dt. Faschismus (Diss. Duisburg) 1993; Lex. d. Naturwissenschaftler. Astronomen, Biologen, Chemiker, Geologen, Mediziner, Physiker, 1996. AW

**Weismann,** (Friedrich) Heinrich (Bernard), * 23. 8. 1808 Frankfurt/M., † 19. 1. 1890 ebd.; studierte ab 1827 Philol., Philos. u. Theol. an den Univ. in Heidelberg u. Berlin, 1830 Dr. phil., 1831–39 Hauslehrer in e. Frankfurter Bankiersfamilie, gleichzeitig Lehrer an verschiedenen Mädcheninstituten u. am Gymnasium. Seit 1839 ordentlicher Lehrer (ab 1850 nur für die Mädchenklassen) für Gesch., Geographie, dt. Sprache u. Lit. u. später auch für Kunstgesch. an d. Musterschule in Frankfurt, 1876–81 Dir. der unter dem Namen «Elisabethenschule» v. d. Musterschule abgetrennten Mädchenklassen. Setzte sich für d. Einführung des Unterrichtsfaches Turnen in Mädchenklassen ein. Mitgl. e. Freimaurerloge, d. Frankfurter Künstlerver. «Tutti Frutti» u. des Frankfurter Gesangsvereines «Liederkranz», war maßgeblich am Zustandekommen des ersten dt. Sängerfestes in Frankfurt 1838 beteiligt.

*Schriften* (Ausw.): Aus Goethes Knabenzeit 1757–1759, 1846; Alexander. Gedicht des zwölften Jahrhunderts vom Pfaffen Lamprecht [...]. Urtext und Übersetzung nebst geschichtlichen und sprachlichen Erläuterungen sowie der vollständigen Übersetzung des Pseudo-Kallisthenes und umfassenden Auszügen aus den lateinischen, französischen, englischen, persischen und türkischen Alexanderliedern, 2 Bde., 1850 (Nachdr. 1971); Das Allgemeine deutsche Schützenfest zu Frankfurt am Main, Juli 1862. Ein Gedenkbuch (hg.) 1863; Blätter der Erinnerung an das erste Deutsche Sängerfest in Frankfurt am Main, 28. bis 30. Juli 1838 und an die Gründung der Mozartstiftung (hg.) 1863; Ludwig Uhlands Dramatische Dichtungen (für Schule u. Haus erl.) 1863; Die Kunst im Dienste der Schule, 1864; Gedichte (mit biogr. Einl. nach des Verf. Tode hg. H. BULLE) 1891.

*Literatur:* ADB 41 (1896) 443. – Frankfurter Biogr. 2 (hg. W. KLÖTZER) 1996. IB/RM

**Weismann,** Jakob, * 4. 4. 1854 Mainz, † 24. 8. 1917 Greifswald; studierte 1872–75 Rechtswiss. in Heidelberg, Leipzig u. Gießen, 1875 Dr. iur. Gießen, 1878 zweite jurist. Prüfung in Darmstadt, 1879 Habil. in Leipzig, seit 1884 a. o. Prof. u. zeitweilig auch Hilfsrichter am Landgericht ebd., seit 1886 o. Prof. f. Zivilprozeß, Strafrecht und Strafprozeß an d. Univ. Greifswald (1897/98 Rektor), Geheimer Justizrat; Fachschriftenautor.

*Schriften* (Ausw.): Die Feststellungsklage. Zwei Abhandlungen (Habil.schr.) 1879 (Nachdr. 1970; Online-Ausg. 2002); Hauptintervention und Streitgenossenschaft. Ein Beitrag zu den Grundlehren des Aktionen- und Proceßrechts, 1884; Die strafprozessuale Privilegierung gesetzgebender Versammlungen, 1888; Der Thatbestand der Urkundenfälschung, 1891; Ein Vierteljahrhundert deutscher Strafgesetzgebung. Rede gehalten zum Antritte des Rektorates der Königlichen Universität zu Greifswald am 15. Mai 1897, 1898; Lehrbuch des deutschen Zivilprozeßrechtes, 2 Bde., 1903/05; Talion und öffentliche Strafe im Mosaischen Rechte, 1913.

*Literatur:* Dt. biogr. Jb. 2 (1928) 677. – Dt. Zeitgenossen-Lex. (hg. F. NEUBERT) 1905. AW

**Weismann** (Weissmann), Johann Heinrich, * 1739 Cumbach bei Gotha, † 1806 Rudolstadt; Magister d. Philos. in Rudolstadt.

*Schriften* (Ausw.): Idyllen, 1762; Paris auf Ida. Ein heroisches Pastorale, 1769; Lieder auf die Geburt Jesu, 1774; Selinde. Ein Singspiel, 1783 (NA 1786); Das Lehrbuch der Menschenliebe, 1805; Philosophische Unterhaltungen, 1805; Veredelnde Poësien, 1806.

*Literatur:* Meusel-Hamberger 8 (1800) 429; 16 (1812) 182. RM

**Weismann,** Leonore → Wallner, Susi.

**Weismann,** Peter, * 28. 3. 1944 Heidelberg; Buchhändler, 1976 Gründer u. bis 1990 Leiter des W.-Verlags für Jugendbücher, gründete später die «Biographische Buchwerkstatt» in München u.

gibt Schreibseminare; Verf. v. Rep., Kinder- u. Jugendbüchern.

*Schriften:* Wege zum Faschismus. Eine Bestandsaufnahme über den Rechtsradikalismus in der Bundesrepublik (Mitverf.) 1968; O. Safránek, In der tiefen dunklen Nacht (übers. v. L. Elsnerová, nacherz. v. P. W.) 1968; Polko im Schilderwald, 1970 (Tb.ausg. 1973); Und plötzlich willste mehr. Die Geschichte von Paul und Paulas erster Liebe (mit H. Fehrmann) 1979 (Neuausg. 1993; überarb. Aufl. 2002). IB

**Weismann-Haap,** Gotthilf, * 20. 7. 1873, † 1937 (Orte unbek.); 1912–30 theolog. Lehrer am Missionshaus Basel, dann Stadtpfarrer in Stuttgart, seit etwa 1935 wieder in Basel; Verf. v. theolog. Schriften.

*Schriften* (Ausw.): Abschiedspredigt gehalten in der St. Martinskirche in Ebingen am 28. Juli 1912, 1912; Biblische Missions-Grundgedanken, 1913; Die Gottheit Christi. Konferenzreferat gehalten 1915 zu St. Chrischona, 1916; Den Demütigen Gnade, 1918; Wesen und Entwicklung des Antichristentums, 1918; Auf Felsen gegründet. Worte zur Prüfung und zum Vertrauen, 1919; Wie hoch stehen uns Christentum und Kirche im Kurs?, 1919; Die Wissenschaftlichkeit der «strengwissenschaftlichen» Theologie und die Wissenschaftlichkeit der positiven Theologie, 1922; Unsere Zukunftserwartung im Lichte der Schrift, 1926; Tiefere Erkenntnis. Ihre Berechtigung, Schranke und Gefahr, 1928; Mancherlei Gaben aber ein Geist. Mission, Evangelisation, Gemeinde (erw. Vortrag) 1929; Die Erneuerung der Gemeinde Jesu Christi im Geist [...], o. J. (ca. 1935); Zum Dienst bereit. Zum Dienst in Kampf und Streit, 1935.

*Literatur:* Schweizer. Zeitgenossen-Lexikon [...], ErgBd. (hg. H. Aellen) 1926. AW

**Weismantel,** Leo (Hugo), * 10. 6. 1888 Obersinn/Spessart, † 16. 9. 1964 Rodalben bei Pirmasens/Pfalz; Sohn e. Schneiders, Abitur in Münnerstadt, besuchte ebd. d. Seminar d. Augustinerklosters, studierte Germanistik, Philos. u. Geographie in Würzburg, 1914 Dr. phil., bis 1919 Lehrer, Univ.assistent u. Red. in Würzburg, ab 1920 freier Schriftst. in München, 1924–28 parteiloser bayer. Landtagsabgeordneter, 1928 Gründer d. Lehr- u. Forschungseinrichtung «Schule der Volkschaft» in Marktbreit/Main, im Oktober 1933 ist s. Name unter d. Treuegelöbnis «88 dt. Schriftst. f. Adolf Hitler» aufgeführt, 1936 definitive Schließung d. Marktbreiter Inst., Übersiedlung nach Würzburg, wurde von der Gestapo zweimal verhaftet (1939 u. 1944), ab 1945 Schulrat in Gemünden/Main, wurde 1947 aufgrund kirchl. Intervention als unbequemer Reformer entlassen, bis 1951 Leiter d. Pädagog. Inst. in Fulda, lebte dann in Jugenheim/Bergstraße; pflegte kulturpolit. Kontakte mit d. Dt. Demokrat. Republik (DDR), beteiligte sich an d. Vorbereitung d. Weltjugendfestspiele, Mitinitiator d. «Wartburg-Kreises christl. Schriftst.»; Dr. paed. h. c. HU Berlin (1963) u. a. Auszeichnungen; L.-W.-Gesellschaft; L.-W. Arch., Seeheim-Jugenheim.

*Schriften:* Die Köhlerin im Waldsee. Ländliche Tragödie, 1909; Die Hassberge. Ein Führer und Taschenbuch für Einheimische, 1914 (Neuausg. mit d. Untertitel: Bevölkerung und Wirtschaftskultur, 1914); Die Bettler des lieben Gottes, o. J. (1918) (veränd. Neuausg. 1924); Mari Madlen. Ein Roman aus der Rhön, o. J. (1918); Die Kläuse von Niklashausen. Rhöner Kalendergeschichten, o. J. (1918); Die Reiter der Apokalypse. Drei Einakter, 1919; Leo Weismantel, 1919 (= D. roten Bücher d. Dichterabende 1); Der Gangolfsbrunnen. Legende, 1920; Ein Juliabend und andere Novellen (mit M. Clasen-Schmid) 1920; Unser Herr Landrichter und andere Novellen, 1920; Das Perlenwunder. Legenden und Märchen, o. J. (1920); Der Wächter unter dem Galgen. Die Tragödie eines Volkes in einem Vorspiel und einem Nachspiel, 1920; Fürstbischof Hermanns Zug in die Rhön. Eine Legende, 1920; Der Totentanz. Ein Spiel vom Leben und Sterben unserer Tage, 1921; Die zwölf Wegbereiter. Ein Almanach persönlicher Beratung für das Jahr 1921 (Mitverf., mit Vor- u. Nachw. hg.) 1921; Die Blumenlegende, 1922; Das unheilige Haus (Rom.) 1922; Rudolf Schiestl, 1922; Das Spiel vom Blute Luzifers, 1922; Wilhelm Tell. Schillers Vermächtnis an das deutsche Volk, 1922; Die Hexe. Eine Erzählung, 1923; Gußeiserne Leuchter. Geschichten aus alten Tagebüchern und Spinnstuben, o. J. (1923); Musikanten und Wallfahrer. Erzählungen aus eigenem und fremdem Leben, 1923; Die festliche Stadt. Ein Bericht. – Volkschaft und Dichtung. Eine Rede über die Entwurzelung unseres Geisteslebens und die Pflege der Stammeskultur, 1923; Die Bücherei der Lebensalter (mit J. Antz u. G. Keckeis hg.) 2 Bde., 1923–25; Der närrische Freier (Rom.) 1924; Gemeinschafts-Bühne und Jugendbewegung (Mitverf., hg. C. Gerst) 1924; Die Jugendspielscharen,

1924; Die Kommstunde. Ein Schicksalsspiel, 1924; F. Pocci, Die sechs schönsten Puppenkomödien. Mit Spiel-Anmerkungen herausgegeben, o. J. (ca. 1924); Vaterländische Spiele. Mit Spielanmerkungen herausgegeben (mit Vorw.) o. J. (ca. 1924); Der Spielplan eines Theaters der Volkschaft, 1924; Das Volk ohne Fahne. Ein Spiel vom Untergang und von der Auferstehung, 2 Tle., 1924 (enthält e. Neuausg. v. «Der Totentanz» u. «Die Kommstunde»); Das Werkbuch der Puppenspiele, 1924; L. W. erneuert alte Puppenspiele. Reihe I, III, IV (je sechs H.) 1924–26; Blätter für Jugendspielscharen und Puppenspieler (mit J. Gentges hg.) 1925; F. Pocci, Der artesische Brunnen oder Kasperl bei den Leuwutschen. Mit Spiel-Anmerkungen herausgegeben, o. J. (ca. 1925); ders., Kasperl als Nachtwächter. Mit Spiel-Anmerkungen herausgegeben, o. J. (ca. 1925); ders., Kasperl ist überall oder die Geburt der Komödie. Mit Spiel-Anmerkungen herausgegeben, o. J. (ca. 1925); ders., Kasperl wird reich. Mit Spiel-Anmerkungen herausgegeben, o. J. (ca. 1925); ders., Die drei Wünsche. Mit Spiel-Anmerkungen herausgegeben, o. J. (ca. 1925); ders., Die Zaubergeige. Mit Spiel-Anmerkungen herausgegeben, o. J. (ca. 1925); Das Gänseblümlein und andere Blumenlegenden, o. J. (1925); Das Hildebrandspiel. Nach dem althochdeutschen Hildebrandslied in heutige Sprache übersetzt und für die Bühne eingerichtet, 1925; Der Kurfürst. Ein Spiel vom Vaterland. Fassung der Uraufführung in den Trierer Kasernenthermen [...], 1925 (veränd. Neuausg. mit d. Untertitel: Ein rheinisches Festspiel, 1925); Der Ring, 1925; Die Schlacht auf dem Birkenfeld nach alten Sagen als Volksspiel eingerichtet, 1925; Die Schule der Volkschaft, 1925; Das Spiel von Wilhelm Tell. Nach dem alten Urner Tellspiel, 1925; Theophilus. Nach dem alten Theophilusspiel, 1925; J. Kerner, Der Totengräber von Feldberg. Als Schattenspiel neu eingerichtet, 1925; Die Wallfahrt nach Bethlehem. Ein Weihnachtsspiel aus der Spielfolge «Das bekränzte Jahr», o. J. (1925); Bayern und die Wende der Bildung. Reden und Gegenreden, zusammengestellt, 1926; H. Sachs, Die sechs schönsten Fastnacht-Spiele. Mit Spielanmerkungen herausgegeben, 1926; ders., Das Narrenschneiden. Mit Spielanmerkungen herausgegeben, 1926; ders., Der bös Rauch. Mit Spielanmerkungen herausgegeben, 1926; ders., Der Roßdieb zu Fünnsing. Mit Spielanmerkungen herausgegeben, 1926; ders., Sankt Peter vergnügt sich mit seinen Freunden unten auf Erden. Mit Spielanmerkungen herausgegeben, 1926; ders., Der fahrend Schüler im Paradeis. Mit Spielanmerkungen herausgegeben, 1926; ders., Der Teufel mit dem alten Weib. Mit Spielanmerkungen herausgegeben, 1926; Kampf um München als Kulturzentrum (Mitverf., hg. T. Mann) 1926; Der Katholizismus zwischen Absonderung und Volksgemeinschaft, 1926; Der Geist als Sprache. Von den Grundrissen der Sprache, 1927; Die Geschichte des Richters von Orb. Erzählt, 1927; Das alte Dorf. Die Geschichte seines Jahres und der Menschen, die in ihm gelebt haben. Erzählt, 1928 (Fortsetzung u. d. T.: Das Sterben in den Gassen, 1933); Schriften der Schule der Volkschaft für Volkskunde und Bildungswesen (hg.) H. 1, 1928; Die Schule der Volkschaft für Volkskunde und Bildungswesen zu Marktbreit am Main [...], o. J. (1928); Das Buch der heiligen Dreikönige des Jahres der Kirche und der Wunder des Domes zu Köln. Aus alten Gewölben geholt und den Menschen der Gegenwart wiedererzählt, 1929; Vom Willen deutscher Kunsterziehung. Bildschöpfungen von Kindern und Jugendlichen. Versuch eines Überblicks, 1929; Bücherei der Adventsstube. Im Rahmen der «Bücherei der Lebensalter» veröffentlicht [...] (hg.) 3 Bde., 1929–30; Friedrich Fröbel und die Gegenwart. Beiträge zur Bildung der Persönlichkeit [...] (mit H. Nohl, G. Kerschensteiner, A. Braig) 1930; Die Geheimnisse der zwölf heiligen Nächte. Schattenspiel, 1930; Schattenspielbuch. Schattenspiele des weltlichen und geistlichen Jahres und Anleitung zur Herstellung einer Schattenspielbühne und zum Schattenspiel, 1930; Das Nationaltheater. Vierteljahresschrift des Bühnenvolksbundes (mit R. Rössler hg.) 3. Jg., H. 1–4, 1930/31; Elisabeth. Die Geschichte eines denkwürdigen Lebens, 1931; Über die geistesbiologischen Grundlagen des Lesegutes der Kinder und Jugendlichen [...] (Mitverf.) 1931; Der Reiter des Kaisers. Vorspiel zu «Der Wächter unter dem Galgen». Die Tragödie eines Volkes, 1931; Schattenspiele des weltlichen und geistlichen Jahres, o. J. (1931); Länder, Abenteuer, Helden. Eine Jugendschriftenreihe [...] 6 Bde., 1931–36; Vom Willen deutscher Kunsterziehung. Selbstdarstellungen [...] (hg.), 10 Bde., 1931–36; Die Geschichte des Hauses Herkommer, 1932; Nepomuk, die Räuberbande und das Fähnlein der Käuze. Eine Kindergeschichte, o. J. (1932); Rebellen in Herrgotts Namen, 1932 (NA u. d. T.: Der Vorläufer [Rom.] 1941); Schaubilder für ein Wunderkästchen (entworfen v. A. Meier; hg.) o. J. (1932); Stille

Winkel in Franken, 1932; Das Oberammergauer Gelübdespiel. Zum Gedenken an ein ewiges Geschehen in der Vergänglichkeit der Zeit, 1933; Gruppenspiele des neuen Volkstums. Spiele aus der Begegnung zwischen Dichter und Volk (mit W. K. GERST hg.) 2 Bde., 1933; Maria. Die Erdenpilgerschaft der heiligen Jungfrau und Gottesmutter nach den Gesichten frommer heiliger Frauen, 1933; Die Sonnenwendfeier des jungen Deutschland. Ein Weihespiel neuen Volkstums, 1933; Totenfeier für die Gefallenen des Krieges, 1933; Der Erntedank. Anleitungen und Stoffsammlungen mit einem Weihespiel, 1934; Die Geschichte vom alten Räff (aus dem Buch «Das alte Dorf,» hg. A. GLOY) o. J. (1934); Gespräche mit Eva. Niederschriften aus einem Tagebuche des Zufalls, gefunden und herausgegeben, o. J. (1934); Gnade über Oberammergau (Rom.) 1934; Wunderschön Prächtige. Ein Marienleben in Liedern und Bildern (Mitverf., hg.) o. J. (1934); Die Dombauhütte. Ein Geisterspiel um die Zukunftskirche, 1935; Wie der Heilige Geist das deutsche Volk erwählte. Ein Legendenbuch, 1935; Von den Grundlagen einer volkhaften Kunsterziehung, 1935; Der Prozeß Jesu nach den Zeugenschaften der Zeit dargestellt, 1935 (NA 1949); Vom Main zur Donau, 1935; Bauvolk am Dom. Ein Deutsches Schicksalsbuch, o. J. (1936) (Ausz. mit d. Untertitel: Eine Chronik des Kölner Doms. Gedenkausgabe zum 700. Jahrestag der Grundsteinlegung des Kölner Doms am 15. August 1248, 1948); Mein Leben, 1936; Dill Riemenschneider. Der Roman seines Lebens, 1936; Die Anbetung des Lammes. Ein Büchlein von der Reinheit des Lebens, niedergeschrieben, o. J. (1937); Eveline. Der Roman einer Ehe, 1937; Die guten Werke des Herrn Vinzenz. Erzählt, 1937; Franz und Clara. Die Geschichte der Liebe zweier großen Menschen, o. J. (1938); Lionardo da Vinci. Die Geschichte eines Malers, der Gott und der Welt ins Antlitz zu schauen wagte. Erzählt, 1938; Die Sibylle. Die Geschichte einer Seherin. Visionen um den Bamberger Dom, 1938; Gericht über Veit Stoß, eines ehrsamen Rats heillos unruhigen Bürger. Die Tragödie eines Bildschnitzers. Erzählt, 1939 (NA 1951); Unter dem Adventskranz. Ein Adventlese- und -werkbuch, 1939; Die Erben der lockeren Jeannette. Eine schöne Geschichte einer wahren Begebenheit des Lebens nacherzählt, 1940; Jahre des Werdens. Eine Jugend zwischen Dorf und Welt, 1940; Die Letzten von Sankt Klaren (Erz.) 1940; Venus und der Antiquar. Eine in der Hauptsache wahre, nur in nebensächlichen Dingen erlogene Geschichte, erzählt, o. J. (1940); Der Wahn der Marietta di Bernardis, o. J. (1940); [Mathis-Nithart-Roman], I Das Totenliebespaar. Roman aus der Kindheit und den Lehrjahren des Mathis Nithart, der fälschlich Matthias Grünewald genannt wurde. Erzählt, 1940; II Der bunte Rock der Welt. Roman aus den Wander- und frühen Meisterjahren des Mathis Nithart [...]. Erzählt, 1941; III Die höllische Trinität. Roman aus den Jahren der Vollendung des Meisters Mathis Nithart [...]. Erzählt, 1943; Die Leute von Sparbrot. Geschichten aus einem alten Dorfe, 1941; Tertullian Wolf. Die Geschichte eines Träumers, 1941; Das Jahr von Sparbrot. Die Geschichte von Sitte und Brauchtum aus einem alten Dorfe, o. J. (1943); Die Hochzeit des Prinzen Sebald von Dänemark. Eine Legende der Gotik, 1946; Der junge Dürer, o. J. (1947); Der Liebesadvokat von Athen (Erz.) 1947; Lied aus der Rhön. Ein L.-W.-Lesebuch für die Jugend (hg. Werner W.) 1947; Lux-Jugend-Lesebogen. Natur- und kulturkundliche Hefte, 3 H., o. J. (1947); Von der Panflöte zur Sphärenorgel. Wie die Orgel erfunden wurde. Erzählt, o. J. (1947); Die goldene Legende für die Jugend von Heute, I Der Heiligste der Heiligen und seine zwölf Boten, 1947; II Heilige in deutschen Landen. Ein Legendenbuch, 1947; III Heilige in aller Welt. Ein Legendenbuch, 1948; Quellenbücher der Volkskunst (hg. mit Gertrud W.), I Gertrud W., Roß und Reiter. Studie über die Formbestände der Volkskunst, 1948; Die Adventsstube. Ein Lese- und Werkbuch der Advents- und Weihnachtszeit. o. J. (1949); Das bekränzte Jahr. Eine Schriftenreihe (hg.) 1. Bd., o. J. (1949); Der Webstuhl. Von Bauern, Webern, Fabriklern und ihrer Not. Erzählt, 1949; Albrecht Dürers Brautfahrt in die Welt (Rom.) 1950 (Forts. u. d. T.: Albrecht Dürer. Der junge Meister, 1950); Musische Erziehung. Vorträge, Berichte und Ergebnisse des Kunstpädagogischen Kongresses in Fulda 1949 (Mitverf., hg. mit F. HILKER) 1950; Kommentar über das Lesebuchwerk «Der Rosengarten» (hg.) 1950, I Über die Bebilderung einer Fibel; II Vom Wesen der Ganzheit in der Fibel-Frage. Kommentar zur Rosenfibel; III Die Behandlung des Märchens im Deutschunterricht; IV Sage und Legende im Unterricht der Volksschule; Die Rosenfibel, o. J. (1950) (mit drei Erg.mappen); Meine Welt. Ein Lesebuch [...], o. J. (1950); Die neue Schule der Volkschaft [...] (hg.) 7 H., 1950/51; Der Rosengarten. Lesebuchwerk (Mithg., Mitverf.) 4

Bde., 1950–54; Unterrichtsbrief. Das Lesebuch in der Volksschule [...], I Vom Grundsätzlichen des Unterrichtes in der Muttersprache, 1952; II Die Wege der Lehre. Die Motivkreise Tag und Nacht und Der Baum des Lebens, 1953; III Der zweite Motivkreis: Monat des Aufbruchs der Natur. Die Welt der Vögel. Die Wende der Herzen, 1953; IV Der dritte Motivkreis: Die Schule der Lebensalter, 1953; V Der vierte Motivkreis: Monat Mai. Der Garten des Lebens, 1954; VI Fünfter Motivkreis: Das Dorf, 1952; VII Sechster Motivkreis: Die mittelalterliche Stadt, 1952; IX Der achte Motivkreis: Herbst-Tier-Flug, 1952; X Der neunte Motivkreis: Geschichte der Menscheit, 1953; Leonardo da Vinci. Frauen und Madonnen. Die «Gespräche» über die Bildnisse schrieb L. W., 1952; Der Rosengarten. Kalender vom Wachstum der Bilder. Von Meistern, Kindern und Jugendlichen (hg.) 1952/53; Das Testament Albrecht Dürers, 1953; Das werdende Zeitalter (hg. u. Mitverf.) 3 Jg., 1958–60; Humanismus heute? Essays (Mitverf.) 1961; Das werdende Zeitalter. Blätter für kulturelles Leben (hg.) 1961–63; Die Weltfestspiele. «Sag uns die Wahrheit». Eine Antwort auf viele Anfragen. Niedergeschrieben vor den VIII. Weltfestspielen in Helsinki [...], 1965; Menschenbildung an der Zeitenwende. Aus pädagogischen und bildungspolitischen Schriften (ausgew. u. eingel. F. HOFMANN) 1970.

*Nachlaß:* UB Würzburg; Inst. f. Kunstpädagogik Univ. Frankfurt/M.; Stadtarch. Leverkusen; L.-W.-Arch. Seeheim-Jugenheim. – Mommsen 2,7764; Rohnke-Rostalski 380. – ~ (1888–1964). Findbuch d. lit. Nachlasses, 1981.

*Literatur:* Albrecht-Dahlke II/2 (1972) 626; LexKJugLit 3 (1978) 781; Lennartz 3 (1984) 1828; Killy 12 (1992) 218; Autorenlex. (1995) 828; Biogr.-Bibliogr. Kirchenlex. 13 (1998) 640; LThK [3]10 (2001) 1045; Schmidt, Quellenlex. 33 (2003) 13; DBE [2]10 (2008) 505. – E. IROS, ~, d. Dichter u. Kulturpolitiker, 1929; ~. Leben u. Werk. Ein Buch d. Dankes zu d. Dichters 60. Geb.tag, 1948; J. SCHOMERUS-WAGNER, Die kathol. Dichter d. Ggw., 1950; ~, ‹D. alte Dorf›; ‹Dill Riemenschneider›; ‹D. Gesch. d. Hauses Herkommer›; ‹Gnade über Oberammergau›; ‹D. Sterben in d. Gassen› (in: D. Rom.führer [...] V/3, hg. W. OLBRICH, K. WEITZEL) 1954; W. LEHMANN, ~, ‹D. höllische Trinität› (in: NDL 15) 1967; F. GERTH, ~. Im Zeugenstand d. Zeit, 1968; D. STROTHMANN, Nationalsozialist. Lit.politik, 1968 ([4]1985); Fränk. Klassiker (hg. W. BUHL) 1971; Sozialisation u. Bildungswesen in d. Weimarer Republik (hg. H. HEINEMANN) 1976; F. ALKER, Profile u. Gestalten d. dt. Lit. nach 1914, 1977; A. C. BAUMGÄRTNER, Mensch u. Landschaft. Z. Darst. d. Rhön im Erzählwerk ~s (in: Lit., Sprache, Unterricht. FS J. Lehmann, hg. M. KREJCI u. a.) 1984; A. KLÖNNE, ~. E. fränk. Poet u. Pädagoge (in: Mainfränk. Jb. f. Gesch. u. Kunst 37) 1985; «Aber die Schleichenden, die mag Gott nicht». D. Dichter u. Volkserzieher ~ (FS z. 100. Geb.tag, hg. ~-Gesellsch., Red. A. KLÖNNE, W. WAGNER, Gertrud W.) 1988 (enthält, jeweils mit angehängten Textdokumenten: L. W., Der Weg zum Werk; A. C. BAUMGÄRTNER, Die «Schule der Lebensalter» und die Literatur. Anmerkungen zum Lesewerk ~s; L. BOSSLE, ~, ein Pionier der Bildungs- u. Literatursoziologie; M. DIERKS, Geschichte der kleinen Leute – groß erzählt. Das Epische in der Epik von ~, aufgewiesen an den Werken ‹Mari Madlen› [1918] und ‹Das Sterben in den Gassen› [1933]; H. GERSTNER, Begegnungen mit ~; V. KAHL, Christliche Literatur als antifaschistisches Bewußtsein; A. KLÖNNE, «Das verlorene und nicht wiedergefundene Vaterland»; I. MEIDINGER-GEISE, Bilder, Fragen, Kämpfe. Porträt ~; H. MEYERS, Der kunstpädagogische Kongreß in Fulda 1919 und die 40 Jahre der Fehlentwicklung in seiner Folgezeit; W. MÜLLER-SEIDEL, ~, Schulrat in Obersinn. Erinnerungen an eine Zeit des Neubeginns; F. PÖGGELER, Pädagogik einer neuen Menschlichkeit; P. RECH, Materialien zur politischen und pädagogischen Einschätzung ~s in der Kunstpädagogik; E. M. SCHLICHT, Ein deutsches Kulturparlament. Utopie oder Provokation; Gertrud W., Von der Bedeutung des Unbedeutenden – oder ~ und das Puppenspiel; Werner W., Bilder – Episoden – Anekdoten; G. WIRTH, In Kooperation für ein Ganzes, für ganz Neues. Zwei Anekdoten aus dem politischen Leben ~; P. ZELLER-VOGEL, ~ als Erwachsenenbildner der Weimarer Zeit); R. KÜPPERS, D. Pädagoge ~ u. s. ‹Schule d. Volkschaft› (1928–1936) (Diss. TH Aachen) 1992; K. BÖTTCHER, Lex. dt.sprach. Schriftst. 20. Jh., 1993; G. SCHOLDT, Autoren über Hitler. Dt.sprach. Schriftst. 1919–1945 u. ihr Bild v. «Führer», 1993; G. ARMANSKI, Fränk. Lit.lese. Ess. über Poeten zw. Main u. Donau [...], 1998; A. KLOTZ, Kinder- u. Jgd.lit. in Dtl. 1840–1950 [...], Bd. 5, 1999; H. KREUTZER, Dt.sprach. Hörspiele 1924–1933, 2003; E. KLEE, D. Kulturlex. z. Dritten Reich. Wer war was vor u. nach 1945, 2007. RM

**Weismüller,** Auguste → Veldenz, A.

**Weismüller,** Christoph, * 18. 10. 1957 Düsseldorf; studierte nach d. Abitur Philos. u. Germanistik, 1985 Dr. phil. Düsseldorf, seit 2001 Privatdoz. d. Philos. an d. Univ. Düsseldorf, betreibt auch e. eigene philosoph. Praxis; Mithg. d. Zs. «Psychoanalyse u. Philosophie».

*Schriften* (Ausw.): Das Unbewußte und die Krankheit. Eine kritisch kommentierte Darstellung der «Philosophie des Unbewußten» Eduard von Hartmanns im Hinblick auf den Krankheitsbegriff (Diss.) 1985; Philosophie oder Therapie. Texte der philosophischen Praxis und der Pathognostik, 1991; Philosophische Parabeln. Elemente pathognostisch-philosophischer Praxis, 1993; Philosophische Relevanzen. Texte der Pathognostik und der philosophischen Praxis, 1994; Nachtgänge. Zur Philosophie des Somnambulismus (mit R. Heinz) 1996; Kontiguitäten. Texte-Festival für Rudolf Heinz (hg.) 1997; Jean Paul Sartres Philosophie der Dinge. Zur Wende von Jean Paul Sartres Kritik der dialektischen Vernunft sowie zu einer Psychoanalyse der Dinge, 1999; Musik, Traum und Medien. Philosophie des musikdramatischen Gesamtkunstwerks. Ein Medienphilosophischer Beitrag zu Richard Wagners öffentlicher Traumarbeit, 2001; Dis-Kontiguitäten. Ausgewählte Post-Skripts zum Texte-Festival für Rudolf Heinz (mit Heide H.) 2003; Zwischen analytischer und dialektischer Vernunft. Eine Metakritik zu Jean Paul Sartres «Kritik der dialektischen Vernunft», 2003; Das Humane der Globalisierung. Zur Objektivität von Narzissmus, Ödipuskomplex und Todestrieb, 2004; Gewalt und Globalisierung (mit A. Karger hg.) 2 Bde., 2004/06; Ich hieß Sabine Spielrein. Von einer, die auszog, Heilung zu suchen (mit dems. hg.) 2006; Neurowissenschaften und Philosophie (mit R. Heinz hg.) 2008. RM

**Weisner,** Jörg, * 1953 Kiel; wuchs in Selent/Schleswig-Holst. auf, Ausbildung z. Bankfachwirt u. Stud. d. Betriebswirtschaftslehre in Kiel, seit 1979 Unternehmensberater, lebt in Selent.

*Schriften:* Job & Joy. Die Formel für mehr Spaß in Beruf und Privatleben, 2001; Vergiß Selbstdisziplin. Erfolgreiche Gewohnheiten bringen dich voran, 2008. AW

**Weiss,** Adalbert Gottlieb → Weiss, Albert Maria.

**Weiß,** (F[riedrich] G.) Adolf → Weiß, F. G(ustav) Adolf.

**Weiß,** Adolf, * 28. 11. 1860 Mademühlen/Westerwald/Hessen, † 12. 1. 1938 ebd.; Bauer in Mademühlen, beschäftigte sich mit heimatl. Brauchtum, Schöpfer des Westerwaldgrußes «Hui! Wäller? – Allemol!»; Mundartlyriker.

*Schriften:* Vir kurz un lang. Scherzgedichte in Nassauischer Mundart, 2 H., 1912.

*Literatur:* Hui Wäller – Allemol. Heimatgesch. d. Großgemeinde Driedorf, 1983; O. Renkhoff, Nassauische Biogr. (2., vollst. überarb. u. erw. Aufl.) 1992. IB

**Weiß,** Adolph, * 29. 6. 1849 Triesch/Mähren, † 25. 8. 1924 Wien; absolvierte d. Jüd.-Theolog. Seminar in Breslau, ebd. Stud. an d. Univ., 1873 Dr. phil., Religionsprof. am Akadem. Gymnasium in Wien u. Sekretär der «Israelit. Allianz».

*Schriften* (Ausw.): Die römischen Kaiser in ihrem Verhältnisse zu Juden und Christen, 2 Tle., 1882/83 (Sonderdruck); Die Biblische Geschichte nach den Worten der heiligen Schrift (für die israel. Jugend bearb.) 2 Tle., 1903; Mose ben Maimon. Führer der Unschlüssigen (ins Dt. übertr. u. mit erklärenden Anm. versehen) 1913 u. 1923.

*Literatur:* S. Wininger, Große Jüd. National-Biogr. 6, 1932; Hdb. öst. Autorinnen u. Autoren jüd. Herkunft 18. bis 20. Jh. 3, 2002. IB

**Weiss,** Adolph Gustav (auch Gustav Adolph), * 26. 8. 1837 Freiwaldau/Öst.-Schles., † 17. 3. 1894 Prag; Zwillingsbruder von Edmund → W., studierte Botanik, Chemie u. Physik an d. Univ. Wien, 1858 Dr. phil. u. 1860 Habil. für physiologische Botanik. Bereiste hierauf mit s. Zwillingsbruder Griechenland u. Kleinasien. 1862 Assistent am Hofmineralienkabinett in Wien, im selben Jahr o. Prof. u. Dir. des Botan. Gartens in Lemberg, seit 1871 bis zu s. Tod o. Prof. an d. Univ. Prag. Korrespondierendes Mitgl. d. Akad. d. Wiss. in Wien u. Präs. des naturwiss. Vereins in Prag.

*Schriften* (Ausw.): Studien aus der Natur. Beiträge zur Erweiterung unsrer Kenntnisse der belebten und unbelebten Schöpfung (nach eigenen Forsch. u. d. besten Quellen [...]) 1857 (2. Ausg. u. d. T.: Studien aus der Natur nach eigenen Forschungen, 1860); Allgemeine Botanik, 1878.

*Literatur:* Wurzbach 54 (1886) 82; ADB 41 (1896) 556; DBE $^{2}$10 (2008) 505. – H. Molisch, ~ † (in:

Ber. d. dt. botan. Gesellsch. 12) 1894; W. LUDY, Personalbibliogr. v. Prof. d. Philos., Zoologie u. Botanik an d. philosophischen Fak. d. Karl-Ferdinands-Univ. in Prag [...] mit kurzen biogr. Angaben u. Überblick über d. Tätigkeitsbereiche (Diss. Erlangen-Nürnberg) 1970; Biogr. Enzyklopädie dt.sprachiger Naturwissenschaftler 2 (hg. D. v. ENGELHARDT) 2003. IB

**Weiß,** Albert, * 28. 8. 1831 Lindow/Mark Brandenburg, † 14. 7. 1907 Nöschenrode bei Wernigerode (heute Stadttl.); studierte 1849–53 Medizin an den Univ. in Leipzig u. Berlin, 1853 Dr. med., 1853–57 Militärarzt, anschließend bis 1861 Kreis-Wundarzt u. ab 1861 Kreisphysikus in Krojanke/Kr. Flatow (heute Polen). 1866 u. 1871 Chefarzt d. Kriegsgefangenenlazarette. 1872 Regierungs- u. Medizinalrat in Gumbinnen, 1876 in Stettin, 1886 in Düsseldorf u. zuletzt bis 1900 Geheimer Medizinalrat u. Mitgl. des Medizin. Kollegs für d. Prov. Hessen-Nassau in Kassel, mehrere Auszeichnungen; Übers. u. Lyriker.

*Schriften:* Ranken und Reben. Gedichte, 1861; Album polnischer Volkslieder der Oberschlesier, metrisch übertragen, 1867; Preußisch-Littauen und Masuren. Historische und topographisch-statistische Studie betreffend den Regierungsbezirk Gumbinnen. Nach amtlichen Quellen entworfen, 3 Tle., 1878/79; Zeitlosen aus Heimat und Fremde. Dichtungen und Nachdichtungen, 1885; Herbstfäden von Nah und Fern. Dichtungen und Nachdichtungen, 1891; Polnische Dichtung in deutschem Gewande (hg.) 1891 (Mikrofiche-Ausg. o. J.); Polnisches Novellenbuch in deutschem Gewande, 5 Bde., 1891–1906; Schneeflocken. Dichtungen und Nachdichtungen, 1896; Christrosen. Dichtungen und Nachdichtungen, 1900; Waldtraut. Bühnendichtung [...] (nach e. Erz. v. L. Pfeiffer) 1905; Dur und Moll. Dichtungen und Nachdichtungen, 1905.

*Übersetzungen* (Ausw.): G. v. Zielinski, Die Steppen (Ged.) 1858; A. Malczewski, Maria. Ukrainische Erzählung, 1874; A. Mickiewicz, Balladen und Romanzen, ca. 1874; ders., Grazyna. Litthauische Erzählung, 1876; ders., Herr Thaddäus oder Der letzte Eintritt in Littauen. Eine Adelsgeschichte aus den Jahren 1811 und 1812, in Versen und in zwölf Büchern, 1882; Z. Krasinski, Irydion, ca. 1882; J. Slowacki, Erzählende und lyrische Gedichte, 1888; G. Zapolska, Käthe die Karyatide. Roman eines Dienstmädchens, 2 Bde., 1902; S. Kozlowski, Esther. Drama in 6 Bildern, 1904; ders., Ein Wettkampf. Drama in fünf Aufzügen, 1904.

*Literatur:* Biogr. Jb. 12 (1909) 91; Heiduk 3 (2000) 167. – A. HINRICHSEN, D. lit. Dtl. (2., verm. u. verb. Aufl.) 1891; Lit. Silhouetten. Dt. Dichter u. Denker u. ihre Werke. E. literarkrit. Jb. (hg. u. bearb. v. H. VOSS u. B. VOLGER) 1907; Sachsens Gelehrte, Künstler u. Schriftst. in Wort und Bild. Nebst eines Anhangs «Nichtsachsen» (hg. B. VOLGER) 1908; K. DEMMEL, Ruppinscher Parnaß – E. kleine Lit.gesch. des Kreises Ruppin (in: Ruppiner Beitr. [...] FS für Wilhelm Teichmüller, hg. K. H. LAMPE) 1940; K. A. KUCZYNSKI, ~ u. d. poln. Lit. in Dtl. (in: Daß e. Nation die ander verstehen möge. FS für Marian Szyrocki zu s. 60. Geb.tag, hg. N. HONSZA) Amsterdam 1988. IB

**Weiss,** Albert Maria (Taufname: Adalbert Gottlieb; Ps. Heinrich von der Clana), * 22. 4. 1844 Indersdorf/Obb., † 15. 8. 1925 Freiburg/Schweiz; besuchte das Ludwigsgymnasium in München u. wohnte ebd. im Internat der Benediktiner, studierte ab 1861 an d. Univ. Arabisch, Hebräisch, Sanskrit, Vergleichende Sprachwiss. u. Gesch., ab 1863 Theol., 1866 Eintritt in d. Priesterseminar in Freising, 1867 Priesterweihe, Präfekt u. Repetitor im Seminar. Ab 1868 schriftsteller. tätig, zunächst in Pastoralbl. u. Ztg., u. a. «Landshuter Ztg.» u. «Köln. Volksztg.», 1869/70 Stud.aufenthalte an versch. Univ. in Dtl., 1870 Dr. theol. in München, 1873 Lyzealprof. in Freising. Trat 1876 in d. Dominikanerorden in Graz ein, Lehrer. 1883/84 Aufenthalt in Rom, 1884/85 u. 1887 Lehrer am Konvent in Wien, 1890–92 Prof. für Gesellschaftswiss. an d. Jurist. Fak. der neu gegründeten Univ. in Freiburg/Schweiz, 1892–94 Subprior u. Prof. in Graz, danach in Wien, wo er sich für die Ideen Karl (Emil Ludolf) v. → Vogelsangs einsetzte. Ab 1895 wieder an d. Univ. Freiburg, zunächst Prof. für Kirchenrecht u. 1898–1919 für Fundamentaltheol., lebte 1919–21 im Kloster der Dominikanerinnen Weesen am Walensee/Kt. St. Gallen, seit Mai 1921 in der sog. Villa St. Hyazinth in Freiburg. 1890–1910 Red.mitgl. der «Theolog.-prakt. Quartalschrift».

*Schriften* (Ausw.): Apologie des Christenthums. Vom Standpunkte der Sittenlehre, 5 Bde., 1878–89 (unveränd. Neudruck [d. 4. Aufl. 1904–08] 1923); Benjamin Herder. Fünfzig Jahre eines geistigen Befreiungskampfes, 1889 (2., durchges. Aufl. 1890); Lebensweisheit in der Tasche. Splitter und Späne aus der Werkstätte eines Apologeten, 1893;

Die Kunst zu leben, 1900 (5., durchges. Aufl. mit d. Untertitel: Ein Handbüchlein für Erzieher und zur Selbsterziehung, 1904; 7., durchges. Aufl. 1909); Die religiöse Gefahr, 1904; Lutherpsychologie als Schlüssel zur Lutherlegende. Denifles Untersuchungen kritisch nachgeprüft, 1906; Lebens- und Gewissensfragen der Gegenwart, 2 Bde., 1911; Liberalismus und Christentum (mit d. Anh.: Rückblick auf eine Lebensarbeit gegen den Liberalismus) 1914; Lebensweg und Lebenswerk. Ein modernes Prophetenleben [Autobiographie], 1925; Der Geist des Christentums (nach d. Tode des Verf. hg. G. M. Häfele) 1927.

*Literatur:* HBLS 7 (1934) 464; Biogr.-Bibliogr. Kirchenlex. 13 (1998) 647; LThK [3]10 (2001) 1046; DBE [2]10 (2008) 505. – J. Schwendimann, D. Weltlage nach ~. Socialpolit. Stud. (2., durchges. Aufl.) 1894; N. Miko, ~ (in: Röm.-hist. Mitt. 5) 1961/62; S. Peter, D. Menschenbild bei ~. E. Beitr. z. christlichen Anthropologie (Diss. München) 1965; Juden im Wilhelminischen Dtl. 1890–1914. E. Sammelbd. (hg. W. E. Mosse) 1976; A. Landersdorfer, ~ OP (1844–1925). E. leidenschaftlicher Kämpfer wider den Modernismus (in: Antimodernismus u. Modernismus in d. kathol. Kirche [...], hg. W. Wolf) 1998; O. Weiss, Modernismus u. Antimodernismus im Dominikanerorden [...] (mit e. Geleitw. v. T. Radcliffe u. e. Vorw. v. U. Horst) 1998; Große Bayer. Biogr. Enzyklopädie 3 (hg. H.-M. Körner) 2005; D. dt.sprachige Presse. E. biogr.-bibliogr. Hdb. 2 (bearb. v. B. Jahn) 2005; C. Arnold, Absage an die Moderne? Papst Pius X. u. d. Entstehung der Enzyklika Pascendi (1907) (in: Theol. u. Philos. 80) 2005; A. Owzar, E. Kampf der Kulturen? Intrakonfessionelle Auseinandersetzungen u. interkonfessionelle Konflikte im dt. Kaiserreich (in: Zs. für Kirchengesch. 116) 2005; F. Dirsch, Solidarismus u. Sozialethik. Ansätze z. Neuinterpr. e. modernen Strömung der kathol. Sozialphilos., 2006 (zugleich Diss. München 2006).

IB

**Weiss,** Alfred → Hagen, Alfred (ergänze: † 7. 12. 1963 Zürich).

**Weiß,** Alfred Stefan, * 13. 8. 1964 Schwanenstadt/Oberöst.; studierte ab 1984 Gesch., Sozialkunde, Pädagogik, Psychol. u. Philos. an d. Univ. Salzburg, 1993 Dr. phil., 1995 Univ.-Assistent u. seit 2001 Assistenzprof. für d. Fachbereich Geschichts- u. Politikwiss. an d. Univ. Salzburg.

*Schriften* (Ausw.): Henndorf am Wallersee. Kultur und Geschichte einer Salzburger Gemeinde (hg.) 1992; «Providum imperium felix» – Glücklich ist eine voraussehende Regierung. Aspekte der Armen- und Gesundheitsfürsorge im Zeitalter der Aufklärung, dargestellt anhand Salzburger Quellen ca. 1770–1803, 1997; Reisen im Lungau. Mit alten Ansichten aus drei Jahrhunderten (hg.) 1998; Tradition und Wandel [...]. Festschrift für Heinz Dopsch (Mithg.) 2001.

*Literatur:* F. Fellner, D. A. Corradini, Öst. Gesch.wiss. im 20. Jh. Ein biogr.-bibliogr. Lex., 2006.

IB

**Weiß,** Andreas, * 5. 10. 1952 Großschönau/Sachsen; Diplom-Biologe, Dr. rer. nat., lebt in Jena/Thüringen.

*Schriften:* Hand.Streiche (Ged., Illustr. M. Koch) 2002.

AW

**Weiß,** Anna (geb. Pavlicek), * 27. 12. 1933 Wien, † 2009 Hollenstein bei Ziersdorf/Niederöst.; Schulbesuch in Deutsch Wagram/Niederöst., versch. Tätigkeiten, u. a. Angestellte bei e. Versicherung, heiratete 1957 den Landwirt Josef W. († 1985), lebte in Hollenstein; Lyrikerin sowie Verf. v. kleinen Theaterst. u. Gesch., die in Zs., Kalendern u. Anthol. erschienen.

*Schriften:* 's Lebm hot zwoa Seitn. Gedichte in niederösterreichischer Mundart (Weinviertel), 1987.

IB

**Weiß,** Anton, * 17. 5. 1852 St. Ruprecht/Raab/Steiermark, † 27. 8. 1912 Graz; studierte ab 1872 Theol. an d. Univ. Graz, 1875 Priesterweihe, 1882 Dr. theol., Seelsorger u. Adjunkt im Priesterhaus in Graz. 1891 a. o. Prof. für Kirchengesch. an d. Kathol.-Theol. Fak. d. dortigen Univ., 1893 o. Prof., 1896/97 Rektor.

*Schriften* (Ausw.): Aeneas Sylvius Piccolomini als Papst Pius II. Sein Leben und Einfluß auf die literarische Cultur Deutschlands. Rede [...]. Mit 149 bisher ungedruckten Briefen [...] sowie einem Anhange, 1897; Geschichte der Österreichischen Volksschule 1792–1848, 2 Bde., 1904; Historia ecclesiastica, 2 Bde., 1907; Das Werden unserer Volksschule, 1918.

*Literatur:* Biogr. Jb. 18 (1917) *70. – F. Fellner, D. A. Corradini, Öst. Gesch.wiss. im 20. Jh. Ein biogr.-bibliogr. Lex., 2006.

IB

**Weiß,** Antonia (Anna), * 17. 1. 1922 Graz, † 14. 3. 1987 Ravensburg; Ausbildung z. Schauspielerin, studierte später Graphik an d. Akad. d. Bildenden Künste in Stuttgart, lebte in Ravensburg; Lyrikerin, Erz. u. Verf. v. Hörspielen.

*Schriften:* ... denn Bleiben ist nirgends (Erz.) 1981. IB

**Weiß,** August, * 10. 7. 1856 Brünn, † 21. 10. 1906 Baden bei Wien; studierte in Wien, 1883 Dr. phil., Kustos an der UB Wien.

*Schriften:* Zur Biographie von Charles Sealsfield-Postl, 1897 (Sonderdruck); Schweigen. Schauspiel in 3 Aufzügen, 1904. IB

**Weiß,** (Johann Philipp) August, * 20. 1. 1858 Leutershausen bei Ansbach, † 1933 (Ort unbek.); besuchte bis 1876 d. Lehrerseminar in Altdorf, seit 1877 Volksschullehrer in Augsburg, 1879 Staatsexamen, 1890 Mittelschullehrer-Examen in Kassel, seit 1893 Lehrer am Töchterinst. in Augsburg, studierte zudem u. a. Wirtschaftswiss. u. Soziologie, 1896 Dr. phil. Zürich, 1898 Dir. d. städt. Riemerschmidt-Handelsschule f. Mädchen in München, 1918 Titular-Prof., Oberstud.rat, seit 1924 im Ruhestand, lebte in München.

*Schriften* (kaufmänn. Fachschr. in Ausw.): Der Odd-Fellow-Orden, 1891 (3., durchges. Aufl. u. d. T.: Der Odd-Fellow-Orden (J.O.O.F.), seine geschichtliche Entwickelung, Verfassung und Grundsätze, 1892; 4., durchges. Aufl. 1922; 5., durchges. Aufl. 1929); Die Frau nach ihrem Wesen und ihrer Bestimmung, 1892; Das Handwerk der Goldschmiede in Augsburg bis zum Jahre 1681, 1897; Der Handwerker sonst und jetzt, 1902; Erinnerungsschrift aus Anlaß des 40jährigen Bestehens der städtischen Riemerschmidt-Handelsschule, 1902; Ideales und praktisches Odd-Fellowtum (Vortrag) 1905 (enthält: F. RABE, Der Wert der Odd-Fellow-Tage [Vortrag]); Stenographisches Handbuch für Handels- und Realschulen, [3]1907; Das kaufmännische Bildungswesen für Mädchen in Bayern aus Anlaß des 50jährigen Bestehens der städtischen Riemerschmidt-Handelsschule, 1912; Die Weltanschauung der Odd Fellows, 1922; Der Bruderbund der Odd Fellows, [3]1925; Im Dienste des Ordens. Gesammelte Reden und Aufsätze, 1926 (Neuausg. m. d. Titelzusatz: 1885–1933, hg. H. GRUNOW, 1958); Zur Erinnerung an das fünfzigjährige Ordensjubiläum des Brs. Hochmeister. Die Reden beim Festakt der GLDR in Berlin, 1929; Ist die Weltanschauung der Odd Fellows noch zeitgemäß? Ansprache bei der Morgenfeier am 20. Deutschen Odd Fellow-Tag, 1930; Der Orden der Odd-Fellows. Ein Wort der Aufklärung (neubearb. I. WOLF) 1956. AW

**Weiss,** (Karl Philipp) Bernhard, * 20. 6. 1827 Königsberg/Pr., † 14. 1. 1918 Berlin; Sohn e. Pfarrers u. späteren Oberkonsistorialrates, Vater v. (Bernhard Wilhelm) Johannes → W., besuchte d. Friedrichskolleg in Königsberg, studierte evangel. Theol. u. Philos. in Königsberg, Halle/Saale u. Berlin, 1852 Dr. phil. u. Habil. in Königsberg, 1857 o. Prof. u. Promotion zum Dr. theol. ebd., 1861–63 auch Divisionspfarrer, 1863 o. Prof. d. Theol. an d. Univ. Kiel, 1874 ebd. Mitgl. d. Konsistoriums, 1877–1907 Prof. f. Neutestamentl. Theol. in Berlin, 1879/80 Rat im brandenburg. Konsistorium, 1880–99 Oberkonsistorialrat u. Vortragender Rat im Kultusministerium, 1887–96 Präsident d. Zentralausschusses f. d. Innere Mission d. dt. evangel. Kirche, gründete 1888 d. Evangel. kirchl. Hilfsverein; 1893 Wirkl. Geh. Oberkonsistorialrat.

*Schriften* (Ausw.): Der petrinische Lehrbegriff [...], 1855; Der Philipper-Brief ausgelegt und die Geschichte seiner Auslegung kritisch dargestellt, 1859; Der Johanneische Lehrbegriff in seinen Grundzügen untersucht, 1862; Lehrbuch der biblischen Theologie des Neuen Testaments, 1868 (2., umgearb. Aufl. 1879; 3., umgearb. Aufl. 1880; 6., verb. Aufl. 1895; 7., verb. Aufl. 1903); Das Marcusevangelium und seine synoptischen Parallelen erklärt, 1872; Das Leben Jesu, 2 Bde., 1882 (4., umgearb. Aufl. 1902); Lehrbuch der Einleitung in das Neue Testament, 1886 (2., verb. Aufl. 1889; 3., verb. Aufl. 1897); Das Neue Testament. Textkritische Untersuchung und Textherstellung, 3 Tle., 1894–1900; Das Neue Testament. Handausgabe. Berichtigter Text mit kurzer Erläuterung zum Handgebrauch bei der Schriftlektüre, 3 Bde., 1902 (auch als Ausg. in 11 H.); Die Religion des Neuen Testamentes, 1903; Die Quellen der synoptischen Überlieferung, 1908; Das Johannes-Evangelium als einheitliches Werk. Geschichtlich erklärt, 1912; Jesus von Nazaret. Ein Lebensbild, gezeichnet, 1913; Paulus und seine Gemeinden. Ein Bild von der Entwicklung des Urchristentums, gezeichnet, 1914; Ein gute Wehr und Waffen. Evangelische Heilslehre, o. J. (1917); Aus neunzig Lebensjahren. 1827 bis 1918 ([Autobiogr.], hg. Hansgerhard WEISS) 1927.

*Nachlaß:* SBPK Berlin. – Denecke-Brandis 403.

*Literatur:* Biogr.-Bibliogr. Kirchenlex. 13 (1998) 666; LThK ³10 (2001) 1045; RGG ⁴5 (2005) 1373; DBE ²10 (2008) 505. – F. C. BAUR, D. erste petrin. Brief, mit besonderer Beziehung auf d. Werk: ‹D. petrinische Lehrbegriff [...]› v. ~ (in: Theolog. Jb. 15) 1856; W. BOUSSET, Textkrit. Stud. z. NT, 1894; Theolog. Studien [...] ~ zu s. 70 Geb.tag dargebracht (hg. C. R. GREGORY) 1897; G. HOENNICKE, ~ (in: Studierstube 16) 1918; W. G. KÜMMEL, Das NT, 1958 (²1970); F. GAUSE, ~ (in: Altpr. Biogr. 2, hg. C. KROLLMANN, fortgesetzt K. FORSTREUTER, F. GAUSE) 1967; D. Problem d. Theol. d. NT (hg. G. STECKER) 1975; B. LANNERT, D. Wiederentdeckung d. neutestamentl. Eschatologie durch Johannes Weiss, 1989; Dictionary of Biblical Interpr. 2 (hg. J. H. HAYES) Nashville 1999. RM

**Weiß,** Berthold, * 15. 2. 1860 Wien, Todesdatum u. -ort unbek.; studierte Philos., Dr. phil., lebte in Berlin (1931); Fachschriften- u. Bühnenautor.

*Schriften:* Die ethische Aufgabe des Menschen, 1890 (11., umgearbeitete Aufl. 1893); Atheisten. Schauspiel in 3 Aufzügen, 1893; Caesar Borgia. Schauspiel in 4 Aufzügen, 1893; Aphoristische Grundlegung einer Philosophie des Geschehens, 1895; Ein Tag (Schausp.) 1897; Die Zukunft der Menschheit, 1898 (2., gänzl. umgearb. Aufl. 1912); Ethische Worte. Zusammengestellt von B. W., 1902; Gesetze des Geschehens, 3 Tle., 1903; Entwicklung. Versuch einer einheitlichen Weltanschauung, 1908; Der Narr und die Frauen. Aus dem Nachlaß eines Frühverstorbenen, 1918; Entwurf einer allgemeinen Entwicklungsgeschichte, 1920; Die Entwicklung der Energie, 1920; Die Entwicklung in der Kunst und ihr Ende, 1920. AW

**Weiss,** Brigitta, * 30. 5. 1949 Wetzlar/Hessen; studierte seit 1967 evangel. Theol., Anglistik u. Germanistik in Bielefeld, Frankfurt/M., München u. Gießen (ohne Abschluß), lebt in Bad Lauterberg im Harz, erhielt neben anderen Auszeichnungen 2004 d. Rudolf-Drescher-Preis; Lyrikerin.

*Schriften:* Treibsand, 1988; Irrlicht, 1989; Ausgewählte Gedichte von B. W., 1989 (= Meine kleine Lyrikreihe 8); Aufwind, 1990; Gib allem ein bißchen Zeit. Renga und Partnergedichte (mit R. MARTI) 1993; Ausgewählte Gedichte von B. W. und Elfriede Margreiter, 1997 (= Meine kleine Lyrikreihe 15/16); Nachtmahd, 2000; Härmelin, 2001; Leumond. Mit Kalligrafien von Yujie Li, 2006; Kleemut. Mit Kalligrafien von chinesischen Sprichwörtern von Yujie Li, 2007 (alles Gedichte). AW

**Weiß,** Bruno, * 9. 6. 1852 Breslau, † nach 1915 Bremen; studierte an den Univ. in Breslau u. Jena, 1878 Dr. phil., Lehrer in Breslau, 1880–83 Pfarrer in Bad Elgersburg/Thür., seit 1883 Pfarrer in Bremen; Verf. kulturhist. Schr. sowie Erz. u. Lyriker.

*Schriften* (Ausw.): Untersuchungen über Friedrich Schleiermachers Dialektik, 1878; Der Humanismus und Ulrich von Hutten. Vortrag, 1883; Worte der Schrift zum Auswendiglernen, nebst einem Anhang enthaltend Gebete, 1889 (4., umgearb. Aufl. 1910); Der Friede Gottes (Ged.) 1889; Volkssitten und religiöse Gebräuche. Eine kulturgeschichtliche Studie, 1892; Die drei Rosen. Festrede, 1894; Aus der Märchenwelt. Scherzhafte und ernste Erzählungen, 1894; Bilder aus der Bremischen Kirchengeschichte um die Mitte des 19. Jahrhunderts, 1896; Mehr als fünfzig Jahre auf Chatham Island. Kulturgeschichtliche und biographische Schilderungen in Bearbeitungen und Auszügen aus den Briefen eines Deutschen (J. G. Engst). Unter Heranziehung einiger anderer Quellen (hg.) 1901; Eine Weihnachtsfeier der Rembertigemeinde zu Bremen (Dg.) 1901; Abendmahlsreform, 1903; Monismus, Monistenbund, Radikalismus und Christentum, 1907; Am Born der Willenskraft. Religion und Leben in Liedern und Gedichten, 1911; Weihnachten vor 100 Jahren [...], 1913.

*Literatur:* Lit. Silhouetten. Dt. Dichter u. Denker u. ihre Werke. E. literarkrit. Jb. (hg. u. bearb. v. H. VOSS u. B. VOLGER) 1909. IB

**Weiß,** Caroline → Deutsch, Caroline.

**Weiss,** Christel, * 1943 Berlin; studierte Anglistik u. Hispanistik mit Abschluß als Diplom-Sprachwissenschaftlerin an d. HU Berlin, wiss. Mitarb. ebd., Dolmetscherin u. freiberufl. Sprachdozentin, lebt in Berlin.

*Schriften:* Eine Bornholmer Bildergeschichte (Bilder Johannes W.) 2000 (Neuausg. 2007); Geschichten aus dem ersten Leben, 2001 (Neuausg. mit d. Titelzusatz: Zeitbilder, 2006). AW

**Weiss,** Christian → Wieke, Thomas.

**Weiß,** Christian, * 26. 5. 1774 Taucha bei Leipzig, † 10. 2. 1853 Merseburg/Sachsen-Anhalt; Sohn. e. Pfarrers, studierte ab 1791 Philos., Philol., Theol.

u. Naturwiss. an d. Univ. Leipzig, 1795 Dr. phil. u. Habil. an d. philos. Fak. d. Univ. Leipzig, hielt seit 1796 u. nach 1799 Vorlesungen an d. Univ., 1797–99 Erzieher in Holland, 1801 a. o. Prof. d. Philos. in Leipzig, 1805–08 Prof. am Lyceum in Fulda, 1808–16 Dir. d. Bürgerschule in Naumburg, seit 1816 Regierungs- u. Schulrat in Merseburg.

*Schriften* (Ausw.): Wanderungen in Sachsen, Schlesien, Glatz und Böhmen, 2 Tle., 1796/97; Fragmente über Seyn, Werden und Handeln. Nebst einigen Beilagen, 1797; Über die Behandlungsart der Geschichte der Philosophie auf Universitäten. Zur Ankündigung der Vorlesungen über Geschichte der Philosophie, 1799; Lehrbuch der Logik. Nebst einer Einleitung zur Philosophie überhaupt und besonders zu der bisherigen Metaphysik, 1801; Winke über eine durchaus practische Philosophie, 1801; Beiträge zur Erziehungskunst. Zur Vervollkommnung sowohl ihrer Grundsätze als ihrer Methode [...], 3 Bde. (hg. mit E. Tillich) 1803–06; Untersuchungen über das Wesen und Wirken der menschlichen Seele. Als Grundlegung zu einer wissenschaftlichen Naturlehre derselben, 1811; Von dem lebendigen Gott, und wie der Mensch zu ihm gelange. Nebst Beilagen, 1812; Erfahrungen und Rathschläge aus dem Leben eines Schulfreundes. Zunächst für die Volksschullehrer des Regierungsbezirks Merseburg in der Provinz Sachsen zusammengestellt und Denselben gewidmet, 4 Bde., 1835–45 (1. Bd.: 2., verm. u. verb. Ausg. 1843); Über Grund, Wesen und Entwickelung des religiösen Glaubens. Ein Beitrag zur Würdigung der rationalen Ansicht vom Christenthume, 1845; Betrachtungen über Rationalismus und Offenbarung. Ein Versuch zur Verständigung, 1846; Bibelstunden für denkende Christen, nach Anleitung des Evangeliums Matthäi, 1847.

*Nachlaß:* SBPK Berlin. – Denecke-Brandis 403.

*Literatur:* Meusel-Hamberger 8 (1800) 411; 10 (1803) 808; 16 (1812) 32 u. 176; 21 (1827) 440; ADB 41 (1896) 561. IB

**Weiß,** Christian, *31. 3. 1882 Augsburg, †13. 9. 1930 St. Moritz/Kt. Graubünden; Sohn e. Volksschullehrers, studierte Jura u. Volkswirtsch. an den Univ. München u. Erlangen, 1904 Dr. iur. u. 1909 Dr. phil., Referendar, später Rechtsanwalt in München, wiss. Mitarb. am Handelsteil d. «Münchner Neuesten Nachr.», später Ratsassessor u. Magistratsrat in Nürnberg, 1920–23 u. ab 1924 Oberbürgermeister v. Ludwigshafen. Lebte aus gesundheitl. Gründen seit Mitte Februar 1930 in St. Moritz.

*Schriften* (Ausw.): Die Versorgung der Stadt Nürnberg mit Getreide, Mehl und Brot im Weltkriege (bearb.) 1918; Kriegsernährung in Stadt und Land (Vortrag) 1918; Die Stadt Ludwigshafen (Mithg.) 1927.

*Literatur:* Reichshdb. der dt. Gesellsch. [...] 2, 1931; V. Carl, Lex. Pfälzer Persönlichkeiten (3., überarb. u. erw. Aufl.) 2004. IB

**Weiss,** Christina (Maria), *24. 12. 1953 St. Ingbert/Saarland; studierte 1972–77 Vergleichende Lit.wiss., Germanistik, Italien. Philol. u. Kunstgesch. an d. Univ. d. Saarlandes in Saarbrücken, 1977–84 wiss. Mitarb. u. 1982 Dr. phil. ebd., 1984–86 wiss. Mitarb. an d. Univ./Gesamthochschule Siegen, 1987 Red. beim Kunstmagazin «Art», 1988–91 Lit.- u. Kunstkritikerin für d. «Süddt. Ztg.», d. «Zeit», d. Südwestfunk u. d. Dtl.funk, zudem Fernsehmoderatorin u. Programmleiterin d. Hamburger Lit.hauses, 1991–2001 Kultursenatorin u. 1993–97 Senatorin für Gleichstellung in Hamburg, 2002–05 Staatsministerin beim Bundeskanzler u. Beauftragte d. Bundesregierung f. Kultur u. Medien, seit 2005 freie Publizistin, 2006 Berufung z. Honorarprof. d. Univ. d. Saarlandes, 2007/08 Beraterin f. Kunst u. Kultur bei d. Dt. Bank, Vorsitzende d. Ver. der Freunde der Nationalgalerie Berlin, lebt in Berlin.

*Schriften* (Ausw.): Seh-Texte. Zur Erweiterung des Textbegriffs in konkreten und nach-konkreten visuellen Texten, 1984 (zugleich Diss. 1982); K. Schwitters, «Eile ist des Witzes Weile». Eine Auswahl aus den Texten (Nachdr., hg. mit K. Riha) 1985; H. C. Artmann, «wer dichten kann ist dichtersmann». Eine Auswahl aus dem Werk (hg. mit dems.) 1986; Der laute Brief (Text, mit I. Lucas u. F. Frischmuth) 1987; Der Körper hängt am Auge (Text, mit L. Kornbrust u. F. Frischmuth) 1989; Schrift écriture geschrieben gelesen. Für Helmut Heißenbüttel zum siebzigsten Geburtstag (hg.) 1991; Der Traum der Vernunft gebiert Ungeheuer. Das sagbare Sagen. Zwei Reden (mit K. Riha) 1997; Stadt ist Bühne. Kulturpolitik heute, 1999. AW

**Weiß,** Christine, *20. 6. 1969 Oldenburg; Heilpraktikerin für Psychotherapie, Kommunikationstrainerin u. Tanzlehrerin, lebt in Hannover.

*Schriften:* Chiapas und die Internationale der Hoffnung (Mitverf.) 1979; «Links» im Arbeitsmarkt. Lebenskonzept statt Karriereplanung, 2001. AW

**Weiss,** Christoph, * 12. (oder 13.) 2. 1616 Wolfsberg/Kärnten, † 22. 6. 1682 Wien; 1632 Eintritt in den Jesuitenorden, Dr. theol., in mehreren Ordenskollegien tätig, lehrte Poetik, Griech. u. Rhetorik in Wien, Philos. in Klagenfurt u. Graz, Dogmatik- u. Griechisch-Prof. an der Univ. Tyrnau/Oberungarn, 1661 Dekan der Theolog. Fak., Organisator von öffentl. Theatervorstellungen in Wien; Verf. theol. Schriften.

*Schriften* (Ausw.): Theses theologicae de incarnatione [...], 1661; Aspirationes Sacrae Sodalis Mariani, ad Deiparam Virginem Mariam, Ex Sacris Literis Iuxta Sanctissimam Eiusdem Vitam depromptae, 1676.

*Literatur:* Sommervogel 8 (1898) 1036 u. Suppl.Bd. (1911) 869. – J. Čaplovič, Bibliografia tlačí vydaných na Slovensku do roku 1700, Bd. 2, Martin 1984; Slovenský biografický slovník 6, ebd. 1994. MT/PT

**Weiß,** (Andreas) Christoph (Philipp), * 21. 10. 1813 Ermreuth bei Nürnberg, † 2. 10. 1883 Nürnberg; Sohn e. Barbiers, der wenige Tage vor der Geburt s. Sohnes in der Schlacht bei Leipzig fiel, nach d. Schulbesuch anfänglich Lehre als Barbier, dann vierjährige Ausbildung z. Drechsler, anschließend auf Wanderschaft. Nach s. Rückkehr Kunstdrechsler in Elfenbein u. Perlmutter in Nürnberg, Mitgl. des v. Julius → Merz gegründeten «Lit. Vereins»; Erz. u. Lyriker.

*Schriften:* Gedichte, 1845 (2., verm. Aufl. 1848); Blüthen und Dornen. Ein lyrisch-episches Zeitbild aus dem XVI. Jahrhundert, 1853; Bilder aus dem Jugendleben des Christkindleins. Ein Bilderbuch für gute Kinder, 1855; Dir. Ein Liedercyclus (mit J. Merz) 1857; Der lustige Essenschmied. Ein Wander- und Stromerleben aus früherer Zeit, in poetischen Bildern, 1858; Aus dem Volksleben. Autobiographie, 1863; Aus dem Leben und der Natur. Dichtungen in hochdeutscher Sprache und Nürnberger Mundart, 1863; Kinderfreuden. Ein Bilderbüchlein für die lieben Kleinen, 1867; Die Feierstunde. Prosa und Poesie, 1871; Auf der Walz vor 100 Jahren. Selbsterlebtes erzählt vom Nürnberger Drechslermeister C. W. (ausgew. u. hg. v. O. Zimmermann) 1928.

*Literatur:* ADB 41 (1896) 563. – Stadtlex. Nürnberg (2., verb. Aufl., hg. M. Diefenbacher, R. Endres) 2000. IB

**Weiss,** Dieter J(oachim), * 23. 7. 1959 Nürnberg; studierte Gesch., 1989 Dr. phil. u. 1996 Habil. an d. Univ. Erlangen-Nürnberg, Wahlmitgl. d. Gesellsch. f. fränk. Gesch., Mitgl. d. Kommission f. Landesgesch. bei d. Akad. d. Bayer. Wiss., Prof. f. Bayer. u. Fränk. Landesgesch. an d. Univ. Bayreuth; Mithg. d. «Jb. f. fränk. Landesforschung».

*Schriften* (Ausw.): Die Geschichte der Deutschordens-Ballei Franken im Mittelalter (Diss.) 1991; Das exempte Bistum Bamberg 3. Die Bischofsreihe von 1522–1693, 2000; Franken. Vorstellung und Wirklichkeit in der Geschichte (mit W. K. Blessing hg.) 2003; Barock in Franken (hg.) 2004; Katholische Reform und Gegenreformation. Ein Überblick, 2005; Kronprinz Rupprecht von Bayern (1869–1955). Eine politische Biographie, 2007. RM

**Weiss,** Dominik, * 1974 München; studierte Medizin, lebt in München; Erzähler.

*Schriften:* Branog. Roman aus dem Steinalter 1995 (Neuausg. 1997); Die Reise des Favonius (Rom.) 1998 (Tb.ausg. 2000). AW

**Weiß,** Edmund, * 26. 8. 1837 Freiwaldau/Österreich-Schles., † 21. 6. 1917 Wien; Sohn e. Arztes, Zwillingsbruder v. Adolph Gustav → W., absolvierte d. Gymnasium in Troppau, studierte seit 1855 Naturwiss. (Astronomie, Mathematik u. Physik) in Wien, ebd. 1860 Dr. phil. sowie 1861 Habil. u. Privatdoz. f. Mathematik, 1869 a. o. und 1875 o. Prof. d. Astronomie, 1889/90 Dekan d. philosoph. Fak. d. Univ. Wien, zudem 1858 Assistent, 1863 Adjunct u. seit 1878 Dir. der k. u. k. Sternwarte, sowie 1883–1908 Hg. d. «Annalen d. Sternwarte Wien», trat 1908 in d. Ruhestand; Präs. d. öst. Gradmessungskommission, Ehrendoktor d. Univ. Dublin, Ritter d. Franz-Josef-Ordens, Träger d. tunes. Nischan-el-Iftikhar-Ordens u. Offizier d. französ. Ehrenlegion, seit 1867 korrespondierendes u. seit 1878 wirkl. Mitgl. d. kaiserl. Akad. d. Wiss. Öst., seit 1883 Mitgl. d. Dt. Akad. d. Naturforscher Leopoldina sowie zahlr. weiterer gelehrter Gesellschaften; Fachschriftenautor. – E. Mondkrater ist n. ihm benannt.

*Schriften* (Ausw.): Über die Bahn der Ariadne 43, 1858; Berechnung der Sonnenfinsternisse in den Jahren 1868 bis 1870, 1867; Beiträge zur Kenntniß der Sternschnuppen (2 Abh.) 1868/70; Resultate der Beobachtungen am Meridiankreise, 1871; Sternkarte des nördlichen und südlichen Sternhimmels, 1874; Karl von Littrow (gestorben), 1877; Bilder-Atlas der Sternenwelt. 41 fein lithographierte Tafeln nebst erklärenden Texten und mehreren Text-Illustrationen. Eine Astronomie für jedermann, 1888 (2., verm. Aufl. 1892); J. J. v. Littrow, Die Wunder des Himmels oder Gemeinfaßliche Darstellung des Weltsystems (8., n. d. neuesten Fortschritten d. Wiss. bearb. Aufl. 1897); Über die Beobachtung von Feuerkugeln und Meteoren, 1900; J. J. v. Littrow, Atlas des gestirnten Himmels für Freunde der Astronomie (4., vielfach umgearb. u. verm. Aufl., hg.) 1925.

*Nachlaß:* Dt. Staatsbibl. Berlin, Hs.-Abt./ Lit.arch. – Nachlässe d. DDR 3,178.

*Literatur:* Wurzbach 54 (1886) 97; Dt. biogr. Jb. 2 (1928) 677; DBE [2]10 (2008) 506. – L. EISENBERG, D. geistige Wien 2, 1893; J. C. POGGENDORF, Biogr.-lit. Handwb. Bd. III, Tl. 2, 1898; Bd. IV, Tl. 2, 1904; Bd. V, Tl. 2, 1926; J. v. HEPPERGER, ~ [FS] (in: Vjs. d. Astronom. Gesellsch. 53) 1918; F. JAKSCH, Lex. sudetendt. Schriftst., 1929; S. WININGER, Große jüd. National-Biogr. 6, 1934; P. BUHL, Troppau v. A-Z. Ein Stadtlex., 1973; F. CZEIKE, Hist. Lex. Wien 5, 1997. AW

**Weiss,** Elisabeth (geb. Kull), *3. 8. 1935 Küsnacht/Kt. Zürich; Ausbildung z. Primarlehrerin, besuchte e. Abendkurs am Heilpädagog. Seminar in Zürich, anschließend Lehrerin in Sonderklassen, später Hausfrau, gab fremdsprachigen Flüchtlingen Dt.unterricht, wohnt in Küsnacht; Erzählerin.

*Schriften:* Eine schwierige Lebenskletterei, 2001.

*Literatur:* Schriftst.innen u. Schriftst. d. Ggw. Schweiz, 2002. ML

**Weiß,** Emil Rudolf, *12. 10. 1875 Lahr/Baden, †9. 11. 1942 Meersburg/Bodensee; Sohn e. Stadtpolizisten, wuchs in Breisach u. Baden-Baden auf, studierte Malerei an d. Karlsruher Akad., in Stuttgart u. Paris, arbeitete ab 1895 als Zeichner f. d. Zs. «PAN», unternahm Studienreisen nach Paris, 1905 Schriftschüler an d. Düsseldorfer Kunstgewerbeschule, 1907 Lehrer an d. Unterrichtsanstalt d. Kunstgewerbemus. in Berlin, ab 1910 Prof. an d. Berliner Akad., Fachklasse f. dekorative Malerei u. Flächenmuster, verh. mit d. Bildhauerin Renée Sintenis, Haus-Buchkünstler d. Tempel Verlags, auch zuständig f. d. Drucke d. Marées-Gesellsch., schuf mehrere Schrifttypen (u. a. die W.-Fraktur) u. arbeitete als Buch- u. Schriftkünstler f. versch. Verlage, auch als Porträtist u. Wandmaler tätig. 1933 als Prof. von d. Nationalsozialisten entlassen, vorübergehend im Konzentrationslager Oranienburg inhaftiert, Beschlagnahme von 19 maler. Werken als «entartete» Kunst, lebte später in Freiburg/Br. u. Bernau/Schwarzwald im Ruhestand; Mitgl. d. Preuß. Akad. d. Künste (Ausschluß 1933 aus polit. Gründen).

*Schriften:* Die blassen Cantilenen, 1896; Elisabeth Eleanor. Eine Liebe, 1896; Trübungen. Verse und Prosa in Auswahl, 1897; Der Wanderer. Mit acht symbolischen Holzschnitten, 1906 (2., veränd. u. verm. Aufl. 1907; 3., veränd., verm. u. neu geordnete Ausg. 1935); Homerus, Odysseia (dt. v. J. H. VOSS, mit W. NESTLE hg. u. bearb.) 1922; Drei Monate in Spanien. Zeichnungen und Aufzeichnungen eines Malers, 1931; Künstler und Buchkünstler gestern, heute und morgen (Vortrag) 1931; E. R. W. über Buchgestaltung, 1969.

*Nachlaß:* Arch. d. Preuß. Akad. d. Künste Berlin.

*Literatur:* Thieme-Becker 35 (1942) 325; Vollmer 5 (1961) 103; Killy 12 (1992) 218; DBE [2]10 (2008) 506. – M. OSBORN, Dt. Buchkünstler d. Ggw. ~ (in: Zs. f. Bücherfreunde, NF 4) 1912/13; M. GEISSLER, Führer durch d. Lit. d. 20. Jh., 1913; H. REICHNER, ~ z. 50. Geb.tage [...], 1925; E. HÖLSCHER, D. Schrift- u. Buchkünstler ~, o. J. (1941); W. ZERBE, ~, d. Schrift- u. Buchkünstler, der auch Maler u. Dichter war, 1947; H. KULLNICK, Berliner u. Wahlberliner. Personen u. Persönlichkeiten in Berlin v. 1640–1914, o. J. (ca. 1960); W. OSCHILEWSKI, ~, e. Bibliogr., 1960; R. DARMSTAEDTER, Reclams Künstlerlex. (erw., berichtigte u. erg. Neuausg.) 1978; R. BAUMANN-RIEGGER, ~ (in: Bad. Biogr., NF 2, hg. B. OTTNAD) 1987; B. STARK, ~ (1879–1942). Monogr. u. Katalog s. Werkes, 1994; DIES., ~ in Meersburg, 2003. RM

**Weiß,** Ernst (Ps. Gottfried von Kaiser), *28. 8. 1882 Brünn/Mähren, † 15. 6. 1940 Paris; Sohn des jüd. Tuchhändlers Gustav W. († 1886) u. dessen Ehefrau Berta, geb. Weinberg. Besuchte 1894–1902 d. Gymnasien in Brünn, Leitmeritz u. Arnau, studierte 1902–08 Medizin in Prag u. Wien, 1908 Dr. med. in Wien, Assistenzarzt an Kliniken in Bern u. Berlin, seit 1911 an der chirurg. Abt. d. Spitals in Wien-Wieden unter Prof. Julius Schnitzler, e. Bruder v. Arthur → Schnitzler. Z. Ausheilung e. Lungentuberkulose unternahm er in d. ersten Hälfte d. Jahres 1913 als Schiffsarzt auf der «Austria» e. Fernostreise nach Japan u. Indien. Nach s. Rückkehr Umzug nach Berlin, Bekanntschaft mit Rahel → Sanzara, Ende Juni 1913 erste Begegnung mit Franz → Kafka, dem er freundschaftlich bis zu dessen Tod verbunden blieb. Im Juli 1914 mit Sanzara u. Kafka im dän. Ostseebad Marielyst, ab August Regimentsarzt teils in Frontnähe, teils in Lazaretten der Etappe. Lebte nach Kriegsende einige Zeit in München, 1919/20 Arzt in der Chirurgie des Allgem. Krankenhauses in Prag, ab 1921 freier Schriftst. in Berlin. Nach d. Reichstagsbrand (1933) Rückkehr nach Prag, wo er s. Mutter bis zu deren Tod (15. 1. 1934) pflegte. Im Frühjahr 1934 Emigration nach Paris, finanzielle Unterstützung durch Thomas → Mann u. Stefan → Zweig. 1935 vorübergehender Aufenthalt in Berlin wegen e. ärztlichen Unters.; Mitarb. d. Exilzs. «Maß u. Wert», «D. Wort» u. «D. Zukunft» sowie gelegentlich an d. «Pariser Tagesztg.». W. unternahm am Tag des Einmarsches dt. Truppen in Paris e. Selbstmordversuch an dessen Folgen er in d. folgenden Nacht im Spital Lariboisière verstarb; Übers., Dramatiker und Erzähler.

*Schriften:* Die Galeere (Rom.) 1913 (veränd. Ausg. 1919; überarb. Fass. 1927); Der Kampf (Rom.) 1916 (Neufass. u. d. T.: Franziska, 1919; durchges. Fass. mit e. Nachw. v. G. K. Brand, 1926); Tiere in Ketten (Rom.) 1918 (neue Fass. 1922; Neuausg. 1930); Mensch gegen Mensch (Rom.) 1919; Stern der Dämonen (Rom.) – Franta Zlin (Nov.) – Der bunte Dämon (Ged.) 1920 (Nachdr. 1973; d. Rom. «Stern der Dämonen» erschien als Einzelausg. 1921); Tanja. Drama in 3 Akten, 1920; Das Versöhnungsfest. Eine Dichtung in vier Kreisen, 1920; Nahar (Rom. [zweiter Tl. v. «Tiere in Ketten»]) 1922 (Neufass. 1930); Die Feuerprobe (Rom.) 1923 (erw. NA 1929); Atua (3 Erz.) 1923; Hodin ([Erz.], mit Steinzeichnungen v. N. Pusirewski) 1923; Olympia. Tragikomödie, 1923; Daniel (Erz.) 1924; Der Fall Vukobrankovics, 1924 (Neuausg. 1973); Männer in der Nacht (Rom.) 1925 (leicht überarb. Fass. 1926); Boëtius von Orlamünde (Rom.) 1928 (u. d. T.: Der Aristokrat Boëtius von Orlamünde, 1930; mit e. Nachw. v. A. Klein, 1969); Dämonenzug (5 Erz.) 1928; Das Unverlierbare [Aufs.] 1928; R. Markovits, Sibirische Garnison. Roman unter Kriegsgefangenen (übers. v. L. Hatvany, bearb. v. E. W.) 1930; Georg Letham. Arzt und Mörder (Rom.) 1931 (leicht gekürzt u. d. T.: Arzt und Mörder, 1961; mit e. Nachw. v. D. Kliche, 1982); Der Gefängnisarzt, oder Die Vaterlosen (Rom.) 1934; Der arme Verschwender (Rom.) Amsterdam 1936 (mit e. Nachw. v. A. Klein, 1967); Der Verführer (Rom.) 1938 [eigentlich 1937]; Der Augenzeuge (Rom., mit e. Vorw. von H. Kesten; überstempelter neuer Titel: Ich, der Augenzeuge) 1963 (Originaltitel mit e. Nachw. v. A. Klein, 1973; mit e. Kommentarbd. v. F. Trapp: Der Augenzeuge – e. Psychogramm d. dt. Intellektuellen zw. 1914 u. 1936, 1986); Jarmila. Eine Liebesgeschichte aus Böhmen (hg. u. mit e. Nachw. v. D. Fliegler) Prag 1998.

*Übersetzungen:* G. de Maupassant, Die Brüder (Rom.) 1924; H. de Balzac, Oberst Chabert (Nov.; Mitübers.) 1924; M. Dekobra, Wie ich Griseldas Millionen gewann, 1926; M. Proust, Tage der Freuden (Erz., mit e. Vorw. v. A. France) 1926; A. Daudet, Tartarin aus Tarascon, 1928; T. Dreiser, Das Buch über mich selbst. Bd. 2: Jahre des Kampfes, 1932; J. M. Cain, Serenade in Mexiko, Amsterdam 1938.

*Ausgaben:* Der zweite Augenzeuge und andere ausgewählte Werke (eingel. u. hg. K.-P. Hinze) 1978; Gesammelte Werke in 16 Bänden (hg. P. Engel u. V. Michels) 1982; Die Ruhe in der Kunst. Ausgewählte Essays, Literaturkritiken und Selbstzeugnisse 1918–1940, 1987.

*Bibliographie:* Albrecht-Dahlke II/2 (1972) 812; IV/2 (1984) 814; Schmidt, Quellenlex. 33 (2002) 16. – E. Wondrák, Einiges über d. Arzt u. Schriftst. ~ [...], u. d. Versuch e. Bibliogr. der Werke v. ~, 1968; K.-P. Hinze, ~: Bibliogr. der Primär- u. Sekundärlit., 1977 (= W.-Bl.); U. Länge, Nachtr. u. Erg. z. Bibliogr. v. K.-P. Hinze (in: U. L., ~: Vatermord u. Zeitkritik [...]) 1981 (Diss. Innsbruck 1981); P. Engel, Ausw.bibliogr. zu ~ (in: TuK 76) 1982; N. Wehr, Bibliogr. Allgem. Darst. zu Leben u. Werk. Stand: Sommer 1983 (in: W.-Bl. 1) 1983; P. Engel, ~-Bibliogr. Beitr. in Sammelbänden, Zs. u. Ztg. (in: ebd. 3) 1985; ders., ~-Bibliogr., Tl. 2. Nachtr. z. ~-Bibliogr. v. K.-P. Hinze (1977) (in: ebd. 4) 1985; ders., ~-Bibliogr., Tl. 3. Nachtr. [...] (in: ebd. 8) 1988; G. Ackermann, ~-Bibliogr., Tl. 4. Erg., Korrekturen u. Nachtr. [...] (in: ebd. 9) 1988; ders., ~-Bibliogr., Tl. 5. Erg. [...] (in: ebd. 10) 1989.

*Nachlaß:* SBPK Berlin, Hss.-Abt., Lit.arch.; Památnik národního písemnictví Literární archiv (Lit.arch. d. Mus. des nationalen Schrifttums) Prag; BSB München, Hss.-Abt. – Nachlässe DDR 3,922; Hall-Renner 277 u. [2]355.

*Periodika:* W.-Blätter. Diskussionsforum und Mitteilungsorgan für die am Werk von E. W. Interessierten (hg. P. Engel) 1–6/7, 1973–1978; 1–11 (hg. DERS. u. S. SPIEKER) 1983–89 (damit Erscheinen eingestellt).

LITERATUR



*Allgemein zu Leben und Werk:* Hdb. Emigration II/2 (1983) 1227; Killy 12 (1992) 219; Raabe, Expressionismus (1992) 514 u. 987; LöstE (2000) 681; DBE [2]10 (2008) 507. – P. MAYER, ~ (in: D. Tagebuch 3) 1922 (auch in: Die Freude 1, 1924; wieder in: E. W., hg. P. ENGEL, 1982); G. K. BRAND, D. Gegengott. E. Stud. über ~ (in: Die Lit. 28) 1925/26 (wieder in: E. W., hg. P. ENGEL, 1982); S. WININGER, Große Jüd. National-Biogr. 6, 1932; H. KESTEN, ~, e. dt. Erzähler (in: Internationale Lit. 9) 1939 (wieder in: Aufbau 2, 1946; H. K., Meine Freunde, die Poeten, 1953; E. W., hg. P. ENGEL, 1982); W. BREDEL, ~ (in: Internationale Lit. 11) 1941; H. KESTEN, ~, e. dt. Erzähler (in: Aufbau 2) 1946 (wieder in: H. K., Meine Freunde, 1953); W. BREDEL, ~, Arzt u. Dichter (in: Heute u. Morgen 1/7) 1947; H. HARTMANN, E. vergessener Dichter: ~ (in: D. Jungbuchhandel 13) 1959; R. ENGERTH, Im Schatten des Hradschin. Kafka u. s. Kreis, 1965; K. KROLOP, Hinweis auf e. verschollene Umfrage: «Warum haben Sie Prag verlassen?» (in: Germanistica Pragensia 4) Prag 1966; H. J. FRÖHLICH, Arzt u. Dichter: ~ (in: LK 1) 1966 (wieder in: E. W., hg. P. ENGEL, 1982); D. LATTMANN, Posthume Wiederkehr: ~ – Arzt u. Schriftst. (in: D. L., Zwischenrufe u. a. Texte) 1967 (wieder in: E. W., hg. P. ENGEL, 1982); J. CHYTIL, Z. Werk v. ~ (in: Weltfreunde. Konferenz über d. Prager dt. Lit., wiss. Red. E. GOLDSTÜCKER) Prag 1967; D. STERN, Bücher v. Autoren jüd. Herkunft in dt. Sprache [...], 1967; E. WONDRÁK, Einiges über d. Arzt u. Schriftst. ~: mit e. autobiogr. Skizze v. 1927: ~ über sich selbst, u. d. Versuch e. Bibliogr. der Werke v. ~, 1968; P. MAYER, ~ (in: P. M., Lebendige Schatten. Aus den Erinn. e. Rowohlt-Lektors) 1969 (wieder in: E. W., hg. P. ENGEL, 1982); H. ROCHELT, D. Ohnmacht d. Augenzeugen. Über d. Schriftst. ~ (in: LK 4) 1969 (wieder in: E. W., hg. P. ENGEL, 1982); W. WENDLER, ~ (in: Expressionismus als Lit.: Ges. Stud., hg. W. ROTHE) 1969 (wieder in: E. W., hg. P. ENGEL, 1982); M. GREGOR-DELLIN, ~ neuentdeckt (in: Bücherkomm., Nr. 5) 1970 (wieder in: ebd.); M. WOLLHEIM, Begegnung mit ~: Paris 1936–40, 1970; A. SEGHERS, Aus e. Brief über ~ (in: A. S., Briefe an Leser) 1970 (wieder in: E. W., hg. P. ENGEL, 1982); E. WONDRÁK, ~ in Prag (in: W.-Bl. 3) 1974; H. HECHT, ~ (ebd.); T. SAPPER, Hymniker u. Sänger des ‹Bunten Dämons›: ~ (in: T. S., Alle Glocken der Erde. Expressionist. Dg. aus d. Donauraum) 1974; M. WOLLHEIM, Biographisches im Werk v. ~ (in: W.-Bl. 4) 1975; S. MORGENSTERN, ~ (ebd.); J. CHYTIL, D. weniger bek. ~ (in: Acta Universitatis Palackianae Olomucensis. Philologica 42) Olmütz 1978; M. PAZI, ~ (in: M. P., Fünf Autoren des Prager Kreises) 1978; E. WONDRÁK, Ärztliches u. Arzttum im Werk v. ~ (in: Wiss. Konferenz: D. Beziehungen der Dt. Antifaschist. Lit. zur ČSR u. Probleme d. Bündnispolitik [...], hg. J. HARTL) Olmütz 1979 (wieder in: E. W., hg. P. ENGEL, 1982); J. CHYTIL, V. bürgerlichen Humanismus z. aktiven Antifaschismus. Lit. u. polit. Wandlungen des Schriftst. ~ (ebd.); DERS., ~ u. Prag (in: Zs. für Slawistik 25) 1980 (wieder in: E. W., hg. P. ENGEL, 1982); W. WENDLER, D. Philos. d. Gewichtslosigkeit (in: TuK 76) 1982; Kunst u. Lit. im antifaschist. Exil: 1933–1945 (hg. W. MITTENZWEI), Bd. 7: Exil in Frankreich, 1981; K.-P. HINZE, ~' anderer «Augenzeuge». Aus unveröff. Briefen an Stefan Zweig (in: GRM, NF 31) 1981 (wieder in: E. W., hg. P. ENGEL, 1982); M. PAZI, Entwicklung u. Veränderung des Vater-Sohn-Motivs in ~' Werk (in: Exil 1/1) 1981 (wieder in: E. W., hg. P. ENGEL, 1982); E. J. WALBERG, «Auf d. Schattenseite des Menschen». ~ – Versuch e. Annäherung (in: die horen 27/4) 1982; E. KOCH, «Wie e. Asket in s. Wüstenhöhle.» ~ im Exil. Nachgezeichnet anhand s. Briefe an Stefan Zweig (in: Exil 2/1) 1982; E. WONDRÁK, ~ u.

s. Weg ins Exil (ebd.); M. PAZI, D. Authentizität d. Gefühle in ~' Frühwerk (in: ebd. 2/2) 1982; E. KOCH, ~' Tod in Paris (ebd.); ~, 1982 (= TuK 76); P. ENGEL, ~ – e. Skizze v. Leben u. Werk (ebd.); K.-P. HINZE, «... und das mir, dem Anti-Kommunisten». D. polit. Haltung des Romanciers ~ (ebd.); P. PAZI, D. Todesmotiv bei ~ (ebd.); ~ (hg. P. ENGEL) 1982; G. v. CZIFFRA, Über ~ (ebd.); K. PINTHUS, ~ (ebd.) (zuerst in: 8 Uhr Abendbl., Nr. 65, 17. 3. 1923); A. EHRENSTEIN, ~ (ebd.) (zuerst in: Berliner Tagebl., Nr. 325, 11. 7. 1925); P. WIEGLER, Neue Erzähler: ~ (ebd.) (zuerst in: Vossische Ztg., Unterhaltungsbeil. Nr. 263, 1926); H.-A. WALTER, Überwundene Dekadenz. E. großer dt. Autor wartet auf Leser: ~ (ebd.) (zuerst in: Die Zeit, Nr. 50, 9. 12. 1966); M. VISCHER, ~ (ebd.) (zuerst in: Berliner Börsen-Courier, Nr. 313, 7. 7. 1923); C. SEELIG, Der Erzähler ~ (ebd.) (zuerst in: Neue Zürcher Ztg., Nr. 47, 10. 1. 1932); P. ENGEL, Dem Vergessen entrissen. ~ z. hundertsten Geb.tag (in: Schreibheft, Nr 18) 1982; R. HOFFMANN, Aktualität e. Vergessenen. Aus Anlaß d. Erscheinens d. Ges. Werke v. ~ (in: Schweizer Monatsh. 11) 1982; I. UNRUH, ~ z. hundertsten Geb.tag. E. Ausstellung in Frankfurt (in: Börsenbl. Frankfurt 100) 1982; Verboten u. verbrannt. Dt. Lit. 12 Jahre unterdrückt (hg. R. DREWS u. A. KANTOROWICZ, NA m. e. Vorw. v. H. KINDLER) 1983; P. GORDON, Erinn. an ~ (in: W.-Bl. 2) 1984; S. SPIEKER, ~' Briefe an Stefan Zweig. E. Beitr. z. Biogr. d. Autors (ebd.); DERS., ~ u. Thomas Mann (in: Exil 4/1) 1984; U. LÄNGLE, Les dernières années d' ~ (1934–1940). Conditions de vie, contacts culturels et production littéraire (in: Austriaca 10) Mont-Saint-Aignan 1984 (wieder in: Allemagnes d'aujourd'hui 89, Paris 1984); M. VERSARI, ~-Individualität zw. Vernunft u. Irrationalismus. E. Werk zw. «Mythologie» u. «Aufklärung», 1984; S. SPIEKER, Österreicher, Juden, Emigranten u. Rivalen. Aspekte des Pariser Exils v. ~ u. Joseph Roth (in: W.-Bl. 3) 1985; M. PAZI, D. Problem des Bösen u. d. Willensfreiheit bei Max Brod, ~ u. Franz Kafka (in: MAL 18) 1985; U. WEINZIERL, E. großer Erzähler unseres Jh.: Über den Schriftst. ~ (in: Vermittlungen. Kulturbewußtsein zw. Tradition u. Ggw., hg. H. HELBLING) 1986; R. MIELKE, Das Böse als Krankheit. Entwurf e. neuen Ethik im Werk v. ~, 1986 (zugleich Diss. Aachen 1986); F. HAAS, D. Dichter v. der traurigen Gestalt. Zu Leben u. Werk v. ~, 1986 (zugleich Diss. Wien 1984); P. ENGEL, E. «große unglückliche Liebe» v. ~. Einige vorläufige Mitt. über Ruth Falkenheim (in: W.-Bl. 5) 1986; J. SERKE, Böhm. Dörfer. Wanderungen durch e. verlassene lit. Landschaft, 1987; M. WINKLER, Bilder des Bösen. Vergleichbares in der Darst. d. faschistischen Menschentyps bei Hermann Broch, ~ u. George Saiko (in: Hermann Broch. D. dichter. Werk [...], hg. M. KESSLER) 1987; P. ENGEL, «Reines Königstum d. Geister». ~' Beziehungen z. Freimaurerei (in: W.-Bl. 6) 1987; DERS., Zu den Tagebüchern v. ~ (in: W.-Bl. 8) 1988; S. SPIEKER, ~ u. d. klassische russ. Lit. (ebd.); M. MAYNE-SUTTON, Erinn. an ~ (in: ebd. 9) 1988; P. ENGEL, Einiges über den ~-Freund Erich Schulhof (ebd.); A. KLEIN, ~ (in: Öst. Lit. des 20. J. [...], hg. S. P. SCHEICHL) 1988; B. SCHOLZ, Magnet. Wirkung. Über ~ (in: Lit. Arbeitsjournal 10/40) 1988; M. CURTIUS, Vater, der du bist auf Erden. Vater u. Gott bei ~, 1988; P. ENGEL, Bilder v. Glanz u. Elend. Ansichten Prags im Werk v. ~ (in: Franz Kafka u. d. Prager dt. Lit. Deutungen u. Wirkungen [...], hg. H. BINDER) 1988; D. SUDHOFF, Unterm Rad. D. Schüler ~ in Brünn (in: W.-Bl. 10) 1989; E. MOSSEL, Neue Funde v. ~-Briefen in Prager Nachlässen (ebd.); K.-P. HINZE, «Per Adresse Ernest Scheuer». Zu ~' Briefen an Michaela Schnarrenberger (ebd.); J. QUACK, Aus d. «Gesch. des Bösen im Menschen». Kriegsbilder bei ~ (in: ebd. 11) 1989 ([Kurzfass.] zuerst in: Neue Zürcher Ztg., Nr. 293, 1988; wieder in: J. Q., D. fragwürdige Identifikation. Stud. z. Lit., 1991); T. DELFMANN, ~: Existenzialistisches Heldentum u. Mythos des Unabwendbaren, 1989 (zugleich Diss. Münster 1988); P. ENGEL, Günstig für das Schaffen oder e. Marterstätte? ~ u. s. Beziehungen zu Prag u. den Pragern (in: Prager dt.sprachige Lit. z. Zeit Kafkas 1) 1989; M. STREUTER, Das Medizin. im Werk v. ~, 1990 (zugleich Diss. Aachen 1990); S. ADLER, V. «Roman expérimental» z. Problematik des wissenschaftl. Experiments: Unters. z. lit. Werk v. ~, 1990 (zugleich Diss. München 1988); M. FRESCHI, ~: La Memoria d'Europa (in: M. F., La Praga di Kafka. Letteratura tedesca a Praga) Neapel 1990; I. HUCHET, L'étrange destinée d'un auteur oublié, ~ (in: Documents. Rev. des questions allemandes 45/3) Paris 1990; D. JUST, «D. Ruhe in der Kunst». ~' Ess. im Aufbau-Verlag (in: SuF 42) 1990; P. ENGEL, Massenherberge mit Wohlwollen für den Fremden. D. Bedeutung Berlins in Werk u. Leben v. ~ (in: Berlin u. d. Prager Kreis, hg. M. PAZI u. H. D. ZIMMERMANN) 1991; F. HAAS, D. verdrängte Judentum. Spuren der Assimilation im erzähler. Werk v. ~ (ebd.); K. KROLOP, ~ u. d. «expressionistische Jahrzehnt» in Prag (in: E. W. –

Seelenanalytiker u. Erzähler [...], hg. P. ENGEL u. H.-H. MÜLLER) 1992 (wieder in: Stud. z. Prager dt. Lit. E. FS für Kurt Krolop z. 75. Geb.tag, hg. H.-H. EHLERS, 2005); Lex. dt.sprachiger Schriftst. 2 (hg. K. BÖTTCHER u. a.) 1993; M. PAZI, ~. Schicksal u. Werk eines jüd. mitteleuropäischen Autors in d. ersten Hälfte des 20. Jh., 1993; K.-P. HINZE, Helene Eilat van de Velde (1894–1949). ~' sehr gute Freundin (in: Exil, 13/1) 1993; M. VERSARI, Etica e razionalità scientifica in ~ (in: Praga mito e letteratura [...], hg. A. PASINATO) Mailand 1993; F. HAAS, Schwulst u. Sühne: ~, «dieser hochbegabte Schriftst., der die expressionistische Mode ohne Not mitgemacht hat» (in: Expressionismus in Öst. D. Lit. u. d. Künste, hg. K. AMANN u. A. WALLAS) 1994; M. G. HALL, ~ u. d. Paul-Zsolnay-Verlag: Drei Briefe (in: Juni 1994, H. 20) 1994; J. GOLEC, D. Idee des «Menschlichsten Menschen». Unters. z. Sexualität u. Macht im Werk v. ~, 1994 (= Habil.schr.); DERS., ~' Überlegungen zu Sprache, Lit. u. a. Künsten (in: Kwartalnik neofilologiczny 42) Warschau 1995; K.-P. HINZE, ~ (in: Major Figures of Austrian Literature. The Interwar Years 1918–1938, hg. mit Einl. D. G. DAVIAU) Riverside 1995; T. KINDT, H.-H. MÜLLER, Zweimal Cervantes. Die «Don Quijote»-Lektüren v. Ernst Jünger u. ~. Ein Beitr. z. lit. Anthropologie der zwanziger Jahre (in: Jb. d. Lit. d. Weimarer Republik 1) 1995; H. TANZER, Der Fall ~ (in: Euph. 89) 1995; H.-U. TREICHEL, Auslöschungsverfahren. Exemplar. Unters. z. Lit. u. Poetik der Moderne, 1995; E. LÜER, Balzac-Lektüre bei ~ (in: Brücken, NF 5) 1997; DERS., Zeit u. Ztg.: Über e. Parallele zw. ~, Leo Perutz u. Thomas Mann (ebd.); P. ENGEL, ~ als Rezensent. Zu einigen Merkmalen s. Buchbesprechungen (in: Juni, 13/29) 1998; J. GOLEC, D. Werk v. ~ im Diskurs der Moderne (in: «Moderne», «Spätmoderne» u. «Postmoderne» in d. öst. Lit. [...], hg. D. GOLTSCHNIGG u. a.) 1998; DERS., Prag – Berlin – Paris: ~' Lebensstationen auf d. Suche nach d. Identität (in: Nationale Identität aus germanist. Perspektive, hg. M. K. LASATOWICZ u. J. JOACHIMSTHALER) Oppeln 1998; DERS., Staat, Erziehung, Politik im Werk v. ~ (in: D. Schriftst. u. d. Staat. Apologie u. Kritik in d. öst. Lit. [...], hg. J. G.) Lublin 1999; F. SCHEDL, D. Hand des Vaters oder Genitivus possessivus – ein «Zeugungsfall». Z. Vaterfigur im Werk v. ~ (Diplomarbeit Wien) 2000; T. TATERKA, «Wir dürfen nicht nachlassen, solange wir atmen». Lit. Augenzeugenschaft u. Widerstandswille bei ~ (in: Dt. Autoren des Ostens als Gegner u. Opfer des Nationalsozialismus [...], hg. F.-L. KROLL) 2000; K. H. BOHRER, Inszenierungen des Bösen zw. ästhet. Kontemplation u. polit. Parabel (in: K. H. B., Imaginationen des Bösen. Für e. ästhetische Kategorie) 2004; A. BUCHER, Repräsentation als Performanz. Stud. z. Darstellungspraxis der lit. Moderne (Walter Serner, Robert Müller, Hermann Ungar, Joseph Roth u. ~) 2004; S. SUHR, Neusachliche Blicke auf d. Rolle d. Frau als Verbrecherin: Außenseiter der Gesellschaft, 2005; I. HNILICA, Medizin, Macht u. Männlichkeit. Ärztebilder der frühen Moderne bei ~, Thomas Mann u. Arthur Schnitzler, 2006; T. KINDT, Expressionismus als «Lit. der Existenz». ~, Soren Kierkegaard u. d. «Angst vor dem Guten» (in: Lit. als Lust [...]. FS für Thomas Anz z. 60. Geb.tag, hg. L. HAGESTEDT) 2008; W. SCHRÖDER, ~: vom «unerwünschten Ausländer» z. Repräsentanten d. Dt. Reichs in Amsterdam (in: Aus dem Antiquariat 6) 2008; I. PAGNON-SOMÉ, L'exil comme moteur de la création chez ~ (in: Exils, migrations, création 3: Études germaniques, exil anti-nazi, témoignages concentrationnaires) Paris 2008.

*E. W. und Franz Kafka:* M. PAZI, Franz Kafka u. ~ (in: MAL 6) 1973; P. ENGEL, ~ u. Franz Kafka. Neue Aspekte zu ihrer Beziehung (in: TuK 76) 1982; G. NICOLIN, ~ – Franz Kafka. Aspekte e. Dichterfreundschaft. Ausstellung im Collegium Josephinum (Bonn) v. 16. bis 30. Mai 1983 (in: W.-Bl. 1) 1983; M. PAZI, D. Problem des Bösen u. d. Willensfreiheit bei Max Brod, ~ u. Franz Kafka (in: MAL 18) 1985; P. ENGEL, Processo a una amicizia. Franz Kafka e ~ (in: Kafka oggi, hg. G. FARESE) Bari 1986; B. AUBELL, D. Vater-Sohn-Konflikt in d. Prager dt. Lit. anhand ausgew. Werke v. Kafka, Werfel u. ~ (Diplomarbeit Wien) 1992; P. S. SAUR, Civilization Versus the Animal Nature of Human Beings in Franz Kafka and ~ (in: Journal of Kafka Society of America 16) New York 1992; M. PAZI, Franz Kafka u. ~ (in: M. P., Staub u. Sterne. Aufs. z. dt.-jüd. Lit., hg. S. BAUSCHINGER) 2001.

*E. W. und Rahel Sanzara:* D. ORENDI-HINZE, Rahel Sanzara. E. Biogr., 1981; J. v. ZERZSCHWITZ, Rahel Sanzaras Rom. «D. verlorene Kind» u. ihr Verhältnis zu ~ (in: W.-Bl. 3) 1985; M. SCHNARRENBERGER, Erinn. an ~ u. Rahel Sanzara (in: ebd. 5) 1986; P. ENGEL, Materialien aus d. Nachlaß v. Rahel Sanzara (in: ebd. 6) 1987; DERS., E. von Anfang an schwierige Beziehung. Neu aufgetauchte Briefe von ~ über Rahel Sanzara (in: ebd. 8) 1988; M. G. WERNER, Rahel Sanzara: «... eine Membrane, die Schwingungen aufnahm ...» (in: Palmbaum 2)

1994; C. HEERING, D. Kultur des Kriminellen. Lit. Diskurse zw. 1918 u. 1933: ~, mit e. Exkurs zu Rahel Sanzara, 2009 (zugleich Diss. Münster 2007).

*Zu den Romanen und Erzählungen:* H. STOLZ, ‹Mensch gg. Mensch› (in: LE 21) 1918/19; G. K. BRAND, ~: ‹Hodin› (in: LE 26) 1923/24; H. BETHGE, ~: ‹Atua› (in: Zs. für Bücherfreunde, NF 16) 1924; H. D. KENTER, ~: ‹Daniel› (in: Die Lit. 27) 1924/25; G. K. BRAND, D. Gegengott. E. Stud. über ~ (in: Die Lit. 28) 1925/26 (wieder in: E. W., hg. P. ENGEL, 1982); F. BLEI, ~: ‹D. Unverlierbare› (in: Die lit. Welt 4) 1928; W. E. SÜSKIND, ‹D. Unverlierbare› (in: Die Lit. 31) 1928/29 (wieder in: E. W., hg. P. ENGEL, 1982); R. HUELSENBECK, ~: ‹Dämonenzug› (in: Die lit. Welt 5/3) 1929 (wieder in: E. W., hg. P. ENGEL, 1982); K. FRANKE, Verlorene Liebesmüh? D. Romanwerk v. ~ (in: FH 23) 1968 (wieder in: E. W., hg. P. ENGEL, 1982); J. CHYTIL, Z. 50. Jahrestag d. Prager Erstaufführung v. ~' ‹Tanja› u. z. 30. Todestag des Autors (in: Philologica Pragensia 13) Prag 1970; W. WENDLER, Privatisierung des Exils. D. Rom. v. ~ (in: D. Dt. Exillit. 1933–1945, hg. M. DURZAK) 1973; H. BROCH, ~: ‹Stern d. Dämonen› (in: H. B., Kommentierte Werkausg. [...] 9/1, hg. P. M. LÜTZELER) 1976 (wieder in: E. W., hg. P. ENGEL, 1982); P. ZECH, ~: ‹Atua› (ebd.) (zuerst in: Berliner Tagebl., 24. 2. 1924); S. ZWEIG, Ein Balzac-Rom. [‹Männer in d. Nacht›] (ebd.) (zuerst in: Prager Tagbl., Nr. 226, 27. 9. 1925); J. URZIDIL, ~' ‹Stern d. Dämonen› (ebd.) (zuerst in: Berliner Börsen-Courier, Nr. 352, 31. 7. 1921); K. SCHNOG, ~: ‹D. Gefängnisarzt› (ebd.) (zuerst in: Pariser Tagbl., Nr. 446, 3. 3. 1935); O. LOERKE, ~: ‹Daniel› (ebd.) (zuerst in: Berliner Börsen-Courier, Nr. 541, 16. 11. 1924); T. DELFMANN, Über einige Rom. v. ~ (in: Am Erker 10) 1987; J. QUACK, Die Zeit, die Liebe u. d. Tod – ‹Jarmila› v. ~ im Kontext s. Erz. (in: Exil 18/2) 1998; J.-C. JÄGER, Aus Sprache Bilder machen. Anm. z. Entstehung d. Spielfilms «Franta» [Regie: M. Allary; Uraufführung 26. 6. 1989 München] (ebd.); J. ROTH, ~, ‹Franta Zlin› [1921] (in: J. R., Werke, I D. journalist. Werk 1915–1923, hg. K. WESTERMANN) 1989; K. JENA, D. Romanwerk v. ~. E. Unters. über d. kollektive Gedächtnis u. d. Krise der Erinnerbarkeit, 1991 (zugleich Diss. Jena 1991); A. W. BARKER, Austrians in Paris: The Last Novels of Joseph Roth and ~ (in: Co-existent Contradictions: Joseph Roth in Retrospect [...], hg. H. CHAMBERS) Riverside/Kalif. 1991; A. P. DIERICK, Heilige u. Dämonen. D. expressionistischen Erz. v. ~ (in: Seminar 27) Toronto 1991; B. AUBELL, D. Vater-Sohn-Konflikt in d. Prager dt. Lit. anhand ausgew. Werke v. Kafka, Werfel u. ~ (Diplomarbeit Wien) 1992; M. HOFER, Mähr. Briefe an den Vater: Hermann Ungar, ~, Ludwig Winder (Diplomarbeit Innsbruck) 1992; ~ – Seelenanalytiker u. Erzähler v. europäischem Rang. Beitr. z. Ersten Internationalen ~-Symposium aus Anlaß des 50. Todestages (hg. P. ENGEL u. H.-H. MÜLLER) 1992; A. W. BARKER, «Rot-Weiß-Rot bis in den Tod!» D. letzten Rom. v. ~ u. Joseph Roth (ebd.); P. ENGEL, Viele Defizite, einige Leistungen. Anm. z. Stand der ~-Forsch. u. -Ed. (ebd.); H. BINDER, ~ u. d. «Prager Presse» (ebd.); D. G. DAVIAU, ~ u. Stefan Zweig (ebd.); K.-P. HINZE, D. Gestalt der Mutter im Werk v. ~ (ebd.); D. SUDHOFF, Jugend in Brünn. ~ in s. frühen Jahren (ebd.); H.-H. MÜLLER, Z. Funktion u. Bedeutung des «unzuverlässigen Ich-Erzählers» im Werk v. ~ (ebd.); P. DEMETZ, Nach Babylon: Der kritische Leser ~ (ebd.); W. WENDLER, ‹D. Gefängnisarzt oder die Vaterlosen›. E. Kindergesch. (ebd.); M. PAZI, ~' Balzac-Rom. ‹Männer in d. Nacht› (ebd.); K.-P. HINZE, ~: The Novelist as Dramatist (in: Theatre and Performance in Austria. From Mozart to Jelinek, hg. R. ROBERTSON u. E. TIMMS) Edinburgh 1993; A. STEINKE, Ontologie der Lieblosigkeit. Unters. z. Verhältnis v. Mann u. Frau in der frühen Prosa v. ~, 1994 (zugleich Diss. [u. d. T.: D. Verhältnis v. Mann u. Frau in der frühen Prosa v. ~] FU Berlin 1993); J. GOLEC, Körper u. Körperlichkeit in den Rom. v. ~ (in: Germanistentreffen Bundesrepublik Dtl. – Polen 1993. Dokumentation der Tagungsbeitr.) 1994; H.-I. HAHNEMANN, Glühende, leuchtende Unglücke. Psychosoziale Existenz u. Geschlechterbeziehung in d. Prosa v. ~, Franz Jung u. Anna Seghers [Mikrofiche-Ausg.] 1996 (zugleich Diss. FU Berlin 1996); A. LÜBBIG, D. Psychiatrie in den Exilrom. v. ~, 1998 (zugleich Diss. Lübeck 1996); T. KINDT, «Gerade dadurch, daß er sich selbst am stärksten behauptet, soll er sich wandeln». Z. Konzeption der Ich-Rom. v. ~ (in: Juni 13/29) 1998; S. HÖHNE, E. unbek. Liebesgesch. aus Böhmen. Zu e. neu entdeckten Text v. ~ (in: Brücken 6) 1998; K. LEUNIG, «... und wäre es auch e. Schuldiger gewesen, zu richten steht uns nie zu». ~' Erz. ‹Hodin› – narratolog. Analyse u. Interpretationsskizze (Magisterarbeit Hamburg) 2000; T. BECKER, Maschinentheorie oder Autonomie des Lebendigen? D. lit. Amplifikation der biolog. Kontroverse um Mechanizismus u. Vitalismus in zentralen Prosawerken v. Hans Carossa, Gottfried Benn, ~ u. Thomas Mann,

2000 (zugleich Diss. Köln 2000); Y.-P. Alefeld, Macht u. Ohnmacht. Zu den «Arztrom.» v. ~ (in: Geist und Macht. Schriftst. u. Staat im Mitteleuropa des «kurzen Jh.» 1914–1991, hg. M. Zybura) 2002; S. Hahn, ~' ‹Mensch gg. Mensch› u. Stefan Zweigs «Clarissa»: Parallelen u. Tangenten im Lebensweg der Schriftst. u. medizinrelevante Reflexionen in diesen Werken z. Ersten Weltkrieg (in: D. Bild des jüd. Arztes in d. Lit., hg. A. Scholz u. C.-P. Heidel) 2002; J. Golec, Gewalt, Herrschaft u. Krieg im Werk v. ~ (in: Information Warfare. D. Rolle der Medien [...] bei der Kriegsdarst. u. -deutung, hg. C. Glunz) 2007; T. Kindt, Unzuverlässiges Erzählen u. lit. Moderne. E. Unters. der Rom. v. ~, 2008 (zugleich Diss. Hamburg 2001); ders., Werfel, ~ and Co. Unreliable Narration in Austrian Lit. of the Interwar Period (in: Narrative Unreliability in the Twentieth-Century First-Person Novel, hg. E. D'hoker u. G. Martens) Berlin 2008; C. Dätsch, Existenzproblematik u. Erzählstrategie. Stud. z. parabol. Erzählen in d. Kurzprosa v. ~, 2009 (zugleich Diss. Hamburg 2007); C. Heering, D. Kultur des Kriminellen. Lit. Diskurse zw. 1918 u. 1933: ~, mit e. Exkurs zu Rahel Sanzara, 2009 (zugleich Diss. Münster 2007); C. Jäger, Mediale Räume im Feuill. v. ~ u. Hermann Ungar (in: Grenzdiskurse. Ztg. dt.sprachiger Minderheiten u. ihr Feuill. in Mitteleuropa bis 1939, hg. S. Schönborn) 2009.

*Zu einzelnen Romanen*

*Die Galeere* (= G): R. Leonhard, ~: G (in: Bücherei Maiandros, November) 1913 (wieder in: E. W., hg. P. Engel, 1982); K. Pinthus, ~: G (in: Zs. für Bücherfreunde, NF 5) 1913/14; A. Ehrenstein, Öst. Prosa (Rezensionen: [...] ~, G) (in: Der Sturm 5) 1914; B. Viertel, ~: G (in: NR 25) 1914 (wieder in: E. W., hg. P. Engel, 1982); A. Petzoldt, ~, G (in: LE 22) 1919/20; M. Voges, Nervenkunst u. «Konstruktion». ~' Rom. G im Diskurs des modernen Romans (in: E. W. – Seelenanalytiker u. Erzähler [...], hg. P. Engel u. H.-H. Müller) 1992; A. P. Knittel, Medusa als Modell lit. Psychoanalyse: ~' G u. Peter Weiss' «Das Duell» (in: WirkWort 42) 1992; P. Demetz, Tiefe des Glücks, Tiefe d. Welt. ~' G (1913) (in: Rom. v. gestern – heute gelesen. Bd. 1: 1900–1918, hg. M. Reich-Ranicki) 1989.

*Der Kampf / Franziska* (= F): A. v. Weilen, ~: ‹D. Kampf› (in: LE 19) 1916/17; A. Heine, ~: F (in: ebd. 22) 1919/20; M. Reich-Ranicki, F. Unser neuer Fortsetzungsrom. v. ~ (in: E. W., hg. P. Engel) 1982 (zuerst in: Frankfurter Allgemeine Ztg., 17. 11. 1979); U. Längle, D. karierte Klavier auf drei Beinen: Zu ~' Künstlerrom. F (in: Allemands, juifs et tchèques à Prague = Deutsche, Juden u. Tschechen in Prag 1890–1924 [...], Red. M. Godé u. a.) Montpellier 1996; L. Hájková, D. Bild Prags u. Böhmens in Rom. v. Prager dt. Autoren. Johannes Urzidils «D. verlorene Geliebte» u. ~' F (Diplomarbeit Salzburg) 2000.

*Tiere in Ketten (=TiK) / Nahar:* L. Reiss, ~: TiK (in: Der Mensch 1) 1918 (wieder in: E. W., hg. P. Engel, 1982); K. Huber, ~: TiK (in: LE 21) 1918/19; A. E. Rutra, ~: TiK (in: D. neue Bücherschau 1/1) 1919; W. Mehring, ~: ‹Nahar› (in: D. Weltbühne 19/II) 1923 (wieder in: E. W., hg. P. Engel, 1982); W. D. Elfe, Stiltendenzen im Werk v. ~ unter besonderer Berücksichtigung s. expressionist. Stils. E. Vergleich d. 3 Druckfass. des Rom. TiK, 1971 (zugleich Diss. Amherst/Mass. 1970); M. Vischer, E. großer Tierrom. [‹Nahar›] (in: E. W., hg. P. Engel) 1982 (zuerst in: Prager Presse, Nr. 282, 14. 10. 1922); T. Delfmann, Mythos der Negativität. ~' Doppelrom. TiK u. ‹Nahar› (in: W.-Bl. 8) 1988; ders., Mythisierung u. bestimmte Negation. D. Problem der expressionist. Schr. v. ~, dargestellt am Beispiel d. beiden Rom. TiK u. ‹Nahar› (in: E. W. – Seelenanalytiker u. Erzähler [...], hg. P. Engel u. H.-H. Müller) 1992.

*Die Feuerprobe* (= F): KNLL 17 (1992) 498. – F. Blei, ~: F (in: D. Querschnitt 9) 1929 (wieder in: E. W., hg. P. Engel, 1982); J. Mühlberger, ~: F (in: Witiko 3) 1930/31; O. Loerke, ~: F (in: E. W., hg. P. Engel) 1982 (zuerst in: Berliner Börsen-Courier, Nr. 577, 9. 12. 1923); H.-H. Müller, «D. Klarste ist das Gesetz. Es sagt sich nicht in Worten»: ~' Rom. F; e. Interpr. im Kontext v. ~' Kritik an Kafkas «Proceß» (in: Euph. 92) 1998.

*Der Fall Vukobrankovics* (FaVu): E. Ebermayer, FaVu. Außenseiter d. Gesellsch. (in: Die Lit. 27) 1924/25; M. Gregor-Dellin, ~ neuentdeckt: zu: FaVu (in: Bücherkomm., Nr. 5) 1970; H. Bütow, Psychol. e. Giftmischerin (in: D. Welt der Lit. 7) 1970; J.-M. Fischer, ~ FaVu (NA) (in: Germanistik 12) 1971; H. Tanzer, Grenzen der Dokumentarlit. – ~: FaVu (Diplomarbeit Innsbruck) 1991; S. Suhr, Neusachliche Blicke auf d. Rolle der Frau als Verbrecherin. Außenseiter der Gesellsch., 2005.

*Boëtius von Orlamünde* (= BvO): F. Burschell, ~: BvO (in: D. lit. Welt 5) 1929 (wieder in: E. W., hg. P. Engel, 1982); J. Tomm, Den Mutigen vertilgt d. Welt (in: D. Welt der Lit. 3) 1966; J. Hader-

LEV, ~ ‹Aristokrat› (in: Konkret, Nr. 11) 1966; B. GUILLEMIN, ~ u. d. T[od] (in: E. W., hg. P. ENGEL) 1982 (zuerst in: Berliner Börsen-Courier, Nr. 535, 14. 11. 1928); J. ROTH, ~: BvO (ebd.) (zuerst in: Frankfurter Ztg., Lit.bl., 23. 12. 1928); K. H. BERGER, ~: BvO (in: Rom.führer A–Z, III D. öst. u. schweizer. Rom. [...], hg. W. SPIEWOK) [3]1983.

*Georg Letham, Arzt und Mörder* (= GL): KNLL 17 (1992) 499. – H. v. HENTIG, ~: GL (in: Mschr. für Kriminalpsychol. 23) 1931; H. KENTER, GL (in: Die Lit. 34) 1931; A. EGGEBRECHT, ~: GL (in: Die lit. Welt 8) 1932 (wieder in: E. W., hg. P. ENGEL, 1982); W. BREDEL, E. Hoffender ohne Hoffnung (in: Aufbau 5) 1949 (wieder in: W. B., Sieben Dichter, 1949; W. B., Publizistik. Z. Lit.u. Gesch., 1976; E. W., hg. P. ENGEL, 1982); W. THAUER, ~: GL (in: D. Rom.führer [...] 5, hg. J. BEER) 1954; W. GRÖZINGER, ~: GL (in: Hochland 56) 1963/64; E. KRENEK, Arzt u. Mörder (in: E. W., hg. P. ENGEL) 1982 (zuerst in: Frankfurter Ztg., Nr. 42, 18. 10. 1931); E. BLASS, D. neue Rom. [GL] v. ~ (ebd.) (zuerst in: Berliner Tagebl. 15. 11. 1931); A. KLEIN, Lebensbeichte e. Arztes. Z. Erscheinen d. Rom. GL v. ~ im Aufbau-Verlag (in: SuF 35) 1983; K. H. BERGER, ~: GL (in: Rom.führer A–Z, III D. öst. u. schweizer. Rom. [...], hg. W. SPIEWOK) [3]1983; C. HELLING, ~: GL, Triest 1983; R.-K. LANGNER, Von mancher Hilflosigkeit e. Helfenden. ~: GL (in: NDL 31) 1983; B. KREUTZAHLER, D. Bild des Verbrechers in Rom. d. Weimarer Republik [...], 1987 (zugleich Diss. Hamburg 1986); W. FULD, D. Gesetz d. Ratten. ~' GL (1931) (in: Rom. v. gestern – heute gelesen 2, hg. M. REICH-RANICKI) 1989; B. KEMPF, Unters. z. GL v. ~ (Magisterarbeit Frankfurt/M.) 1989; F. TRAPP, Ein nicht justitiabler Mörder. Zu ~' Rom. GL (in: E. W. – Seelenanalytiker u. Erzähler [...], hg. P. ENGEL u. H.-H. MÜLLER) 1992; F. LOQUAI, Schuld u. Sühne – Hamlet u. Raskolnikow. ~: GL (in: F. L., Hamlet u. Dtl. Z. lit. Shakespeare-Rezeption im 20. Jh.) 1993; E. KRÜCKEBERG, Jeder ist e. Stück Hamlet. ~' Rom. GL u. d. Hamlet der Dreißiger Jahre (in: H. ARNTZEN, Ursprung d. Ggw. Z. Bewußtseinsgesch. d. Dreißiger Jahre in Dtl.) 1995; G. LUKAS, Z. Modellierung wiss. Erkenntnisprozesse im Rom. d. Weimarer Republik am Beispiel v. ~' GL (in: Littérature et théorie de la connaissance 1890–1930 / Lit. u. Erkenntnistheorie 1890–1930, hg. C. MAILLARD) Straßburg 2004.

*Der arme Verschwender* (= DaV): L. MARCUSE, DaV (in: Das Neue Tage-Buch, H. 30) 1936; E. OTTWALT, Irrtum u. Leistung [zu DaV] (in: Internationale Lit. 6/8) 1936 (wieder in: E. W., hg. P. ENGEL, 1982); H.-A. WALTER, ~, DaV (in: NR 76) 1965; C. BRÜCKNER, Blindenführer (in: Christ u. Welt 18) 1965; J. BURGHARDT, ~: DaV (in: Westermanns Monatsh. 106) 1965; H. KRICHELDORFF, ~: DaV (in: NDH 12) 1965; A. KRÄTTLI, ~, DaV (in: Schweizer Monatsh. 46) 1966; U. LÄNGLE, ~: Vatermythos u. Zeitkritik. D. Exilrom. am Beispiel des ‹Armen Verschwenders›, 1981 (zugleich Diss. Innsbruck 1981); W. E. SÜSKIND, Zu arm z. Verschwender (in: E. W., hg. P. ENGEL) 1982 (zuerst in: Süddt. Ztg., Nr. 98, 24./25. 4. 1965); A. EHRENSTEIN, ~ DaV (ebd.) (zuerst in: Prager Presse, 7. 6. 1936); K. H. BERGER, ~: DaV (in: Rom.führer A–Z, III D. öst. u. schweizer. Rom. [...], hg. W. SPIEWOK) [3]1983; A. KLEIN, D. Glaube an das «Endlich-Gute». Ethische u. ästhet. Folgen des «Gottesverlusts», dargestellt an d. Rom. DaV (in: E. W. – Seelenanalytiker u. Erzähler [...], hg. P. ENGEL u. H.-H. MÜLLER) 1992.

*Der Verführer* (= V): KNLL 17 (1992) 500. – L. MARCUSE, ~: V (in: D. Wort 3) 1938 (wieder in: E. W., hg. P. ENGEL, 1982); C. SEELIG, ~: V (in: Maß u. Wert 1) 1938 (wieder in: ebd.); H. KRICHELDORFF, ~: V (in: NDH 27) 1980; U. LÄNGLE, D. Entzauberung d. «Welt v. Gestern». Zu ~' Rom. V (in: TuK 76) 1982; H. BERKE, Wer sagt hier «Ich»? – Z. Rollenambivalenz in V von ~ (in: Cahiers d'études germaniques 38) Aix-en-Provence 2000; K. WIMMER, Métamorphoses du séducteur. V d'~ (in: L'amour entre deux guerres 1918–1945. Concepts et représentations [...], hg. I. HAAG) Aix-en-Provence 2008.

*Der Augenzeuge* (= A): KNLL 17 (1992) 500. – W. GRÖZINGER, ~: A (in: Hochland 6) 1964; K.-P. HINZE, Augenzeugenbericht zu Hitlers Blindheit (in: W.-Bl. 5) 1977; M. WOLLHEIM, Ist ~ Hitlers Arzt begegnet? E. Beitr. z. d. Rom. A (in: W.-Bl. 6/7) 1978; D. KLICHE, D. Versuch, e. polit. Rom. zu schreiben. ~' A (in: Erfahrung Exil: Antifaschist. Rom. 1933–1945. Analysen, hg. S. BOCK u. M. HAHN) 1979; M. PAZI, ~' Hitlerrom. – Ursprung u. Genese (in: MAL 12) 1979; H. LIEPMANN, Kampf zw. Schicksal u. Gewinn. D. Arzt des «Falles A. H.» – Rom. aus d. Nachlaß v. ~ (in: E. W., hg. P. ENGEL) 1982 (zuerst in: Die Welt, Nr. 226, 28. 9. 1963); W. HELWIG, D. Testament e. Expressionisten. ~: A (ebd.) (zuerst in: Stuttgarter Ztg., 19. 10. 1963); W. WEYRAUCH, Ber. über A. H. (ebd.) (zuerst in: Süddt. Ztg., 19. 2. 1964); R. SCHNEIDER, D. Blindheit Adolf Hitlers (ebd.) (zuerst in: Frankfurter Allgem. Ztg., 22. 12. 1981; mit d. Zusatz: ~', A (1940) in: Rom. v. gestern – heute gelesen 3, hg. M. Reich-Ranicki, 1990); F. Trapp, Die Greuel d. verletzten Psyche als Greuel d. polit. Realität – ~: A (in: Exil 4/2) 1984; ders., A – e. Psychogramm d. dt. Intellektuellen zw. 1914 u. 1936, 1986; A. Zanetti, ~' ‹Augenzeuge› (Lizentiatsarbeit Zürich) 1986; dies., E. Quelle des A u. e. lit. Rehabilitierung (in: W.-Bl. 6) 1987; C. Glayman, ~: A (in: La Quinzaine littéraire 23) Paris 1988; J. C. Meister, Sprachloser Augenzeuge. Gesch., Diskurs u. Narration in ~' Hitler-Rom. A (in: E. W. – Seelenanalytiker u. Erzähler [...], hg. P. Engel u. H.-H. Müller) 1992; J. Golec, V. d. Individual- z. Massenhypnose. ~' Rom. A (ebd.); K. Sauerland, D. Phänomen Hitler in d. Sicht v. Arnold Zweig, Thomas Mann, Lion Feuchtwanger, Bertolt Brecht, ~ u. George Tabori (in: Acta Universitatis Nicolai Copernici: Filologica Germanska 9) Thorn 1994; H. Berke, Z. Erinnerungsarbeit in A von ~ : Bem. z. verdrängten Antisemitismus u. jüd. Selbsthaß des Erzählers (in: Cahiers d'études germaniques 29) Aix-en-Provence 1995; W. Müller-Funk, Diagnostik mit lit. Mitteln: ~, A (in: Sprachkunst 26) 1995; J. Strelka, Hitler als Rom.figur (in: J. S., Exil, Gegenexil u. Pseudoexil in d. Lit.) 2003; J. H. Hirsch, Medizin als Täterwissenschaft, lit. Am Beispiel v. Michail A. Bulgakows «Hundeherz» u. ~' A (Diplomarbeit Graz) 2004; K. Oschatz, D. Konstitution des «Bösen» in ~' Rom. A (in: Exil 26/2) 2006; N. Ächtler, Hitler's Hysteria: War Neurosis and Mass Psychology in ~' A (in: The German Quarterly 80) Cherry Hill/New Jersey 2007 (dt. u. d. T.: Kriegstrauma u. Massenpsychologie: ~' A u. das Phänomen Hitler, in: Krieg u. Lit. = Internationales Jb. z. Kriegs- u. Antikriegslit.forschung 13, 2007).

*Zu einzelnen Dramen*

*Leonore:* J. Urzidil, ~: ‹Leonore› [1923 aufgeführtes, gegenwärtig verschollenes Drama] (in: E. W., hg. P. Engel) 1982 (zuerst in: Berliner Börsen-Courier, 20. 7. 1923); P. Engel, Esoterisches Drama oder Szenen mit Schwungkraft? Anm. zu e. verlorenen Theaterstück v. ~ (in: W.-Bl. 4) 1985.

*Tanja* (= T): W. Michalitschke, T, Drama v. ~ (in: D. dt. Drama 3) 1920 (wieder in: E. W., hg. P. Engel, 1982); H. Ihering, T (in: H. I., Von Reinhardt bis Brecht 2: 1924–1929) 1959 (zuerst in: Berliner Börsen-Courier, Nr. 402, 27. 8. 1924; wieder in: ebd.); J. Chytil, Z. 50. Jahrestag d. Prager Erstaufführung v. ~' T u. zum 30. Todestag des Autors (in: Philologica Pragensia 13) Prag 1970; L. Steiner, ~: T (in: E. W., hg. P. Engel) 1982 (zuerst in: Prager Tagbl., 11. 10. 1919).

*Olympia* (= O): P. Engel, Lulus jüngere Schwester in Becketts «Endspiel»? Anm. z. Kasseler Wiederaufführung der O v. ~ (in: W.-Bl. 6/7) 1978; P. Iden, Seelenkatastrophen. Die Tragikom. O v. ~ in Kassel (in: E. W., hg. P. Engel) 1982 (zuerst in: Frankfurter Rs., Nr. 276, 7. 12. 1976); H. Ihering, ~' O (ebd.) (zuerst in: Berliner Börsen-Courier, Nr. 132, 19. 3. 1923); A. Kerr, ~: O (ebd.) (zuerst in: Berliner Tagebl., Nr. 133, 20. 3. 1923); G. Rohde, Drama auf Tönen. ~' O in Kassel (in: Theater heute, H. 3) 1977.

*Rezeption:* S. Spieker, Anm. z. Rezeption d. Werke v. ~ in d. DDR (in: W.-Bl. 1) 1983; P. Engel, D. ~-Rezeption in Lit.geschichten u. Darst. Tl. 1: 1922–1940 (ebd.) – Tl. 2: 1945–1981 (in: ebd. 2) 1984; E. Wondrák, ~ in s. Heimat. Zu den tschechischen Übers. s. Werke (ebd.); S. Spieker, ~-Rezeption in Italien (ebd.); U. Längle, D. ~ Rezeption in Frankreich (in: E. W. – Seelenanalytiker u. Erzähler [...], hg. P. Engel u. H.-H. Müller) 1992; F. Haas, D. ~-Rezeption in Italien (ebenda). IB

**Weiß,** Ernst, *25. 11. 1952 Lindgraben/Burgenl.; Hauptschullehrer in Mödling/Niederöst., seit 1976 lit. tätig, Mitarb. an Tages- u. Wochenztg. sowie am Radio, lebt in Gumpoldskirchen/Niederöst.; Verf. v. Artikeln z. Thema soziale Integration Behinderter u. von Flüchtlingen, Erz. u. Lyriker.

*Schriften:* Flucht ins Ungewöhnliche (Erz.) 1980; Ausgeschlossen (Erz.) 1985; Helle Sonne – schwarzer Tag. Prosa und Lyrik, 1990.

*Literatur:* Öst. Katalog-Lex. (1995) 431. IB

**Weiß,** Ernst Felix, *22. 4. 1901 Klosterneuburg bei Wien, Todesdatum u. -ort unbek.; Pressereferent d. Fremdenverkehrs-Kommission d. Bundesländer Wien u. Niederöst. u. d. Wiener Messe, Chefred. d. «Wiener Messe-Korrespondenz»; Erz. u. Lyriker.

*Schriften:* Von Frühling und Liebe. Verse, 1919; Du ... Verse, 1920; Albertus Dürencrutz (Rom.) 1927. IB